## 编委会

**主　编：** 杜勤英

**副主编：** 李　丹　吴　辕

**参　编**（以姓氏拼音为序）：

包承鸿　洪艺芳　黄　薇　刘子攀

罗　峰　汪　聪　张　琳

# CINEMA 4D
# 综合实战训练

杜勤英 ◎主编

国家一级出版社
全国百佳图书出版单位

**图书在版编目(CIP)数据**

CINEMA 4D综合实战训练/杜勤英主编.—厦门:厦门大学出版社,2019.12
ISBN 978-7-5615-7683-0

Ⅰ.①C… Ⅱ.①杜… Ⅲ.①三维动画软件 Ⅳ.①TP391.414

中国版本图书馆CIP数据核字(2019)第281677号

**出 版 人** 郑文礼
**责任编辑** 郑 丹

**出版发行** 厦门大学出版社
**社 址** 厦门市软件园二期望海路39号
**邮政编码** 361008
**总 机** 0592-2181111 0592-2181406(传真)
**营销中心** 0592-2184458 0592-2181365
**网 址** http://www.xmupress.com
**邮 箱** xmup@xmupress.com
**印 刷** 厦门市金凯龙印刷有限公司

**开本** 787 mm×1 092 mm 1/16
**印张** 47.5
**插页** 2
**字数** 928千字
**版次** 2019年12月第1版
**印次** 2019年12月第1次印刷
**定价** 98.00元

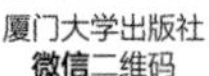

# 前 言

CINEMA 4D作为最人性化的三维设计软件之一，不仅性能稳定，而且简单易操作，是最适合三维制图软件新手作为入门学习的工具。然而，长期以来，中国的CINEMA 4D职业教育一直处于一个理论相对多、实践相对少的状况，大批从中高职院校走向广告制作与影视制作领域的人才缺乏一定的实践基础和动手操作能力，缺乏对CINEMA 4D的系统学习与认识，在刚刚走上职业岗位时遇到了不少困难。

目前，以任务引领型的一体化情境教学方式逐渐取代传统的理论与实训分离的课堂教学方式，并已成为课程教学的主流。本书不再止步于以往“了解经典与模仿经典”的教学方法，而是采用“授人以渔”的原则，在教学方法上以实例教学为主、理论为辅，重点培养学生动手操作的能力。

本书以从入门到熟练掌握CINEMA 4D操作的课程学习，通过若干个案例来完成整体的教学目标。在讲解实例之前都有对知识点的详细介绍，由浅入深、循序渐进，有效地起到了指导案例制作、引导学生掌握基础知识的作用。更进一步地，每个案例都有对制作步骤和过程进行详尽的讲解。而且，这些产品案例制作方法和企业保持高度一致，学生在学习完本书后能够掌握CINEMA 4D的基本操作，能够独立制作出作品。在就业时，学生能无缝对接影视公司，承担起影视后期制作中一些重要环节的工作，亦能够适应市场的需求，应聘广告类公司的工作岗位。

全书内容涵盖了CINEMA 4D的布局介绍、基本操作、模型制作、灯光渲染、材质贴图、动力学基础以及综合实践案例。每个部分都以职业标准为依据，以职业技能为核心，以职业活动为导向，以项目任务为载体，以提高从业人员的核心技能、核心素质为目标。为了方便学习，本书收录了案例的源文件、素材，如有需要可与本书编委会联系。

本书虽然倾注了编者们的心血，但由于学识和水平有限，书中还难免存在疏漏、错误和不当之处，恳请任课老师、广大读者和同行专家们批评指正，以便对本书进行不断完善。

编　者

2019年11月

# 目　录

## 基础篇

## 进 阶 篇

CINEMA 4D
综合实战训练

# PART 01 基础篇

CINEMA 4D
综合实战训练

Chapter 01

第 1 章

# CINEMA 4D 的概述与热身

任务 1.1　CINEMA 4D 简介

任务 1.2　布局界面与自定义

任务 1.3　对象管理器

任务 1.4　资源结构管理器

任务 1.5　属性管理器

任务 1.6　层系统管理器

任务 1.7　材质管理器

任务 1.8　坐标编辑栏

任务 1.9　操作视窗

## 任务1.1

# CINEMA 4D 简介

### 前言

作为最人性化的三维设计软件之一，CINEMA 4D（以下简称 C4D）不仅性能稳定，而且简单易操作，是最适合新手作为入门学习的工具。

本书作为 C4D 的基础教学课程，将带您认识 C4D 的软件界面，了解常用操作，真正让您从零基础开始学习三维设计。

从这门课中，您将会学到什么?

- 认识 C4D 的软件界面和工具
- 掌握 C4D 的各种基础工具操作
- 学习 C4D 在设计中的基础应用

**01. 了解 C4D**

C4D 是当今世界主流的三维（3D）绘图软件之一。C4D 是强大、专业、易用的 3D 设计软件，由德国 Maxon Computer 公司研发。从 1989 年开始发展至今，软件已经集建模、动画、绘画、渲染、角色、粒子等模块于一身，功能越来越完善，工作界面却依然保持简洁的外观。有全球 80 多个国家的 150 多家分销商和经销商销售的支持，可满足各种高质量特效制作要求，及适用于大规模场景建模。针对不同行业需求，甚至还推出了各种定制版软件。

官网：https://www.maxon.net。

**02. 熟悉 C4D 的界面操作**

学习并熟悉 C4D 的界面操作，对后面的项目实践操作有很大帮助。

**03. 怎么系统学习 C4D**

所谓系统学习，就是有计划性的学习。设定目标任务，有序地按步骤完成。积极实践操作，动手操作一遍，比看教程更有用，这样才能真正地形成自己的经验。在学习过程中，多问，多学，多互相交流，锻炼主动思维，摸清模糊点，解决困惑。在学习中总结原理，举一反三。C4D 界面简洁，但功能丰富，学起来并不轻松。但是只要学会了建模和渲染，基本就能出作品了。

## C4D 的优势

1. 兼容性强，支持行业标准交换格式，其他三维设计软件的项目文件也能直接打开。

2. 工作流程与 Adobe Photoshop、Adobe After Effects、Adobe Illustrator、AutoCAD 等应用程序紧密集成，与其他软件协同工作不是问题。

3. 拥有丰富的预置库。提供模型、贴图、材质、照明、环境、动力学、摄像机镜头预设等，大大提高了工作效率。

4. 高级渲染模块，快速的渲染速度，短时间内创造出最具质感和真实感的作品。

5. 完善的功能。复杂的 UV 拆解、贴图绘制、雕刻等功能，一个软件就能搞定。其中 BodyPaint 3D 功能更是能在三维模型上直接绘制纹理贴图，功能强大。

6. MoGraph（运动图形）系统，让单一的物体经过排列组合，配合上各种效果器，简单的图形也能做出不可思议的效果，为创作提供了更多想象空间。

7. 世界上最强大的毛发系统之一，便于控制，快速造型，可以渲染出各种所需效果。

8. 支持第三方插件。大量第三方 C4D 插件，丰富和扩展了 C4D 功能。

9. 在影视特效、电视节目、商业广告、建筑、工业设计、游戏动画等领域都有着广泛的应用。

## 任务 1.2

# 布局界面与自定义

### 教学重点

- 默认的布局界面。
- 自定义布局界面。

### 教学难点

- 接触新软件的布局界面。
- 自定义界面的保存。

### 任务分析

**01. 任务目标**

1. 熟悉 C4D 的默认布局界面。
2. 自定义布局界面的保存。

**02. 实施思路**

CINEMA 4D 的布局界面与其他软件的布局界面大同小异。

### 任务实施

**01. 布局界面**

1. 双击打开 C4D 软件，如图 1-2-1 所示。

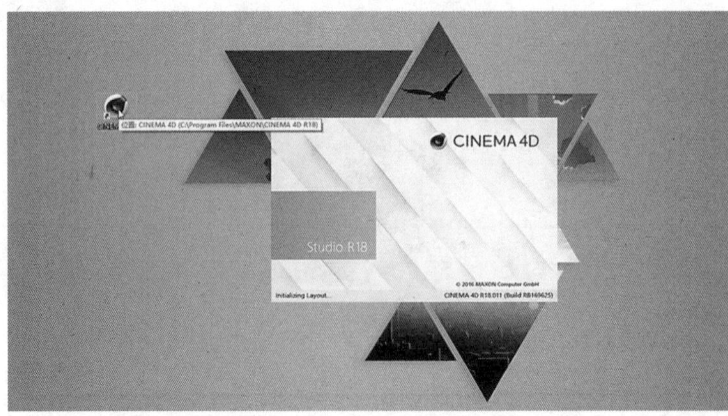


图1-2-1　C4D 启动界面

2. 第一次打开 C4D 软件为英文版，在“Edit”里选择“Preferences”，快捷键为“Ctrl+E”，如图 1-2-2 所示。

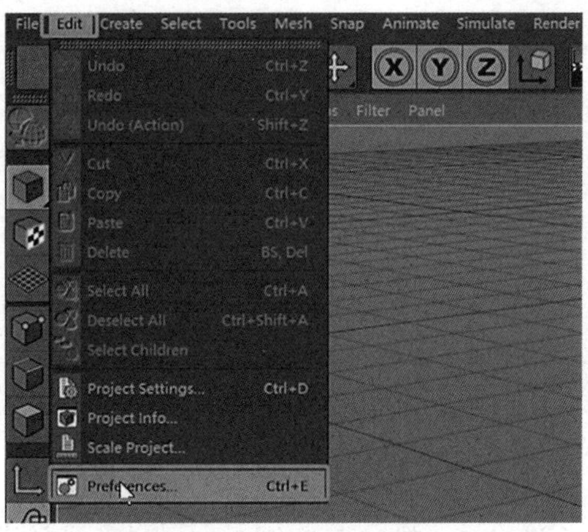

图 1-2-2　选择“Preferences”

3. 打开“Preferences”窗口，在“Interface”里的“Language”，点击“English( us )”下拉拓展，显示选项，选择“Chinese( cn )”，如图 1-2-3 所示。

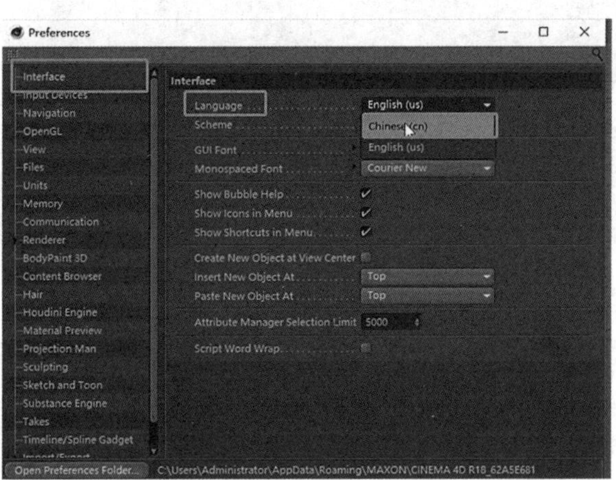

图 1-2-3　选择“Chinese ( cn ) ”

4. 选择“Chinese( cn )”后出现窗口，提示重启软件后生效，点击“确定”，关闭软件重新打开软件，如图 1-2-4 所示。

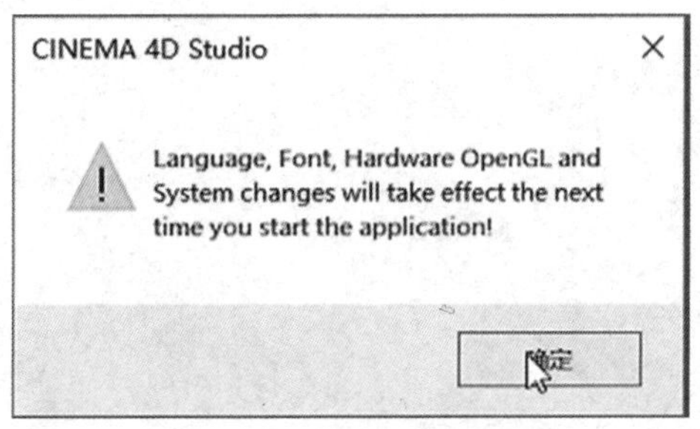


图 1-2-4　点击“确定”

5. 重新打开 C4D，界面语言显示中文。软件顶部是 C4D 菜单栏，可在菜单栏中找到 C4D 几乎所有的工具命令，如图 1-2-5 所示。

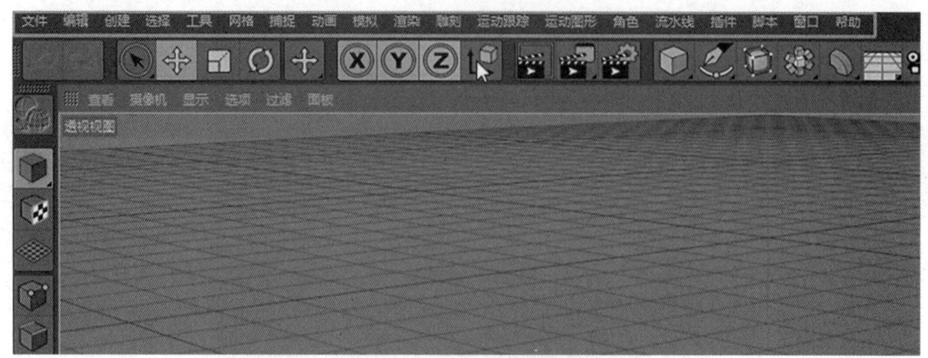


图 1-2-5　菜单栏

6. 菜单栏上有一条虚点手柄，单击虚点手柄可将菜单变成一个独立窗体，如图 1-2-6、图 1-2-7 所示。

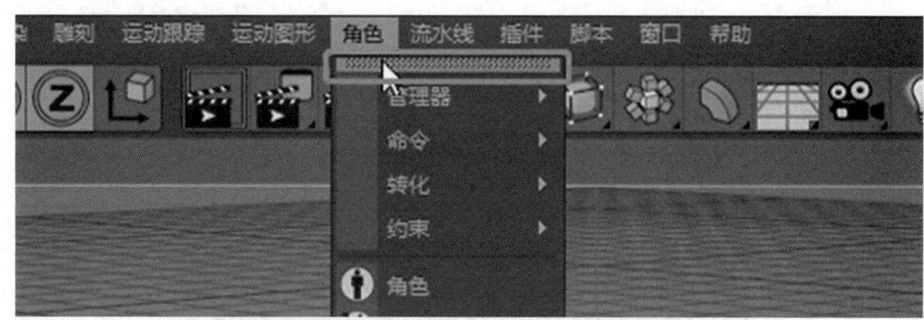


图 1-2-6　单击虚点手柄

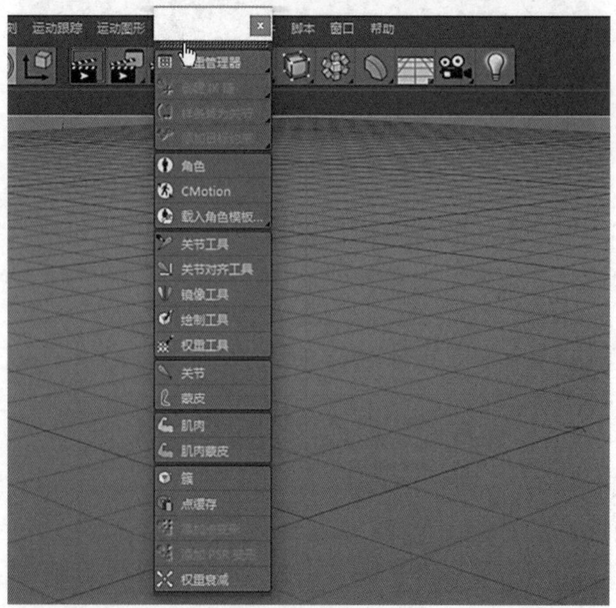


图 1-2-7　打开独立窗口

7. 菜单栏下的彩色图标及左侧彩色图标，是 C4D 软件常用工具命令的快捷方式，如图 1-2-8 所示。

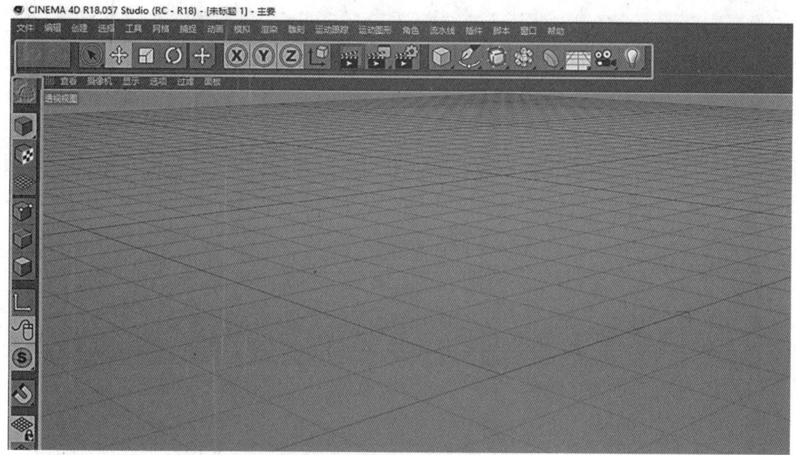


图 1-2-8　彩色图标

8. 视图窗口的右边为对象管理器，对象管理器上方为对象管理器的菜单栏，对象管理器主要是对视图场景中的对象进行管理，如图 1-2-9 所示。

图 1-2-9　对象管理器与对象管理器菜单栏

9. 对象管理器以标签化的菜单在右边显示，在对象标签下面为场次，场次主要是对视图中的对象摆出不同场景的版本进行管理，如图 1-2-10 所示。

图 1-2-10　对象管理器

10.“内容浏览器”中可浏览电脑上的资源，“预置”中存在大量的 C4D 预设库，材质、灯光、贴图、模型等也可在“预置”中建立自己的预设库，如图 1-2-11 所示。

图 1-2-11 “内容浏览器”和“预置”

11.“构造”主要是对多边形对象的点元素进行管理，如图 1-2-12 所示。

图 1-2-12 “构造”模块

12. 在属性管理器的标签下面是 C4D 的层系统，将对象加入不同的层中，可通过层管理，来影响在层中的对象，如图 1-2-13 所示。

图 1-2-13 层系统

13. 视图窗口的下面为动画工具栏，制作 C4D 动画时会使用到播放动画、暂停动画以及给动画打关键帧等一系列工具，如图 1-2-14 所示。

图 1-2-14 动画工具栏

14. 软件的最下面为状态栏，当鼠标在工具栏上移动时，状态栏会显示当前工具的作用，以及相应的快捷键，如图 1-2-15 所示。

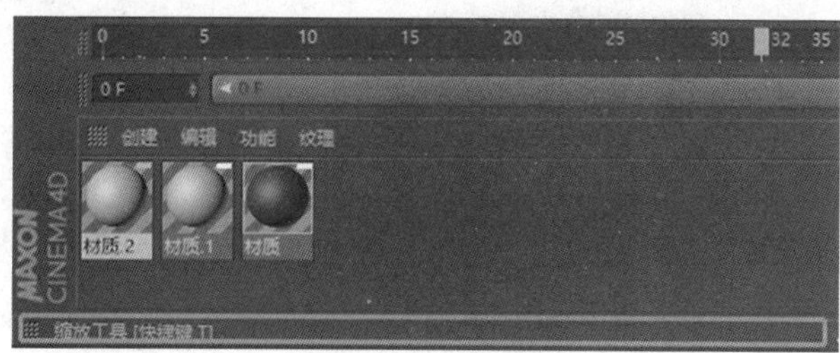


图 1-2-15　状态栏

15. 软件的右上角有一个界面下拉框，展开下拉框，可以看到不同的工作界面选项。不同的工作界面满足不同的工作需求，选择合适的工作界面可提高工作效率，比如 UV 编辑界面、适合雕塑的 Sculpt 界面，如图 1-2-16 至图 1-2-18 所示。

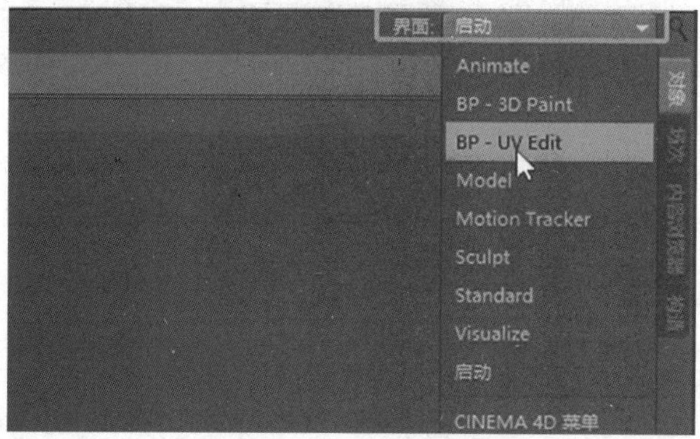


图 1-2-16　界面下拉框

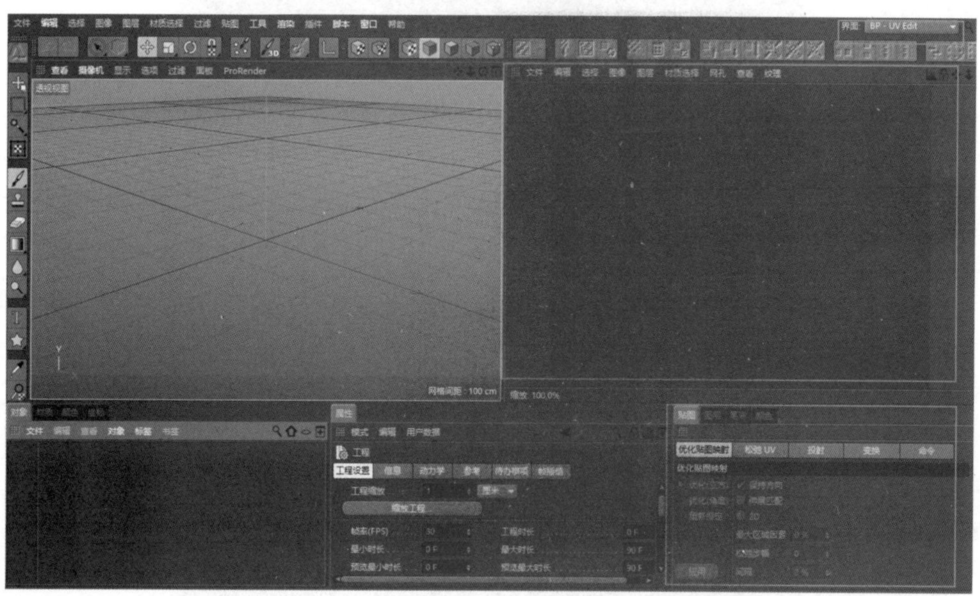

图 1-2-17　UV 编辑界面

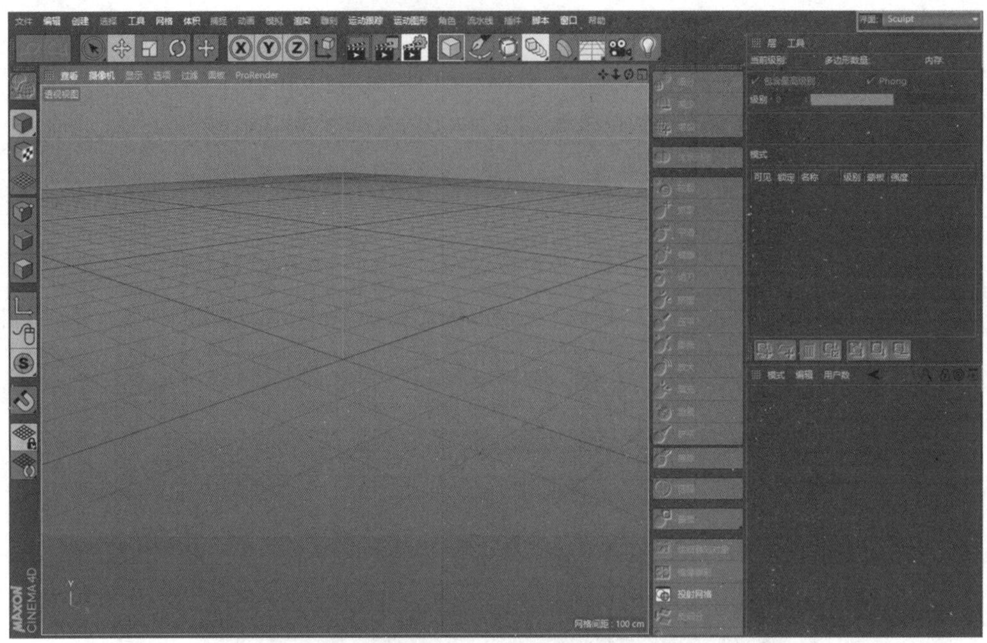

图1-2-18　雕塑界面

16. 界面的右边有一个放大镜，为 C4D 的命令管理器，知道工具命令的名称时，可通过名称搜索和使用这些命令，如图 1-2-19 所示。

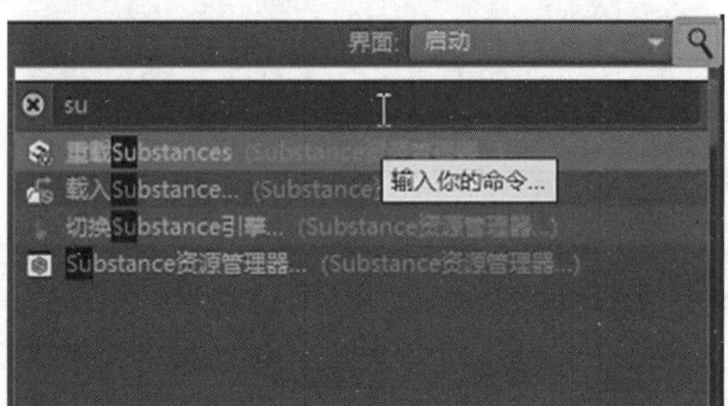


图1-2-19　搜索栏

## 02. 自定义工作界面

1. C4D 的自定义界面非常灵活，可将鼠标放置在窗口的边缘，按住鼠标左键进行拖放，自由调整界面中各个窗口的比例大小，如图 1-2-20 所示。

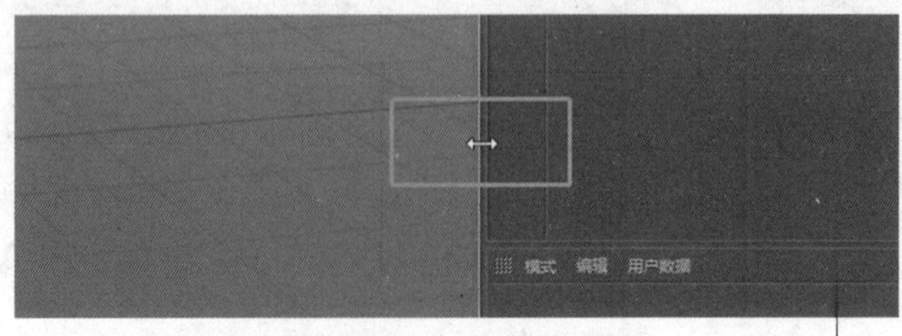


图1-2-20　自定义界面

2. 注意每个窗口、工具栏前面都有虚点手柄，可通过按住鼠标左键将工具栏拖放到其他地方，如图 1-2-21 所示。

图 1-2-21　工具栏虚点手柄

3. 当自定义的工作界面紊乱时，可通过“界面”切换到“启动”界面，或者是“标准”（Standard）界面，恢复到默认状态，如图 1-2-22 所示。

图 1-2-22　切换启动界面

4. 在工具栏上增加新的快捷方式，可通过“菜单栏”窗口“自定义布局”，打开“自定义命令”窗口，如图 1-2-23 所示。

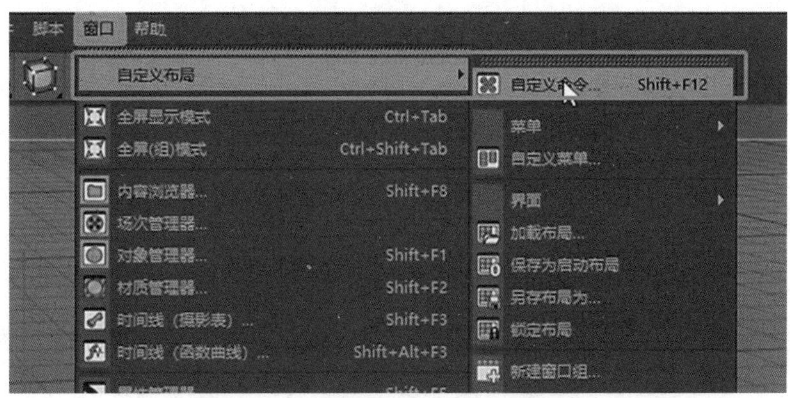


图 1-2-23　打开“自定义命令”窗口

5.“自定义命令”窗口几乎罗列了 C4D 的所有工具命令，如图 1-2-24 所示。

图 1-2-24　“自定义命令”窗口

6. 选择常用命令拖放到工具栏中，如图 1-2-25 所示。

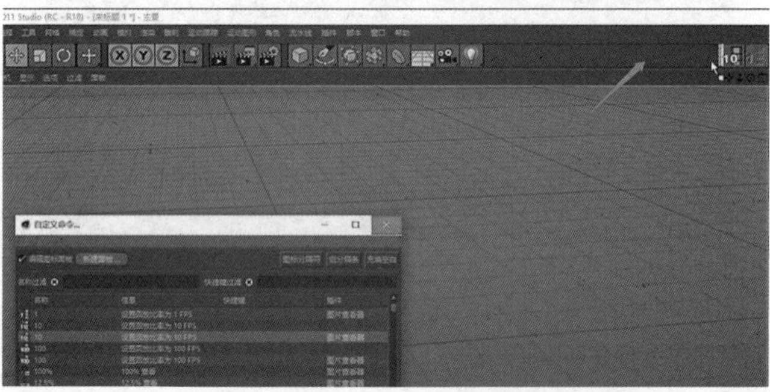

图 1-2-25　拖放命令到工具栏

7. 勾选“编辑图标面板”，通过双击工具栏的快捷方式，对快捷键进行删除，如图 1-2-26 所示。

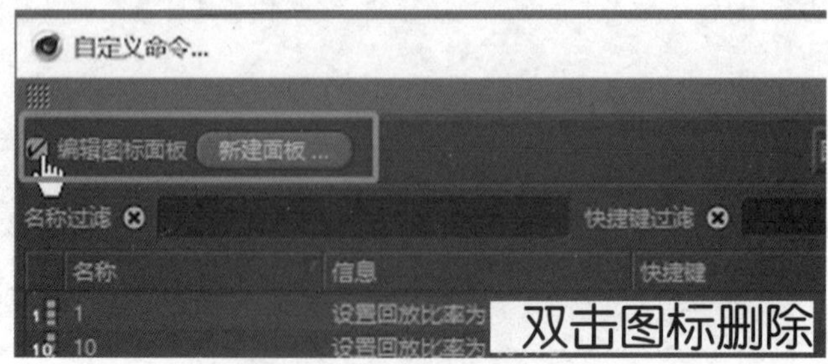


图 1-2-26　删除快捷键

8. 在工具栏空白处，点击鼠标右键，新建面板，将命令拖放到面板中，如图 1-2-27、图 1-2-28 所示。

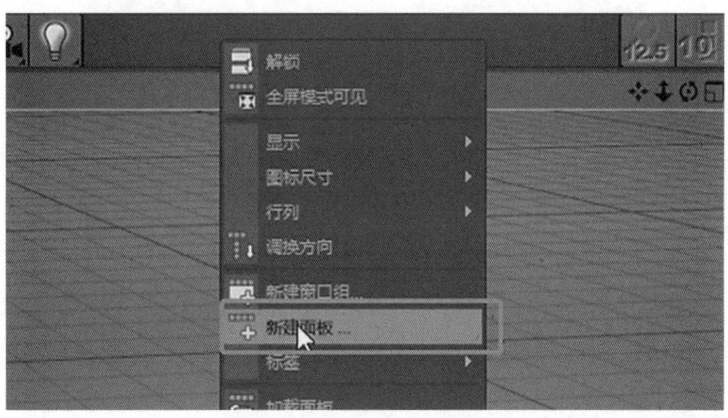


图 1-2-27　新建面板

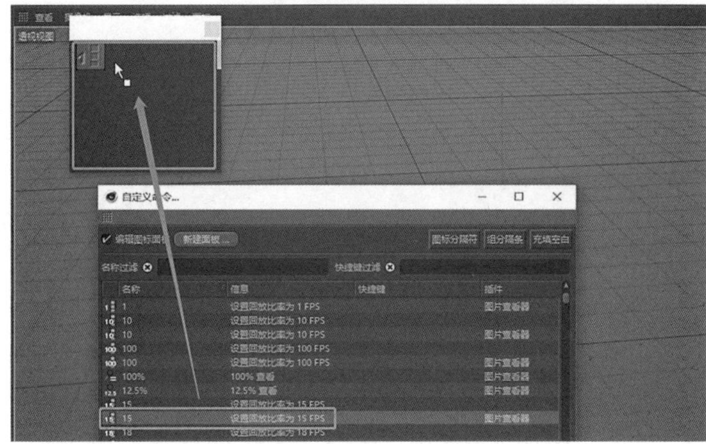


图 1-2-28　拖放命令到面板

9. 关闭“自定义命令”窗口，完成自定义界面，将工具面板拖放到合适的地方，如图 1-2-29 所示。

图 1-2-29　完成自定义界面

10. 保存自定义布局，可通过点击菜单栏的“窗口—自定义布局—另存布局为 ...”，将自定义布局保存起来，如图 1-2-30、图 1-2-31 所示。

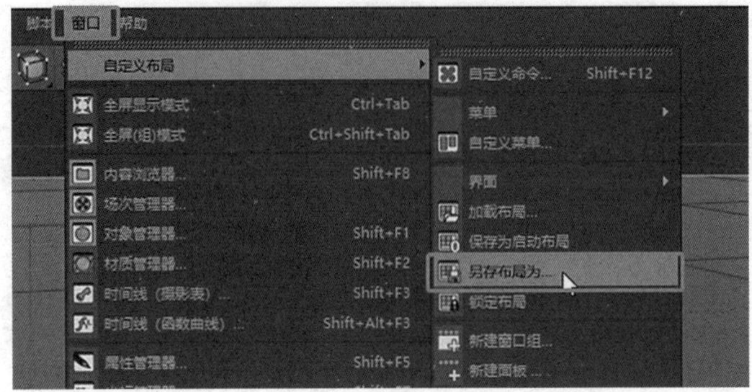

图 1-2-30　打开“另存布局为 ...”命令

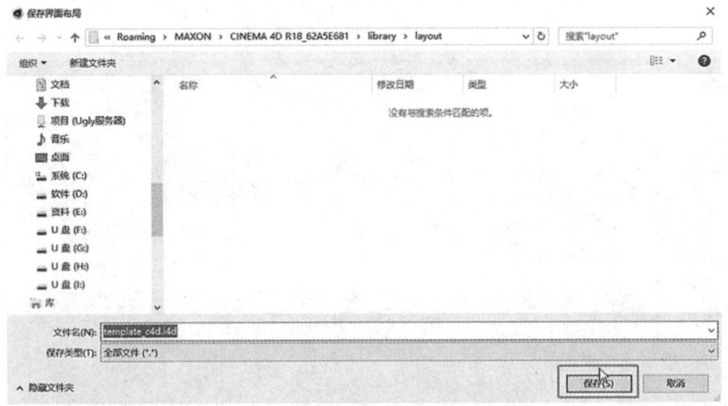

图 1-2-31　保存自定义布局

11. 保存自定义布局成功后，界面显示自定义的工作界面，可通过界面切换到不同的工作环境，如图 1-2-32 所示。

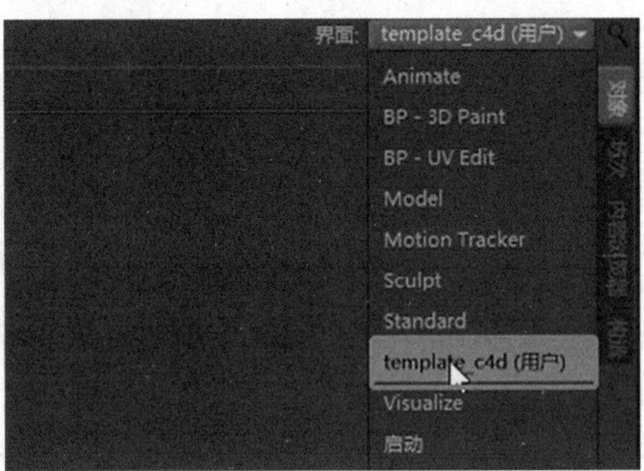

图 1-2-32　切换工作环境

12. 除了自定义工具栏的快捷方式，C4D 的菜单也支持自定义，点击菜单栏“窗口”，打开“自定义命令”窗口；再次打开“窗口”，打开“自定义菜单”窗口，如图 1-2-33、图 1-2-34 所示。

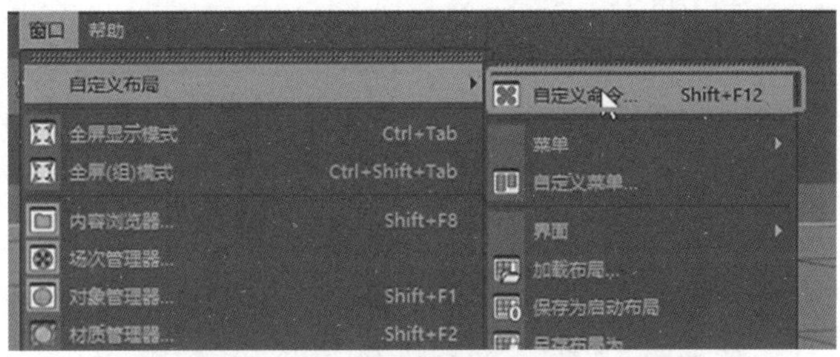

图 1-2-33　打开“自定义命令”窗口

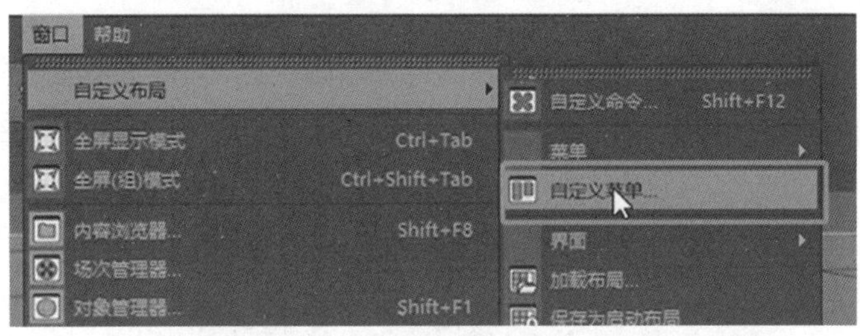

图 1-2-34　打开“自定义菜单”窗口

13. 菜单栏文件下面第一项为“新建”，但我们可以手动更改功能和顺序，如图 1-2-35 所示。

图 1-2-35　“新建”命令

14. 可拖放一个命令到文件菜单下，点击“应用”，如图 1-2-36 所示。

图 1-2-36　拖放命令到文件菜单

15. 点击文件，可出现刚才添加的命令，如图 1-2-37 所示。

图 1-2-37　命令置入效果

16. 还可以对 C4D 的其他菜单进行自定义编辑，连 C4D 的热核快捷键都可以自定义，在视图中按住快捷键 V，就可以出来一个快捷菜单，如图 1-2-38、图 1-2-39 所示。

图 1-2-38　自定义其他菜单

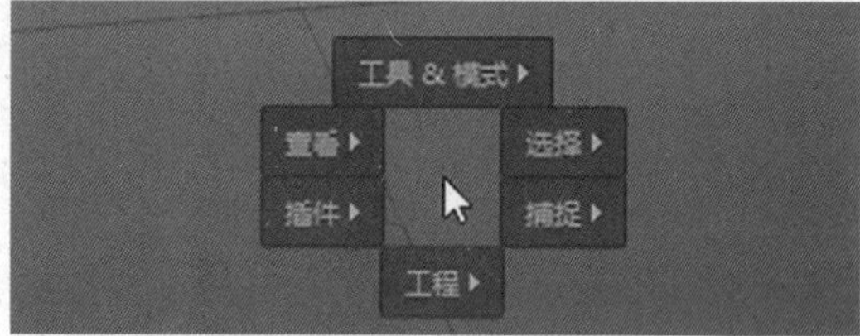


图 1-2-39　热核快捷键

17. 关闭软件时，会提示是否保存自定义菜单的修改，点击“是”确认保存修改文件，点击“否”取消保存修改文件，如图 1-2-40 所示。

图 1-2-40　保存文件选择弹窗

任务 1.3

# 对象管理器

## 教学重点

· **对象管理器详解。**

## 教学难点

· **对象管理器内容的应用。**

## 任务分析

### 01. 任务目标

熟知对象管理器界面各个内容的应用。

### 02. 实施思路

对象管理器的不同内容控制着不同的参数数值，通过调整参数来搭建模型。

## 任务实施

### 01. 对象管理器

1. 新建多个对象，工具栏图标下面有黑色三角形，有一组工具隐藏在黑色三角形下，可按住鼠标左键不放，展开工具组，放开鼠标建立选中的模型，新建物体在对象管理器中显示，如图 1-3-1、图 1-3-2 所示。

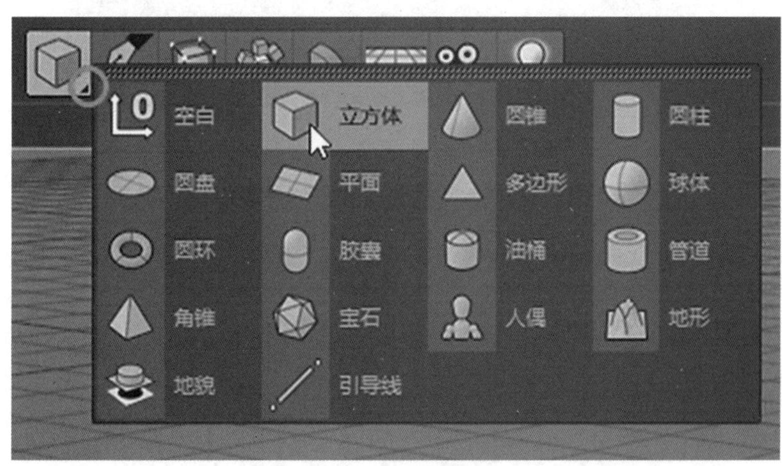


图 1-3-1　选择新建对象

图 1-3-2　新建对象在对象管理器中显示效果

2. 在视图中按住快捷键 Alt 的同时，结合鼠标，滚动鼠标滚轮，拖曳视图，调整好视角，如图 1-3-3 所示。

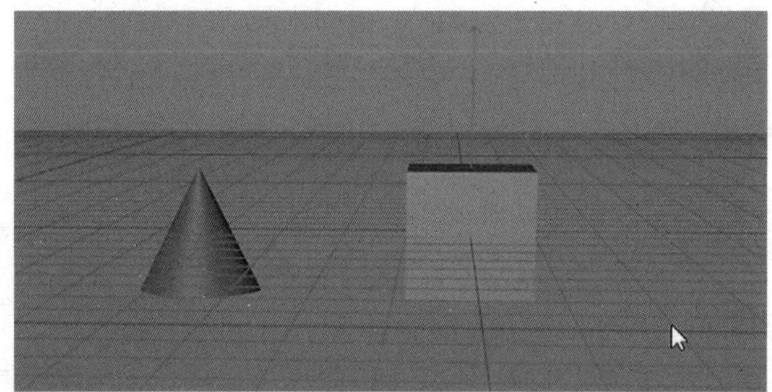

图 1-3-3　视图的基本操作

3. 在对象管理器中，通过拖曳可改变对象的顺序，如图 1-3-4、图 1-3-5 所示。

图 1-3-4　选择对象顺序

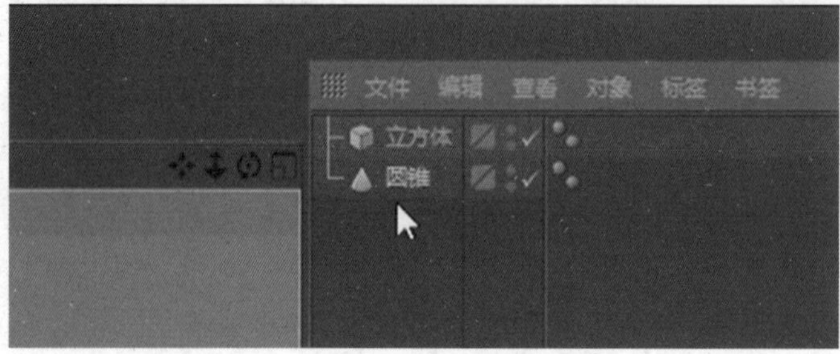


图 1-3-5　改变对象顺序

4. 将对象拖放到另一个对象上，还可改变对象的层级关系，修改父级的属性可以影响子级，如图 1-3-6 至图 1-3-9 所示。

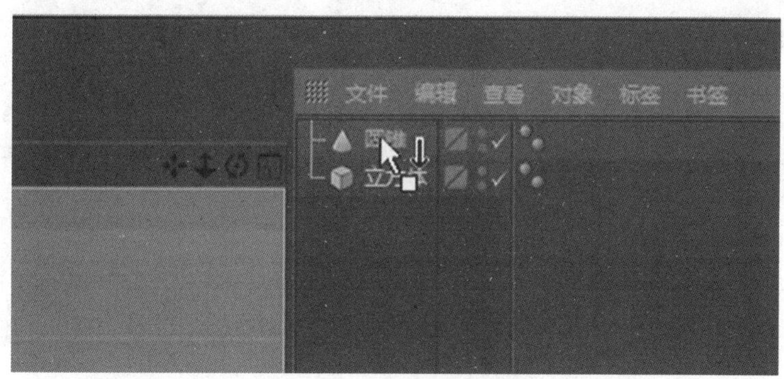

图 1-3-6　选择对象层级

图 1-3-7　改变对象层级

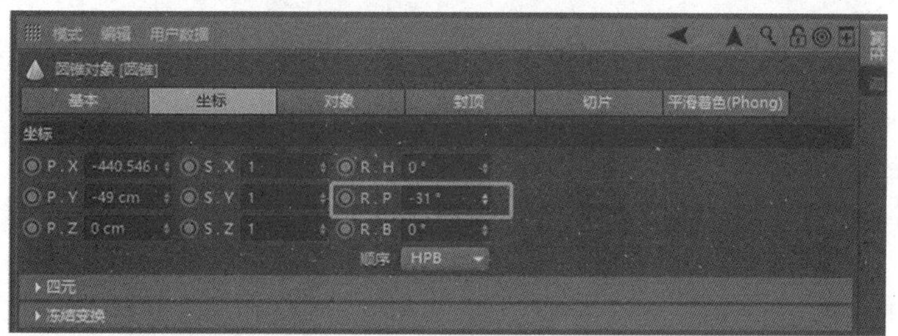

图 1-3-8　旋转父级

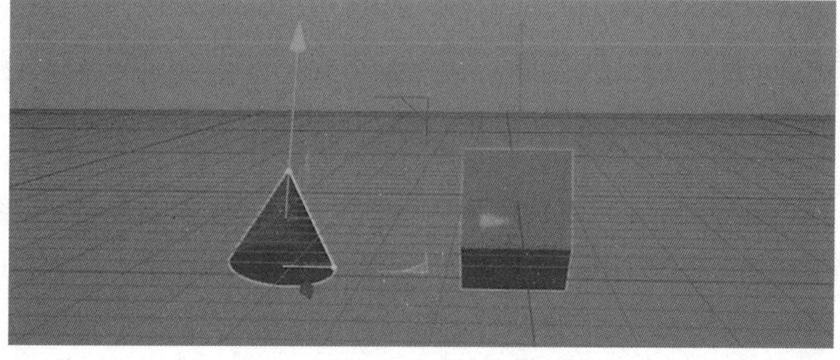
图 1-3-9　子级跟随父级旋转

5. 按住 Ctrl 键拖曳可复制选中的对象，如图 1-3-10 至图 1-3-12 所示。

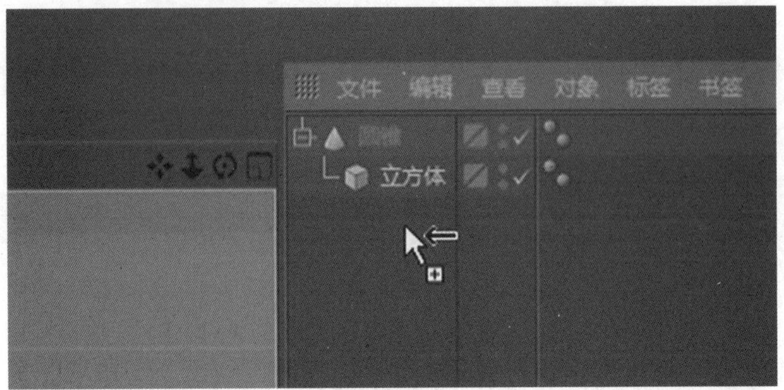


图 1-3-10　拖曳选中对象

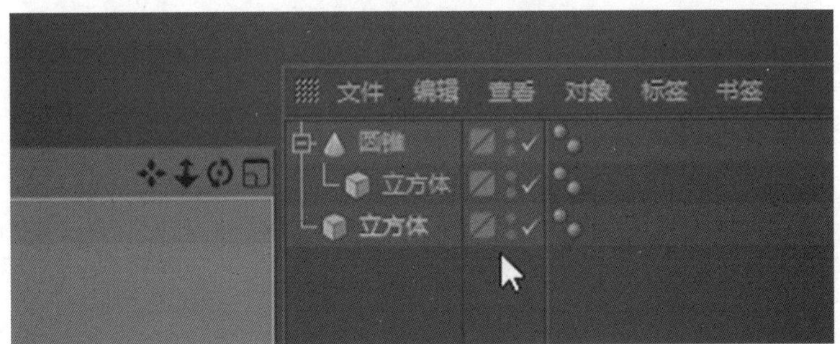


图 1-3-11　复制选中对象

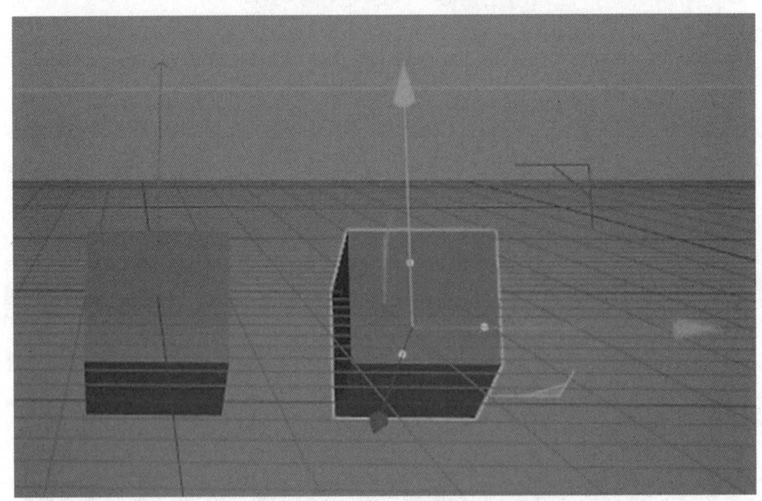

图 1-3-12　复制选中对象效果

6. 在对象管理器中，每个对象后面有 3 个小按钮，分别对应属性管理器的四个属性：图层，编辑器可见、渲染器可见，启用，如图 1-3-13 所示。

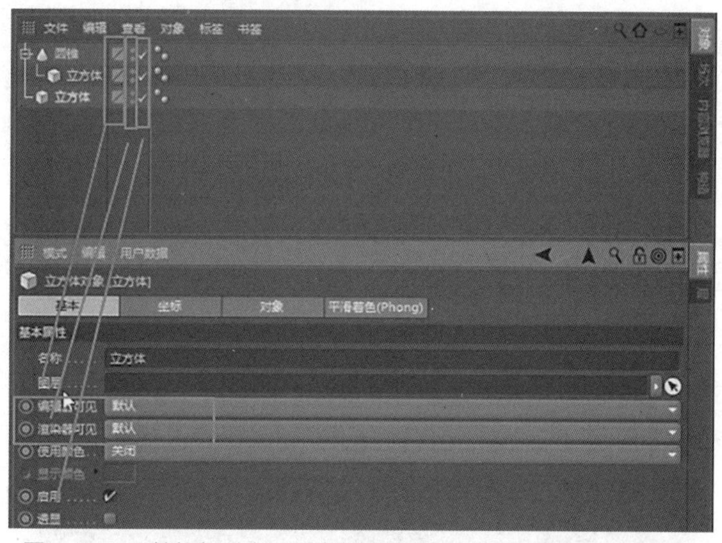

图 1-3-13　按钮与对应图层、编辑器可见、渲染器可见、启用属性

7. 对象管理器中 2 个圆形按钮，上下分别对应编辑器可见和渲染器可见。编辑器可见决定对象是否在视图窗口中显示（灰色：默认显示，绿色：强制显示，红色：关闭显示），如图 1-3-14 所示。

图 1-3-14　绿色强制显示

8. 将父级关闭显示，将子级开启强制显示，如图 1-3-15、图 1-3-16 所示。

图 1-3-15　子级强制显示

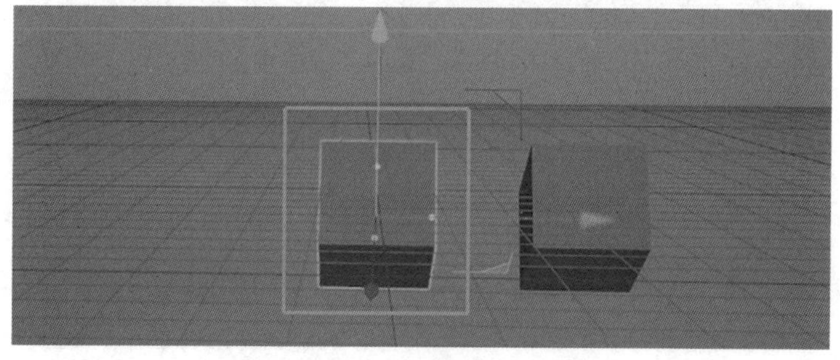

图 1-3-16　子级强制显示效果

9. 视图编辑器的开关不影响最终渲染输出。虽然视图不显示，但是渲染器并没有关闭显示，依然可以渲染输出，如图 1-3-17 所示。

图 1-3-17　渲染到图片查看器

10.“渲染可见”通过渲染器开关进行控制，也是分为三挡——默认、显示、关闭，如图 1-3-18 所示。

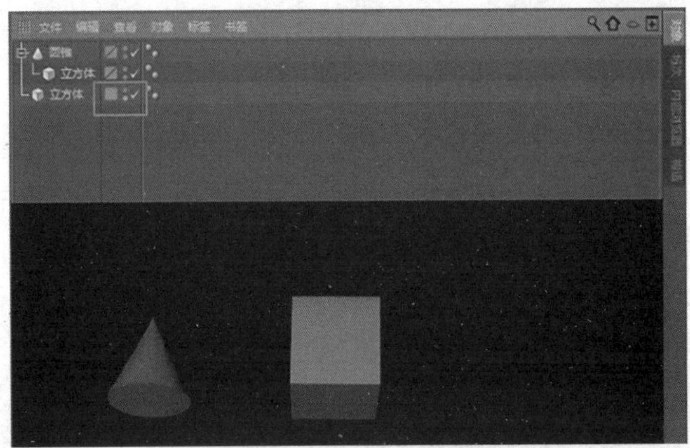

图 1-3-18　视图可见、渲染可不见

11. 第三部分为激活对象，默认为开启。关闭激活对象后，对象在视图编辑器中不可见，同时也不被渲染，如图 1-3-19 所示。

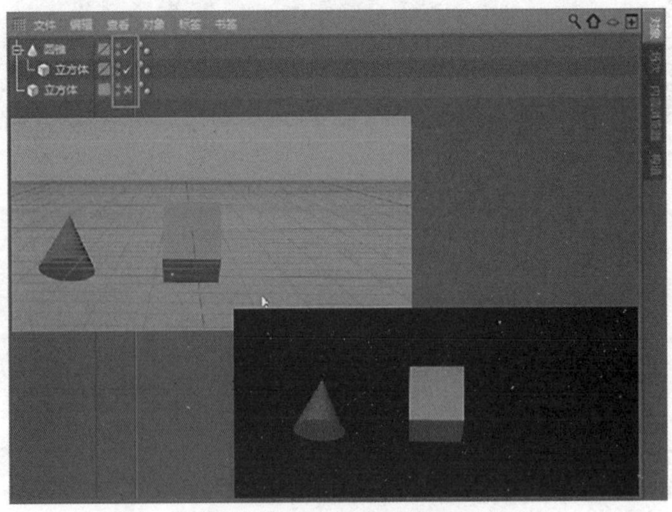

图 1-3-19　关闭激活对象

## 任务 1.4

# 资源结构管理器

### 教学重点

· **资源结构管理器详解。**

### 教学难点

· **资源结构管理器的应用。**

### 任务分析

**01. 任务目标**

熟知资源结构管理器界面各个内容的应用。

**02. 实施思路**

通过使用资源结构管理器中的模型、材质、灯光来搭建模型。

### 任务实施

**01. 资源结构管理器**

1. 资源结构管理器在 C4D 软件窗口的右上方，如图 1-4-1 所示。

图 1-4-1　资源结构管理器

2. 资源结构管理器对应内容，可由菜单栏窗口下“内容浏览器”打开，如图 1-4-2 所示。

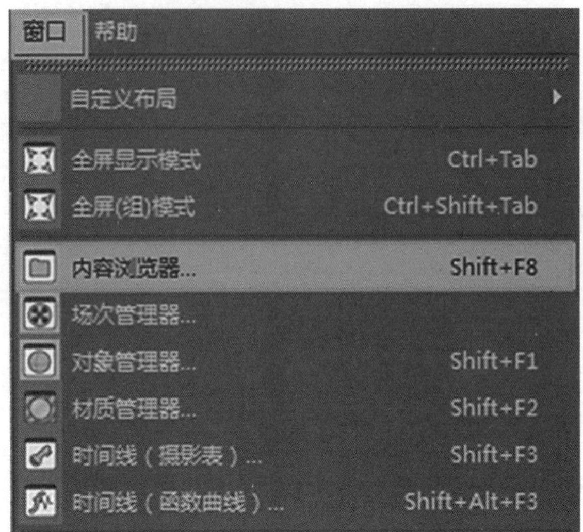


图 1-4-2　打开“内容浏览器”

3. “预置”中的模型、材质、灯光都可直接添加使用，如图 1-4-3 所示。

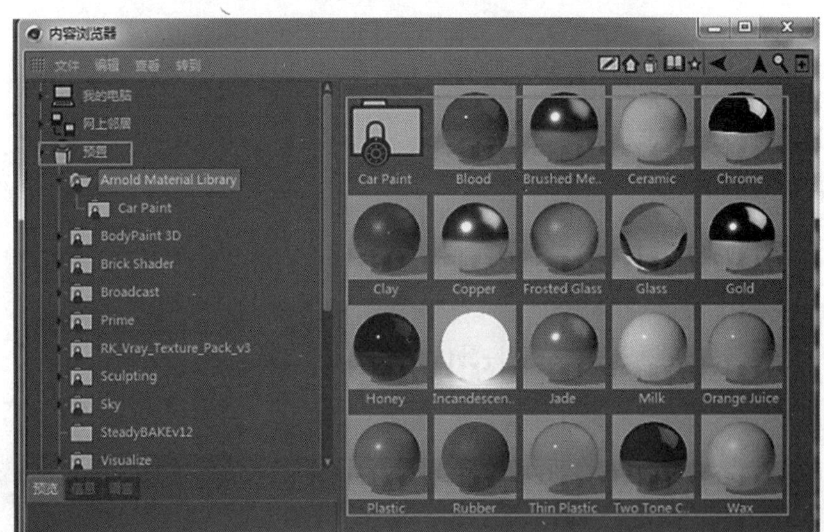


图 1-4-3　预置中的模型、材质、灯光

任务 1.5

# 属性管理器

## 教学重点

· **属性管理器详解。**

## 教学难点

· **属性管理器的应用。**

## 任务分析

### 01. 任务目标

熟知属性管理器界面各个内容的应用。

### 02. 实施思路

通过使用属性管理器中的参数设置来搭建模型。

## 任务实施

### 01. 属性管理器

1. 单击建立一个简单模型进行演示，如图 1-5-1 所示。

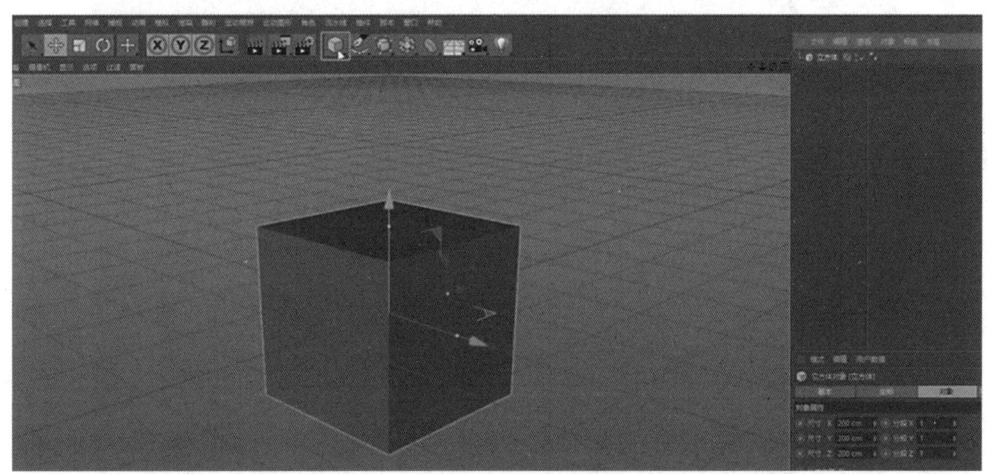

图 1-5-1　建立立方体

2. 选择对象管理器的对象标签，点击立方体，如图 1-5-2 所示。

图1-5-2　选择立方体

3. 属性管理器会切换到当前对象的属性面板，修改属性面板中的参数，可对选中对象进行修改，如图 1-5-3、图 1-5-4 所示。

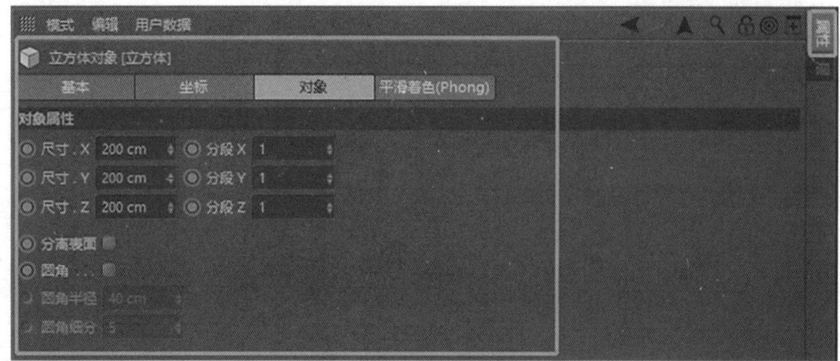


图1-5-3　对象的属性面板

图1-5-4　当前选中扭曲对象

4. 可建立其他的对象，当切换到不同对象时，属性管理器会切换到当前选中对象的属性面板，不同的对象拥有不同的属性，如图 1-5-5 所示。

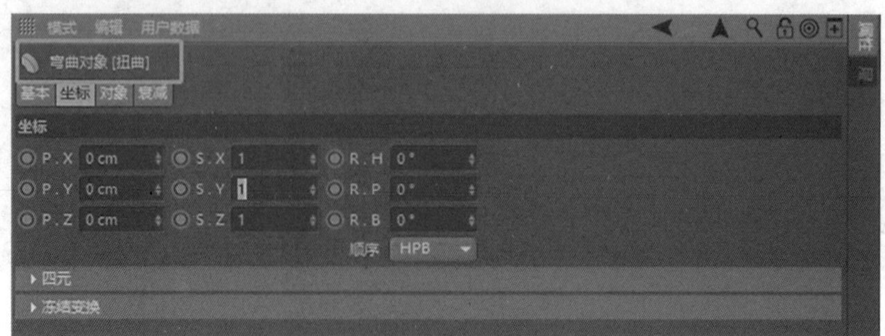


图1-5-5　弯曲对象的属性面板

任务 1.6

# 层系统管理器

## 教学重点

· 层系统管理器详解。

## 教学难点

· 层系统管理器的应用。

## 任务分析

### 01. 任务目标

熟知层系统管理器界面各个内容的应用。

### 02. 实施思路

通过使用层系统管理器中的参数设置来搭建模型。

## 任务实施

### 01. 层系统管理器

1. 单击层图标弹出菜单，将当前对象加入层中，如图 1-6-1 所示。

图 1-6-1　将对象加入新层

2. 单击层图标，打开层管理器，通过层系统的开关，可设置层中对象的独显、查看、关闭渲染，在对象管理中隐藏、锁定等，如图 1-6-2 至图 1-6-7 所示。

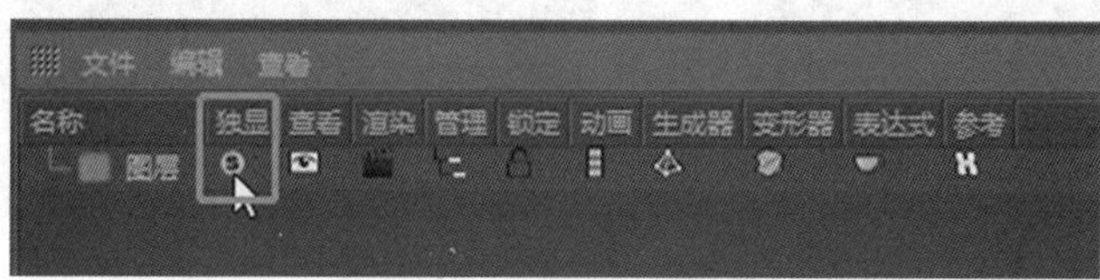


图 1-6-2　点击“独显”

图1-6-3　独显效果

图1-6-4　点击“查看”

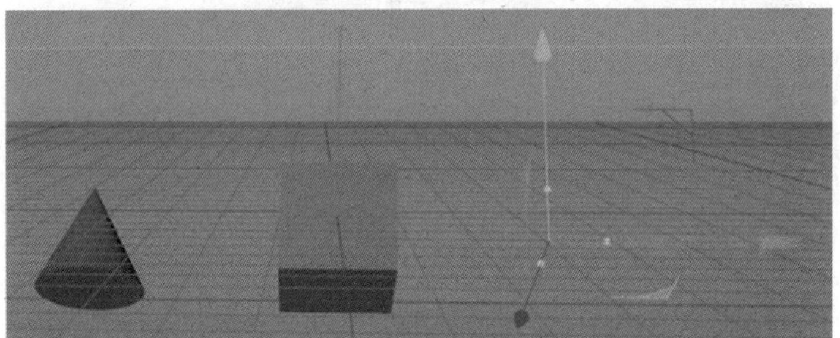

图1-6-5　查看模型

图1-6-6　关闭渲染

图1-6-7　关闭渲染模型

任务 1.7

# 材质管理器

## 教学重点

· **材质管理器详解。**

## 教学难点

· **材质管理器的应用。**

## 任务分析

### 01. 任务目标

熟知材质管理器界面各个内容的应用。

### 02. 实施思路

通过使用材质管理器中的参数设置来搭建模型。

## 任务实施

### 01. 材质管理器

1. 创建材质球，如图 1-7-1 所示。

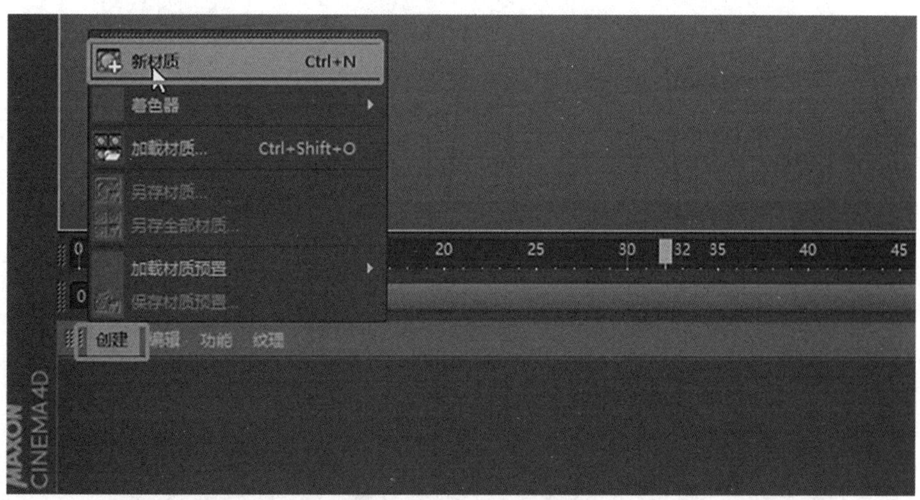


图 1-7-1　创建材质球

2. 双击材质球，修改材质属性，如图 1-7-2 所示。

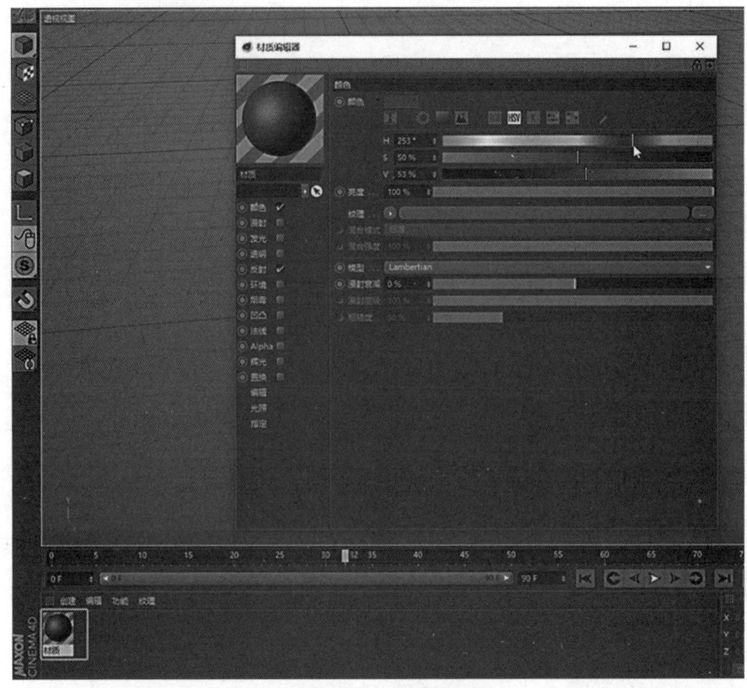

图1-7-2　修改材质属性

3. 将材质球拖放到视图对象上，还可在材质管理器中创建更多的材质，如图1-7-3、图1-7-4所示。

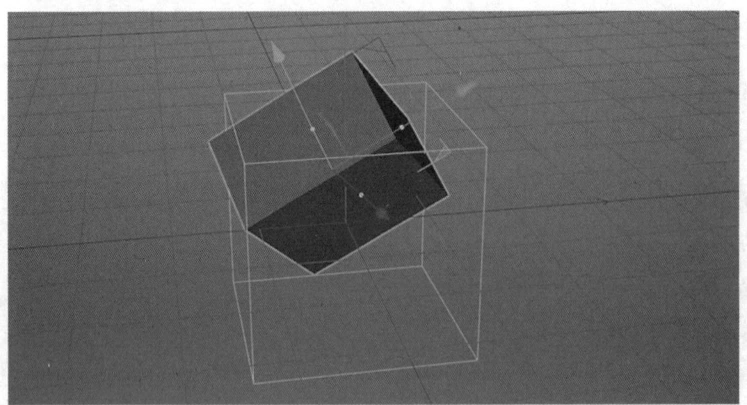

图1-7-3　将材质球拖放到视图对象上

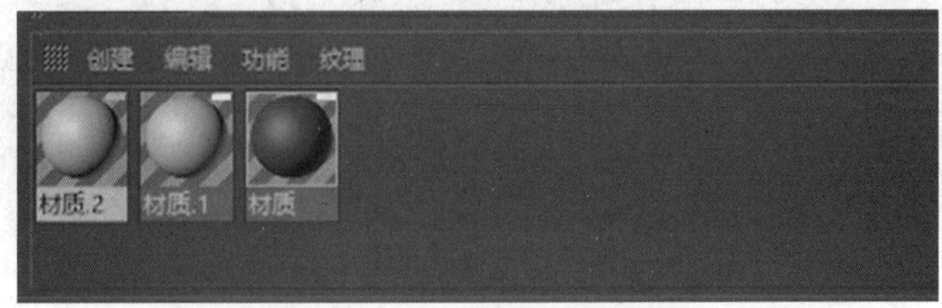


图1-7-4　在材质管理器中创建材质

任务 1.8

# 坐标编辑栏

## 教学重点

· 坐标编辑栏详解。

## 教学难点

· 坐标编辑栏的应用。

## 任务分析

### 01. 任务目标

熟知坐标编辑栏界面各个内容的应用。

### 02. 实施思路

通过使用坐标编辑栏中的参数设置来搭建模型。

## 任务实施

### 01. 坐标编辑栏

1. 坐标管理器，如图 1-8-1 所示。

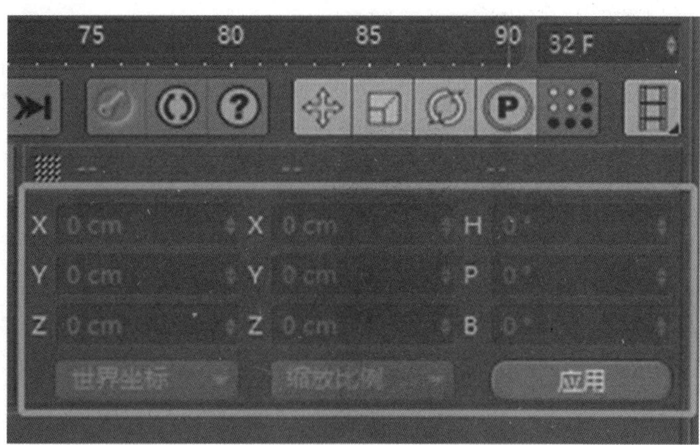


图 1-8-1　坐标管理器

2. 在对象管理器中，选中一个对象，修改当前选中对象的坐标参数，点击“应用”，如图 1-8-2 所示。

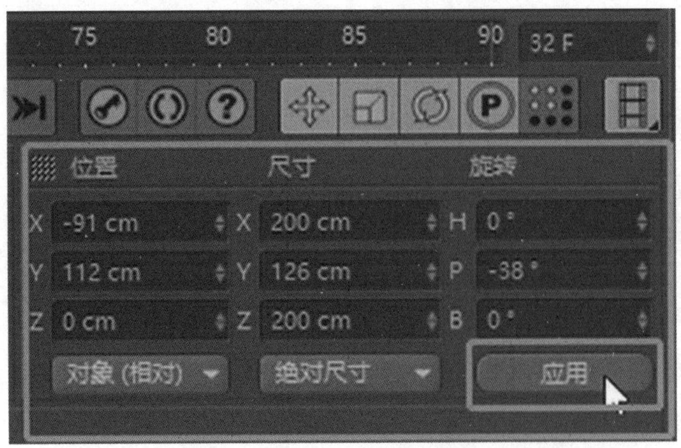

图1-8-2　在对象管理器中修改对象坐标参数并应用

3. 在属性管理器中，也可以对当前选中对象的坐标信息进行修改，如图 1-8-3 所示。

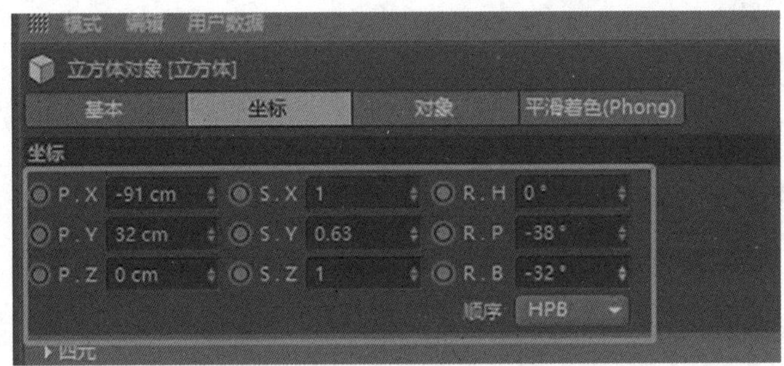

图1-8-3　在属性管理器中修改对象坐标参数

# 任务 1.9

# 操作视窗

## 教学重点

· **操作视窗详解。**

## 教学难点

· **操作视窗的应用。**

## 任务分析

### 01. 任务目标

熟知操作视窗界面各个内容的应用。

### 02. 实施思路

通过使用操作视窗中的参数设置来搭建模型。

## 任务实施

### 01. 操作视窗

1. 画面的正中心是视图窗口，默认为透视视图，如图 1-9-1 所示。

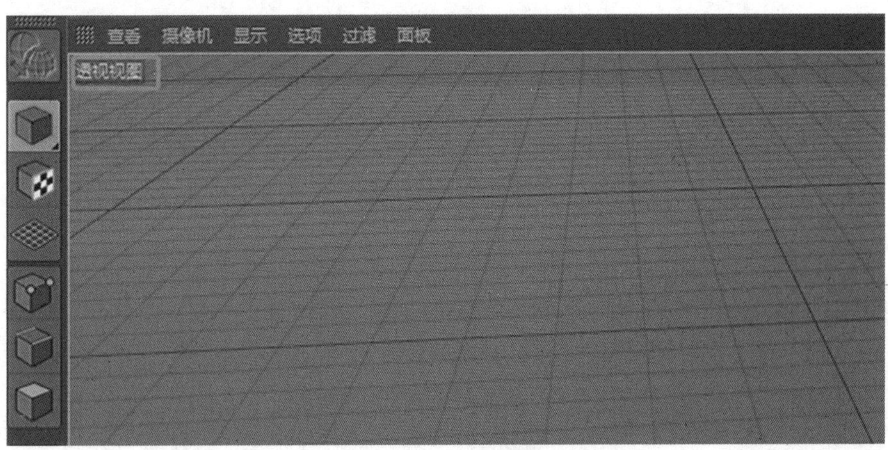


图1-9-1　透视视图

2. 视图窗口的左上角是视图菜单，如图 1-9-2 所示。

图 1-9-2　视图菜单

3. 视图窗口的右上角有四个按钮，按住鼠标左键不放的同时拖动鼠标，可平移视图、缩放视图、旋转视图以及最小化当前视图，如图 1-9-3 至 1-9-6 所示。

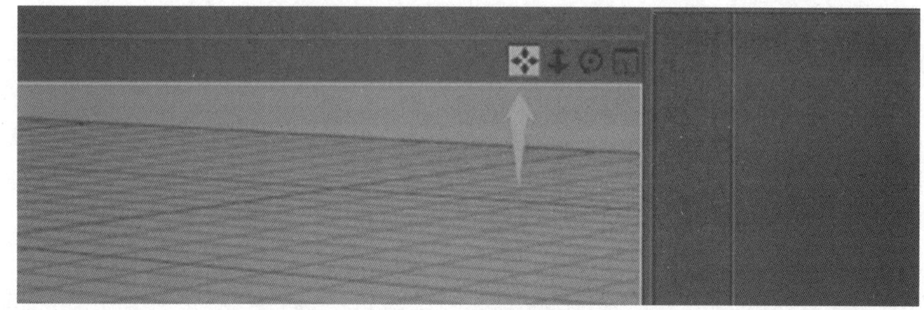

图 1-9-3　平移视图

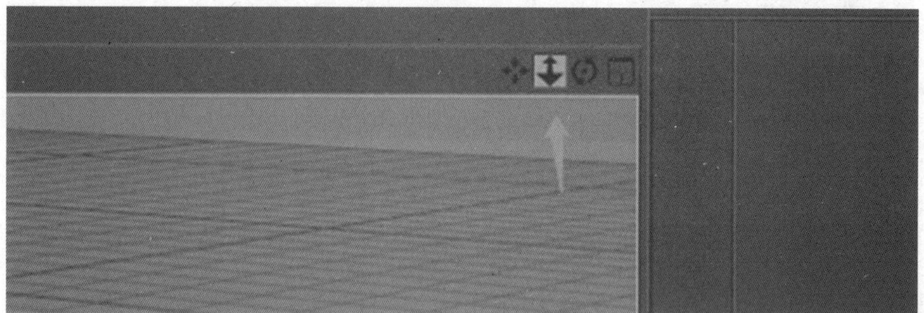

图 1-9-4　缩放视图

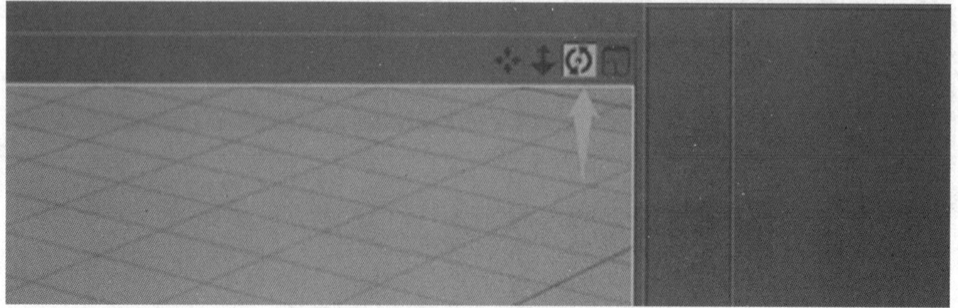

图 1-9-5　旋转视图

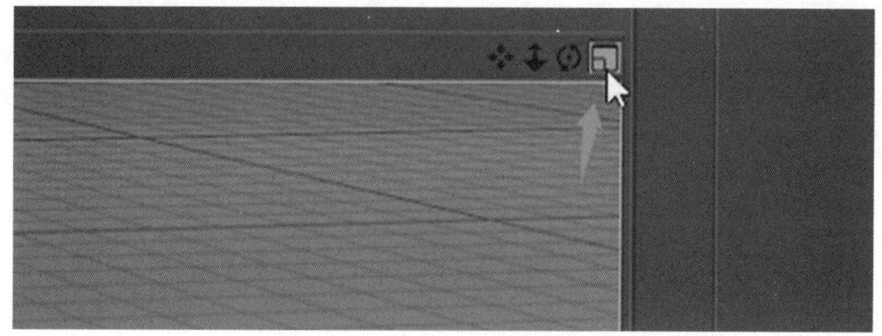

图 1-9-6　最小化当前视图

4. 最小化视图后会同时出现另外三个视图，分别为顶视图、右视图、正视图，如图 1-9-7 所示。

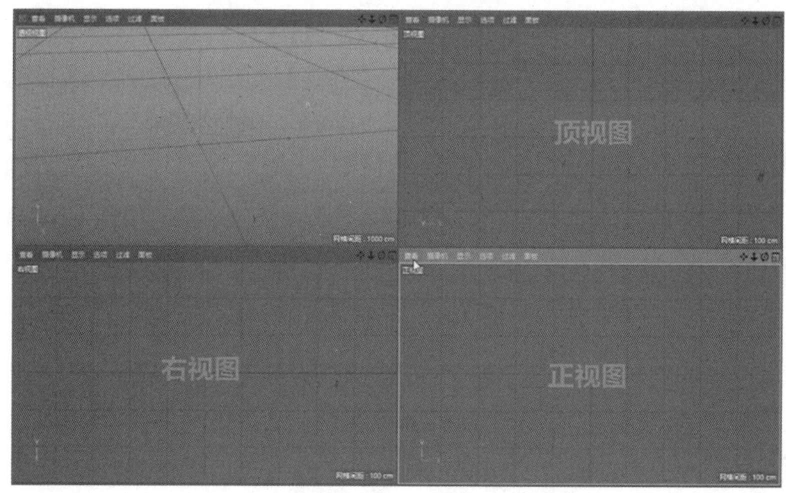


图 1-9-7　四视图

5. 每个视图上方都有视图菜单和四个按钮，切换四个视图的快捷键为单击鼠标中键，如图 1-9-8 所示。

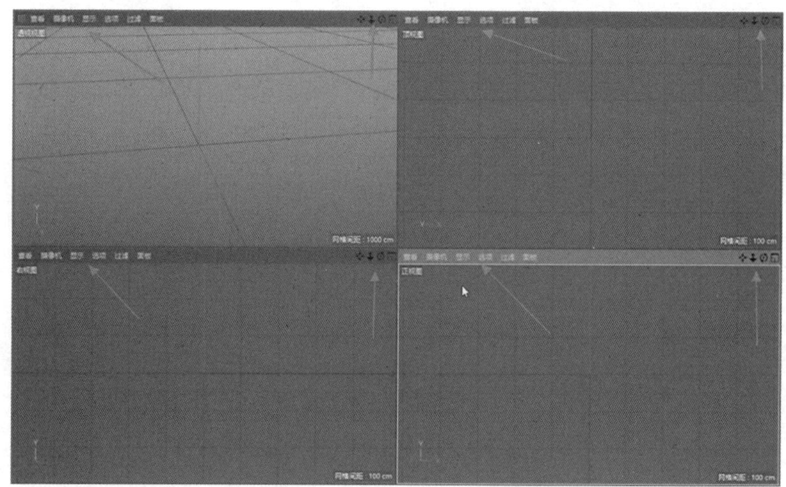

图 1-9-8　快捷键切换视图

CINEMA 4D
综合实战训练

Chapter 02

# 第 2 章

# 菜单功能详解

任务 2.1　文件、编辑、创建

任务 2.2　如何“选择”对象

任务 2.3　“工具菜单”的介绍和使用

任务 2.4　其余菜单目录

任务 2.5　如何“建模”

## 任务 2.1

# 文件、编辑、创建

### 教学重点

· **熟悉功能界面与功能用途。**

### 教学难点

· **新手对软件不熟悉，不能很快地找到相应的功能。**

### 任务分析

#### 01. 任务目标

熟悉 C4D 各个菜单栏功能对应的用途。

#### 02. 实施思路

通过视频去了解各个菜单栏功能相应的用途。

### 任务实施

#### 01. “文件”菜单

1. C4D 建模制作与后期制作类软件有共同点，即从最基础的新建工程、打开工程、关闭工程，到最后的工程文件保存、另存为都在菜单栏“文件”菜单里，如图 2-1-1 所示。

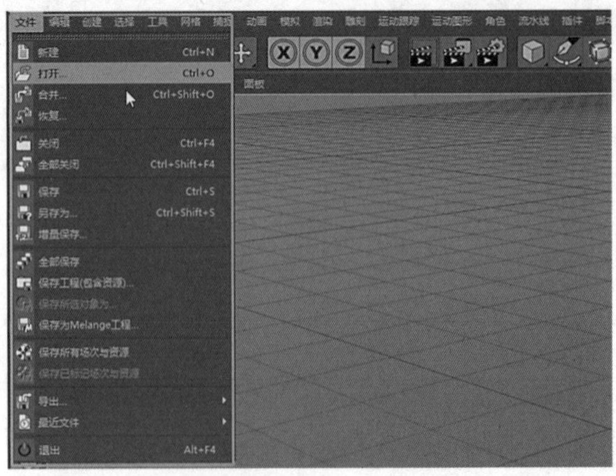


图 2-1-1　菜单栏“文件”菜单下拉列表

2. 后期制作类软件极大多数无法实现全部关闭打开的多个工程文件，C4D“文件”

菜单栏下的“全部关闭”功能可以一次性关闭同时打开的多个工程文件，如图 2-1-2 所示。

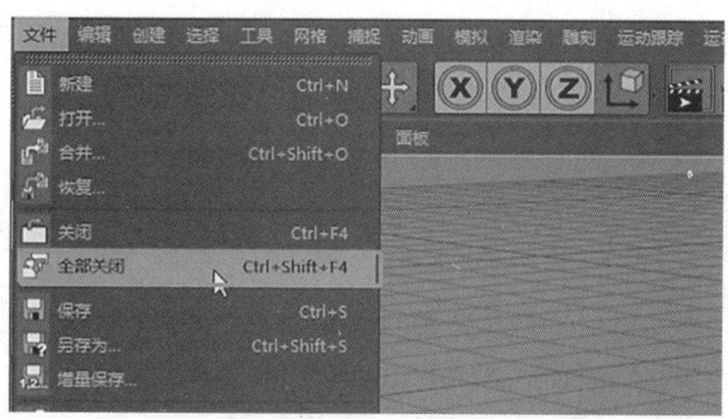

图 2-1-2　“全部关闭”命令

3. C4D 的建模过程中需要避免工程建模繁多，因为多个模型会影响渲染时间以及制作时的运行速度。如制作的建模量较多，需要点击“增量保存”，每点击一次都会自动保存为一个新的工程，如图 2-1-3 所示。

CINEMA 4D R18.057 Studio (RC - R18) - [未标题 1 *] - 主要

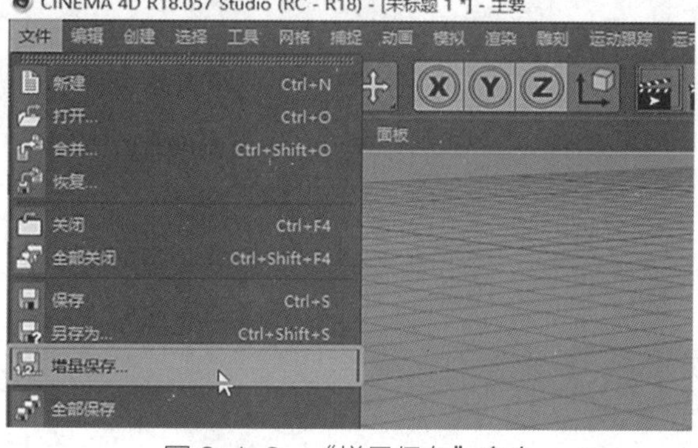

图 2-1-3　“增量保存”命令

4. 当整个建模完成时，为便于后期的修改以及团队接着制作，需要将整个工程保存，其中包含工程制作中使用的所有素材，如纹理贴图、模型文件等。“文件”菜单下的“保存工程（包含资源）”是将工程以及纹理贴图、模型文件等都打包整理到一个单独的目录中保存起来，后续的制作与修改只需打开此目录中的工程文件就可以完整地打开，如图 2-1-4 所示。

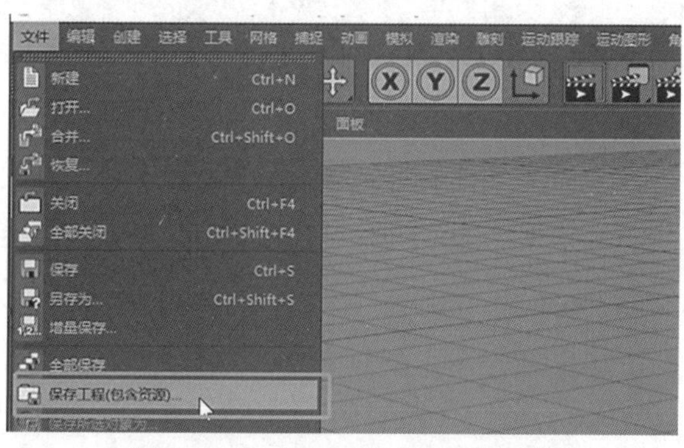

图 2-1-4　保存工程（包含资源）

5. C4D 导出文件格式选项繁多，在制作中可以将工程导出转换为其他格式，以便于其他三维软件之间的相互使用。如 fbx、obj 格式，基本的三维软件都可以打开，fbx 和 obj 格式也被称为通用的格式。需要记住，不同格式承载的工程信息数据不同，需要根据后续需导出的软件来选择它的导出格式，如图 2-1-5 所示。

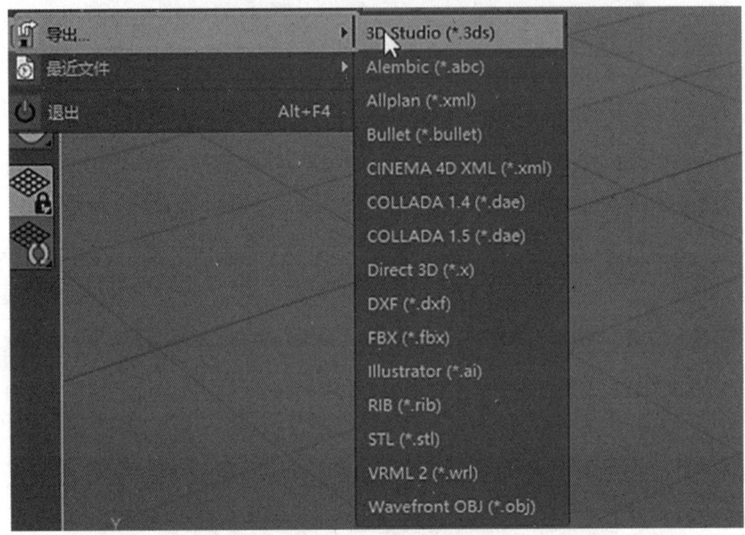


图 2-1-5　选择导出格式

6. 打开 C4D 工程文件，可从“文件”菜单下的最近文件中了解近一段时间打开的工程文件，便于制作与查找，如图 2-1-6 所示。

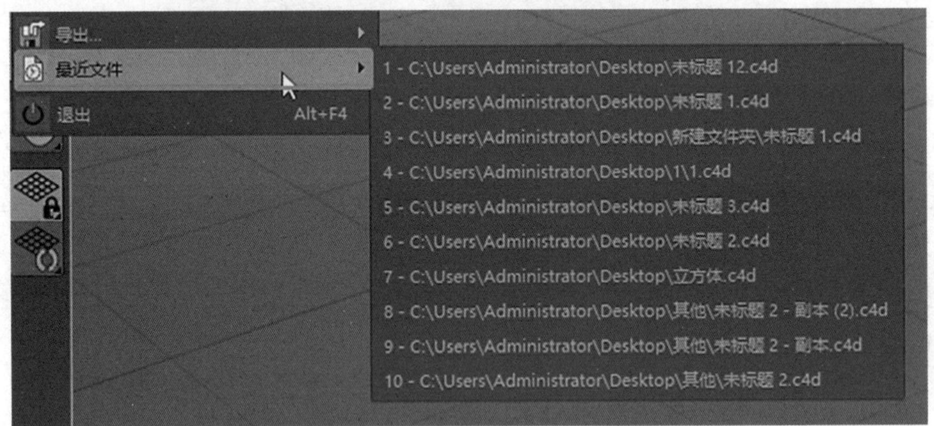


图 2-1-6　打开最近的工程文件

7. 保存工程文件后，需要退出软件，除了常规的退出方式之外，在“文件”菜单下面点击“退出”，软件会自动关闭，如图 2-1-7 所示。

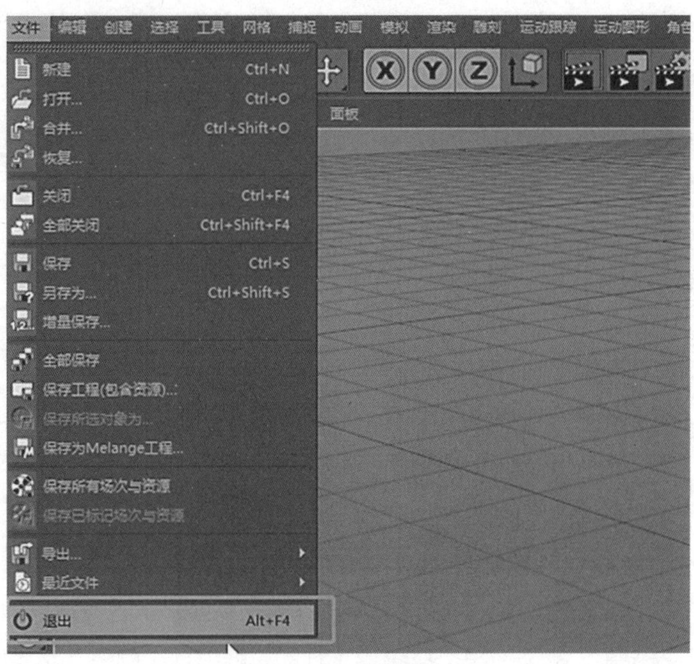


图 2-1-7　退出软件

## 02. “编辑”菜单

1. 了解完“文件”菜单之后，再进一步了解编辑菜单，须知常用的复制、粘贴、撤销、重做都在编辑菜单里面，如图 2-1-8 所示。

图 2-1-8　打开“编辑”菜单

2. 根据不同的项目要求，对 C4D 工程设置的要求也会有所改变，这里的工程设置是针对当前项目的设置，需要修改系统默认的工程设置时，找到“编辑”菜单下的“工程设置”修改参数，如图 2-1-9 所示。

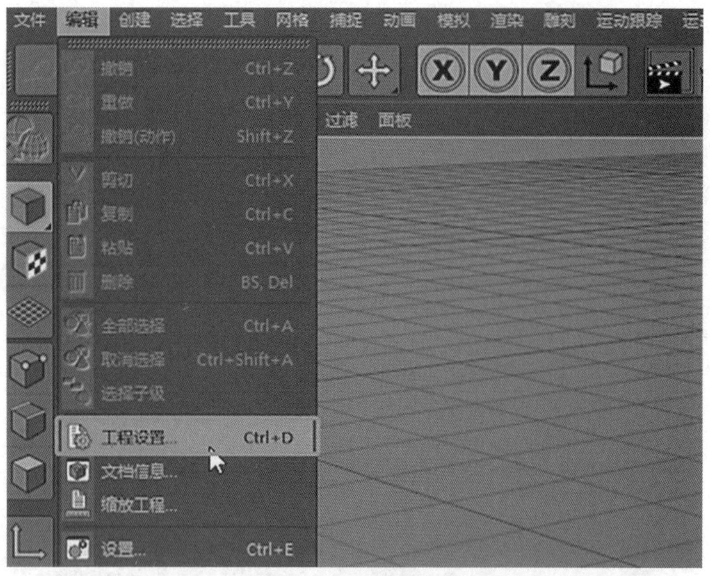


图 2-1-9　工程设置

3. 在“工程设置”的面板里可以看到工程的工程缩放、帧率、工程时长等信息。如缩放工程可以将工程大小比例缩小。这里需要注意的是帧率，帧率常称帧速率，制作动画通常需要先确定好帧速率，一旦做了关键帧动画再来改就麻烦了。除此之外还可以根据项目要求来调整工程的其他相关设置，如图 2-1-10 所示。

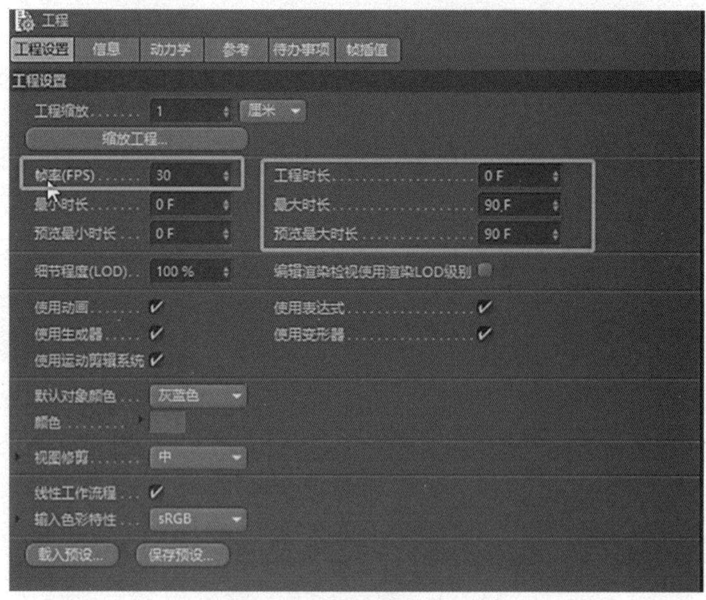


图 2-1-10　调整帧率

4. C4D 软件在面板设置上有着人性化的处理，打开“编辑”菜单下的“设置”，可以自定义“设置”面板，如图 2-1-11 所示。

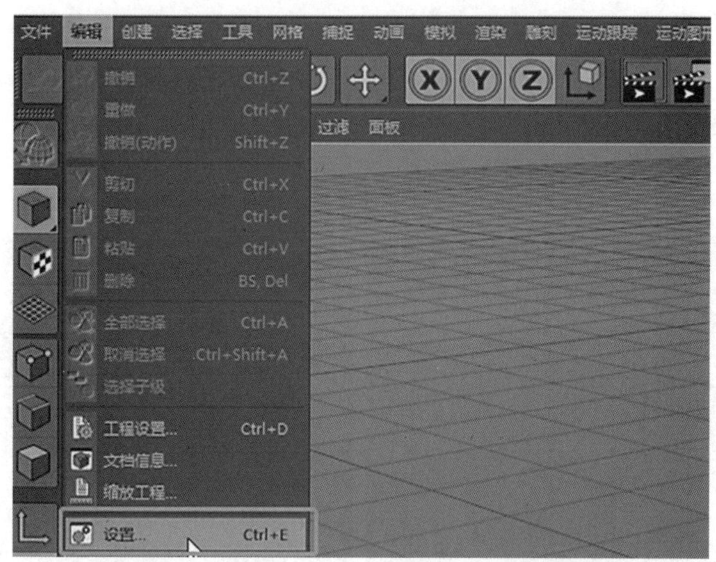


图 2-1-11　选择“编辑”菜单下的“设置”命令

5. 打开“编辑”菜单下的“设置”，可以看到 C4D 的面板设置，如用户界面、导航、输入装置等。在用户界面中，根据熟悉的语言进行语言设置，勾选菜单显示，如图 2-1-12 所示。

图 2-1-12　“设置”面板

6. 点击“设置”中的“文件设置”，根据需求改变“文件”菜单下面的最近文件的显示数量，常用参数设置 10 个，也可根据使用者的具体情况适当增减。“自动保存”设置可以根据设置的参数，如每 10 分钟自动保存一次，避免误关或死机而无法恢复文件。如发生误关或死机情况，可以去文件夹中寻找自动保存工程进行下一步制作，如图 2-1-13 所示。

7. 制作的过程中难免出现参数调错或者中间制作数值出错，这时一步步的撤销相对于内存中撤销深度而言烦琐得多。撤销深度中可以选择撤销操作的步数，方便一步到位，减少时间，降低撤销时出错概率。除此之外还可以修改渲染器、BodyPaint 3D、图片查看器等其他设置，如图 2-1-14 所示。

图 2-1-13　文件设置面板　　图 2-1-14　内存设置面板

### 03. 创建菜单

1. 根据项目要求，或者制作内容需求，从“创建”菜单中，点击创建对象、样条、生成器、变形器、场景、物理天空、摄像机、灯光、材质、标签、XRef、声音等内容制作项目，其中部分工具可在工具栏找到快捷图标，便于快捷制作，节约时间，如图 2-1-15 所示。

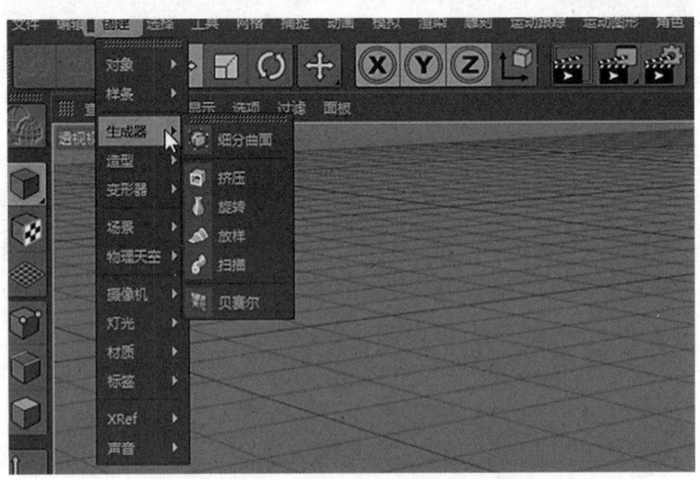


图 2-1-15　打开“生成器”下拉菜单

## 任务 2.2

# 如何“选择”对象

### 教学重点

· **如何使用不同的“选择”工具。**

### 教学难点

· **熟悉“选择”工具，如何应用合适的“选择”工具从而快速达到目的。**

### 任务分析

#### 01. 任务目标

熟悉“选择”工具。

#### 02. 实施思路

通过视频了解多种“选择”工具的使用。

### 任务实施

#### 01. “选择”菜单

1. 前面学习了“文件”菜单、“编辑”菜单以及“创建”菜单，今天学习“选择”菜单，点击“选择”菜单界面会出现选择过滤、实时选择、套索选择等不同的选择方式。如“选择过滤”下的“选择器”，它罗列出各种对象类型、标签类型，通过勾选“类型”可以选中该类型的所有物体，如图 2-2-1 至图 2-2-3 所示。

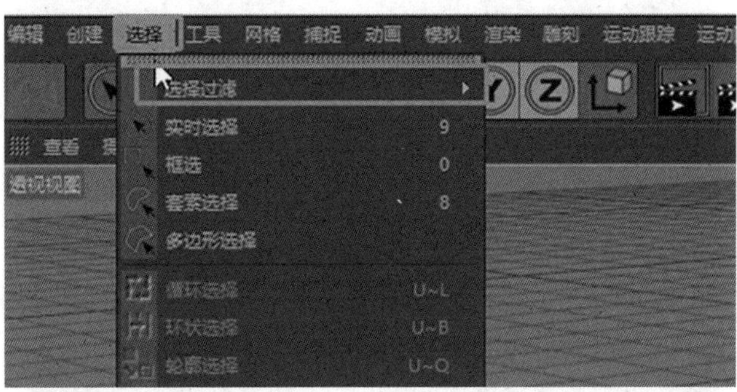


图 2-2-1　“选择”菜单

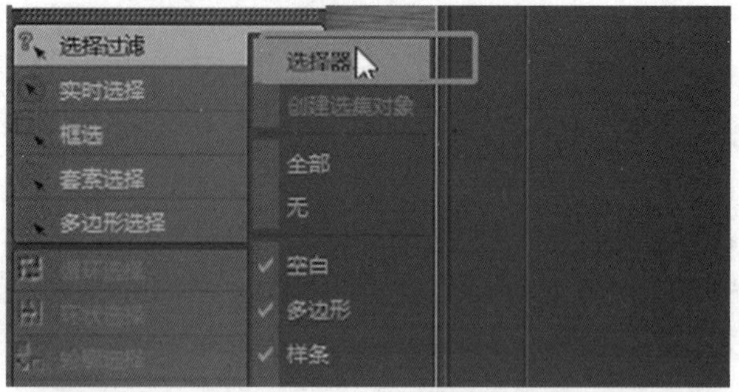


图 2-2-2 “选择过滤”下拉菜单“选择器”选项

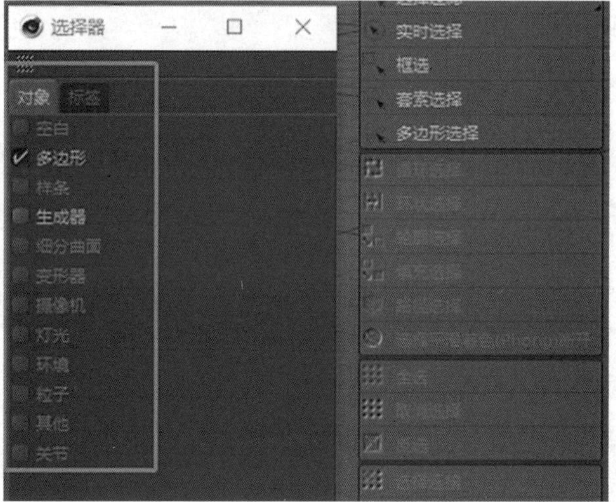


图 2-2-3 “选择器”菜单

2. 本章节主要学习如何使用“选择”菜单来制作完成模型。首先在图标菜单栏中选择立方体模型，点击“选择过滤”下的“选择器”，将对象类型勾选为“生成器”，如图 2-2-4 所示。

图 2-2-4 将对象类型勾选为“生成器”

3. 按住 Ctrl 键，移动鼠标复制一个新的立方体，选中立方体将其转成可编辑对象，如图 2-2-5、图 2-2-6 所示。

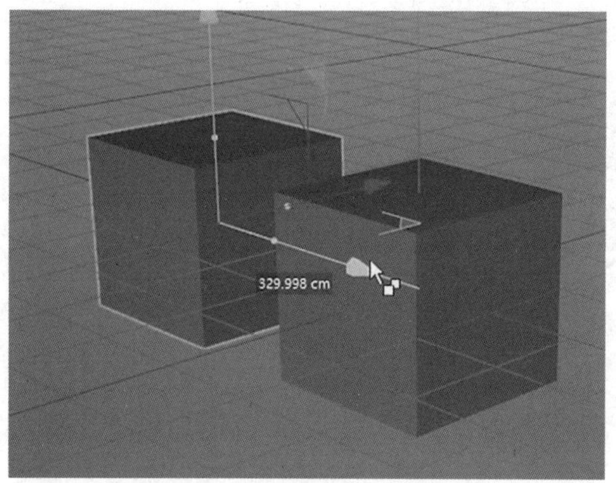

图 2-2-5　复制一个新立方体

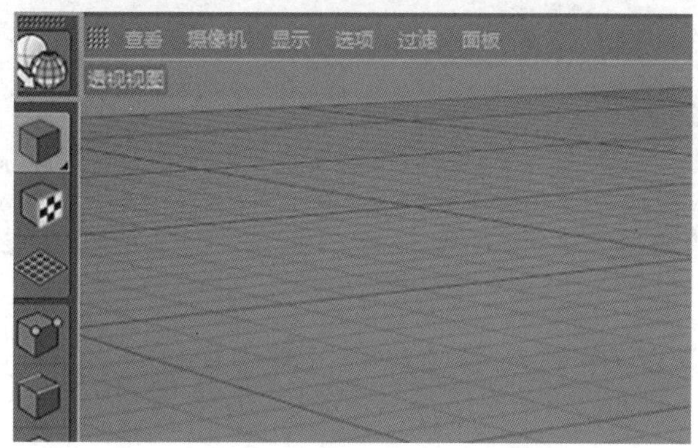

图 2-2-6　选择转换命令转成可编辑对象

4. 按住 Ctrl 键，移动鼠标再次复制一个立方体，切记需选择复制的立方体为可以转为可编辑对象的立方体，如图 2-2-7 所示。

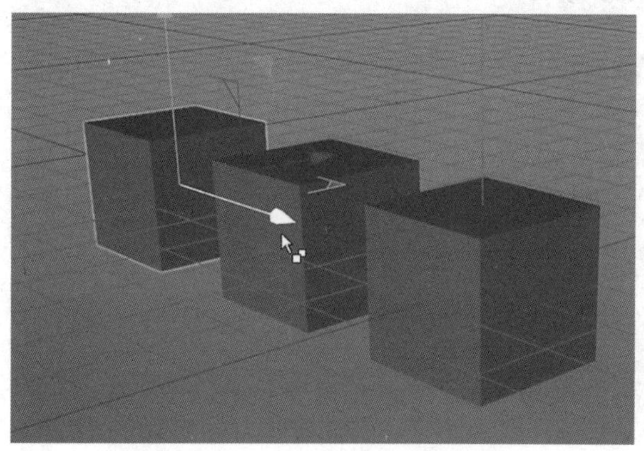
图 2-2-7　再次复制一个立方体

5. 点击“选择器”，选择勾选对象为多边形，使得场景中所有多边形对象被选中（立方体被转为可编辑对象之后，就成了多边形对象），如图 2-2-8、图 2-2-9 所示。

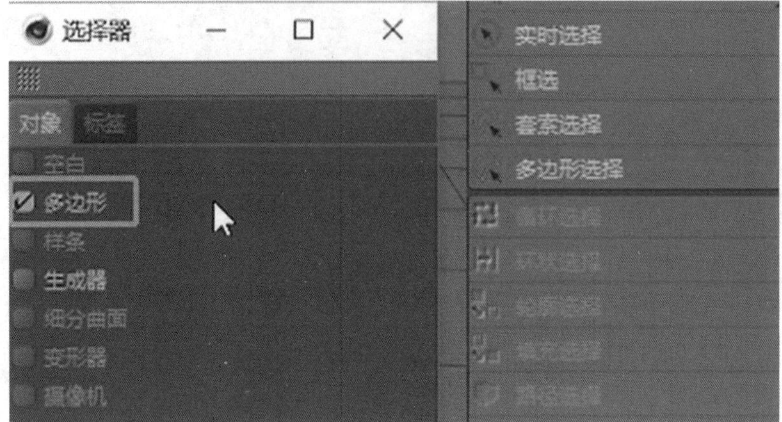


图 2-2-8　选择勾选对象为多边形

图 2-2-9　转换为多边形对象

6.“选择器”勾选对象时可以多选，勾选对象为多边形后可再次勾选对象生成器，使得三个立方体全部被选中，如图 2-2-10 所示。

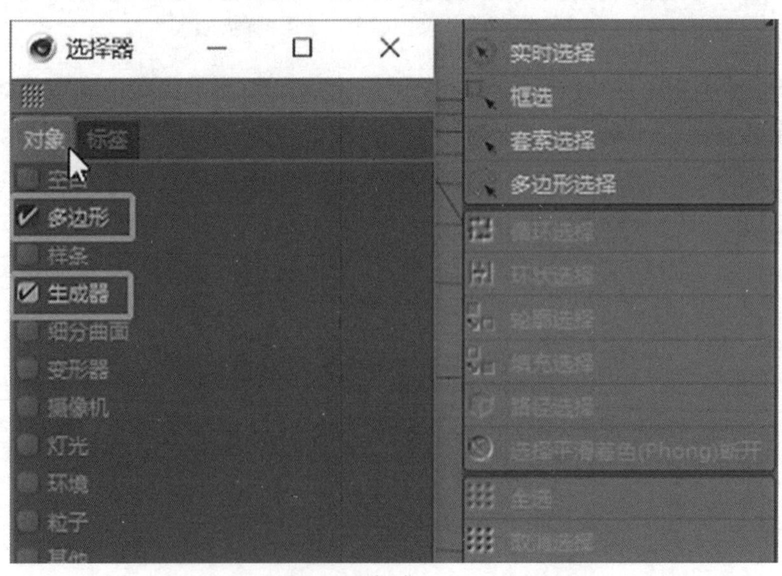


（a）

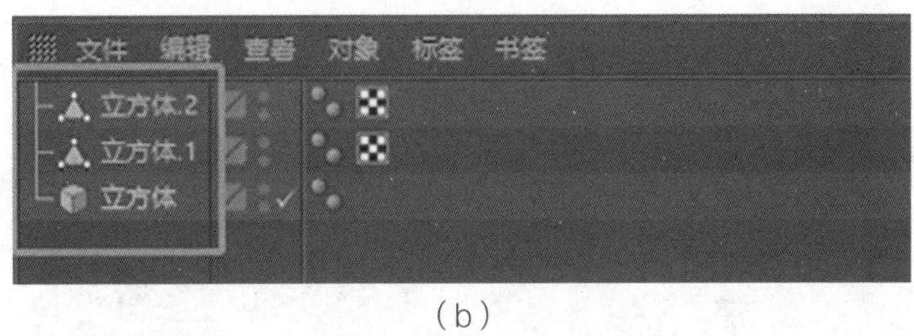


（b）

图 2-2-10　多选转换

7. 点击“选择过滤”下的“选择器”，点击“标签”，选择模型的纹理、贴图、平滑着色等限制到活动对象，勾选标签类型，可直接映射到模型上，如图 2-2-11 所示。

图 2-2-11　勾选标签类型

8. 过滤器中所有被勾选的对象类型都可被选择工具选中，便于项目工程制作，节省制作时间，如图 2-2-12 所示。

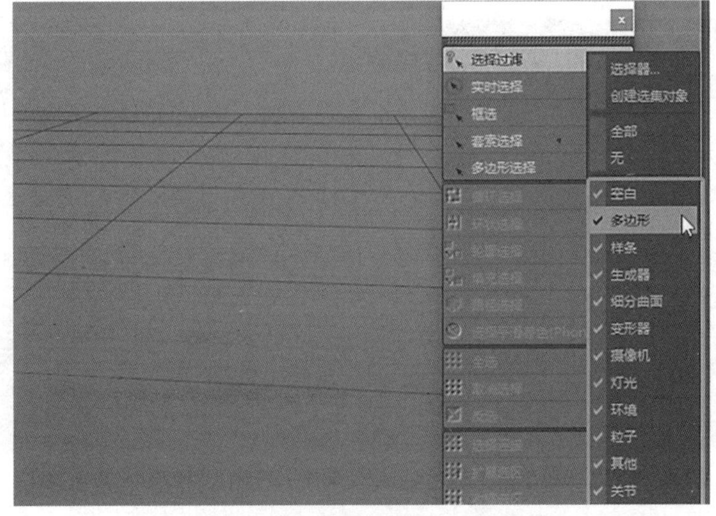


图 2-2-12　选择过滤器中对象类型

9. 在制作过程中发现，当取消勾选多边形对象时，选择工具无法将多边形物体点击选中，如图 2-2-13、图 2-2-14 所示。

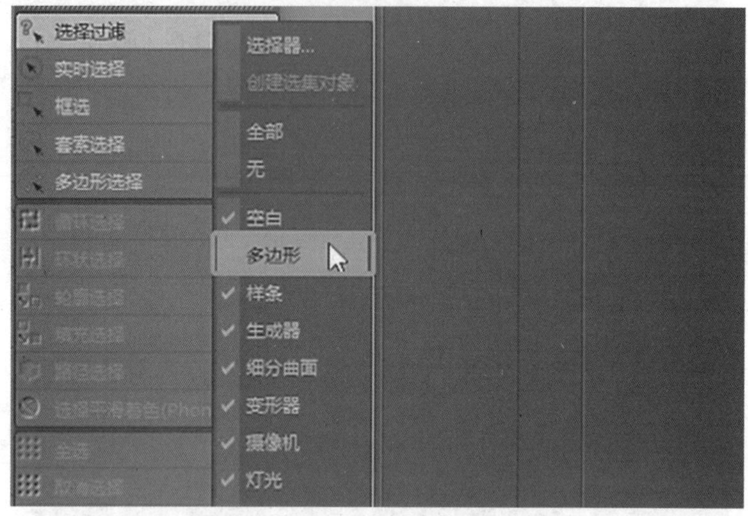


图 2-2-13　取消多边形对象勾选

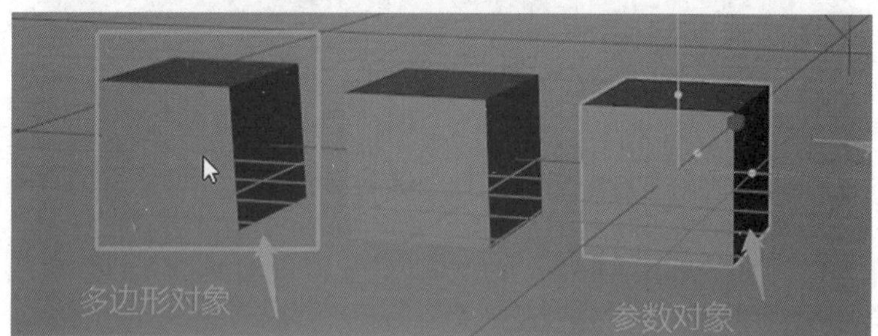


图 2-2-14　无法选中多边形

10. 自定义选择对象完成后，需恢复到系统默认的对象选择时，点击“选择过滤”下的“全部”，工程自动恢复系统默认的选择器对象，如图 2-2-15 所示。

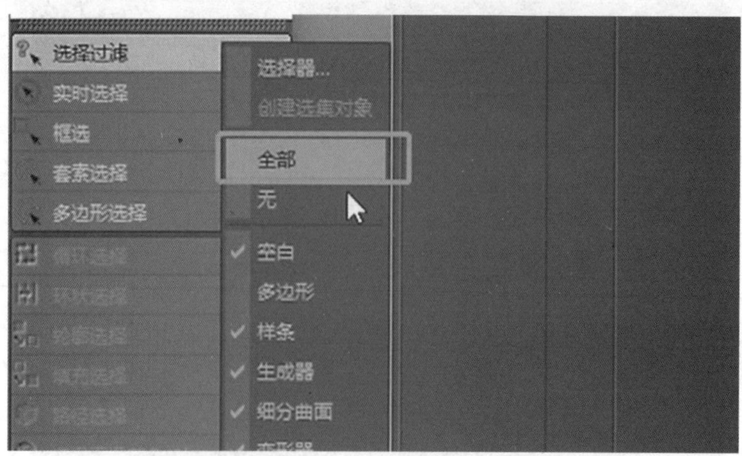


图 2-2-15　“选择过滤”菜单下的“全部”命令

11. C4D 设置四种选择模式的工具——实时选择、框选、套索选择、多边形选择，可点击选择菜单进行工具选择，也可在工具栏直接点击快捷图标，如点击“实时选择”，可运用鼠标左键单击进行选择，如图 2-2-16 至图 2-2-18 所示。

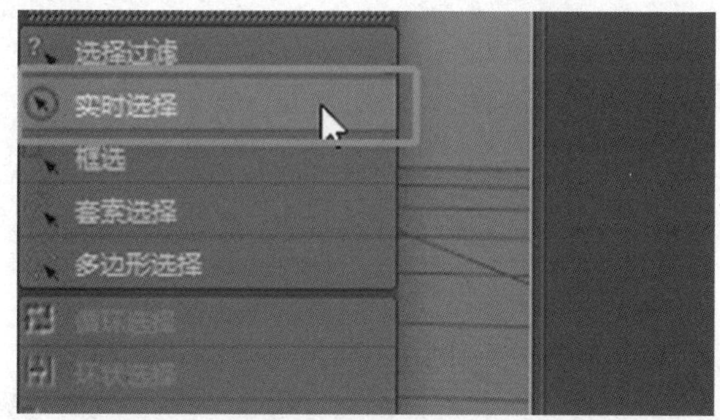


图 2-2-16 “选择”菜单中选择“实时选择”命令

图 2-2-17 工具栏选择实时选择图标

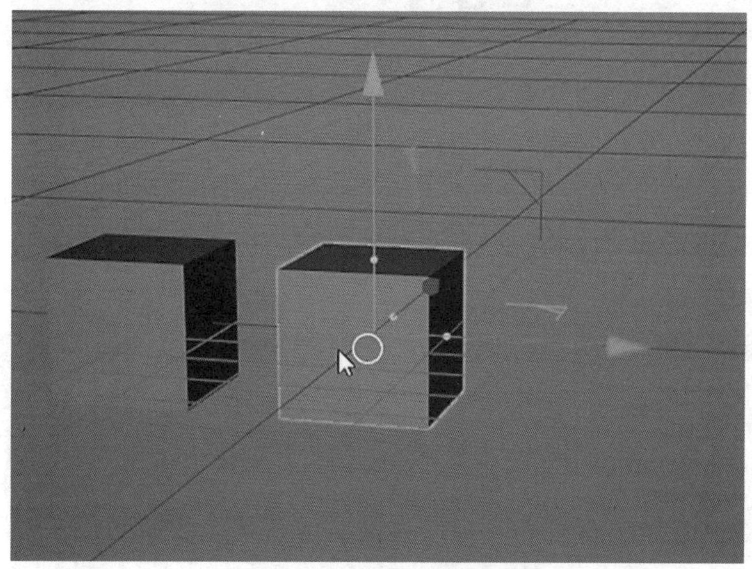

图 2-2-18 鼠标左键单击选择

12. 点击“框选”选择时，在视图上按住鼠标左键不放拉出矩形，选中所有矩形框里的模型对象，调节容差数值、定义框选范围，如图 2-2-19、图 2-2-20 所示。

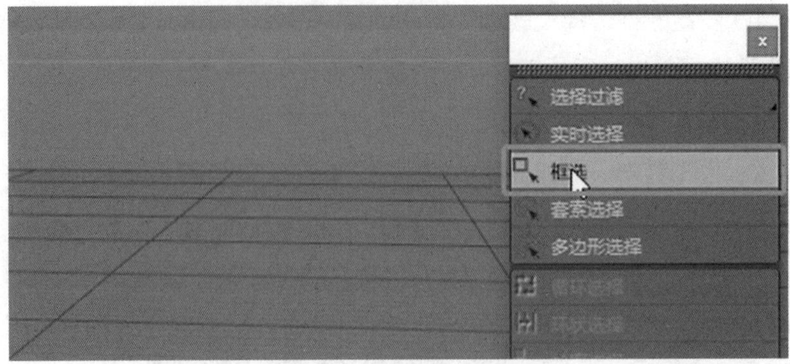


图 2-2-19　框选选择

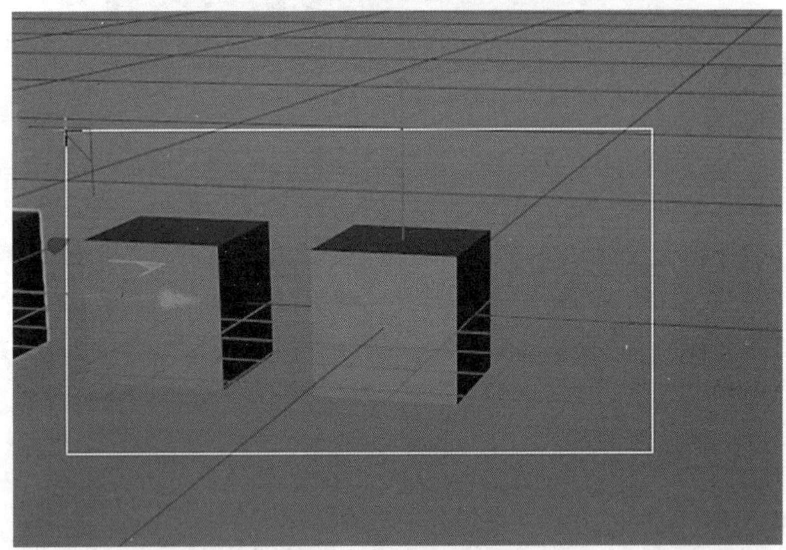

图 2-2-20　框选范围

13.“套索选择”为不规则选择方式，区别于框选的方正，套索选择更加自由，在视图上按住鼠标左键不放画个圈，选中被套索圈起的所有建模对象，如图 2-2-21、图 2-2-22 所示。

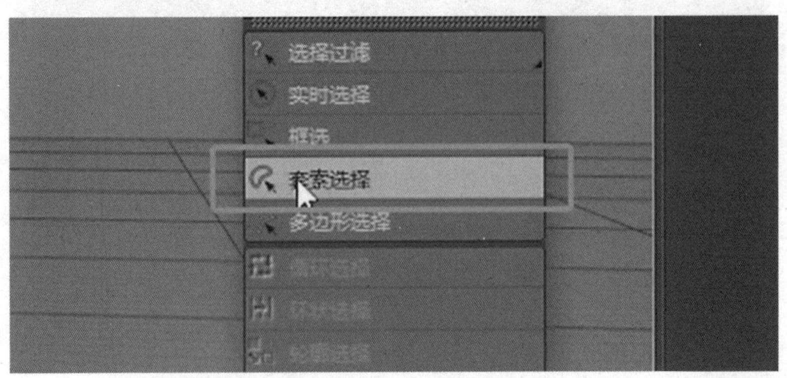


图 2-2-21　套索选择

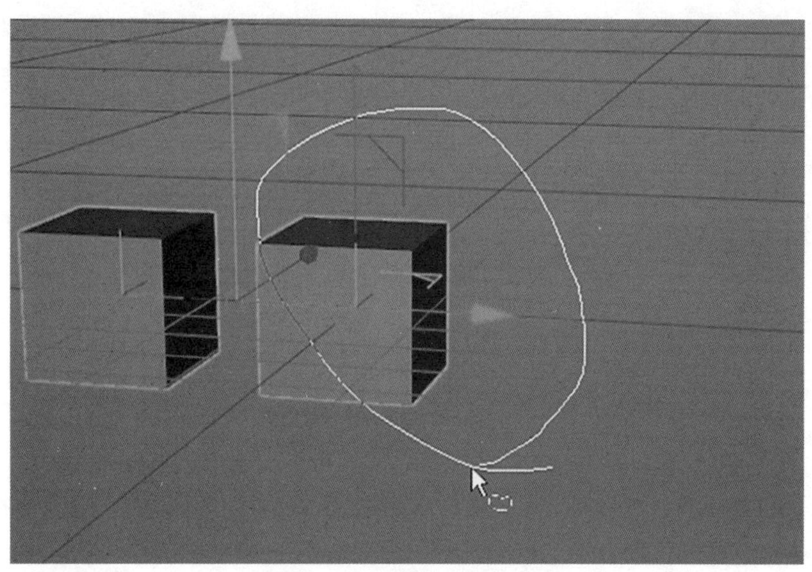

图 2-2-22　套索选择范围

14.“套索选择”与“框选”两者是按住鼠标左键进行画圈或画框选择，而“多边形选择”是在视图上通过单击围出一个多边形以此选择模型对象，如图 2-2-23、图 2-2-24 所示。

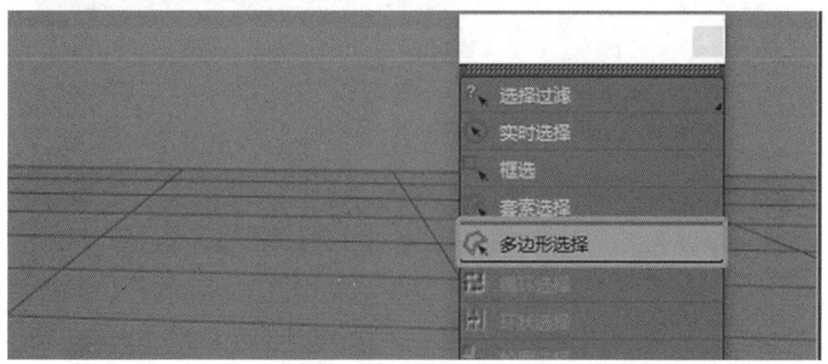


图 2-2-23　多边形选择

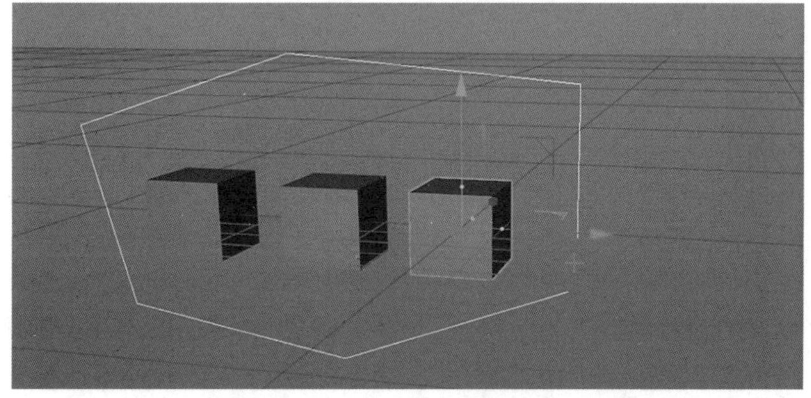

图 2-2-24　多边形选择范围

15.“实时选择”为最普通的选择。按下拖动，选择鼠标经过范围内的目标，“实时选择”作用于点、线、面层级。按住 Shift 点击鼠标，选择多个对象，鼠标光标上的圆环为“实时选择”的范围，如图 2-2-25 所示。

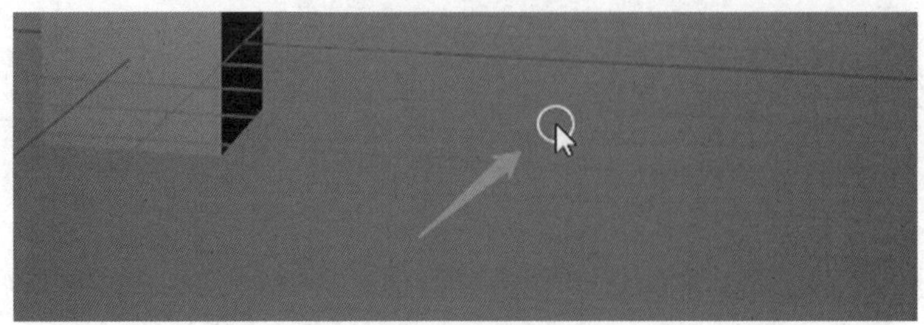

图 2-2-25　实时选择

16.“实时选择”中鼠标光标上的圆环可通过半径调整选择范围，调节半径数值，扩大选择范围，如图 2-2-26 所示。

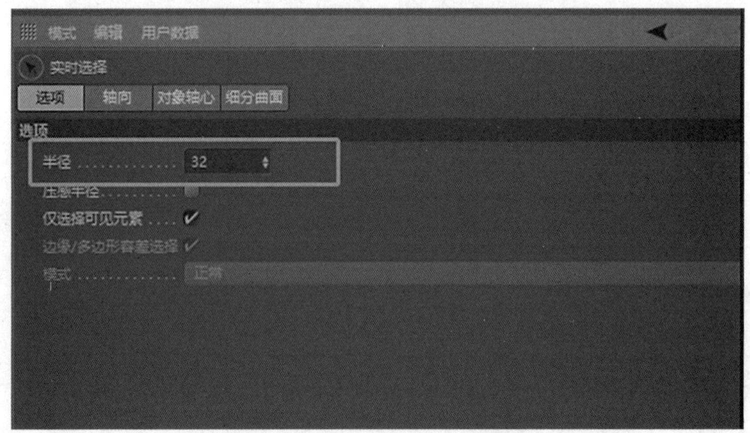


图 2-2-26　调整选择范围

17.“实时选择”除了可以通过调节半径的参数改变圆环范围外，还可使用快捷方式改变“实时选择”的圆环范围。在视图空白处按住鼠标中键不放，左右拖动调整选择范围的大小，如图 2-2-27 所示。

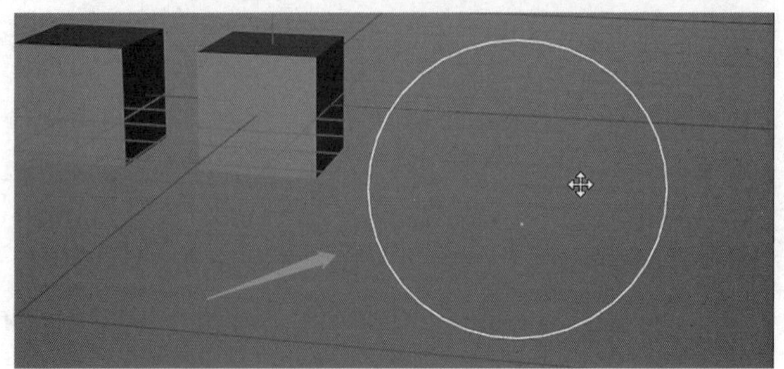

图 2-2-27　快捷方式改变实时选择范围

18.“实时选择”除通过调整半径参数改变选择范围外，还可勾选压感半径，通过压感笔的压力调节选择范围，如图 2-2-28 所示。

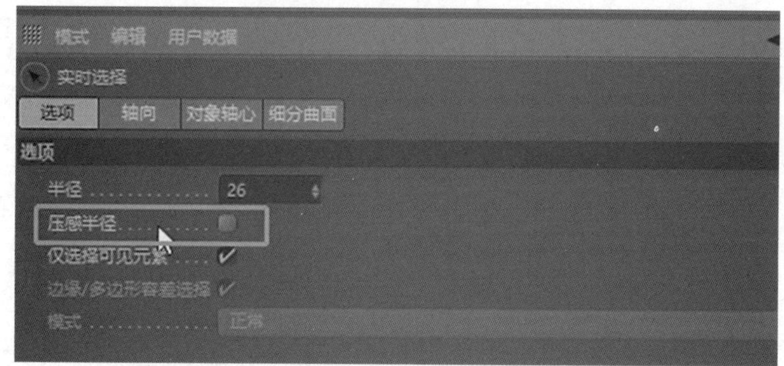


图 2-2-28　压感半径

19. 新建立方体对象，滚动鼠标滚轮增加 X、Y、Z 的分段，除鼠标滚轮增加外，可通过“对象属性”面板的数值调节建立模型，如图 2-2-29 所示。

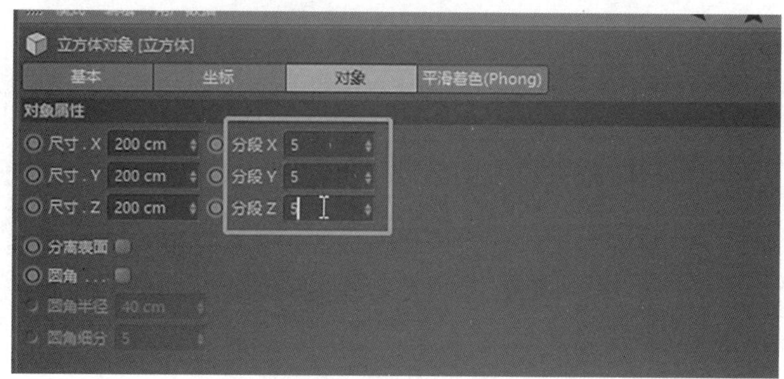


图 2-2-29　增加分段

20. 视图中选中立方体，选择转为可编辑多边形对象，进入面编辑模式，如图 2-2-30 所示。

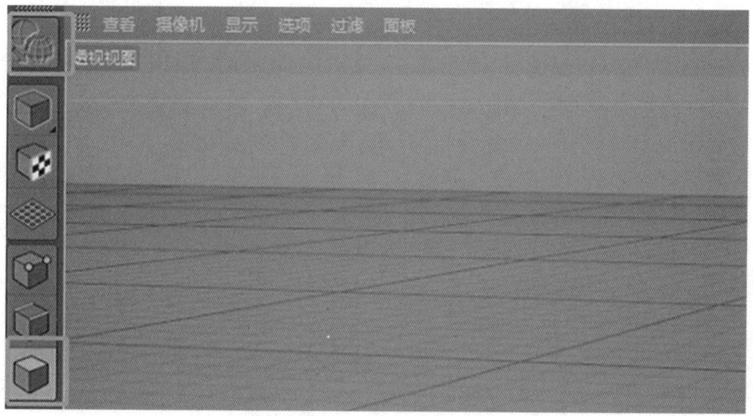


图 2-2-30　进入面编辑模式

21. 用“实时选择”工具选择面时，默认是勾选“仅选择可见元素”，所以看不见的面是不会被选中的，如图 2-2-31 所示。

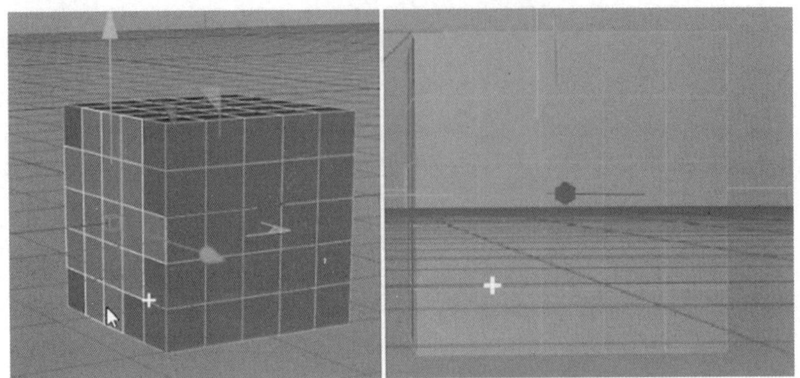

图 2-2-31　勾选可见元素

22. 当取消勾选“仅选择可见元素”时，选择会穿透物体，同时也可选中背面的元素，如图 2-2-32、图 2-2-33 所示。

图 2-2-32　取消“仅选择可见元素”

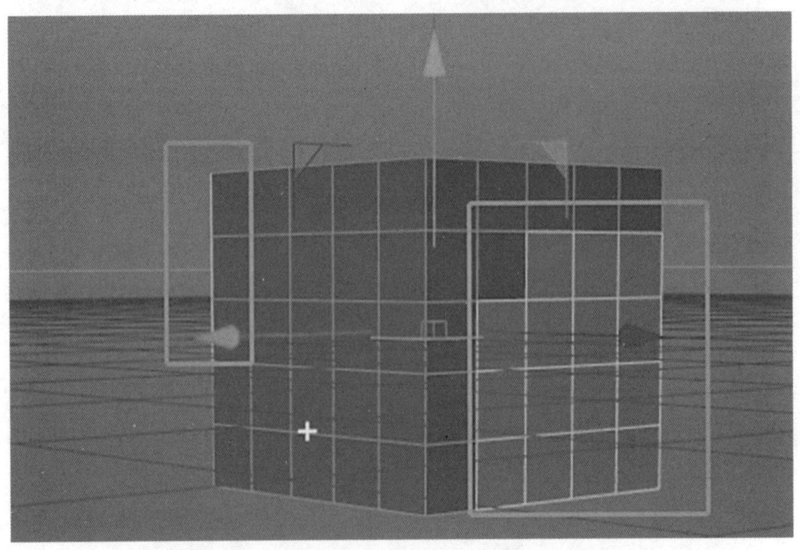

图 2-2-33　取消“仅选择可见元素”效果

23. 在“实时选择”中，当“边缘 / 多边形容差选择”被勾选时，视图中模型对象被圆环触碰到就可被选中，如图 2-2-34、图 2-2-35 所示。

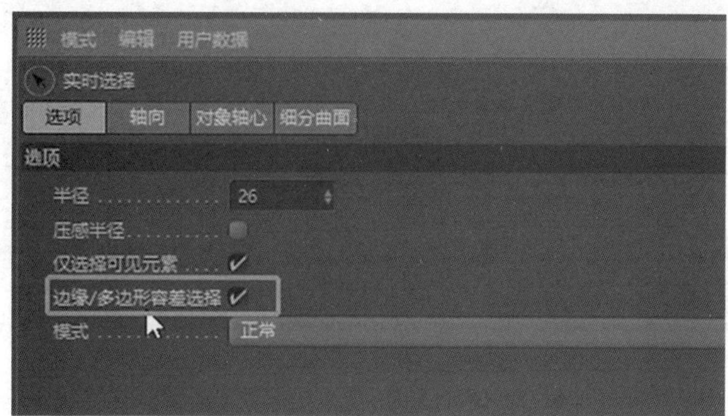


图 2-2-34　边缘 / 多边形容差选择

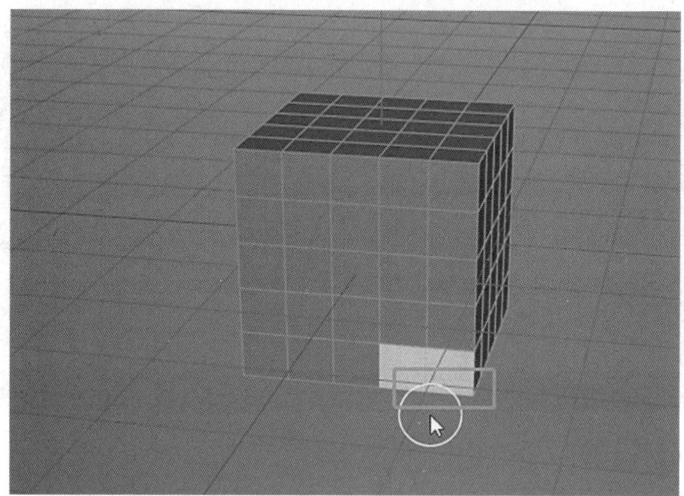

图 2-2-35　“边缘 / 多边形容差选择”效果

24. 当取消勾选“边缘 / 多边形容差选择”时，视图中模型对象需被圆环完全包裹住才可被选中，如图 2-2-36、图 2-2-37 所示。

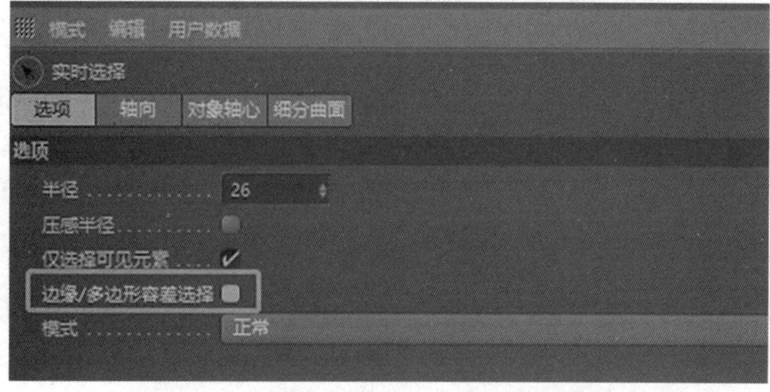


图 2-2-36　取消“边缘 / 多边形容差选择”

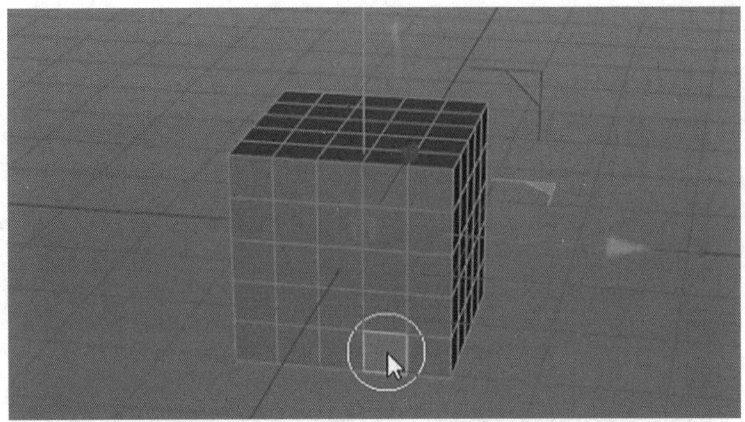

图 2-2-37　取消“边缘 / 多边形容差选择”效果

25.“实时选择”下的模式有多种选择，如正常模式、顶点绘制模式、柔和选择模式，正常模式为系统默认的选择模式，如图 2-2-38 所示。

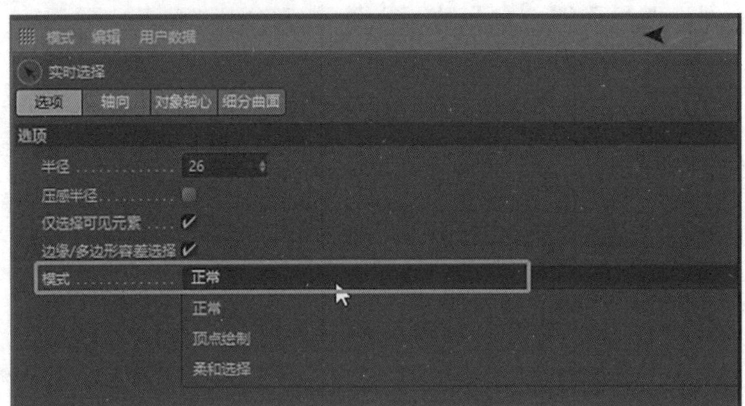


图 2-2-38　正常模式

26. 顶点绘制模式常用于制作顶点贴图，在制作顶点贴图时将“实时选择”下的模式切换到顶点模式进行绘制，如图 2-2-39、图 2-2-40 所示。

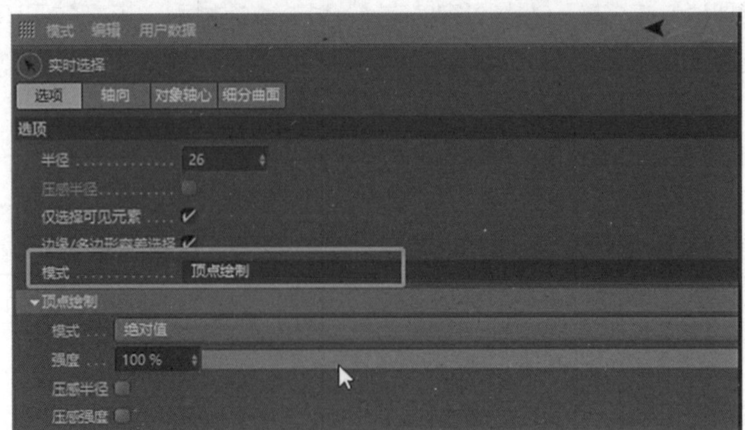


图 2-2-39　顶点绘制模式

图 2-2-40　顶点绘制模式界面

27. 新用户需懂得制作顶点贴图，调节强度，顶点贴图在制作动画部分时会涉及，在建模过程中使用机会不多，如图 2-2-41 至图 2-2-44 所示。

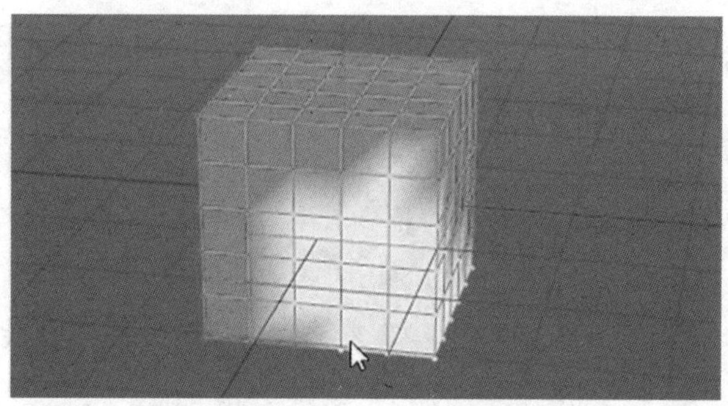

图 2-2-41　顶点贴图绘制

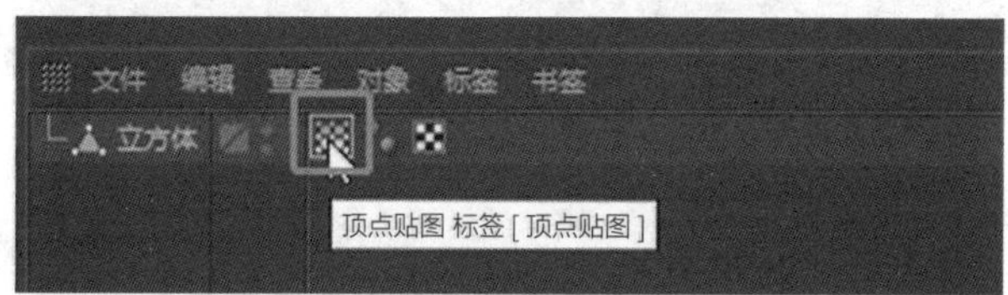


图 2-2-42　选择顶点贴图命令

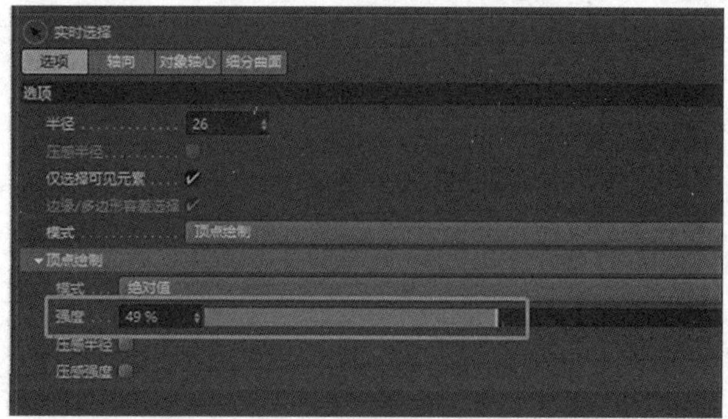


图 2-2-43　调节顶点绘制强度

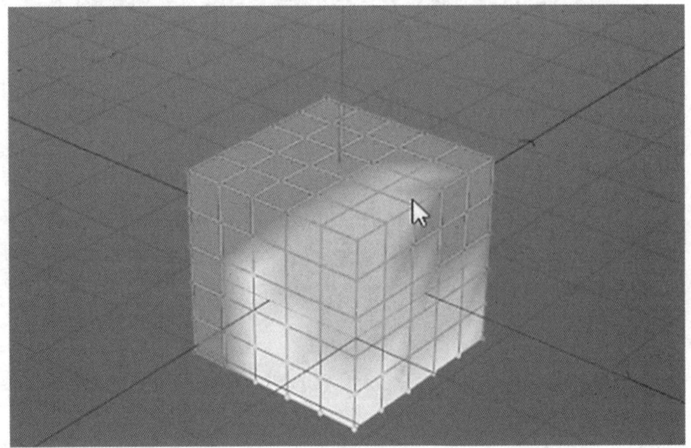

图 2-2-44　调节后的顶点绘制效果

28. 柔和选择模式是一种带有衰减效果的选取，“柔和选择”可将选中的地方扩大选取，如图 2-2-45、图 2-2-46 所示。

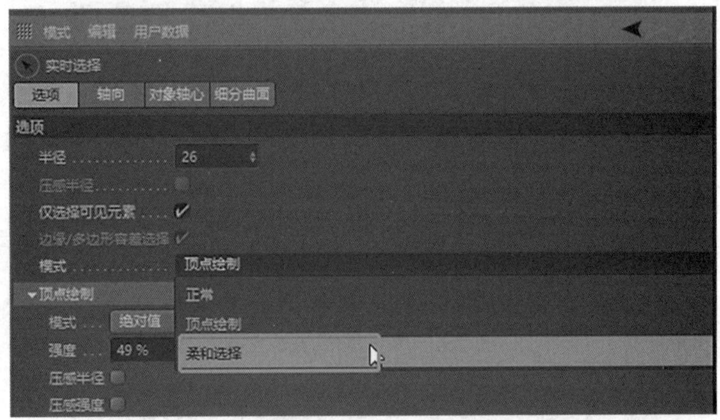


图 2-2-45　柔和选择模式

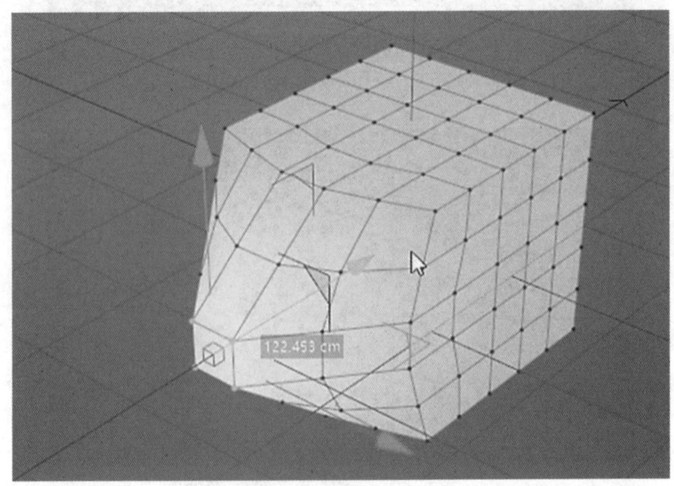


图 2-2-46　柔和选择效果

29. 实时选择模式为“柔和选择”时，可通过面板调节柔和选择的半径和强度，如图 2-2-47 所示。

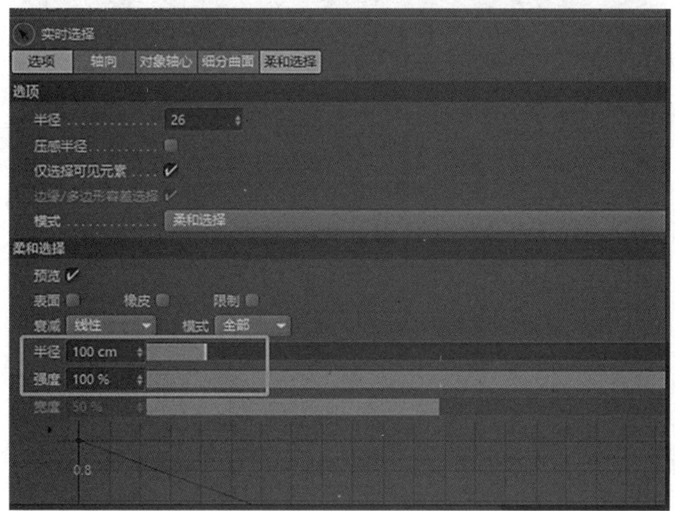


图 2-2-47 通过面板调节柔和选择的半径和强度

30. 在“柔和选择”中，衰减的类型有多种，如线性衰减、圆顶衰减、针状衰减等，当选择样条衰减时，可自定义衰减曲线，如图 2-2-48、图 2-2-49 所示。

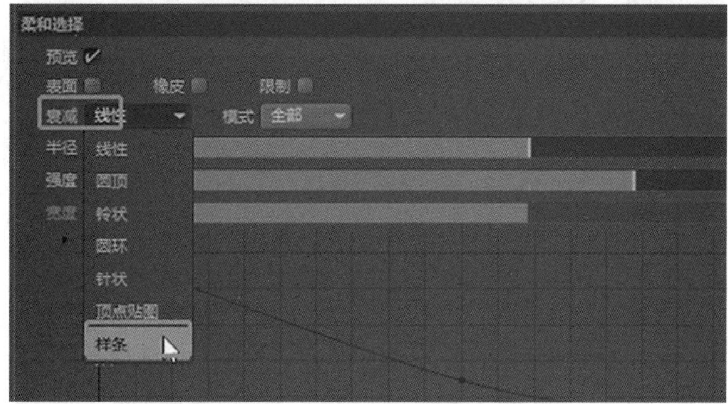


图 2-2-48 “柔和选择”中的衰减类型

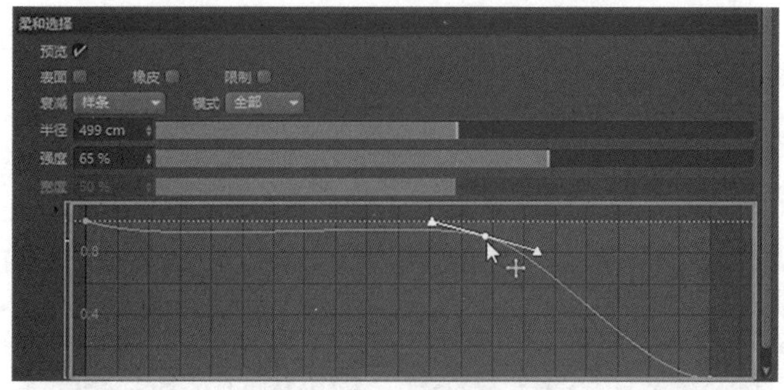


图 2-2-49 调节衰减常数

31. 柔和选择模式调节完后，再切换回到正常模式，如图 2-2-50 所示。

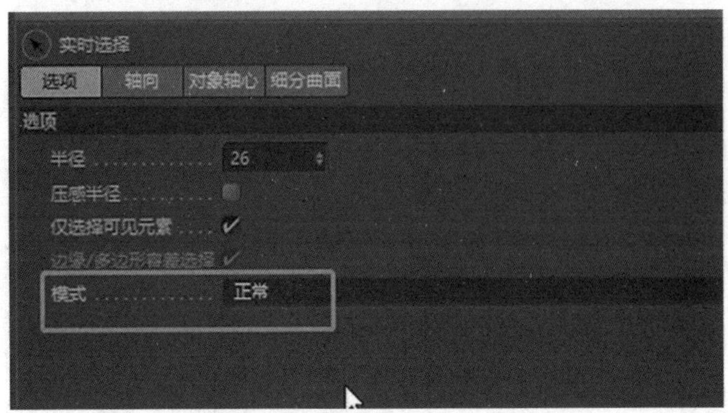


图 2-2-50　切换为正常模式

32. 学习“实时选择”的选项后，进一步了解实时选择轴向。在视图中选中元素时会出现红、绿、蓝轴向，分别代表 X 轴、Y 轴、Z 轴三个方向方位，如图 2-2-51 所示。

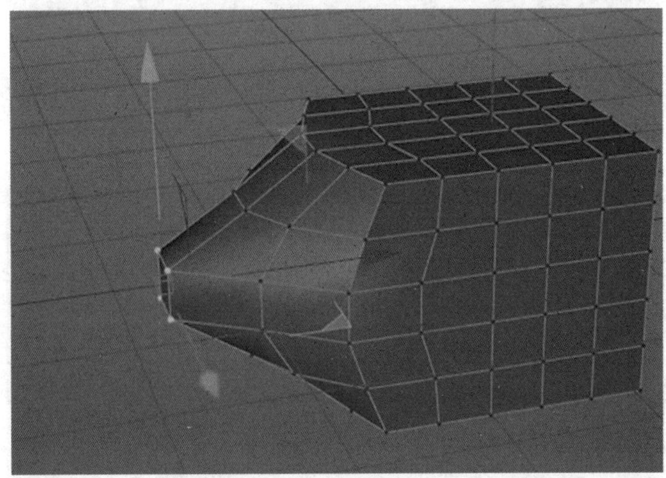

图 2-2-51　实时选择轴向

33. 轴向的选择有多种模式，如全局、对象、选取对象等多种模式，切换不同模式的轴向，对应的选择对象随之改变，如图 2-2-52、图 2-2-53 所示。

图 2-2-52　轴向选择的全局模式

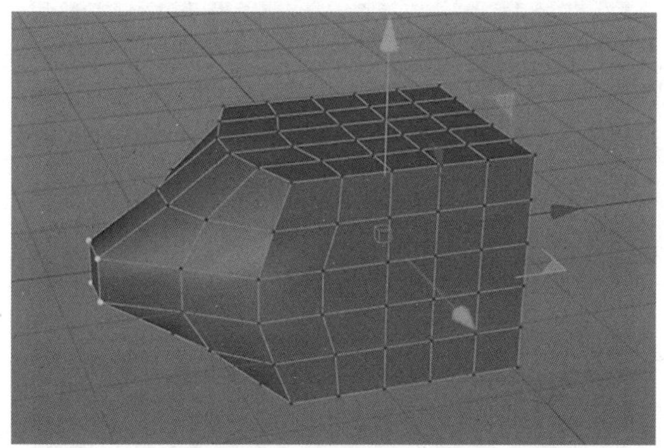

图 2-2-53　全局模式的变化

34. 在 C4D 建模过程中，通常选中一个新元素，会在选中的地方建立轴向，如图 2-2-54 所示。

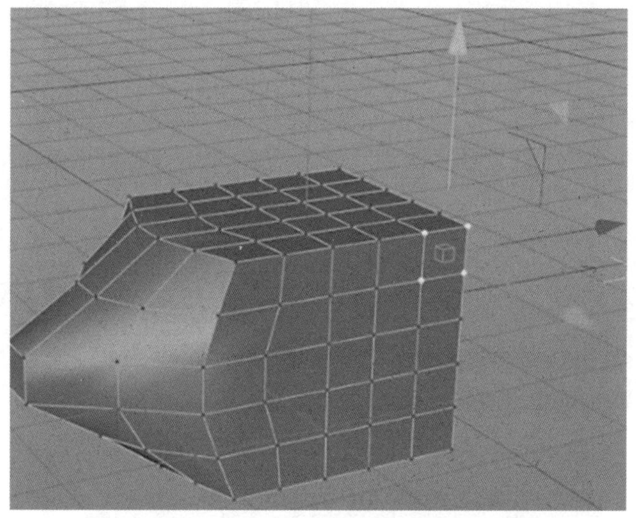

图 2-2-54　选中新元素建立轴向

35. 当勾选轴向中的“保留更改”，每选择一次新的元素，轴向都会接着出现，且出现的位置为上个元素的轴向的位置，轴向不出现在新的元素上，如图 2-2-55、图 2-2-56 所示。

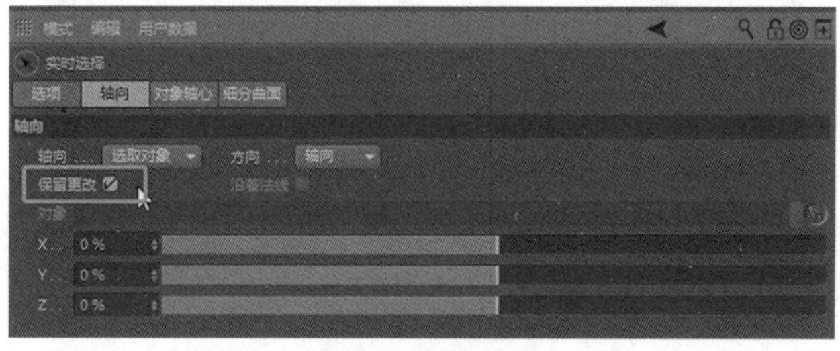


图 2-2-55　勾选保留更改命令

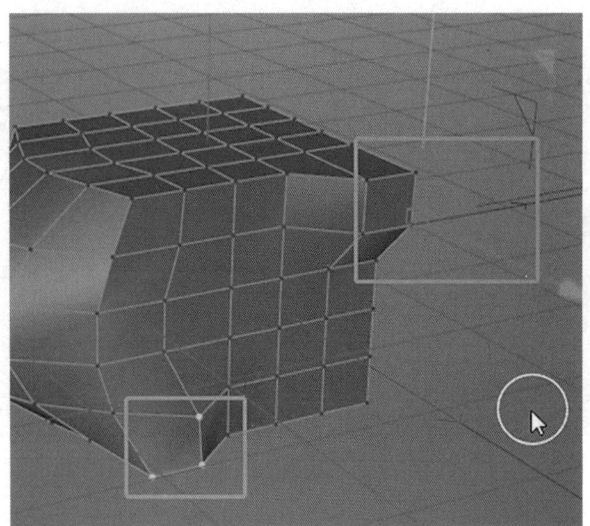

图 2-2-56　选择后效果

36. 轴向为对象时，还需在对象栏里添加对象，点击右边的箭头，选中对象就可以了。比如再创建一个球体，然后将对象设置为球体。 如图 2-2-57 至图 2-2-59 所示。

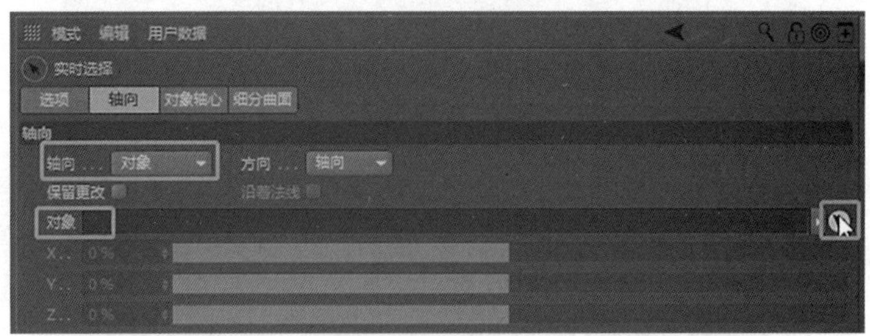


图 2-2-57　轴向为“对象”并在对象栏里添加“对象”

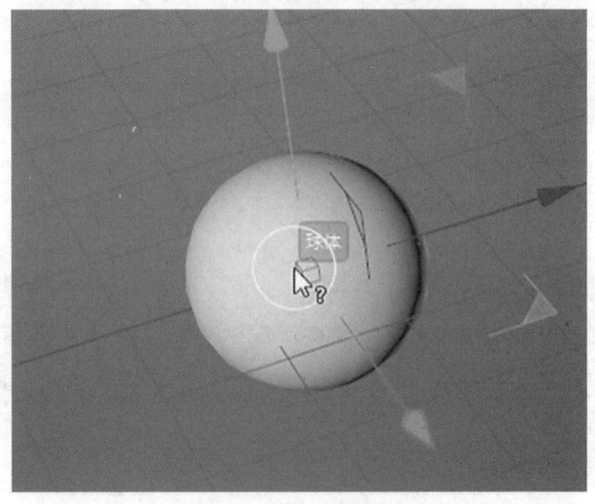


图 2-2-58　创建球体

图 2-2-59　对象设置为“球体”

37. 旋转球体对象时，选中的点也会跟着旋转，如图 2-2-60 所示。

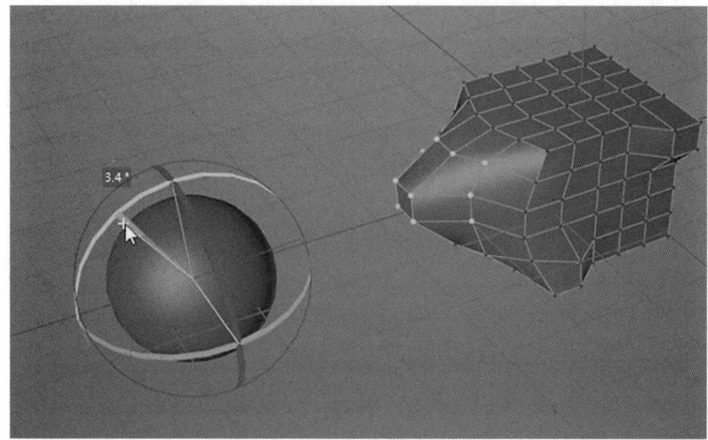


图 2-2-60　旋转对象

38. 点击右边小三角清除对象，如图 2-2-61 所示。

图 2-2-61　清除对象

39. 当轴向为“选取对象”时，还可以自由调节轴向的对齐位置，如图 2-2-62 所示。

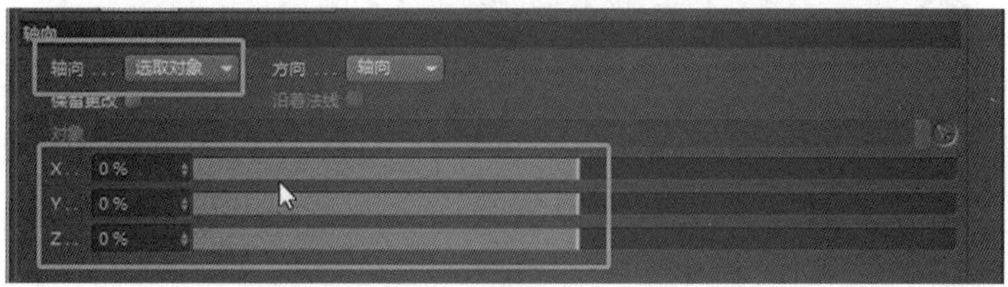


图 2-2-62　轴向为“选取对象”

40. 轴向的方向可选择为“全局”或者“法线”，全局方向是沿着全局正交方向建立轴向，如图 2-2-63、图 2-2-64 所示。

图 2-2-63　轴向的方向选择为“全局”

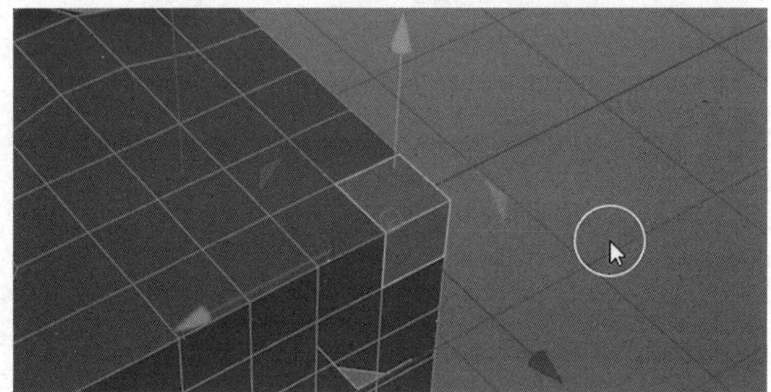

图 2-2-64　选择“全局”效果

41. 法线方向则基于平均法线的方向建立轴向，如图 2-2-65、图 2-2-66 所示。

图 2-2-65　轴向的方向选择为“法线”

图 2-2-66　选择“法线”效果

42. 在工具面板中点击缩放工具进行缩放，每个面的法线角度不变，如图 2-2-67、图 2-2-68 所示。

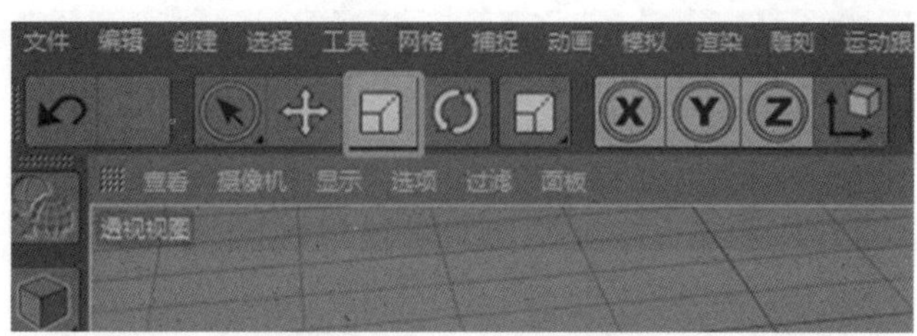

图 2-2-67　点击缩放工具

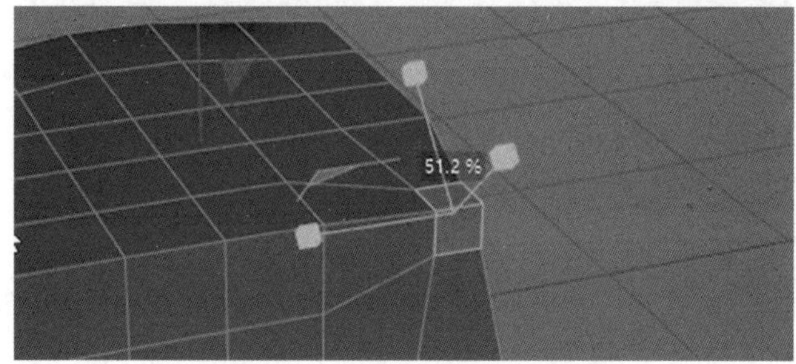

图 2-2-68　进行缩放效果

43. 勾选“沿着法线”，缩放使得面的法线逐步接近法线平均值，如图 2-2-69、图 2-2-70 所示。

图 2-2-69　勾选“沿着法线”

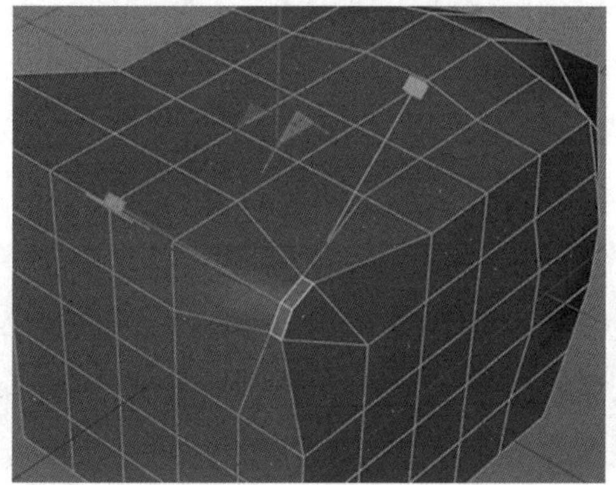
图 2-2-70　勾选“沿着法线”缩放效果

44. 当项目视图中有多个对象时，如果全选中对象，这时候对象的轴心将会在中间，如图 2-2-71 所示。

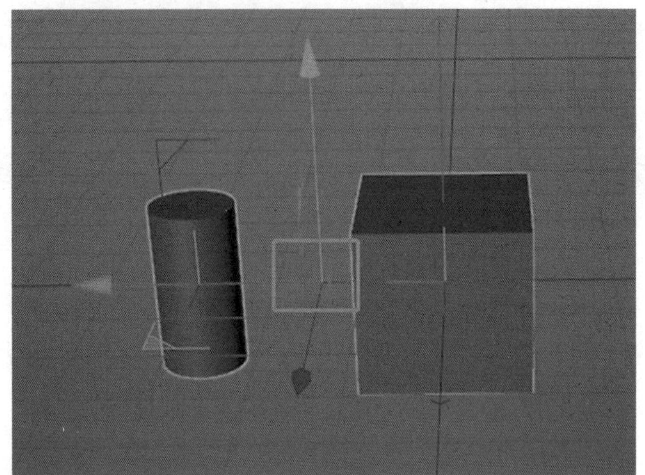

图 2-2-71　选中多个对象

45. 这时旋转对象，对象会绕着中间的轴心旋转，而不是对象本身的轴心，如图 2-2-72 所示。

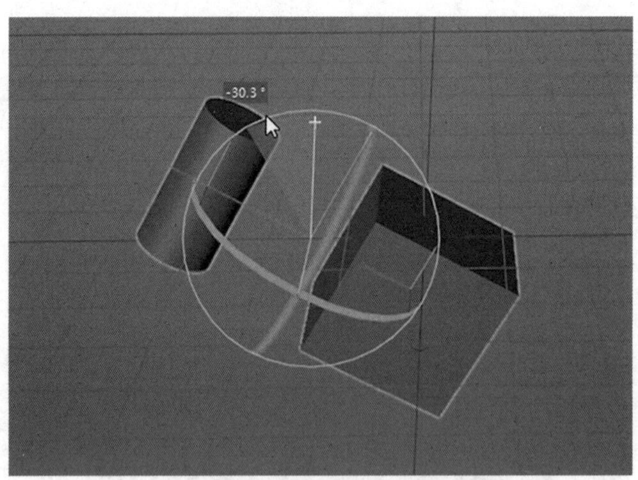


图 2-2-72　旋转多个对象

46. 但如果这时勾选“实时选择”中的“单一对象操作”，物体会沿自己的轴向进行旋转，如图 2-2-73、图 2-2-74 所示。

图 2-2-73　勾选“实时选择”中的“单一对象操作”

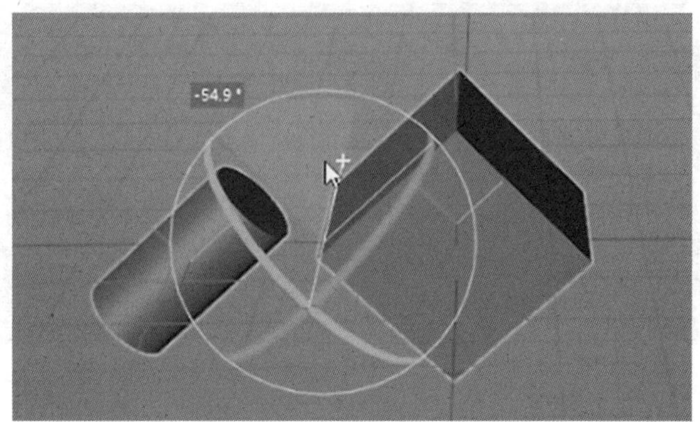


图 2-2-74　旋转单一对象

47.“细分曲面”为增加细分曲面对象的权重，点击工具栏中细分曲面工具，新建立方体，如图 2-2-75 所示。

图 2-2-75　细分曲面命令

48. 绿色图标的工具常作为对象父级使用，紫色图标的工具常作为对象子级使用，将立方体放置于细分曲面的子级，且将立方体转为可编辑多边形对象，如图 2-2-76 所示。

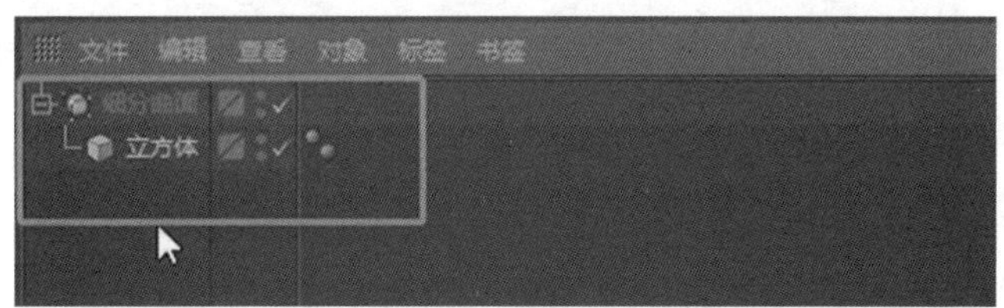


图 2-2-76　将立方体放置于细分曲面的子级

49. 修改细分权重可通过修改点、线、面，改变细分曲面强度，制作项目所需模型，如图 2-2-77 至图 2-2-80 所示。

图 2-2-77　创建模型

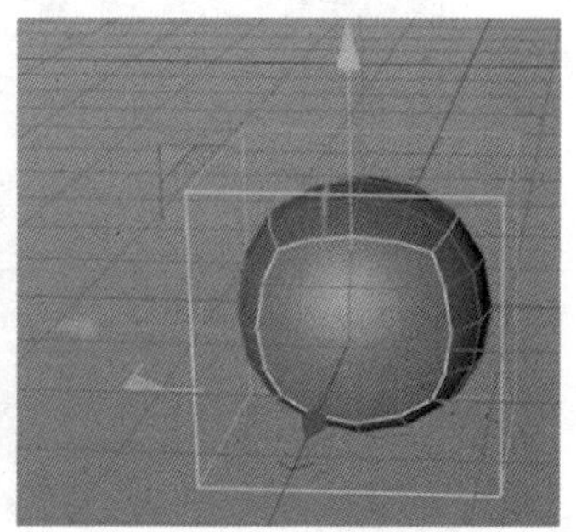

图 2-2-78　模型效果

图 2-2-79 调整细分曲面权重参数

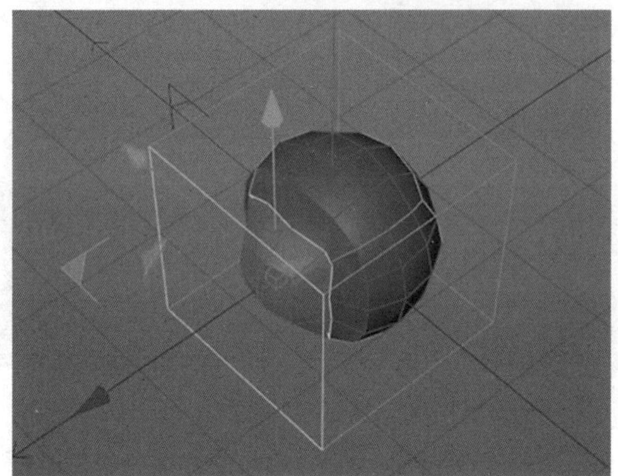

图 2-2-80 调整模型效果

50. 选择菜单栏下有着丰富的选择工具，不同的工具适用的情况也会随之有所不同，如图 2-2-81 所示。

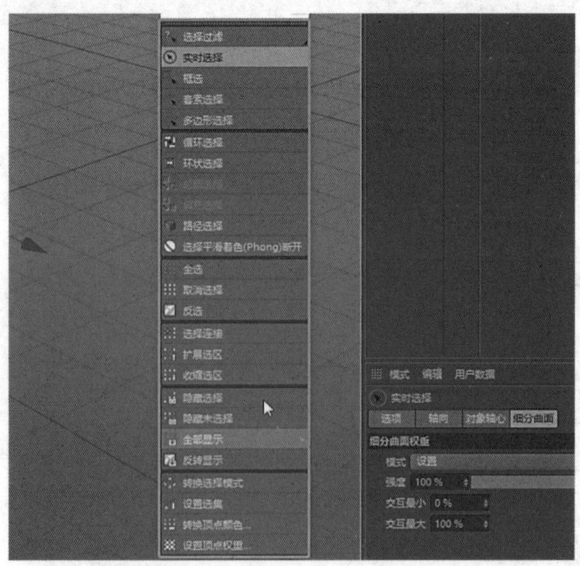


图 2-2-81 选择菜单栏下的选择工具

51. 循环选择：选择对象的一整圈，使用快捷键先按 U 键再按 L 键进行循环选择，循环选择分为面模式、线模式、点模式三种模式，如图 2-2-82 至图 2-2-84 所示。

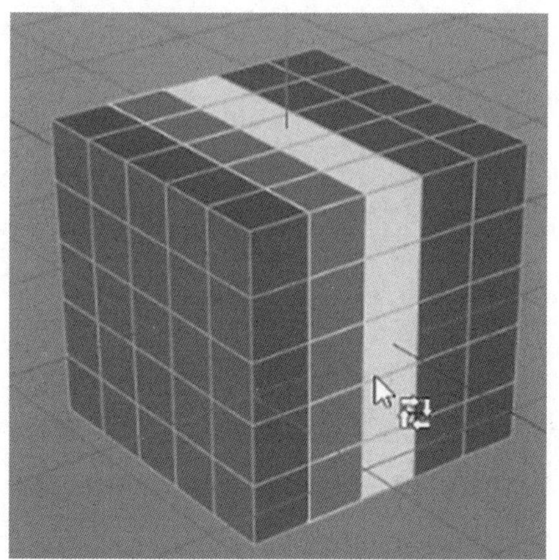

图 2-2-82　循环选择的面模式

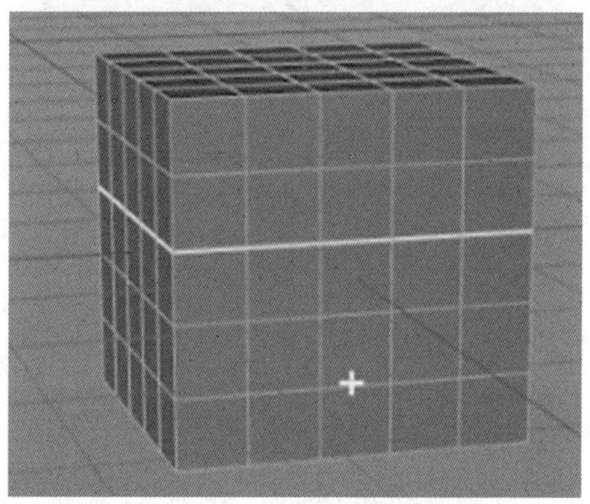

图 2-2-83　循环选择的线模式

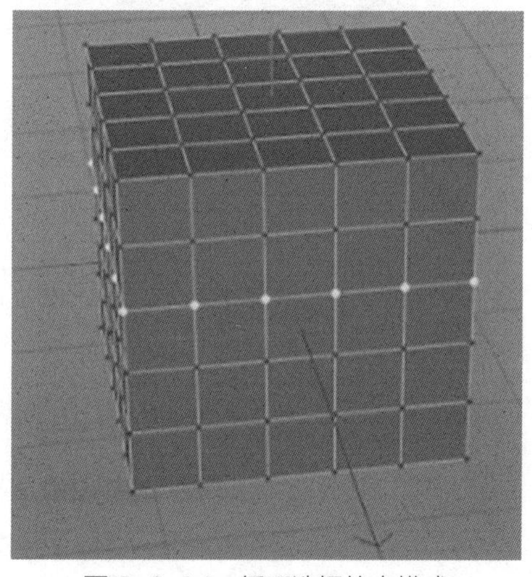

图 2-2-84　循环选择的点模式

52. 环状选择：选择对象的一整圈。和循环选择在点、边层级有些差别。在边层级中，循环选择是选中垂直相连的线，环状选择是选中一圈平行的线；在点层级中，循环选择是单圈点，环状选择是双圈。环状选择分为面模式、线模式、点模式三种模式，如图 2-2-85 至图 2-2-87 所示。

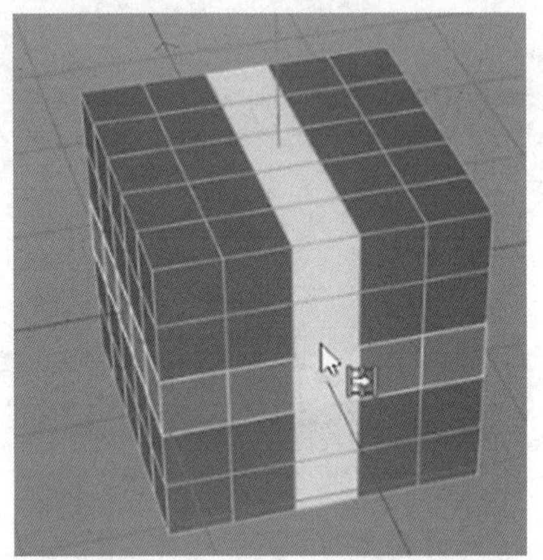

图 2-2-85　环状选择的面模式

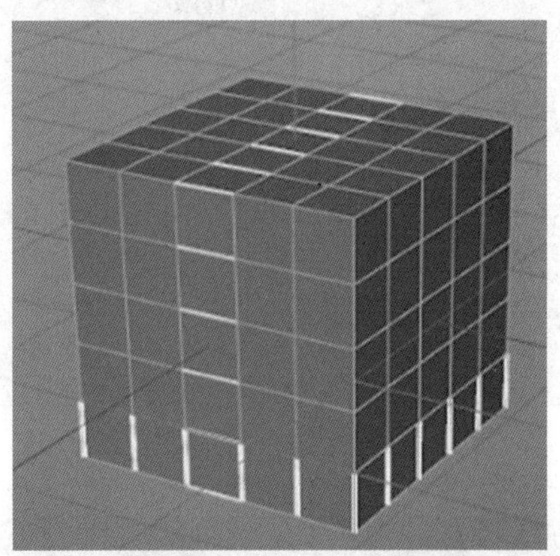

图 2-2-86　环状选择的线模式

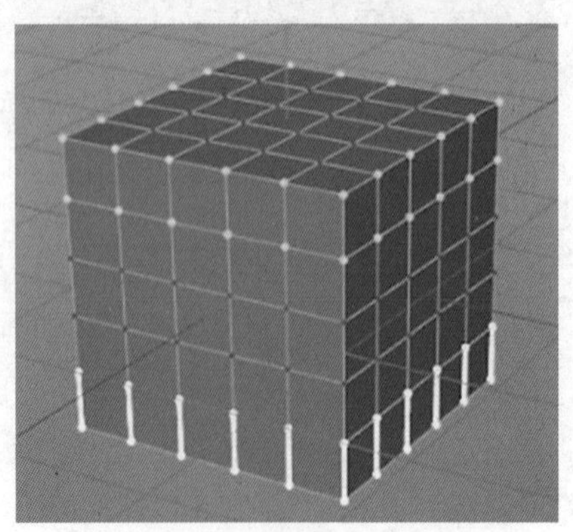

图 2-2-87　环状选择的点模式

53. 按住 Shift 键能进行加选，如图 2-2-88 所示。

图 2-2-88　快捷键加选

54. 轮廓选择，在不规则的轮廓下使用。选择当前选中的面的轮廓边，先选中面，再执行操作，但点击一次只能选中点击的面，如需选中多块面，可按住 Shift 键再点击增加选区，按住 Ctrl 键点击减少选区。如图 2-2-89 所示。

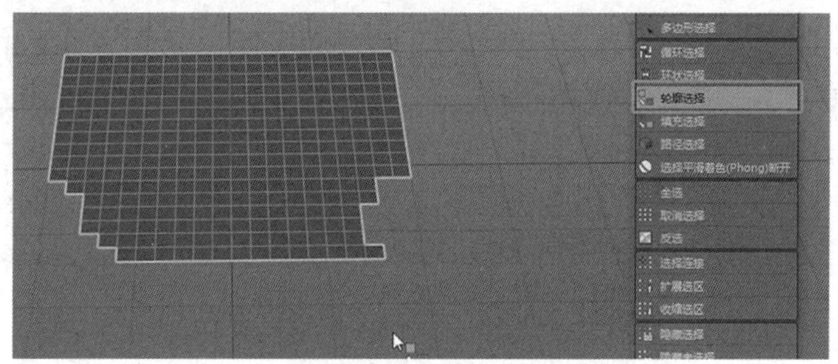


图 2-2-89　轮廓选择

55. 填充选择，跟轮廓选择是反向的，选中边框出来的面。需先选中边且边为一个封闭形状，再执行操作，切忌不可多选。如先选择一些（假设为 A），再使用“填充选择”，选择 A 以外的。“填充选择”里面跟外面的情况，如图 2-2-90 至图 2-2-92 所示。

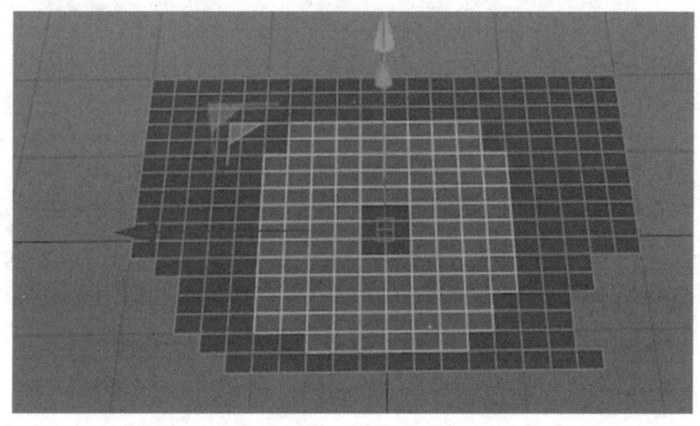

图 2-2-90　边框出来的面

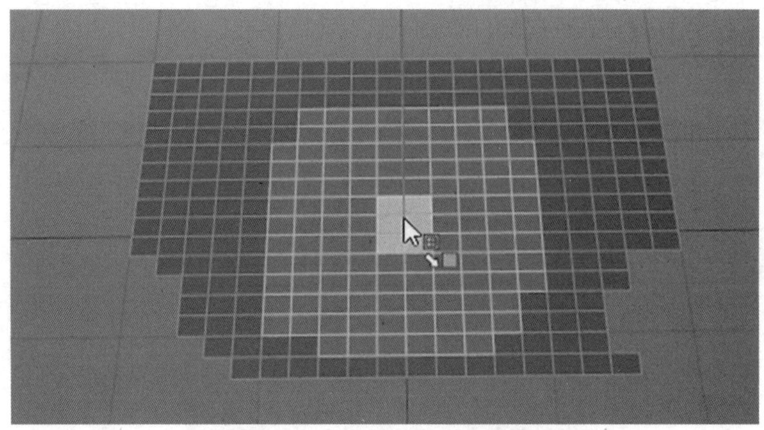

图 2-2-91　“填充选择”里面

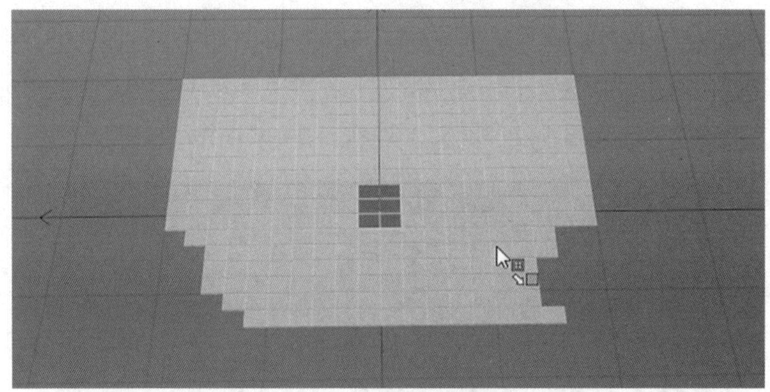

图 2-2-92　“填充选择”外面

56. 路径选择：按住鼠标左键画出路径进行选中，只能用在边层级。和实时选择的区别是：实时选择是按范围选择的，路径选择是只选中经过的边，更精确。按住 Shift 键再点击增加选区，按住 Ctrl 键点击减少选区，如图 2-2-93 所示。

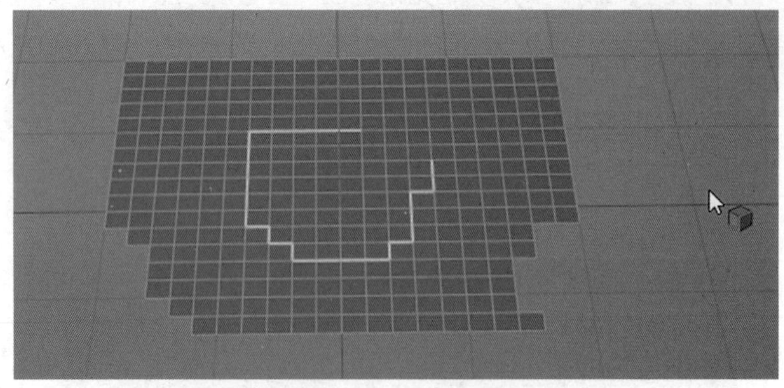

图 2-2-93　路径选择

57. 建立一个山的模型，如图 2-2-94 所示。

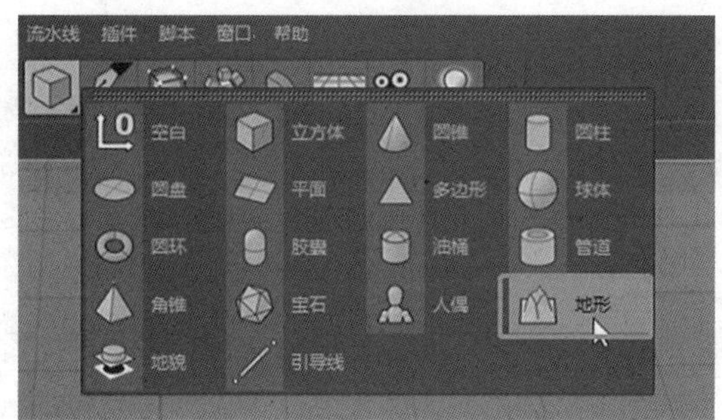


图 2-2-94　选择建立“地形”选项

58. 选择“平滑着色断开”，可以通过修改平滑着色角度，来选择面与面有特定夹角的面，如图 2-2-95、图 2-2-96 所示。

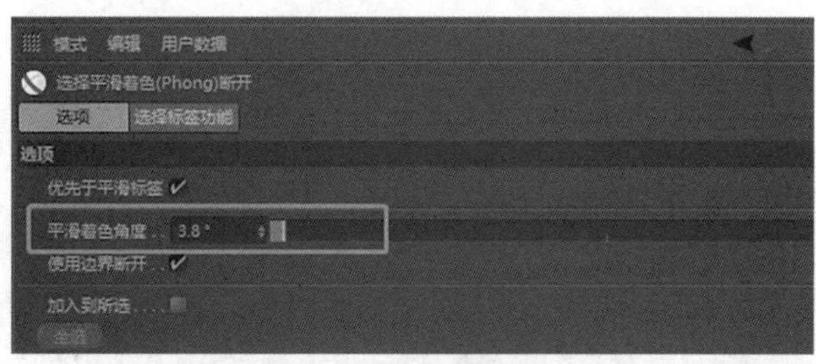


图 2-2-95　修改平滑着色角度

图 2-2-96　修改后效果

59. 全选、取消选择、反选这三个比较好理解，如图 2-2-97 至图 2-2-99 所示。

图 2-2-97　全选

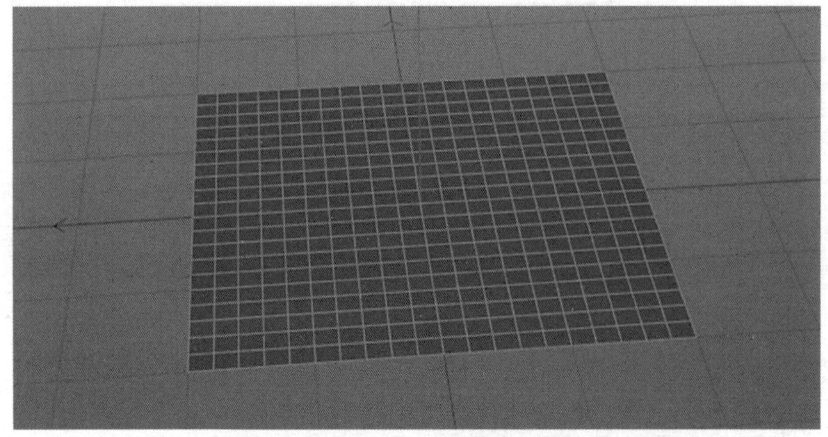

图 2-2-98　取消选择

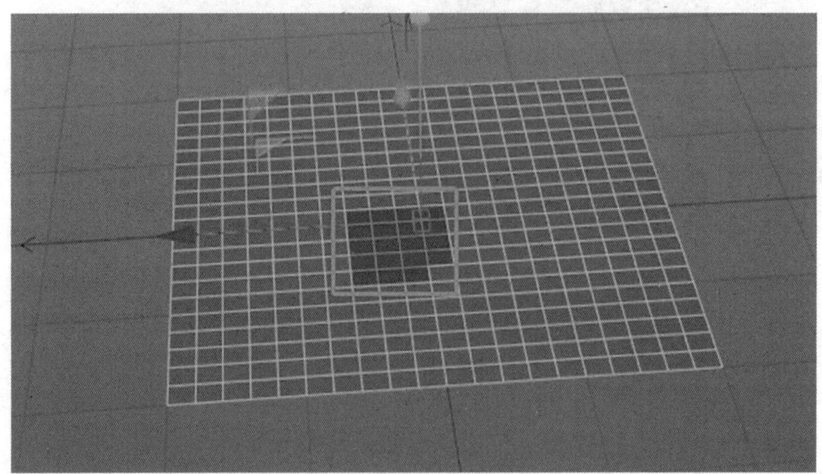

图 2-2-99　反选

60. 选择连接，可以选中当前相连接的面，如图 2-2-100、图 2-2-101 所示。

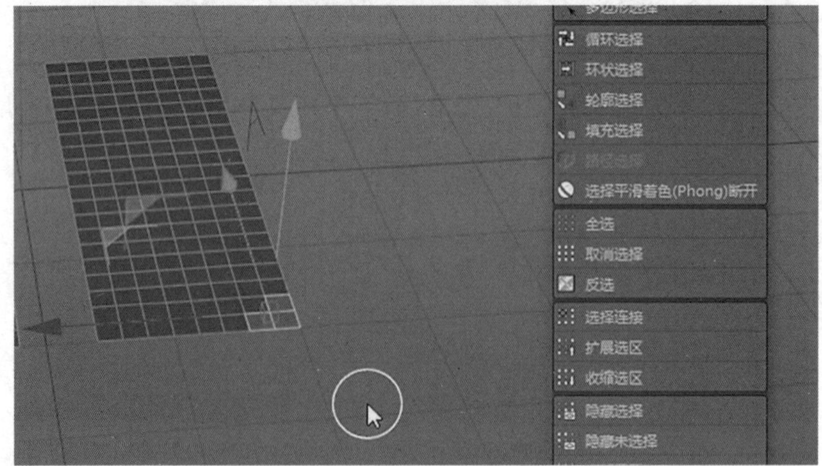


图 2-2-100　分开的选择面

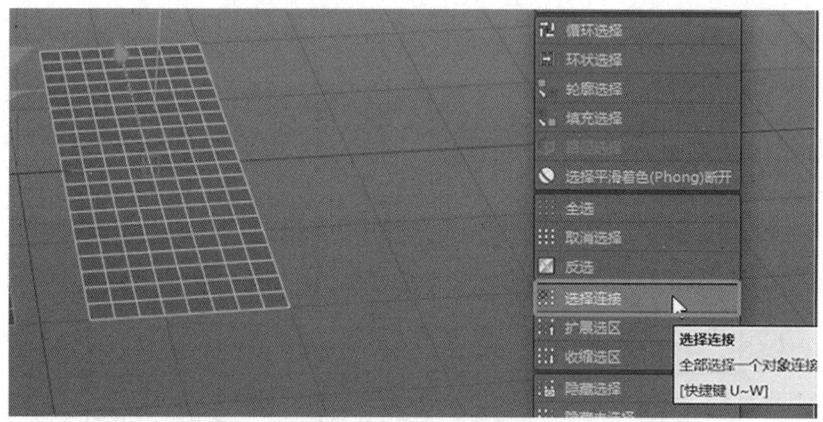


图 2-2-101　选择连接

61. 扩展选区：对选中的对象向外加选一个单位的对象。收缩选区：对选中的对象向内减选一个单位的对象，如图 2-2-102 至图 2-2-105 所示。

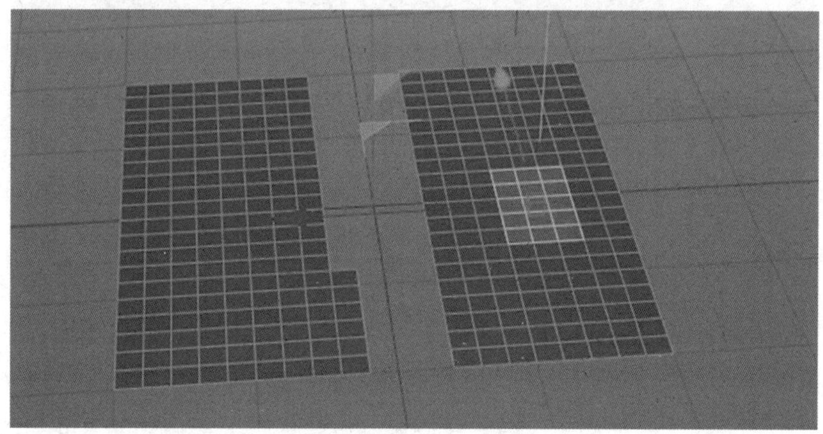

图 2-2-102　选中的对象

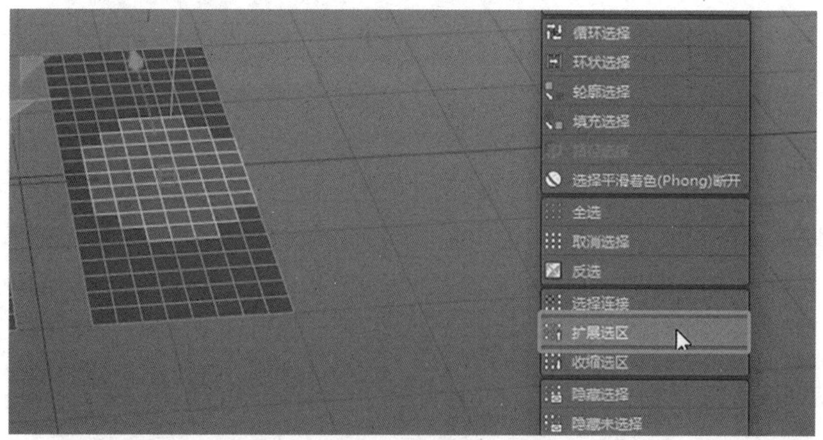


图 2-2-103　扩展选区

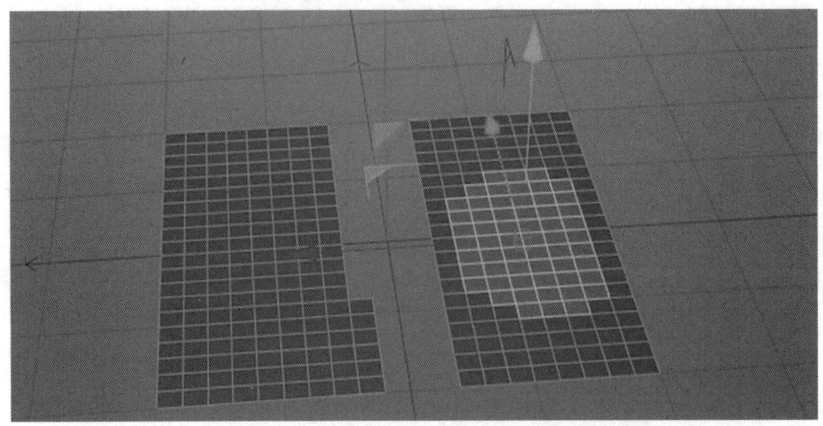

图 2-2-104　选中的对象扩展后效果

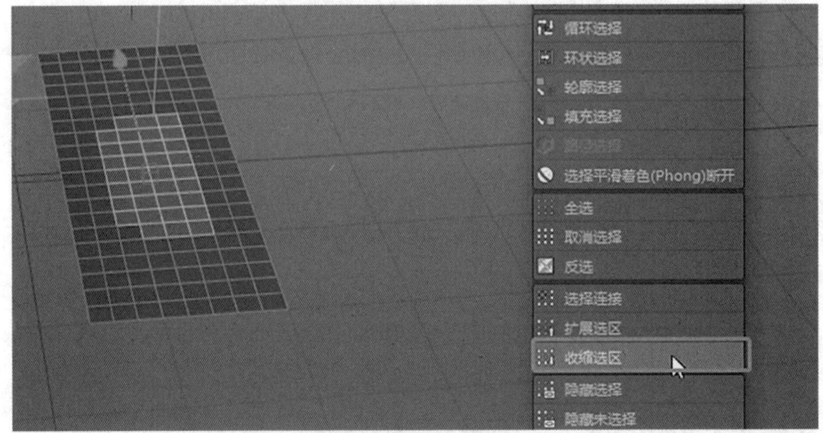


图 2-2-105　收缩选区

62. 隐藏选区、全部显示、隐藏未选择、反转显示的操作如图 2-2-106 至图 2-2-109 所示。

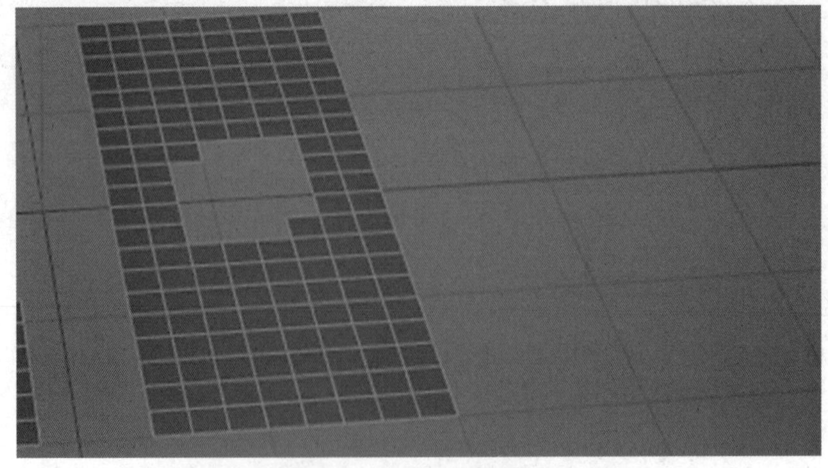

图 2-2-106　隐藏选区

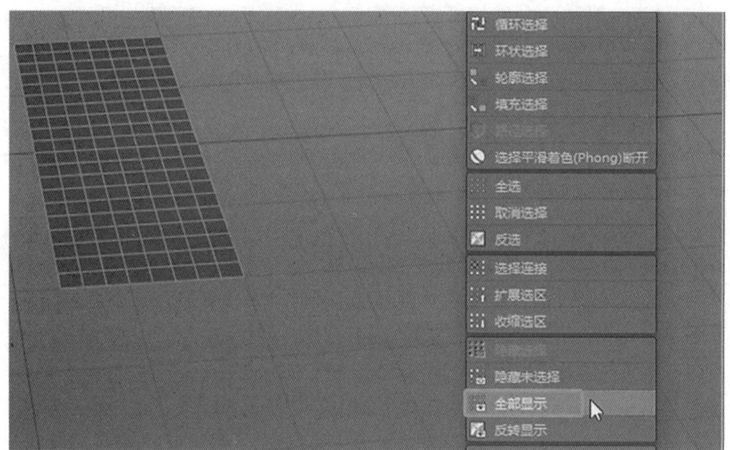


图 2-2-107 全部显示

图 2-2-108 隐藏未选择

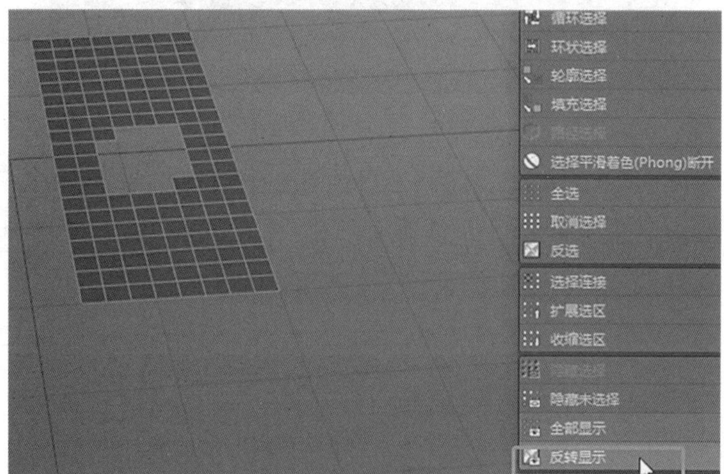


图 2-2-109 反转显示

63. 转换选择模式，可使当前选中面在切换到其他模式时，点模式或者线模式也被选中。按住 Ctrl 键切换到点、线、面模式时，选取会进行相应的转换，如图 2-2-110、图 2-2-111 所示。

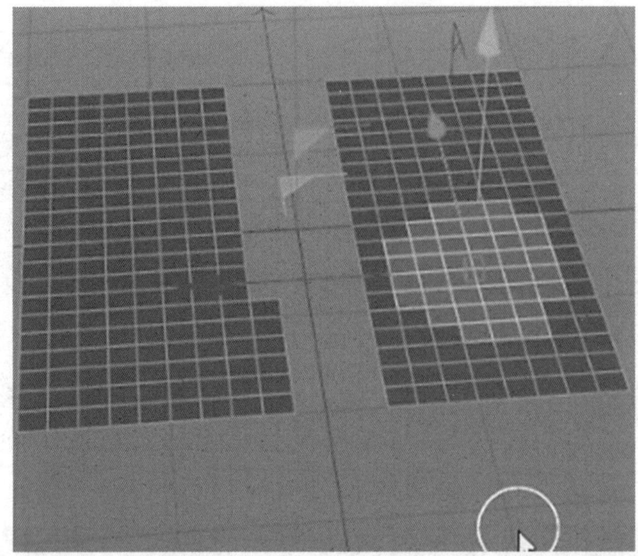

图 2-2-110　当前选中的面

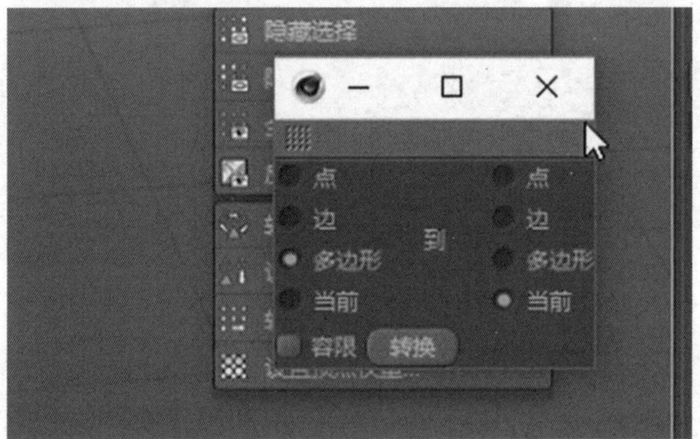


图 2-2-111　切换其他模式

64. 点模式下全选所有点，然后在视图中单击鼠标右键，选择优化，可删除孤立的点，如图 2-2-112 至图 2-2-114 所示。

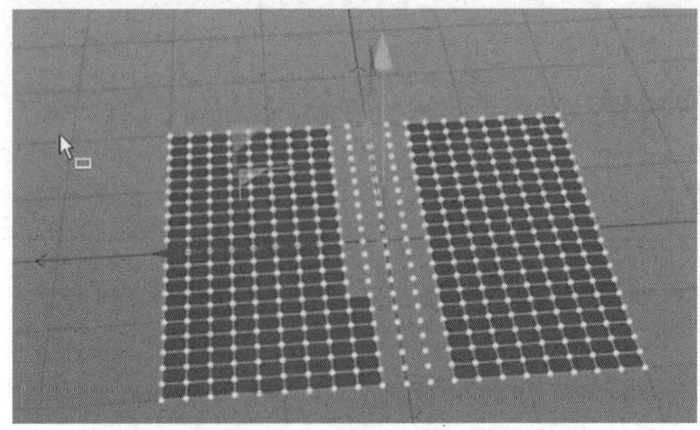

图 2-2-112　点模式下全选所有点

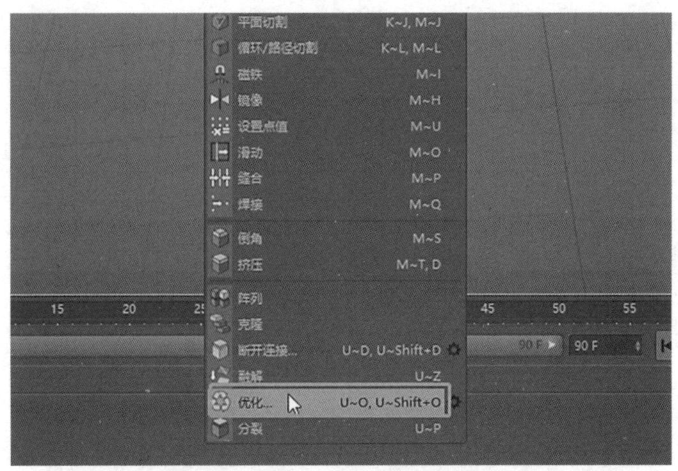

图 2-2-113　选择优化命令

图 2-2-114　优化后效果

65. 设置选集，可将点、线、面的选取保存到选集标签中。以面选集做演示，设置好面的选集，如图 2-2-115 至图 2-2-117 所示。

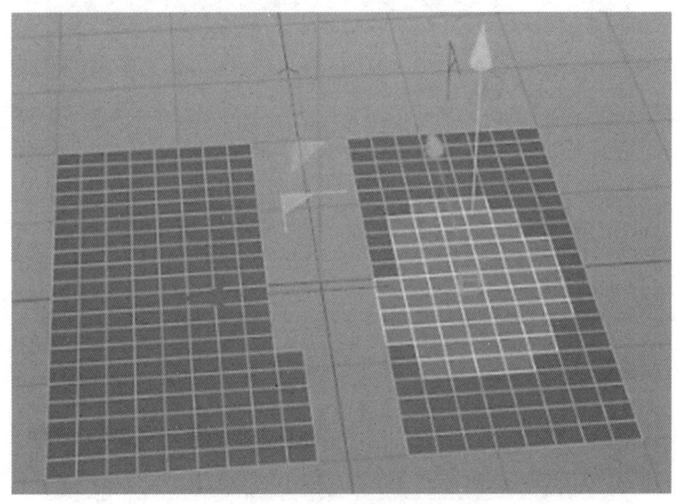
图 2-2-115　当前选中面

图 2-2-116　选择“设置选集”命令

图 2-2-117　设置选集

66. 新材质：给对象上材质，将设置好的选集拖到选集栏，材质只对选集的部分起作用，如图 2-2-118 至图 2-2-121 所示。

图 2-2-118　新增材质

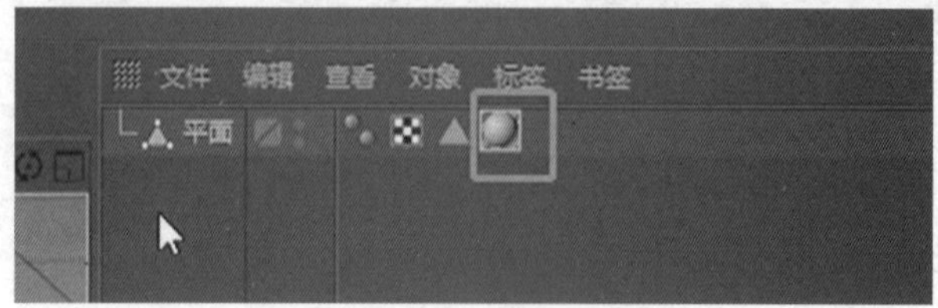

图 2-2-119　出现材质标签

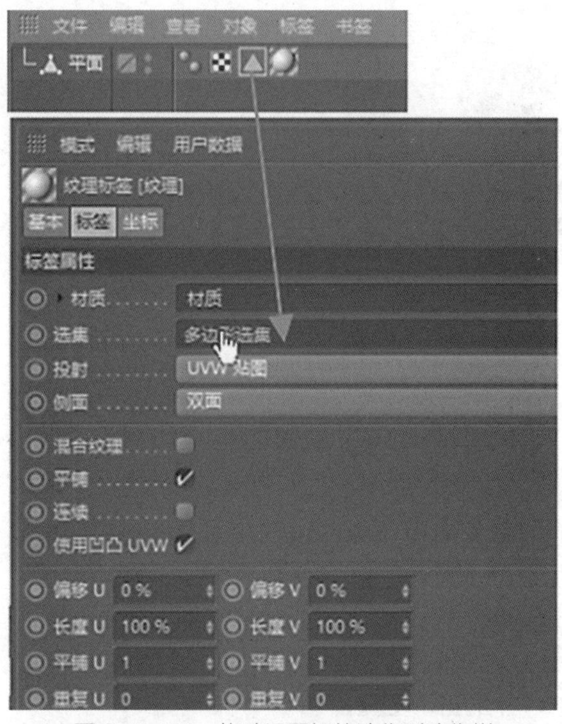

图 2-2-120　拖动设置好的选集到选集栏

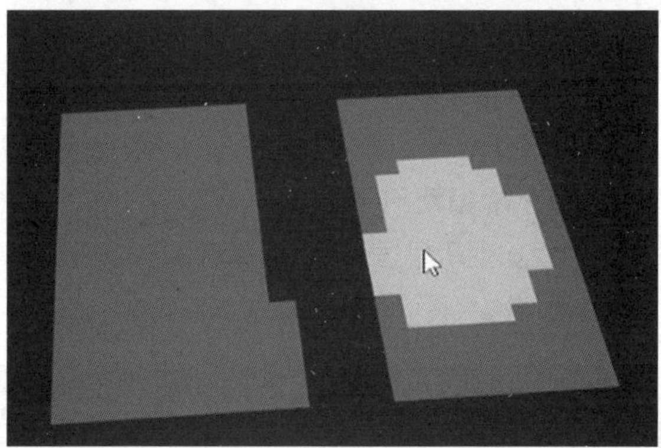
图 2-2-121　材质添加效果

67. 涉及动画时会使用到顶点贴图相关工具，如图 2-2-122 所示。

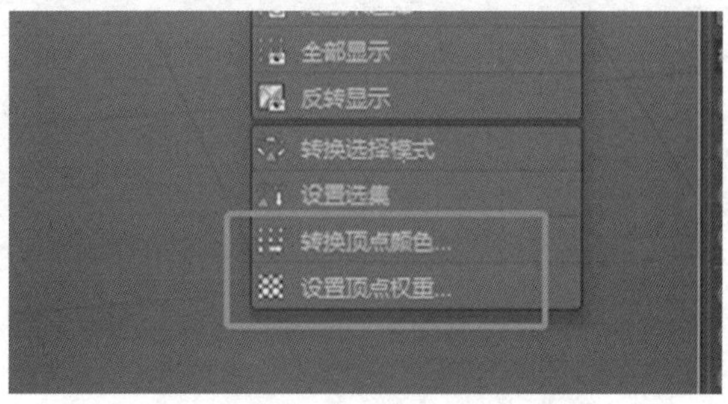

图 2-2-122　顶点贴图相关工具

## 任务 2.3

# “工具菜单”的介绍和使用

### 教学重点

· **介绍“工具菜单”的各个工具用途。**

### 教学难点

· **各个工具如何能方便快速地应用，从而提升建模速度。**

### 任务分析

**01. 任务目标**

熟悉“工具菜单”中的各个工具。

**02. 实施思路**

通过视频了解“工具菜单”的使用。

### 任务实施

**01. “工具菜单”的介绍和使用**

1. 点击工具菜单，界面出现引导线工具、照明工具、命名工具等工具面板，引导线工具为辅助建模工具，如图 2-3-1 所示。

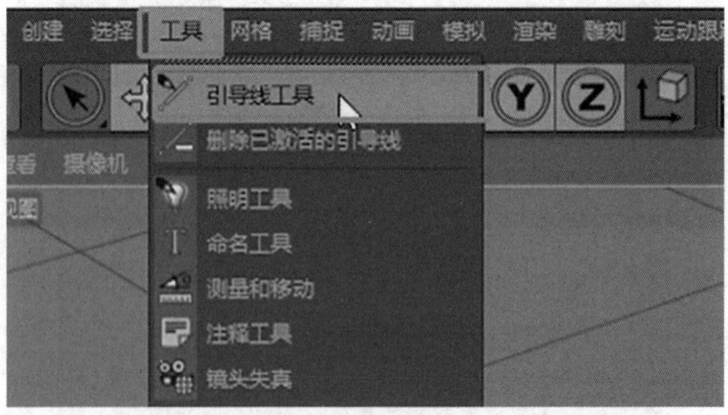


图 2-3-1　选择工具栏“引导线工具”

2. 照明工具，可通过在对象表面单击，来创建灯光，调整距离，在圆环状态下进行拖曳，如图 2-3-2 至图 2-3-5 所示。

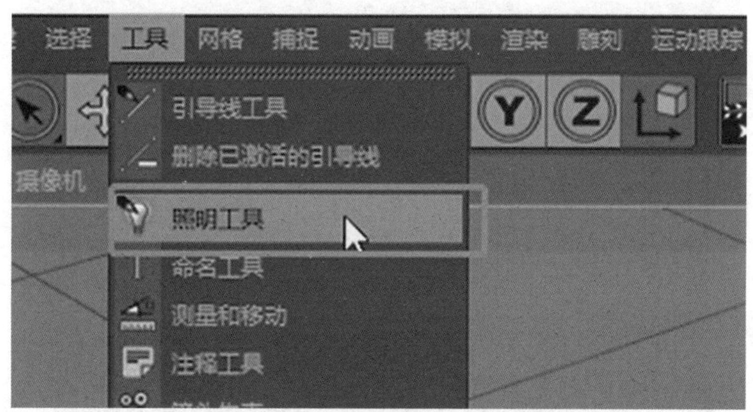

图 2-3-2　选择工具栏“照明工具”

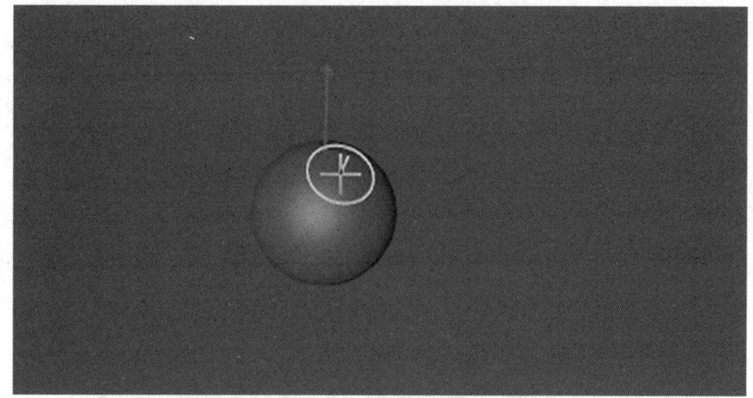
图 2-3-3　点击对象，创建灯光

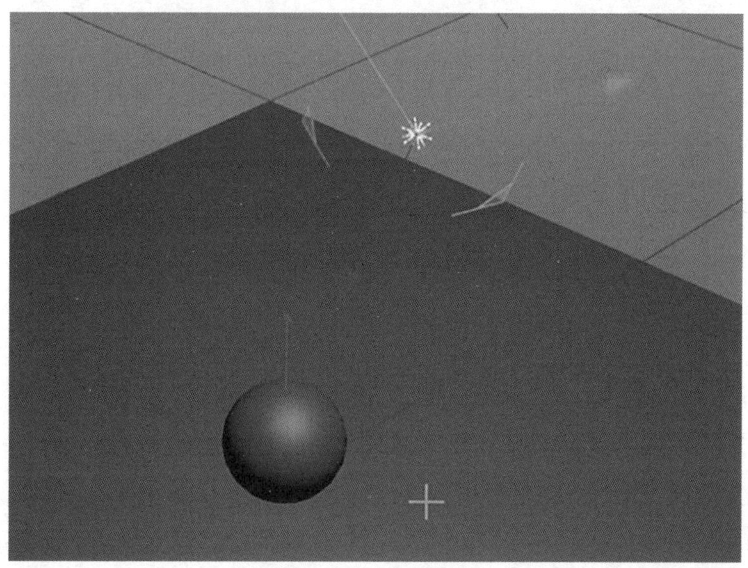
图 2-3-4　拖曳灯光

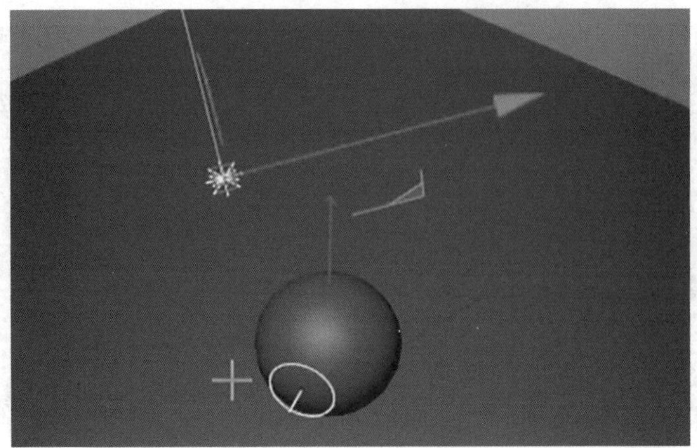

图 2-3-5　灯光效果

3. 而如果是在视图空白处点击，也可以创建灯光，如图 2-3-6 所示。

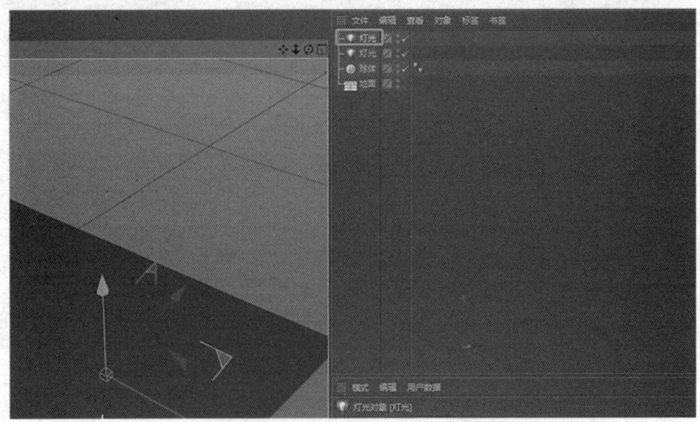


图 2-3-6　点击空白处，创建灯光

4. 当灯光处于默认设置时，渲染建模对象则无投影生成，如图 2-3-7 所示。

图 2-3-7　灯光处于默认设置

5. 打开“灯光对象”，点击“投影”，选择“投影”为阴影贴图（软阴影），渲染建模对象时可观看到建模物体的投影，除阴影贴图（软阴影）之外，投影还可选择光线跟踪（强烈）和区域，如图 2-3-8、图 2-3-9 所示。

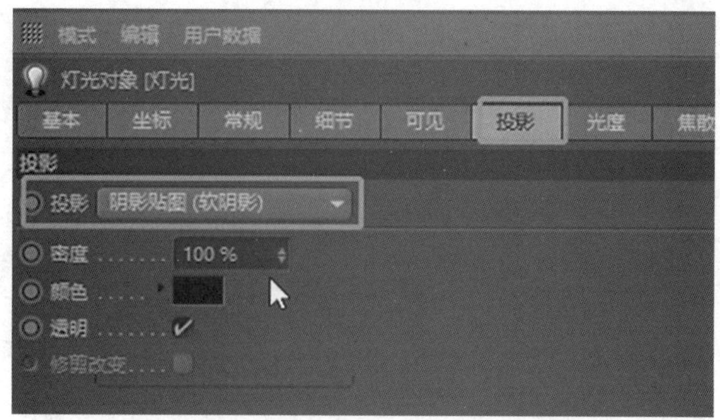


图 2-3-8　点击投影，选择投影为阴影贴图

图 2-3-9　打开投影效果

6. 如果想实时地观察投影，可以点击视窗的选项菜单，打开增强 openGL 和投影，如图 2-3-10 所示。

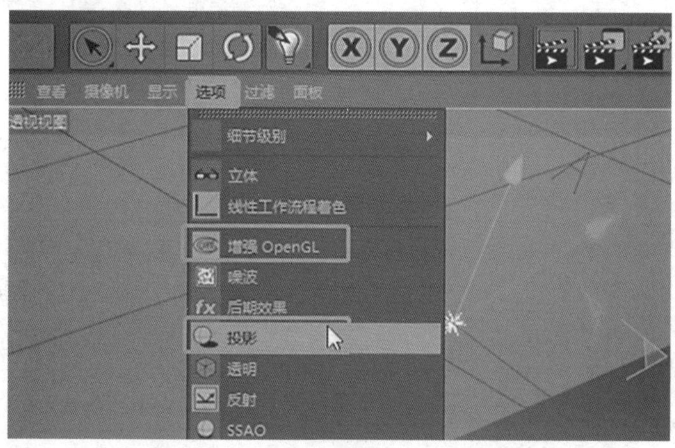


图 2-3-10　打开增强 openGL 和投影

7. 点击“照明工具”，修改选项中的模式选择。系统默认模式为轨迹球；表面模式：适合在较为复杂的表面时使用；漫射定位模式：适合漫反射的调整；镜射定位模式，适合高光反射的调整。改变模式选项，建模对象的光照呈现随之改变，如图 2-3-11 所示。

图 2-3-11　修改选项中模式选择“轨迹球”

8. 点击灯光对象，调整常规参数。可调整类型、投影、可见灯光，改变灯光的常规参数，如图 2-3-12 至图 2-3-13 所示。

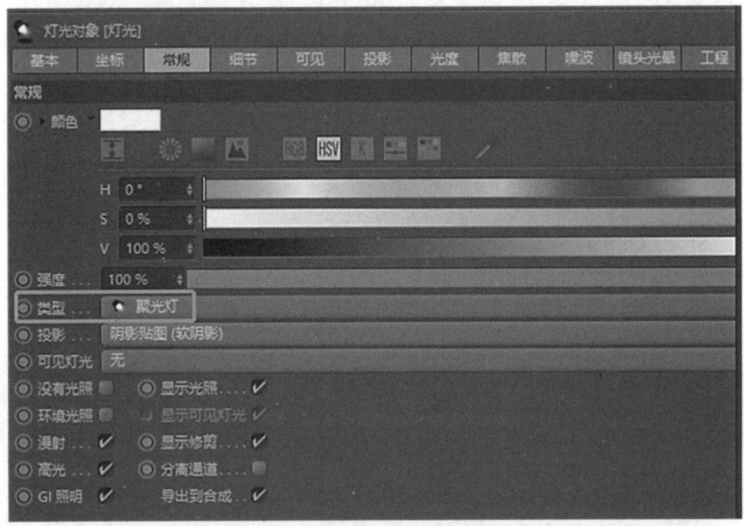


图 2-3-12　调整灯光对象的常规参数

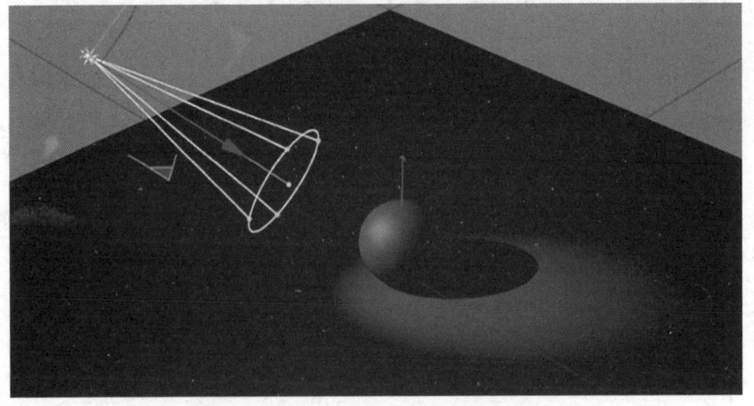

图 2-3-13　选择聚光灯选项效果

9. 照明工具模式选择轴模式，点击方位轴，如图 2-3-14 所示。

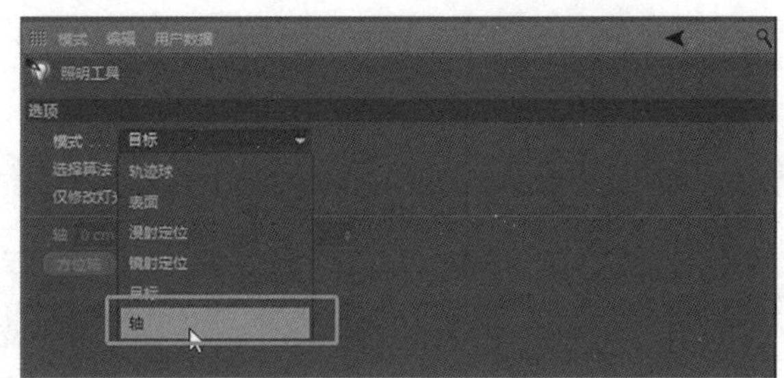


图 2-3-14　照明工具模式选择轴模式

10. 单击创建点，拖曳圆环，轴模式保证光线穿过轴心点，如图 2-3-15 至图 2-3-16 所示。

图 2-3-15　单击创建点，拖曳圆环

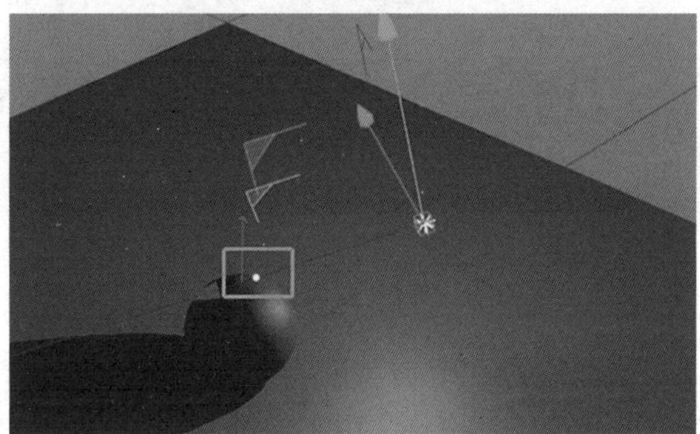

图 2-3-16　轴模式光线穿过一个轴心点

11. 算法：如场景中无选中任何对象，会根据算法自动选择其中一种灯光进行调整。如图 2-3-17 所示。

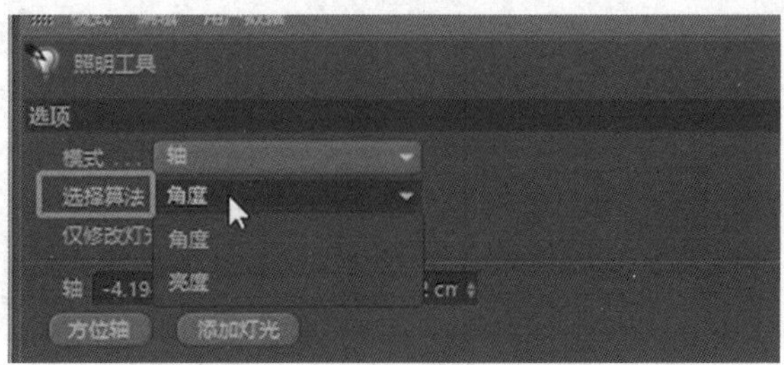


图 2-3-17　选择算法选项

12. 取消勾选“仅修改灯光”，就可以选中非灯光的对象进行调整，如图 2-3-18 所示。

图 2-3-18　取消勾选“仅修改灯光”

13. 新建圆盘对象，创建材质，打开材质编辑器，只勾选“发光”；再创建材质 1，打开编辑器勾选颜色与反射，点击“反射”，添加 GGX，将材质拖入视图中的圆盘上，材质 1 拖入视图中的球体上，圆盘就会充当反光板的作用，如图 2-3-19 至图 2-3-23 所示。

图 2-3-19　新建圆盘对象

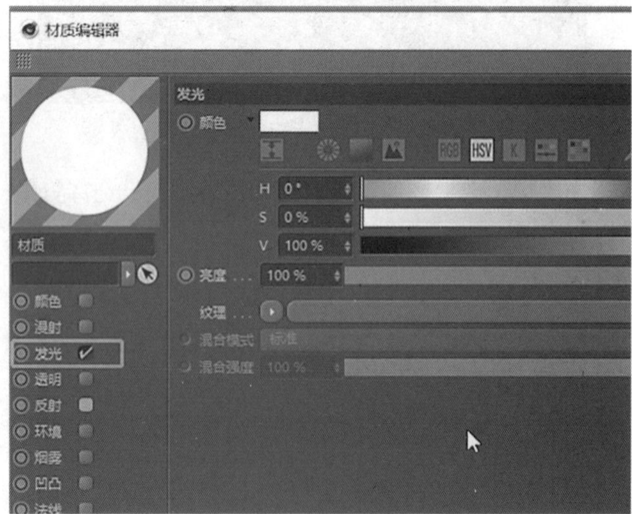


图 2-3-20　打开材质编辑器，只勾选“发光”

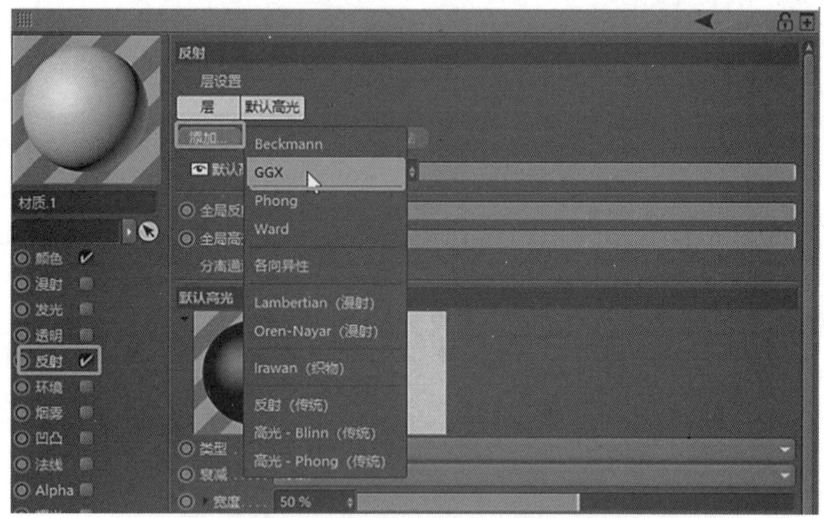


图 2-3-21　点击“反射”，添加 GGX

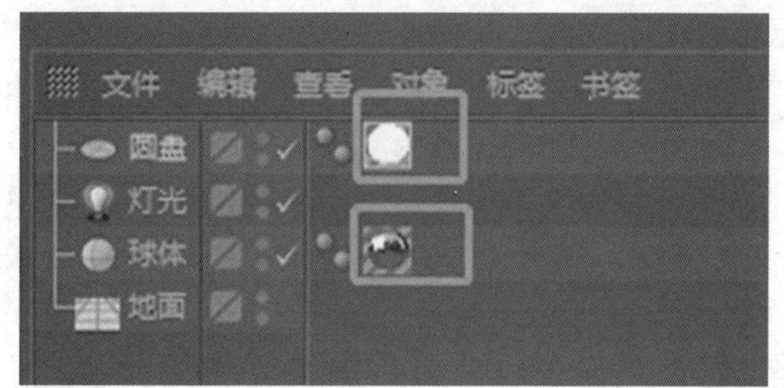


图 2-3-22　材质拖入视图中的圆盘上，材质 1 拖入视图中的球体上

图 2-3-23　材质效果

14. 高光反射的调整适合用镜射定位模式，如不使用照明工具，也可结合位移、缩放、旋转，自由调整灯光和反光板，如图 2-3-24 至图 2-3-26 所示。

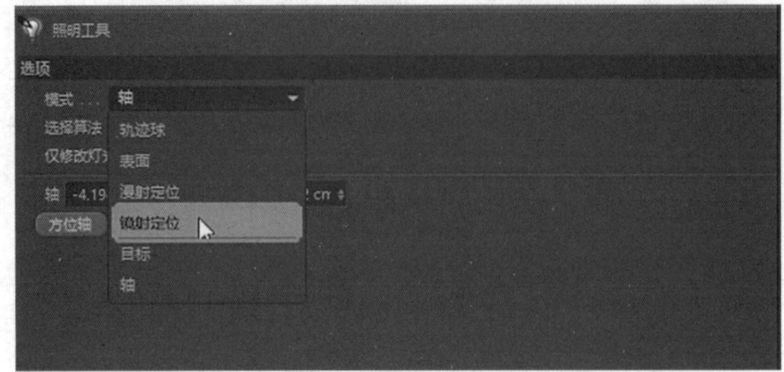


图 2-3-24　镜射定位模式

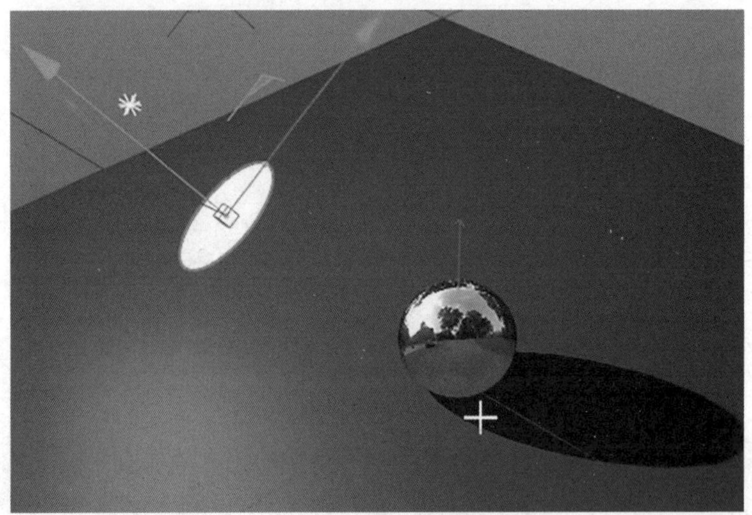

图 2-3-25　未设置镜射定位模式效果

图 2-3-26　设置镜射定位模式效果

15. 取消勾选“高光”，可隐藏红色和黄色的连线，如图 2-3-27 至图 2-3-29 所示。

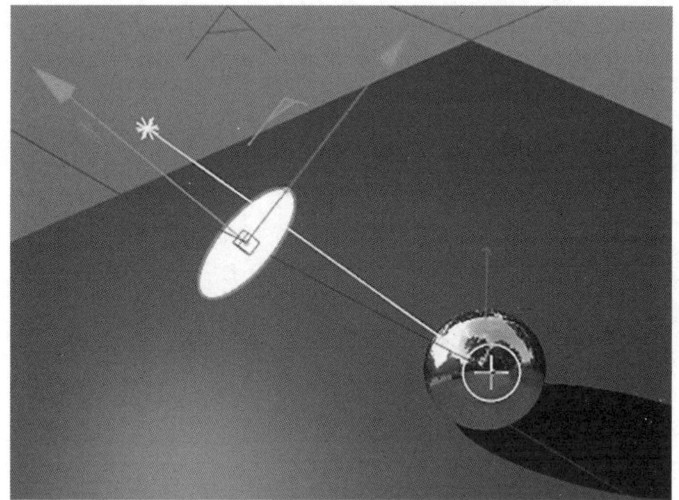

图 2-3-27 未取消勾选“高光”效果

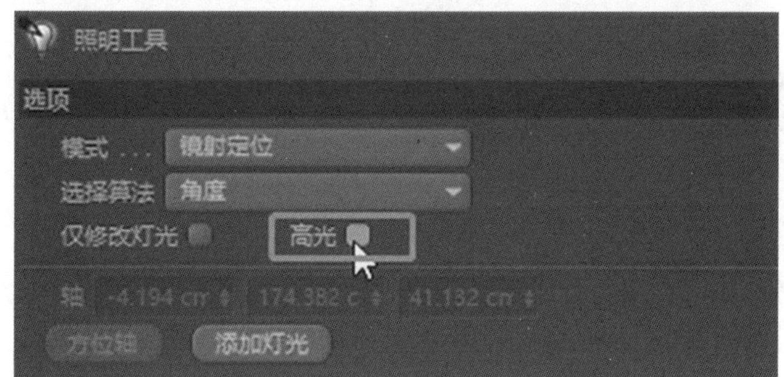


图 2-3-28 取消勾选“高光”

图 2-3-29 取消勾选“高光”效果

16. 命名工具：可对选中对象进行批量重命名，还可以将常用的规则保存为模板，以便下次直接使用。如图 2-3-30 所示。

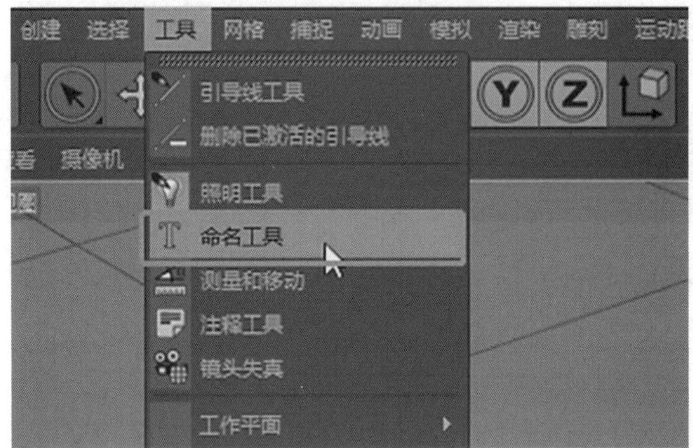


图 2-3-30 “命名工具”命令

17. 全选对象并在命名工具中，选择应用于对象；然后添加前缀和后缀，应用，如图 2-3-31 至图 2-3-37 所示。

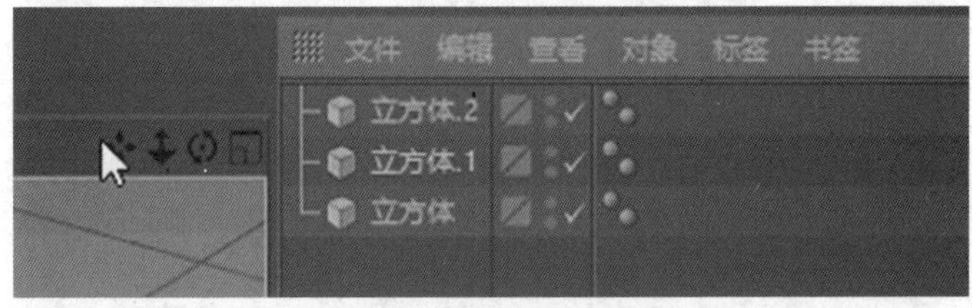


图 2-3-31 全选对象

图 2-3-32 命名工具中，选择应用于对象

图 2-3-33 添加前缀后缀

图 2-3-34　应用一

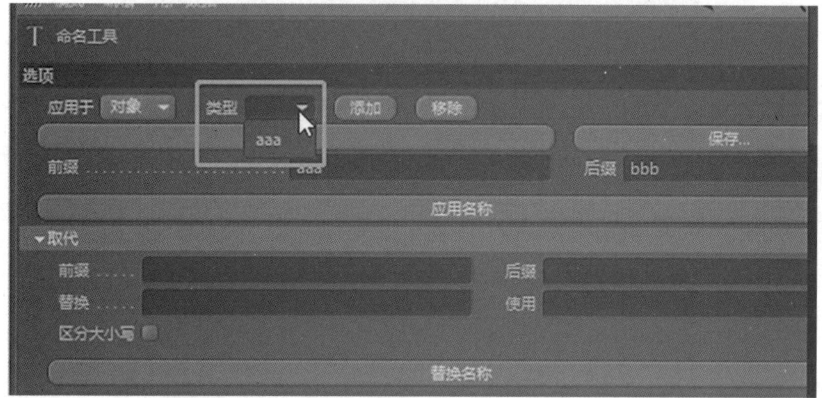


图 2-3-35　应用二

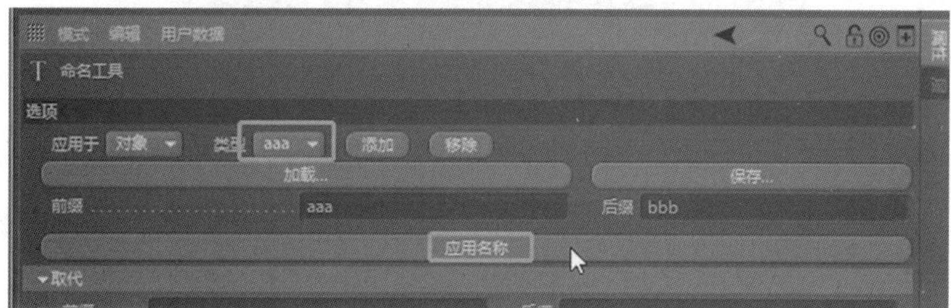


图 2-3-36　应用三

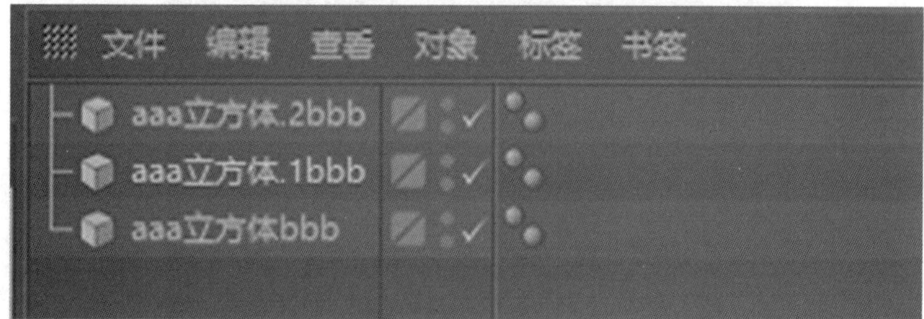


图 2-3-37　应用四

18. 在“取代”面板中，替换文字，可更改建模对象命名，如图 2-2-38、图 2-3-39 所示。

图 2-3-38 在取代面板中，替换文字

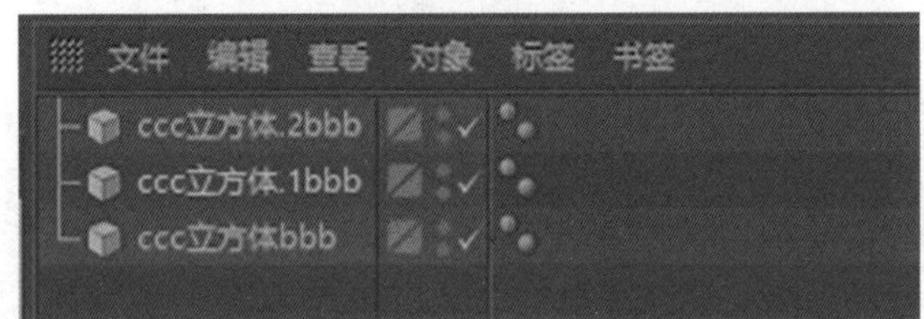


图 2-3-39 更改建模对象命名

19. 打开工具菜单，选择“测量和移动”工具，如图 2-3-40 所示。

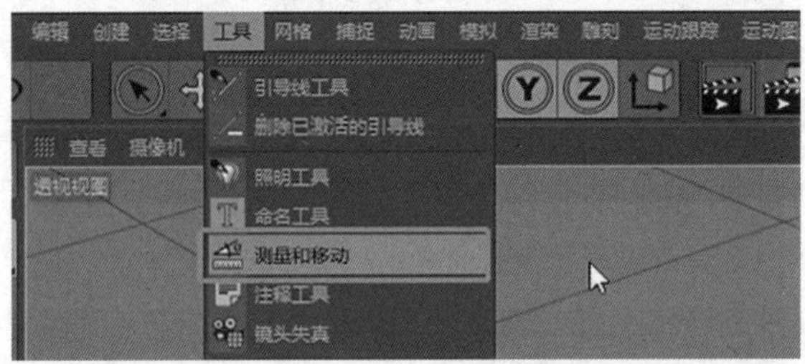


图 2-3-40 选择“测量和移动”工具

20. 拖动红色箭头的两端，就可以测量距离。如图 2-3-41 所示。

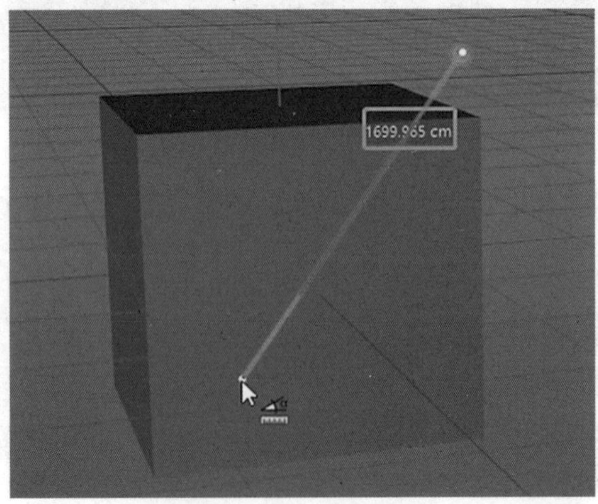


图 2-3-41 测量距离

21. 打开捕捉系统，可以方便选中对象的顶点。如图 2-3-42、图 2-3-43 所示。

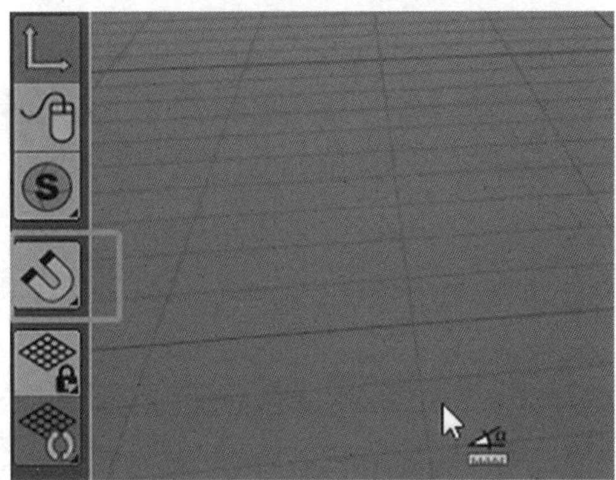

图 2-3-42　打开捕捉系统

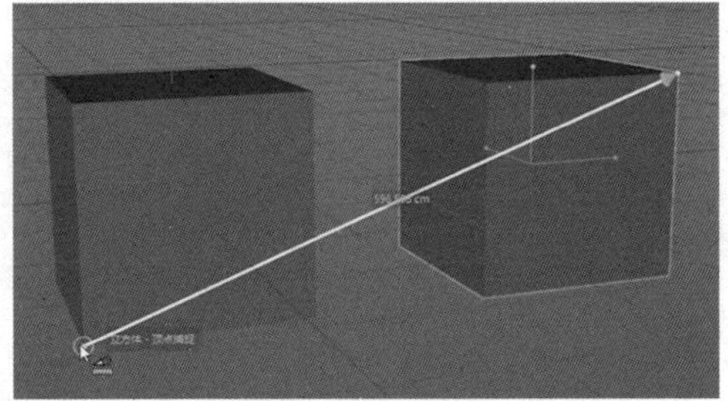

图 2-3-43　选中对象的顶点

22. 勾选“三点测量”，可以进行多点之间的测量。如图 2-3-44 至图 2-3-45 所示。

图 2-3-44　勾选“三点测量”

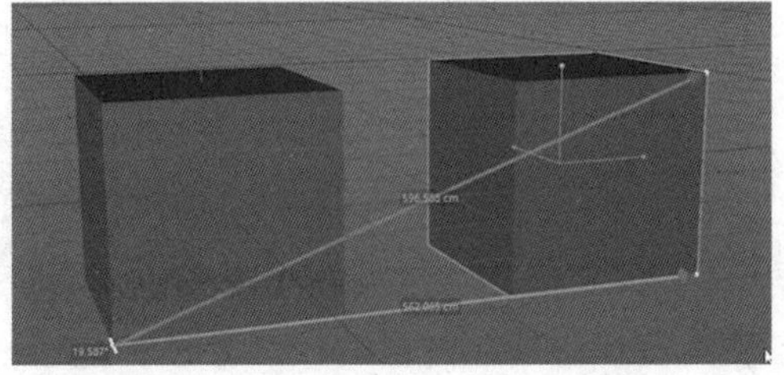

图 2-3-45　进行多点之间的测量

23. 选择工具菜单下的“注释工具”，点击对象添加注释，如图 2-3-46 至图 2-3-47 所示。

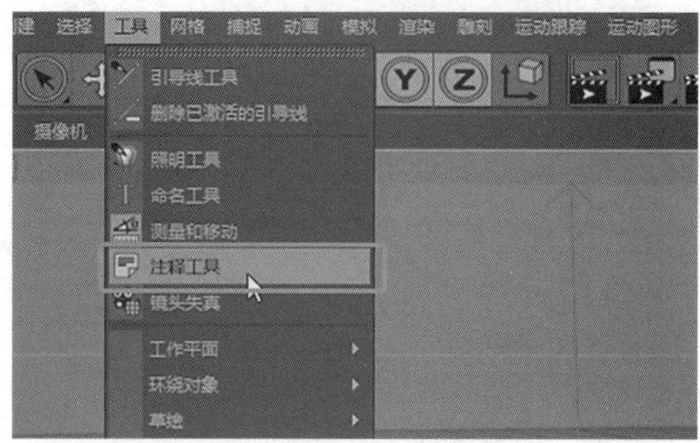


图 2-3-46　选择“注释工具”

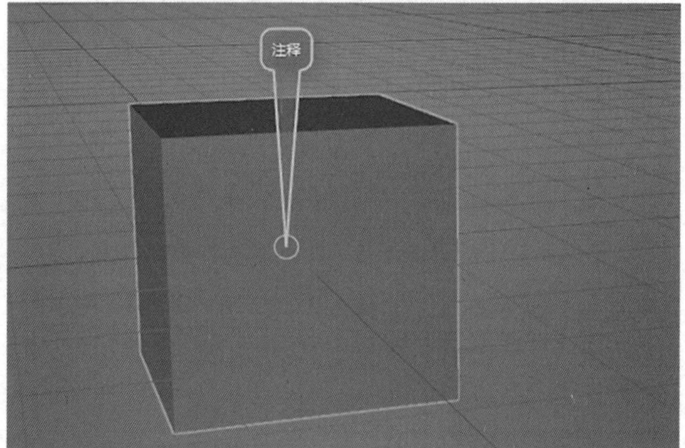


图 2-3-47　点击对象添加注释

24. 选择“注释标签”进行编辑，注释不会被渲染出来，如图 2-3-48 所示。

图 2-3-48　选择注释标签进行编辑

25. C4D 中工具栏下的工作平面基本不做修改，默认对齐工作平面到 X，对齐工作平面到 Y，如图 2-3-49 至图 2-3-51 所示。

图 2-3-49　工作平面命令

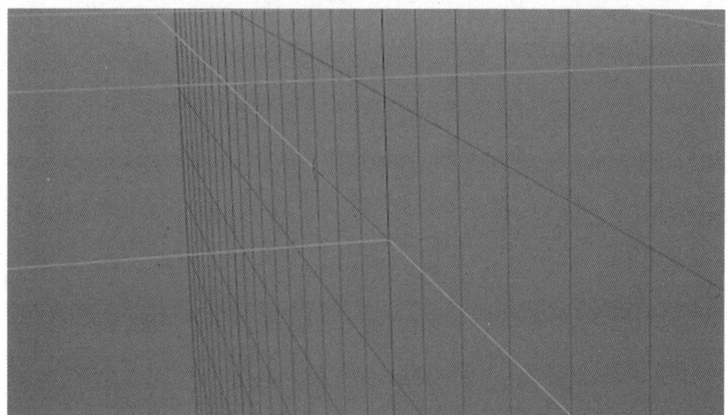
图 2-3-50　对齐工作平面到 X

图 2-3-51　对齐工作平面到 Y

26. 创建三个立方体，全部选中，点击工具栏菜单下的“环绕对象”，选择“排列”，如图 2-3-52 所示。

图 2-3-52　点击工具栏菜单下的“环绕对象”，选择“排列”命令

27. 在选择排列工具面板中，选择“线性”模式，点击“应用”。如图 2-3-53 至图 2-3-54 所示。

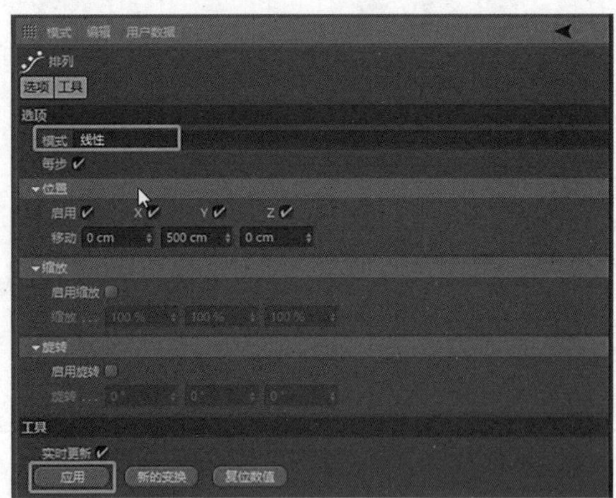

图 2-3-53　选择线性模式，并应用

图 2-3-54　线性模式应用效果

28.“启用缩放”“启用旋转”可以控制对象的属性。点击“复位数值”可以回到初始状态，如图 2-3-55 至图 2-3-57 所示。

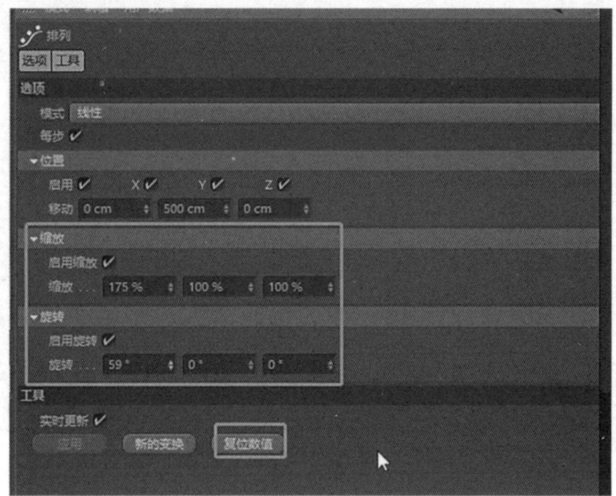


图 2-3-55　启用缩放命令和旋转命令

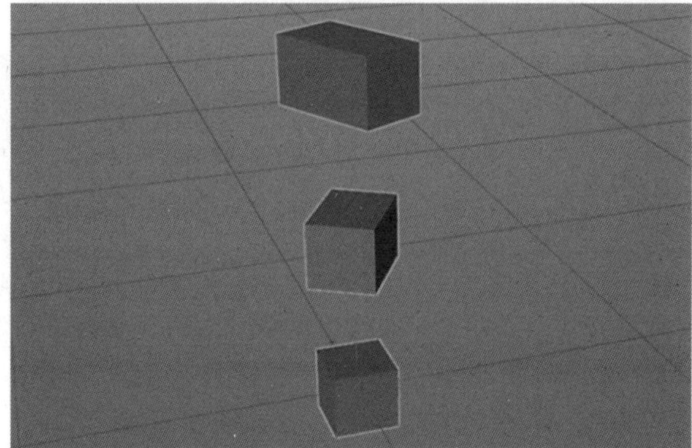

图 2-3-56　缩放命令和旋转命令效果

图 2-3-57　复位到初始状态

29. 如果选择圆环排列模式，对象就会围着圆排列。如图 2-3-58 所示。

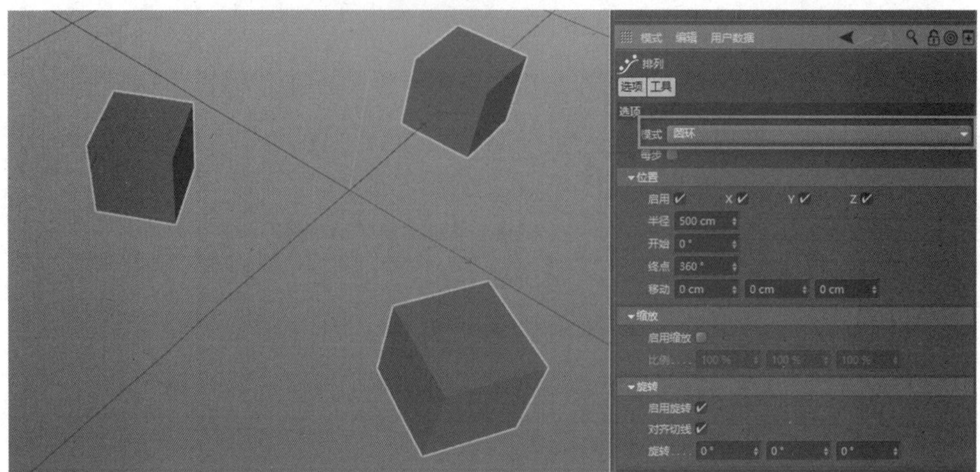

图 2-3-58　选择圆环排列模式

30. 如果选择沿着样条模式，则可以使用画笔工具，在视图中绘制样条，然后将绘制的样条拖曳到样条栏里，如图 2-3-59 至图 2-3-60 所示。

图 2-3-59　选择沿着样条模式，使用画笔工具

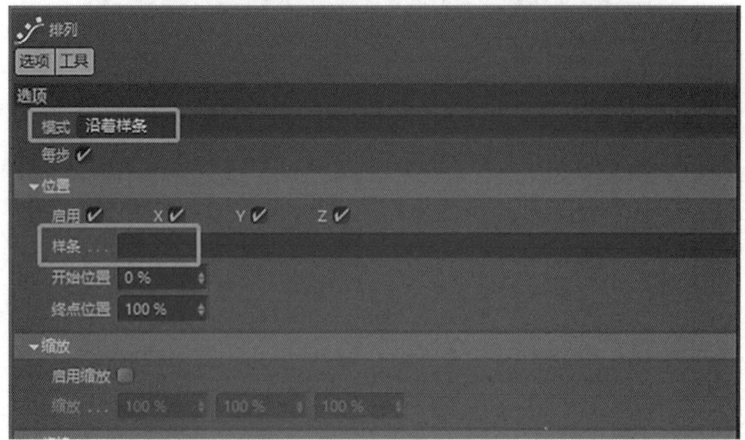


图 2-3-60　绘制的样条拖曳到样条栏里

31. 学习完环绕对象下的排列工具后，再进一步学习环绕对象下的居中工具。选中对象，X 轴正向对齐，中间对齐，反向对齐，结合 Y 轴、Z 轴实现其他形式对齐，如图 2-3-61 至图 2-3-65 所示。

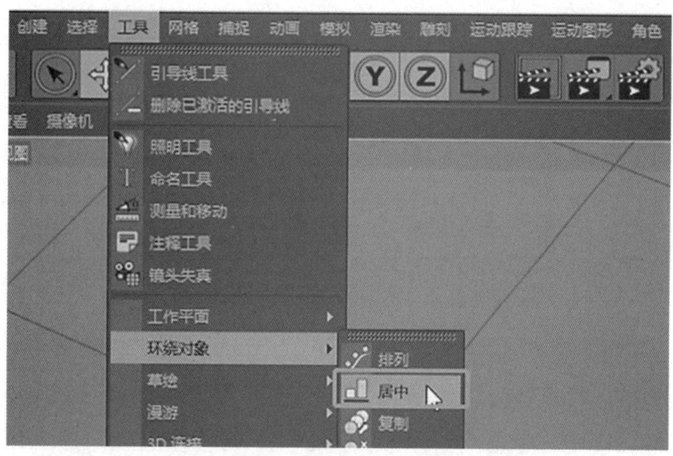


图 2-3-61　环绕对象下的居中工具

图 2-3-62　居中工具下的对齐选项

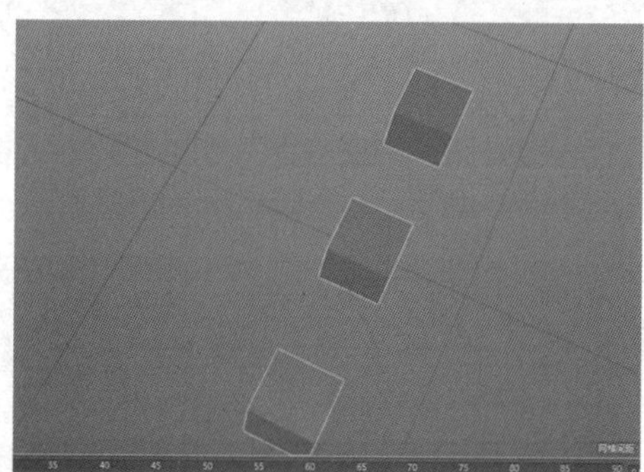

图 2-3-63　X 轴正向对齐

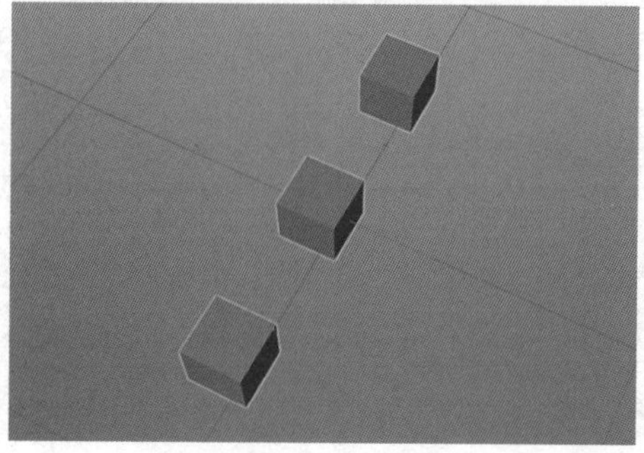

图 2-3-64　中间对齐

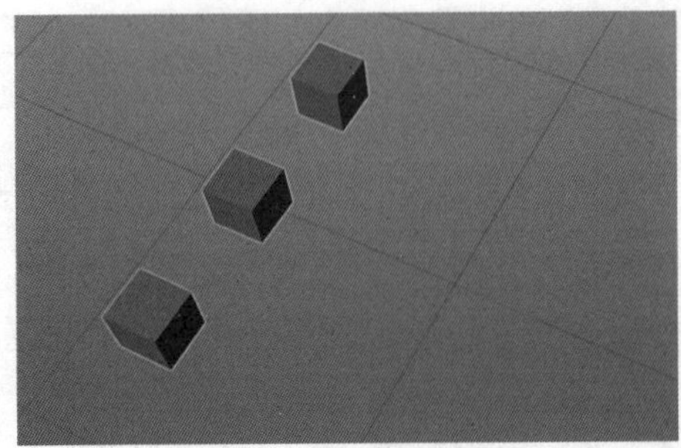

图 2-3-65　反向对齐

32. 删除掉两个立方体，选择剩下的立方体，点击“环绕对象”下的“复制”工具，选择“线性”模式，点击“应用”，如图 2-3-66 至图 2-3-68 所示。

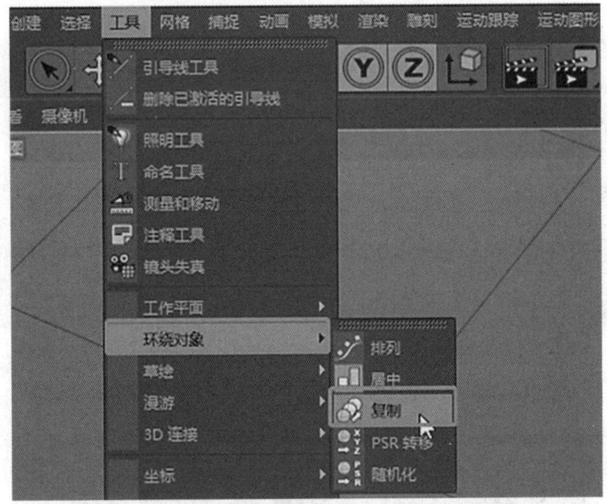


图 2-3-66　点击“环绕对象”下的“复制”工具

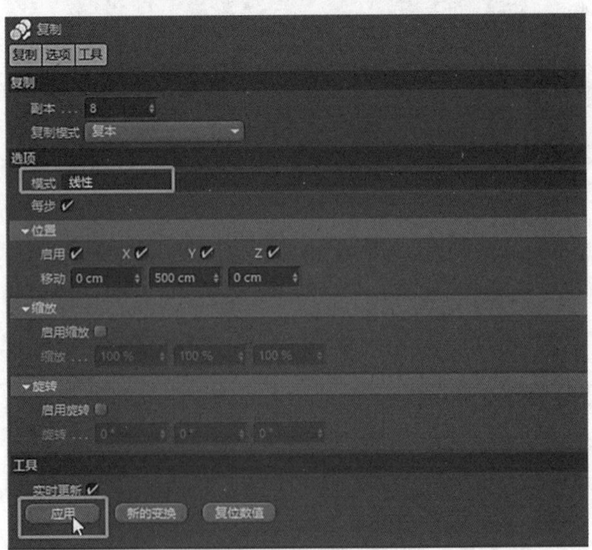


图 2-3-67　选择“线性”模式并应用

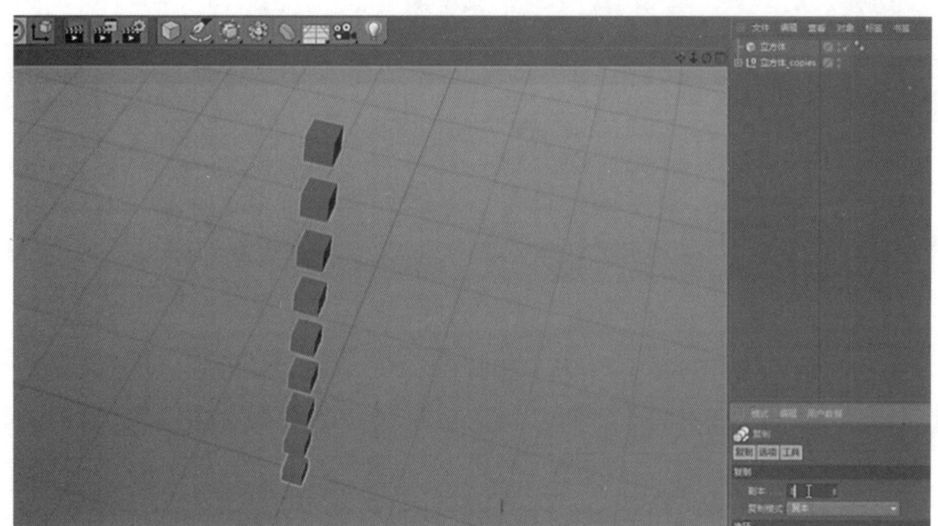

图 2-3-68　线性模式应用效果

33.“副本”是修改复制数量，还可选择其他模式进行复制，如图 2-3-69 至图 2-3-71 所示。

图 2-3-69　副本修改复制数量、模式选项

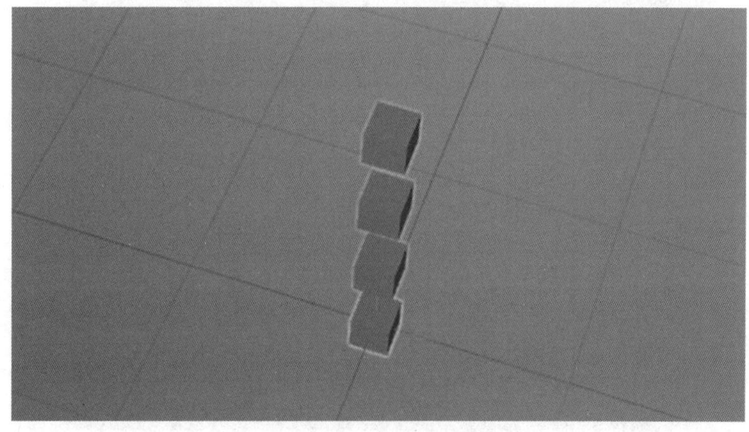

图 2-3-70　线性模式复制

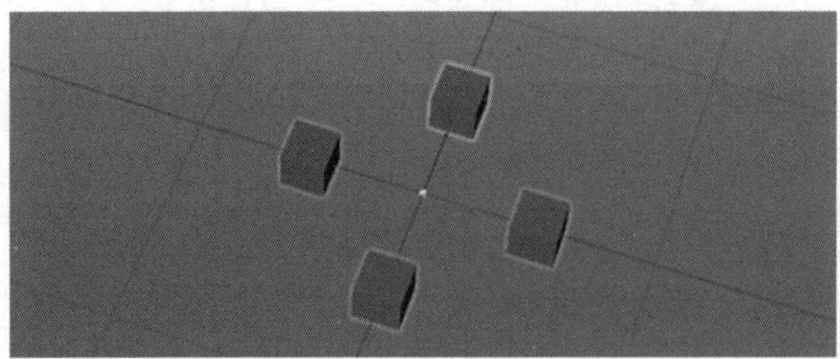

图 2-3-71　圆环模式复制

34.“环绕对象”下的“psr 转移”工具，可将一个对象移动到另一个对象的轴心点，比如创建两个立方体和一个球体，摆好位置，然后选择“psr 转移”工具。 如图 2-3-72 所示。

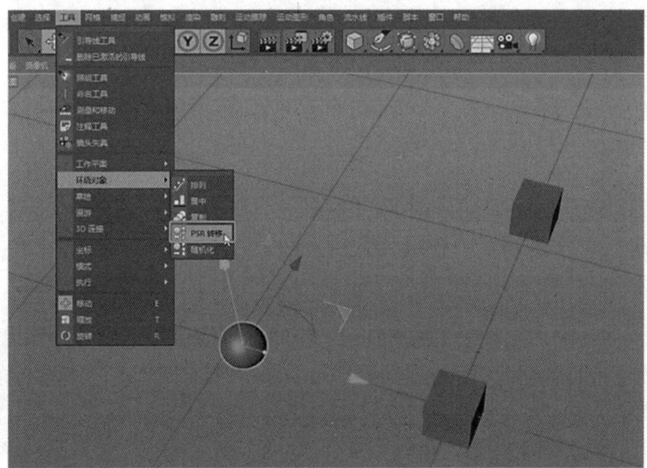

图 2-3-72　选择“环绕对象”下的“psr 转移”工具

35. 白线捕捉对象轴心，单击鼠标实现转移，将视图改为线框显示便于观看效果，如图 2-3-73 至图 2-3-76 所示。

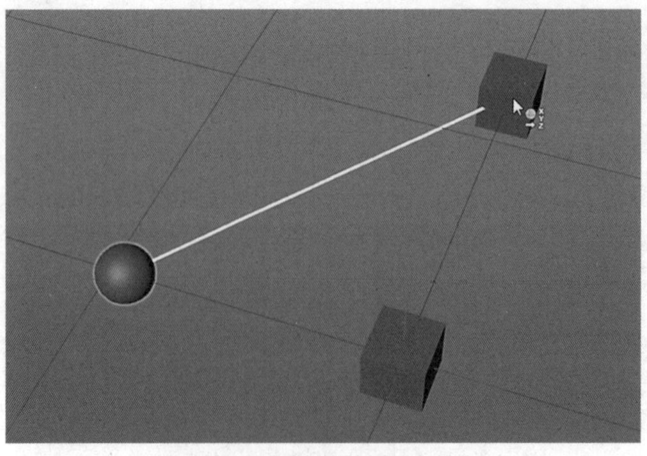

图 2-3-73　白线捕捉对象轴心

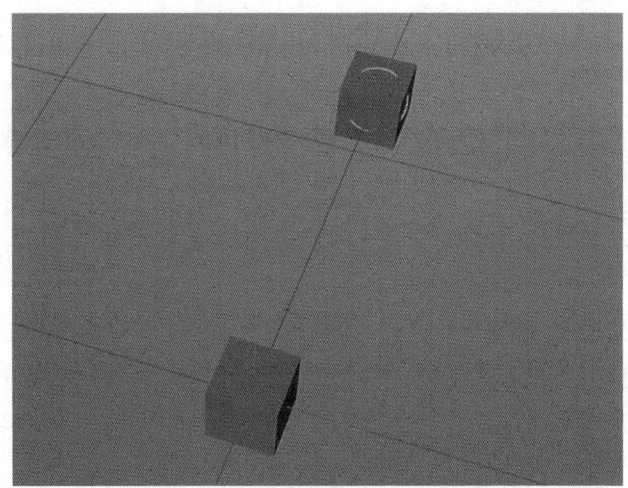

图 2-3-74　单击鼠标实现转移

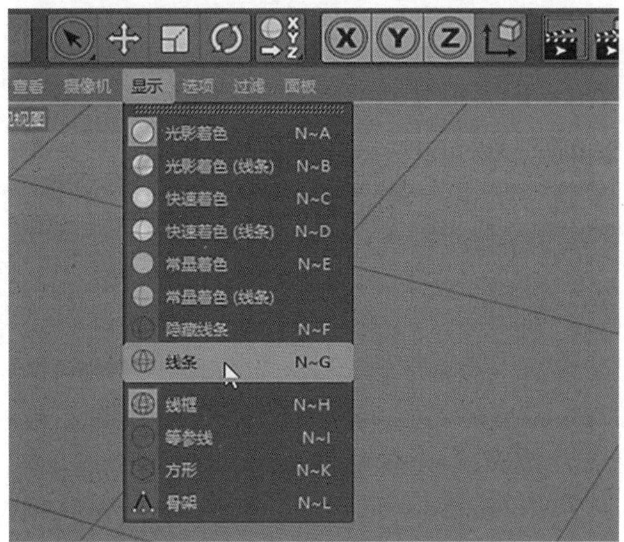


图 2-3-75　视图改为线条显示

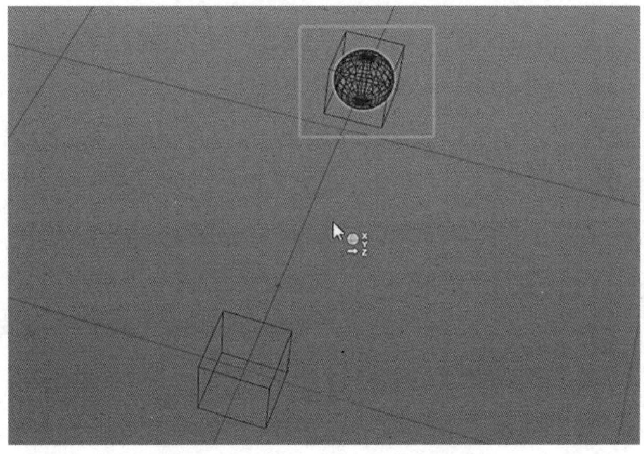

图 2-3-76　线条显示观看效果

36. 随机化工具，在一个范围空间内指定随机位置；比如调整移动数值，点击应用，如图 2-3-77 至图 2-3-79 所示。

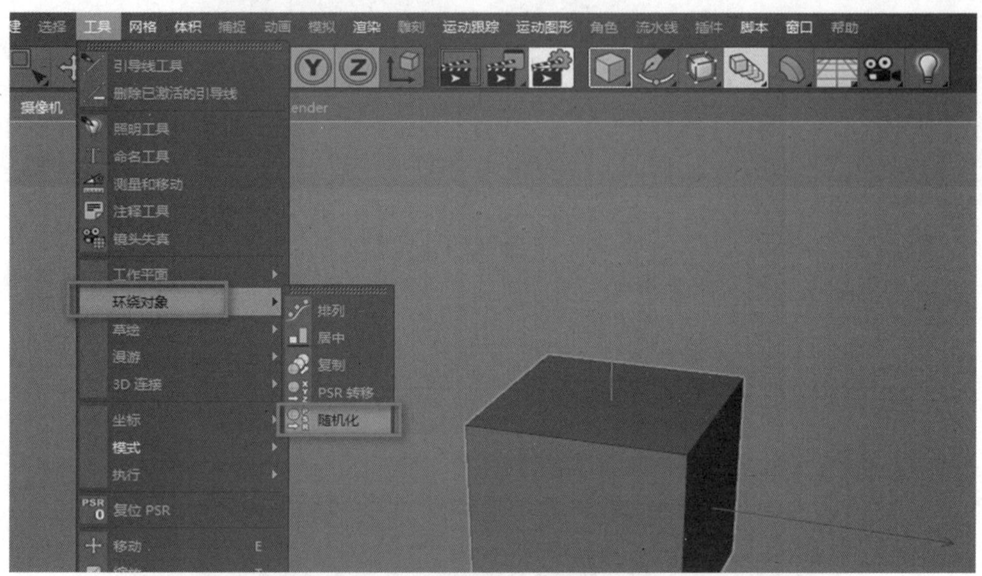


图 2-3-77　环绕对象下的随机化工具

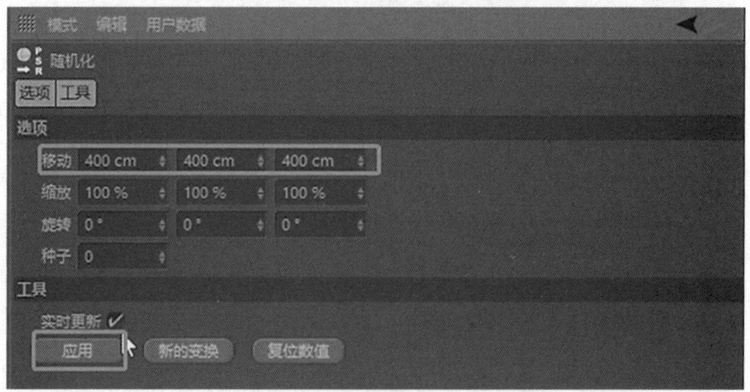


图 2-3-78　调整移动数值并应用

图 2-3-79　调整移动数值效果

37. 修改随机化工具下的种子数值，可换一种随机结果，如图 2-3-80、图 2-3-81 所示。

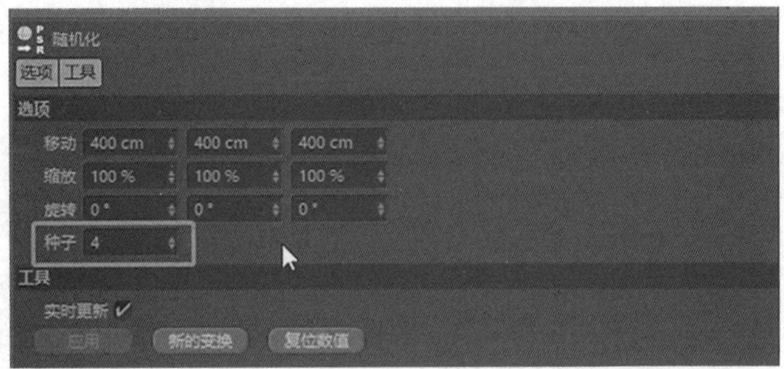


图 2-3-80　修改随机化工具下的种子数值

图 2-3-81　修改种子数值后的效果

38. 使用工具菜单栏下的“草绘”工具，可在视图上涂鸦，且涂鸦内容可被渲染，如图 2-3-82、图 2-3-83 所示。

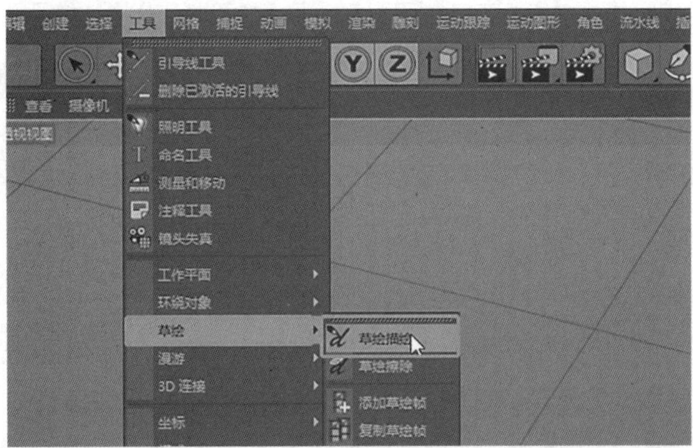


图 2-3-82　工具菜单栏下的“草绘”工具

图 2-3-83　草绘工具使用效果

39. 漫游工具下的“虚拟漫游”，可通过录制视图操作转成摄像机动画，如图 2-3-84 所示。

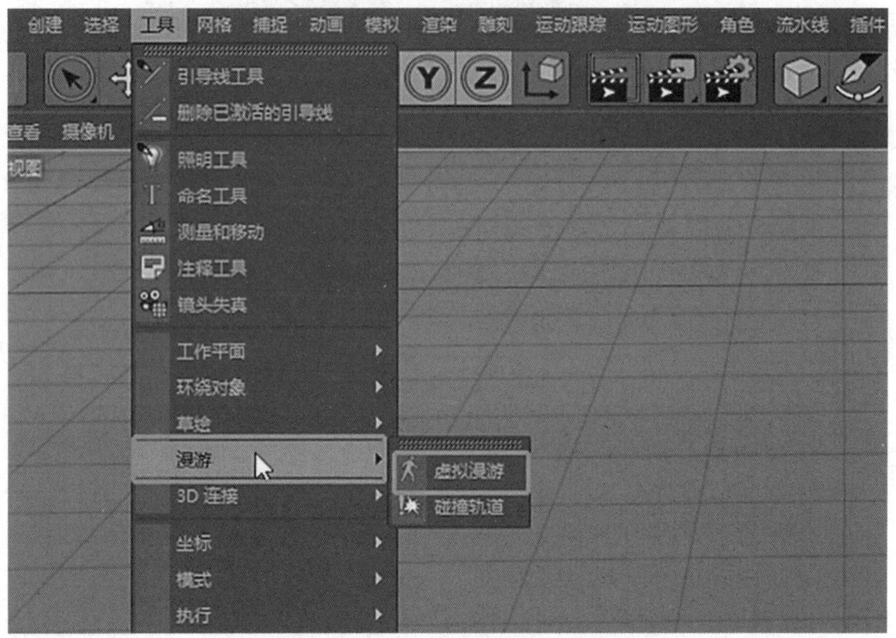


图 2-3-84　漫游工具下的虚拟漫游选项

40. 工具菜单栏下的“3D 连接”可针对 3D 鼠标进行设置，如图 2-3-85 所示。

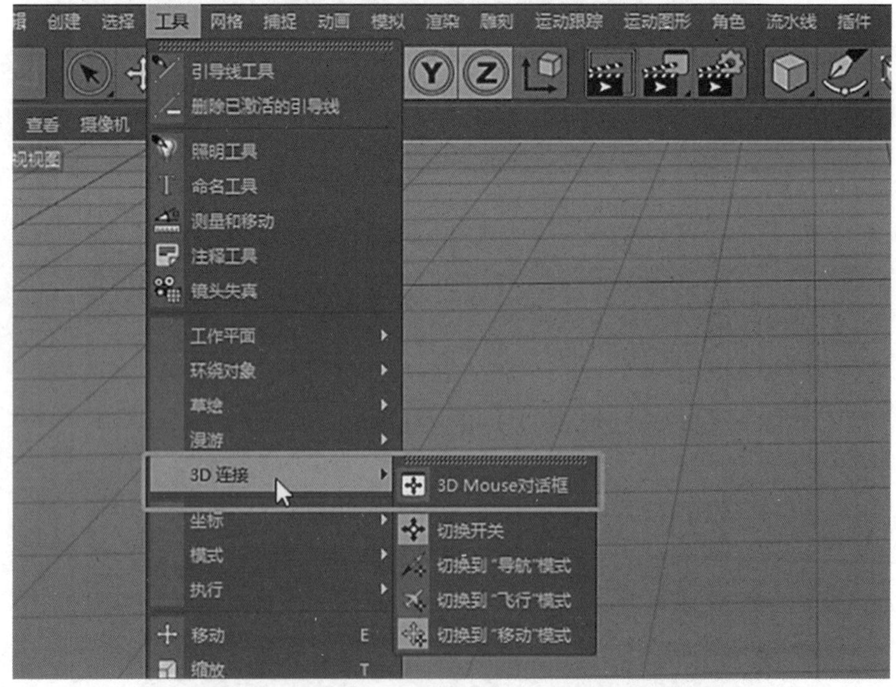


图 2-3-85　工具菜单栏下的 3D 连接选项

41. 坐标，对应工具栏的“X- 轴，Y- 轴，Z- 轴”，如图 2-3-86、图 2-3-87 所示。

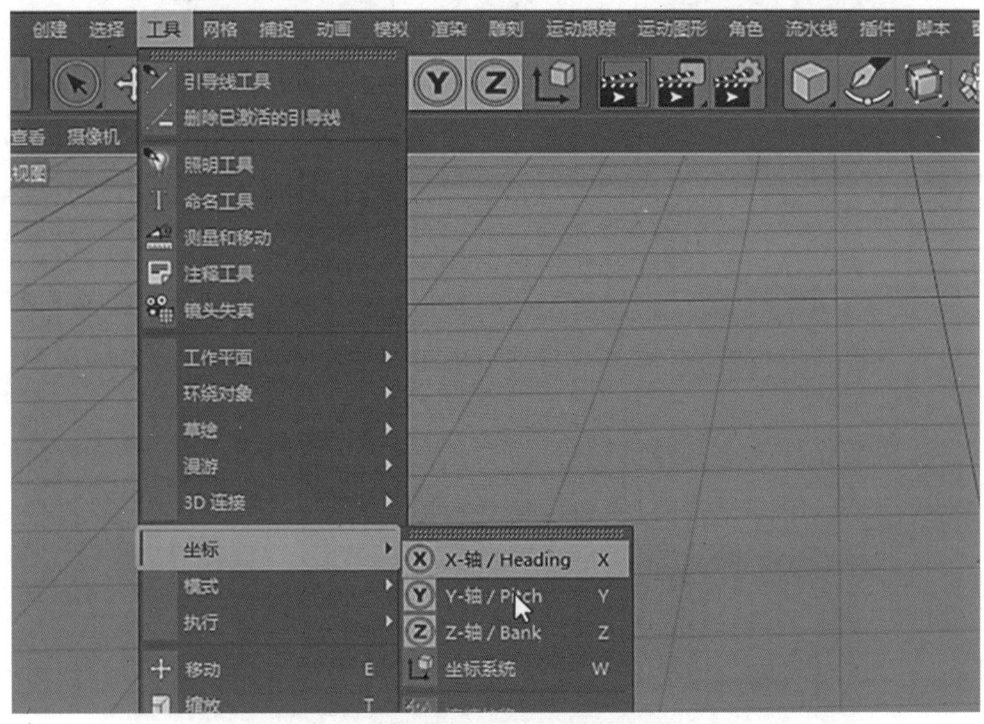


图 2-3-86　坐标选项

图 2-3-87　工具栏的“X- 轴，Y- 轴，Z- 轴”

42. 当取消激活 Y- 轴时，使用移动工具进行拖曳，Y- 轴方向坐标不变，如图 2-3-88 至图 2-3-90 所示。

图 2-3-88　取消激活 Y- 轴

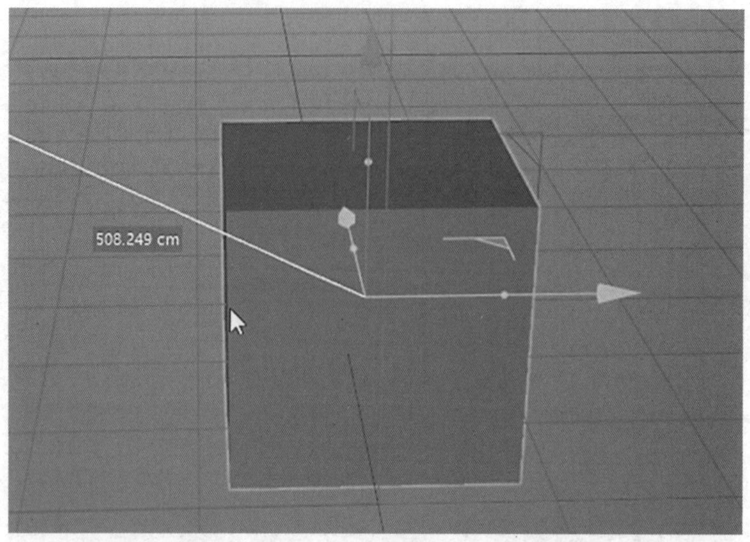


图 2-3-89　使用移动工具进行拖曳

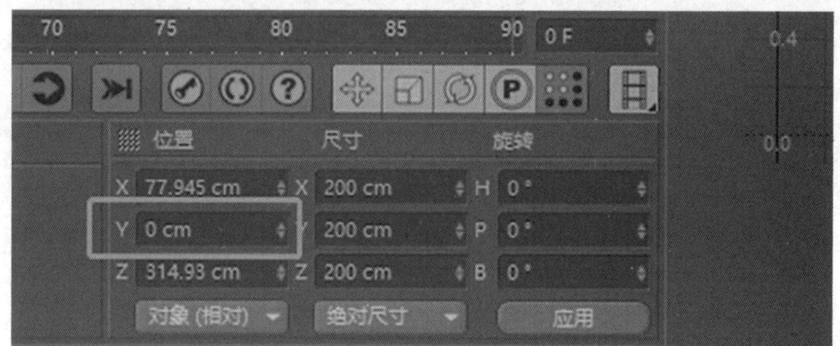


图 2-3-90　Y- 轴方向坐标不变

43. 当工具栏中取消激活 Y- 轴时，需修改 Y- 轴坐标，可单独选中 Y- 轴进行调整，如图 2-3-91 所示。

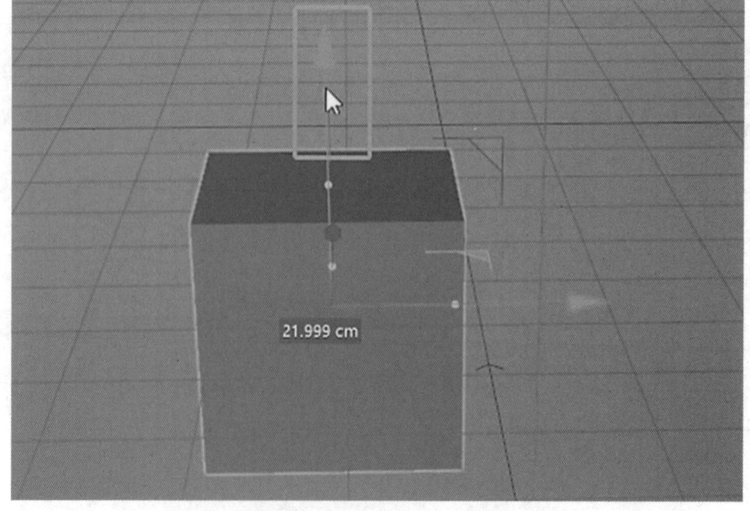


图 2-3-91　单独选中 Y- 轴

44. C4D 建模中，所有模型对象都有自己的轴向，点击坐标系统图标可来回切换世界轴向和对象轴向，如图 2-3-92、图 2-3-93 所示。

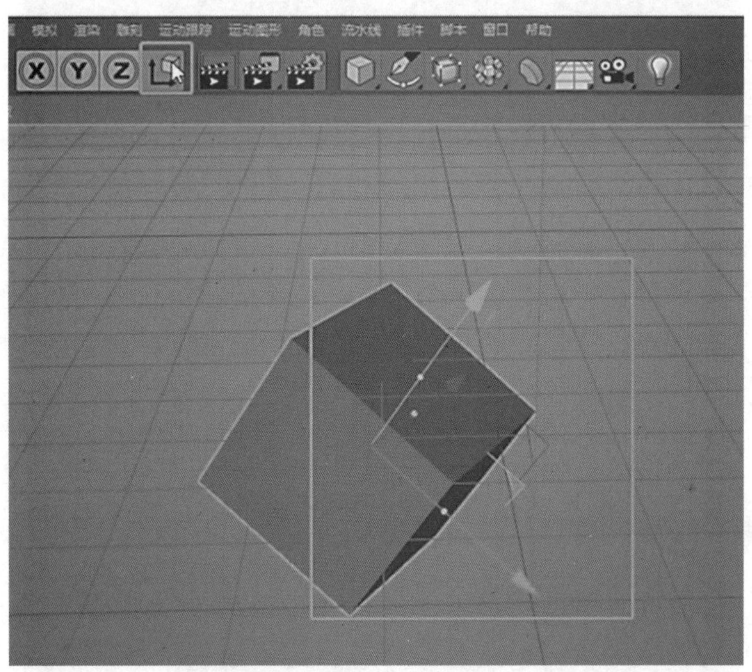


图 2-3-92　对象轴向

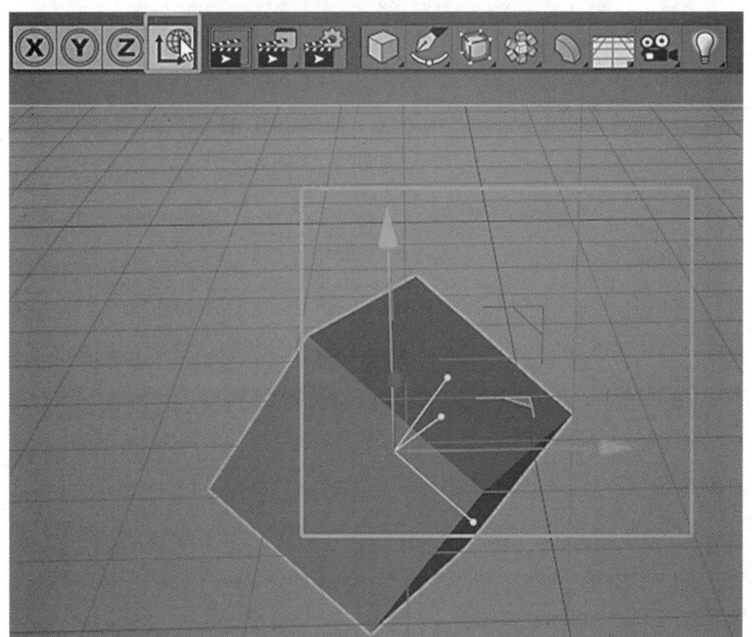


图 2-3-93　世界轴向

45. 工具菜单下的模式工具，可在界面布局的左侧工具栏上点击，如图 2-3-94 所示。

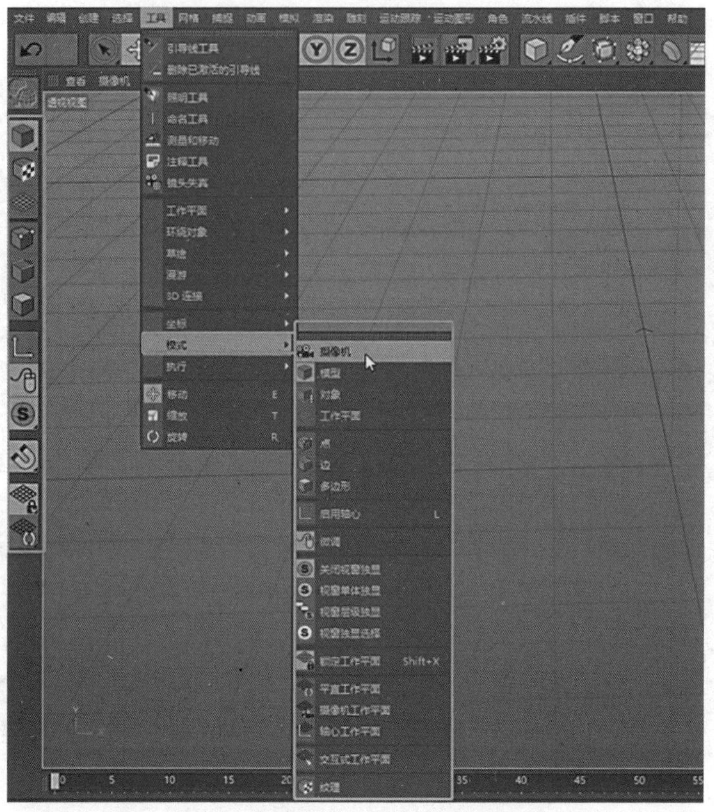


图 2-3-94　界面布局的左侧工具栏的模式工具

46. 模型模式：模型级别操作时使用，如图 2-3-95 所示。

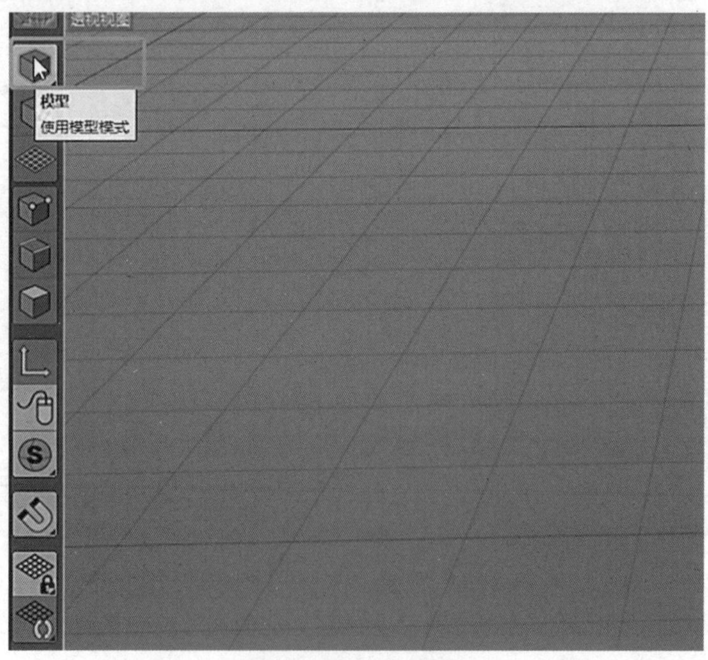


图 2-3-95　模型模式

47. 纹理模式：对材质纹理进行简单的编辑，如图 2-3-96 至所示。

图 2-3-96　纹理模式

48. 工作平面模式：对工作平面进行修改，开启之后可随意拉动工作平面。如图 2-3-97、图 2-3-98 所示。

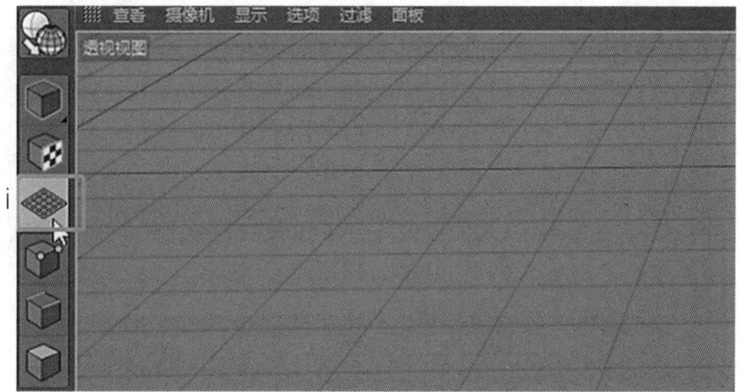


图 2-3-97　工作平面模式

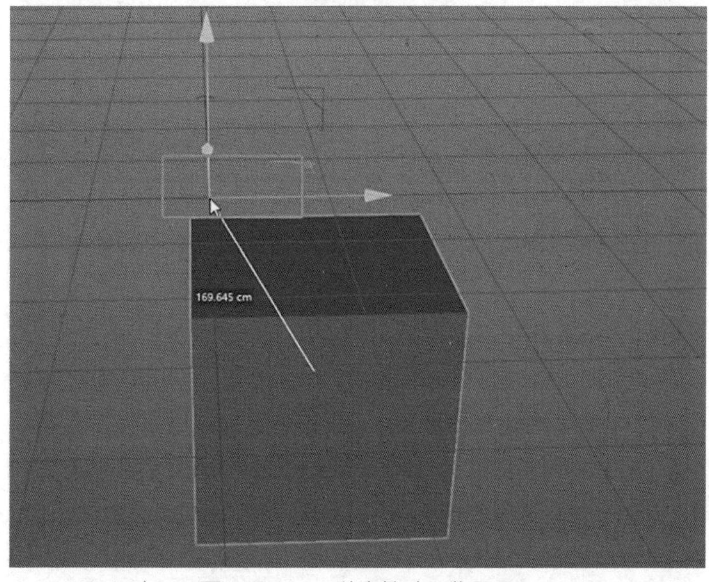


图 2-3-98　随意拉动工作平面

49. 转为可编辑对象：将模型转为多边形后可以进行点、线、面级别的操作，如图 2-3-99 至图 2-3-102 所示。

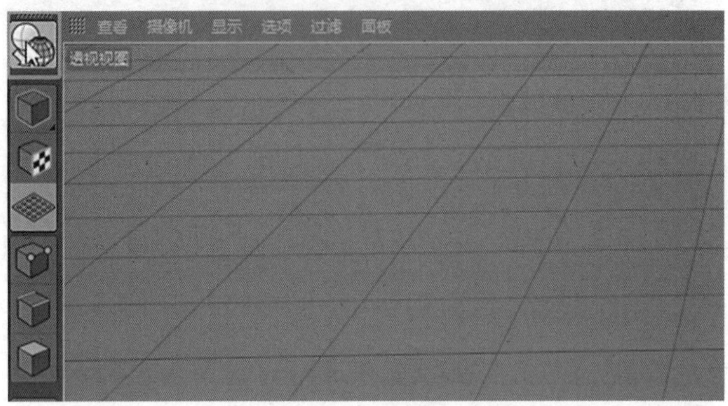


图 2-3-99　可编辑对象

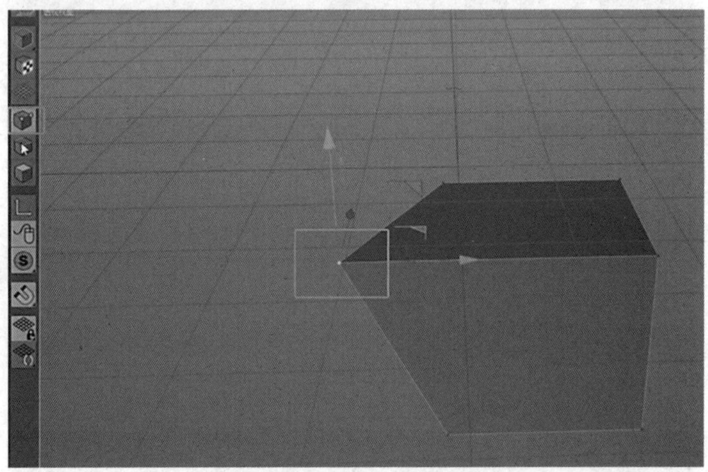

图 2-3-100　点模式

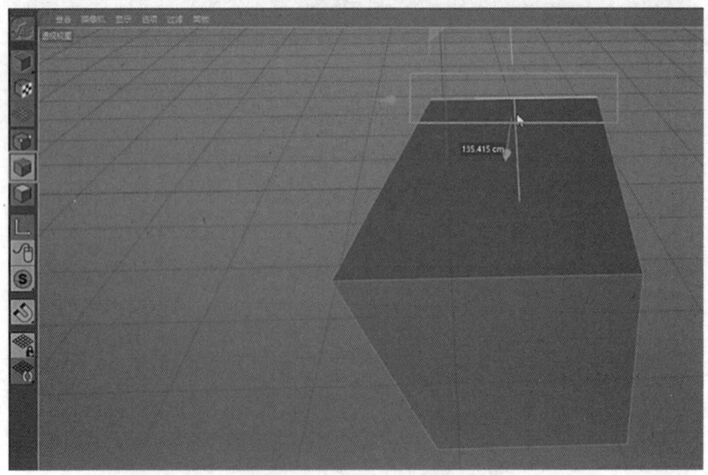

图 2-3-101　线模式

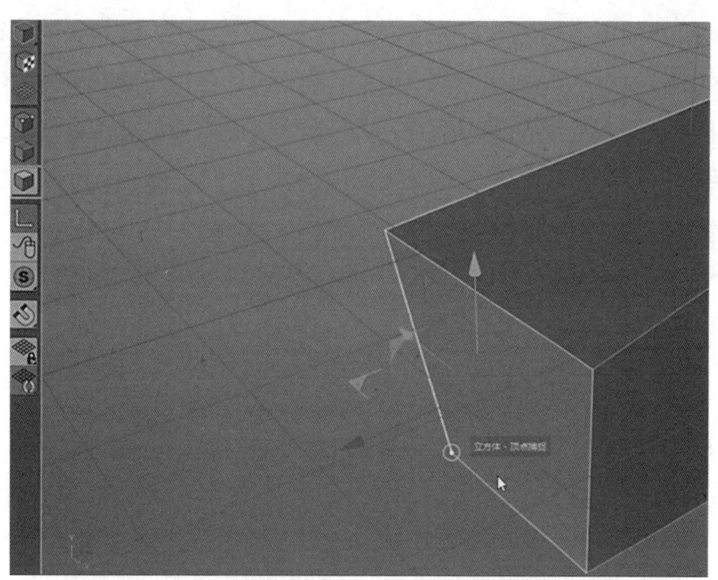

图 2-3-102　面模式

50. 轴心模式，每个对象都有自己的轴心，建模对象的位移、缩放、旋转都是基于轴心，如图 2-3-103、图 2-3-104 所示。

图 2-3-103　轴心模式

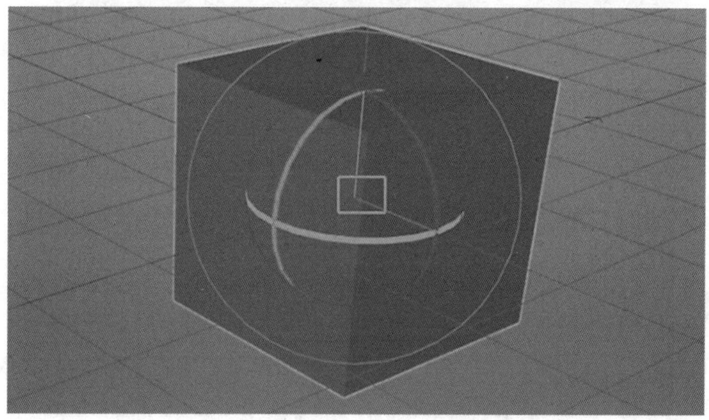

图 2-3-104　位移、缩放、旋转都是基于轴心

51. 注意：参数模型需转成可编辑多边形才可修改轴心，然后开启轴心模式就可以修改对象的轴心，修改完毕要记得退出轴心模式；比如进行旋转测试，将模型的轴心移动到模型外面，然后关闭轴心模式，进行旋转，此时模型会根据移动之后的轴心去旋转。如图 2-3-105 至图 2-3-108 所示。

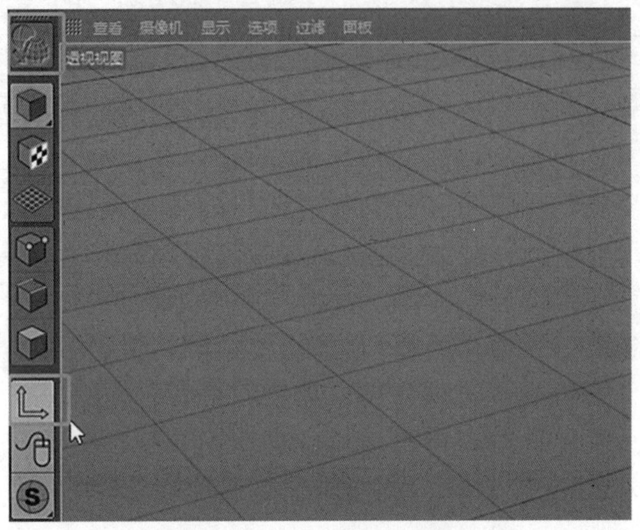


图 2-3-105　打开轴心模式

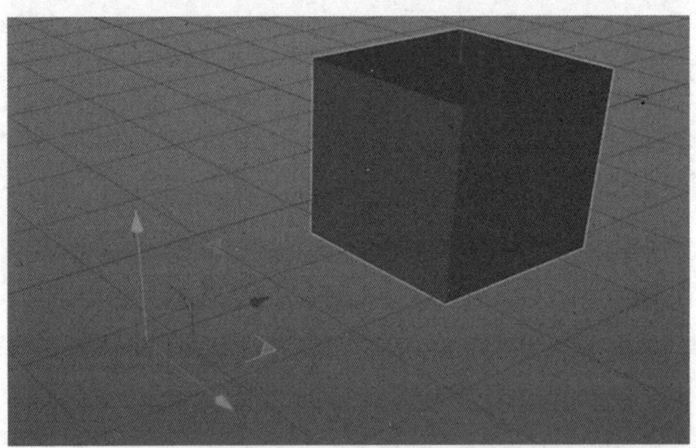

图 2-3-106　将轴心移动到模型外

图 2-3-107　关闭轴心模式

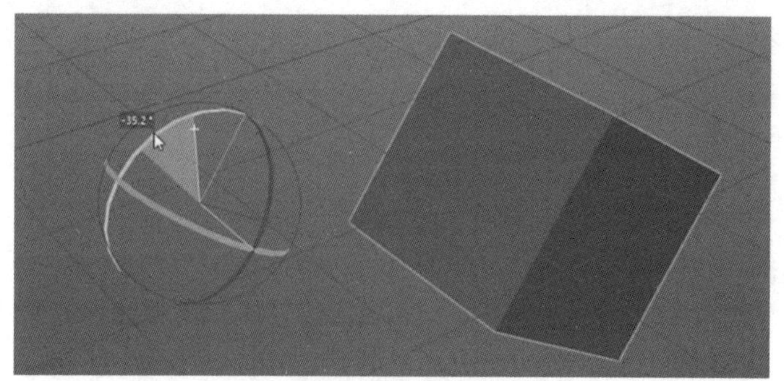


图 2-3-108　旋转模型

52. 微调模式：系统默认为开启状态，使用移动工具拖曳对象时，不需要先选中对象，就可以直接进行移动，如图 2-3-109、图 2-3-110 所示。

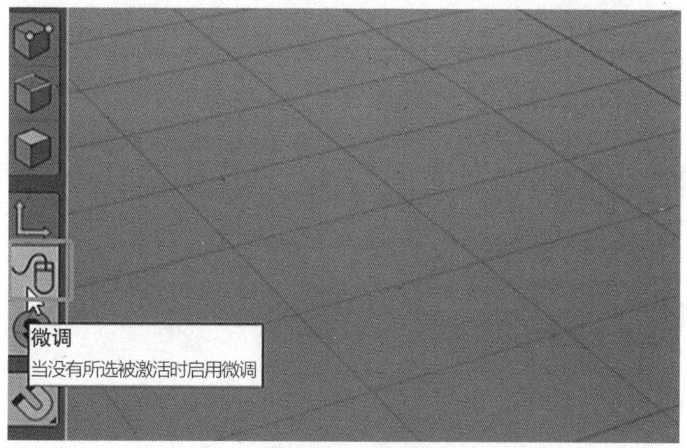


图 2-3-109　微调模式

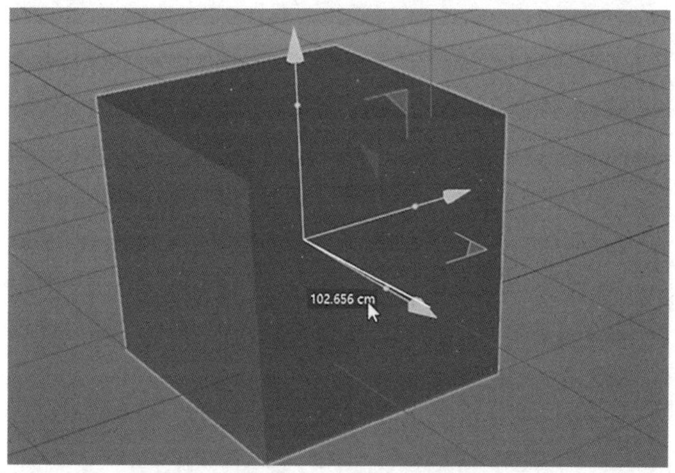


图 2-3-110　微调模式移动效果

53. 关闭微调模式下，需要先单击选中，再进行拖曳移动，如图 2-3-111 至图 2-3-113 所示。

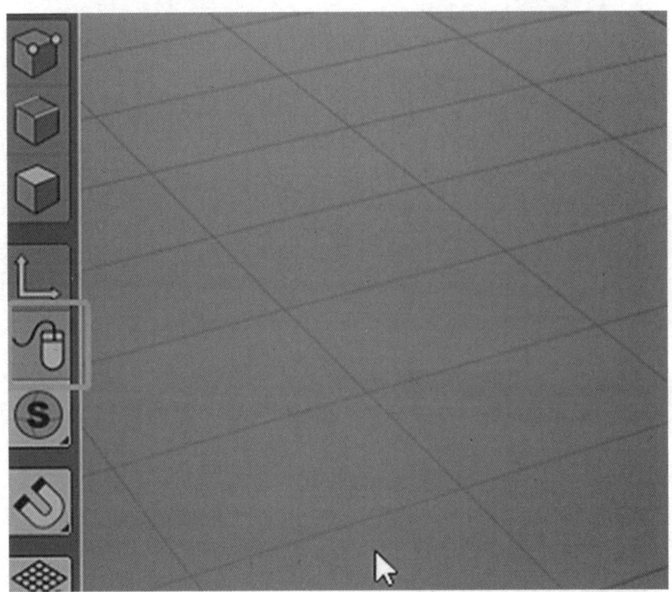

图 2-3-111　关闭微调模式

图 2-3-112　选中轴心

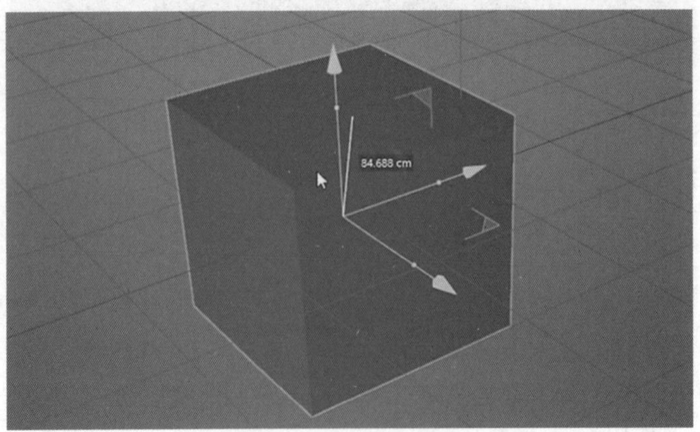


图 2-3-113　拖曳移动

54. 独显对象：开启之后，可以单独显示选中的对象。如图 2-3-114 至图 2-2-117 所示。

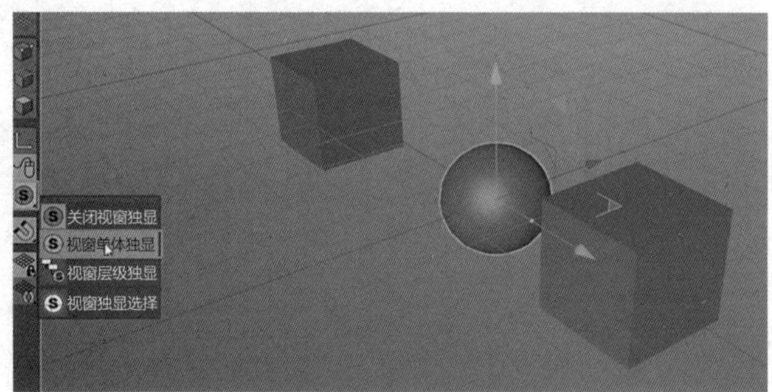

图 2-3-114　独显对象

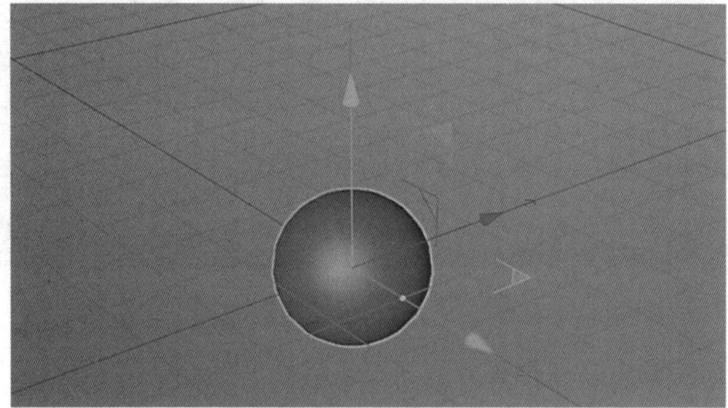
图 2-3-115　开启独显对象效果

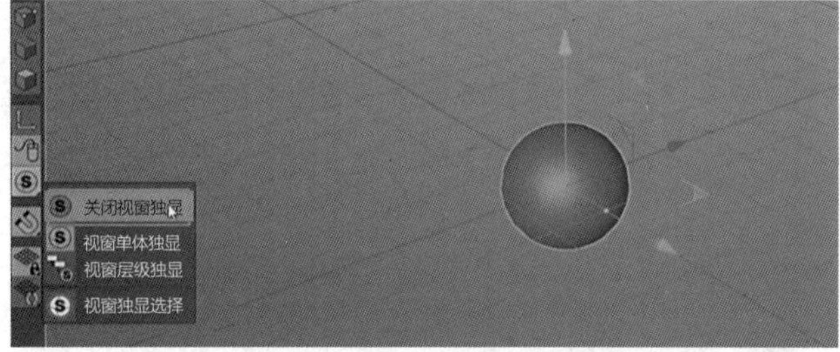

图 2-3-116　关闭独显对象

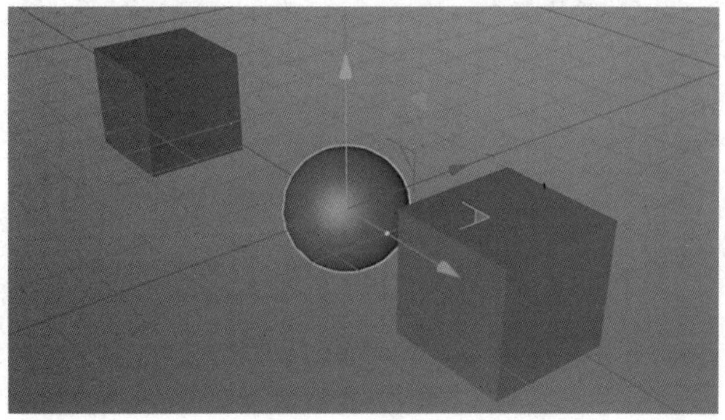
图 2-3-117　关闭独显对象效果

55. 捕捉系统：各种捕捉开关可辅助建模，如图 2-3-118 所示。

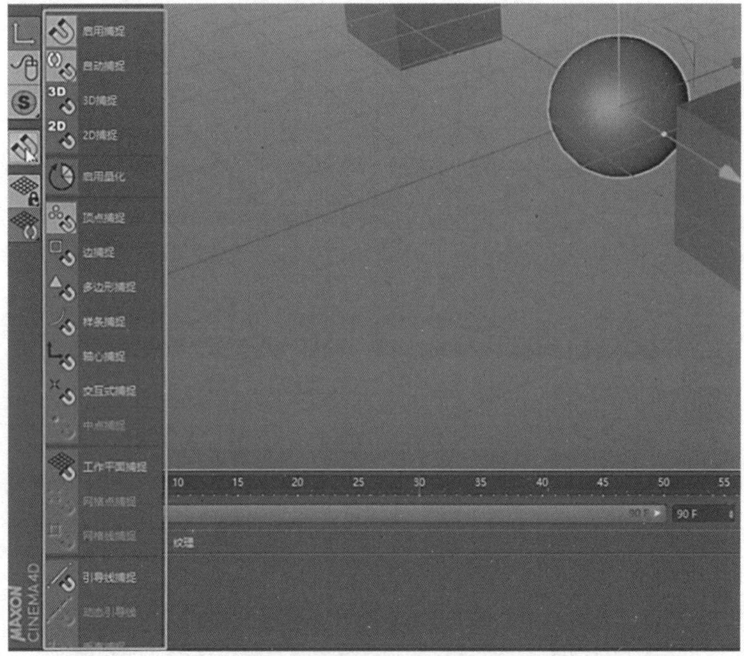


图 2-3-118　捕捉系统

56. 执行：关闭后可导致相关效果失效，C4D 中一般不做修改，如图 2-3-119 所示。

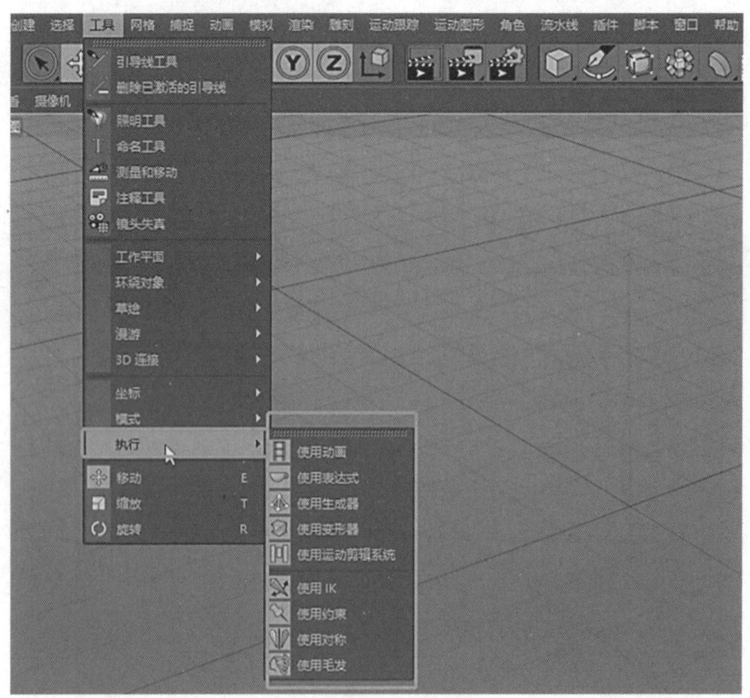


图 2-3-119　执行

57. 移动：在轴上移动，可拖曳三角形在平面上移动，拖曳对象可自由移动，如图 2-3-120、图 2-3-121 所示。

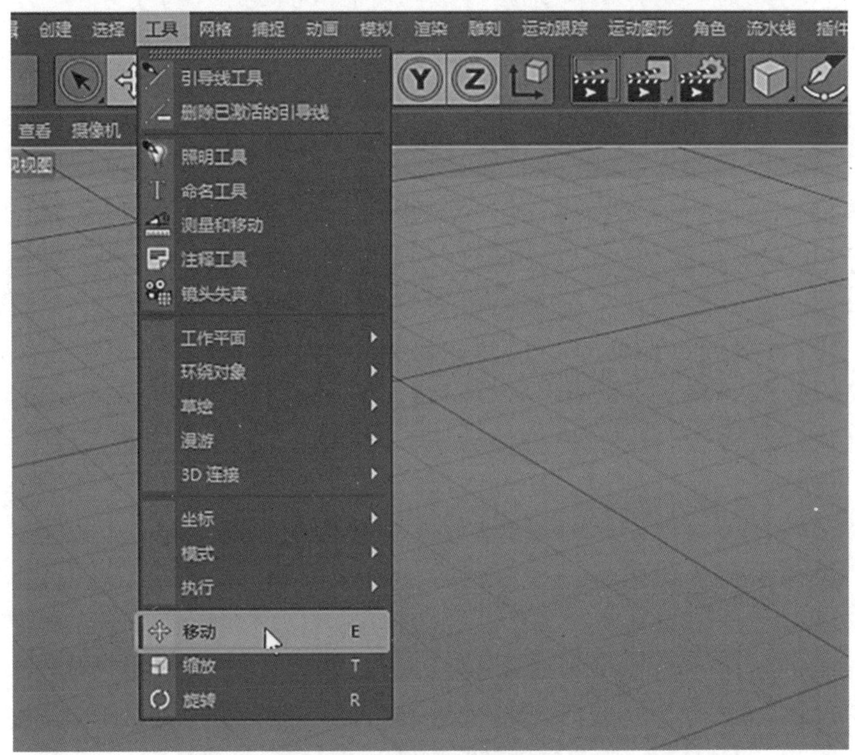


图 2-3-120　移动

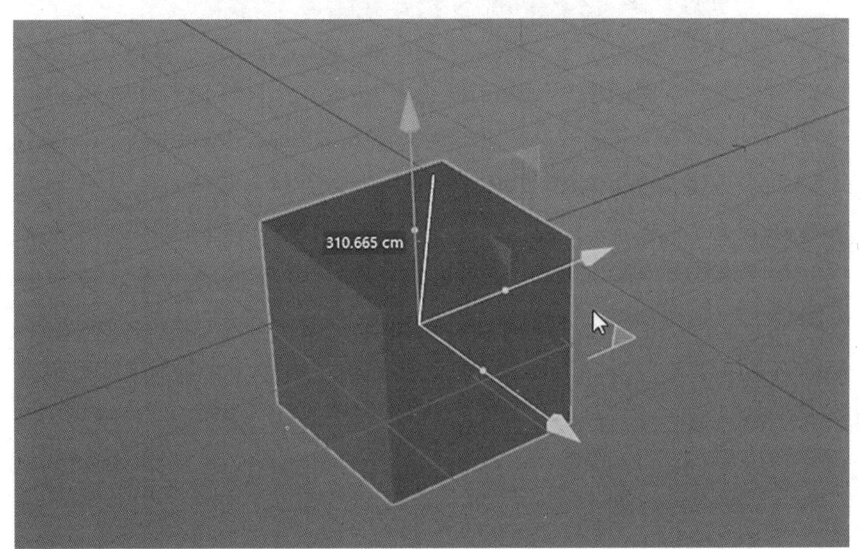


图 2-3-121　移动命令效果

58. 缩放：将参数模型转为可编辑多边形后，可进行单独轴向的缩放，拖曳三角形缩放，且在空白处拖曳等比例缩放，如图 2-3-122 至图 2-3-125 所示。

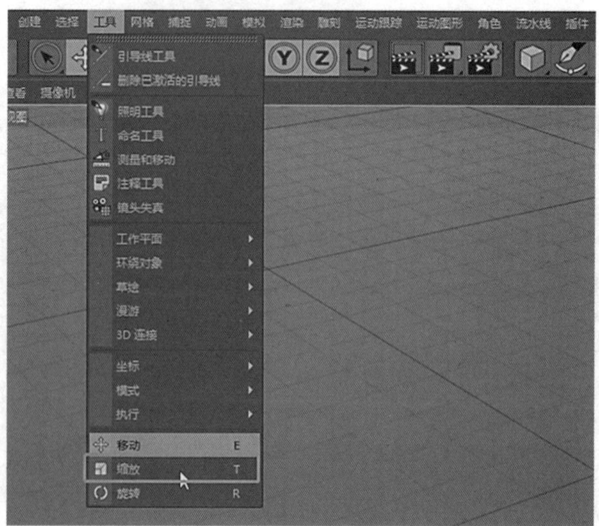

图 2-3-122　缩放

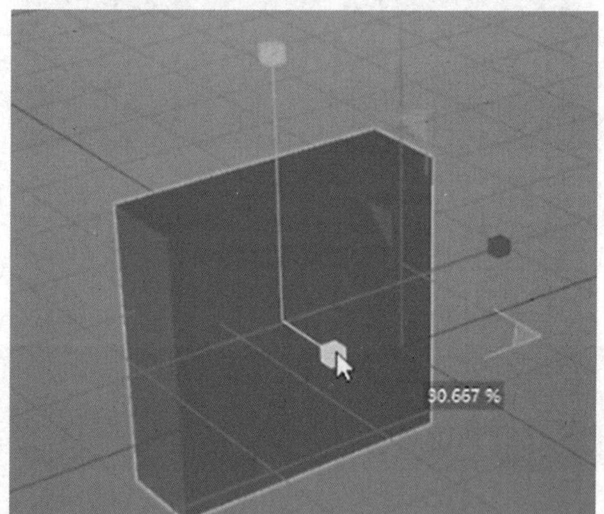

图 2-3-123　缩放前模型

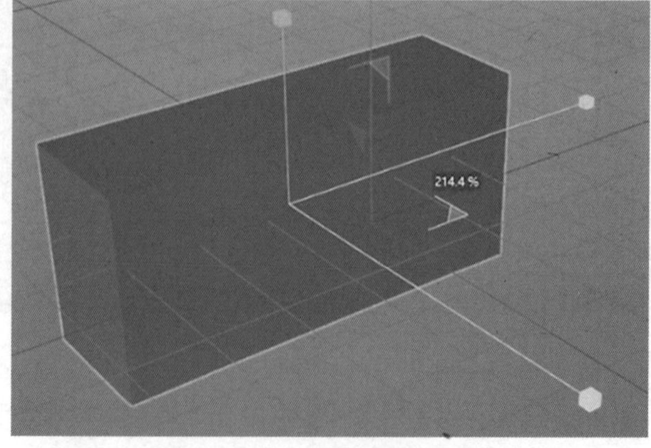

图 2-3-124　缩放后模型（a）

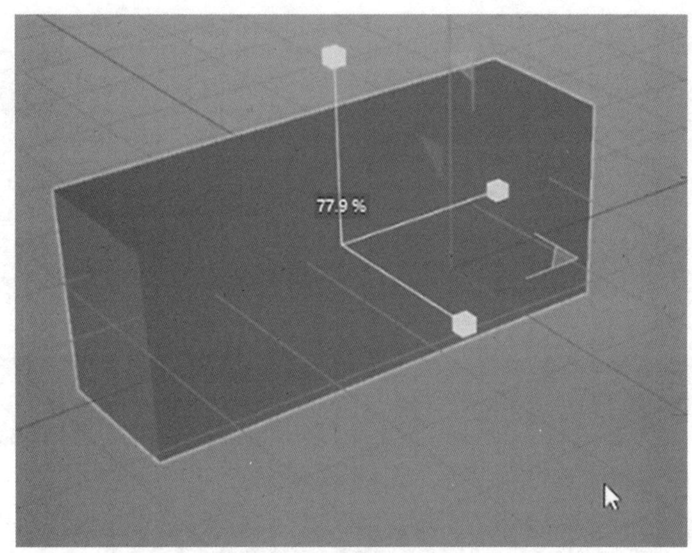


图 2-3-125　缩放后模型（b）

59. 旋转：可在轴向上旋转，或在旋转球的空白处拖曳自由旋转，还可在视图空白处拖曳旋转，如图 2-3-126 至图 2-3-129 所示。

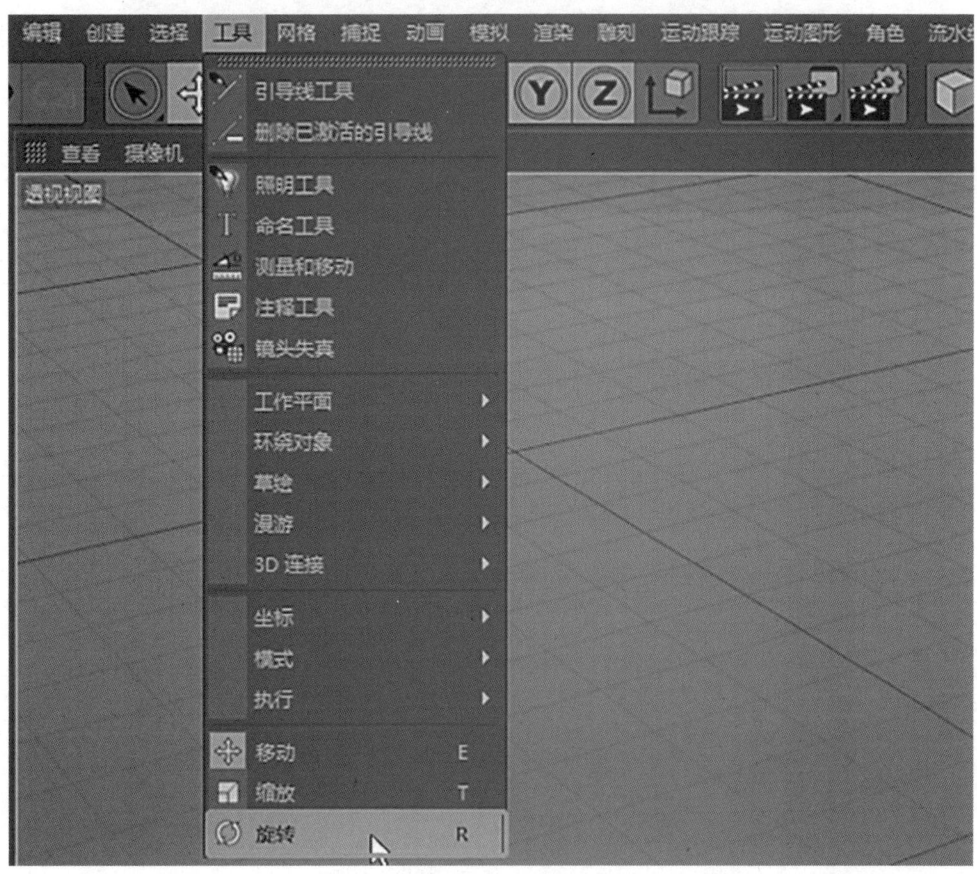


图 2-3-126　旋转

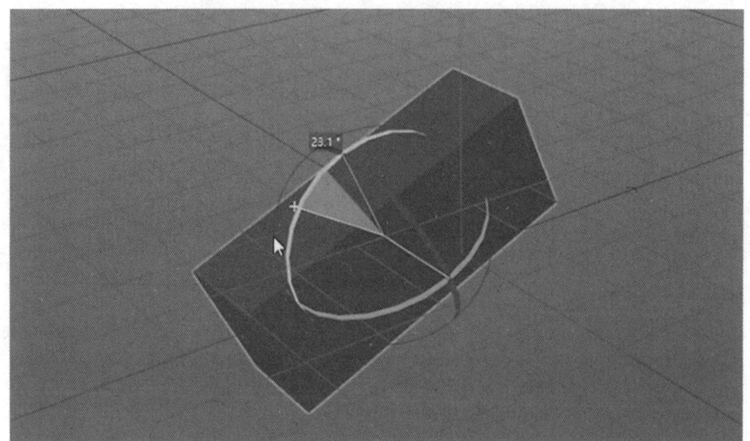

图 2-3-127 旋转前模型

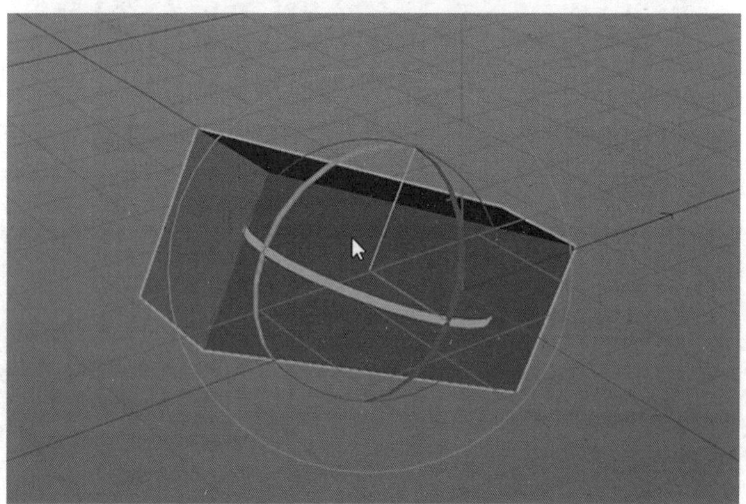
图 2-3-128 旋转后模型（a）

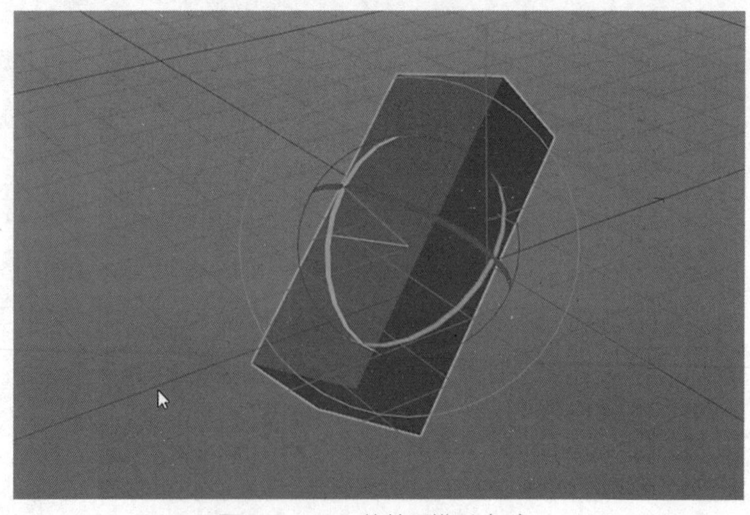
图 2-3-129 旋转后模型（b）

## 任务 2.4

# 其余菜单目录

## 教学重点

· 建模过程中如何使用菜单目录中的工具达到建模效果。

## 教学难点

· 如何使用菜单目录中的工具加快建模。

## 任务分析

### 01. 任务目标

熟悉菜单目录中的各种工具。

### 02. 实施思路

通过视频了解菜单目录的使用。

## 任务实施

### 01. 其余菜单目录

1. 了解完“文件”“编辑”“创建”“选择”“工具”等菜单后，再进一步了解其余菜单的使用。如“网格”菜单：点击“网格”菜单可出现建模常用的小工具，在建模过程中常通过快捷键使用，如图 2-4-1 所示。

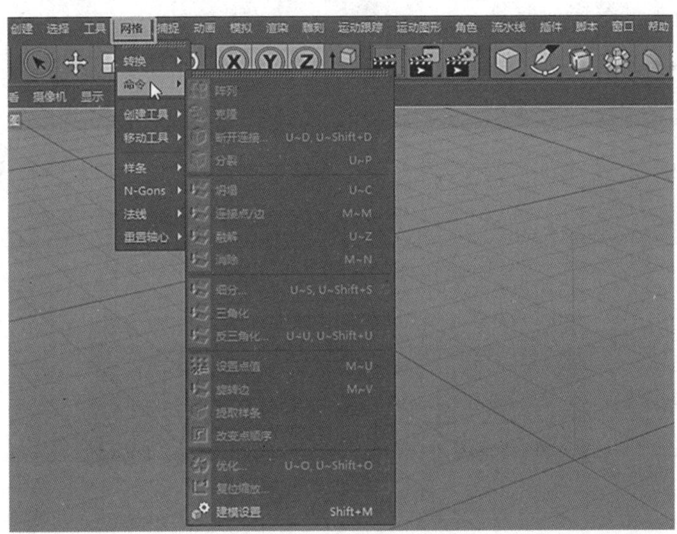


图 2-4-1 “网格”菜单

2.“捕捉”菜单：辅助建模的各类型捕捉开关，如图 2-4-2 所示。

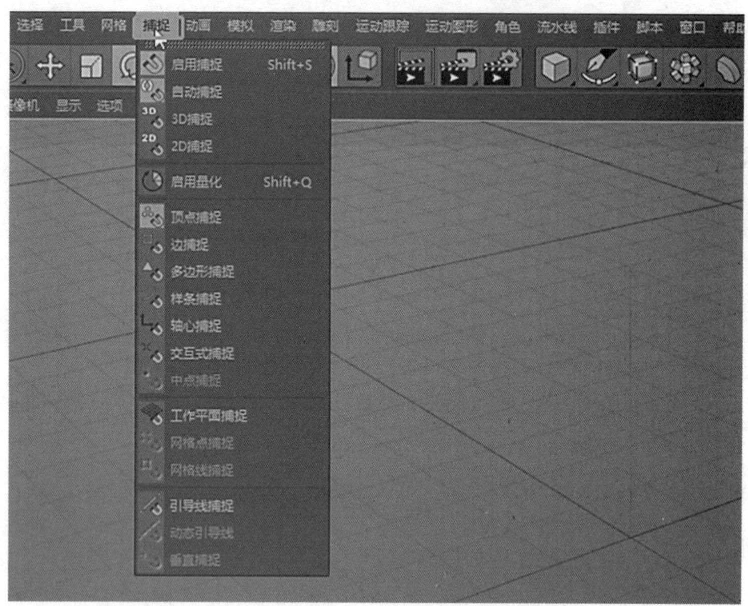


图 2-4-2　“捕捉”菜单

3.“动画”菜单：动画工具对应时间轴上的功能，如图 2-4-3、图 2-4-4 所示。

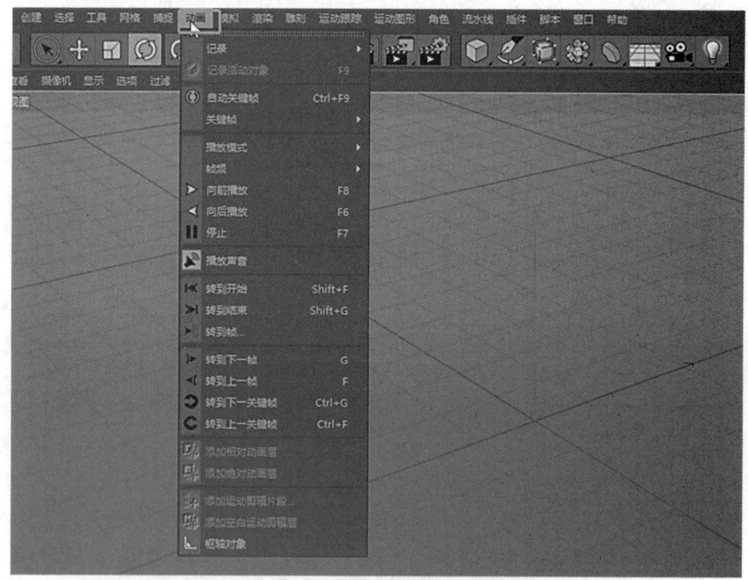


图 2-4-3　“动画”菜单

图 2-4-4　时间轴

4.“模拟”菜单：布料、粒子、毛发等工具使用，如图 2-4-5 所示。

图 2-4-5　“模拟”菜单

5.“渲染”菜单：渲染器设置，如图 2-4-6 所示。

图 2-4-6　“渲染”菜单

6.“雕刻”菜单：使用于复杂的曲面建模制作，如图 2-4-7 所示。

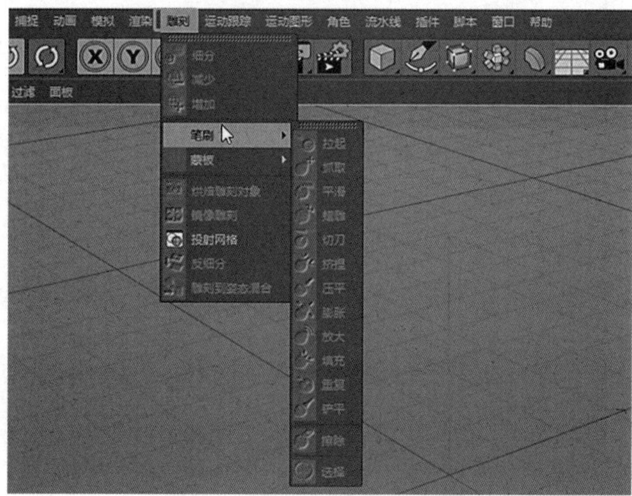


图 2-4-7　“雕刻”菜单

7.“运动跟踪”菜单：制作实景结合三维，如图 2-4-8 所示。

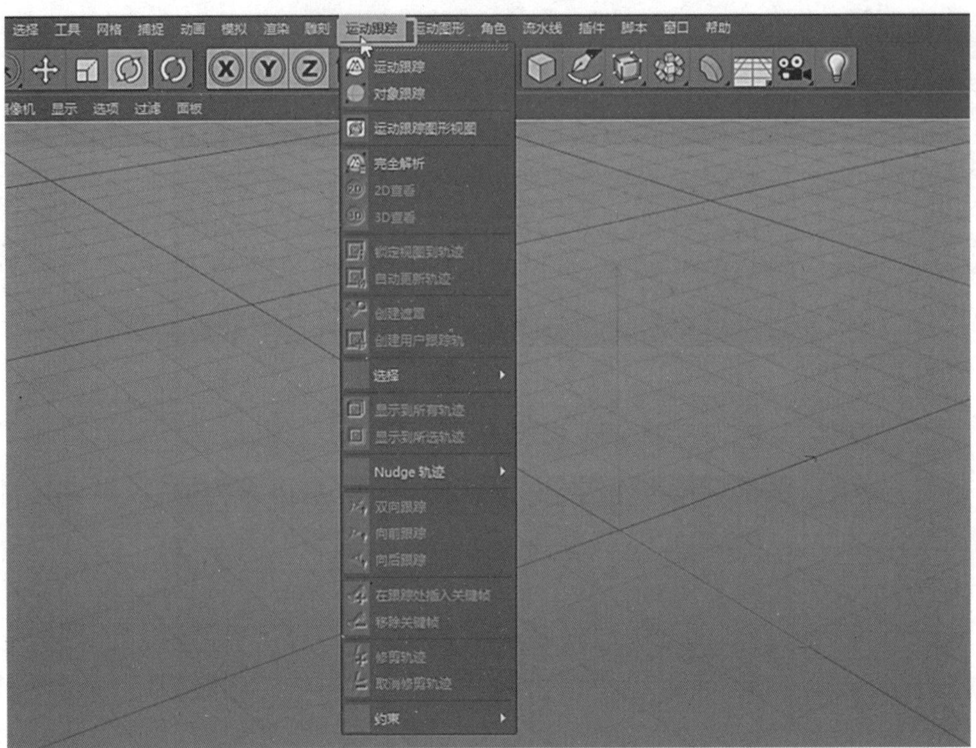


图 2-4-8 “运动跟踪”菜单

8.“运动图形”菜单：制作效果器类型动画，如图 2-4-9 所示。

图 2-4-9 “运动图形”菜单

9.“角色”菜单：制作角色动画，如图 2-4-10 所示。

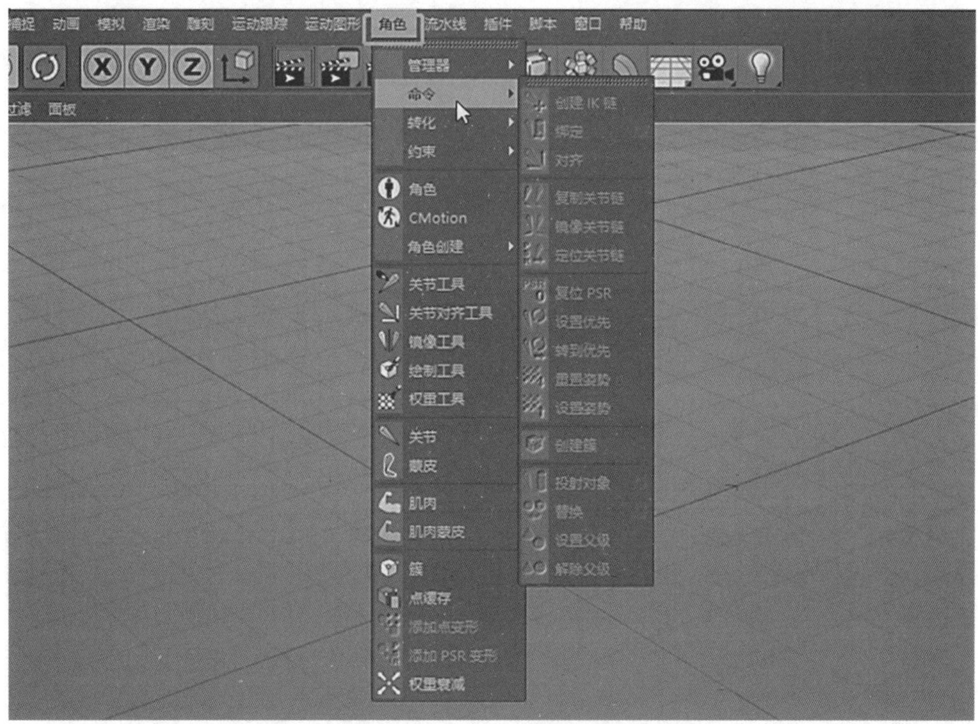


图 2-4-10　“角色”菜单

10.“流水线”菜单：配合其他软件使用，如图 2-4-11 所示。

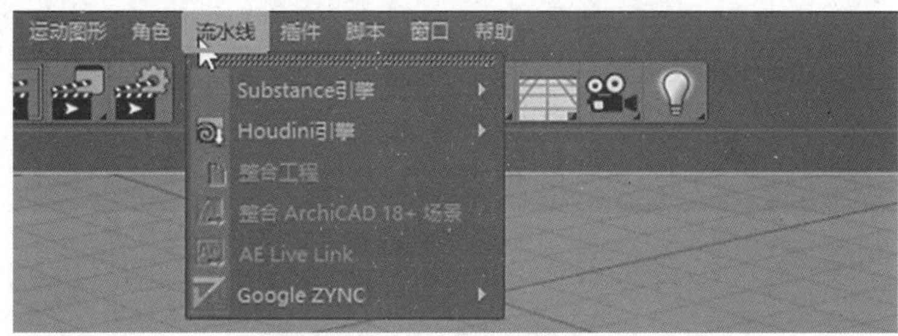


图 2-4-11　“流水线”菜单

11.“插件”菜单：显示安装的外置插件，如图 2-4-12 所示。

图 2-4-12　“插件”菜单

12.“脚本”菜单：显示安装脚本，如图 2-4-13 所示。

图 2-4-13 “脚本”菜单

13.“窗口”菜单：切换其他窗口或者工程文件，如图 2-4-14 所示。

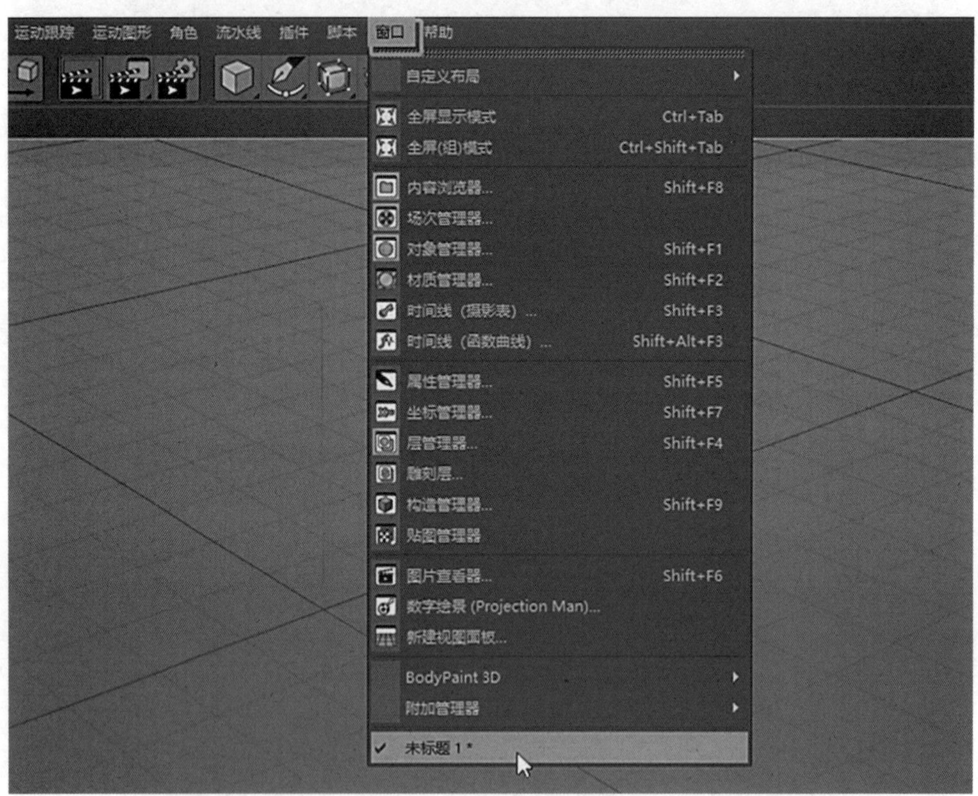


图 2-4-14 “窗口”菜单

任务 2.5

# 如何“建模”

## 教学重点

· **建模前要先分析，然后再去确认建模的步骤。**

## 教学难点

· **如何使用建模工具，使建模更加简单便捷。**

## 任务分析

### 01. 任务目标

熟悉各种建模工具。

### 02. 实施思路

通过视频了解建模工具的使用。

## 任务实施

### 01. 如何“建模”

1. 了解学习菜单功能后，开始学习如何“建模”。图 2-5-1 给出了基础建模工具，C4D 软件自动提供基础模型、样条、造型、生成器、变形器，以及环境、摄像机、灯光，如图 2-5-2 至图 2-5-6 所示。

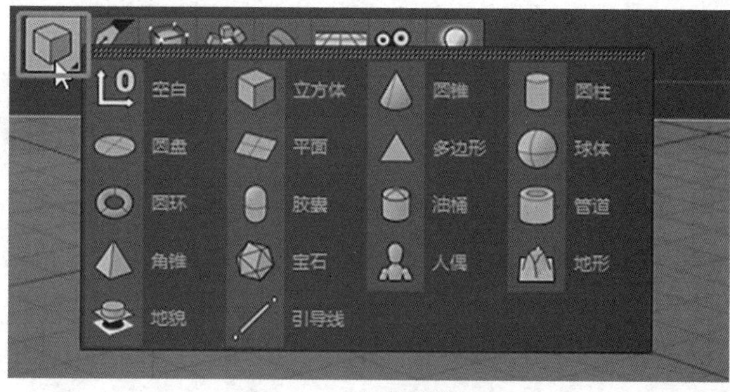


图 2-5-1　基础建模工具

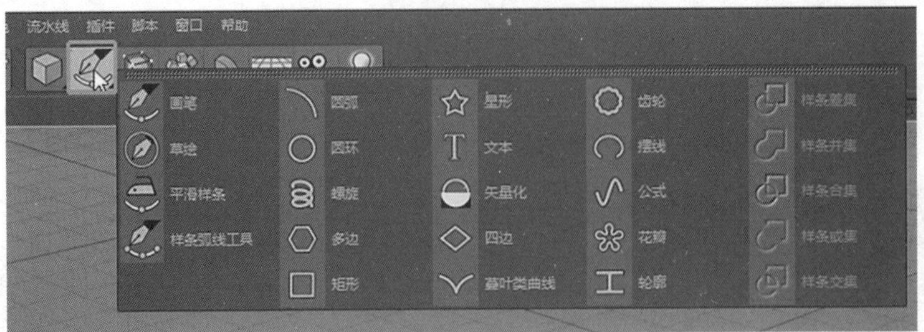


图 2-5-2　样条

图 2-5-3　造型

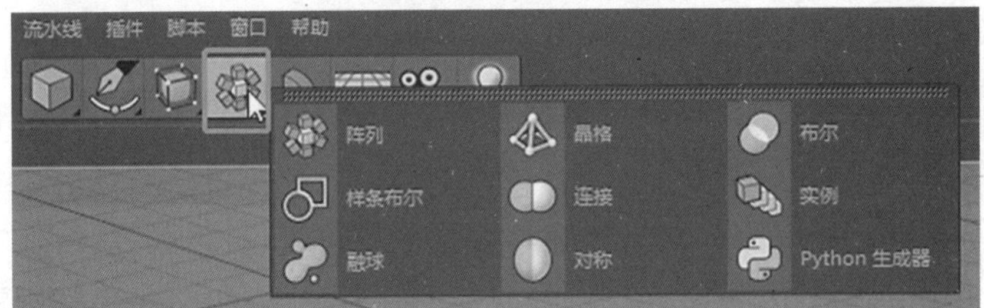


图 2-5-4　生成器

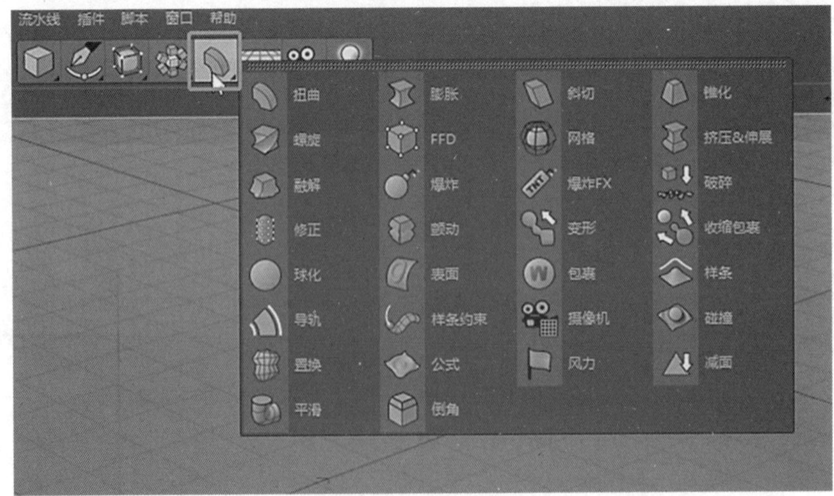


图 2-5-5　变形器

图 2-5-6　环境、摄像机、灯光

2. 绿色工具常作为对象父级使用，如图 2-5-7 至图 2-5-8 所示。

图 2-5-7　绿色工具常作为对象父级使用

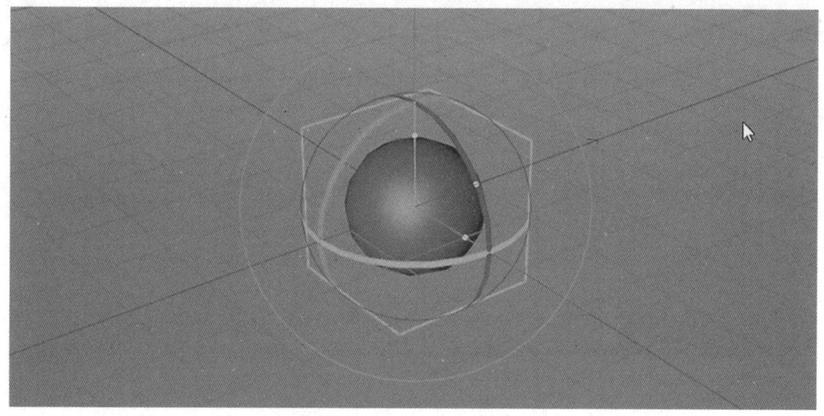

图 2-5-8　绿色工具效果

3. 紫色工具常作为对象子级使用，如图 2-5-9 所示。

图 2-5-9　紫色工具常作为对象子级使用

CINEMA 4D
综合实战训练

Chapter 03

第 3 章

# 建模实例训练

# 任务3.1

# 工作平面与引导线

## 教学重点

· 了解工作平面与引导线的用途。

## 教学难点

· 如何使用工作平面与引导线辅助建模。

## 任务分析

### 01. 任务目标

熟悉工作平面与引导线的使用。

### 02. 实施思路

通过视频了解工作平面与引导线的用途。

## 任务实施

### 01. 工作平面

1. 在正式建模实践前，先了解一下辅助建模工具。进入工作平面模式，可以对工作平面进行修改，如图 3-1-1 至图 3-1-3 所示。

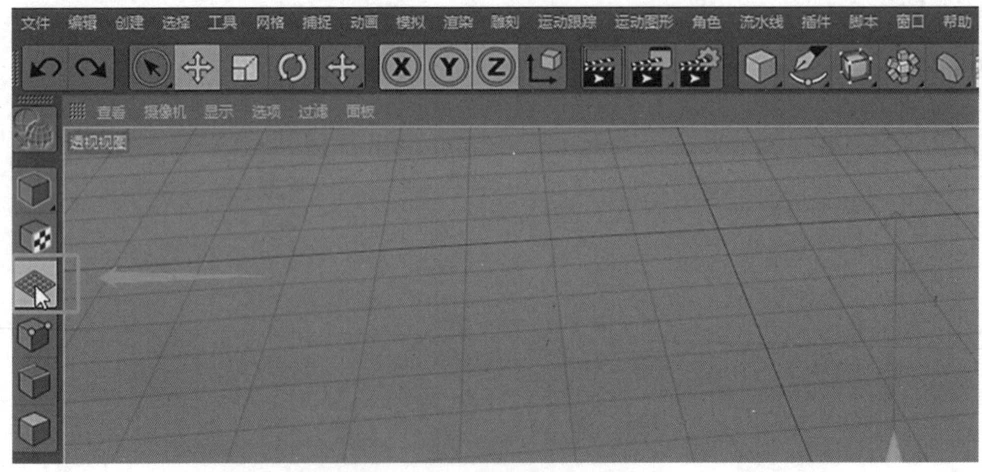


图 3-1-1　选择工作平面模式

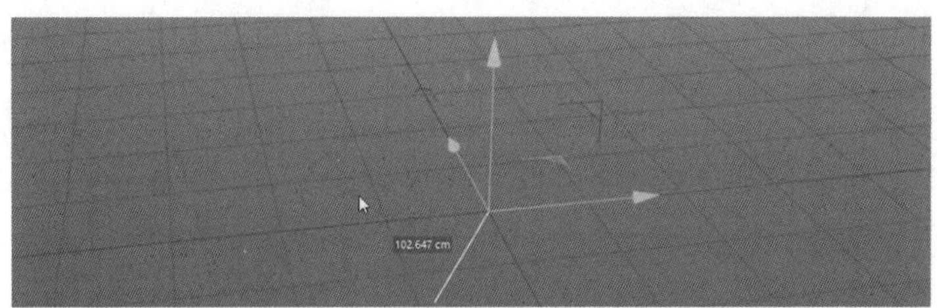


图 3-1-2　移动工作平面

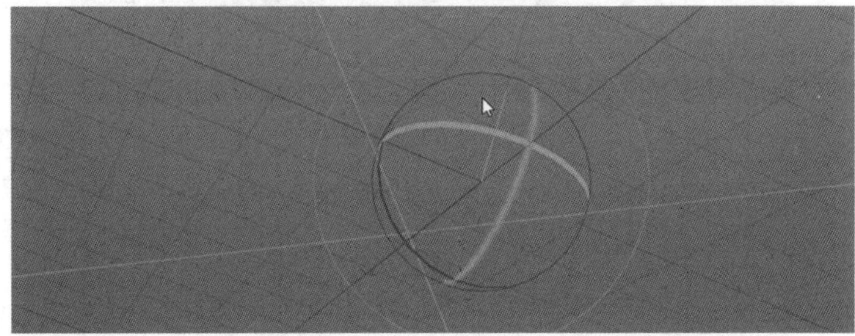

图 3-1-3　旋转工作平面

2. 工作平面的相关工具如图 3-1-4 所示。

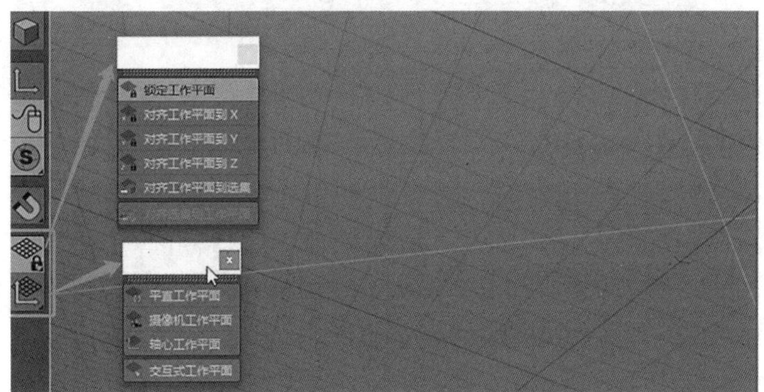


图 3-1-4　工作平面的相关工具

3. C4D 工作平面默认状态是对齐工作平面到 Y，也就是当前的世界坐标方向，如图 3-1-5、图 3-1-6 所示。

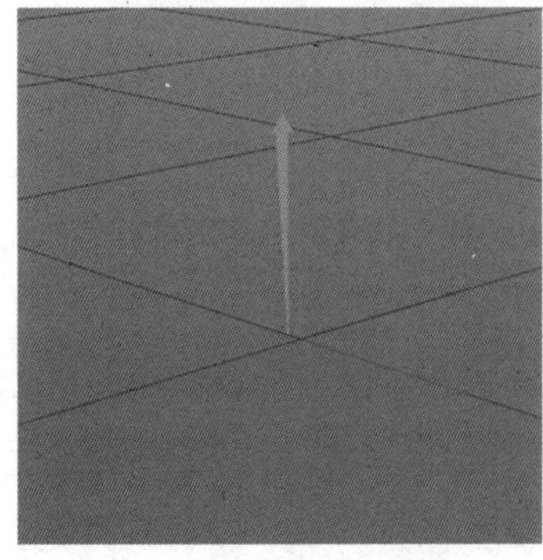

图 3-1-5　默认工作平面

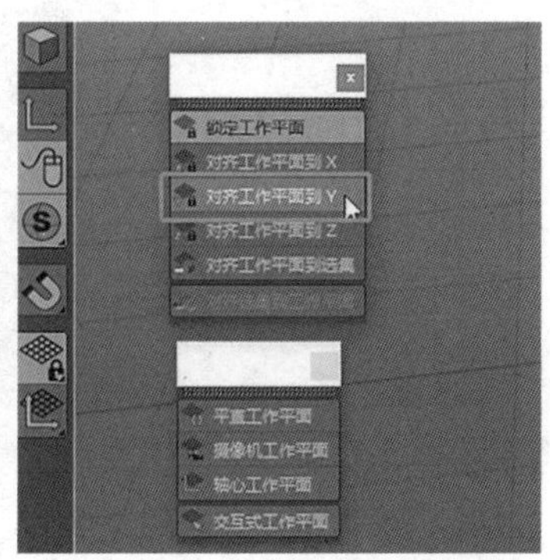


图 3-1-6　世界坐标的方向

4. 下面我们利用工作平面来辅助建模。新建一个角锥，比如想在角锥的侧面上建模，如图 3-1-7、图 3-1-8 所示。

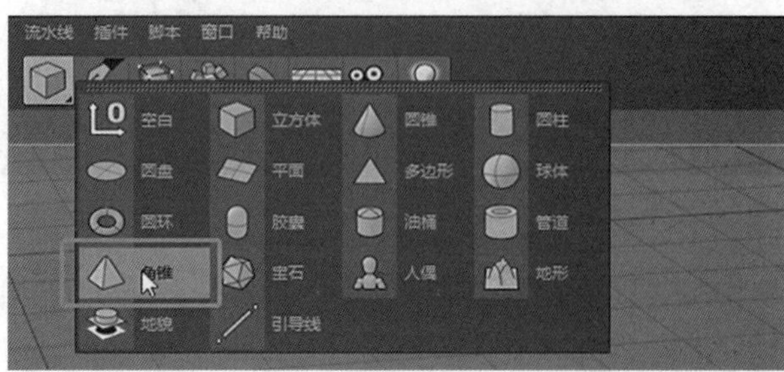


图 3-1-7　选择角锥

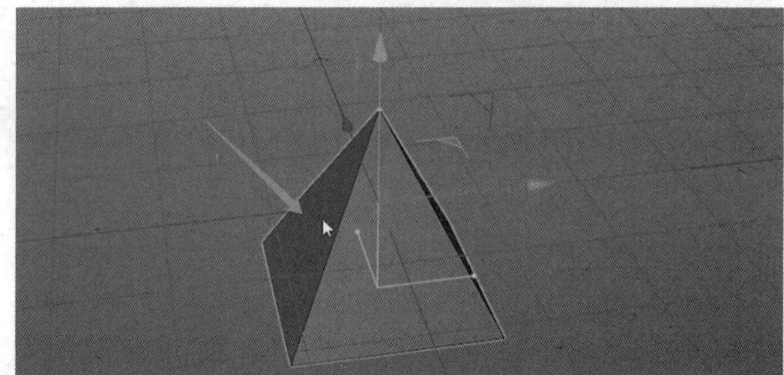

图 3-1-8　角锥模型创建结果

5. 首先将模型转为可编辑多边形，如图 3-1-9 所示。

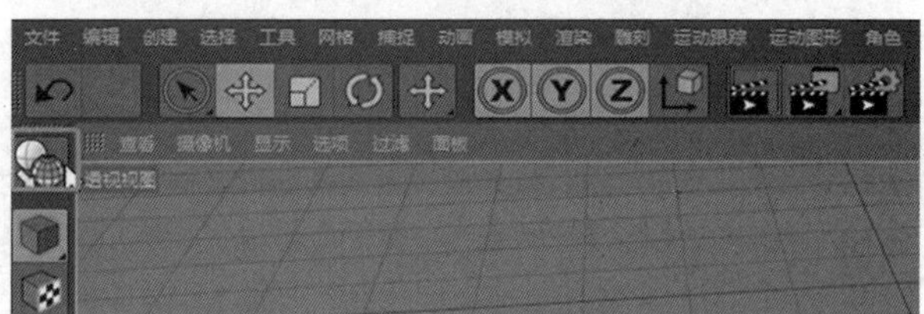


图 3-1-9　转换成可编辑多边形

6. 进入面模式，选择面。然后将工作平面对齐到选集，如图 3-1-10 所示。

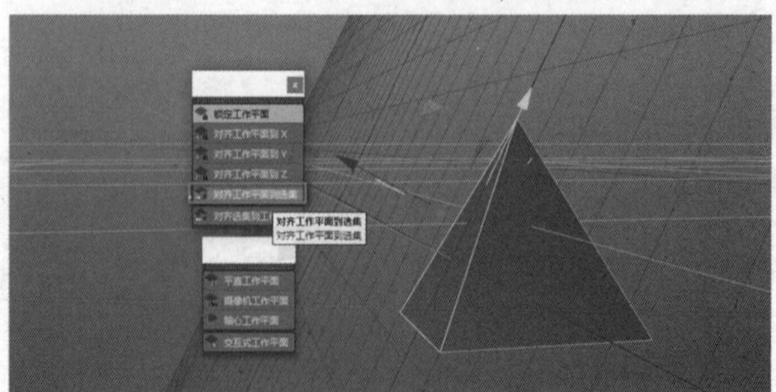

图 3-1-10　对齐工作平面到选集

7. 后续就可以在这个工作平面上建模。比如新建人偶，就会对齐到工作平面上，如图 3-1-11、图 3-1-12 所示。

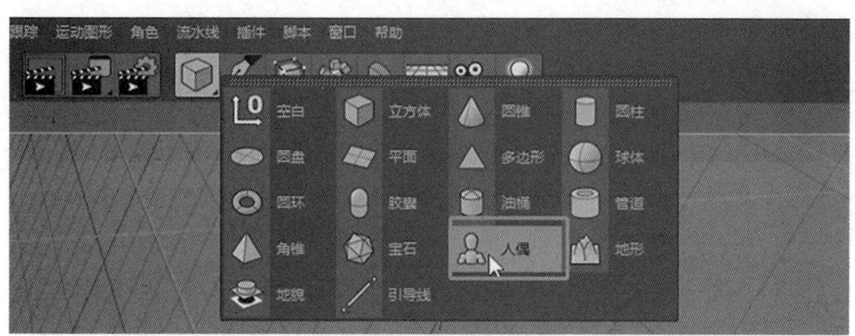


图 3-1-11　新建人偶

图 3-1-12　人偶模型创建结果

8. 建模结束，记得回到默认工作平面的状态，如图 3-1-13 所示。

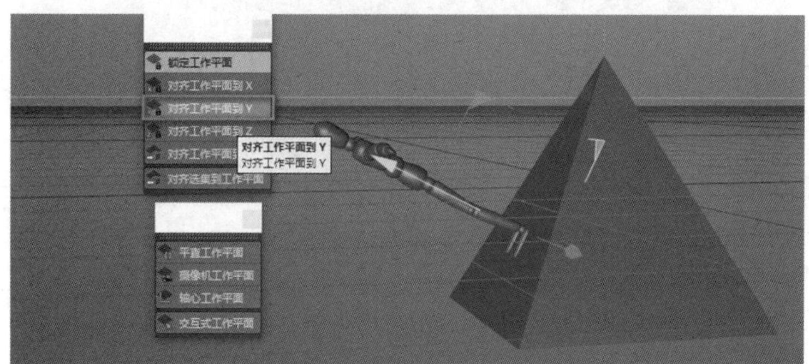


图 3-1-13　回到默认工作平面

9. 来看另外一个例子。比如场景中已经存在了一个人偶，需将人偶放到一个平面上，如图 3-1-14 所示。

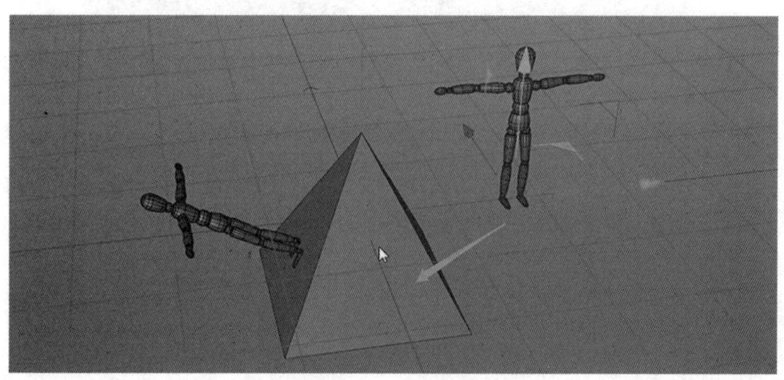

图 3-1-14　创建人偶模型

10. 第一步：选择面，建立工作平面，如图 3-1-15 所示。

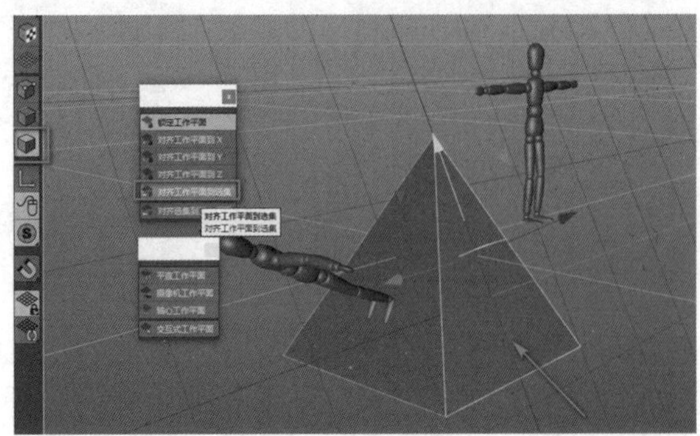

图 3-1-15　建立平面

11. 第二步：在模型模式下，选中对象，对齐到工作平面，如图 3-1-16 所示。

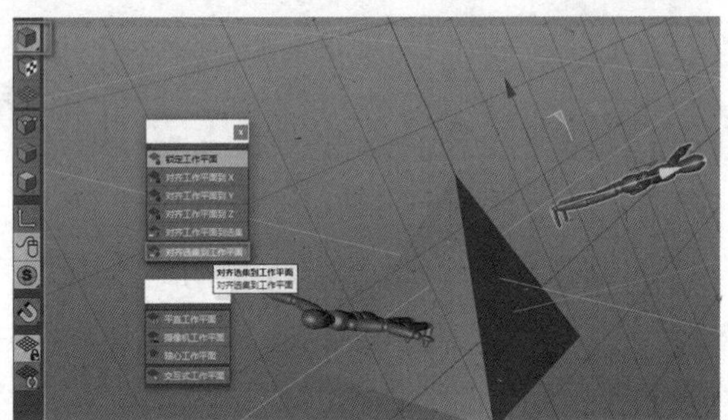

图 3-1-16　对齐选集到工作平面

12. 建模结束，回到默认工作平面，并调整人偶的位置，如图 3-1-17 所示。

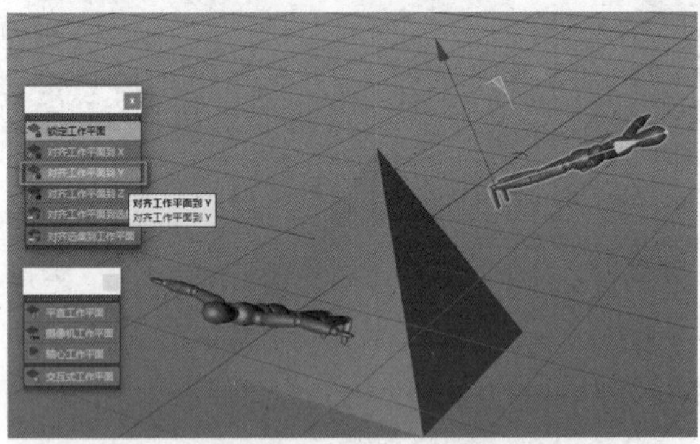

图 3-1-17　对齐工作平面到 Y

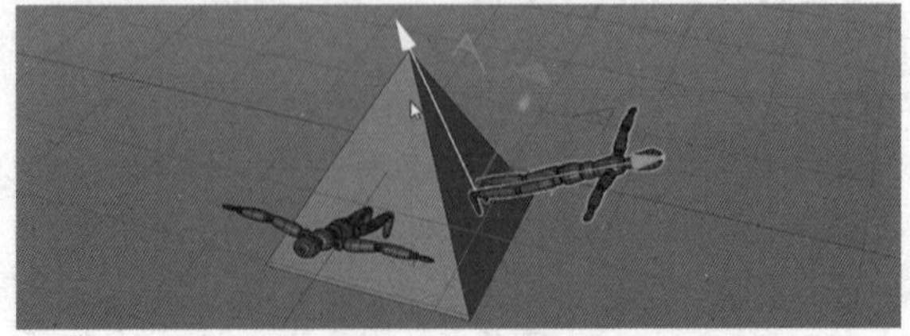

图 3-1-18　对齐后效果

13. 接下来认识一些其他类型的工作平面。平直工作平面：基于建模师观察的平直方向，如图 3-1-19 所示。

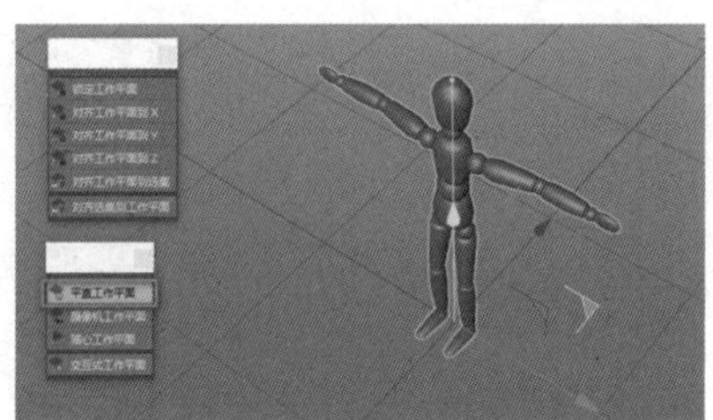

图 3-1-19　平直工作平面

14. 摄像机工作平面：基于透视图的屏幕，如图 3-1-20 所示。

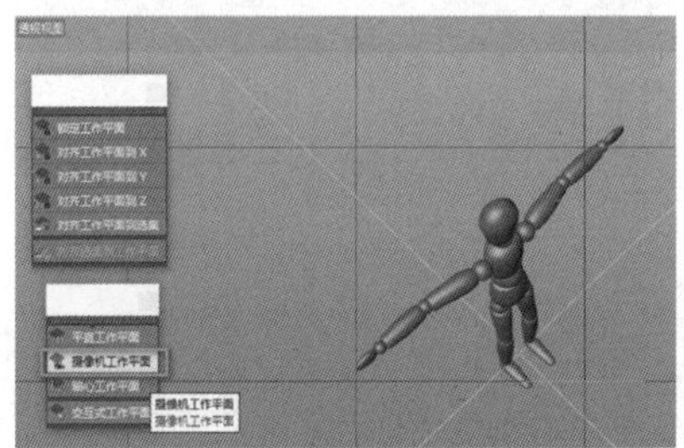

图 3-1-20　摄像机工作平面

15. 轴心工作平面：基于当前选中对象的轴向，如图 3-1-21 所示。

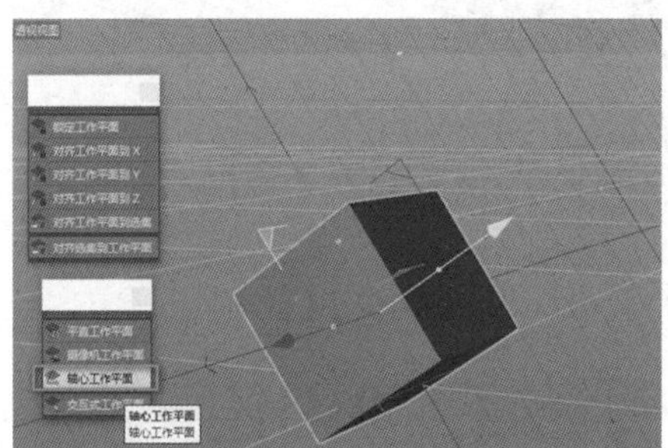

图 3-1-21　轴心工作平面

16. 交互式工作平面：基于当前鼠标的所在面，如图 3-1-22 所示。

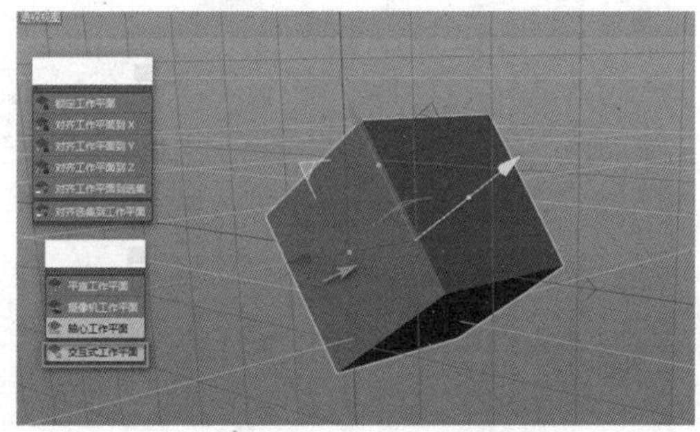

图 3-1-22　交互式工作平面

## 02. 引导线

1. 引导线：建模参考线工具常和捕捉系统配合使用，如图 3-1-23 所示。

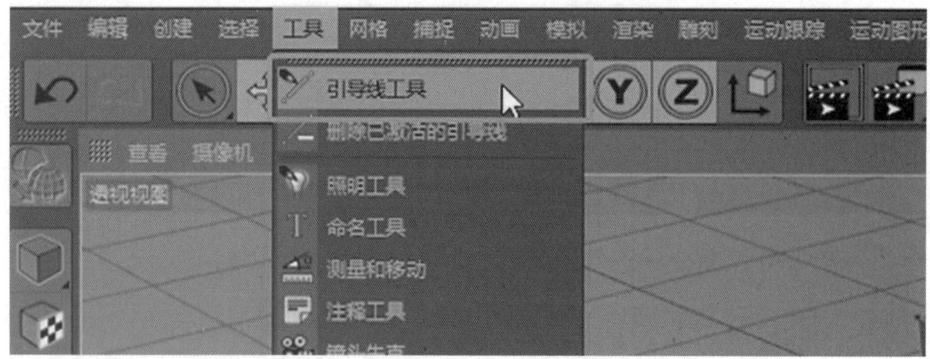


图 3-1-23　选择引导线工具

2. 在视图上点击两点创建引导线（图 3-1-24），按空格键结束。点击三点是创建引导面。

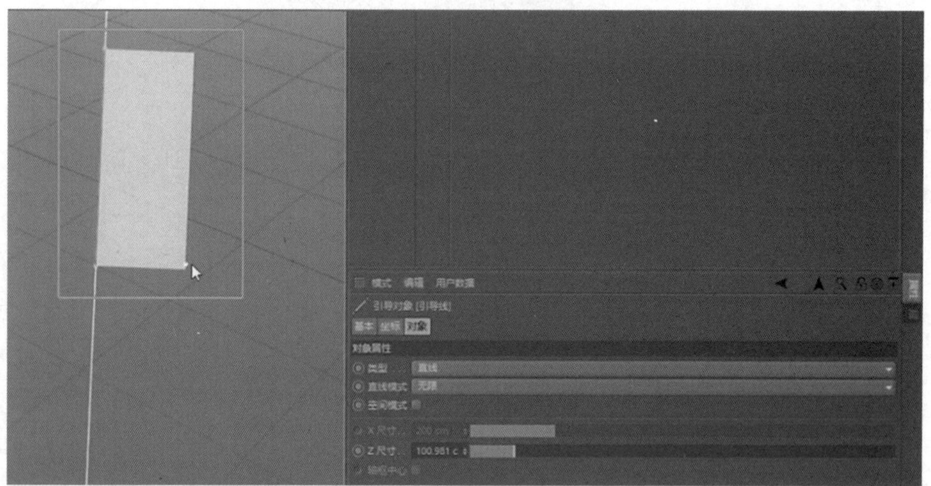

图 3-1-24　创建引导线

3. 属性面板中可以选择引导线类型等属性，如图 3-1-25 所示。

图 3-1-25　引导线属性面板

任务 3.2

# 捕捉系统

## 教学重点

· **了解捕捉系统的用途。**

## 教学难点

· **如何使用捕捉系统快速完成建模。**

## 任务分析

### 01. 任务目标

熟悉捕捉系统的使用。

### 02. 实施思路

通过视频及实践操作了解捕捉系统的用途。

## 任务实施

### 01. 捕捉系统

1. 点击“启用捕捉”，出现多样的捕捉方式，可以用来辅助我们建模，如图 3-2-1 所示。

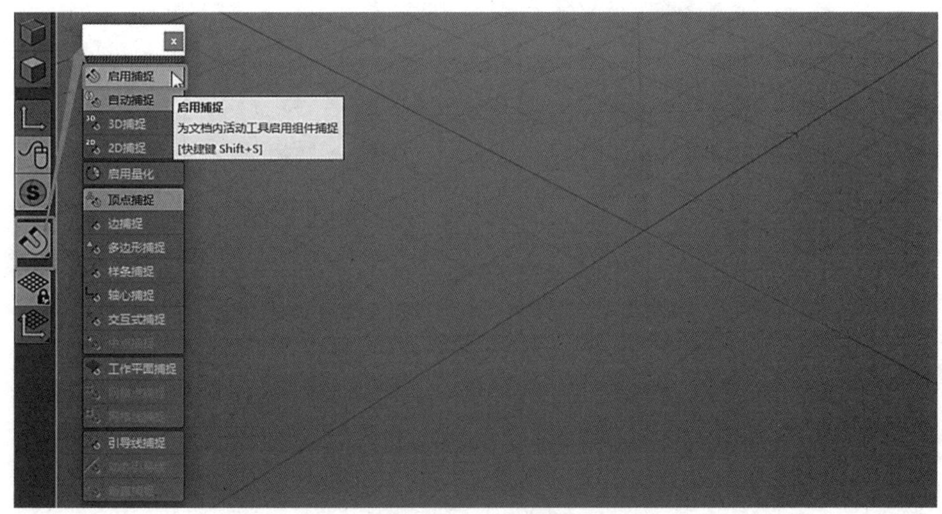


图 3-2-1　启用捕捉

2. 启用“3D 捕捉”，3D 捕捉可在三维空间里进行捕捉，如图 3-2-2、图 3-2-3 所示。

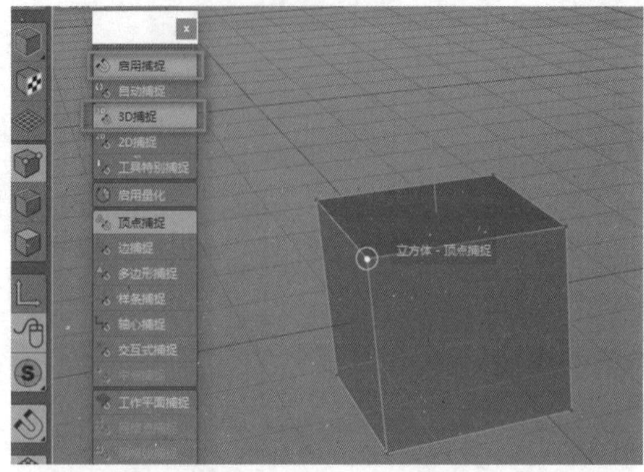


图 3-2-2　启用“3D 捕捉”，使用移动工具移动顶点

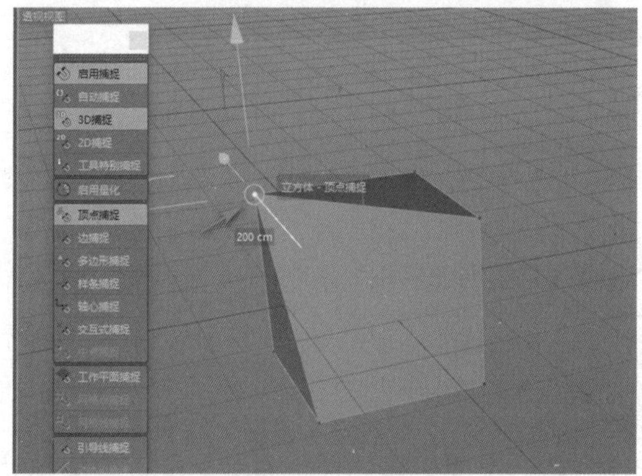


图 3-2-3　被 3D 空间的另一个顶点捕捉到，完全重合在一起

3. 2D 捕捉：可在透视观察平面上捕捉，如图 3-2-4、图 3-2-5 所示。

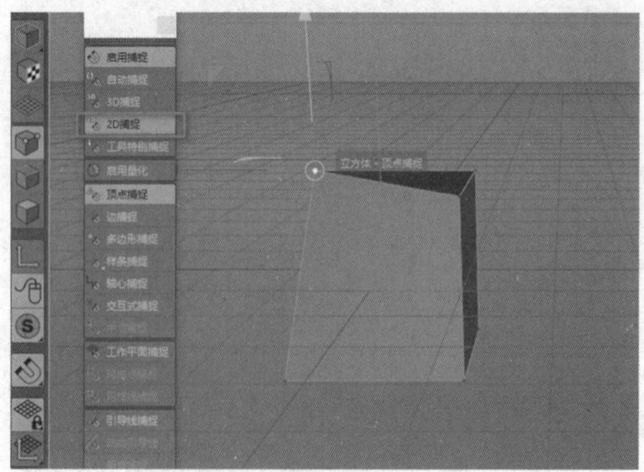


图 3-2-4　2D 捕捉：在当前视角上造成两点重合的假象

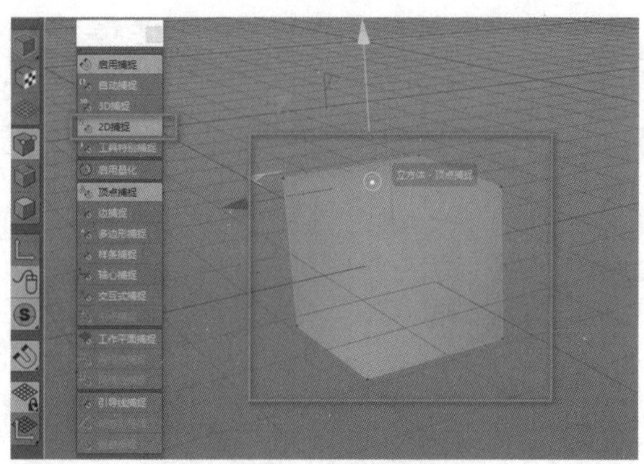

图 3-2-5　旋转视图后，观察到两点实际并没有重合

4. 自动捕捉：自动识别，使用自动 2D/3D 捕捉，如图 3-2-6 所示。

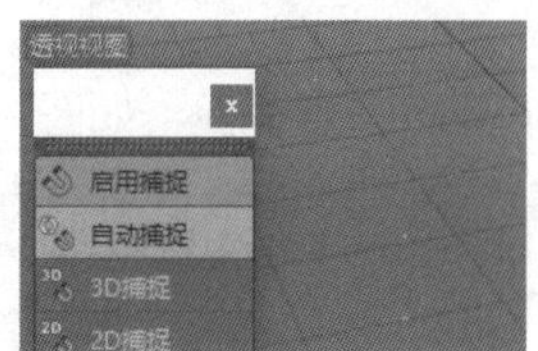

图 3-2-6　选择自动捕捉

5. 顶点捕捉：移动对象时，靠近顶点，对象轴心会被捕捉到这个顶点上，如图 3-2-7 所示。

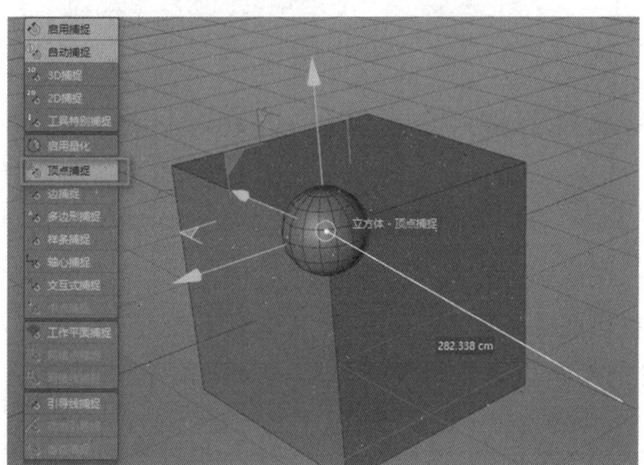

图 3-2-7　顶点捕捉

6. 边捕捉，如图 3-2-8 所示。

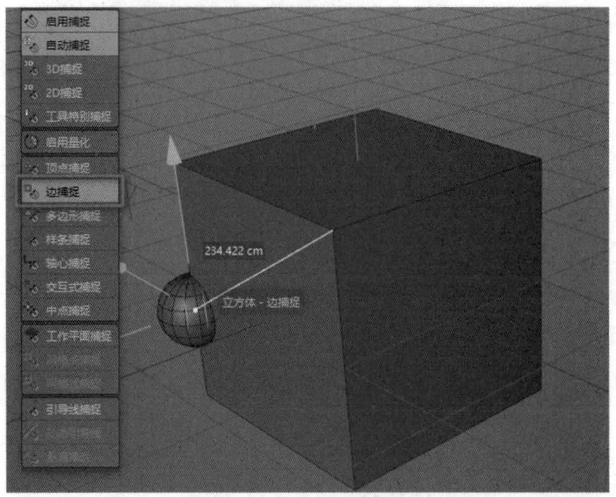


图 3-2-8　边捕捉

7. 可在边捕捉模式下，继续开启中点捕捉，如图 3-2-9 所示。

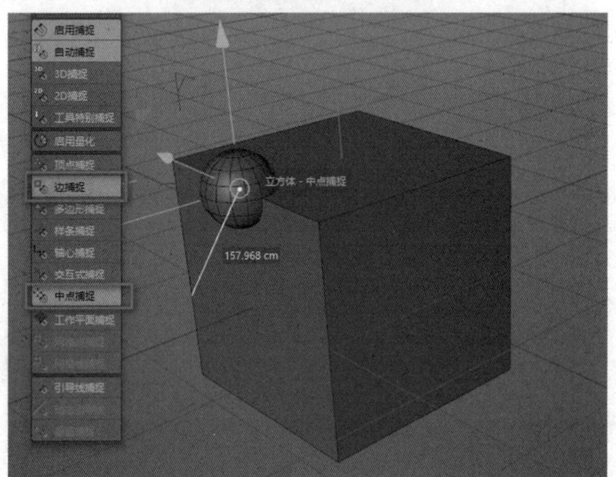


图 3-2-9　中点捕捉

8. 多边形捕捉可捕捉平面，如图 3-2-10 所示。

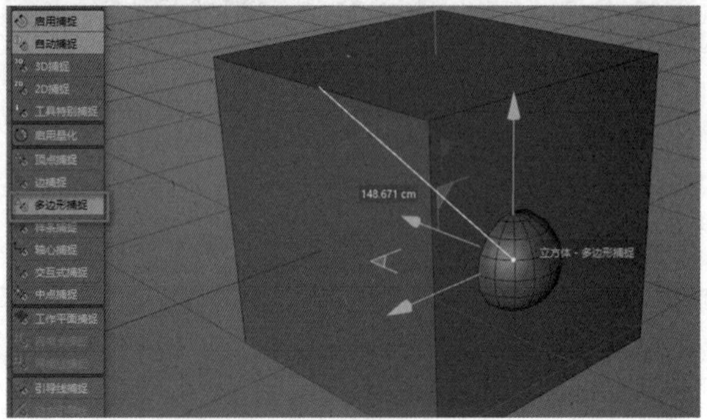


图 3-2-10　多边形捕捉

9. 样条捕捉，使用画笔工具绘制样条，按空格键结束绘制。移动对象（球体）时，被样条捕捉到，如图 3-2-11 至图 3-2-12 所示。

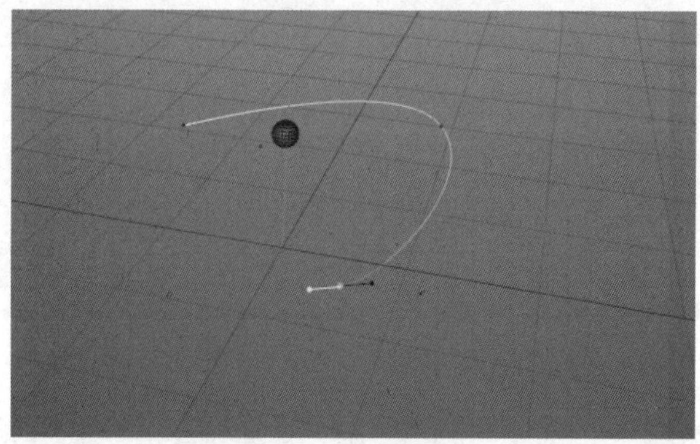

图 3-2-11　绘制样条

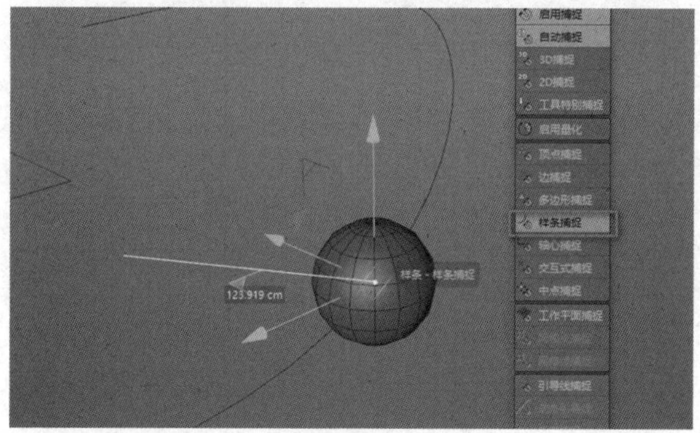


图 3-2-12　移动对象（球体）时，会被样条捕捉到

10. 轴心捕捉可捕捉对象的轴心，如图 3-2-13 所示。

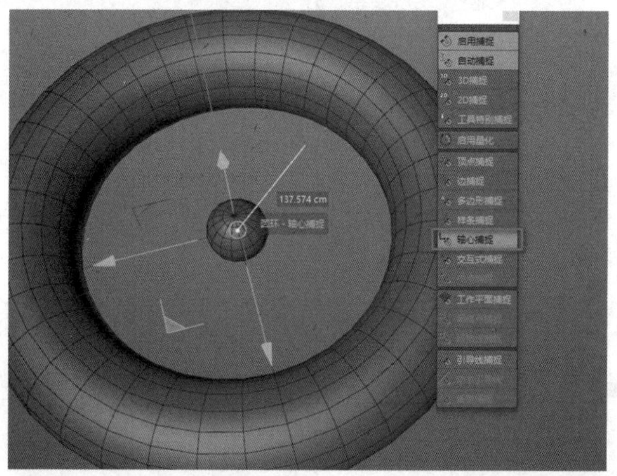


图 3-2-13　移动对象（球体）时，被圆环轴心捕捉到

11. 交互式捕捉，在其他视图使用时，可捕捉到视图空间的交叉点。例如在视图中创建了两个错开的不重合的圆环样条，如透视图和正视图所示。 如图 3-2-14、

图 3-2-15 所示。

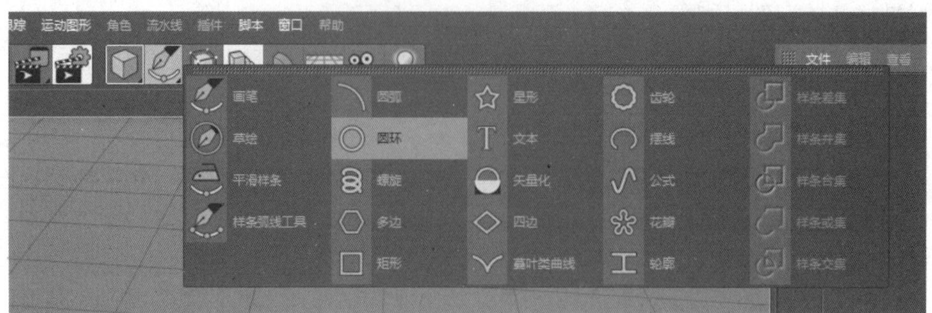


图 3-2-14 创建圆环样条

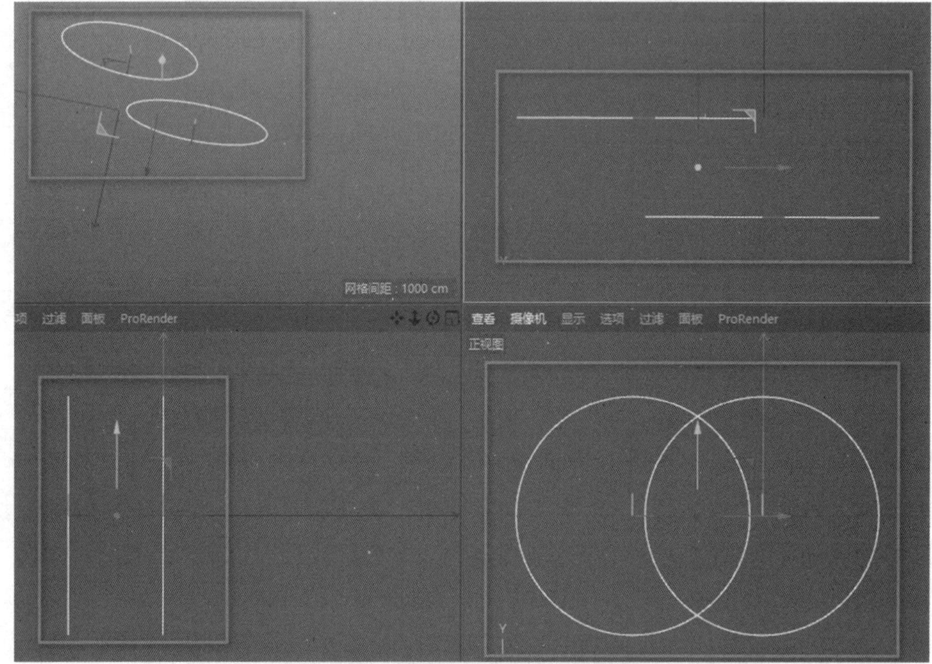


图 3-2-15 视图中创建两个圆环样条

切换到正视图操作，使用多边形画笔，点击创建多边形。再次点击最后一点，结束绘制多边形，如图 3-2-16 至图 3-2-19 所示。

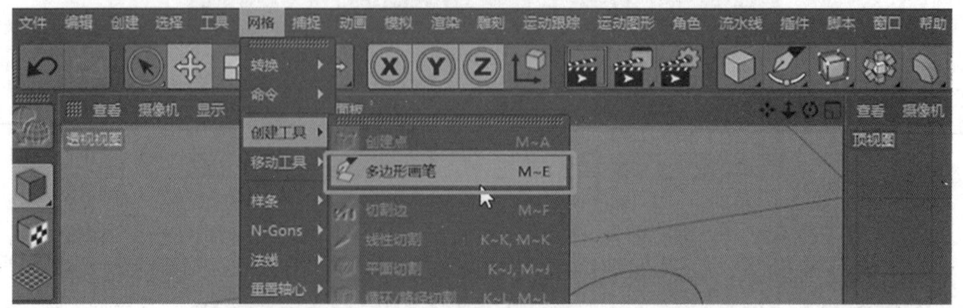


图 3-2-16 网格菜单—创建工具—多边形画笔

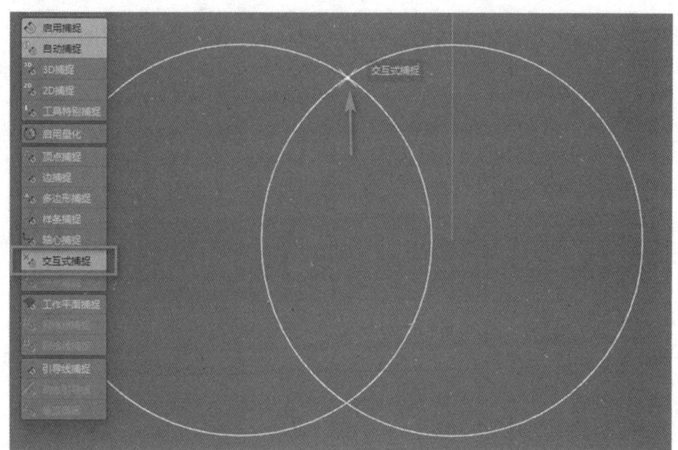


图3-2-17　交互式捕捉

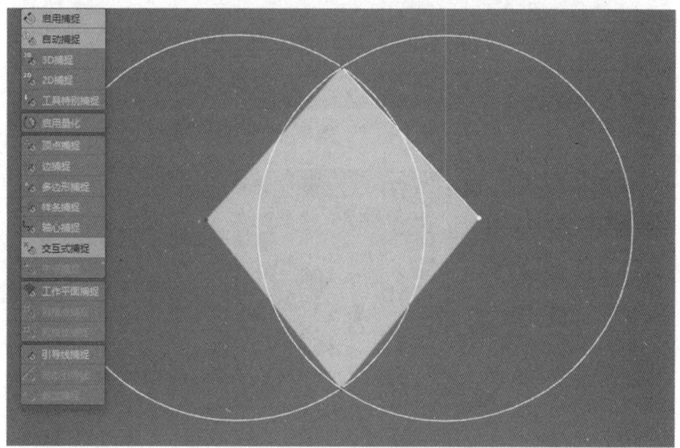


图3-2-18　绘制多边形

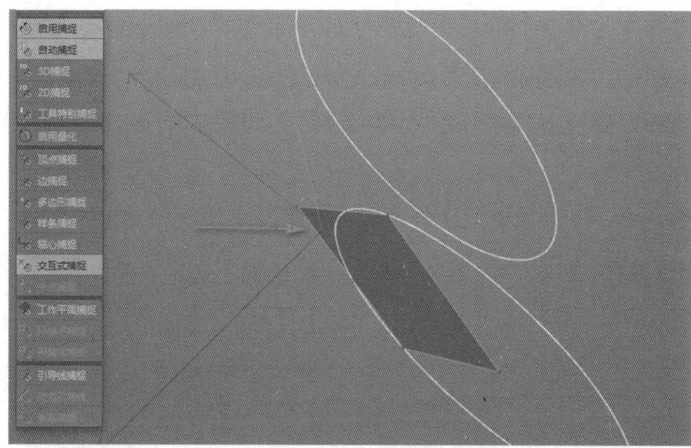


图3-2-19　查看绘制结果

12. 工作平面捕捉，又分为网格点捕捉和网格线捕捉，如图3-2-20至图3-2-22所示。

图 3-2-20　工作平面捕捉

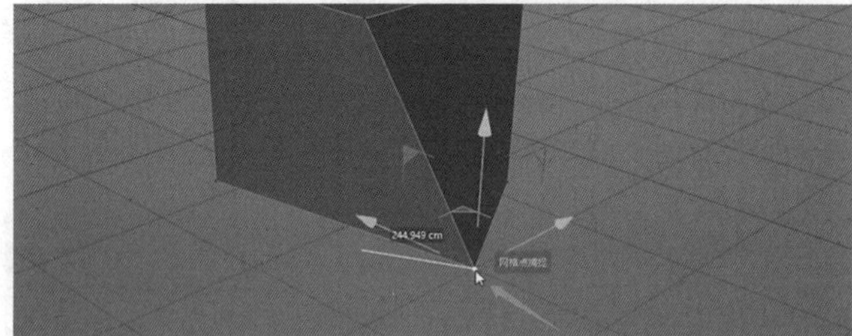


图 3-2-21　网格点捕捉

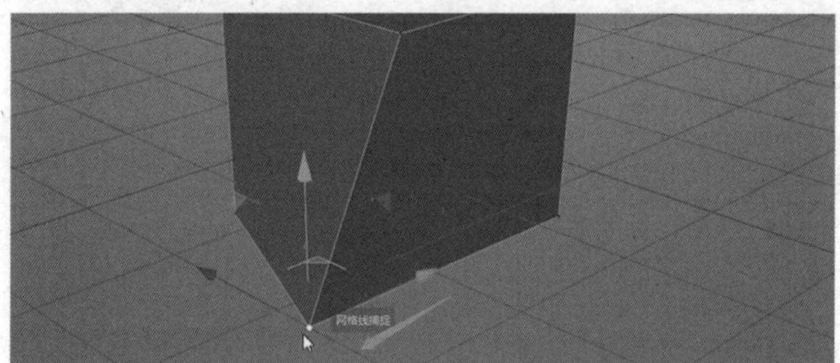


图 3-2-22　网格线捕捉

13. 引导线捕捉，动态引导线可动态生成一条引导线。当移动顶点时，能保证顶点是在引导线上移动，如图 3-2-23 所示。

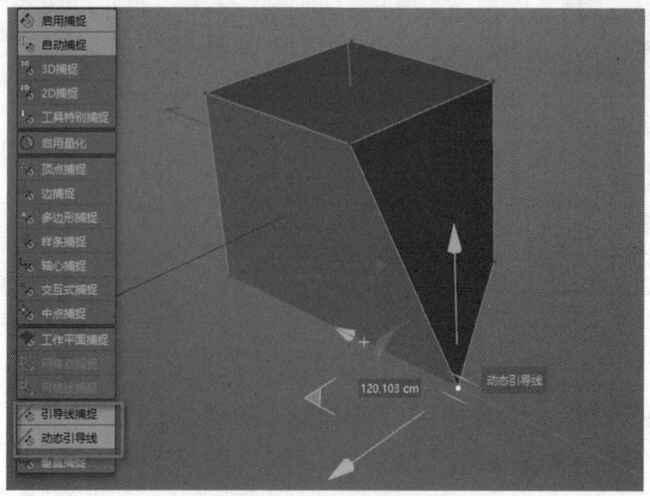


图 3-2-23　动态引导线

14. 垂直捕捉：移动顶点时，则会捕捉垂直到样条边线和引导线，如图 3-2-24、图 3-2-25 所示。

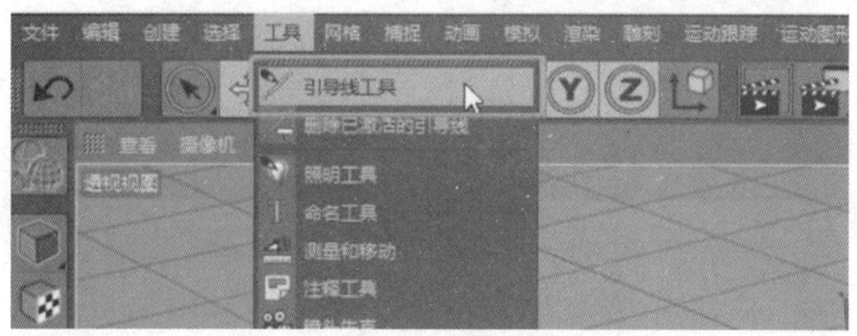

图 3-2-24　选择引导线工具

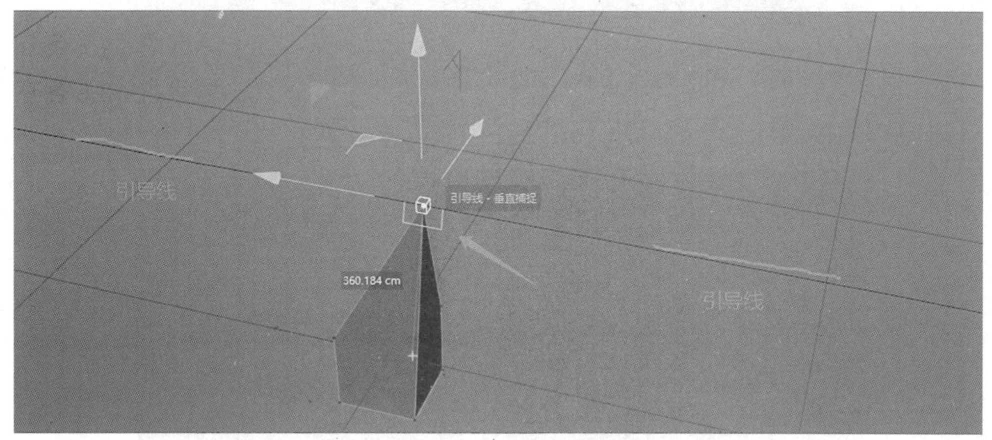

图 3-2-25　引导线垂直捕捉

15. 量化开关：启动量化后，移动物体会按整数倍距离移动，如图 3-2-26 所示。

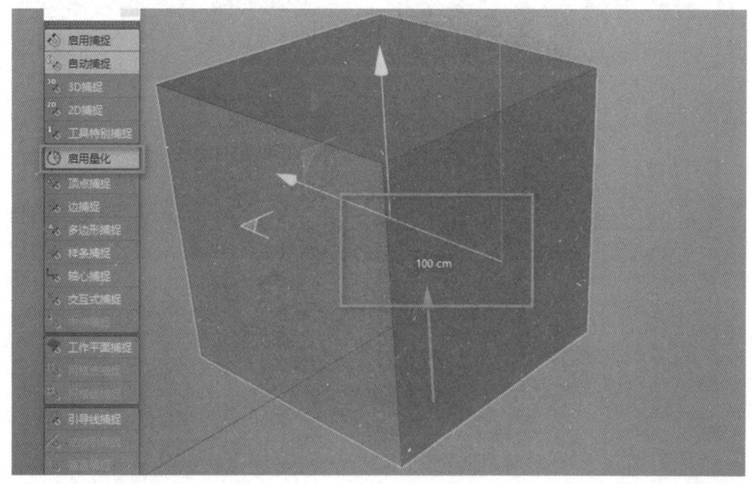

图 3-2-26　启用量化

16. 在没有开启量化的情况下，移动物体，距离会出现小数点的值。当移动物体时，此时再按下 Shfit 键，可临时开启量化捕捉，如图 3-2-27 至图 3-2-28 所示。

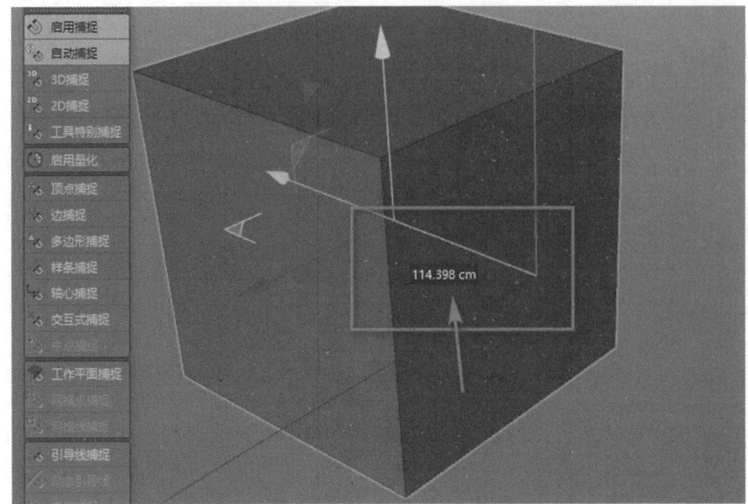


图 3-2-27　没有启用量化

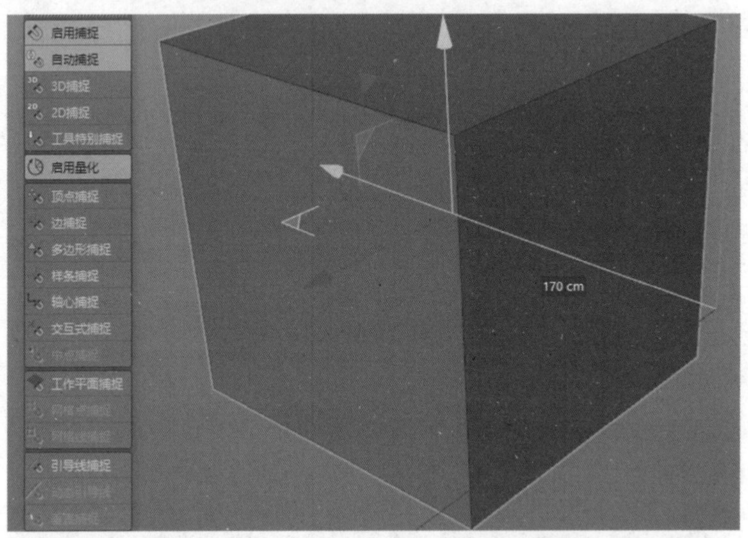


图 3-2-28　按下 Shift 键，临时启用量化

17. 打开属性管理器—模式菜单—建模选项，可修改量化配置。然后再移动、旋转物体试试看，如图 3-2-29、图 3-2-30 所示。

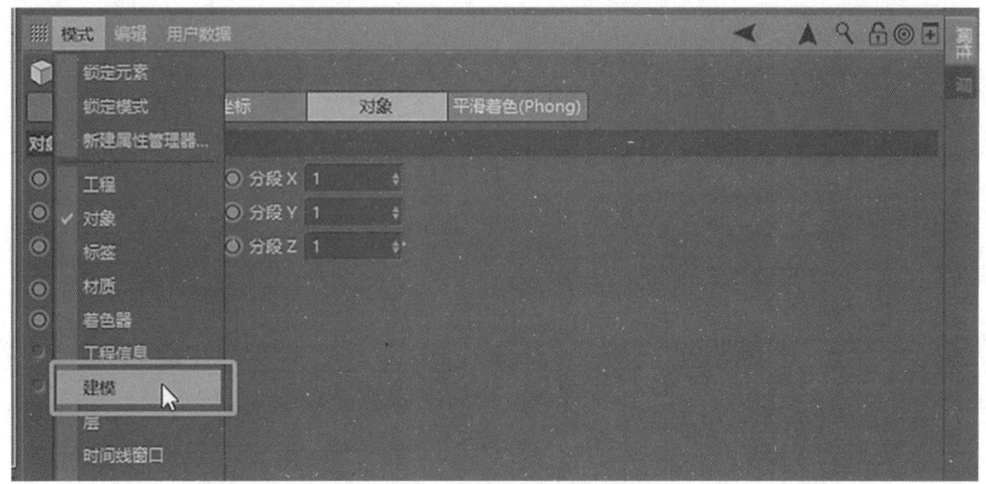


图 3-2-29　打开建模设置面板

图 3-2-30　自定义量化数值设置

任务 3.3

# 搭建参数对象

## 教学重点

· 了解如何搭建参数对象。

## 教学难点

· 如何调整参数对象快速完成建模。

## 任务分析

### 01. 任务目标

熟悉如何搭建参数对象，从而建造模型。

### 02. 实施思路

通过视频了解如何搭建参数对象。

## 任务实施

### 01. 搭建参数对象

1. 打开模型创建窗口，如图 3-3-1 所示。

图 3-3-1　打开模型创建窗口

2. 空白对象不可见，常作为控制器，如图 3-3-2 所示。

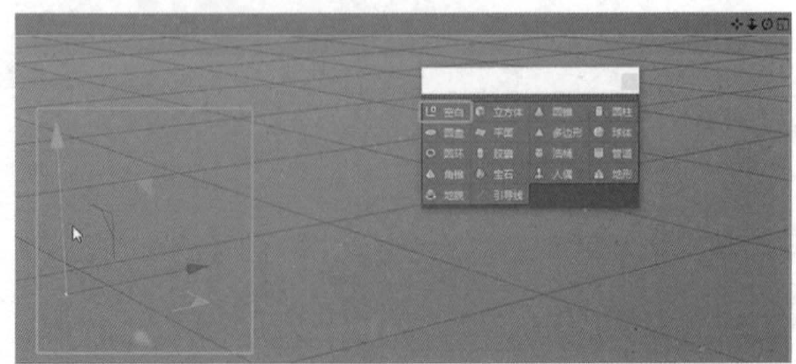

图 3-3-2　空白对象

3. 将目标聚光灯作为目标对象，移动灯光目标（空对象），控制灯光照射目标，如图 3-3-3 至图 3-3-5 所示。

图 3-3-3　目标聚光灯

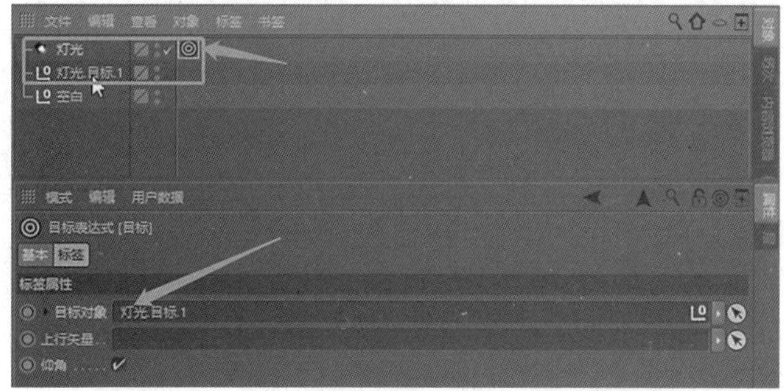


图 3-3-4　目标聚光灯

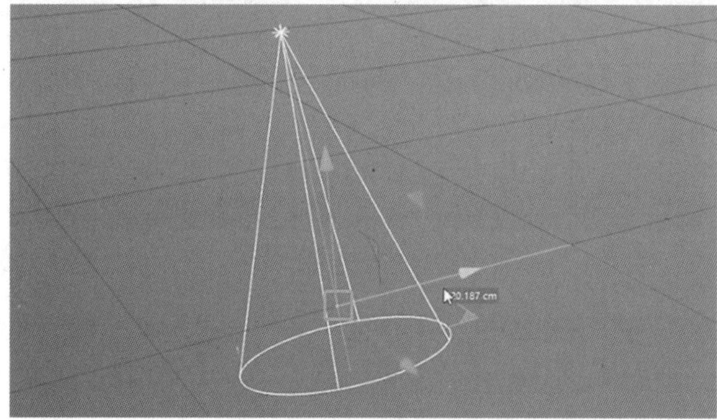

图 3-3-5　移动灯光目标（空对象），控制灯光照射目标

4. 新建立方体对象，在属性面板修改对象的分段、圆角、圆角细分等参数，如图 3-3-6、图 3-3-7 所示。

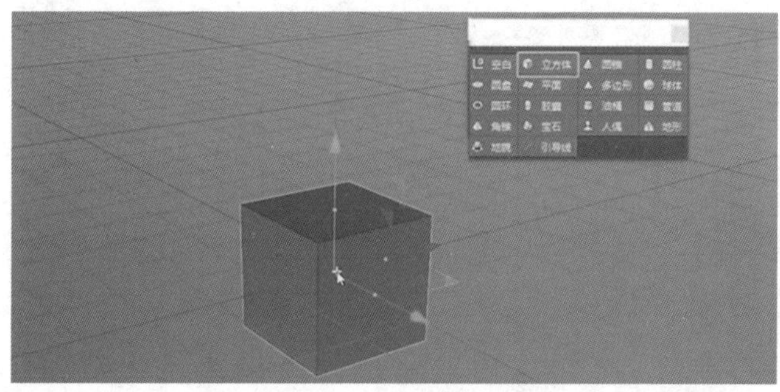

图 3-3-6　立方体

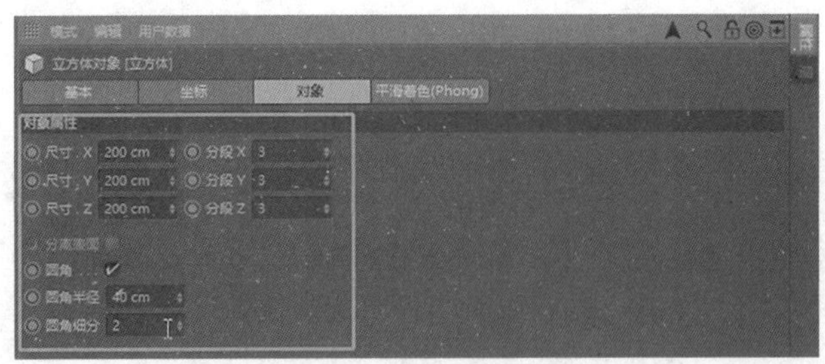

图 3-3-7　属性面板

5. 在属性面板中点击“平滑着色”，调节对象表面的平滑度，将平滑着色（Phong）角度调整为 0° 和 180° 进行对比，如图 3-3-8、图 3-3-9 所示。

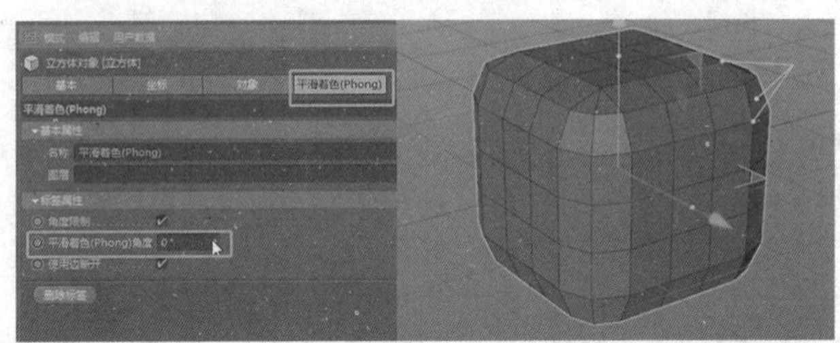

图 3-3-8　平滑着色 0°

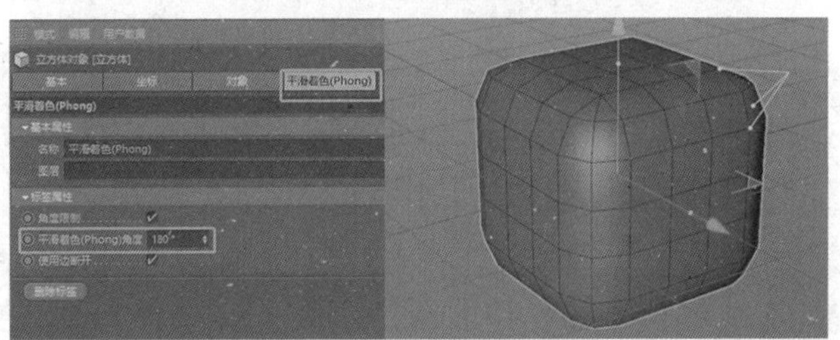

图 3-3-9　平滑着色 180°

6. 属性面板中，其他参数对象调节大同小异，根据新建对象的类型不同，调节的属性参数也不同。有的对象支持修改方向，有的对象支持切片。如新建圆柱，修改圆柱对象方向，将圆柱方向改为“-X”；点击属性面板中的切片，勾选切片，调节切片起点与终点参数，如图 3-3-10 至图 3-3-14 所示。

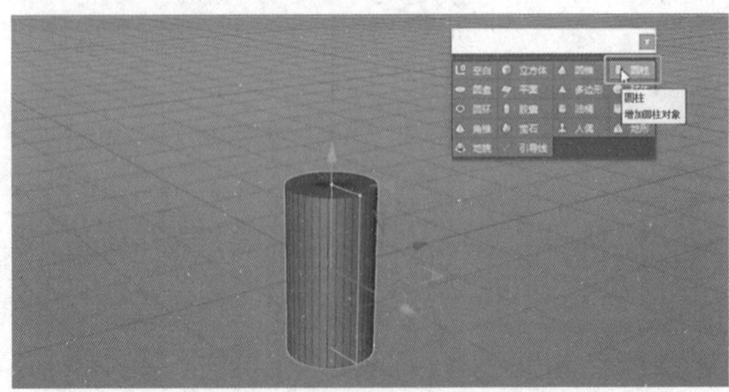

图 3-3-10　圆柱

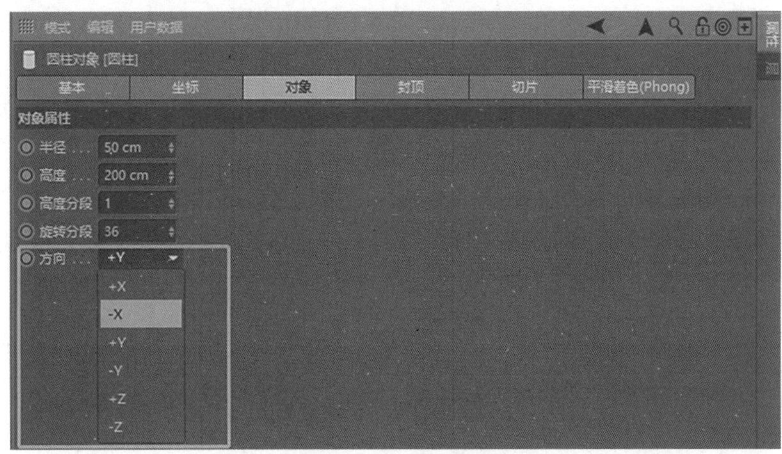


图 3-3-11 修改方向

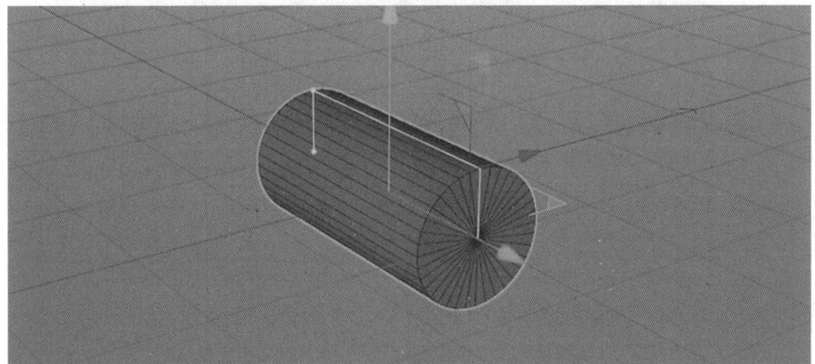

图 3-3-12 修改方向 -X

图 3-3-13 圆柱切片

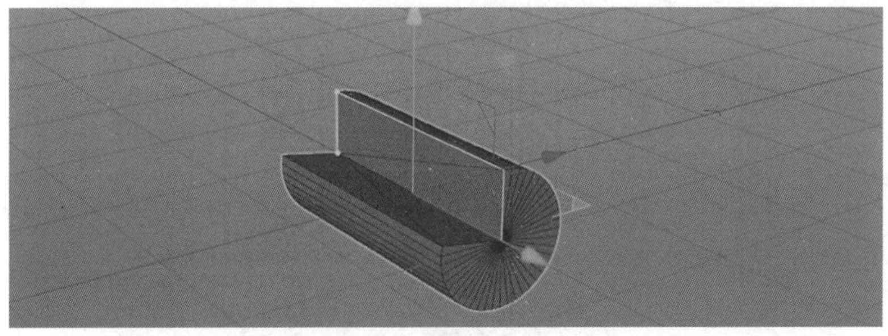

图 3-3-14 圆柱切片效果

7. 球体：提供多种球体的类型，如半球体、标准、四面体等球体类型，如图3-3-15至图3-3-17所示。

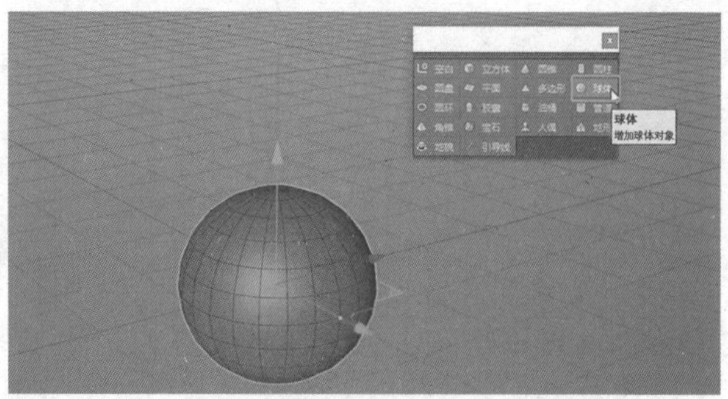


图3-3-15　球体

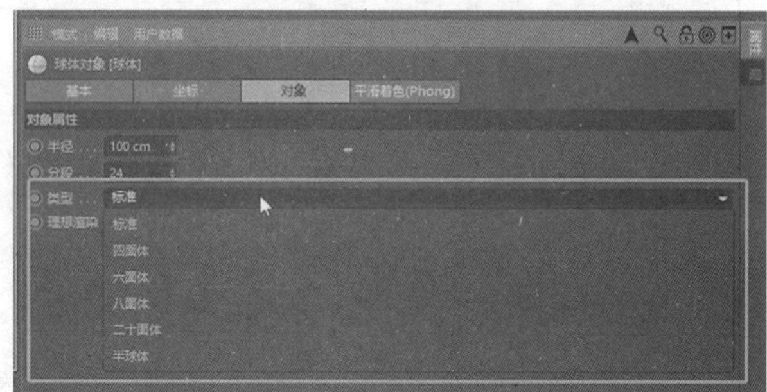


图3-3-16　球体类型

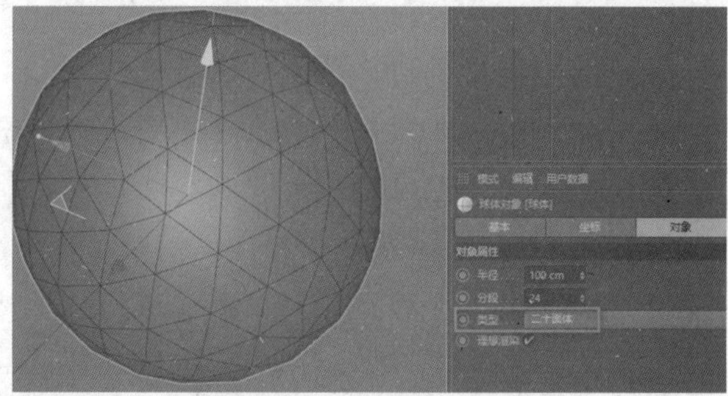

图3-3-17　球体类型：二十面体

8. 宝石：在属性面板，提供多种宝石的类型，如碳原子、四面、六面、八面等宝石面数类型，如图3-3-18、图3-3-19所示。

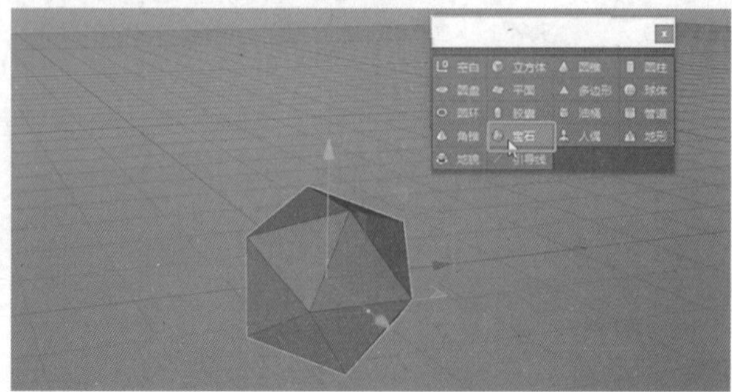

图3-3-18　宝石

图 3-3-19　更多宝石类型

9. 地形：在属性面板中，提供随机切换地形，如图 3-3-20、图 3-3-21 所示。

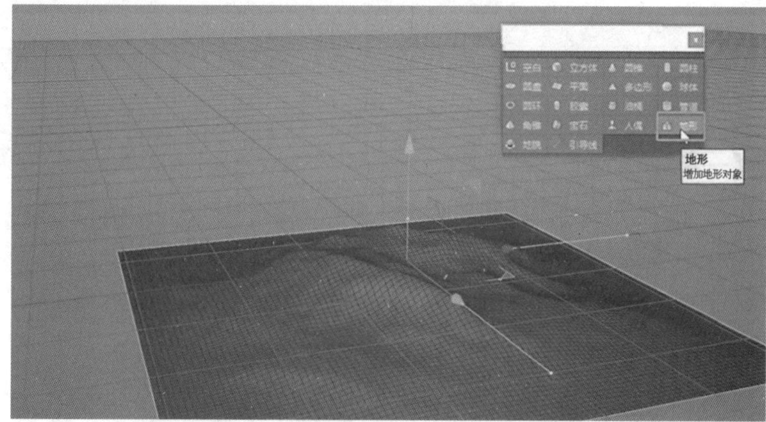


图 3-3-20　地形

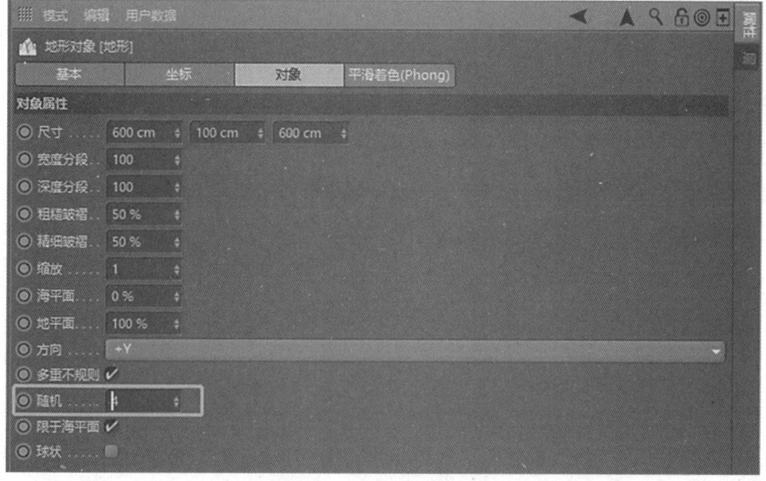


图 3-3-21　随机地形

10. 地貌制作时需注意，要传递纹理图片才可生成地貌。

11. 生成器、造型器和变形器工具的使用。记住一个通用原则，绿色图标作为对象父级，紫色图标作为对象子级，如图 3-3-22 所示。

图 3-3-22 生成器、造型器和变形器工具

12. 在选中模型对象（如：立方体）的情况下，按住 Alt 键点击（生成器、造型器和变形器工具），可以快速将工具对象作为父级。如果是按住 Shift 键点击，可以快速将工具对象作为子级，如图 3-3-23、图 3-3-24 所示。

图 3-3-23 按住 Shift 键，点击添加扭曲变形器

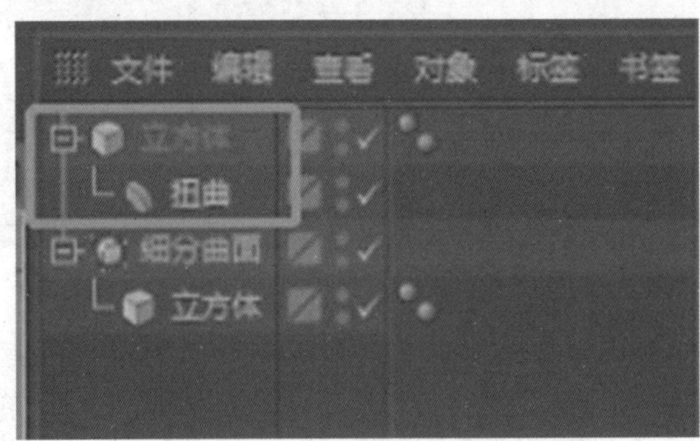


图 3-3-24 父子级的图层布局

# 任务 3.4

# 多样的建模方式

## ——塑料灯和把手、架子和书架

### 教学重点

· **利用塑料灯案例来了解建模方式。**

### 教学难点

· **如何使用多种建模方式快速完成建模。**

### 任务分析

**01. 任务目标**

熟练建模。

**02. 实施思路**

通过案例教学熟练建模。

### 任务实施

**01. 塑料灯建模**

1. C4D 在制作或渲染时对 CPU 的占用率非常高，有时会导致软件崩溃。在 C4D 建模制作前先保存工程，且设置制动保存，或边制作边保存工程，养成好习惯，以防止制作过程中软件崩溃造成损失，如图 3-4-1 所示。

图 3-4-1　保存工程

2. 制作灯座：首先点击工具栏，创建一个圆柱对象，在属性面板中调整圆柱大小，添加圆角，如图 3-4-2 至图 3-4-4 所示。

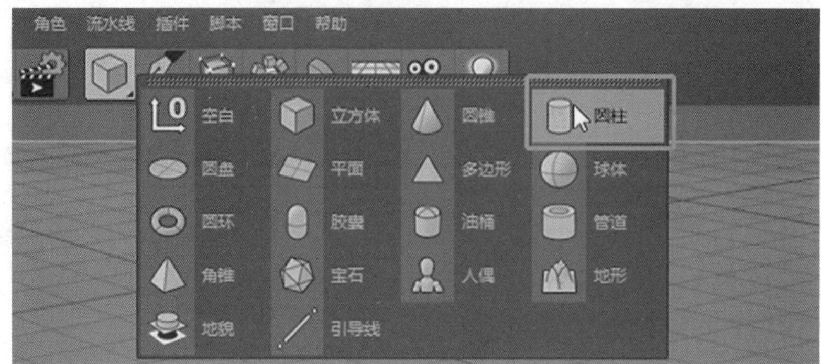


图 3-4-2　新建圆柱

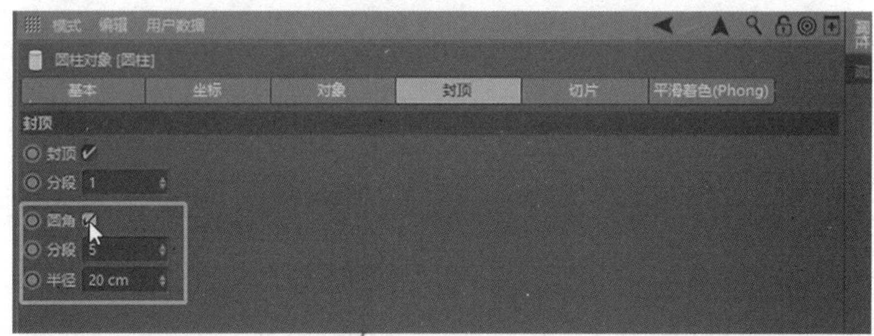


图 3-4-3　添加圆角

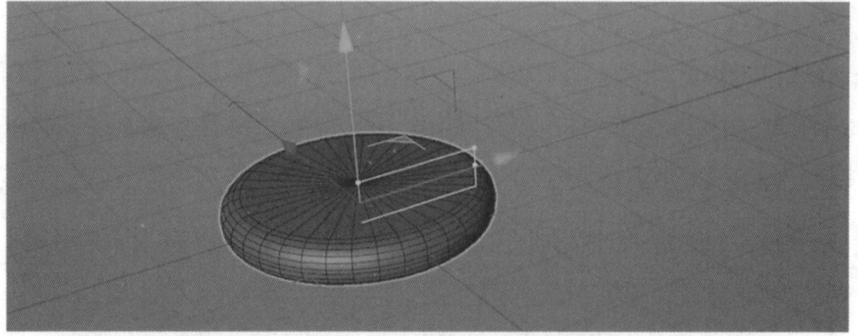

图 3-4-4　添加圆角后的效果

3. 制作按钮凹槽：在对象管理器中，选中圆柱，按住 Ctrl 键拖曳复制一个圆柱。修改圆柱的半径和高度，移动位置，如图 3-4-5 至图 3-4-7 所示。

图 3-4-5　按住 Ctrl 键拖曳复制圆柱

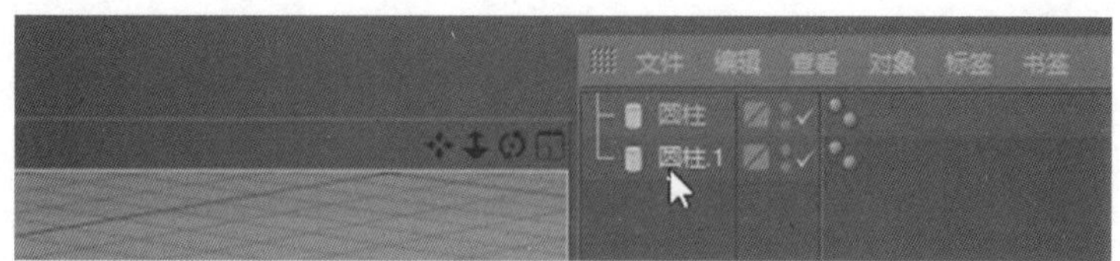

图 3-4-6　复制的圆柱

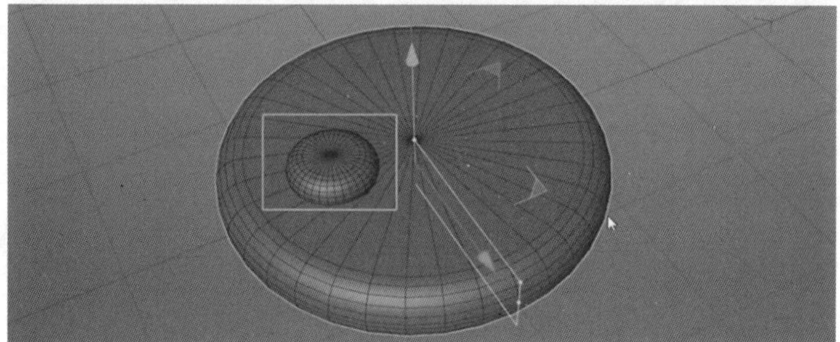
图 3-4-7　修改圆柱大小并调整位置

4. 按钮凹槽使用布尔工具相减来做，长按工具栏上的阵列图标，添加布尔，将两个圆柱作为布尔的子级。若要隐藏布尔后产生的边，可在布尔标签的属性面板中勾选“隐藏新的边”。操作如图 3-4-8 至图 3-4-11 所示。

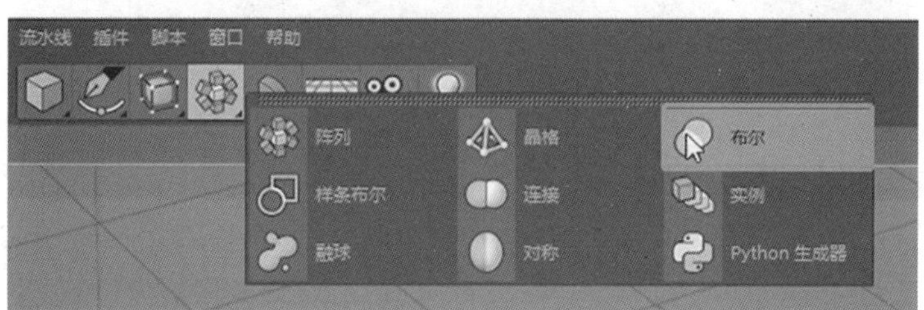

图 3-4-8　添加布尔

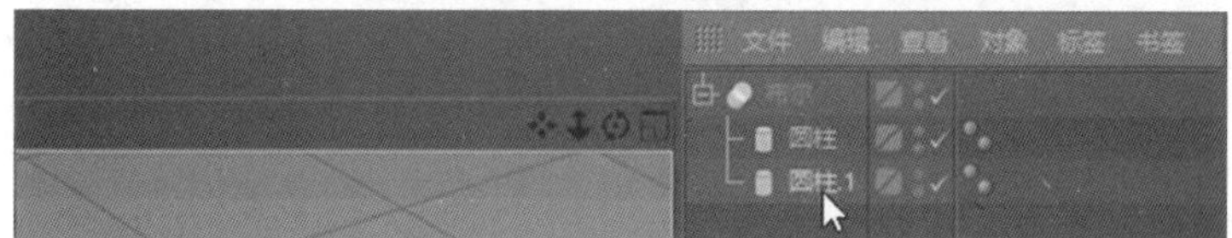

图 3-4-9　布尔相减

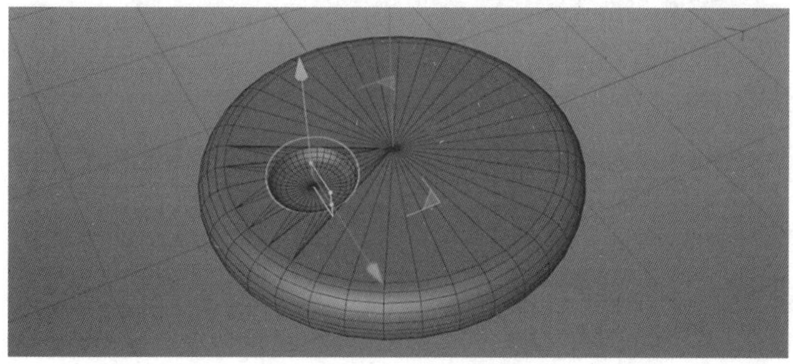
图 3-4-10　布尔相减结果

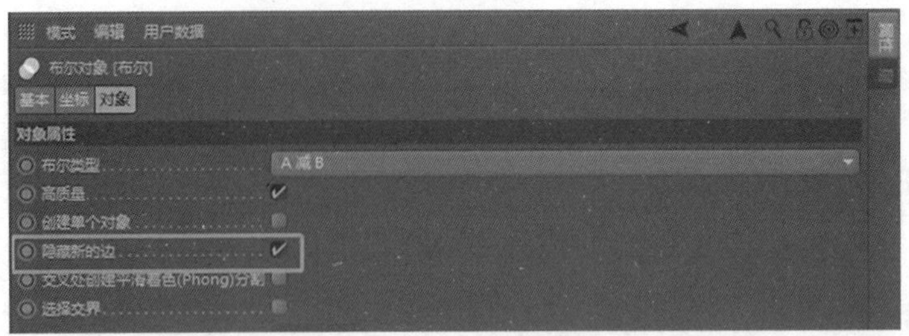


图 3-4-11 隐藏新建的边

5. 制作按钮：按住 Ctrl 键拖曳复制一个凹槽圆柱改成按钮圆柱，按钮圆柱要比凹槽小一点，塑料灯的底座就完成了，如图 3-4-12 至 图 3-4-14 所示。

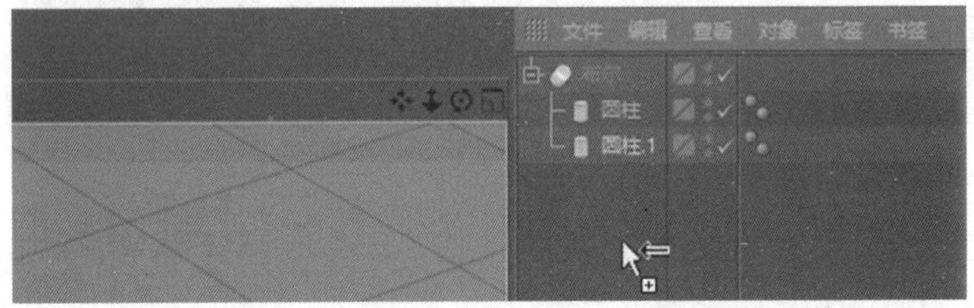


图 3-4-12 按住 Ctrl 键拖曳复制圆柱

图 3-4-13 复制的图层结果

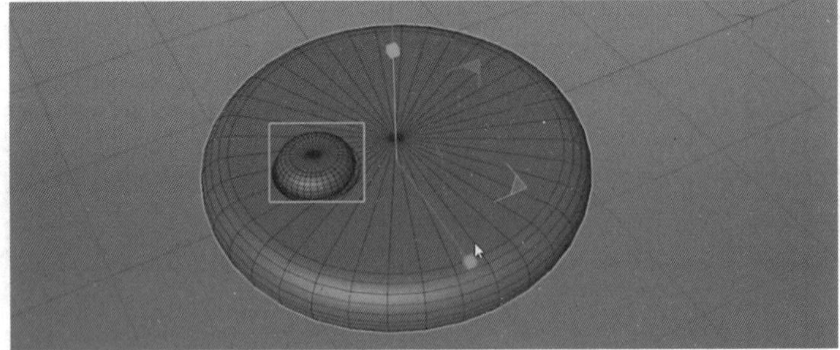

图 3-4-14 比凹槽小一点的按钮

6. 框选对象，按快捷键 Alt+G 编组，重命名为“灯座”，如图 3-4-15 所示。

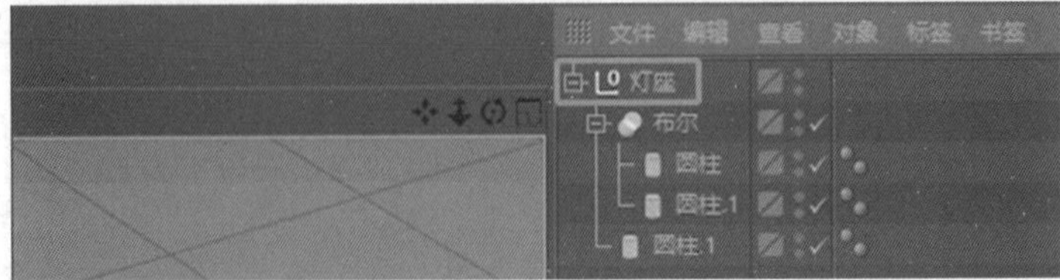


图 3-4-15 对象编组

7. 灯座完成后，开始制作灯体支柱。按住 Ctrl 键拖曳复制按钮，改造成支柱底座，如图 3-4-16、图 3-4-17 所示。

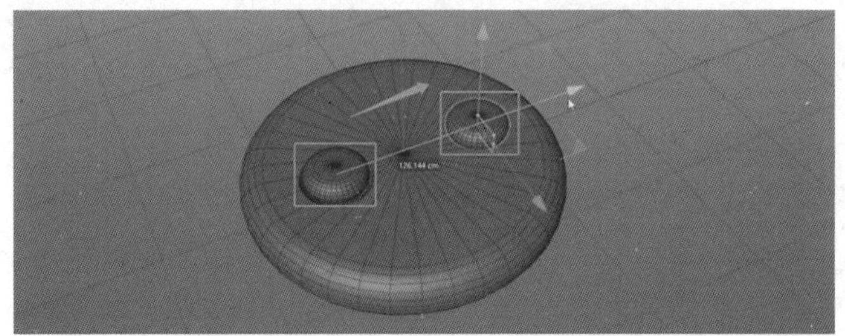

图 3-4-16　按住 Ctrl 键，拖曳复制

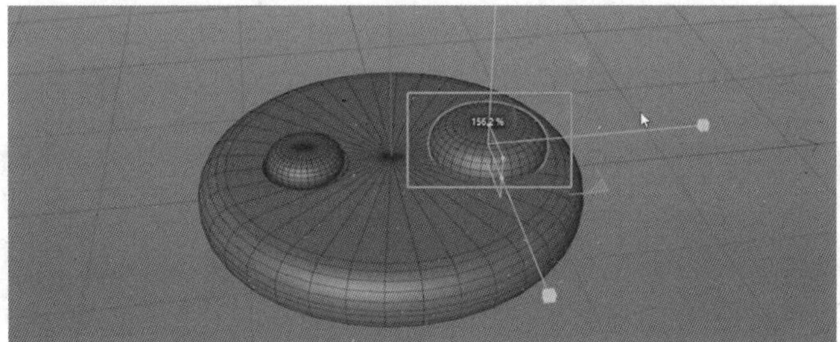

图 3-4-17　放大一点

8. 点击鼠标中键，切换多视图，如图 3-4-18 所示。

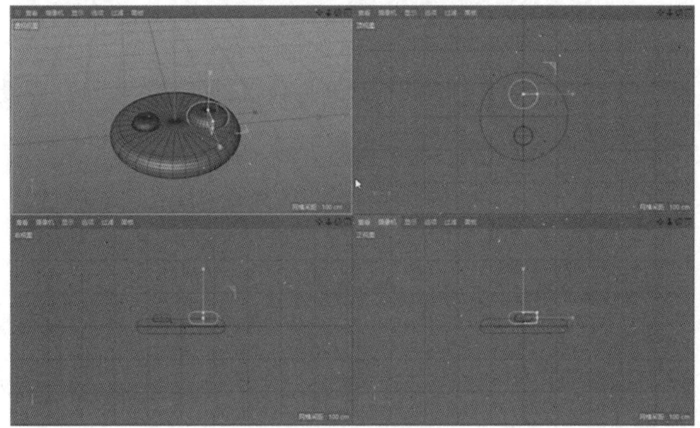

图 3-4-18　多视图

9. 使用草绘工具，在右视图中画一条样条，如图 3-4-19、图 3-4-20 所示。

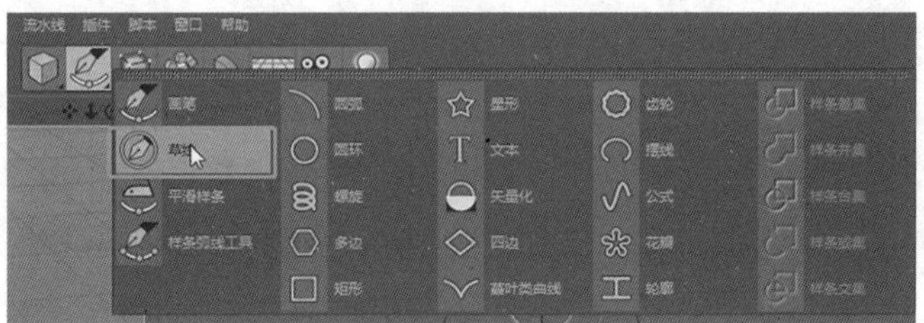


图 3-4-19　草绘工具

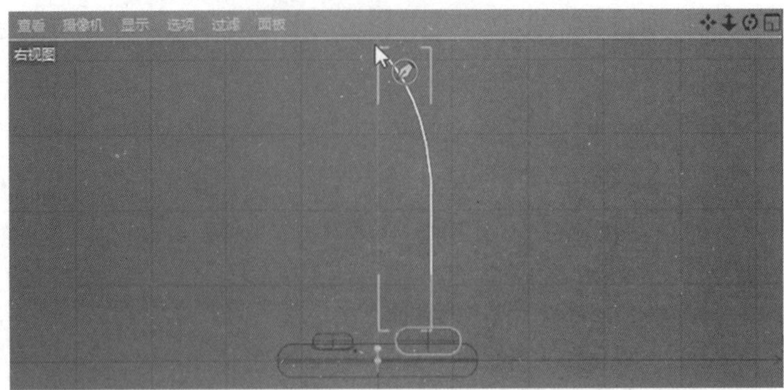


图 3-4-20　绘制样条

10. 再次点击鼠标中键，回到透视图。添加圆柱和加样条约束变形器，如图 3-4-21 至图 3-4-23 所示。

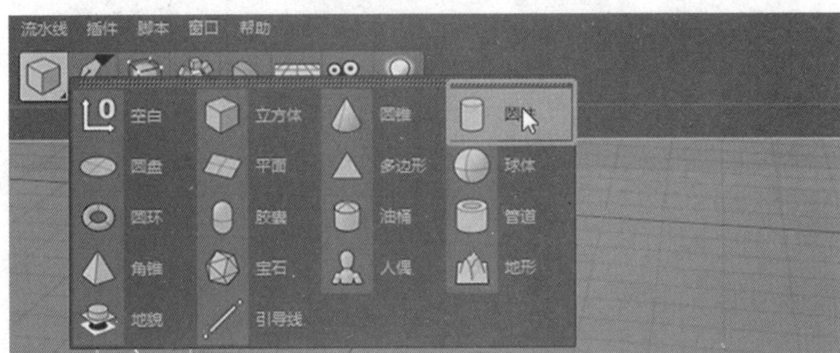


图 3-4-21　添加圆柱

图 3-4-22　添加样条约束变形器

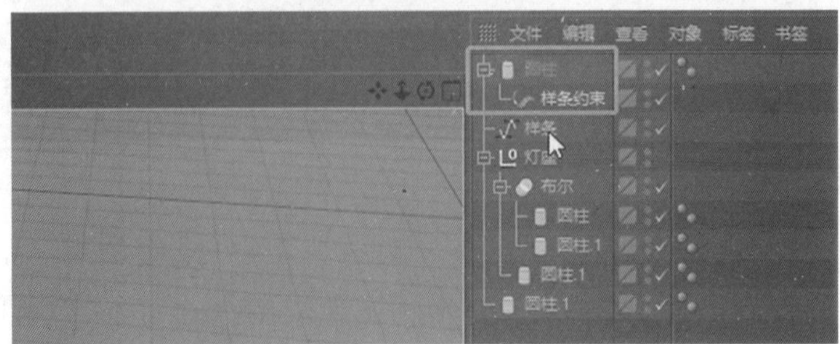


图 3-4-23　将样条约束作为子级

11. 指定约束样条：将圆柱约束到样条上，并将轴向更改为“+Y”。如图 3-4-24、图 3-4-25 所示。

图 3-4-24　样条约束属性面板

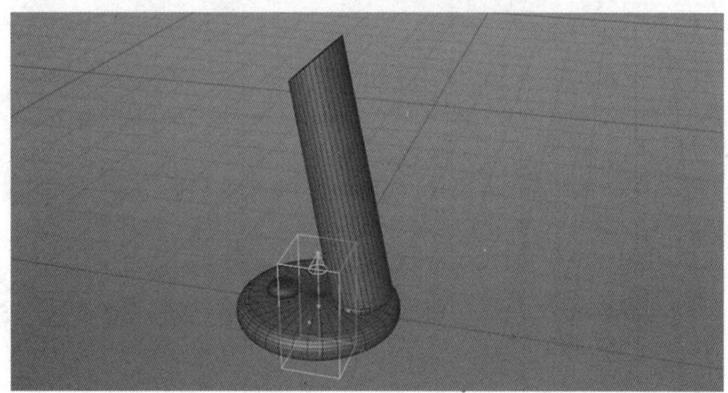

图 3-4-25　样条约束

12. 增加圆柱高度分段，调整圆柱半径，如图 3-4-26、图 3-4-27 所示。

图 3-4-26　圆柱的属性面板

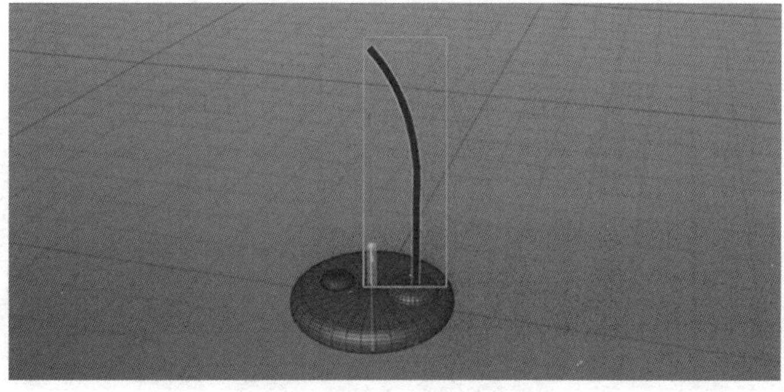

图 3-4-27　得到的结果

13. 一般可任意弯曲的灯支柱有圆环凸起，可以将圆环克隆到样条上来做这种效果，添加圆环，添加克隆，圆环作为克隆子级。如图 3-4-28 至图 3-4-30 所示。

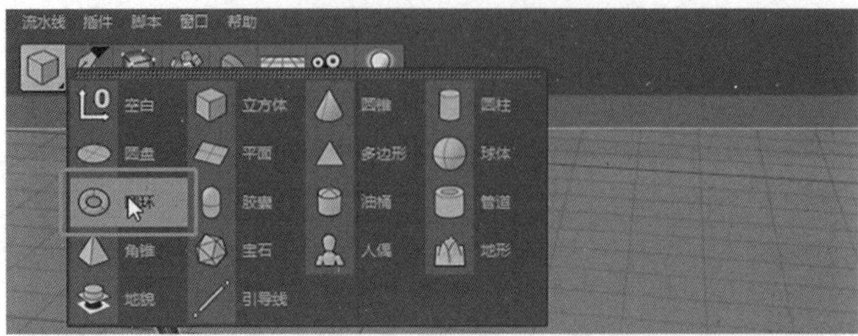

图 3-4-28　添加圆环

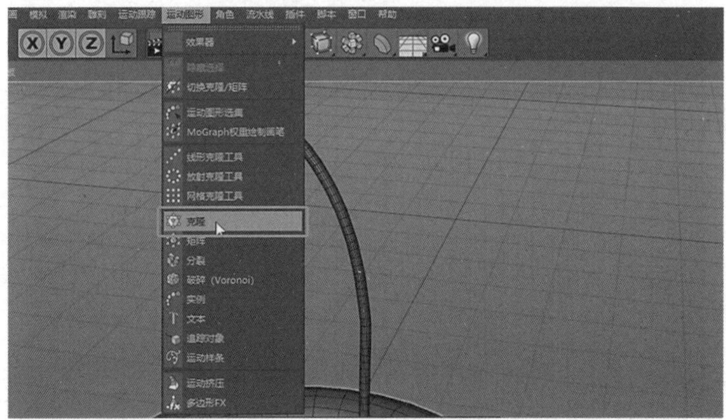

图 3-4-29　添加克隆

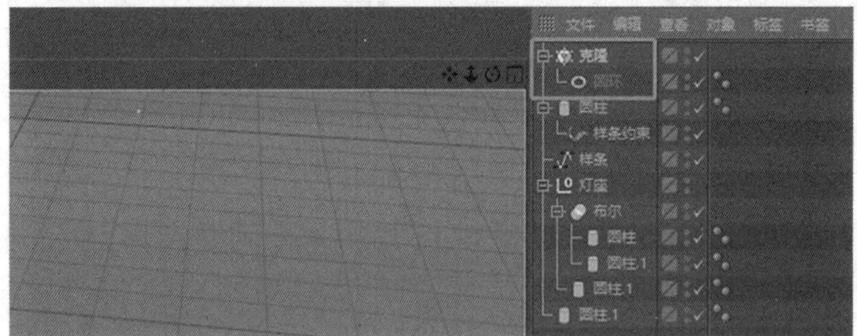

图 3-4-30　圆环作为克隆子级

14. 修改圆环对象的朝向为“+Z”，圆环半径 4 cm，如图 3-4-31 所示。

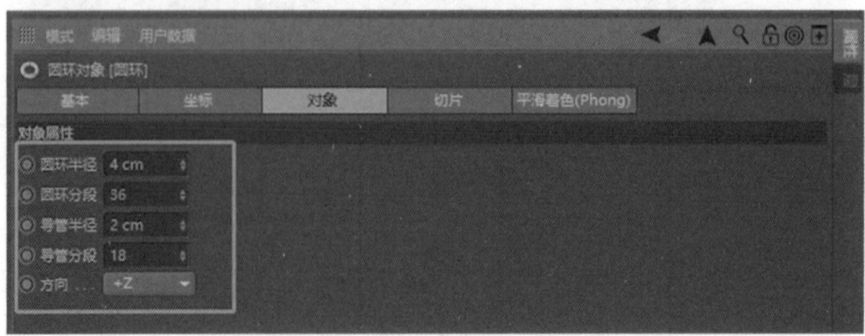

图 3-4-31　圆环的属性面板

15. 在属性面板中，将克隆模式选择为“对象”，对象选择为“样条”，分布为“平均”，加大克隆数量，勾选平滑旋转，如图 3-4-32 至图 3-4-34 所示。

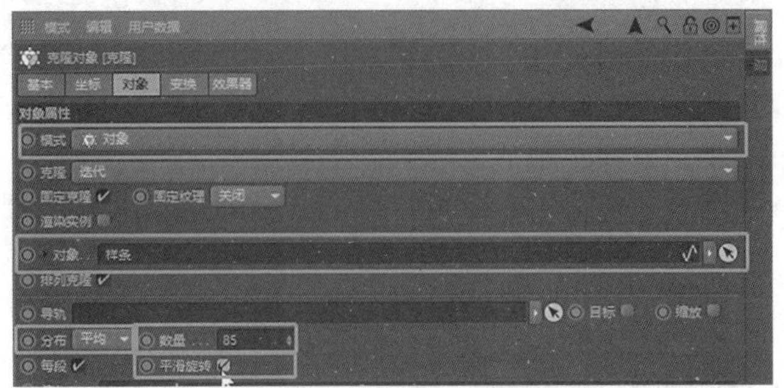


图 3-4-32　克隆的属性面板

图 3-4-33　圆环约束在样条上

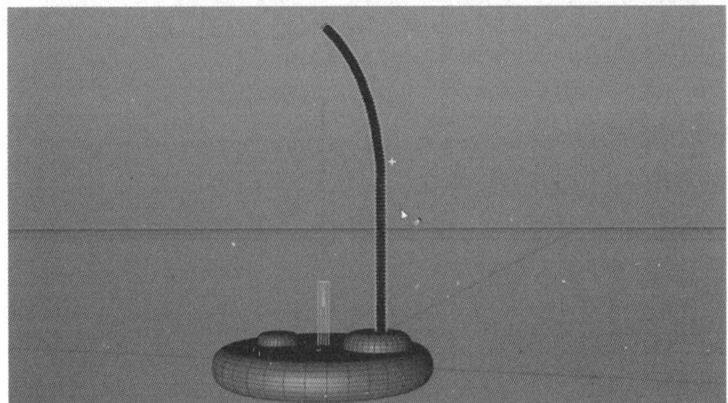

图 3-4-34　最终效果

16. 灯支柱完成后，选择灯体支柱部分的模型，Alt+G 编组，重命名为“灯体”，如图 3-4-35 所示。

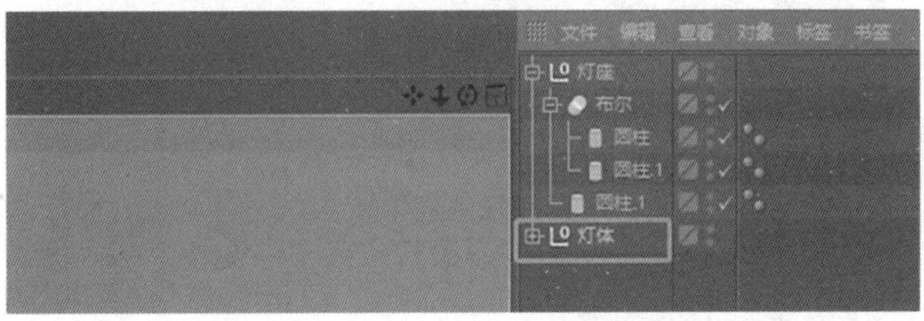


图 3-4-35　整理工程命名

17. 制作灯头：灯头需用球体来打基础，可以暂时将其他不相干对象隐藏或者球体独显，如图 3-4-36、图 3-4-37 所示。

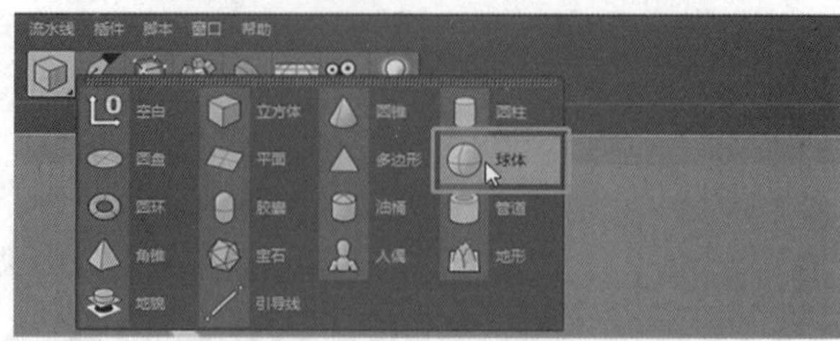

图 3-4-36　添加球体

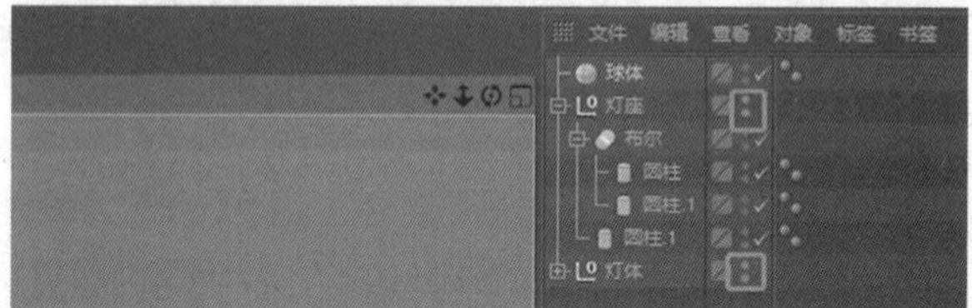

图 3-4-37　隐藏除球体以外的其他对象

18. 将球体转成可编辑多边形，切换到点模式，如图 3-4-38、图 3-4-39 所示。

图 3-4-38　将球体转成多边形对象

图 3-4-39　进入点模式

19. 切换到正视图，使用框选工具，取消勾选“仅选择可见元素”，这样能一次性框选球体背面的点，一次性删除。如图 3-4-40 至图 3-4-43 所示。

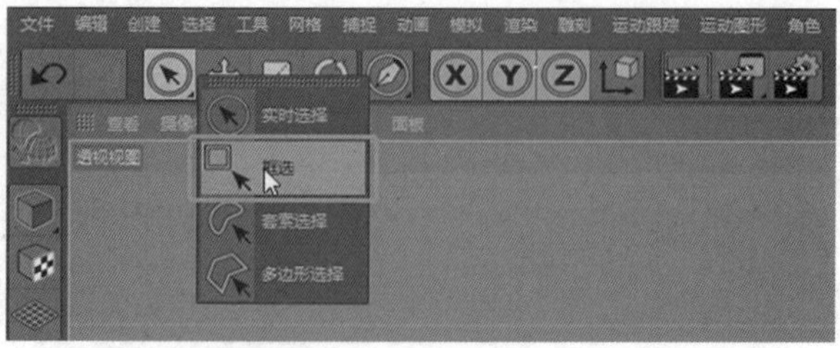

图 3-4-40　使用框选工具

图 3-4-41　取消“仅选择可见元素”

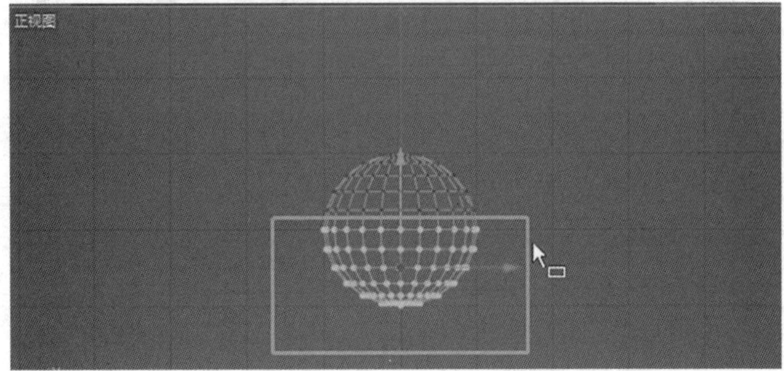
图 3-4-42　框选多余的点

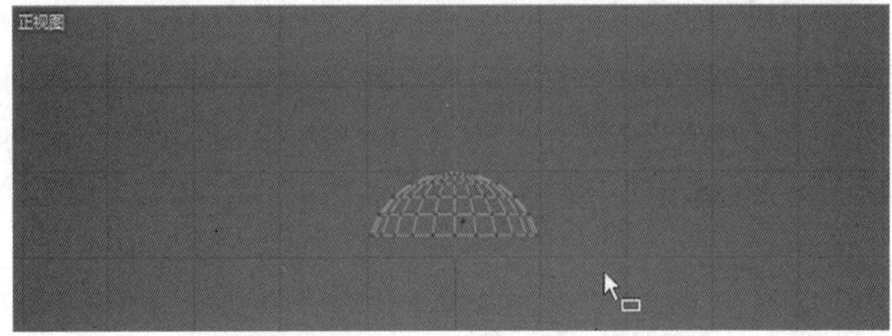
图 3-4-43　删除点

20. 切换到面模式，按住 Ctrl+A 键选择所有的面，右键选择“挤压”，勾选“创建封顶”。按住鼠标左键左右拖曳挤压出厚度，如图 3-4-44 至图 3-4-47 所示。

图 3-4-44　面模式

图 3-4-45　右键菜单选择“挤压”

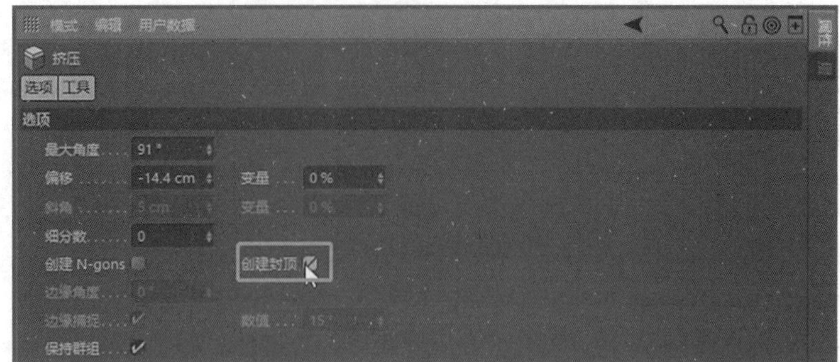
图 3-4-46　勾选创建封顶

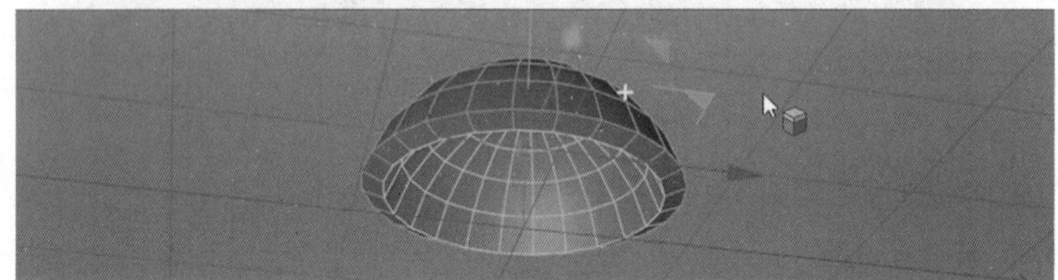
图 3-4-47　挤压得到结果

21. 按住 Alt 键为球体添加细分曲面，如图 3-4-48 至图 3-4-50 所示。

图 3-4-48　添加细分曲面

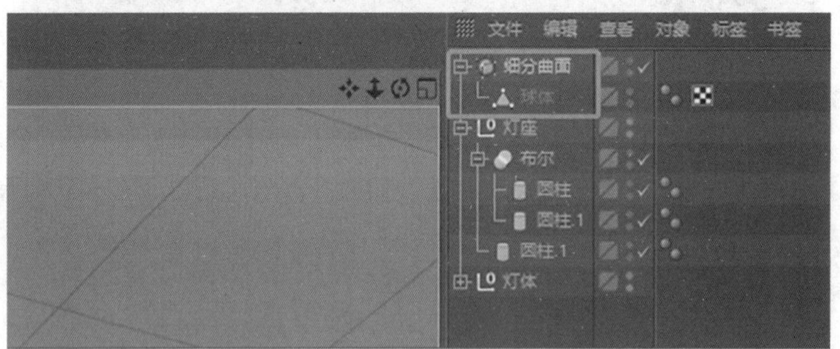
图 3-4-49　细分曲面作为父级

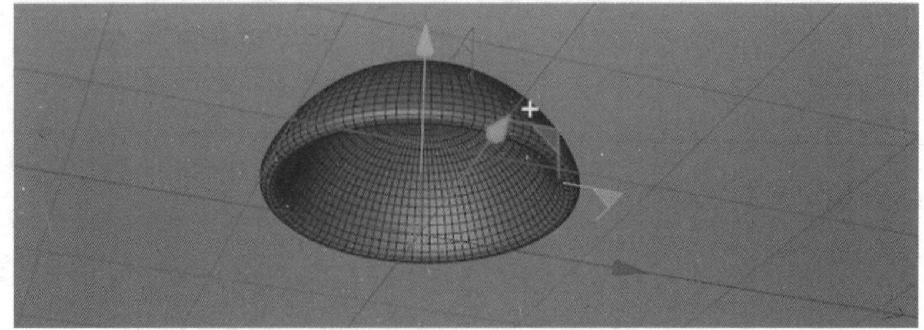
图 3-4-50　细分曲面的效果

22. 添加胶囊制作灯尾，使用缩放和移动工具调整灯尾大小与位置，如图 3-4-51、图 3-4-52 所示。

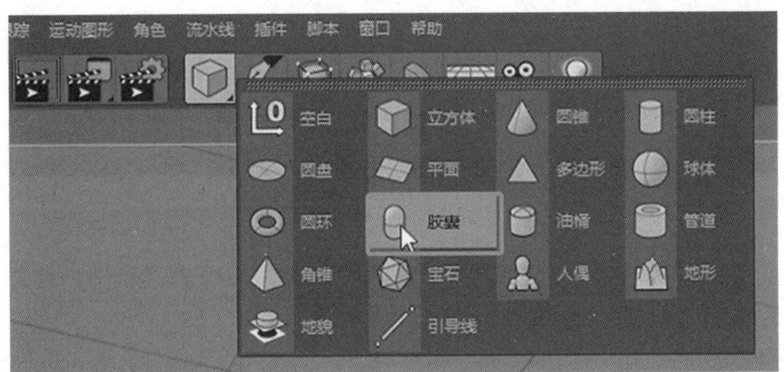


图 3-4-51　添加胶囊

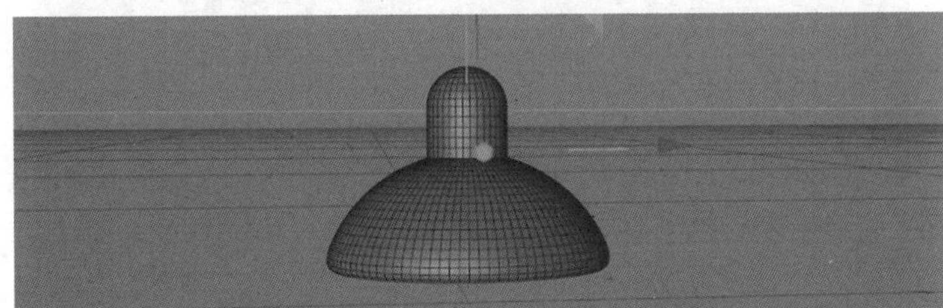

图 3-4-52　移动胶囊模型后的效果

23. 选择灯尾与球体，编组重命名为“灯头”，将之前隐藏的对象打开显示，将灯头移动到合适位置，调整大小，如图 3-4-53、图 3-4-54 所示。

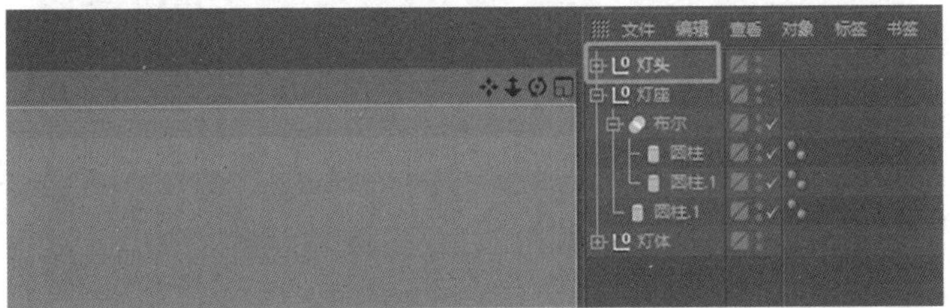


图 3-4-53　按快捷键 Alt+G 编组、重命名

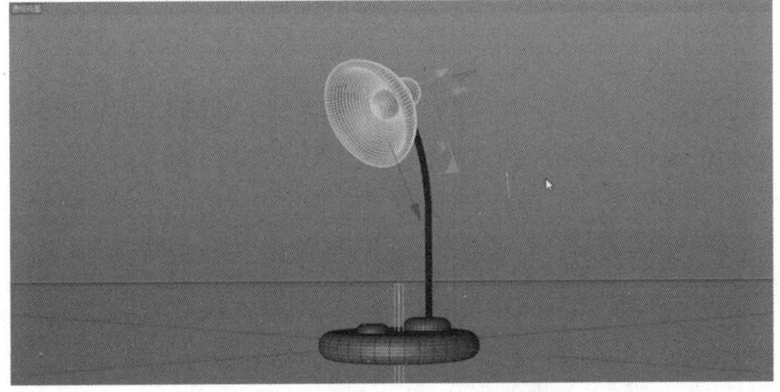

图 3-4-54　移动灯头后的效果

24. 制作灯泡：添加球体，使用 PSR 转移工具，将球体轴心对齐到灯头轴心，微调灯泡大小和位置，塑料灯就制作完成了，如图 3-4-55 至图 3-4-59 所示。

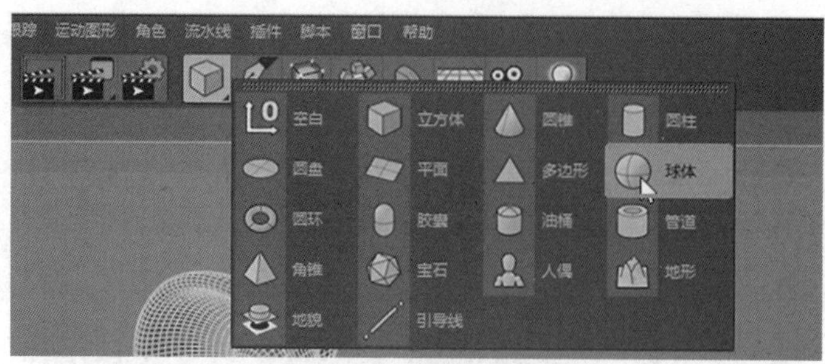


图 3-4-55　创建球体模型

图 3-4-56　选择 PSR 转移工具

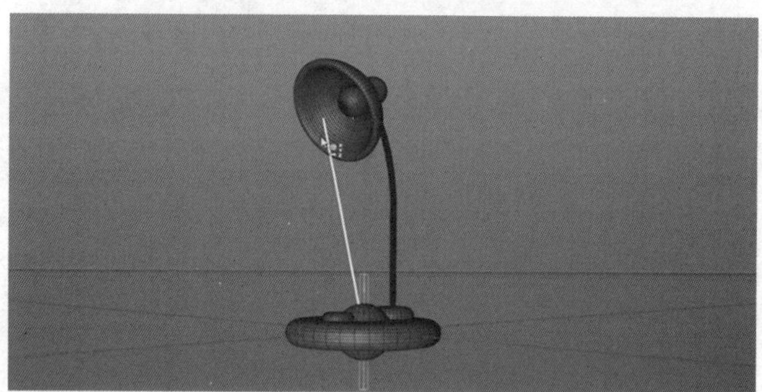

图 3-4-57　PSR 转移球体 1

图 3-4-58　PSR 转移球体 2

图 3-4-59　微调球体大小和位置

## 拓展练习

使用本节课所学知识点制作台灯模型，如图 3-4-60 所示。

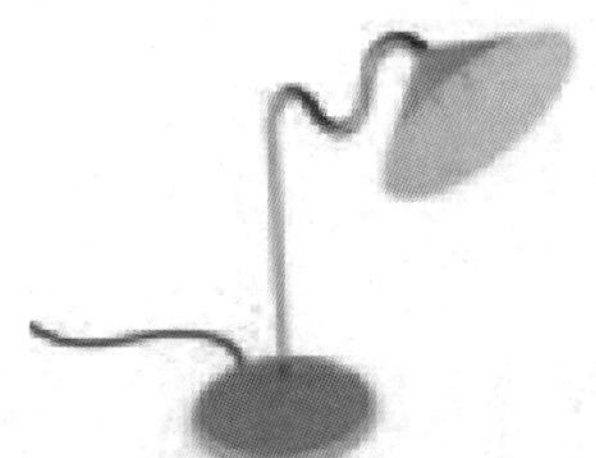

图 3-4-60　台灯模型

### 02. 门把手建模

1. 新增圆柱作为底座，半径 50 cm，高度 20 cm，并添加圆角，如图 3-4-61 至图 3-4-64 所示。

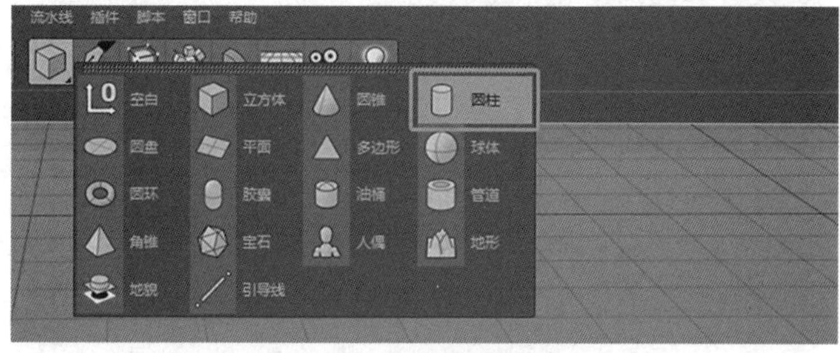


图 3-4-61　创建圆柱模型

图 3-4-62　修改圆柱模型半径为 50 cm，高度为 20 cm

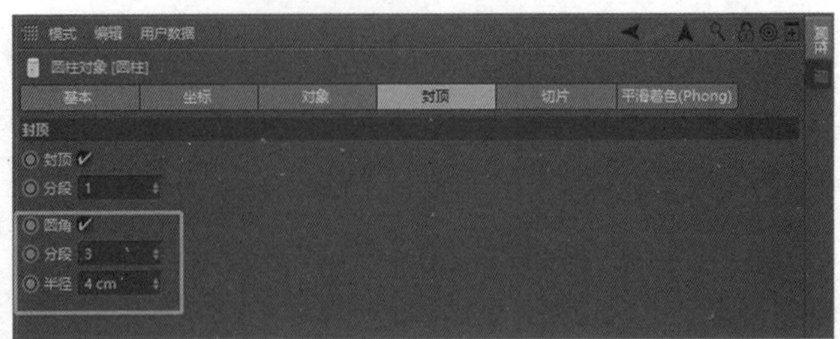

图 3-4-63　开启模型圆角封顶

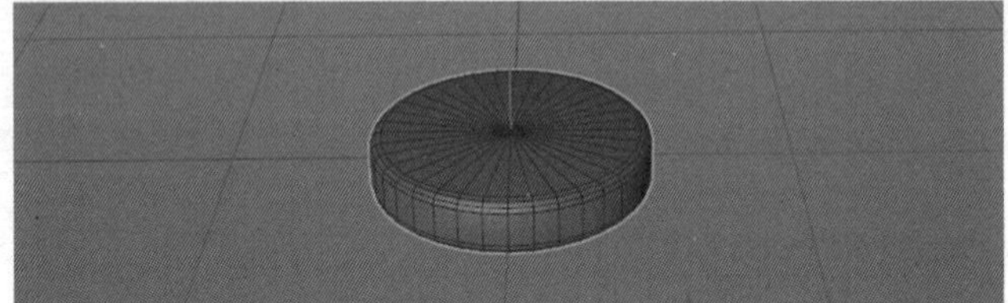

图 3-4-64　把手底座

2. 添加矩形作为扫描的路径，宽度 400 cm, 高度 200 cm，勾选圆角，半径 50 cm，如图 3-4-65 至图 3-4-67 所示。

图 3-4-65　创建矩形样条线

图 3-4-66　修改矩形宽度为和高度，勾选圆角

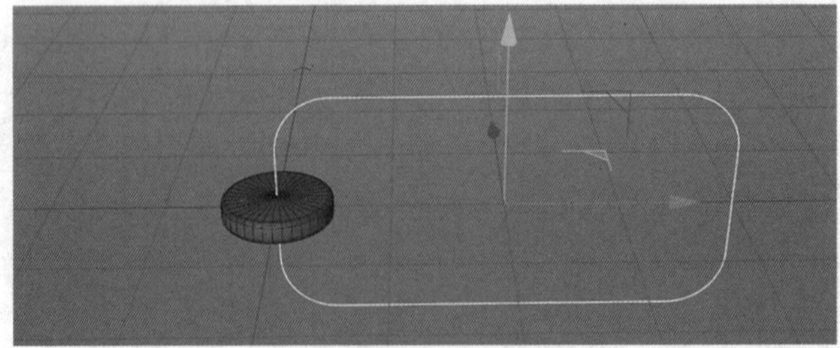

图 3-4-67　修改后效果

3. 添加圆环作为横截面，半径 15 cm，如图 3-4-68、图 3-4-69 所示。

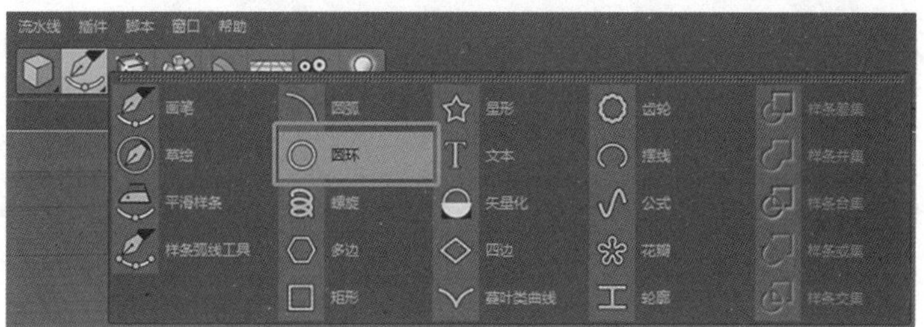


图 3-4-68　创建圆环样条线

图 3-4-69　修改圆环半径为 15 cm

4. 添加扫描生成器，横截面“圆环”作为扫描对象的第一子级，“矩形”样条作为扫描对象的第二子级，如图 3-4-70 至图 3-4-72 所示。

图 3-4-70　添加扫描生成器

图 3-4-71　调整父子级

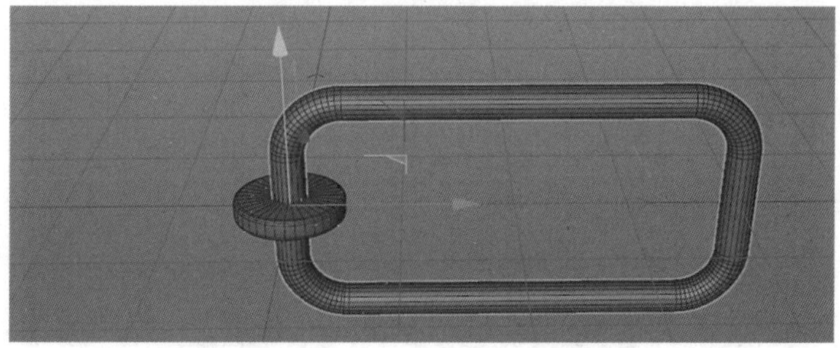

图 3-4-72　添加扫描生成器的效果

5. 修改扫描对象的开始生长为 14%，结束生长为 45%，如图 3-4-73、图 3-4-74 所示。

图 3-4-73　修改扫描对象的对象属性

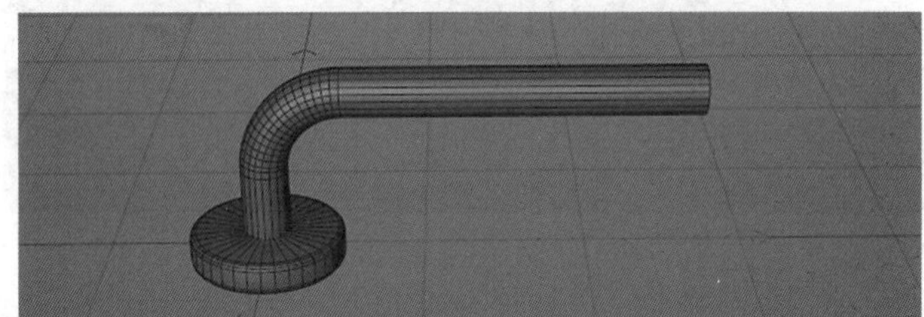

图 3-4-74　修改扫描对象参数后的效果

6. 修改扫描对象的封顶，顶端圆角封顶，步幅 7，半径 15 cm，如图 3-4-75、图 3-4-76 所示。

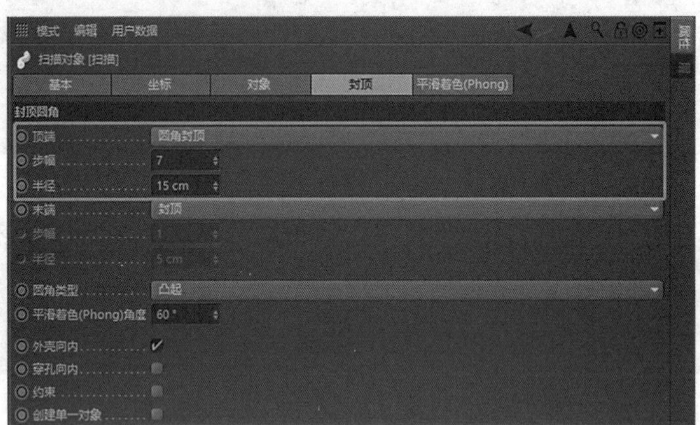


图 3-4-75　修改扫描对象封顶参数

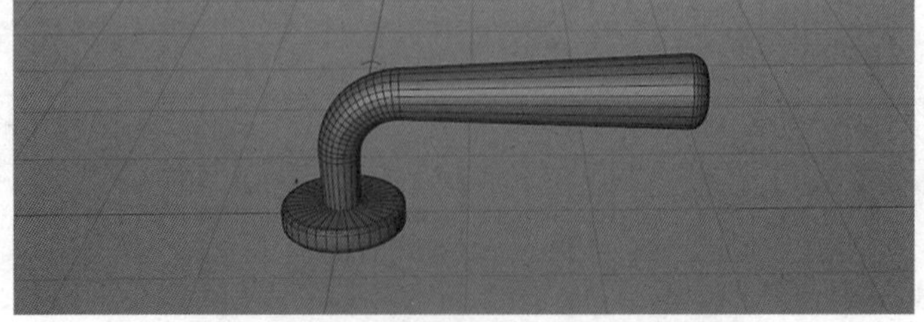

图 3-4-76　修改扫描对象封顶后的效果

## 03. 架子建模

1. 新建立方体，尺寸 X: 20 cm, Y: 400 cm, Z: 20 cm，如图 3-4-77、图 3-4-78 所示。

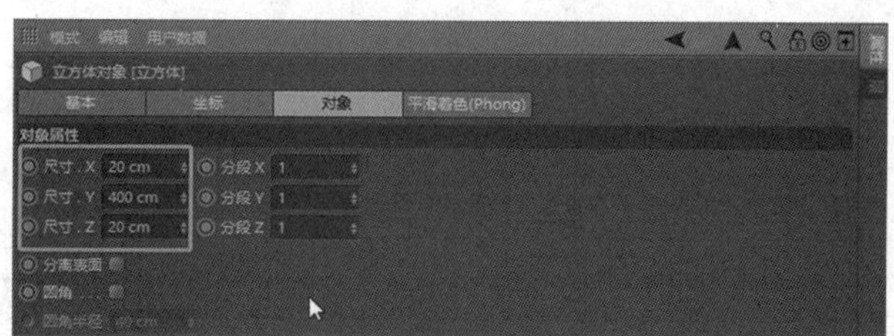


图 3-4-77　创建立方体并修改对象属性

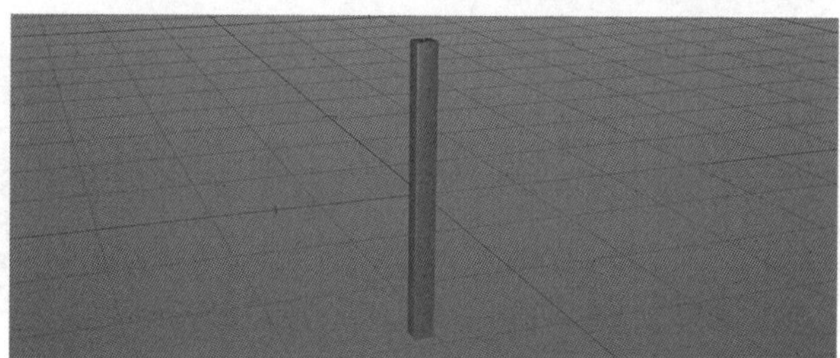

图 3-4-78　创建修改后效果

2. 为立方体添加克隆，克隆模式为“网格排列”，数量（XYZ）分别对应为 2,1,2，尺寸（XYZ）分别对应为 400 cm,200 cm,200 cm，如图 3-4-79、图 3-4-80 所示。

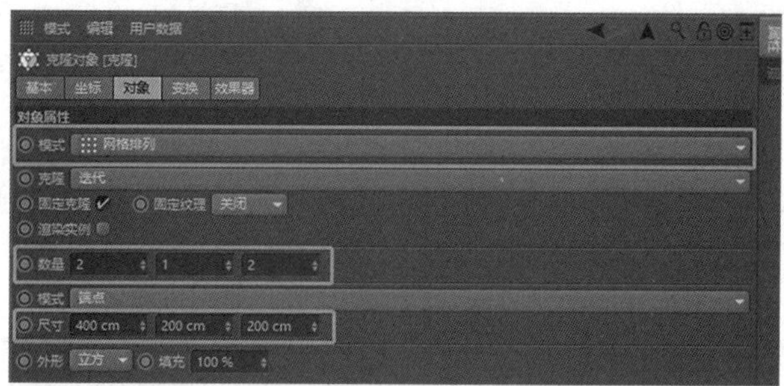


图 3-4-79　为立方体添加克隆并修改对象属性

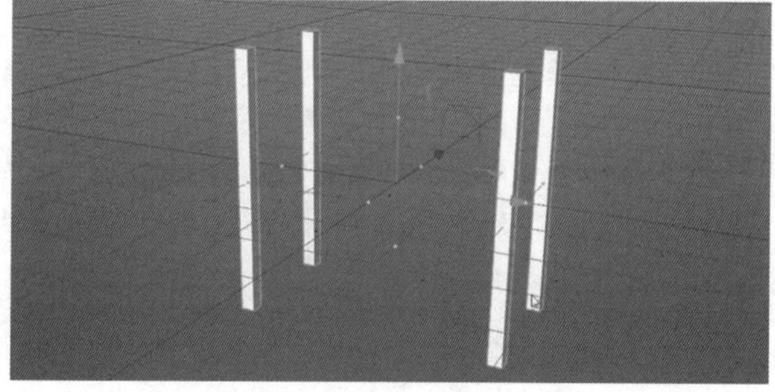

图 3-4-80　添加克隆后效果

3. 添加立方体，尺寸 X:20 cm,Y:20 cm,Z:180 cm。给立方体添加对称，立方体 X 正方向移动长条 200 cm，如图 3-4-81 至图 3-4-84 所示。

图 3-4-81　添加立方体并修改对象属性

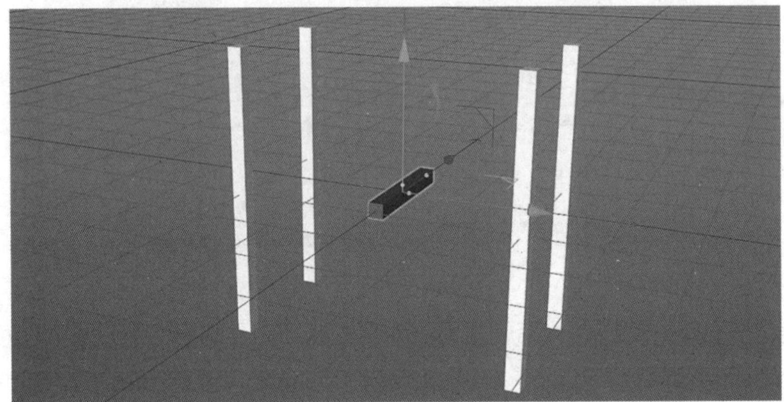
图 3-4-82　创建修改后效果

图 3-4-83　为立方体添加对称

图 3-4-84　添加对称后效果

4. 添加立方体，尺寸如图 3-4-85 所示。为立方体添加对称，镜像平面为 XY。朝向 Z 轴正方向移动长条 100 cm。如图 3-4-85 至图 3-4-89 所示。

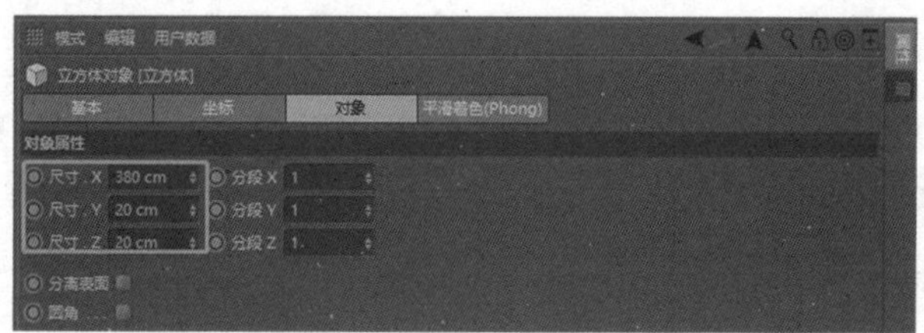
图 3-4-85　添加立方体并修改对象属性

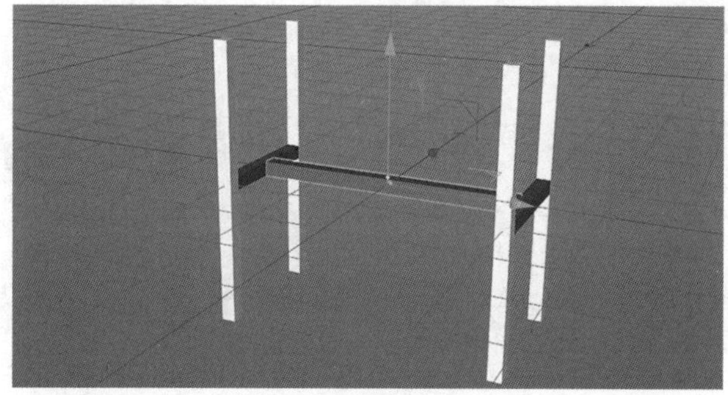
图 3-4-86　添加立方体后效果

图 3-4-87　添加对称

图 3-4-88　镜像平面为 XY

图 3-4-89　朝向 Z 轴正方向移动长条 100 cm

5. 添加立方体，尺寸如图 3-4-90 所示，为立方体添加克隆，模式：线性，数量：9，位置 X：40 cm，之后移动克隆到所示的位置，如图 3-4-90、图 3-4-91 所示。

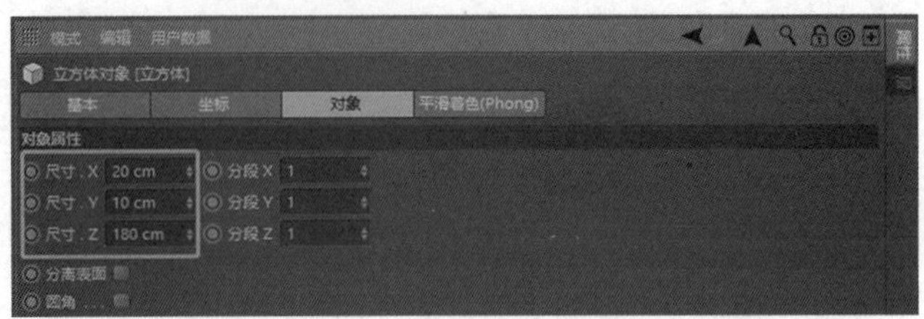


图 3-4-90　添加立方体并修改对象属性

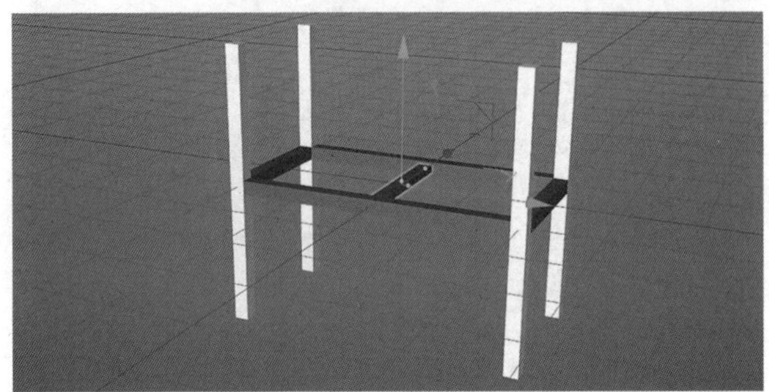

图 3-4-91　添加立方体后效果

6. 为立方体添加克隆，模式：线性，数量：9，位置 X：40 cm，之后移动克隆到所示的位置，如图 3-4-92、图 3-4-93 所示。

图 3-4-92　为立方体添加克隆并修改对象属性

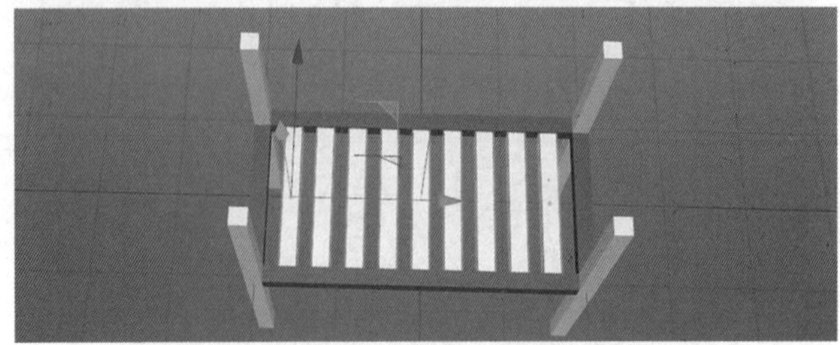

图 3-4-93　添加克隆并修改对象属性后效果

7. 添加空白对象，默认空白对象的轴心坐标会落在世界中心。选择以下对象拖放到空白对象的编组中。如图 3-4-94、图 3-4-95 所示。

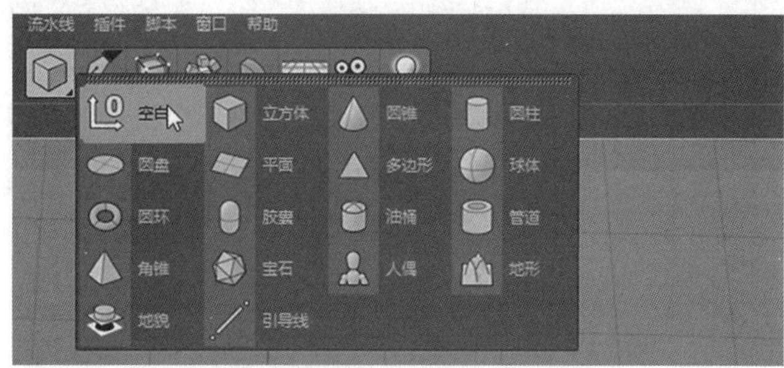


图 3-4-94　添加空白对象

图 3-4-95　用空白对象进行编组

8. 为空白对象组添加克隆，模式：线性，数量：3，位置 Y:150 cm，之后移动克隆到如图所示位置，如图 3-4-96 至图 3-4-98 所示。

图 3-4-96　为空白对象组添加克隆

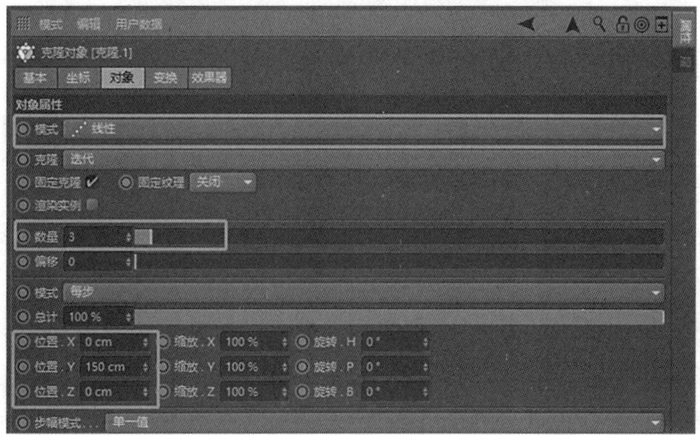

图 3-4-97　修改克隆的对象属性

图 3-4-98　添加并修改克隆属性后效果

9. 为模型添加细节。选择所有立方体，添加 1 cm 的圆角。如图 3-4-99 至图 3-4-101 所示。

图 3-4-99　选择所有立方体

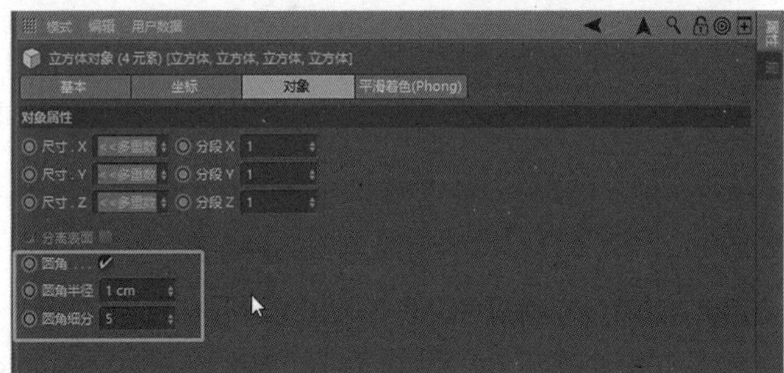


图 3-4-100　修改立方体对象属性

图 3-4-101　所有立方体对象属性修改后效果

## 04. 书架建模

1. 搭建一个宽 2000 cm，高 2000 cm, 深度 400 cm 的书架，板的厚度 20 cm。首先是侧板：新建立方体，重命名为侧板，尺寸 X: 20 cm，尺寸 Y: 2000 cm，尺寸 Z: 400 cm。操作如图 3-4-102、图 3-4-103 所示。

图 3-4-102 创建立方体命名为侧板，并修改尺寸

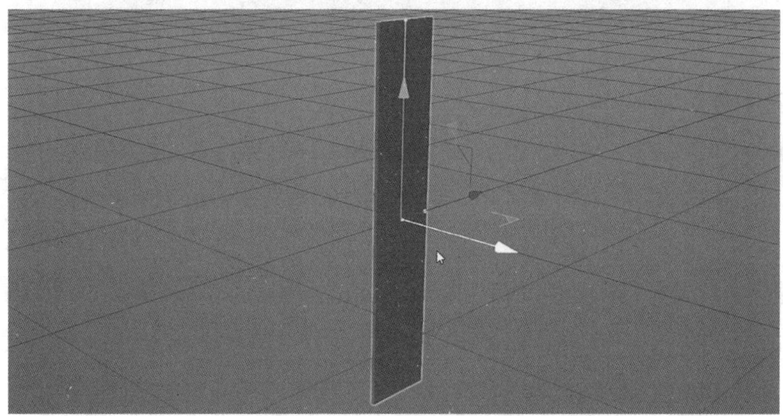
图 3-4-103 侧板立方体效果

2. 选择侧板，按住快捷键 Alt 键，为其添加对称工具。选择侧板，修改坐标，水平 X 轴移动 1000 cm。如图 3-4-104 至图 3-4-107 所示。

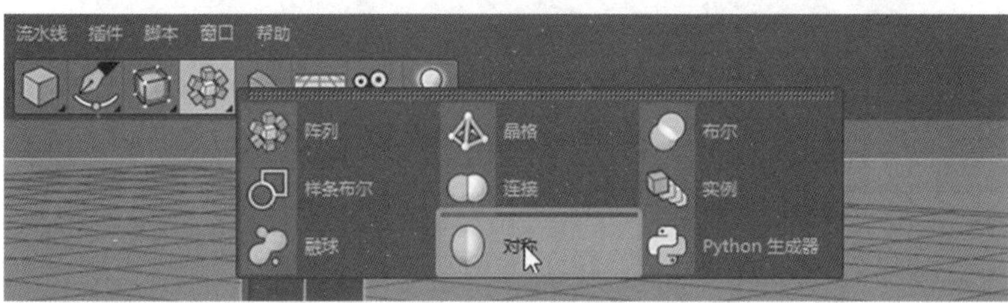

图 3-4-104 添加对称效果器

图 3-4-105 添加对称效果器后层面版显示效果

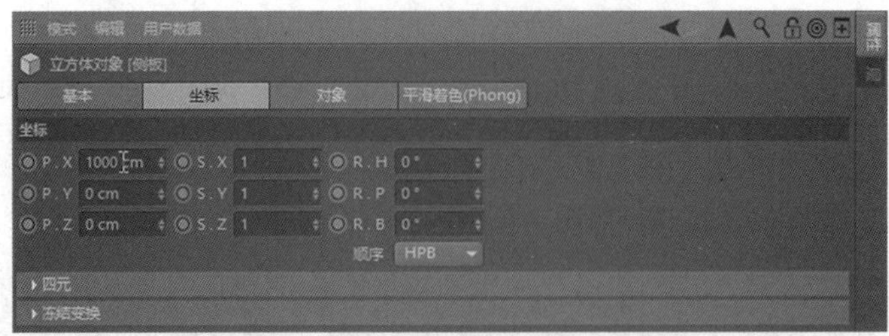


图 3-4-106　选择侧板修改坐标

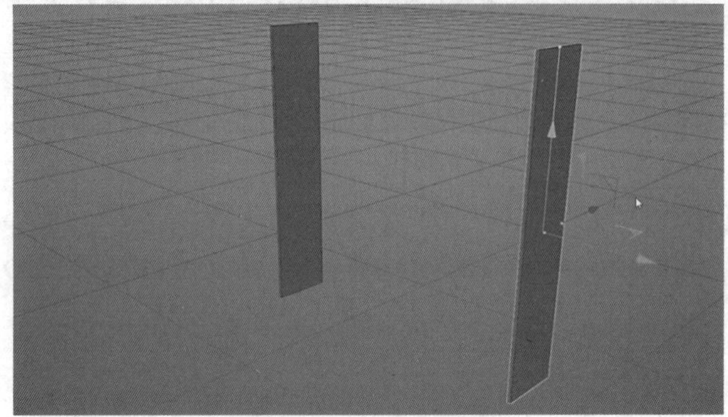

图 3-4-107　对称效果

3. 层板：新建立方体，重命名为层板。尺寸 X:1980 cm，尺寸 Y: 20 cm，尺寸 Z: 380 cm，如图 3-4-108、图 3-4-109 所示。

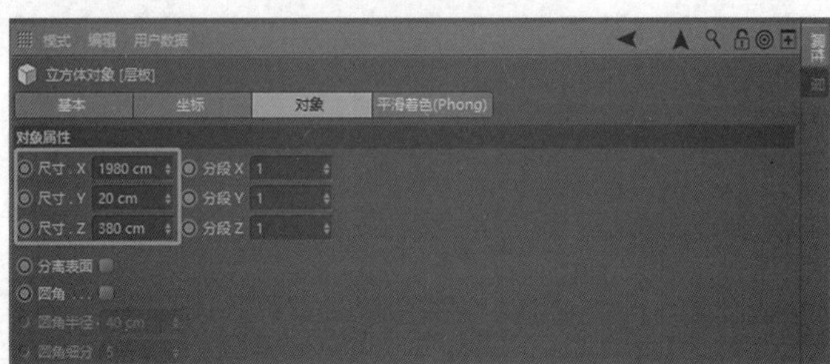


图 3-4-108　创建立方体命名为层板并修改尺寸

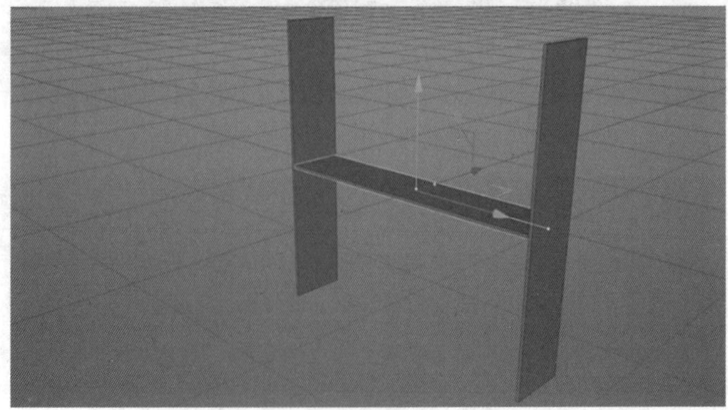

图 3-4-109　创建层板的效果

4. 选择层板，为层板添加克隆。模式：线性，数量：4，位置 Y：630，如图 3-4-110 至图 3-4-112 所示。

图 3-4-110　为层板添加对称效果器

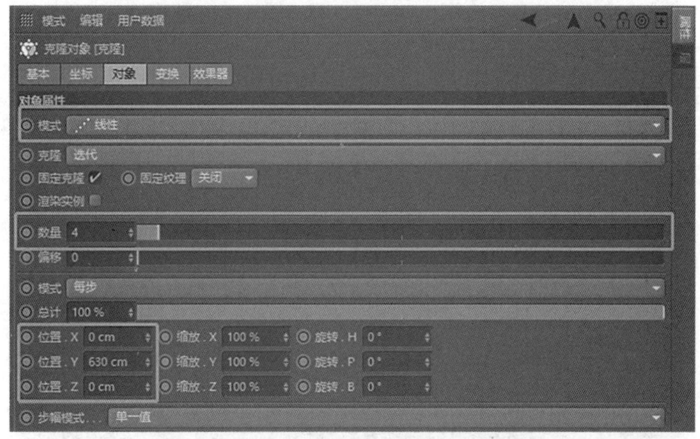

图 3-4-111　修改效果器对象属性

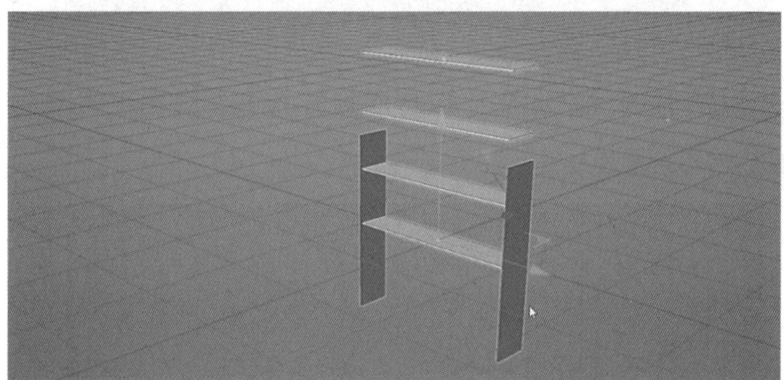

图 3-4-112　层板添加效果器后效果

5. 选择层板的克隆对象，向下移动到坐标 Y：900 cm，对齐层板，如图 3-4-113、图 3-4-114 所示。

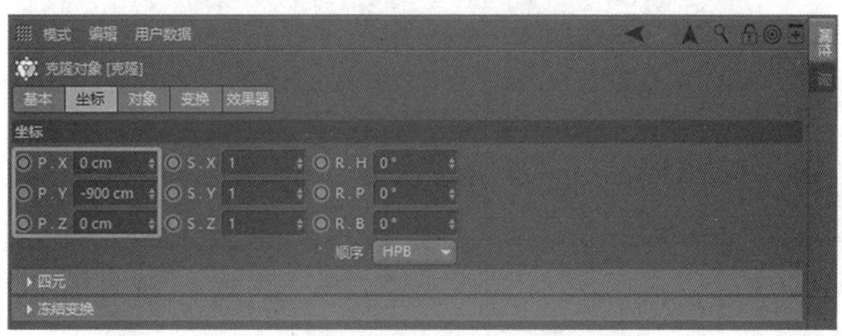

图 3-4-113　移动层板的克隆对象

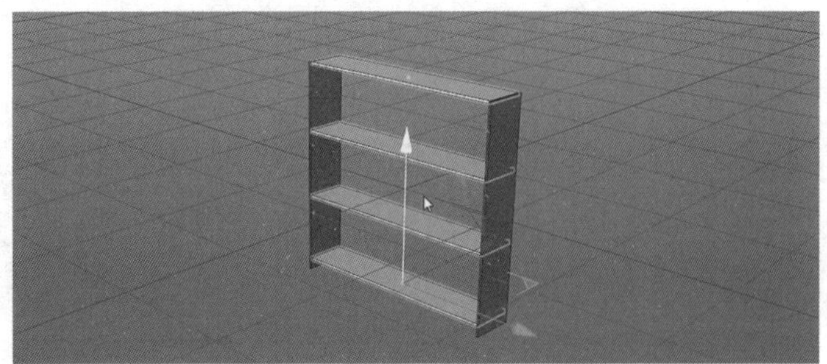

图 3-4-114　移动层板的克隆对象的效果

6. 切换到顶视图，选择层板的克隆对象，向下移动 10 cm，层板对齐书架正面。因为层深度为 380 cm，这样就可以留出 20 cm 的空隙放置背板，如图 3-4-115 所示。

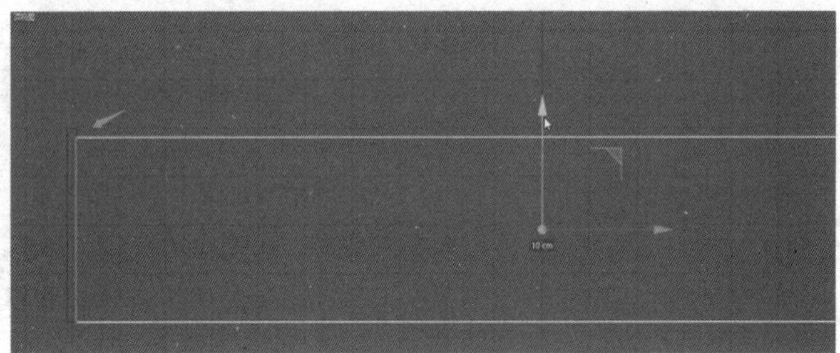

图 3-4-115　层板对齐书架正面

7. 背板：新建立方体，重命名为“背板”。尺寸 X:1980 cm，尺寸 Y: 2000 cm，尺寸 Z: 20 cm。在顶视图，选择背板移动对齐到书架背面，如图 3-4-116 至图 3-4-118 所示。

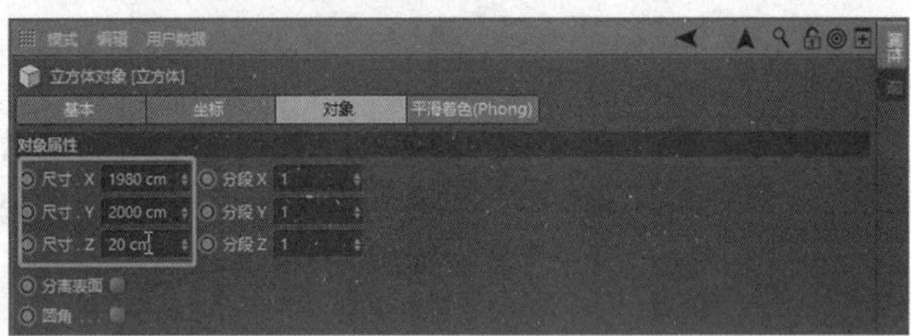


图 3-4-116　创建立方体命名为背板并修改尺寸

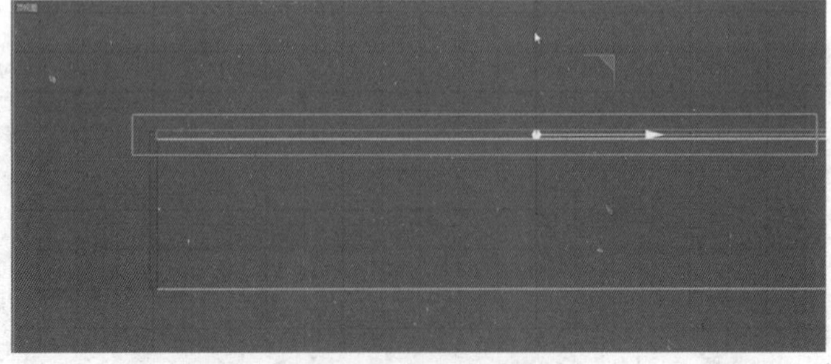

图 3-4-117　背板和书架背面对齐

图 3-4-118　背板调整后的效果

8. 地脚板：新建立方体，重命名为“地脚板”。尺寸 X:1980 cm，尺寸 Y: 90 cm，尺寸 Z: 20 cm。切换到右视图，将地脚板对齐到地脚位置，如图 3-4-119 至 3-4-121 所示。

图 3-4-119　创建立方体命名为“地脚板”并修改尺寸

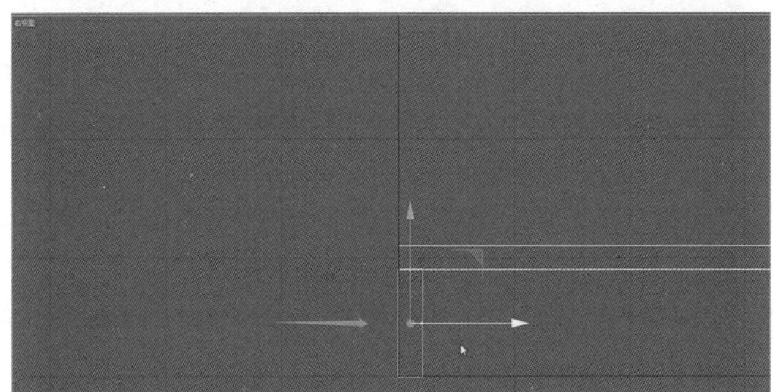

图 3-4-120　地脚板右视图对齐

图 3-4-121　地脚板调整后效果

9. 中侧板：新建立方体，重命名为“中侧板”。尺寸 X:20 cm，尺寸 Y：610 cm，尺寸 Z：360 cm，如图 3-4-122、图 3-4-123 所示。

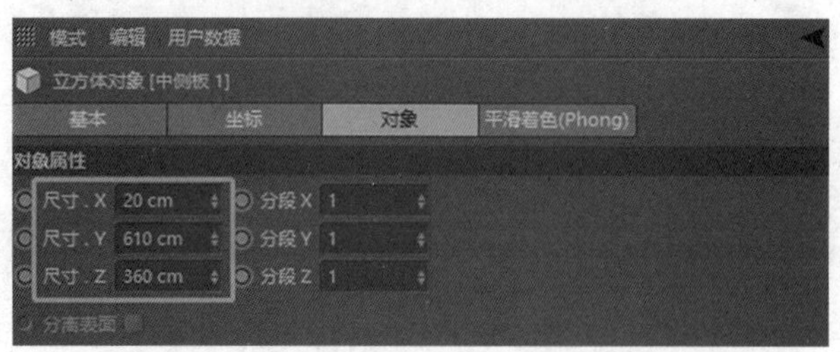


图 3-4-122　创建立方体命名为中侧板，并修改尺寸

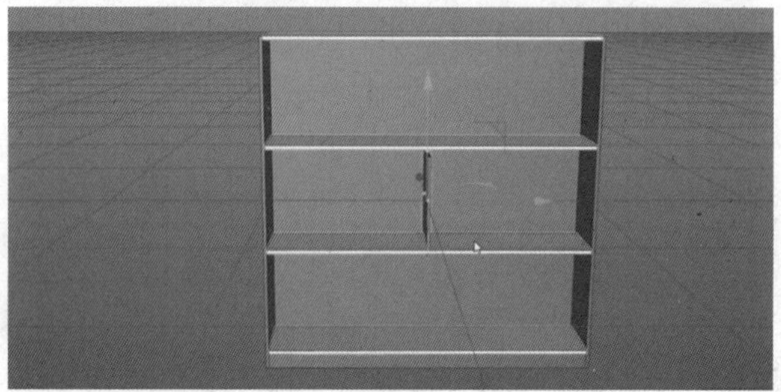

图 3-4-123　新建中侧板后效果

10. 为中侧板添加克隆，模式：线性，数量：3，位置 Y：630 cm，移动克隆对齐中侧板。如图 3-4-124 至图 3-4-126 所示。

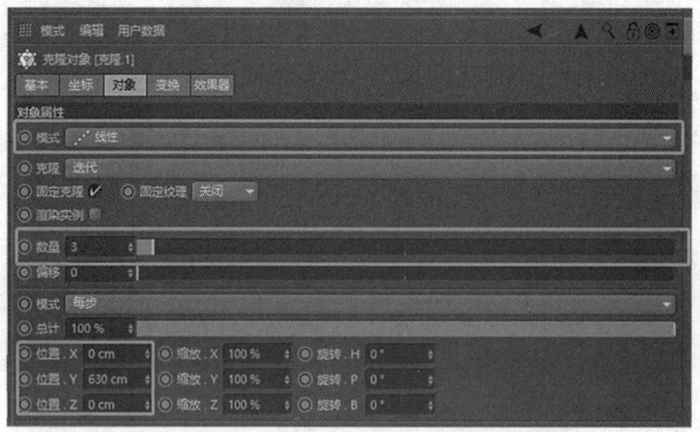


图 3-4-124　中侧板克隆对象属性调整

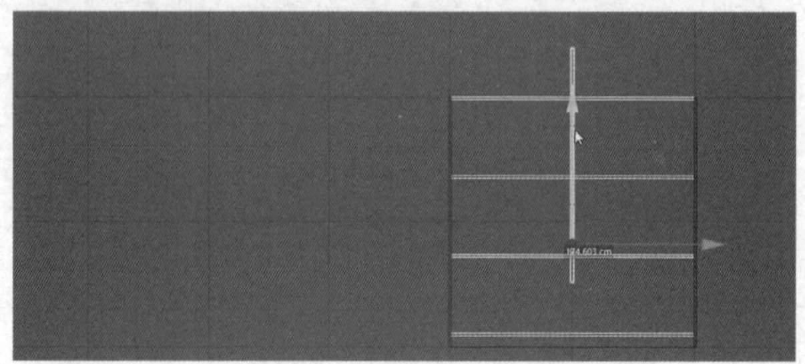

图 3-4-125　在正视图中整体移动对齐

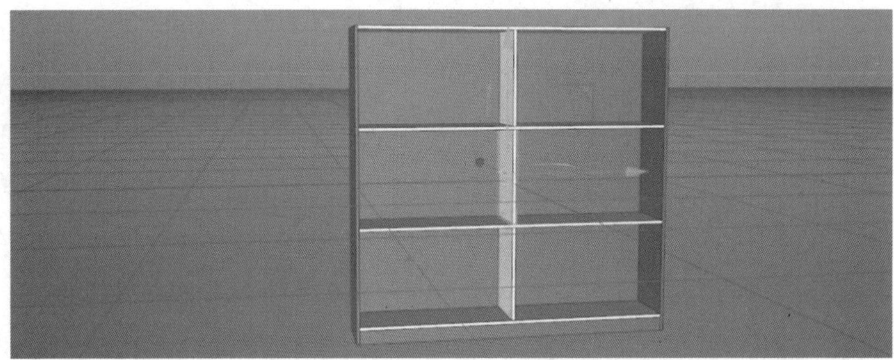

图 3-4-126　对齐后的效果

11. 选择中侧板的克隆对象，点击转成可编辑模式（快捷键 C），得到独立的三块中侧板，如图 3-4-127 至图 3-4-129 所示。

图 3-4-127　选中克隆

图 3-4-128　可编辑模式

图 3-4-129　得到三块中侧板

12. 选择中间一块中侧板，为它添加对称工具，如图 3-4-130 至图 3-4-132 所示。

图 3-4-130　为中侧板添加对称

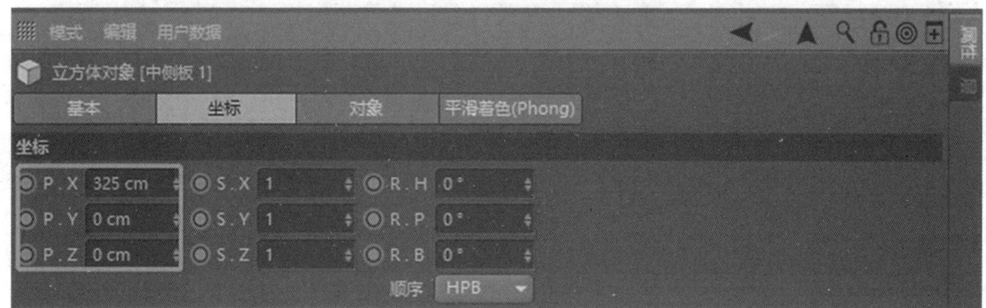


图 3-4-131　移动中侧板位置

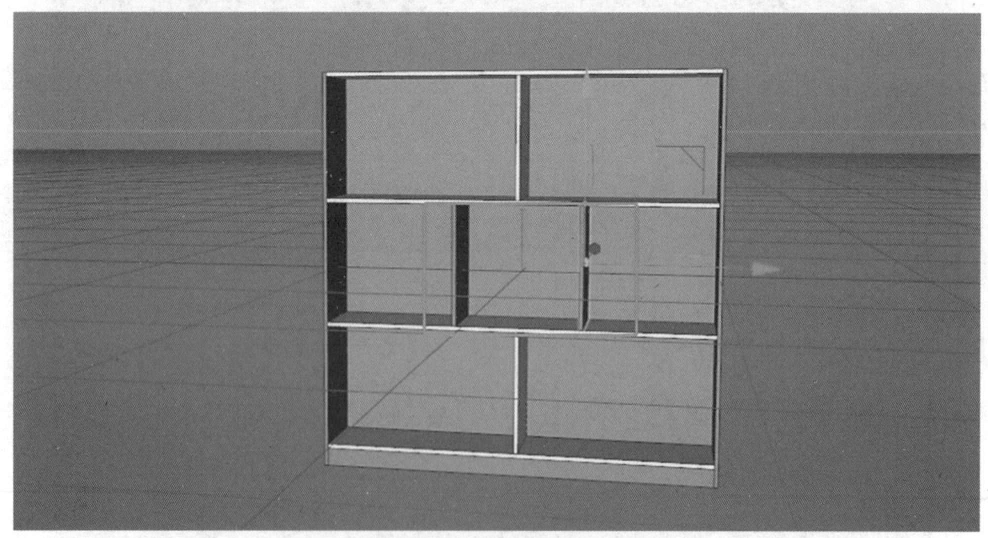

图 3-4-132　最终效果

塑料灯、架子、书架渲染图如图 3-4-133 至图 3-4-135 所示。

图 3-4-133　塑料灯渲染图

图 3-4-134　架子渲染图

图 3-4-135　书架渲染图

## 任务 3.5

# 布料模型

## ——鞋子

### 教学重点

· **通过布料模型——鞋子案例，了解如何通过调整点、线、面来建模。**

### 教学难点

· **点、线、面建模方式是比较严谨的建模方式，需要清楚模型线条走向，以此来布线。**

### 任务分析

#### 01. 任务目标

了解熟悉点、线、面的建模方式。

#### 02. 实施思路

通过布料模型——鞋子案例讲解点、线、面的建模方法。

### 任务实施

#### 01. 多边形建模

1. 多边形对象包含点、线、面三种元素，多边形建模的操作建立在这三种元素的基础上。多边形建模的主要思路，是利用建模系列工具搭建出基本外形，然后转换成多边形对象，就可以在点模式、线模式、面模式下对模型进行点、线、面级别的编辑。在点、线、面模式下，右键菜单提供相对应功能的工具，有的同名工具在不同模式下呈现效果不一样。下面简单地介绍一些常用的命令工具，如图 3-5-1 至图 3-5-6 所示。

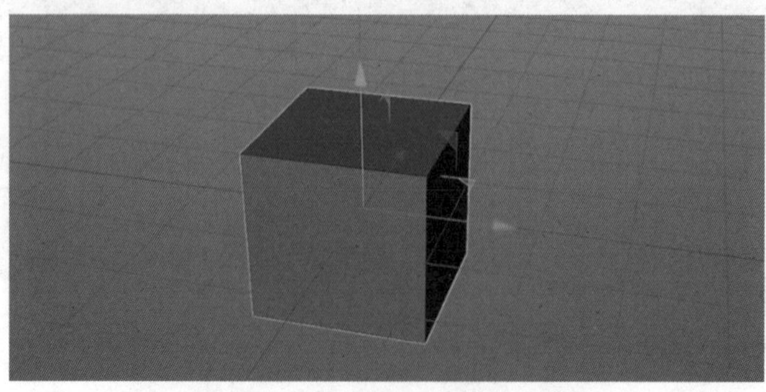

图 3-5-1　新建立方体进行演示

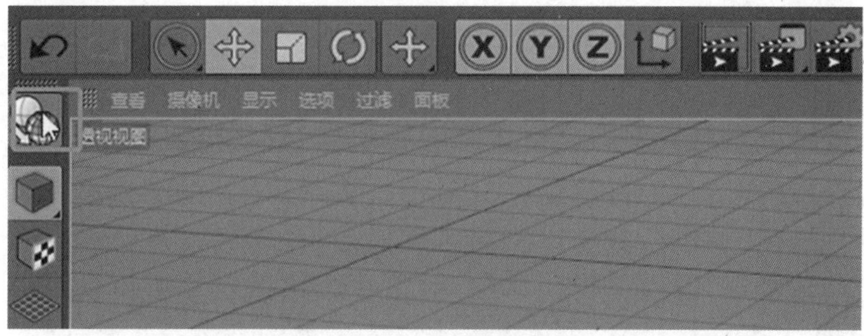


图 3-5-2　转成多边形对象

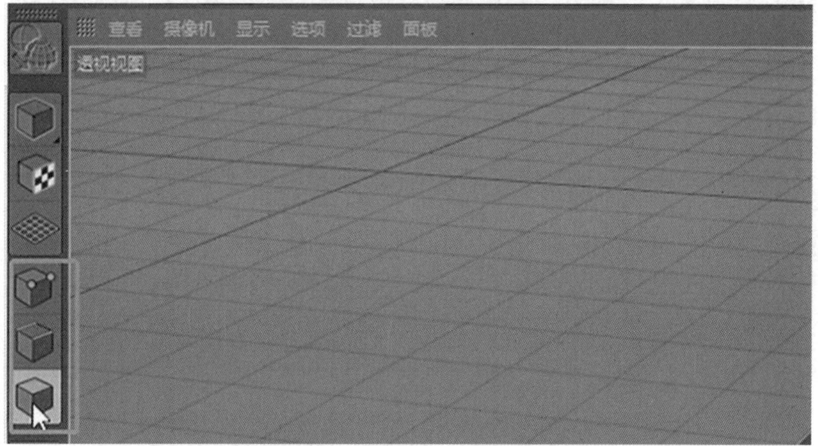


图 3-5-3　点、线、面编辑模式

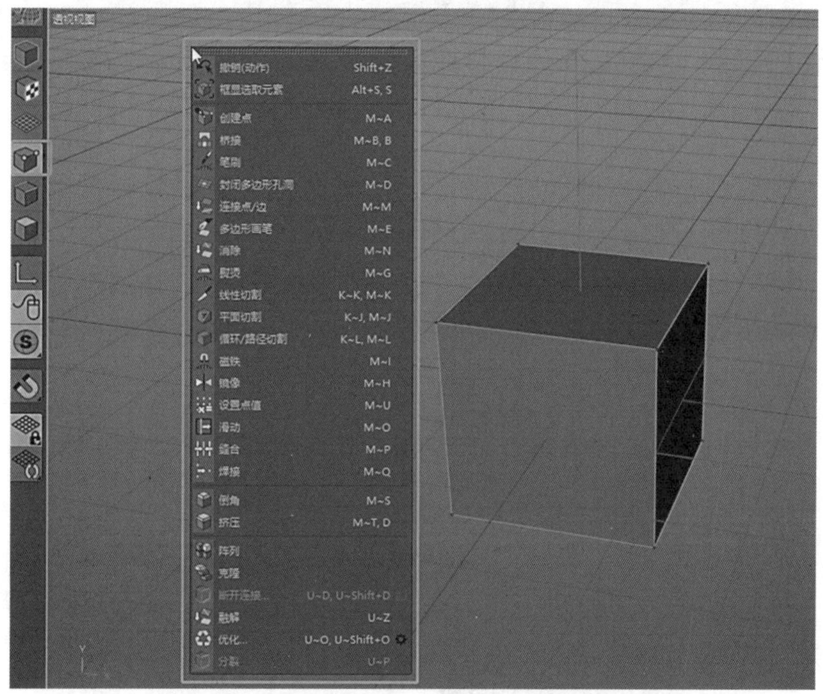


图 3-5-4　点模式：右键菜单中提供的工具

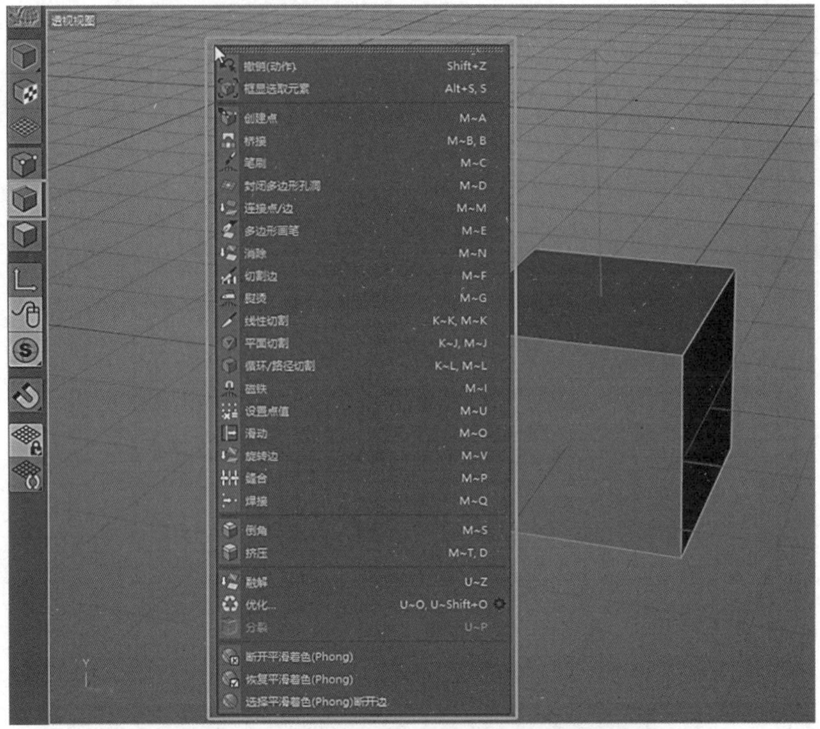


图 3-5-5　线模式：右键菜单中提供的工具

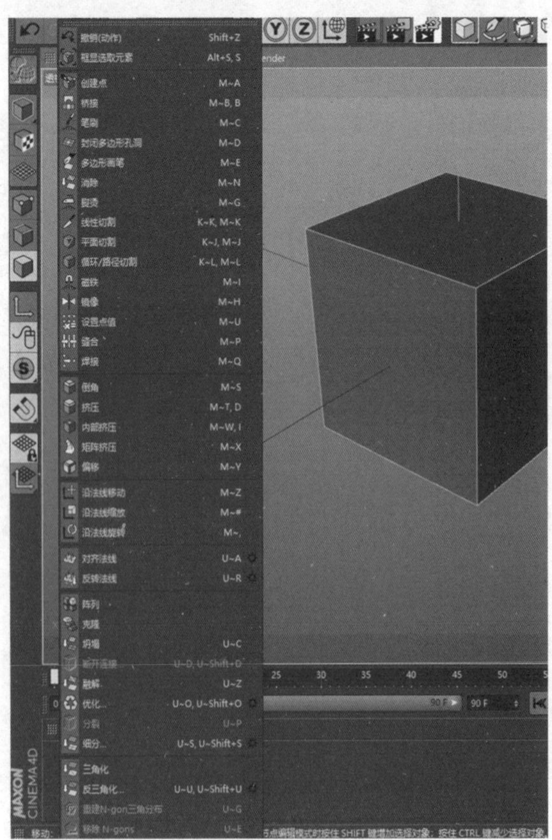


图 3-5-6　面模式：右键菜单中提供的工具

2. 点模式：执行“创建点”命令，并在多边形对象的线或面上单击，即可生成一个新的点。“创建点”工具在点、线、面模式都有提供。墨绿色的参考线是 N-gons 线，视图过滤可将 N-gons 线隐藏，如图 3-5-7 至图 3-5-9 所示。

图 3-5-7　使用“创建点”工具

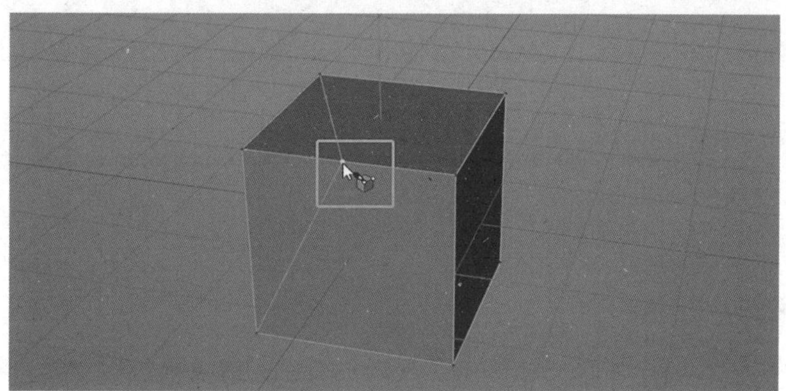

图 3-5-8　单击创建点

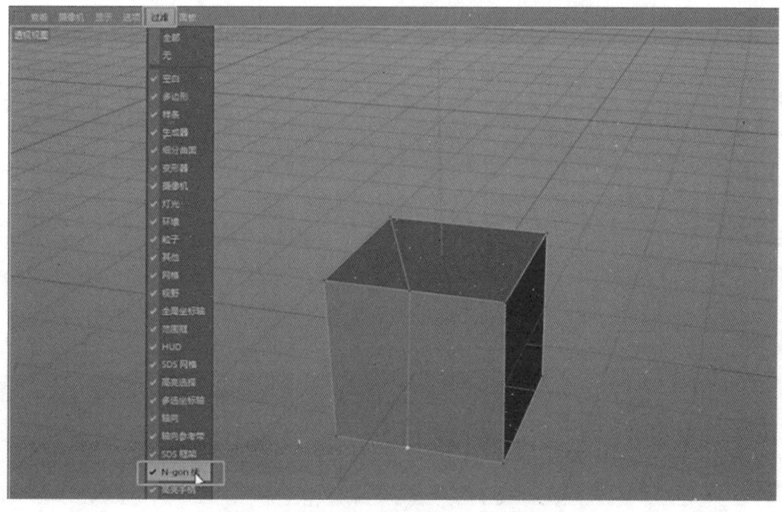

图 3-5-9　取消显示 N-gons 线

3. 线模式：“切刀”（即线性切割）可用于点、线、面模式下，可以自由切割多边形（图 3-5-10）。切刀快捷键 K 系列如所 3-5-11 所示。连续使用切刀可以这样操作：K~K 使用切刀，使用后按空格键结束，再按空格键继续使用切刀（重复上一次的命令），如图 3-5-10 至图 3-5-12 所示。

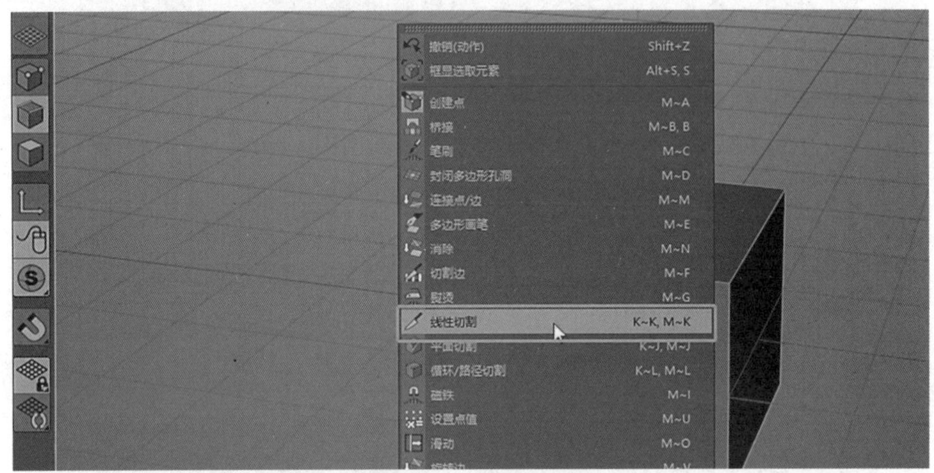


图 3-5-10　线性切割

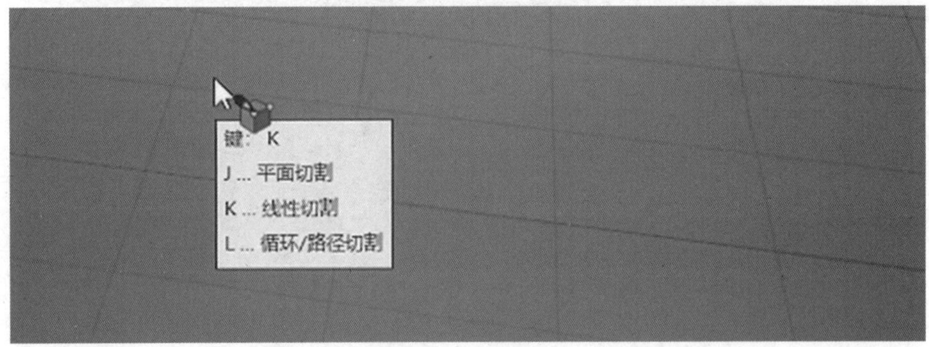


图 3-5-11　快捷键 K

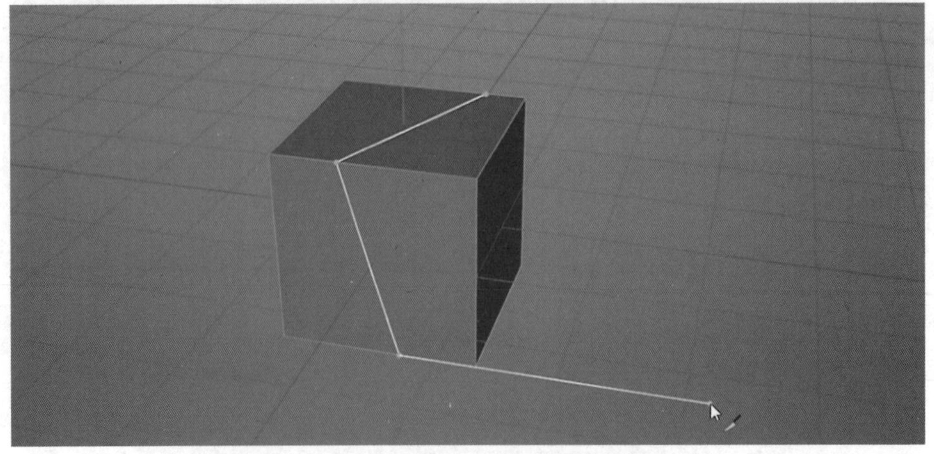

图 3-5-12　切刀命令，单击多处给模型表面加线

“消除”可删除线，如图 3-5-13、3-5-14 所示。

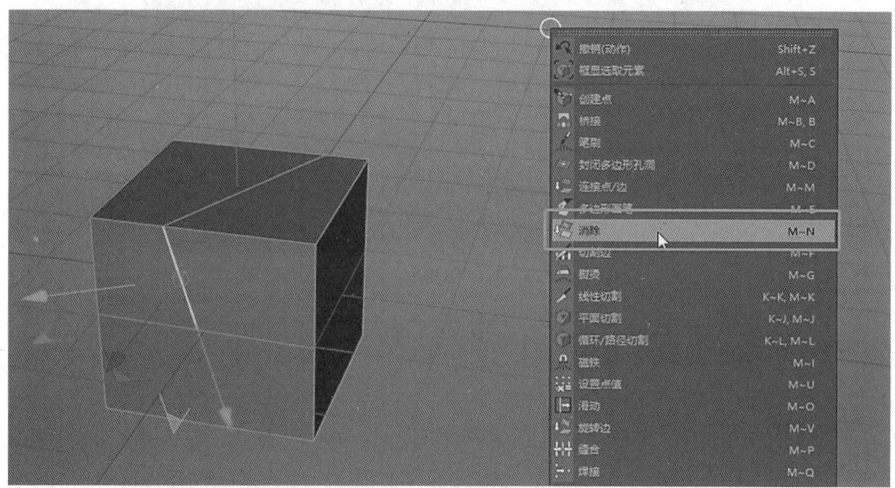


图 3-5-13　选中线，使用消除工具

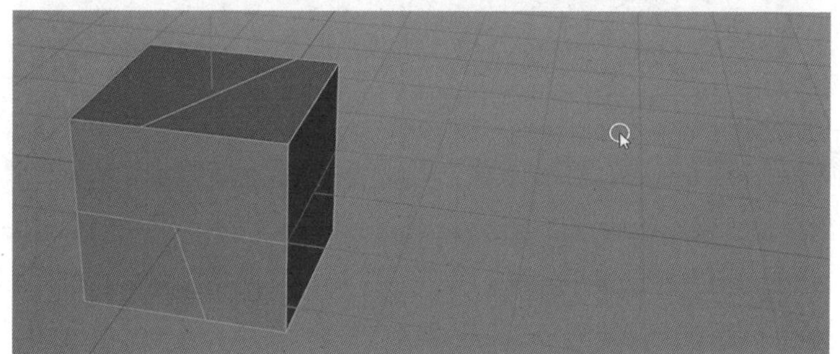

图 3-5-14　“消除”后的效果

“倒角”快捷键 M~S 可修改倒角参数，点击视图空白处完成倒角，如图 3-5-15 至图 3-5-17 所示。

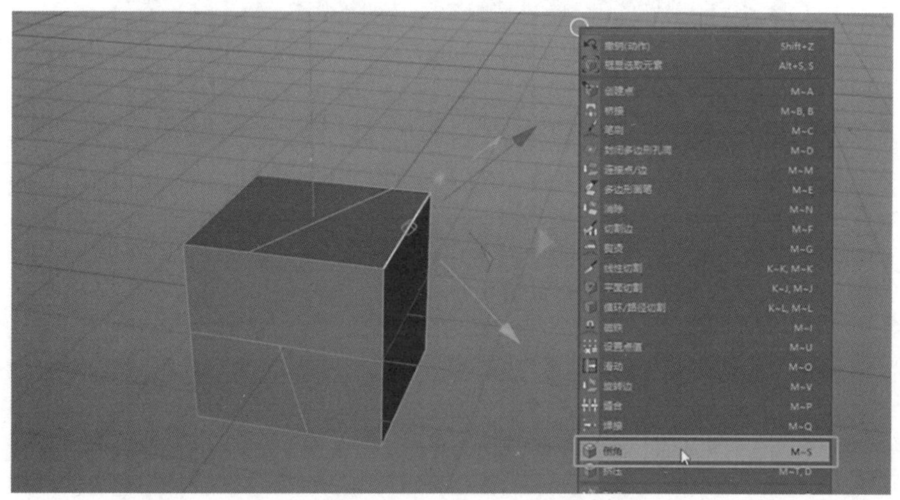


图 3-5-15　选中线，使用倒角工具

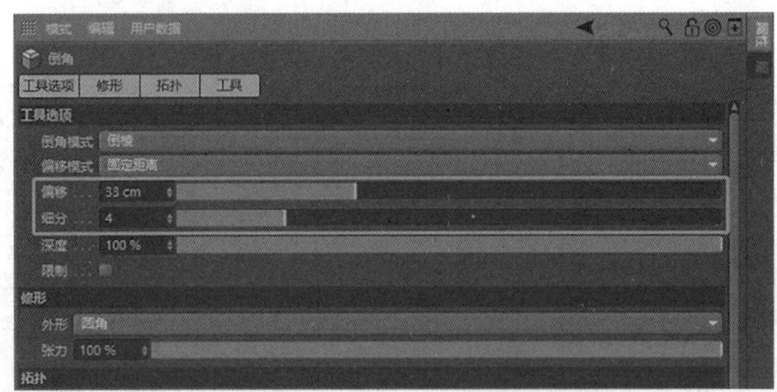
图 3-5-16　修改倒角参数

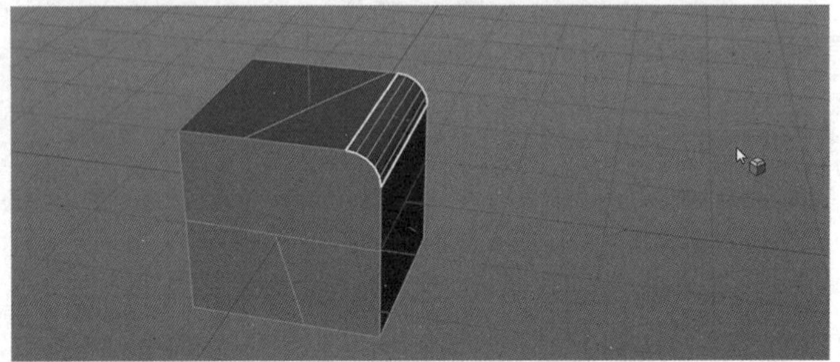
图 3-5-17　点击视图空白处，完成倒角

4. 面模式："挤压"快捷键为 D 键。挤压的属性面板"偏移"精确控制挤压的高度，"细分数"控制挤压的段数，点击视图空白处完成挤压。使用挤压命令时，也可在视图空白处左右拖曳控制挤压偏移。补充小技巧：不用挤压命令，按住 Ctrl 键拖曳复制面也能达到挤压效果。如图 3-5-18 至 3-5-21 所示。

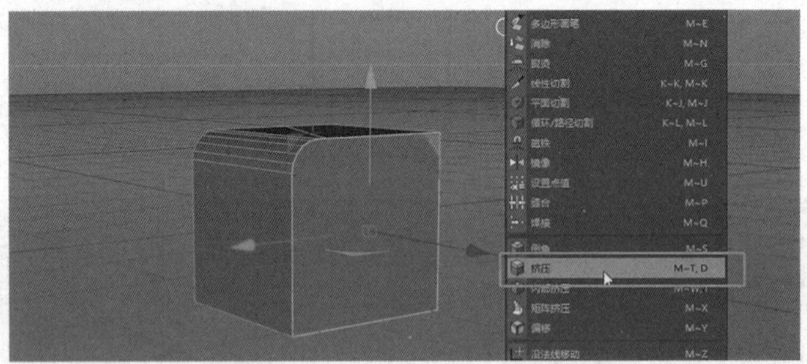
图 3-5-18　选中面，使用挤压工具

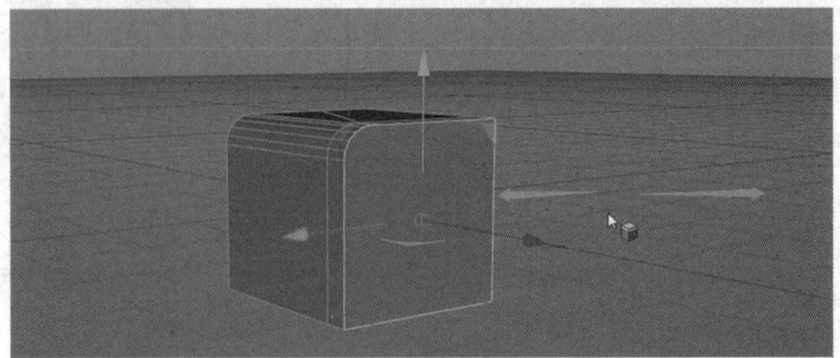
图 3-5-19　按住鼠标左键并向左或向右拖曳进行挤压，控制挤压偏移距离

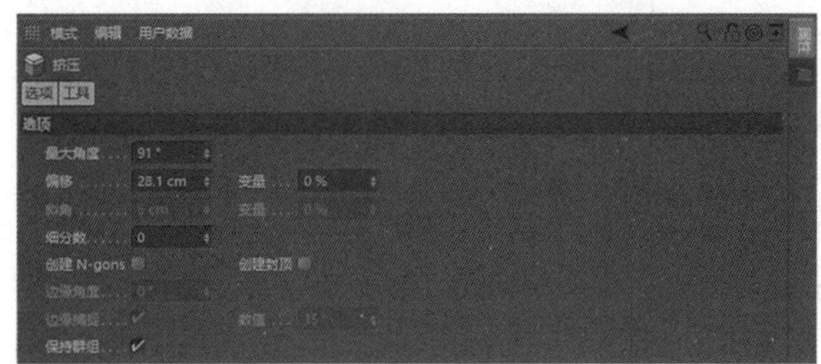

图 3-5-20　挤压工具的属性面板

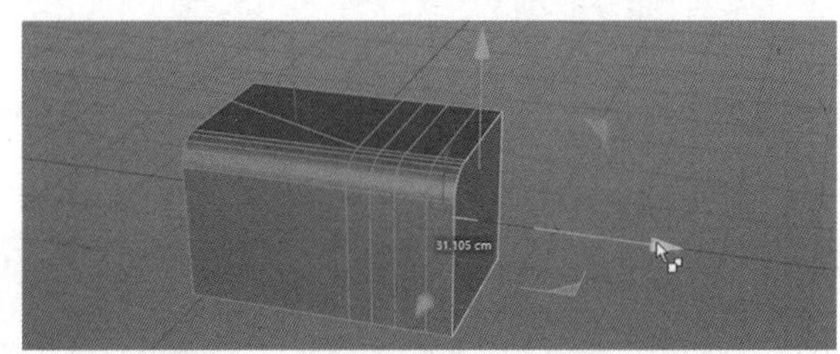

图 3-5-21　按住 Ctrl 键，拖曳复制面也能达到挤压效果

“内部挤压”只存在于面模式下，快捷键为 I 键。操作方法和挤压工具类似。结合挤压和内部挤压可以创建更复杂的模型，如图 3-5-22 至图 3-5-25 所示。

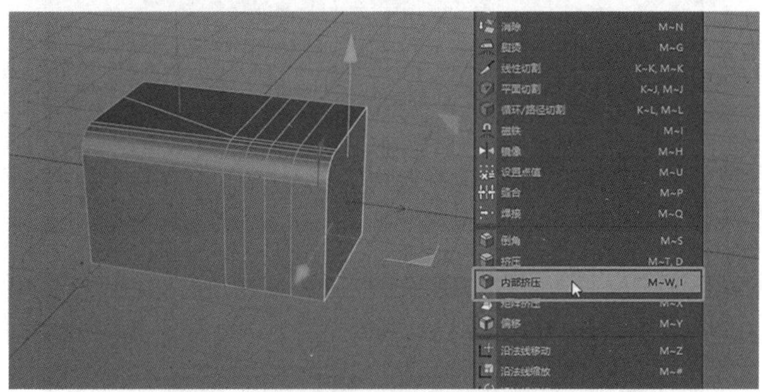

图 3-5-22　选中面，使用内部挤压工具

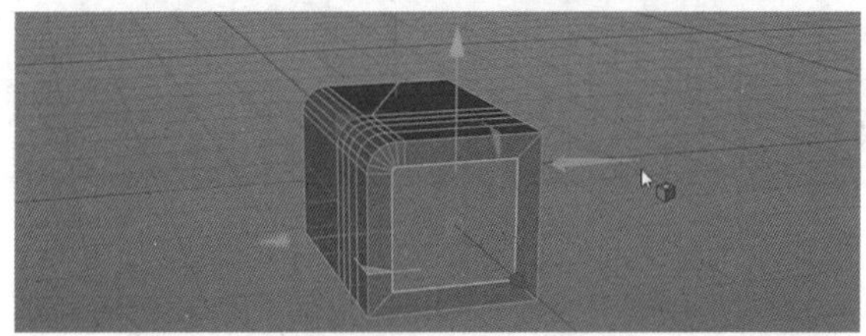
图 3-5-23　内部挤压：按住鼠标左键并向左拖曳

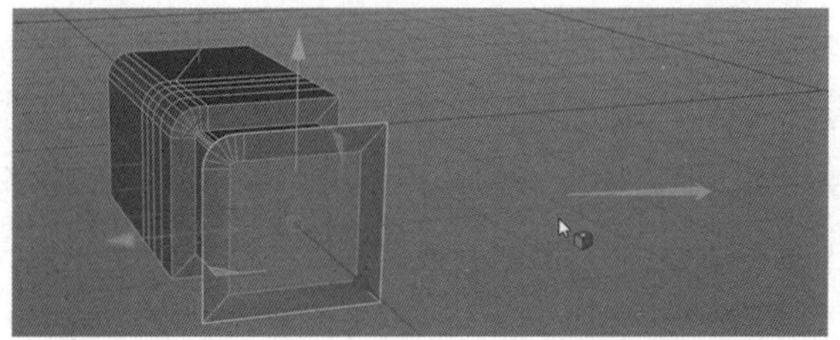
图 3-5-24　内部挤压：按住鼠标左键并向右拖曳

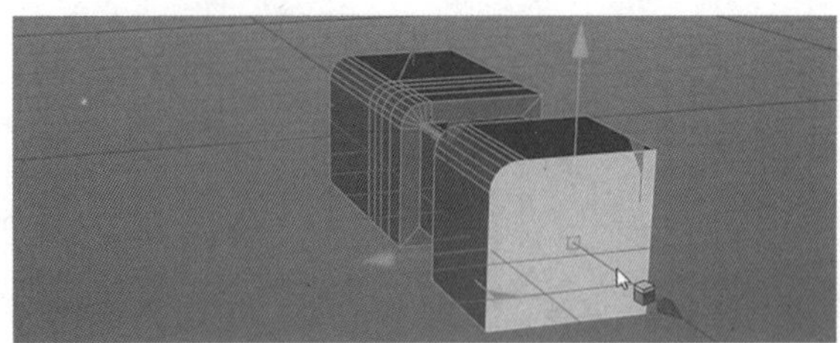

图 3-5-25　结合挤压身段部挤压可建立复杂模型

## 02. 布料模型——鞋子

1. 点击主菜单创建立方体对象，用立方体打个基础模型；在属性面板中调整立方体的大小，增加分段，如图 3-5-26 至图 3-5-28 所示。

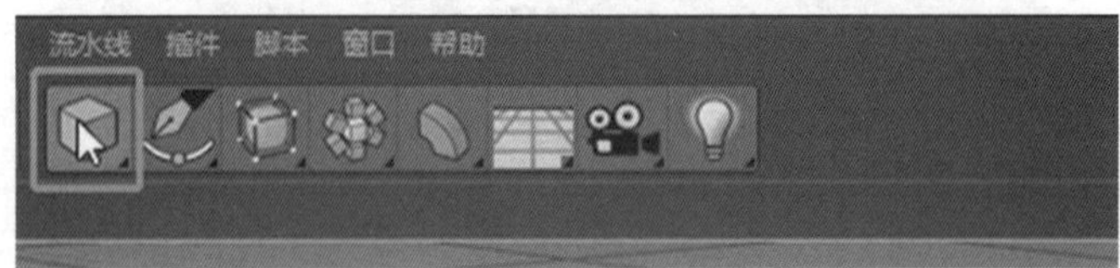


图 3-5-26　添加长方体

图 3-5-27　改成长方体尺寸，X 方向的分段为 2

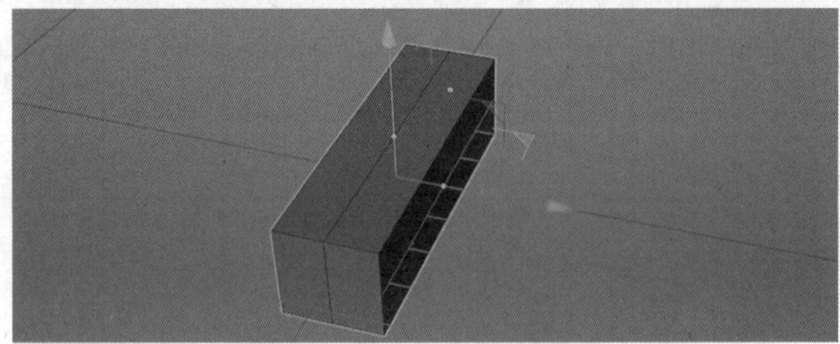

图 3-5-28　长方体

2. 将立方体对象转成多边形，进入线模式，使用切刀工具，按快捷键 K~L。如图 3-5-29 至图 3-5-32 所示。

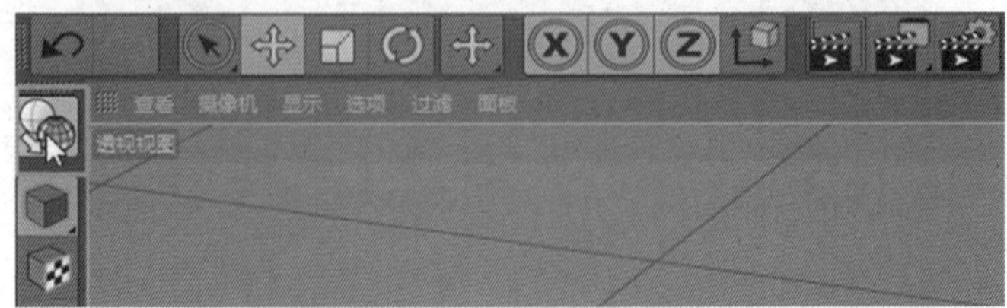


图 3-5-29　将长方体转成多边形

图 3-5-30　进入线模式

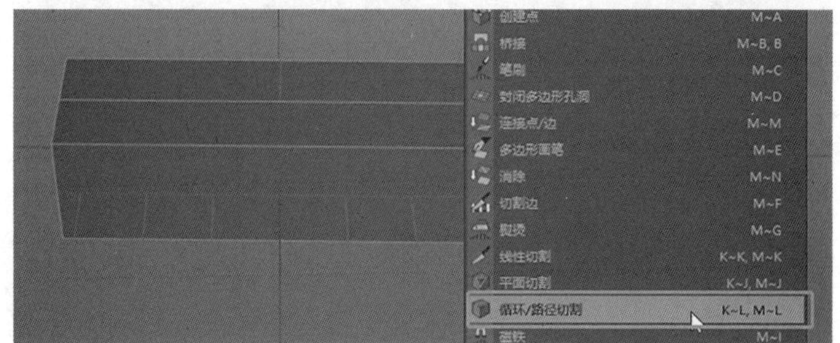


图 3-5-31　使用循环切割工具

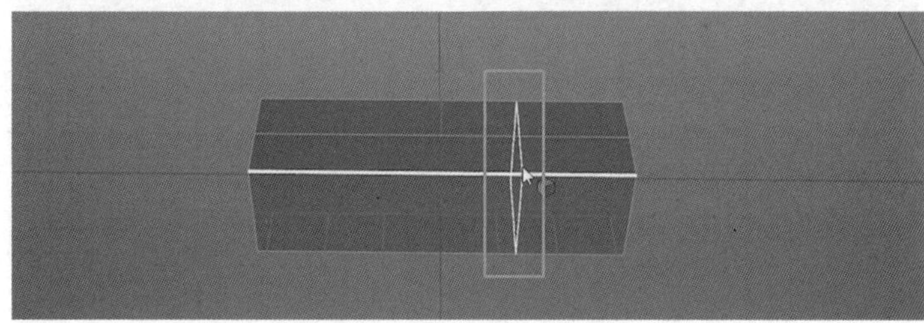

图 3-5-32　添加循环线

进入面模式（图 3-5-33），将图 3-55-34 上的两面删除，鞋子的外形制作完成（图 3-5-35 所示）。

图 3-5-33　面编辑模式

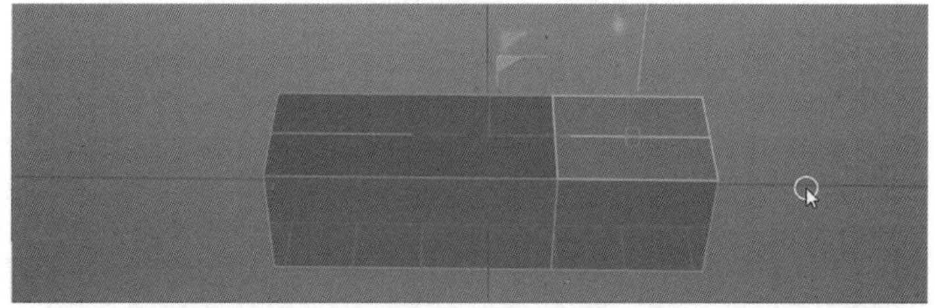

图 3-5-34　选择面

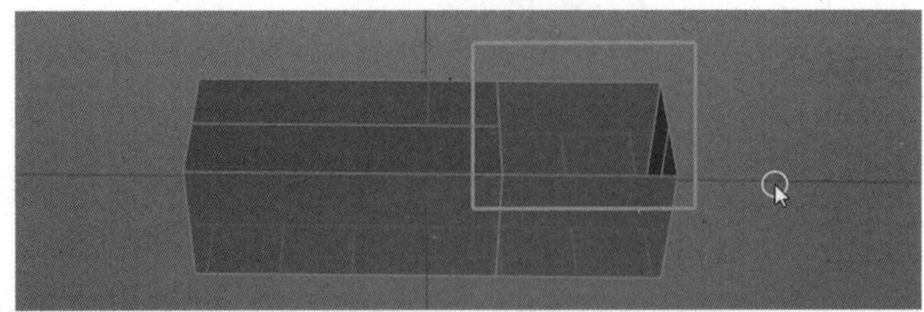

图 3-5-35　删除面

3. 为了更好地塑造模型，使用循环切割工具，添加一些结构线，如图 3-5-36 至图 3-5-38 所示。

图 3-5-36　切换到线编辑模式

图 3-5-37　快捷键 K~L 启动循环切割工具

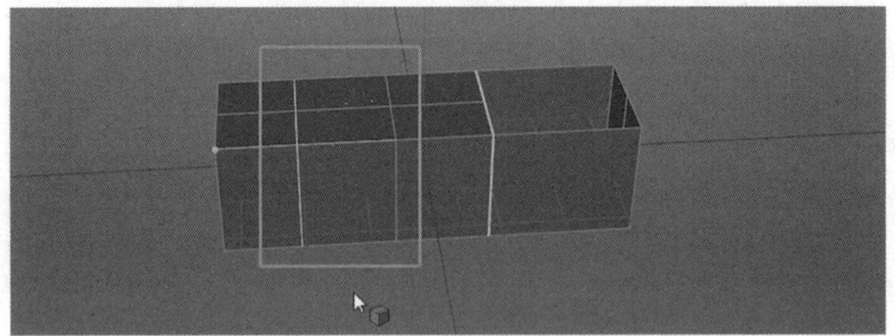

图 3-5-38　切刀添加两根循环线

4. 进入点编辑模式，调整模型结构，如图 3-5-39 至图 3-5-48 所示。

图 3-5-39　进入点编辑模式

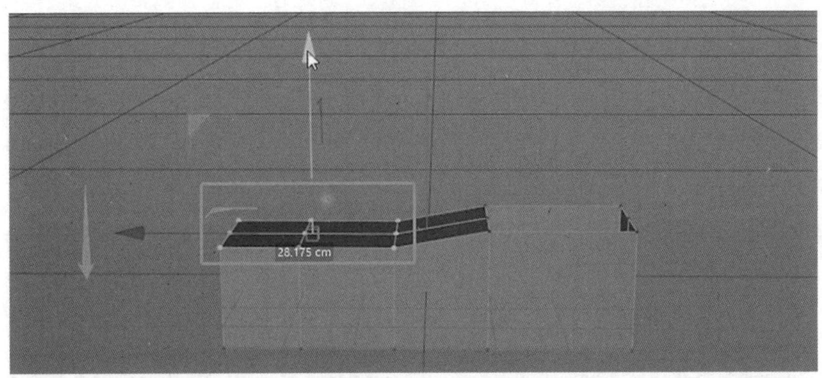


图 3-5-40 步骤一

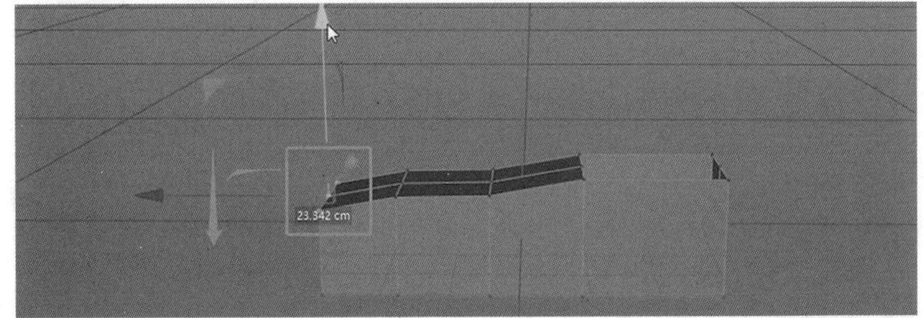


图 3-5-41 步骤二

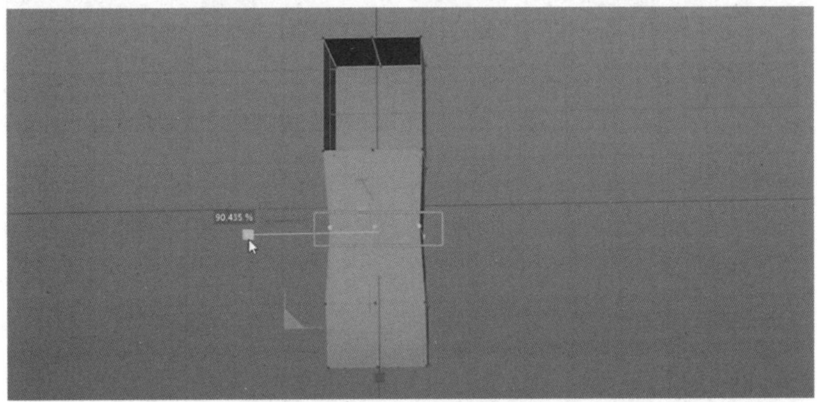


图 3-5-42 步骤三

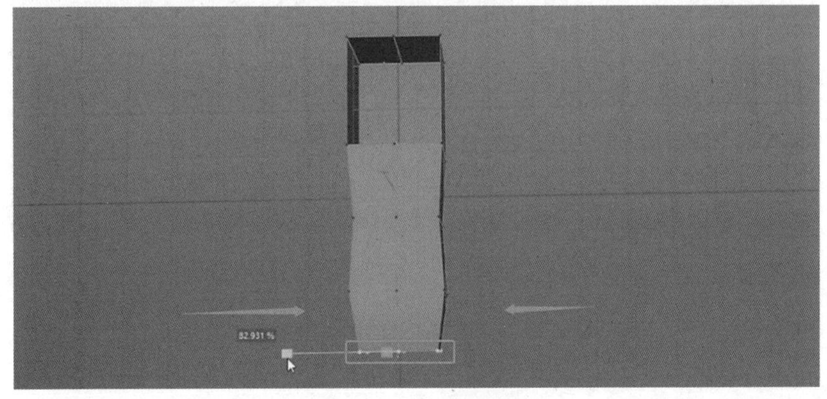


图 3-5-43 步骤四

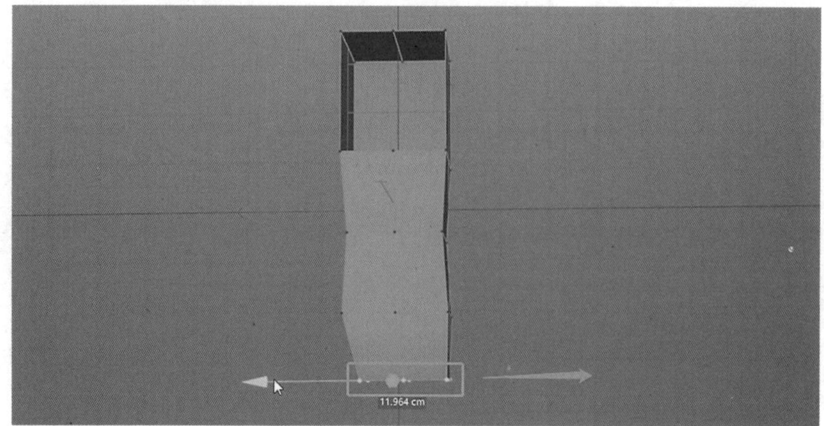


图 3-5-44　步骤五

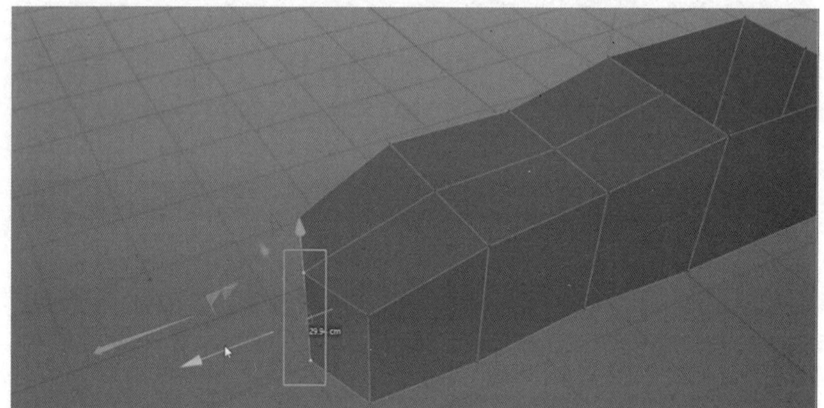

图 3-5-45　步骤六

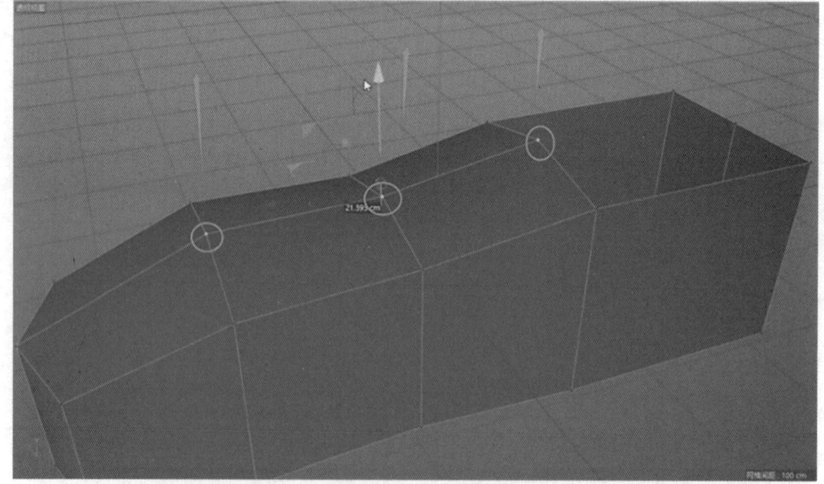

图 3-5-46　步骤七

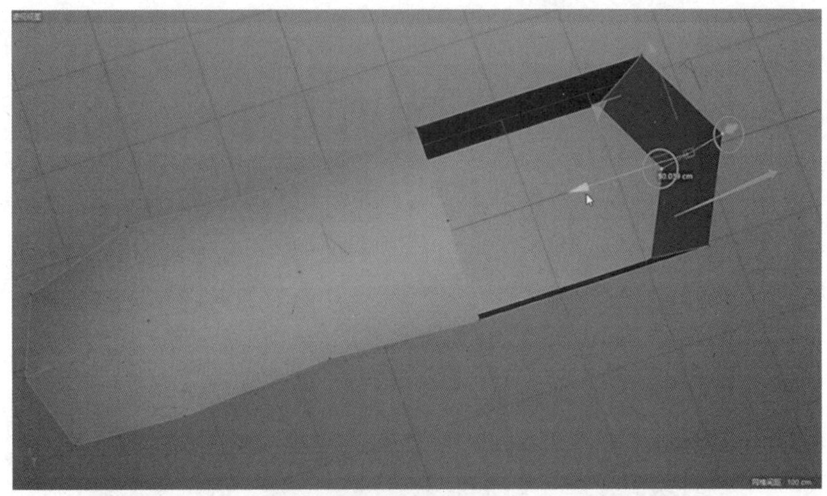

图 3-5-47　步骤八

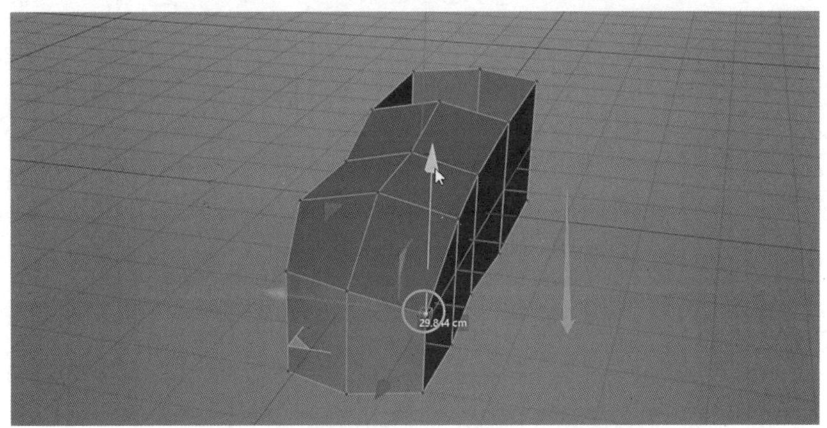

图 3-5-48　步骤九

5. 为模型添加细分曲面，如图 3-5-49、图 3-5-50 所示。

图 3-5-49　细分曲面工具

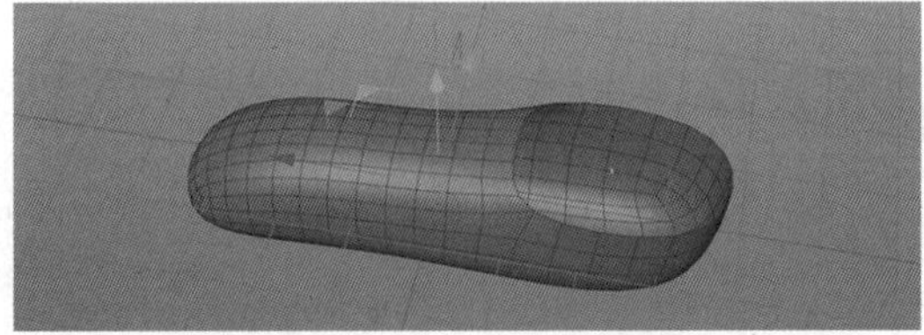

图 3-5-50　细分曲面结果

在鞋底处添加一根结构线，约束细分曲面，如图 3-5-51 至图 3-5-53 所示。

图 3-5-51　切换到线编辑模式

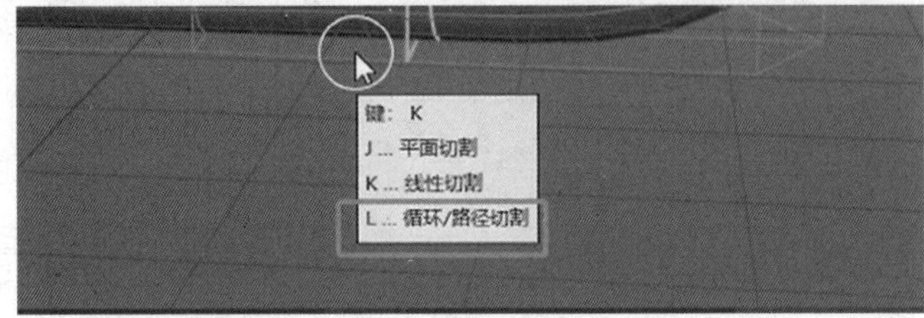

图 3-5-52　使用循环切割工具

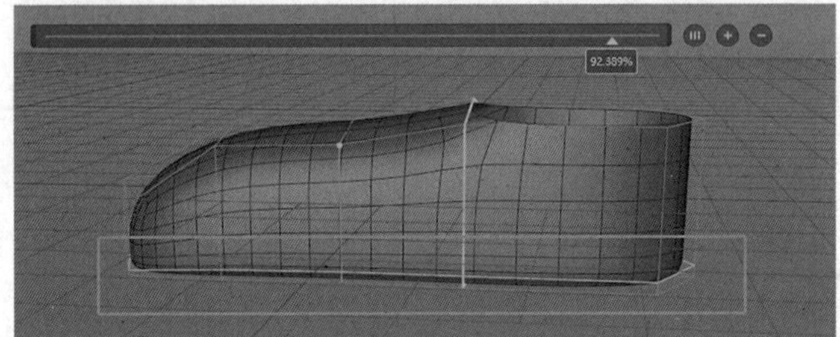
图 3-5-53　在鞋底处添加一根结构线

6. 点击菜单栏模拟—布料—布料曲面，给鞋子平面添加厚度，调节布料曲面对象属性的厚度数值，如图 3-5-54 至图 3-5-57 所示。

图 3-5-54　布料曲面

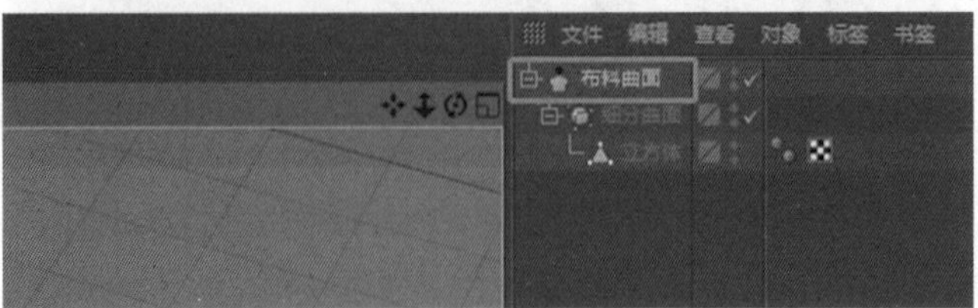

图 3-5-55　布料曲面作为父级

图 3-5-56　布料曲面添加厚度

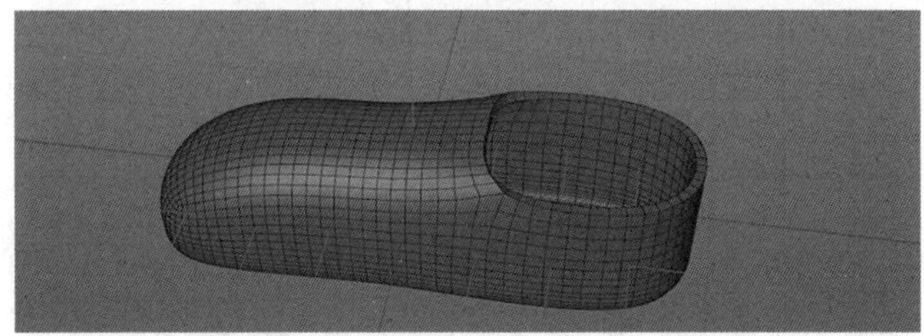

图 3-5-57　布料曲面添加厚度后的效果

7. 开始制作鞋底，先暂时关闭细分曲面和布料曲面，进入面模式，选择鞋底的面，使用分裂工具，并独显分裂出来的面，继续操作，如图 3-5-58 至图 3-5-61 所示。

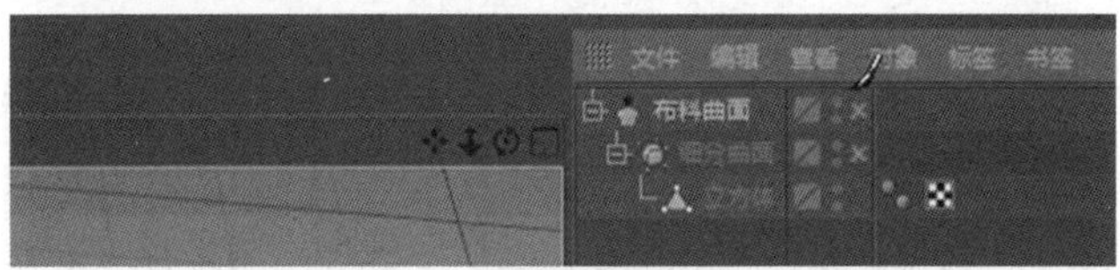


图 3-5-58　关闭细分曲面和布料曲面

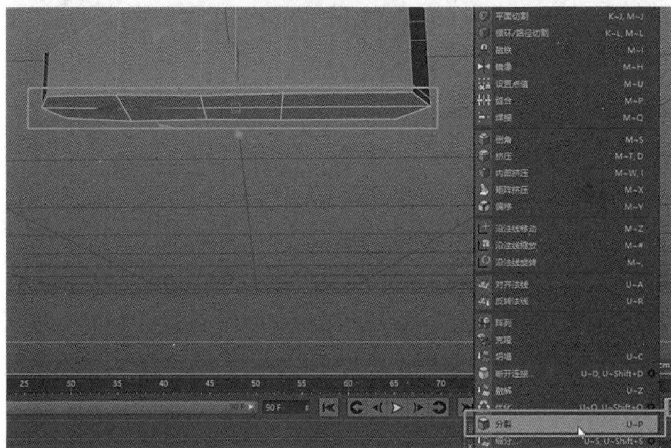

图 3-5-59　选择面，使用分裂工具

图 3-5-60　点击“视窗单体独显”

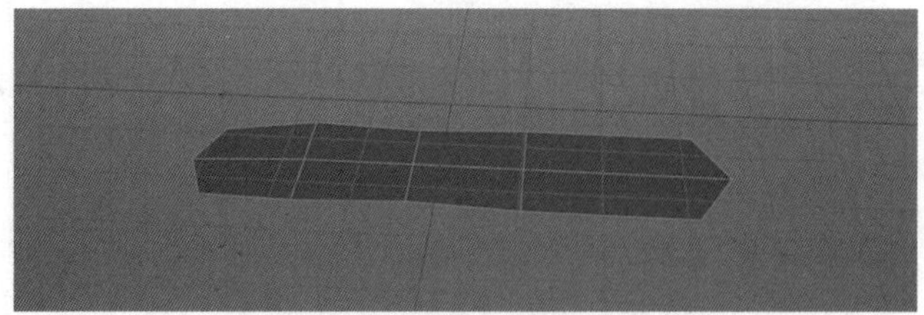

图 3-5-61　独显分裂出来的面

8. 将分裂出来的面，进行挤压，挤压勾选“创建封顶”，如图 3-5-62 至图 3-5-65 所示。

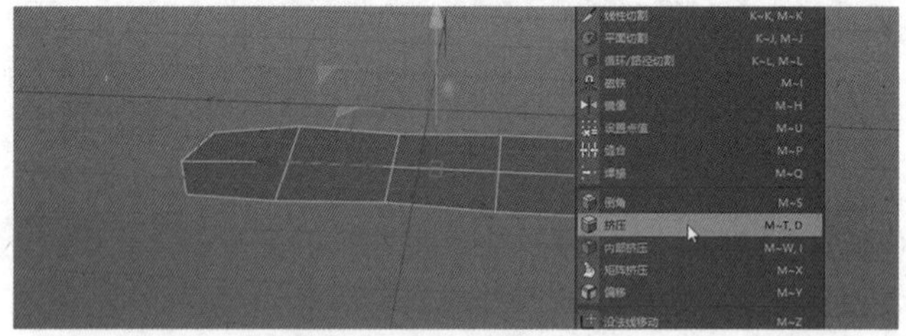

图 3-5-62　使用挤压

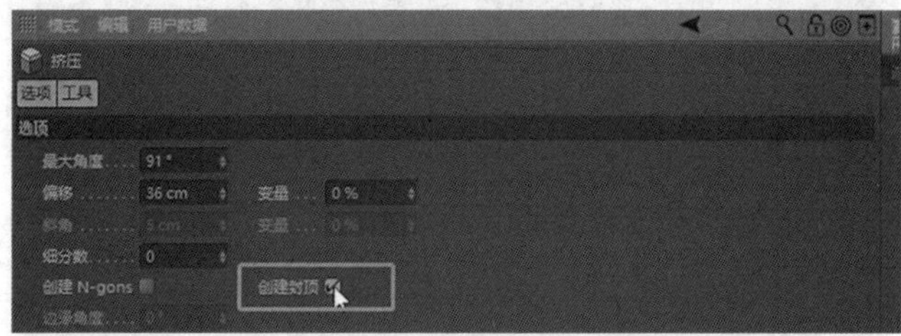


图 3-5-63　在挤压的属性面板勾选创建封顶

图 3-5-64　挤压后的效果

图 3-5-65　关闭视窗独显

9. 重命名对象为“鞋面和鞋底”，放到同一个空白编组中，开启布料曲面和细分曲面的效果，如图 3-5-66 所示。

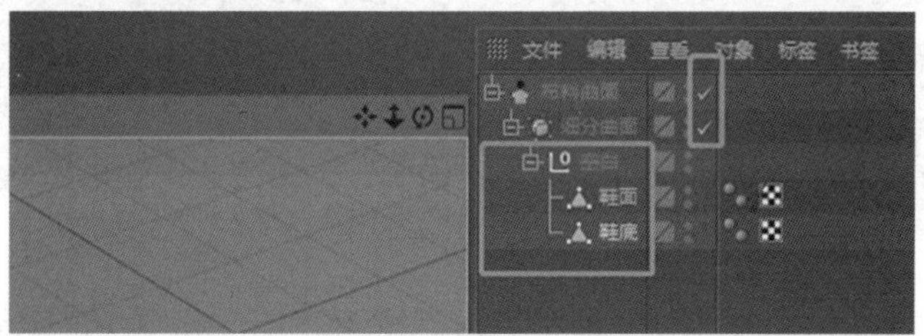


图 3-5-66 Alt+G 编组及重命名，开启布料曲面和细分曲面

10. 选择鞋底，稍稍放大一些，如图 3-5-67 所示。

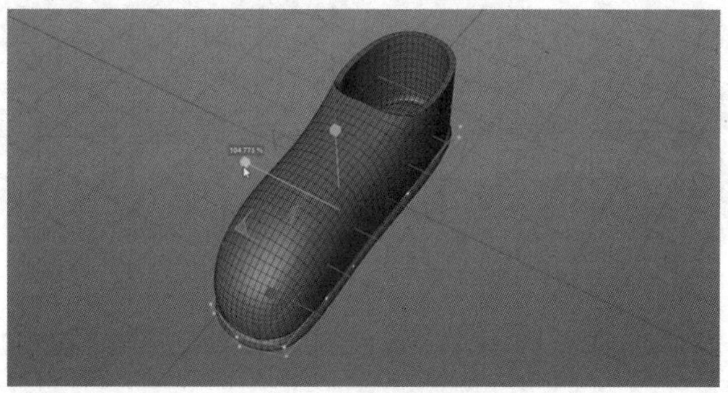

图 3-5-67 稍稍放大鞋底

11. 进入线编辑模式，为鞋底添加一根结构线。如图 3-5-68 所示。

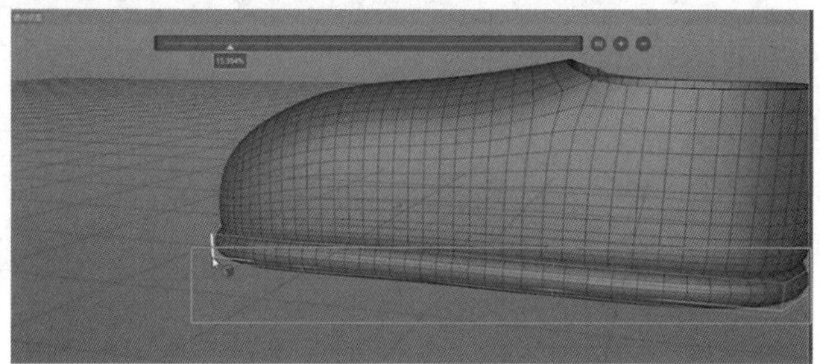

图 3-5-68 为鞋底添加结构线

12. 点击工具栏使用对称工具，使用移动工具调整位置，卡通布料鞋制作完毕。当然我们也可以继续优化这个模型。如图 3-5-69 至图 3-5-72 所示。

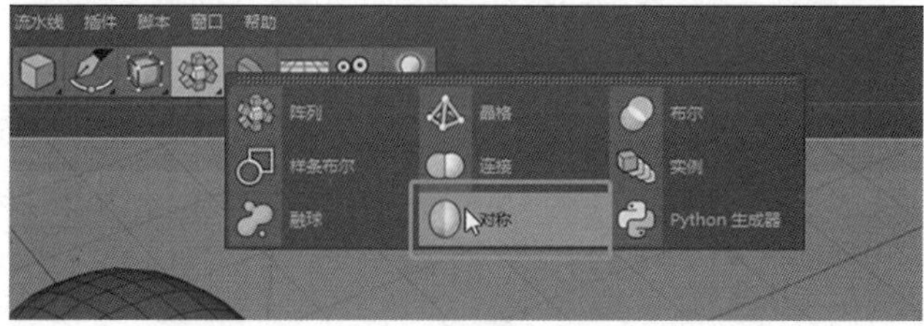


图 3-5-69 为模型添加对称工具

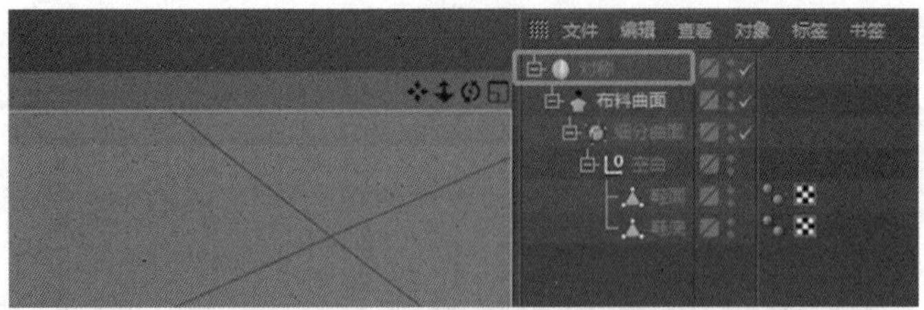

图 3-5-70　对称工具作为父级

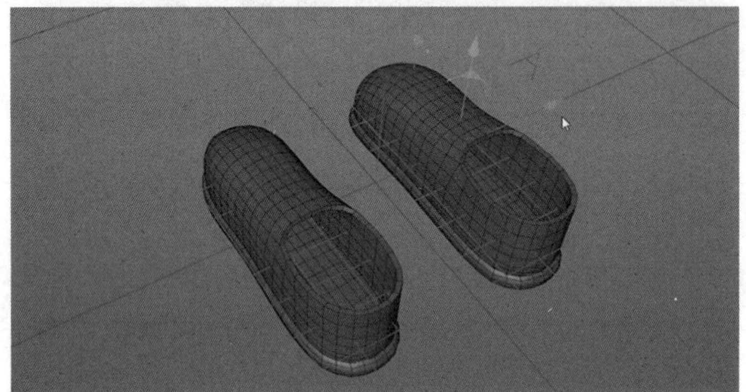
图 3-5-71　鞋子模型

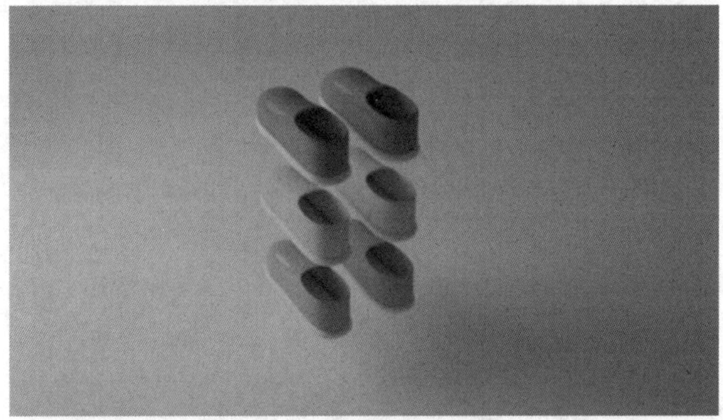
图 3-5-72　布料鞋渲染图

任务 3.6

# 灯光详解

## 教学重点

· **了解多种灯光效果。**

## 教学难点

· **灯光是渲染输出的重要元素。**

## 任务分析

### 01. 任务目标

熟悉灯光的使用。

### 02. 实施思路

通过视频了解灯光的用法。

## 任务实施

### 01. 灯光详解

1. C4D 灯光种类较多，可以分为“聚光灯”“区域光”“远光灯”，“聚光灯”和“远光灯”分别又包含了不同的类型。C4D 还提供默认灯光和日光等类型。点击主菜单创建灯光，或点击工具栏灯光快捷栏创建灯光，如图 3-6-1 所示。

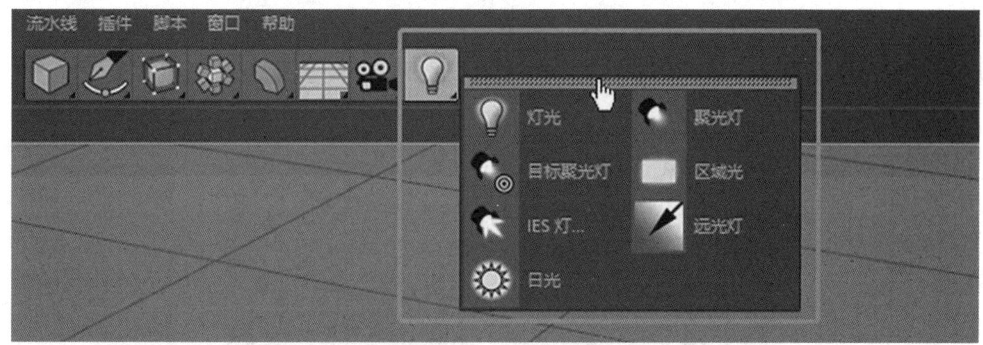


图 3-6-1　打开灯光窗口

2. 创建点光源，如图 3-6-2 所示。

图 3-6-2　创建点光源

3. 聚光灯包含“聚光灯”“目标聚光灯”“IES 灯”“四方聚光灯”“圆形平行聚光灯”“四方平行聚光灯”6 种。其中“聚光灯”“目标聚光灯”和“IES 灯”可通过菜单栏或工具栏图标创建；“四方聚光灯”“圆形平行聚光灯”和“四方平行聚光灯”，需要在灯光属性面板“常规”选项卡中选择类型创建，如图 3-6-3 所示。

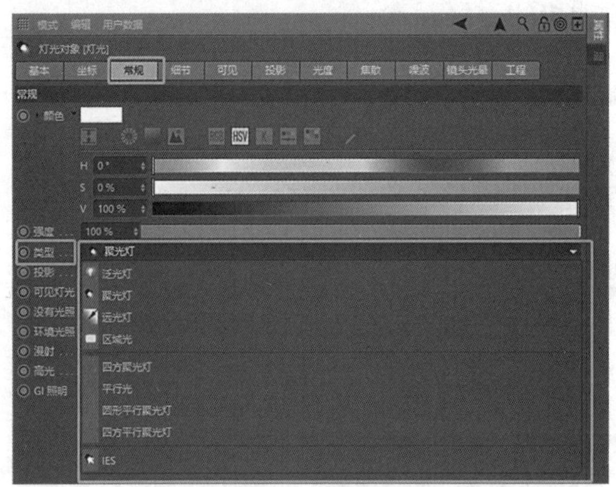


图 3-6-3　灯光类型

4. 聚光灯是指光线向一个方向呈现锥形传播，也被称为发束的发散角度。点击创建目标聚光，可看到灯光对象呈圆锥形显示；圆锥的底面上有 5 个黄点，其中位于圆心的黄点用于调节目标聚光的光束衰减长度，可在细节属性中开启衰减；位于圆周上的黄点则用于调整整个目标聚光的光照范围，如图 3-6-4 至图 3-6-6 所示。

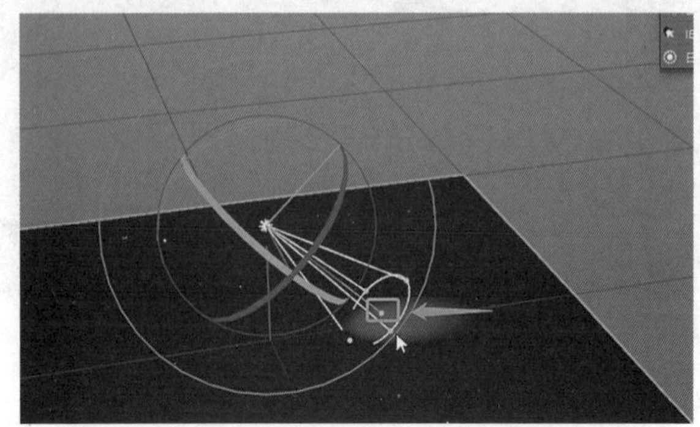

图 3-6-4　拖曳中心黄点，控制光束衰减长度

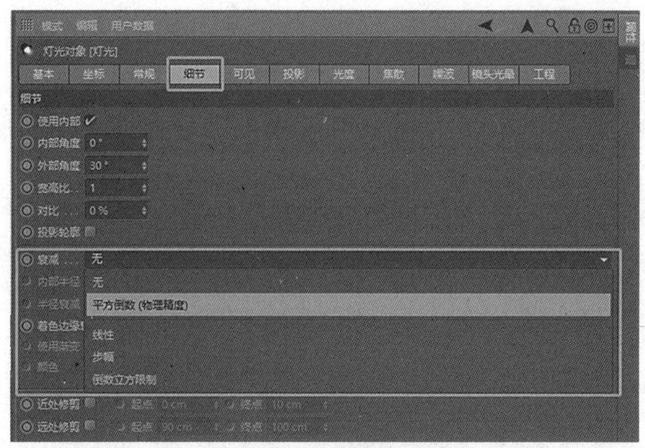


图 3-6-5　选择光照衰减效果

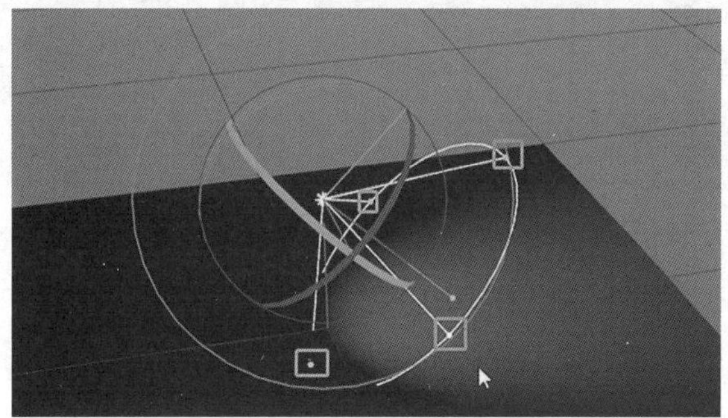

图 3-6-6　拖曳圆周的黄点，控制光照范围

5. 目标聚光灯，通过目标标签控制照明目标。拖曳摄像机目标对象，就可以控制聚光灯照明目标，如图 3-6-7 至图 3-6-9 所示。

图 3-6-7　目标标签

图 3-6-8　选择摄像机目标对象

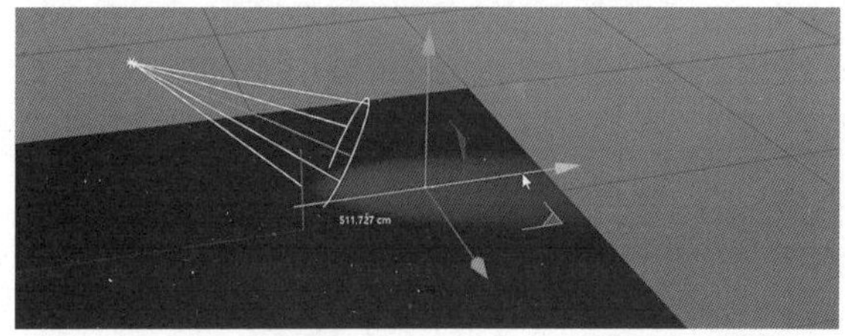

图 3-6-9　拖曳摄像机目标对象，控制聚光灯照明目标

6. 区域光是指光线沿着一个区域向周围各个方向发射光线，形成一个有规则的照射平面，属于高级的光源类型，常用来模拟室内来自窗户的天空光。区域光源十分柔和、均匀，默认创建的区域光为矩形区域，如图 3-6-10 所示。

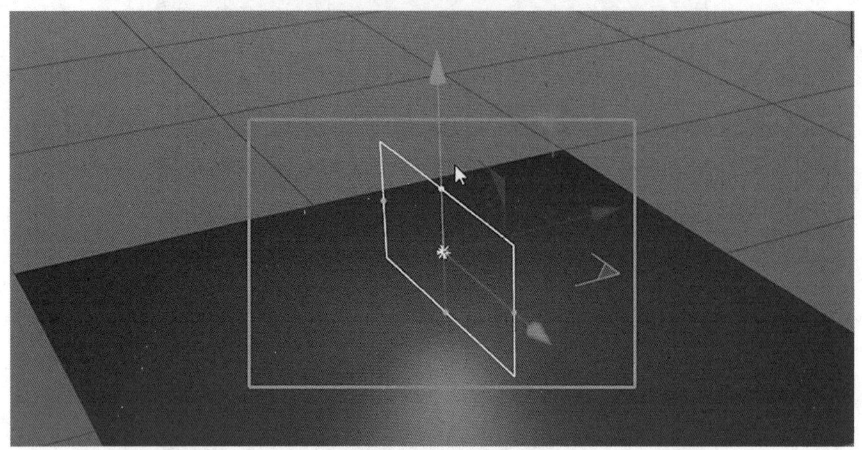

图 3-6-10　区域光

7. 光域网是一种关于光源亮度分布状况的三围表现形式，存储于 IES 格式的文件中。在 C4D 中创建 IES 灯时，会弹出一个窗口，提示加载一个后缀名为“.IES”的文件，IES 灯创建需要选择一个 IES 文件作为光源，如图 3-6-11、图 3-6-12 所示。

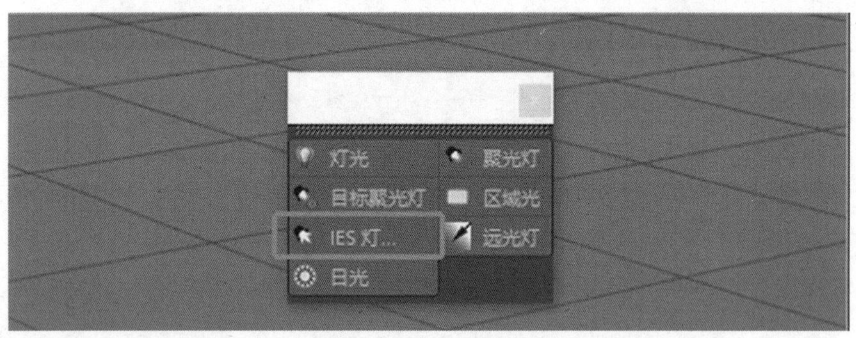


图 3-6-11　IES 灯

图 3-6-12　请选择 IES 格式的文件

8. 或者通过创建点光源，然后在属性面板中，将灯光类型修改为 IES，如图 3-6-13 所示。

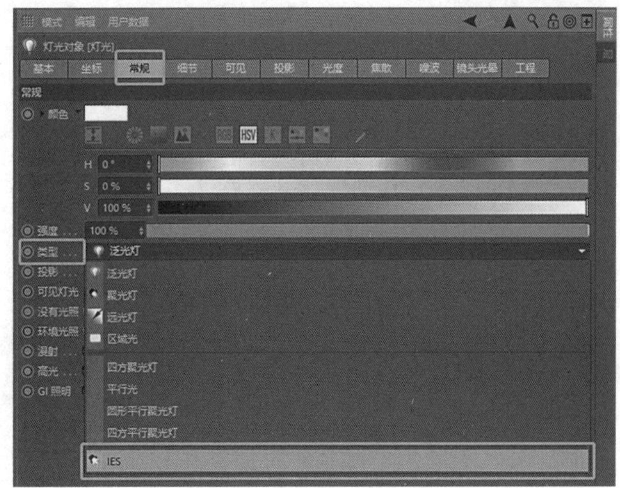


图 3-6-13　修改成 IES 灯光类型

9. 在 IES 灯的属性面板“光度”选项卡里添加 IES 文件，如图 3-6-14 所示。

图 3-6-14　选择 IES 文件

10. 默认 C4D 的内容浏览器，有一些 IES 灯预设可用。搜索“ies”，选择一个 IES 灯光，拖曳至光度的“文件名”输入框区域上，如图 3-6-15 至图 3-6-18 所示。

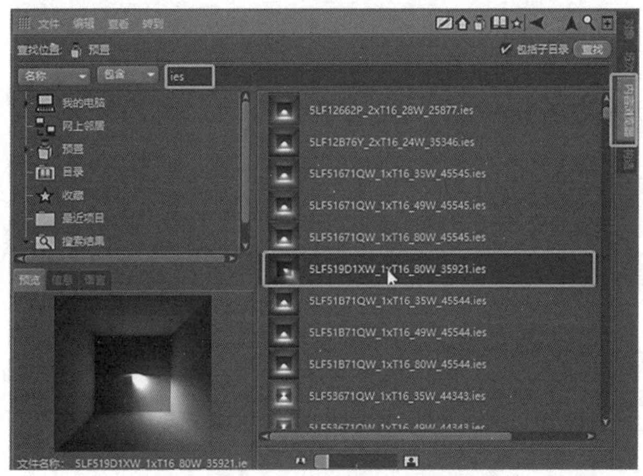


图 3-6-15　选择 IES 文件

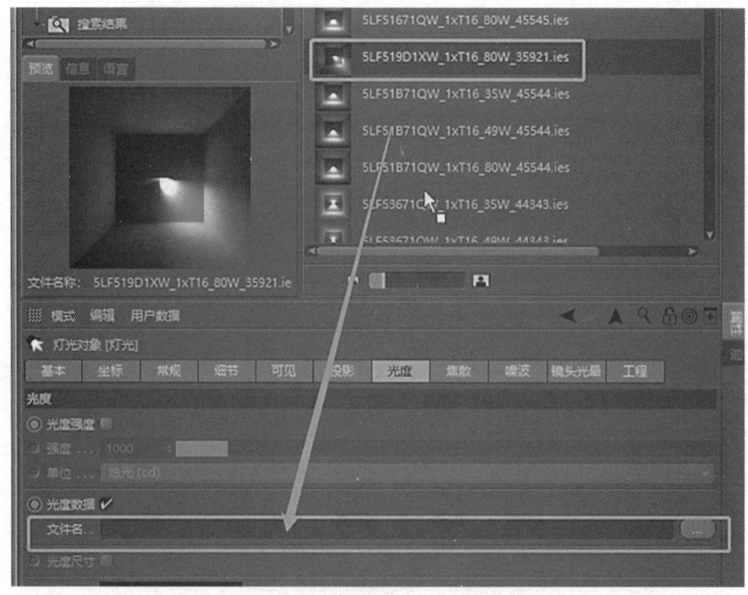

图 3-6-16　拖曳到光度的“文件名”中

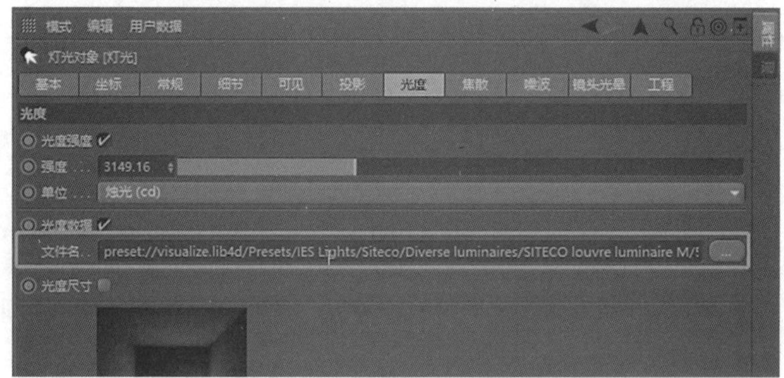

图 3-6-17　IES 灯光文件路径

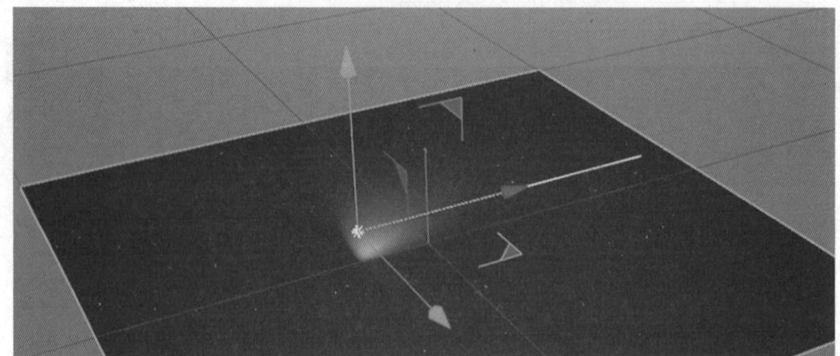
图 3-6-18　IES 灯的照明效果

11. 远光灯也是平行光，光线沿着某个特定的方向平行传播，照明时只和照明角度有关，和光源所在位置无关，可以放在任何位置。除非为其定义了照明衰减，发光源的起点位置才具有意义。常见操作如图 3-6-19 至图 3-6-23 所示。

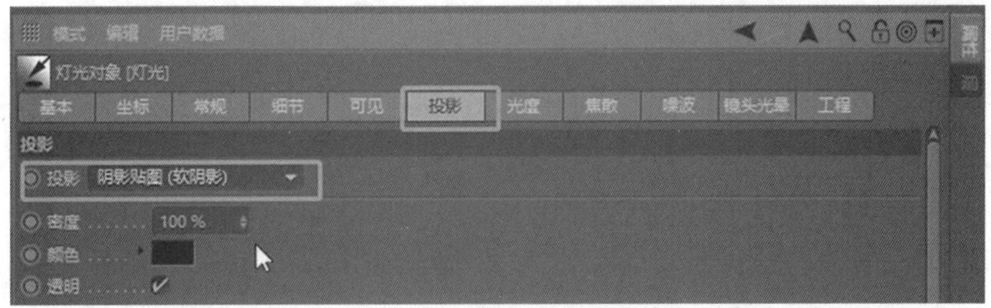


图 3-6-19　开启灯光投影

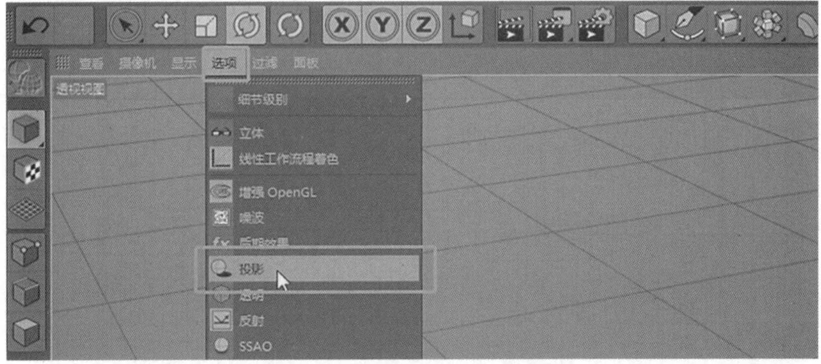


图 3-6-20　开始视图的投影可见

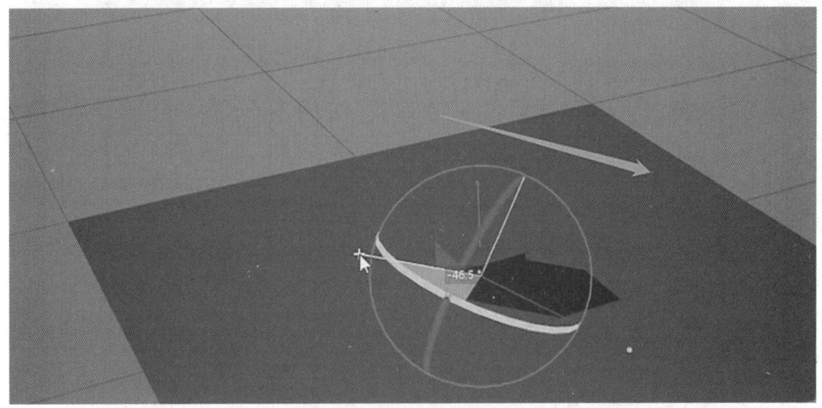

图 3-6-21　调整远光灯照明方向

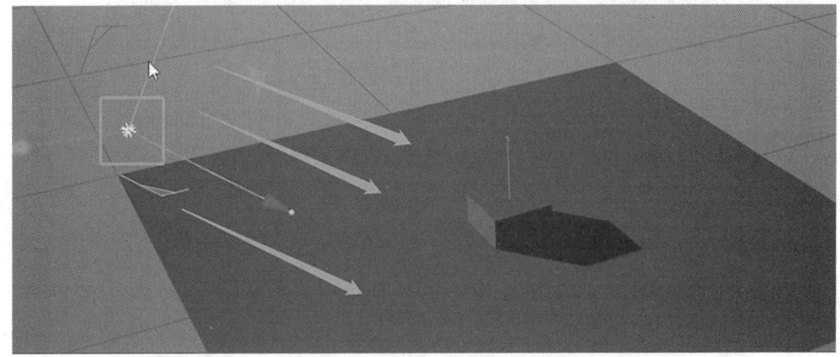

图 3-6-22　移动远光灯位置操作示意 1

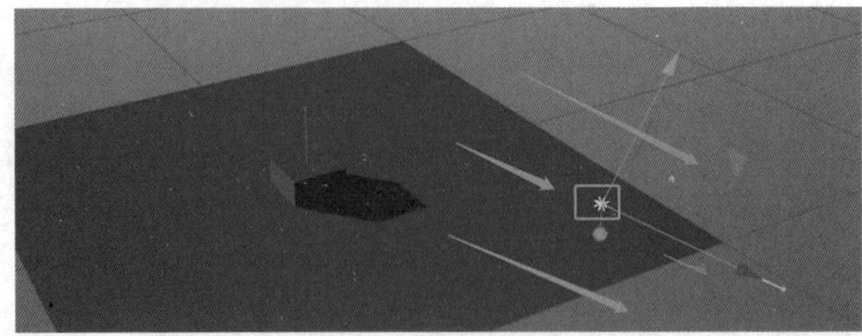

图 3-6-23　移动远光灯位置操作示意 2

12. 日光是指在远光灯上多加了个日光标签，调节参数模拟现实中的日光照明效果，如图 3-6-24 至图 3-6-27 所示。

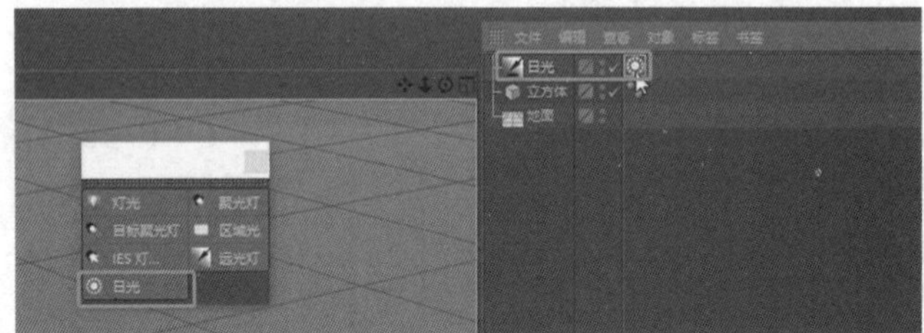


图 3-6-24　日光

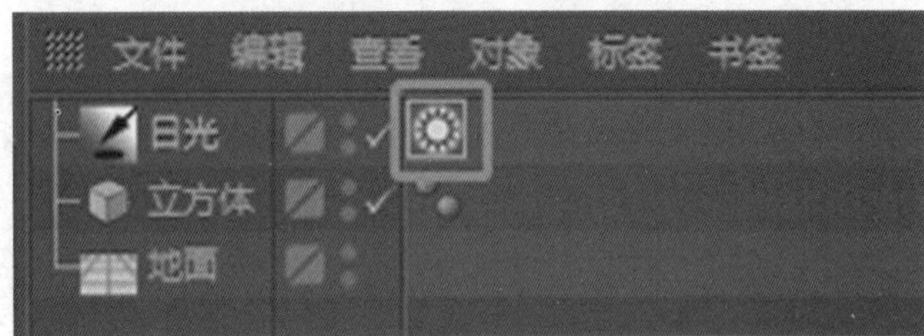


图 3-6-25　日光标签

图 3-6-26　修改日光标签属性

图 3-6-27　日光效果

任务 3.7

# 摄像机运动

## 教学重点

· 了解摄像机的使用。

## 教学难点

· 如何建立摄像机运动。

## 任务分析

### 01. 任务目标

熟悉摄像机的使用。

### 02. 实施思路

通过视频去了解摄像机的用法。

## 任务实施

### 01. 摄像机运动

1. 一般来说视频动画的帧速率 25 帧 / 秒的意思就是，1 秒动画由 25 张图片连续播放组成，常见的帧速率有 12、24、25、30、60 等。在 C4D 中，视图窗口就是一个默认的“编辑器摄像机”，主要用来观察场景。为了制作镜头动画，就需要一种能记录关键帧的摄像机，C4D 为我们提供了一系列摄像机。如图 3-7-1 所示。

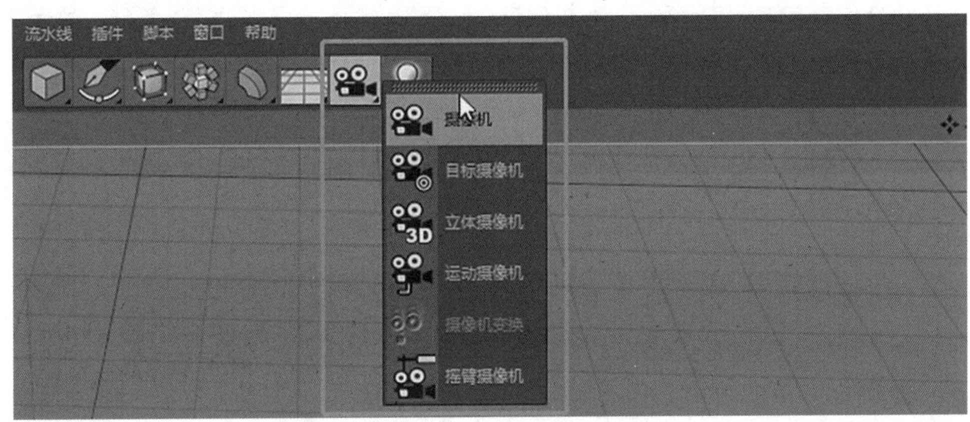


图 3-7-1　打开摄像机窗口

2. 点击创建摄像机，在此时的透视图中观察视角，就会生成一个摄像机。

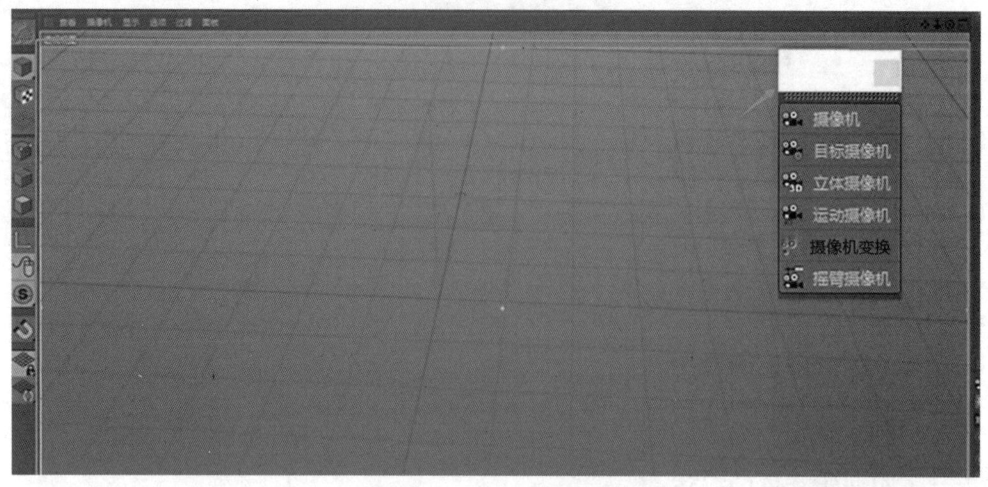


图 3-7-2　创建摄像机

3. 在对象管理器中，点击激活摄像机按钮，就会进入摄像机的视角，如图 3-7-3 所示。可像操作透视图一般操作摄像机视角。

旋转视角：按住 Alt 键 + 按住鼠标左键并拖曳。

平移视角：按住 Alt 键 + 按住鼠标滚轮键并拖曳。

推拉视角：按住 Alt 键 + 滚动鼠标滚轮键。

推拉视角：按住 Alt 键 + 按住鼠标右键并拖曳。

或按住键盘的 1、2、3 键加鼠标左键，对摄像机视角进行摇移、推拉、平移的操作。

图 3-7-3　进入摄像机视角

4. 新建立方体，进行演示。给摄像机打动画关键帧，需注意两点：第一，激活进入摄像机视角；第二，选中摄像机进行打关键帧操作。如图 3-7-4、图 3-7-5 所示。

图 3-7-4　进入摄像机视角

图 3-7-5　选中摄像机对象

选择时间—挑选好视角—打上关键帧。我们在第 0 帧和第 50 帧，分别为两个不同的视角，打上关键帧动画。点击播放键，看看添加效果，如图 3-7-6 至图 3-7-8 所示。

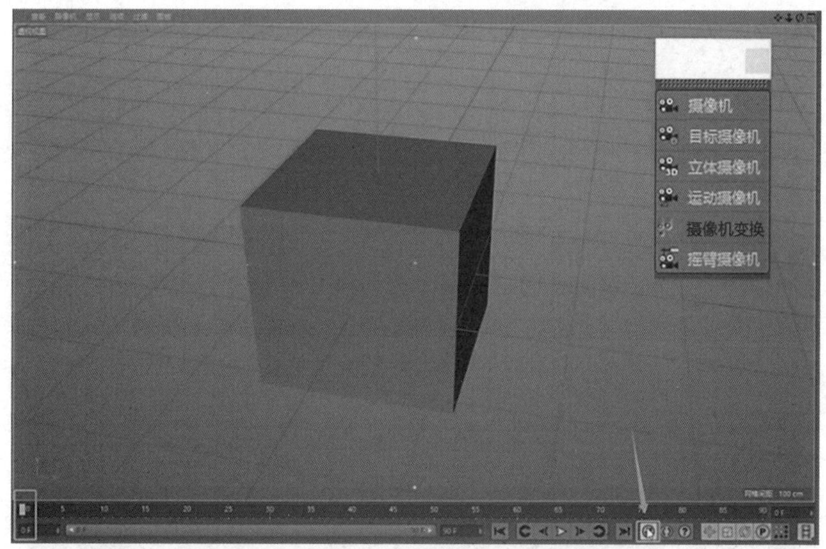


图 3-7-6　第 0 帧，挑选视角，添加关键帧

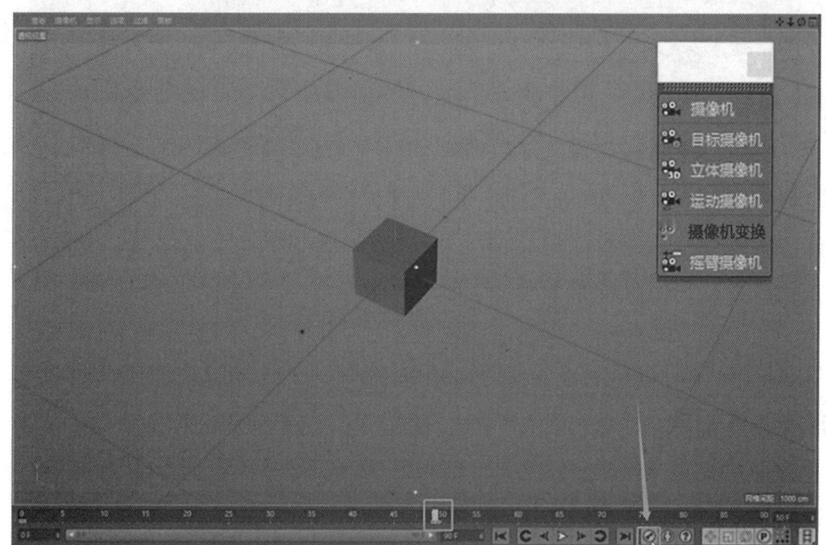


图 3-7-7　第 50 帧，挑选视角，添加关键帧

图 3-7-8　播放、暂停动画

5. 点击窗口的时间线函数曲线，可调节关键帧动画的运动速度曲线，如图 3-7-9、图 3-7-10 所示。

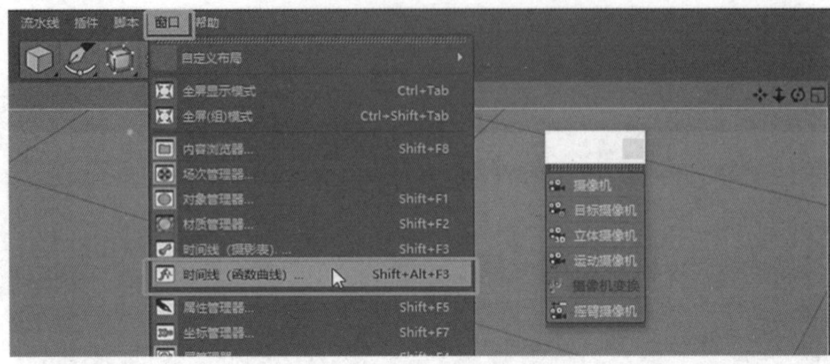


图 3-7-9　打开时间线窗口

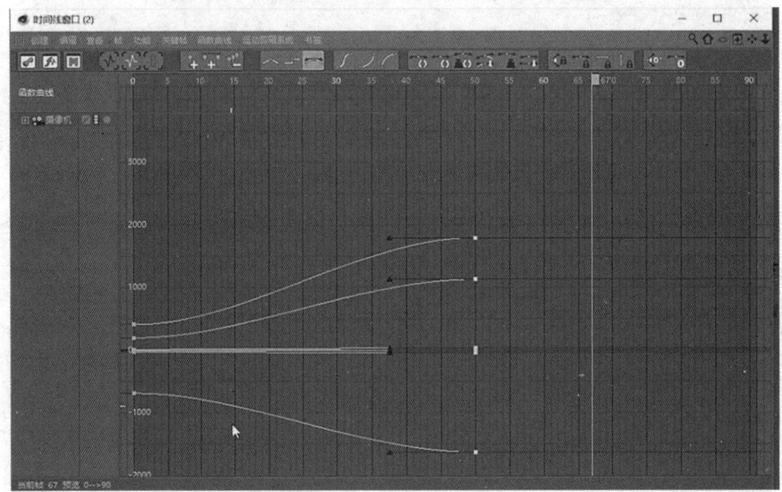


图 3-7-10　时间线函数曲线

6. 目标摄像机，只是在普通摄像机基础上多了个目标标签。拖曳摄像机目标对象（空白对象），可以控制摄像机目标视角，如图 3-7-11 至图 3-7-14 所示。

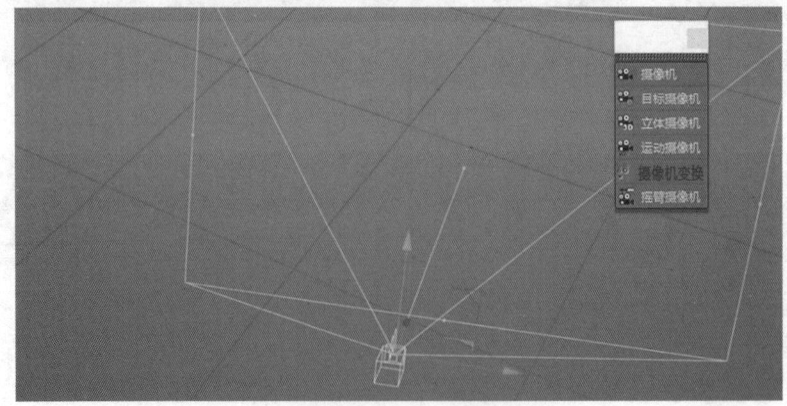


图 3-7-11　目标摄像机

图 3-7-12　选择摄像机目标对象

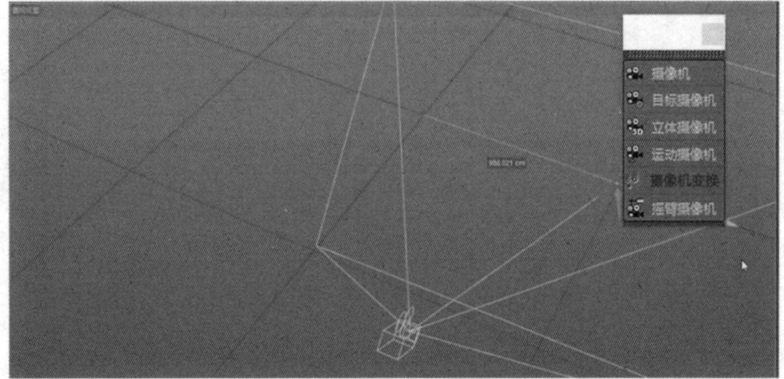


图 3-7-13　拖曳摄像机目标对象、调整摄像机视角

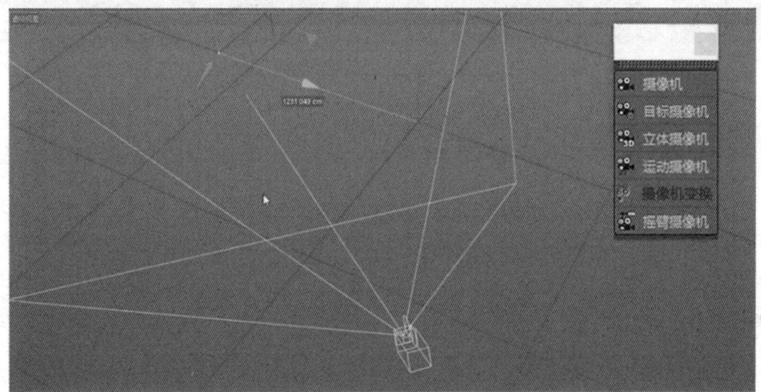


图 3-7-14　修改成 IES 灯光类型

7. 立体摄像机，在“立体”属性栏中调节摄像机模式、安置方式等参数，模拟 3D 影像拍摄，如做 3D 眼镜看的动画时就需使用立体摄像机制作动画。如图 3-7-15 所示。

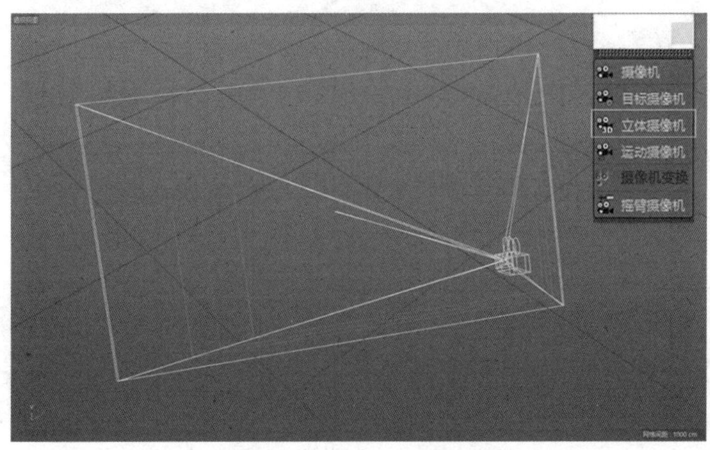


图 3-7-15　立体摄像机

8. 运动摄像机可模拟肩扛摄影机的摆动效果，时间轴播放动画时可以看到效果，如图 3-7-16 所示。

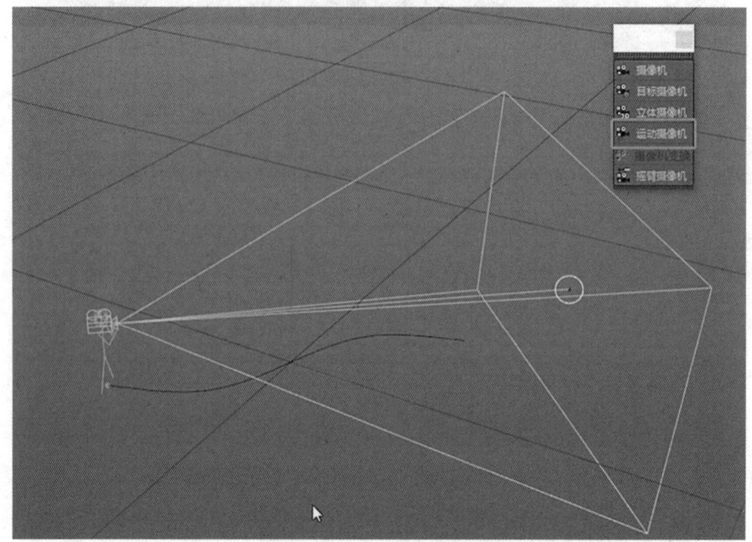


图 3-7-16　运动摄像机

9. 摇臂摄像机可模拟摇臂式摄像机的平移运动，如图 3-7-17 所示。摇臂摄像机标签如图 3-7-18 所示。

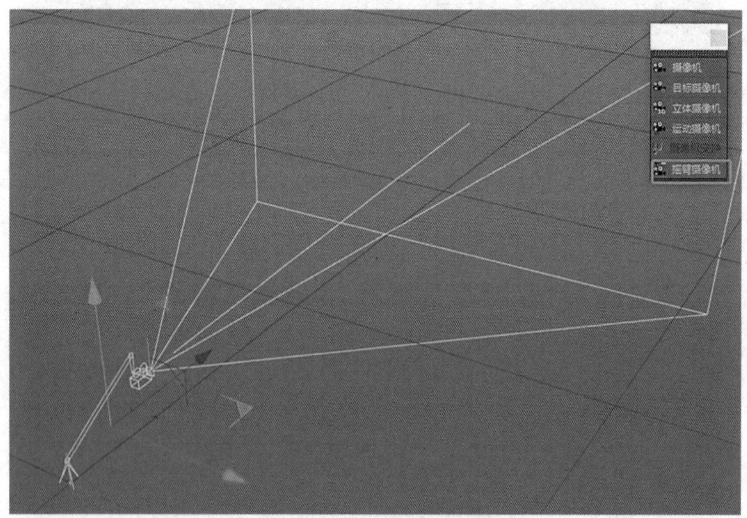


图 3-7-17　摇臂摄像机

图 3-7-18　摇臂摄像机标签

Chapter 04

# 第 4 章

# 对象渲染实例

任务 4.1　标准三点灯光照明的设置

任务 4.2　图像查看器与其他三点灯光照明方式

任务 4.3　阵列光配合无限光或聚光灯方式

任务 4.4　使用预设库进行渲染

任务 4.5　外部光源照明

任务 4.6　内部光源照明——使用材质自发光照明

任务 4.1

# 标准三点灯光照明的设置

## 教学重点

- **标准三点灯光照明的设置。**

## 教学难点

- **如何使用标准三点灯光照明完成模型渲染设置。**

## 任务分析

### 01. 任务目标

熟练使用三点灯光照明设置。

### 02. 实施思路

通过视频了解并熟练使用三点灯光照明。

## 任务实施

### 01. 标准三点布光

1. 点击摄像机，右键选择 C4D 标签，为摄像机添加保护标签，通常这样做是为了防止布光时误触已固定好的机位；布光时不必激活摄像机，渲染最终效果图时再激活渲染机位，如图 4-1-1 所示。

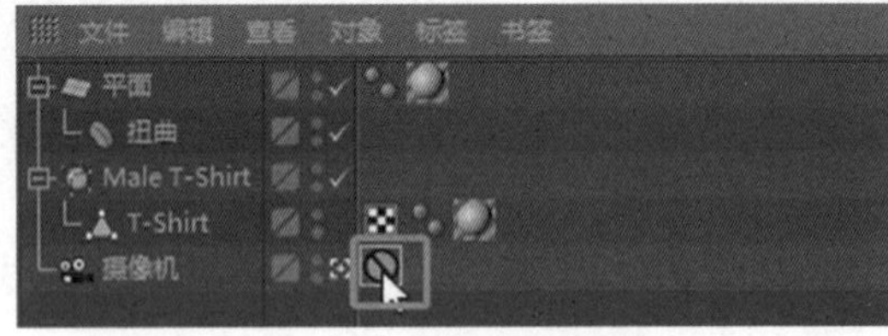


图 4-1-1　添加保护标签

2. 点击工具栏灯光图标，选择区域光，新建主光源；标准的三点布光，分别是主光源、辅光源、轮廓光，如图 4-1-2 所示。

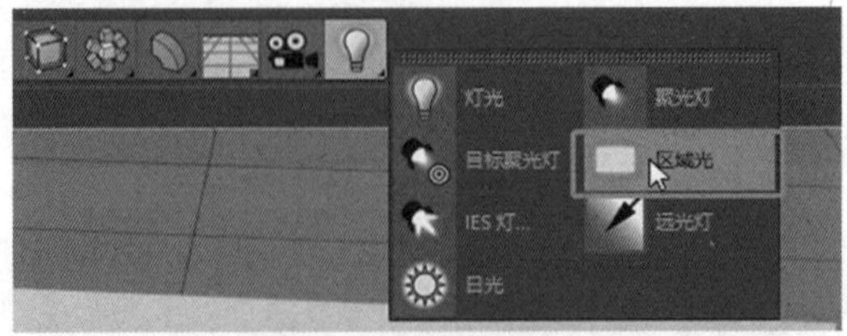


图 4-1-2　创建区域光

3. 主光源负责照亮场景、确定投影方向，当开启区域投影时，区域投影真实，但渲染速度慢，如图 4-1-3 所示。

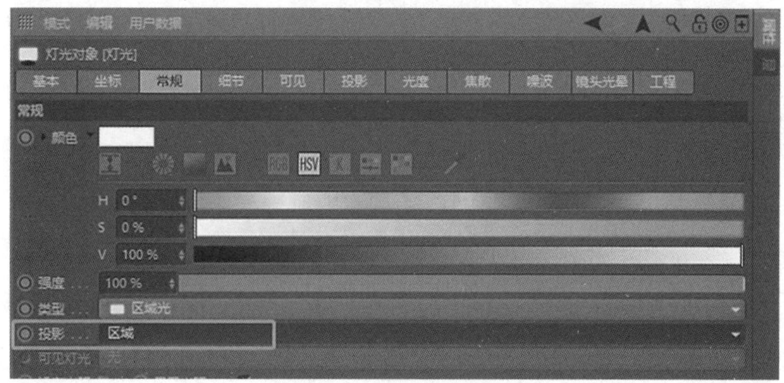

图 4-1-3　修改投影模式

4. 为了方便调节灯光，可以添加目标标签，右键点击灯光，选择 C4D 标签下的目标标签，在目标对象一栏中选择目标对象，如图 4-1-4 至图 4-1-6 所示。

图 4-1-4　添加目标标签

图 4-1-5　选择目标对象

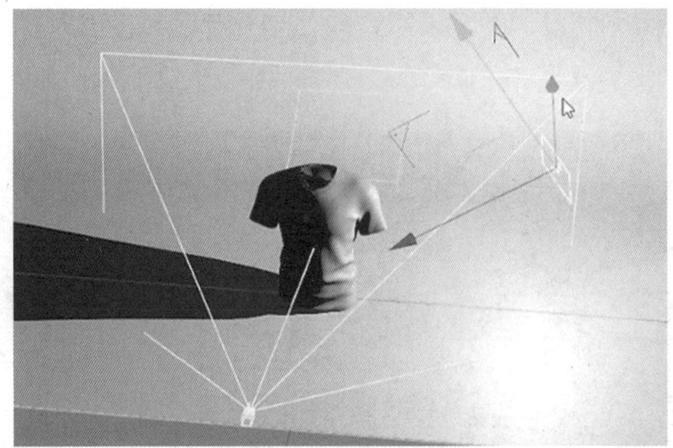

图 4-1-6　选择目标对象后效果

5. 区域光的蓝色 Z 轴为照射方向，根据明暗交界线与投影，拖动灯光到合适的位置，如图 4-1-7 所示。

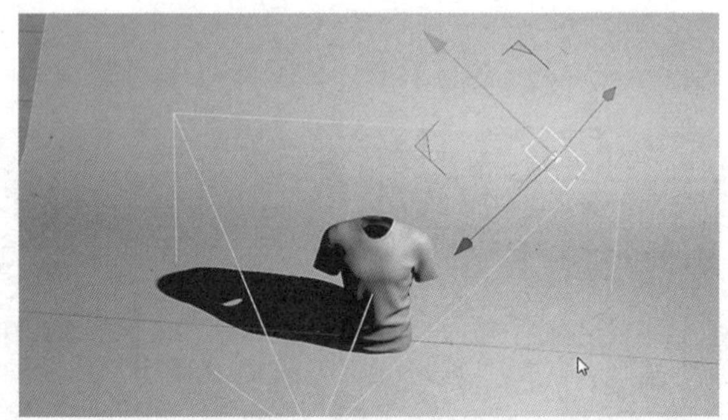

图 4-1-7　调整灯光位置

6. 在对象面板中，修改灯光的命名为“主光源”，在 C4D 制作中需注意规范命名，如图 4-1-8 所示。

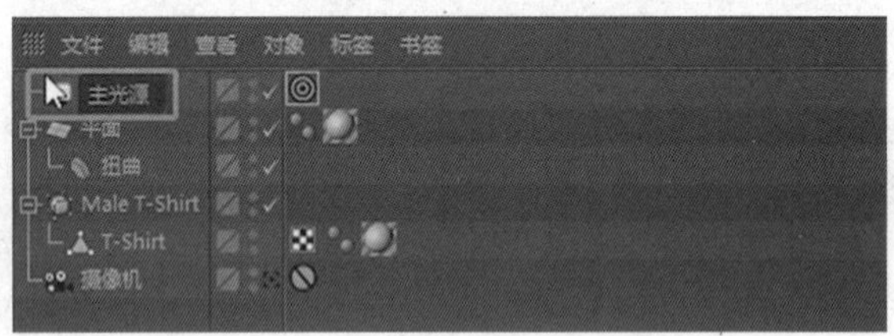


图 4-1-8　对区域光进行重命名

7. 再点击工具栏灯光图标，添加一个辅光源，不使用目标标签，也可手动旋转光源角度，如图 4-1-9、图 4-1-10 所示。

图 4-1-9　创建区域光作为辅灯

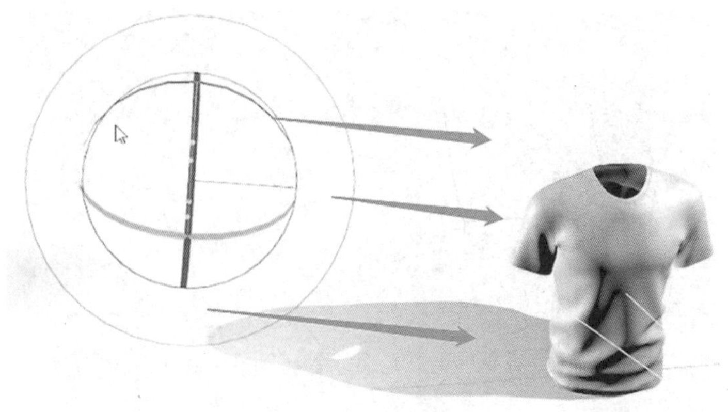

图 4-1-10　辅光源

8. 辅光源的作用是负责照亮暗部细节，在属性面板中，点击“常规”降低辅光源的强度，开启投影，如图 4-1-11 所示。

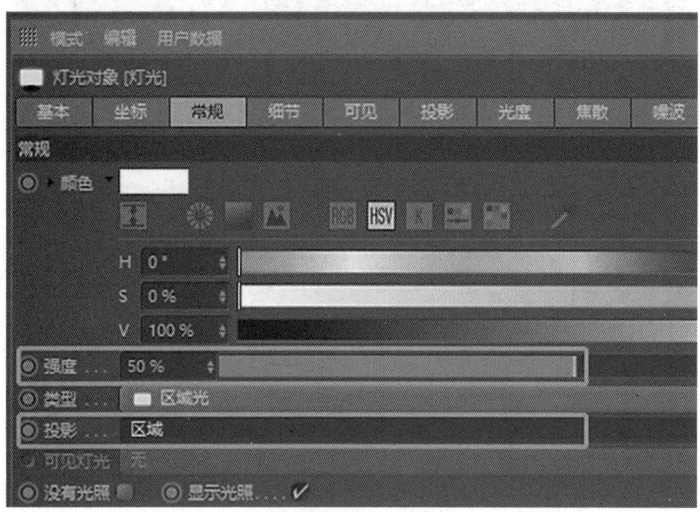


图 4-1-11　调整辅光的强度和投影模式

9. 再次点击工具栏灯光图标，新建一盏轮廓灯，当背景和主题颜色相近时，缺少轮廓灯会造成背景与主题混合在一起，辨析度不高；为了不让轮廓灯照亮背景，可开启衰减，衰弱轮廓灯，如图 4-1-12 至图 4-1-14 所示。

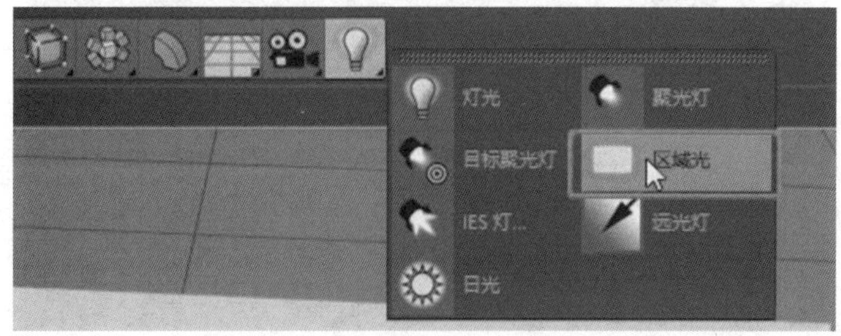


图 4-1-12　创建区域光作为轮廓灯

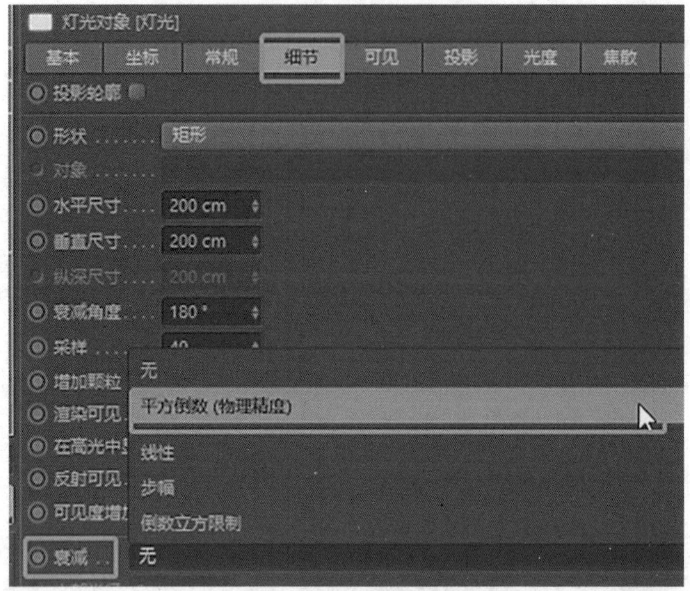


图 4-1-13　修改轮廓灯的衰减模式

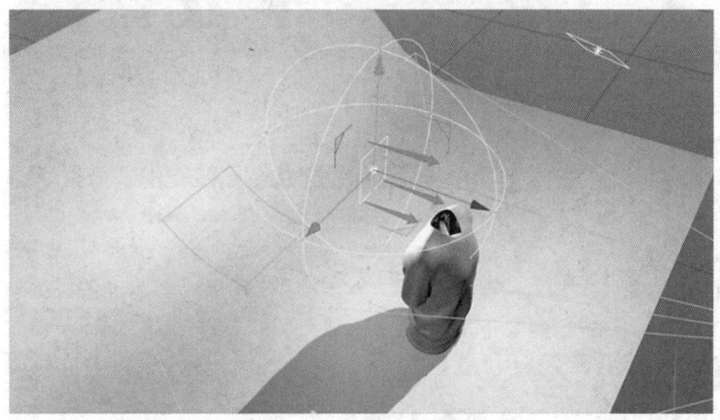

图 4-1-14　轮廓光的位置

10. 轮廓光负责分离主题和背景，让空间有层次感；点击属性面板下的“常规”，开启投影，如图 4-1-15 所示。

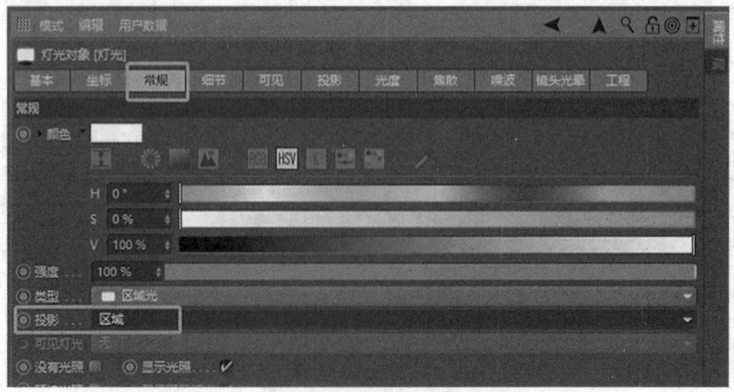


图 4-1-15　修改轮廓光的投影模式

11. 点击工具栏上的“渲染到图片查看器”图标，渲染观看，发现画面中阴影处过深，导致暗部细节丢失，投影生硬，如图 4-1-16、图 4-1-17 所示。

图 4-1-16　点击“渲染到图片查看器”图标

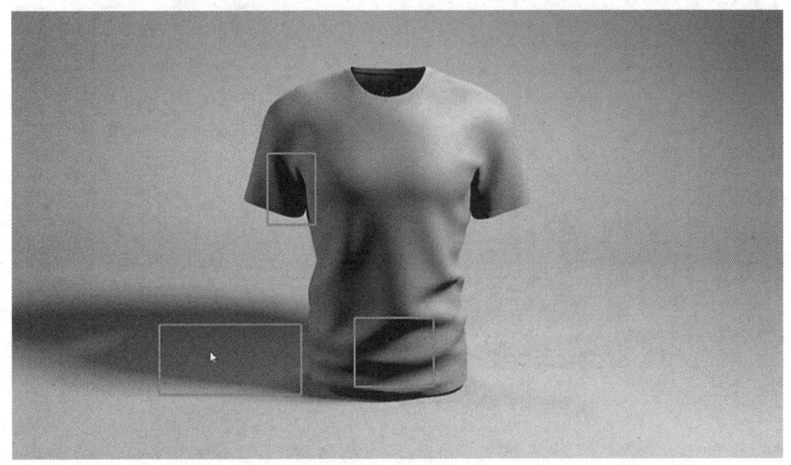

图 4-1-17　渲染完成效果图

12. 可以对光源做些调整，区域光的面积越大，投影越虚，如图 4-1-18 所示。

图 4-1-18　主光源

13. 点击工具栏上的“编辑渲染器设置”图标，开启全局光照去除死黑；开启环境吸收（AO）优化缝隙、褶皱、角落的阴影细节；开启抗锯齿：最佳，如图 4-1-19、图 4-1-20 所示。

图 4-1-19　点击“编辑渲染器设置”图标

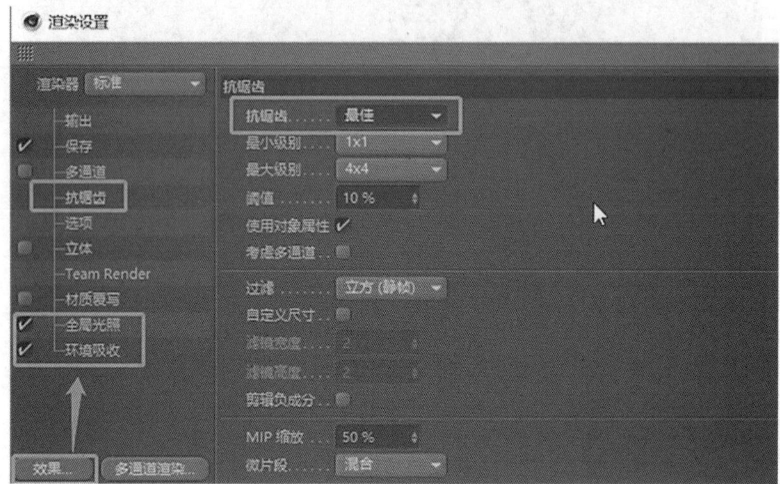


图 4-1-20　渲染器设置

14. 渲染观看，随着质量的提高，渲染计算的时间也相应变长，通常需要在渲染时间与质量之间进行平衡。渲染后发现投影处有噪点，如图 4-1-21 所示。

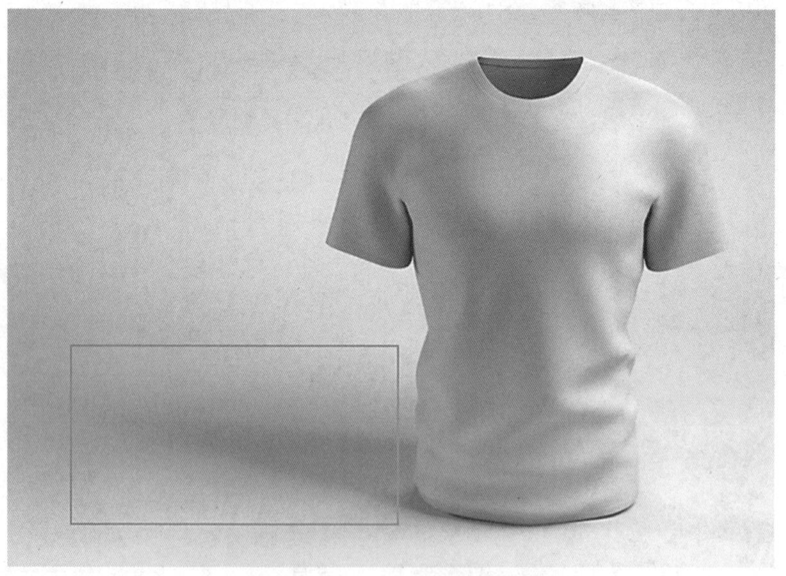

图 4-1-21　渲染完成效果图

15. 可尝试提高灯光的投影采样精度，提高环境吸收精度，开启环境吸收缓存，提高阴影的质量，渲染一下，渲染时需注意，明确明暗交界线，亮部不要曝光，暗部细节之处不能死黑一片，如图 4-1-22 至图 4-1-25 所示。

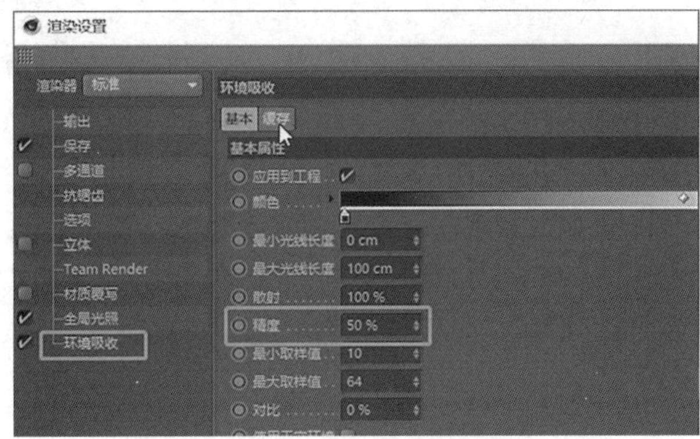


图 4-1-22　提高环境吸收精度

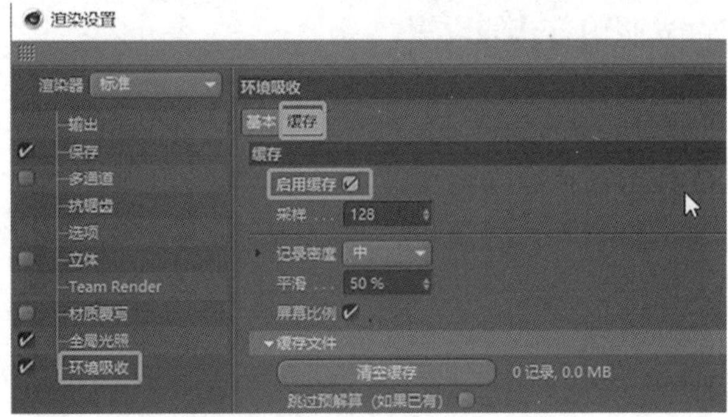


图 4-1-23　开启环境吸收缓存

图 4-1-24　渲染完成效果图

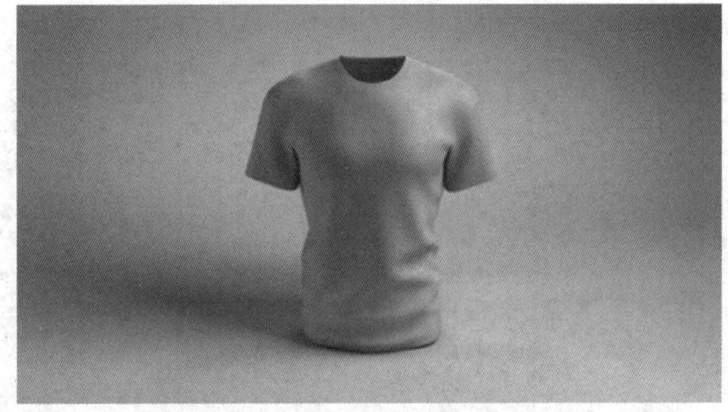

图 4-1-25　标准三点灯光渲染图

任务4.2

# 图像查看器与其他三点灯光照明方式

## 教学重点

- 了解图像查看器用途。
- 其他三点灯光照明方式的设置。

## 教学难点

- 使用图像查看器完成渲染输出。
- 其他三点灯光照明方式的设置。

## 任务分析

### 01. 任务目标

熟悉图像查看器的使用与其他三点灯光照明方式的设置。

### 02. 实施思路

通过视频了解图像查看器的用途与其他三点灯光照明方式的设置。

## 任务实施

### 01. 图像查看器

1. 学会标准三点灯光照明的设置后，接着学习图像查看器的用途与其他三点灯光照明方式。打开任务 1 建立的 C4D 工程文件，点击工具栏“渲染到图片查看器”图标下的小三角，选择“渲染到图片查看器”，对比两张图片。图片查看器提供一个比较工具，点击右键菜单，设置为 A 图，设置为 B 图，如图 4-2-1、图 4-2-2 所示。

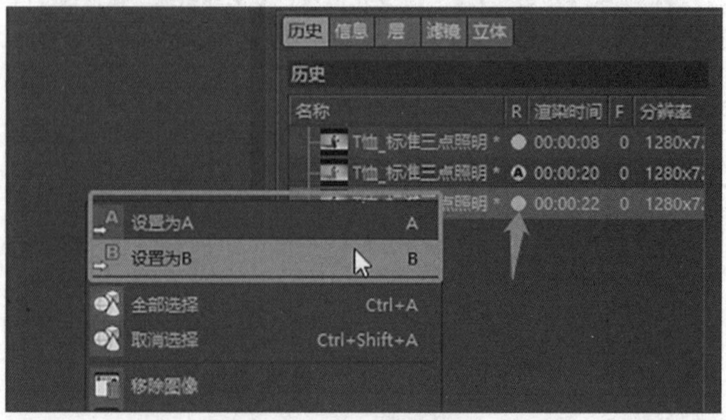


图 4-2-1 图像查看器

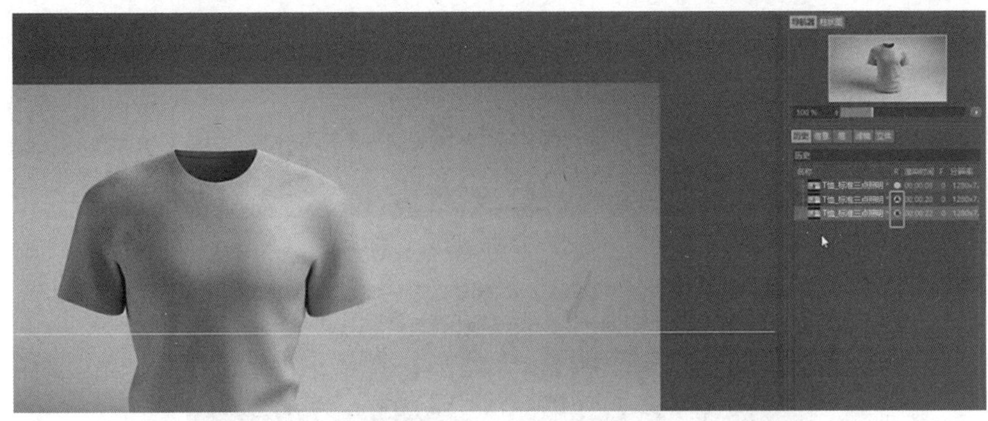

图 4-2-2　A、B 效果图对比

2. 注意优化投影后的细微差别，可拖动白线进行比较，如图 4-2-3 所示。

图 4-2-3　查看阴影区域 A、B 效果图对比

3. 图片查看器窗口中工具栏上有 AB 比较图标，点击 AB 比较图标，开启 AB 名称显示，修改比较方向，如图 4-2-4 至图 4-2-7 所示。

图 4-2-4　启用 AB 比较

图 4-2-5　开启 AB 名称显示

图 4-2-6　AB 名称显示

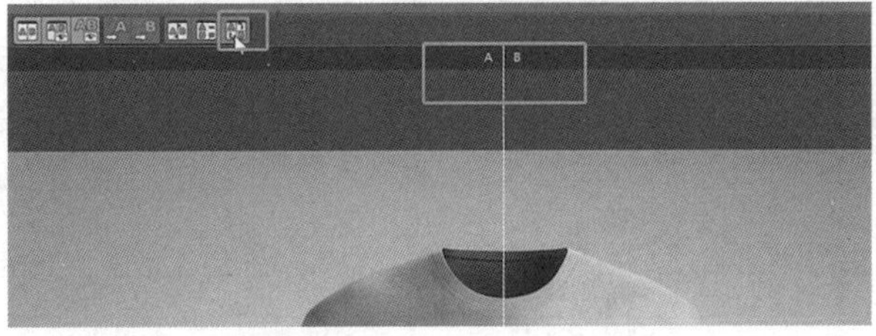

图 4-2-7　修改比较方向

4. 在图片查看器窗口中工具栏上点击 AB 差别图标，显示 AB 两张图片的差异，白色区域代表差异大，黑色区域代表差异小，如图 4-2-8、图 4-2-9 所示。

图 4-2-8　点击 AB 差别图标

图 4-2-9　AB 图差异程度

5. 在图片查看器窗口上鼠标双击左键，可以来回切换 100% 显示和最大化显示，如图 4-2-10、图 4-2-11 所示。

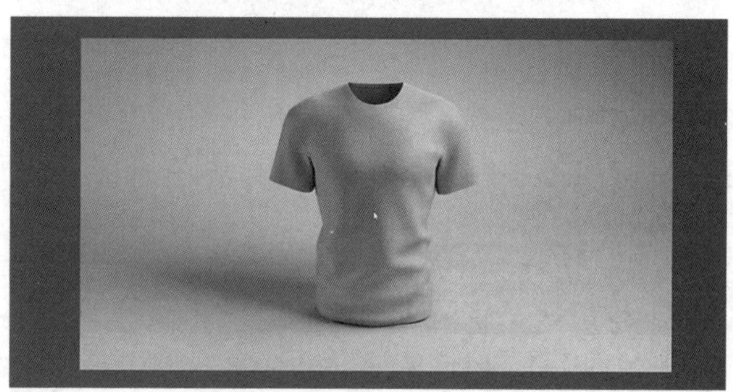

图 4-2-10　100% 显示

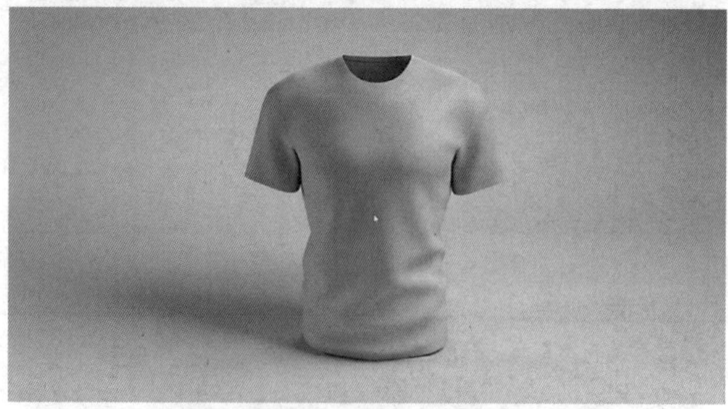

图 4-2-11　最大化显示

6. 图像查看器窗口右侧为图片的渲染信息，信息、图层、滤镜，如图 4-2-12 所示。

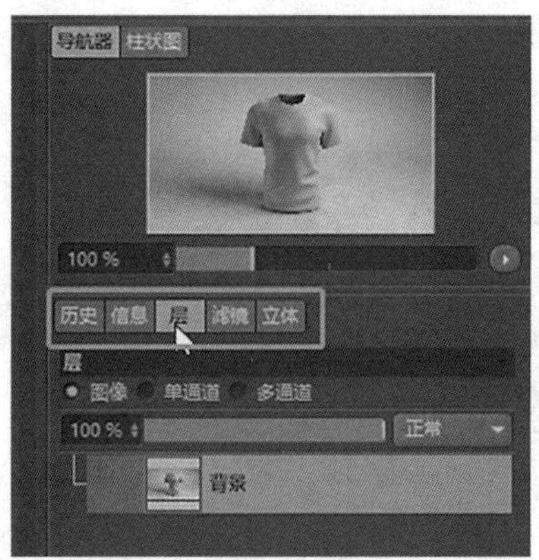


图 4-2-12　渲染图片的信息

7. 勾选“激活滤镜”，在滤镜里对渲染结果进行调色，黑色曲线是整体明暗的调整，红、绿、蓝曲线是分别针对红绿蓝通道的调整，如图 4-2-13 所示。

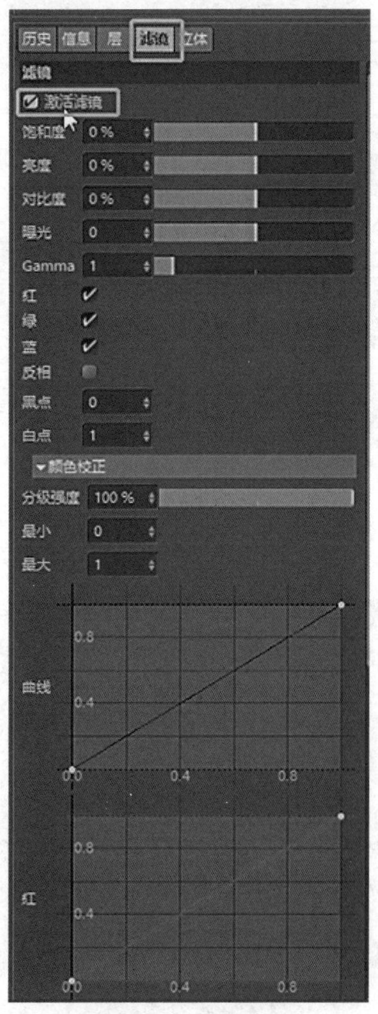


图 4-2-13　滤镜调色

8. 在滤镜的曲线视图中，左侧代表暗部，右侧代表亮部，拖曳手柄将暗部压深，按住 Ctrl 键点击可以加点，拖曳点增加亮部的红色，如图 4-2-14、图 4-2-15 所示。

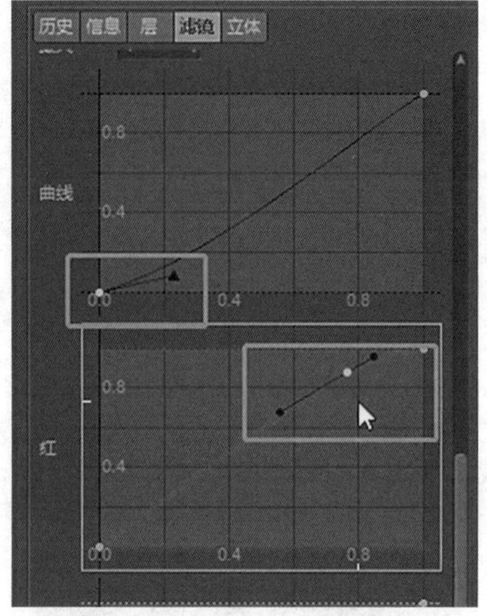


图 4-2-14　曲线编辑器

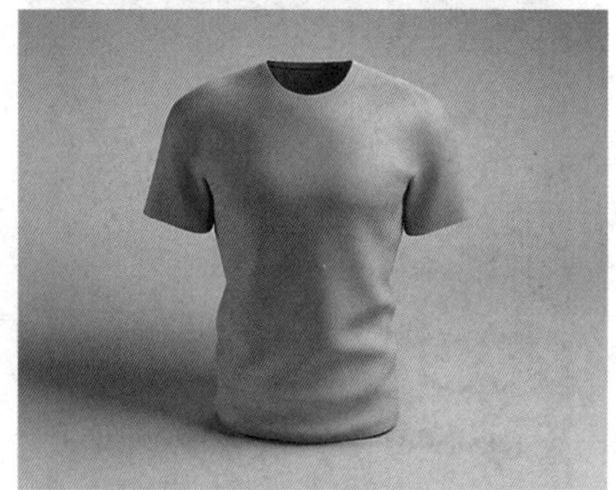

图 4-2-15　曲线调整后效果

9. 在制作过程调节曲线出错时，可点击右键菜单选择“复位”，如图 4-2-16 所示。

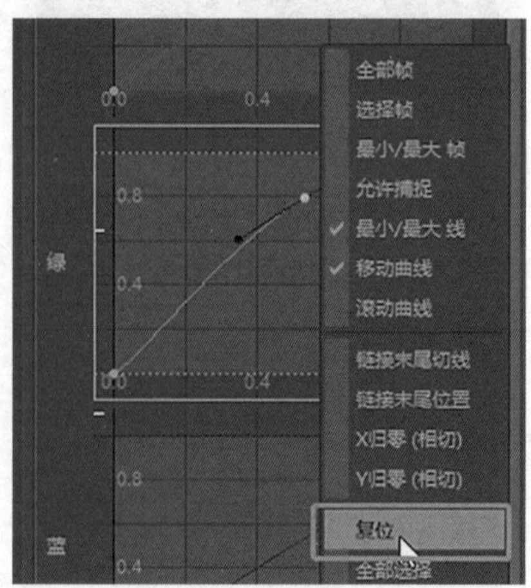


图 4-2-16　右键菜单选择“复位”

10. 在曲线视图中右键菜单点击“样条预置”，出现线性、平方、立方、根对象等多种样条预置，如图 4-2-17 所示。

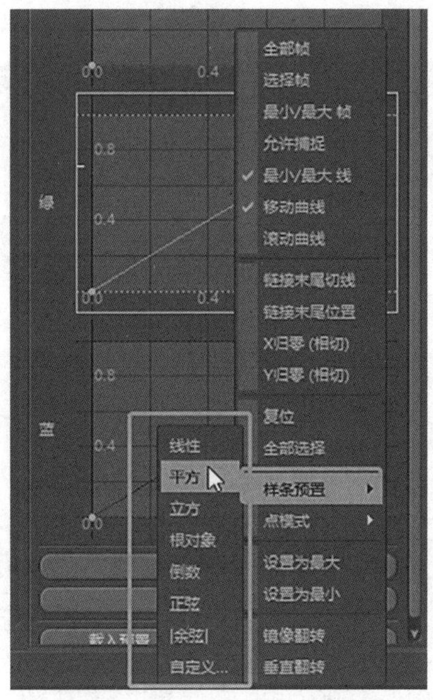


图 4-2-17　右键曲线预设

11. 滤镜效果制作完成后，点击保存时需要勾选“使用滤镜”，如保存时没有勾选“使用滤镜”，则此时保存的为原始图，滤镜只提供了简单的调色，还可使用 Adobe Photoshop 软件进行调色加工，如图 4-2-18 所示。

图 4-2-18　保存预设

### 02. 其他三点灯光照明方式

1. 点击工具栏灯光图标，新建一盏区域光，在视图中按住 Shift 键进行量化旋转，如图 4-2-19、图 4-2-20 所示。

图 4-2-19　新建区域灯

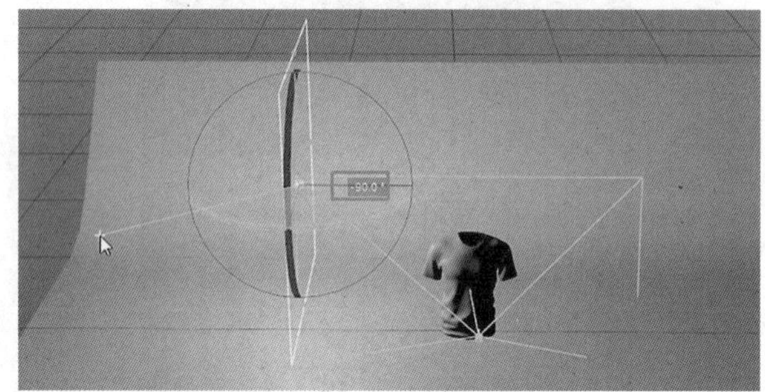

图 4-2-20　按住 Shift 键进行量化旋转

2. 在视图中选择区域光，按住 Ctrl 键拖曳复制一个，使得两盏灯对射 ( 旋转区域光，使得 Z 轴朝向对射 )，一盏作为主光源，一盏作为辅光源，如图 4-2-21 所示。

图 4-2-21　复制并移动旋转区域灯

3. 在对象面板中选择主光源，在属性面板中选择主光源投影模式为“区域”，如图 4-2-22、图 4-2-23 所示。

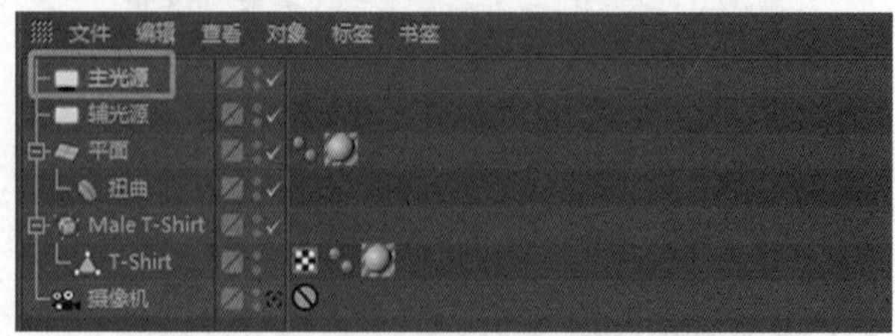


图 4-2-22　选择主光源

图 4-2-23　修改投影方式

4. 选择辅光源，在属性面板中调节辅光源的常规参数；将辅光源强度降低，选择区域投影，如图 4-2-24 所示。

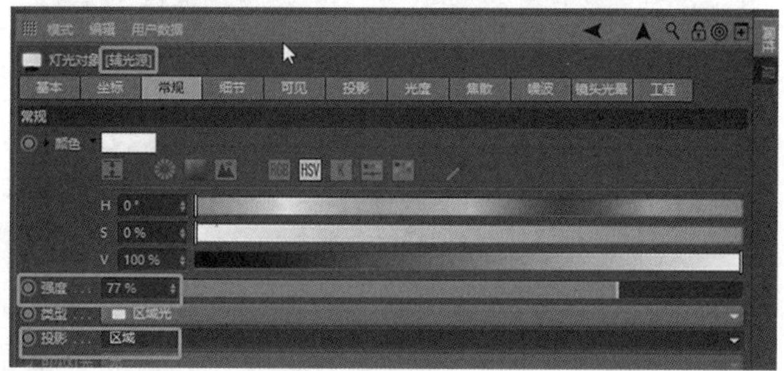


图 4-2-24　减低辅光源的强度和投影模式

5. 在视图中选择主光源与辅光源，向前移动照亮前面，如图 4-2-25、图 4-2-26 所示。

图 4-2-25　选择主光源与辅光源

图 4-2-26　灯光整体向前移动

6. 点击工具栏灯光图标，在顶部加一盏区域光，照亮顶部，在属性面板中选择区域投影模式，调整常规参数，如图 4-2-27、图 4-2-28 所示。

图 4-2-27　创建顶部区域光

图 4-2-28　调整顶部灯光的强度和投影模式

7. 布光时经常需要查看渲染效果，为了提高效率，可以在布光参数调整基本完成后，再提高整体的渲染质量。点击工具栏编辑渲染设置开启“全局光照”和“环境吸收”，渲染观看，如图 4-2-29、图 4-2-30 所示。

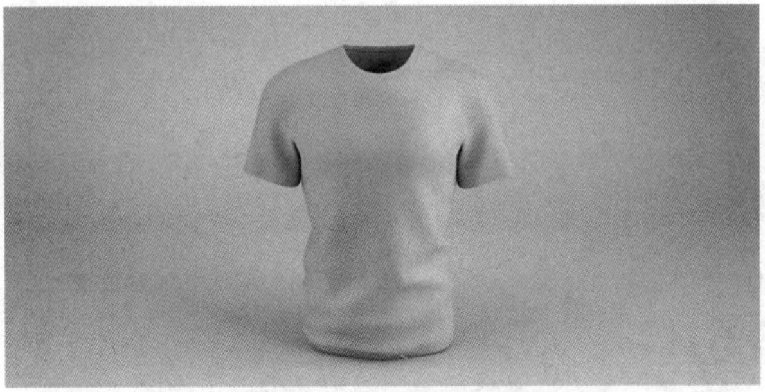

图 4-2-29　渲染效果

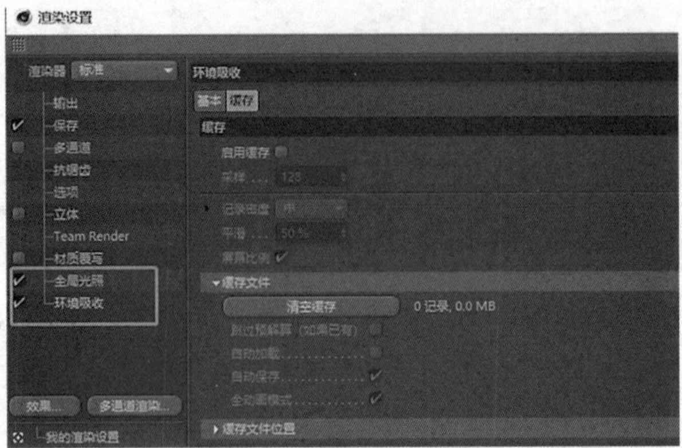


图 4-2-30　开启“全局光照”和“环境吸收”

8. 还可在主光源与辅光源的常规参数中，将亮部（主光源照明）调为暖色调，暗部（辅光源照明）调成冷色调，使得画面带点戏剧化效果，渲染观看，如图 4-2-31 至图 4-2-33 所示。

图 4-2-31　主光源暖色调

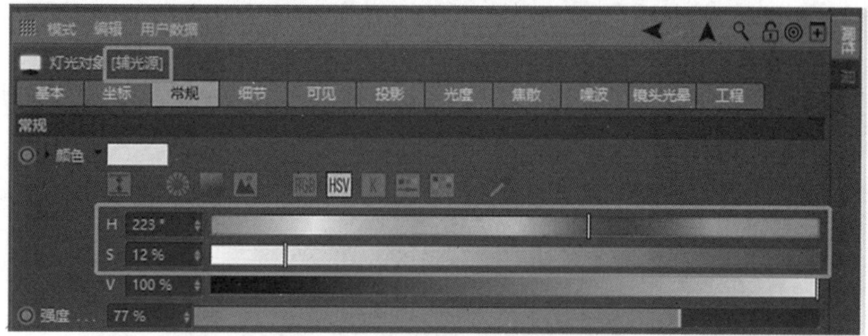


图 4-2-32　辅光源冷色调

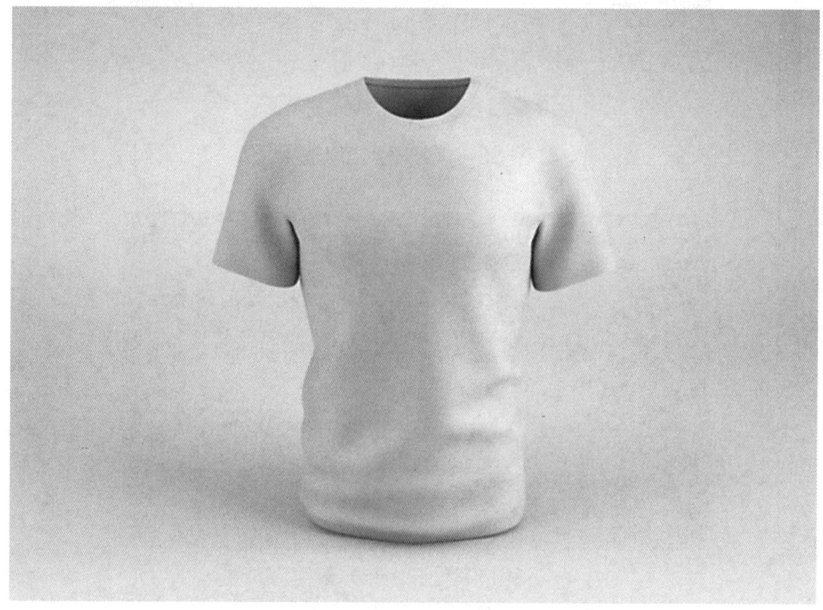

图 4-2-33　灯光颜色调整后渲染结果

9. 对比一下之前标准三点布光和本节课三点布光的效果图，前者明暗对比比较强烈，突出对象的立体感，后者整体较为柔和平均。实际操作过程中，可适当增加点缀光，弥补画面的不足，灯光、角度、参数仅作参考，最终一切以效果图好看为准，如图 4-2-34 至图 4-2-36 所示。

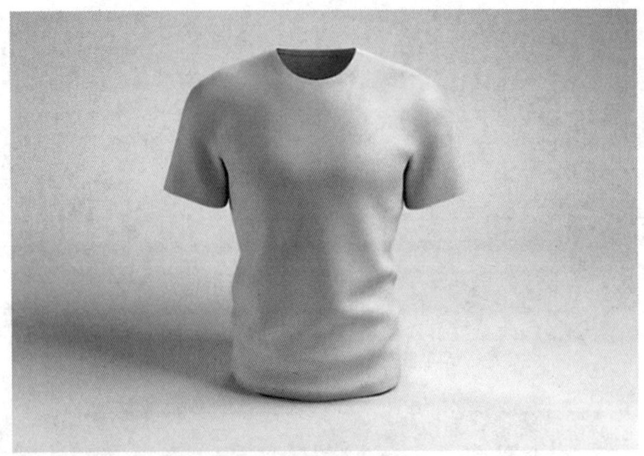

图 4-2-34　标准三点布光渲染图

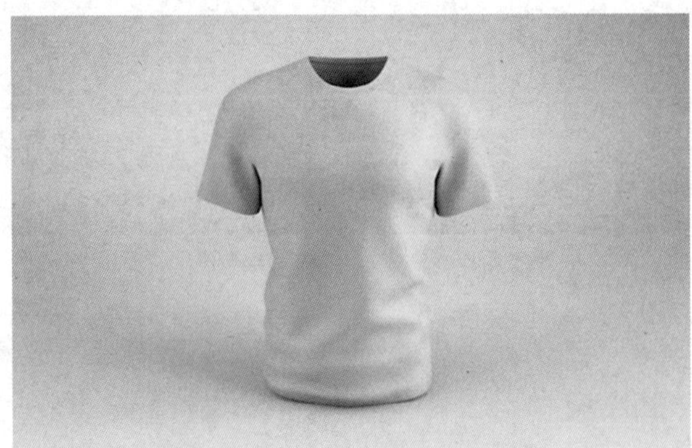

图 4-2-35　其它三点布光渲染图

图 4-2-36　其他三点布光最终渲染图

任务 4.3

# 阵列光配合无限光或聚光灯方式

## 教学重点

- **阵列光配合无限光或聚光灯方式。**

## 教学难点

- **如何使用制作阵列光配合无限光或聚光灯。**

## 任务分析

### 01. 任务目标

1. 熟练使用阵列光 + 远光灯组合灯光；
2. 熟练使用阵列光 + 聚光灯组合灯光。

### 02. 实施思路

通过视频了解并熟练使用阵列光配合无限光或聚光灯方式。

## 任务实施

### 01. 阵列光配合无限光或聚光灯方式

1. 阵列光 + 无限光（远光灯）：先做阵列光，点击工具栏灯光图标新建点光源；新建球体对象，放大球体，在对象属性面板中将球体对象类型改成半球体，如图 4-3-1 至图 4-3-4 所示。

图 4-3-1 点光源

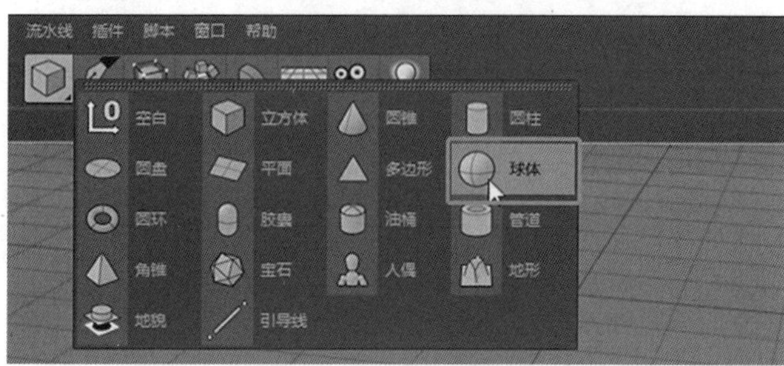


图 4-3-2 新建球体

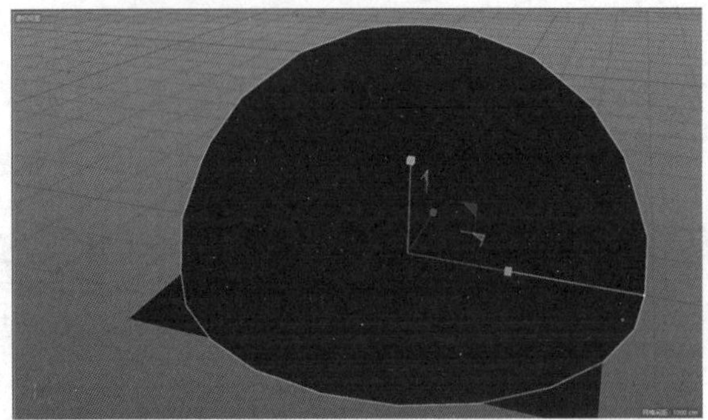

图 4-3-3　放大球体

图 4-3-4　半球体

2. 点击菜单栏运动图形，选择“克隆”，将点光源作为克隆子级，克隆的属性面板中选择克隆对象的模式为“对象”，并在对象一栏中选择球体，将克隆对象到半球的顶点上，如图 4-3-5 至图 4-3-8 所示。

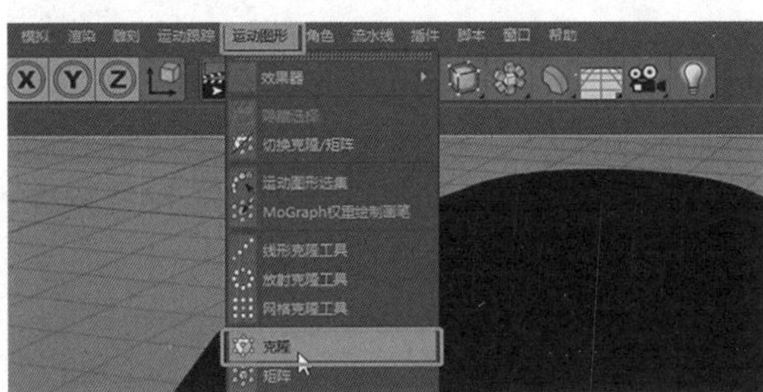


图 4-3-5　克隆

图 4-3-6　克隆点光源

图 4-3-7　设置克隆点光源到球体上

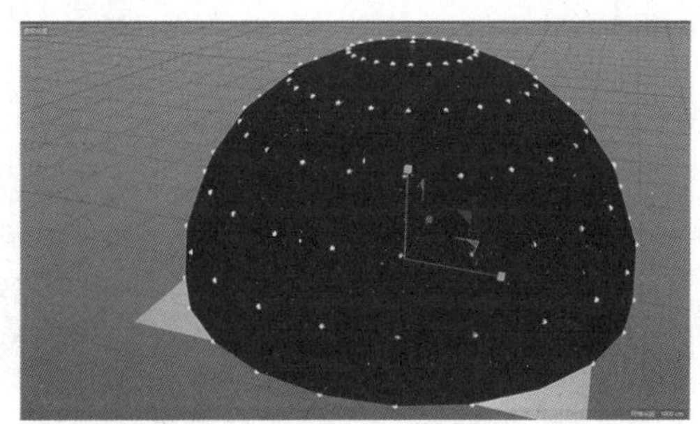
图 4-3-8 克隆点光源到球体上效果

3. 在属性面板中减少球体的分段控制顶点数量，在对象面板中将球体隐藏起来，如图 4-3-9 至图 4-3-12 所示。

图 4-3-9 减少分段、减少顶点数量

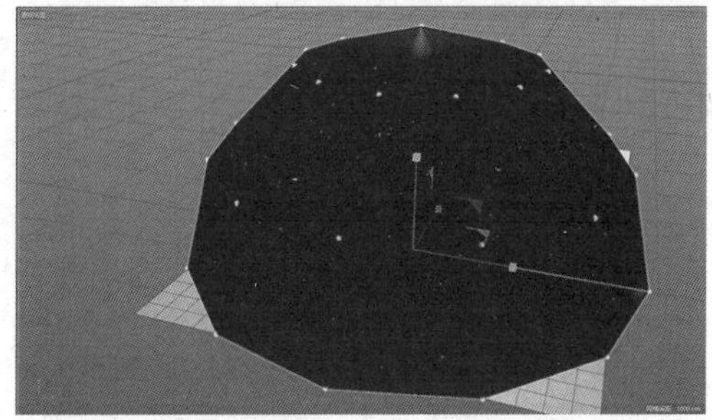
图 4-3-10 减少分段后效果

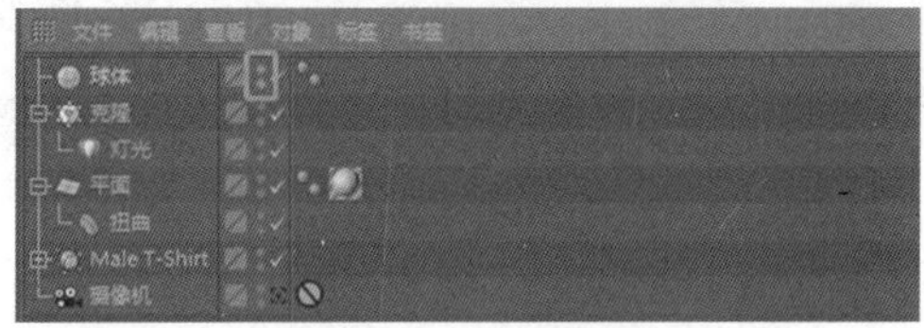

图 4-3-11 隐藏球体

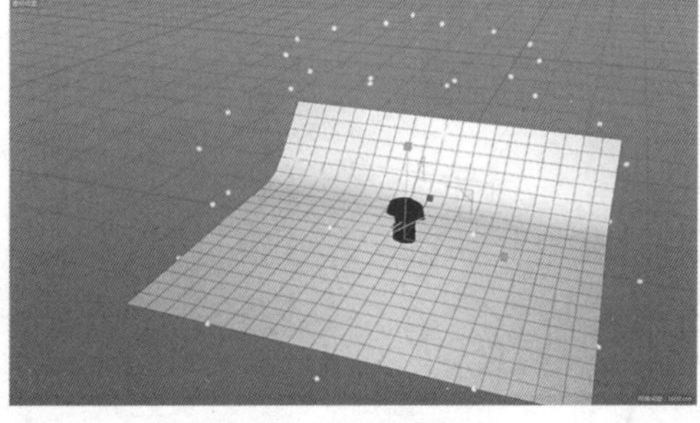
图 4-3-12 阵列光

4. 选择灯光，在属性面板中点击常规，投影模式选择区域；因为阵列光数量多，所以灯光强度也要相应降低，如图 4-3-13、图 4-3-14 所示。

图 4-3-13　修改灯光强度和投影模式

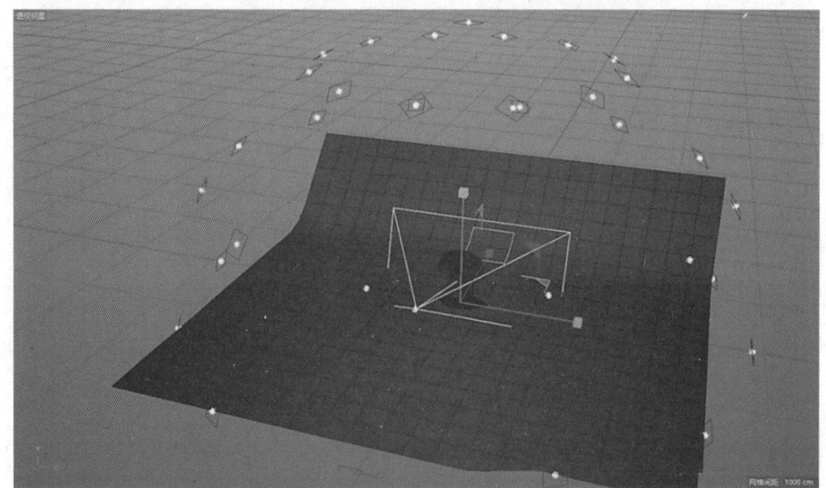

图 4-3-14　修改灯光参数后效果

5. 选择“区域渲染”，拖曳矩形框进行局部预览。阵列光的渲染较快，在个别场景中阵列光也用来模拟全局光照 (GI)，如图 4-3-15 至图 4-3-17 所示。

图 4-3-15　选择“区域渲染”模式

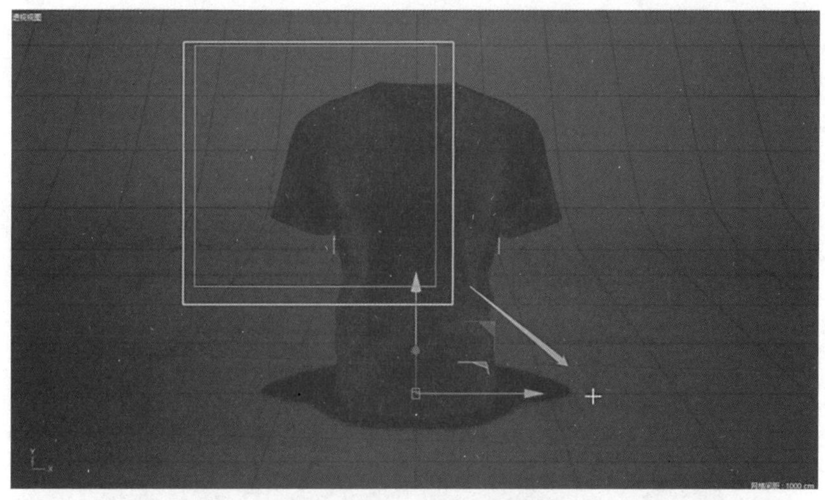
图 4-3-16　拖曳选择区域

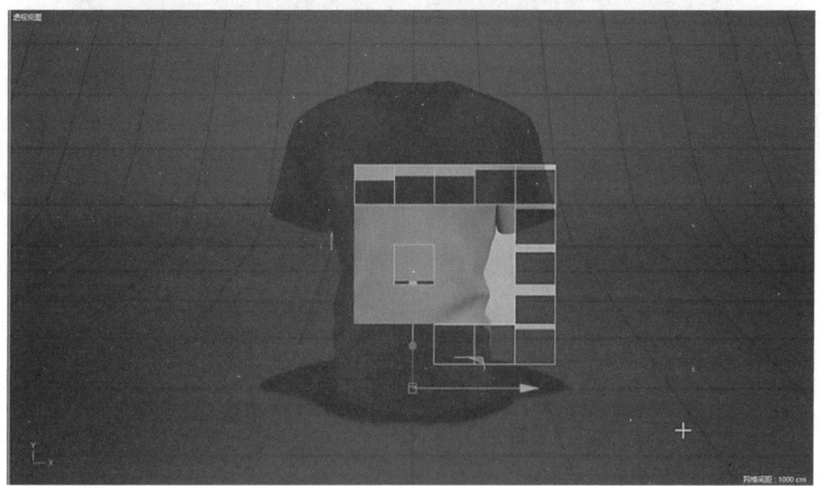
图 4-3-17　释放鼠标开始渲染

6. 阵列光制作完成后，新建远光灯，如图 4-3-18 所示。

图 4-3-18　新建远光灯

7. 介绍一种新的工作方式，开启多视图，将第二个视图改成透视视图，修改工作方式后可一边调整建模，一边查看固定镜头，视图窗口菜单显示选择光影着色，如图 4-3-19 至图 4-3-22 所示。

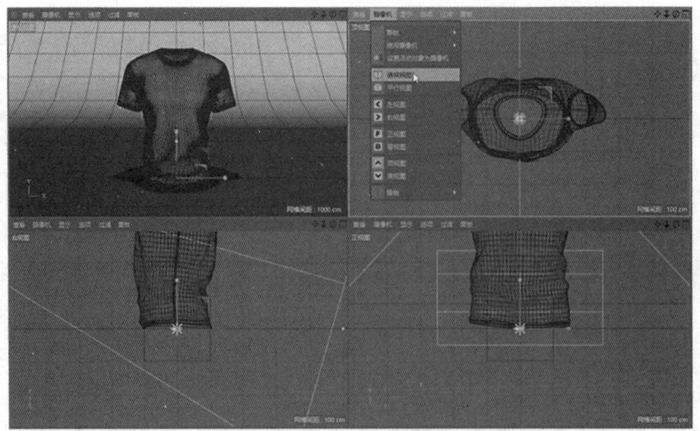

图 4-3-19　多视图

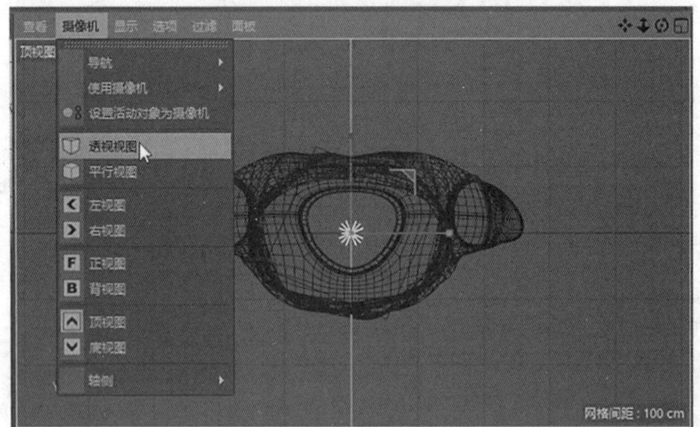


图 4-3-20　顶视图改成透视视图

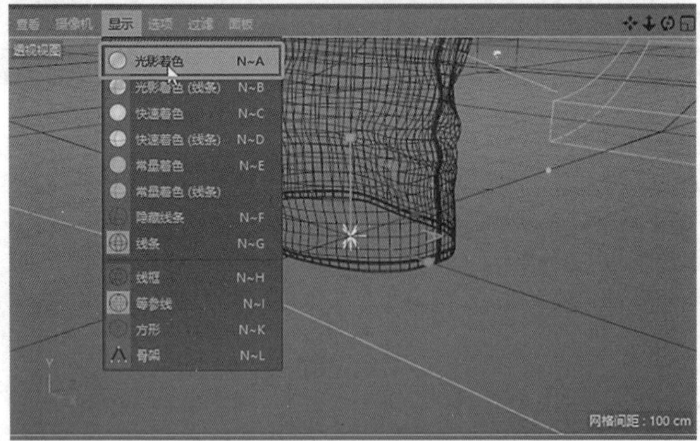


图 4-3-21　再开启光影着色

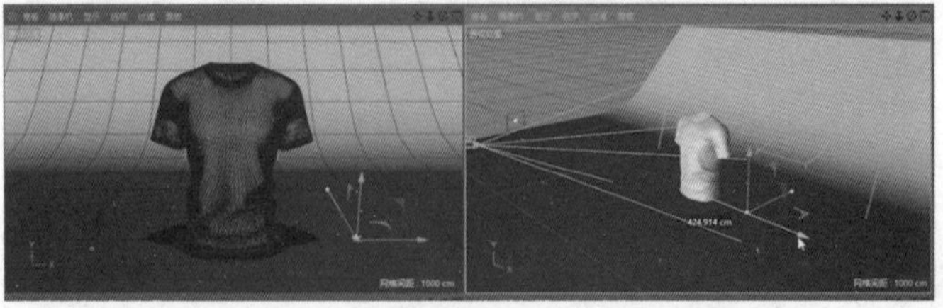

图 4-3-22　左边固定镜头，右边可自由布光

8. 选择远光灯，旋转照明角度，常规选项卡中开启区域阴影，如果视图看不到实时投影，需要开启视图投影可见，如图 4-3-23 至图 4-3-25 所示。

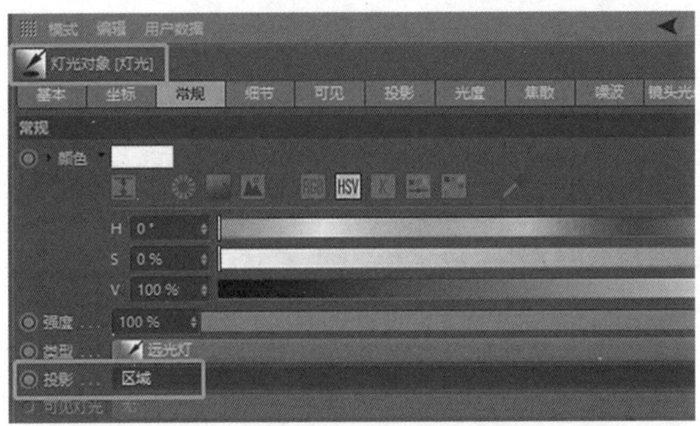


图 4-3-23　修改灯光投影模式

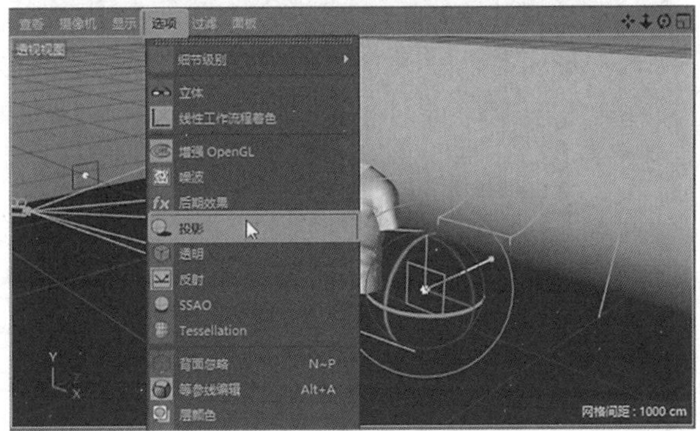


图 4-3-24　开启视图投影可见

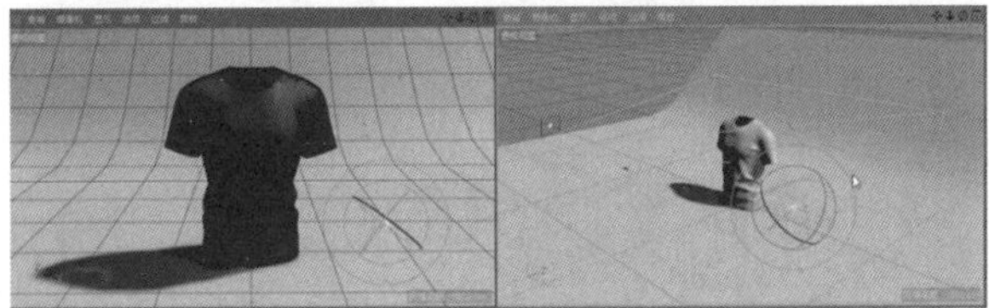

图 4-3-25　投影可见

9. 渲染观看，画面出现曝光，投影生硬，如图 4-3-26 所示。

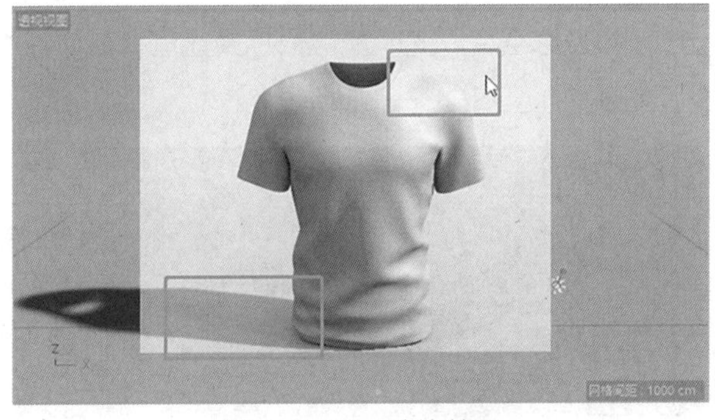


图 4-3-26　渲染效果

10. 发生上述情况后，需降低灯光强度，加大无限角度，实现近实远虚的投影，以上就是阵列光 + 远光灯（无限光）组合，如图 4-3-27 至图 4-3-29 所示。

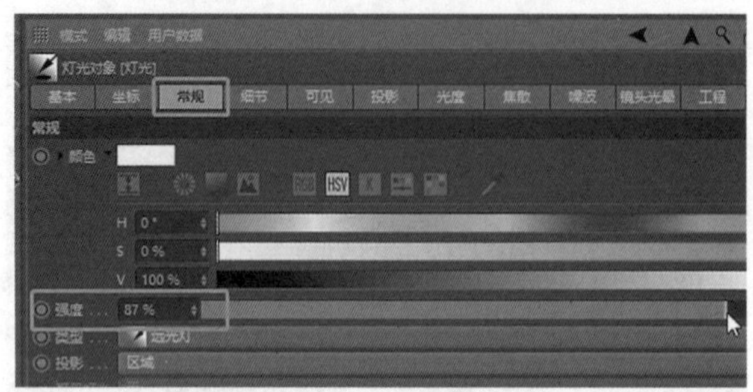


图 4-3-27 降低灯光强度

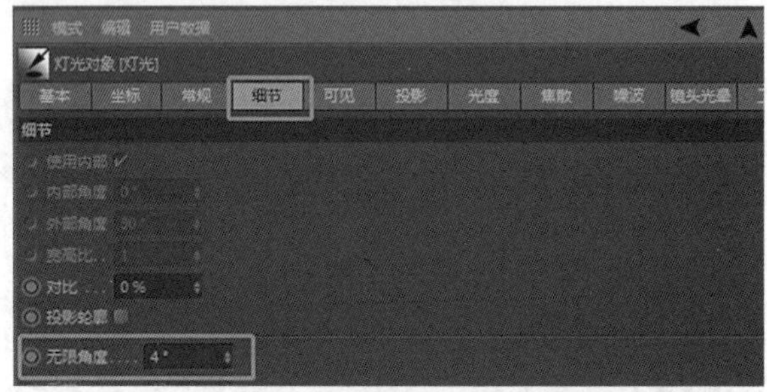


图 4-3-28 修改灯光细节的仰角度

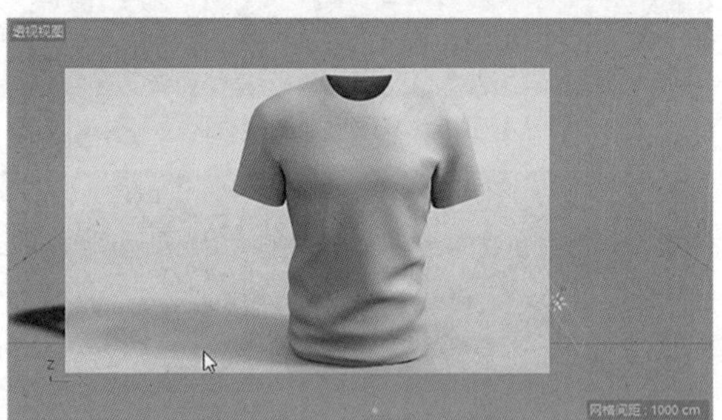


图 4-3-29 最终渲染结果

11. 阵列光 + 聚光灯：除了阵列光 + 远光灯的组合灯光之外，也常用聚光灯作为主光源，制作阵列光 + 聚光灯组合灯光；新建目标聚光灯，在属性面板中开启区域投影，渲染观看，如图 4-3-30 至图 4-3-33 所示。

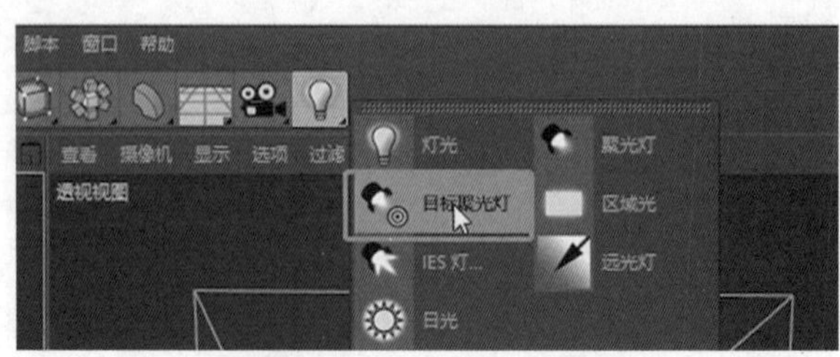


图 4-3-30 新建目标聚光灯

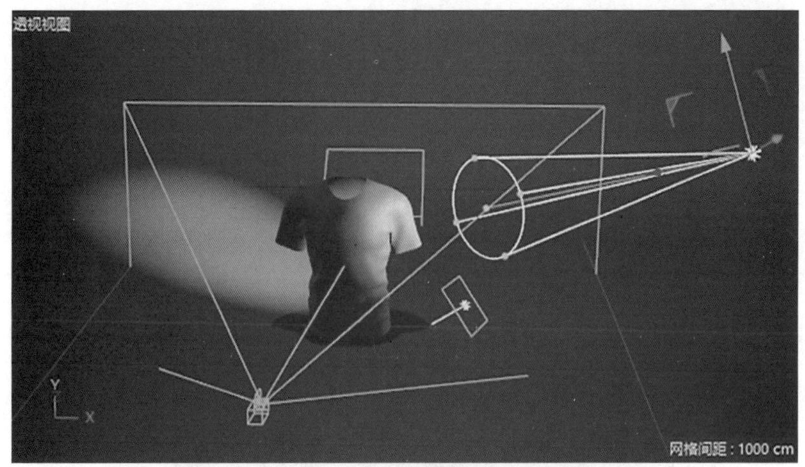


图 4-3-31　聚光灯作为主光源

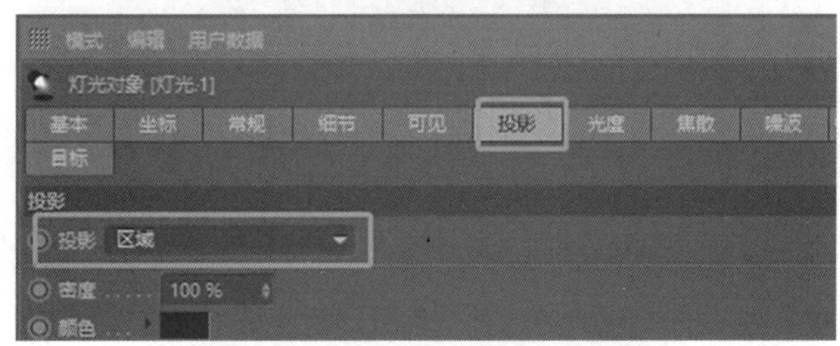


图 4-3-32　开启“区域”投影

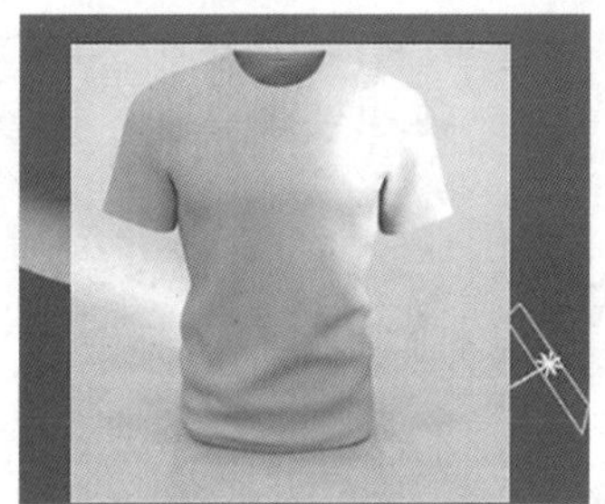

图 4-3-33　渲染效果

12. 在属性面板中调整聚光灯的常规参数，将聚光灯强度降低，并将阵列光调暗，加强明暗对比，如图 4-3-34 至图 4-3-36 所示。

图 4-3-34　聚光灯的强度

图 4-3-35　阵列光的强度

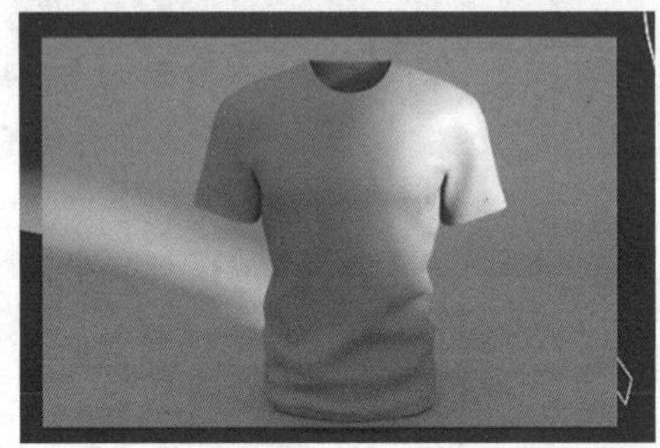

图 4-3-36　渲染效果

13. 在视图中调整聚光灯照明位置，照亮模型正面，以上就是阵列光 + 聚光灯组合灯光，如图 4-3-37 所示。

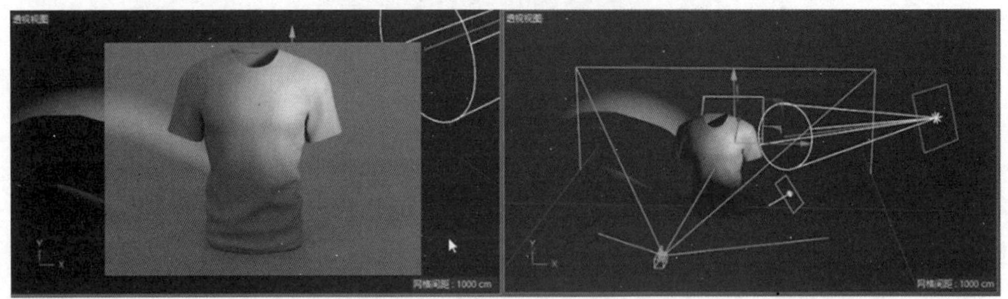

图 4-3-37　调整灯光位置

14. 接下来认识一个新系统，给阵列光添加颜色，克隆里有个效果器选项卡，允许通过效果器控制克隆的内容，运动图形菜单中的绿色工具都支持被效果器控制，如图 4-3-38、图 4-3-39 所示。

图 4-3-38　克隆对象的效果器

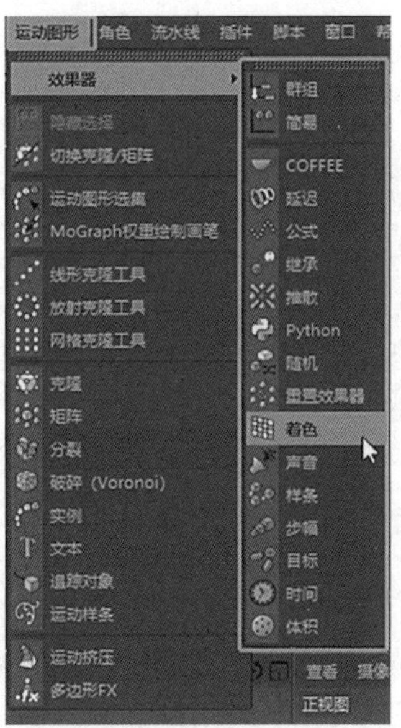


图 4-3-39　绿色为可添加效果器

15. 在选择克隆对象的情况下，点击添加着色效果器，添加效果器会自动添加到对象列表中，如图 4-3-40、图 4-3-41 所示。

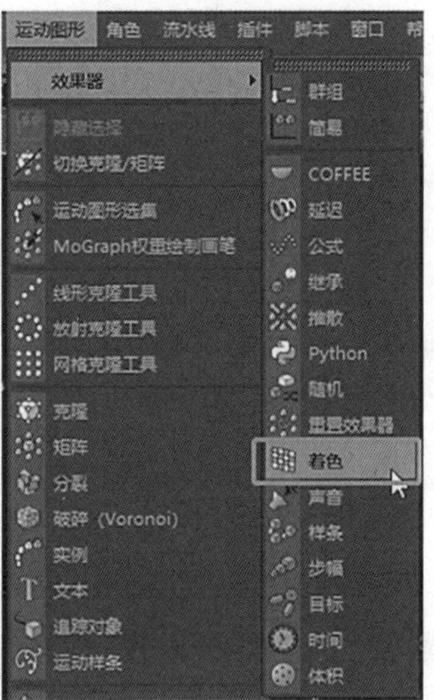


图 4-3-40　添加着色效果器

图 4-3-41　效果器在对象列表中

16. 选择着色器，在属性面板中将着色器模式修改为“渐变”，选择明显的区分颜色进行演示，修改渐变为垂直朝向（二维 -V），如图 4-3-42 至图 4-3-45 所示。

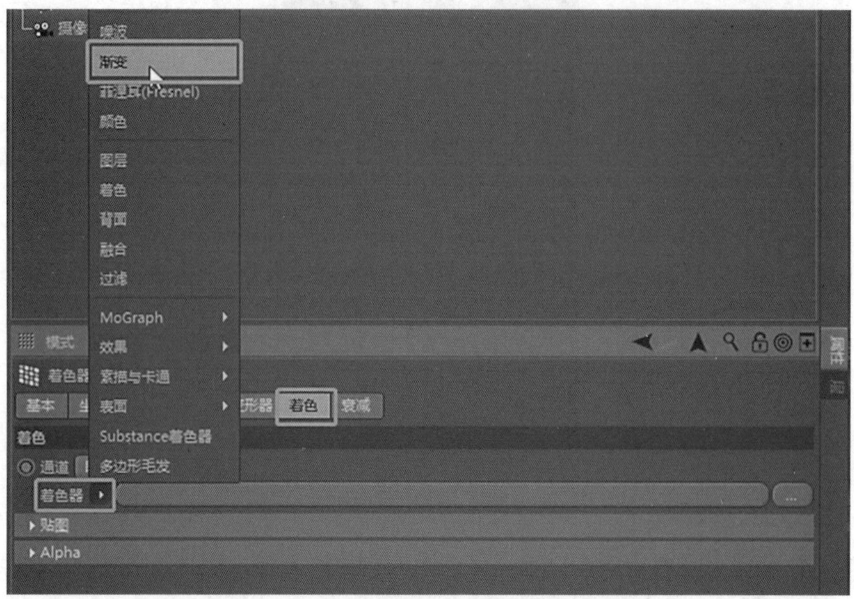


图 4-3-42　修改着色器的着色模式为“渐变”

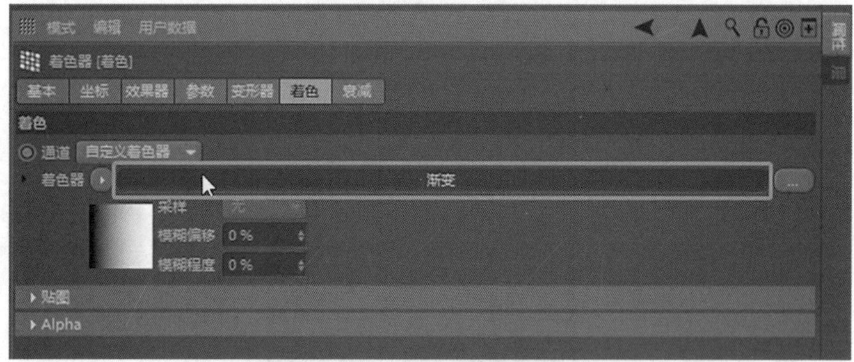


图 4-3-43　点击进入渐变着色器设置

图 4-3-44　修改渐变为垂直朝向（二维 -V）

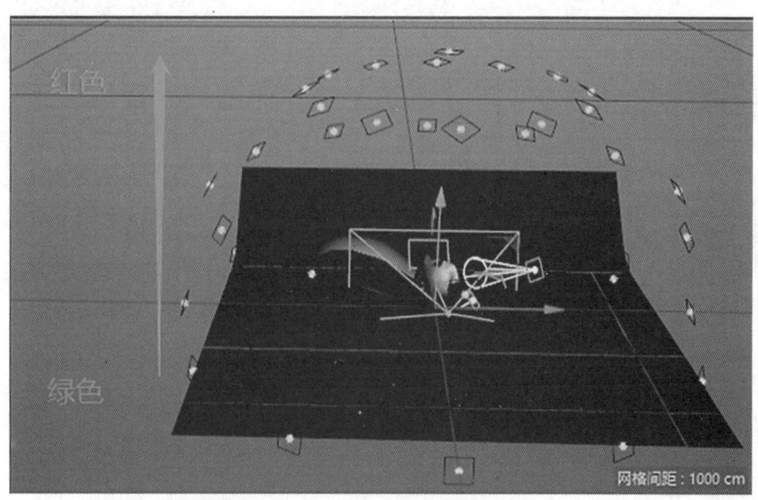


图 4-3-45　阵列光着色示意图

17. 实际上可根据不同产品要求或画面呈现调整颜色。最后提高整体渲染质量，打开渲染设置窗口，将抗锯齿模式修改为“最佳”，勾选环境吸收，如图 4-3-46 所示。

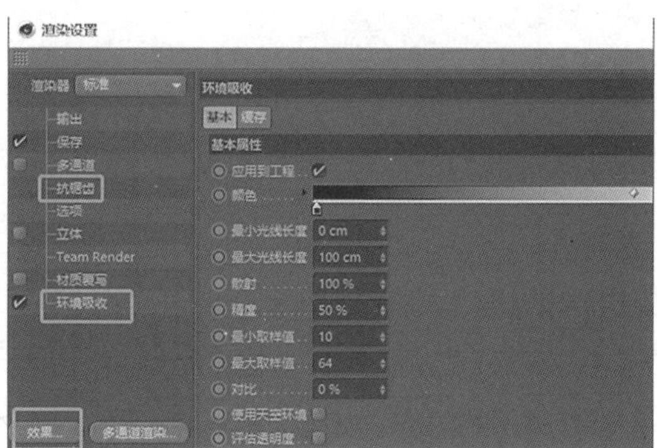


图 4-3-46　添加环境吸收效果

18. 点击“渲染”查看最终效果，如图 4-3-47 所示。

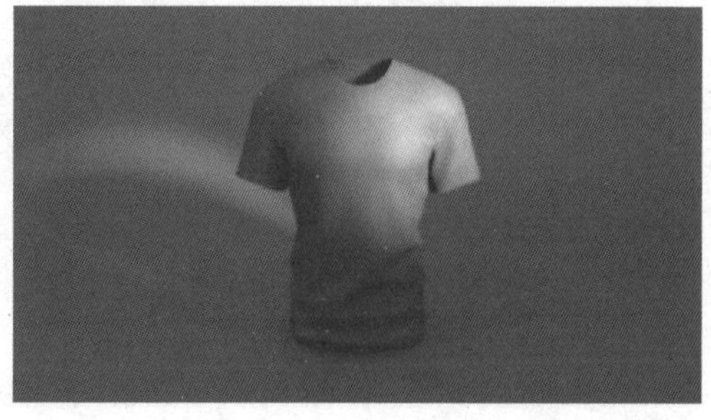

图 4-3-47　“阵列光 + 聚光灯”最终渲染效果

## 任务 4.4

# 使用预设库进行渲染

### 教学重点

· **使用预设库进行渲染。**

### 教学难点

· **如何使用预设库进行渲染。**

### 任务分析

#### 01. 任务目标

熟练使用预设库进行渲染。

#### 02. 实施思路

通过视频了解并熟练使用预设库进行渲染。

### 任务实施

#### 01. 使用预设库进行渲染

1. 在内容浏览器中，打开预置目录—Visualize—Presets—Light Setups—Studio Setups，找到摄影棚用的灯光。如图 4-4-1 所示。（当然你也可通过搜索名称找到它们）

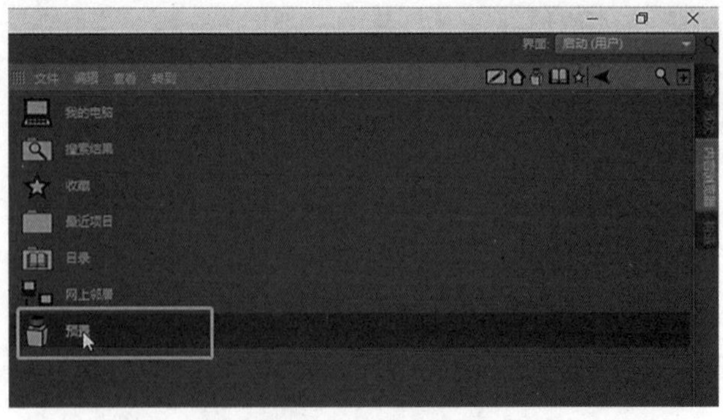

图 4-4-1　打开预置

2. 双击侧灯（softbox）、顶灯（softbox Boom）、聚光灯（Spot）分别添加到场景中，按照三点布光方式进行摆放。如图 4-4-2、图 4-4-3 所示。

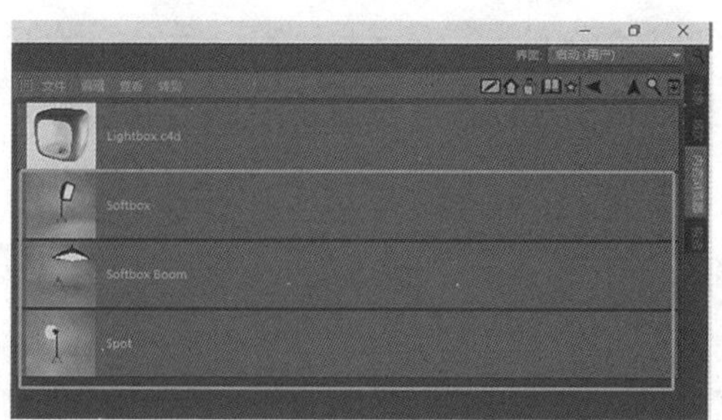


图 4-4-2　预设摄影棚灯光

图 4-4-3　预设灯光摆放完成后

3. 顶光（softbox Boom）的调节：选择 Target 对象，在视图中移动位置，可以调整照射目标。如图 4-4-4 所示。

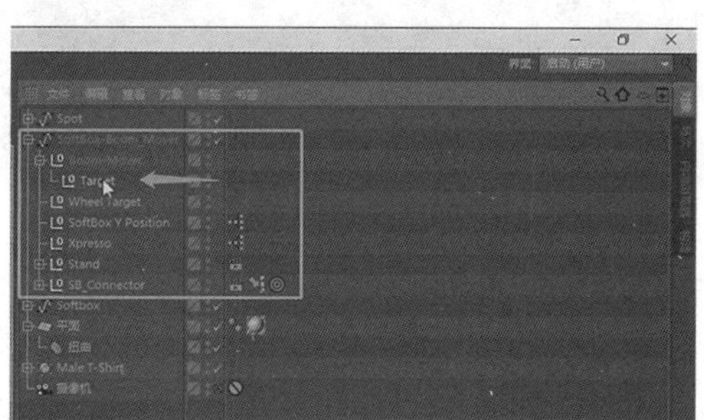


图 4-4-4　选择顶光的 Target 对象调整照射目标

4. 顶光（softbox Boom）的调节：选择 Stand 对象，在视图中移动位置，可以调整灯光支架。如图 4-4-5 所示。

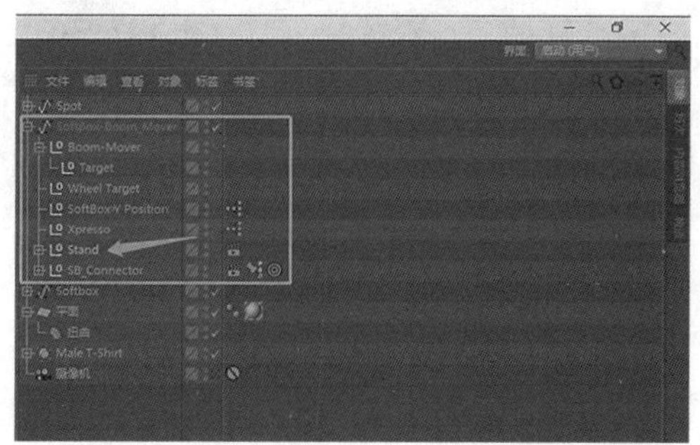


图 4-4-5　选择顶光的 Stand 对象调整灯光支架

5. 顶光（softbox Boom）的调节：选择顶灯，因为 T 恤的模型有点大，所以把顶光也放大些，和模型匹配，在视图中摆放在合适位置，如图 4-4-6 至图 4-4-8 所示。

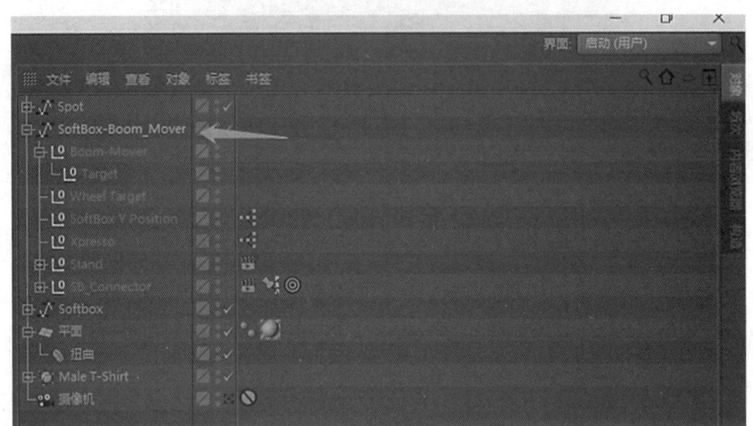


图 4-4-6　选择顶灯

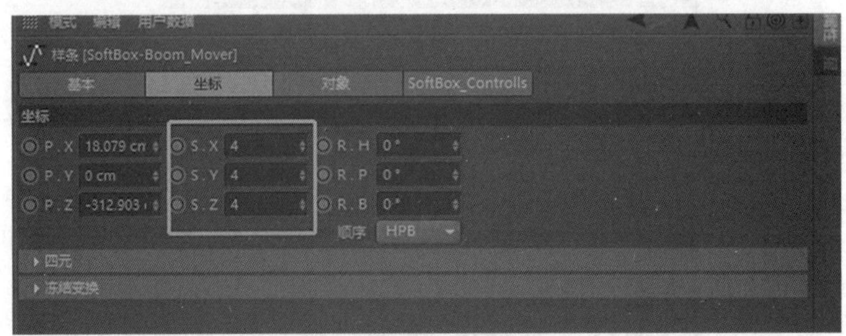


图 4-4-7　放大

图 4-4-8　顶光调整后效果

6. 侧灯（softbox）：属性控制选项卡，系统已经通过表达式关联了有关属性。在这里可以修改侧灯宽高、圆角、灯光类型、灯光强度、投影质量等，如图 4-4-9 至图 4-4-11 所示。

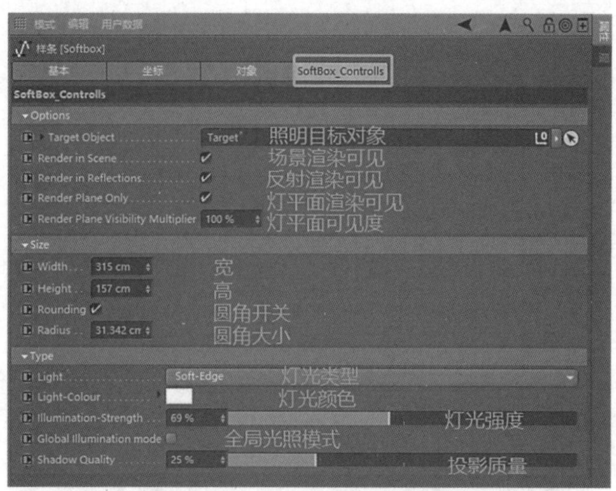


图 4-4-9　侧灯属性控制

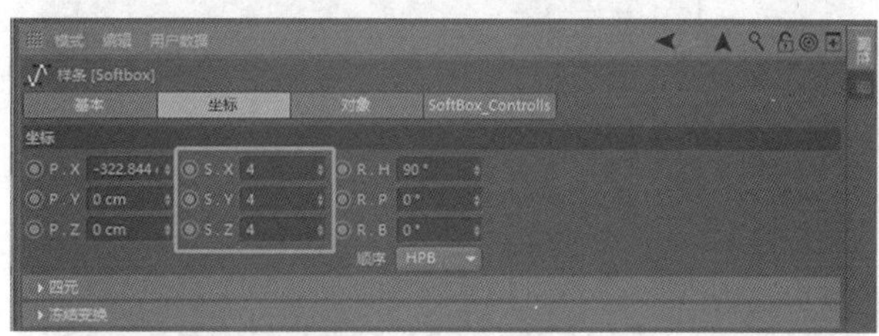


图 4-4-10　放大侧灯

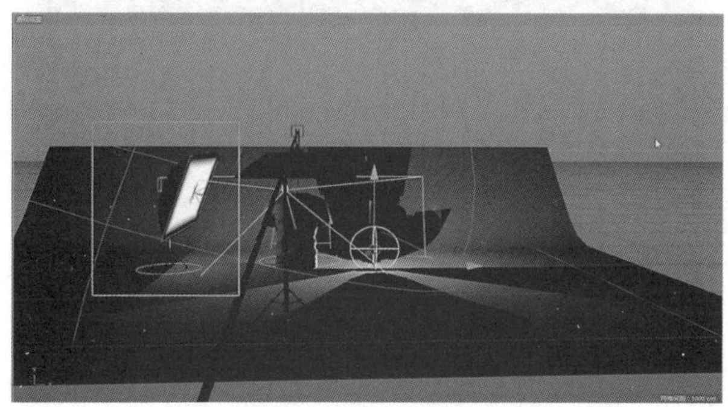

图 4-4-11　侧灯调整后

7. 聚光灯（Spot）常作为主光源，可正反方向尝试调整聚光位置，灯伞的作用是让聚光灯打出的光线变得均匀柔和，如图 4-4-12 至图 4-4-15 所示。

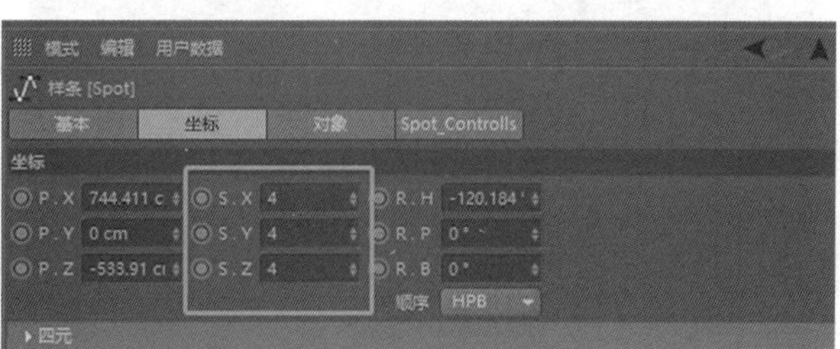


图 4-4-12　放大

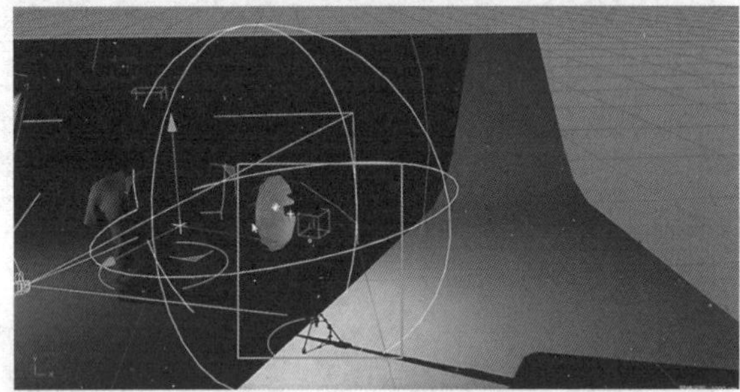


图 4-4-13　拖曳照明目标，摆好主光源角度

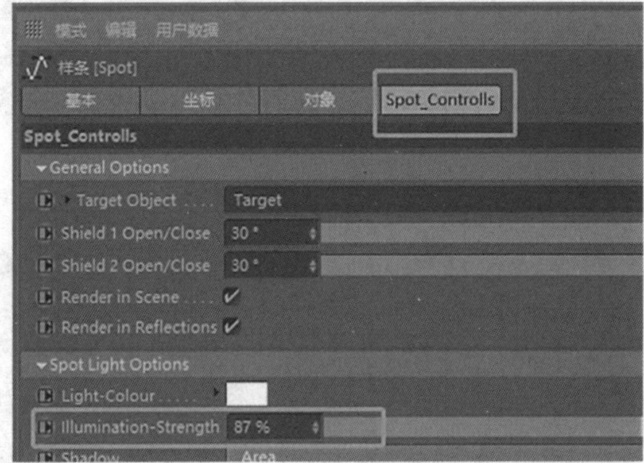

图 4-4-14　聚光灯

图 4-4-15　降低聚光灯强度

8. 聚光灯的降低强度，避免曝光，以上就是 C4D 预设的摄影棚灯光，如图 4-4-16 所示。（任何灯光的参数仅作参考，需根据实际效果图好看为准进行布光）

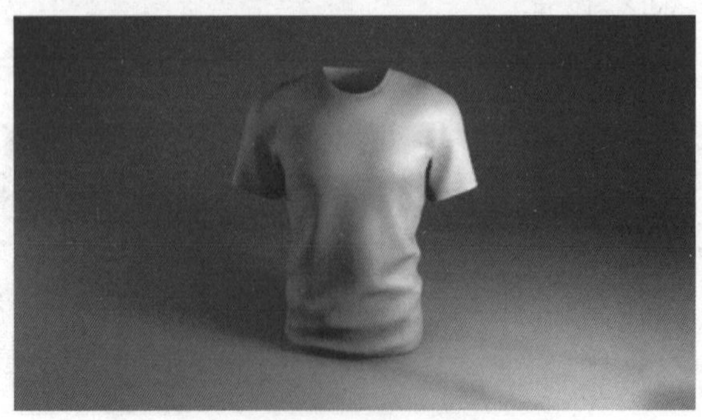

图 4-4-16　最终渲染结果

## 任务 4.5

# 外部光源照明

### 教学重点

· **外部光源照明。**

### 教学难点

· **如何使用外部光源照明。**

### 任务分析

#### 01. 任务目标

熟练使用外部光源照明。

#### 02. 实施思路

通过视频了解并熟练使用外部光源照明。

### 任务实施

#### 01. 外部光源照明

1. 准备一个室内场景，布光可以在没有添加材质时进行，这样照明的明暗变化会看得更清楚，如果上了各种颜色比较花的材质，就不容易观察了。建议按住 Ctrl+D 键打开工程设置，将工程无材质模型的默认颜色设置为“白色”，在白模上进行布光，如图 4-5-1、图 4-5-2 所示。

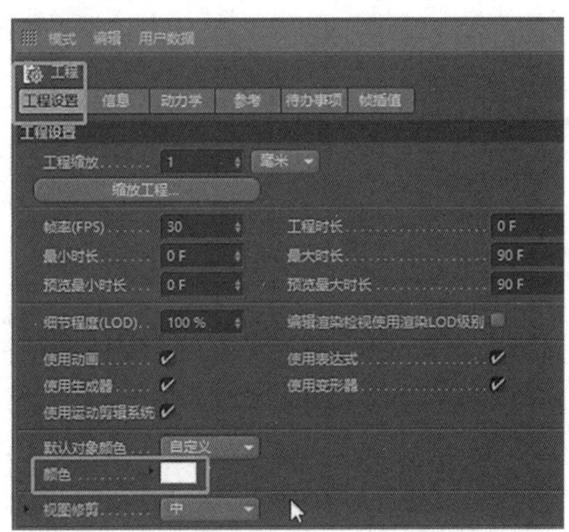


图 4-5-1　工程设置

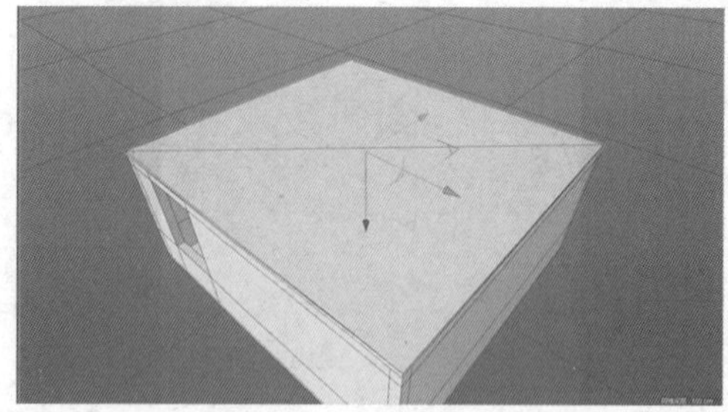

图 4-5-2　白模场景

2. 点击工具栏地面图标选择新建物理天空，一般不采用真实的太阳光，我们可以用远光灯来模拟太阳，在属性面板中将太阳光的强度调为“0”，如图 4-5-3、图 4-5-4 所示。

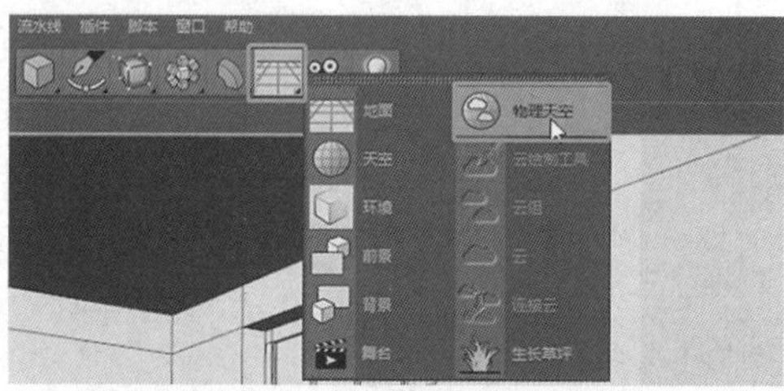



图 4-5-3　新建物理天空

图 4-5-4　调整太阳强度为 0

3. 新建远光灯，投影模式选择“区域”，并旋转坐标角度（调整灯光照明角度），视图中的蓝色轴向为远光灯的照射方向，如图 4-5-5 至图 4-5-8 所示。

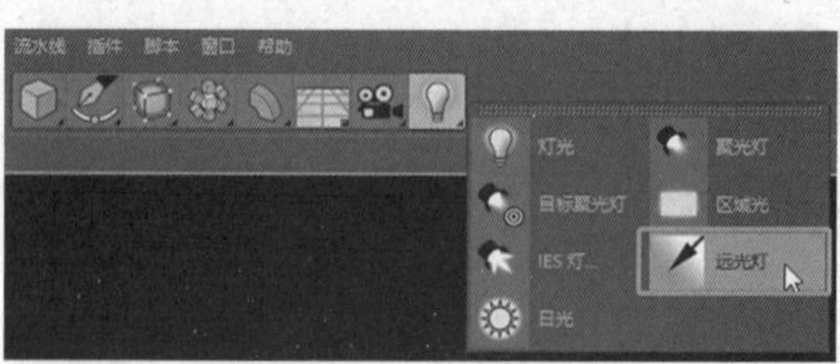



图 4-5-5　新建远光灯

图 4-5-6　开启投影

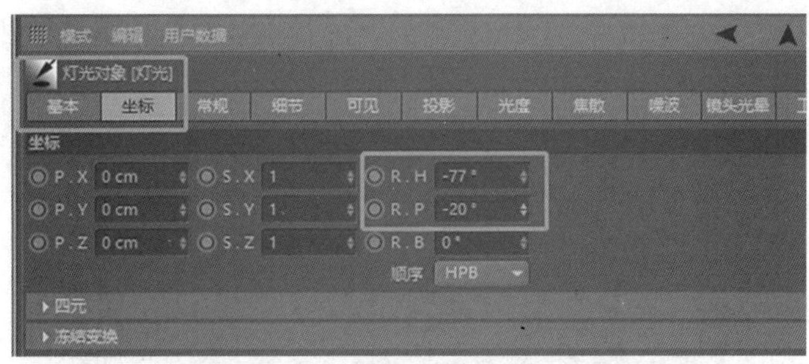


图 4-5-7　调整远光灯照明角度

图 4-5-8　远光灯调整后场景

4. 渲染看效果。由于工程建模上没有添加材质，所以门窗玻璃还是不透明的，渲染时光线无法照射进来，如图 4-5-9 所示。

图 4-5-9　无光照效果

5. 给场景中的玻璃对象新增透明材质，开启 GI 入口优化外部光源照射进来，如图 4-5-10、图 4-5-11 所示。

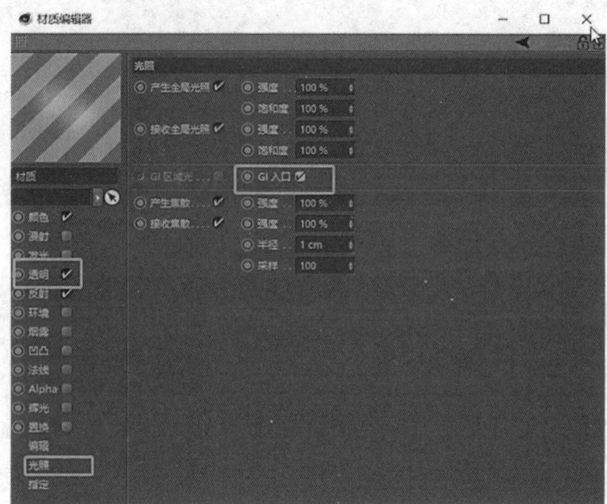


图 4-5-10　开启玻璃材质 GI 入口

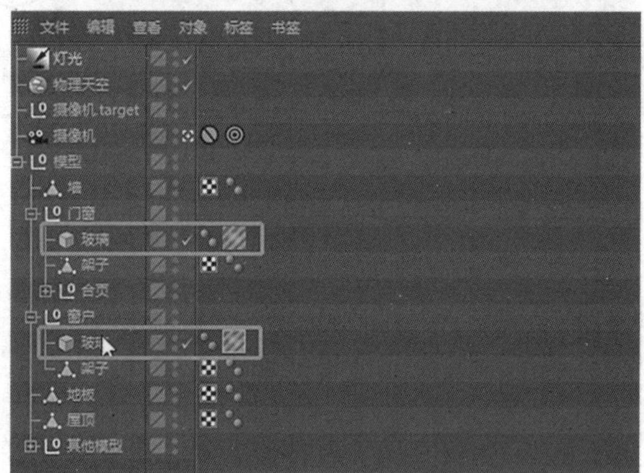


图 4-5-11　玻璃材质添加到玻璃模型上

6. 选择远光灯，在属性面板中将远光灯细节下的无限角度调小，点击渲染设置窗口开启“最佳”抗锯齿，如图 4-5-12 至图 4-5-14 所示。

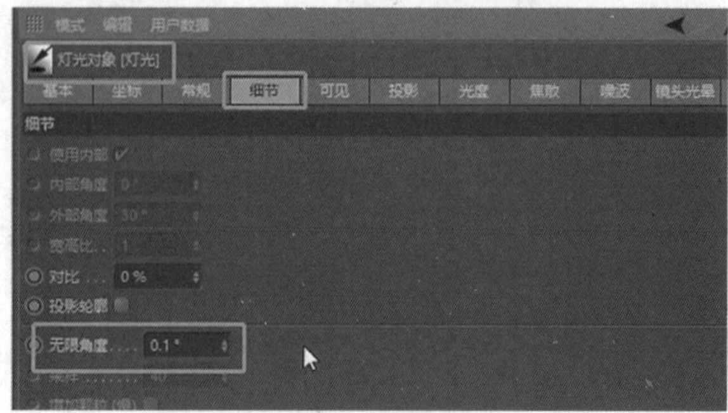


图 4-5-12　修改远光灯的无限角度

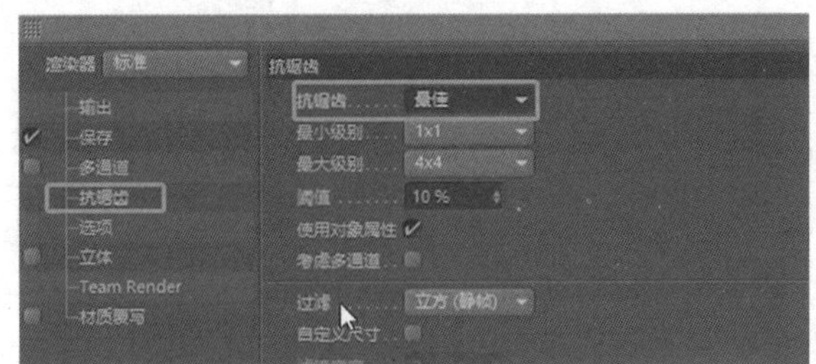

图 4-5-13　修改抗锯齿为最佳

图 4-5-14　渲染结果

7. 室内场景的建议开启全局光照，真实环境中灯光照射到物体表面，会进行多次反弹照亮整个场景。这里有一些全局光照的反弹算法，比如准蒙特卡洛（QMC）：优点是最精确，缺点是渲染慢、容易出现噪点，辐照缓存 (IR)：会有一些误差，但是渲染下一帧时可以使用缓存，如果是做动画时能加快渲染速度。建议反弹算法采用辐照缓存（IR）+ 准蒙特卡洛 (QMC) 模式，如图 4-5-15 所示。

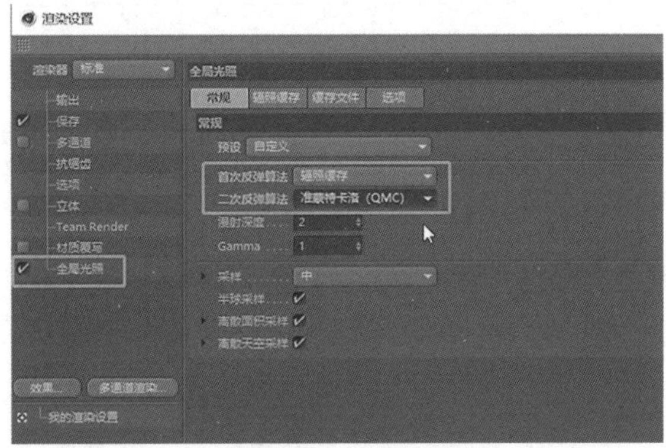

图 4-5-15　开启全局光照，修改算法

8. 虽然在渲染器设置中，已经提供了各种渲染品质的预设，我们也可以选择自定义自主控制渲染质量。建议反弹算法采用辐照缓存 (IR)+ 准蒙特卡洛（QMC）模式，也就是首次反弹算法为“辐照缓存（IR）”，二次反弹算法为“准蒙特卡洛（QMC）”，其他保存默认（漫射深度为“2”，Gamma 为“1”，采样模式为“中”，勾选半球采样、离散面积采样和高散天空采样），如图 4-5-16、图 4-5-17 所示。

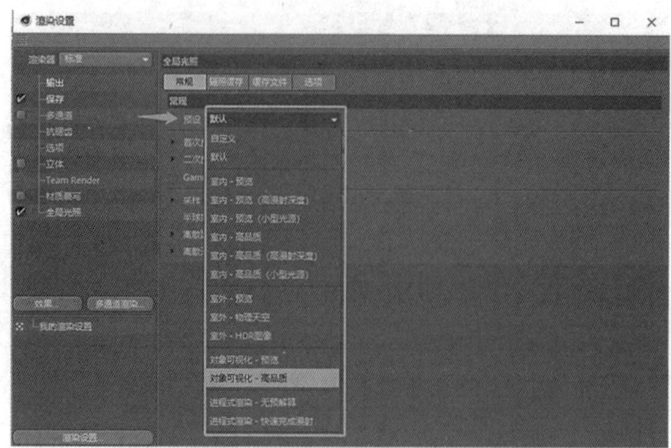


图 4-5-16　全局光照预设模式

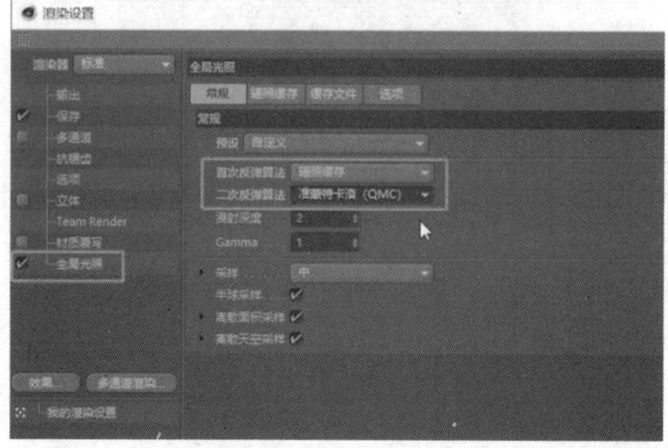


图 4-5-17　IR+QMC 模式

9. 墙面上有许多光斑，这和全局光的辐照缓存计算有关，在渲染设置窗口中降低光子的辐照缓存，加大平滑度，能有效抑制墙面上的光斑，提高采样精度，如图 4-5-18 至图 4-5-21 所示。

图 4-5-18　充满光斑的效果图

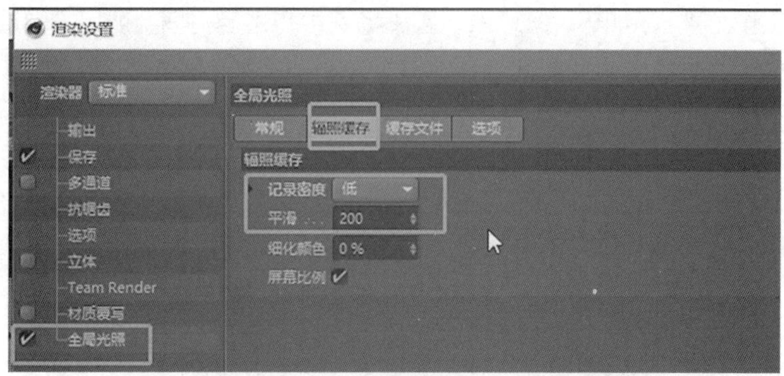


图 4-5-19　修改全局光照的记录密度

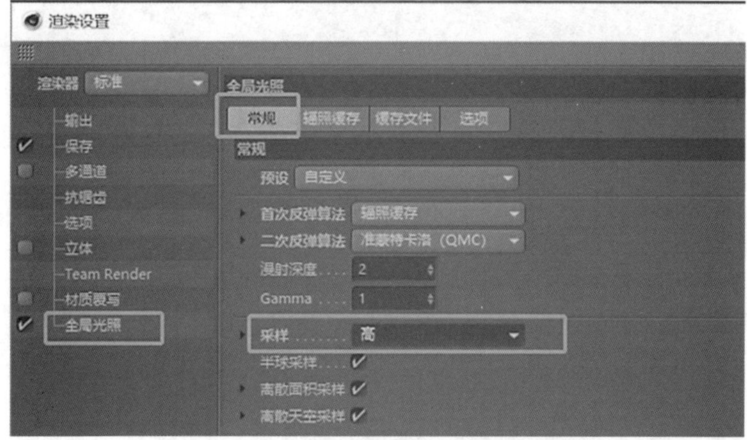


图 4-5-20　提高全局光照的采样精度

图 4-5-21　调整后渲染效果

10. 点击效果，添加环境被吸收，因为场景中有透明材质，所以需勾选评估透明度；勾选评估透明度后，玻璃部分被环境吸收，阴影就不会那么黑，如图 4-5-22、图 4-5-23 所示。

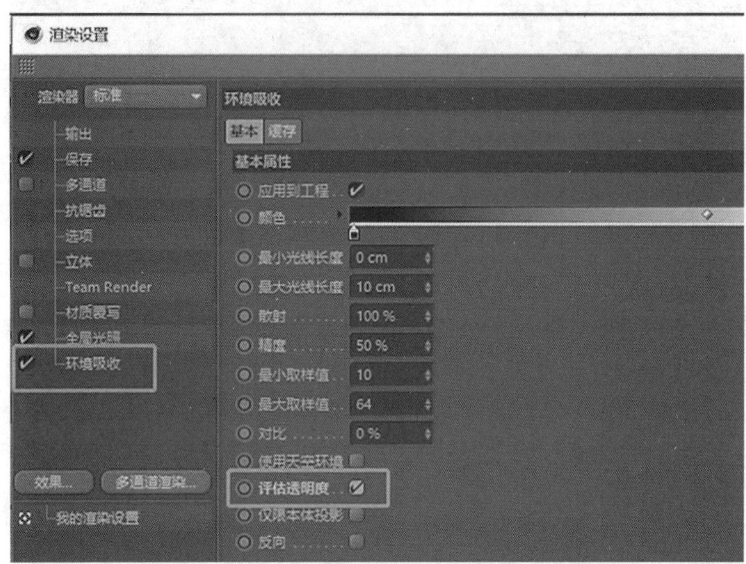


图 4-5-22　开启全局光照的评估透明度

图 4-5-23　开启评估透明度后渲染效果

11. 如光线入口处过度曝光，可在渲染器设置中添加颜色映射，抑制曝光，不过微微曝光会更好看，如图 4-5-24 至图 4-5-26 所示。

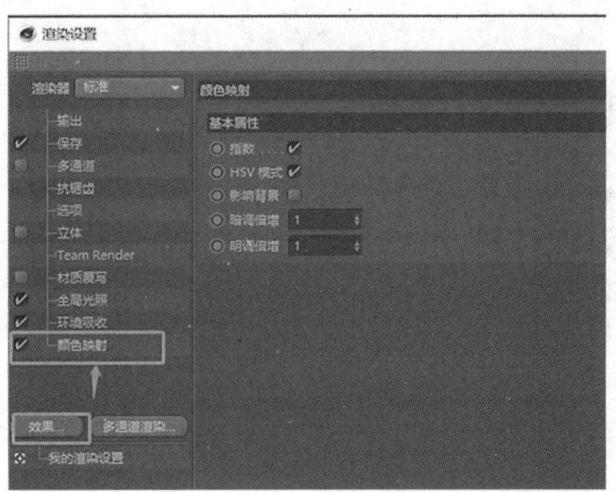


图 4-5-24　添加颜色映射

图 4-5-25　添加颜色映射后渲染结果

图 4-5-26　外部光源最终渲染图

任务4.6

# 内部光源照明

## ——使用材质自发光照明

## 教学重点

· **使用材质自发光照明。**

## 教学难点

· **如何使用材质自发光照明。**

## 任务分析

### 01. 任务目标

熟练使用材质自发光照明。

### 02. 实施思路

通过视频了解并熟练使用材质自发光照明。

## 任务实施

### 01. 内部光源照明——使用材质自发光照明

1. 准备一个场景，新建材质球，开启发光通道，开启辉光通道，将发光材质球拖曳到灯管上（按住 Ctrl 键拖曳可以复制材质标签），如图 4-6-1、图 4-6-2 所示。

图 4-6-1　新建材质球，开启辉光通道

图 4-6-2　给灯管上材质

2. 渲染观看，发现辉光太大，在材质编辑器中将辉光的内部强度和外部强度调小，如图 4-6-3、图 4-6-4 所示。

图 4-6-3　渲染结果

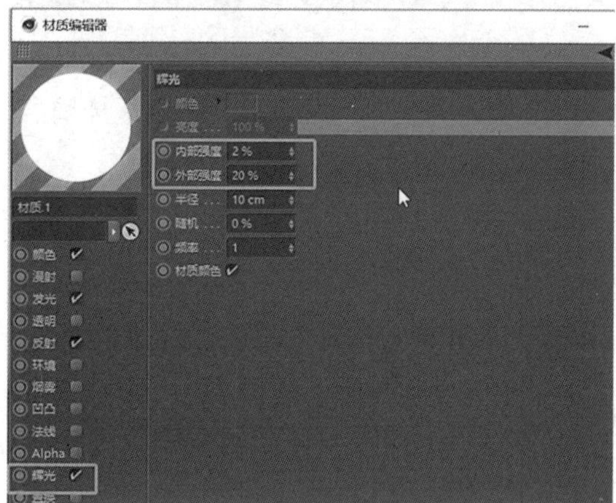


图 4-6-4　调整材质球内外部辉光强度

3. 调整好辉光后，渲染观看，如图 4-6-5 所示。

图 4-6-5　调整辉光后渲染效果

4. 因为添加了发光材质，所以自动启用对象辉光效果，在渲染设置中添加全局光照、环境吸收效果，渲染观看。因自发光为场景中唯一的光源，所以全局光照能反弹光源比较少，场景会比较暗，须知地上的光斑和全局光照有关，如图 4-6-6、图 4-6-7 所示。

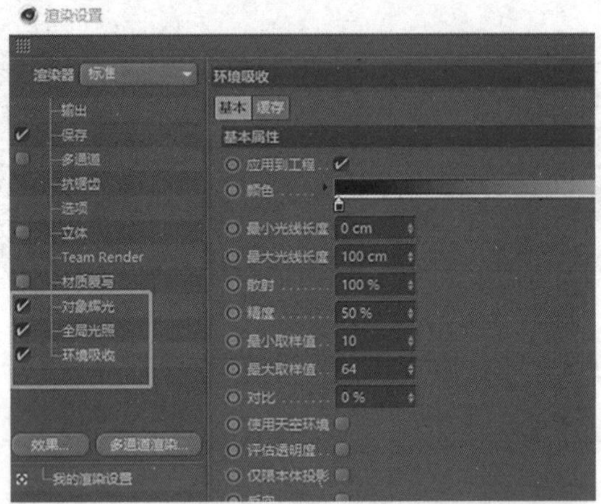


图 4-6-6　开启“辉光对象，全局光照，环境吸收”

图 4-6-7　开启渲染效果后渲染结果

5. 在全局光照中降低辐照缓存，加大平滑度，提高采样精度，渲染观看，光斑明显减少，如图 4-6-8 至图 4-6-10 所示。

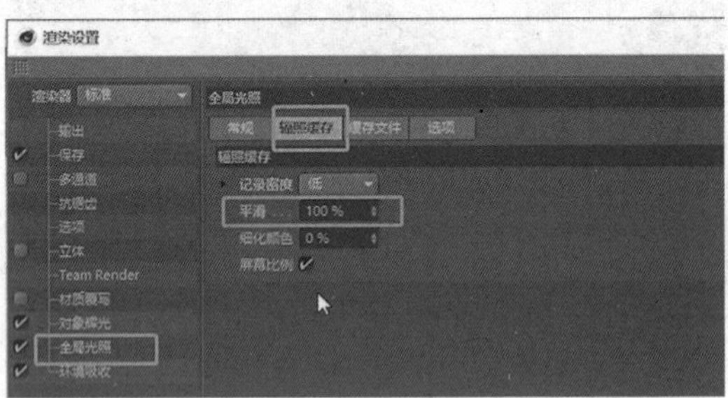


图 4-6-8　修改全局光照的平滑

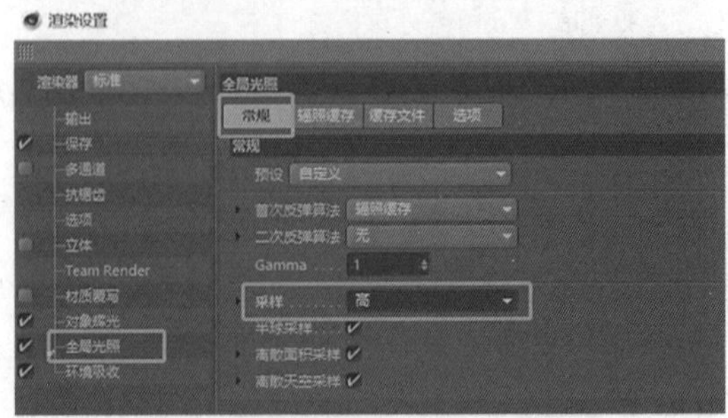


图 4-6-9　提高全局光照的采样

图 4-6-10　修改全局关照后渲染结果

6. 给场景添加自发光材质球，自发光材质和普通灯光不同，没有手动调节衰减等参数，自发光依靠材质管理器调节，调节颜色，调节亮度，渲染观看，如图 4-6-11、图 4-6-12 所示。

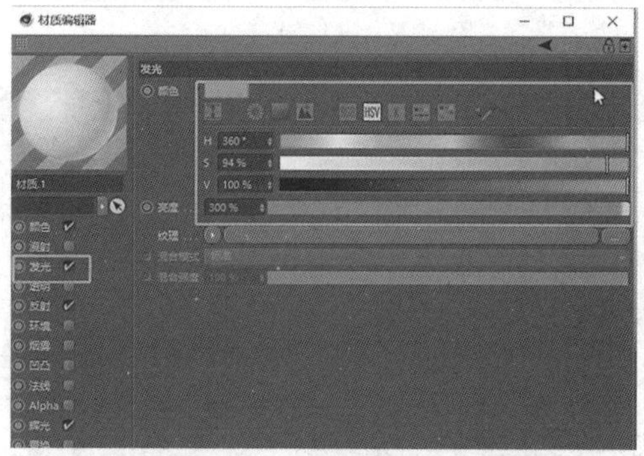

图 4-6-11　新建自发光材质球

图 4-6-12　场景添加自发光材质后效果图

7. 可添加纹理贴图控制发光，如制作渐变贴图，渲染观看，如图 4-6-13 至图 4-6-15 所示。

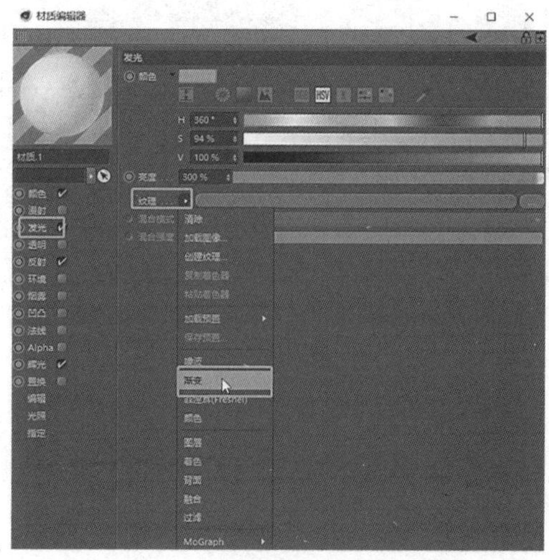

图 4-6-13　为发光通道添加渐变纹理

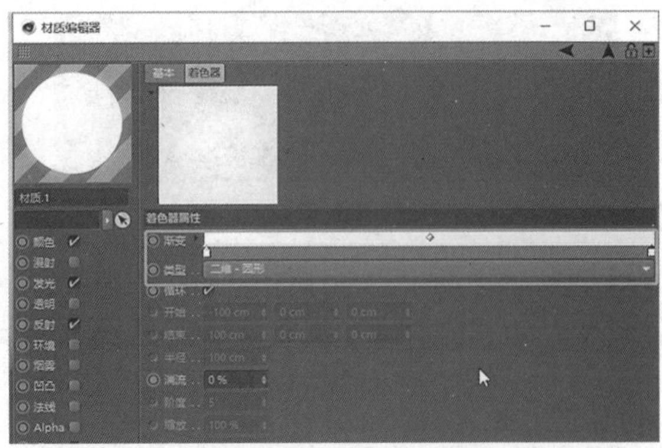

图 4-6-14　渐变纹理

图 4-6-15　添加渐变后渲染结果

8. 在材质编辑器中，混合强度指的是颜色和纹理的混合，可颜色多些，也可纹理多些，或者混合多些，如图 4-6-16 所示。

图 4-6-16　调整混合强度

9. 还可用菲涅尔作为纹理，菲涅尔的黑色代表颜色明显，白色代表颜色不明显，渲染观看菲涅尔纹理的效果，在真实世界中，许多物质存在“菲涅尔效应”，通常在反射通道中应用比较多，中间颜色明显、边缘颜色弱，如图 4-6-17 至图 4-6-19 所示。

图 4-6-17　为发光通道添加菲涅尔纹理

图 4-6-18　菲涅尔

图 4-6-19　添加菲涅尔后渲染结果

10. 使用真实物理环境的菲涅尔参数，渲染观看，如图 4-6-20、图 4-6-21 所示。

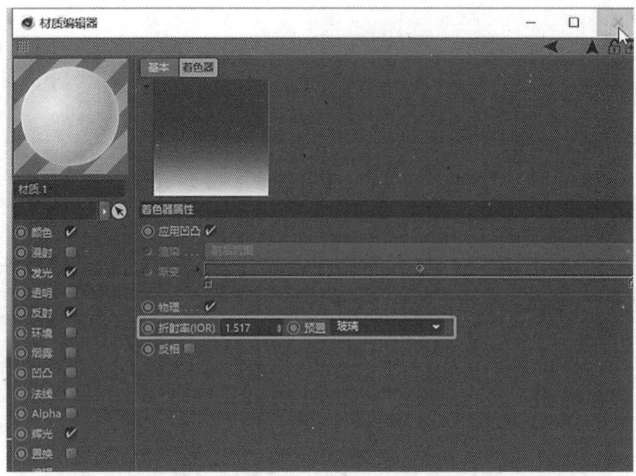

图 4-6-20　使用真实菲涅尔参数

图 4-6-21　渲染结果

11. 还可添加一盏聚光灯照亮场景，在属性面板中调整聚光灯内外角度，调整照射目标，如图 4-6-22 至图 4-6-24 所示。

图 4-6-22　创建目标聚光灯

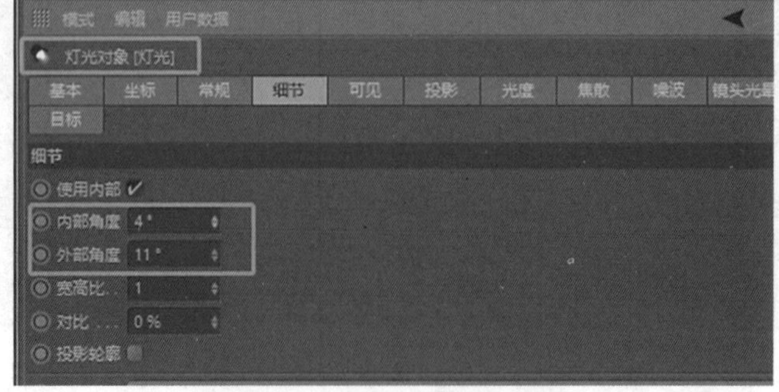

图 4-6-23　调整内外部角度

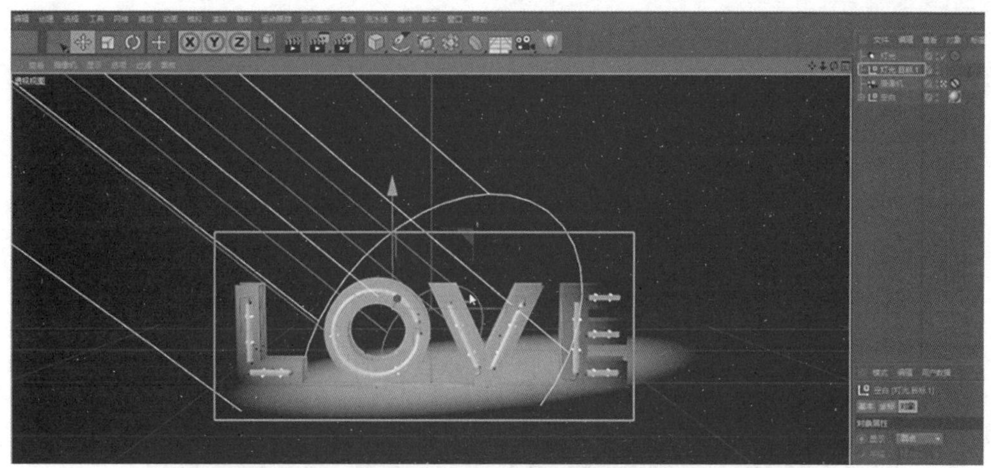


图 4-6-24　调整后场景

12. 选择聚光灯，在属性面板中修改常规下的投影模式为“区域”，亮度降低，渲染观看，如图 4-6-25、图 4-6-26 所示。

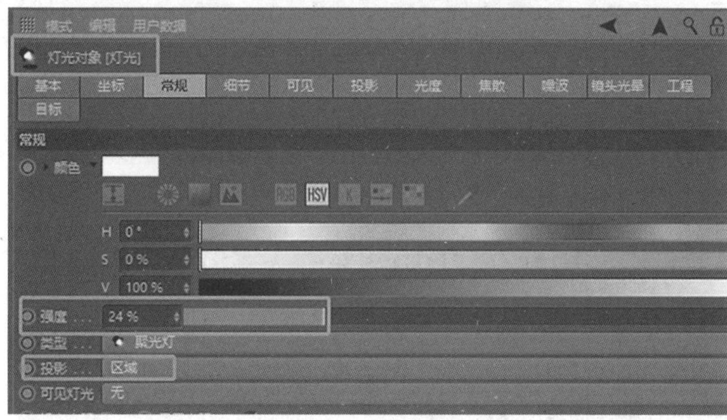


图 4-6-25　修改聚光灯强度和投影模式

图 4-6-26　修改后渲染结果

13. 在灯光的工程选项卡中，排除场景只照亮主体物，如图 4-6-27、图 4-6-28 所示。

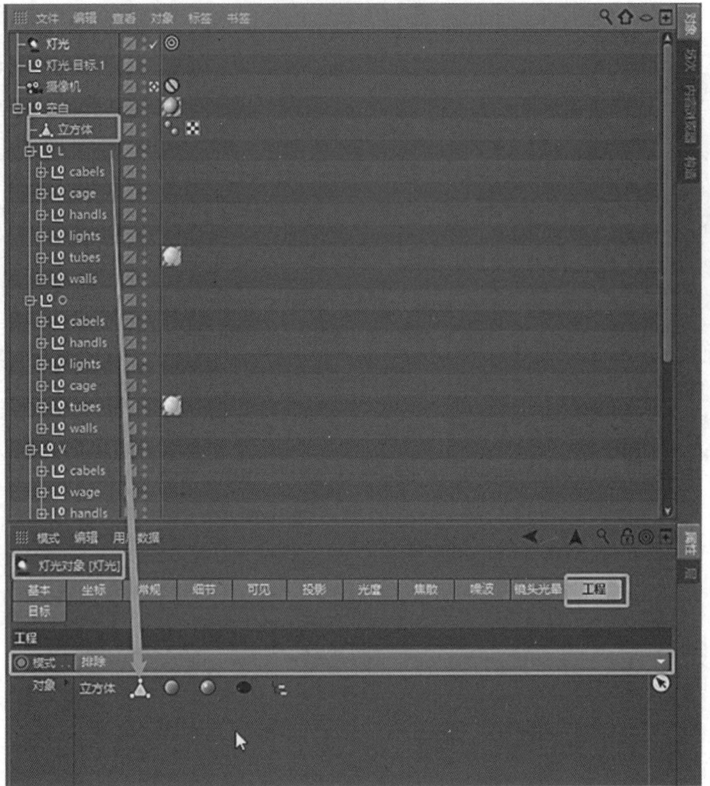


图 4-6-27　灯光添加照明排除物体

图 4-6-28　最终渲染结果

Chapter 05

# 第 5 章

# 材质实例

任务 5.1　金属（高反射类）材质详解——最简单的反射属性却是质感的灵魂

任务 5.2　有色金属与丰富质感——为金属增添更多质感

任务 5.3　透明（高透明度类）材质——最需要平衡渲染时间和渲染品质

任务 5.4　透明阴影与折射焦散的问题处理

任务 5.5　如何制作毛发效果——快速绒毛对象

**任务 5.1**

# 金属（高反射类）材质详解

## ——最简单的反射属性却是质感的灵魂

### 教学重点

· **金属（高反射类）材质详解——最简单的反射属性。**

### 教学难点

· **如何使用金属（高反射类）材质中最简单的反射属性。**

### 任务分析

**01. 任务目标**

熟练使用金属（高反射类）材质中最简单的反射属性。

**02. 实施思路**

通过视频了解并熟练使用金属（高反射类）材质中最简单的反射属性。

### 任务实施

**01. 金属（高反射类）材质详解——最简单的反射属性却是质感的灵魂**

1. 打开准备好的 C4D 文件，在材质区域中双击，或者点击创建一新材质，将创建好的材质拖曳给视图中的模型，或者拖曳给对象窗口中的模型，如图 5-1-1 至图 5-1-3 所示。

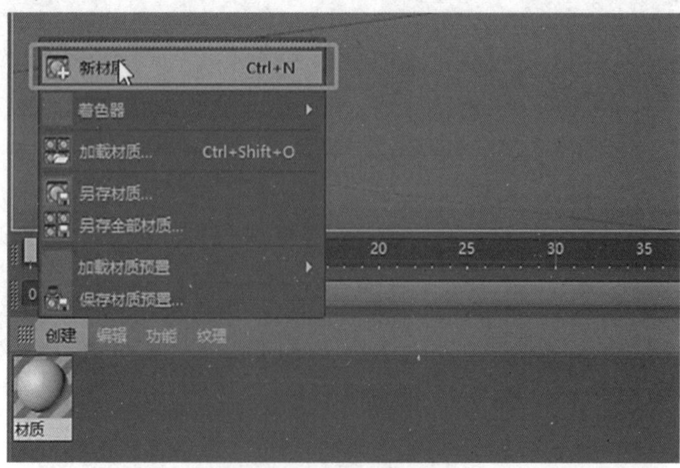


图 5-1-1　新建材质

图 5-1-2　给模型上材质

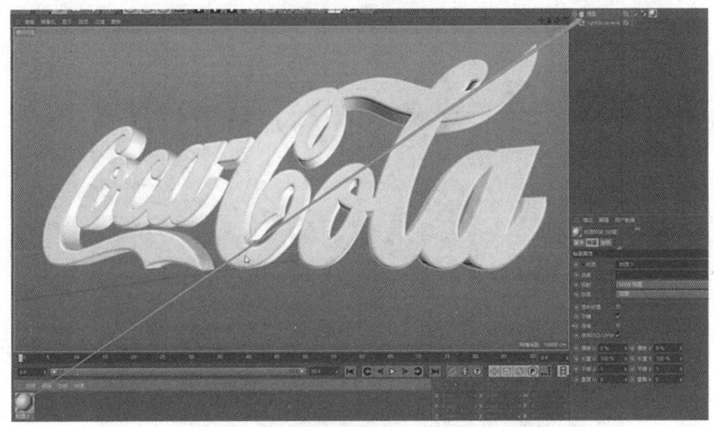

图 5-1-3　拖曳给对象窗口中的模型

2. 双击“材质”打开“材质”编辑器，介绍一下材质的通道，如颜色通道，可更改材质的颜色、亮度等，如图 5-1-4、图 5-1-5 所示。

图 5-1-4　双击材质球

图 5-1-5　材质编辑器

3. 漫射通道可控制物体表面的明暗纹理，如图 5-1-6 所示。

图 5-1-6　漫射通道

4. 发光通道可让物体拥有照明作用，也可调节颜色与亮度，如图 5-1-7 所示。

图 5-1-7　发光通道

5. 透明通道，在制作玻璃、水等材质时常勾选“透明通道”，调整参数制作，如图 5-1-8 所示。

图 5-1-8　透明通道

6. 反射通道让材质能反射周围环境，如图 5-1-9 所示。

图 5-1-9　反射通道

7. 环境通道是一种模拟反射的效果，如图 5-1-10 所示。

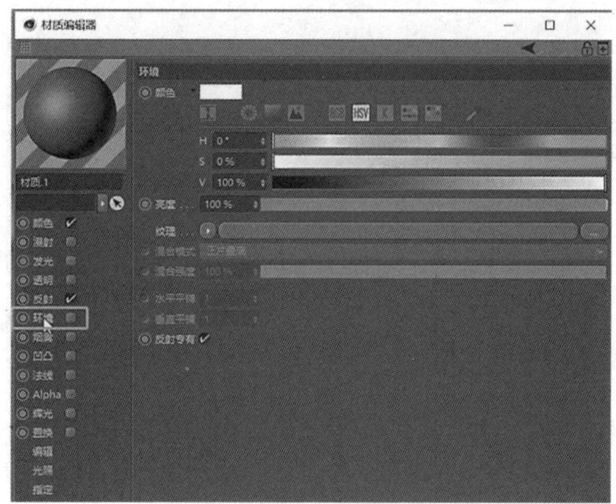


图 5-1-10　环境通道

8. 烟雾通道让材质有雾化效果，如图 5-1-11 所示。

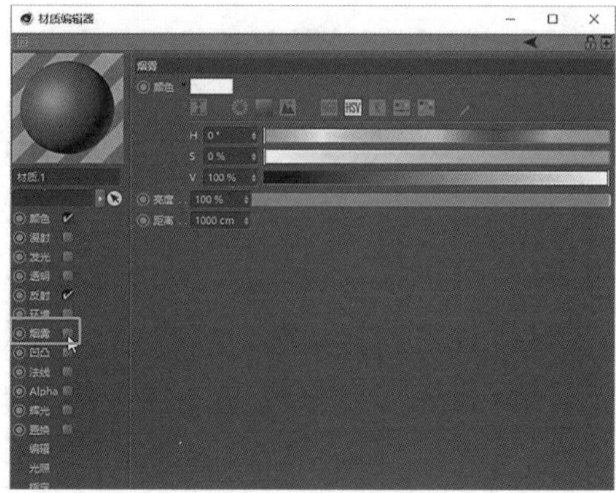


图 5-1-11　烟雾通道

9. 凹凸通道可放置纹理贴图制作视觉上的假凹凸，如图 5-1-12 所示。

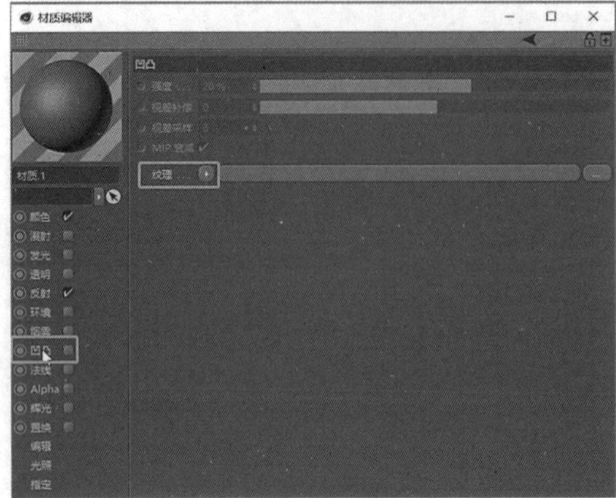

图 5-1-12　凹凸通道

10. 法线通道可放置纹理贴图制作模型的真实凹凸，如图 5-1-13 所示。

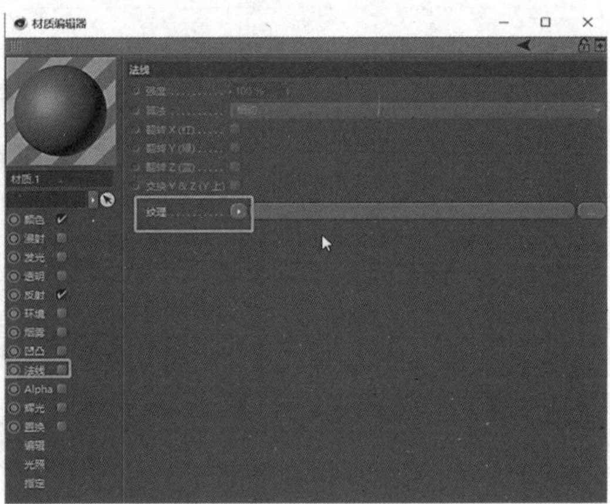

图 5-1-13　法线通道

11. Alpha 为透明通道，可放置透明贴图，如图 5-1-14 所示。

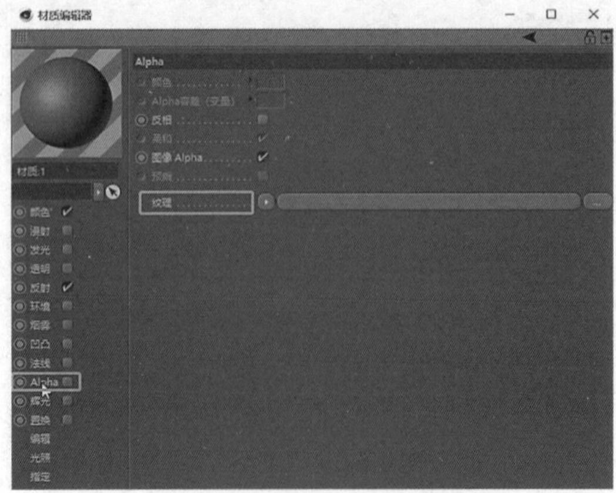

图 5-1-14　Alpha 透明通道

12. 辉光通道让材质表面产生光晕，如图 5-1-15 所示。

图 5-1-15　辉光通道

13. 置换通道可放置黑白贴图改变模型形状，如图 5-1-16 所示。

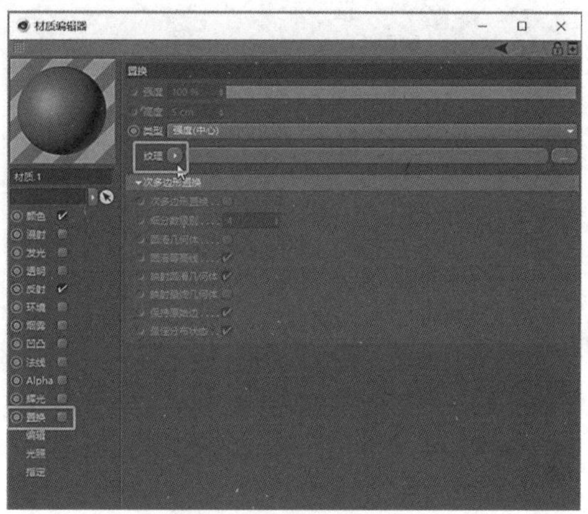

图 5-1-16　置换通道

14. 制作金属材质时，因为金属材质主要是靠反射环境来实现，所以需要先创建一个环境；在工具栏中点击地面图标，创建天空，如图 5-1-17 所示。

图 5-1-17　创建天空

15. 新建材质球，然后双击打开新材质的编辑器，仅打开发光通道，如图 5-1-18 所示。

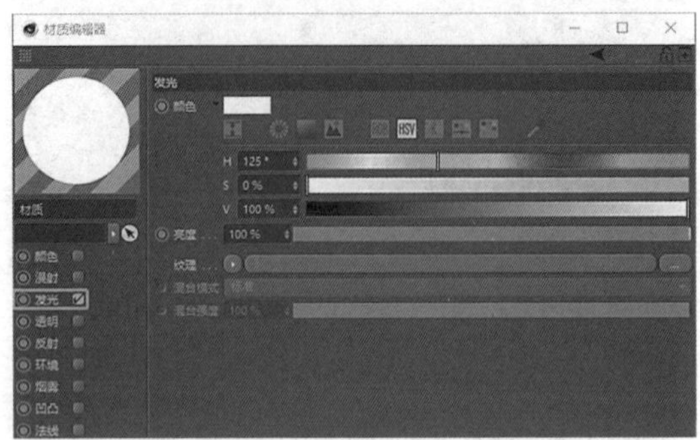

图 5-1-18　打开发光通道

16. 在右侧的内容浏览器中搜索 hdr，随意挑选一张贴图拖曳到发光的纹理中，返回对象窗口，将材质球拖曳给天空，如图 5-1-19 至图 5-1-22 所示。

图 5-1-19　内容浏览器中搜索 hdr

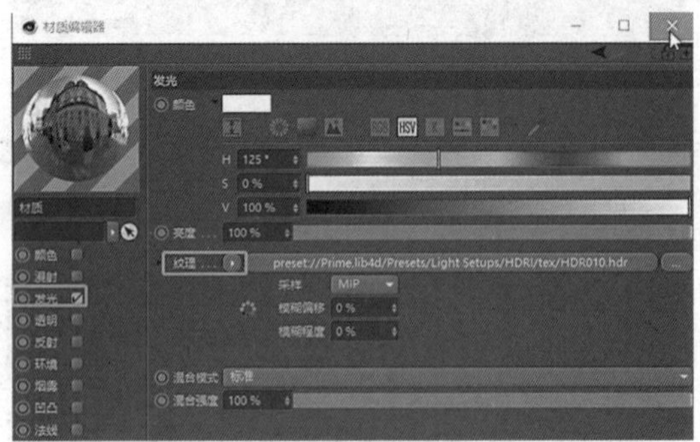

图 5-1-20　挑选一张贴图拖曳到发光的纹理中

图 5-1-21　将材质球拖曳给天空

图 5-1-22　在视窗中的效果

17. 在天空上右键菜单选择“CINEMA 4D 标签”，点击“合成”，关闭摄像机可见，这样能避免在渲染的时候将周围环境也渲染出来，因为我们只需要环境的反射而已，如图 5-1-23、图 5-1-24 所示。

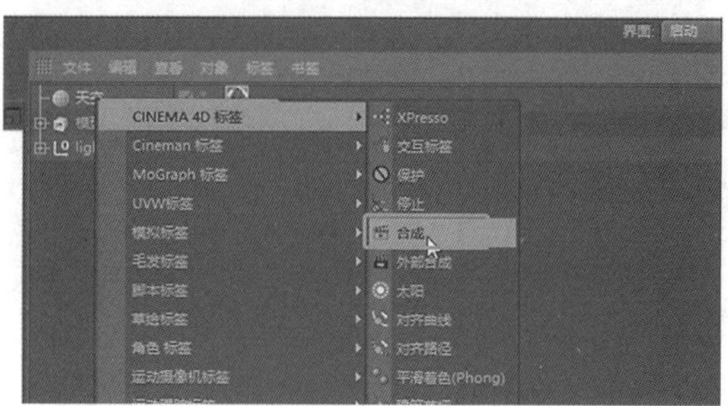


图 5-1-23　点选“合成”

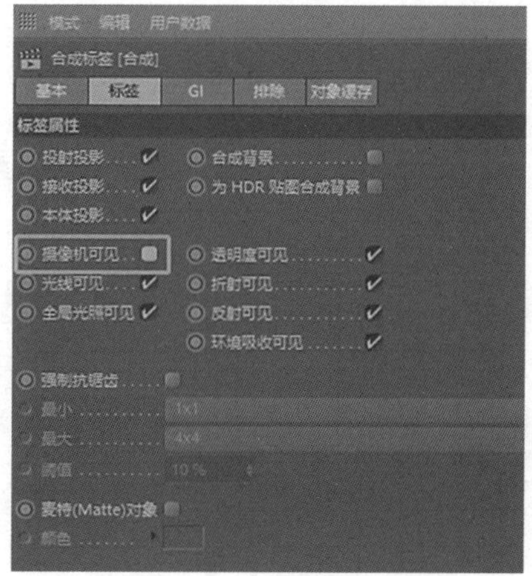


图 5-1-24　关闭摄像机可见

18. 再新建一个材质，然后打开材质编辑器，仅勾选反射，单击添加，添加反射（传统），拖曳默认高光放到层 1 的上方，这样能让高光不会被反射挡住；调整默认高光的宽度与高光强度，然后贴给模型，渲染观看，如图 5-1-25 至图 5-1-29 所示。

图 5-1-25　添加反射（传统）

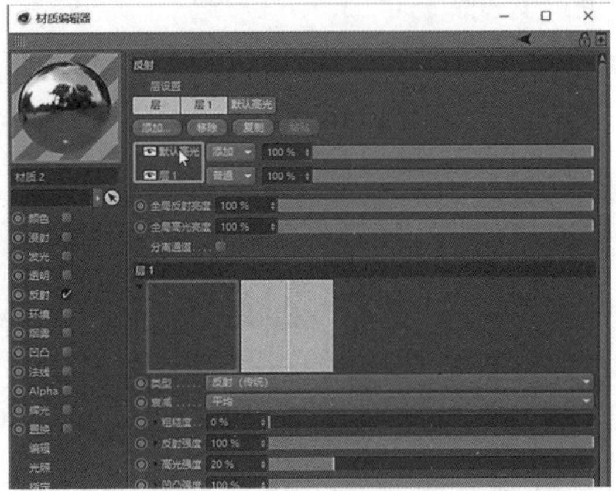

图 5-1-26　拖曳默认高光放到层 1 的上方

图 5-1-27　调整默认高光的宽度与高光强度

图 5-1-28　视窗中的效果

图 5-1-29　金属材质最终渲染图

## 任务5.2

# 有色金属与丰富质感

## ——为金属增添更多质感

### 教学重点

· **有色金属与丰富质感——为金属增添更多质感。**

### 教学难点

· **如何为金属增添更多质感。**

### 任务分析

#### 01. 任务目标

能熟练地为金属增添更多质感。

#### 02. 实施思路

通过视频了解能熟练制作有色金属并丰富质感——为金属增添更多质感。

### 任务实施

#### 01. 制作有色金属并丰富质感

1. 打开上节课的 C4D 文件，找到材质里层 1 的层颜色，将颜色改为暗黄色，再将高光里的层颜色改为亮黄色，因为金属的高光会比本身的颜色要亮，这是制作常规颜色金属的方法之后点击“渲染”。如图 5-2-1 至图 5-2-4 所示。

图 5-2-1　找到材质里层 1 的层颜色

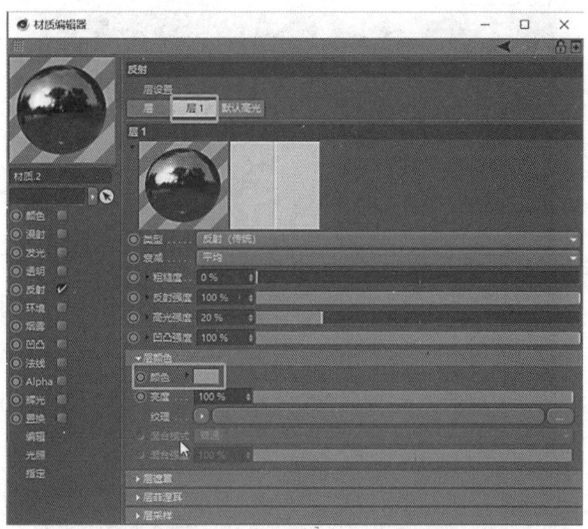


图 5-2-2　将颜色改为暗黄色

图 5-2-3　再将高光里的层颜色改为亮黄色

图 5-2-4　渲染效果

2. 制作不同质感的金属，为有色金属添加更多的质感时，可增加反射的粗糙度，制作出类似磨砂的效果，如图 5-2-5、图 5-2-6 所示。

图 5-2-5　增加反射的粗糙度

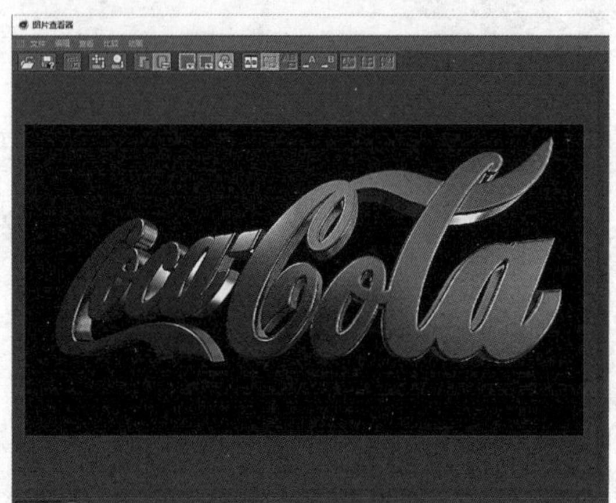

图 5-2-6　渲染效果

3. 制作拉丝金属，需创建一个新材质，勾选反射，添加“反射(传统)”，且将默认高光放在上层级，如图 5-2-7、图 5-2-8 所示。

图 5-2-7　勾选“反射(传统)”

图 5-2-8　将默认高光放在上层级

4. 降低默认高光的宽度，加强高光强度，如图 5-2-9 所示。

图 5-2-9　降低默认高光的宽度，加强高光强度

5. 选择材质贴图，将贴图拖曳到层 1 的纹理中，如图 5-2-10 所示。

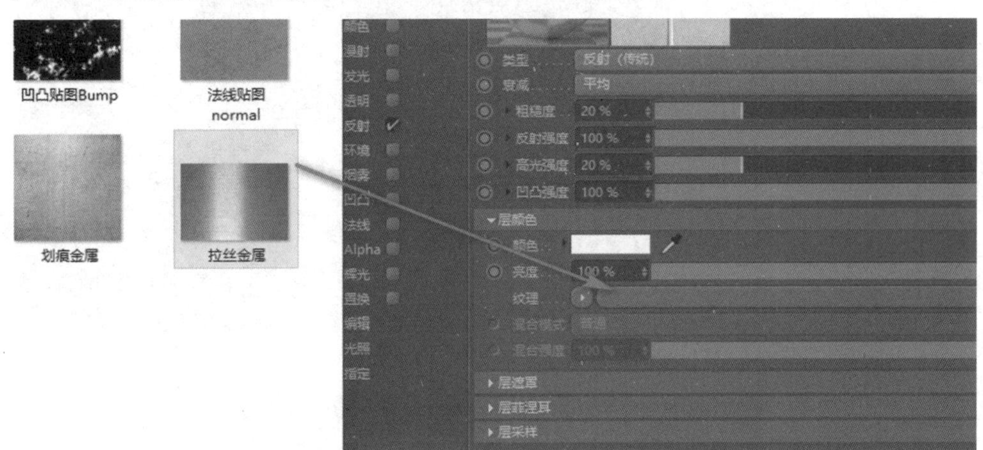


图 5-2-10　将贴图拖曳到层 1 的纹理中

6. 增加粗糙度，点击“渲染”，如图 5-2-11、图 5-2-12 所示。

图 5-2-11　增加粗糙度

图 5-2-12　点击“渲染”

7. 如果是制作划痕金属，可以重复之前的步骤：创建新材质，勾选反射，添加“反射(传统)”，且将默认高光放在上层级，降低默认高光的宽度，加强高光强度，将划痕金属的贴图拖曳到纹理中，增加粗糙度，如图 5-2-13、图 5-2-14 所示。

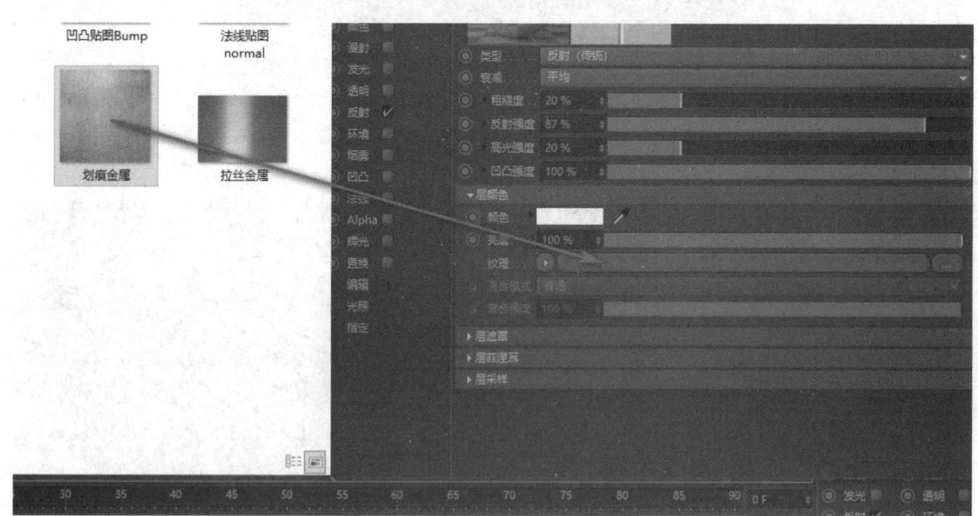


图 5-2-13　将划痕金属的贴图拖曳到纹理中

图 5-2-14　渲染效果

8. 制作脏旧金属：创建新材质，重复之前两个金属做法的步骤，调节细节，将准备好的贴图按归类放到相应的通道中，为模型添加材质贴图，类似的贴图素材可在“C4D 之家”网站上找到，用法都较为相似，如图 5-2-15 至图 5-2-20 所示。

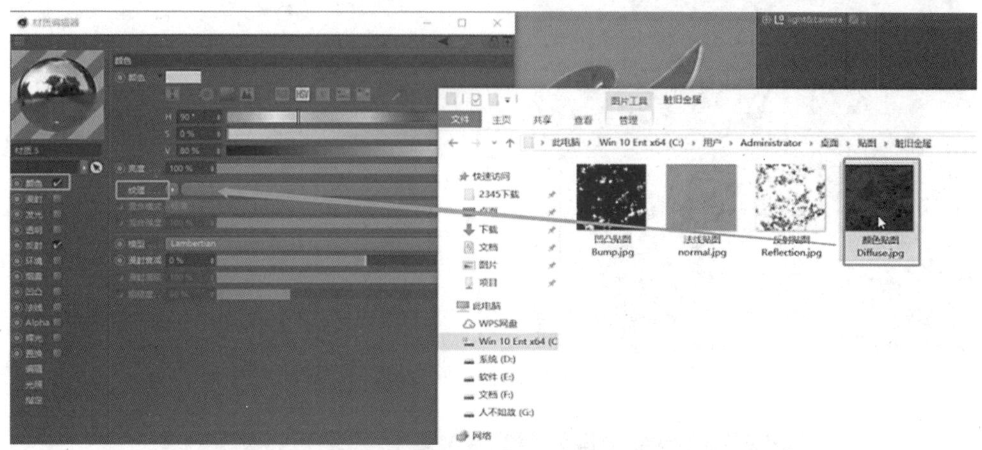


图 5-2-15　将贴图拖到颜色层的纹理通道中

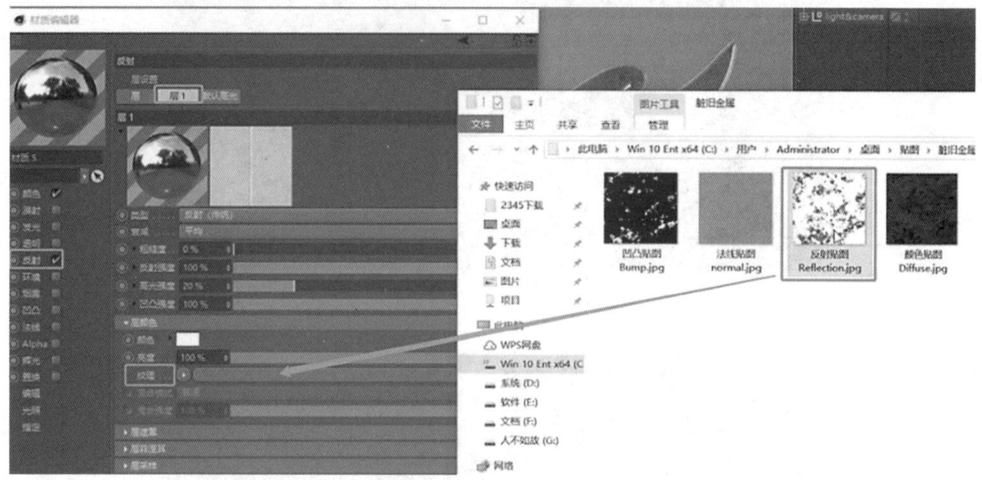


图 5-2-16　将贴图拖到反射层 1 的纹理通道中

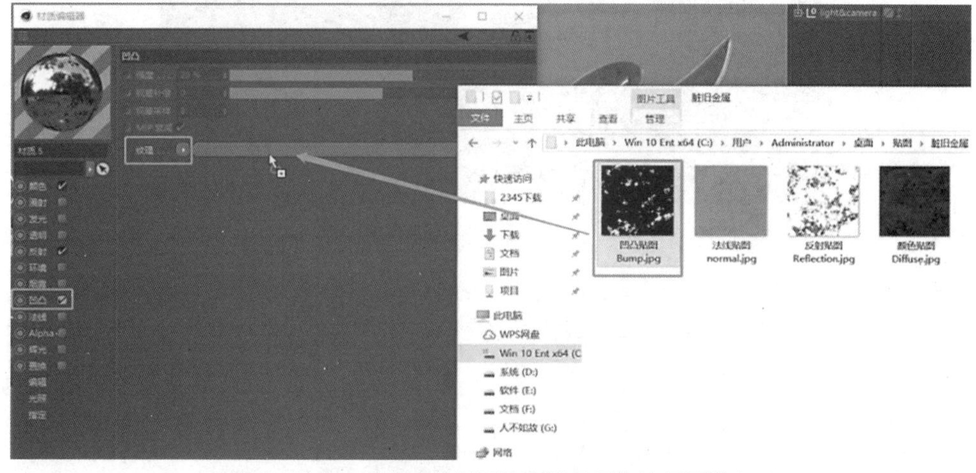


图 5-2-17　将相应的贴图拖到凹凸层的纹理通道中

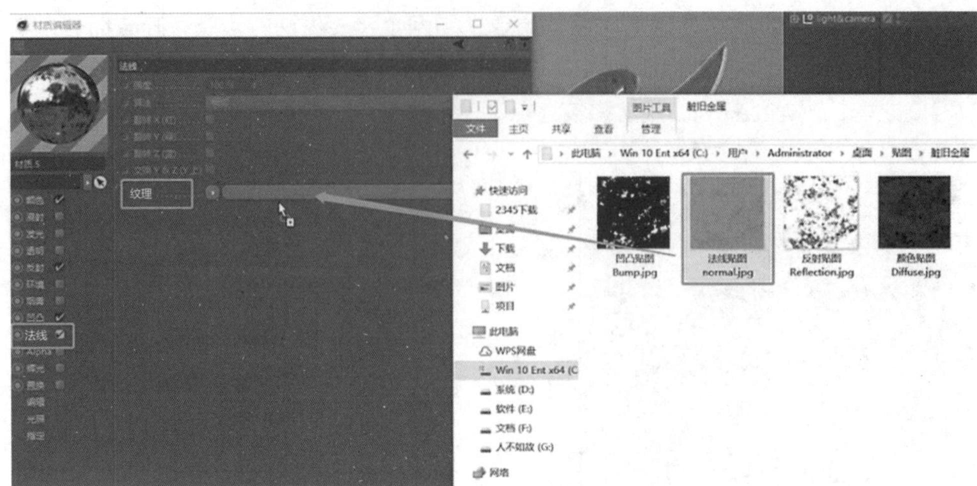


图 5-2-18　将相应的贴图拖到法线层的纹理通道中

图 5-2-19　渲染效果

图 5-2-20　脏旧金属最终渲染图

## 任务5.3

# 透明（高透明度类）材质

## ——最需要平衡渲染时间和渲染品质

### 教学重点

- **创建透明（高透明度类）材质——最需要平衡渲染时间和渲染品质。**

### 教学难点

- **熟悉如何创建透明（高透明度类）材质。**

### 任务分析

#### 01. 任务目标

创建使用透明（高透明度类）材质。

#### 02. 实施思路

通过视频了解并熟悉如何创建透明（高透明度类）材质——最需要平衡渲染时间和渲染品质。

### 任务实施

#### 01. 透明（高透明度类）材质——最需要平衡渲染时间和渲染品质

1. 打开准备好的C4D工程文件，玻璃和金属一样，需要靠反射环境来表现质感，所以已经提前准备好反射环境，也就是天空跟灯光，跟之前的金属制作过程一样。如图5-3-1所示。

图5-3-1　打开准备好的C4D工程文件

2. 创建新材质，勾选材质中的“透明”和“反射”通道，如图 5-3-2 所示。

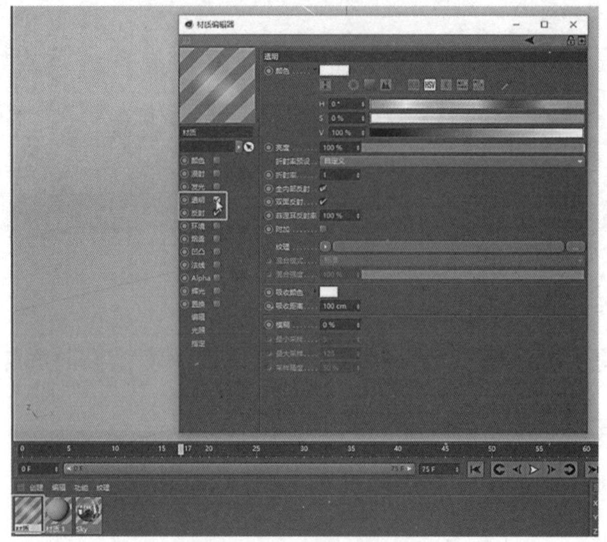

图 5-3-2　创建新材质

3. 介绍一下透明中的参数：“颜色”可调节材质的颜色跟亮度，透明通道里的亮度影响的是透明度，100% 就是完全透明；再往下看“折射率”，C4D 软件自身提供一些介质的参考折射率，也可以直接输入数值，默认的真空折射率为“1”，相当于无折射；“全内部反射”与“双面反射”，基本都是打开，所以不用再到反射通道里添加反射效果；“菲涅耳反射率”，用来调节物体内外部反射强弱差异；“附加”：在有打开颜色通道的情况下，能产生叠加效果；“纹理”用来放置贴图；“吸收颜色”用来控制物体在指定的厚度下显示的颜色，吸收距离为指定的厚度；“模糊”可让物体表面变得粗糙，如图 5-3-3 所示。

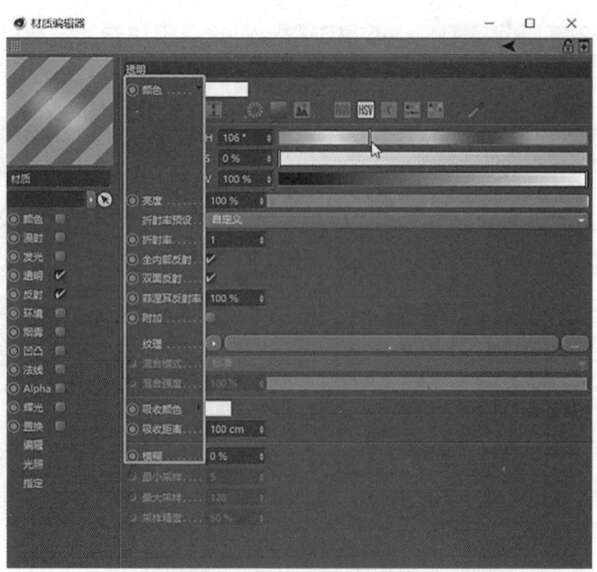


图 5-3-3　透明中的参数

4. 制作玻璃材质时，先调整一下颜色，然后调整玻璃的折射率，“透明”中将亮度调低一点，预设中选择“玻璃”，如图 5-3-4 所示。

图 5-3-4　制作玻璃材质的设置

5. 然后是调整玻璃的高光，玻璃是高光比较集中的高反射材质，所以将高光调到小而亮，这样简单的玻璃效果就完成了，点击渲染。如图 5-3-5、图 5-3-6 所示。

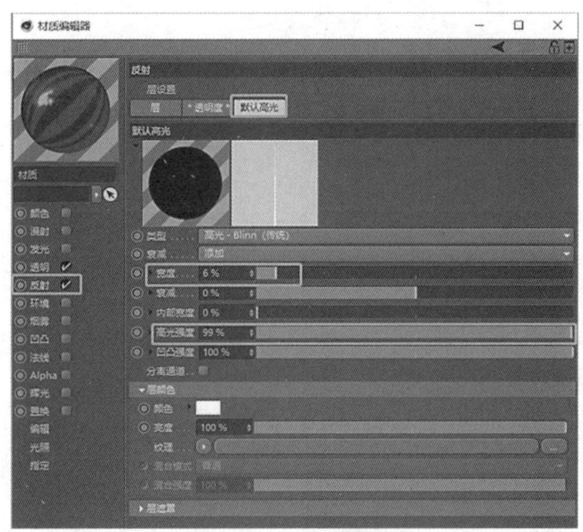

图 5-3-5　调整参数

图 5-3-6　渲染效果

6. 接着调节菲涅耳参数，渲染后将图片设为 AB 比较：点击上一张渲染的图片，然后点击 A 图标，设置为 A 图片；再选择下一张渲染的图片，点击 B 图标，设置为 B 图片，然后拉动渲染图中出现的横线，就能做对比。明显地降低“菲涅耳参数”之后，表面的反射变弱了，如图 5-3-7、图 5-3-8 所示。

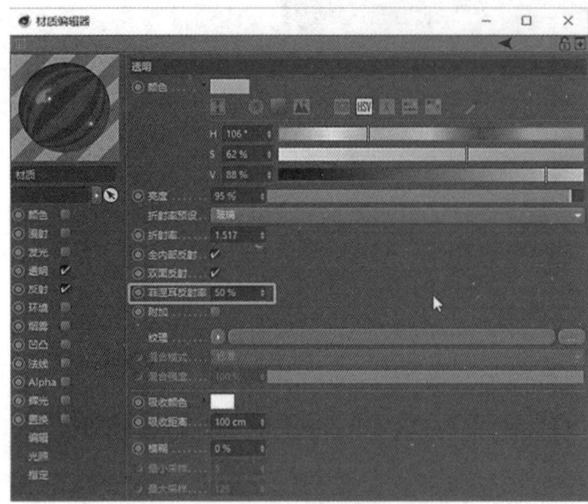

图 5-3-7　调节菲涅耳参数

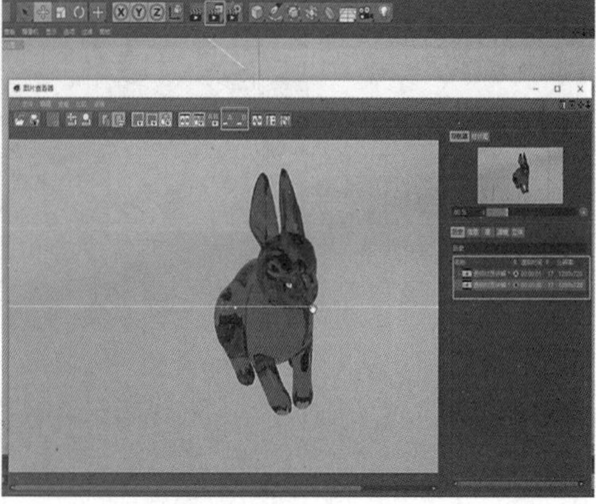

图 5-3-8　渲染效果

7. 接下来测试吸收颜色，为了方便观察，先将某些参数恢复默认，改变吸收颜色，吸收距离根据物体尺寸而定；点击“渲染”，可看出在厚的地方出现了设置的颜色，而比较薄的地方没有，如图 5-3-9、图 5-3-10 所示。

图 5-3-9　测试吸收颜色

图 5-3-10　渲染图效果

8. 最后提高模糊值，下面的采样数值影响渲染的精度跟速度，一般选择默认，同时也需要将反射中“透明”的粗糙度提高，点击渲染，这样就能做出类似毛玻璃的效果了，如图 5-3-11 至图 5-3-14 所示。

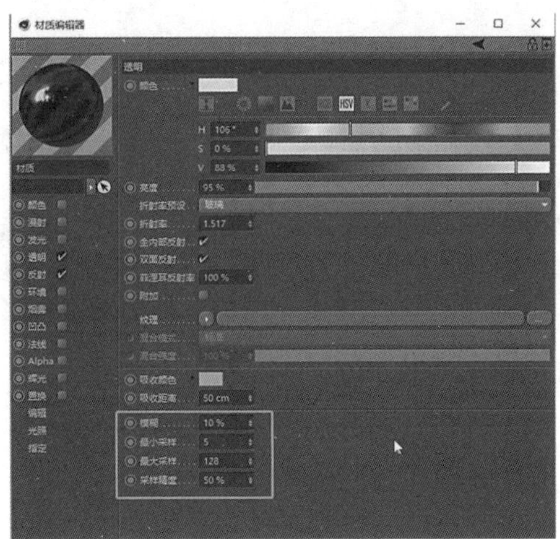
图 5-3-11　提高模糊值

图 5-3-12　将反射中透明的粗糙度提高

图 5-3-13　渲染效果

图 5-3-14　透明材质渲染图

任务 5.4

# 透明阴影与折射焦散的问题处理

## 教学重点

· **透明阴影与折射焦散的问题处理。**

## 教学难点

· **如何处理透明阴影与折射焦散的问题。**

## 任务分析

### 01. 任务目标

透明阴影与折射焦散的问题处理。

### 02. 实施思路

通过视频了解并处理透明阴影与折射焦散的问题。

## 任务实施

### 01. 透明阴影与折射焦散的问题处理

1. 打开上节课的工程文件，制作投影与阴影效果，选择“灯光”，在投影选项中，选择“区域”投影，如图 5-4-1、图 5-4-2 所示。

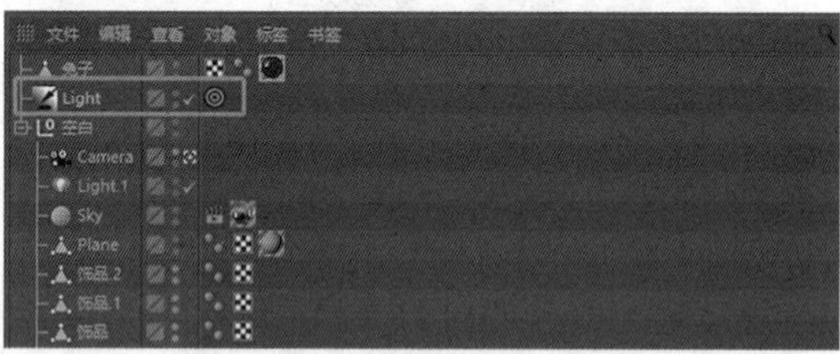

图 5-4-1 选择“灯光”

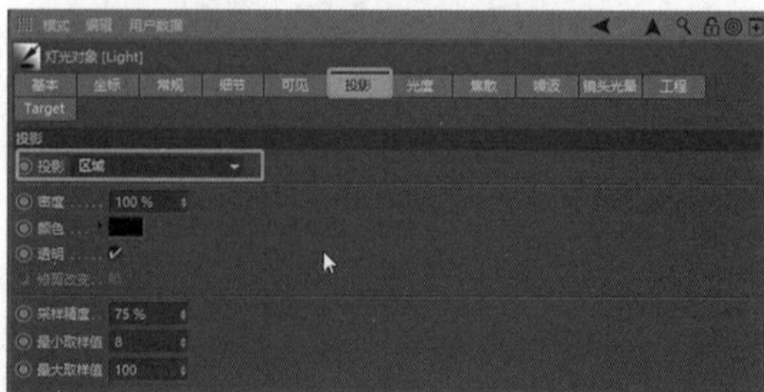

图 5-4-2 选择“区域”投影

2. 在视图窗口的选项中，将投影打开，可直接看到投影效果，这时候点击渲染，我们会发现，物体就像是悬浮在空中一样，那是因为在物体跟地面接触的地方，没有产生阴影，物体之间产生阴影的效果，被称为环境吸收，如图 5-4-3、图 5-4-4 所示。

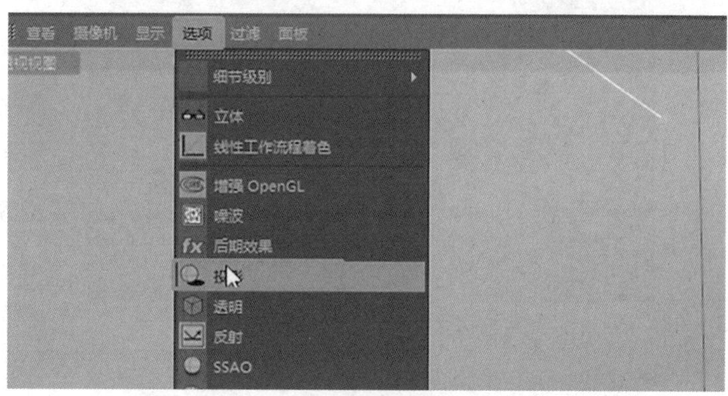


图 5-4-3　将投影打开

图 5-4-4　渲染效果

3. 打开渲染设置窗口，在效果中添加“环境吸收”，根据物体尺寸，设置光线长度，渲染观看，会发现接触面的地方有阴影了，如图 5-4-5 至图 5-4-7 所示。

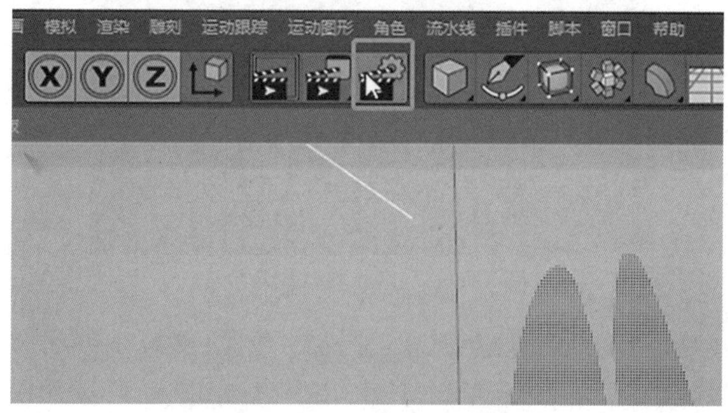


图 5-4-5　打开渲染设置窗口

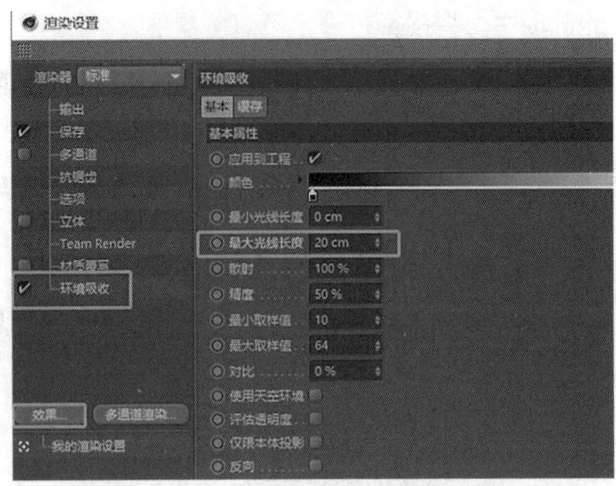


图 5-4-6　添加“环境吸收”

图 5-4-7　渲染观看

4. 还有另外一种添加“环境吸收”的方法，先将渲染中的“环境吸收”关掉，如图 5-4-8 所示。

图 5-4-8　关掉“环境吸收”

5. 接着，将地板材质中的漫射通道打开，在“纹理—效果”中点击“环境吸收”，然后同样可以设置环境吸收的最大光线长度，这样渲染出来的效果就跟在渲染设置中添加环境吸收效果是一样的，如图 5-4-9 至图 5-4-12 所示。

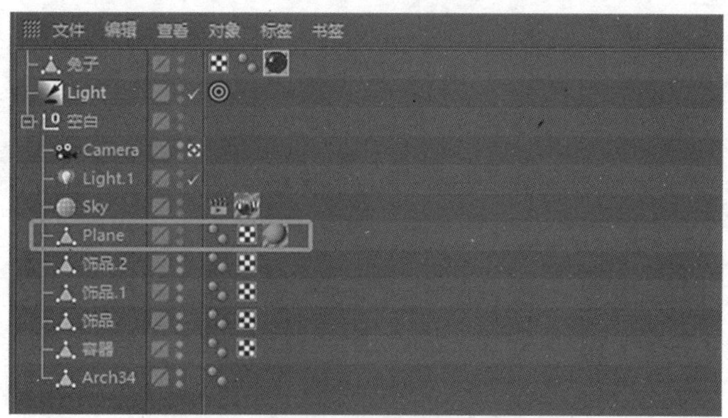


图 5-4-9　将地板材质中的漫射通道打开

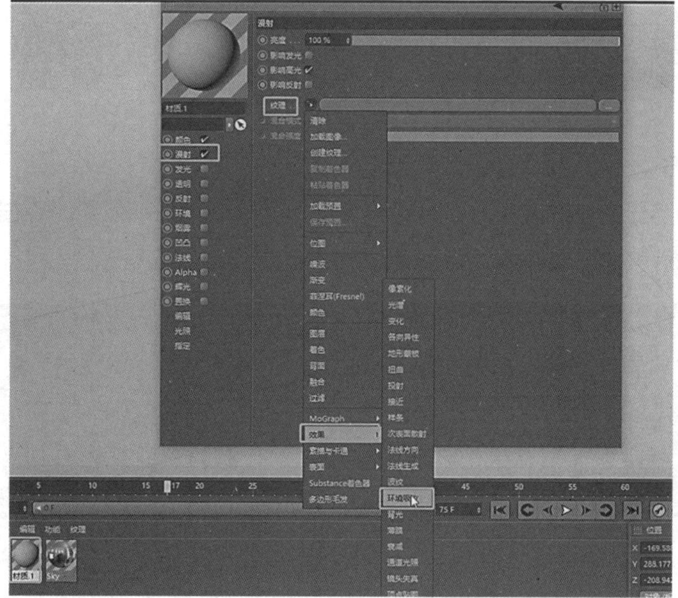

图 5-4-10　效果中添加“环境吸收”

图 5-4-11　设置“环境吸收”的最大光线长度

图 5-4-12　渲染效果

6. 制作焦散效果：首先选择“灯光—焦散”，将表面焦散打开，提高光子的数量，这样能产生更明显的焦散效果，在渲染设置窗口里，添加焦散效果，点击“渲染”，地面上产生的光斑就是焦散效果，如图 5-4-13 至图 5-4-16 所示。

图 5-4-13　选择焦散设置参数

图 5-4-14　添加焦散效果

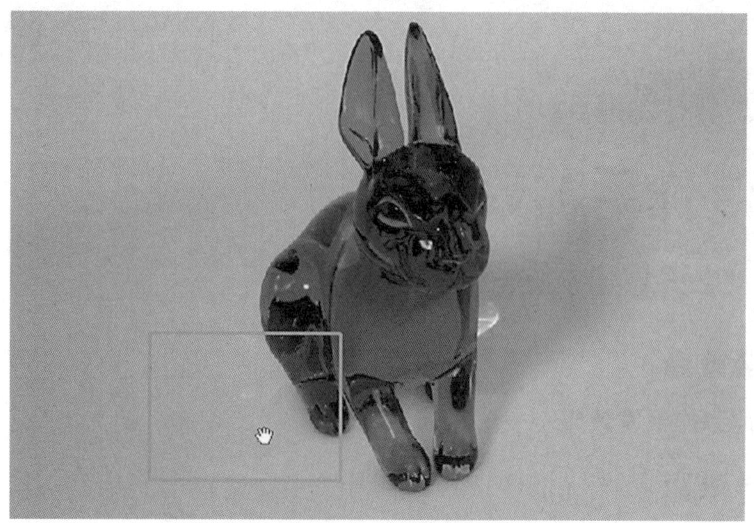

图 5-4-15　渲染效果

图 5-4-16　透明材质最终渲染图

## 任务 5.5

# 如何制作毛发效果
## ——快速绒毛对象

### 教学重点

- 如何制作毛发效果——快速绒毛对象。

### 教学难点

- 制作毛发效果——快速绒毛对象。

### 任务分析

#### 01. 任务目标

熟练制作毛发效果——快速绒毛对象。

#### 02. 实施思路

通过视频了解并熟练制作毛发效果——快速绒毛对象。

### 任务实施

#### 01. 如何制作毛发效果——快速绒毛对象

1. 打开工程文件，点击选中毛毯模型，在菜单栏找到“模拟—毛发对象—绒毛”，点击添加，如图 5-5-1、图 5-5-2 所示。

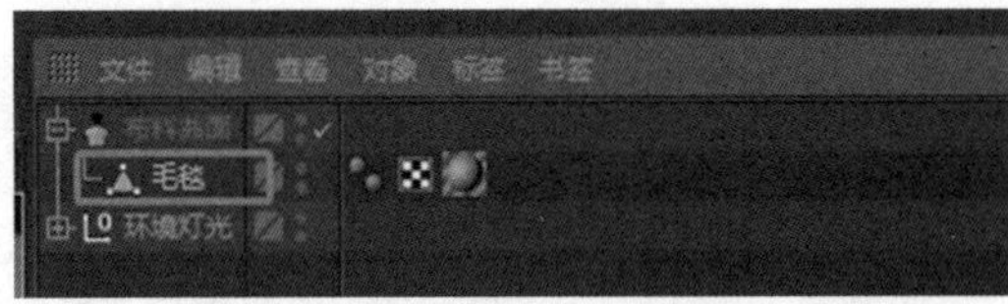


图 5-5-1　打开工程文件

图 5-5-2　点击添加“绒毛”

2. 可发现模型上会出现一根根的白色细线，这些白色细线称为引导线，并不是真正的绒毛，然后在材质栏中，会自动创建一个新材质，这就是绒毛自带的材质，如图5-5-3、图5-5-4所示。

图5-5-3　效果

图5-5-4　绒毛材质

3. 先渲染观看下初始的效果；然后点击“绒毛”，查看参数：“对象”是指要产生绒毛的模型，将对象指定给毛毯；“数量”是指产生绒毛的数量；“分段”是指每根绒毛的分段数，分段越多，弯曲的时候会越自然；“长度”是指每根绒毛的长度；“变化”是指让长度上下浮动的范围，随机分布可以让绒毛的朝向随机；下面的“梳理 X Y Z”跟“密度”，是用来放置顶点贴图，控制某个区域的绒毛；“编辑器显示”，可控制引导线在视图中是否显示；“细节级别”，能控制引导线为实际绒毛的百分之几，如图5-5-5、图5-5-6所示。

图5-5-5　渲染效果

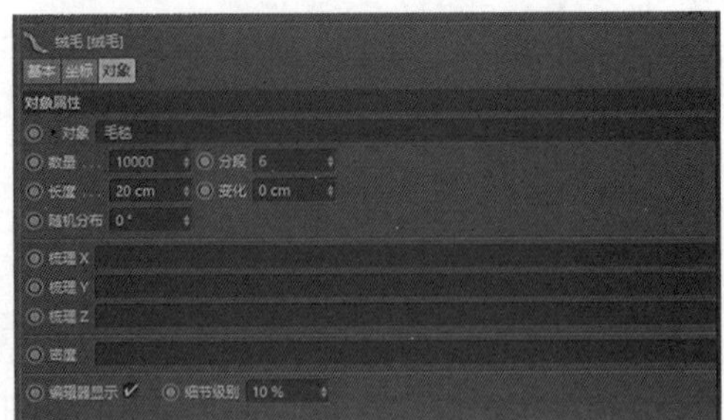


图 5-5-6　查看参数

4. 修改参数，观察引导线的变化，首先增加“数量、长度、变化”，还有随机分布，渲染观看，如图 5-5-7、图 5-5-8 所示。

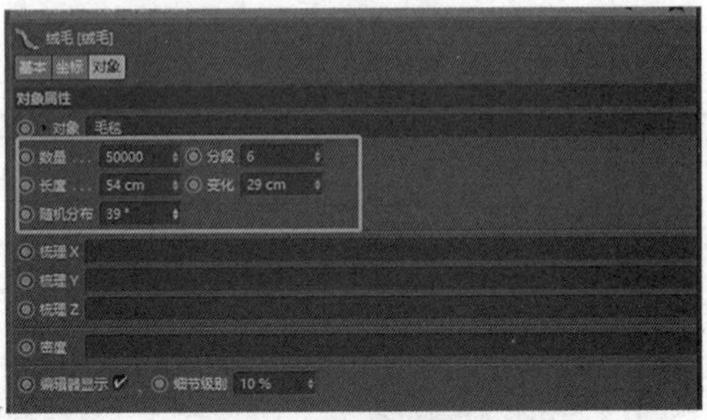

图 5-5-7　修改参数

图 5-5-8　渲染效果

5. 接下来用顶点贴图来控制绒毛，首先需要绘制顶点贴图，点击选中“毛毯”，在点模式下，选择“实时选择”工具，将模式设置为“顶点绘制”，强度调到 50%，如图 5-5-9 至图 5-5-11 所示。

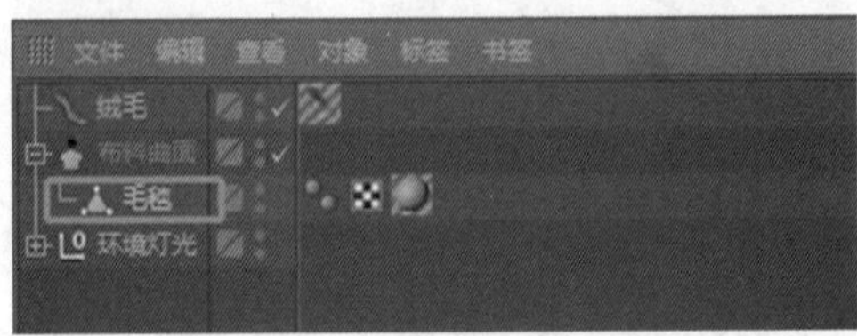


图 5-5-9　点击选中“毛毯”

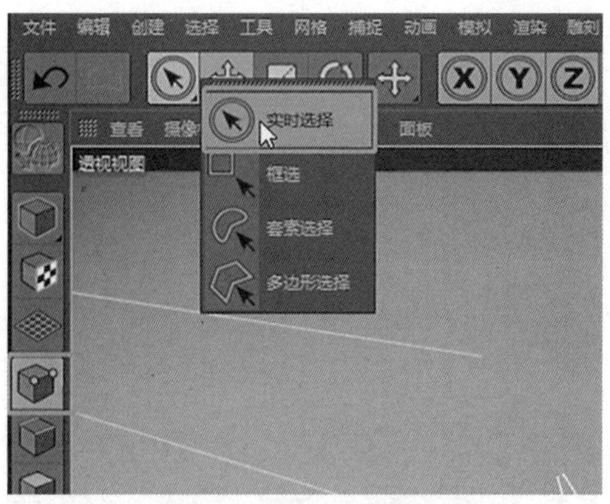


图 5-5-10　选择“实时选择”

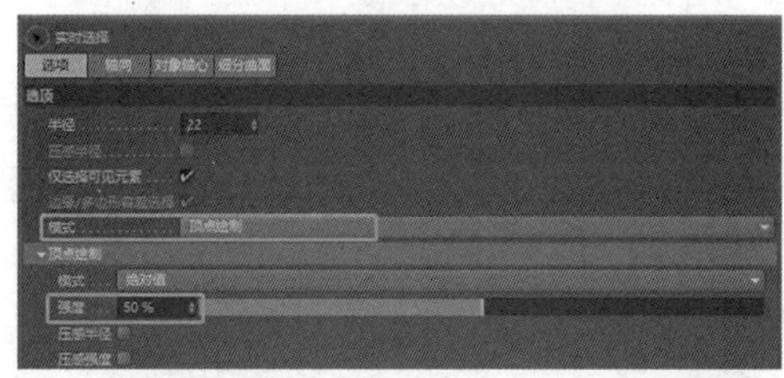


图 5-5-11　模式设置为“顶点绘制”，强度调到“50%”

6. 按住鼠标中键并左右移动，可控制笔刷大小，按住鼠标左键进行绘制，绘制的时候可以转动一下视角多刷几次，避免遗漏，绘制完将贴图拖曳到梳理中，如图 5-5-12 至图 5-5-15 所示。

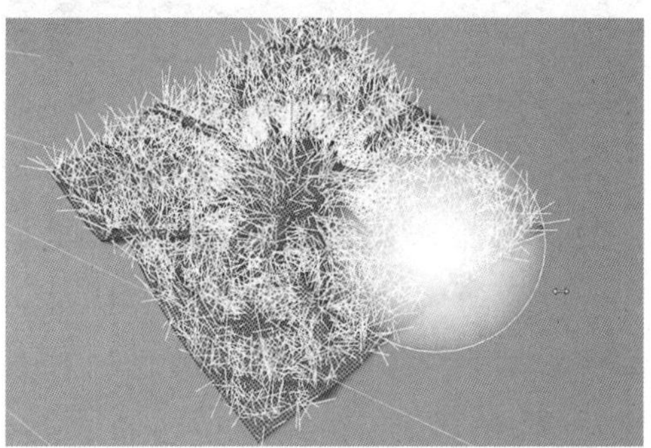

图 5-5-12　按住鼠标中键左右移动可控制笔刷大小

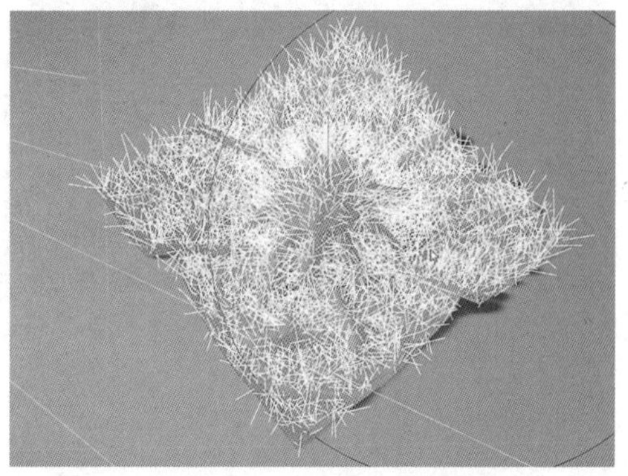

图 5-5-13　按住鼠标左键进行绘制

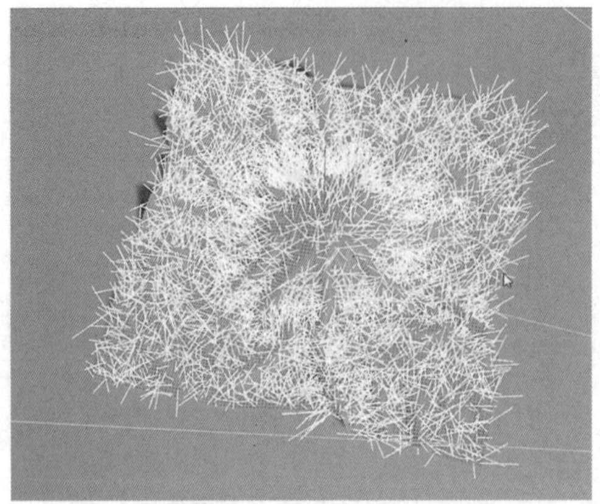

图 5-5-14　避免遗漏转动视角多刷几次

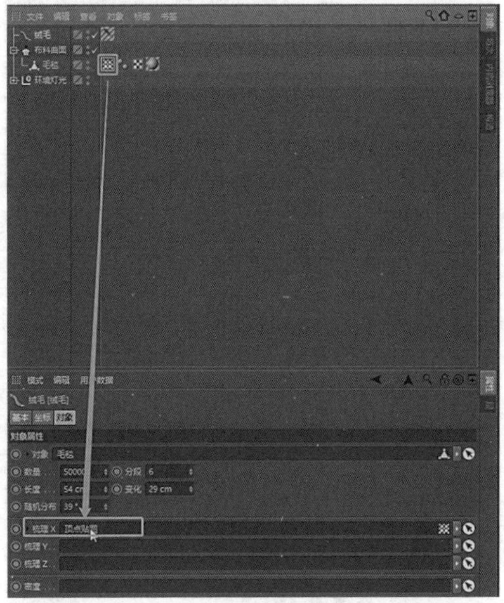

图 5-5-15　绘制完将贴图拖曳到梳理中

7. 选择毛毯，再次用顶点绘制，将下面的模式改为“添加”或者“减去”都可以，强度调低，笔刷调小，这样就能控制某块区域的绒毛了，如图 5-5-16、图 5-5-17 所示。

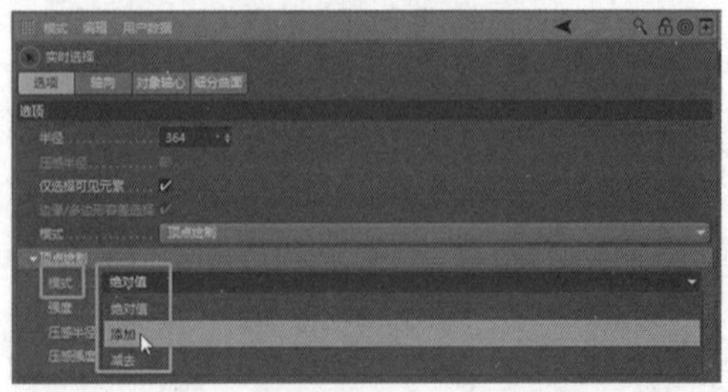

图 5-5-16　将下面的模式改为“添加”或者“减去”

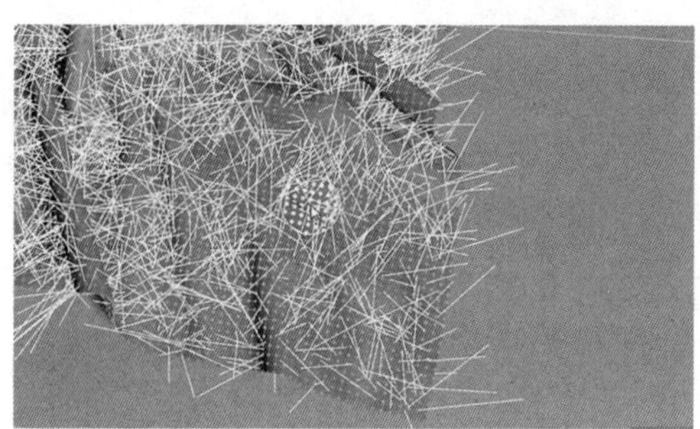

图 5-5-17　能控制某块区域绒毛

8. 先将顶点贴图删掉，再来绘制一张密度用的顶点贴图，同样的方法，将模式改为绝对值，强度为 100%，可绘制想要的形状，比如写一个字，将顶点贴图放到密度栏中，渲染观看，模型会在我们绘制过的地方产生绒毛，如图 5-5-18 至图 5-5-21 所示。

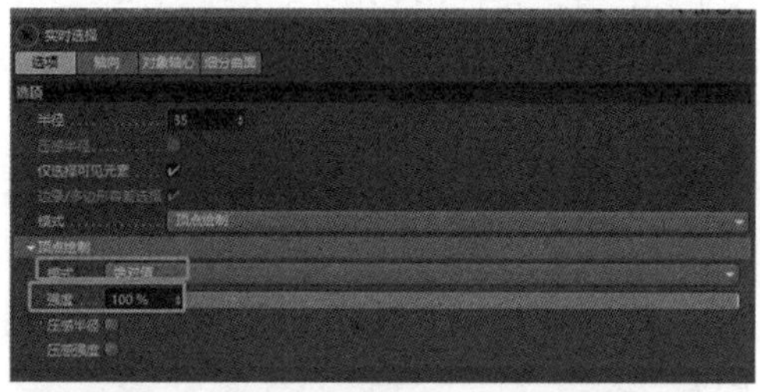


图 5-5-18　将模式改为“绝对值”

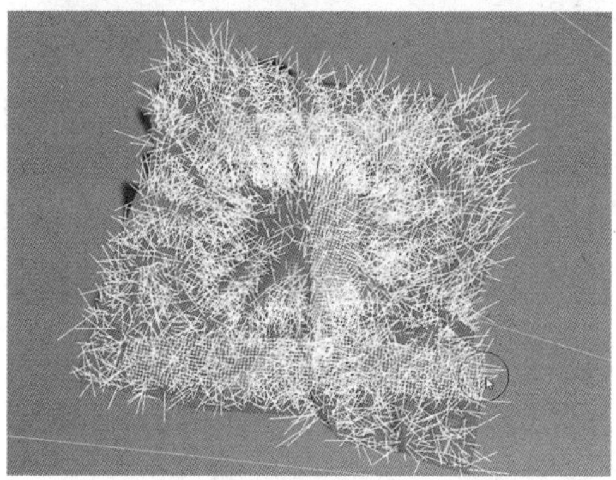

图 5-5-19　可绘制想要的形状

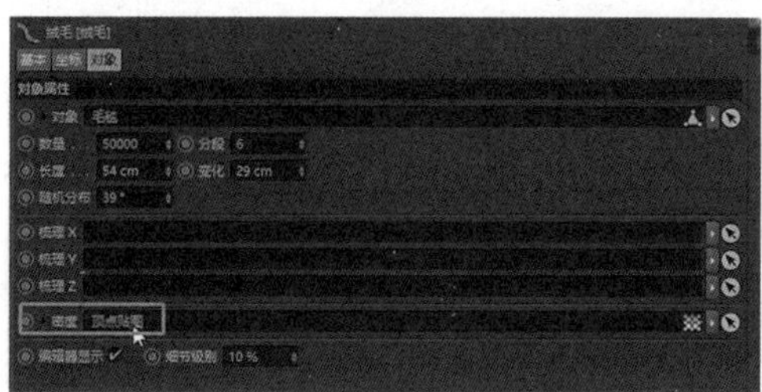


图 5-5-20　将“顶点贴图”放到密度栏中

图 5-5-21　渲染观看效果

9. 把贴图删掉，接下来看绒毛自带的材质，大部分跟普通材质不同，这里不一一讲解，大家可以去测试一下效果，如图 5-5-22 所示。

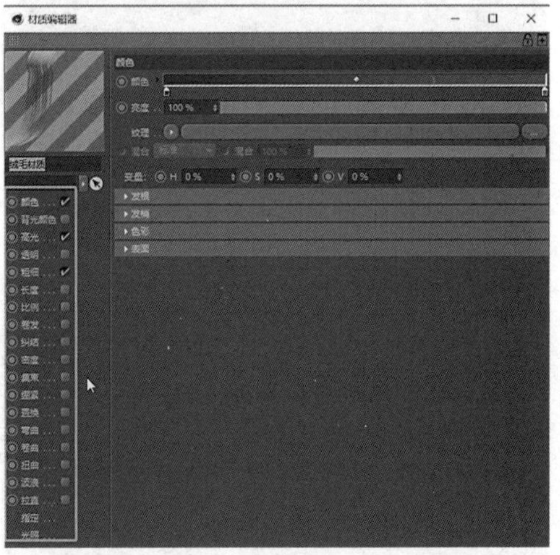

图 5-5-22　绒毛自带的材质编辑器

10. 绒毛材质中，颜色通道里默认颜色是渐变的，如果不需要渐变，可按住这个小图标往外拖曳，就能去掉了，想添加的时候在色彩条下方点一下就可以，如图 5-5-23 所示。

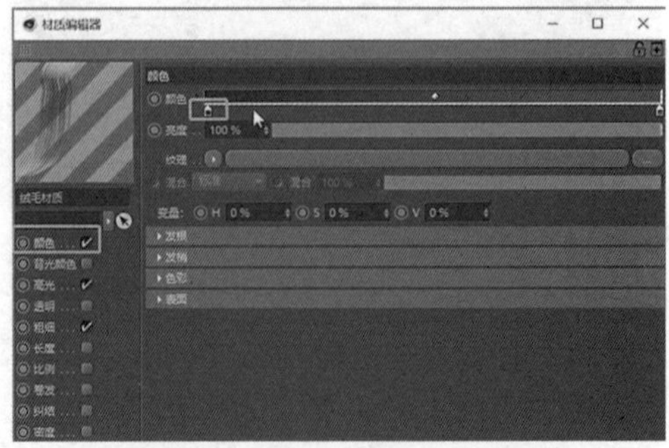

图 5-5-23　颜色通道调整

11. 然后将高光去掉，打开粗细通道，默认是由粗变细的，将其改成一样粗细，如图 5-5-24 所示。

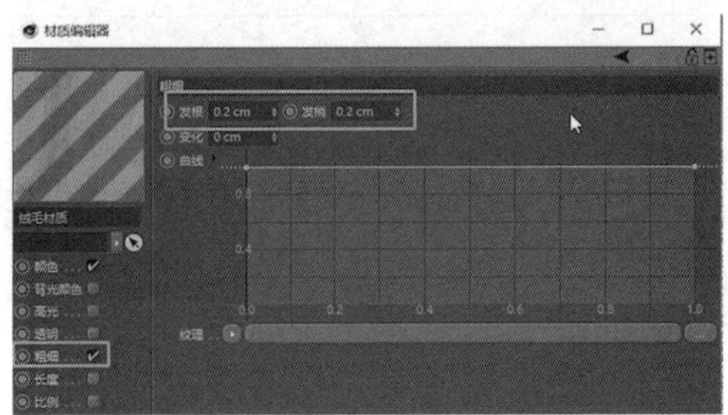

图 5-5-24　粗细通道调整

12. 接下来更改绒毛的参数，首先将数量调高，细节级别调低，这样能避免视图卡顿，长度适中，更改变化跟随机分布，如图 5-5-25、图 5-5-26 所示。

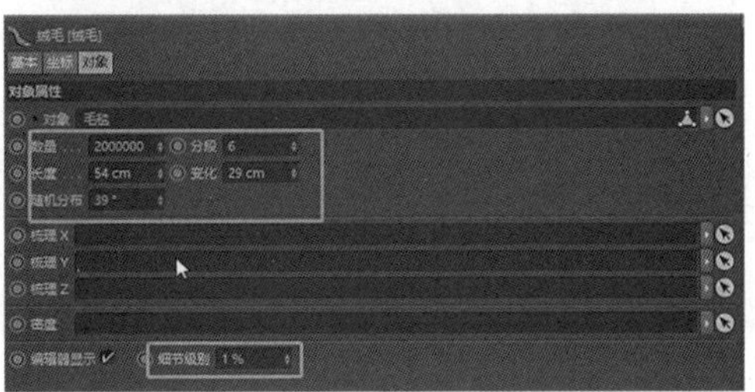

图 5-5-25　更改绒毛的参数

图 5-5-26　观看渲染效果

13. 也可以制作带有图案的效果，在材质的颜色通道里，找到色彩，将图案放到色彩的纹理中，毛发调到 100%，就可以制作带有图案的绒毛了，如图 5-5-27 至图 5-5-29 所示。

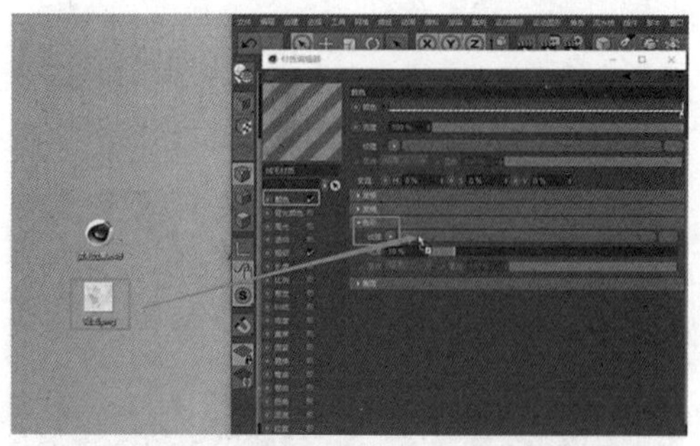

图 5-5-27　将图案拖入颜色通道的纹理中

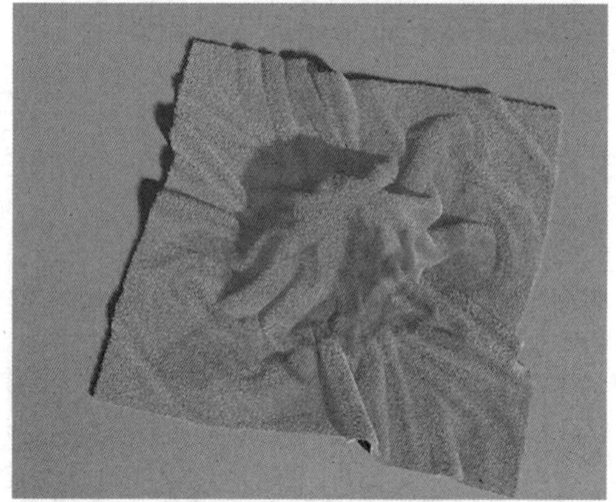

图 5-5-28　视图效果

图 5-5-29　绒毛材质最终渲染图

Chapter 06

# 第 6 章

# 贴图

任务 6.1　平面映射——从最简单开始

任务 6.2　指定选集叠加贴图、Alpha 通道——“贴商标、LOGO”

任务 6.3　文字贴图与柱形映射

任务 6.4　复杂对象 UV 拆解与编辑——使用 UVW 映射方式贴图

任务 6.5　使用 UV 贴图精确映射贴图——结合 PhotoShop 制作标签

任务 6.6　使用贴图控制材质各通道的属性

任务 6.7　叠加贴图材质——在同一对象上获得不同的反射、折射模糊属性

**任务6.1**

# 平面映射

## ——从最简单开始

### 教学重点

- 平面映射——从最简单开始。

### 教学难点

- 如何使用平面映射——从最简单开始。

### 任务分析

#### 01. 任务目标

熟练使用平面映射——从最简单开始。

#### 02. 实施思路

通过视频了解并熟练使用平面映射——从最简单开始。

### 任务实施

#### 01. 平面映射——从最简单开始

1. 认识纹理贴图，双击新建材质，在颜色通道“纹理”中加载一张纹理图，软件会弹出一个提示，如果选择“是”，纹理图就会被拷贝到工程所在的“tex”目录下，如图6-1-1至图6-1-4所示。

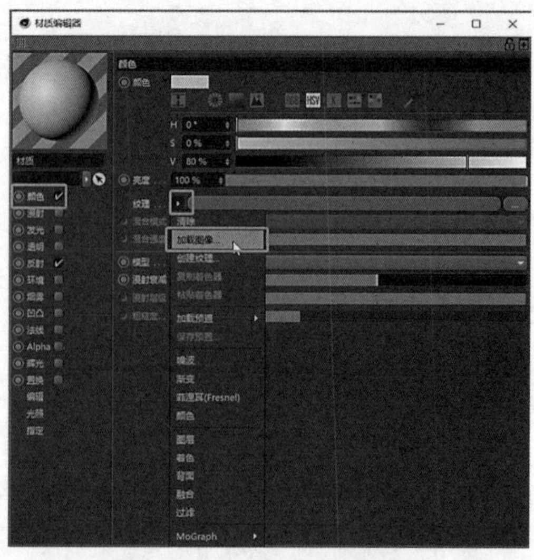

图6-1-1 选择“加载图像”

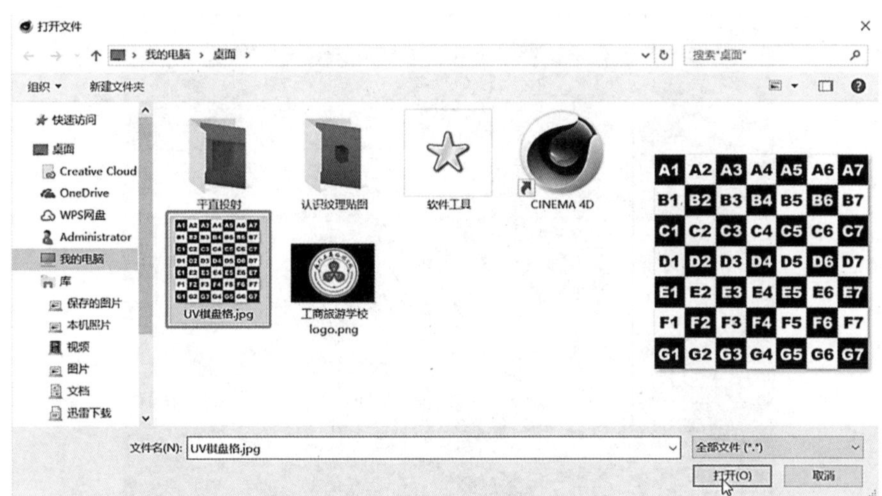


图 6-1-2　选择电脑上的纹理图

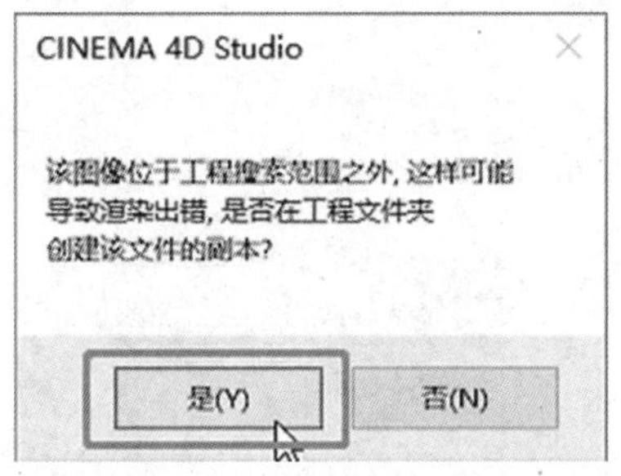


图 6-1-3　点击“是”

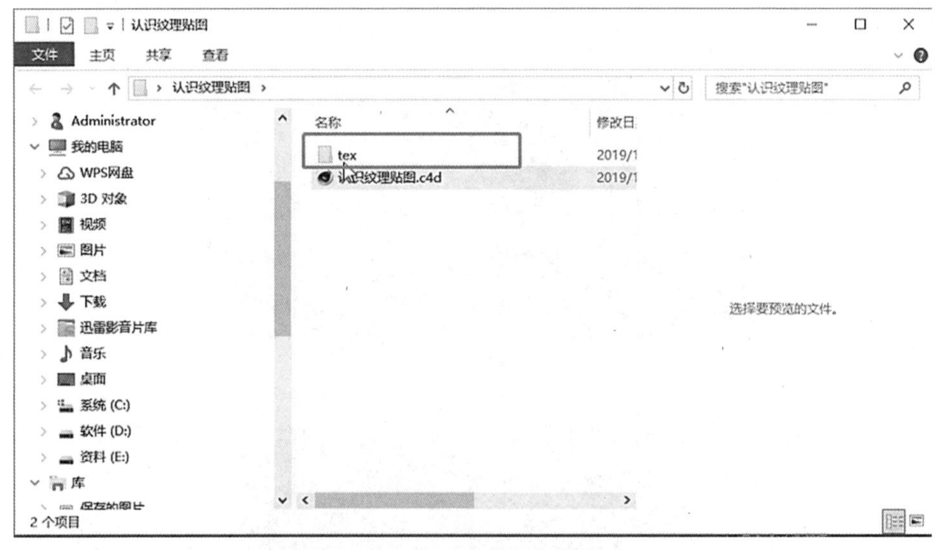


图 6-1-4　工程纹理存放目录

2. 纹理除了使用外部图片以外，还可通过软件自带程序生成纹理，比如点击“表面—棋盘”制作一张棋盘格纹理图，如图 6-1-5 至图 6-1-8 所示。

图 6-1-5　软件自带程序生成纹理

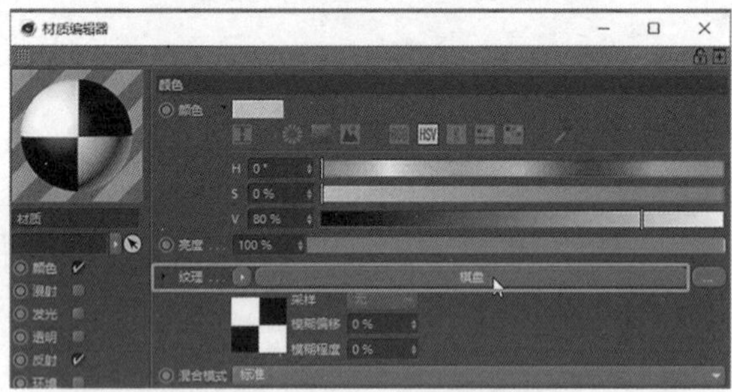

图 6-1-6　棋盘纹理

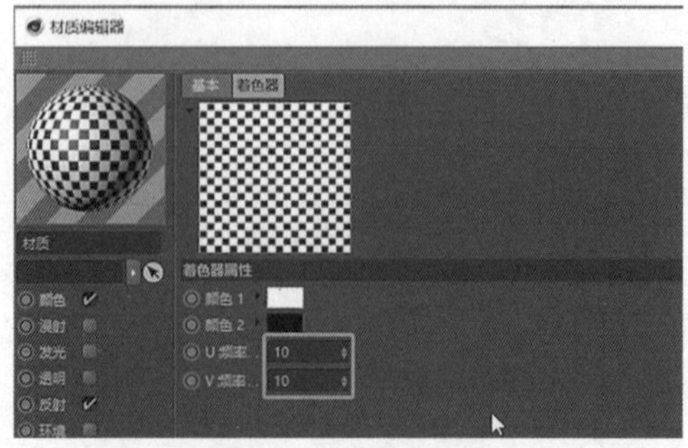

图 6-1-7　棋盘纹理设置

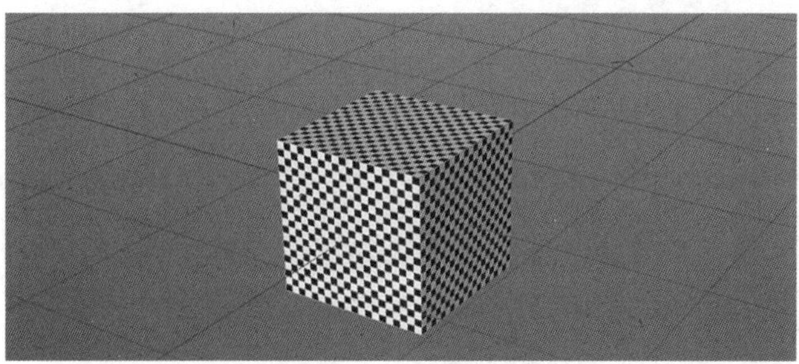

图6-1-8　棋盘纹理

3. 纹理有许多种投射方式，纹理的标签选项卡中，提供了纹理的多种投射方式，如图6-1-9所示。

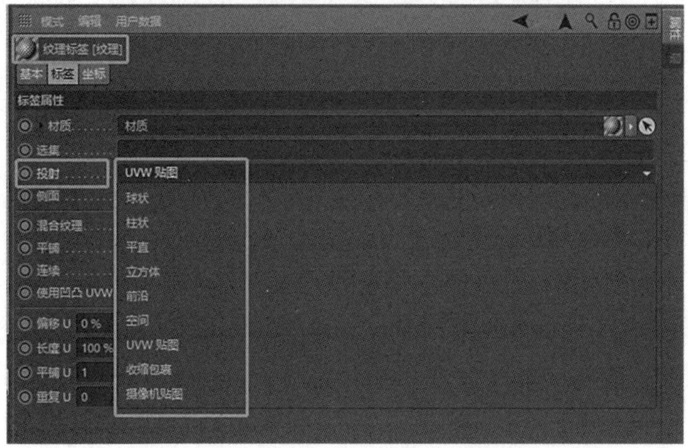


图6-1-9　纹理标签属性

4. 为了更直观地理解演示，进入纹理编辑模式，选中对象，选中纹理标签，如图6-1-10、图6-1-11所示。

图6-1-10　纹理编辑模式

图6-1-11　选中对象和纹理标签

5. 注意黄色线框，球状投射：纹理以球状形式投射到物体表面，如图6-1-12所示。

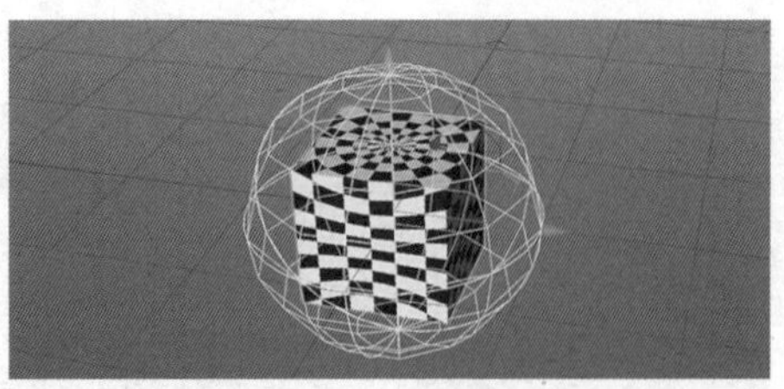

图 6-1-12　球状投射

6. 柱状投射：纹理以柱状形式投射到物体表面，如图 6-1-13 所示。

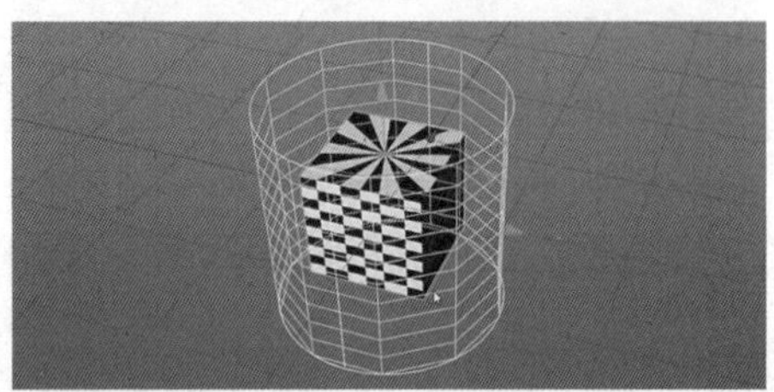

图 6-1-13　柱状投射

7. 平直投射：纹理以一个面的形式投射到物体表面，如图 6-1-14 所示。

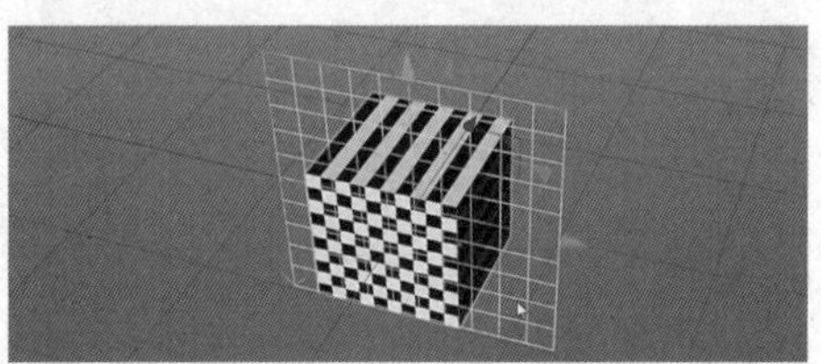

图 6-1-14　平直投射

8. 立方体投射：纹理从六个面分别投射到物体表面，这种方式适用于大多数情况，如图 6-1-15 所示。

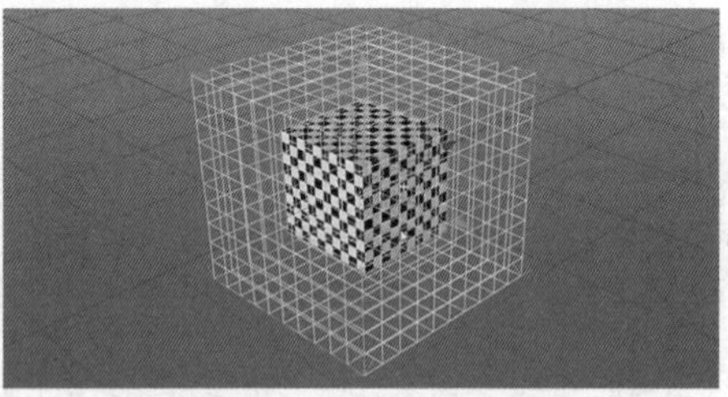

图 6-1-15　立方体投射

9. 前沿投射：纹理从视图观察角度投射到物体表面，如图 6-1-16 所示。

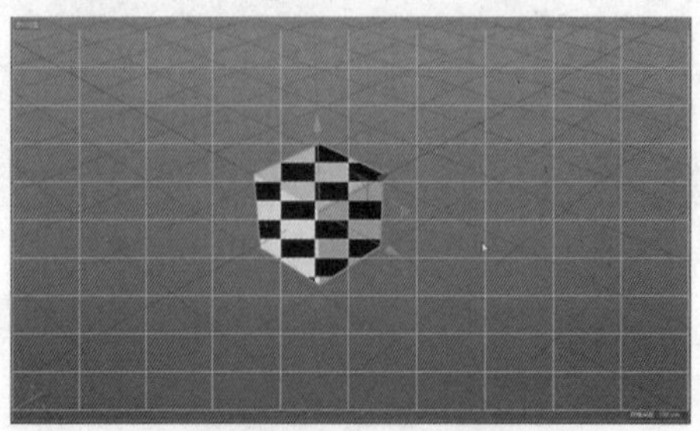

图 6-1-16　前沿投射

10. 空间投射，如图 6-1-17 所示。

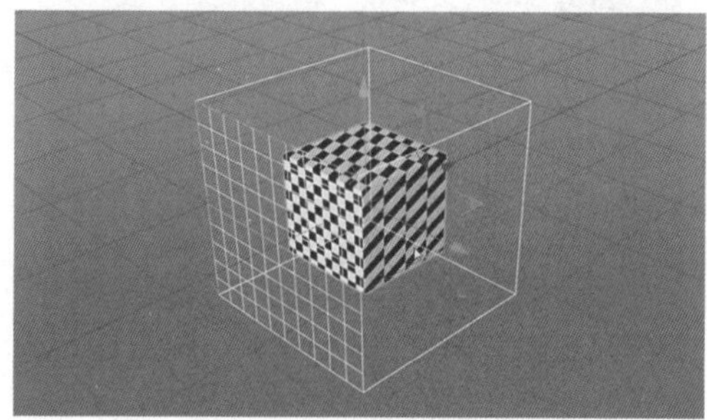

图 6-1-17　空间投射

11. UVW 贴图：复杂模型适用于这种模式，需要手动拆分 UV 网格，如图 6-1-18示。

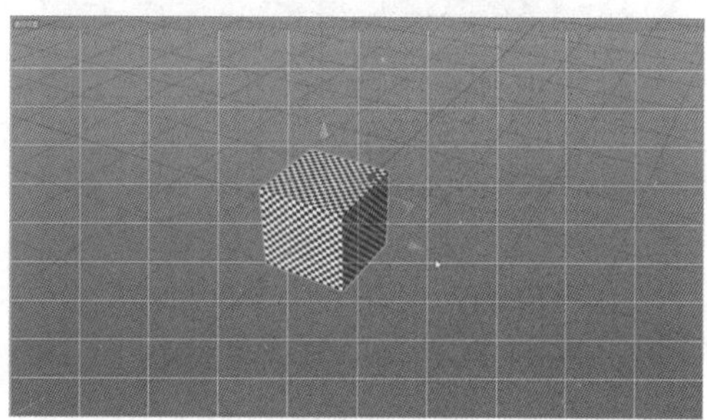

图 6-1-18　UVW 贴图

12. 收缩包裹，纹理像块布一样包住物体，如图 6-1-19 所示。

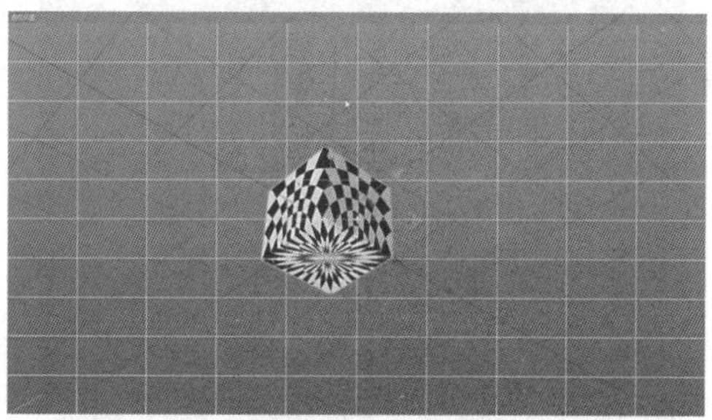

图 6-1-19　收缩包裹

13. 摄像机贴图，需要提供一个摄像机，可把摄像机理解为投影仪，如图 6-1-20 至图 6-1-21 所示。

图 6-1-20　摄像机贴图

图 6-1-21　把摄像机理解为投影仪

14. 从最简单的平直投射开始，新建材质，纹理加载 LOGO 贴图，将材质拖到相框上，将纹理投射“平直”，取消“平铺”，如图 6-1-22 至图 6-1-25 所示。

图 6-1-22　纹理加载 LOGO 贴图

图 6-1-23　将材质拖到相框上

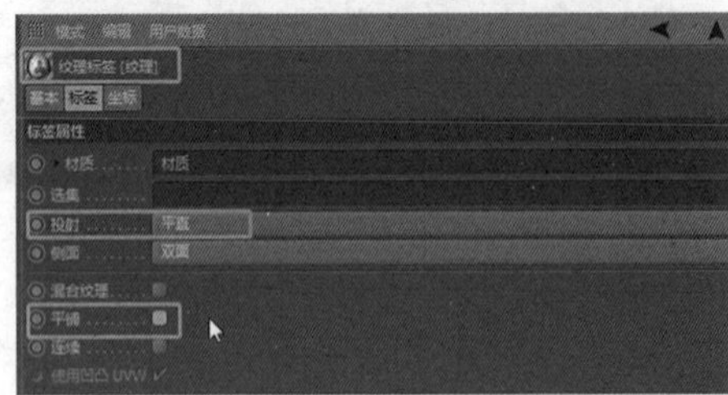

图 6-1-24　纹理标签设置

图 6-1-25　设置效果

15. 给相框添加一个材质，注意前后顺序，后面的纹理会叠加在前面的纹理上，如图 6-1-26、图 6-1-27 所示。

图 6-1-26　给相框添加材质

图 6-1-27　添加效果

16. 现在 LOGO 是拉伸变形的，在纹理标签上打开右键菜单点击“适合图像”，选择适配图像，如图 6-1-28 至图 6-1-30 所示。

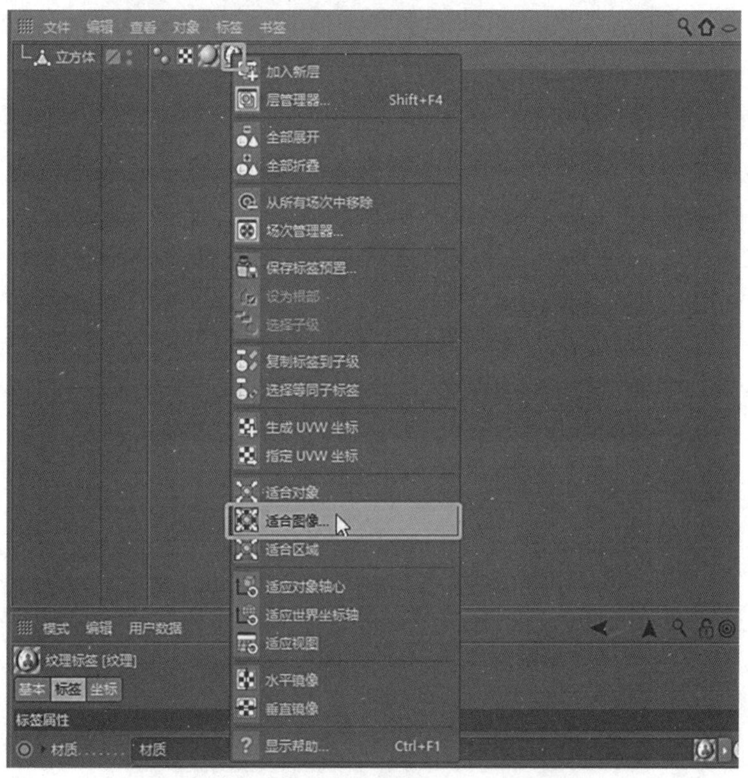


图 6-1-28　纹理右键菜单选择“适合图像”

图 6-1-29　选择适配图像

图 6-1-30　匹配结果

17. 在坐标选项卡中修改纹理坐标，或者在标签中可以进行 UV 偏移，本例中的 UV 长度，因为适配了图片比例，所以不需要修改，除此之外还可调整坐标，旋转投射角度（如果你是要投射到一个斜坡上），如图 6-1-31 至图 6-1-35 所示。

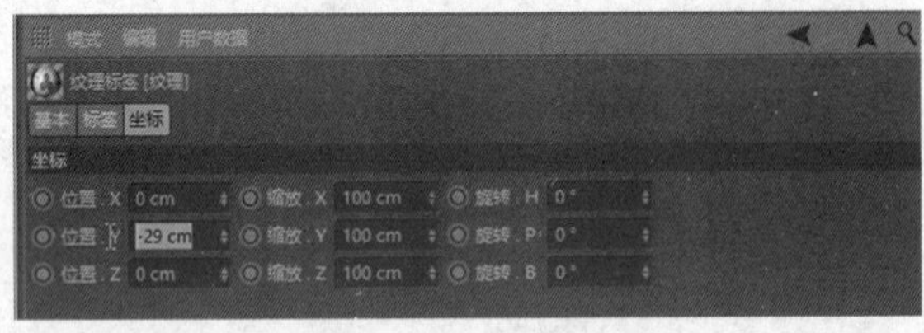


图 6-1-31　纹理坐标

图 6-1-32　调整效果

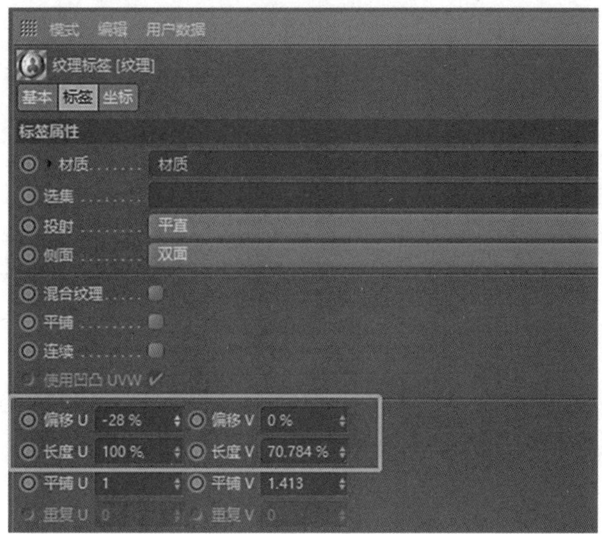


图 6-1-33 UV 偏移测试

图 6-1-34 调整效果

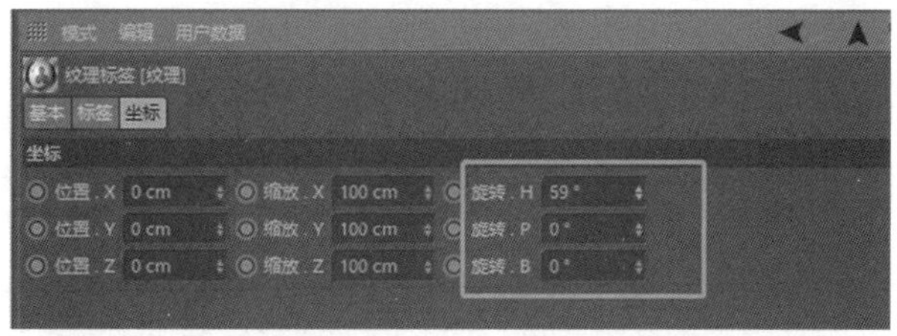


图 6-1-35 坐标设置

18. 为了更直观地观察，进入纹理编辑模式，选中对象，选中纹理标签，就会出现黄色网格，如图 6-1-36 至图 6-1-38 所示。

图 6-1-36 进入纹理编辑模式

图 6-1-37　选中对象

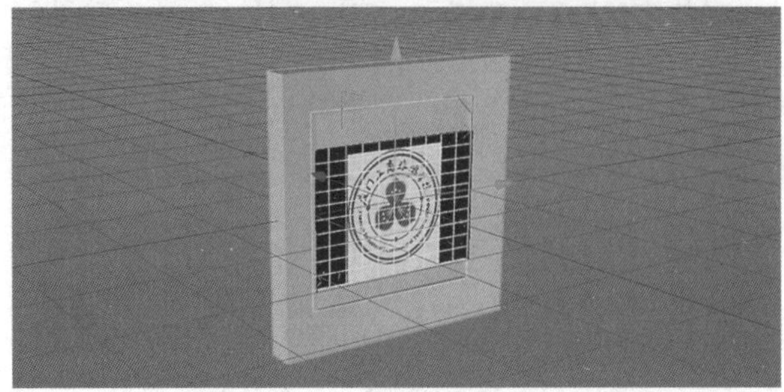

图 6-1-38　出现黄色网格

19. 注意黄色网格，我们可以对它进行位移、缩放、旋转改变平直投射的位置、大小、角度。通常建模通都是 Z 轴朝前，而且平直投射默认也是朝 Z 轴正方向投射纹理，这样可省去调整角度的麻烦，如图 6-1-39、图 6-1-40 所示。

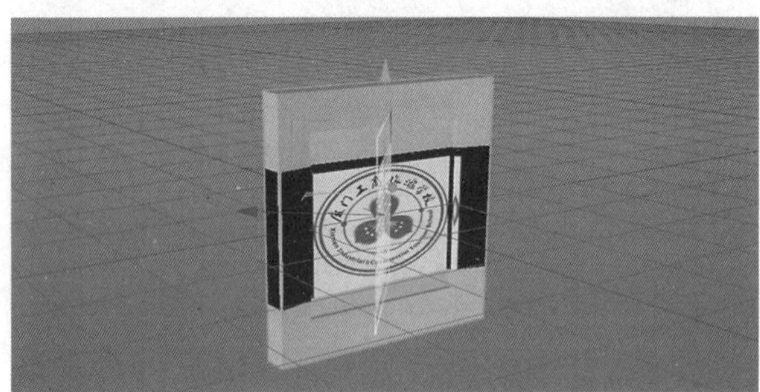

图 6-1-39　自定义其他投射角度

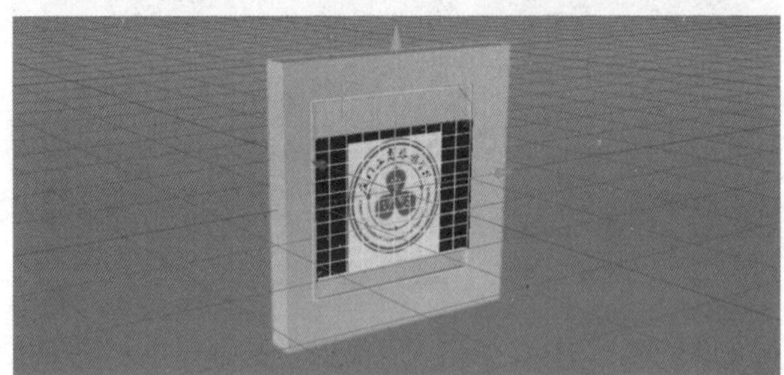

图 6-1-40　默认投射角度

任务6.2

# 指定选集叠加贴图、Alpha 通道

## ——"贴商标、LOGO"

### 教学重点

- **指定选集叠加贴图、Alpha 通道 ——"贴商标（LOGO）"。**

### 教学难点

- **如何指定选集叠加贴图、Alpha 通道 ——"贴商标（LOGO）"。**

### 任务分析

**01. 任务目标**

指定选集叠加贴图、Alpha 通道——"贴商标（LOGO）"。

**02. 实施思路**

通过视频了解并熟练指定选集叠加贴图、Alpha 通道——"贴商标、（LOGO）"。

### 任务实施

**01. 指定选集叠加贴图、Alpha 通道——"贴商标、LOGO"**

1. 渲染观看。观看发现 LOGO 不是透明的，实际上 LOGO 是 PNG 格式的透明图，打开材质，Alpha 通道是用来抠图的通道，可以选择刚才的 LOGO 图作为黑白蒙版进行抠图（因为图像 Alpha 通道是用黑白灰颜色，描述图像的透明信息，白色代表不透明区域、黑色代表透明区域，正好拿它来抠图），现在 LOGO 已经被抠出来了，如图 6-2-1 至图 6-2-4 所示。

图 6-2-1　渲染观看

图 6-2-2　加载纹理图

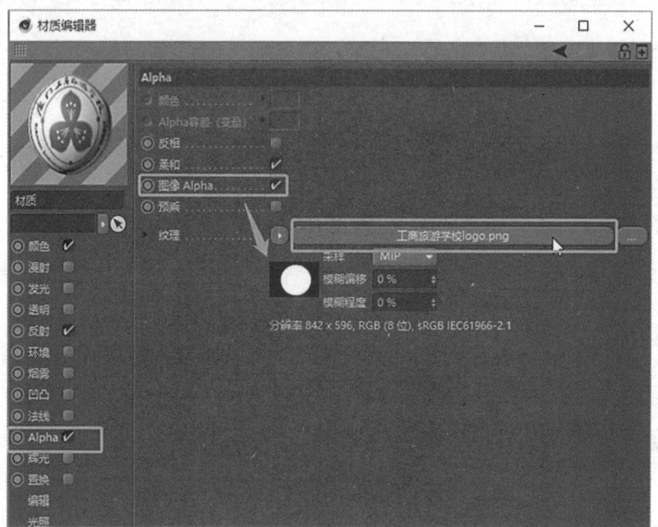


图 6-2-3　图像 Alpha 通道的透明信息图

图 6-2-4　渲染图片查看器

2. 如果你的图片格式支持存储图层信息，点击纹理图进去，这里还可选择其他图层作为抠图蒙版(比如：如果你的纹理图是 Photoshop 生成的 psd 格式文件，这种文件是可以存储很多图层的，在这里都会列出来让你选择)，如图 6-2-5 所示。

图 6-2-5　纹理图像的更多设置

3. 纹理是在整个对象进行平直投射，在投射时可直接穿透过，对象的正反面都有一个 LOGO，如图 6-2-6、图 6-2-7 所示。

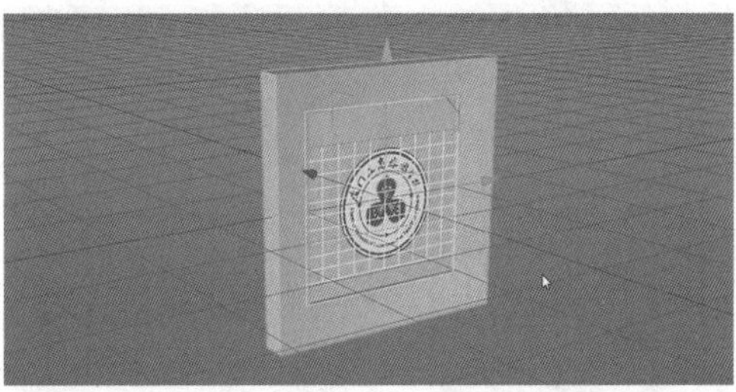

图 6-2-6　正面

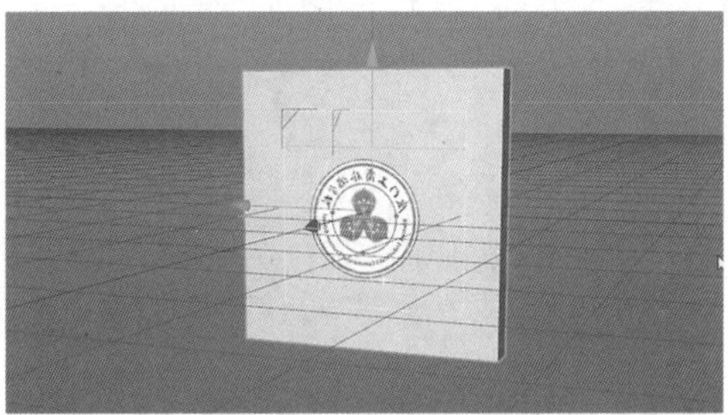

图 6-2-7　背面

4. 点击对象，进入面模式，选择面设置为选集，如图 6-2-8 至图 6-2-10 所示。

图 6-2-8　点击面模式

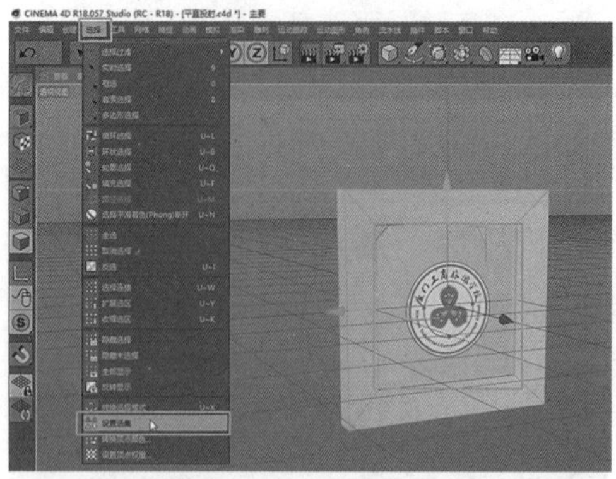
图 6-2-9　设置选集

图 6-2-10　面选集标签

5. 在纹理标签的选集中，将刚才的面选集拖进来，这样纹理只在选集的范围内进行投射，如图 6-2-11 至图 6-2-13 所示。

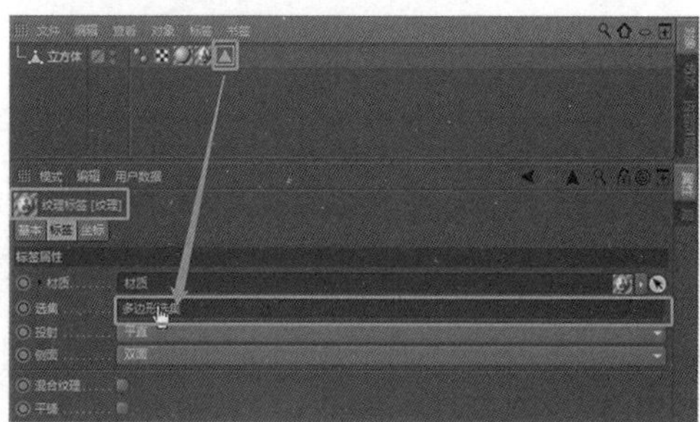
图 6-2-11　将刚才的面选集拖入

图 6-2-12　正面

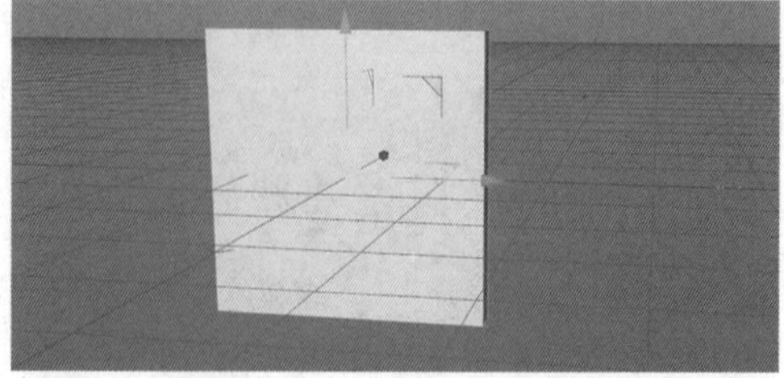
图 6-2-13　背面

6. 选集是公用的，我们将另一个纹理也约束在这个选集区域内，如图 6-2-14、图 6-2-15 所示。

图 6-2-14　材质选集

图 6-2-15　投射效果

7. 给相框添加一个木材材质，可用 C4D 自带的程序生成木材纹理，如图 6-2-16 所示。

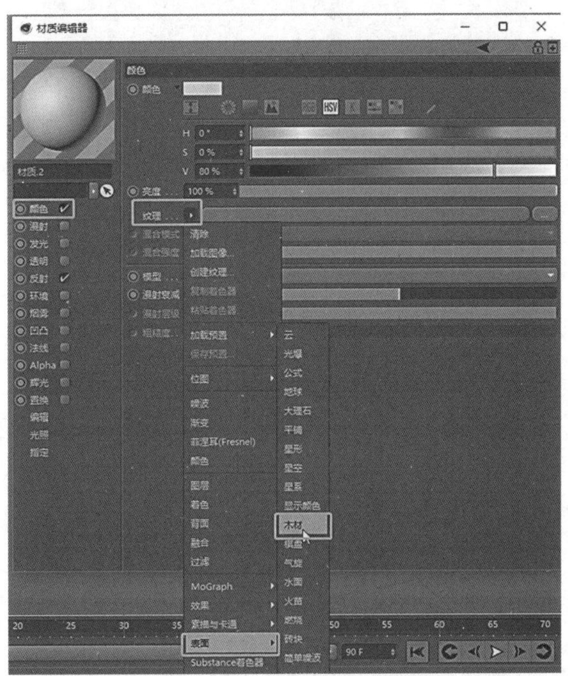


图 6-2-16　添加“木材纹理”

8. 因为之前已经选择了中间的面，所以 U~I 反选，如图 6-2-17、图 6-2-18 所示。

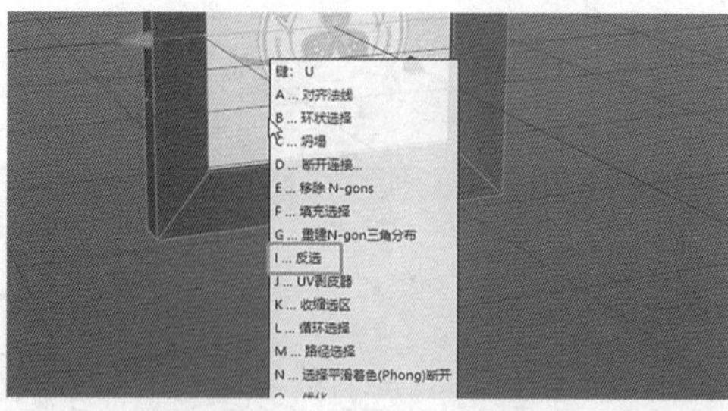


图 6-2-17　U ~ I 反选

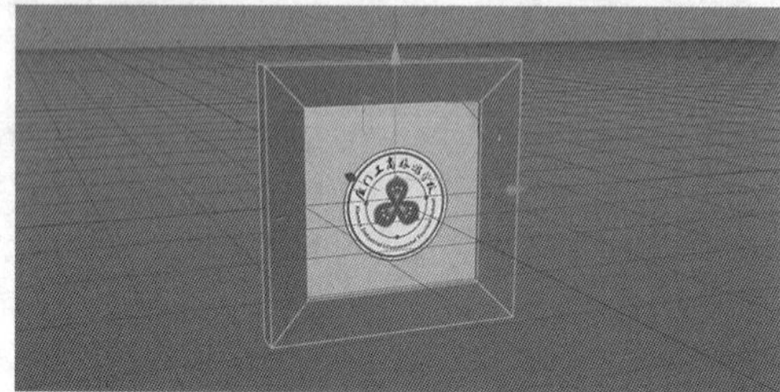

图 6-2-18　效果

9. 将材质拖到选取面上，木材纹理也可尝试一下其他投射方式，比如立方体或者是空间，渲染观看，如图 6-2-19 至图 6-2-21 所示。

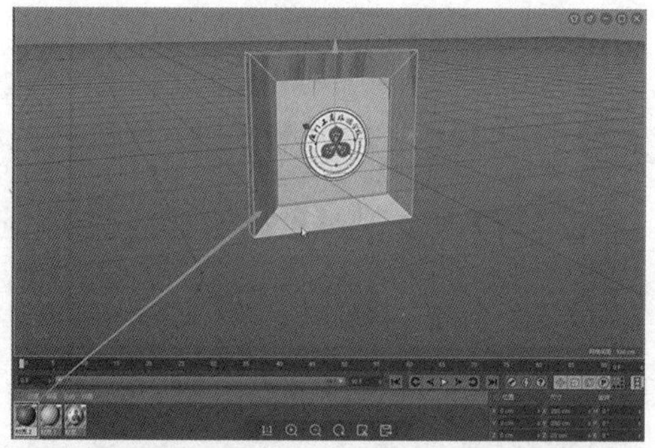

图 6-2-19　将材质拖到选取面上

图 6-2-20　渲染效果

图 6-2-21　最终效果图

任务 6.3

# 文字贴图与柱形映射

## 教学重点

· **文字贴图与柱形映射。**

## 教学难点

· **如何使用文字贴图与柱形映射。**

## 任务分析

### 01. 任务目标

熟练使用文字贴图与柱形映射。

### 02. 实施思路

通过视频了解并熟练使用文字贴图与柱形映射。

## 任务实施

### 01. 文字贴图与柱形映射

1. 打开 ps 软件，制作一张黑白文字贴图用来抠图，如图 6-3-1 所示。

图 6-3-1　制作黑白文字贴图

2. 打开 C4D 工程，新建材质，开启 Alpha 通道，将贴图拖进来，勾选反相（图片颜色反转，黑变白，白变黑）。在黑白蒙版抠图中，黑色代表透明，白色代表不透明。如图 6-3-2 所示。

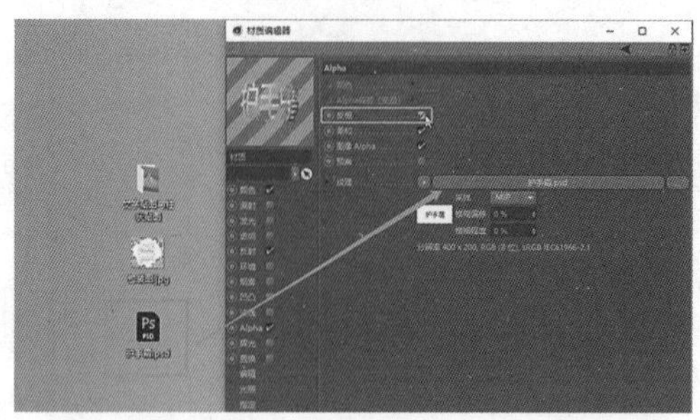

图 6-3-2　打开材质编辑器设置

3. 颜色通道可任意调整颜色，在预览图里右键菜单，将显示修改为平面显示，修改预览不会对材质造成任何影响，如图 6-3-3、图 6-3-4 所示。

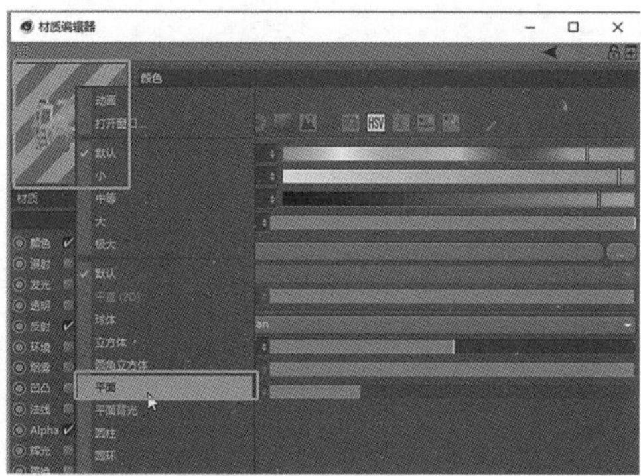

图 6-3-3　将显示修改为“平面”

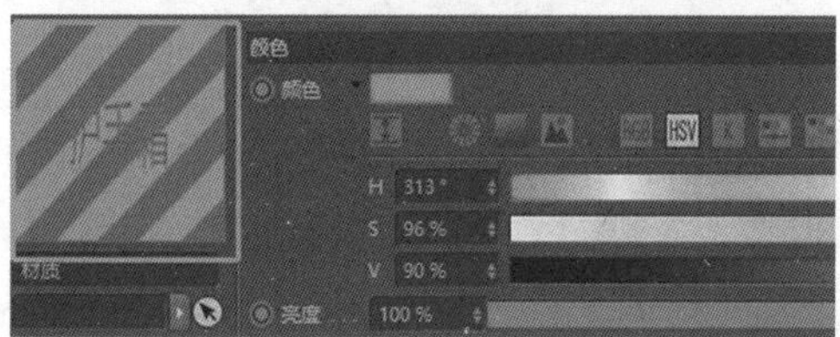

图 6-3-4　平面预览

4. 点击对象，选择面，将材质球拖到选取面上，纹理会自动关联上选集，平直投射，选择适合图像，取消平铺，如图 6-3-5 至图 6-3-7 所示。

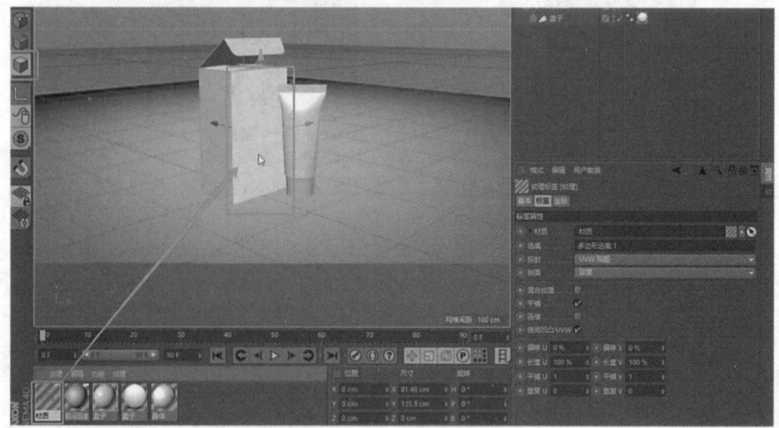

图 6-3-5　材质球拖到选取面上

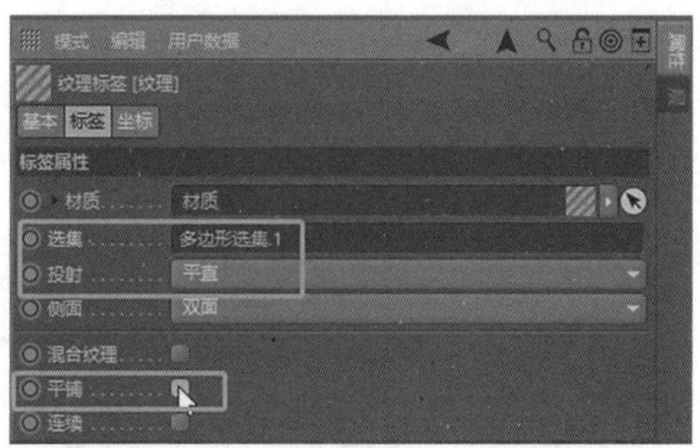


图 6-3-6　平直投射、取消平铺

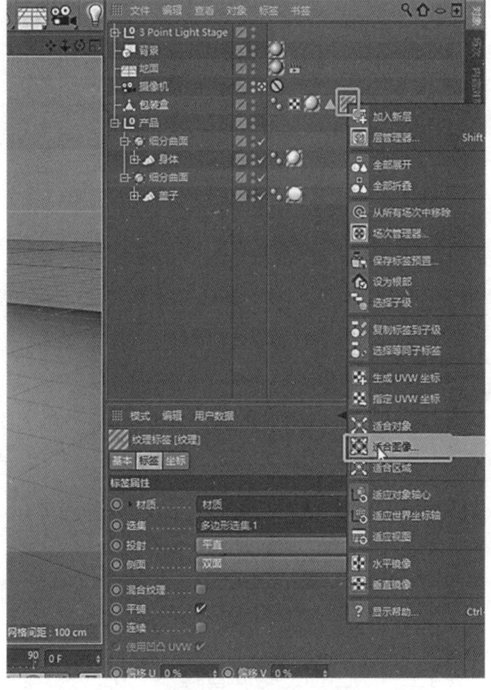


图 6-3-7 适合图像

5. 切换到纹理编辑模式，选中对象，选中纹理，开启轴心模式。现在可以使用工具栏的移动、位移、缩放工具调整纹理坐标，如图 6-3-8 所示。

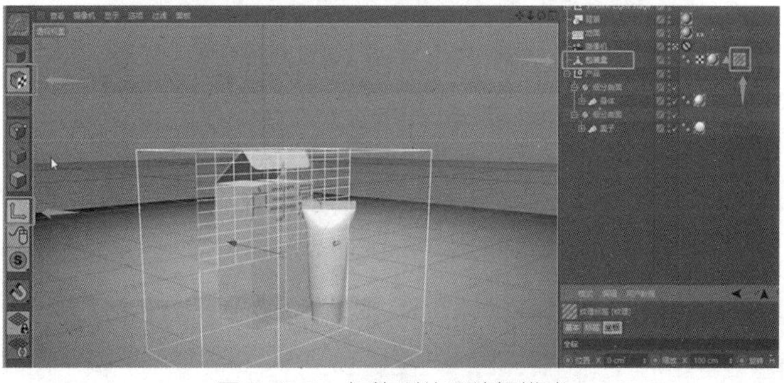

图 6-3-8　切换到纹理编辑模式

6. 注意：轴心模式没有开启时，使用缩放工具进行调整的将是纹理 UV。开启轴心模式调整的才是纹理坐标。如果忘记开启轴心模式，调乱了原始 UV 比例，那么图像大小就是变形的，建议重新适合图像。如图 6-3-9 所示。

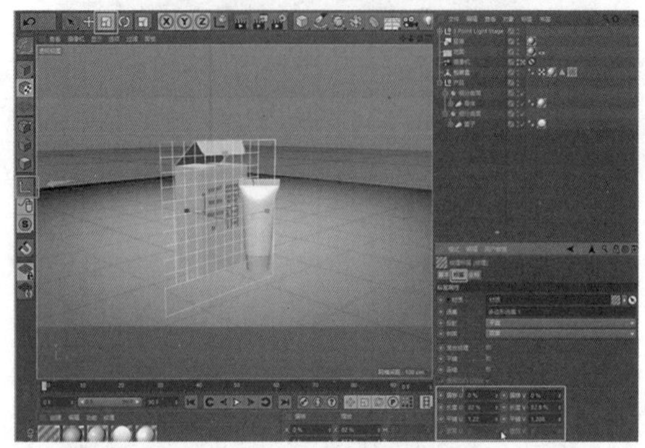

图 6-3-9　开启轴心模式

7. 移动调整纹理坐标，投射在中间位置就好了，如图 6-3-10 所示。

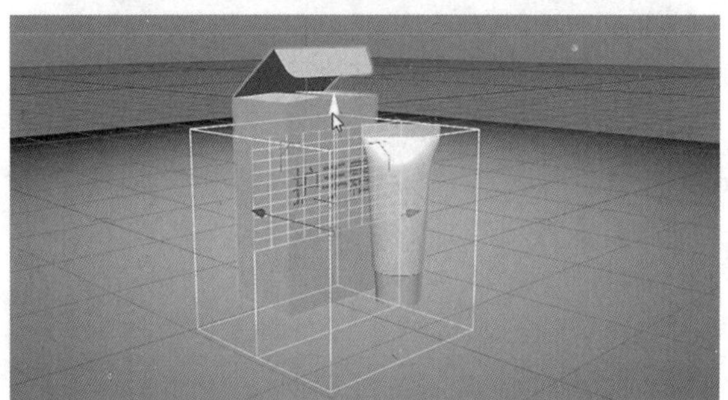

图 6-3-10　移动调整纹理坐标

8. 下面开始讲柱状投射：将贴图拖进材质管理器，给产品贴图，如图 6-3-11 所示。

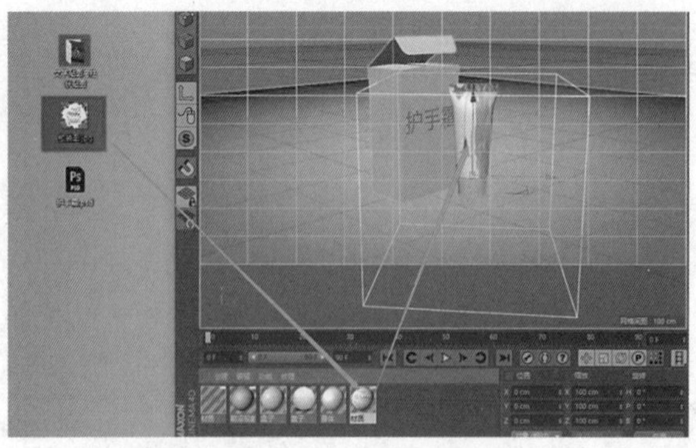

图 6-3-11　给产品贴图

9. 根据模型特征，选择投射类型为“柱状”，进行投射。使用位移、缩放、旋转，使得柱状投射贴合模型，如图 6-3-12、图 6-3-13 所示。

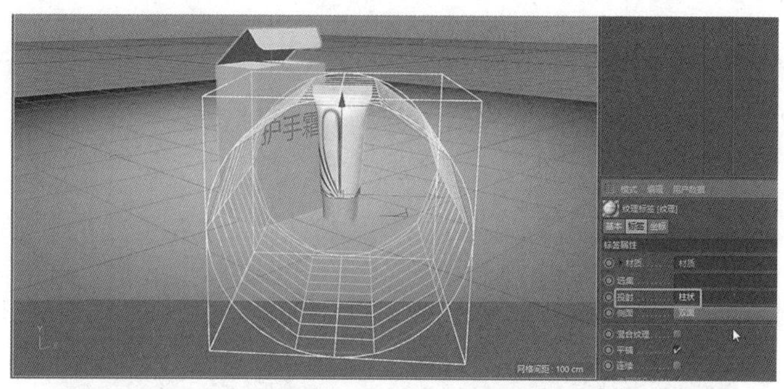

图 6-3-12　柱状投射

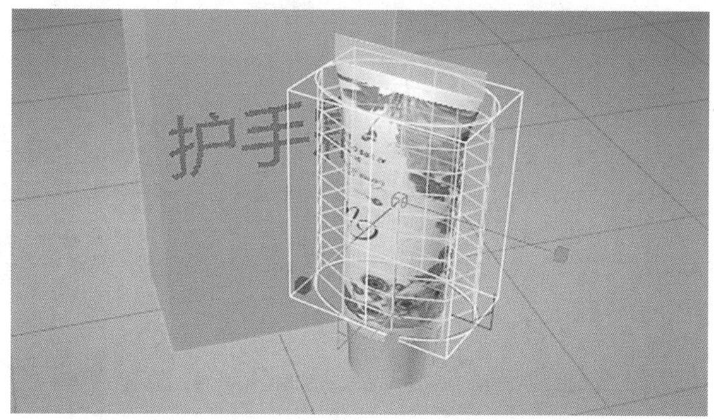

图 6-3-13　位移、缩放、旋转让柱状投射贴合模型

10. 关闭平铺，还可调整纹理标签的 UV 偏移和 UV 长度，类似酒瓶的贴图就可这样制作，调整完成后恢复默认模式，如图 6-3-14、图 6-3-15 所示。

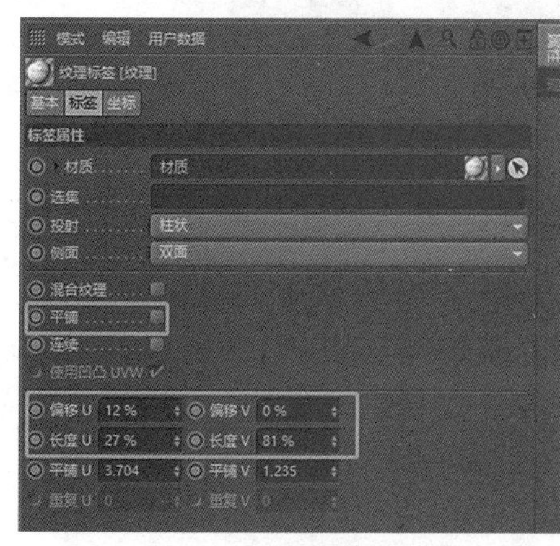


图 6-3-14　调整纹理标签

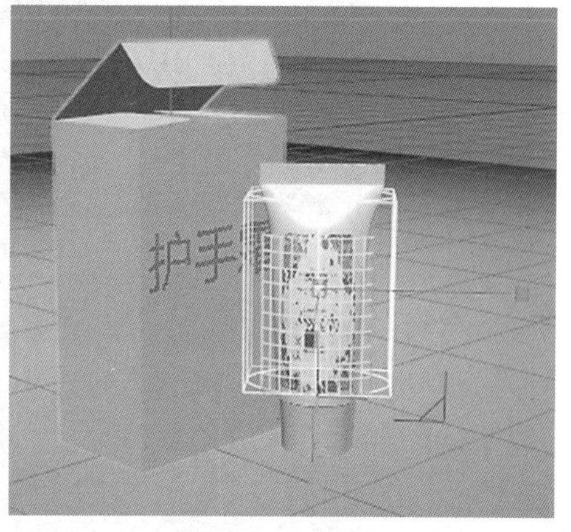

图 6-3-15　效果

11. 地面和背景为同一个材质，都采用前沿投射，给地面添加合成标签，勾选“合成背景”，地面和背景就会融为一体，渲染观看。前沿投射会保证背景纹理始终是面朝我们，如图 6-3-16 至图 6-3-19 所示。

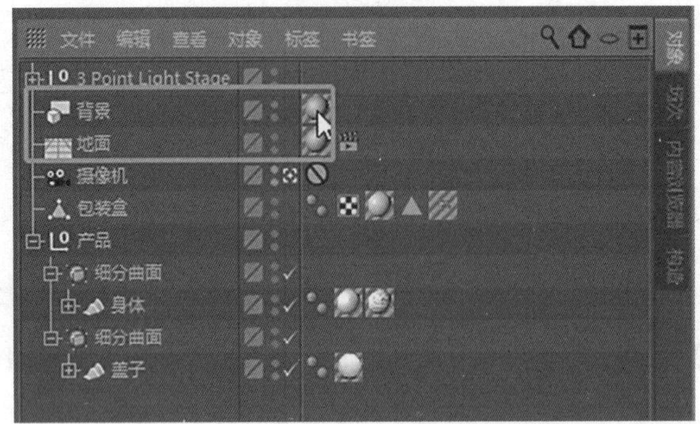


图 6-3-16　地面和背景为同一材质

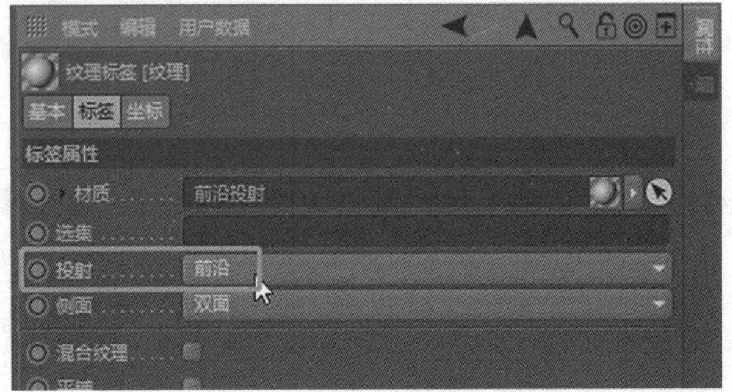


图 6-3-17　前沿投射

图 6-3-18　地面的合成标签

图 6-3-19　护手霜的渲染效果图

任务6.4

# 复杂对象 UV 拆解与编辑

## ——使用 UVW 映射方式贴图

### 教学重点

- **复杂对象 UV 拆解与编辑 ——使用 UVW 映射方式贴图。**

### 教学难点

- **如何使用复杂对象 UV 拆解与编辑 ——使用 UVW 映射方式贴图。**

### 任务分析

**01. 任务目标**

熟练使用复杂对象 UV 拆解与编辑 ——使用 UVW 映射方式贴图。

**02. 实施思路**

通过视频了解并熟练使用复杂对象 UV 拆解与编辑 ——使用 UVW 映射方式贴图。

### 任务实施

**01. 复杂对象 UV 拆解与编辑——使用 UVW 映射方式贴图**

1. 打开模型对象，在父级上单击鼠标中键，右键菜单点击“连接对象”。（如果是网上下载模型对象通常是一个多边形对象），将原始建模工程隐藏当作备份，如图 6-4-1 至图 6-4-5 所示。

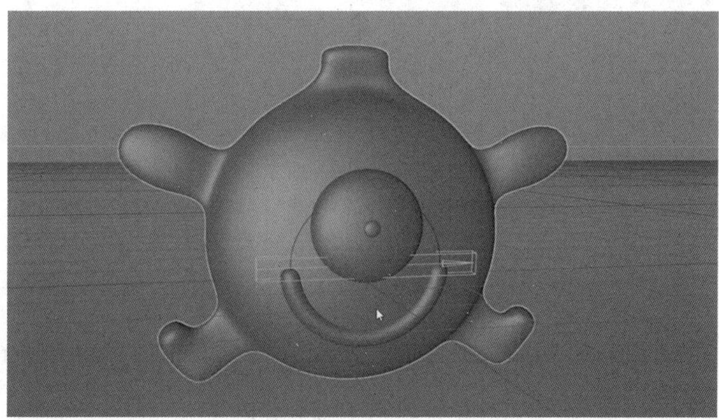

图 6-4-1　打开模型对象

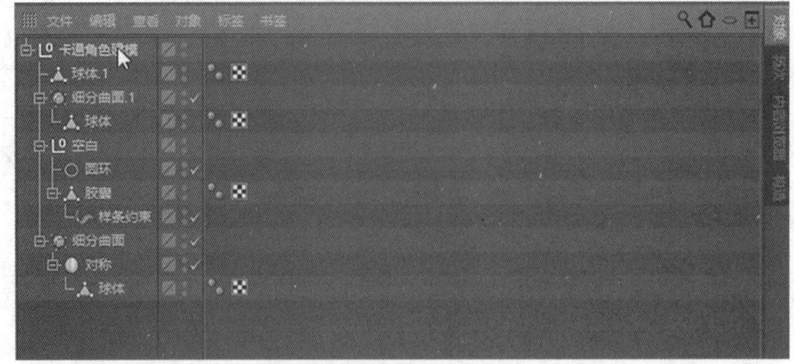

图 6-4-2 全选对象

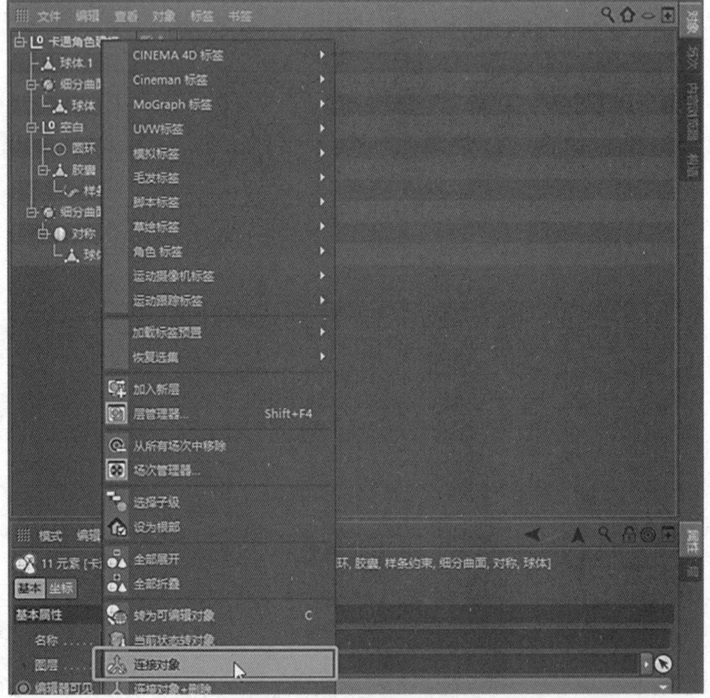

图 6-4-3 连接对象

图 6-4-4 多边形对象

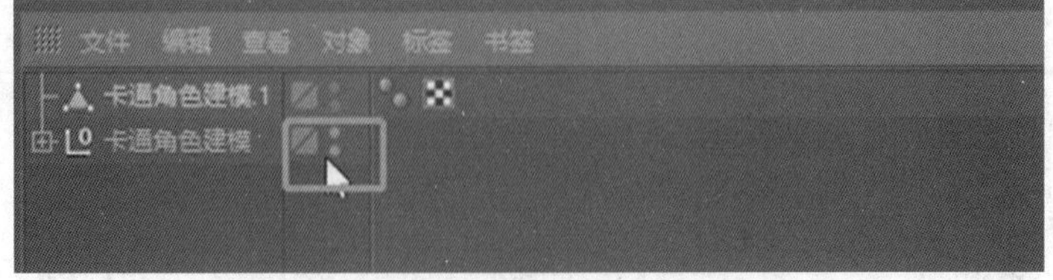

图 6-4-5 隐藏原始建模

2. 新建材质球，给模型上纹理，如图 6-4-6 所示。

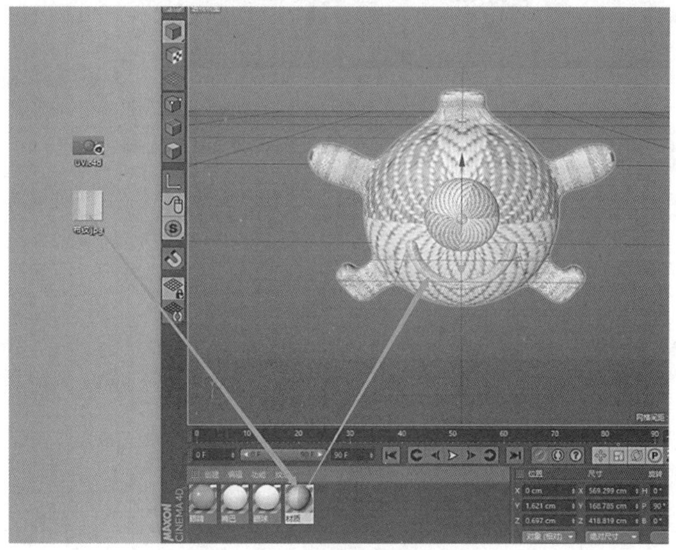


图 6-4-6　给模型上纹理

3. 默认纹理的投射方式是 UVW 贴图，类似空间坐标系的 XYZ，UVW 用来代表贴图坐标系，UVW 坐标指导纹理如何覆盖三维表面，如图 6-4-7 至图 6-4-8 所示。

图 6-4-7　投射方式是 UVW 贴图

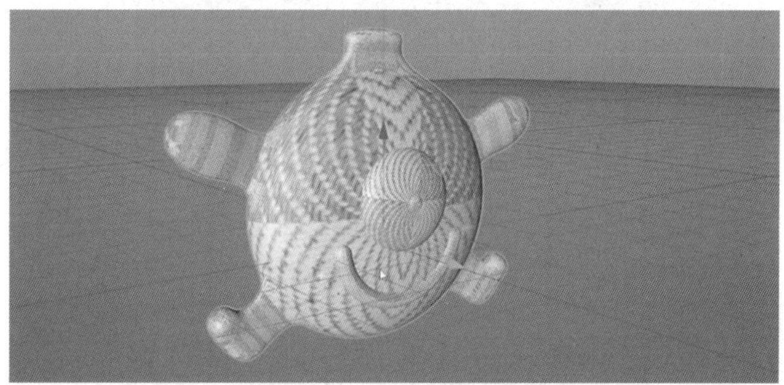

图 6-4-8　UVW 贴图

4. 因纹理中存在接缝和穿帮，UVW 标签需要重新设计。通常开始拆分 UV 前需准备三件事，第一件：准备一张棋盘格纹理，如图 6-4-9 至图 6-4-11 所示。

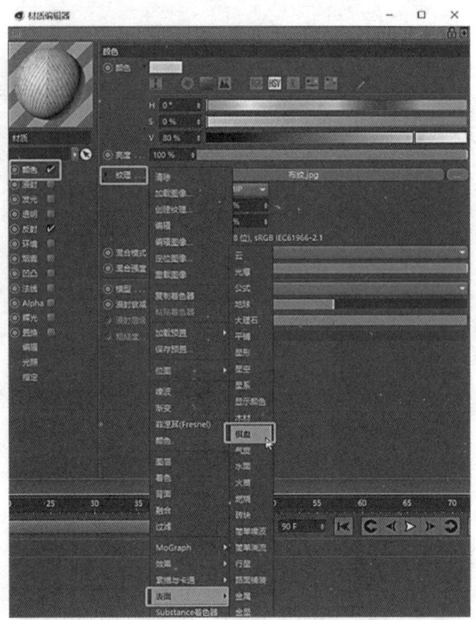
图 6-4-9　选择"棋盘"

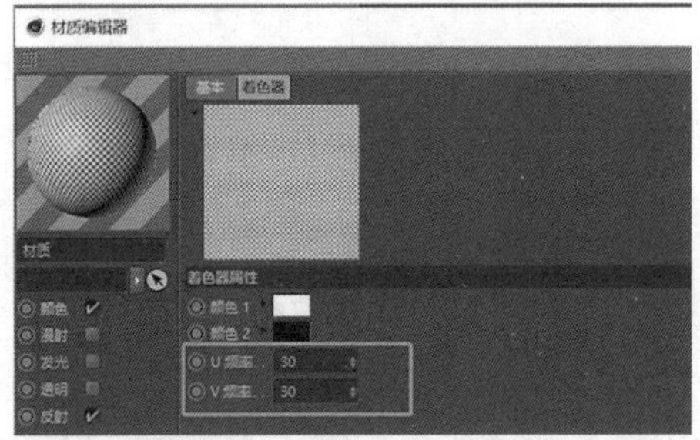
图 6-4-10　UV 频率调整

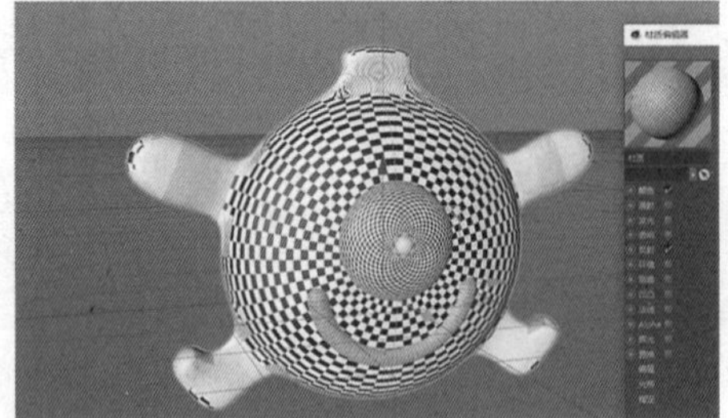
图 6-4-11　棋盘格 UVW 贴图

5. 切换到 UV 编辑界面，如图 6-4-12 所示。

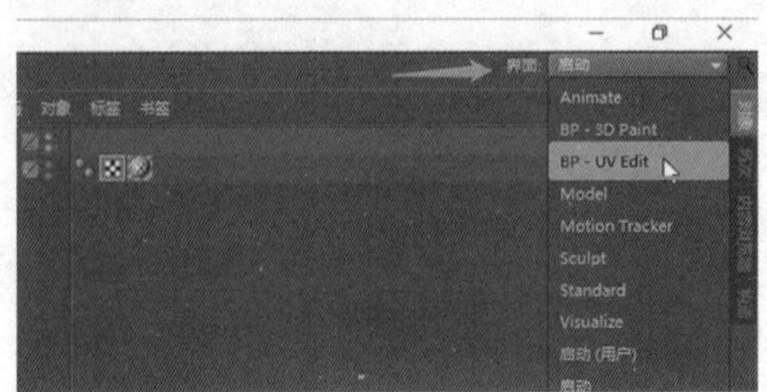

图 6-4-12　UV 编辑工作平台

6. 将 UVW 标签拖到工作平台上，视图中的线条就是 UVW 的二维映射 UV，如图 6-4-13、6-4-14 所示。

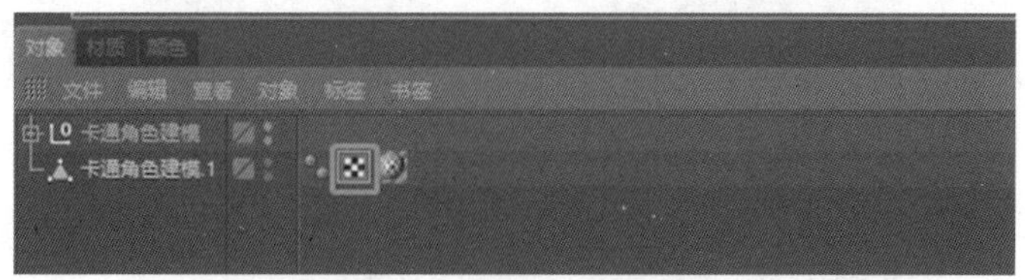


图 6-4-13　UVW 标签

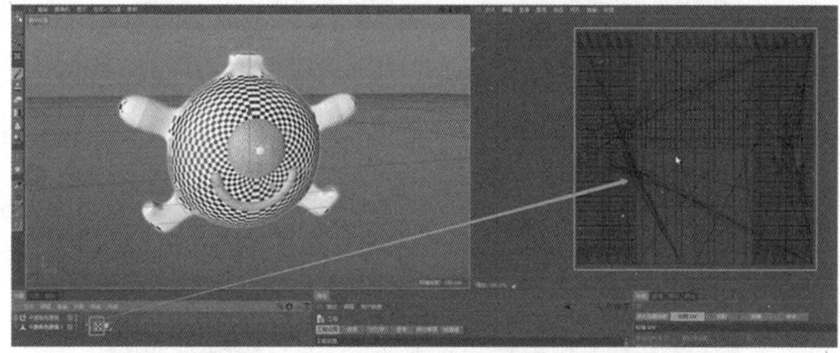

图 6-4-14　UVW 的二维映射 UV

7. 切换到 UV 多边形编辑模式，可以对 UV 进行编辑操作了，如图 6-4-15 所示。

图 6-4-15　切换到 UV 多边形编辑模式

8. 接下来准备第二件事，Ctrl+A 全选 UV，命令选项卡点击“清除 UV”，重新设计 UV（因为初始的 UV 排版是乱的），如图 6-4-16、图 6-4-17 所示。

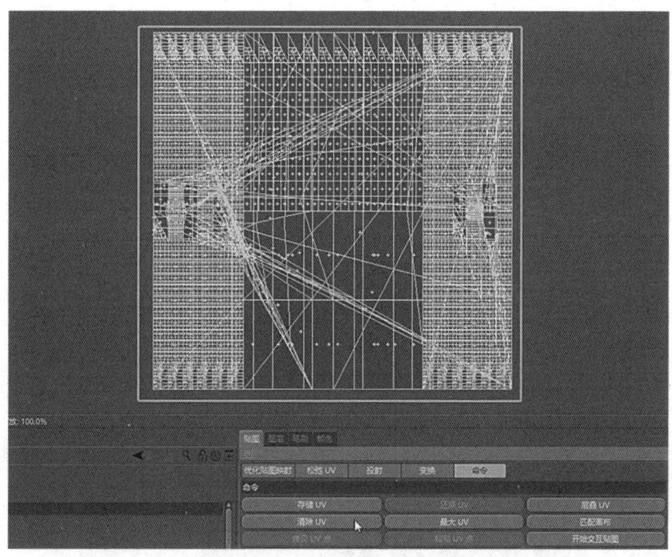


图 6-4-16　命令选项卡

图 6-4-17　清除 UV

9. 准备第三件事情，在松弛 UV 选项卡中，准备一个边选集，用来将三维模型剪开成二维平面，如图 6-4-18 所示。

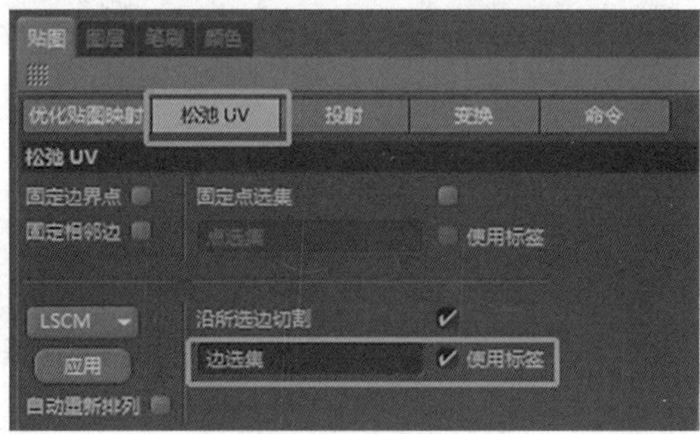


图 6-4-18　松弛 UV

10. 进入线模式，U~L 循环选择，按住 Shift 键加选，如何选择剪开的接缝，可参考我们身上穿的衣服、裤子，一般选择在不起眼的胳膊下，或一些比较隐蔽的地方，如图 6-4-19、图 6-4-20 所示。

图 6-4-19　线模式

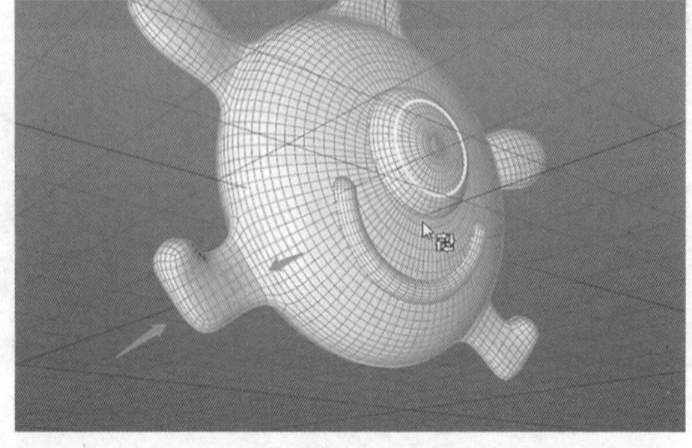

图 6-4-20　选择边

11. 点击菜单栏选择“几何体—设置选集”，将边选集拖到这里，准备完毕，如图6-4-21至图6-4-23所示。

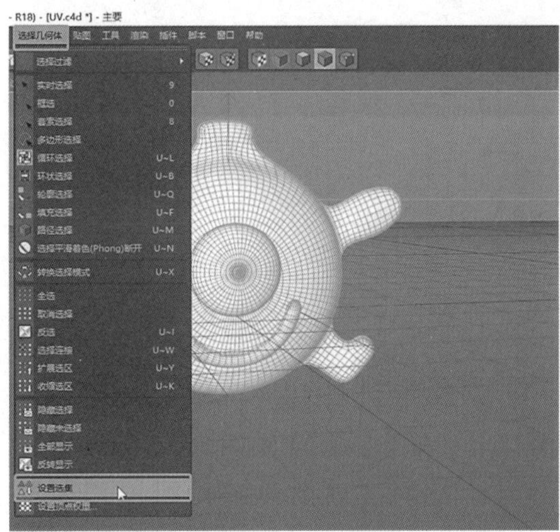

图6-4-21　设置选集

图6-4-22　边选集

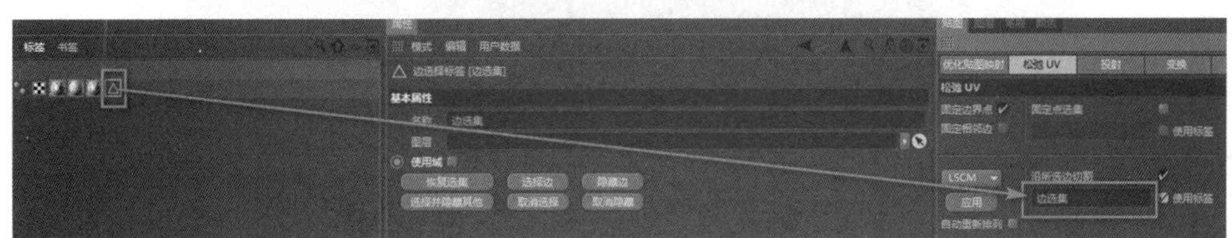

图6-4-23　拖曳边选集到输入框中

12. 右手臂UV拆分：开始拆分UV，进入面模式，点击选择右手臂的面（U~L循环选择，U~F填充选择，按住Shift键加选剩下的面），如图6-4-24、图6-4-25所示。

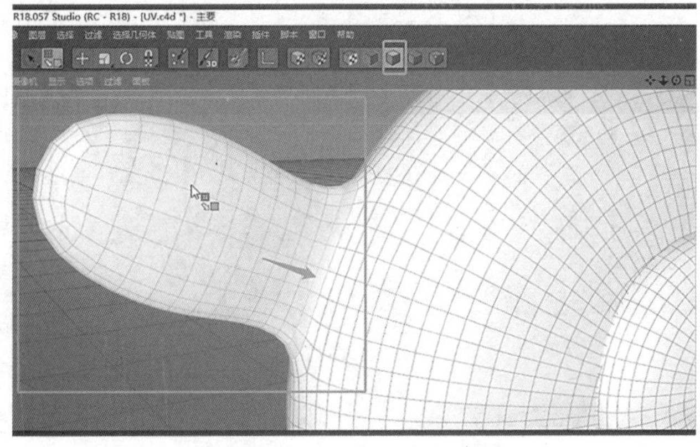

图6-4-24　U~L循环选择

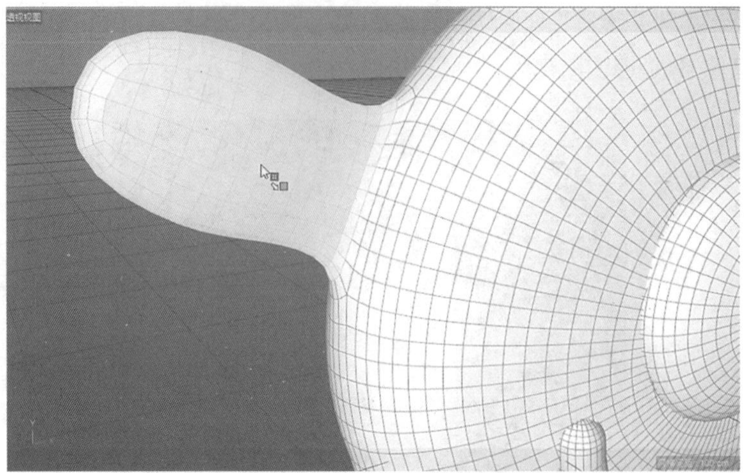
图 6-4-25　U~F 填充选择

13. 右手臂 UV 拆分：松弛 UV 这里点击“应用”，右手臂的 UV 就被拆分下来了，点击匹配画布大小，如图 6-4-26 所示。

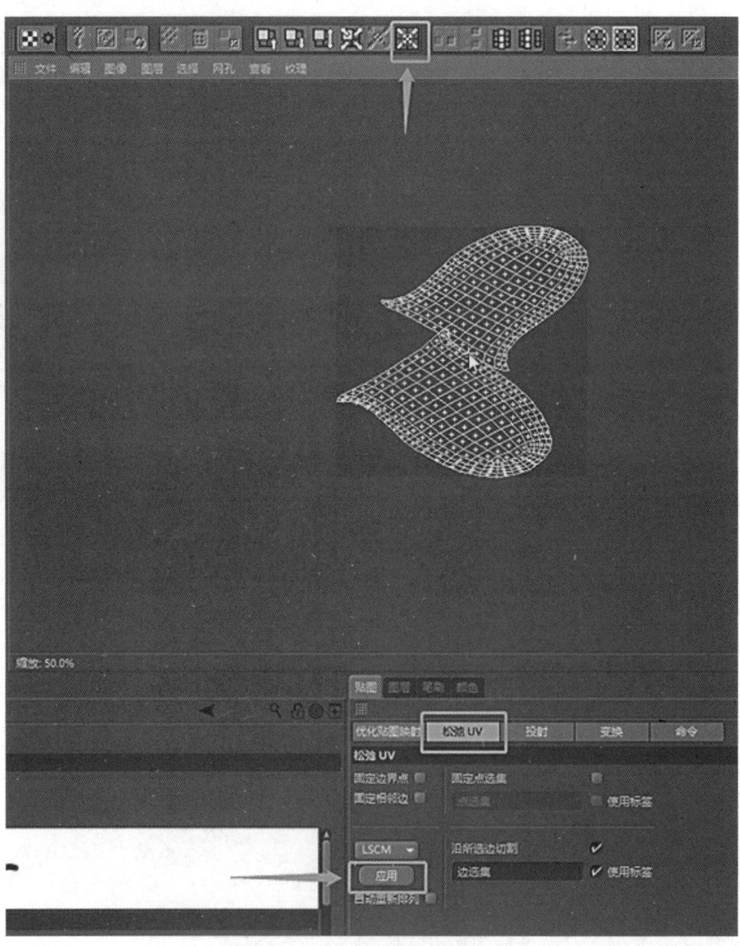

图 6-4-26　松弛 UV

14. 现在 2 块 UV 是重叠的。依次点击“优化贴图映射—重新指定—应用”，避免 UV 重叠（分开是为了方便单独选择其中一块 UV），如图 6-4-27 所示。

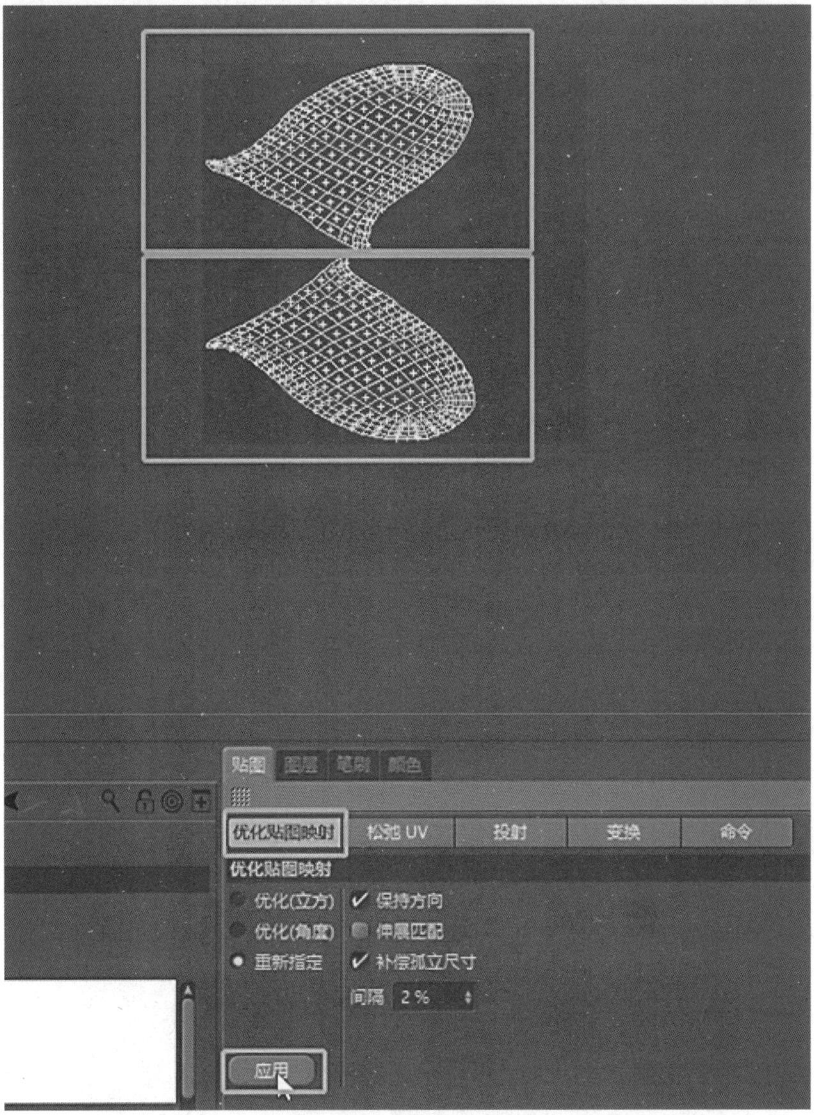

图 6-4-27　避免 UV 重叠

15. 切换到 UV 编辑模式，用框选工具选择一块 UV 面，如图 6-4-28、图 6-4-29 所示。

图 6-4-28　切换至 UV 编辑模式

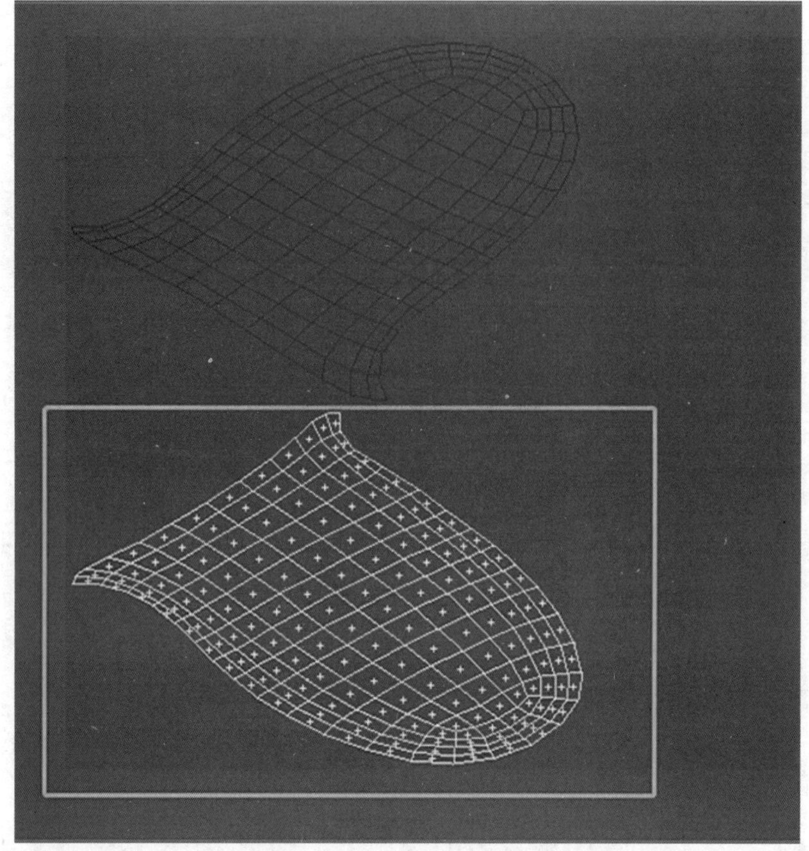

图 6-4-29　选择一块 UV 面

16. 松弛 UV 有两种算法可随便用，无限次地交替选择算法，点击“应用”直到满意为止，满意效果观察棋盘格，棋盘格接近正方形就可以了，正方形相当于是等比例贴图，如图 6-4-30、图 6-4-31 所示。

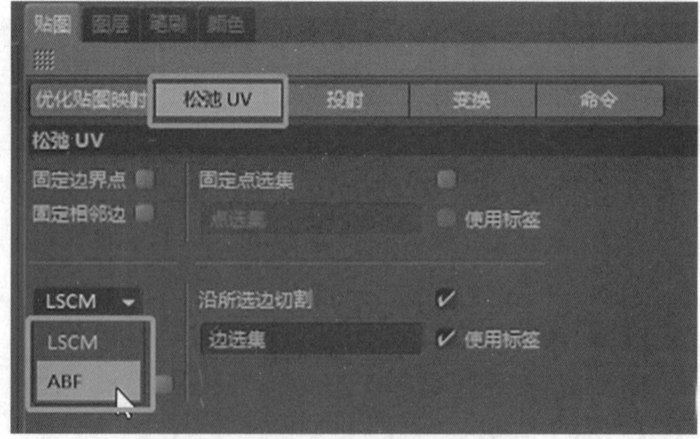


图 6-4-30　松弛 UV 的两种模式

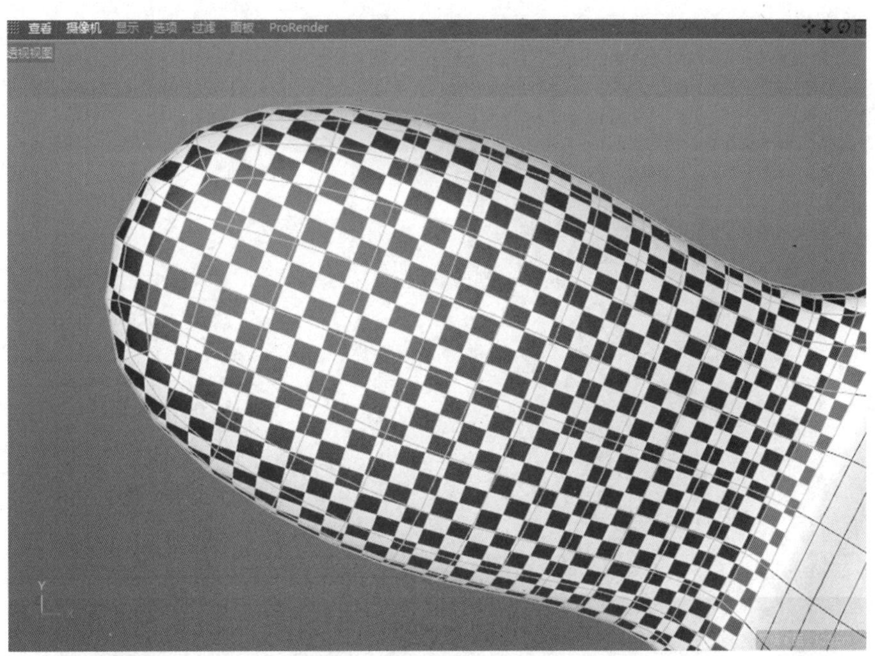


图 6-4-31　观察棋盘格

17. 将调整好的 UV，使用移动工具，将 UV 移动到空白处。如图 6-4-32、6-4-33 所示。

图 6-4-32　在 UV 编辑模式下使用移动工具

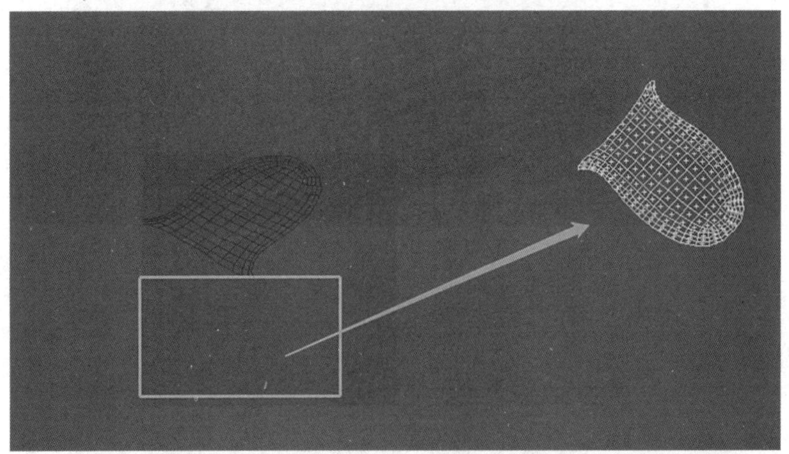

图 6-4-33　将 UV 移动到空白处

18. 使用旋转工具，鼠标点击位置就是旋转中心。鼠标左右拖曳进行旋转，在变换选项卡中，还可以对 UV 进行微调，如图 6-4-34 至图 6-4-36 所示。

图 6-4-34　在 UV 编辑模式下使用旋转工具

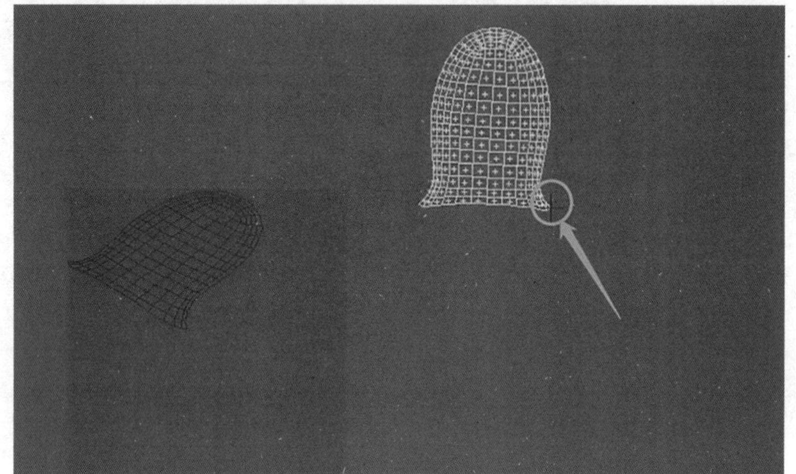
图 6-4-35　旋转 UV

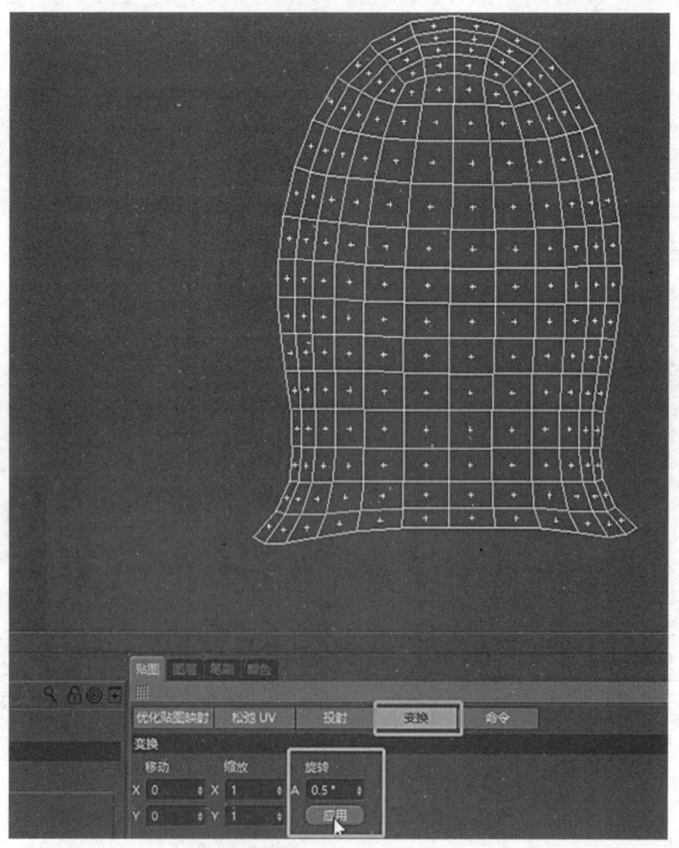

图 6-4-36　微调 UV

19. 剩下一块 UV 重复一样的操作，选择 UV，切换算法再次应用松弛算法直到满意为止（观察棋盘格），如图 6-4-37 所示。

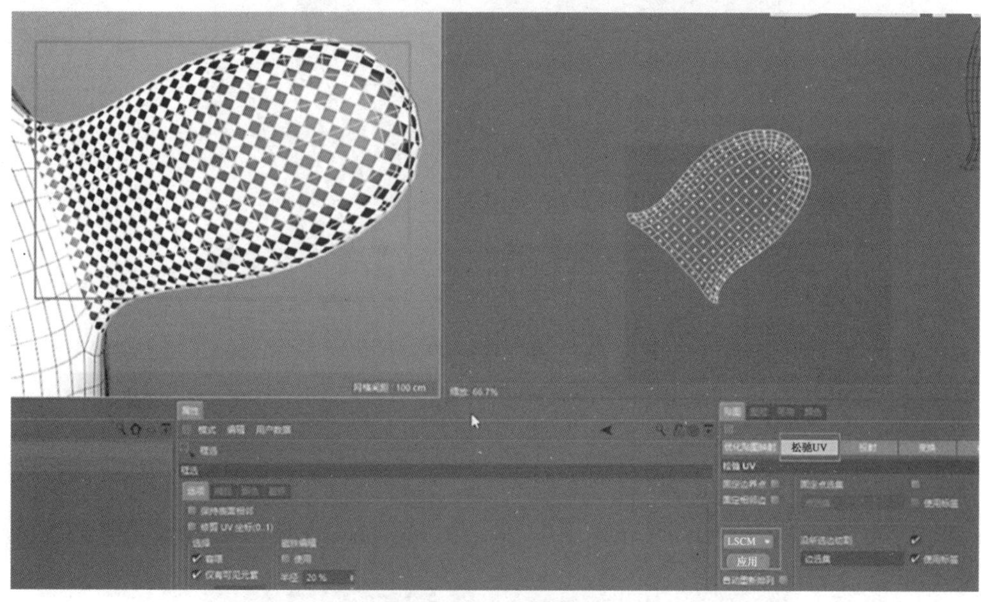

图 6-4-37　选择 UV

20. 温馨提醒：如果因为错误操作导致 UV 拆碎了，那么就选择这部分 UV 清除掉，重新将这部分 UV 拆分到画布（选择模型这部分的面，松弛 UV 到画布即可），如图 6-4-38、图 6-4-39 所示。

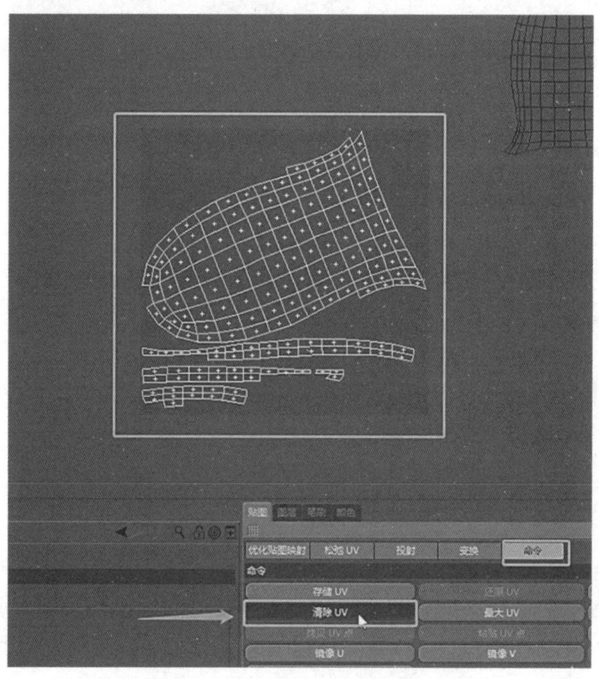

图 6-4-38　清除已经破碎的 UV

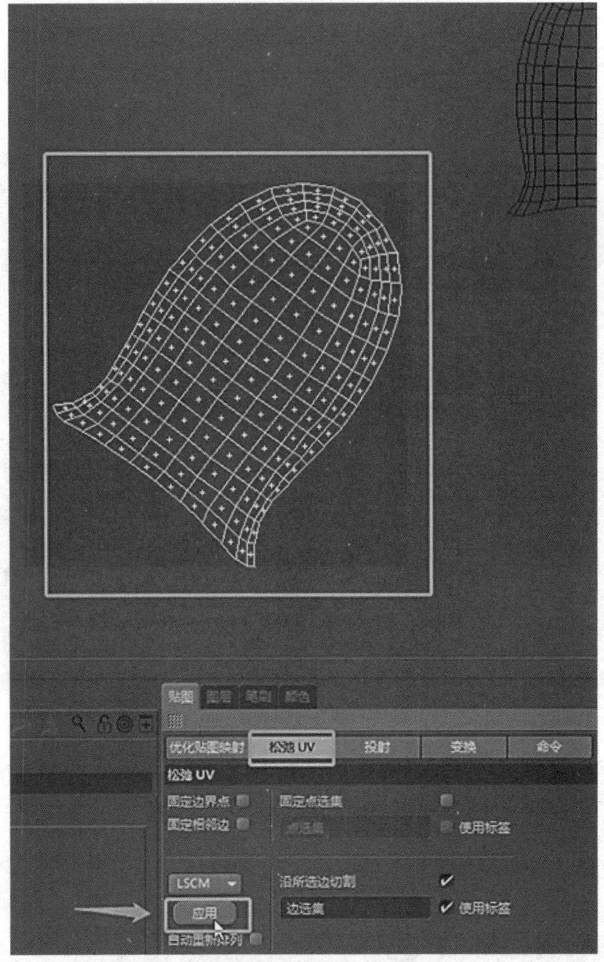


图 6-4-39　重新松弛这块 UV

21. 总结拆解 UV 流程：选择模型的面，松弛 UV，匹配画布大小，切换算法松弛 UV 并观察棋盘格，将调整好的 UV，移动到空白处排版好。如图 6-4-40 所示。

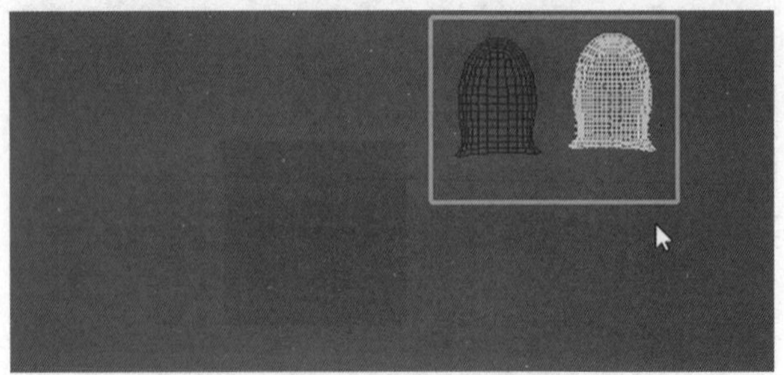

图 6-4-40　右手臂两块 UV

22. 左手臂 UV 拆分：选择左手臂的面（进入面模式，U~L 循环选择，U~F 填充选择，按住 Shift 键加选），松弛 UV，匹配画布，优化贴图映射，切换松弛算法，将调整好的 UV 移动到空白处排列好，如图 6-4-41、图 6-4-42 所示。

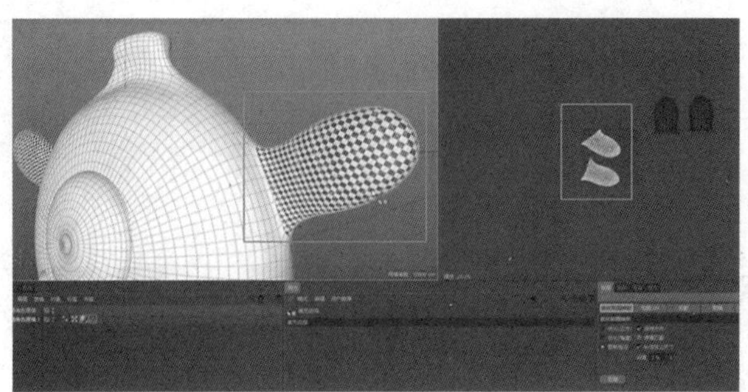

图 6-4-41　松弛左手臂 UV

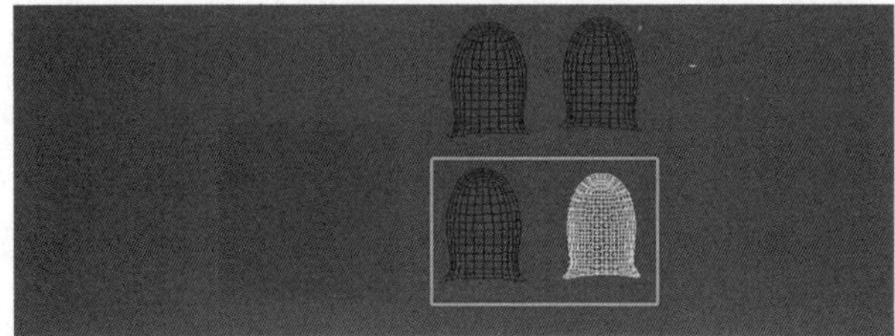

图 6-4-42　选择左手臂的面

23. 右腿 UV 拆分：选择右腿的面（进入面模式，U~L 循环选择，U~F 填充选择，按住 Shift 键加选），松弛 UV，匹配画布大小，优化贴图映射，切换松弛算法，将调整好的 UV 移动到空白处排列好，如图 6-4-43、图 6-4-44 所示。

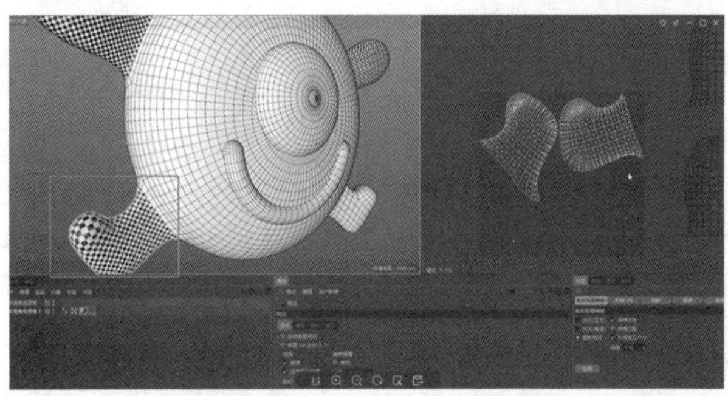

图 6-4-43　松弛右腿 UV

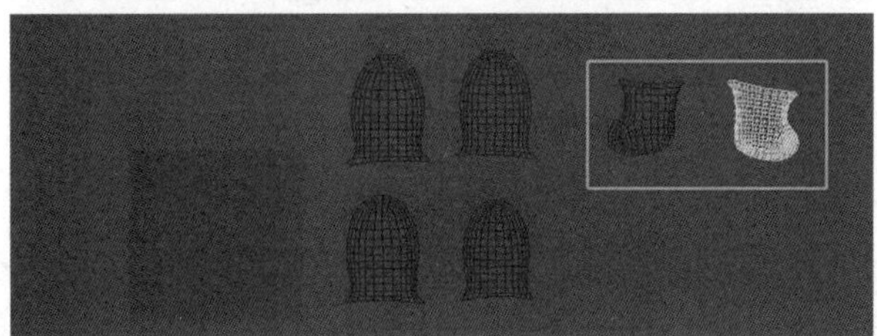

图 6-4-44　选择右腿的面

24. 左腿 UV 拆分：选择左腿的面（进入面模式，U~L 循环选择，U~F 填充选择，按住 Shift 键加选），松弛 UV，匹配画布大小，优化贴图映射，切换松弛算法，将调整好的 UV 到空白处排列好。两只脚应该差不多大小，如图 6-4-45、图 6-4-46 所示。

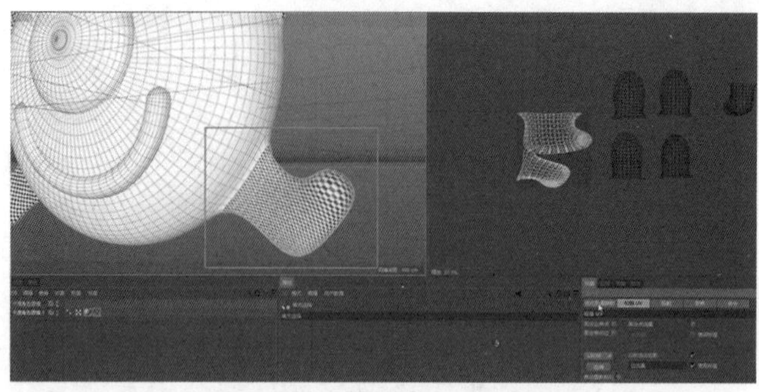

图 6-4-45　松弛左腿 UV

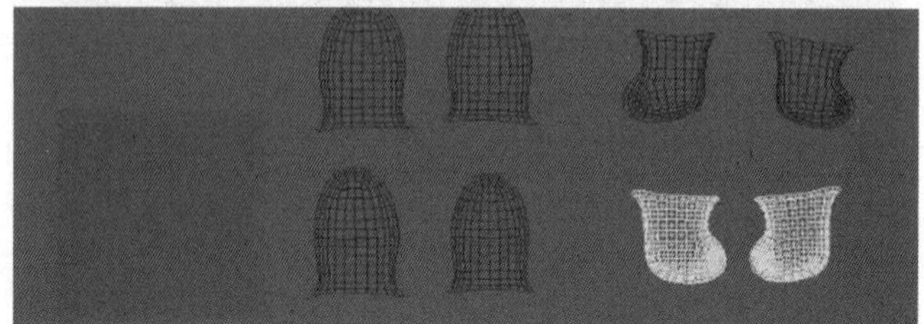

图 6-4-46　选择左腿的面

25. 身体背面 UV 拆分：(U~L 循环选择，选择面，U~F 填充选择，按住 Shift 键加选)，如图 6-4-47 所示。

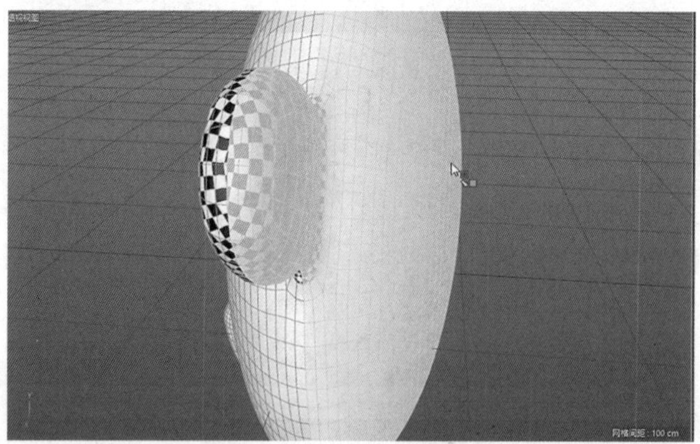

图 6-4-47　身体背面选区

26. 身体背面 UV 拆分：进入 UV 编辑模式，按住 Ctrl 键框选减去手脚部的选取面，如图 6-4-48、图 6-4-49 所示。

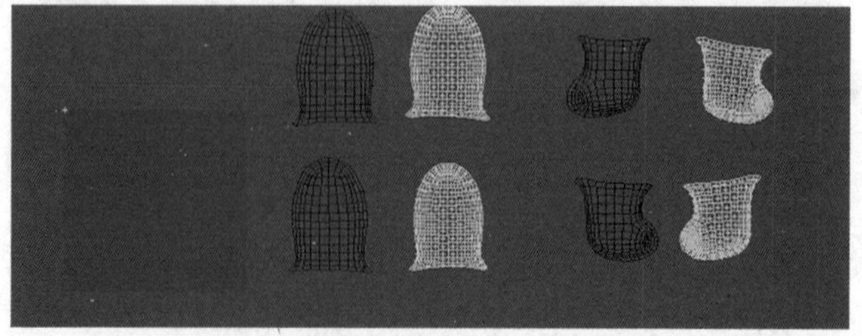

图 6-4-48　按住 Ctrl 键框选减去手脚部的选取面

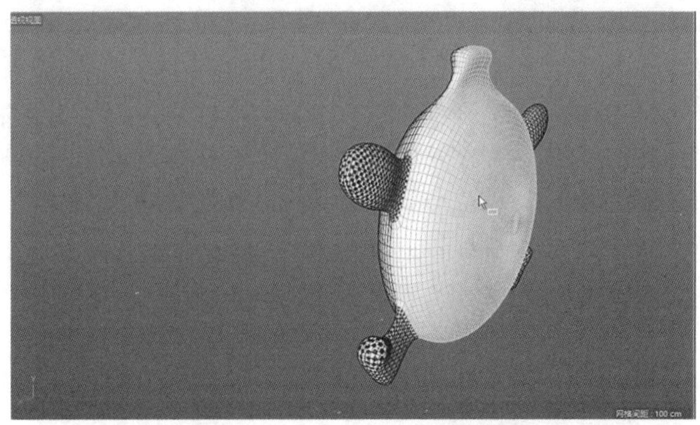

图 6-4-49　选取后的效果

27. 身体背面 UV 拆分：松弛 UV，匹配画布，切换算法松弛 UV，调整好移到空白处，如图 6-4-50 所示。

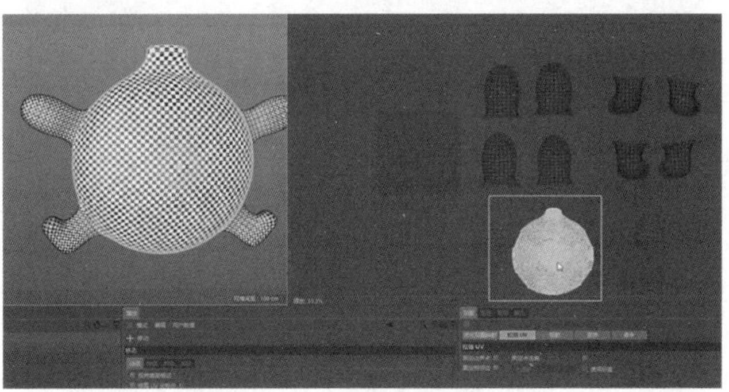

图 6-4-50　移到空白处

28. 身体正面 UV 拆分：U~I 反选，按住 Ctrl 键减去选择 ( 框选的手脚 UV)，如图 6-4-51 至图 6-4-53 所示。

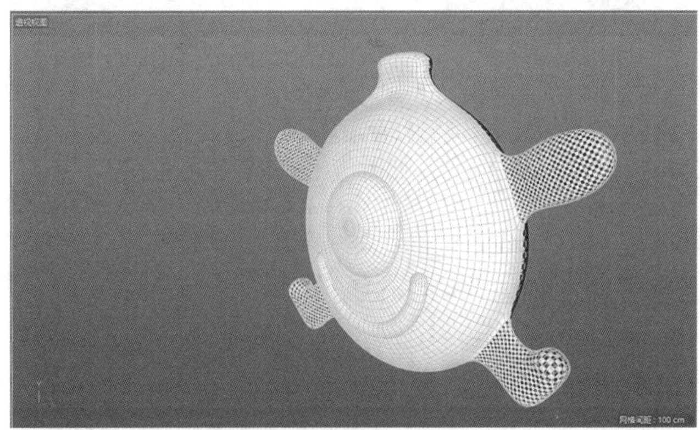

图 6-4-51　正面 U~I 反选

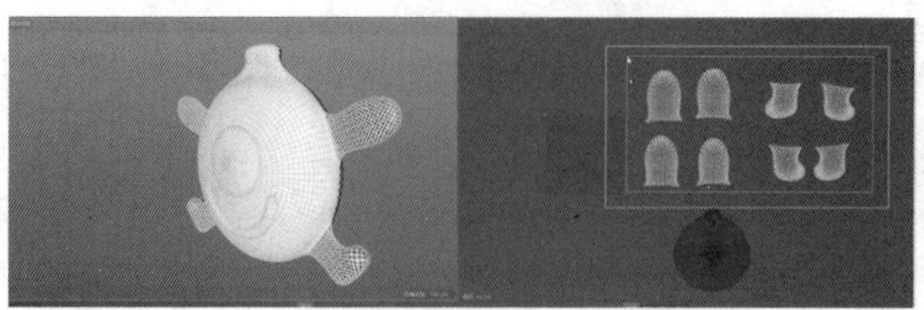

图 6-4-52　按住 Ctrl 键减去选择

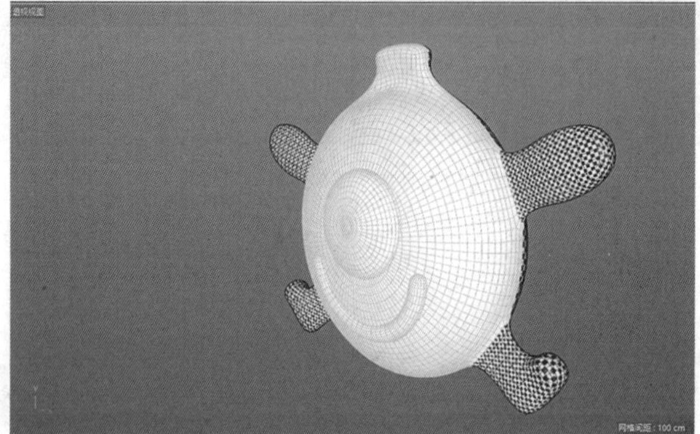

图 6-4-53　减去选择框选的贴图后效果

29. 身体正面 UV 拆分：切到面模式，U~F 填充选择，按住 Ctrl 键将不需要的减去选择，如图 6-4-54 所示。

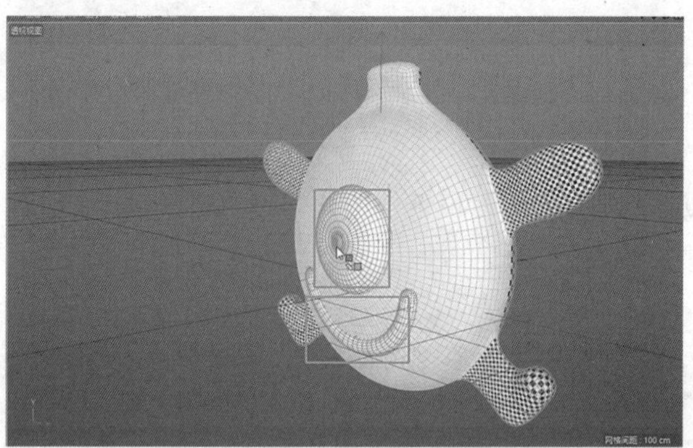

图 6-4-54　按住 Ctrl 键将不需要的减去选择

30. 身体正面 UV 拆分：松弛 UV，匹配画布，切换算法松弛 UV，应用直到满意为止，调整好移到空白处，如图 6-4-55 所示。

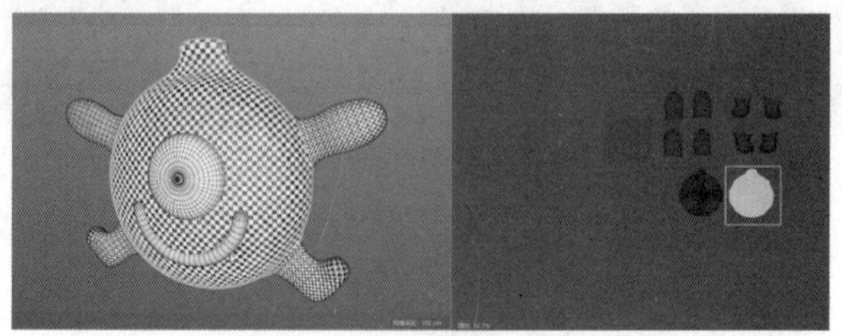

图 6-4-55　调整好移到空白处

31. 剩下的眼睛不需要纹理贴图，就不去拆分它的 UV 了，如果拆分了可缩小放在画布的角落。

32. 选中全部 UV 网格，缩小，拖到画布中心，排版一下，调整各部分 UV 的大小比例就可以了，如图 6-4-56 至图 6-4-57 所示。

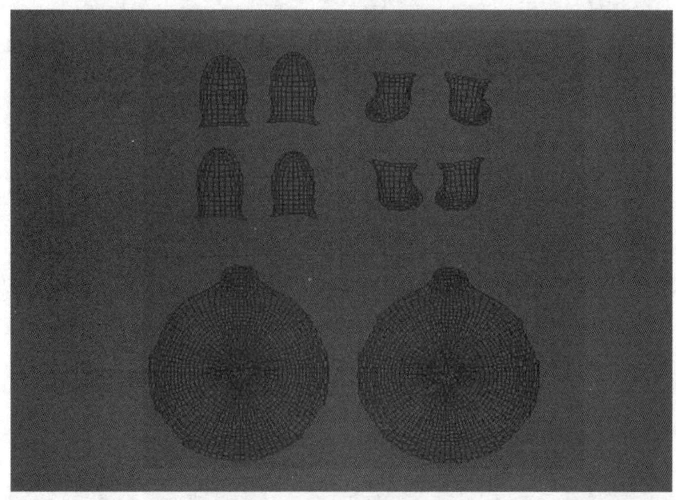

图 6-4-56　最终排版

图 6-4-57　棋盘格 UVW 贴图效果

33. 回到启动界面，如图 6-4-58 所示。

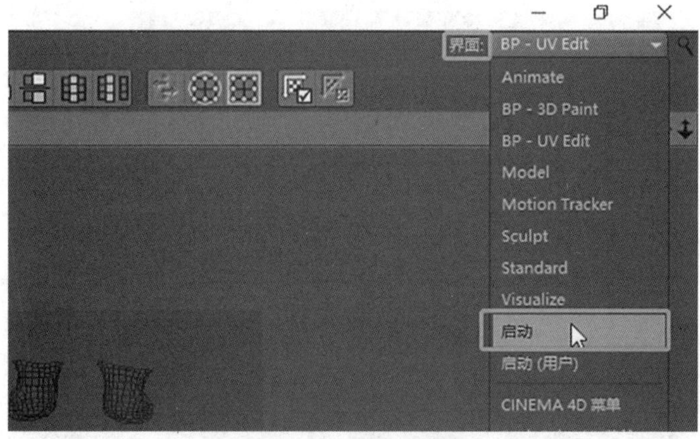


图 6-4-58　回到启动界面

34. 新建布纹材质，如图 6-4-59 所示。

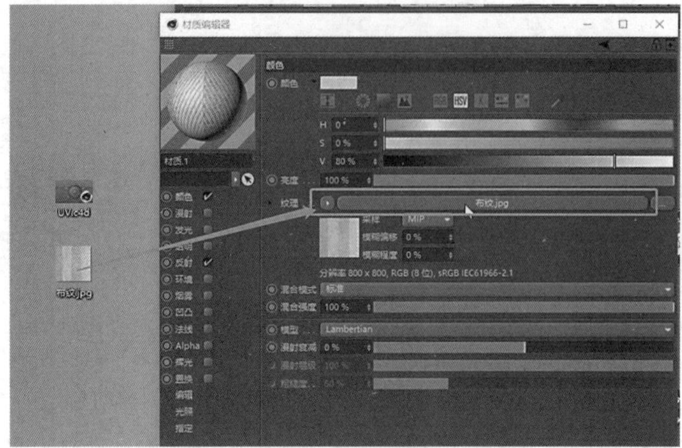

图 6-4-59　新建布纹材质

35. 进入面模式，U~F 填充选择，将材质拖到选取面上，调整平铺数量，如图 6-4-60 至图 6-4-63 所示。

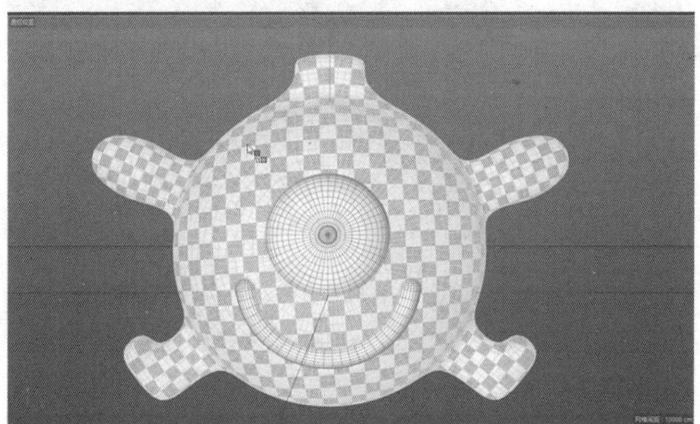

图 6-4-60　身体部分的选区

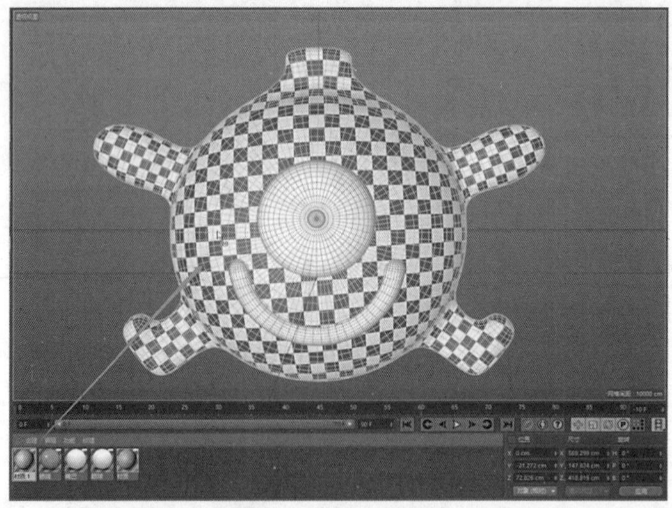

图 6-4-61　上材质

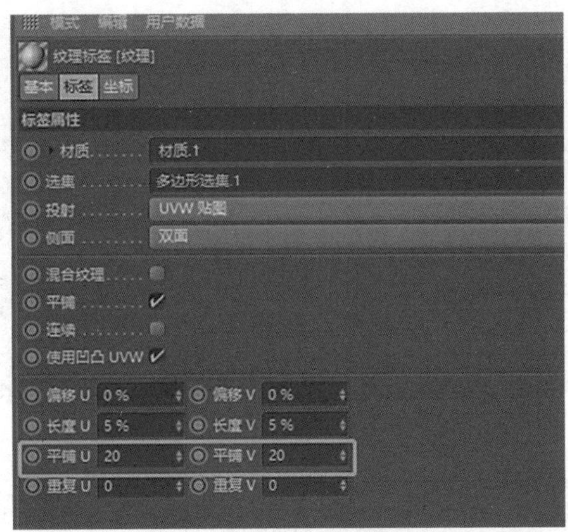


图 6-4-62　调整平铺数量

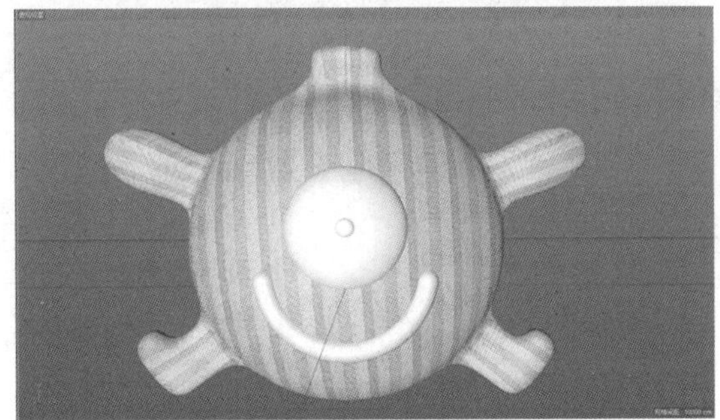

图 6-4-63　布纹 UVW 贴图效果

36. 给眼睛嘴巴填充材质，渲染观看，如图 6-4-64 至图 6-4-66 所示。

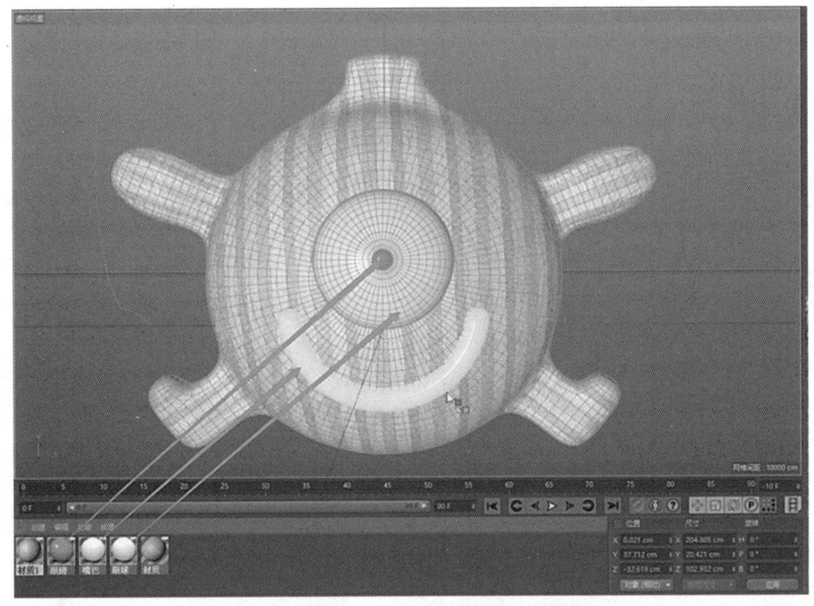

图 6-4-64　给眼睛嘴巴填充材质

图 6-4-65　渲染观看

图 6-4-66　最终渲染图

## 任务 6.5

# 使用 UV 贴图精确映射贴图

## ——结合 PhotoShop 制作标签

### 教学重点

· **使用 UV 贴图精确映射贴图——结合 PhotoShop 制作标签。**

### 教学难点

· **如何使用 UV 贴图精确映射贴图——结合 PhotoShop 制作标签。**

### 任务分析

#### 01. 任务目标

熟练使用 UV 贴图精确映射贴图——结合 PhotoShop 制作标签。

#### 02. 实施思路

通过视频了解并熟练使用 UV 贴图精确映射贴图——结合 PhotoShop 制作标签。

### 任务实施

#### 01. 使用 UV 贴图精确映射贴图——结合 PhotoShop 制作标签

1. 设计师设计一张贴图，需要考虑贴图的比例大小，在使用 UVW 贴图投射时，也需要考虑到贴图比例问题。这节课就来学习如何解决贴图大小比例问题，在映射贴图时需要将 UV 网格图导出，给设计师作提供贴图制作参考，切换到 UV 编辑界面，如图 6-5-1 所示。

图 6-5-1　切换到 UV 编辑界面

2. 将 UVW 标签拖到画布，原始的 UV 网格不能使用，需要重新设计，如图 6-5-2 所示。

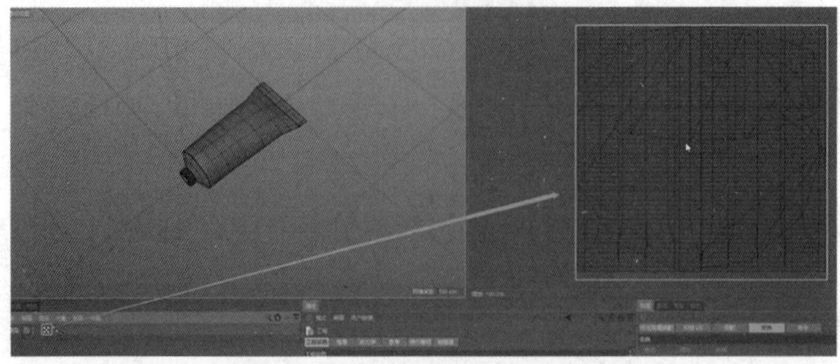
图 6-5-2　将 UVW 标签拖到画布

3. 切到面模式，选择需要贴图的面，如图 6-5-3 所示。

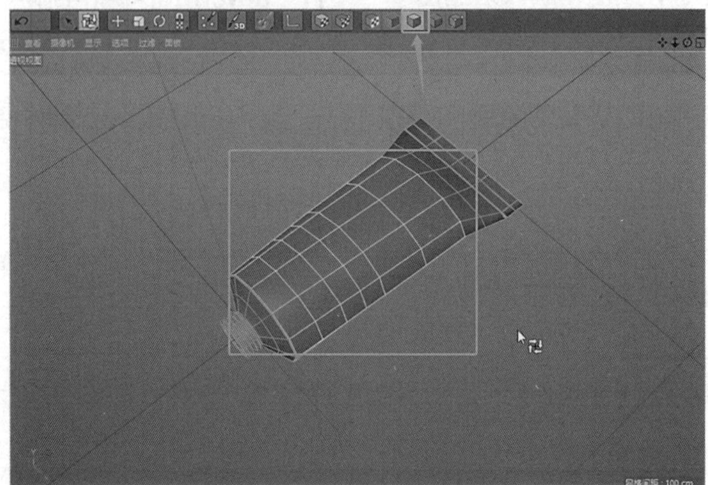
图 6-5-3　选择需要贴图的面

4. U~I 反选，将不需要贴图的面，缩小放到角落，或者丢到画布外面（或者清除 UV），如图 6-5-4 至图 6-5-6 所示。

图 6-5-4　点击 UV 多边形

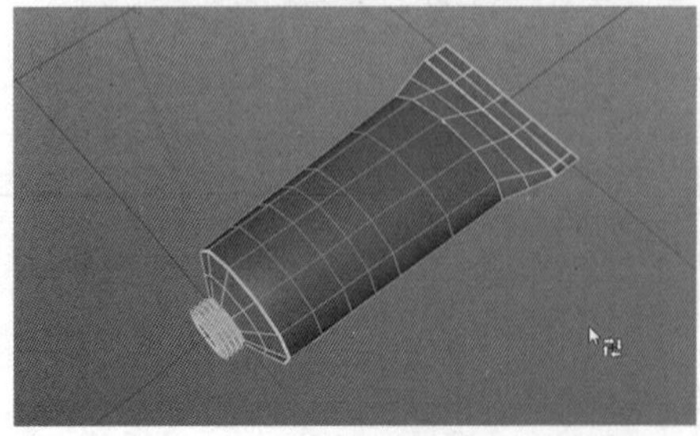
图 6-5-5　选取不需要的部分

图 6-5-6　缩小到角落或者清除 UV

5. 默认这样 UV 已经拆分好了，选择需要调整的部分 UV，点击“应用”，计算一次，如图 6-5-7 至图 6-5-9 所示。

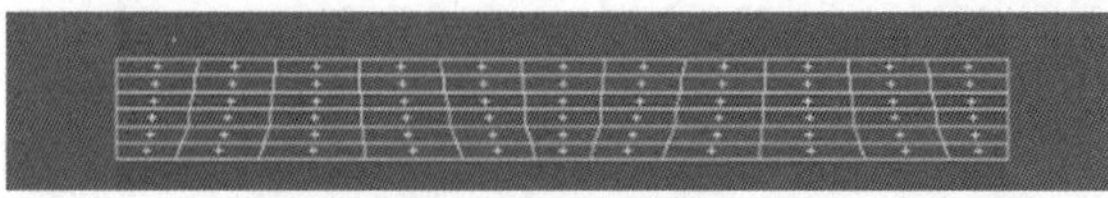

图 6-5-7　拆分好的 UV

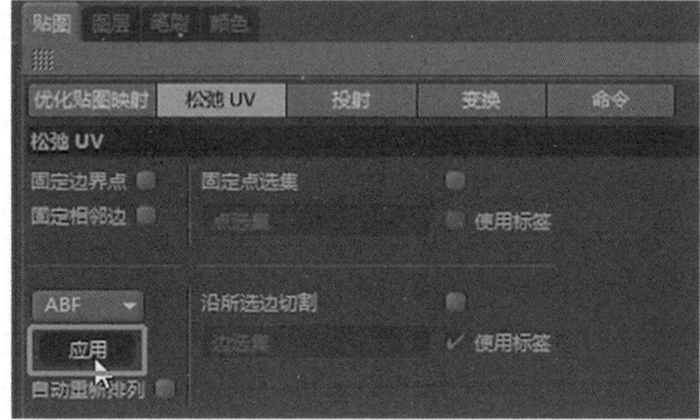


图 6-5-8　应用松弛 UV

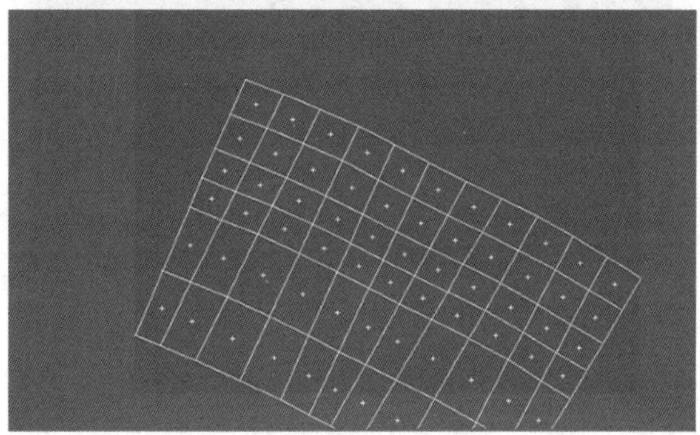

图 6-5-9　松弛效果

6. 在 UV 编辑模式下，使用旋转工具，摆正位置，如图 6-5-10、6-5-11 所示。

图 6-5-10　在 UV 编辑模式下使用旋转工具

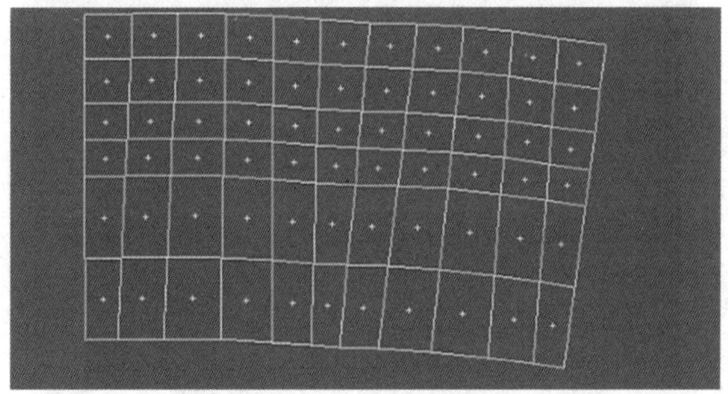

图 6-5-11　旋转摆正 UV

7. 接下来进入 UV 点模式。需将 UV 点对齐，设计师才好按比例进行设计。打开变换选项卡，使用缩放进行对齐，水平 X 方向缩放乘以 0 倍，垂直 Y 方向不缩放乘以 1 倍，点击“应用”，这样就实现垂直对齐了。重复上述步骤，对每一列点进行垂直方向对齐，如图 6-5-12、图 6-5-13 所示。

图 6-5-12　UV 点编辑模式

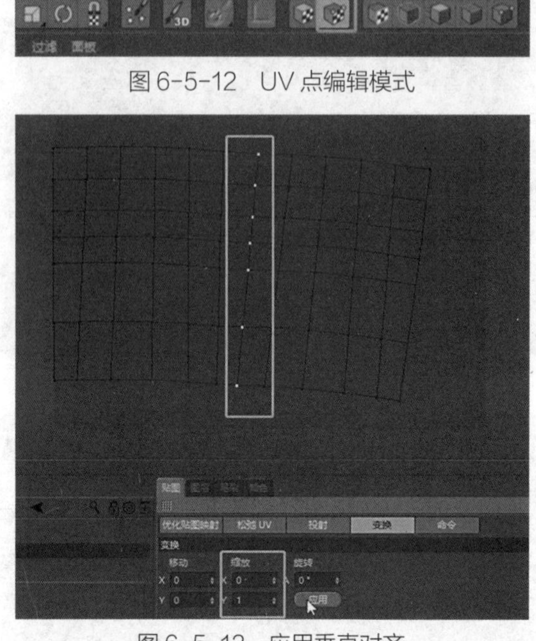

图 6-5-13　应用垂直对齐

8. 补充一个小技巧：首先对齐最中间的两列点，松弛 UV 里有个固定点选集（固定点指的是我们现在选中的点），选中中间的两列点，只勾选固定点选集，其他什么都不选，点击“应用”。这样固定的点不动，其他的点会沿着固定点，左右进行对称分布。在这个基础上继续调整，如图 6-5-14 所示。

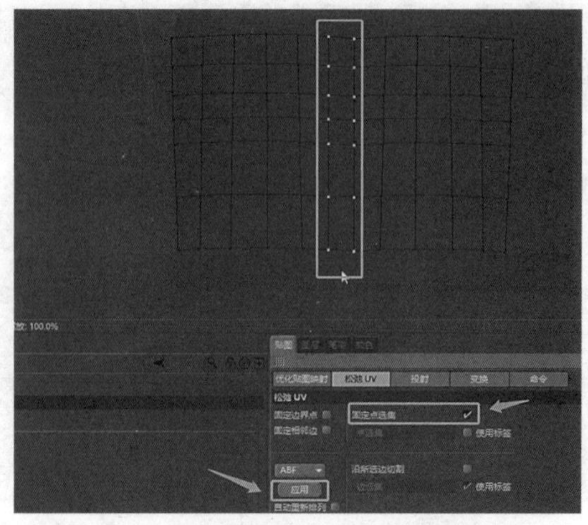

图 6-5-14　勾选固定点选集点击“应用”

9. 利用缩放，调整水平方向的点，X 缩放乘以 1 倍、Y 缩放乘以 0 倍，将每一行点水平方向对齐，如图 6-5-15 所示。

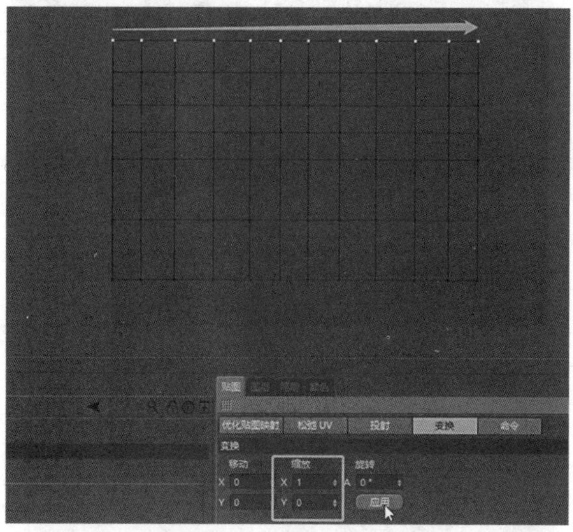


图 6-5-15　水平方向对齐

10. 方法 1：最后使用截图软件，将 UV 网格截图给设计师，然后设计师就可以对照网格比例进行设计贴图了。如图 6-5-16 所示。

图 6-5-16　UV 网格

11. 方法 2：在 C4D 里保存 UV 网格，点击菜单栏“文件—新建纹理”，如图 6-5-17、图 6-5-18 所示。

图 6-5-17　新建纹理图

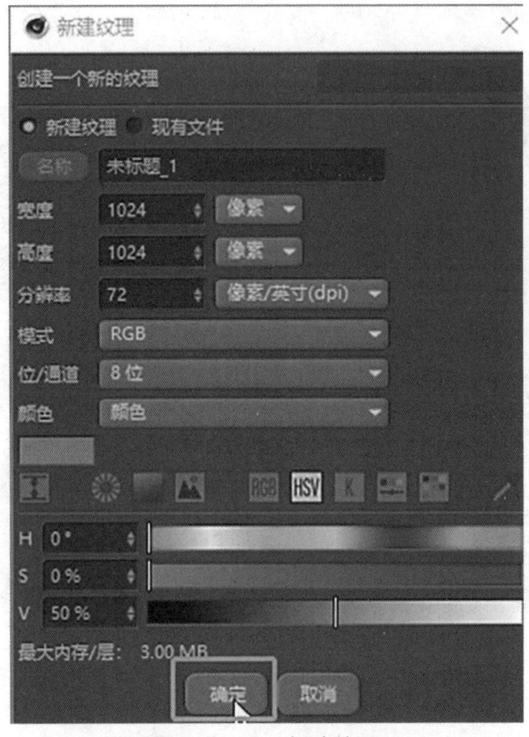


图 6-5-18　新建纹理

12. 这里的图层类似于 PS 的图层概念，如图 6-5-19 所示。

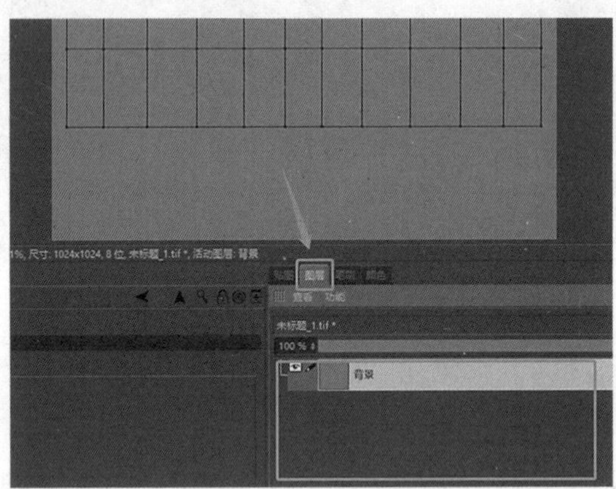

图 6-5-19　纹理图层

13. 第一步 : 对象管理器中选择对象，第二步 : 纹理菜单中选择纹理图，这时图层的下方工具栏，会激活一个按钮“创建 UV 网格层”，点击“创建 UV 网格层”，如图 6-5-20 至图 6-5-23 所示。

图 6-5-20　选中模型

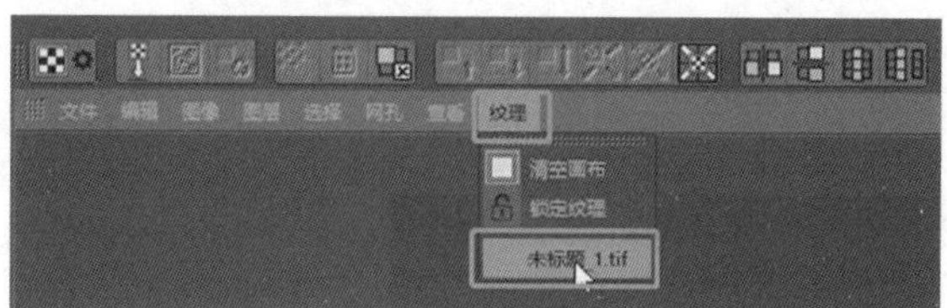

图 6-5-21　选择刚才新建的纹理图

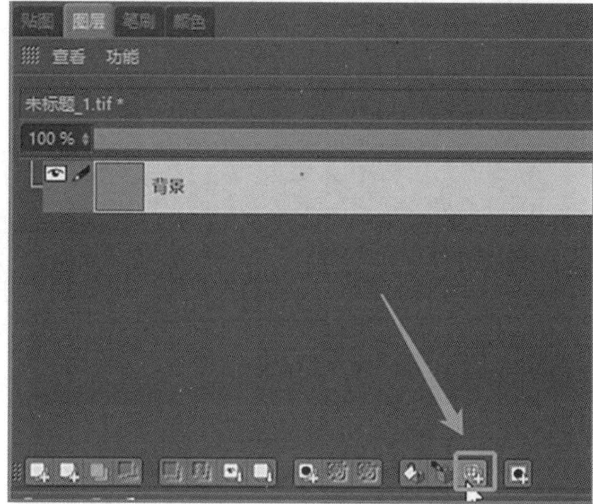

图 6-5-22　创建 UV 网格层

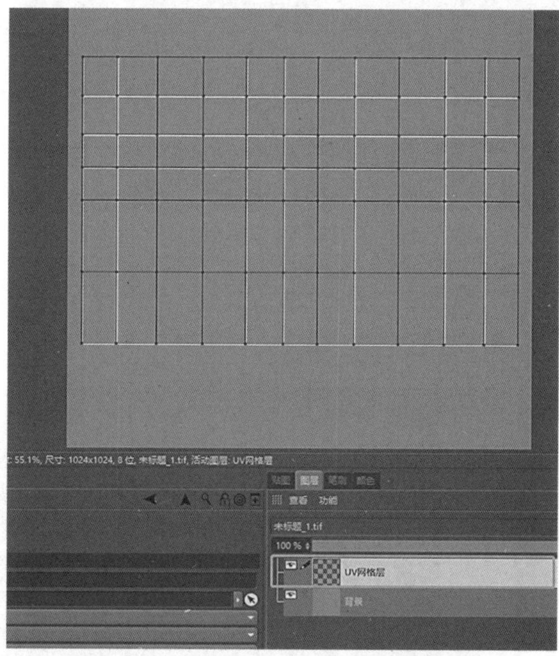

图 6-5-23　在纹理图中创建 UV 网格层

14. 点击“文件—保存纹理”可将文件保存到桌面。点击“文件—关闭纹理”可清除纹理，如图 6-5-24 至图 6-5-26 所示。

图 6-5-24　保存纹理

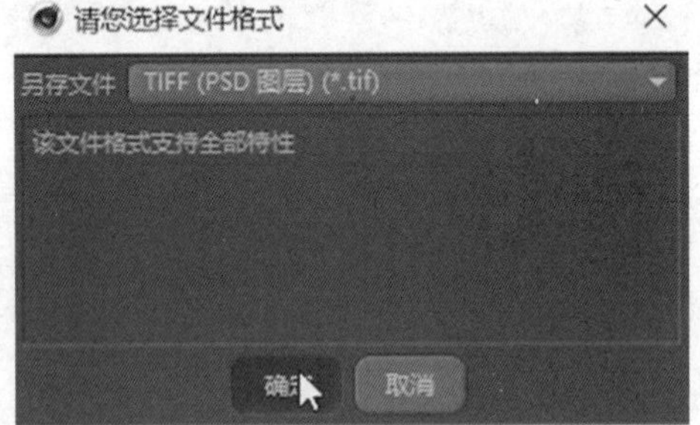

图 6-5-25　确定保存

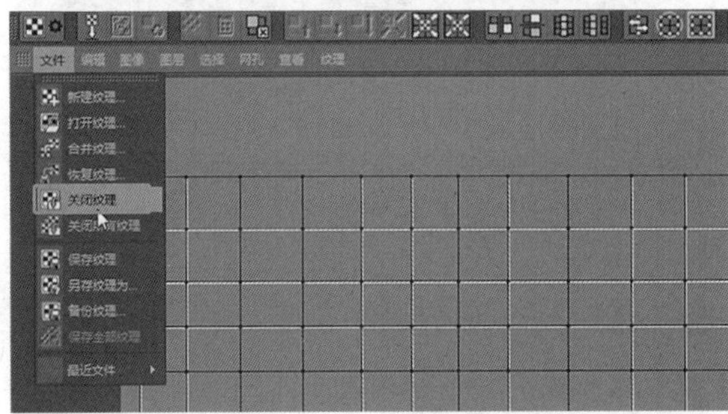

图 6-5-26　关闭纹理

15. 设计师拿到这个纹理图。用 Photoshop 打开刚才保存的纹理文件，在 UV 网格区域进行设计，选择一张图片，回车确认，如图 6-5-27 所示。

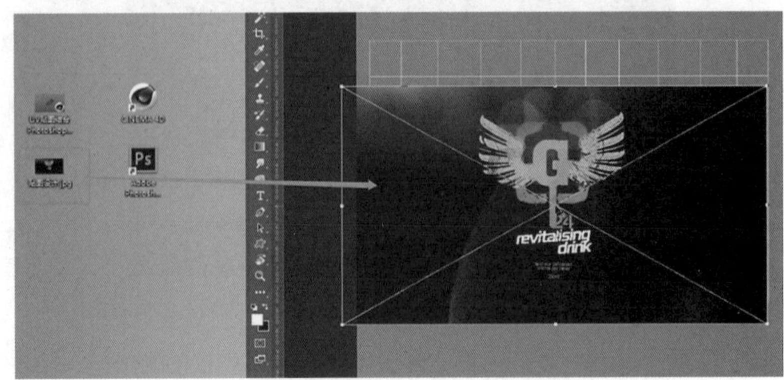

图 6-5-27　选择一张图

16. 通常 UV 网格可作为参考，拖动图层调整位置，如图 6-5-28 所示。

图 6-5-28　拖动图层调整位置

17. Ctrl+T 为变换工具的快捷键，按住 Alt+Shift 拖曳边缘进行等比例缩放，回车确认，设计完毕后，关闭网格层显示，如图 6-5-29、图 6-5-30 所示。

图 6-5-29　等比例缩放

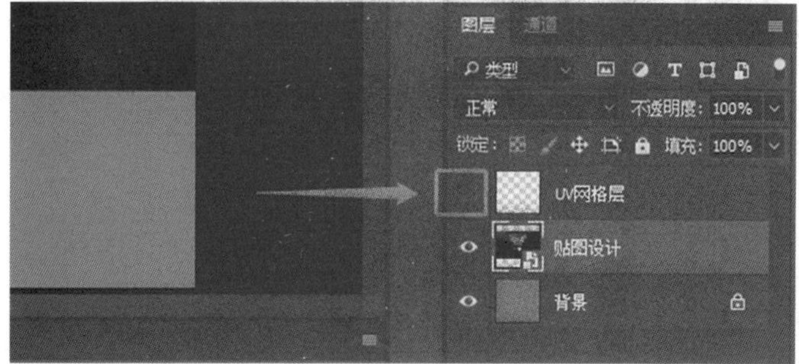


图 6-5-30　隐藏网格层

18. 一般设计师不会把设计稿的源文件发你，几乎都是导出成普通图片，操作为在 ps 中点击“文件—导出—存储为 Web 所用格式”，选择图片格式，存储到桌面，如图 6-5-31、图 6-5-32 所示。

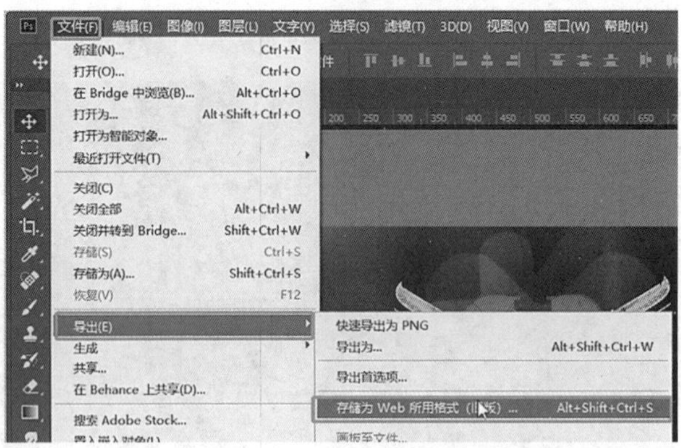


图 6-5-31　存储为 Web 所用格式

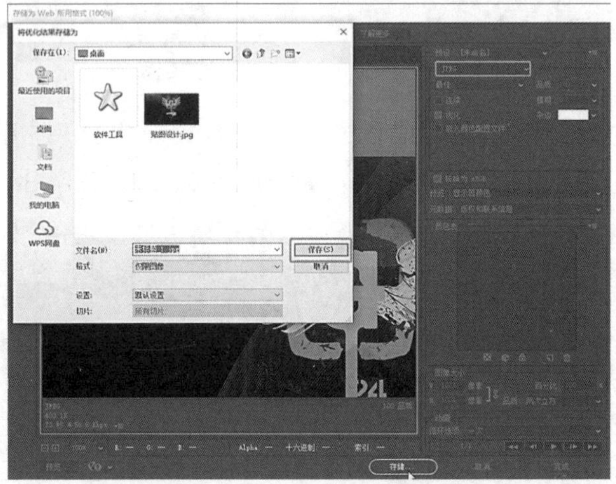

图 6-5-32　保存为 JPG 文件

19. 将贴图拖曳进材质球，选择需要贴图的面，贴上材质，调整 UV 偏移，如图 6-5-33 至图 6-5-35 所示。

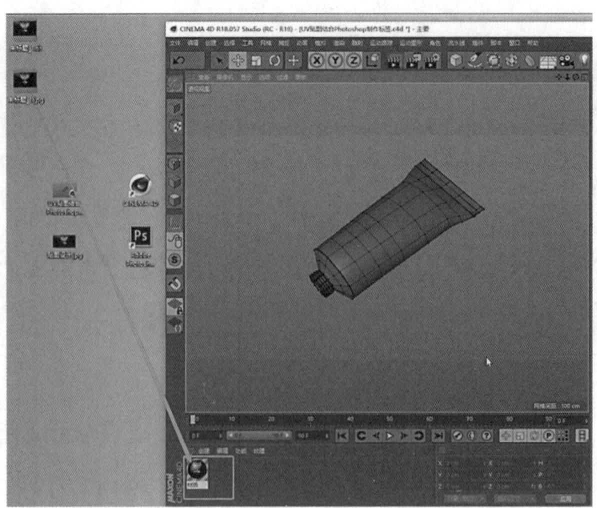

图 6-5-33　拖曳纹理进来，新建材质

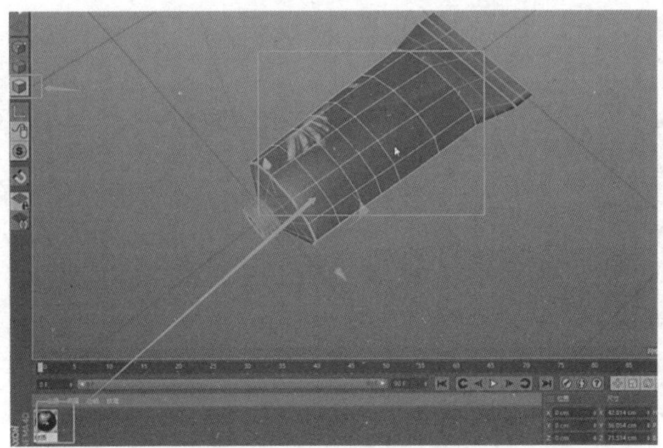

图6-5-34 上材质

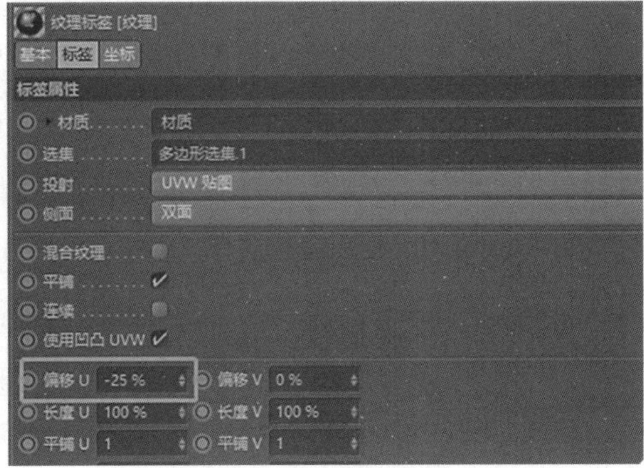


图6-5-35 调整 UV 偏移

20. 如果希望预览模式下贴图清晰些，可打开材质管理器编辑窗口，将纹理预览尺寸修改成无缩放，预览清晰度并不影响最终渲染质量。如图6-5-36、图6-5-37所示。

图6-5-36 打开材质管理器

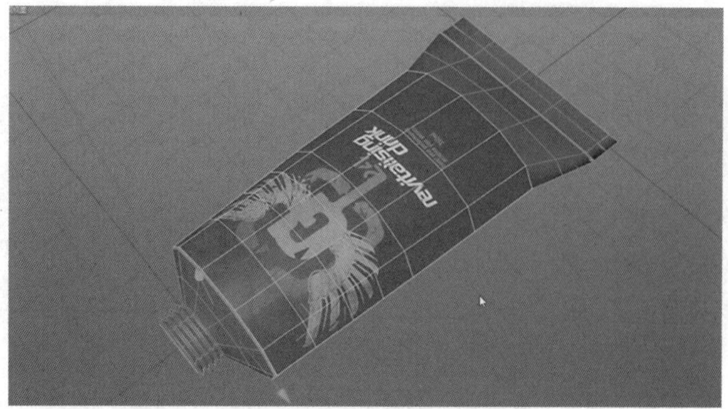

图 6-5-37　视图效果

21. 渲染观看，如图 6-5-38 至图 6-5-39 所示。

图 6-5-38　渲染效果

图 6-5-39　UV 贴图精准映射渲染图

任务 6.6

# 使用贴图控制材质各通道的属性

## 教学重点

· **使用贴图控制材质各通道的属性。**

## 教学难点

· **如何使用贴图控制材质各通道的属性。**

## 任务分析

### 01. 任务目标

熟练使用贴图控制材质各通道的属性。

### 02. 实施思路

通过视频了解并熟练使用贴图控制材质各通道的属性。

## 任务实施

### 01. 使用贴图控制材质各通道的属性

1. 颜色通道：给模型添加一个材质，依次点击“颜色—纹理—表面—平铺”。编织设置：图案选择“编织”，全局缩放 20%，如图 6-6-1 至图 6-6-3 所示。

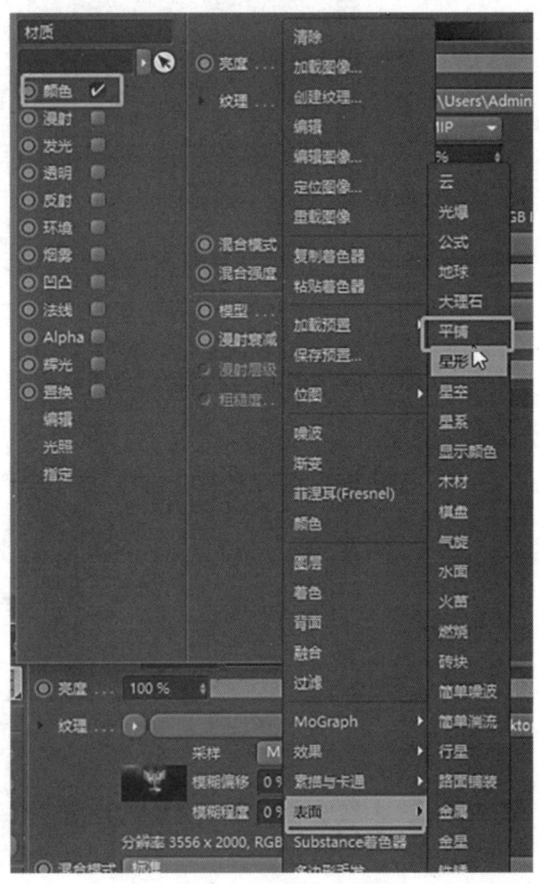

图 6-6-1　选择“平铺”

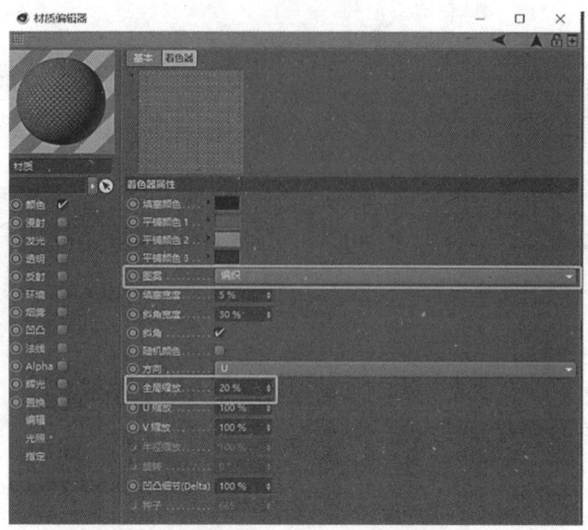
图 6-6-2　图案选择“编织”，全局缩放 20%

图 6-6-3　渲染后效果如图

2. 凹凸通道：还可以给材质添加凹凸细节，增加立体感。启用凹凸通道，复制刚才颜色通道的纹理到凹凸通道。如图 6-6-4 至图 6-6-7 所示。

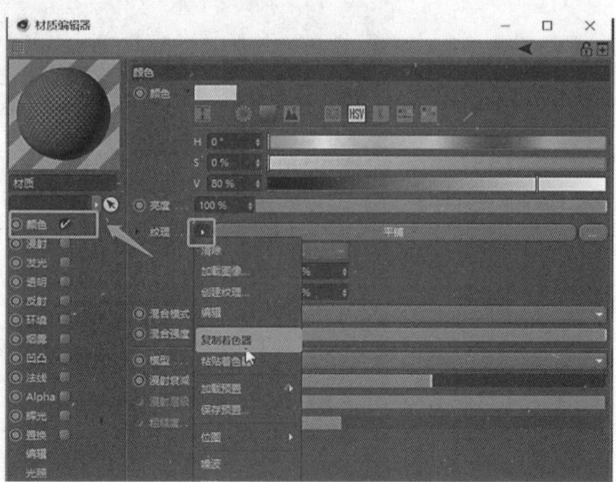
图 6-6-4　复制着色器

图 6-6-5　粘贴着色器

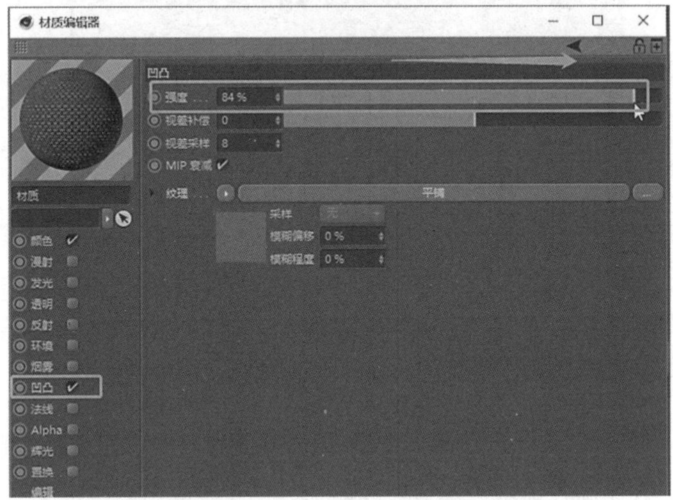


图 6-6-6　加大凹凸强度

图 6-6-7　渲染凹凸效果

3. 法线通道：你可以把法线通道当作凹凸通道的升级版。如果你有现成的法线贴图，直接加载图像就好。如果没有，可利用 C4D 制作法线贴图，需先添加“法线生成”效果，然后点进去设置纹理，将之前的平铺纹理复制过来，并加大法线凹凸的强度。如图 6-6-8 至图 6-6-11 所示。

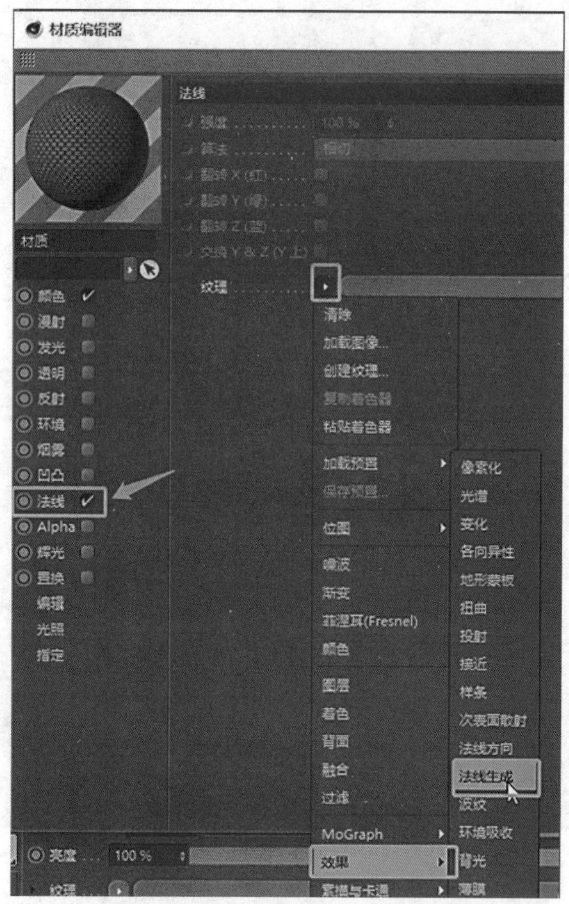

图 6-6-8　添加法线生成效果

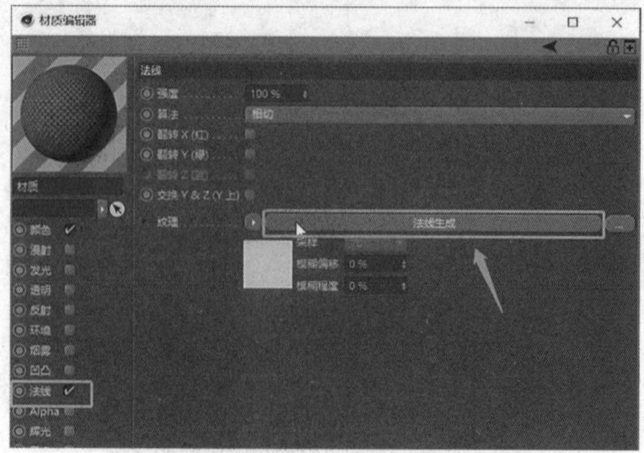

图 6-6-9　点击进入法线生成设置面板

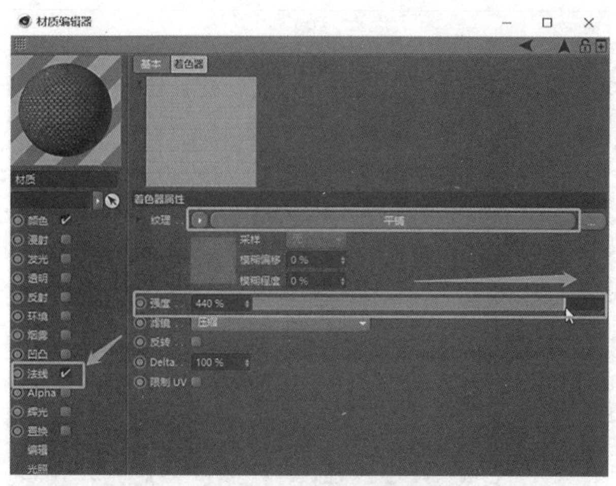


图 6-6-10　加大强度

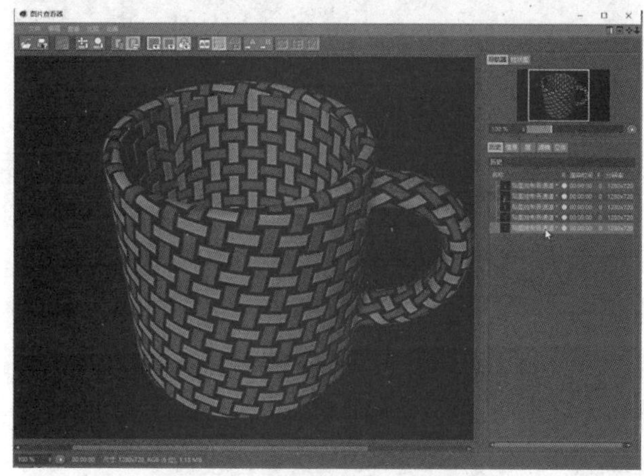

图 6-6-11　法线贴图渲染效果

4. 漫射通道：漫射可控制颜色的明暗度。为漫射通道添加噪波纹理后，我们就会看到渲染图，有的区域颜色比较浅，有的区域颜色比较深。如图 6-6-12、图 6-6-13 所示。

图 6-6-12　添加噪波

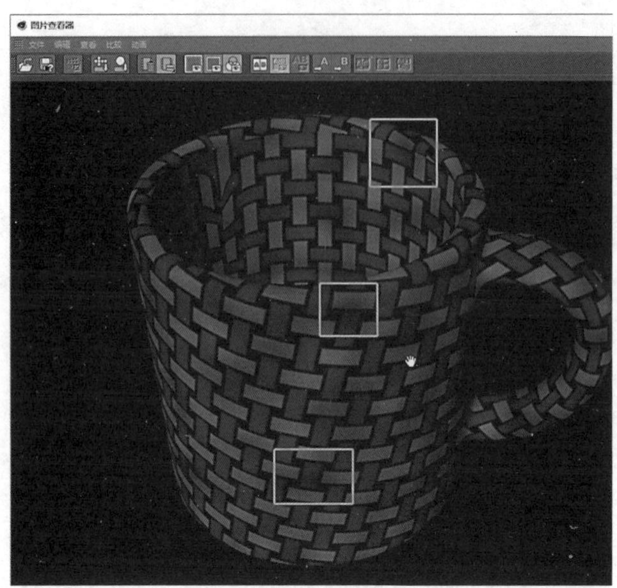


图 6-6-13　渲染效果

5. 反射通道：控制材质反射环境的强弱。新建材质球，开启反射通道，添加 GGX 类型的反射，拖曳“默认高光”图层置于最顶层。点击 GGX 层进入设置，启用层菲涅尔为导体，预置为钢。如图 6-6-14 至图 6-6-16 所示。

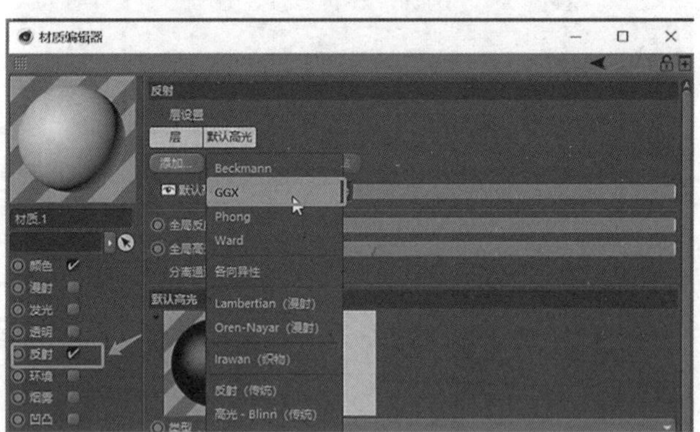


图 6-6-14　添加 GGX 类型的反射

图 6-6-15　添加 GGX 类型的反射

图 6-6-16　添加菲涅尔效应

6. 补充知识：GGX 是更精确的微表面法线分布函数（反射算法）。菲涅尔效应是当视线垂直于表面时，反射较弱，而当视线非垂直表面时，夹角越小，反射越明显。如图 6-6-17 所示。

图 6-6-17　菲涅尔效应控制反射

7. 综合演示（多通道叠加效果）：再开启漫射通道的噪波纹理并渲染观看，可观察到漫射贴图控制着颜色明暗变化的白色斑点（新材质球的颜色通道是默认是白色）。如图 6-6-18 所示。

图 6-6-18　漫射控制颜色通道的明暗变化

8. 综合演示（多通道叠加效果）：设置反射通道中 GGX 层的层颜色，添加噪波纹理。（补充：反射通道中控制层颜色，通常可以关闭颜色通道，这里的颜色可直接制作有色金属），如图 6-6-19、图 6-6-20 所示。

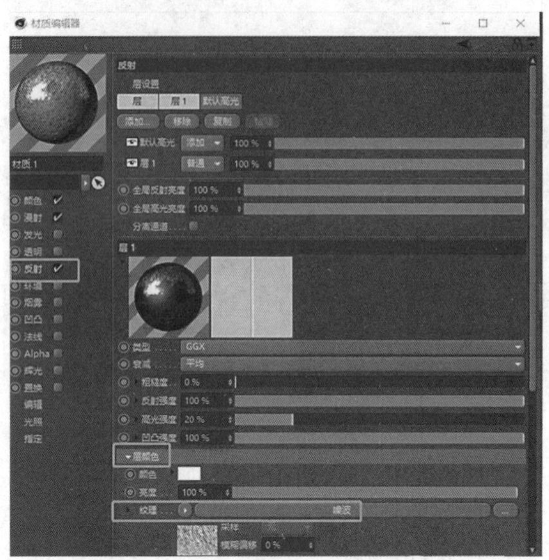

图 6-6-19　反射通道中控制层颜色

图 6-6-20　反射中添加噪波后效果

9. 综合演示（多通道叠加效果）：在凹凸通道中添加噪波纹理，如图 6-6-21 所示。

图 6-6-21　添加噪波纹理后效果

10. Alpha 通道：新建金属材质(新建材质球、关闭颜色通道，勾选反射，添加一个 GGX 反射层)。开启 Alpha 通道，添加平铺纹理。颜色设置为黑白，图案为圆形 2，宽度为 27%，全局缩放 10%，如图 6-6-22、图 6-6-23 所示。

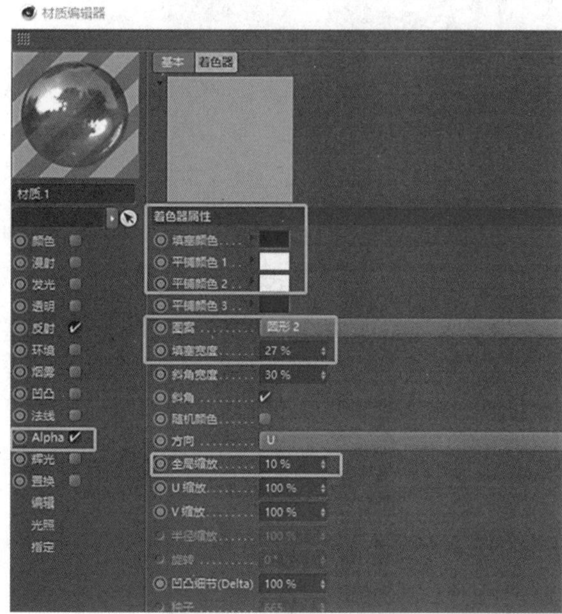


图 6-6-22　平铺纹理设置

图 6-6-23　设置后效果如图

11. Alpha 通道：勾选反相，将纹理的黑白色进行反相，如图 6-6-24、图 6-6-25 所示。

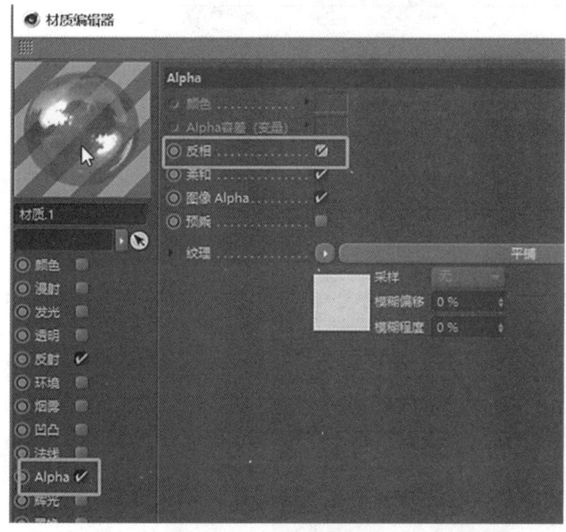


图 6-6-24　勾选反相

图 6-6-25　反相后的效果

12. Alpha 通道：还可以给材质添加凹凸细节，让结果更立体。将刚才做好的圆形平铺纹理，复制着色器，粘贴着色器到凹凸通道，如图 6-6-26 至图 6-6-28 所示。

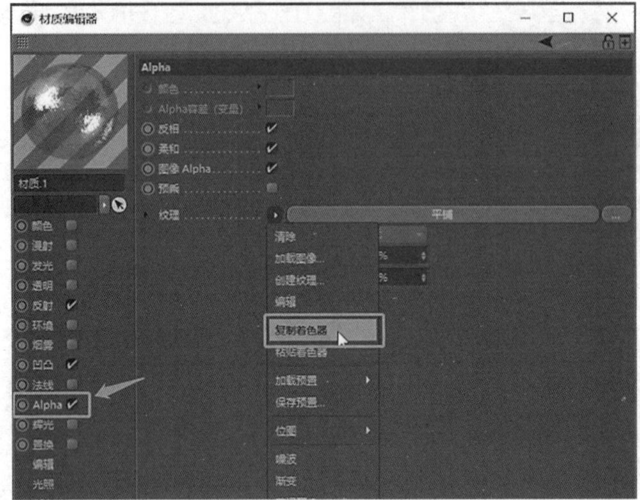

图 6-6-26　复制着色器

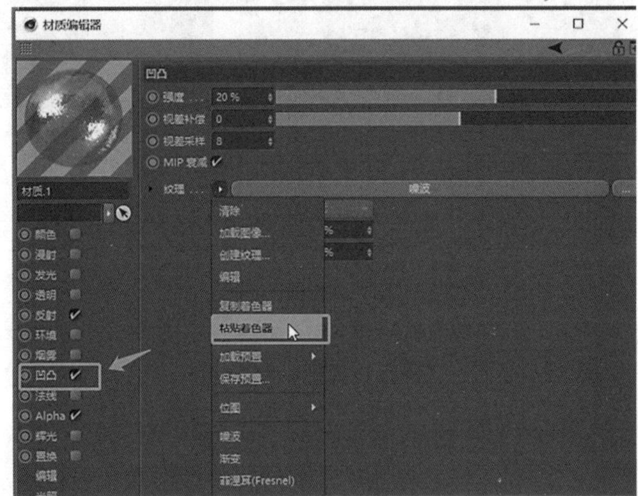

图 6-6-27　粘贴着色器

图 6-6-28　渲染出来的效果图

## 任务 6.7

# 叠加贴图材质

## ——在同一对象上获得不同的反射、折射模糊属性

### 教学重点

- **叠加贴图材质——在同一对象上获得不同的反射、折射模糊属性。**

### 教学难点

- **如何叠加贴图材质——在同一对象上获得不同的反射、折射模糊属性。**

### 任务分析

#### 01. 任务目标

熟练使用叠加贴图材质——在同一对象上获得不同的反射、折射模糊属性。

#### 02. 实施思路

通过视频了解并熟练使用叠加贴图材质——在同一对象上获得不同的反射、折射模糊属性。

### 任务实施

#### 01. 叠加贴图材质——在同一对象上获得不同的反射属性

1. 通常给建模一个对象上不同材质，主要利用选集。

2. 比如将金属材质球拖曳到对象上，如图 6-7-1 所示。

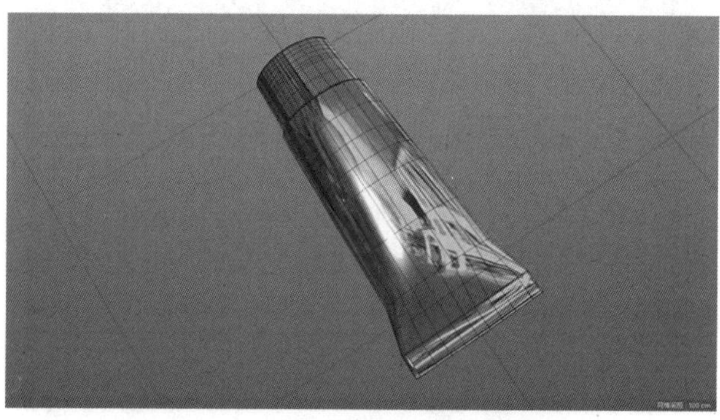

图 6-7-1　将金属材质球拖曳到对象上

3. 按住 Ctrl 键拖曳复制一个材质球，修改材质参数，变成一个新的材质。如图 6-7-2 所示。

图 6-7-2　修改反射通道的粗糙度

4. 选择面，将新材质球拖曳到面上，渲染观看，如图 6-7-3 至图 6-7-4 所示。

图 6-7-3　给局部选区上材质

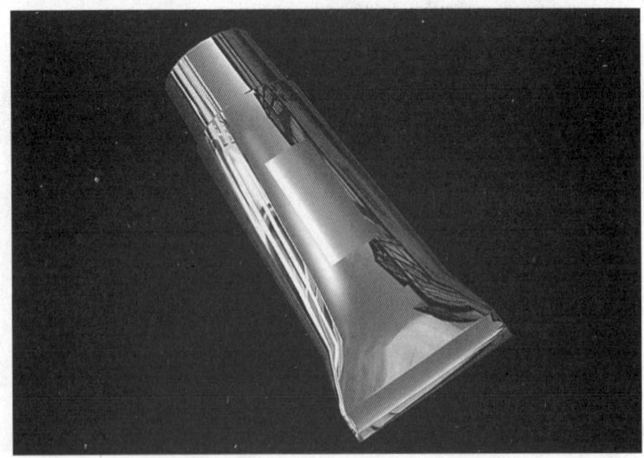

图 6-7-4　一个对象两种材质

5. 如果贴图的材质是一些文字、图形、图案，仅靠选集是不行的，需要更精确的区域控制，可以利用材质的 alpha 通道来控制显示区域。

6. Alpha 通道，纹理加载一张图像，勾选反向，这样就得到了镂空的金属字，如图 6-7-5 所示。

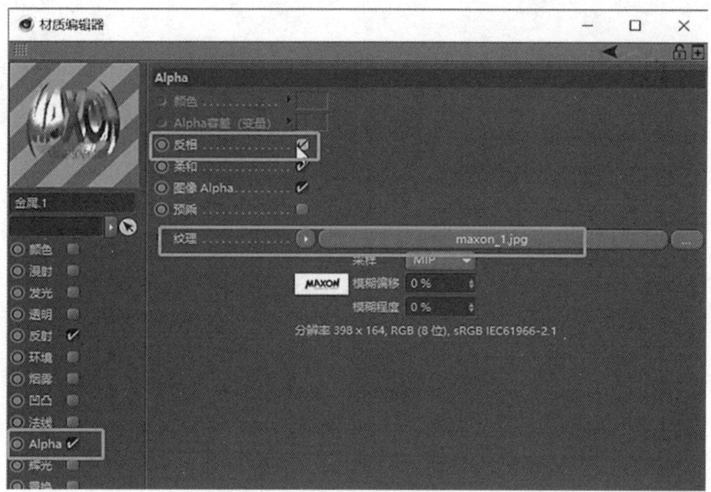

图 6-7-5　勾选反相

7. 给建模对象添加材质，平直投射，适合图像，如图 6-7-6 至图 6-7-8 所示。

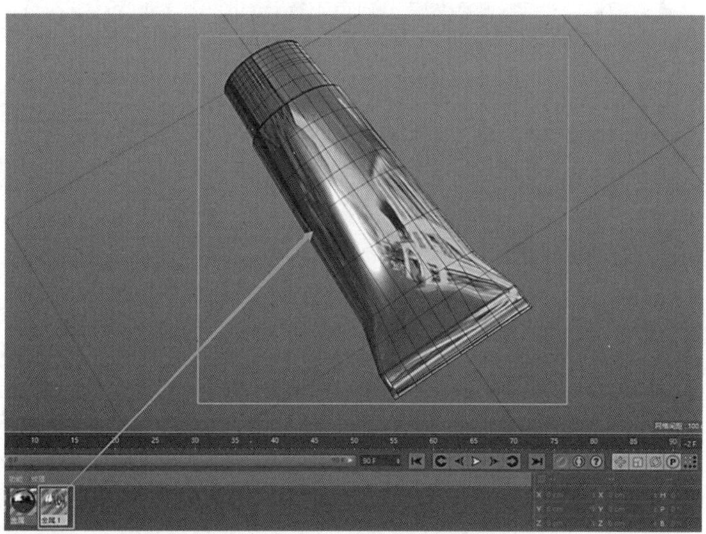
图 6-7-6　材质球拖曳到对象上

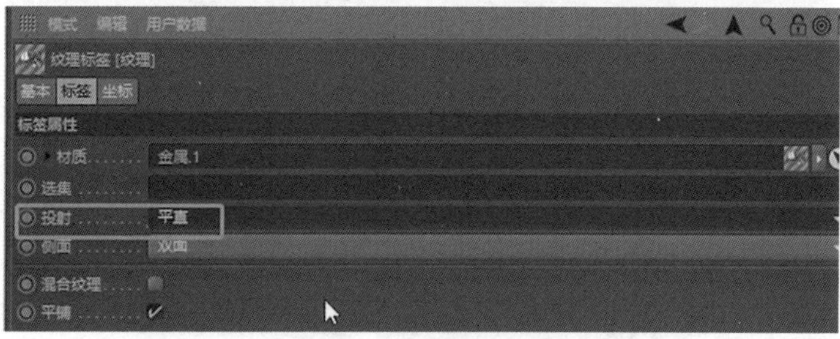

图 6-7-7　选择平直投射

图 6-7-8 点选“适合图像”

8. 开启纹理编辑模式调整纹理坐标，调整平直投射位置，如图 6-7-9 至图 6-7-11 所示。

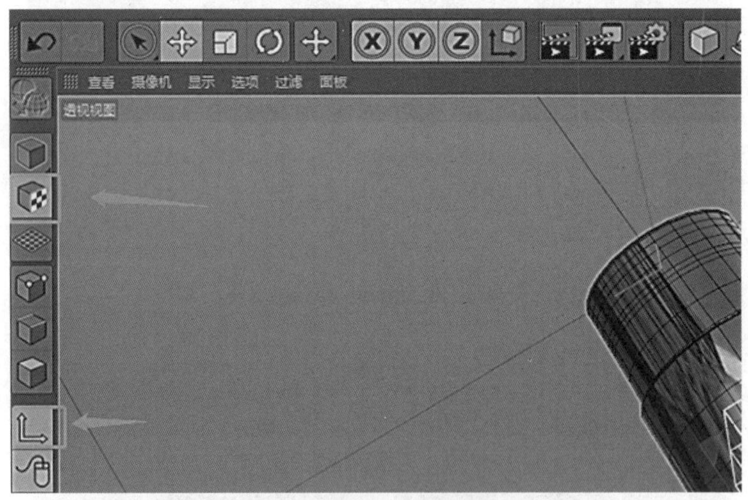


图 6-7-9 进入纹理编辑模式

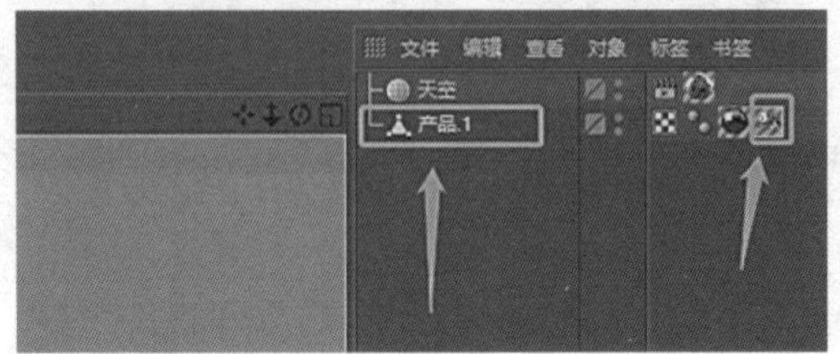


图 6-7-10 选择产品的材质球

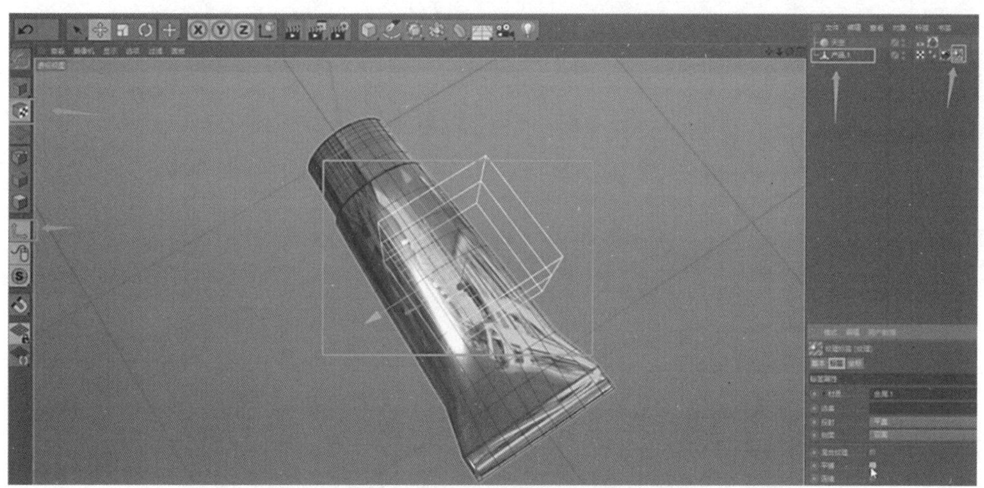

图 6-7-11　调整平直投射位置

9. 关闭平铺，然后渲染观看，如图 6-7-12、图 6-7-13 所示。

图 6-7-12　关闭平铺

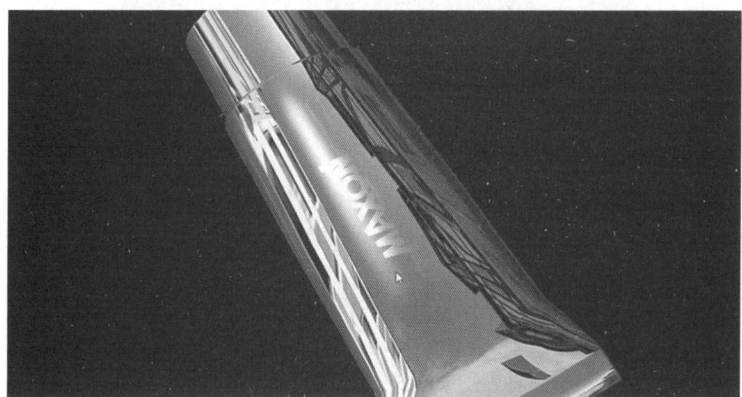

图 6-7-13　渲染效果

10. 还可添加凹凸效果 ，可用同一张纹理。复制着色器，粘贴着色器，纹理就被复制过来了，如图 6-7-14 至图 6-7-16 所示。

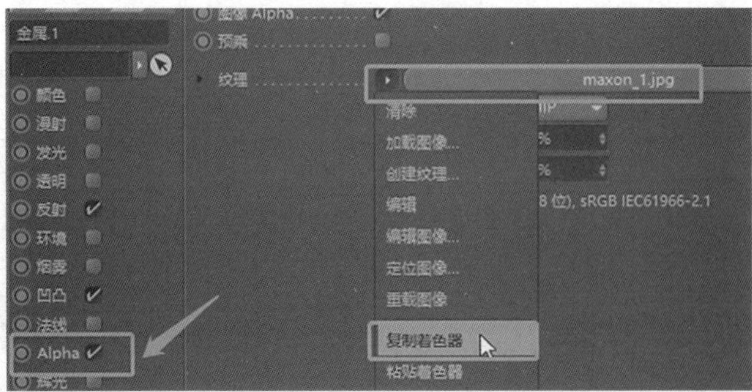


图 6-7-14　复制着色器

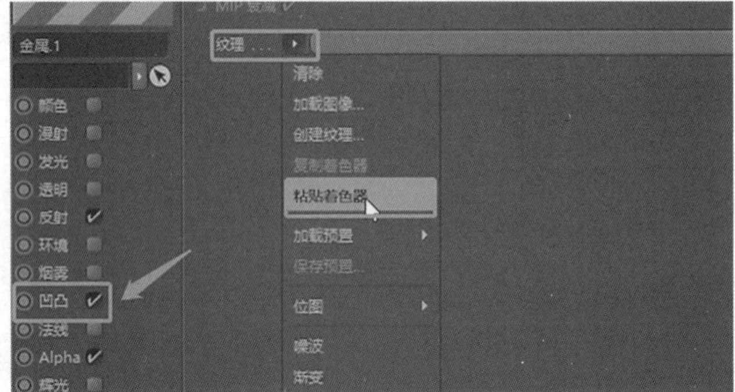


图 6-7-15　粘贴着色器

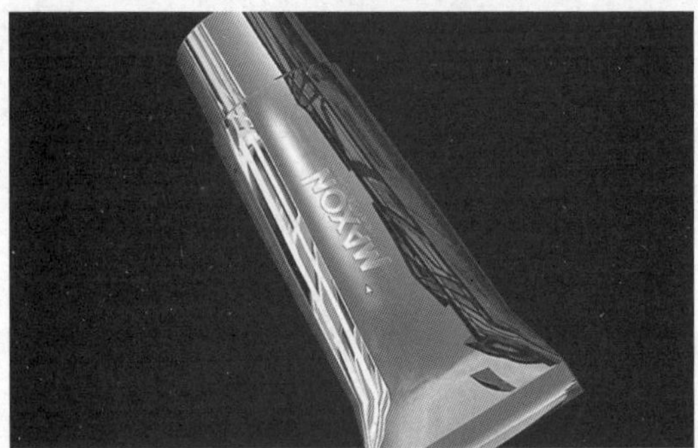

图 6-7-16　渲染效果

## 02. 在同一对象上获得不同的折射模糊属性

1. 再演示一个磨砂玻璃的例子，将材质替换成玻璃材质，如图 6-7-17 所示。

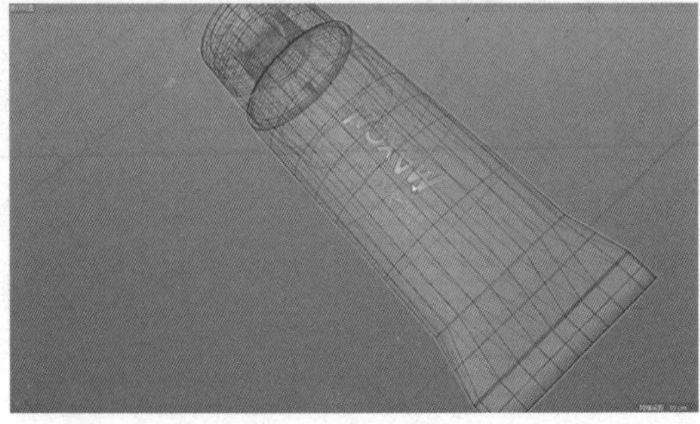

图 6-7-17　视图

2. 之前文字纹理是平直投射，所以正面和背部都投射了文字，可用面选集来约束投射区域，将选集拖曳到纹理选集框中，如图 6-7-18、图 6-7-19 所示。

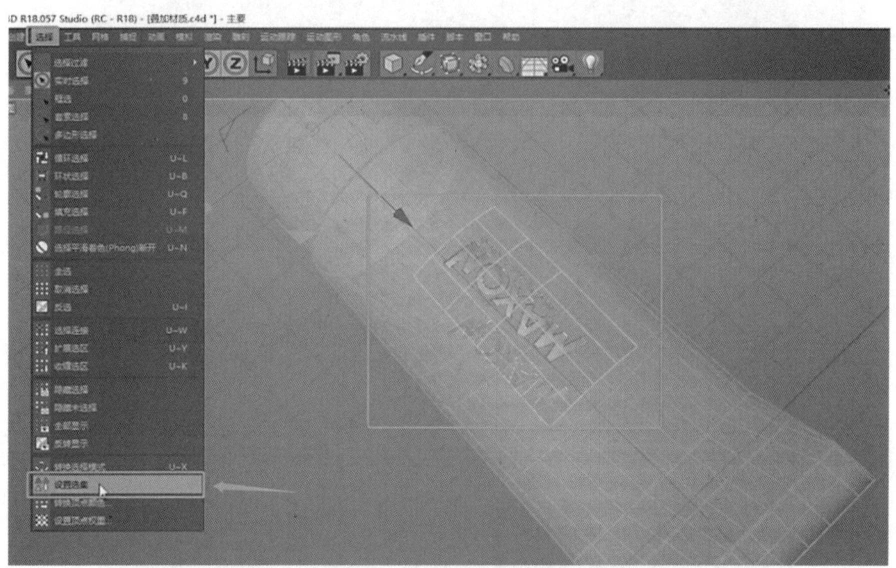

图 6-7-18　可用面选集来约束投射区域

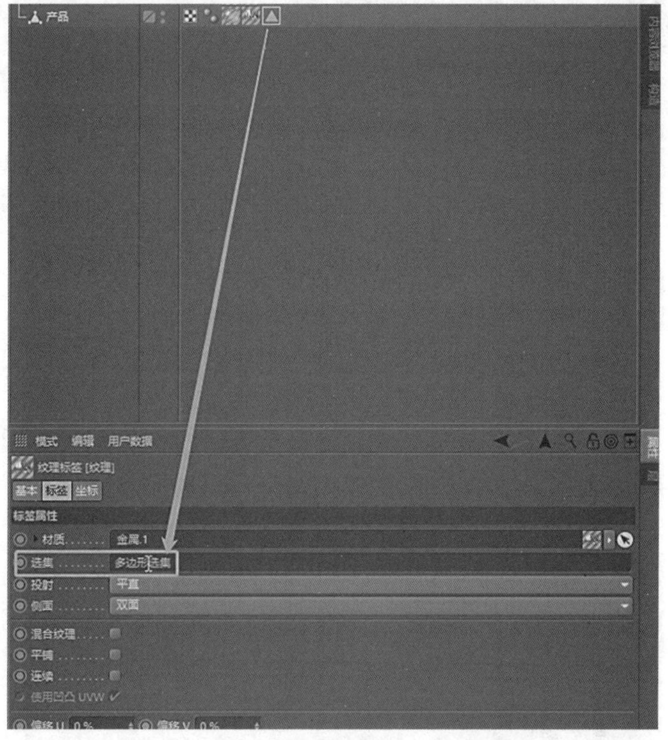


图 6-7-19　将选集拖曳到纹理选集框中

3. 复制一个玻璃材质，制作磨砂玻璃的效果，透明通道中开启模糊折射；关闭反射通道（在没有开启反射通道的情况下，透明反射还是存在的，玻璃能通过完全内部反射来控制）；反射通道的透明度层设置中加大粗糙度，如图 6-7-20、图 6-7-21 所示。

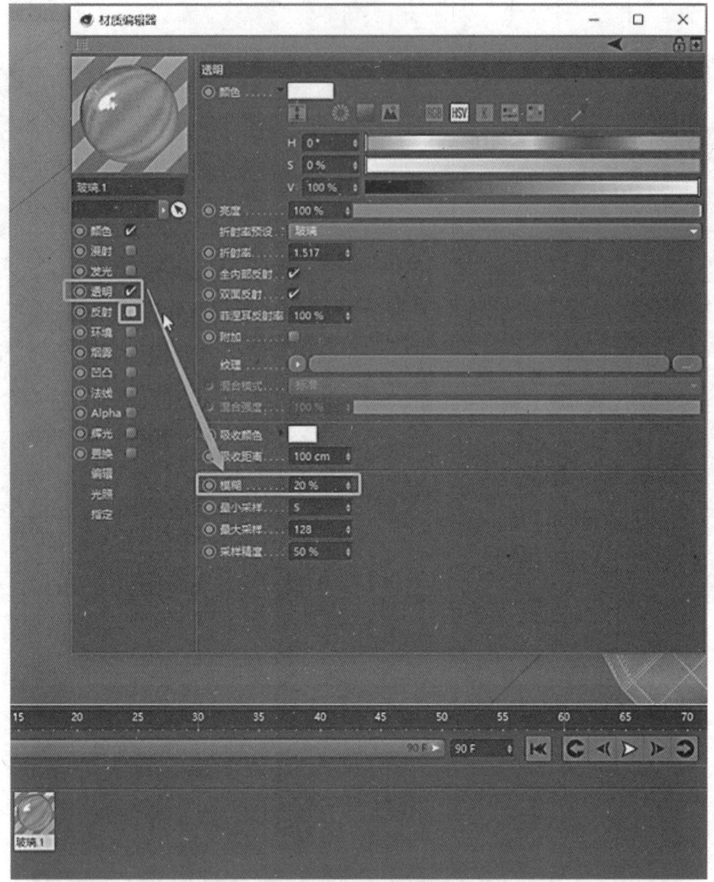


图 6-7-20　开启透明通道的模糊折射

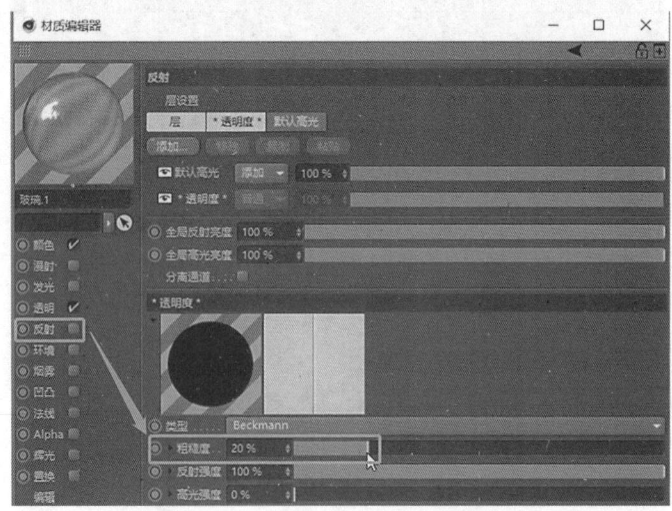


图 6-7-21　加大反射通道的粗糙度

4. 最后 alpha 通道文字抠图，勾选“反相”，将之前的金属字替换成磨砂玻璃材质，渲染看看，如图 6-7-22 至图 6-7-24 所示。

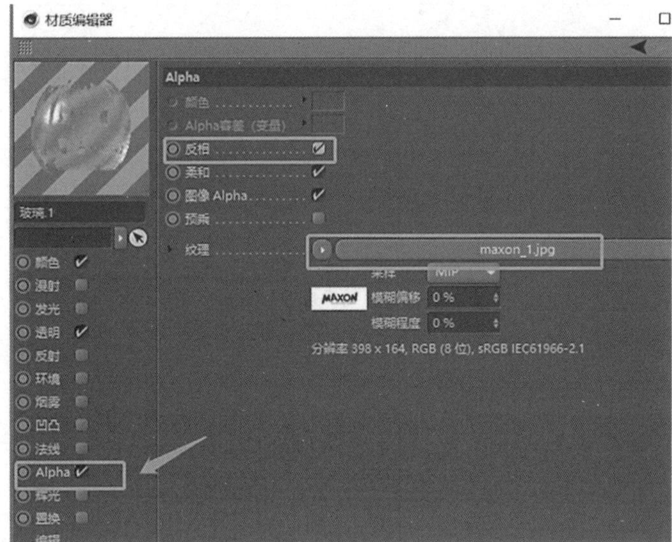

图 6-7-22　alpha 通道勾选“反相”

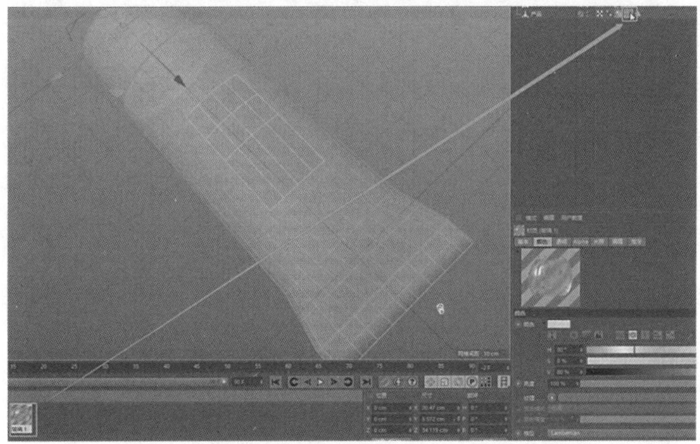
图 6-7-23　将金属材质替换成磨砂玻璃材质

图 6-7-24　区域渲染

CINEMA 4D
综合实战训练

Chapter 07

# 第 7 章

# 综合实例

任务 7.1 运动鞋——最典型的质感难题以及渲染的要点

任务 7.2 钢琴模型——光滑的材质以及细节要点

任务 7.3 台灯——光效亮度环境调解亮点

任务 7.4 弓箭斧——物理渲染设置和渲染调色写实、美观

# 任务 7.1

# 运动鞋

## ——最典型的质感难题以及渲染的要点

### 教学重点

· **运动鞋——最典型的质感难题以及渲染的要点。**

### 教学难点

· **如何渲染真实质感的运动鞋。**

### 任务分析

#### 01. 任务目标

运动鞋——最典型的质感难题以及渲染的要点。

#### 02. 实施思路

通过视频学习创建材质渲染真实质感的运动鞋。

### 任务实施

#### 01. 运动鞋——最典型的质感难题以及渲染的要点

1. 首先制作运动鞋底，鞋底应该是有颗粒感的橡胶，可以用噪波效果做出凹凸不平的材质，来当作鞋底。首先创建新材质，选择颜色，如图 7-1-1 所示。

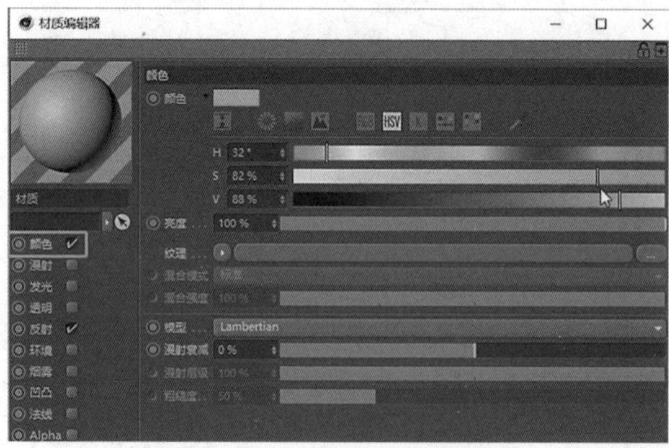


图 7-1-1　调节材质颜色参数

2. 在材质编辑器中调节材质高光参数，因为鞋底不像玻璃或者金属的反射那样强，所以高光宽度跟强度适当就行。如图 7-1-2 所示。

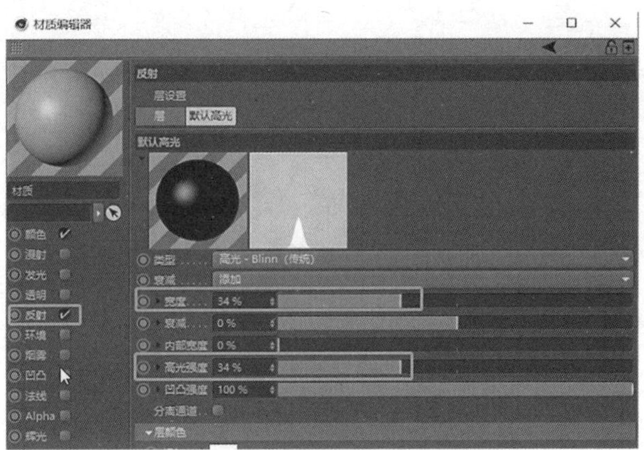

图 7-1-2　调节材质高光参数

3. 打开凹凸通道，在纹理中添加图层，然后点击进入图层，在着色器中添加噪波，如图 7-1-3 至图 7-1-5 所示。

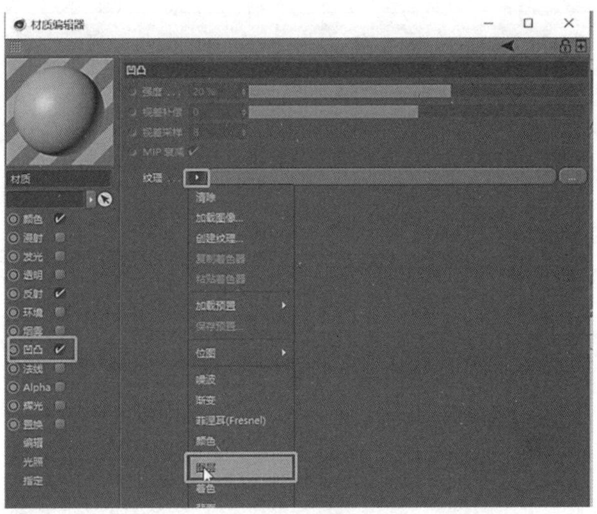

图 7-1-3　凹凸通道

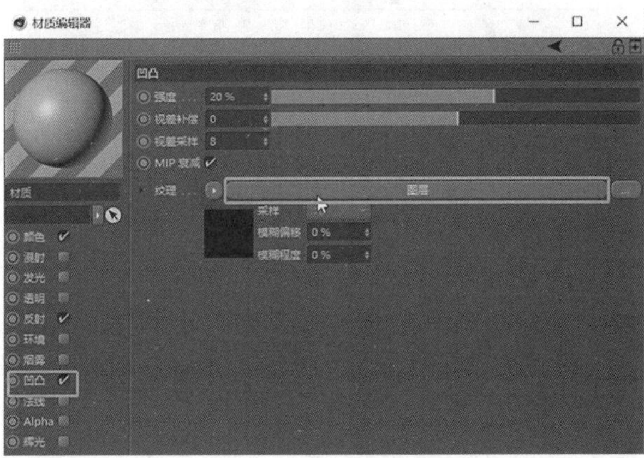

图 7-1-4　添加图层

图 7-1-5　在着色器中添加噪波

4. 点击“噪波”，进入噪波的修改；将噪波的类型改成路卡，全局缩放调到 5%，更改高端修剪、亮度、对比，如图 7-1-6、图 7-1-7 所示。

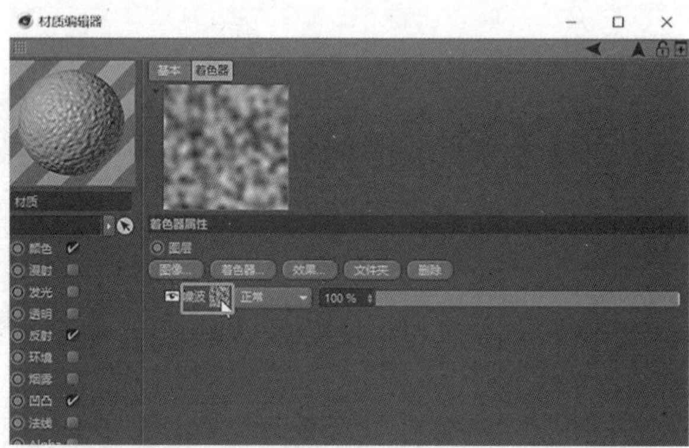

图 7-1-6　点击“噪波”

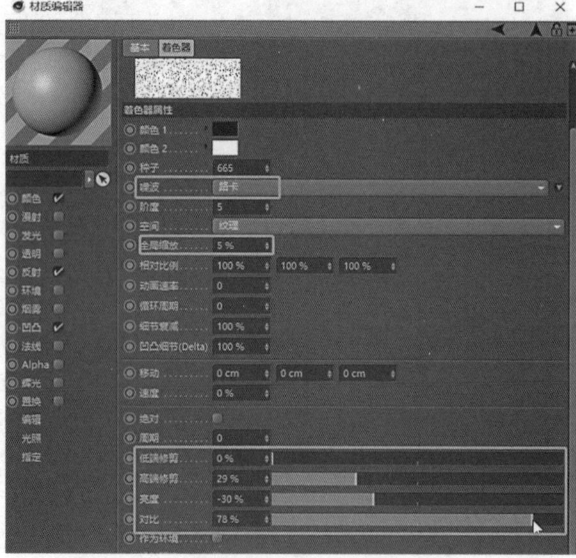

图 7-1-7　进入噪波修改

5. 返回图层，再添加一个噪波，将类型改为“电子”，全局缩放为 1000%，更改颜色，返回，将混合模式改为“变暗”，如图 7-1-8 至图 7-1-10 所示。

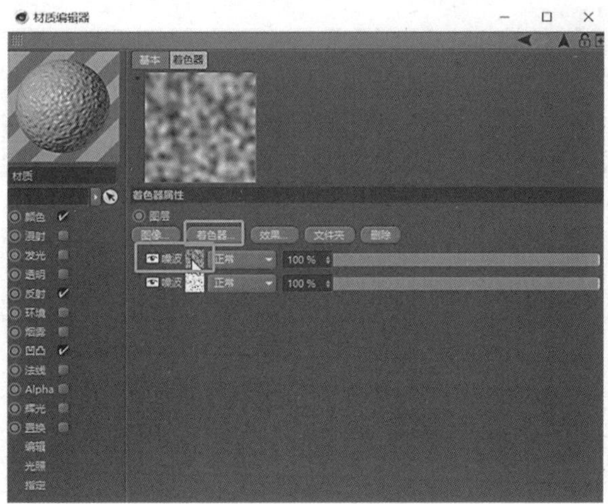

图 7-1-8　返回图层，再添加一个噪波

图 7-1-9　再进入噪波修改

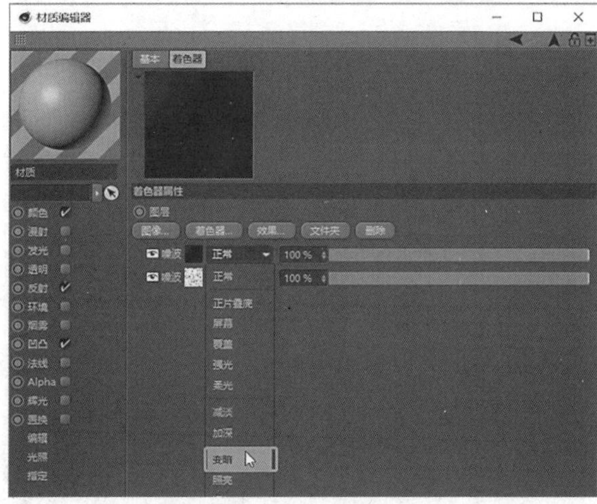

图 7-1-10　混合模式改为变暗

6. 最后再添加一次噪波，全局缩放还是改为 5%，混合模式改为“覆盖”，如图 7-1-11 至图 7-1-13 所示。

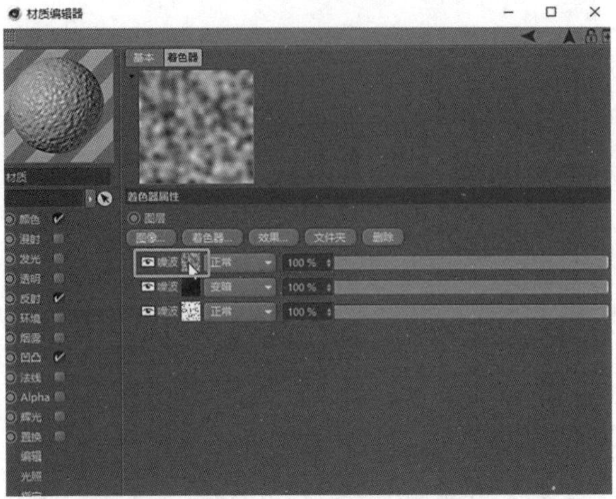

图 7-1-11　最后再添加一次噪波

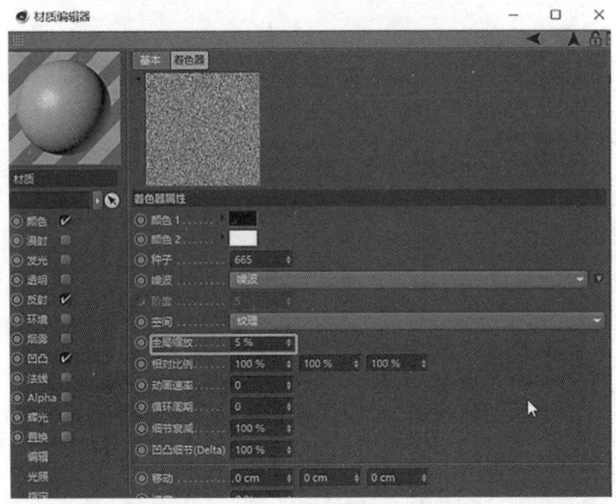

图 7-1-12　全局缩放改为 5%

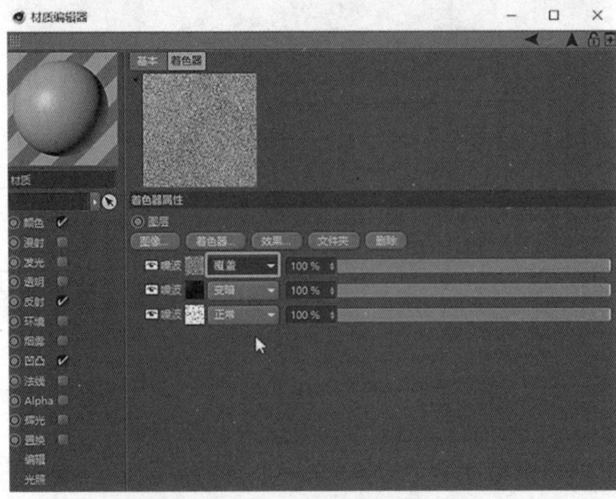

图 7-1-13　混合模式改为覆盖

7. 贴给鞋底还有其他一样用这种材质的部位，如图 7-1-14 所示。

图 7-1-14 其他一样用这种材质的部位

8. 鞋底的另一部分贴图，可将前面的材质复制一个；复制材质一样可以按住 Ctrl 键拖曳，然后更改下颜色和亮度，贴给另一部分，如图 7-1-15、图 7-1-16 所示。

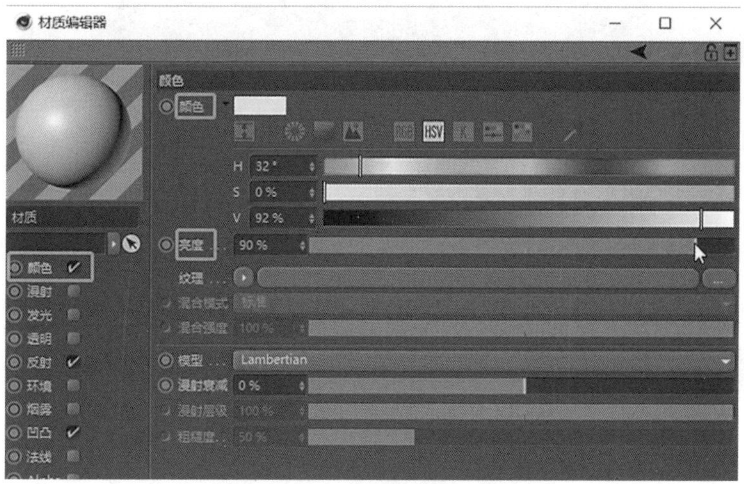


图 7-1-15 调整颜色跟亮度

图 7-1-16 鞋底的另一部分贴图

9. 制作鞋面拉丝皮革的效果：创建新材质，颜色为灰色并调暗，调整高光，如图7-1-17、图7-1-18 所示。

图 7-1-17　创建新材质，调整颜色和亮度

图 7-1-18　进入反射的默认高光，调节宽度和高光强度

10. 勾选凹凸通道，添加图层，图层里的着色器中添加噪波，类型是 FBM，全局缩放 5%，相对比例改一下，颜色调暗一点，就是横条的效果了，如图 7-1-19 至图7-1-21 所示。

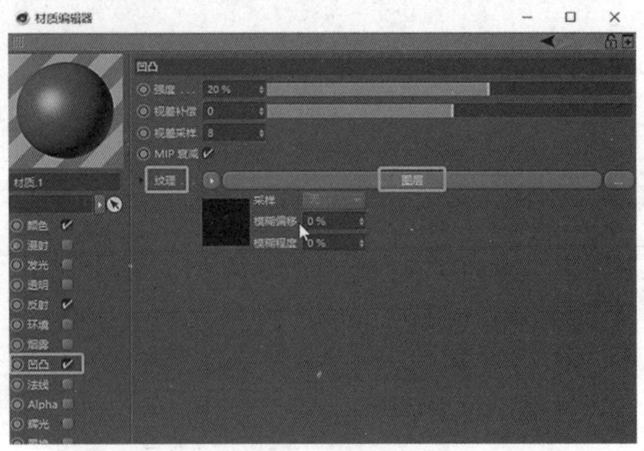


图 7-1-19　勾选凹凸通道，纹理中添加图层

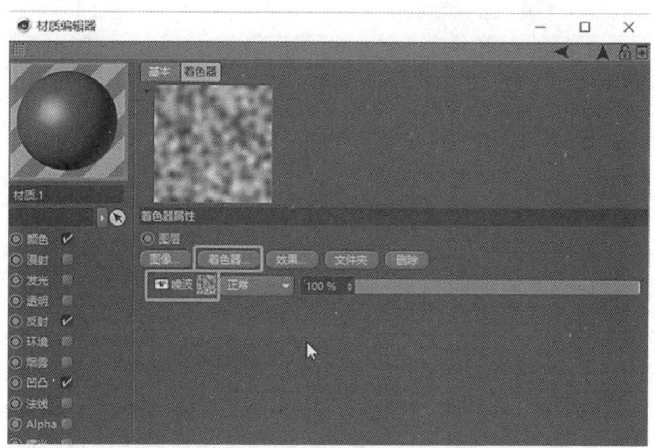


图 7-1-20　在着色器中添加噪波

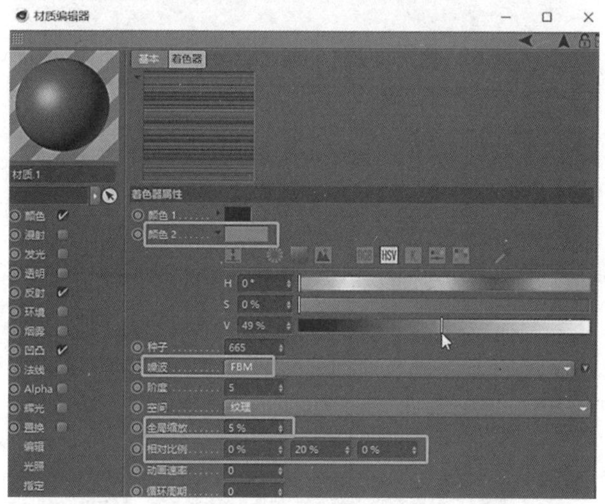


图 7-1-21　调节颜色 2、噪波、全局缩放和相对比例

11. 返回再添加个噪波，全局缩放一样为 5%，模式为“正片叠底”；然后将材质贴给需要的部位，如图 7-1-22 至图 7-1-25 所示。

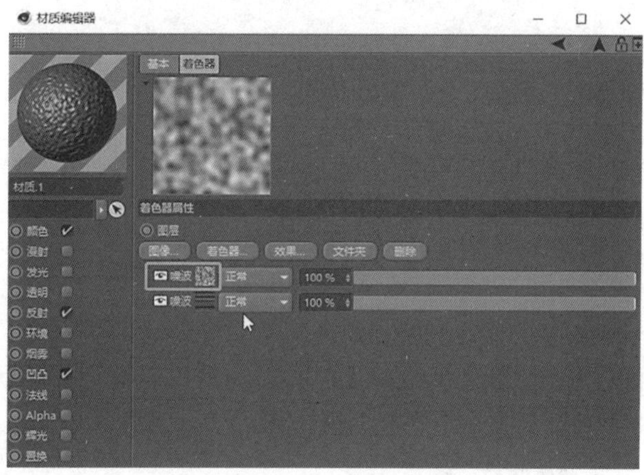


图 7-1-22　再添加噪波

图 7-1-23　调节全局缩放

图 7-1-24　模式为正片叠底

图 7-1-25　鞋面拉丝皮革完成

12. 制作鞋面的线条材质：新建材质，打开材质编辑器，关闭反射，勾选凹凸，添加图层，进入图层后，依次点击“着色器—表面—棋盘”添加棋盘，改变频率，如图 7-1-26 至图 7-1-28 所示。

图 7-1-26　关闭反射，勾选凹凸，在纹理中添加图层

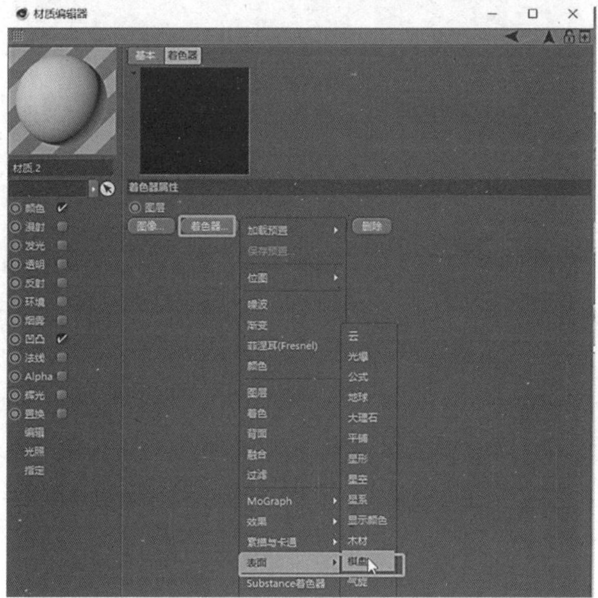

图 7-1-27　添加“棋盘”

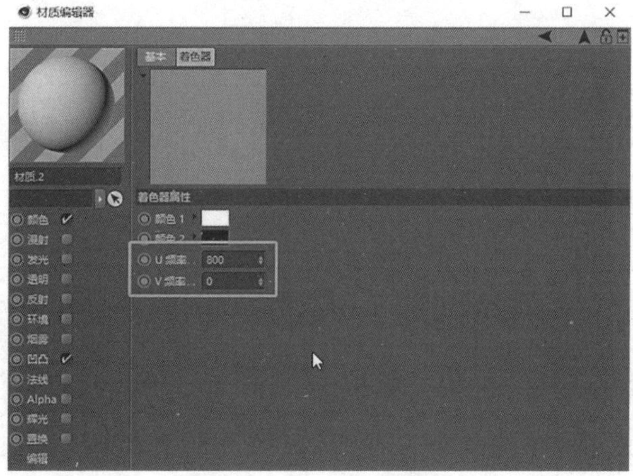

图 7-1-28　改变频率

13. 再点击“效果—变换”添加“变换效果”并改变角度，如图 7-1-29、图 7-1-30 所示。

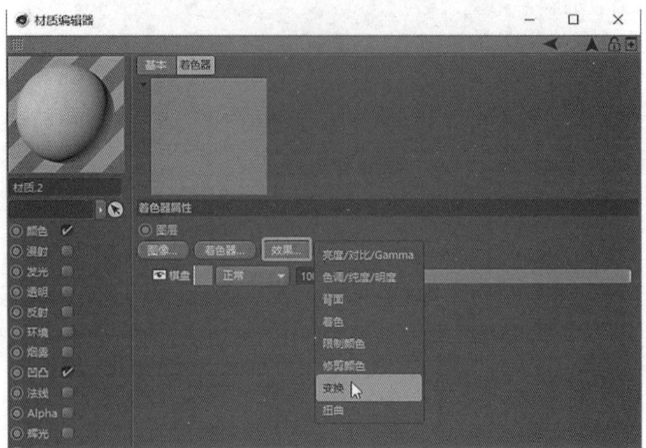

图 7-1-29　添加“变换”效果

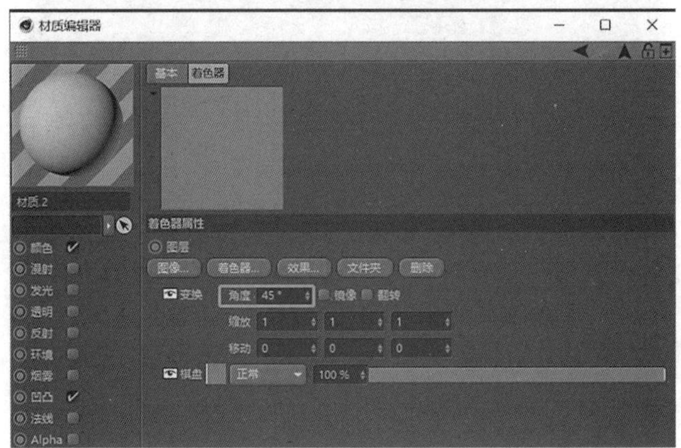

图 7-1-30　改变角度

14. 将整个纹理复制给颜色，更改棋盘的颜色，贴给需要的部位，如图 7-1-31 至图 7-1-35 所示。

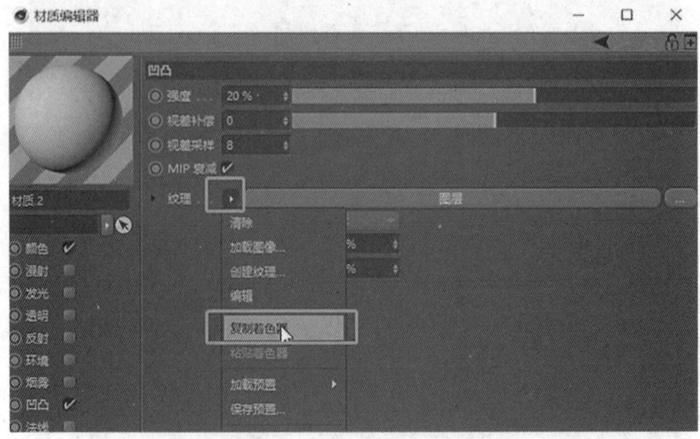

图 7-1-31　复制凹凸着色器

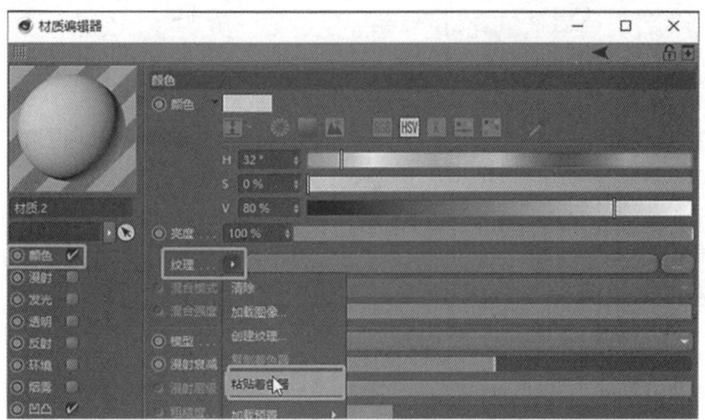

图 7-1-32　在颜色中粘贴着色器

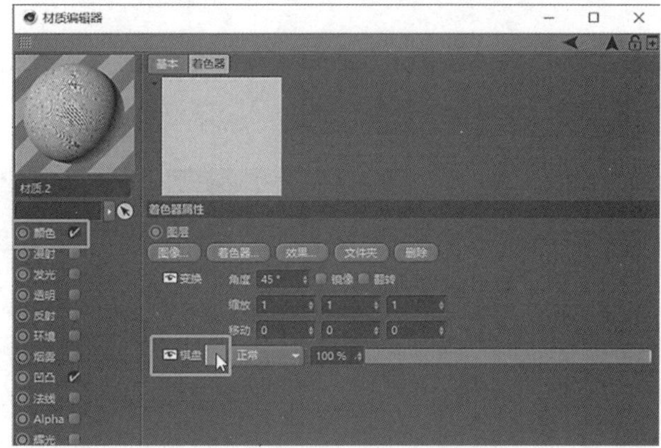

图 7-1-33　点击进入棋盘

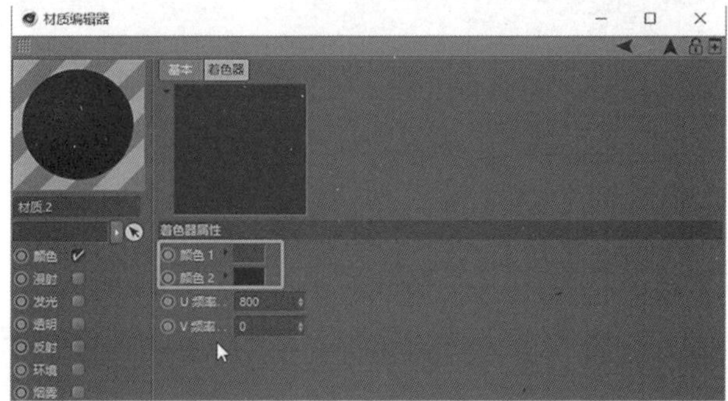

图 7-1-34　改变颜色

图 7-1-35　鞋面的线条材质完成

15. 运动鞋的滚口条有其他的材质，就需要用到选集功能，如图 7-1-36 所示。

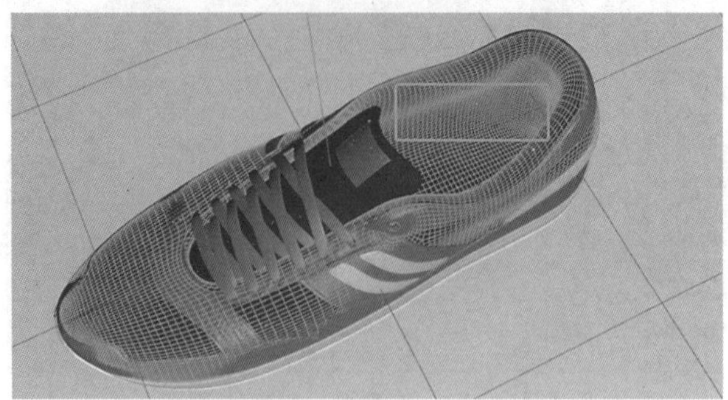

图 7-1-36　运动鞋的滚口条

16. 选择“鞋身”，然后选择面模式，选用实时选择工具，将面选上，按住 Shift 键是加选，按住 Ctrl 键是减选，里面看不到的部分可以忽略选择，如图 7-1-37 所示。

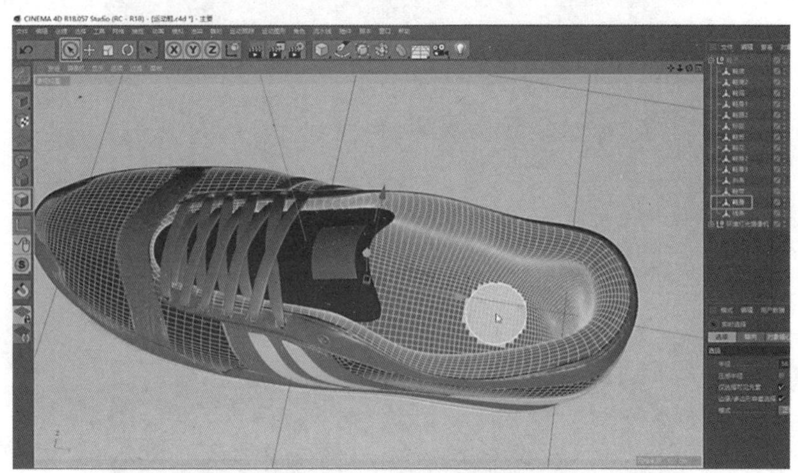

图 7-1-37　选择面模式，选用实时选择工具，将面选上

17. 在菜单栏中，点击选择“设置选集”，如图 7-1-38 所示。

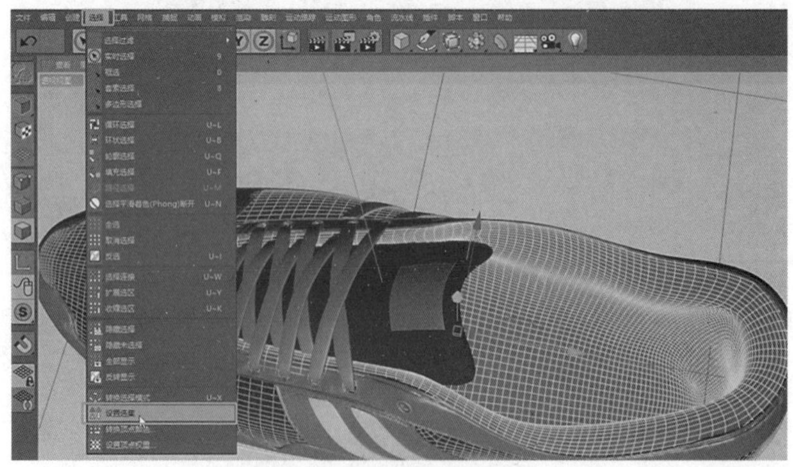

图 7-1-38　设置选集

18. 接下来创建新材质，关闭反射，打开凹凸，给凹凸添加图层，然后进入图层，在着色器设置中进入棋盘效果，调整频率，使其形成网格状，同时也添加变换，如图 7-1-39 至图 7-1-42 所示。

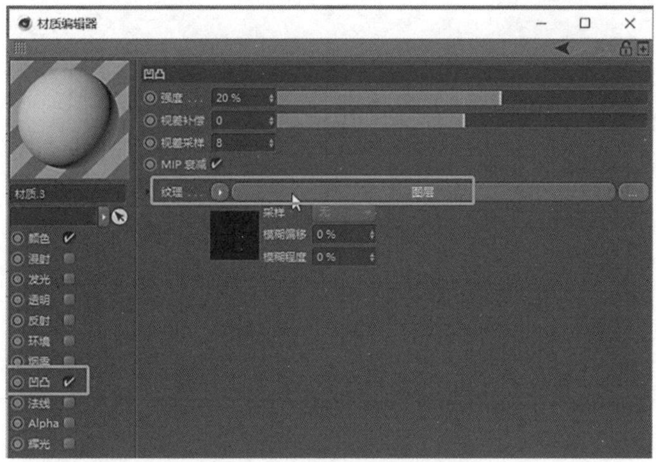

图 7-1-39　给凹凸添加图层

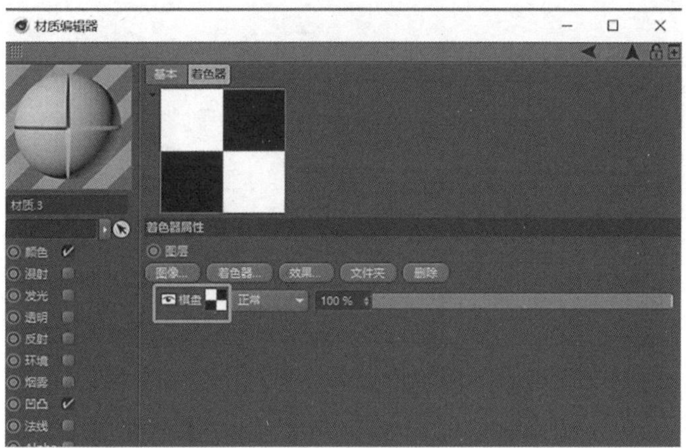

图 7-1-40　着色器设置中进入棋盘效果

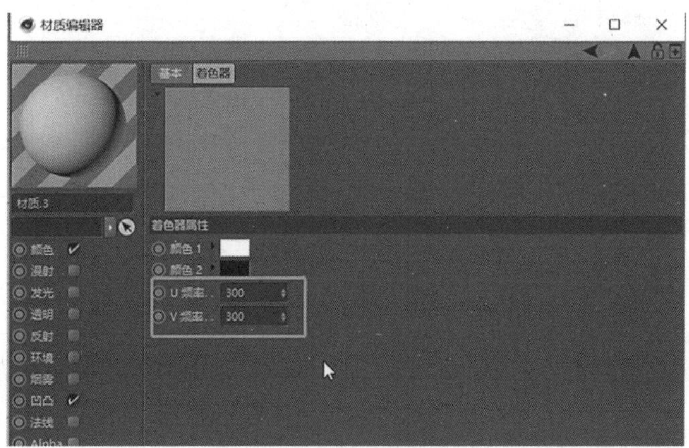

图 7-1-41　调整频率

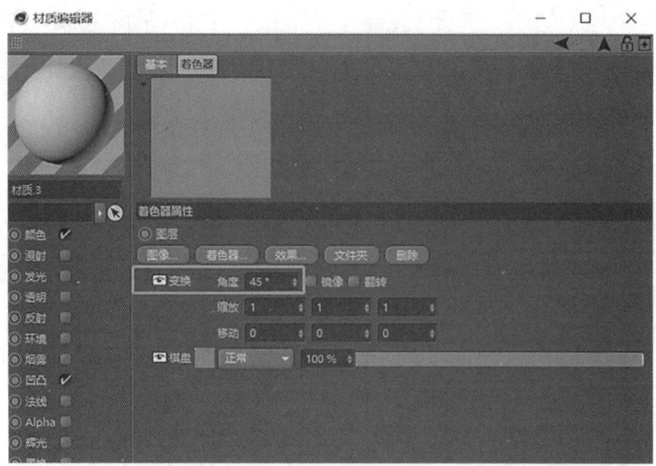


图 7-1-42　添加变换

19. 复制整个着色器给颜色通道，改变棋盘的颜色，将材质贴给鞋身，然后将选集的标签拖曳到材质的选集中，如图 7-1-43 至图 7-1-46 所示。

图 7-1-43　复制凹凸着色器

图 7-1-44　在颜色中粘贴着色器

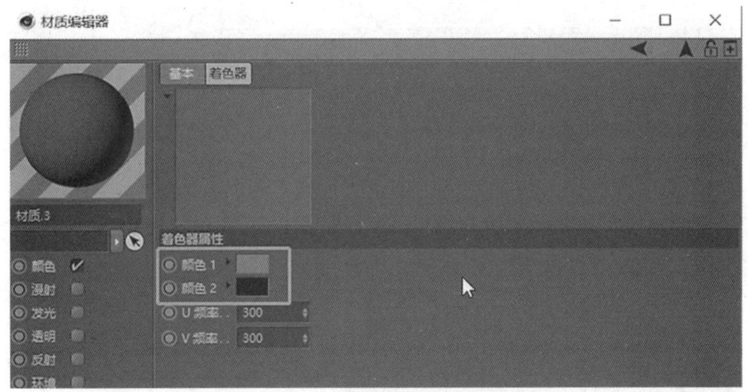


图 7-1-45　改变棋盘颜色

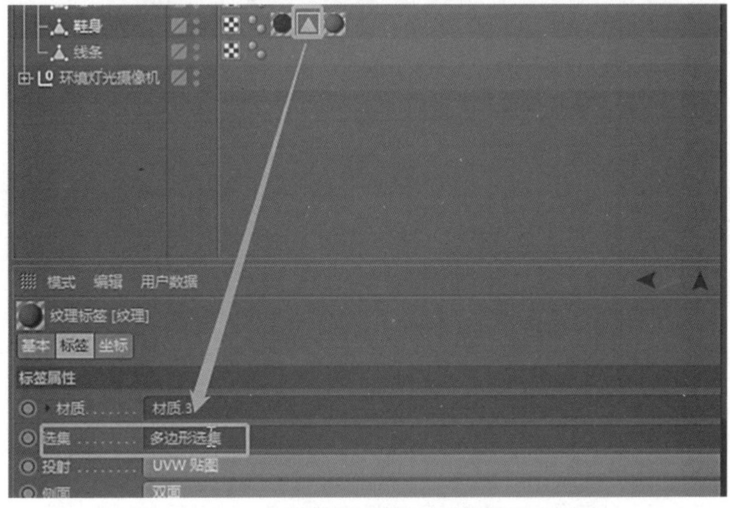


图 7-1-46　将选集的标签拖曳到材质的选集中

20. 接下来制作标签，复制前面制作的皮革材质，打开材质编辑器将颜色调为灰白色，打开 Aphla 通道，贴上准备的黑白贴图，如图 7-1-47 至图 7-1-49 所示。

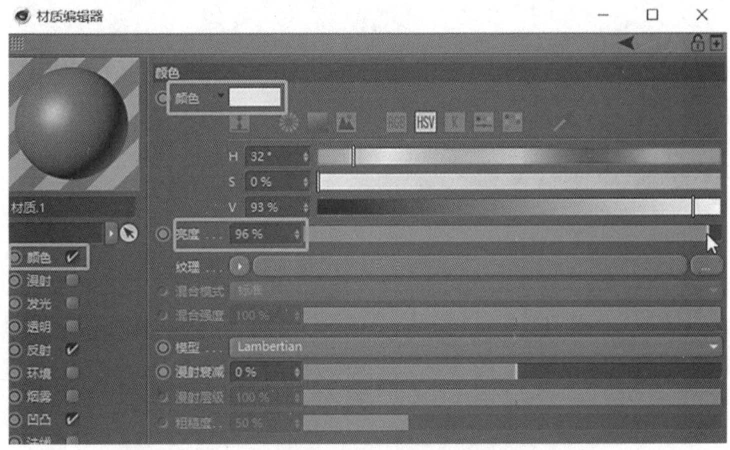


图 7-1-47　打开材质编辑器将颜色调为灰白色

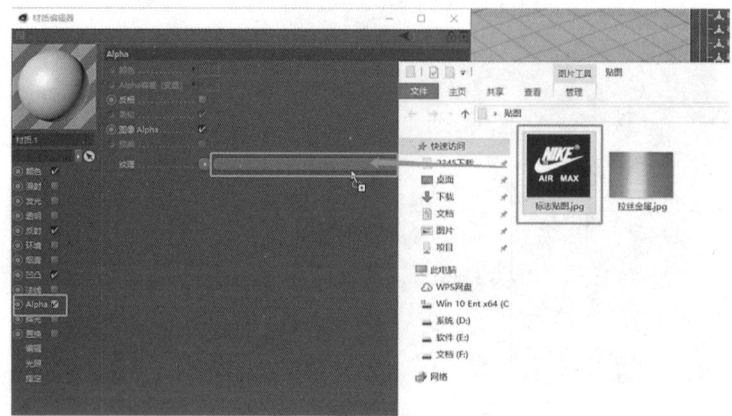


图 7-1-48　打开 Aphla 通道，贴上准备的黑白贴图

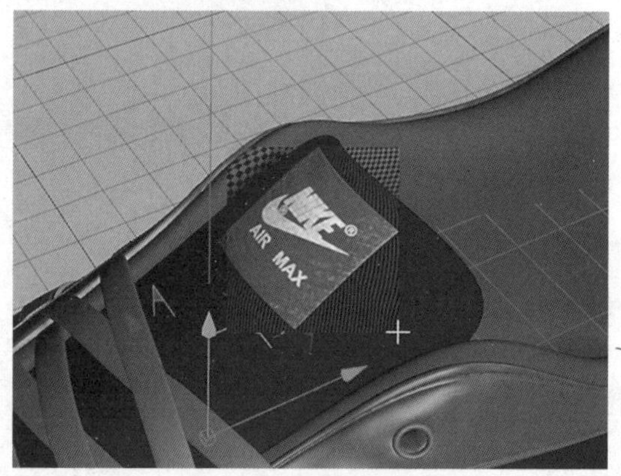


图 7-1-49　标签完成

21. 制作鞋洞：新建材质，在材质编辑器中的反射层里添加拉丝金属贴图，调整一下参数就可以，如图 7-1-50 至图 7-1-55 所示。

图 7-1-50　反射层里添加反射（传统）

图 7-1-51　调节默认高光和层 1

图 7-1-52　调节宽度、高光强度和颜色

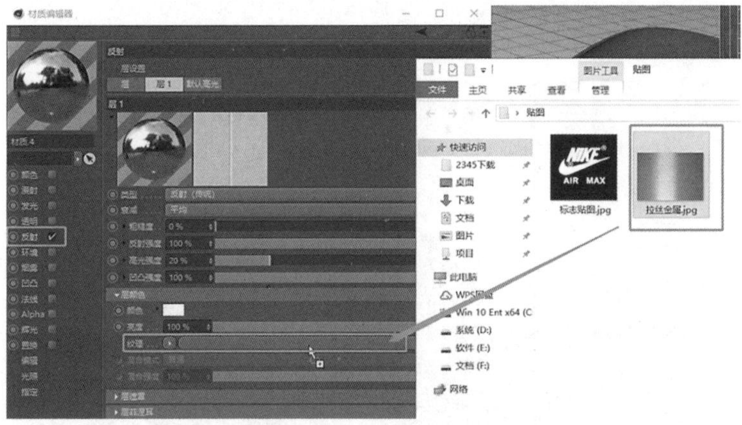
图 7-1-53　在纹理中添加准备好的贴图

图 7-1-54　调节粗糙度

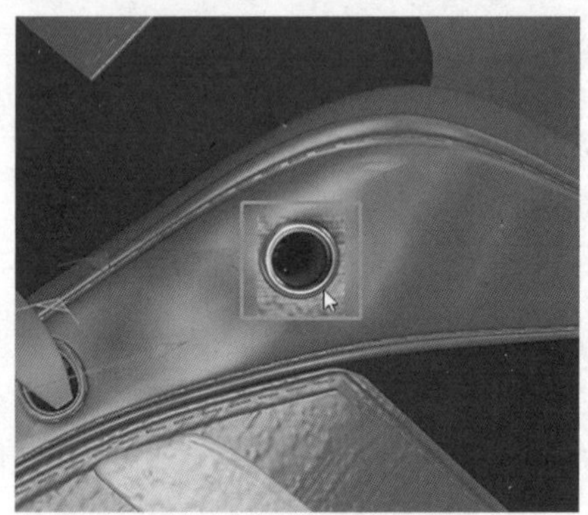
图 7-1-55　鞋洞的金属效果完成

22. 最后制作鞋带，复制前面鞋面的线条材质，修改颜色通道中图层里的棋盘效果颜色，贴给鞋带跟线头，投射方式改为“平直”，前面的线头也加上材质，这样运动鞋就制作完成了，渲染观看，如图 7-1-56 至图 7-1-59 所示。

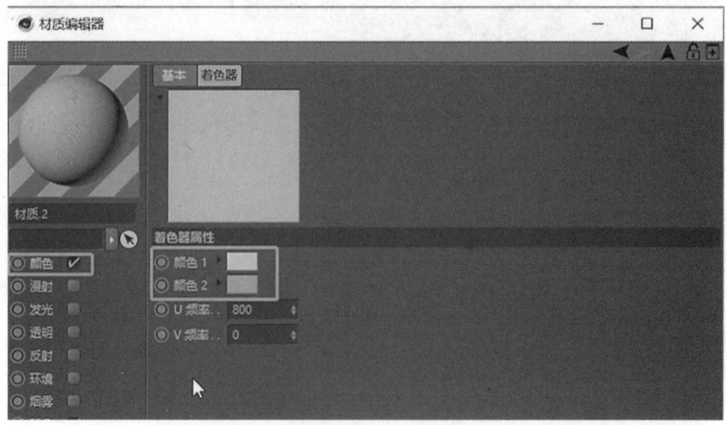
图 7-1-56　修改颜色通道中，图层里的棋盘效果颜色

图 7-1-57　投射方式改为“平直”

图 7-1-58　鞋带完成

图 7-1-59　运动鞋最终渲染图

## 任务 7.2

# 钢琴模型

## ——光滑的材质以及细节要点

### 教学重点

• **钢琴模型——光滑的材质以及细节要点。**

### 教学难点

• **如何渲染真实质感的钢琴。**

### 任务分析

**01. 任务目标**

钢琴模型——光滑的材质以及细节要点。

**02. 实施思路**

通过视频学习创建材质渲染真实质感的钢琴。

### 任务实施

**01. 钢琴模型——光滑的材质以及细节要点**

1. 钢琴的建模方法，大部分用“线条”加“挤压生成器”就可以制作，在制作钢琴建模中比较重要的是画线条的能力，线条制作完成之后，只需要给样条添加挤压生成器，调整对象里的移动数值就完成了，如果觉得表面不够光滑，可选择“样条”降低角度值，然后记得要打开挤压的圆角封顶，如图 7-2-1 至图 7-2-3 所示。

图 7-2-1　画线条

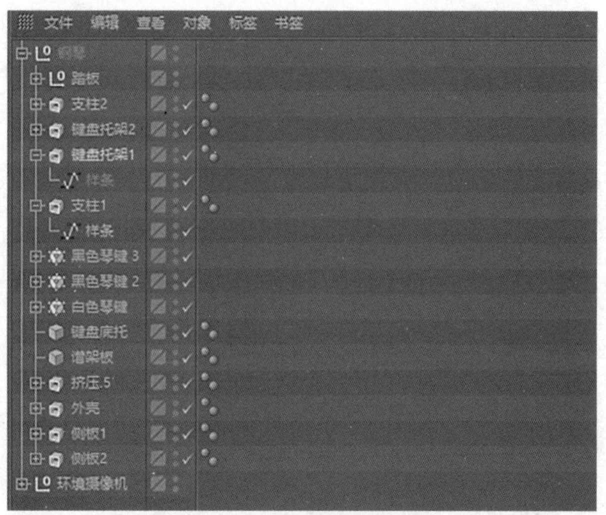


图 7-2-2　添加挤压生成器

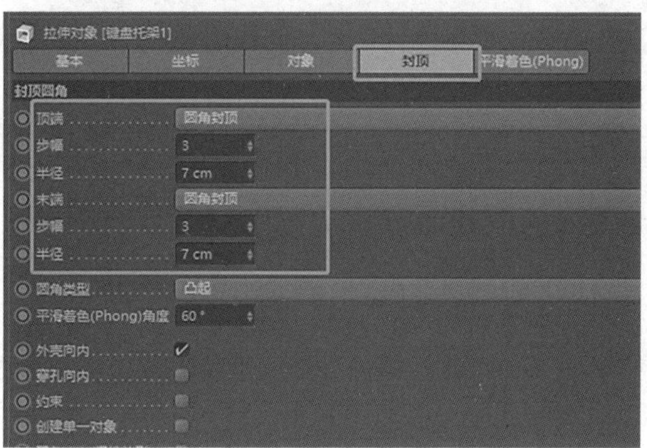


图 7-2-3　调节封顶

2. 圆角封顶是针对边缘的，但有些光滑的地方是要体现在线条上的，但也并不是说一定要用画的，下面会介绍到方法，如图 7-2-4 所示。

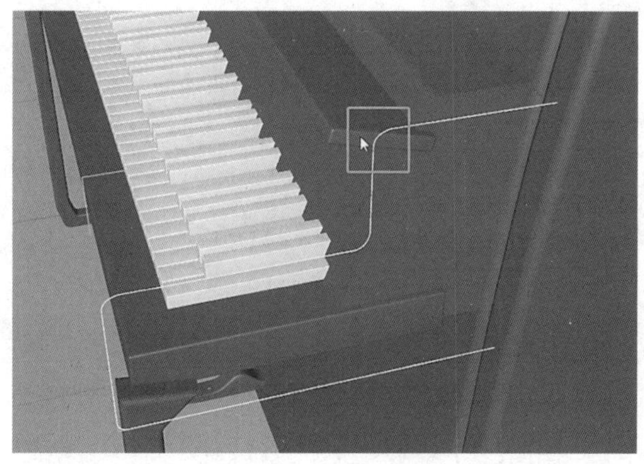

图 7-2-4　圆角封顶

3. 创建个新工程，进入到右视图，随意画条折线，选中需要有圆角的点，右键点击“倒角”，这里的倒角跟之前的模型边的倒角不同，这里的倒角是针对点的，按住鼠标拖动就可以，如图 7-2-5 至图 7-2-7 所示。

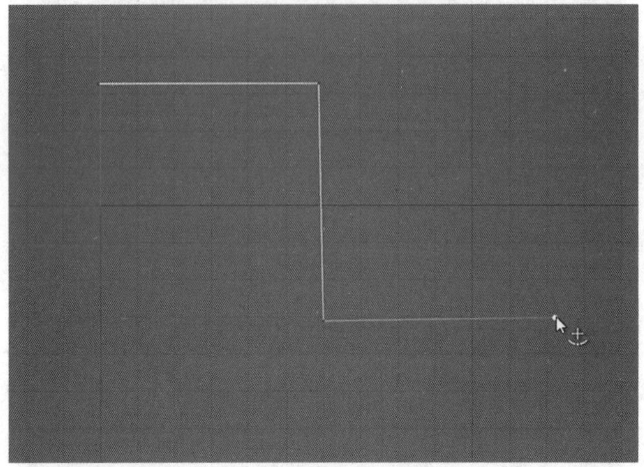

图 7-2-5　画一条折线

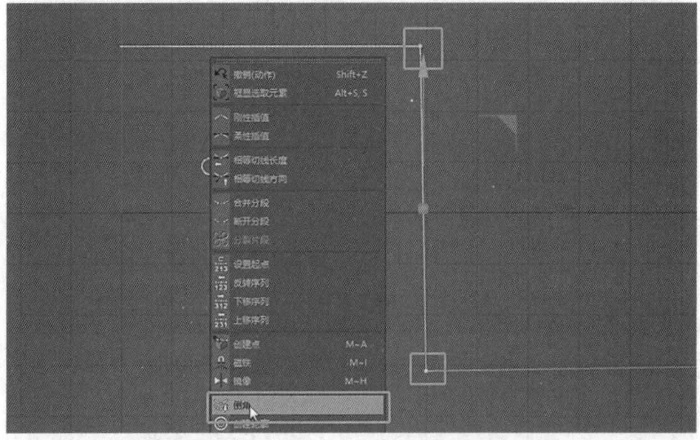


图 7-2-6　选中需要有圆角的点，右键点击“倒角”

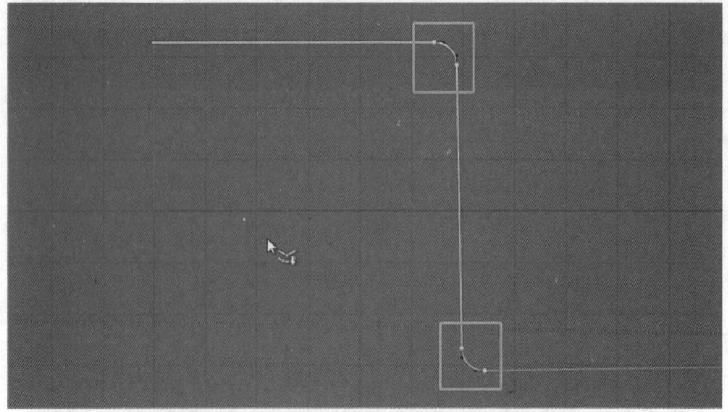

图 7-2-7　按住鼠标拖动调节大小

4. 在菜单栏中，点击窗口下的钢琴工程，返回刚才的工程，如图 7-2-8 所示。

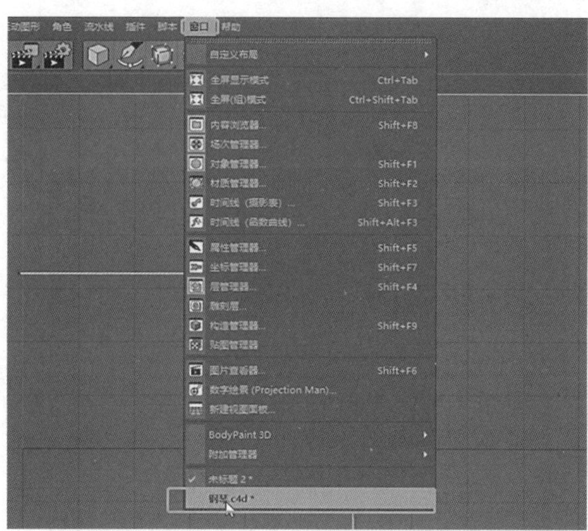

图 7-2-8　在菜单栏中，点击窗口下的钢琴工程

5. 白色琴键可以先创建立方体，然后调整尺寸，再给它添加克隆生成器，调整克隆的模式、数量以及位置就可以，然后摆好位置。如图 7-2-9 至图 7-2-10 所示。

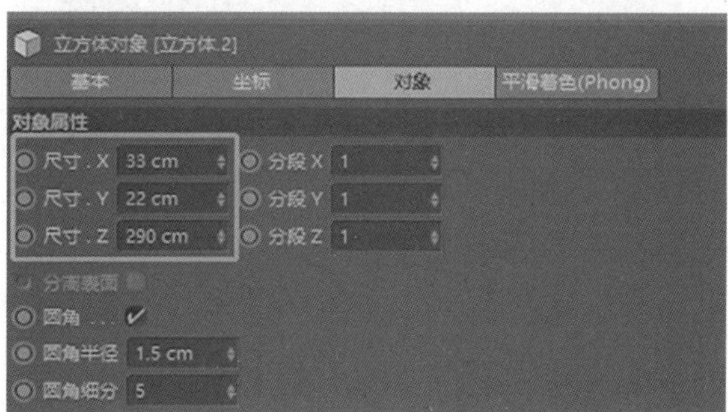


图 7-2-9　创建立方体，然后调整尺寸

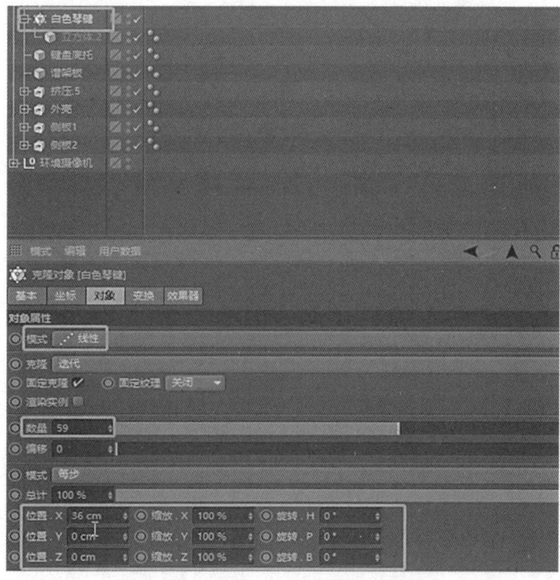

图 7-2-10　添加克隆生成器，调整克隆的模式、数量以及位置

6. 黑色琴键同样也是先创建立方体，改变尺寸，然后给它添加克隆，调整克隆的模式数量跟位置，接着再给整个克隆添加克隆，更改数量跟位置，如图 7-2-11 至图 7-2-13 所示。

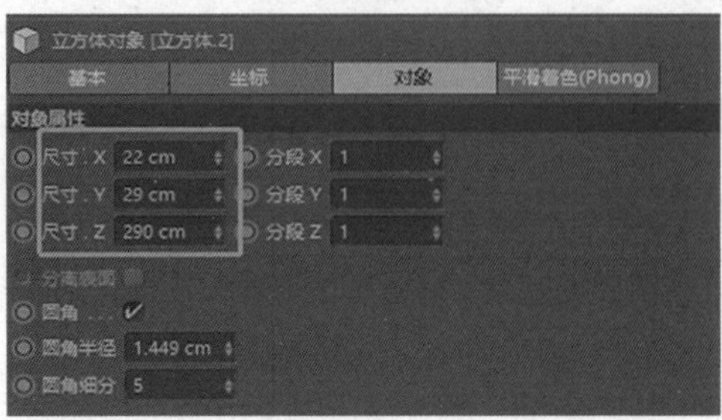


图 7-2-11　创建立方体，改变尺寸

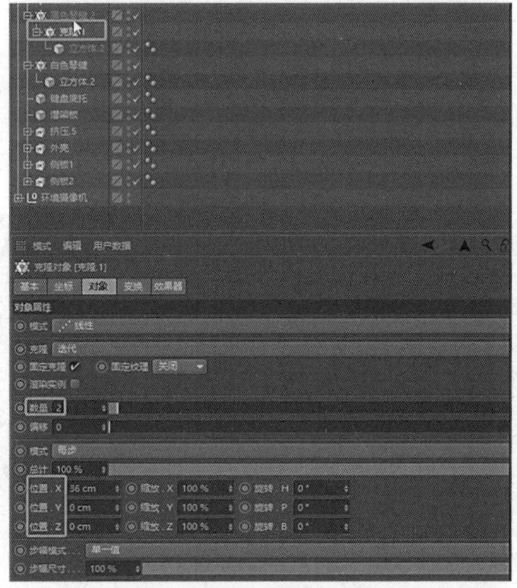

图 7-2-12　添加克隆生成器，调整克隆的模式、数量以及位置

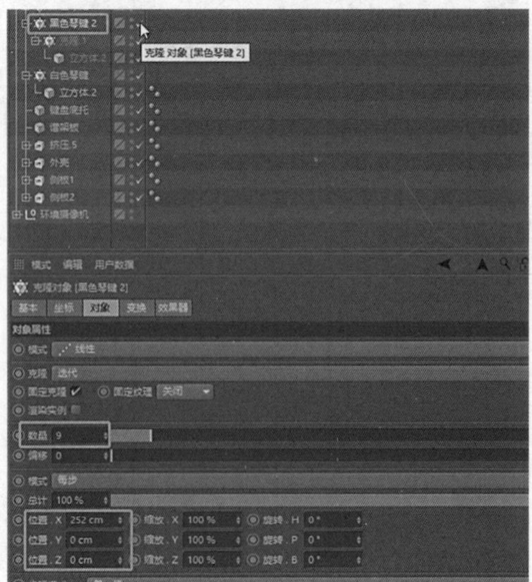

图 7-2-13　再给整个克隆添加克隆，更改数量跟位置

7. 钢琴的其他地方，除了踏板，都可用线条加挤压来做，如图 7-2-14 的支柱也是运用挤压制作出来的。

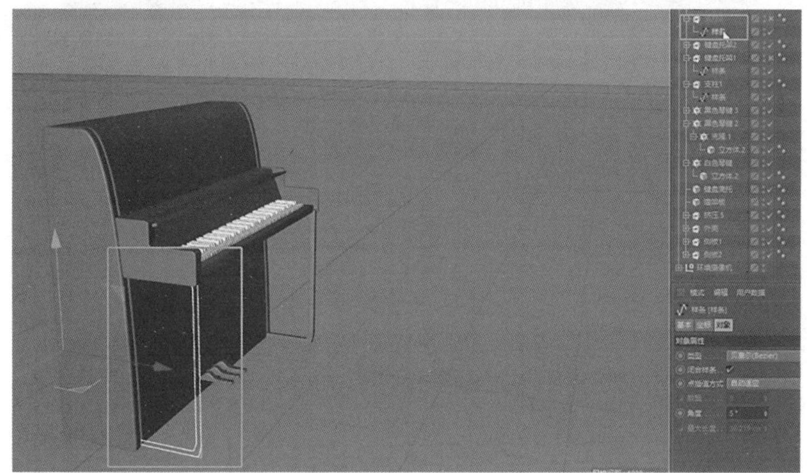

图 7-2-14　钢琴支柱

8. 踏板的制作：首先创建立方体，调整好尺寸，添加分段数，如图 7-2-15 所示。

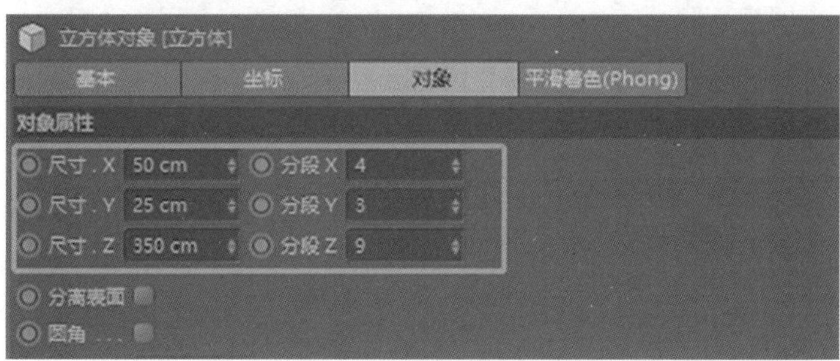


图 7-2-15　调整尺寸

9. 将模型转化为多边形对象（快捷键 C），按快捷键 U>L，启用环形选择，在边模式下选中环形边，按 T 键缩小，头部里可以选择中间的六个面拉出来一点，后半部可选择上面的八个面，往上提；然后在边模式下，选择中间的一条边，往上再提一点，然后添加细分曲面生成器，如图 7-2-16 至图 7-2-22 所示。

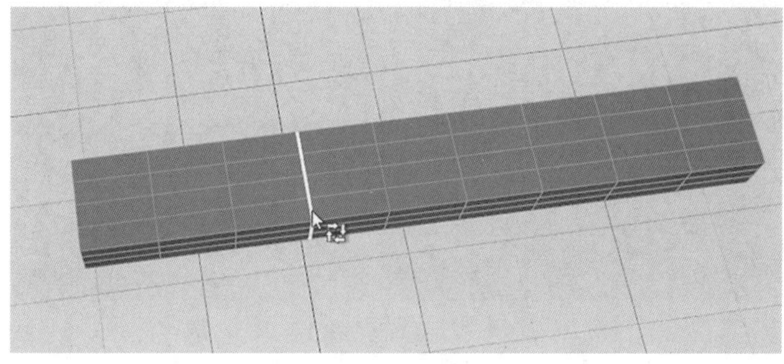

图 7-2-16　选中环形边

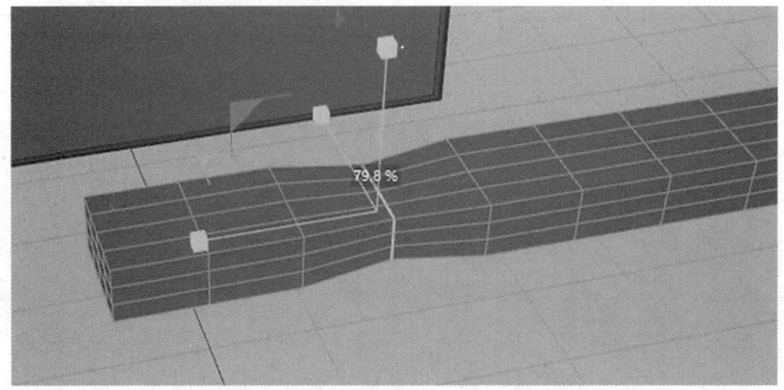


图 7-2-17　缩小

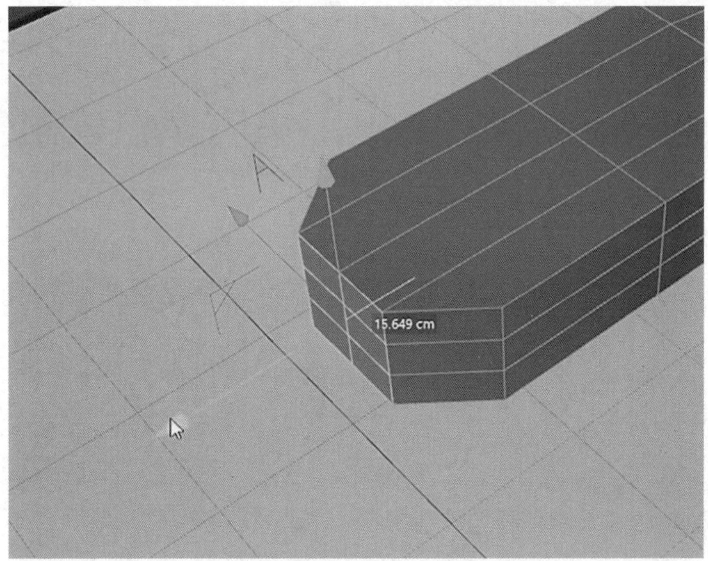


图 7-2-18　选择中间的六个面拉出来一点

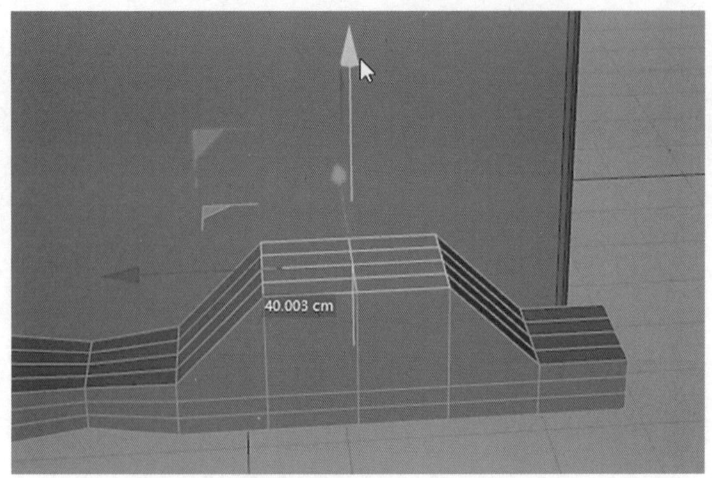


图 7-2-19　选择上面八个面，往上提

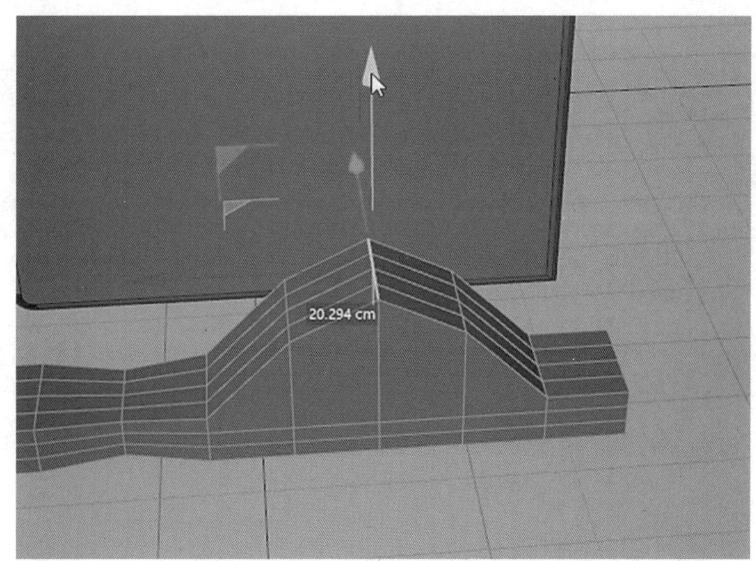


图 7-2-20　选择中间的线，往上提

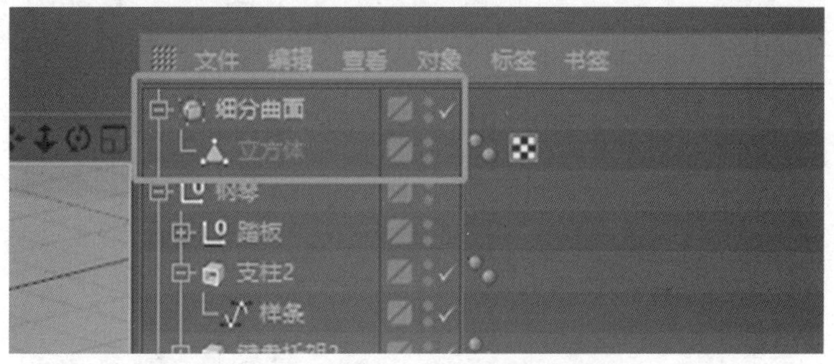


图 7-2-21　添加细分曲面生成器

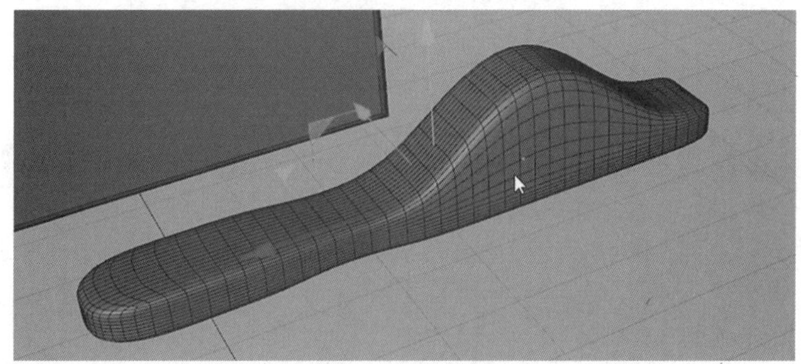

图 7-2-22　踏板完成

10. 接下来给模型贴材质，钢琴表面大部分是光滑且具有反射的材质。先创建新材质，将颜色调黑，在反射通道里添加传统反射，高光在上，这里不是调节金属材质，所以不需要将高光调得很小很亮，将高光颜色调成银灰色就可以，如图 7-2-23 至图 7-2-26 所示。

图 7-2-23　创建新材质，将颜色调黑

图 7-2-24　反射通道里添加传统反射

图 7-2-25　高光在上

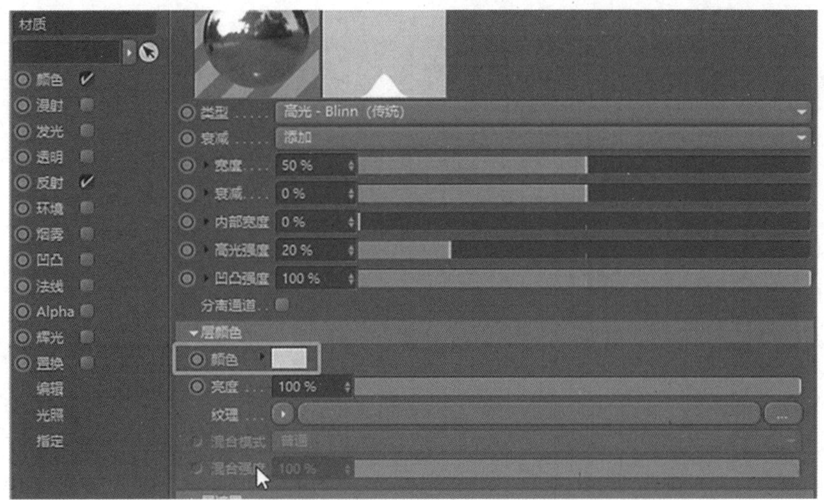

图 7-2-26　颜色调成银灰色

11. 钢琴的反射并不是像镜面一样，如果大家观察过钢琴上的漆就会发现，表面其实是一层透明的类似玻璃一样的材质，然后下面才是颜色漆，所以不能只用初始的反射效果，而是应该在反射纹理中，添加菲涅耳效果。进入“菲涅耳”，默认情况下，是均匀的由白到黑的一个渐变过程，反射是由外到内逐渐变强，可通过控制颜色条来控制反射强弱。这里有比较简单的方法，可直接勾选下面的“物理”，与前面制作透明材质一样，下面可设置“折射率”跟“预置”，这里直接在预置中选择有机玻璃，返回降低亮度，再贴给需要用到的部位，如图 7-2-27 至图 7-2-30 所示。

图 7-2-27　反射纹理中，添加菲涅耳效果

图 7-2-28　勾选物理，在预置中选择有机玻璃

图 7-2-29　降低亮度

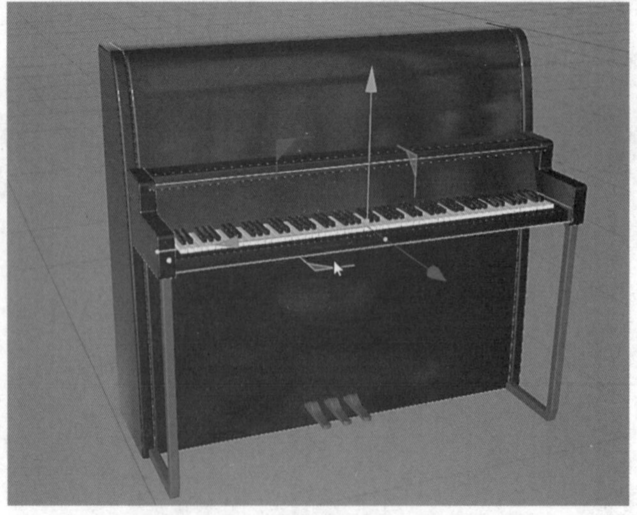

图 7-2-30　钢琴的反射效果完成

12. 制作白色键的材质，创建新材质，颜色改成白色，反射中添加传统反射，提高粗糙度，降低亮度，然后贴给白色琴键和支柱，如图 7-2-31 至图 7-2-35 所示。

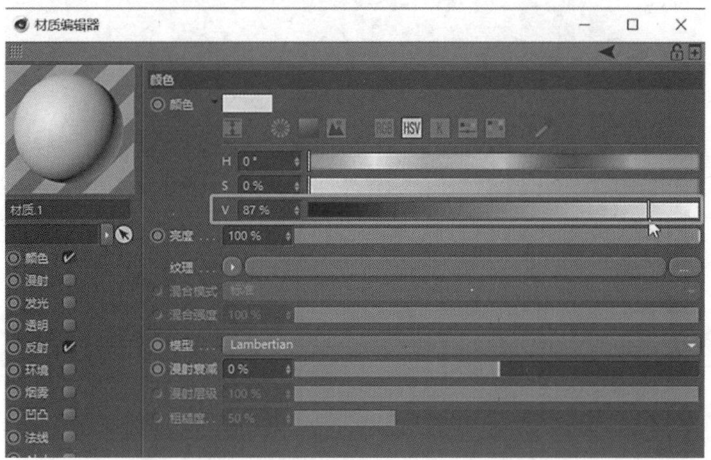

图 7-2-31　创建新材质，颜色改成白色

图 7-2-32　反射中添加反射（传统）

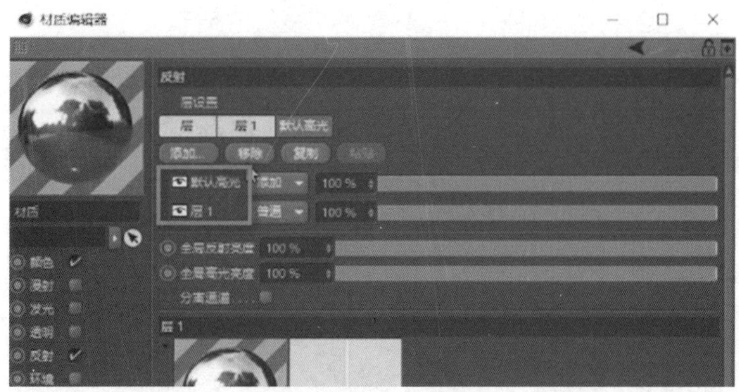

图 7-2-33　调整高光

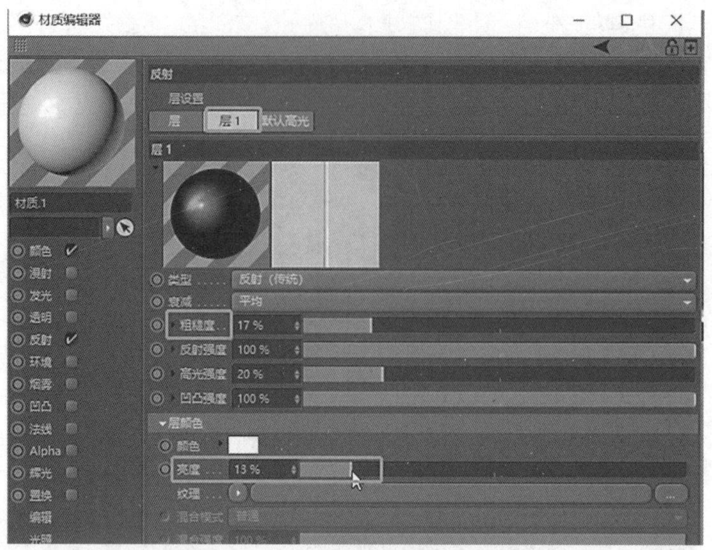
图 7-2-34　调整粗糙度和亮度

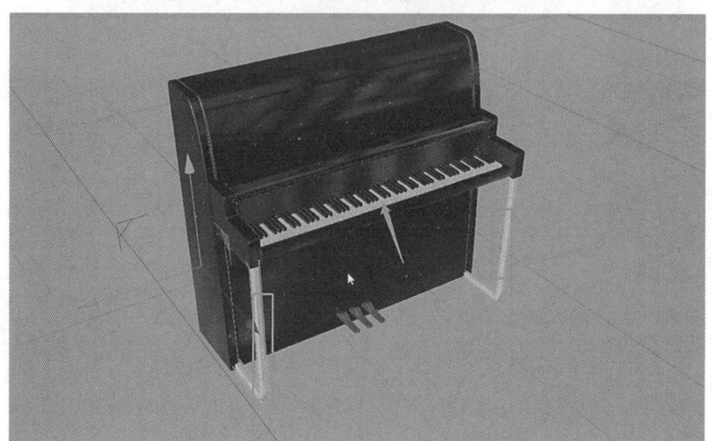
图 7-2-35　材质贴给白色琴键跟支柱

13. 制作踏板材质，可直接在内容浏览器中输入“metal”查找，找一个磨砂金属材质，直接拖曳贴给踏板，如图 7-2-36 至图 7-2-38 所示。

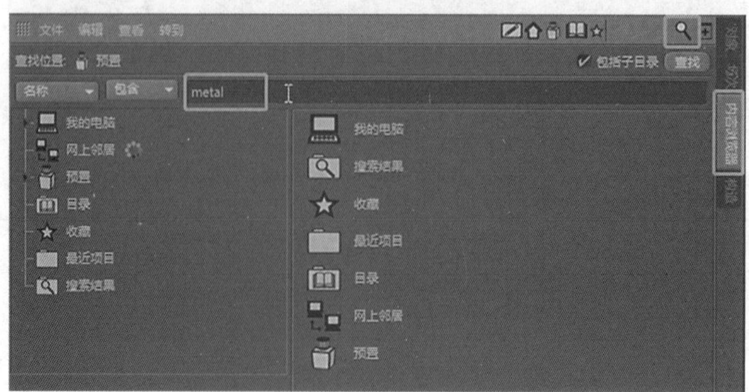
图 7-2-36　在内容浏览器中输入“metal”

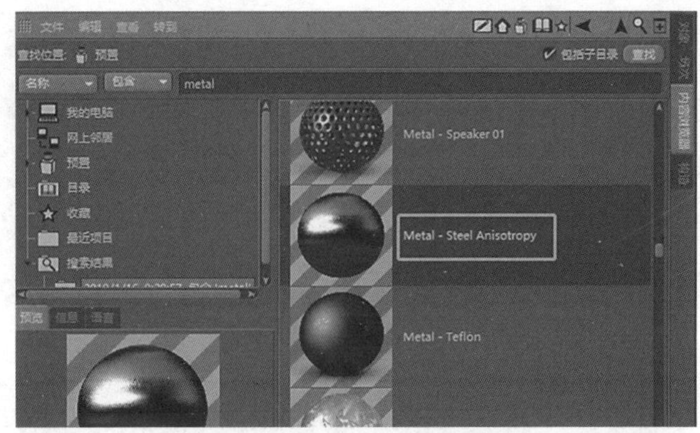


图 7-2-37　选择磨砂金属材质

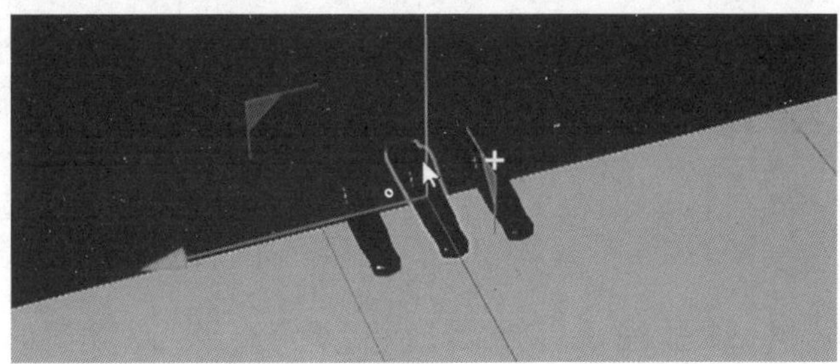

图 7-2-38　材质拖曳贴给踏板

14. 为场景创建灯光，采用三点照明就可以了，选择钢琴整个组，创建目标聚光灯，然后将灯光拉远，并按住灯光上圆环的小黄点，可放大缩小灯光照射范围，如图 7-2-39 至图 7-2-42 所示。

图 7-2-39　选择钢琴组

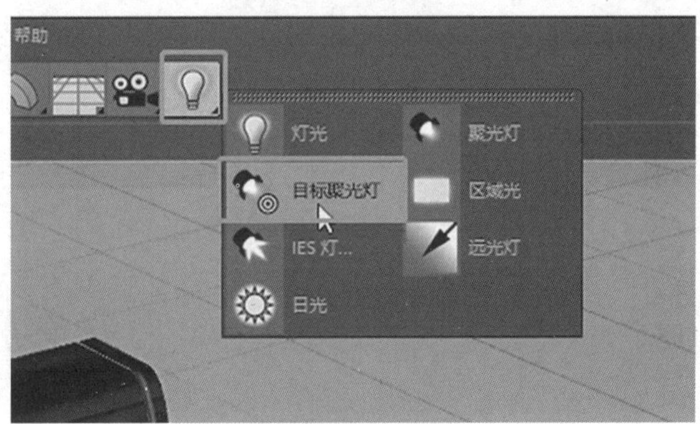


图 7-2-40　创建目标聚光灯（一）

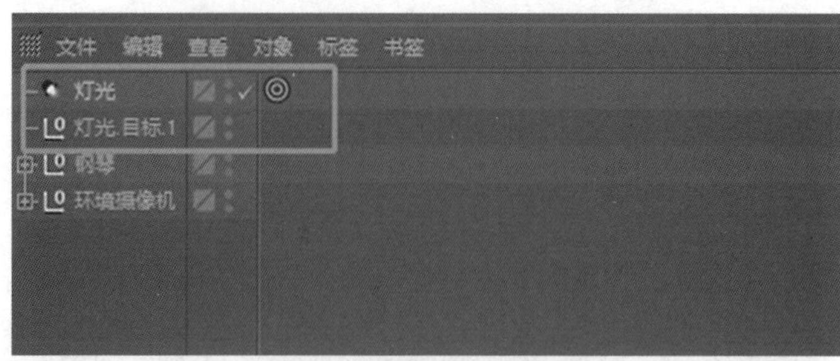

图 7-2-41　创建目标聚光灯(二)

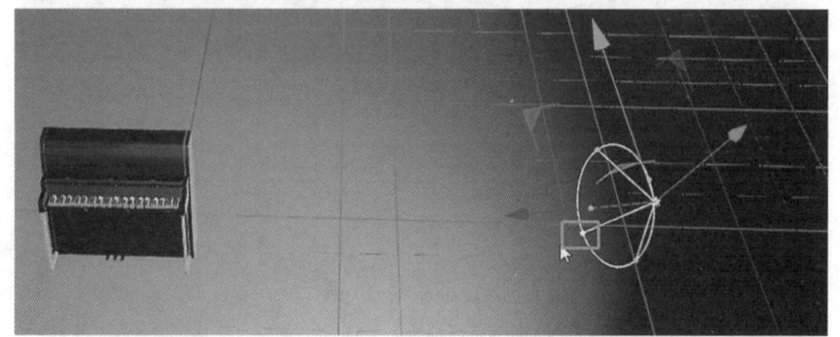

图 7-2-42　将灯光拉远，放大缩小灯光照射范围

15. 再创建一个目标聚光灯，作为辅光源，调低亮度，照亮背面，如图 7-2-43 至图 7-2-45 所示。

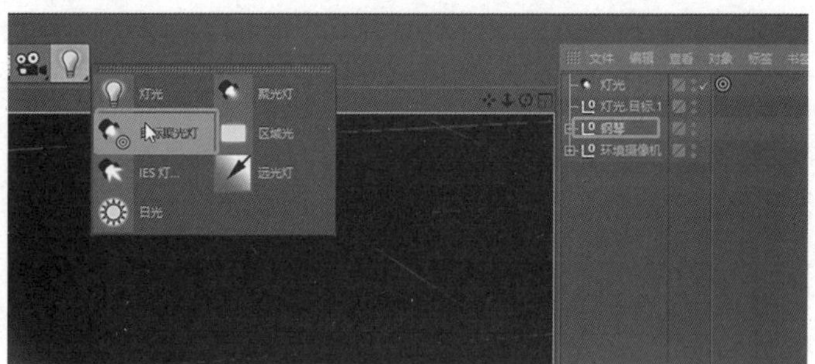

图 7-2-43　再创建一个目标聚光灯

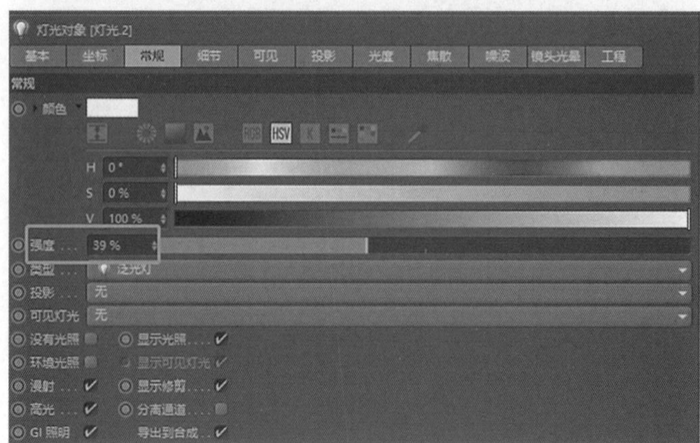

图 7-2-44　调低亮度

图 7-2-45　照亮钢琴背面

16. 创建一个点光源，作为环境灯光，调低亮度，如图 7-2-46、图 7-2-47 所示。

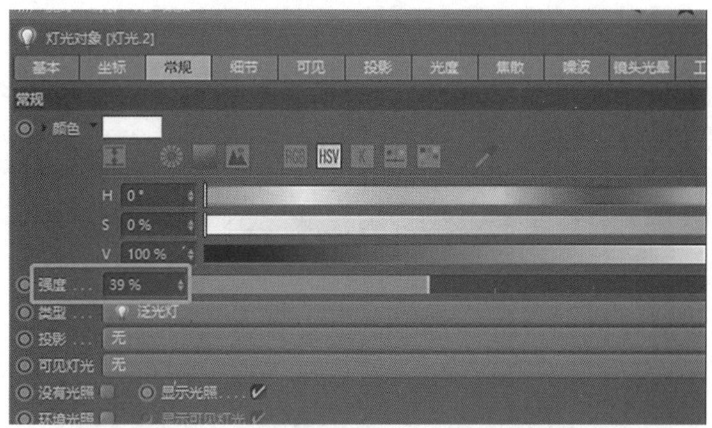


图 7-2-46　创建一个点光源，调低亮度

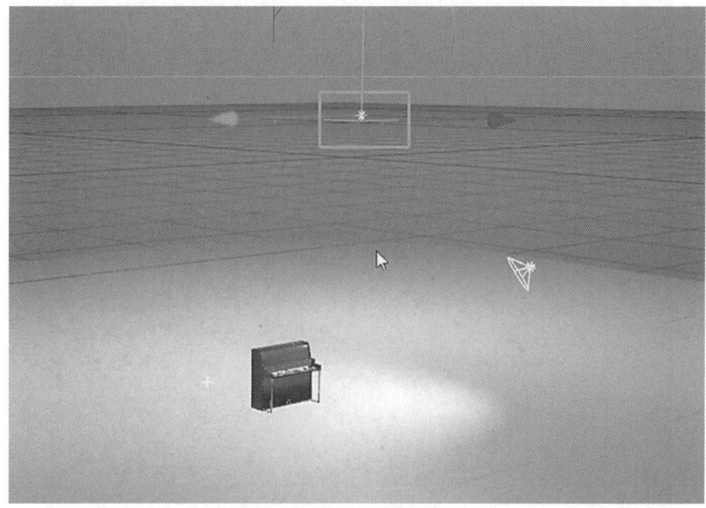

图 7-2-47　环境灯光

17. 打开主光源的投影，投影选择“区域”，投影颜色改成灰色，如图 7-2-48 所示。

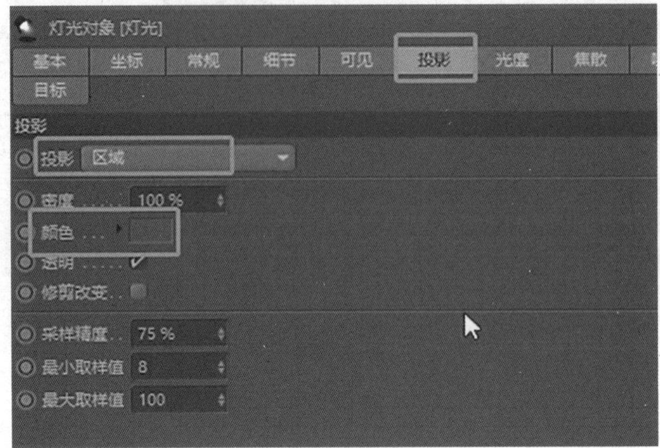


图 7-2-48　打开主光源的投影，投影选择“区域”，投影颜色改成灰色

18. 接下来进行一下渲染设置，使用物理渲染器，将采样品质改为“中”，添加全局光照，使用 IR+QMC，辐照缓存中，记录密度为低，平滑为 100%，然后再添加“环境吸收”，如图 7-2-49 至图 7-2-54 所示。

图 7-2-49　使用物理渲染器，将采样品质改为“中”

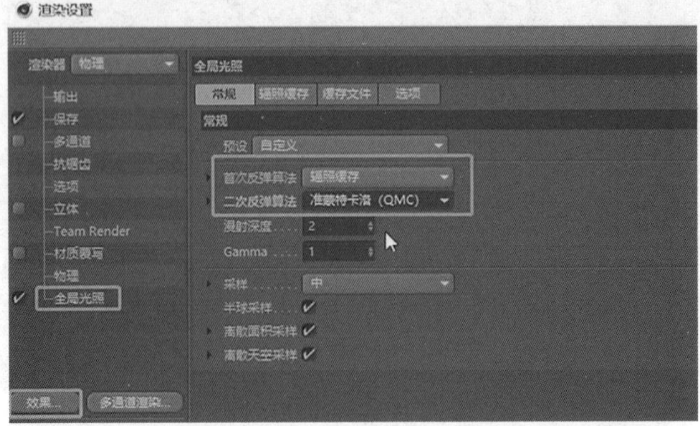


图 7-2-50　添加全局光照，使用 IR+QMC，辐照缓存中

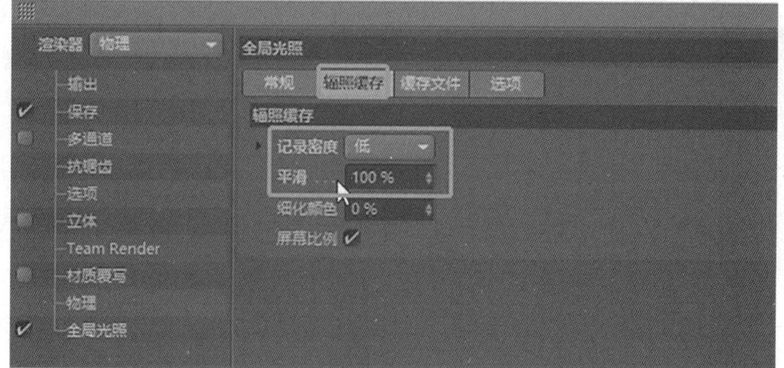


图 7-2-51　记录密度为低，平滑为 100%

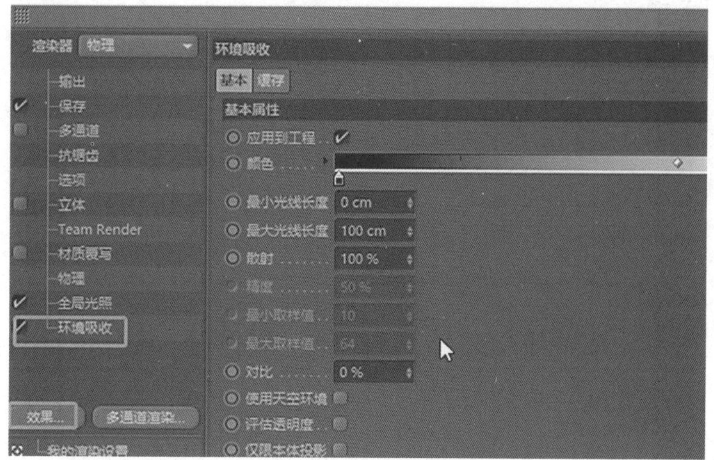


图 7-2-52　添加“环境吸收”

图 7-2-53　钢琴材质最终效果

图 7-2-54　钢琴最终渲染图

## 任务7.3

# 台灯

## ——光效亮度环境调解亮点

### 教学重点

- **台灯——光效亮度环境调解亮点。**

### 教学难点

- **如何调整台灯的光效亮度环境调解亮点。**

### 任务分析

#### 01. 任务目标

台灯——光效亮度环境调解亮点。

#### 02. 实施思路

通过视频学习调整台灯的光效亮度。

### 任务实施

#### 01. 台灯——光效亮度环境调解亮点

1. 打开准备好的工程，进入到正视图，按 Shift+v 键进入视图设置。选择背景，将需要建的台灯图片拖曳到图像中，调整水平偏移，让台灯的对称轴对准视图的 Y 轴，如图 7-3-1 至图 7-3-3 所示。

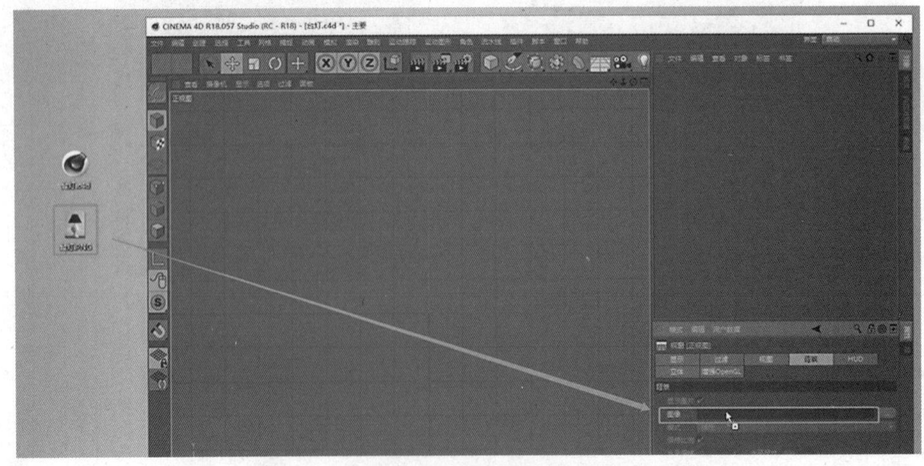

图 7-3-1　将需要建的台灯图片拖曳到图像中

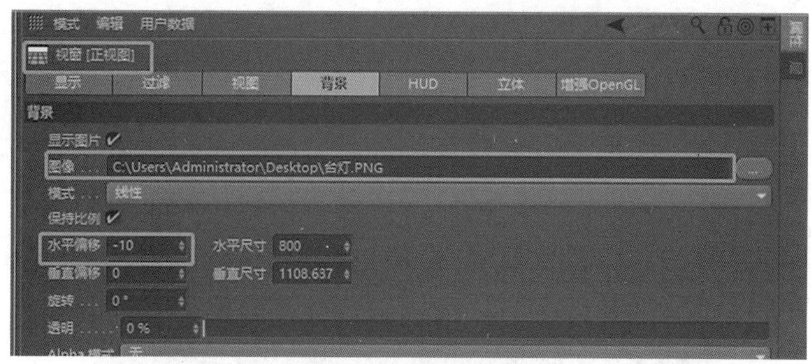


图 7-3-2 调整水平偏移

图 7-3-3 台灯的对称轴对准视图的 Y 轴

2. 使用画笔工具，将一半的轮廓勾勒出来，按住 Shift 键可单独控制手柄，按空格键结束，再微调一下，如图 7-3-4 至图 7-3-5 所示。

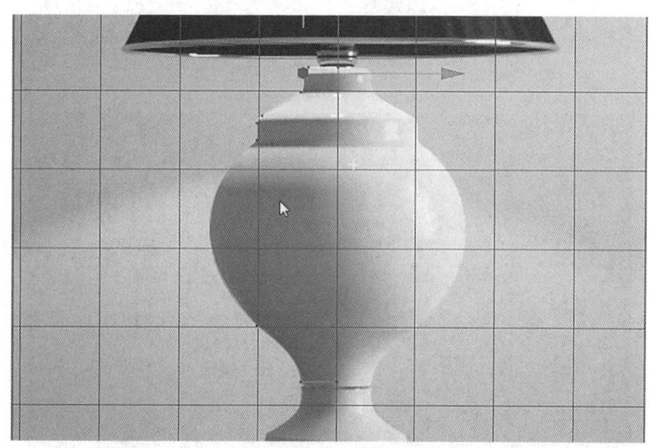

图 7-3-4 使用画笔工具，勾勒出一半的轮廓

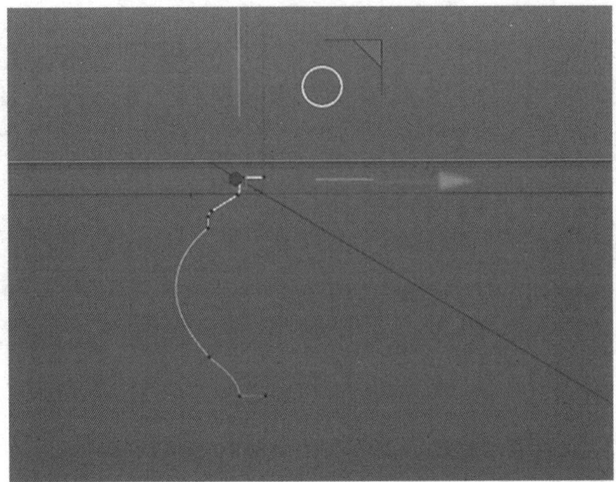

图 7-3-5　微调一下

3. 按住鼠标中键返回透视图，添加旋转生成器，作为线条的父级，提高旋转的细分数，如图 7-3-6 至图 7-3-8 所示。

图 7-3-6　添加旋转生成器

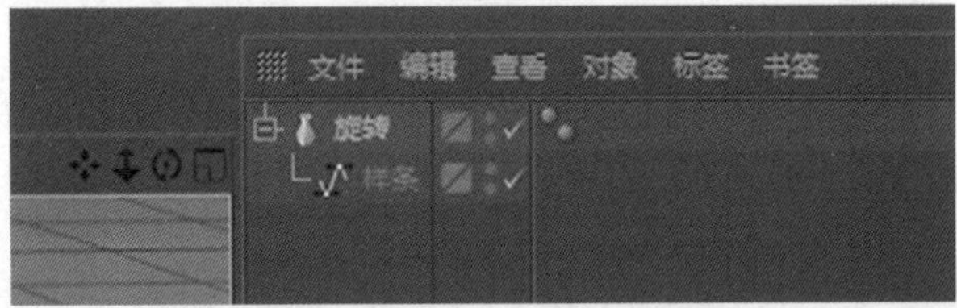


图 7-3-7　旋转作为线条的父级

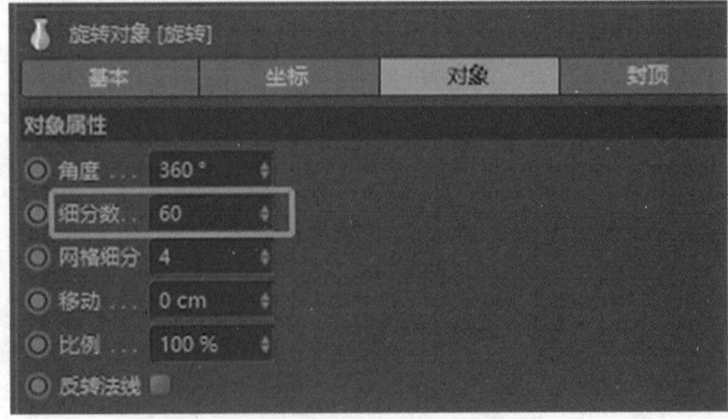


图 7-3-8　提高旋转的细分数

4. 继续画接下来的轮廓，因为图片是有透视的，所以不必画得跟图片一模一样，画完后按鼠标中键返回透视图，同样添加旋转作为父级，如图 7-3-9 至图 7-3-11 所示。

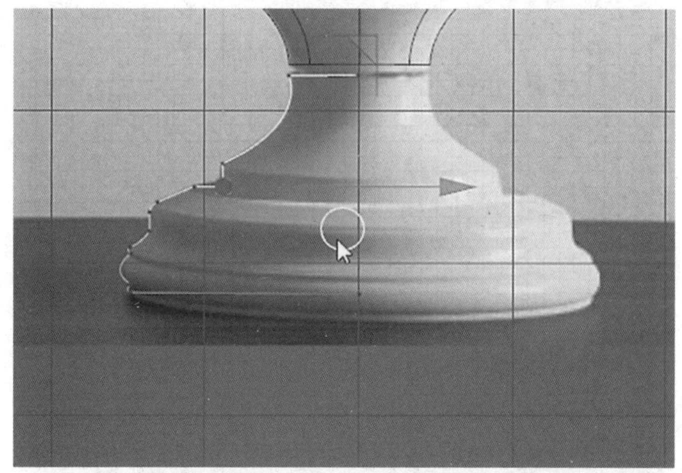

图 7-3-9　不必画出透视

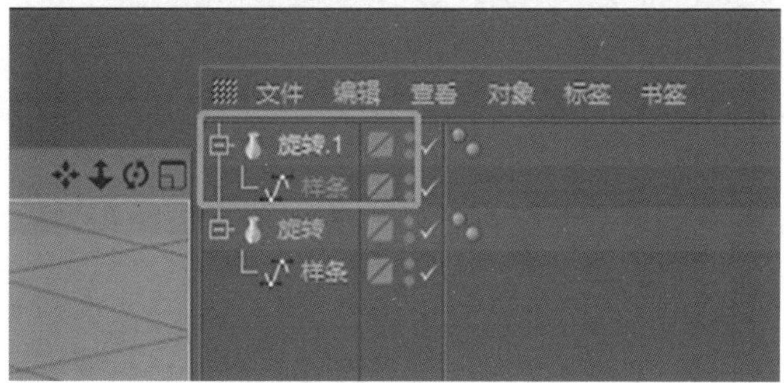


图 7-3-10　添加旋转作为父级

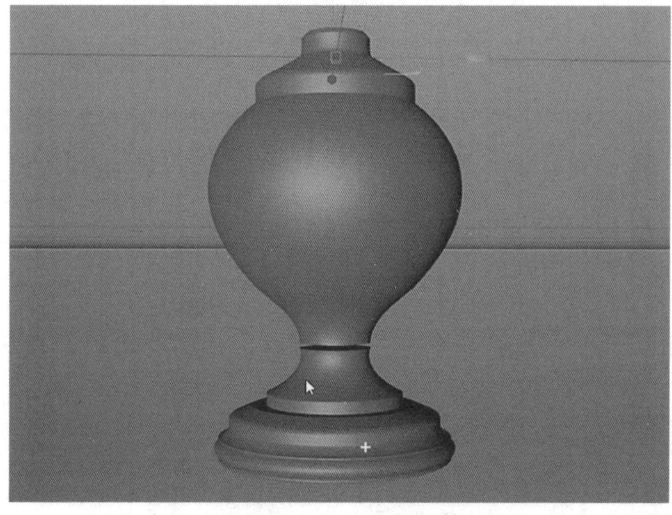

图 7-3-11　灯座完成

5. 重复上面的操作，画台灯的顶部，画完同样加旋转生成器，如图 7-3-12、图 7-3-13 所示。

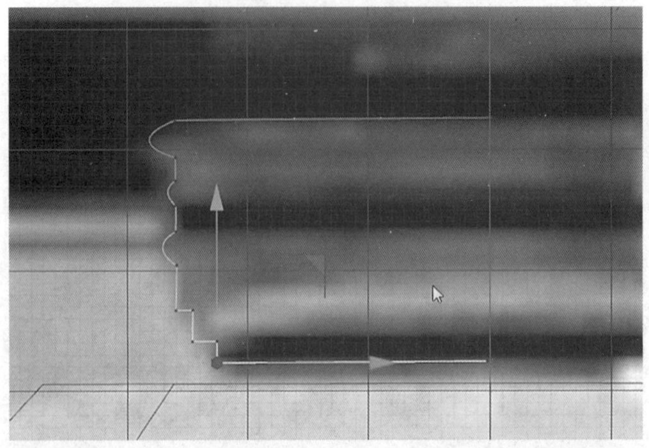

图 7-3-12　使用画笔工具，勾勒出一半的台灯顶部的轮廓

图 7-3-13　画完同样加旋转生成器

6. 台灯相连的地方与台灯上面放灯泡的地方，可通过调整简单的圆柱体参数来做；然后再复制一个，这样台灯的下半部分就完成了，如图 7-3-14、图 7-3-15 所示。

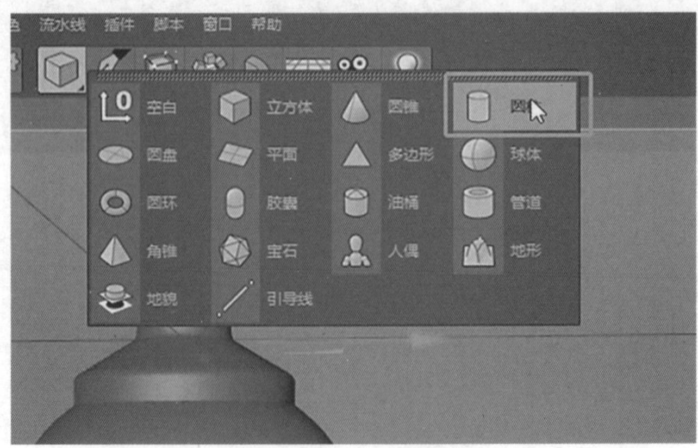


图 7-3-14　使用圆柱

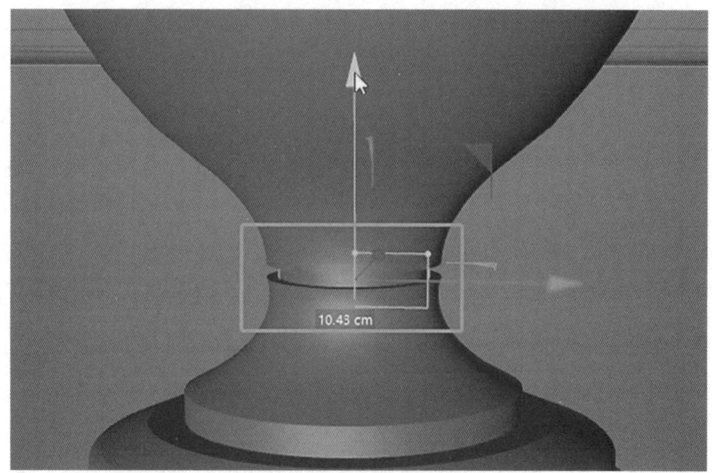


图 7-3-15　调节参数

7. 灯罩也可用线条旋转来做，这里介绍另一种方法，创建一个圆环样条，调整好平面、大小跟位置，再复制一个圆环样条，跟下方的灯罩对齐并缩小，添加放样效果器，将两个样条拖曳进去当子级，如图 7-3-16 图 7-3-21 所示。

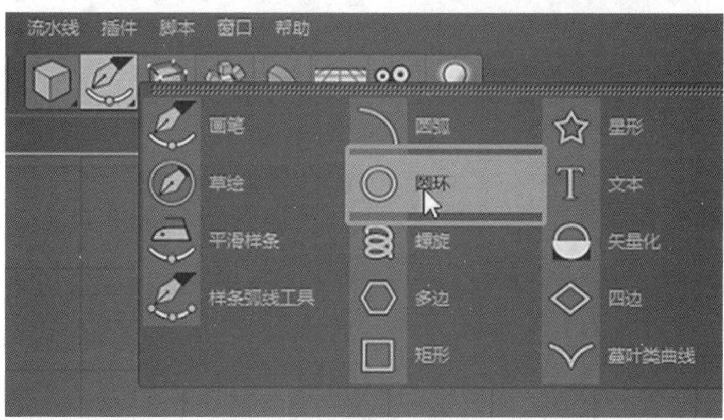


图 7-3-16　创建圆环样条

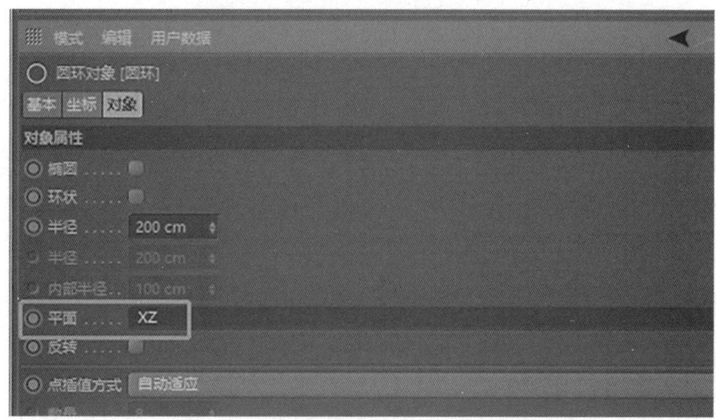


图 7-3-17　调节平面、大小跟位置

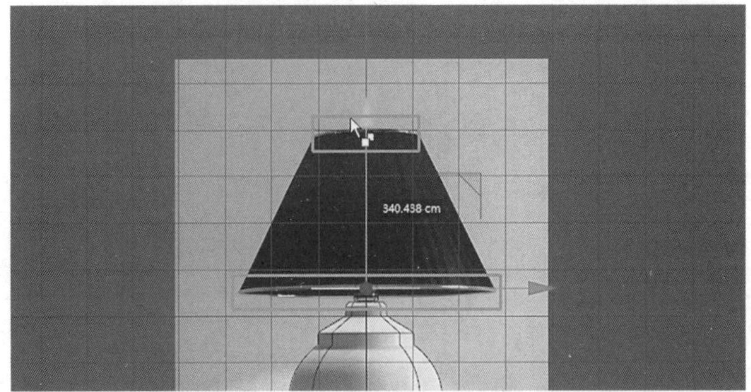

图 7-3-18　再复制一个圆环样条，跟下方的灯罩对齐并缩小

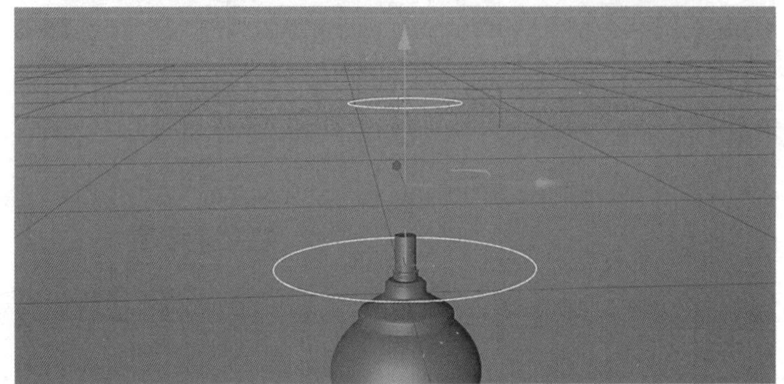
图 7-3-19　隐藏台灯图片

图 7-3-20　添加放样效果器

图 7-3-21　将两个样条拖曳进去当子级

8. 关掉放样中封顶的上下封顶，提高放样的网孔细分，控制两个圆环的距离跟半径，就可以调整模型了，如图 7-3-22、图 7-3-23 所示。

图 7-3-22　关掉放样中封顶的上下封顶

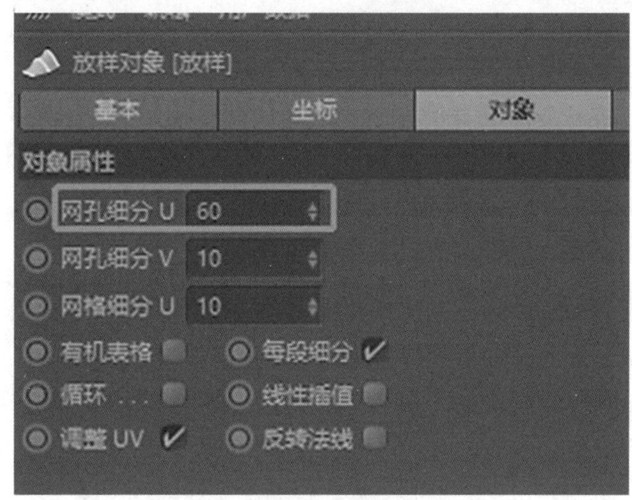


图 7-3-23　提高放样的网孔细分

9. 再创建个圆环，调整导管半径，进入正视图对好位置跟大小，再复制一个，放到上方。两个都提高圆管分段，一个灯罩就制作完成了，如图 7-3-24 至图 7-3-28 所示。

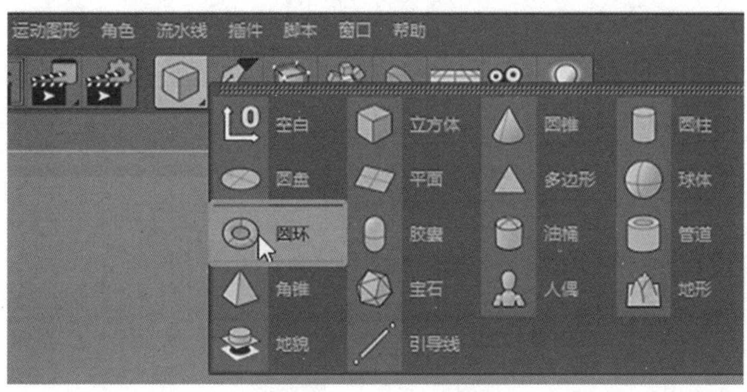


图 7-3-24　创建圆环

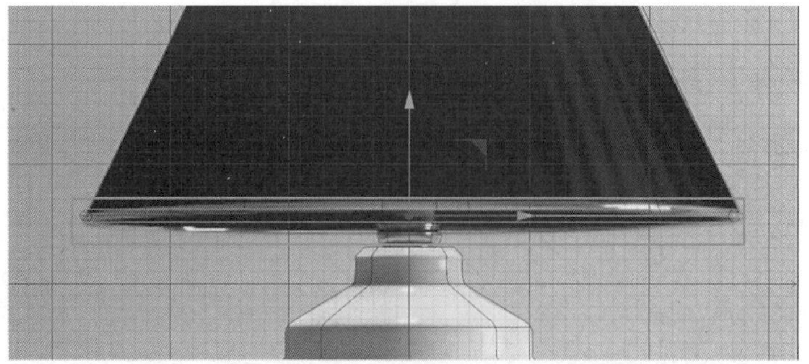

图 7-3-25　对好下边位置跟大小

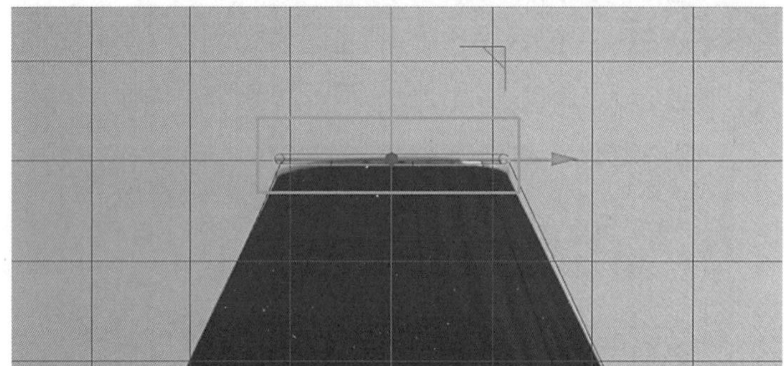

图 7-3-26　再复制一个，放到上方

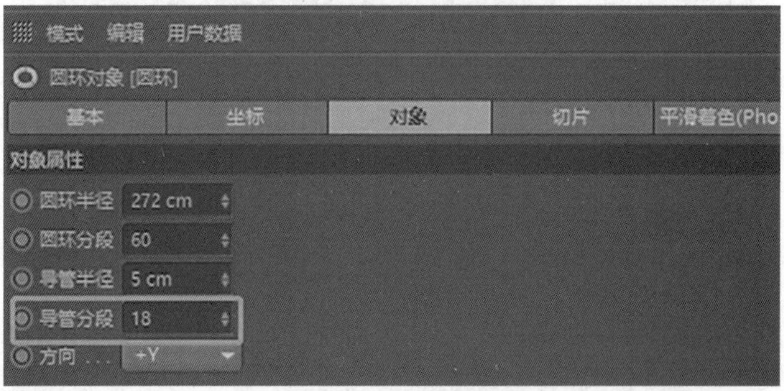

模式　编辑　用户数据
圆环对象 [圆环]
基本　坐标　对象　切片　平滑着色(Pho
对象属性
圆环半径　272 cm
圆环分段　60
导管半径　5 cm
导管分段　18
方向 . . .　+Y

图 7-3-27　两个都提高圆管分段

图 7-3-28　灯罩完成

10. 在建模过程中，会经常遇到细分或者分段的问题。细分越多，整个场景信息就越复杂。可在对象框里找到工程信息，查看当前场景的信息，这些数值越大，意味着后期渲染会越慢，所以在调细分的时候，不是一味地拉近模型看，然后将细分调到很大，而是要根据这个模型在场景中的位置，如果不是特写，就没必要将细分调到很大，只要在整个场景中，看不出来细分不够就行，如图 7-3-29、图 7-3-30 所示。

图 7-3-29 点开对象中的工程信息

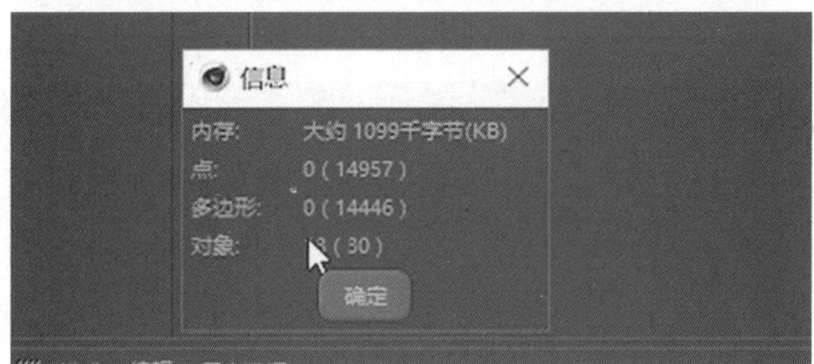


图 7-3-30 查看当前场景的信息

11. 创建一个点光源，放在灯罩中，打开区域投影，将灯光颜色调成暖黄色，就相当于一个灯泡了，如图 7-3-31、图 7-3-32 所示。

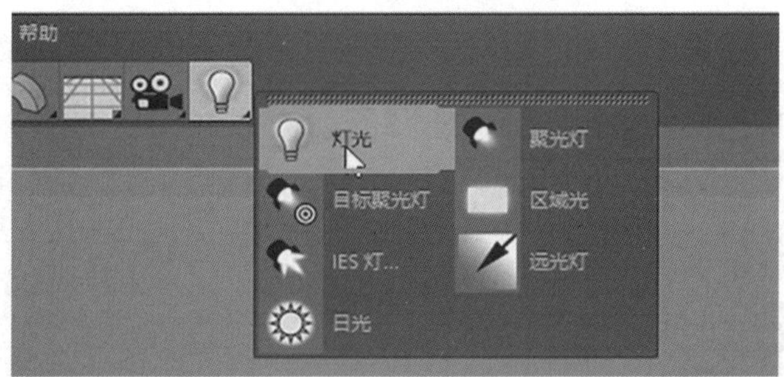


图 7-3-31 创建光源，选择“灯光”

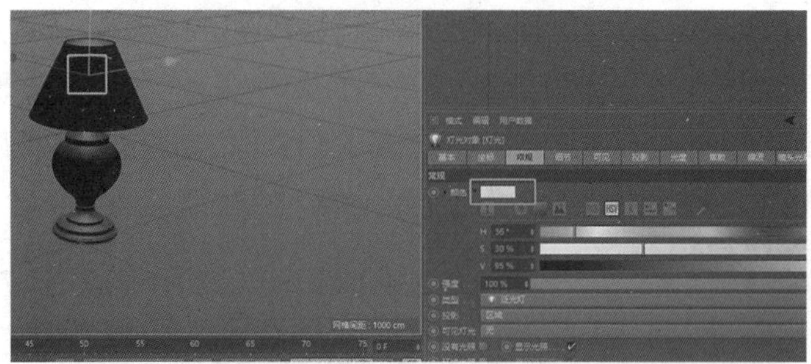

图 7-3-32　打开区域投影，将灯光颜色调成暖黄色

12. 再创建一个平面来当墙壁，一个方体来当桌子，摆好位置并渲染观看，会发现灯罩部分，因为不透光的关系，显得很黑，这里就需要给灯罩加个材质，使它透光，如图 7-3-33 至图 7-3-35 所示。

图 7-3-33　创建一个平面来当墙壁

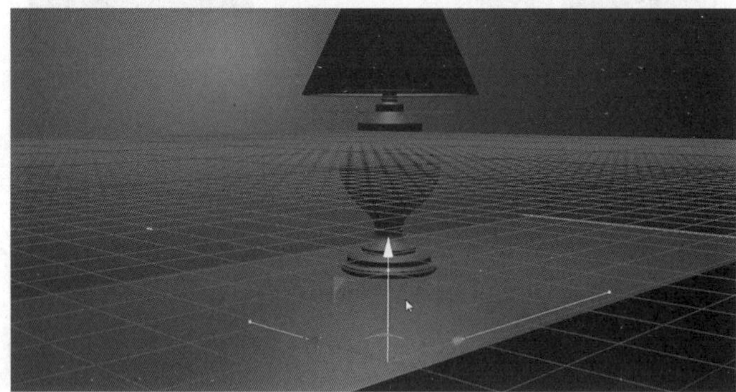

图 7-3-34　创建一个方体来当桌子

图 7-3-35　因为灯罩不透光的关系，显得很黑

13. 创建新材质，在材质编辑器中关闭反射，打开发光通道。在纹理中添加效果“背光”，进入背光，将颜色调成暖黄，光照可调整材质的透光度，材质创建完成后，将材质贴给灯罩，渲染观看，就可得到比较真实的台灯照明效果了，如图 7-3-36 至图 7-3-39 所示。

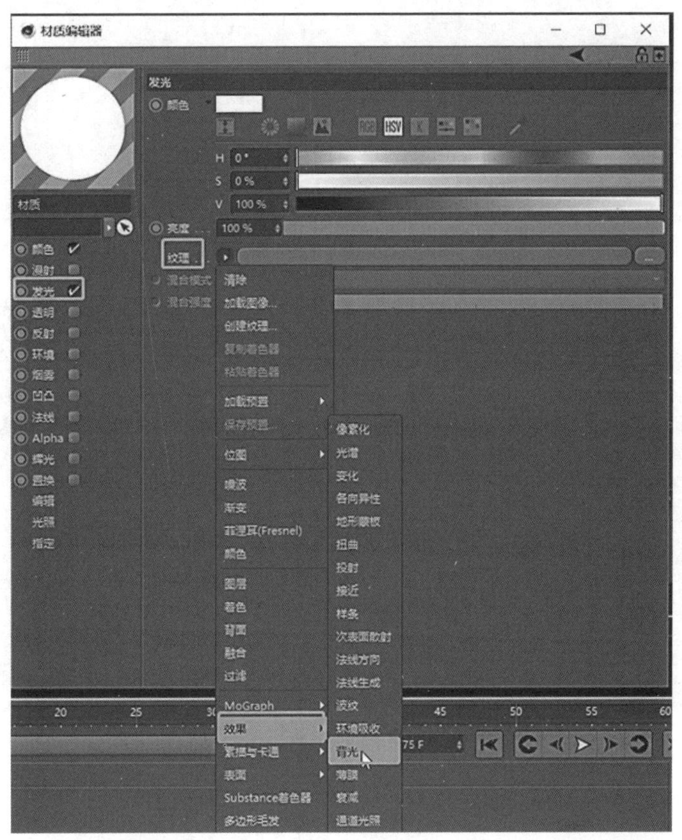

图 7-3-36　创建新材质，关闭反射，打开发光通道在纹理中添加背光效果

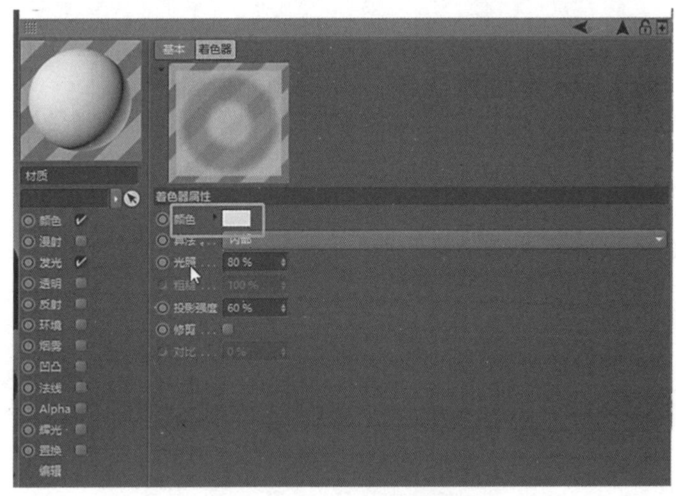

图 7-3-37　颜色调成暖黄

图 7-3-38　台灯完成

图 7-3-39　台灯最终渲染图

任务 7.4

# 弓箭斧

## ——物理渲染设置和渲染调色写实、美观

### 教学重点

- **弓箭斧——物理渲染设置和渲染调色写实、美观。**

### 教学难点

- **如何制作弓箭斧以及调整弓箭斧物理渲染设置和渲染调色写实、美观。**

### 任务分析

**01. 任务目标**

弓箭斧——物理渲染设置和渲染调色写实、美观。

**02. 实施思路**

通过视频熟悉制作弓箭斧以及调整弓箭斧物理渲染设置和渲染调色写实、美观。

### 任务实施

**01. 斧的建模**

1. 首先学习制作斧头建模，斧头手柄用立方体打基础，调整好立方体的基本形状后转成多边形，如图 7-4-1 至图 7-4-3 所示。

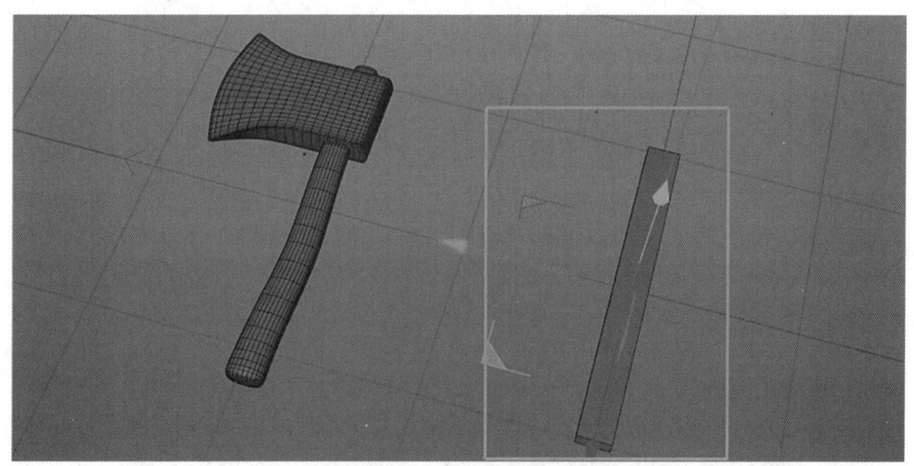

图 7-4-1　建一个立方体

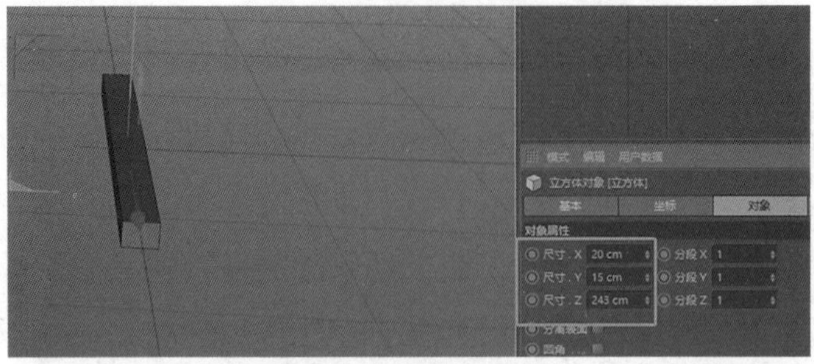


图 7-4-2　调整立方体尺寸

图 7-4-3　转换成可编辑多边形

2. 切换到点模式，先调整手柄头尾的整体比例，K~L 加线，移动调整线条，如图 7-4-4 至图 7-4-7 所示。

图 7-4-4　点模式

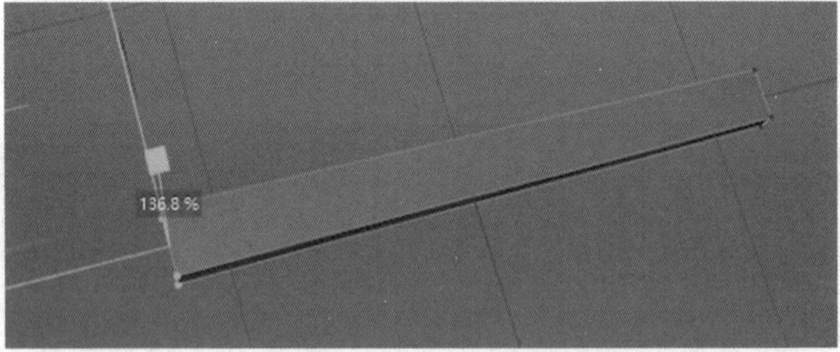


图 7-4-5　调整比例

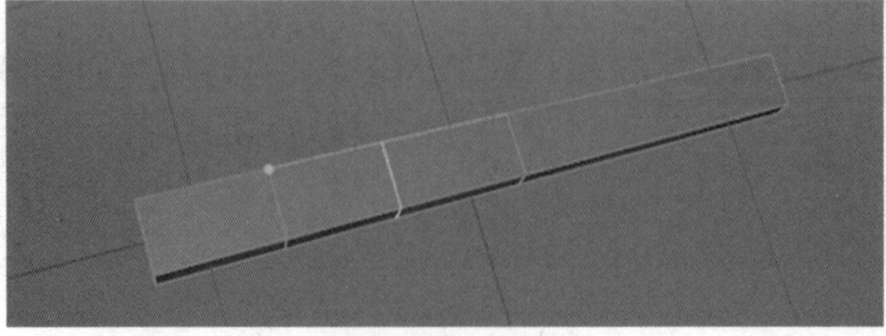

图 7-4-6　加线

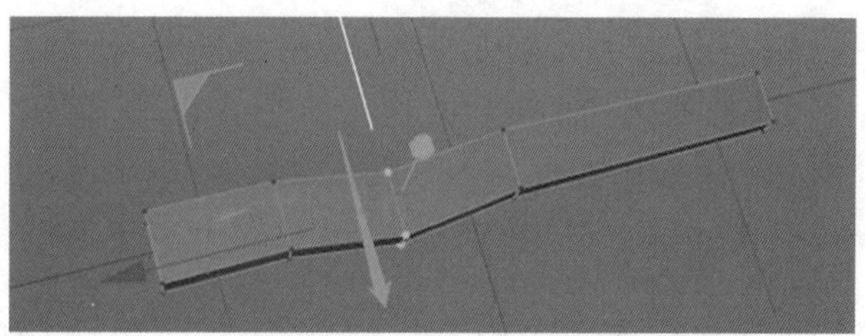

图 7-4-7 调整线条

3. 给手柄添加细分曲面，在手柄头尾边缘处切刀加线，如图 7-4-8 至图 7-4-9 所示。

图 7-4-8 细分曲面

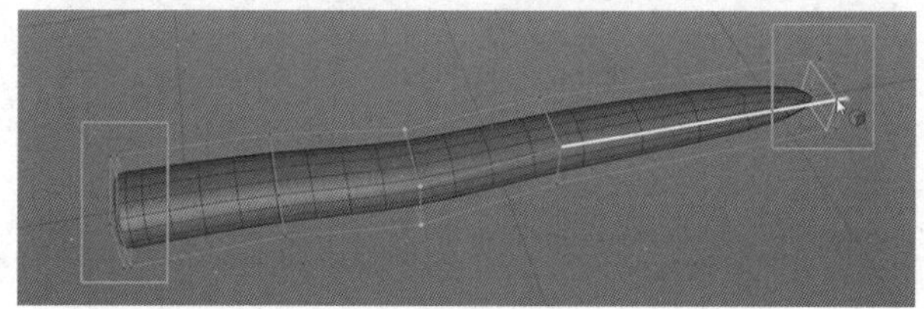

图 7-4-9 切刀加线

4. 再创建一个立方体制作斧头，调整基本形状后转为多边形对象，如图 7-4-10、图 7-4-11 所示。

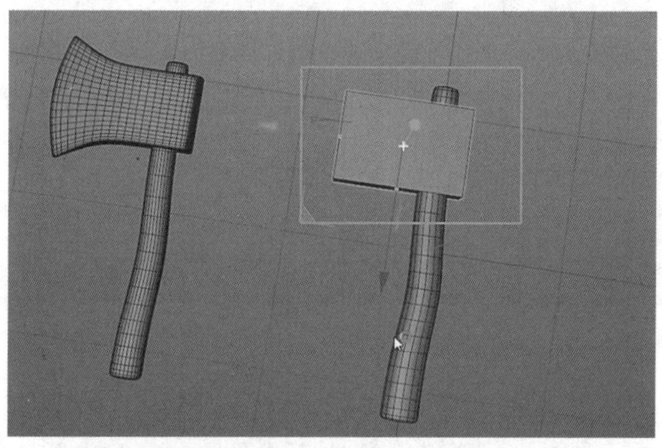

图 7-4-10 再建一个立方体

图 7-4-11 转换成可编辑多边形

5. K~L 加线（按住 Shift 键可开启临时启动捕捉，加线更方便），然后对点进行微调，如图 7-4-12 至图 7-4-18 所示。

图 7-4-12　加线

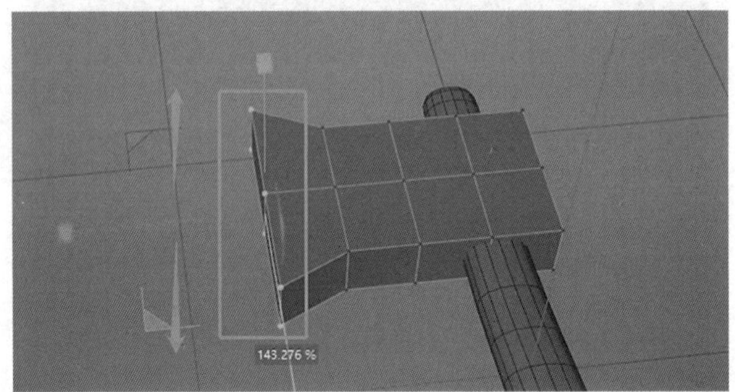


图 7-4-13　调整斧头刃的宽度

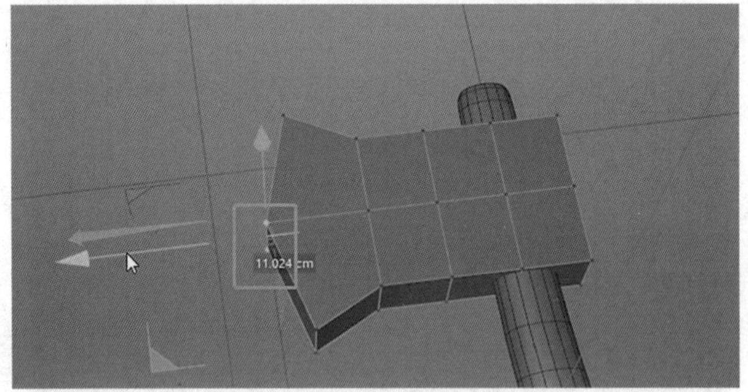


图 7-4-14　调整斧头刃的弧度

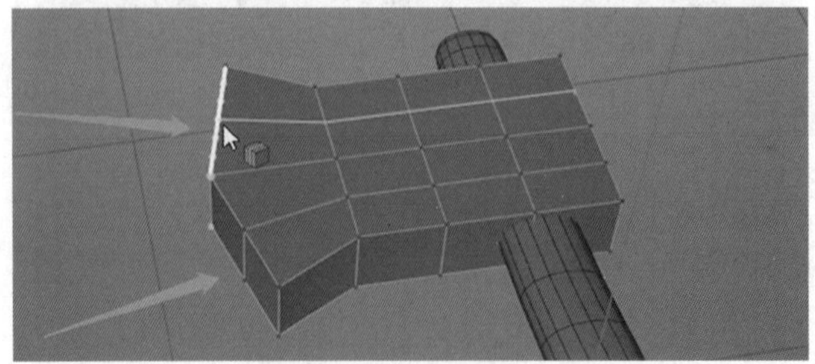

图 7-4-15　细化弧度

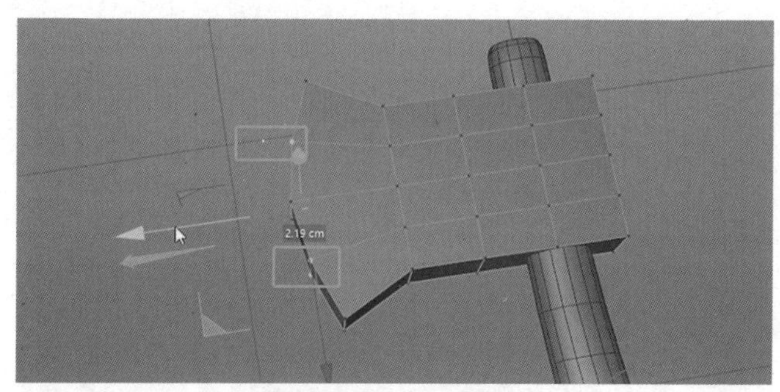

图 7-4-16　微调

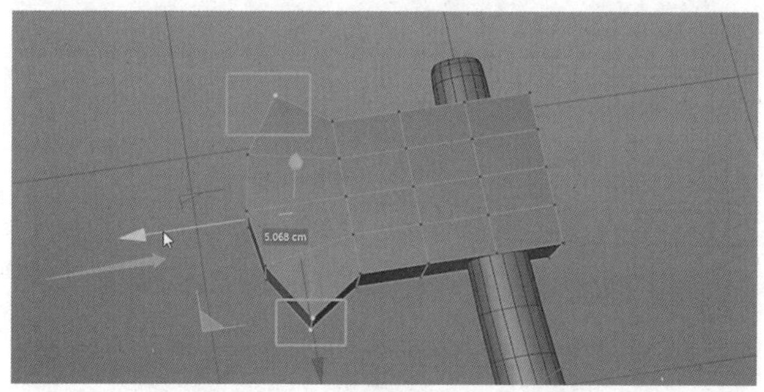

图 7-4-17　调整斧头刃的头尾

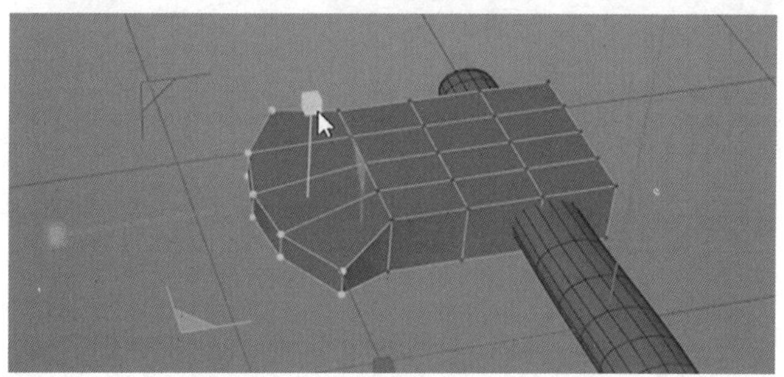
图 7-4-18　点模式压扁斧头刃

6. 给斧头添加细分曲面，在斧头的边缘处切刀加线，继续对点进行微调，斧头就制作完成了，如图 7-4-19、图 7-4-20 所示。

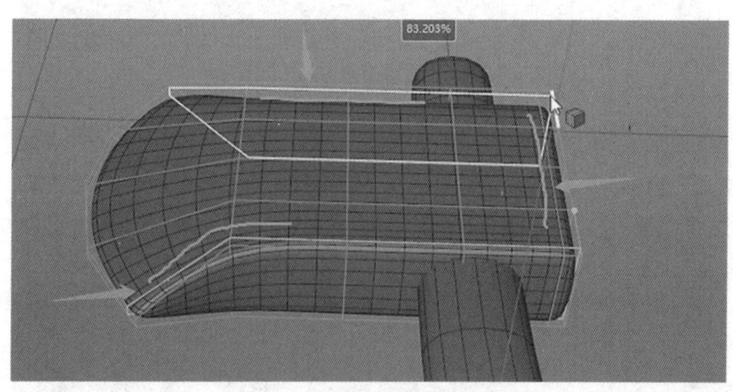

图 7-4-19　添加细分曲面

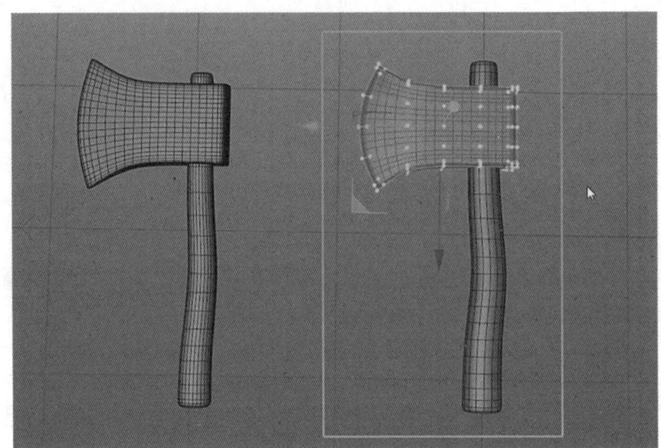

图 7-4-20　完成

## 02. 箭的建模

1. 制作箭的建模，首先新建圆柱对象，调整圆柱尺寸，建模时分段数也相应减少，修改圆角封顶，添加细分曲面，如图 7-4-21 图 7-4-24 所示。

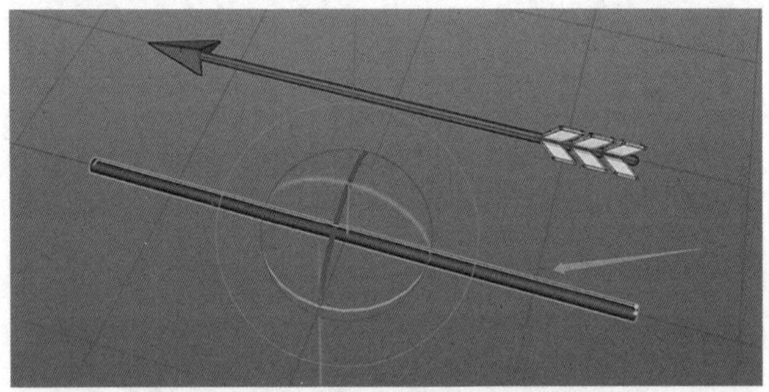

图 7-4-21　新建一根圆柱体

图 7-4-22　调整旋转分段数

图 7-4-23　调整封顶

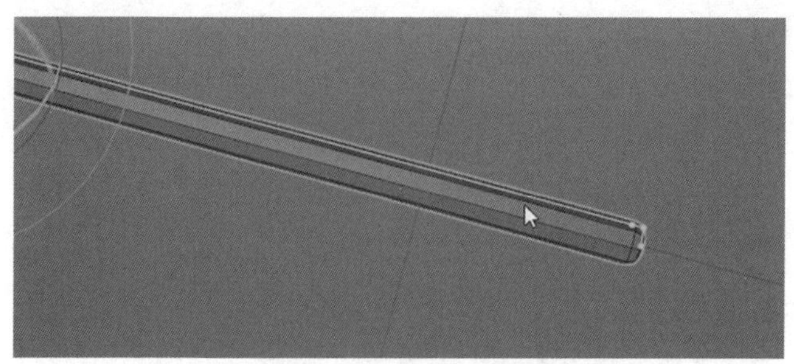

图 7-4-24　添加细分曲面

2. 箭羽部分用立方体对象打基础，新建立方体，调整基本形状后转成多边形，对点进行调整，如图 7-4-25、图 7-4-26 所示。

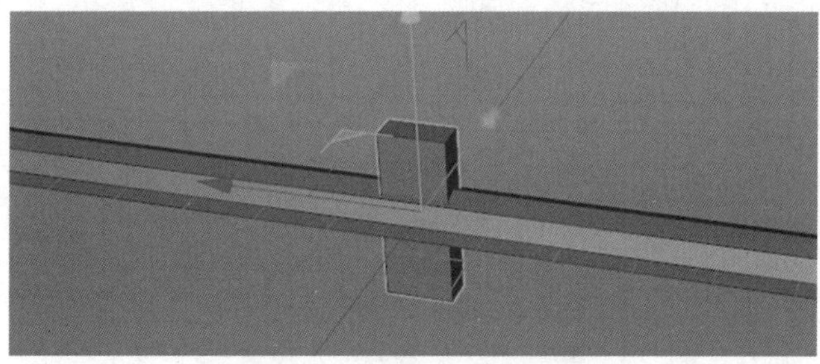

图 7-4-25　新建立方体

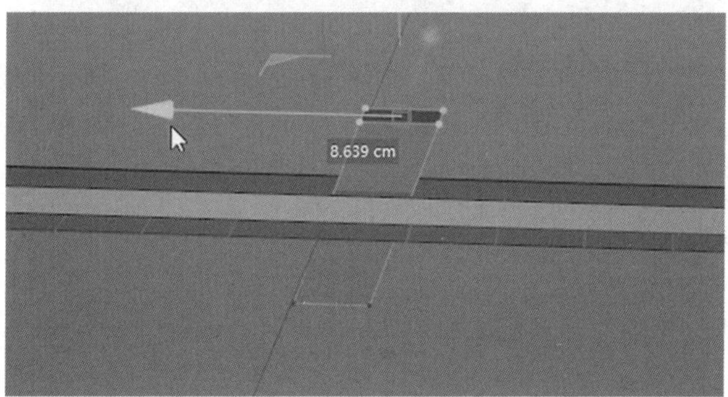


图 7-4-26　调整形状

3. 添加克隆，调整克隆的数量与半径参数，如图 7-4-27、图 7-4-28 所示。

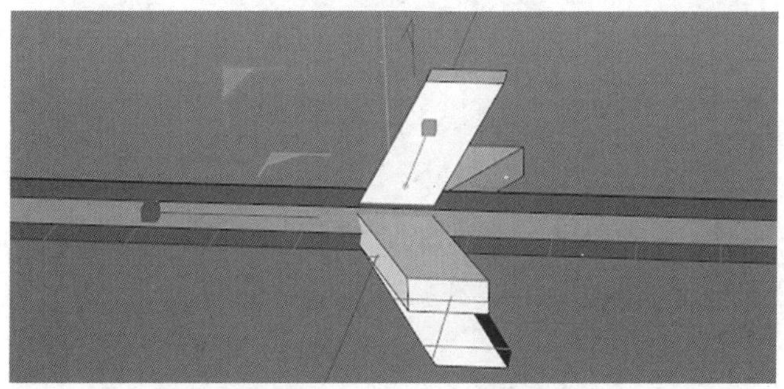

图 7-4-27　添加克隆

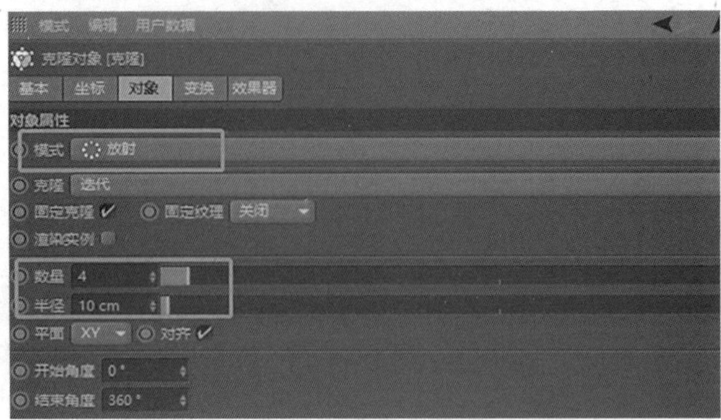


图 7-4-28 调整克隆的数量与半径参数

4. 再次添加克隆，调整克隆模式为“线性”，修改克隆数量、克隆位置，如图 7-4-29 至图 7-4-31 所示。

图 7-4-29 再次添加克隆

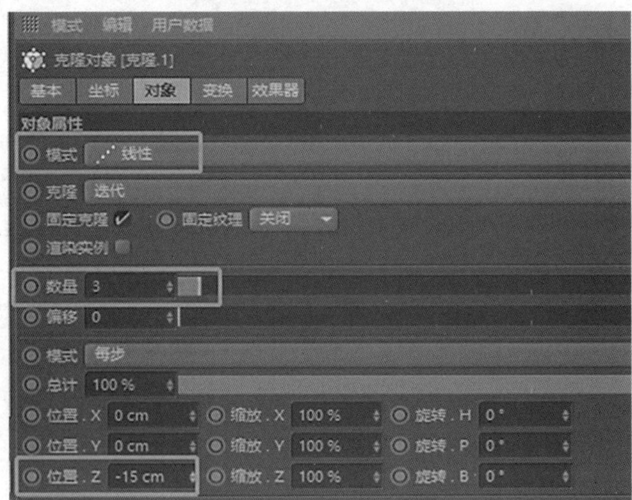


图 7-4-30 调整克隆

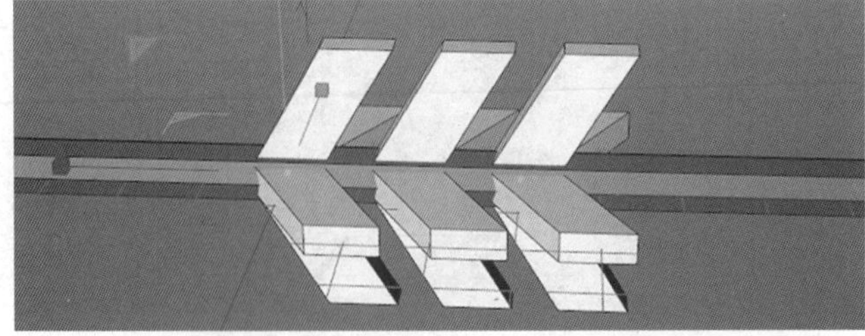

图 7-4-31 调整完成的效果

5. 克隆调整完成后，暂时关闭克隆和细分曲面效果，对多边形边缘切线，使得边缘硬一点，和 (Alt+G) 圆柱编组在一起，放在细分曲面作为子级，再开启克隆和细分曲面效果，如图 7-4-32 至图 7-4-34 所示。

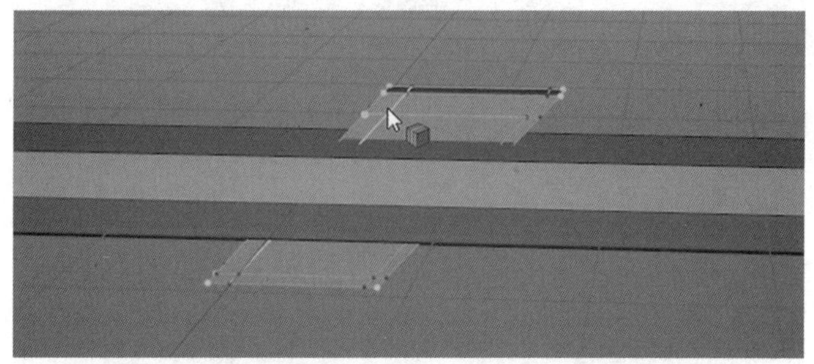

图 7-4-32　关闭克隆和细分曲面效果，对多边形边缘切线

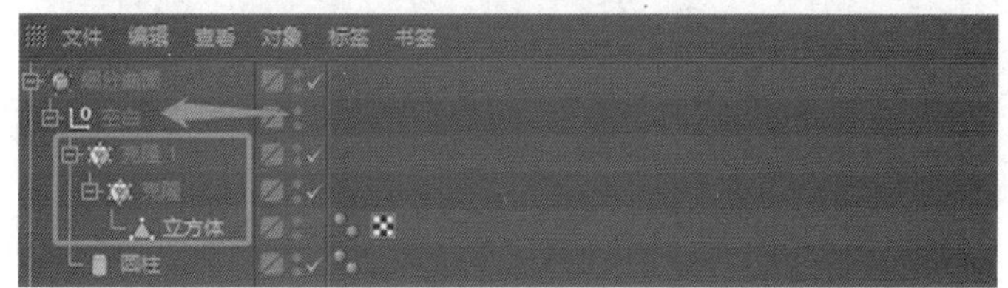


图 7-4-33　和圆柱编组在一起，放在细分曲面作为子级

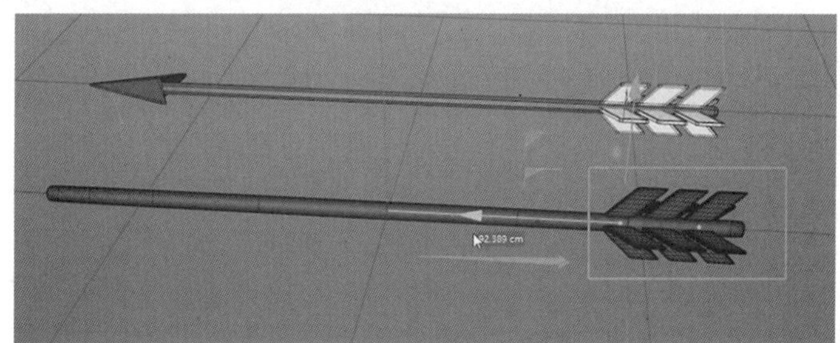

图 7-4-34　开启克隆和细分曲面效果

6. 箭头部分用立方体打基础，调整立方体基本形状后转为多边形对象，按住 Shift 键在中间加线，如图 7-4-35 所示。

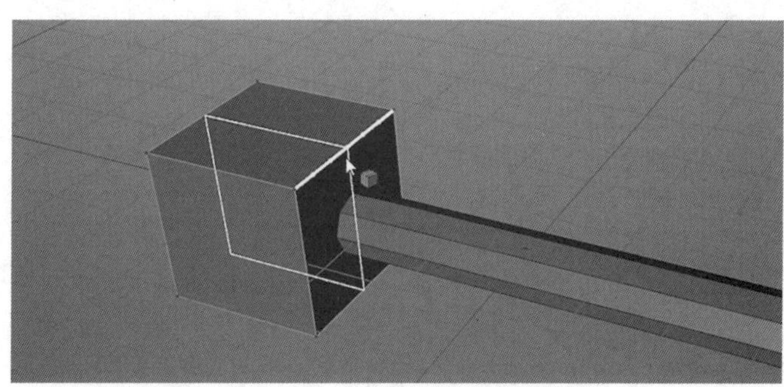

图 7-4-35　新建立方体

7. 调整箭头的点，添加细分曲面，如图 7-4-36 至图 7-4-41 所示。

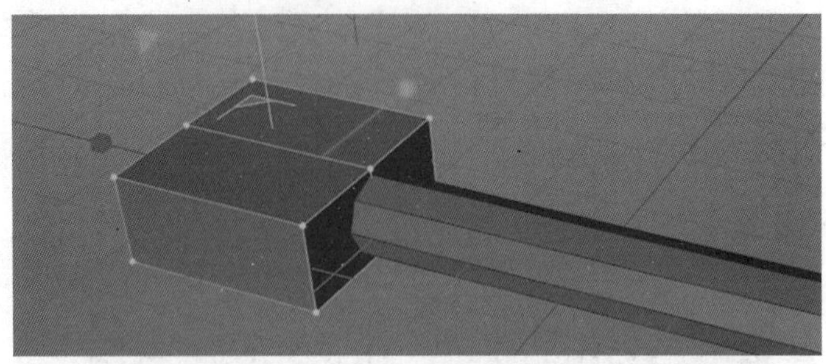

图 7-4-36　调整箭头的点

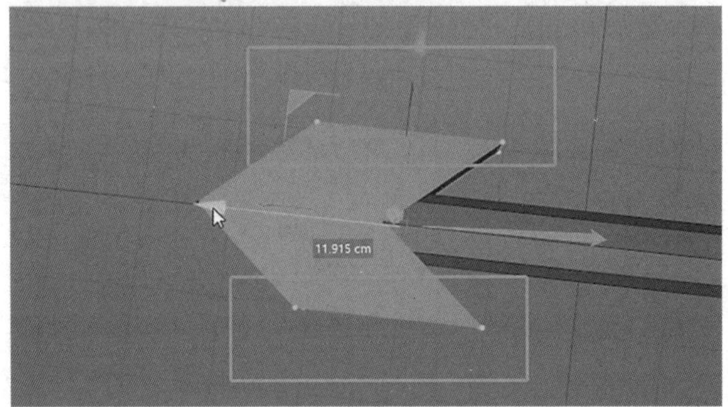


图 7-4-37　做出箭头的尖

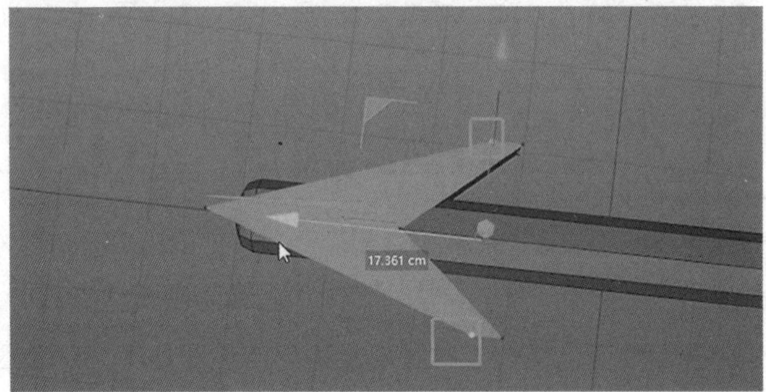


图 7-4-38　做出箭头的基本形状

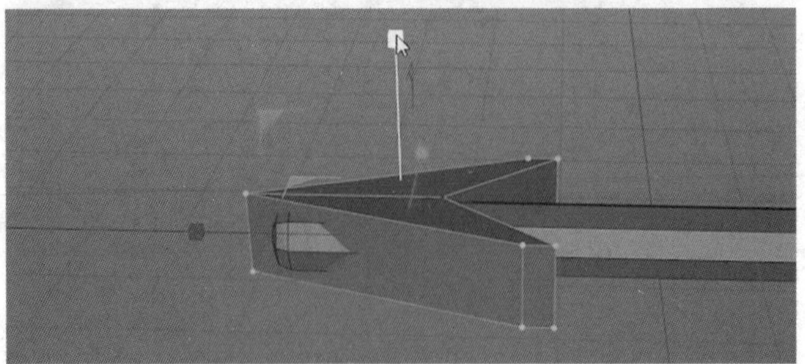

图 7-4-39　选中箭头刃的点

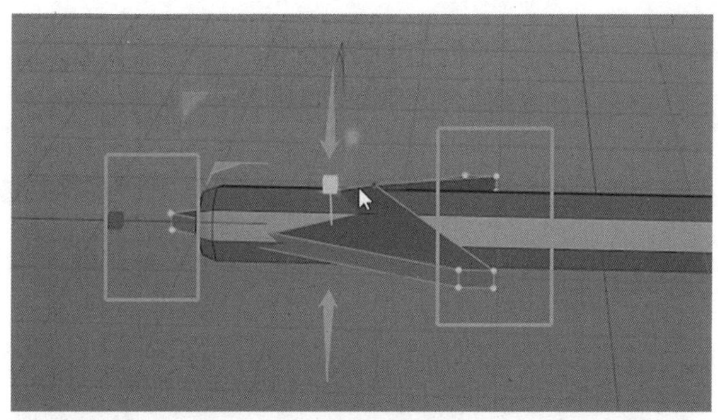
图 7-4-40　压扁

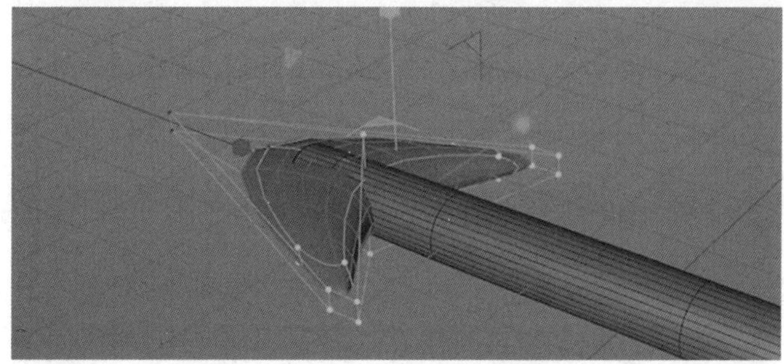
图 7-4-41　添加细分曲面

8. 同样地在边缘加线，可用循环选择线的快捷方式，在线模式下使用移动工具，双击线条就会选中循环线，除了切刀能加线外，还可利用倒角加线，如图 7-4-42 至图 7-4-45 所示。

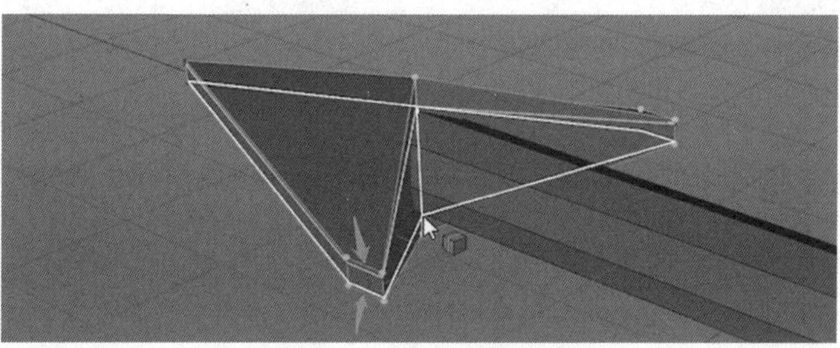
图 7-4-42　边缘加线

图 7-4-43　选中循环线

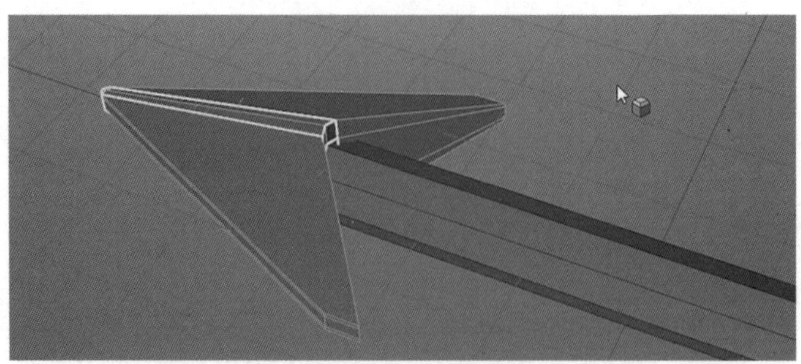

图 7-4-44　倒角加线

图 7-4-45　完成效果

### 03. 弓的建模

1. 制作弓模型时，可把弓看成对称的结构，新建立方体对象，给立方体对象加个对称父级，调整形状后转成多边形，如图 7-4-46 至图 7-4-48 所示。

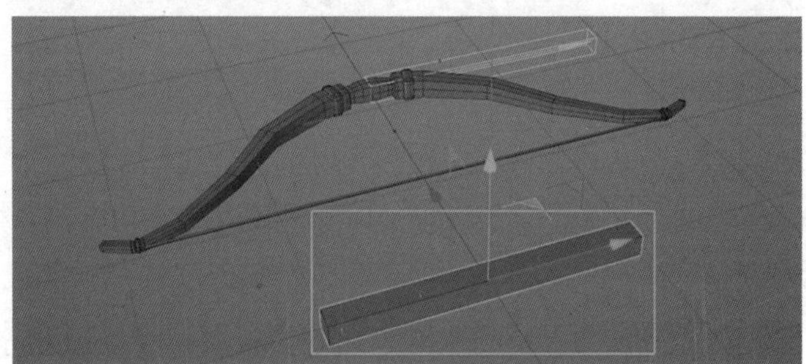

图 7-4-46　新建立方体

图 7-4-47　加对称父级

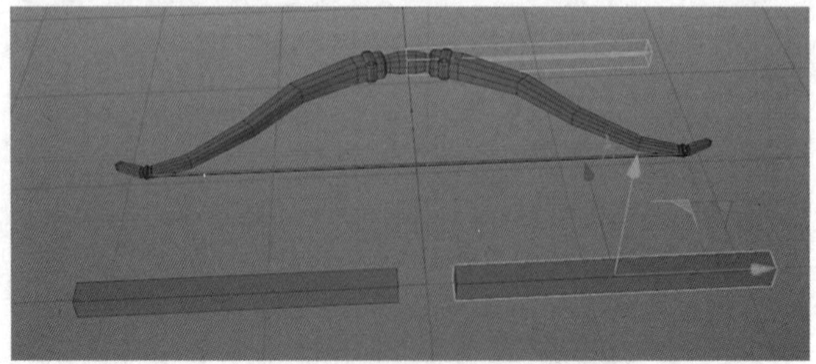

图 7-4-48　调整形状后转成多边形

2.K~L 加线，制作弓整体走向的缩放，如图 7-4-49、图 7-4-50 所示。

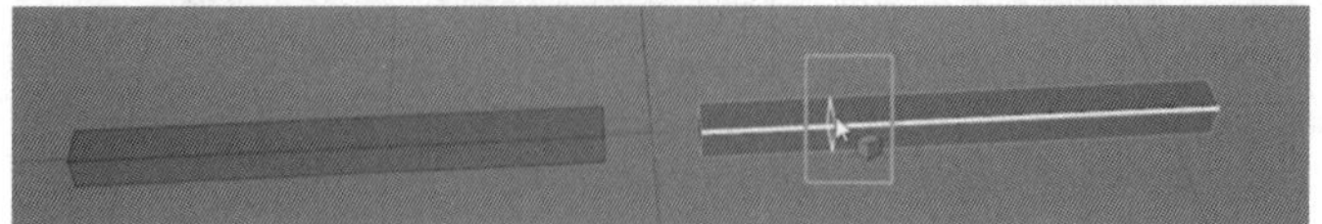

图 7-4-49　加线

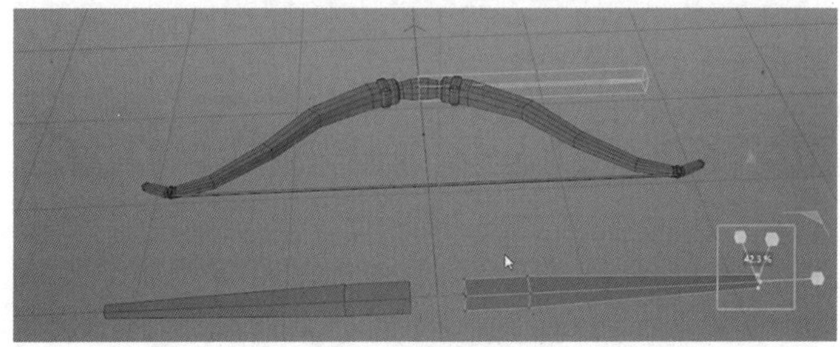

图 7-4-50　调整弓片

3. 弓的中间部分可通过挤压和调整点来制作，包括内部挤压、挤压、调整点位置、放大等一系列操作，如图 7-4-51 至图 7-4-56 所示。

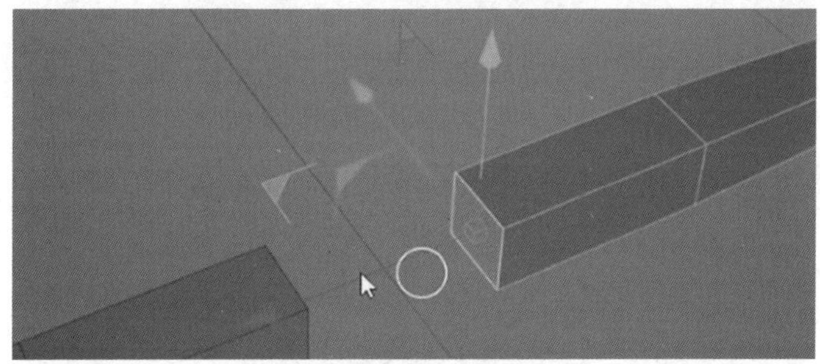

图 7-4-51　选择面

图 7-4-52　挤压

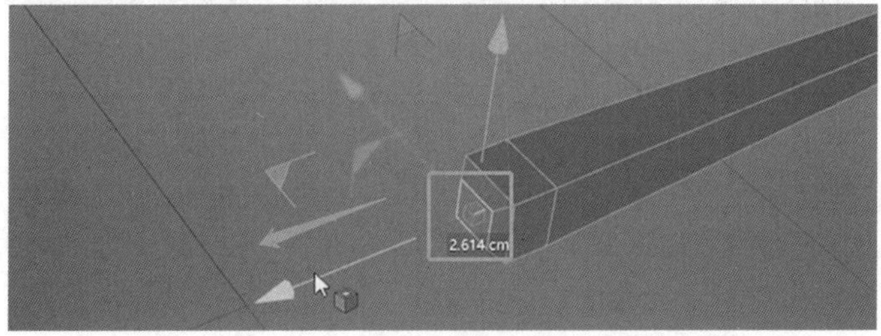


图 7-4-53　调整位置

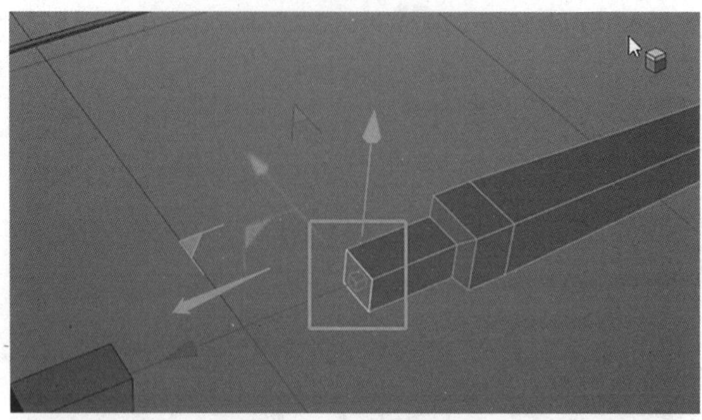
图 7-4-54　拉出

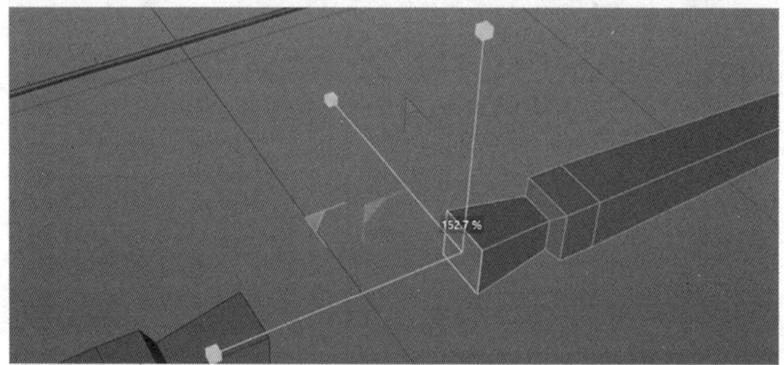
图 7-4-55　放大

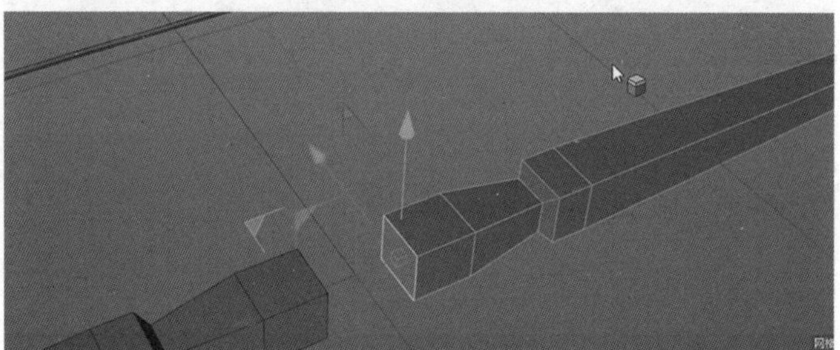
图 7-4-56　再拉出

4. 移动模型靠在一起，调整对称的公差可让两点距离较近时会自动焊接在一起，将对称的公差调整为“0.5 cm”，如图 7-4-57、图 7-4-58 所示。

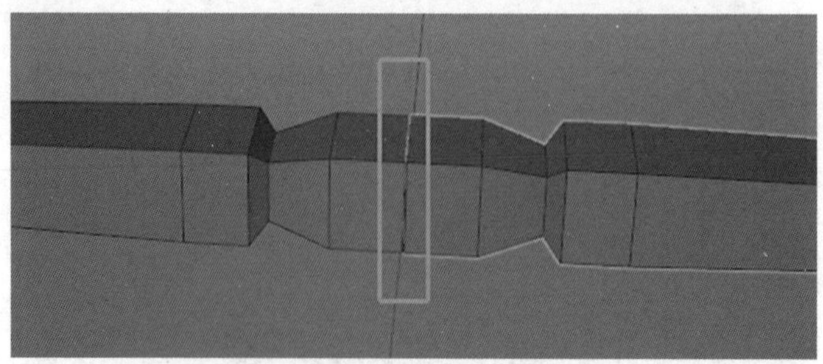
图 7-4-57　移动模型靠在一起

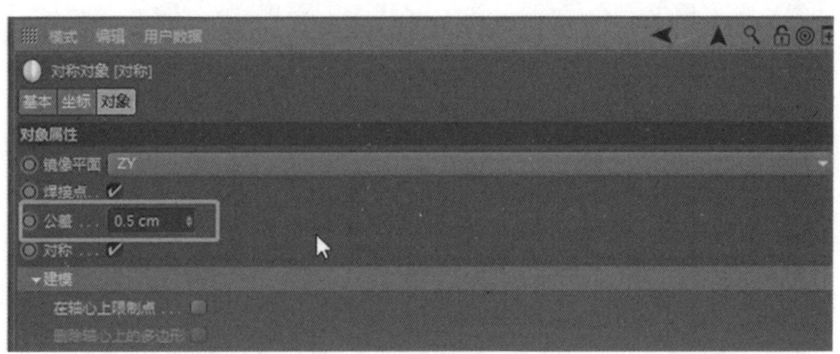


图 7-4-58　调整公差

5. 为建模对象加线，调点放大撑开，如图 7-4-59 至图 7-4-62 所示。

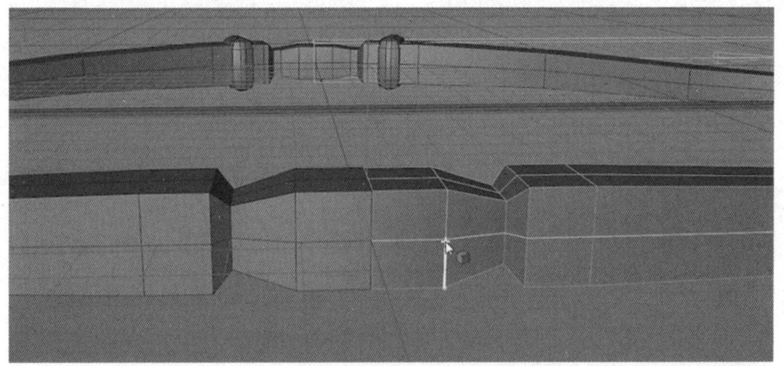

图 7-4-59　加线

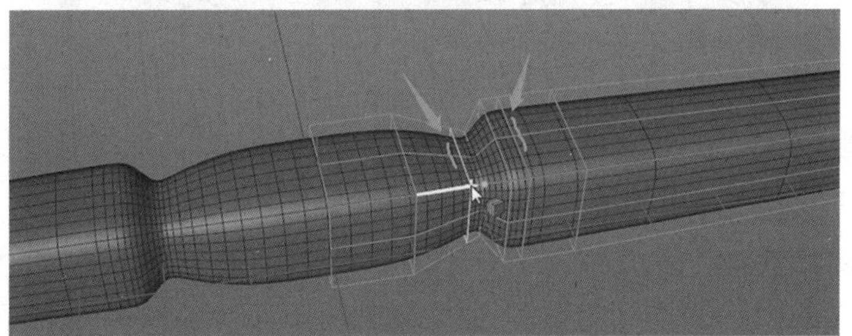

图 7-4-60　添加细分曲面

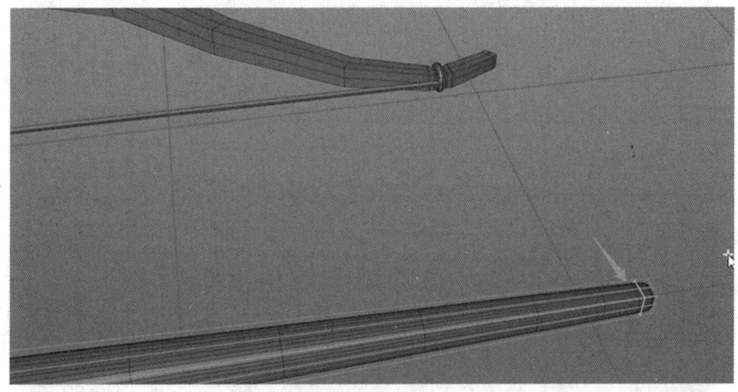

图 7-4-61　加线

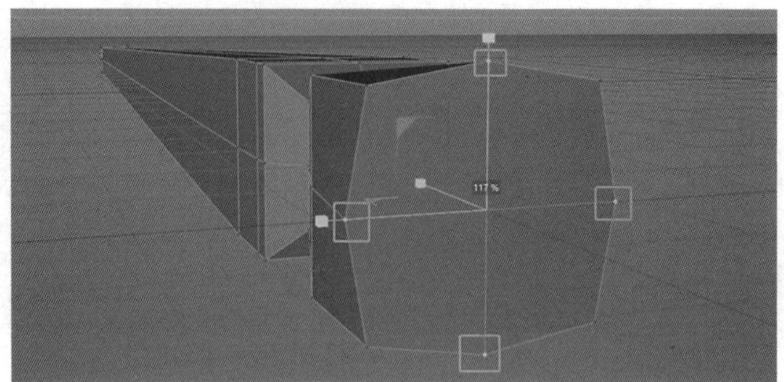


图 7-4-62　调点放大撑开

6. 使用样条约束制作弓的弯曲幅度，在顶视图绘制样条曲线，如图 7-4-63 至图 7-4-66 所示。

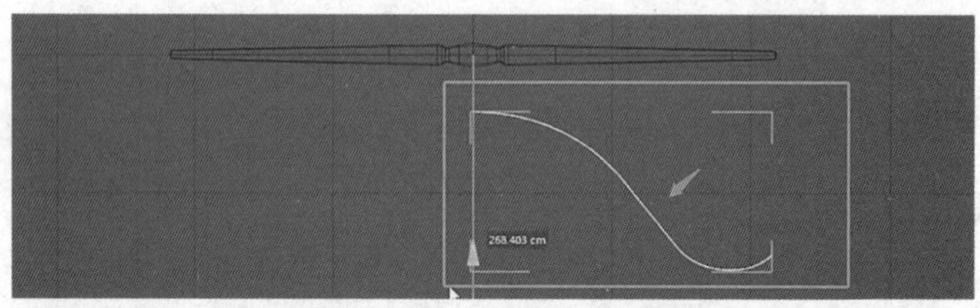


图 7-4-63　顶视图绘制样条

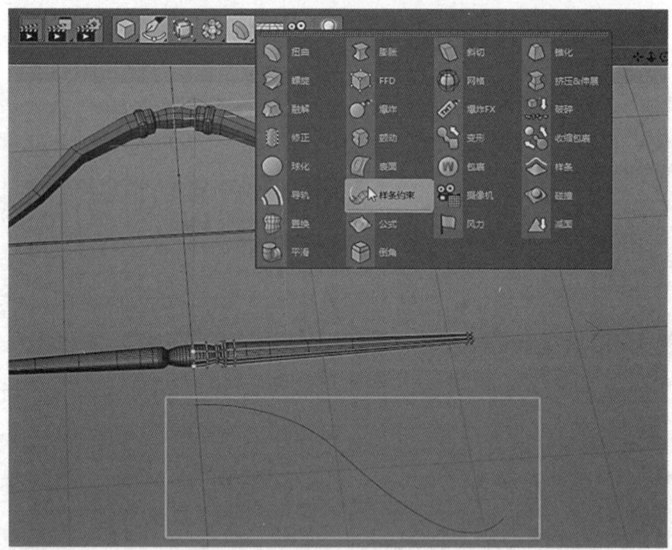


图 7-4-64　样条约束

图 7-4-65　样条

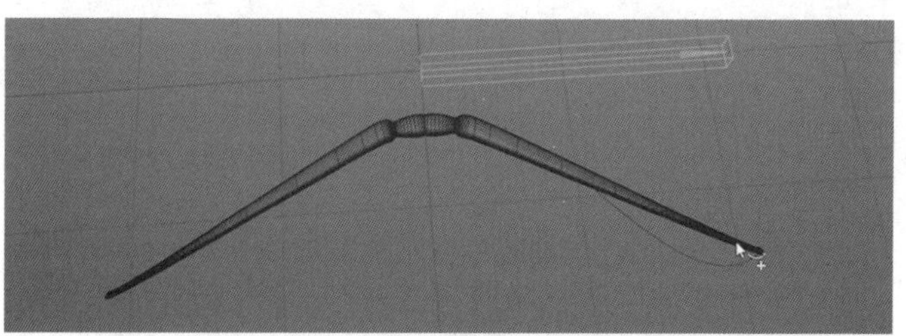
图 7-4-66　模型弯曲

7. 建模对象的分段线不够时会导致约束模型弯曲幅度不足，发生这一情况时，需按住 Shift 键开启捕捉，为建模对象加线，如图 7-4-67 所示。

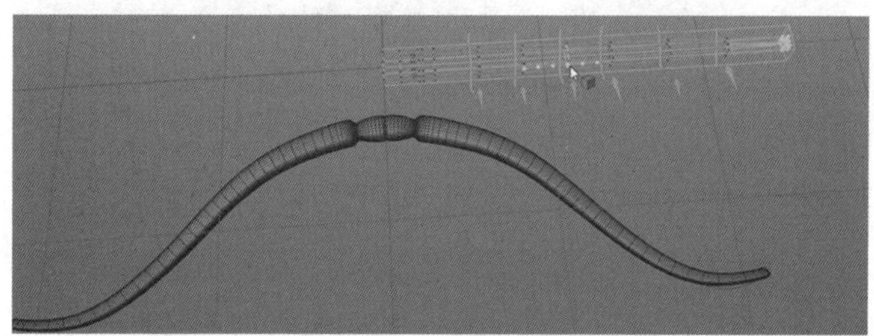
图 7-4-67　增加分段

8. 错误修正：挤压时需要注意封顶问题，挤压制作完成后，需删除封顶，将面删除。如弓模型中间部分，因挤压后面未删除，导致中间部分封顶破面，所以需将挤压完成后最后的面删除，如图 7-4-68 至图 7-4-71 所示。

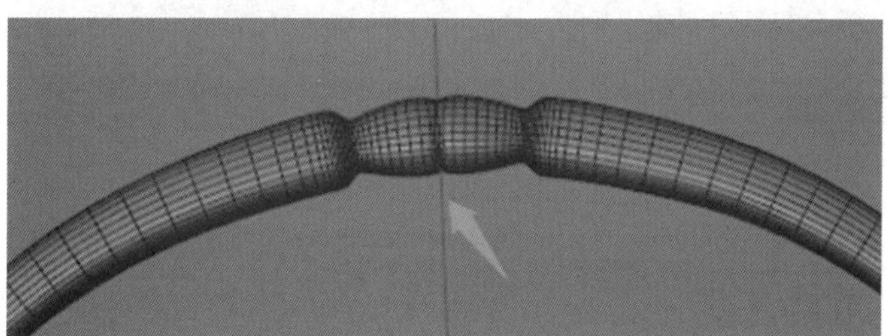
图 7-4-68　中间部分封顶破面

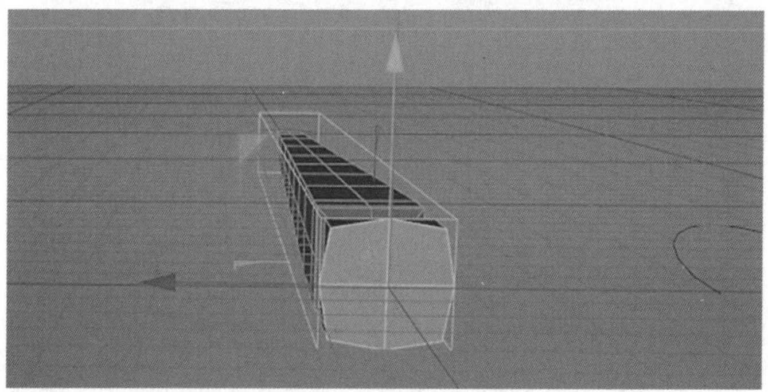
图 7-4-69　选择面

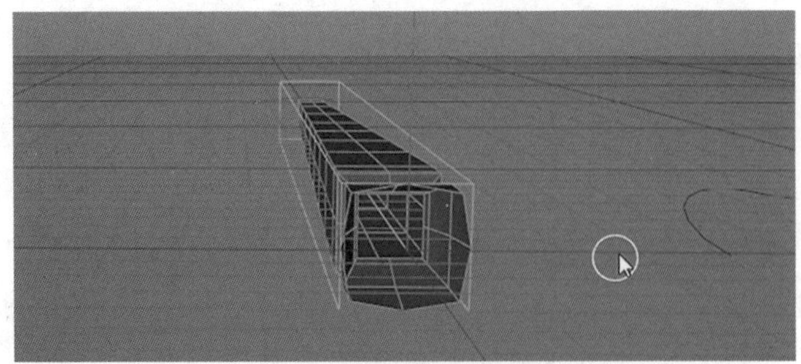
图 7-4-70　删除面

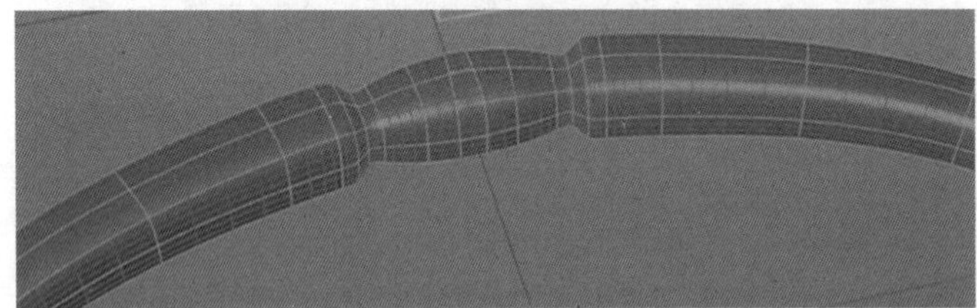
图 7-4-71　没有破面

9. 弓绑线的地方有个凹槽，K~L 加线，为周围再加几条线（细分曲面边缘就会比较硬），如图 7-4-72 至图 7-4-75 所示。

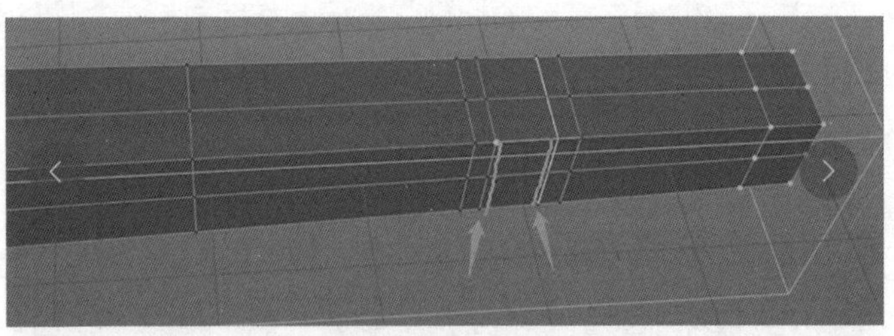
图 7-4-72　加线

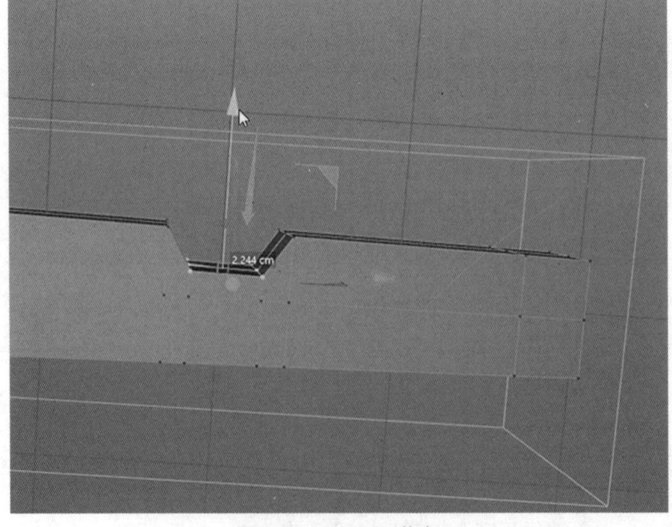

图 7-4-73　压进去

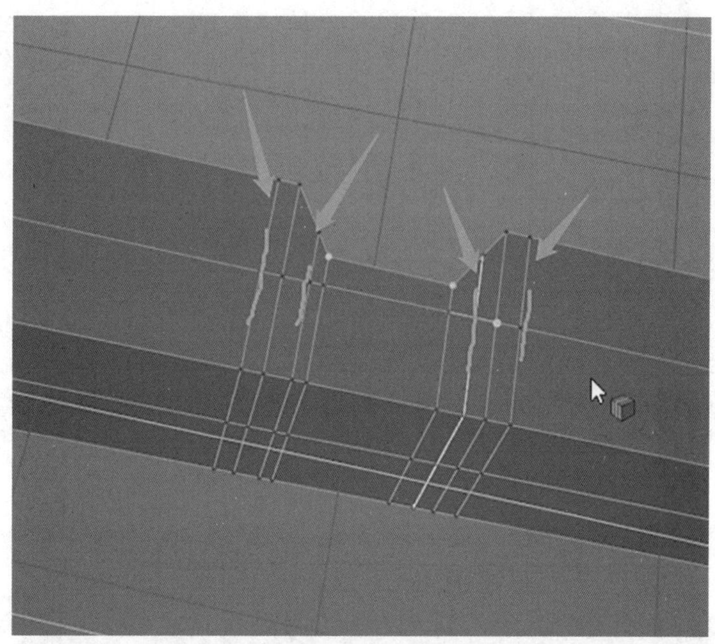

图 7-4-74　加线

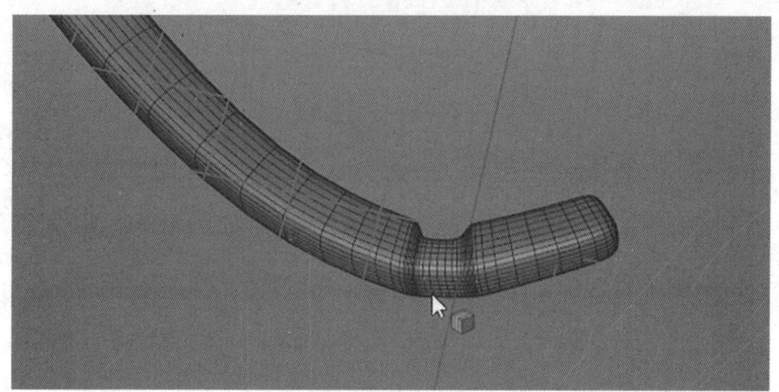

图 7-4-75　添加细分曲面

10. 运用立方体对象制作弓凸起部位，用克隆到对象来制作，对象选择“样条”，克隆变换 90°，调整克隆位置，如图 7-4-76 至图 7-4-80 所示。

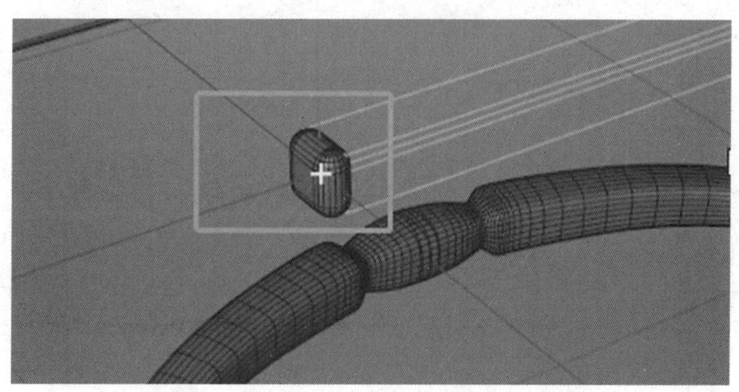

图 7-4-76　运用立方体对象制作弓凸起部位

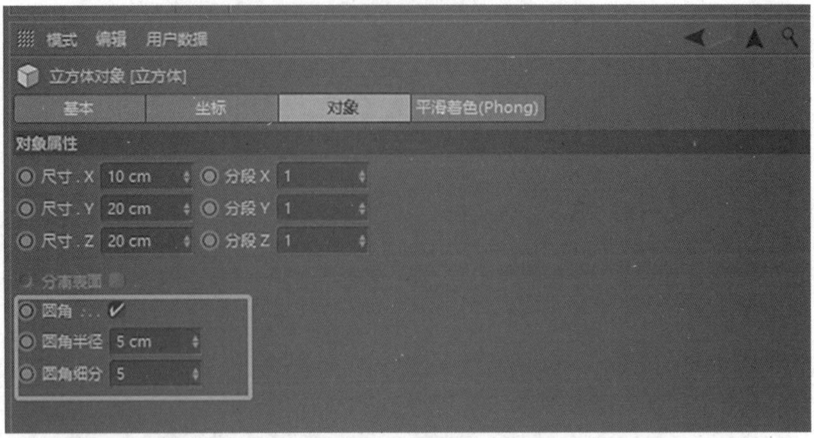

图 7-4-77　调整立方体参数

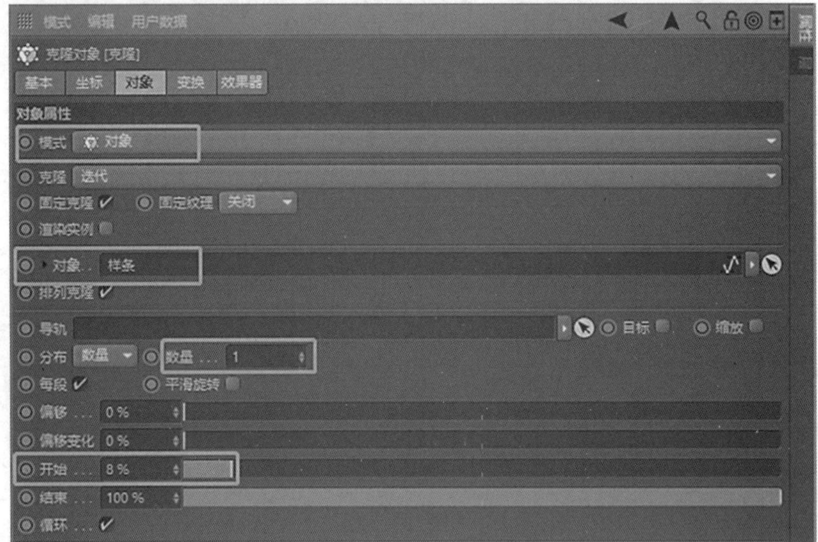

图 7-4-78　调整克隆参数

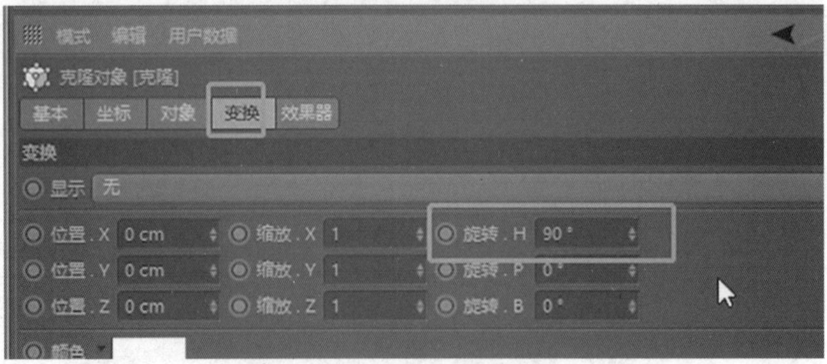

图 7-4-79　旋转 H 设置为 90°

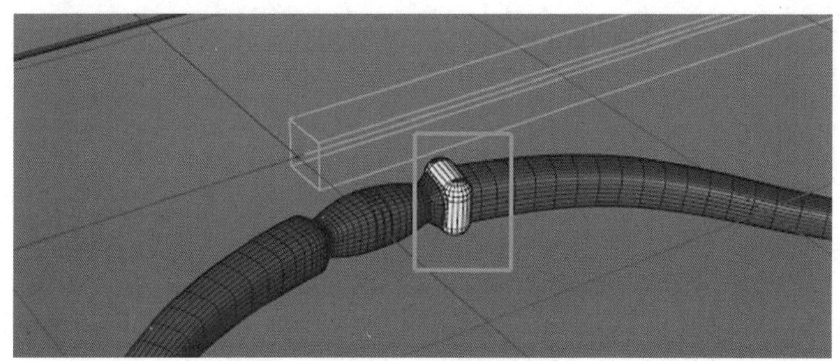

图 7-4-80　调整克隆位置

11. 将它拖到对称中，和弓编为一组，如图 7-4-81、图 7-4-82 所示。

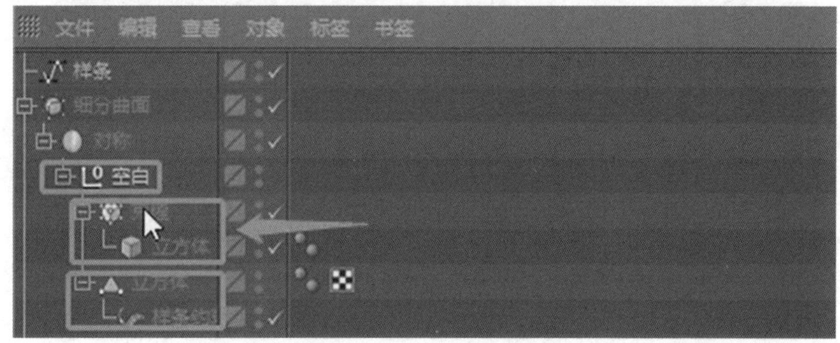


图 7-4-81　对称的子级

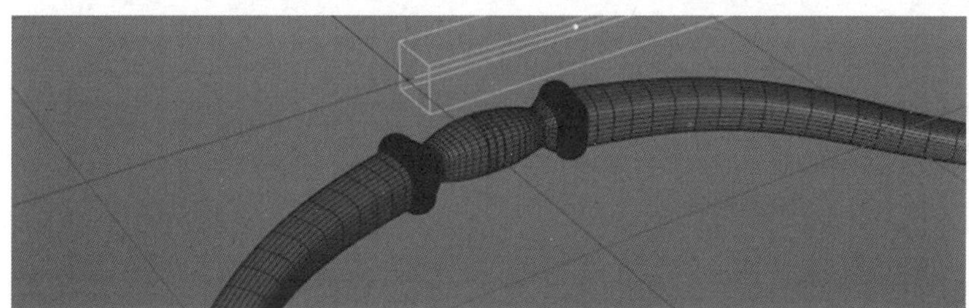

图 7-4-82　与弓编为一组

12. 弓尾的圆环用同样方法克隆到样条上，如图 7-4-83 至图 7-4-87 所示。

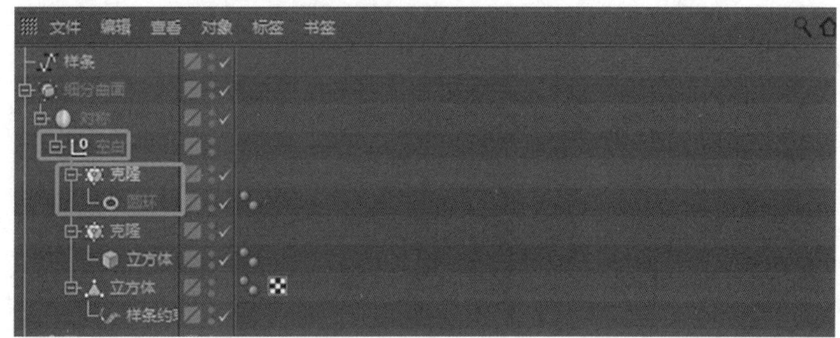


图 7-4-83　添加弓尾的圆环

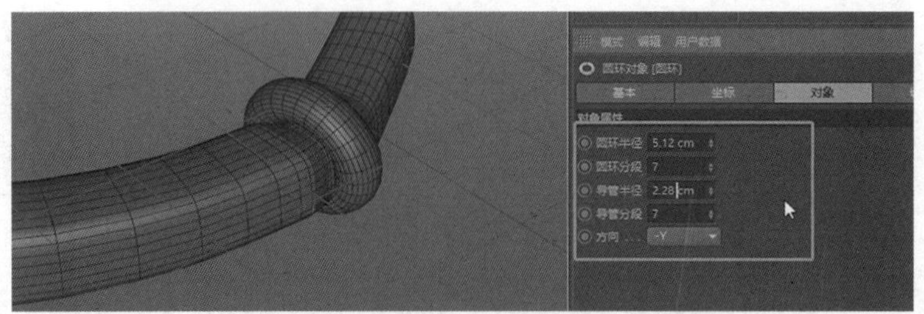


图 7-4-84　调整圆环参数

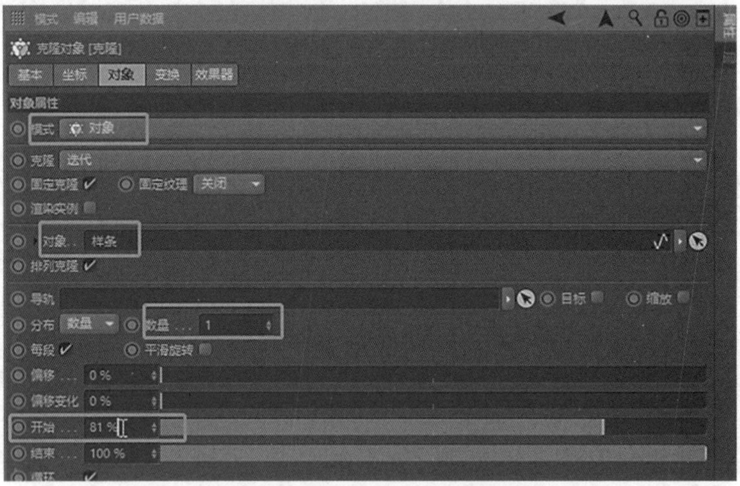

图 7-4-85　调整克隆对象参数

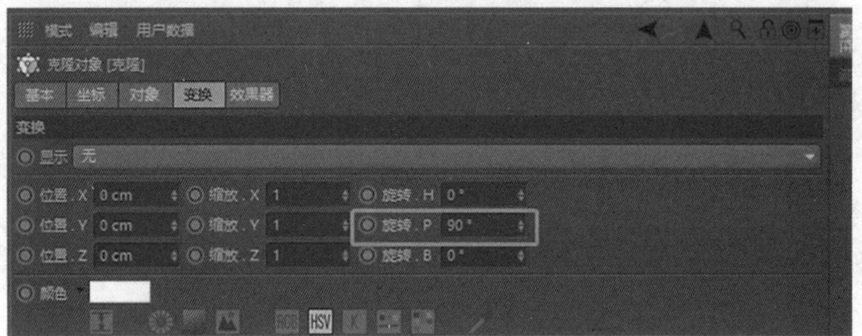


图 7-4-86　旋转 P 设置为 90°

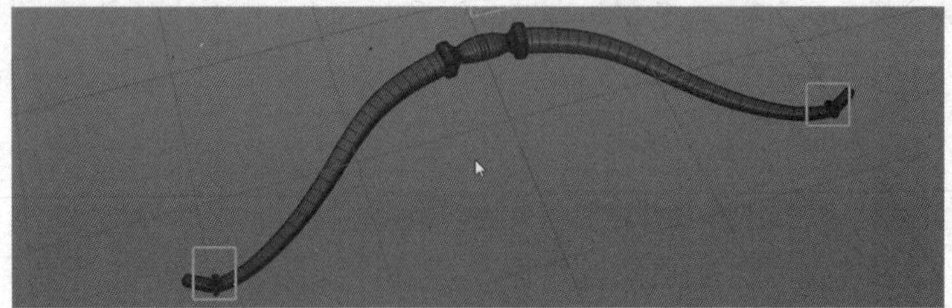

图 7-4-87　与弓编为一组

13. 新建圆柱制作弓的绳子，如图 7-4-88、图 7-4-89 所示。

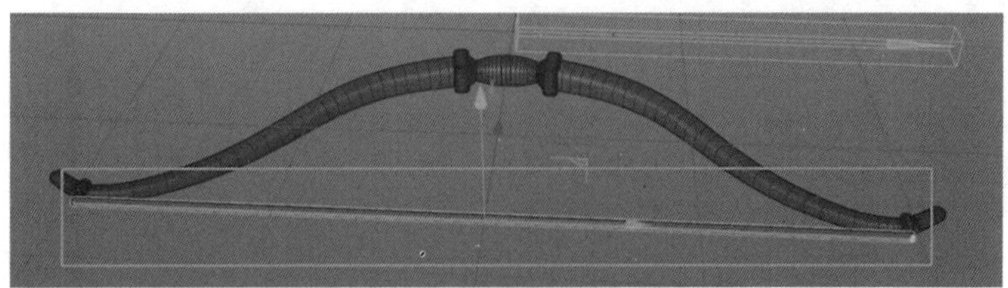

图 7-4-88　新建圆柱制作弓的绳子

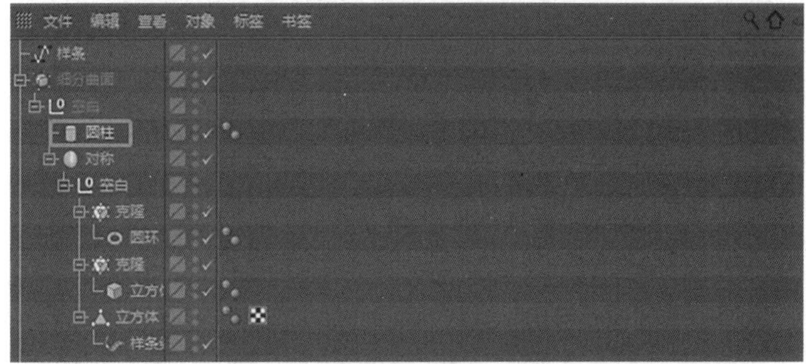


图 7-4-89　添加细分曲面

## 04. 物理渲染设置

1. 弓、箭建模制作完成后，再进一步学习物理渲染器知识，建模对象需渲染较真实时可使用物理渲染器。在物理渲染器中没有抗锯齿可调，取而代之的是采样器，设置也比较傻瓜式，常用“低、中、高、自动、自定义”设置采用器，物理渲染器中有个景深，可制作镜头的虚实变化，需要和摄像机设置配合才能用，如图 7-4-90 所示。

图 7-4-90　渲染设置

2. 使用物理渲染器后，摄像机中的物理设置都能影响渲染质量，景深距离在对象这里，目标距离设置聚焦点，如图 7-4-91 至图 7-4-93 所示。

图 7-4-91　打开摄像机对象面板

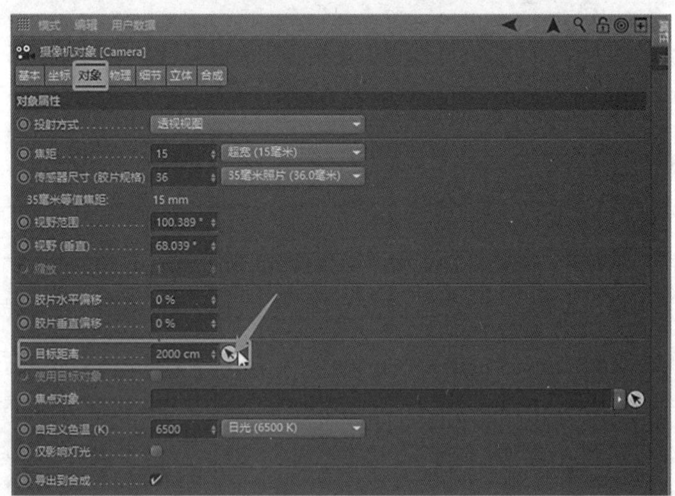


图 7-4-92　设置聚焦点

图 7-4-93　聚焦点设置效果

3. 景深模糊与光圈有关，光圈越往上景深越模糊，光圈加大后，模糊更厉害了，如图 7-4-94 至图 7-4-96 所示。

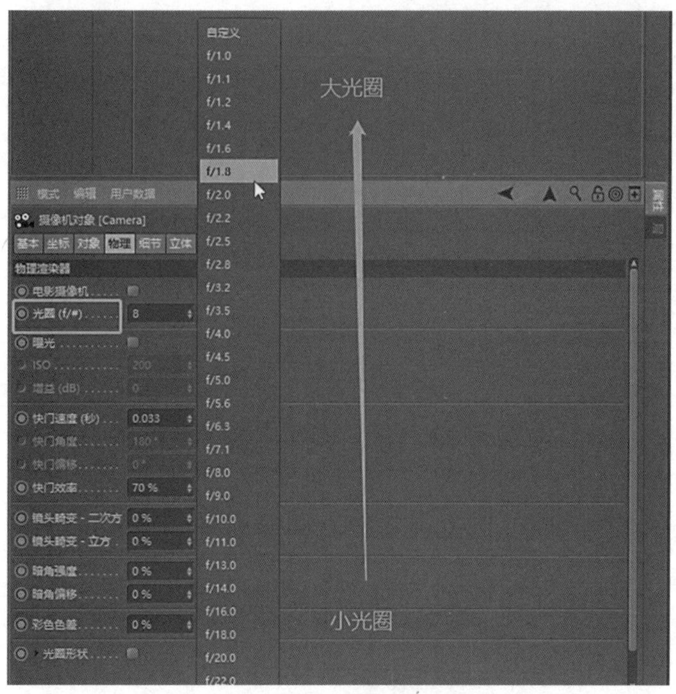


图 7-4-94　光圈大小排列

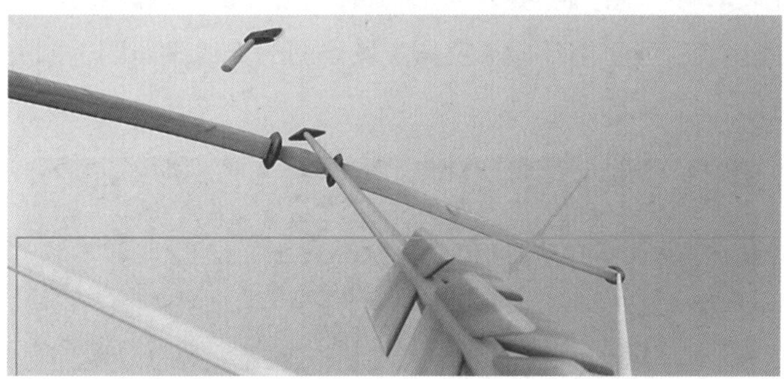

图 7-4-95　光圈 f/8.0

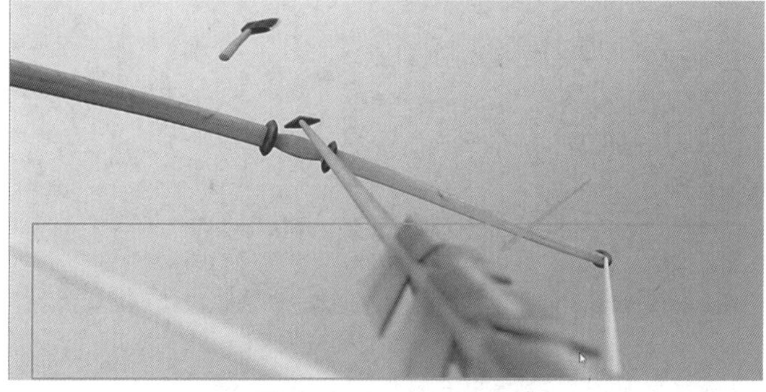

图 7-4-96　光圈 f/2.0

4. 暗角强度指的是四角压暗，模拟拍照时的遮光效果，彩色色差可降低品质，照片往往不会全是完美的，加点色差，带点缺陷反而会显得更加真实，如图 7-4-97、

图 7-4-98 所示。

图 7-4-97　摄像机物理选项卡

图 7-4-98　照片遮光效果

5. 默认环境常用来制作玻璃和金属的反射，在合成标签里点击 GI，勾选启用 GI 参数，启用 GI 参数后可使用环境天空真实场景图的光线来照明，如图 7-4-99、图 7-4-100 所示。

图 7-4-99　选择合成标签

图 7-4-100　合成标签里点击 GI

6. 物理渲染器有个特殊的采样器，递增采样器，递增采样渲染永远不会停止渲染，等到渲染结果满意就手动停止，保存图片，递进渲染的好处是，可一边渲染一边滤镜调色，调整冷暖对比，加大对比度。审美没有标准，可按照建模师的想法，调出自己想要的风格，如图 7-4-101 至图 7-4-104 所示。

图 7-4-101　选择递增采样器

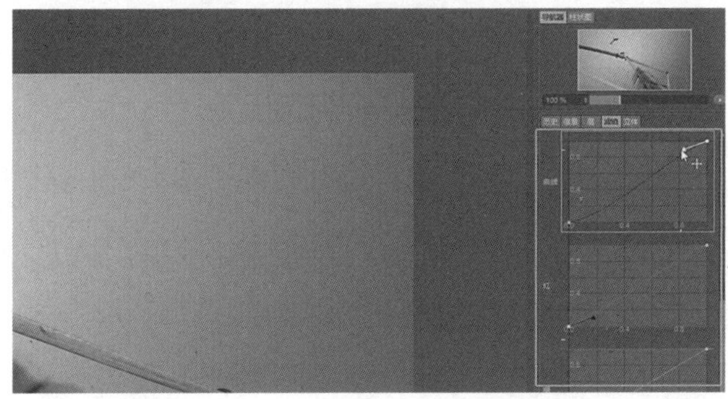

图 7-4-102　在递增采样器中进行滤镜调色

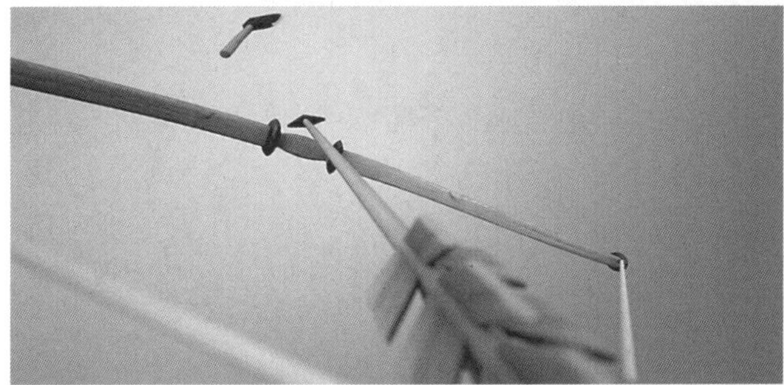

图 7-4-103　调色后效果图

图 7-4-104　最终效果图

CINEMA 4D
综合实战训练

Chapter 08

# 第 8 章

# 完全解析

任务 8.1　对象 Alpha 通道输出与分层渲染——便于后期编辑的渲染设置

任务 8.2　完整室内场景渲染概括总结

任务 8.1

# 对象 Alpha 通道输出与分层渲染

## ——便于后期编辑的渲染设置

### 教学重点

· **对象 Alpha 通道输出与分层渲染。**

### 教学难点

· **如何进行对象 Alpha 通道输出与分层渲染。**

### 任务分析

**01. 任务目标**

熟悉对象 Alpha 通道输出与分层渲染。

**02. 实施思路**

通过视频了解并熟悉对象 Alpha 通道输出与分层渲染——便于后期编辑的渲染设置。

### 任务实施

**01. 对象 Alpha 通道输出与分层渲染——便于后期编辑的渲染设置**

1. 打开工程，将场景中的地面关闭，使得背景透明，如图 8-1-1、图 8-1-2 所示。

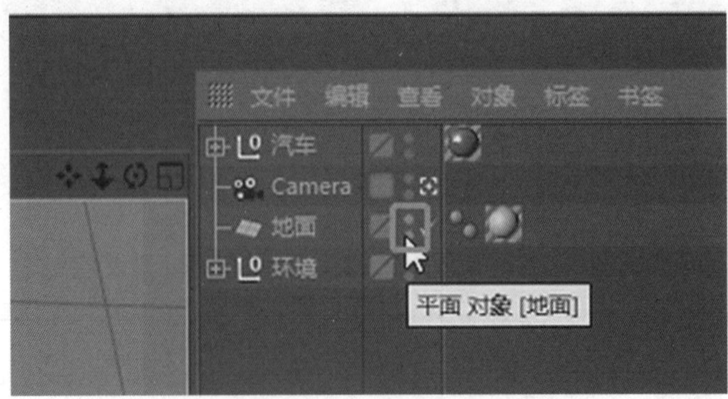


图 8-1-1　打开工程，将场景中的地面关闭

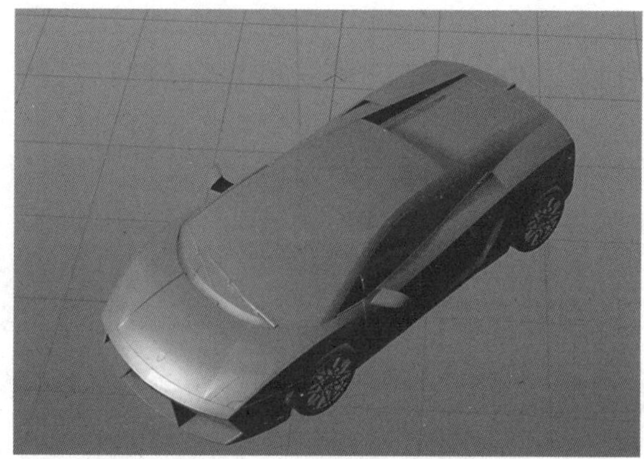

图 8-1-2　关闭地面后效果

2. 打开渲染设置窗口，在渲染设置中，选择物理渲染器，如图 8-1-3 所示。

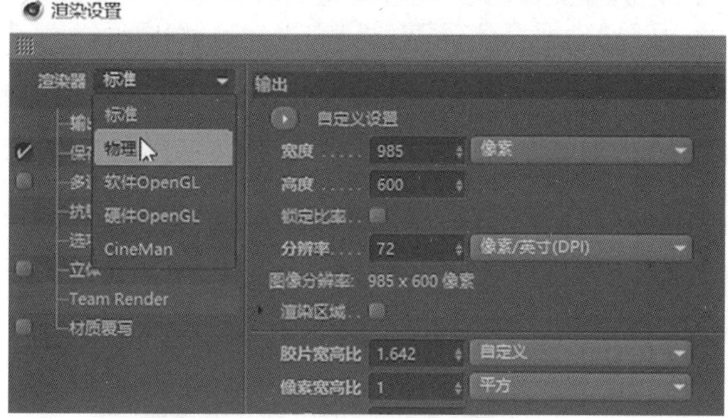


图 8-1-3　渲染器选择“物理”

3. 在效果中添加全局光照和环境吸收效果，如图 8-1-4 所示。

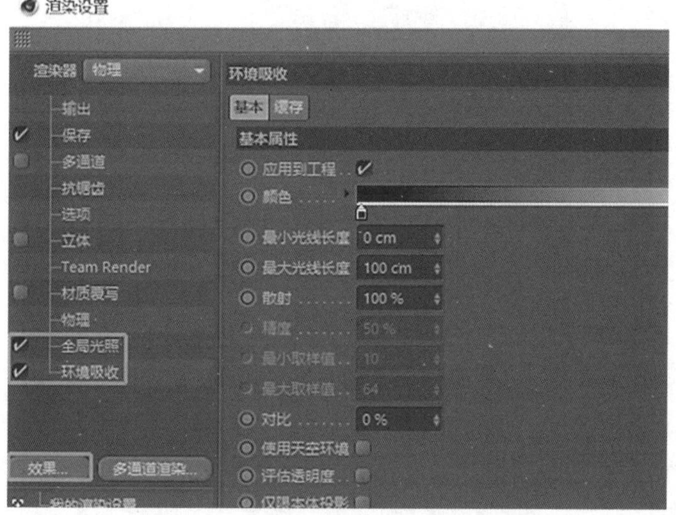


图 8-1-4　全局光照跟环境吸收效果打钩

4. 在保存选项的常规图像中，选择好文件储存的位置，格式为 PNG 格式，然后勾选 Alpha 通道，如图 8-1-5 所示。

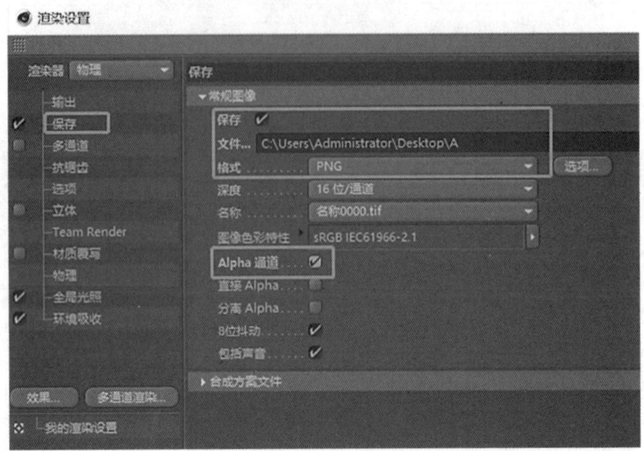


图 8-1-5　设置保存地址和格式，勾选 Alpha 通道

5. 点击“渲染”，然后将渲染好的文件，导入到 ps 软件中，图片就是带透明的，这样只需要创建图层放在汽车图层的下方，就能轻松更换背景颜色以及汽车的颜色，如图 8-1-6、图 8-1-7 所示。

图 8-1-6　渲染好的效果

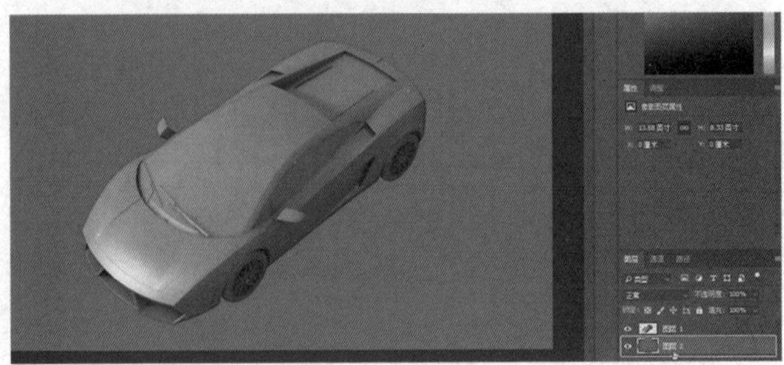

图 8-1-7　可以调整背景与车身颜色

6. 如果将工程文件中的地面打开，还想要在后期更改汽车颜色的话，Alpha 通道就不适用了，需要用到对象缓存；选择整个汽车模型组，右键点击“CINEMA 4D 标签—合成”，如图 8-1-8 所示。

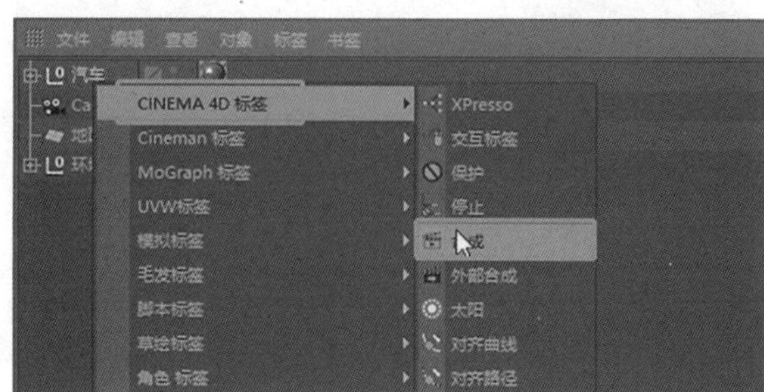


图 8-1-8　添加合成标签

7. 在标签中找到对象缓存，勾选其中一个，记住后面对应的数字，如图 8-1-9 所示。

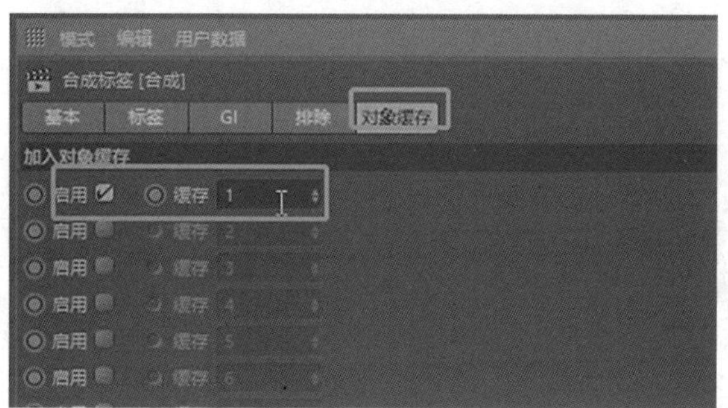


图 8-1-9　建立对象缓存通道

8. 在渲染设置窗口中，勾选多通道，点击下面的多通道渲染，添加 RGBA 图像跟对象缓存，对象缓存中的群组 ID 要对应标签里的数字，这里刚好就是 1，如图 8-1-10 所示。

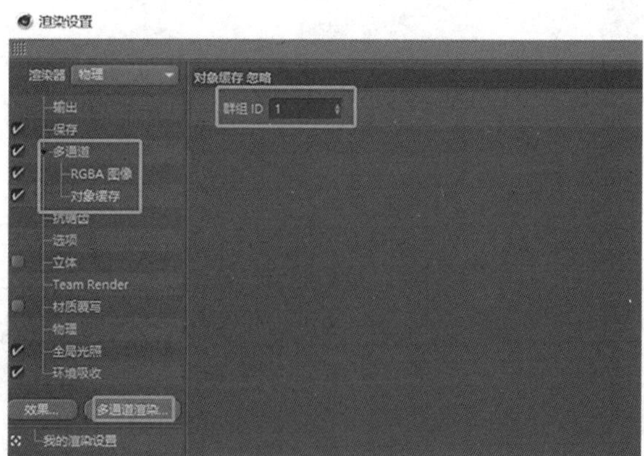


图 8-1-10　设置多通道渲染

9. 在保存选项中，将常规图像的保存跟 Aphla 通道关掉，在多通道图像中，选择好文件储存位置，格式为默认的 PSD 格式，点击“渲染”，如图 8-1-11 所示。

图 8-1-11　设置多通道保存地址

10. 将渲染出的 PSD 文件拖曳导入 ps 软件，如图 8-1-12 所示。

图 8-1-12　导入 PS 软件

11. 在通道中，可看到对象缓存的效果，是一张黑白图，选中它，然后按住 Ctrl 键点击，就可以提取选区，再点击 RGB，返回 RGB 模式，如图 8-1-13、图 8-1-14 所示。

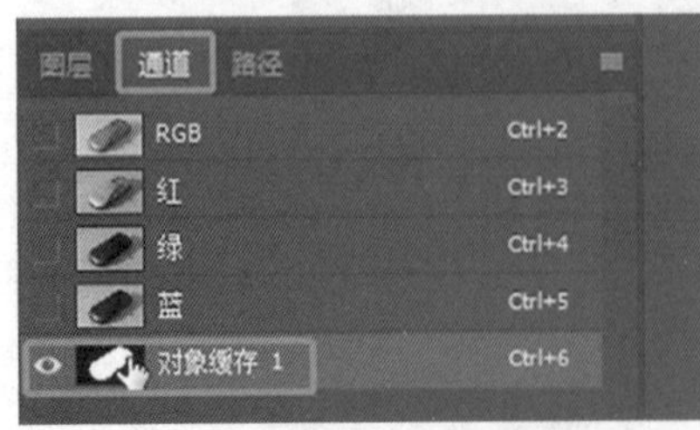

图 8-1-13　按住 Ctrl 键点击建立选区

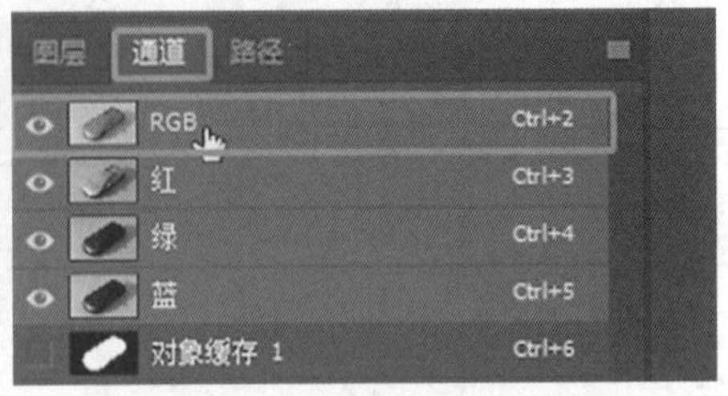

图 8-1-14　回到 RGB 通道

12. 返回图层，在选中了背景的状态下，按快捷键 Ctrl+J 将刚才的选区单独复制出来，然后选择复制出来的图层，按快捷键 Ctrl+U 打开“色相 / 饱和度”面板，就能控制汽车颜色，如图 8-1-15、图 8-1-16 所示。

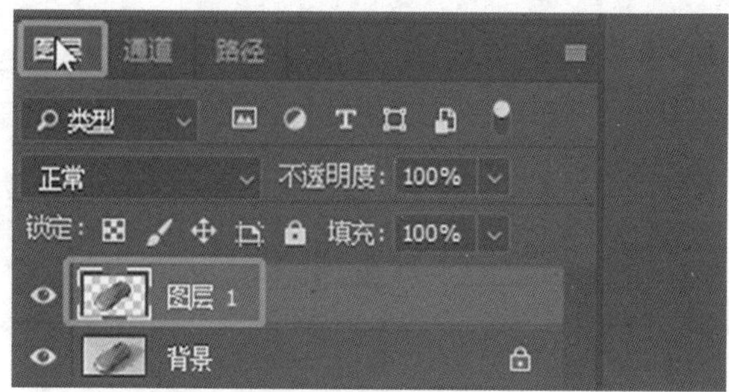

图 8-1-15　复制选区得到图层 1

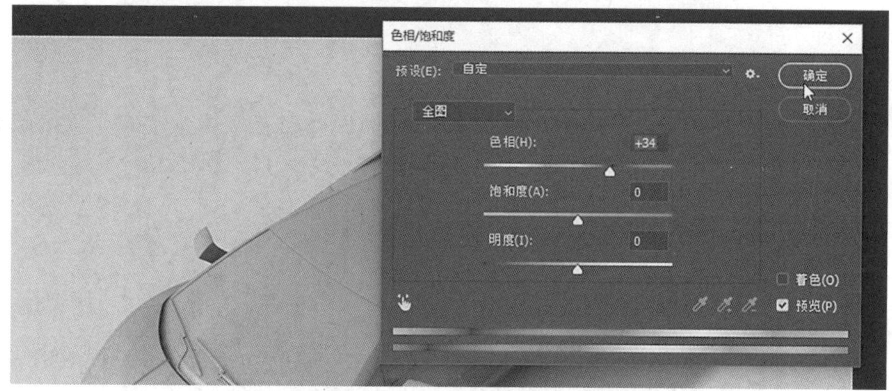

图 8-1-16　调整色相 / 饱和度

13. 同时，可设置多个对象缓存，比如想单独更改车灯颜色，就可以先找到车灯对象，设置标签，对象缓存为 2，同样需要在多通道里，再添加一个对象缓存，这次的 ID 为 2，更改存储位置，渲染观看，如图 8-1-17 图 8-1-20 所示。

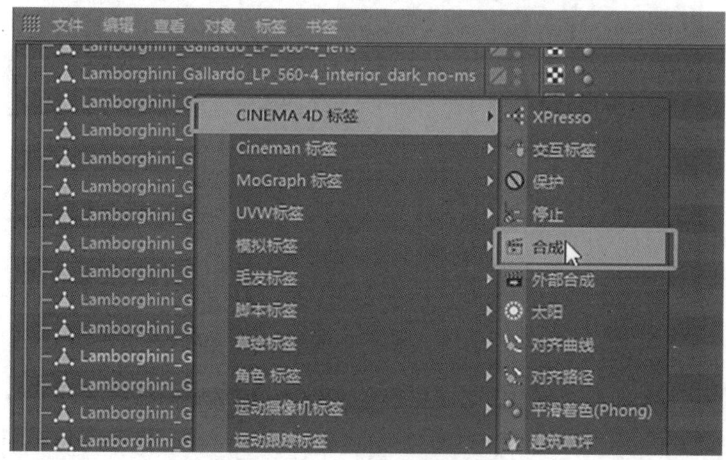

图 8-1-17　添加合成标签

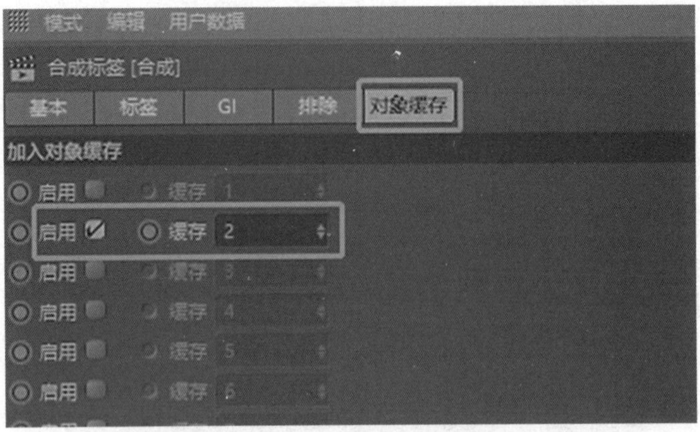

图 8-1-18　建立对象缓存通道

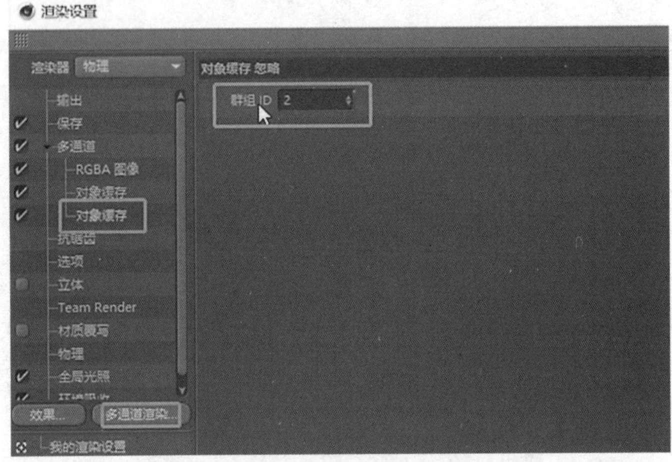


图 8-1-19　添加多通道渲染

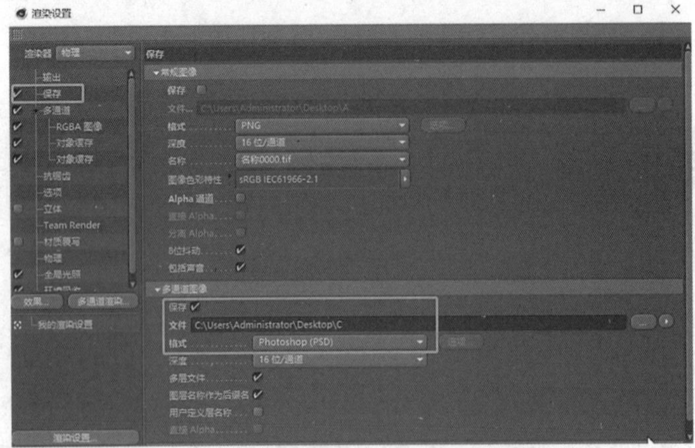

图 8-1-20　设置多通道图像保存地址

14. 将渲染出的文件导入 ps 软件，就会出现车灯的对象缓存，一样可以按住 Ctrl 点击它，提取它的选区，然后返回 RGB 模式，在返回图层，按快捷键 Ctrl+J 复制出来，就能单独改变它的颜色，如图 8-1-21 至图 8-1-24 所示。

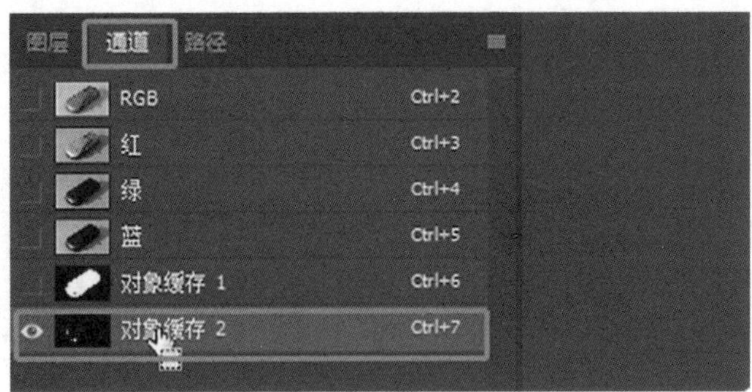


图 8-1-21　选择对象缓存 2，按住 Ctrl 键点击建立选区

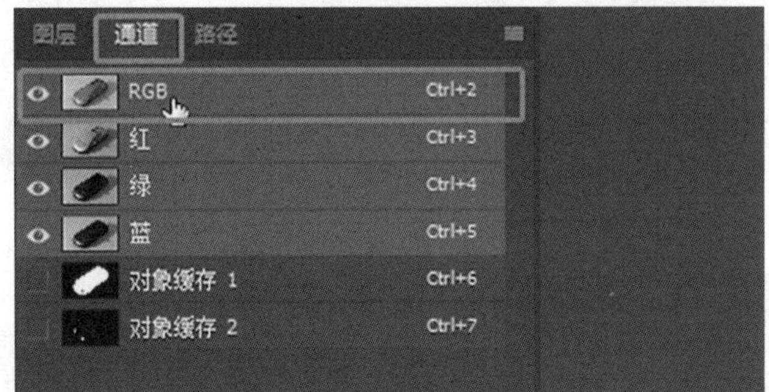


图 8-1-22　回到 RGB 模式

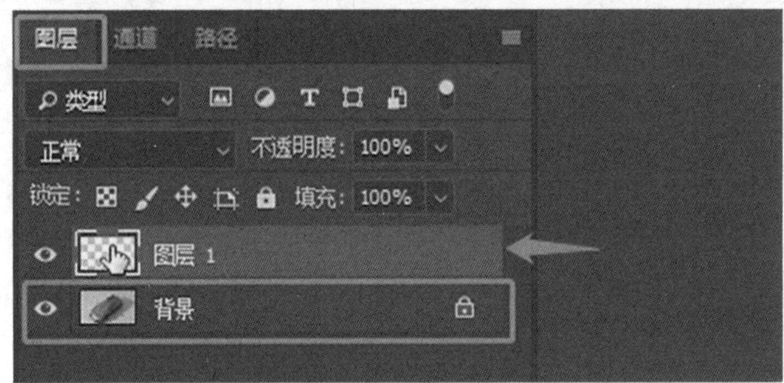


图 8-1-23　按住 Ctrl+J 复制背景选区到图层 1

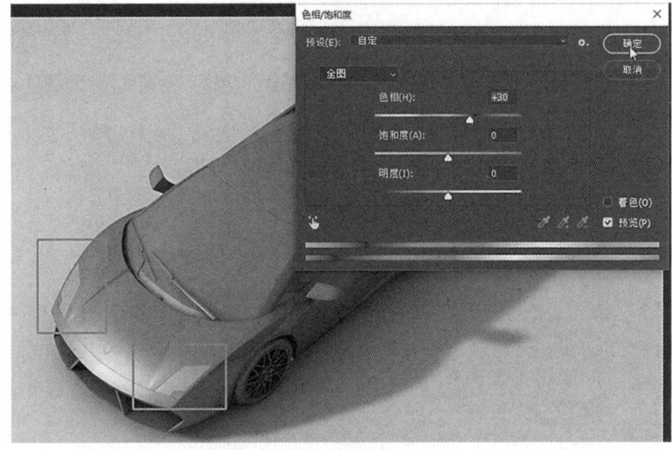


图 8-1-24　选择图层 1 调整色相 / 饱和度

15. 除了对象缓存，渲染中的多通道还可实现单独控制其他效果；在多通道中添加高光和投影，更改一下保存文件，渲染观看，如图 8-1-25、图 8-1-26 所示。

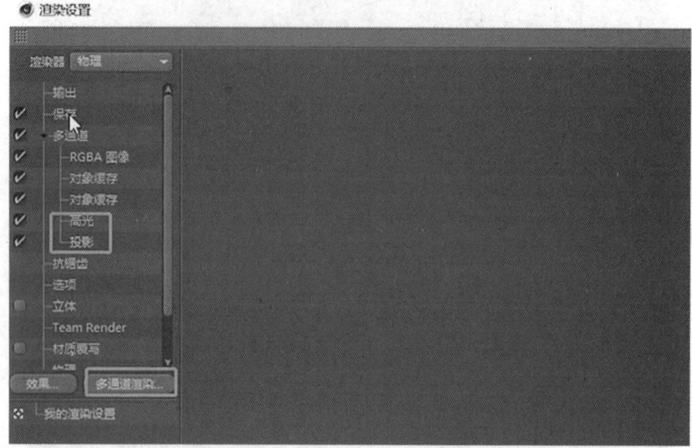

图 8-1-25　在多通道中添加高光和投影

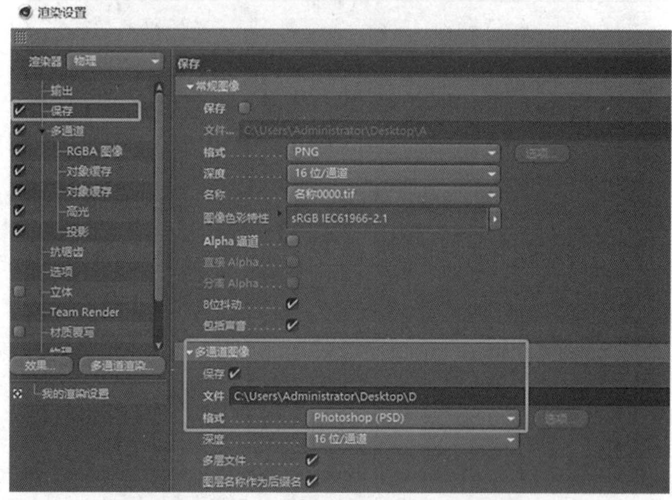

图 8-1-26　更改保存文件，渲染观看

16. 将渲染出的文件导入 ps 软件，然后关掉其他图层，只打开背景，再逐个打开高光和投影层，通过调整透明度来选择合适的效果，如图 8-1-27、图 8-1-28 所示。

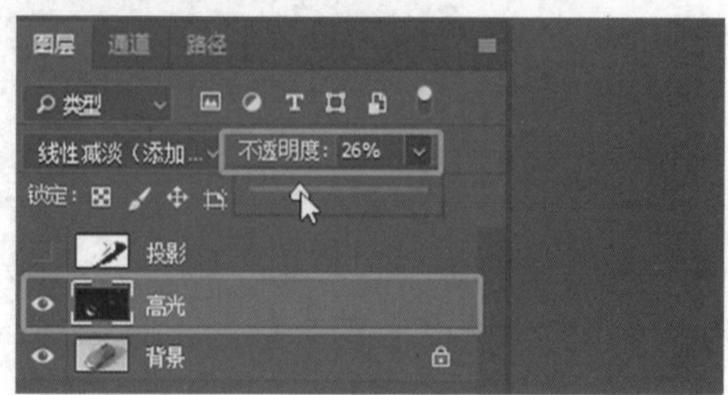

图 8-1-27　调整高光不透明度

图 8-1-28　调整投影不透明度

17. 分层渲染图如图 8-1-29、图 8-1-30 所示。

图 8-1-29　分层调整效果

图 8-1-30　最终效果图

任务 8.2

# 完整室内场景渲染概括总结

## 教学重点

· **完整室内场景渲染概括总结。**

## 教学难点

· **熟悉完整室内场景渲染概括总结。**

## 任务分析

### 01. 任务目标

熟悉完整室内场景渲染概括总结。

### 02. 实施思路

通过视频了解并熟悉完整室内场景渲染概括总结。

## 任务实施

### 01. 完整室内场景渲染概括总结

1. 对于渲染来说，考虑的通常就两点，一个是时间，还有一个是质量。C4D 提供多种渲染设置，要找到合适的搭配，来使我们可以在理想的时间得到理想的质量。在学习渲染设置之前，先补充几个知识点。在场景中，有些模型是离摄像机比较远的，可以选择性地降低材质的参数，如图 8-2-1 这个场景里的搅拌机，可将它的透明模糊跟反射模糊降低，这样能加快渲染速度，不会降低整体质感，类似于这种情况的，大家可以根据场景去作调整。

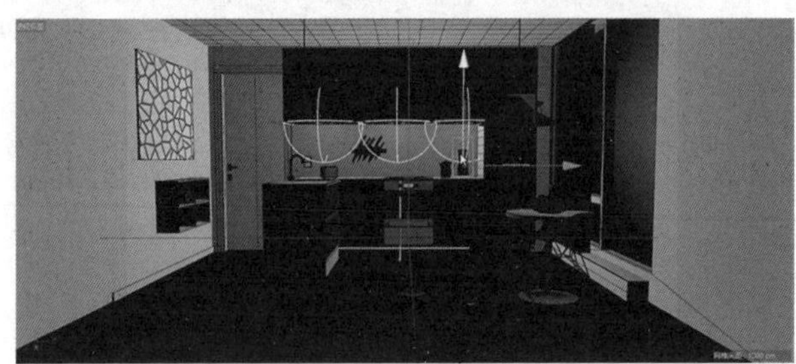

图 8-2-1 注意搅拌机

2. 在操作视图时，按住快捷键 Ctrl+Shift+Z 可以返回上一个摄像机视角，如图

8-2-2 所示。

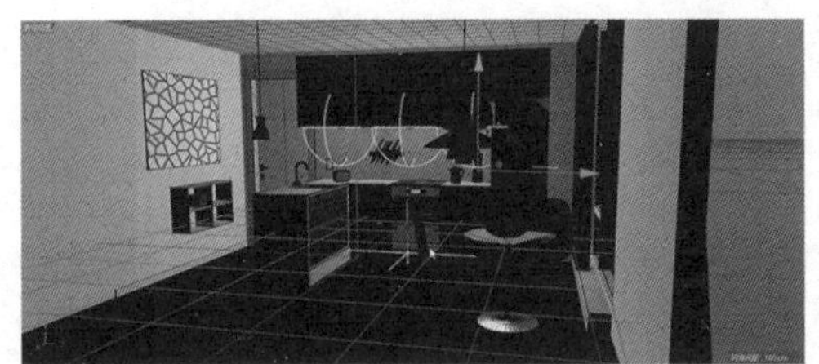

图 8-2-2　返回上一个摄像机视角

3. 当工程中的对象跟群组较多时，可按住 Ctrl 键点击加号，能快速展开跟收起所有群组，如图 8-2-3 所示。

图 8-2-3　快速展开跟收起所有群组

4. 常用的 C4D 内置的渲染器，就是标准和物理渲染器，用标准渲染器时，将抗锯齿调到最佳，下面的级别数值越大，效果越好，但时间也会越长，往下的参数除了过滤，其他一般不做调整，如果是渲染静帧，则在过滤中选择静帧，动画就选动画，如图 8-2-4 所示。

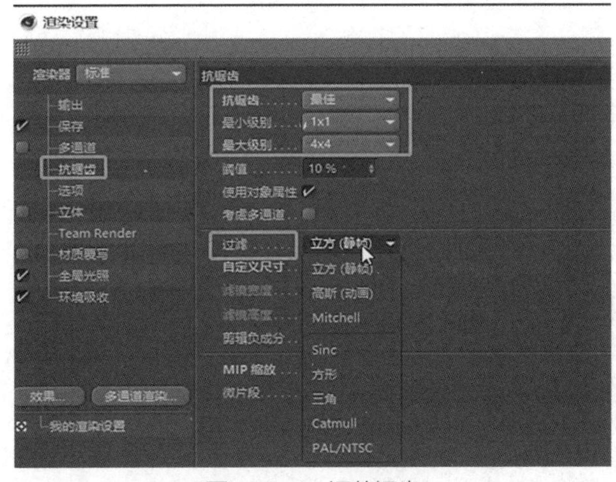


图 8-2-4　调整锯齿

5. 全局光照中，渲染室内场景时，一般选择 IR+QMC 的搭配，Gamma 值是用来提高或者降低场景的亮度，可以选择默认，后期再来调，下面的采样值越高，得到的光斑会越强，阴影就会越实，反之就越柔和，如图 8-2-5 所示。

图 8-2-5　全局光照

6. 辐照缓存降低，加大平滑度，可有效抑制光斑，如图 8-2-6 所示。

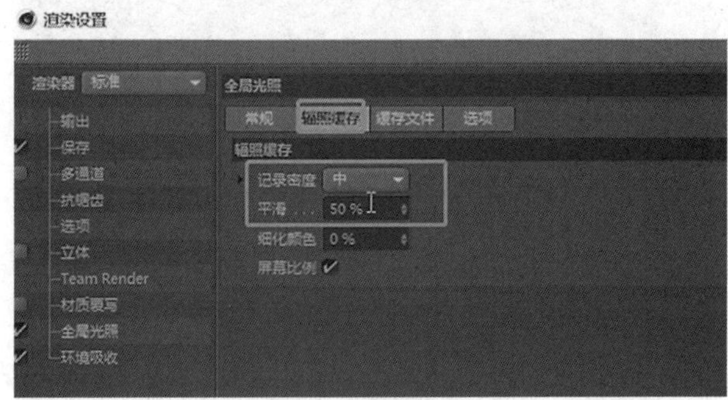


图 8-2-6　辐照缓存

7. 当添加环境吸收时，记得把“应用到工程”关闭，用多通道渲染出来，这样后期才能再次更改，如图 8-2-7 至图 8-2-8 所示。

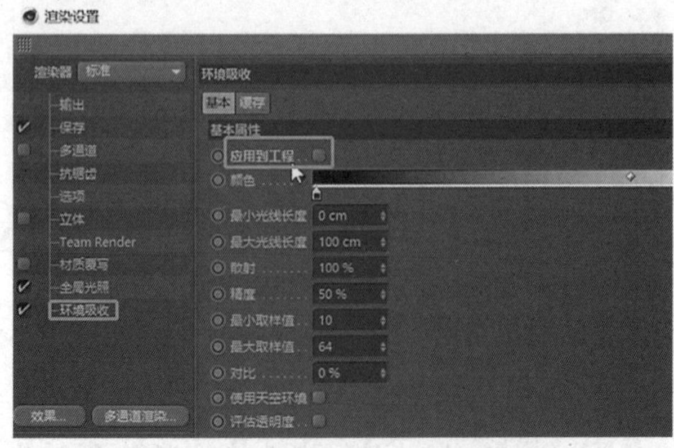


图 8-2-7　添加环境吸收，关闭应用到工程

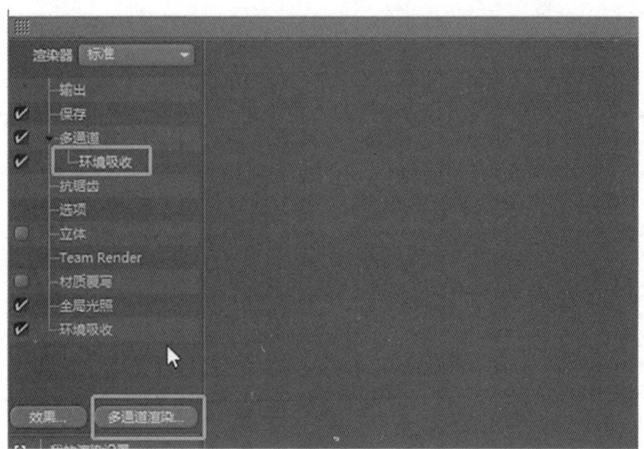


图 8-2-8　多通道 -> 环境吸收

8. 当使用物理渲染器时，可直接用默认的参数渲染，但是渲染时间会比用标准的更长，如图 8-2-9、图 8-2-10 所示。

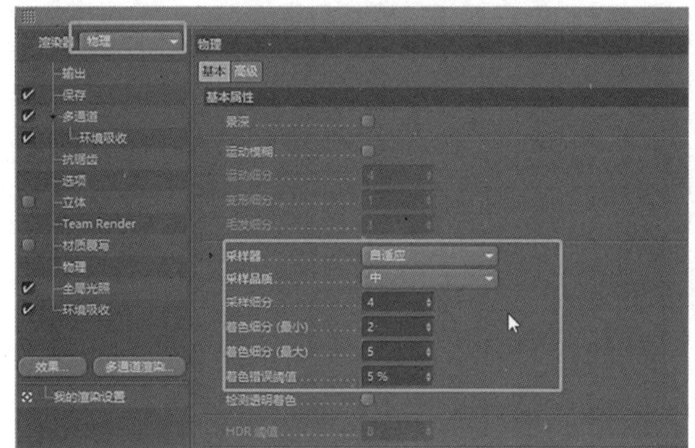


图 8-2-9　调整物理渲染器

图 8-2-10　室内场景渲染图

CINEMA 4D
综合实战训练

# PART 02 进阶篇

CINEMA 4D
综合实战训练

Chapter 09

# 第 9 章

# 建模实例

任务 9.1　旋转生成器、放样生成器

任务 9.2　扫描生成器、挤压生成器

任务 9.3　变形金刚动画

任务 9.4　气球建模

任务 9.5　变形器

任务 9.6　造型器

任务 9.7　苹果手机建模

任务 9.8　沙发建模

## 任务 9.1

# 旋转生成器、放样生成器

### 教学重点

- **判断何种模型应该用何种生成器。**

### 教学难点

- **画样条的能力。**
- **生成器的灵活使用。**

### 任务分析

#### 01. 任务目标

1. 通过多次练习，提高画样条的效率。

2. 理解两种生成器的原理。

#### 02. 实施思路

通过视频中的案例去练习，并在课余时间找相似的案例自主练习，达到深入了解生成器的原理和熟练画样条的目标。

### 任务实施

#### 01. 旋转生成器

1. 打开工程，进入正视图，按 Shift+V 进入视图设置，选择背景，将图片导入到背景的图像栏中，提高透明度，方便查看。如图 9-1-1 所示。

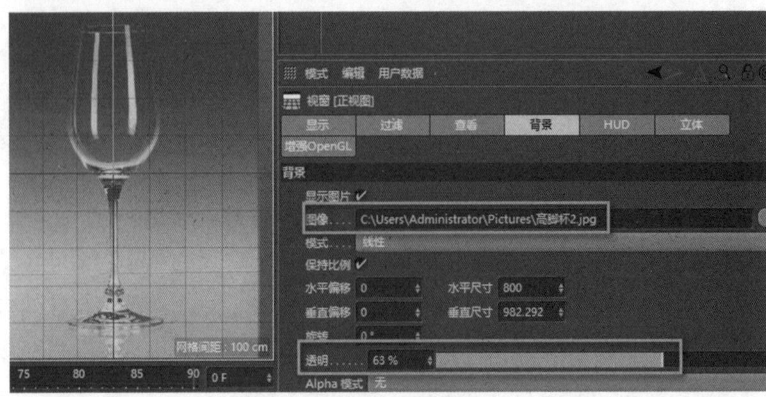


图 9-1-1　视图设置

2. 用画笔工具将杯子的一半轮廓画出来（注意透视关系，不用画得完全贴合）。如图 9-1-2、图 9-1-3 所示。

图 9-1-2　正视图窗口

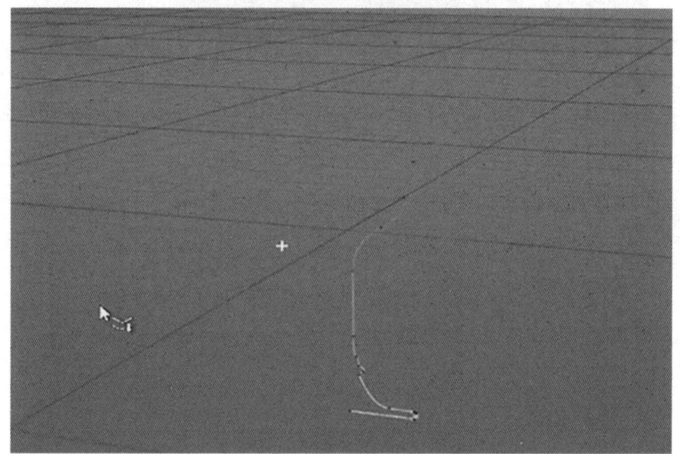

图 9-1-3　透视图窗口

3. 画完之后，回到透视图添加旋转生成器（选择对象之后，按住 Alt 键可快速创建生成器为父级），如图 9-1-4 所示。

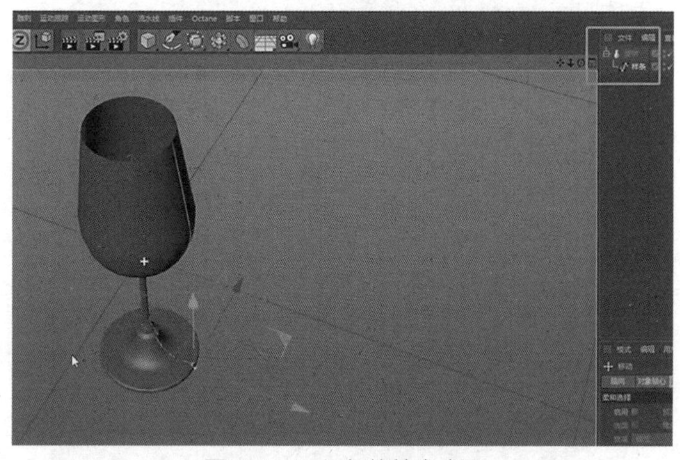

图 9-1-4　添加旋转生成器

4. 微调一下点的位置，选择需要做倒角的点，右键点击“倒角”，这样能让模型圆滑一点，如图 9-1-5 所示。

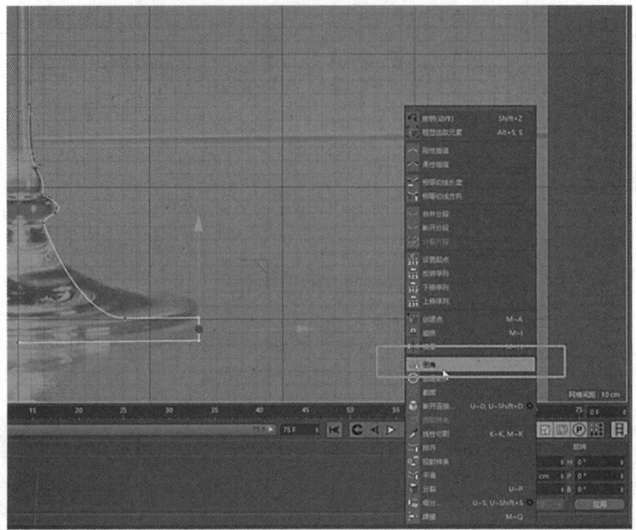

图 9-1-5　倒角

5. 觉得旋转得不够圆滑，可以适当增加旋转的细分数，如图 9-1-6 所示。

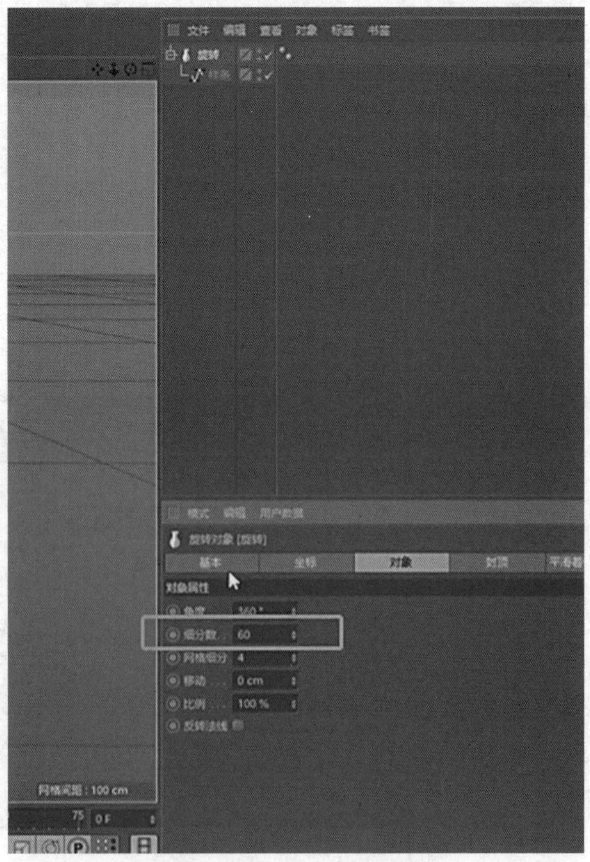


图 9-1-6　对象属性窗口

6. 点模式下，按住 Ctrl+A 全选所有点，右键点击“创建轮廓”，如图 9-1-7 所示。

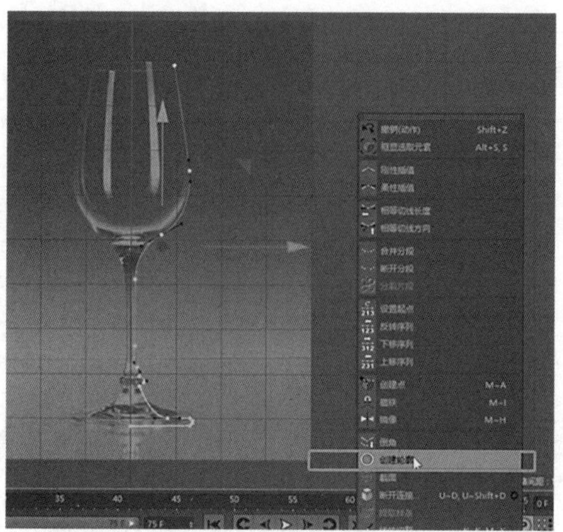

图 9-1-7　创建轮廓

7. 将一些靠近 Y 轴的点的 X 位置归零，做出空心与实心的效果，如图 9-1-8 所示。

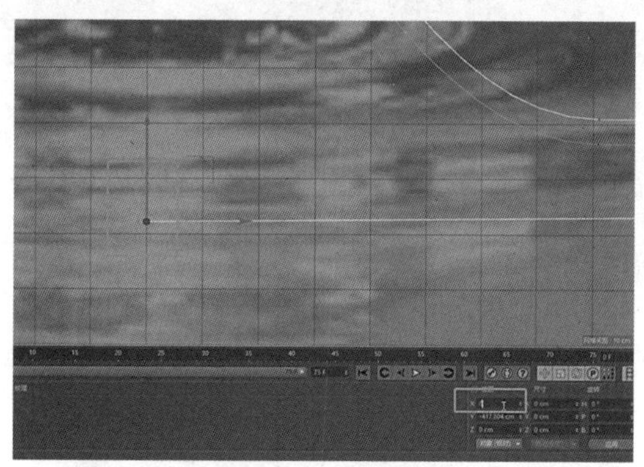

图 9-1-8　正视图窗口

8. 因为旋转生成器是以 Y 轴为对称轴旋转一周的，如果不归零，甚至将样条拉远，模型就会是空心的，如图 9-1-9 所示。

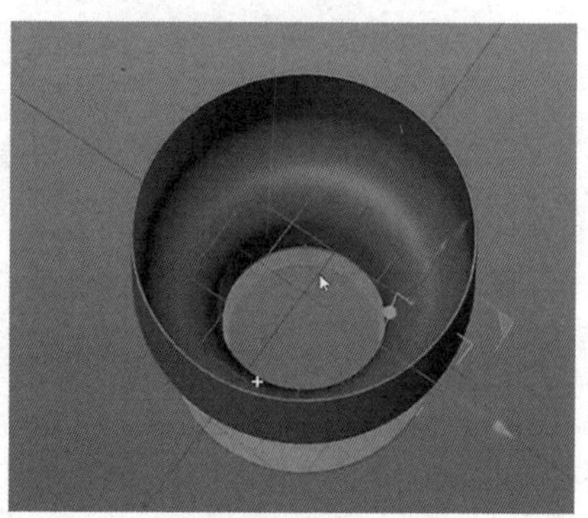

图 9-1-9　透视图窗口

9. 制作酒瓶的前几个步骤跟制作高脚杯是一样的。一样进入到正视图，按住 Shift+V 进入视图设置，选择背景，将酒瓶的图片导入到背景的图像栏中，提高透明度，方便查看，如图 9-1-10 所示。

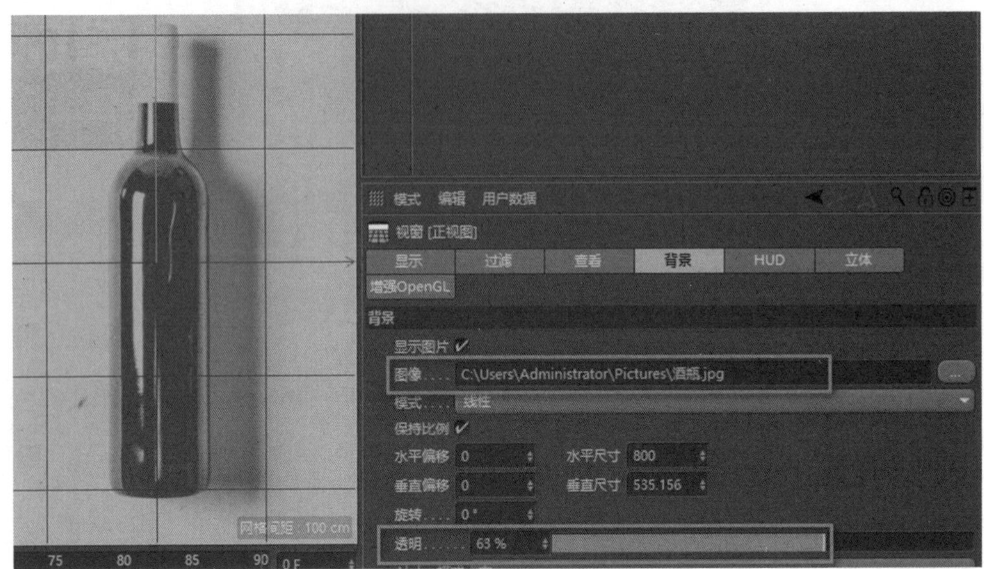

图 9-1-10　视图设置

10. 切换画笔工具，将酒瓶的一半轮廓画出来，如图 9-1-11 所示。

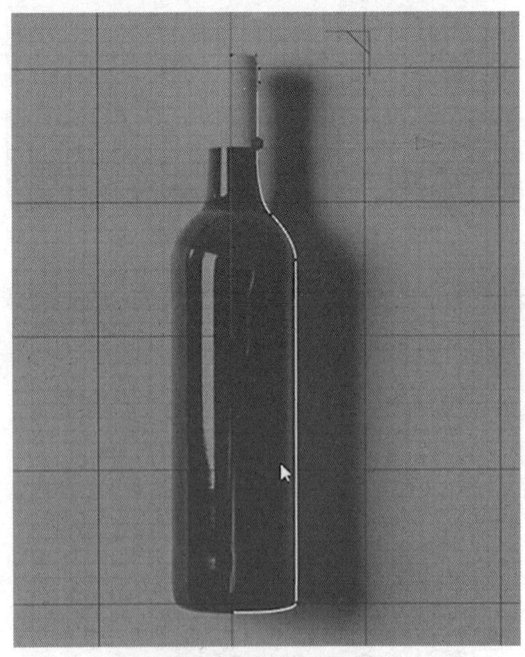
图 9-1-11　画出轮廓

11. 全选所有点，右键点击“创建轮廓”。如图 9-1-12 所示。

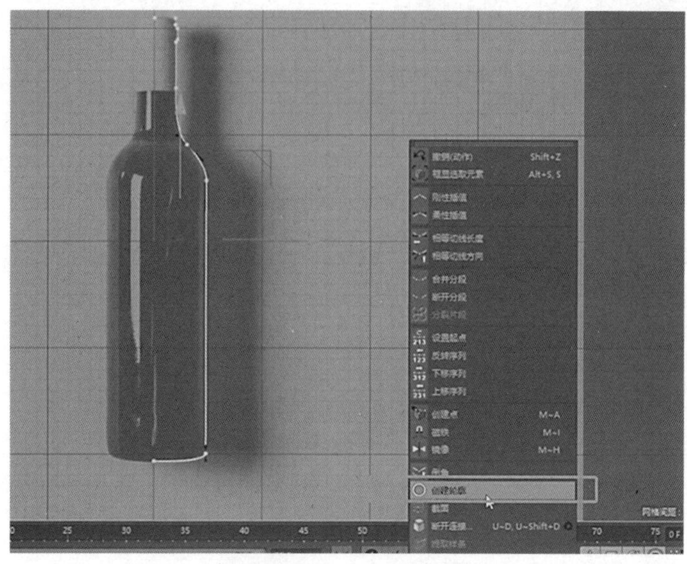

图 9-1-12　创建轮廓

12. 微调点，并对一些点做倒角，如图 9-1-13 所示。

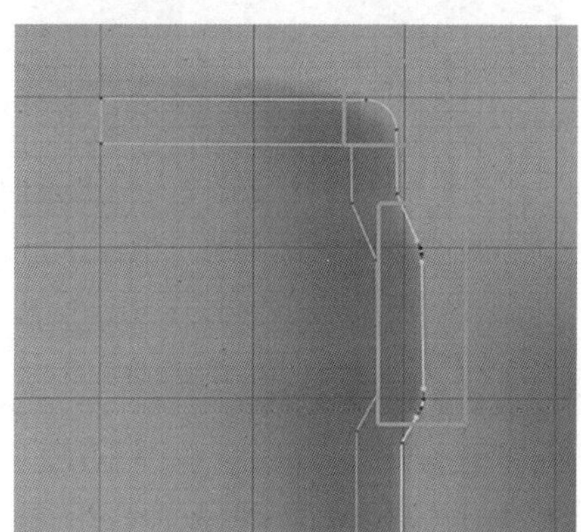

图 9-1-13　倒角

13. 创建旋转生成器，如图 9-1-14 所示。

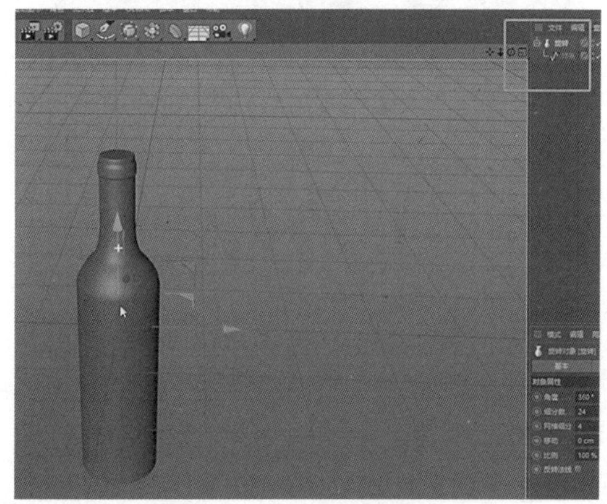

图 9-1-14　添加旋转生成器

14. 将上面两个点拉开，如图 9-1-15 所示。

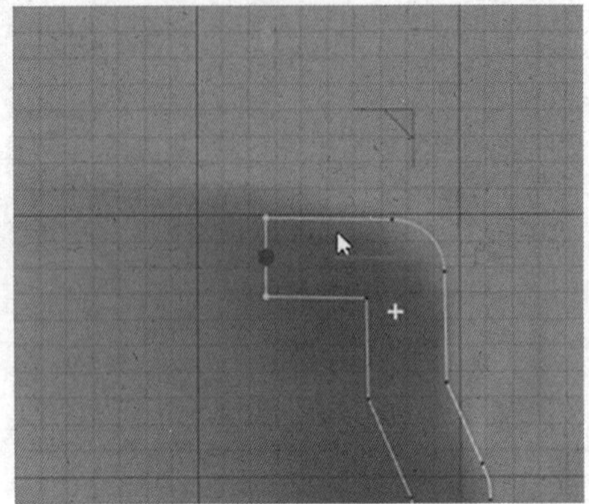

图 9-1-15　拉开两点

15. 对其中的一个点做倒角，如图 9-1-16 所示。

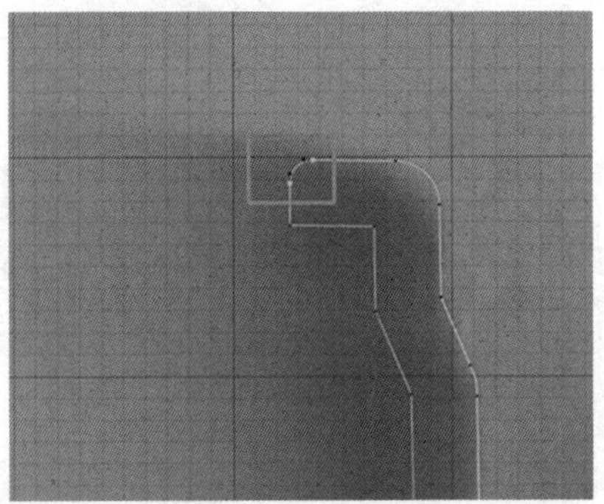

图 9-1-16　倒角

16. 选中三个点，右键点击“分裂”，如图 9-1-17 所示。

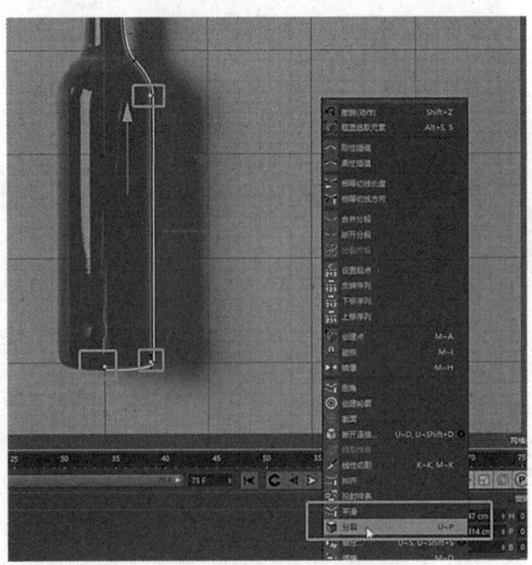

图 9-1-17　分裂

17. 分裂出单独的样条之后，在画笔工具下，在想要加点的位置右键点击“添加点”，如图 9-1-18 所示。

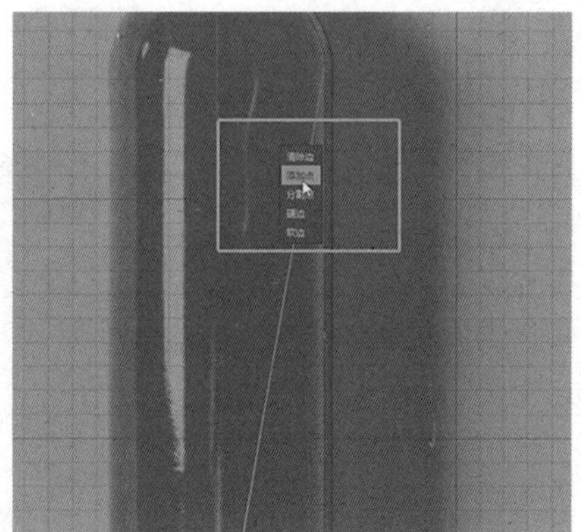

图 9-1-18　添加点

18. 将添加的点，拉到水平位置，如图 9-1-19 所示。

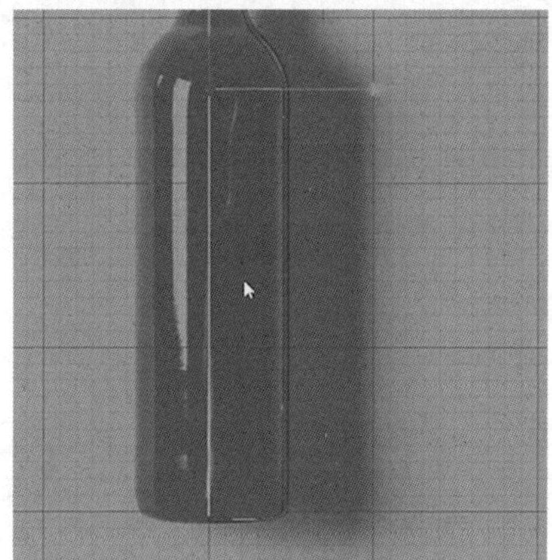

图 9-1-19　移动点

19. 给分裂出来的样条添加旋转生成器，如图 9-1-20 所示。

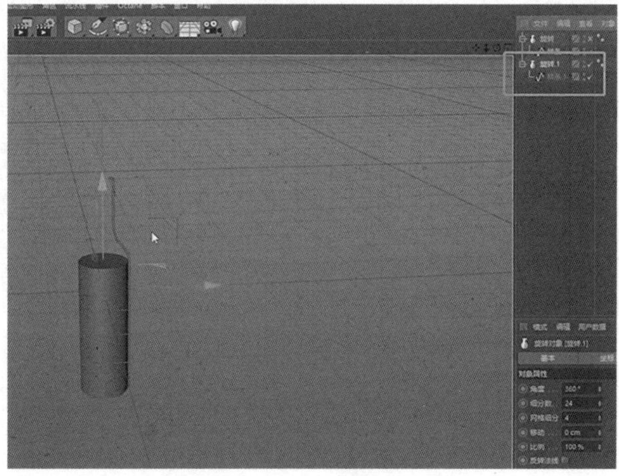

图 9-1-20　透视图窗口

### 02. 放样生成器

1. 打开工程，进入正视图，按住 Shift+V 进入视图设置，选择背景，将图片导入到背景的图像栏中，提高透明度以方便查看，如图 9-1-21 所示。

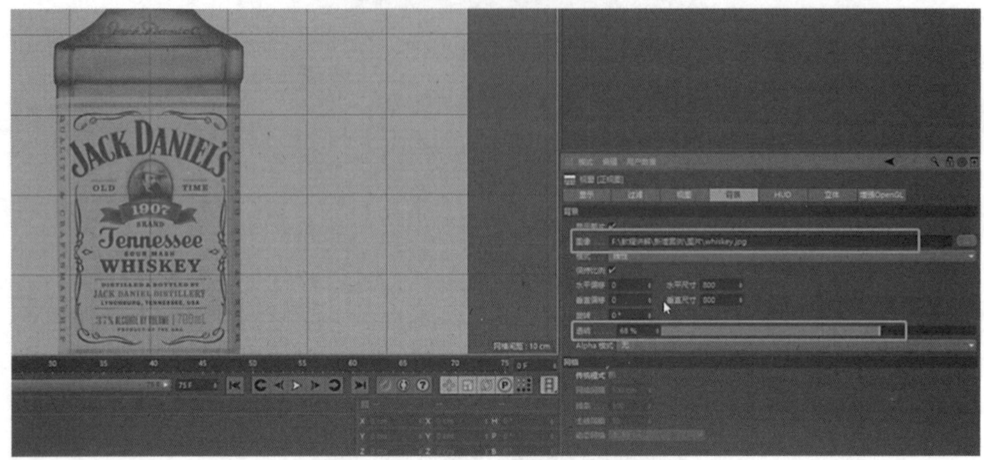

图 9-1-21　视图设置

2. 放样生成器的原理，就是会将多个样条的点连接起来，形成面。但用放样生成器时，尽量用闭合的样条，因为放样是存在点之间的对应关系的。在做之前，需要判断好模型的横截面是什么形状。

3. 创建矩形样条，打开圆角，调小圆角半径，如图 9-1-22 所示。

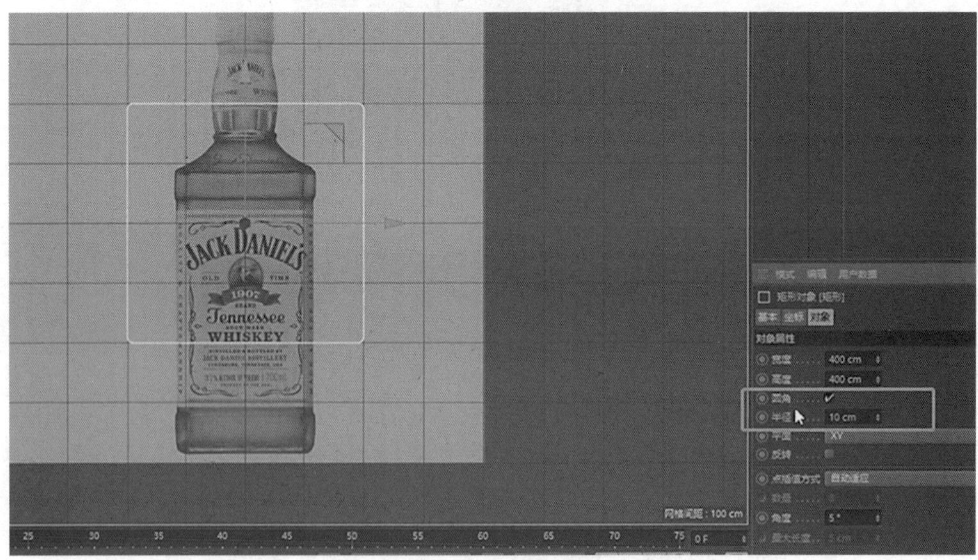

图 9-1-22　创建矩形样条

4. 将样条的平面改为 XZ，并放好位置。如图 9-1-23 所示。

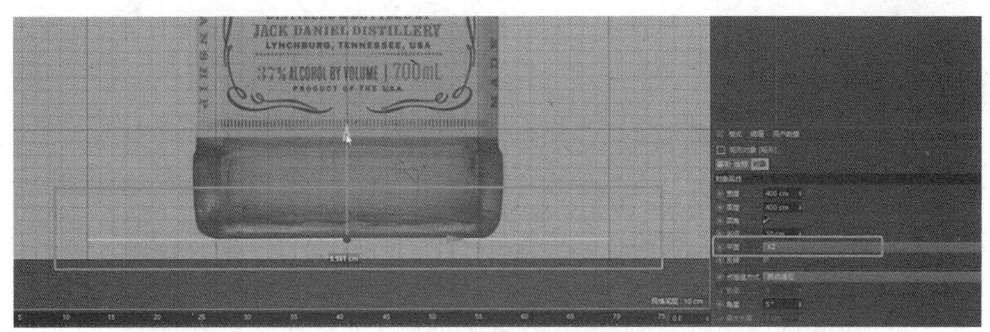

图 9-1-23　修改平面

5. 将样条复制，调整矩形的大小，往上叠放（移动的时候，按住 Ctrl 键可以复制并移动），重复此步骤，如图 9-1-24 所示。

图 9-1-24　移动并复制样条

6. 到上面部分，横截面变成圆形，所以创建圆环，平面改为 XZ，调整大小，放好位置，重复步骤，如图 9-1-25 所示。

图 9-1-25　圆环样条

7. 叠放完，创建放样生成器，将所有样条选中，拖到放样中作为子级，如图 9-1-26 所示。

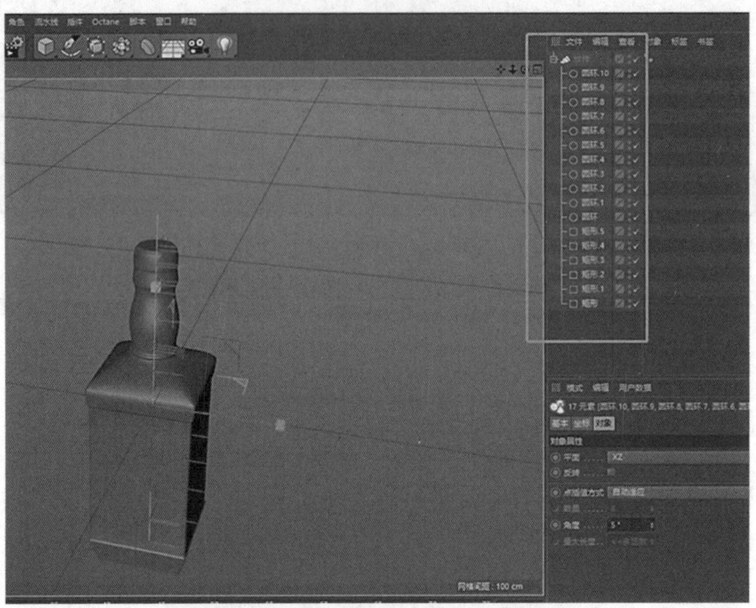

图 9-1-26 添加放样生成器

8. 可以调整细分，并调整样条的位置。如图 9-1-27、图 9-1-28 所示。

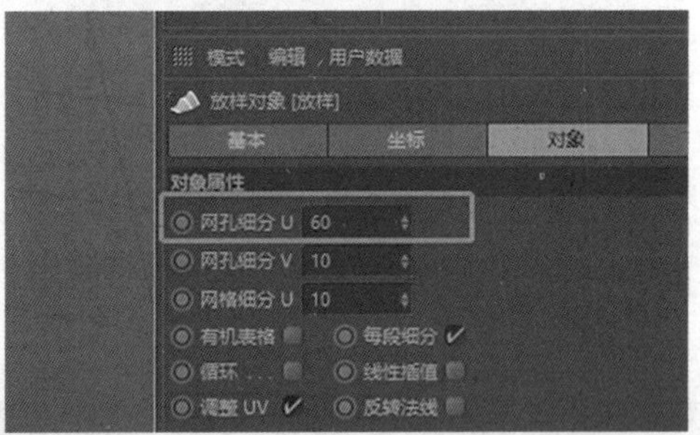


图 9-1-27 增加细分

图 9-1-28 调整样条的位置

9. 可以添加其他样条，组合成一些其他效果的模型。如图 9-1-29 所示。

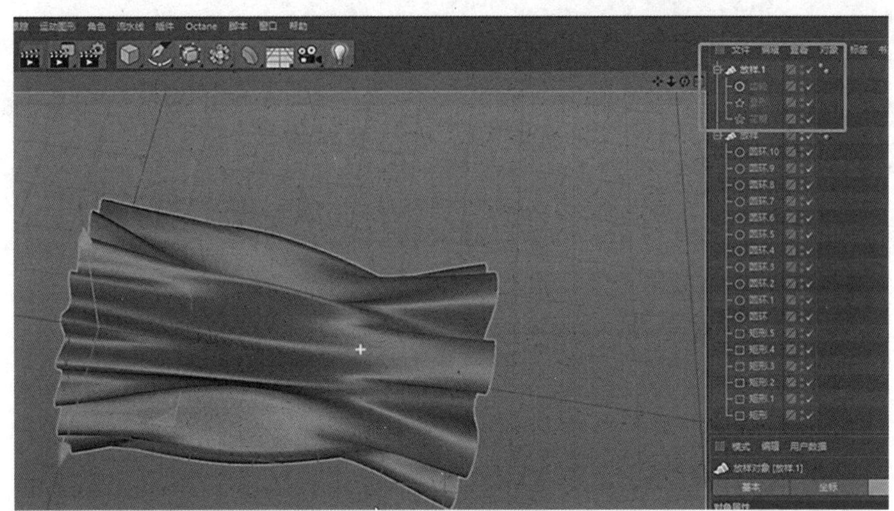

图 9-1-29　案例

10. 旋转生成器与放样生成器组合的建模案例如图 9-1-30 至图 9-1-32 所示。

图 9-1-30　建模案例一

图 9-1-31　建模案例二

图 9-1-32　建模案例三

任务9.2

# 扫描生成器、挤压生成器

## 教学重点

- 熟悉挤压生成器和扫描生成器。

## 教学难点

- 理解挤压生成器和扫描生成器的原理。

## 任务分析

### 01. 任务目标

1. 懂得判断运用扫描生成器时，路径和横截面的形状。

2. 拓展扫描生成器的用法。

3. 了解挤压生成器的原理跟用法。

### 02. 实施思路

通过视频将案例中的小场景做出来，达到熟悉挤压生成器和扫描生成器的目标。

## 任务实施

### 01. 扫描生成器

1. 按住快捷键 Ctrl + N 创建新的工程，创建管道模型，如图 9-2-1 所示。

图 9-2-1 创建管道

2. 将管道的内圆半径调大，如图 9-2-2 所示。

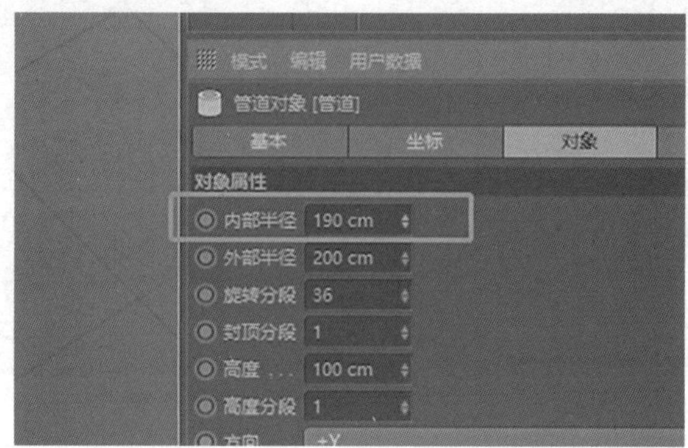


图 9-2-2　对象属性窗口

3. 勾选切片，调整起点和终点，就可以自由裁切管道了，如图 9-2-3 所示。

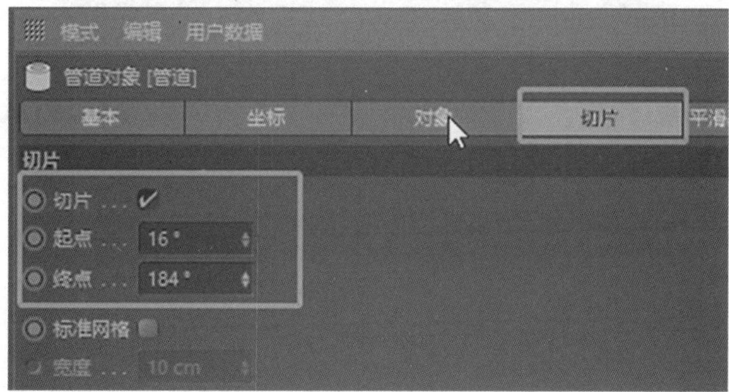


图 9-2-3　切片

4. 增加管道的高度，如图 9-2-4 所示。

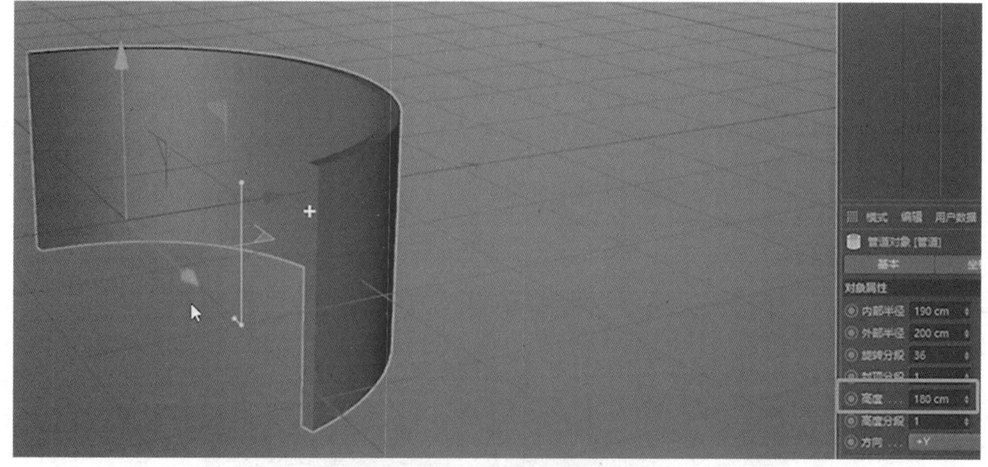

图 9-2-4　示意图

5. 创建新工程，创建矩形样条，如图 9-2-5 所示。

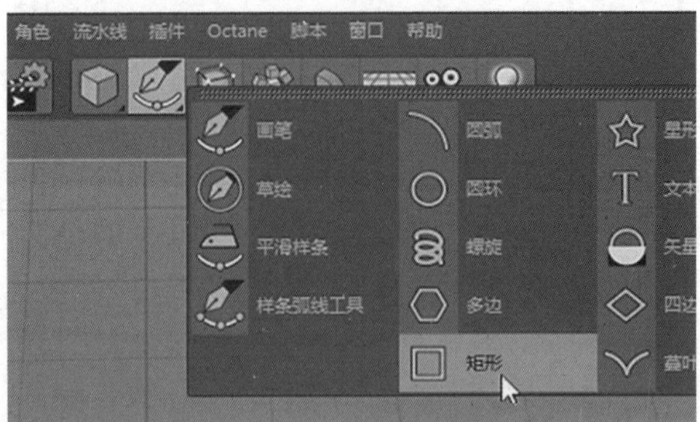


图 9-2-5　创建矩形样条

6. 创建圆弧样条，如图 9-2-6 所示。

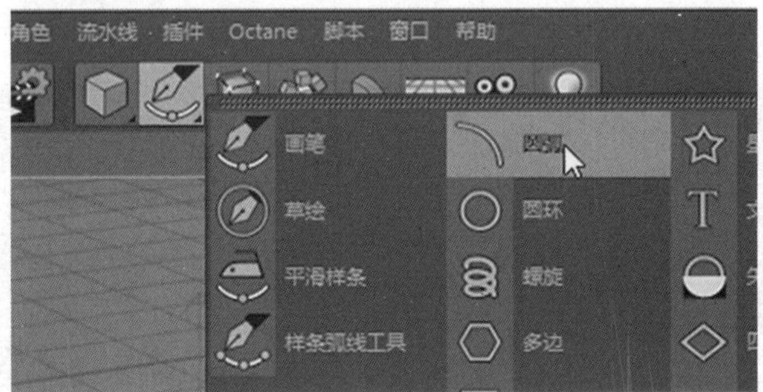


图 9-2-6　创建圆弧样条

7. 创建扫描生成器，将矩形样条跟圆弧样条放进去作为子级，如图 9-2-7、图 9-2-8 所示。

图 9-2-7　添加扫描生成器

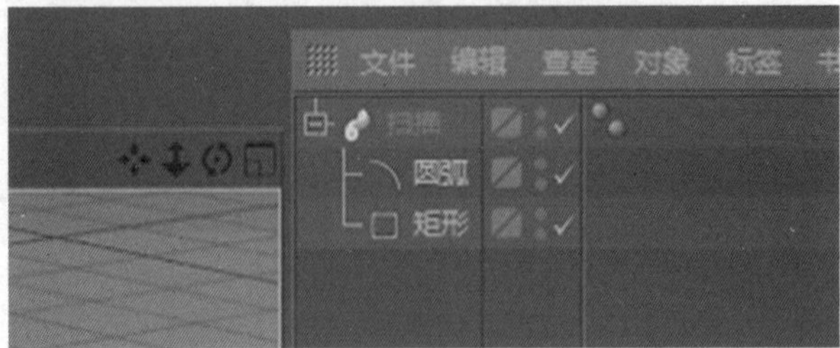


图 9-2-8　矩形和圆弧样条作为子级

8. 将矩形样条放到圆弧样条的上方，因为在扫描生成器中，横截面要放在路径上面，如图 9-2-9 所示。

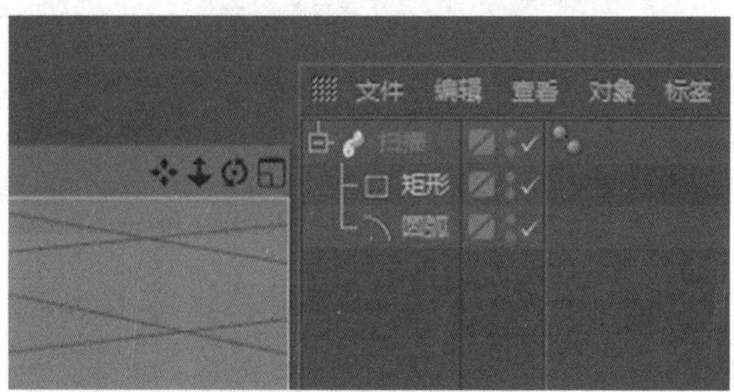


图 9-2-9　改变子级顺序

9. 调整矩形样条的高度和宽度，如图 9-2-10 所示。

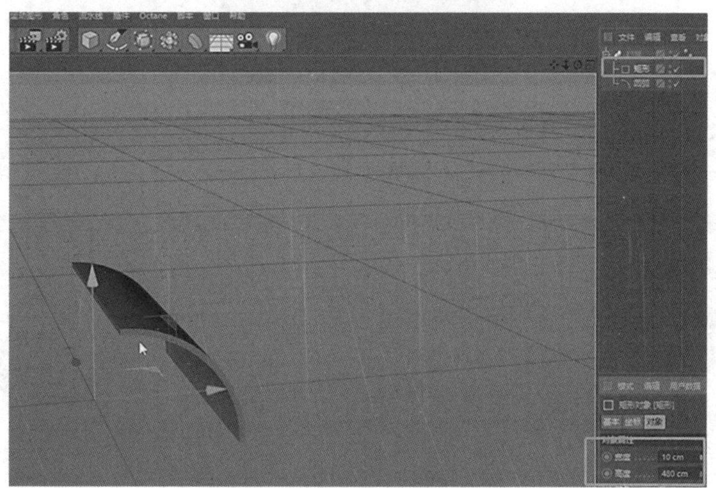

图 9-2-10　调整高度和宽度

10. 创建新工程，进入正视图。选用画笔工具，打开捕捉工具，打开网格点捕捉跟网格线捕捉，能让画笔吸附点跟线，让画直线更加简单，如图 9-2-11、图 9-2-12 所示。

图 9-2-11　选用画笔工具

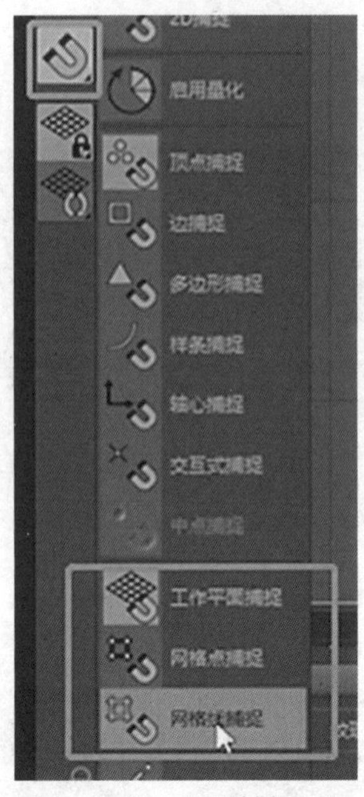


图 9-2-12　打开捕捉工具

11. 画一条拐弯的线。然后关闭捕捉工具，如图 9-2-13、图 9-2-14 所示。

图 9-2-13　画线

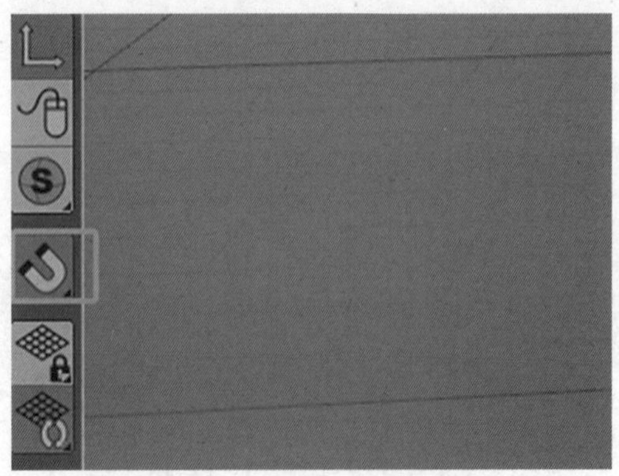

图 9-2-14　关闭捕捉工具

12. 样条的拐角处做倒角，如图 9-2-15 所示。

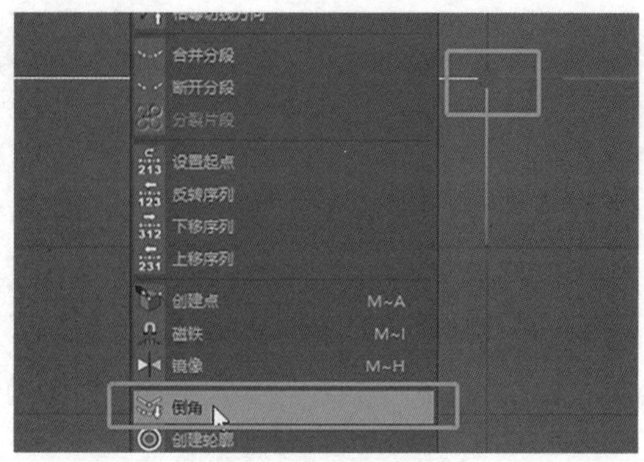


图 9-2-15　倒角

13. 创建圆环样条并缩小，如图 9-2-16、图 9-2-17 所示。

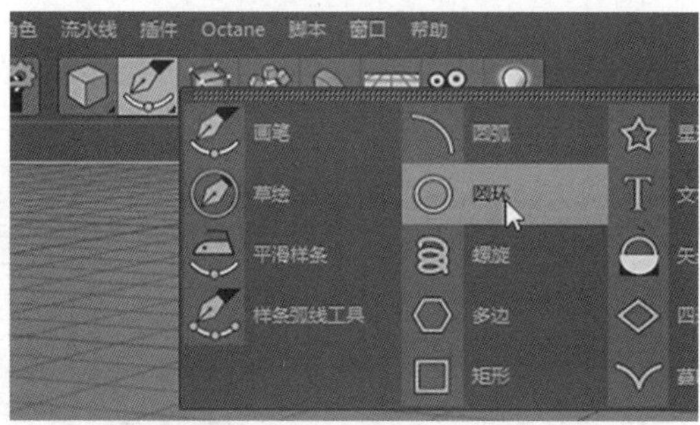


图 9-2-16　创建圆环样条

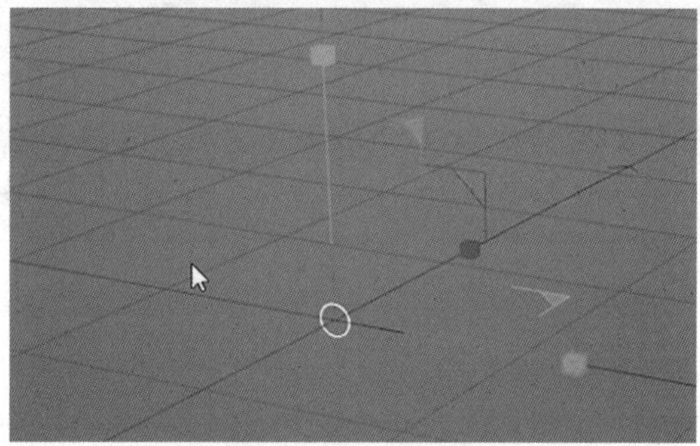

图 9-2-17　示意图

14. 创建扫描，将刚才画的样条跟圆环放进去作为子级。圆环在上，样条在下，如图 9-2-18、图 9-2-19 所示。

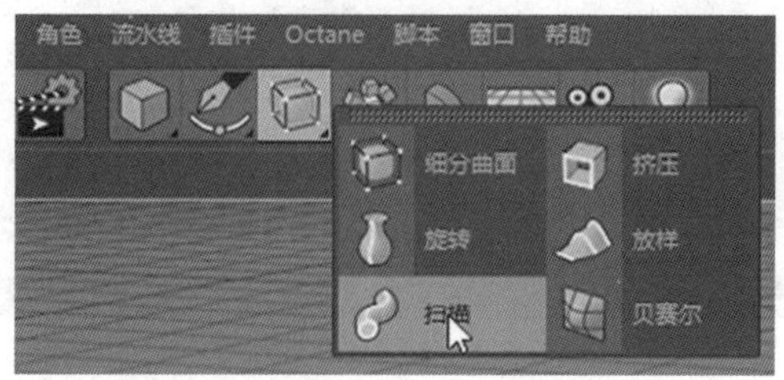


图 9-2-18　添加扫描生成器

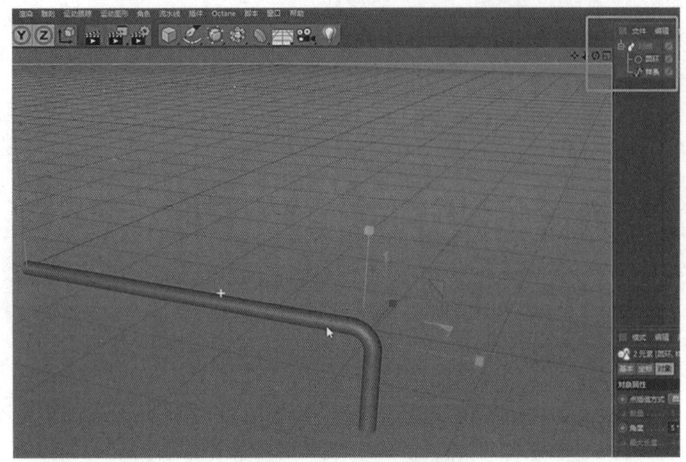

图 9-2-19　示意图

15. 画不同维度的样条需要在多视图模式下画。先切换到多视图模式，如图 9-2-20 所示。

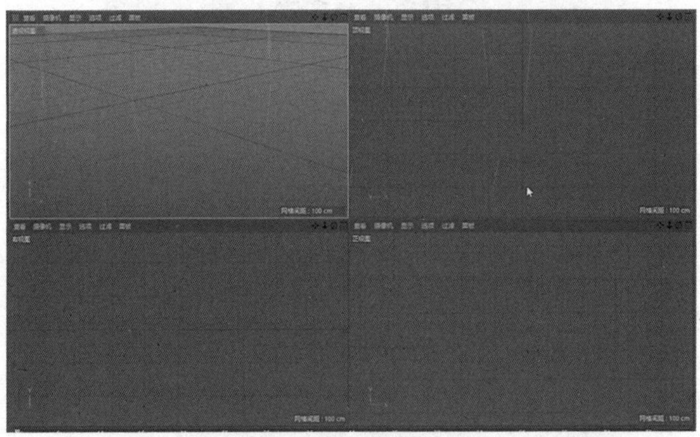

图 9-2-20　多视图窗口

16. 用画笔工具先在顶视图画出一段拐弯的线，如图 9-2-21 所示。

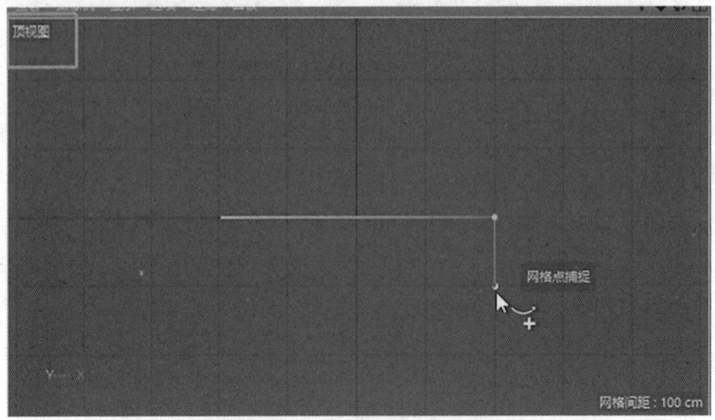


图 9-2-21　顶视图窗口

17. 将画笔移动到正视图，往下画，如图 9-2-22 所示。

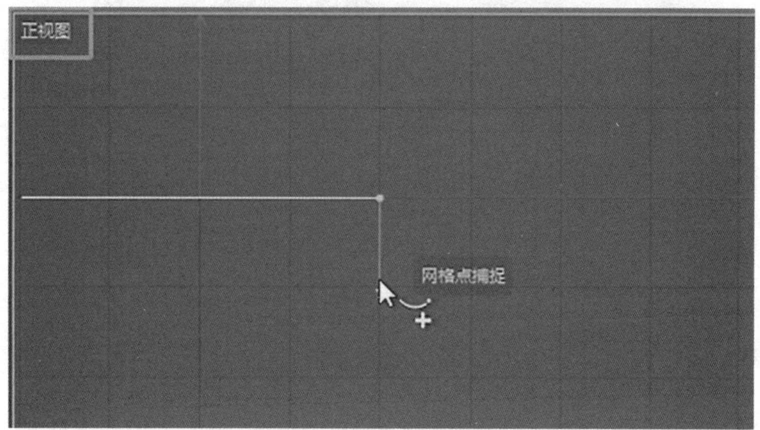


图 9-2-22　正视图窗口

18. 对两个拐角的点做倒角，让管道圆滑一点，如图 9-2-23 所示。

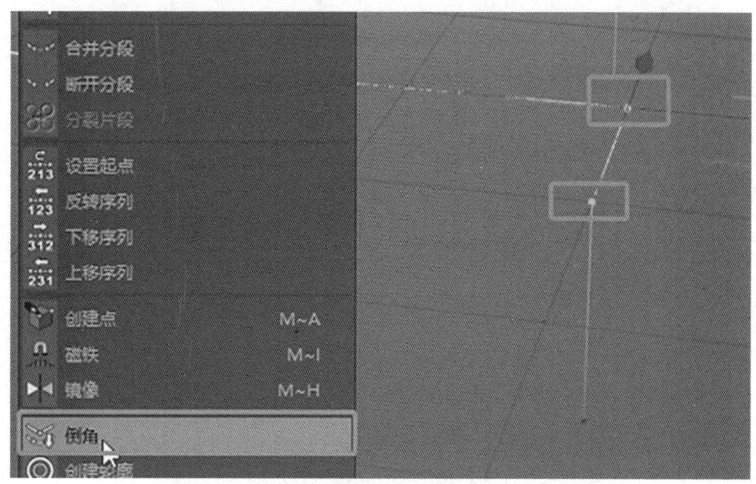


图 9-2-23　倒角

19. 创建圆环样条并缩小，如图 9-2-24、图 9-2-25 所示。

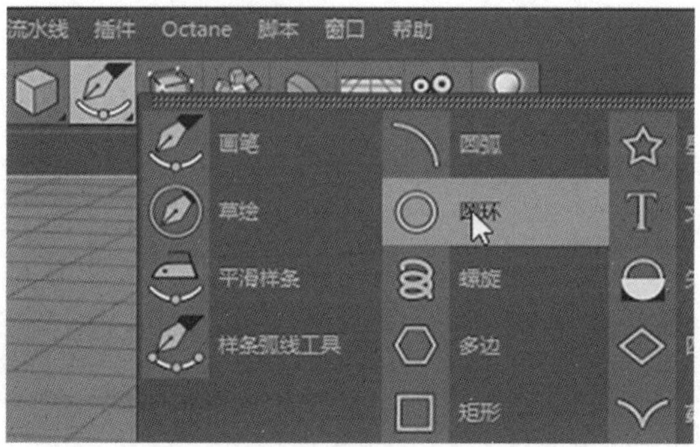


图 9-2-24　创建圆环样条

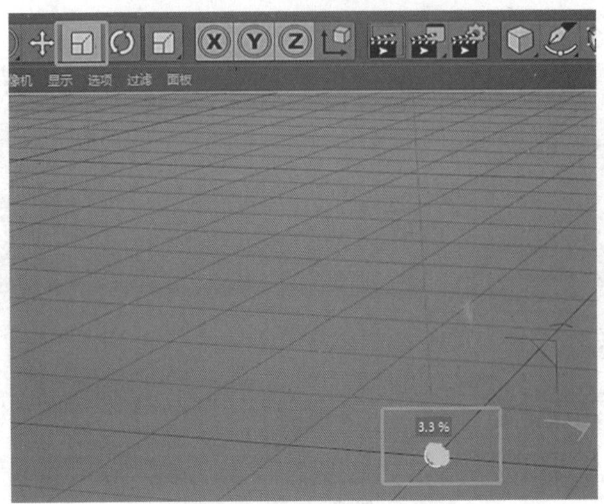

图 9-2-25　缩小圆环

20. 创建扫描生成器，将样条跟圆环放进去作为子级，如图 9-2-26、图 9-2-27 所示。

图 9-2-26　创建扫描生成器

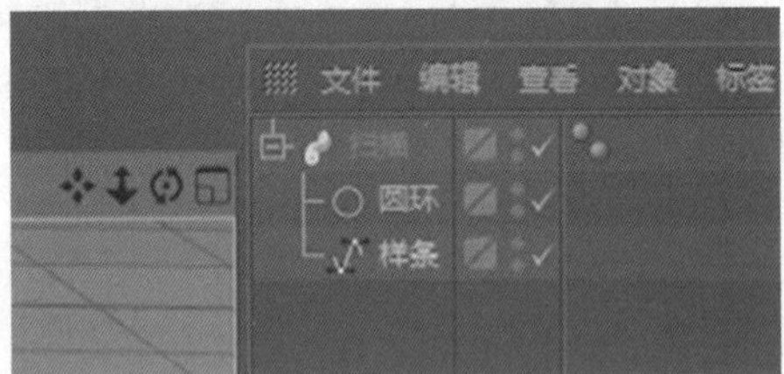

图 9-2-27　示意图

21. 扫描生成器中的开始跟结束生长是做裁切，如图 9-2-28 所示。

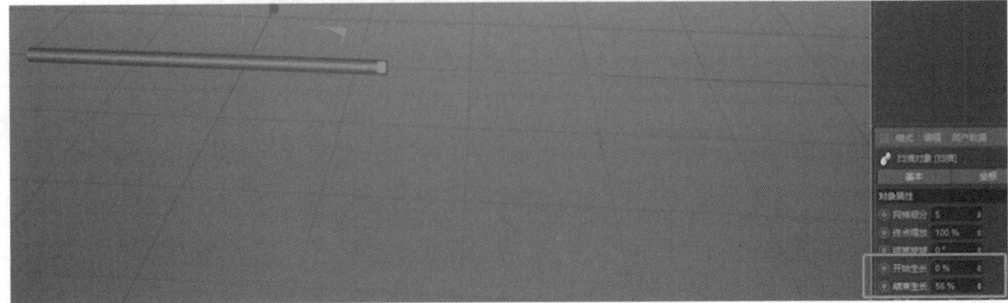
图 9-2-28　裁切

22. 封顶中选择圆角封顶，调整步幅跟半径如图 9-2-29 所示。

图 9-2-29　圆角封顶

## 02. 挤压生成器

1. 挤压生成器是可以将平面或者闭合样条，挤出一定的厚度，而且可以是多个方向的。

2. 创建新工程，进入顶视图。切换画笔工具，打开捕捉工具，画出台子的轮廓。如图 9-2-30 所示。

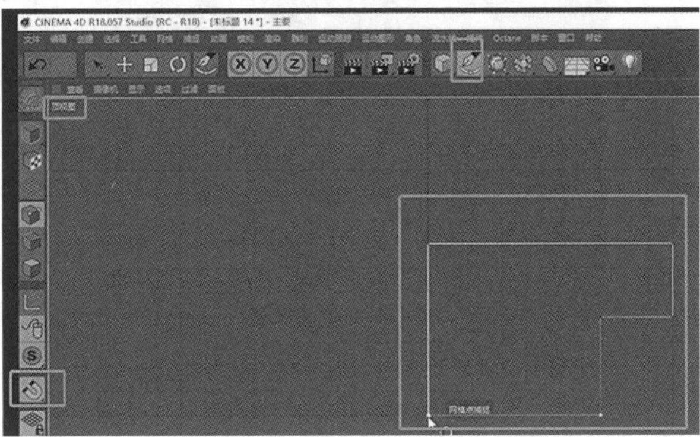

图 9-2-30　顶视图窗口

3. 全选所有点，做倒角，如图 9-2-31、图 9-2-32 所示。

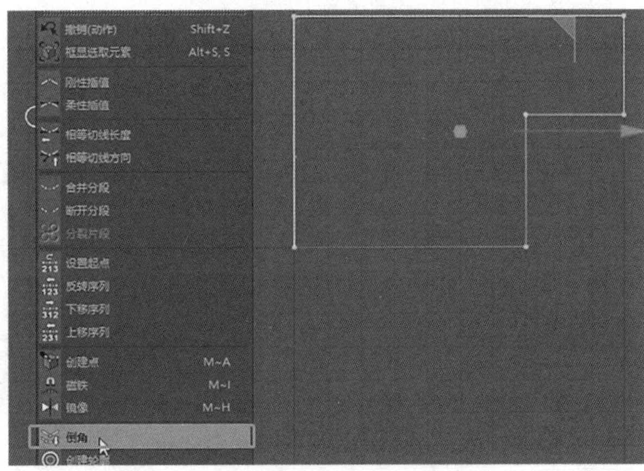


图 9-2-31　全选

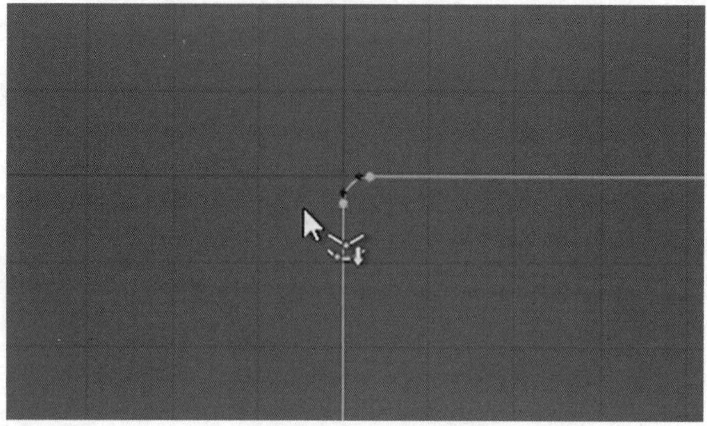

图 9-2-32　倒角

4. 添加挤压作为样条的父级，如图 9-2-33、图 9-2-34 所示。

图 9-2-33　添加挤压生成器

图 9-2-34　挤压生成器与样条线的父子级关系

5. 将挤压中移动的第三栏，也就是 Z 轴上的挤压改为 0；第二栏，也就是 Y 轴上的挤压改为 -200 cm。如图 9-2-35 所示。

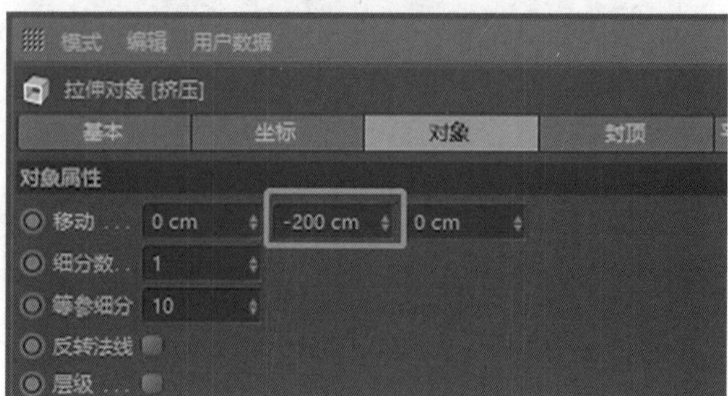


图 9-2-35　修改对象属性

6. 将挤压的封顶改为圆角封顶，调整步幅跟半径，如图 9-2-36 所示。

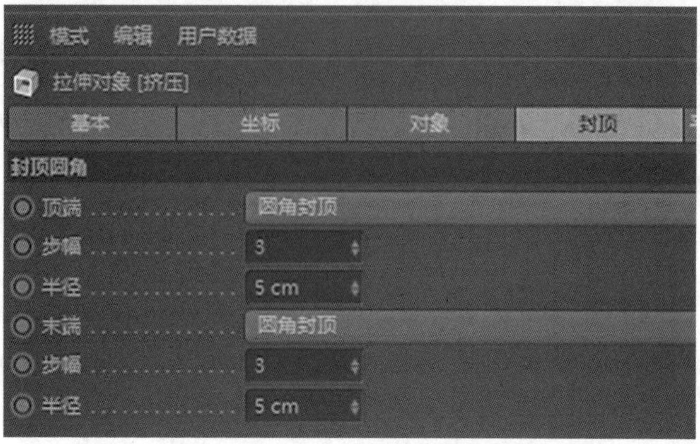

图 9-2-36　修改封顶

7. 在对象栏里按住 Ctrl 键拖动对象，可以直接复制对象，如图 9-2-37、图 9-2-38 所示。

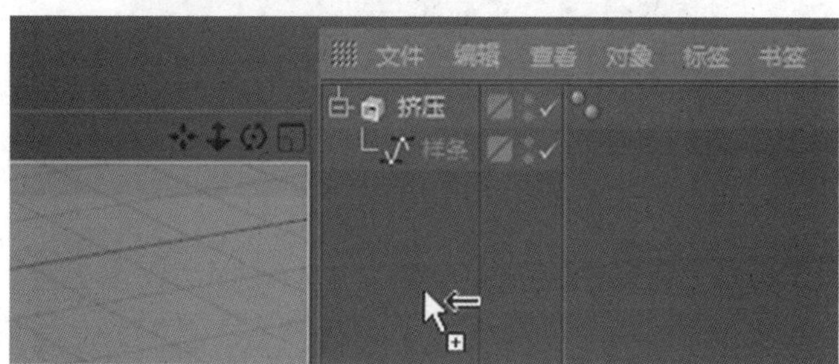

图 9-2-37　按住 Ctrl 键拖动挤压对象

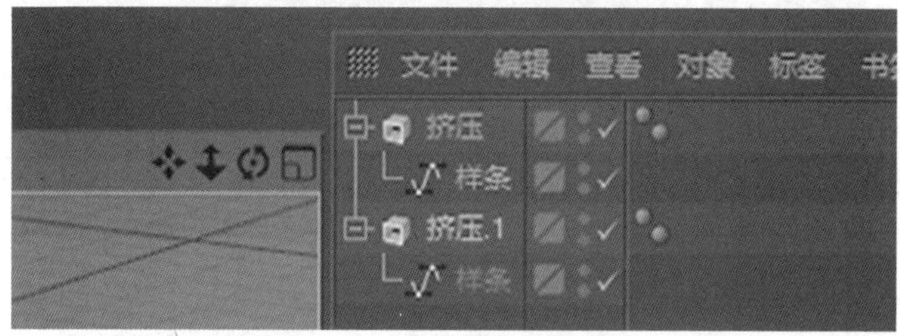

图 9-2-38　复制完成

8. 将复制出来的挤压的厚度调小，然后放好位置，如图 9-2-39 所示。

图 9-2-39　示意图

9. 创建新工程，创建文本样条，如图 9-2-40 所示。

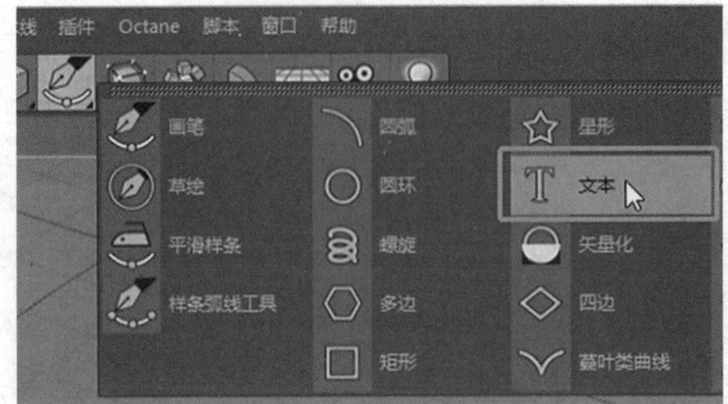


图 9-2-40　创建文本样条

10. 改变文字，如图 9-2-41 所示。

图 9-2-41　修改文字

11. 可以调整文字的高度和水平间隔，如图 9-2-42 所示。

图 9-2-42　调整文字大小

12. 给文本样条添加挤压，如图 9-2-43、图 9-2-44 所示。

图 9-2-43　点击“挤压”

图 9-2-44　添加挤压生成器

13. 将挤压的封顶改为圆角封顶，调整步幅跟半径，如图 9-2-45 所示。

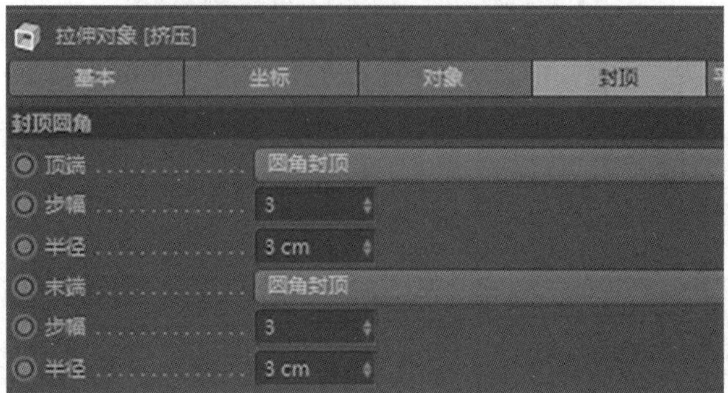


图 9-2-45　修改封顶

14. 关闭挤压，选择文本，然后按快捷键 C，将文本转为可编辑对象，如图 9-2-46 所示。

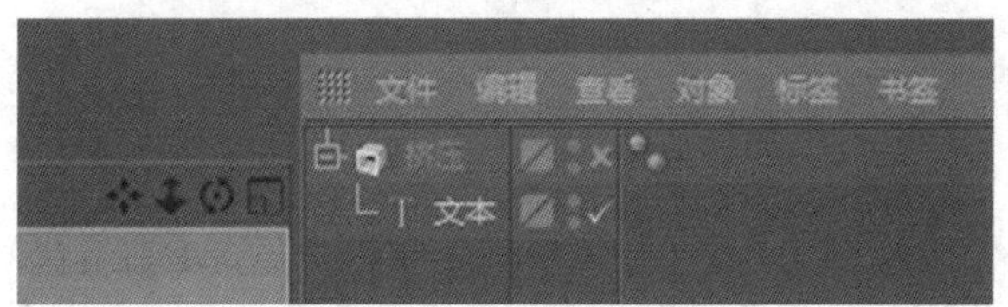


图 9-2-46　转为可编辑对象

15. 全选文本样条的所有点，右键点击“倒角”，如图 9-2-47、图 9-2-48 所示。

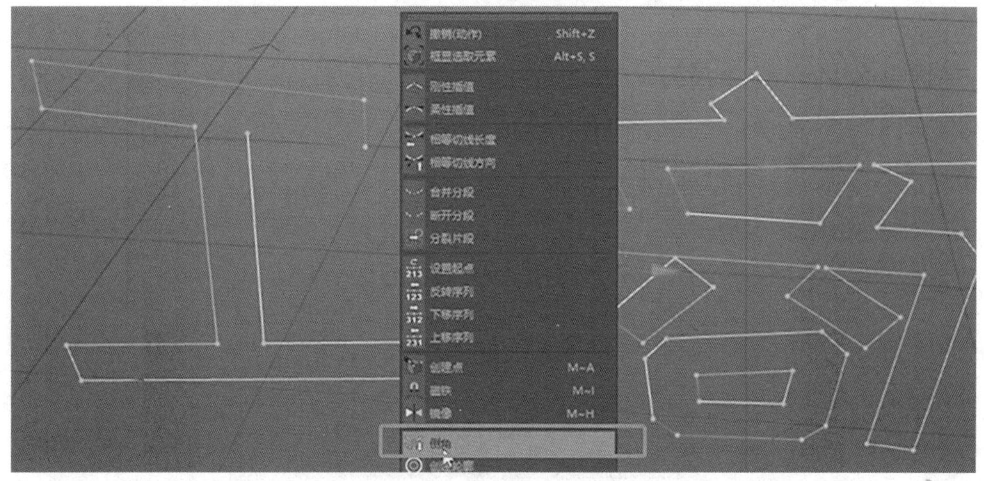

图 9-2-47　倒角

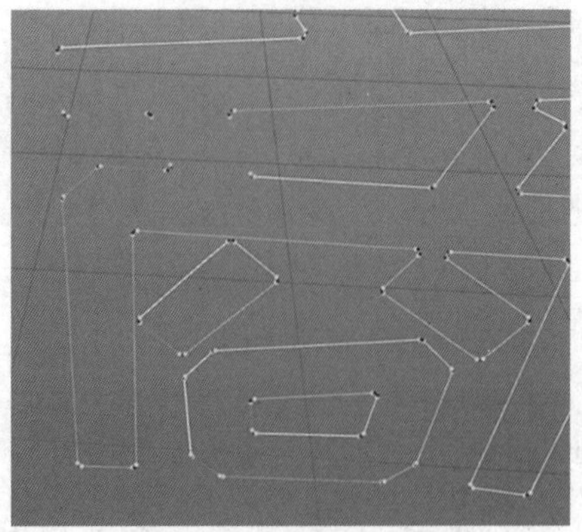

图 9-2-48　倒角效果

16. 打开挤压，如图 9-2-49 所示。

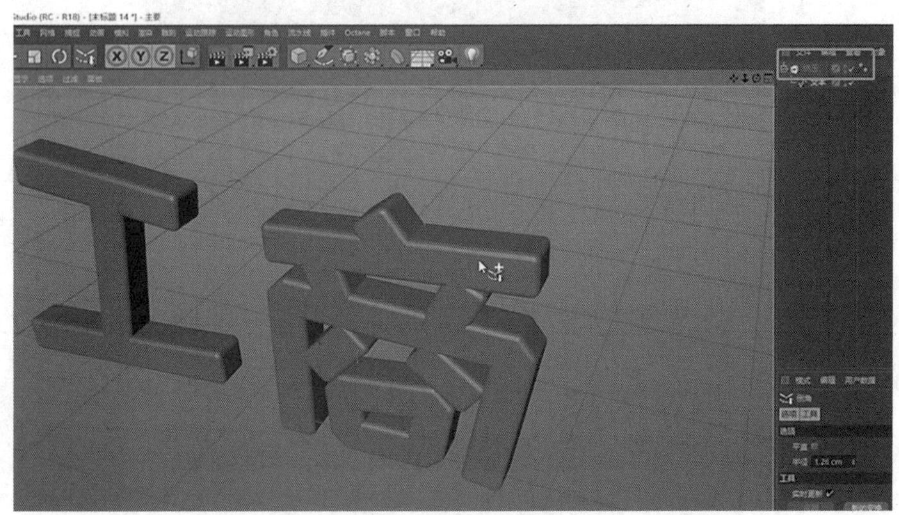

图 9-2-49　示意图

17. 扫描生成器与挤压生成器的综合案例，如图 9-2-50 所示。

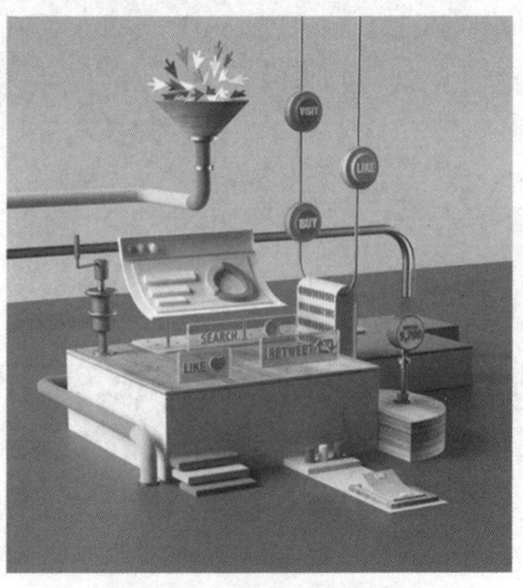


图 9-2-50　建模实例

## 任务 9.3

# 变形金刚动画

### 教学重点

- **熟悉样条挤压。**
- **熟悉动画原理。**
- **熟悉贴图的平直投射方式**

### 教学难点

- **理解镂空的样条挤压。**
- **理解如何在一帧的时间将物体隐藏 / 显示。**

### 任务分析

#### 01. 任务目标

1. 熟悉样条挤压。

2. 熟悉动画原理。

3. 熟悉贴图的平直投射方式。

#### 02. 实施思路

独立完成整个案例，包建模、贴图、动画。

### 任务实施

#### 01. 建模及材质

1. 按快捷键 Ctrl + N 创建新的工程，进入正视图，按 Shift + V 进入视图设置，将图片导入正视图背景中，提高透明度，如图 9-3-1 所示。

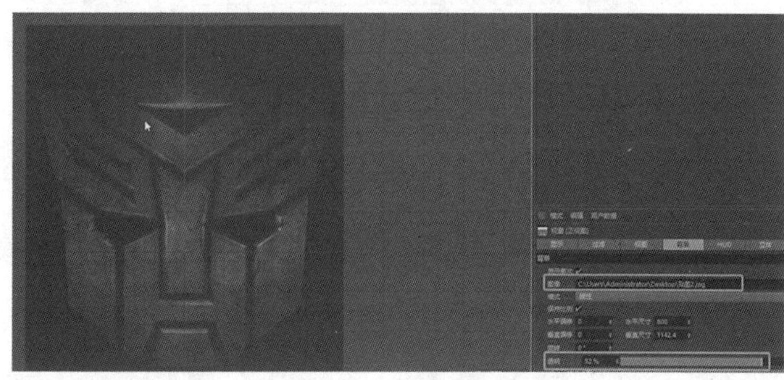

图 9-3-1　视图窗口

2. 切换画笔工具，将额头的轮廓画出来，如图 9-3-2 所示。

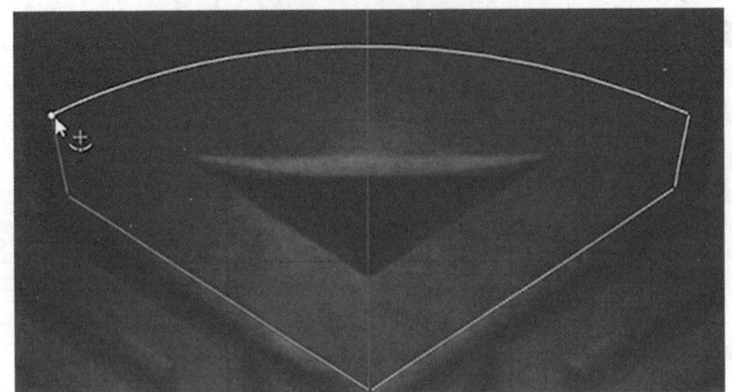

图 9-3-2　切换画笔工具

3. 额头中镂空的部分，要画在同个样条上。因为挤压不会识别两个样条，如图 9-3-3 所示。

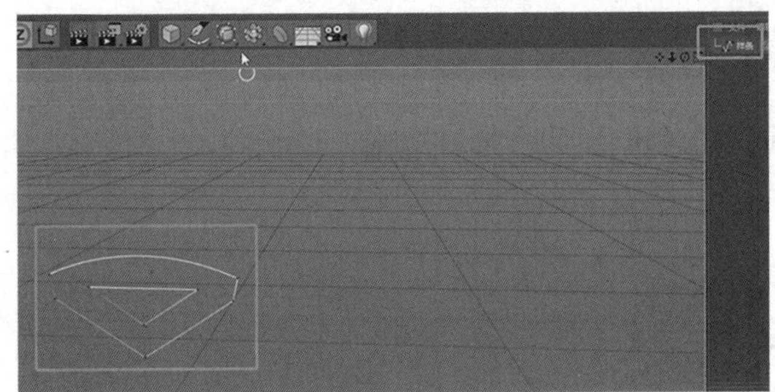

图 9-3-3　示意图

4. 给画好的样条添加挤压，厚度设置为 50 cm，如图 9-3-4 至图 9-3-6 所示。

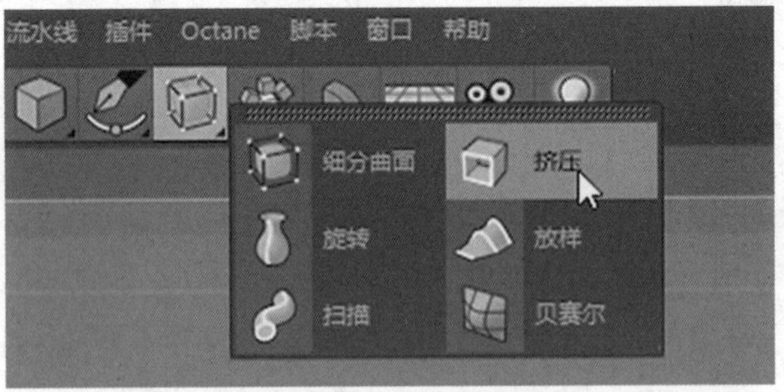


图 9-3-4　点击“挤压”

图 9-3-5　添加挤压生成器

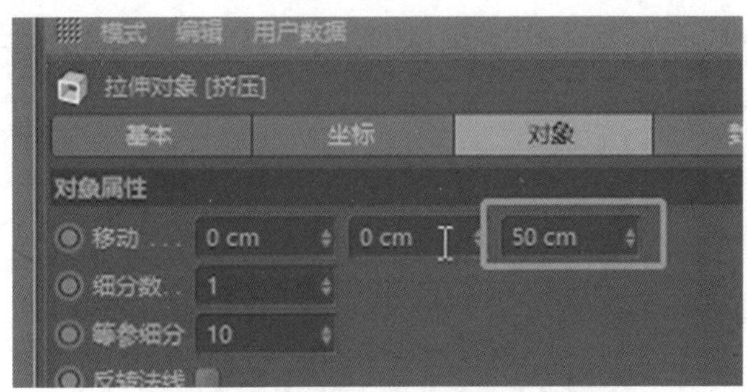


图 9-3-6 设置厚度

5. 打开挤压的圆角封顶，调整半径，不调步幅，因为图片中的封顶不是圆滑的，如图 9-3-7 所示。

图 9-3-7 修改封顶

6. 觉得圆弧不够圆滑，可以调整样条的角度。然后给挤压命名为额头，如图 9-3-8、图 9-3-9 所示。

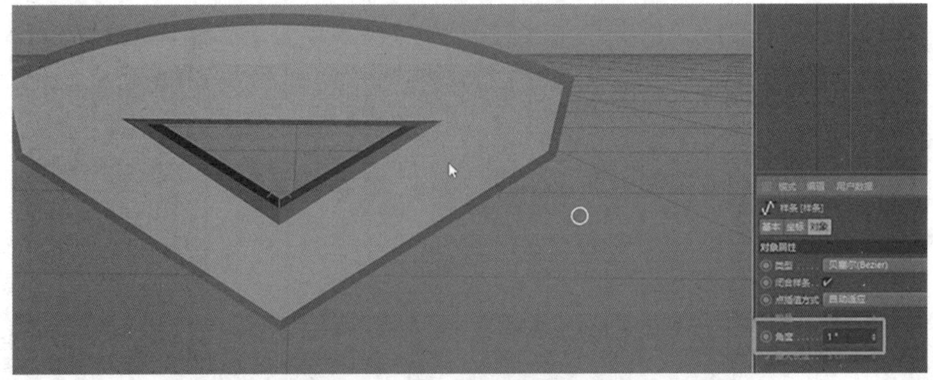

图 9-3-8 修改样条角度

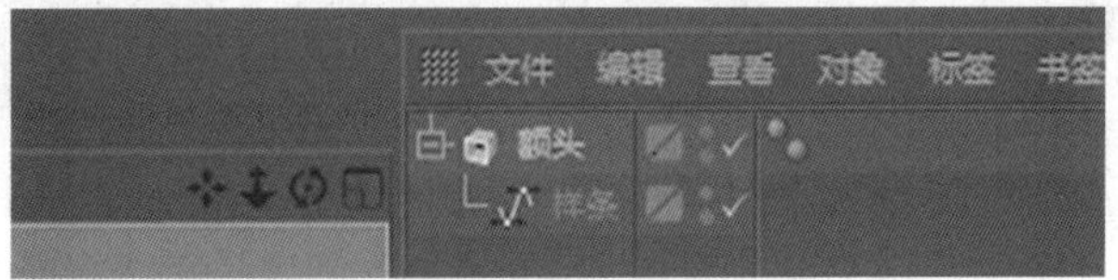


图 9-3-9 命名

7. 在正视图中，用画笔工具将右眼画出来。然后给右眼添加挤压并调整成跟额头一样的参数。如图 9-3-10 至图 9-3-13 所示。

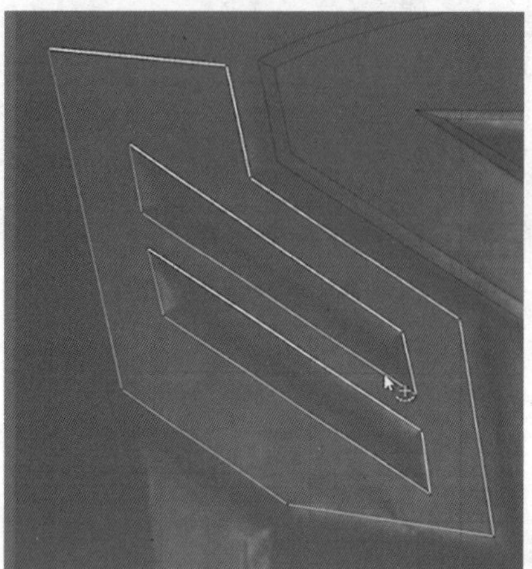

图 9-3-10　切换画笔工具

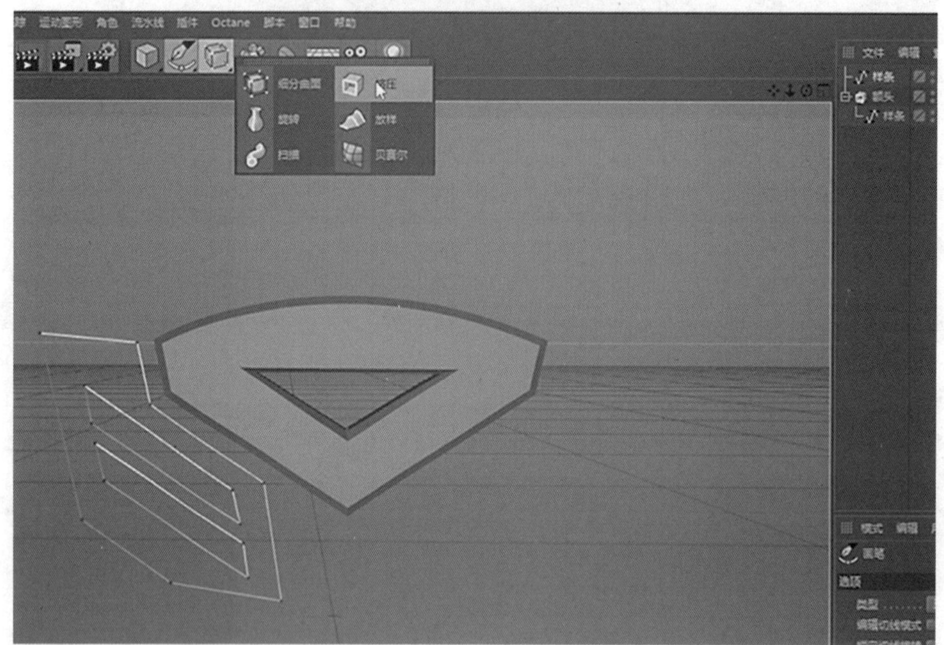


图 9-3-11　添加挤压生成器

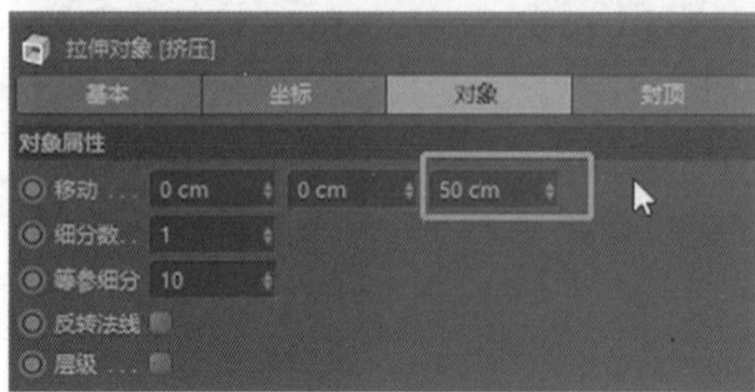


图 9-3-12　设置厚度

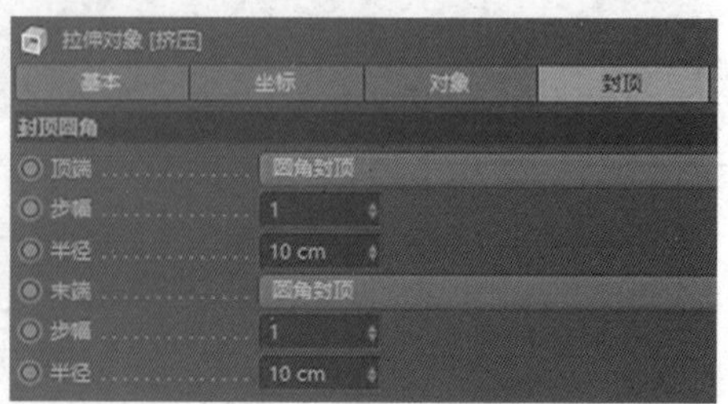


图 9-3-13　修改封顶

8. 将右眼复制一个出来，然后用旋转工具，向左旋转 180°，作为左眼。旋转的时候按住 Shift 键可以量化。如图 9-3-14、图 9-3-15 所示。

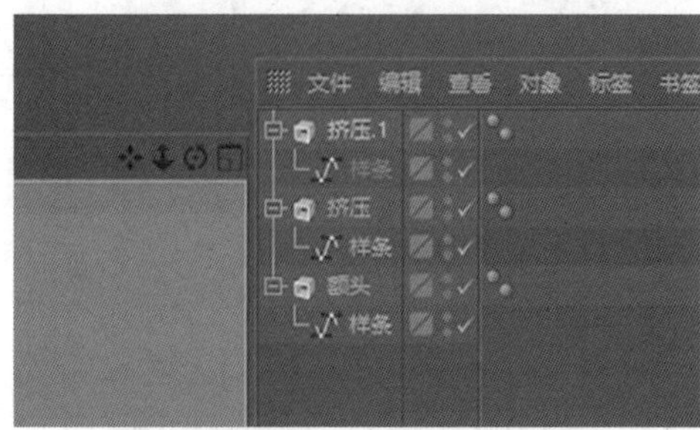


图 9-3-14　复制

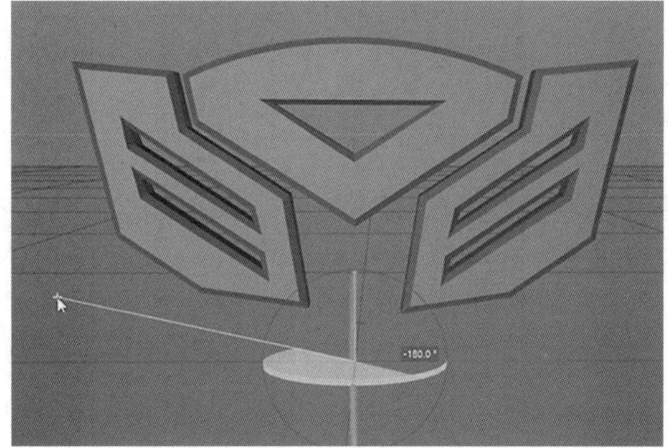


图 9-3-15　旋转

9. 将左眼的挤压尺寸改为 -50 cm，并将两个挤压都命名好，如图 9-3-16、图 9-3-17 所示。

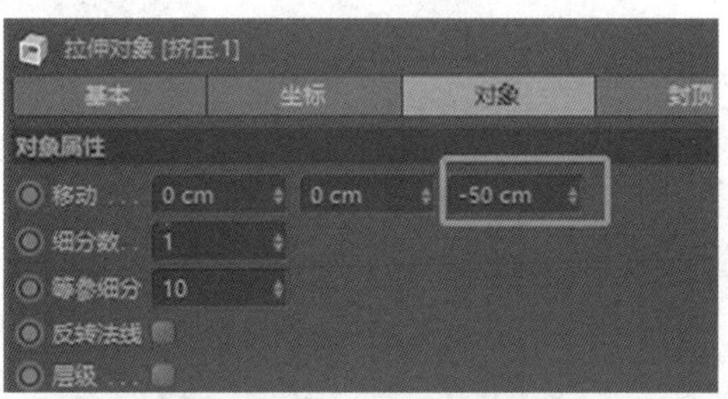


图 9-3-16　修改厚度

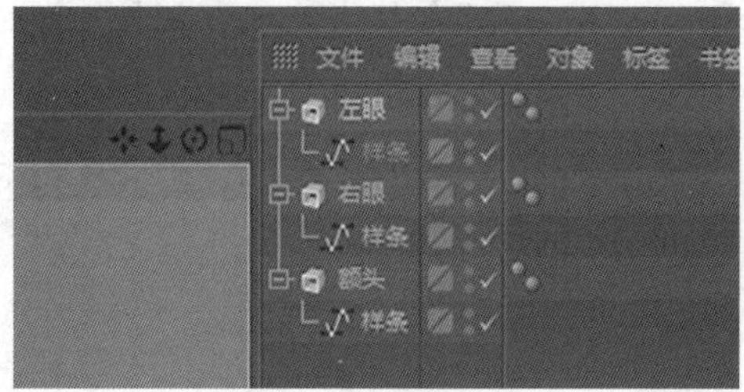


图 9-3-17　命名

10. 进入正视图，用画笔工具将鼻子的一半轮廓画出来，如图 9-3-18 所示。

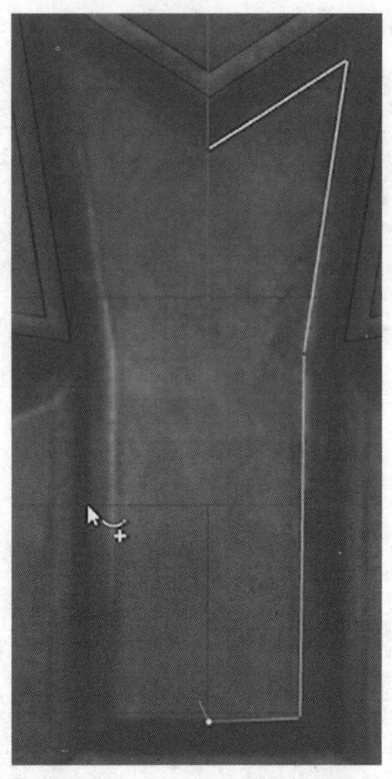

图 9-3-18　切换画笔工具

11. 将靠近 Y 轴的两个点的 X 位置归零，如图 9-3-19、图 9-3-20 所示。

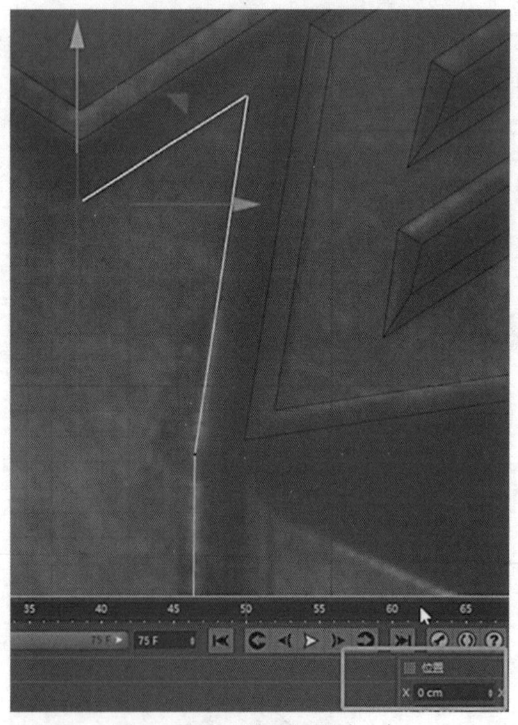


图 9-3-19　数值归零（一）

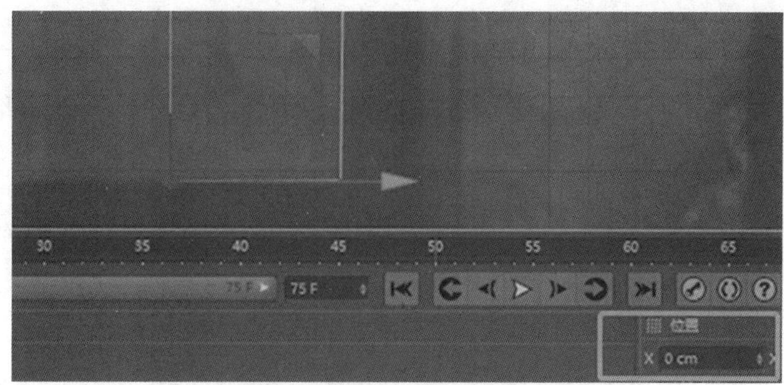


图 9-3-20　数值归零（二）

12. 在空白处点击一下，不选中任何点，然后右键点击“镜像”，如图 9-3-21 所示。

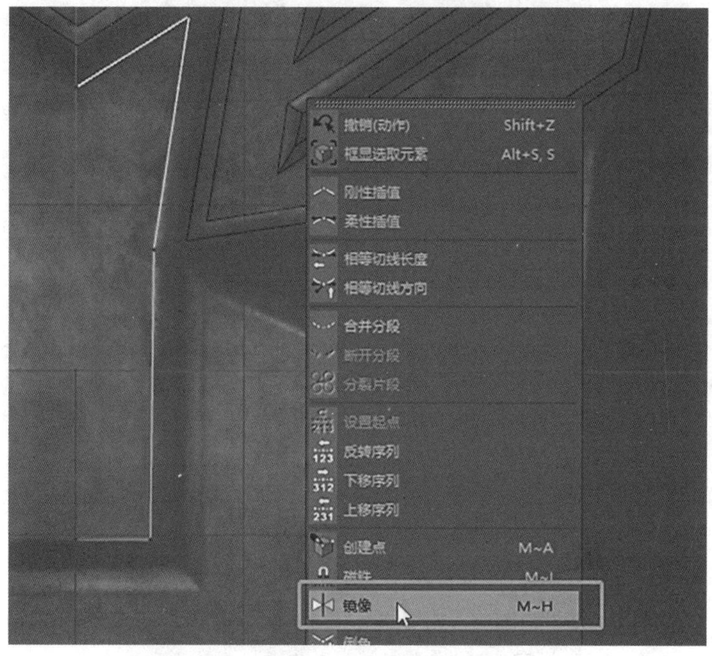


图 9-3-21　镜像

13. 镜像中的坐标系统改为“对象”，镜像平面改为“ZY”，点击“应用”，样条就会以 Y 轴为对称轴镜像复制出另一半的样条出来，如图 9-3-22、图 9-3-23 所示。

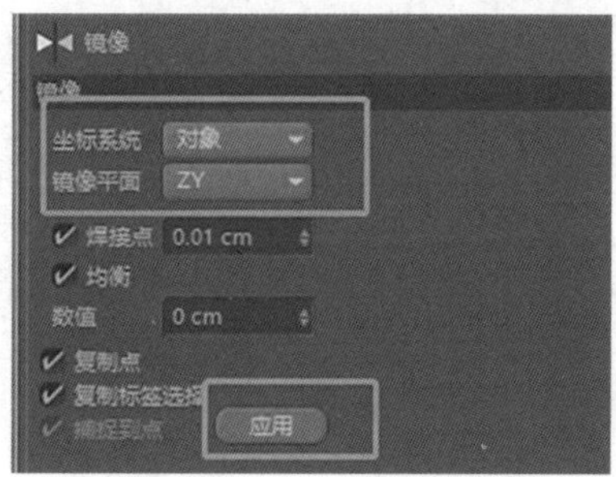


图 9-3-22　对象属性窗口

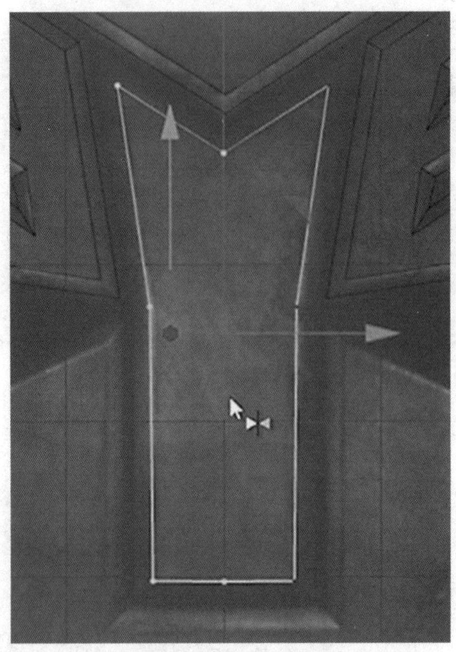

图 9-3-23　示意图

14. 但是现在还不能直接给样条添加挤压，因为现在样条看上去虽然像闭合的，但拉开中间的点就会发现，并不是连接的状态。所以还需要将点拉开一点点，用画笔工具，连接起来。上下两个连接处都要用画笔工具连接起来。如图 9-3-24、图 9-3-25 所示。

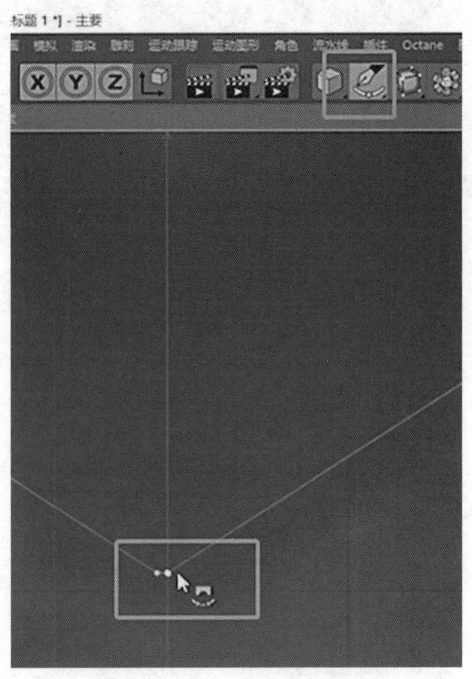


图 9-3-24　连接点（一）

图 9-3-25　连接点（二）

15. 给鼻子的样条添加挤压，调整参数为 50 cm，如图 9-3-26 所示。

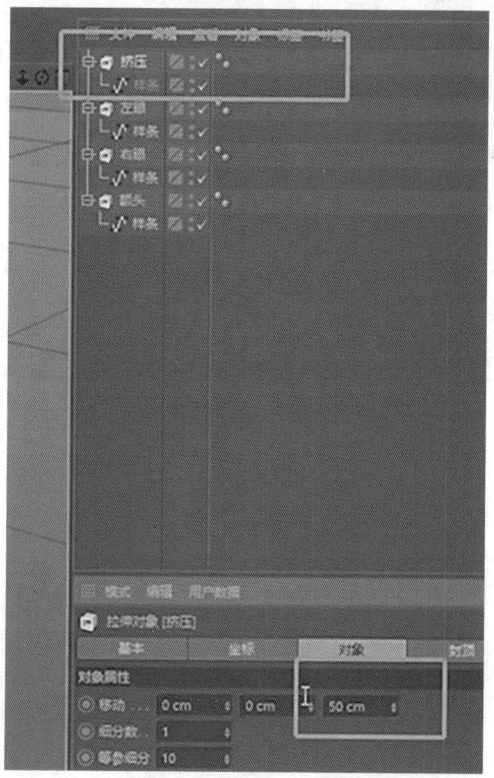

图 9-3-26　添加挤压生成器

16. 修改鼻子挤压的封顶。如图 9-3-27 所示。

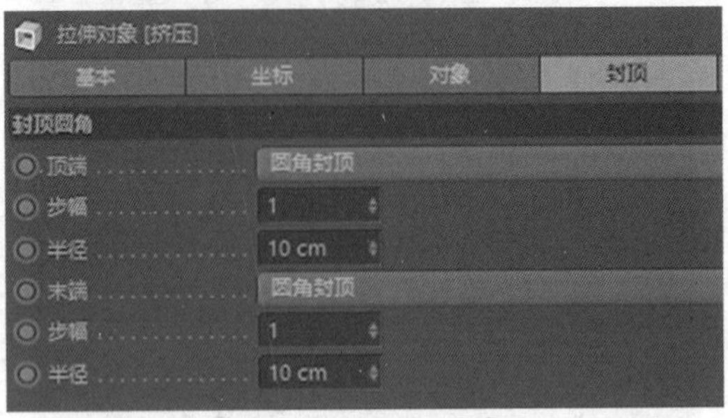

图 9-3-27　修改封顶

17. 用同样的方法，将左脸颊画出来并添加挤压，参数都调成一样，如图 9-3-28 所示。

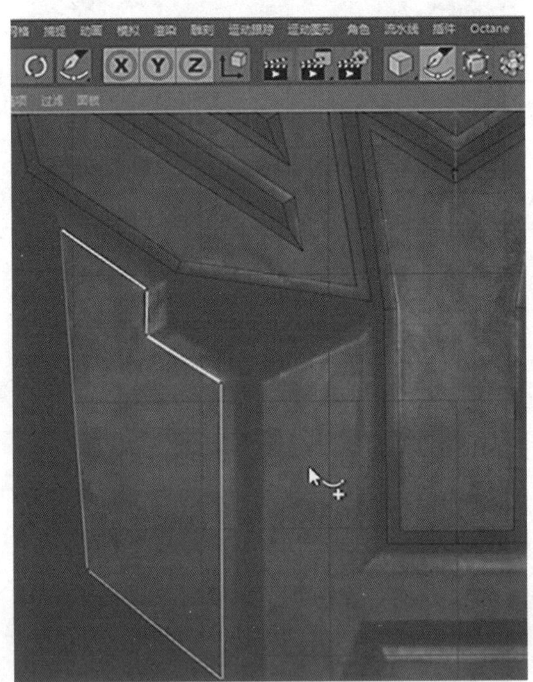

图 9-3-28　切换画笔工具

18. 将左脸颊复制一个，向左旋转 180°，作为右脸颊，并将它的挤压参数调成 -50 cm，如图 9-3-29、图 9-3-30 所示。

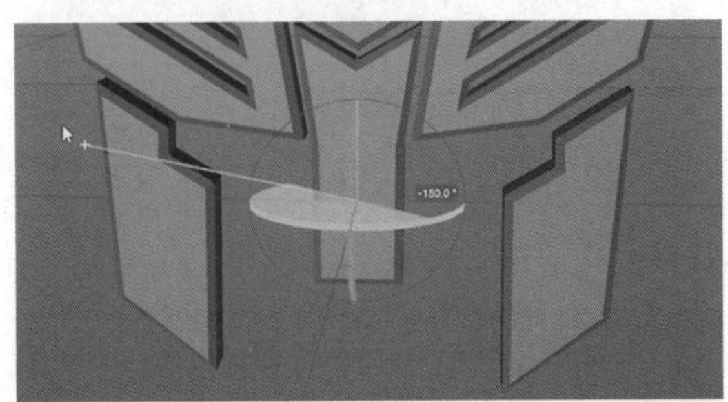

图 9-3-29　复制并旋转

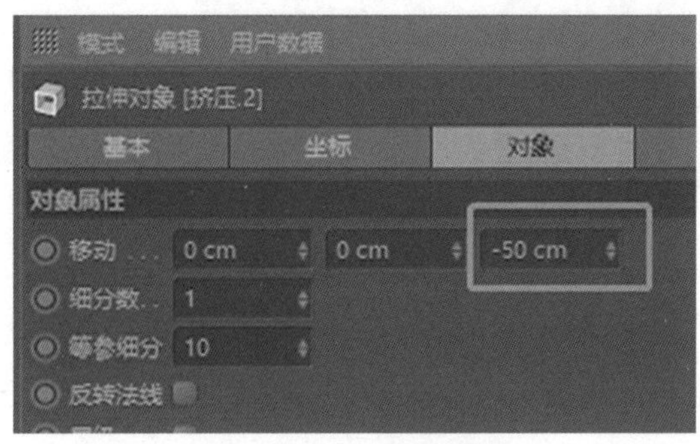


图 9-3-30　修改厚度

19. 将前面建的模型都命名好，如图 9-3-31 所示。

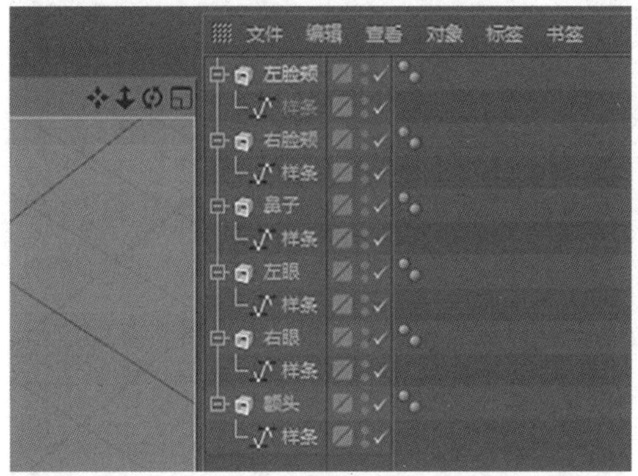


图 9-3-31　命名

20. 用画笔工具将嘴的轮廓画出来，然后添加挤压，调整挤压参数跟封顶，然后命名为“嘴巴”，如图 9-3-32 至图 9-3-34 所示。

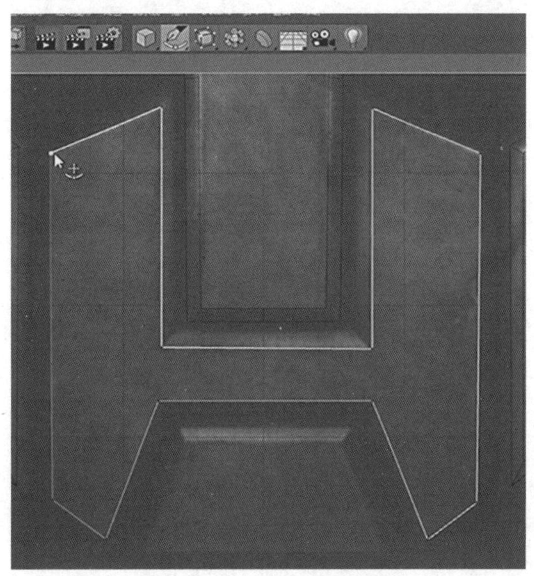

图 9-3-32　切换画笔工具

拉伸对象 [挤压]
基本 坐标 对象
对象属性
移动 . . . 0 cm 0 cm 50 cm
细分数 . . 1
等参细分 10
反转法线

图 9-3-33　修改厚度

拉伸对象 [挤压]
基本 坐标 对象 封顶
封顶圆角
顶端 . . . . . . . . . . . . 圆角封顶
步幅 . . . . . . . . . . . . 1
半径 . . . . . . . . . . . . 10 cm
末端 . . . . . . . . . . . . 圆角封顶
步幅 . . . . . . . . . . . . 1
半径 . . . . . . . . . . . . 10 cm

图 9-3-34　修改封顶

21. 将下巴也用同样的方法做出来，命名为“下巴”。到这里，正面的模型就做完了，如图 9-3-35 至图 9-3-39 所示。

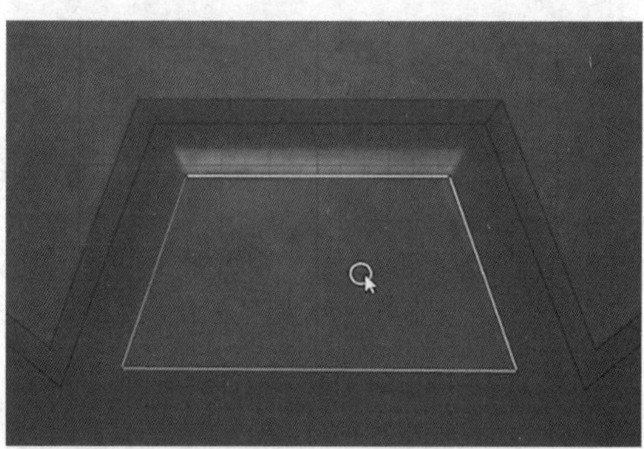

图 9-3-35　切换画笔工具

拉伸对象 [挤压]
基本 坐标 对象
对象属性
移动 . . . 0 cm 0 cm 50 cm
细分数 . . 1
等参细分 10
反转法线
层级 . . .

图 9-3-36　修改厚度

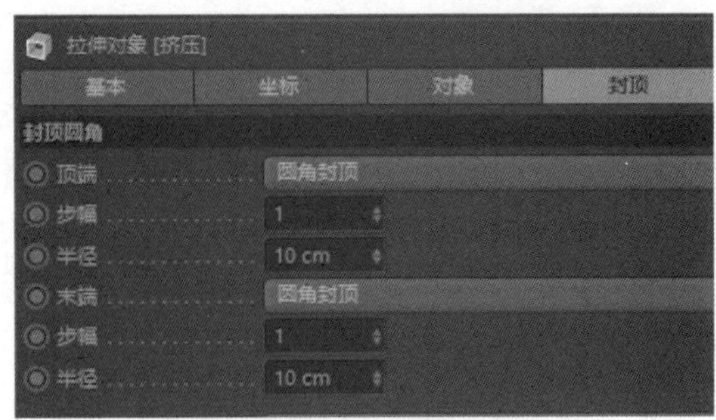


图 9-3-37 修改封顶

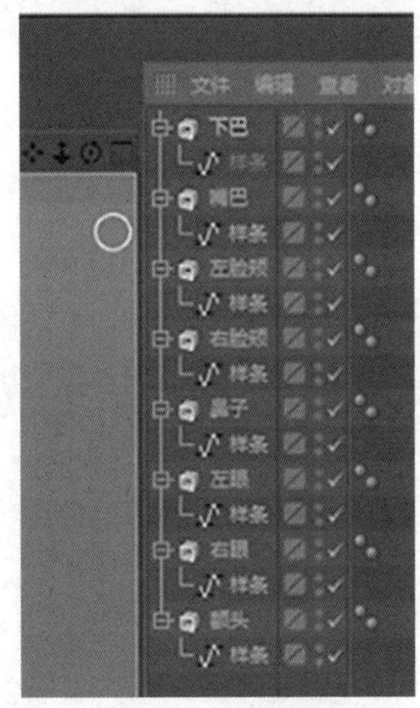


图 9-3-38 命名

图 9-3-39 示意图

22. 接着开始做反面的模型。先将正面的所有部位打组，然后命名为“正面”，并隐藏。如图 9-3-40 所示。

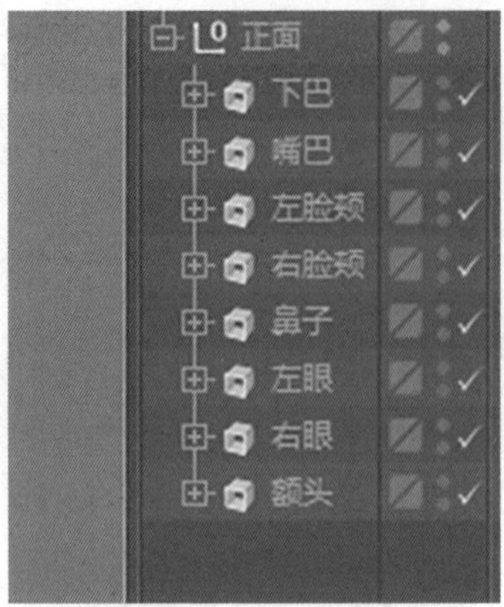


图 9-3-40　打组并隐藏

23. 进入正视图，将反面的图片导入，将水平偏移改成 -4，因为图片对称轴一开始不在 Y 轴上，如图 9-3-41 所示。

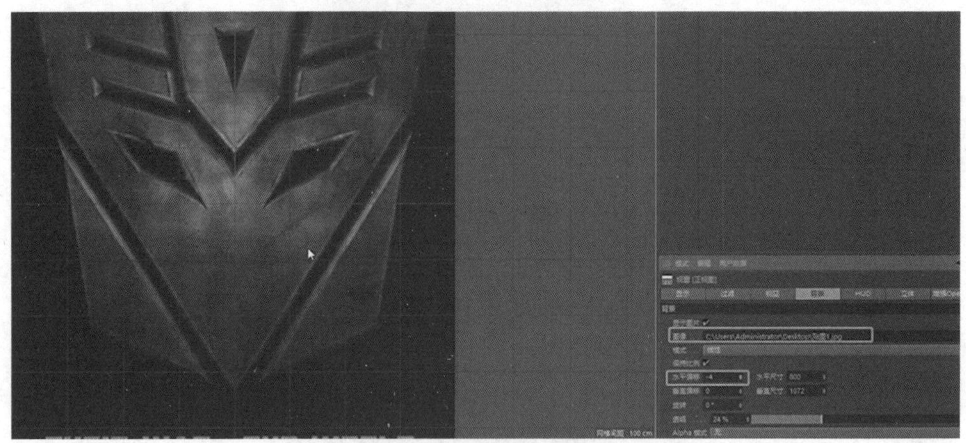

图 9-3-41　视图设置

24. 用画笔工具将脸颊的一半画出来，如图 9-3-42 所示。

图 9-3-42　切换画笔工具

25. 将靠近 Y 轴的两点的 X 位置归零，如图 9-3-43、图 9-3-44 所示。

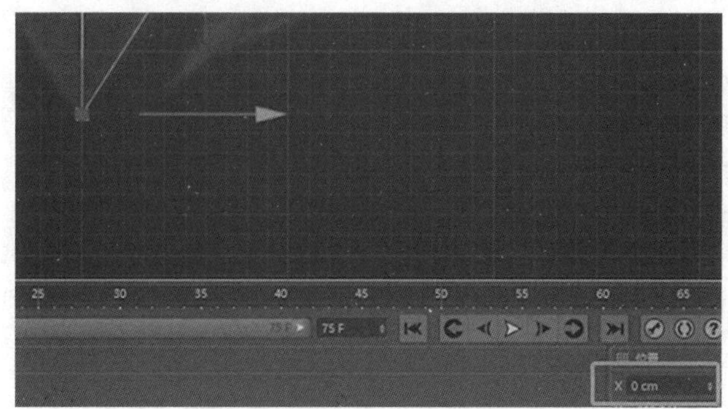


图 9-3-43　数值归零（一）

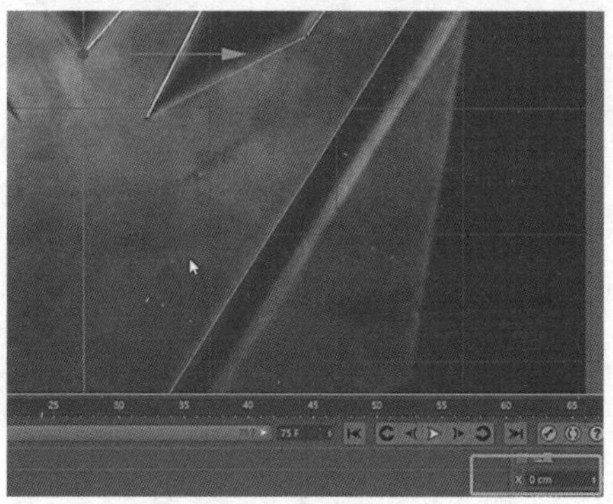

图 9-3-44　数值归零（二）

26. 在空白处点击一下，不选择任何点，右键点击“镜像”。镜像的坐标系统为“对象”，镜像平面为“ZY”，点击“应用”。如图 9-3-45 所示。

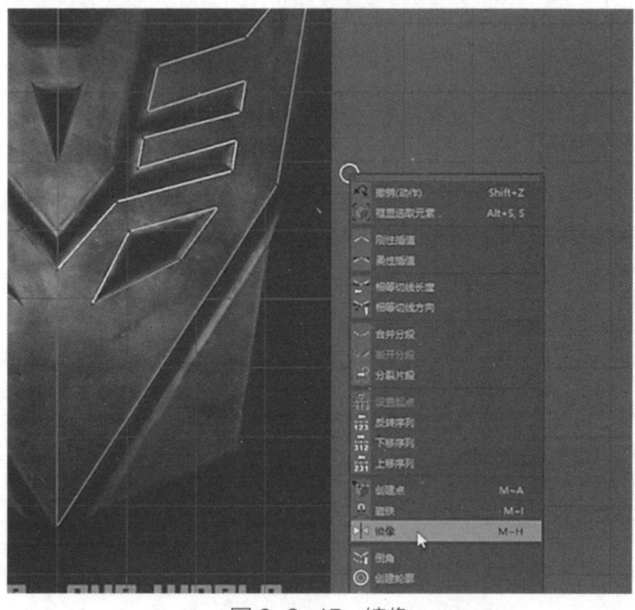


图 9-3-45　镜像

27. 将中间的点拉开一点点，并选中两点，右键点击“焊接”。鼠标放在两点之间，点击一下，两点就会被焊接成一个点。如图 9-3-46、图 9-3-47 所示。

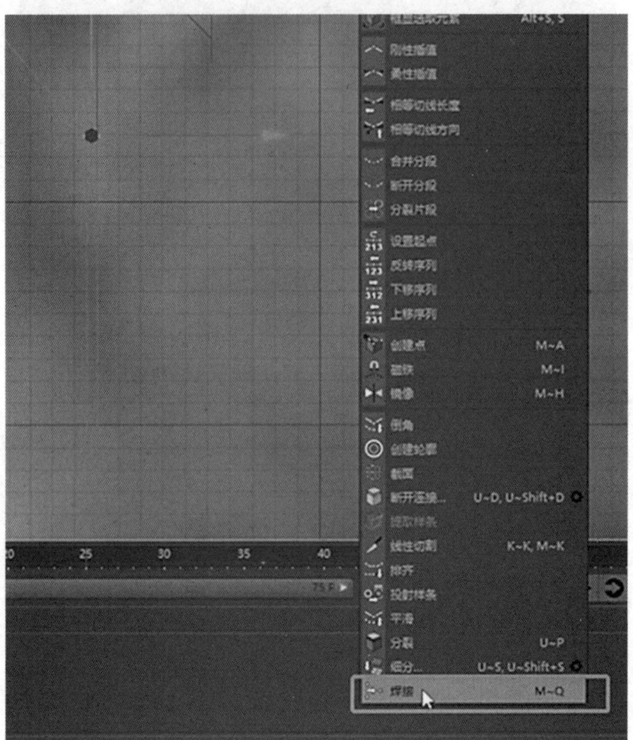


图 9-3-46　焊接

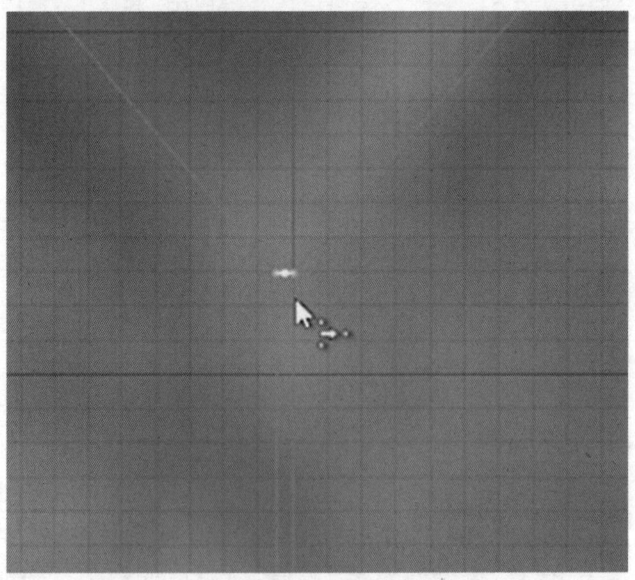

图 9-3-47　示意图

28. 给做好的样条添加挤压，调整参数和封顶，如图 9-3-48 至图 9-3-50 所示。

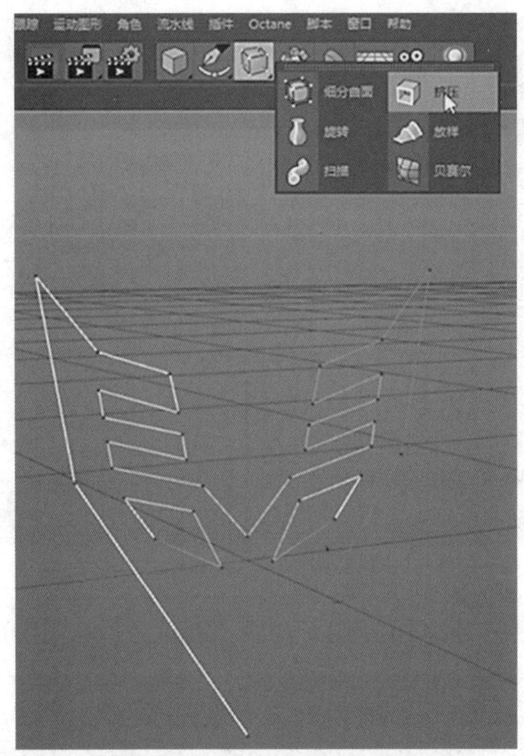

图 9-3-48　添加挤压生成器

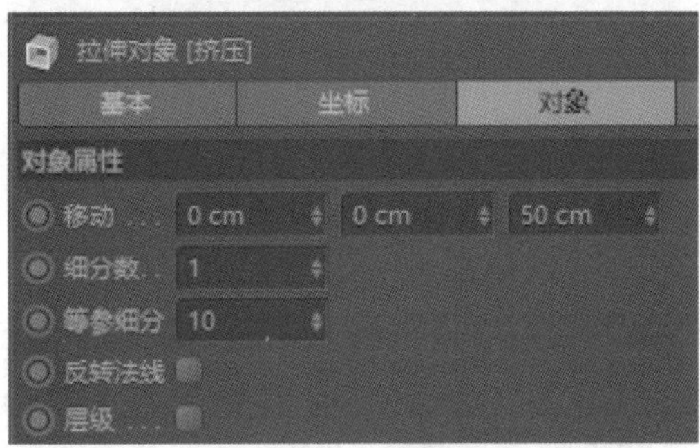

图 9-3-49　修改厚度

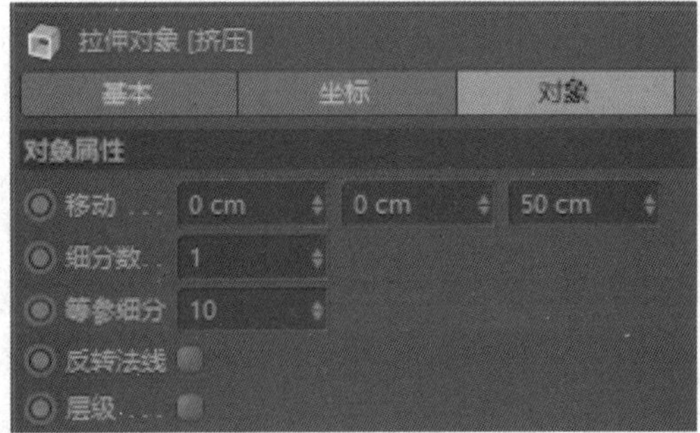

图 9-3-50　修改封顶

29. 将剩下的部位做出来，命名好并打组，将组命名为“反面”，如图 9-3-51 所示。

图 9-3-51　命名并打组

30. 在材质栏的空白处双击，创建新材质，如图 9-3-52 所示。

图 9-3-52　创建新材质

31. 双击材质打开，将反面的图片添加到颜色和凹凸的纹理中，如图 9-3-53、图 9-3-54 所示。

图 9-3-53　材质编辑器窗口（颜色）

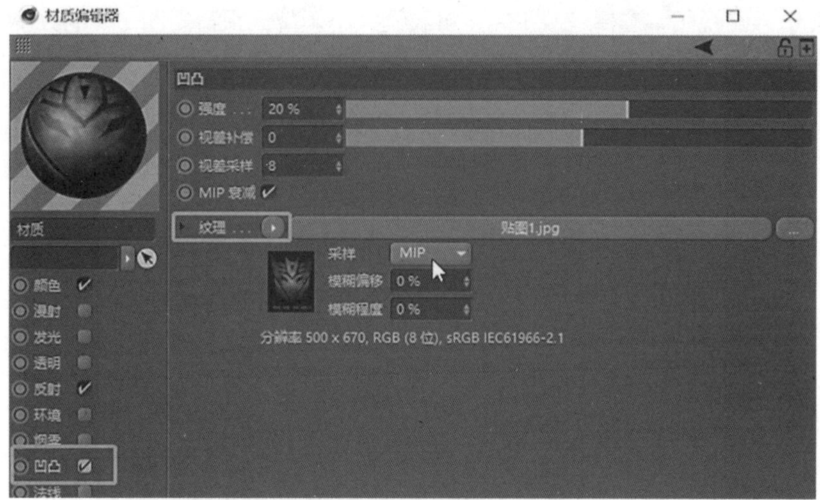


图 9-3-54　材质编辑器窗口（凹凸）

32. 拖曳材质贴给额头，将材质的投射方式改为“平直”，如图 9-3-55、图 9-3-56 所示。

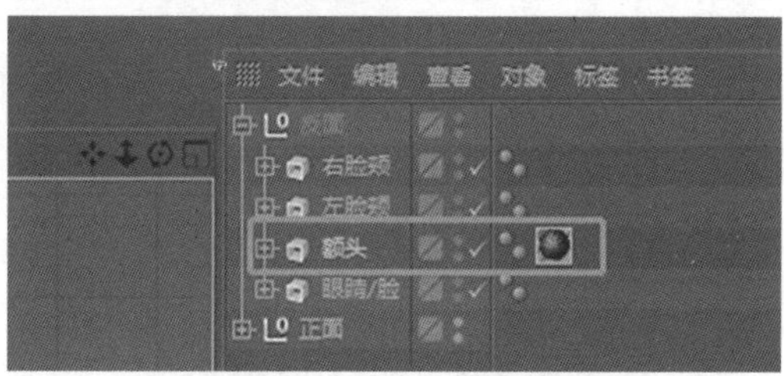


图 9-3-55　贴上材质

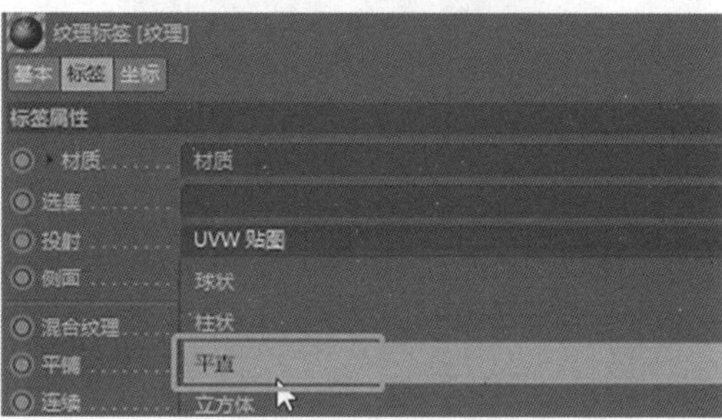


图 9-3-56　修改投射方式

33. 打开纹理模式跟中心点工具，如图 9-3-57 所示。

图 9-3-57　纹理模式

34. 进入正视图，选择缩放工具，将纹理大小调整到跟背景图一样的大小。调整完之后关闭中心点工具跟纹理模式。如图 9-3-58 至图 9-3-60 所示。

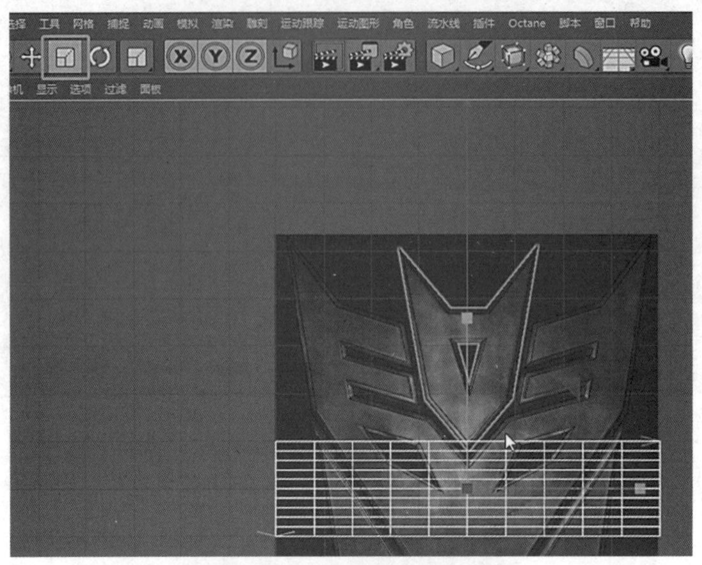

图 9-3-58　正视图窗口（一）

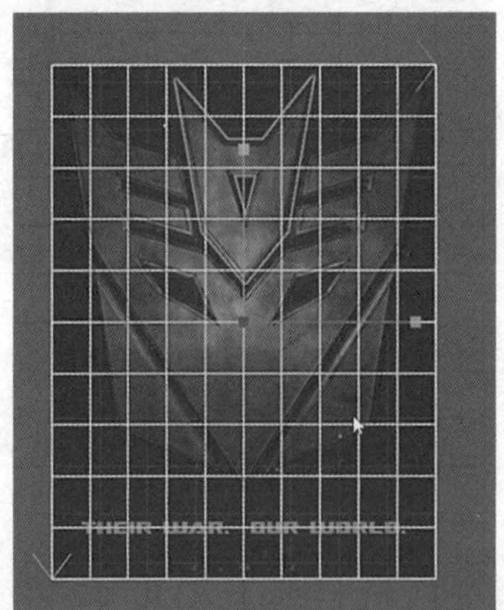

图 9-3-59　正视图窗口（二）

图 9-3-60　关闭纹理模式

35. 选择额头对象后面的材质标签，按住 Ctrl 键拖曳复制给其他部位，如图 9-3-61、图 9-3-62 所示。

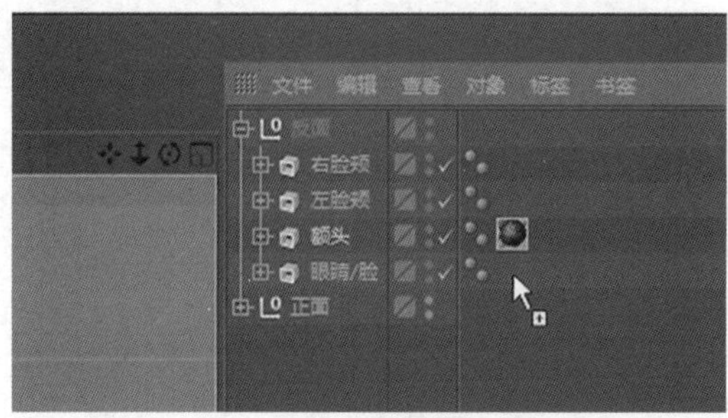


图 9-3-61　复制材质标签

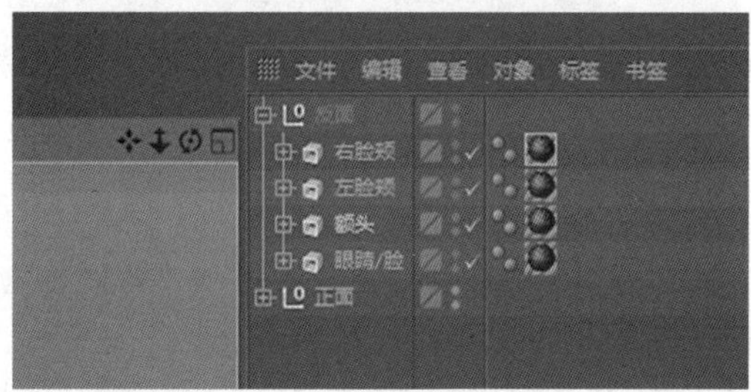


图 9-3-62　复制完成

36. 将反面的组隐藏，显示正面的组。然后创建新材质。如图 9-3-63、图 9-3-64 所示。

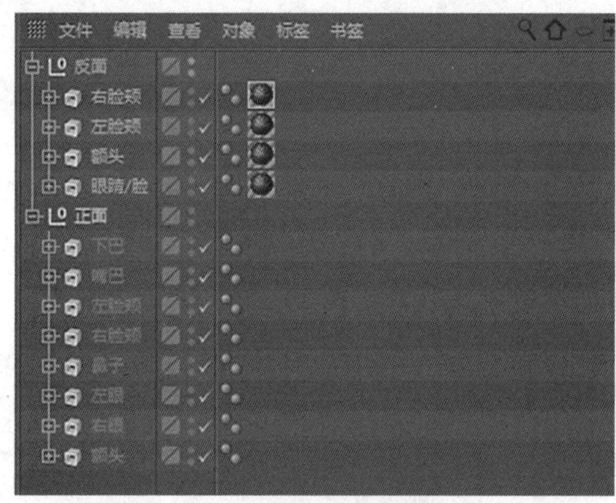


图 9-3-63　隐藏反面

图 9-3-64　创建新材质

37. 在材质的颜色和凹凸的纹理中，添加正面的图片，如图 9-3-65 所示。

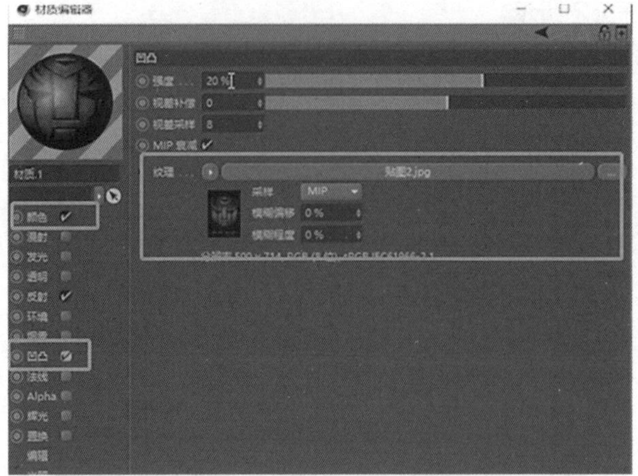

图 9-3-65 材质编辑器窗口

38. 将材质贴给正面的额头，投射方式改为“平直”，如图 9-3-66 所示。

图 9-3-66 修改投射方式

39. 进入正视图，将背景改为正面的图片，水平偏移归零，如图 9-3-67 所示。

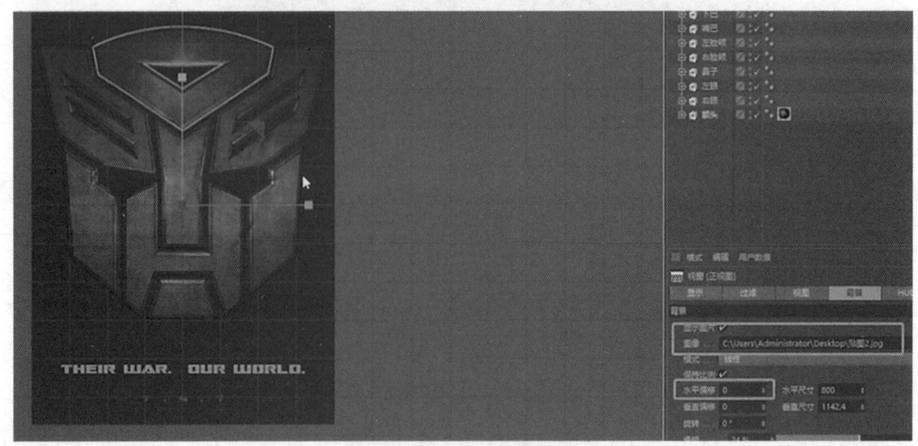


图 9-3-67 视图设置

40. 打开纹理模式跟中心点工具，使用缩放工具将纹理放大到跟背景图片一样的大小，如图 9-3-68 所示。

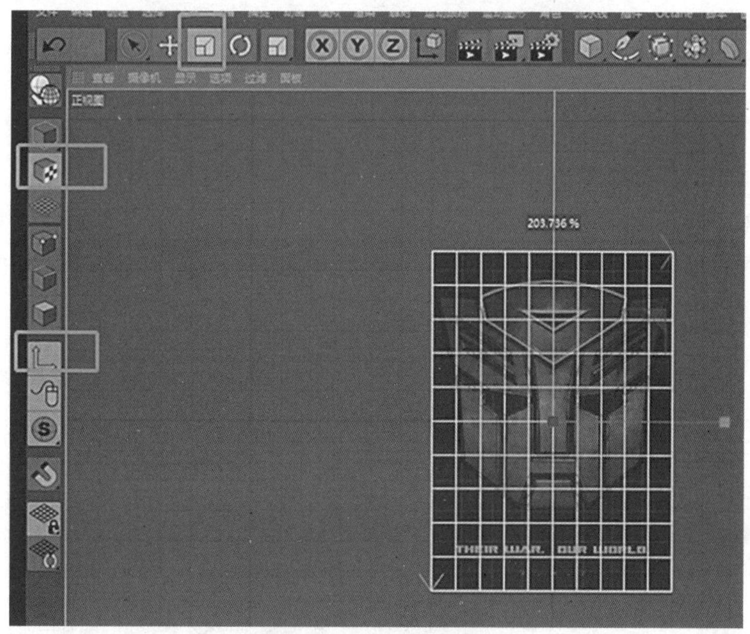


图 9-3-68　纹理模式

41. 将额头的材质，同样复制给其他部位，如图 9-3-69 所示。

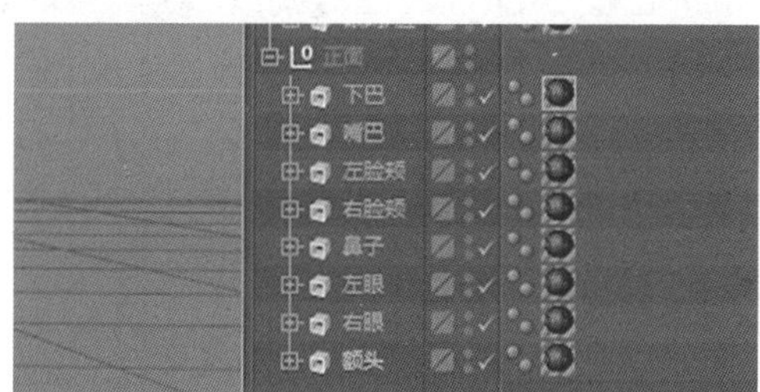


图 9-3-69　复制材质标签

## 02. 动画

1. 创建摄像机，调整坐标，然后给摄像机添加保护标签，如图 9-3-70、图 9-3-71 所示。

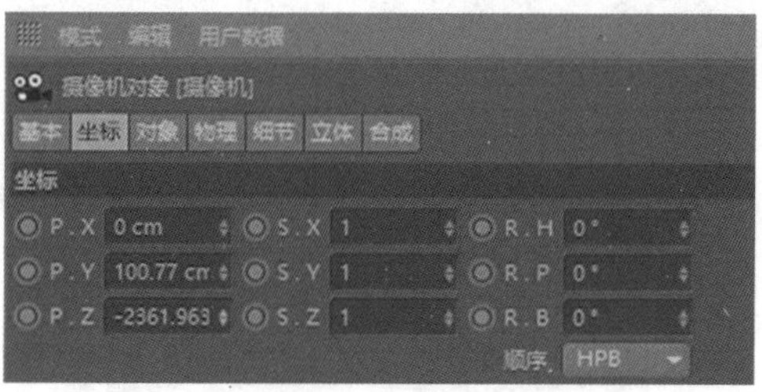


图 9-3-70　摄像机窗口

图 9-3-71　添加保护标签

2. 做动画之前，需要先调整各个部位的中心点到部位的中间。打开中心点工具，进入正视图，移动中心点到部位的中间，每个部位都是一样的调整方法。如图 9-3-72 所示。

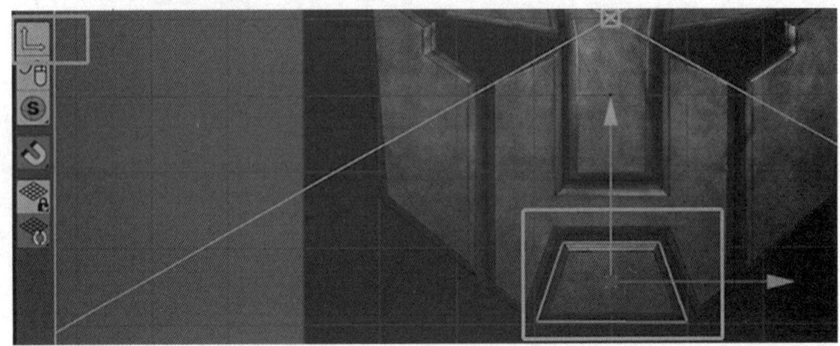

图 9-3-72　调整中心点

3. 调整完之后，全选正面的部位，在时间线 50 帧的地方，打关键帧，如图 9-3-73 至图 9-3-75 所示。

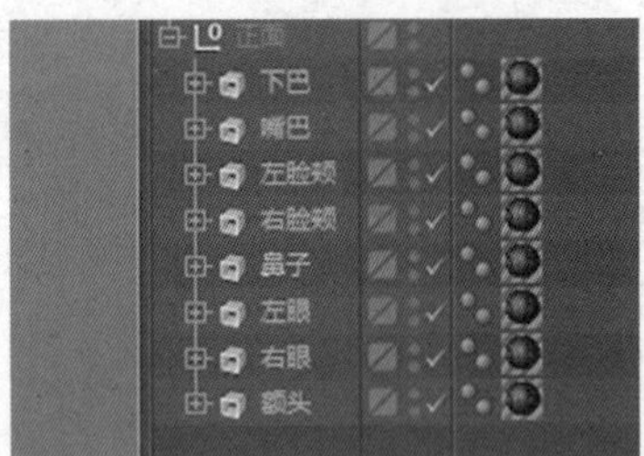


图 9-3-73　全选

图 9-3-74　时间线窗口

图 9-3-75　添加关键帧

4. 点击摄像机后面的小方框来关闭摄像机，然后在时间线 0 帧的地方，将各个部位移动到镜头外，并旋转，打关键帧，如图 9-3-76 至图 9-3-79 所示。

图 9-3-76 时间线窗口

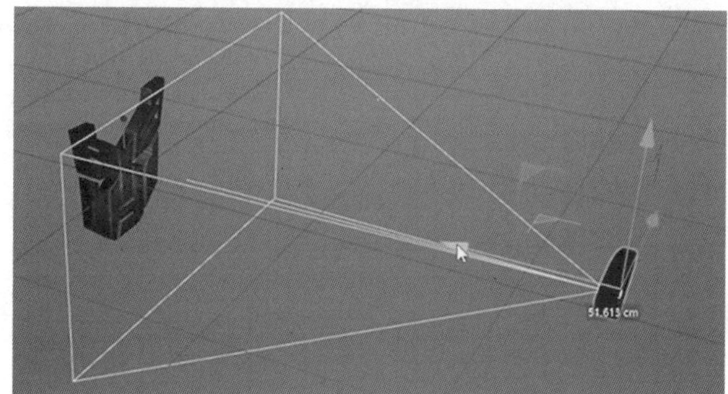

图 9-3-77 移动对象

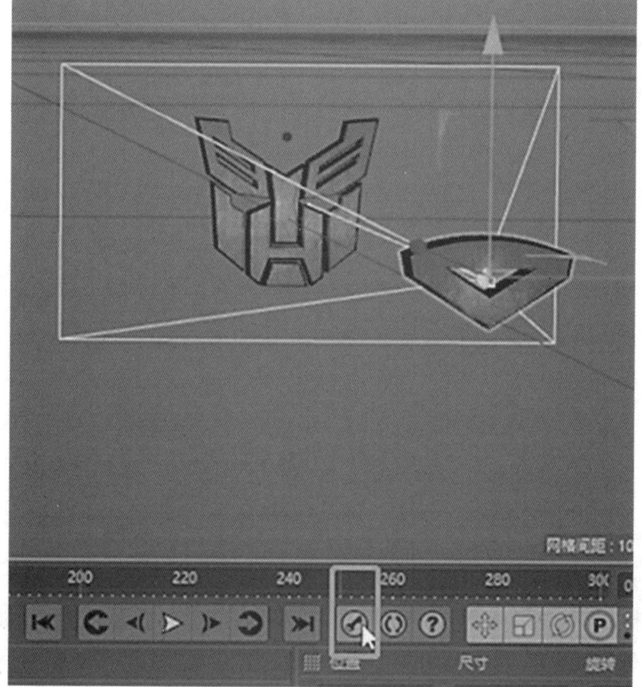

图 9-3-78 添加关键帧

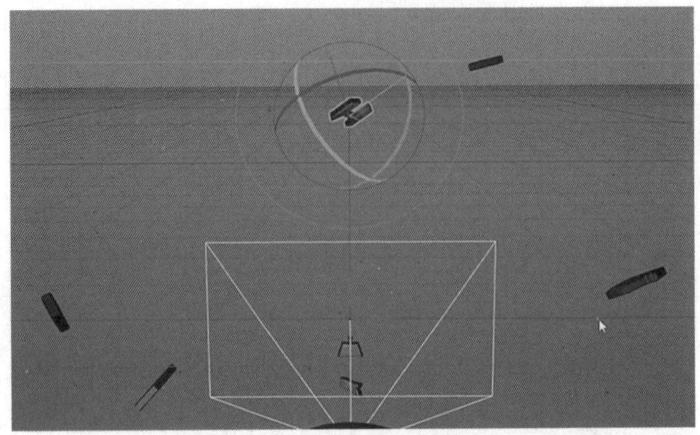

图 9-3-79　示意图

5. 打开摄像机，如果发现镜头里还有模型，再次关闭摄像机，移动视图，然后将模型再次移动，如图 9-3-80、图 9-3-81 所示。

图 9-3-80　透视图

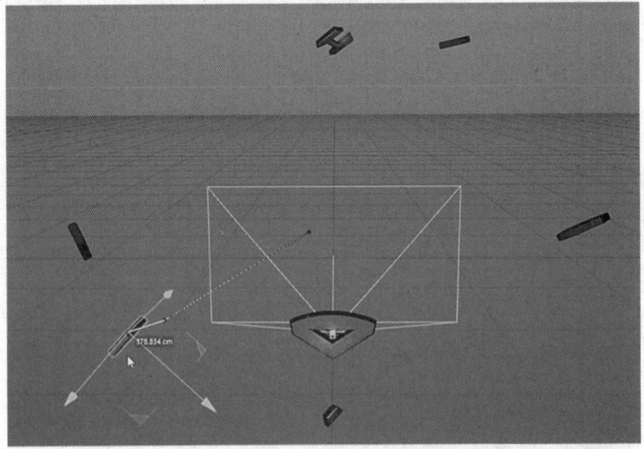

图 9-3-81　移动对象

6. 然后选择部位，更改时间线上两个关键帧的间隔，来控制动画的快慢跟部位出现的顺序，间隔越短，该部位的动画就越快，第一帧的位置越靠右，部位就越晚出现。但第二帧不要超过 50。如图 9-3-82 所示。

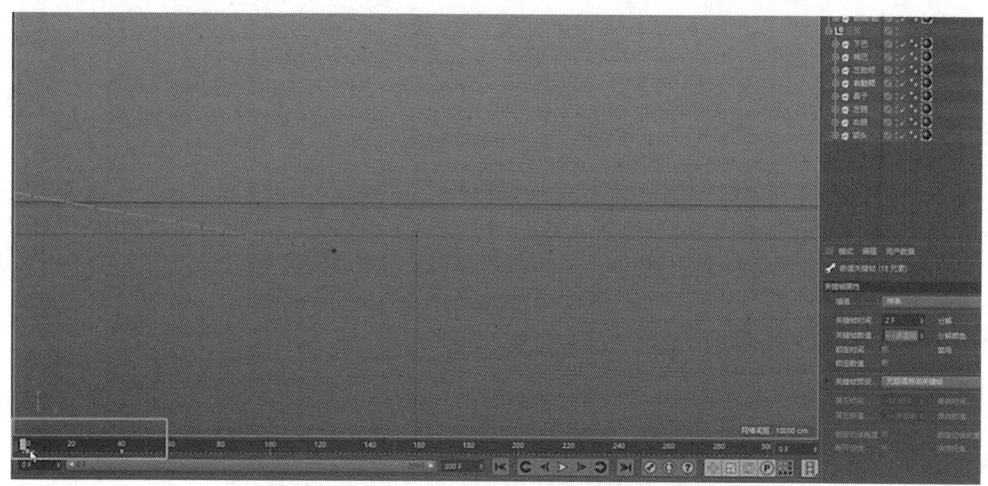

图 9-3-82　移动关键帧

7. 播放动画，如果发现模型在移动中有出现穿插的情况，再进行适当的关键帧间隔的调整。如图 9-3-83 所示。

图 9-3-83　观察后移动关键帧

8. 在第 60 帧的位置，给正面组打上关键帧。然后在第 80 帧的地方，将整个组向左旋转 180°，打关键帧。做出正面旋转一周的动画。如图 9-3-84、图 9-3-85 所示。

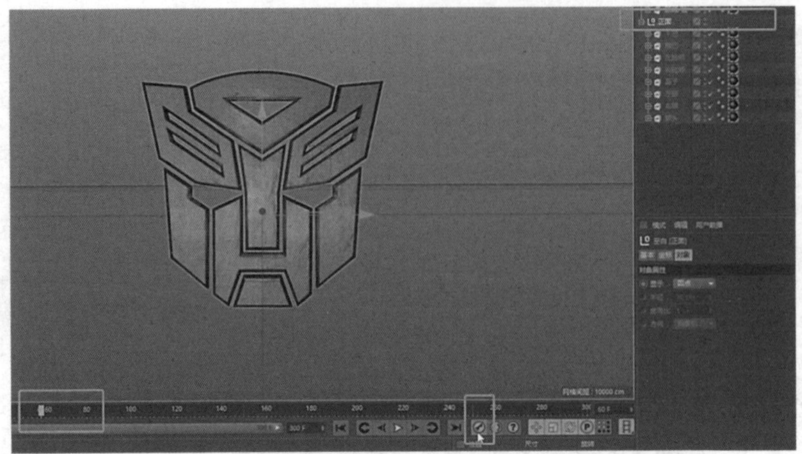
图 9-3-84　在第 60 帧的位置添加旋转关键帧

图 9-3-85　在第 80 帧的位置添加旋转关键帧

9. 在第 70 帧的时候，给正面组的编辑器可见和渲染器可见都打上关键帧。如图 9-3-86 所示。

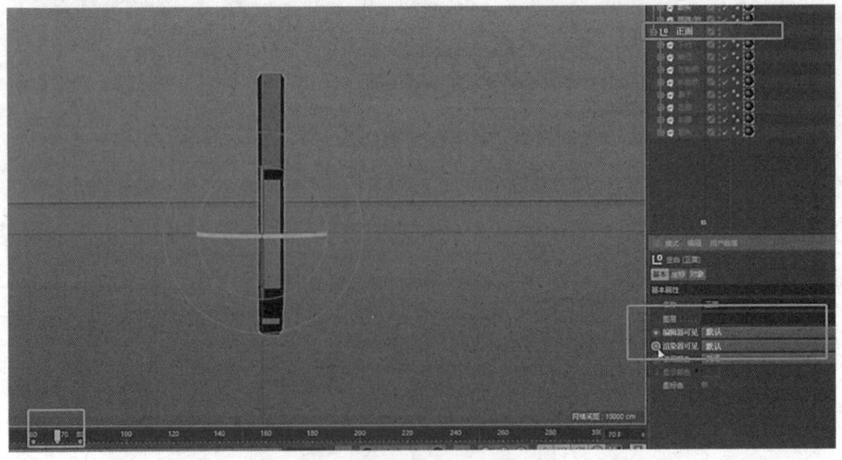
图 9-3-86　添加关键帧步骤一

10. 在 71 帧的时候，把编辑器可见和渲染器可见都改为关闭，然后打关键帧。这样整个正面组就会在一帧的时间隐藏掉。如图 9-3-87 所示。

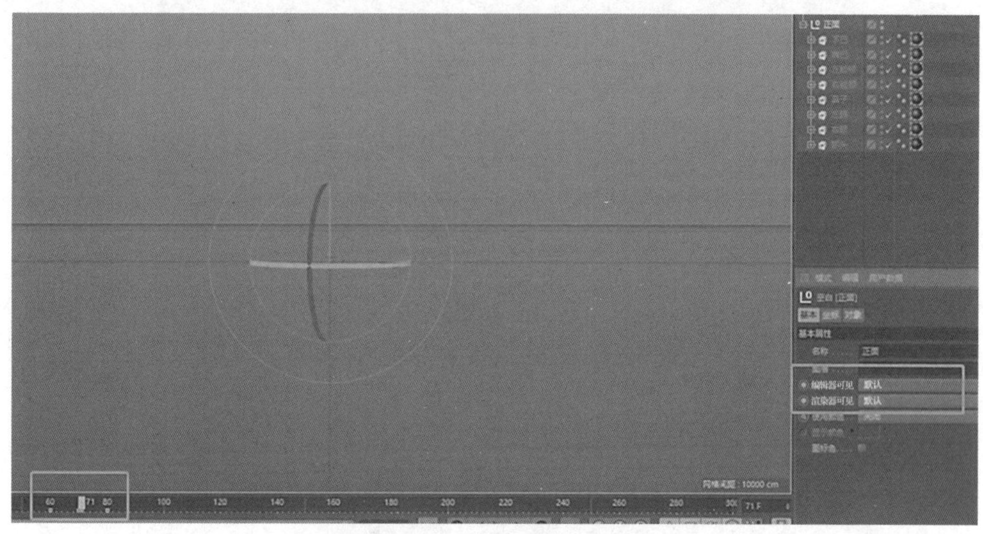

图 9-3-87　添加关键帧步骤二

11. 把时间线重新回到第 60 帧的时候，显示反面，给反面组打关键帧。然后在第 80 帧的时候，将反面组向左旋转 180°，打关键帧。如图 9-3-88、图 9-3-89 所示。

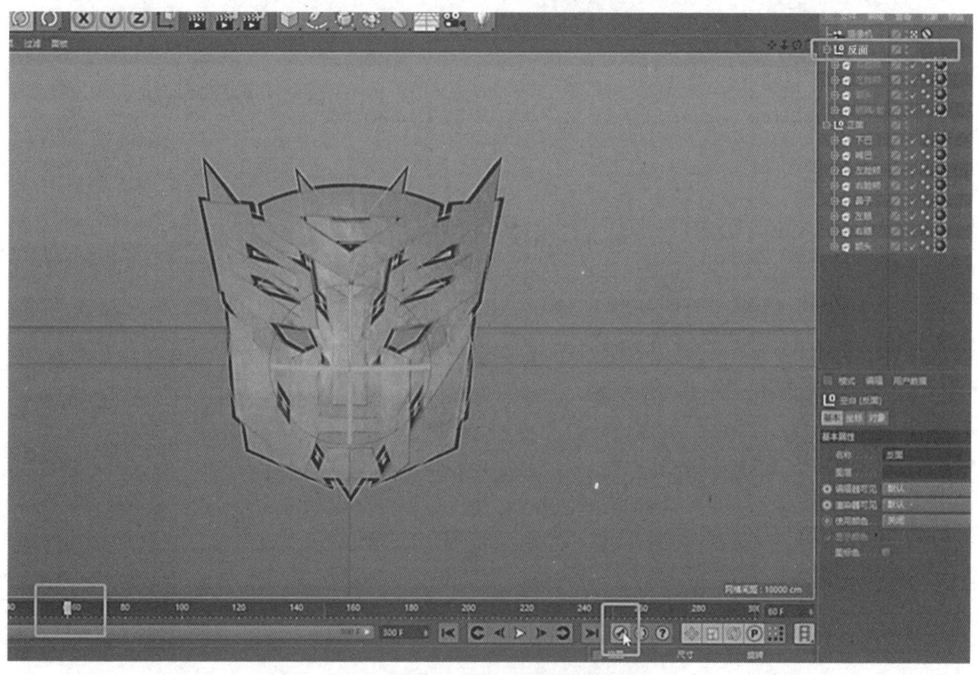

图 9-3-88　添加关键帧步骤三

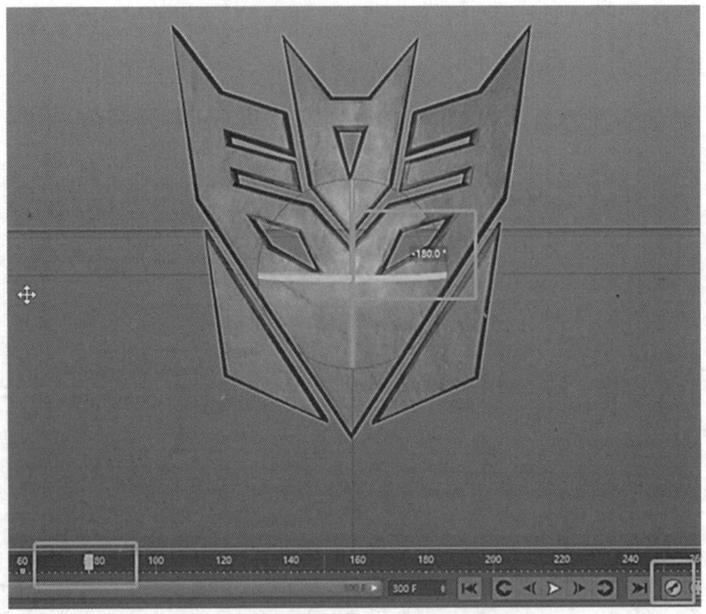
图 9-3-89　添加关键帧步骤四

12. 在第 70 帧的时候，将反面组的编辑器可见和渲染器可见都改为关闭，打关键帧。然后在第 71 帧的时候，将反面组的编辑器可见和渲染器可见改为默认，打关键帧。如图 9-3-90、图 9-3-91 所示。

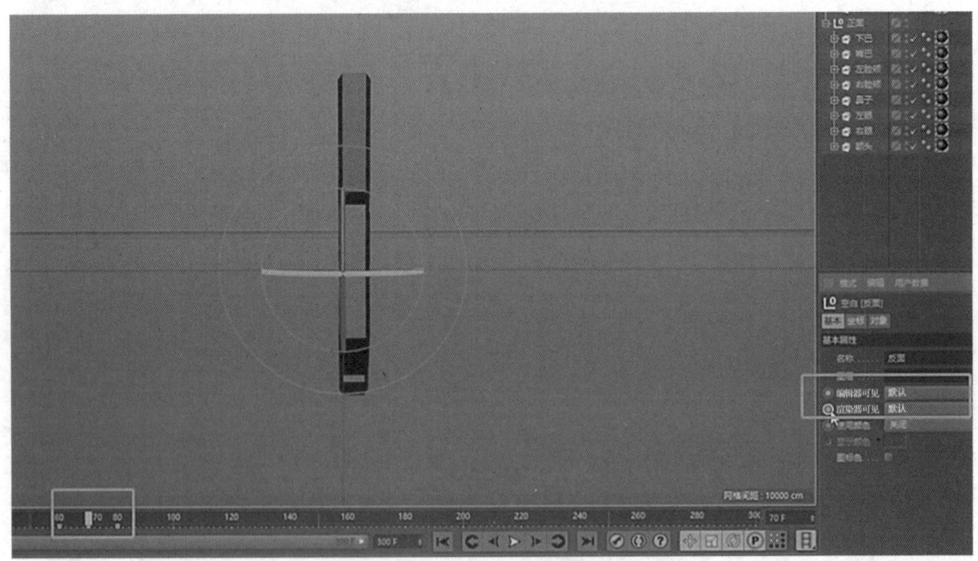
图 9-3-90　添加关键帧步骤五

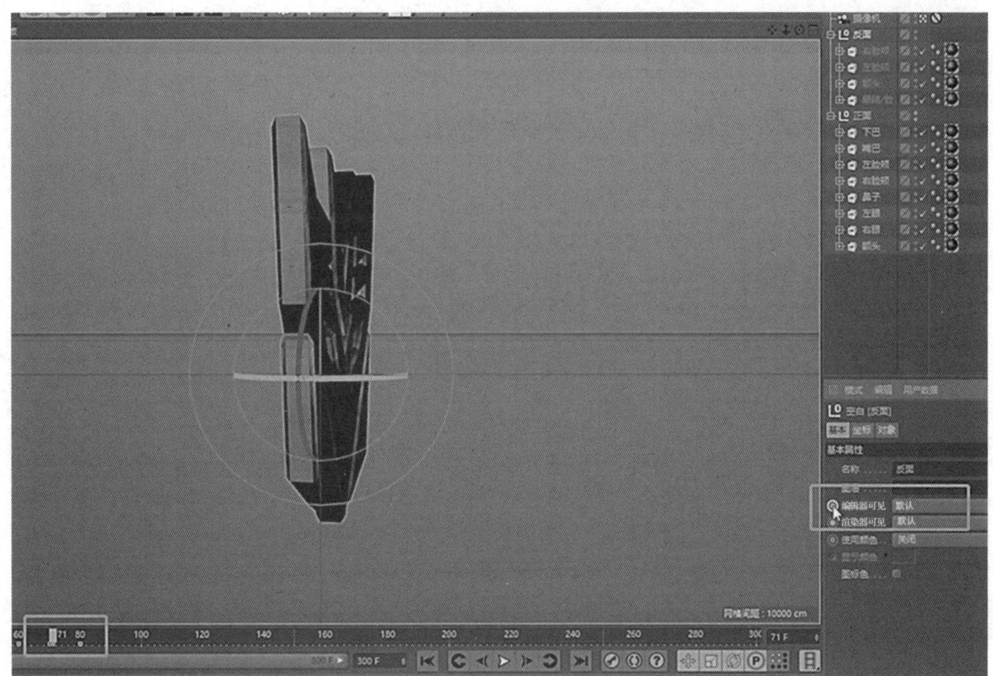


图 9-3-91　添加关键帧步骤六

13. 打开中心点工具，调整反面组下面各个部位的中心点位置到部位的中心。移动完之后将中心点工具关闭。如图 9-3-92 所示。

图 9-3-92　移动中心点

14. 全选反面的部位，在第 90 帧的时候打关键帧，如图 9-3-93 所示。

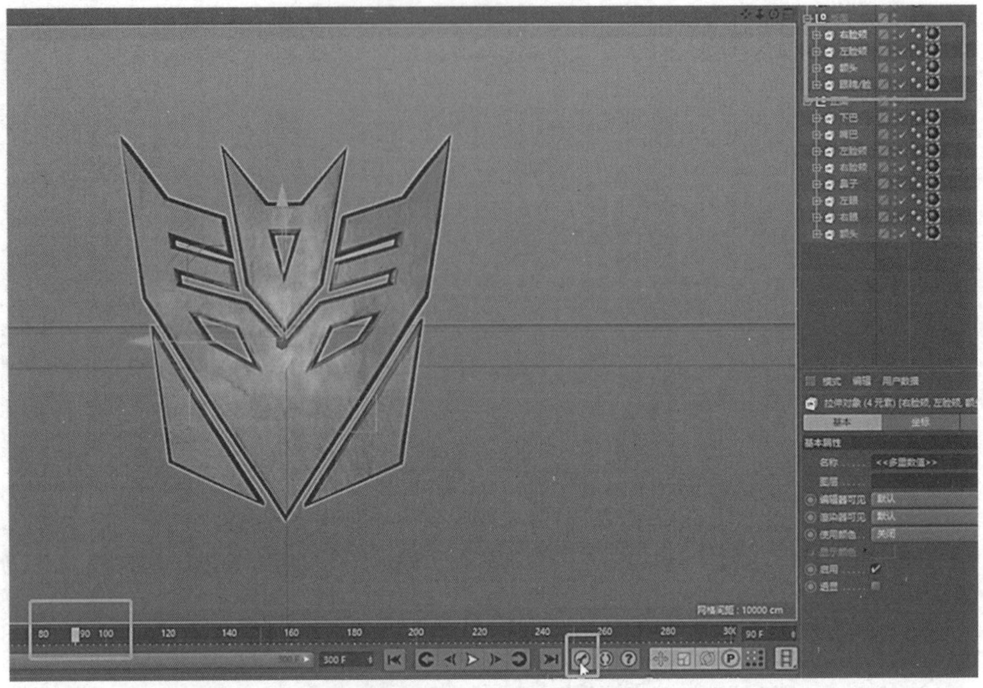

图 9-3-93　添加关键帧

15. 在第 140 帧的时候，关闭摄像机，将反面的各个部位都移动到镜头外，并加上旋转动画，打关键帧，如图 9-3-94 所示。

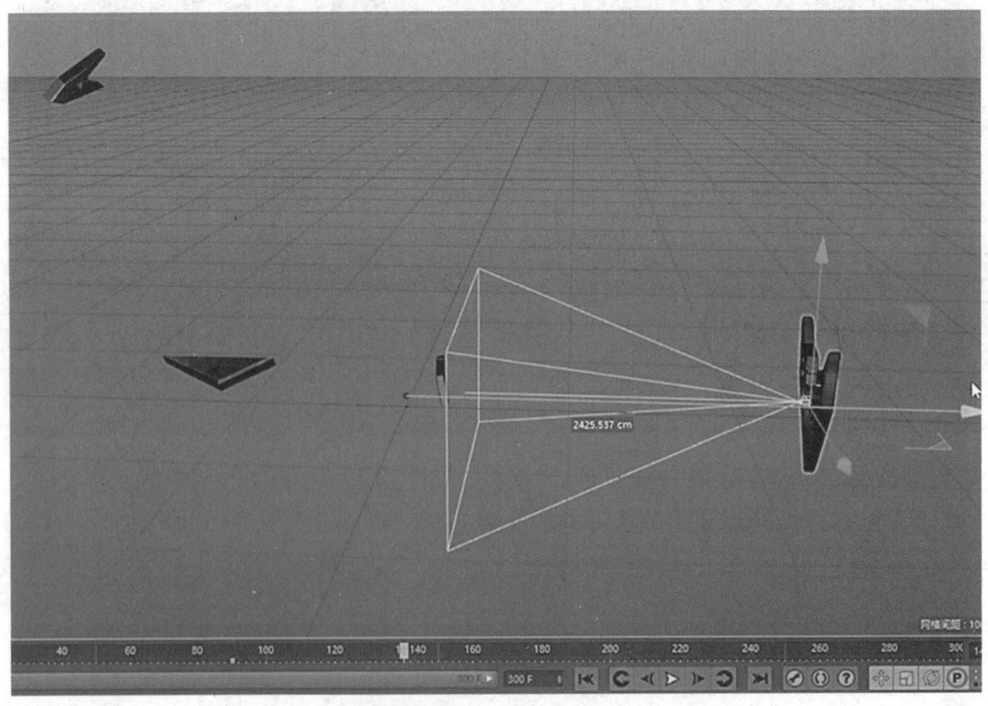

图 9-3-94　移动部位

16. 播放动画，调整各个部位两个关键帧的间隔，控制动画速度和离开画面的顺序。如图 9-3-95 所示。

图 9-3-95　播放动画

**任务 9.4**

# 气球建模

## 教学重点

· **熟悉 AI（Adobe Illustrator）与 C4D 的结合使用。**

· **认识布料标签。**

## 教学难点

· **熟悉 AI 与 C4D 的结合使用。**

· **认识布料标签。**

## 任务分析

### 01. 任务目标

1. 学会如何将 PS 文件转为 AI 文件，再导入 C4D 中。

2. 学习使用布料标签。

### 02. 实施思路

通过视频将案例中的气球做出来。

## 任务实施

### 01. AI 结合 C4D/ 布料标签

1. 因为 PS 文件不能直接导入 C4D 中，所以如果需要利用 PS 文件来建模，需要在 PS 软件中，将路径导出为 AI 路径，然后将 AI 文件直接拖入 C4D 中，如图 9-4-1 至图 9-4-4 所示。

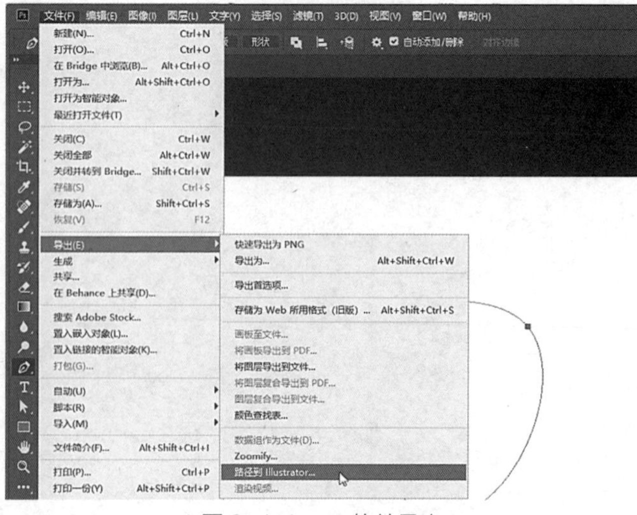

图 9-4-1　ps 软件导出

图 9-4-2　导出窗口

图 9-4-3　保存窗口

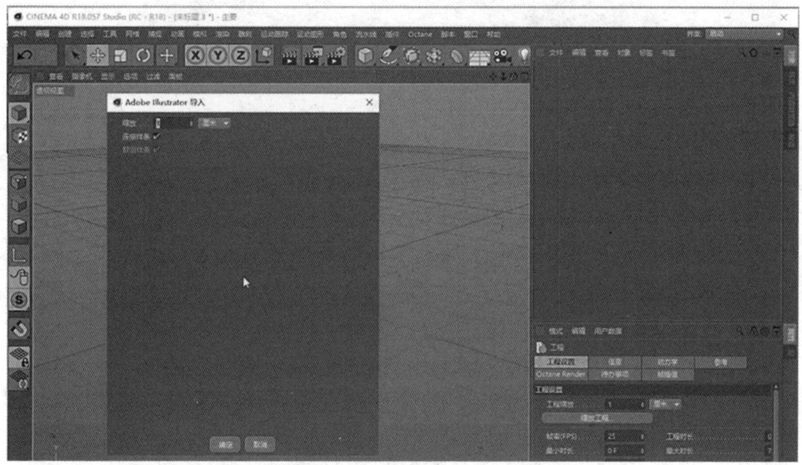


图 9-4-4　导入 C4D

2. 打开 AI，将找到的图片拖入 AI 中就可以直接创建新工程，如图 9-4-5 所示。

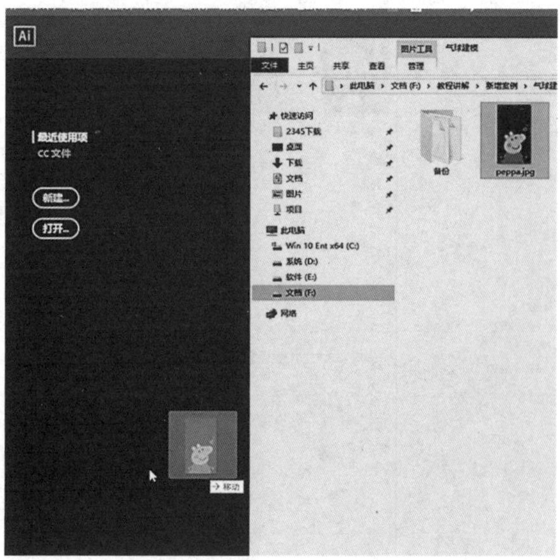


图 9-4-5　将图片导入 AI

3. 用钢笔工具，将头部画出来。画的过程需要灵活运用 Alt 键折断手柄。如图 9-4-6 所示。

图 9-4-6　切换钢笔工具

4. 将图层中的图片删掉，如图 9-4-7 所示。

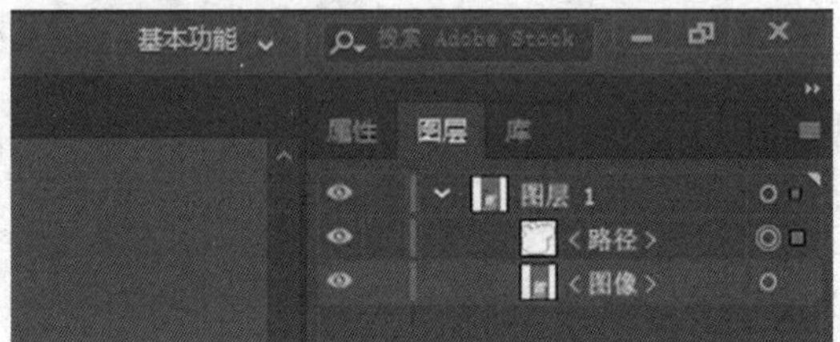


图 9-4-7　删除背景图层

5. 保存 AI 工程，版本中选择 8 版本，如图 9-4-8、图 9-4-9 所示。

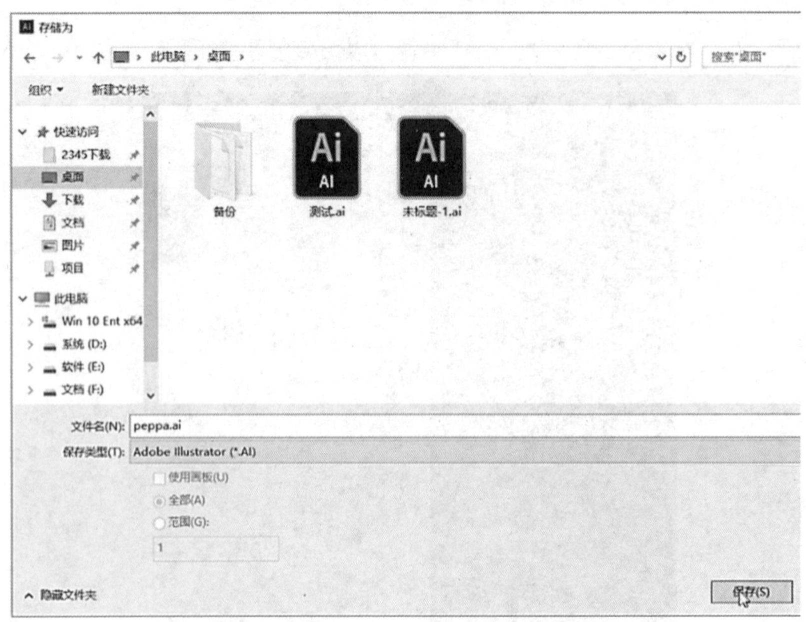


图 9-4-8　保存窗口

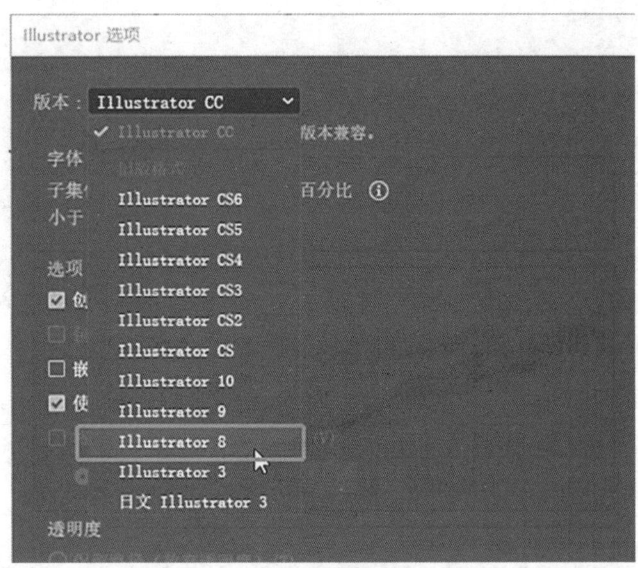


图 9-4-9　选择版本

6. 将保存好的 AI 工程直接拖进 C4D 中，就会显示出样条，如图 9-4-10 所示。

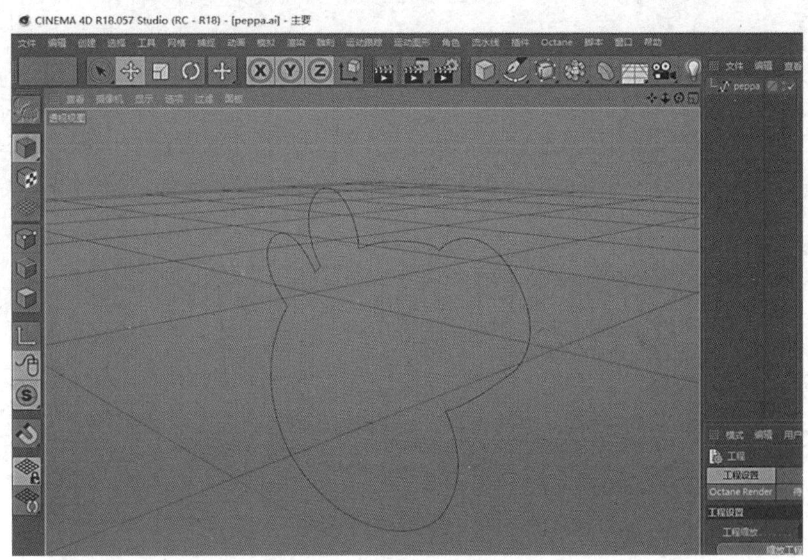


图 9-4-10　导入 C4D

7. 选择样条，给样条添加挤压，将挤压厚度调整为 80 cm，如图 9-4-11 至图 9-4-12 所示。

图 9-4-11　添加挤压生成器

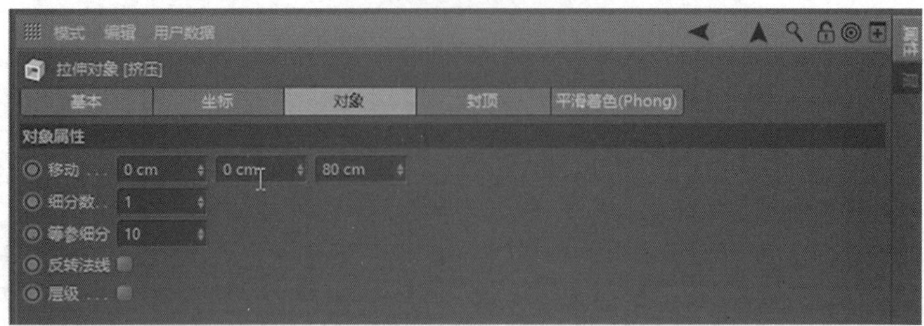


图 9-4-12　修改厚度

8. 勾选挤压封顶中的“创建单一对象”，这样后面在将模型转化为多边形对象(快捷 C) 的时候，能保证封顶是跟边缘连接在一起的。再将下面的类型改为四边形，勾选“标准网格”。如图 9-4-13 所示。

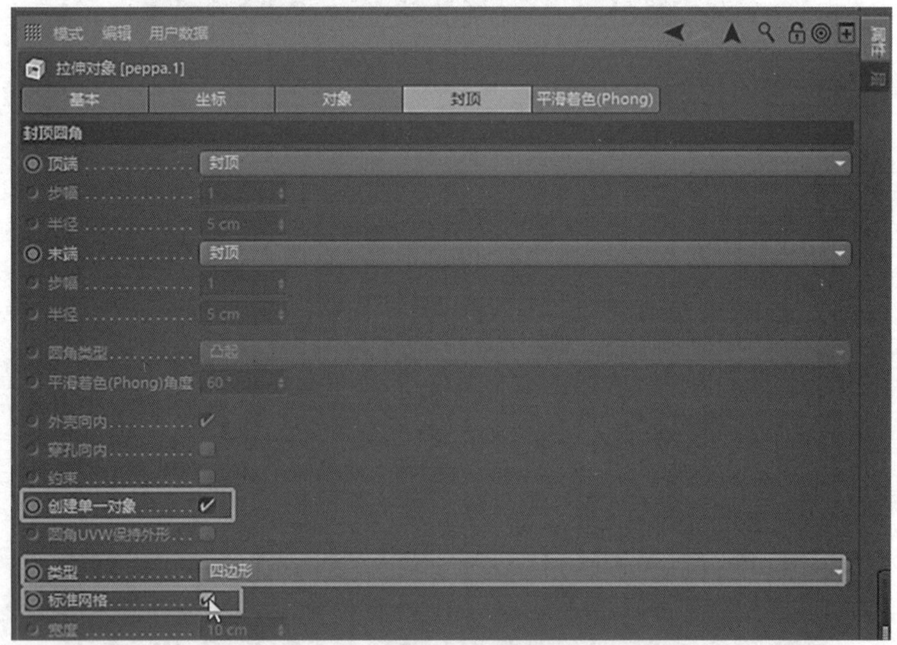


图 9-4-13　对象属性窗口

9. 将整个挤压转为可编辑对象(快捷键 C)，如图 9-4-14 所示。

图 9-4-14　转为可编辑对象

10. 在边模式下，点击 U ~ L，启用“循环选择”工具，选择周围的一圈边，如图 9-4-15、图 9-4-16 所示。

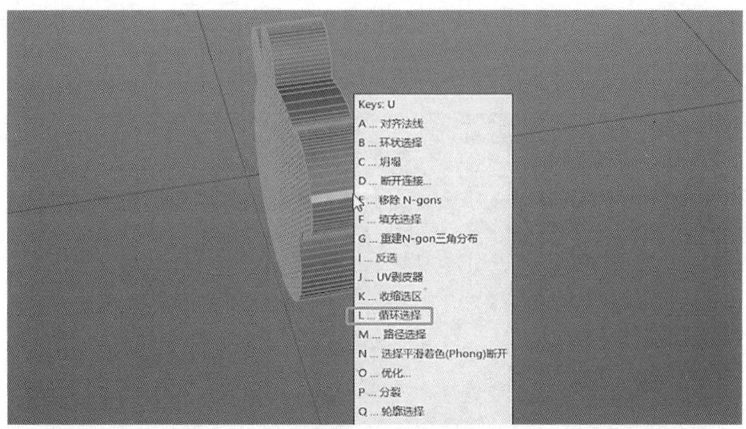

图 9-4-15　循环选择工具

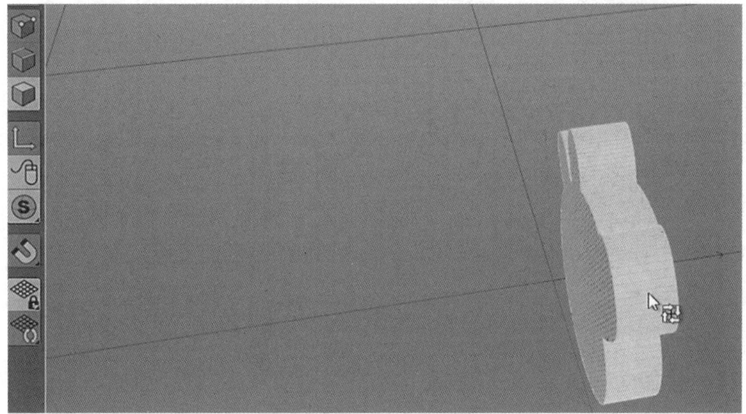
图 9-4-16　示意图

11. 给模型添加模拟标签中的“布料”，如图 9-4-17 所示。

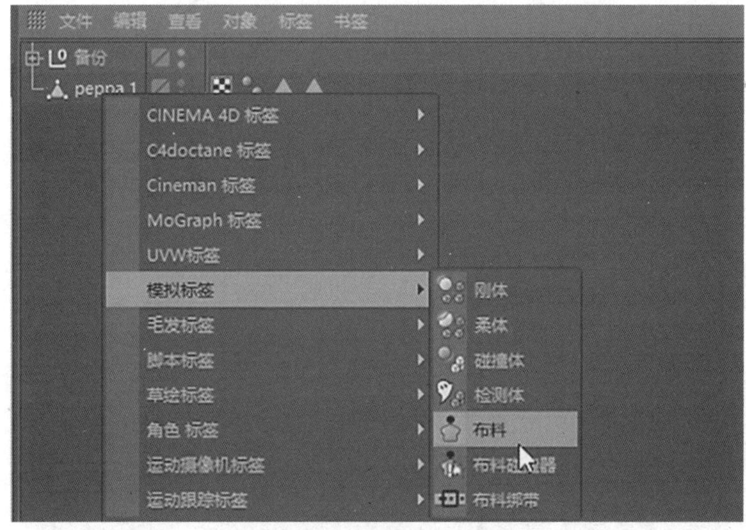

图 9-4-17　添加布料标签

12. 选择布料标签中的修整选项，点击缝合面后面的设置，将刚才我们选中的面设置为将要收缩的面，如图 9-4-18 所示。

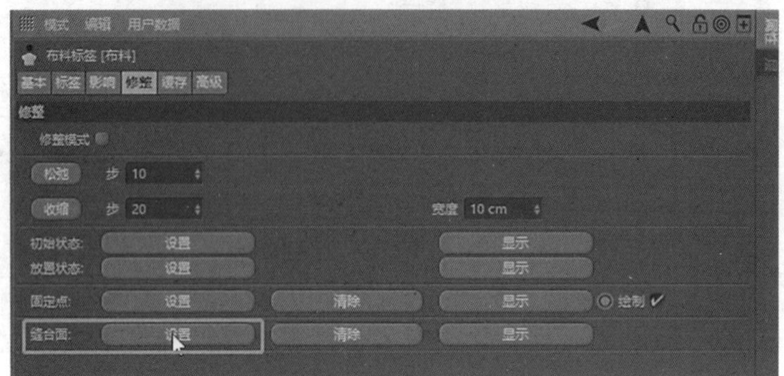


图 9-4-18　布料标签界面

13. 将宽度改为 15 cm，然后点击收缩，如图 9-4-19 所示。

图 9-4-19　修改宽度

14. 给模型添加细分曲面，让模型变得光滑。然后删除布料标签。如图 9-4-20 至图 9-4-23 所示。

图 9-4-20　添加细分曲面

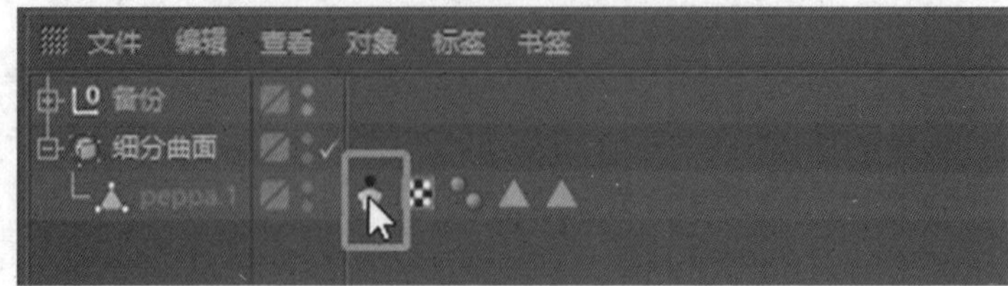


图 9-4-21　删除布料标签

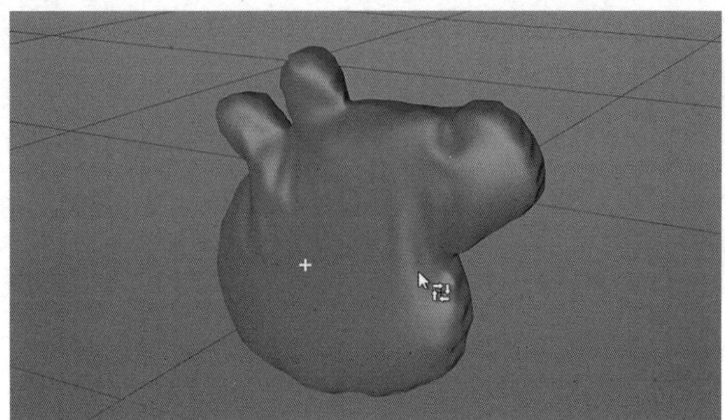

图 9-4-22　示意图一

图 9-4-23　示意图二

## 任务 9.5

# 变形器

### 教学重点

- 熟悉变形器的用法。

### 教学难点

- 理解变形器的用法。

### 任务分析

**01. 任务目标**

理解变形器的用法。

**02. 实施思路**

通过视频，熟悉各个变形器的功能。

### 任务实施

**01. 变形器**

（一）扭曲变形器

1. 创建正方体，然后选择正方体，创建扭曲变形器。创建的时候，按住 Shift 键可以将变形器快速作为子级创建。如图 9-5-1、图 9-5-2 所示。

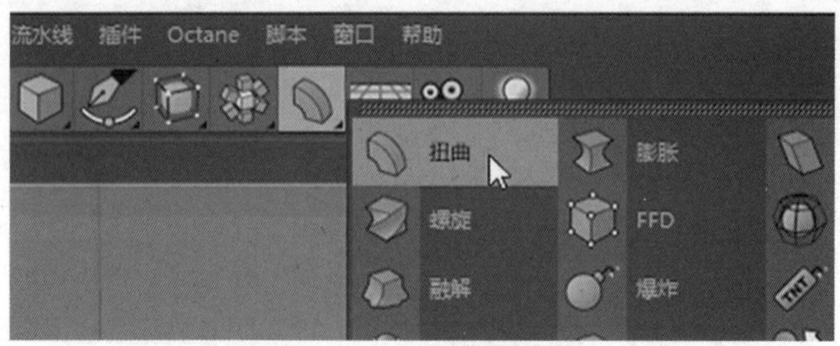

图 9-5-1　创建扭曲变形器

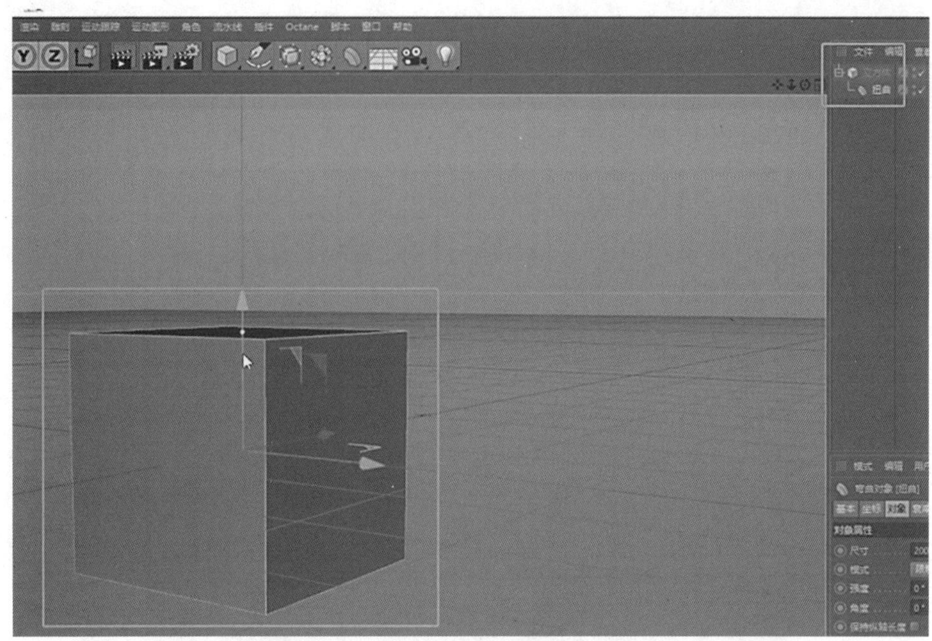

图 9-5-2　示意图

2. 在使用扭曲变形器的时候，需要将模型的分段数提高，才会产生效果。如图 9-5-3 所示。

图 9-5-3　提高模型分段数

3. 扭曲变形器参数：①尺寸：包含了 3 个数值输入框，从左到右依次代表 X,Y,Z 轴上扭曲的尺寸大小。如图 9-5-4 所示。

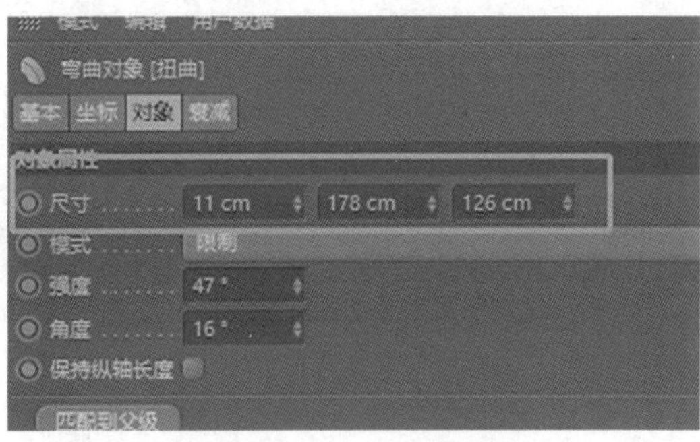


图 9-5-4　对象属性窗口

②模式：模式有三种，默认是限制，指模型对象在扭曲框的范围内产生扭曲的作用。第二种是框内，指模型对象只有在扭曲框内才能产生扭曲的效果。第三种是无限，指模型对象不受扭曲框的限制。如图 9-5-5 至图 9-5-7 所示。

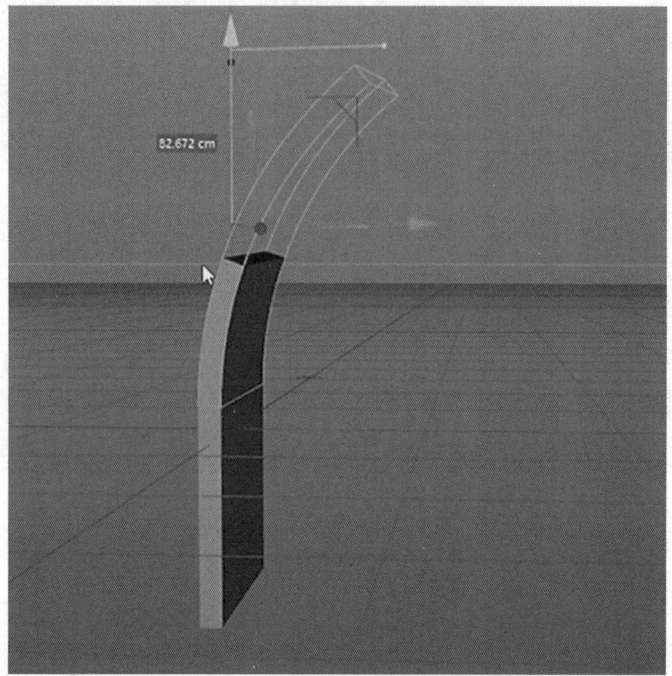


图 9-5-5　限制模式

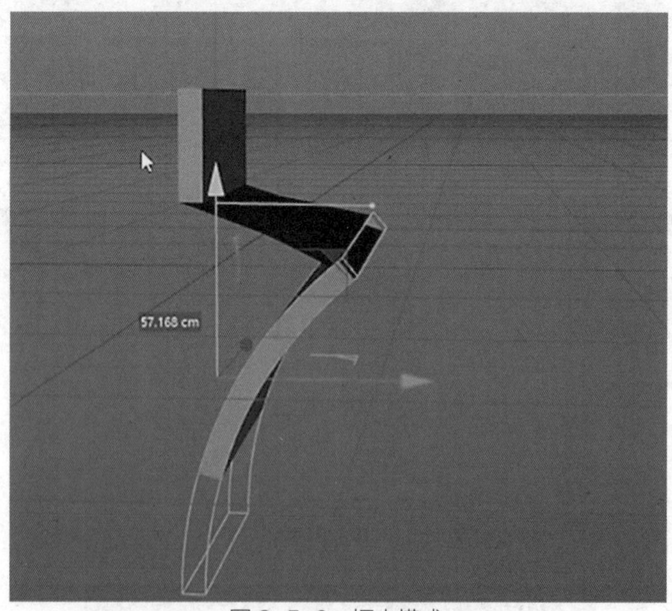


图 9-5-6　框内模式

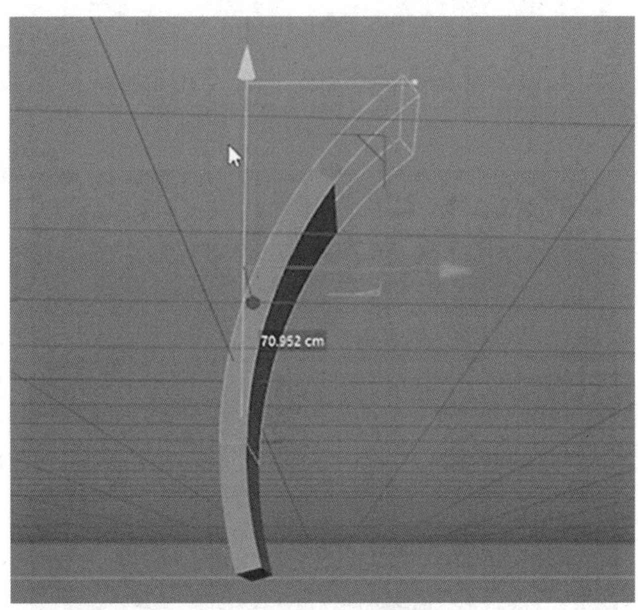


图 9-5-7　无限模式

③强度：控制扭曲强大的大小形态。

④角度：控制扭曲的角度变化。

⑤保持纵轴长度：勾选该项后，将始终保持模型对象原有的纵轴长度不变。

⑥匹配到父级：当变形器作为物体子级时，执行该选项，可自动与父级大小位置进行匹配。

⑦变形器上的小黄点，拉动它可以自动控制变形器的强度和角度，如图 9-5-8 所示。

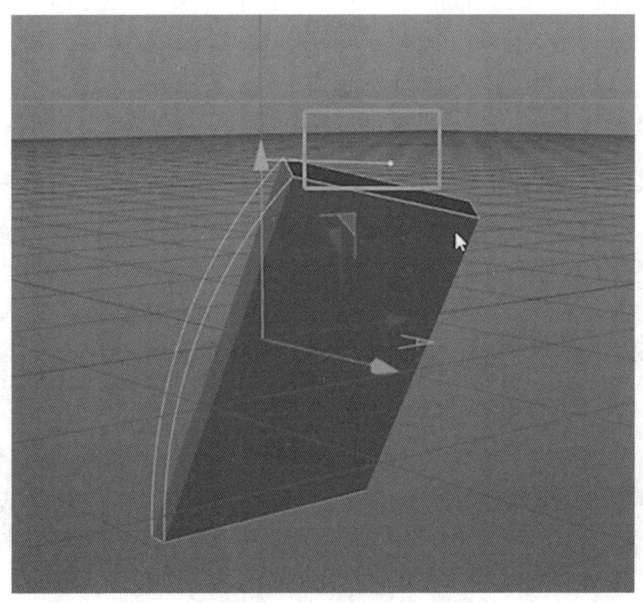

图 9-5-8　示意图

（二）膨胀变形器

1. 创建正方体，按住 Shift 键直接创建膨胀变形器作为子级，提高正方体的分段，如图 9-5-9、图 9-5-10 所示。

图 9-5-9　创建膨胀变形器

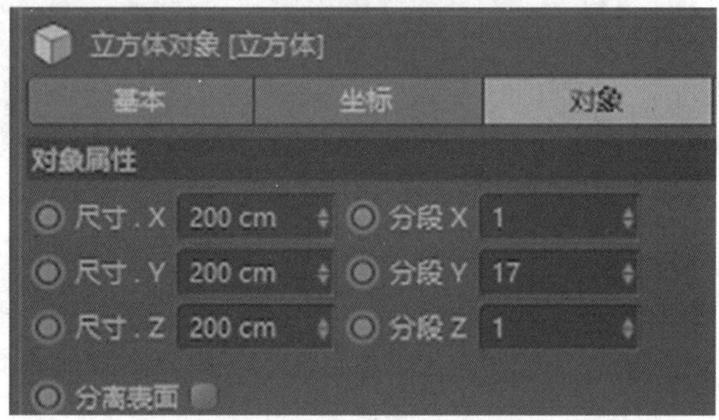


图 9-5-10　对象属性窗口

2. 膨胀变形器参数：①弯曲：设置膨胀时的弯曲程度。②圆角：勾选该项后，能保持膨胀为圆角。

3. 将膨胀变形器设置为下面的参数并放好位置，再打开立方体的圆角，调整圆角半径，就可以做成一个小台子，如图 9-5-11、图 9-5-12 所示。

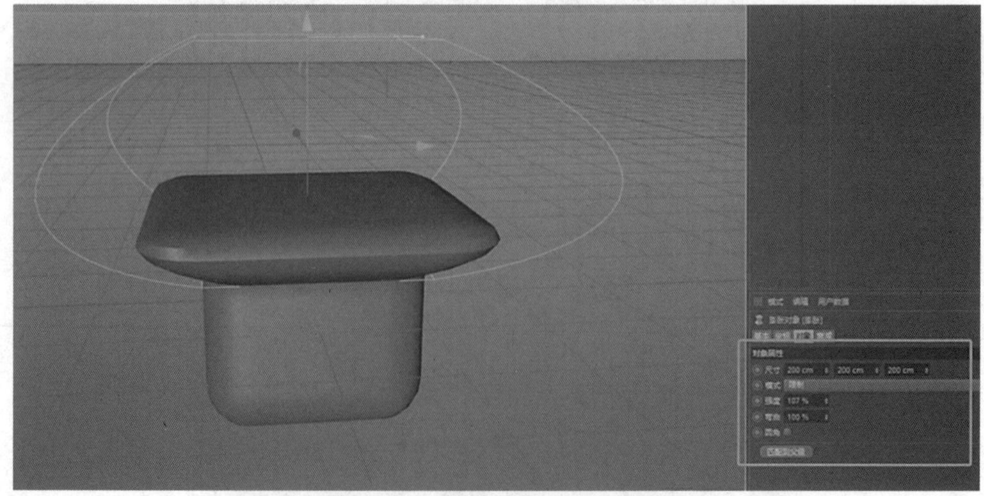

图 9-5-11　修改膨胀变形器参数

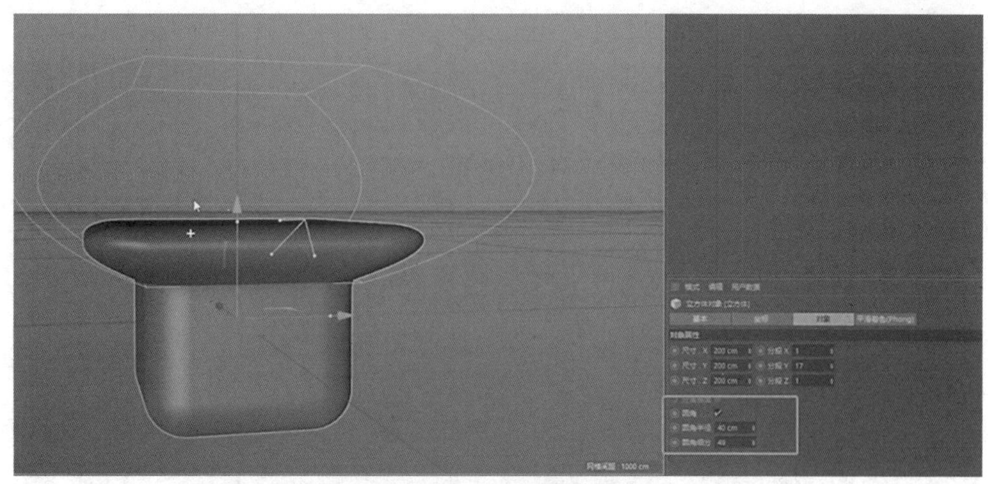

图 9-5-12　调整圆角半径

（三）斜切变形器

1. 创建正方体，再创建斜切变形器作为子级。然后将正方体的分段数提高。如图 9-5-13、图 9-5-14 所示。

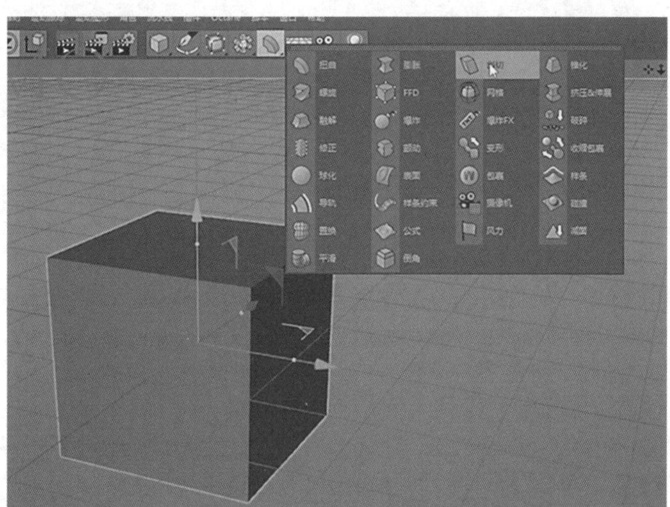

图 9-5-13　创建斜切变形器

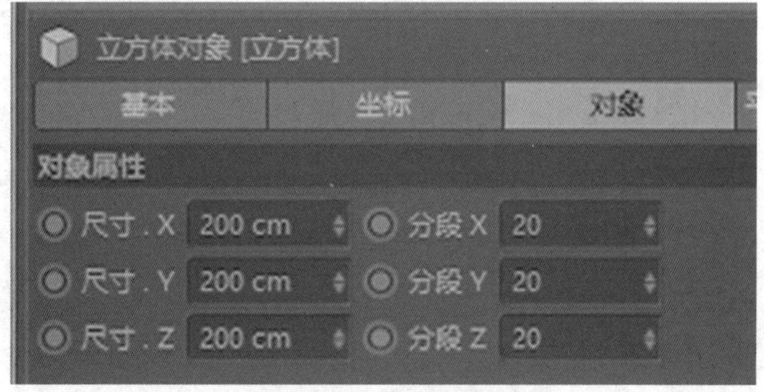


图 9-5-14　对象属性窗口

2. 适当地调整斜切属性参数，即可使正方体斜切变形。如图 9-5-15 所示。

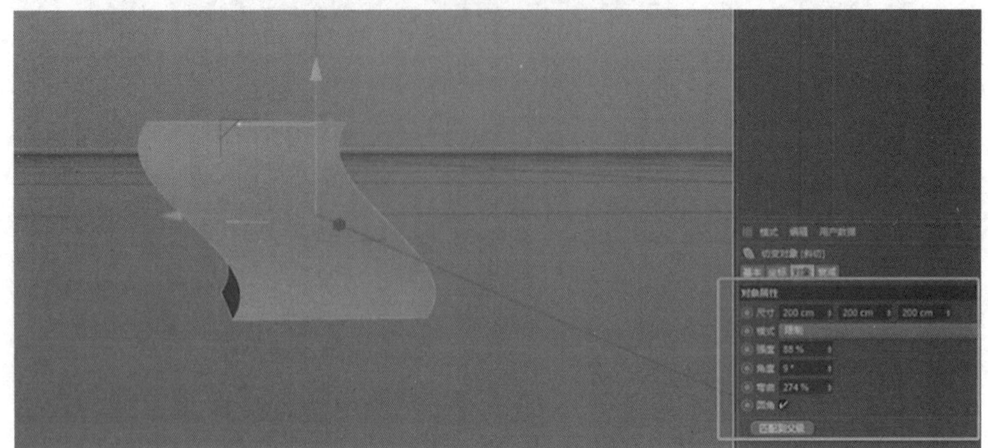


图 9-5-15　调整斜切参数

（四）锥化变形器

1. 创建圆柱体，创建锥化变形器直接作为圆柱体的子级。然后提高圆柱体的分段数。如图 9-5-16、图 9-5-17 所示。

图 9-5-16　创建锥化变形器

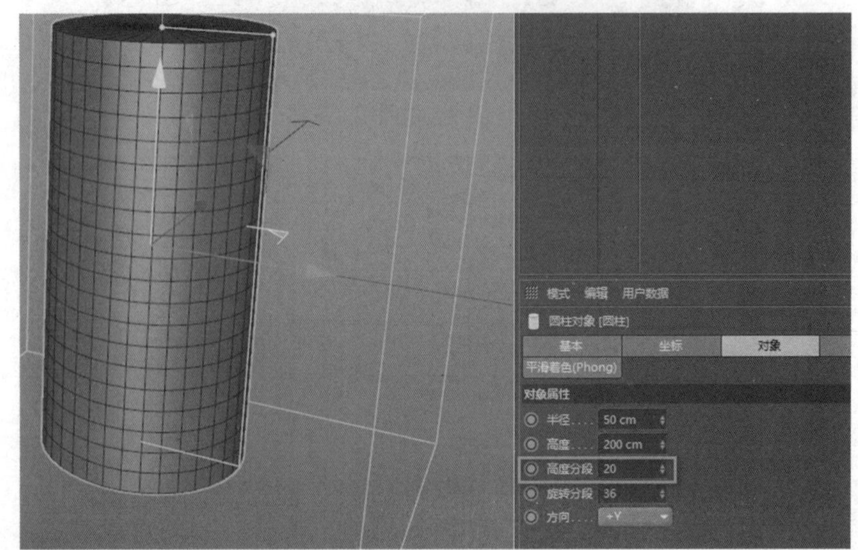


图 9-5-17　对象属性窗口

2. 适当调整锥化属性参数，然后再打开圆柱体封顶中的圆角，修改它的半径，就能做出沙漏模型，如图 9-5-18、图 9-5-19 所示。

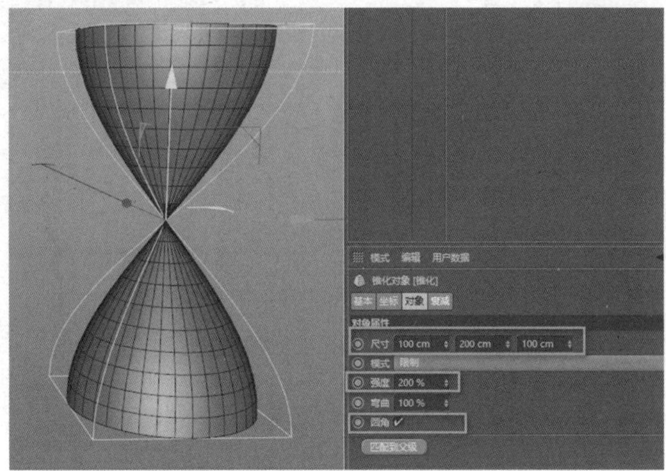


图 9-5-18　修改锥化属性参数

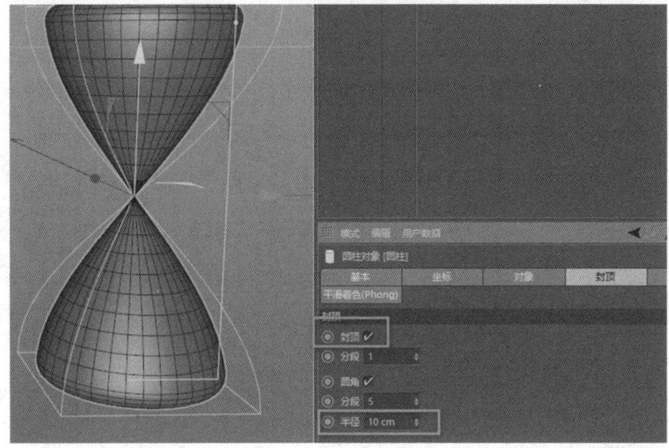


图 9-5-19　修改封顶

（五）螺旋变形器

1. 创建正方体，提高分段，再创建螺旋变形器作为子级，如图 9-5-20、图 9-5-21 所示。

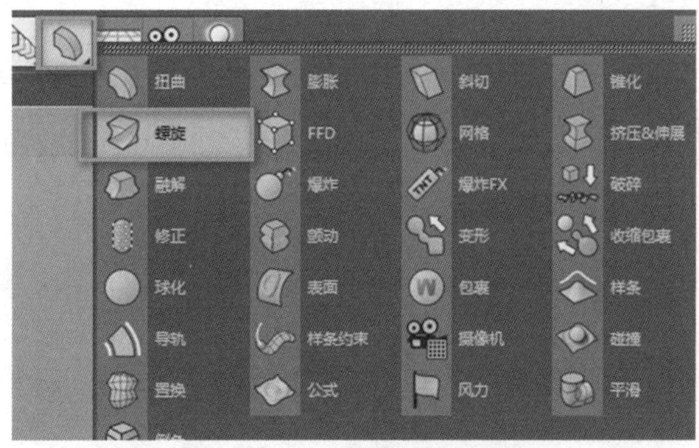


图 9-5-20　创建螺旋变形器

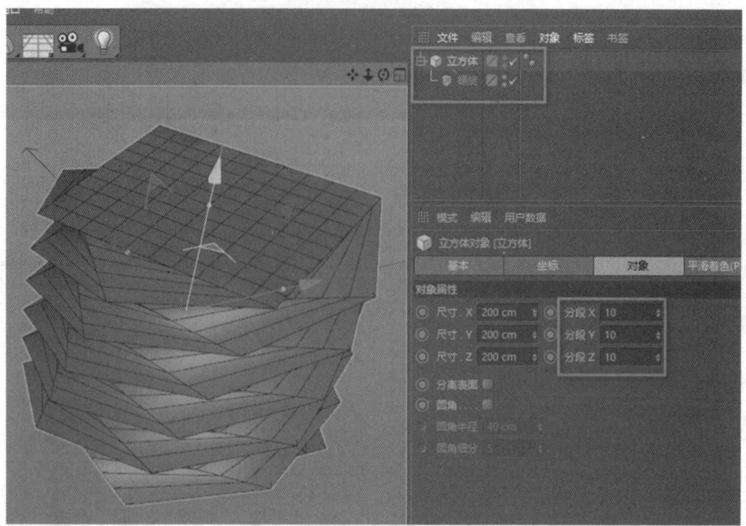


图 9-5-21　修改分段数

2. 适当调整螺旋的参数，如果觉得模型变形后不够圆滑，可以再加大分段数。如图 9-5-22 所示。

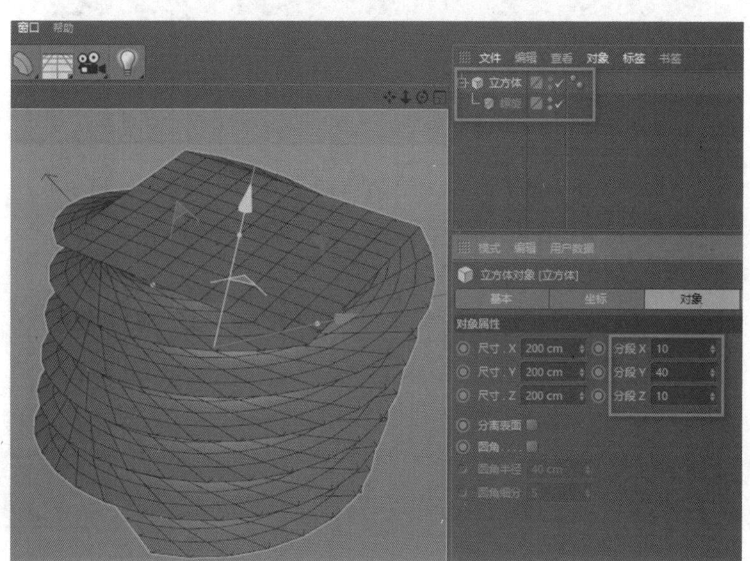


图 9-5-22　增大分段数

3. 一个对象中，可以同时添加多个变形器。比如再给正方体添加锥化，然后调整锥化属性参数。如图 9-5-23、图 9-5-24 所示。

图 9-5-23　添加变形器

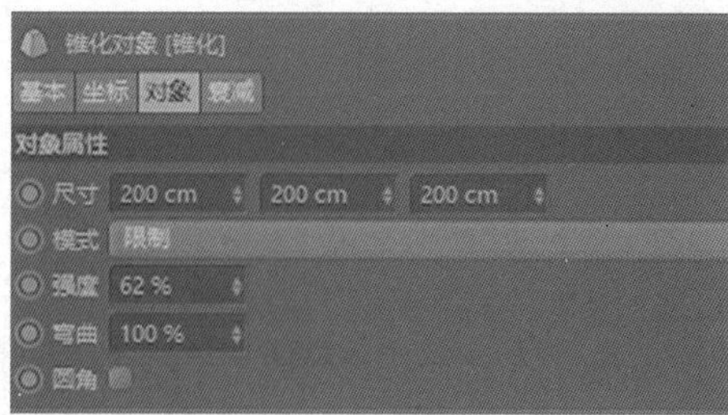


图 9-5-24　对象属性窗口

4. 再添加一个斜切变形器，调整斜切属性参数，如图 9-5-25、图 9-5-26 所示。

图 9-5-25　添加变形器

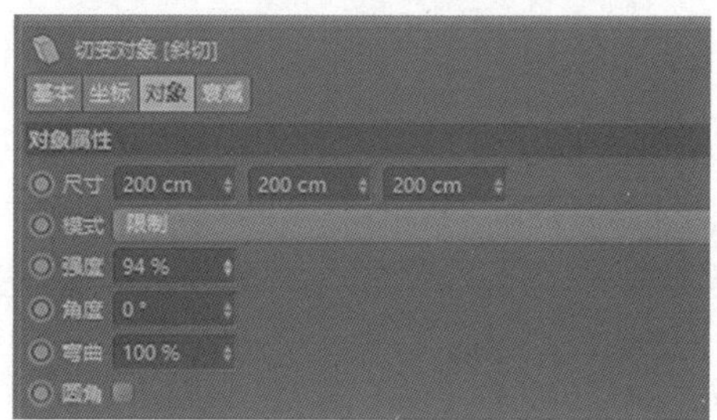


图 9-5-26　对象属性窗口

5. 一个对象下如果有多个变形器，那变形器的顺序不同，产生的效果也不同，如图 9-5-27 所示。

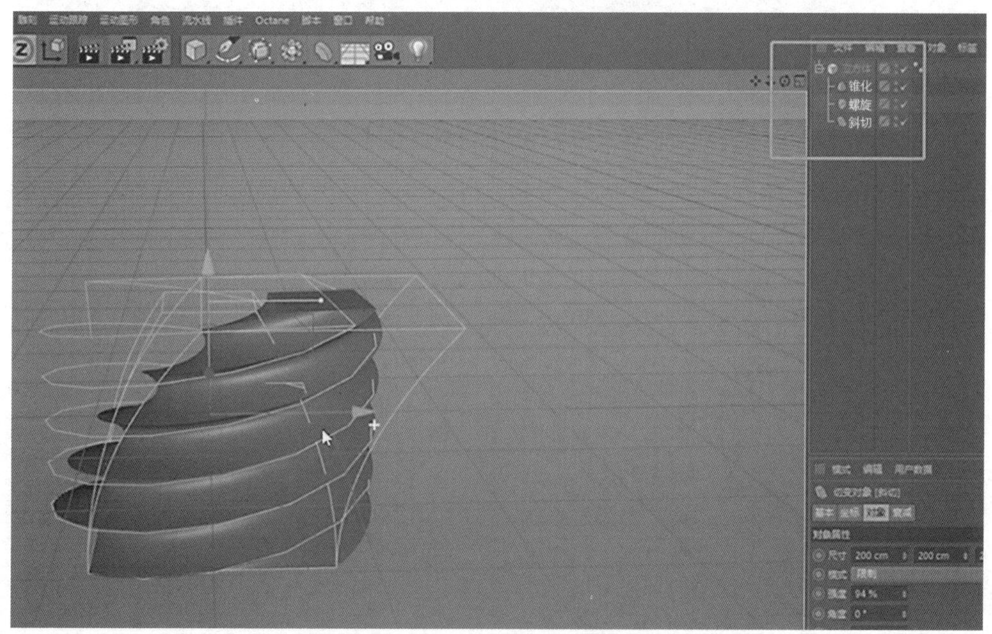


图 9-5-27　调整变形器顺序

（六）FFD 变形器

1. 创建正方体并提高分段，添加 FFD 变形器作为子级，如图 9-5-28 所示。

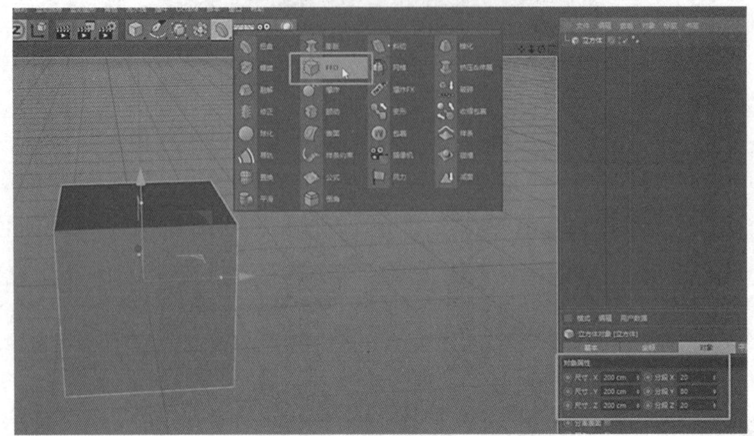

图 9-5-28　添加 FFD 变形器

2. FFD 变形器参数：①栅格尺寸：该参数包含 3 个数值的输入框，从左到右依次代表 X,Y,Z 轴向上栅格的尺寸大小。②水平 / 垂直 / 纵深网点：这 3 个数值输入框分别代表 X,Y,Z 轴向上网格点分布的数量。如图 9-5-29 所示。

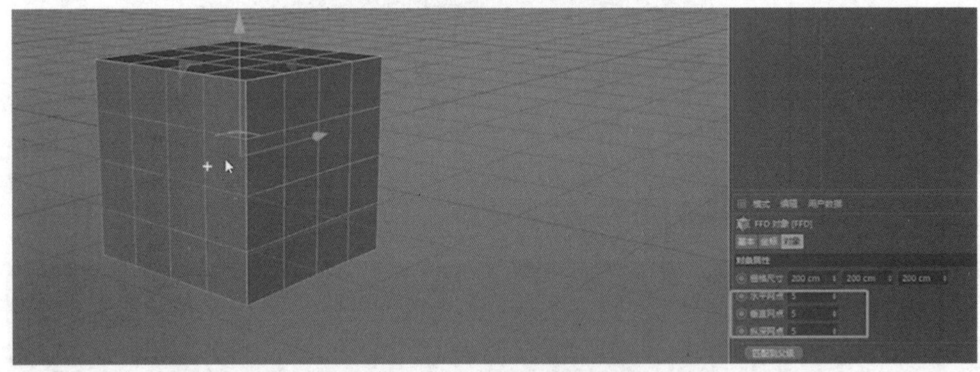

图 9-5-29　对象属性窗口

3. FFD 变形器需要在点模式下使用，然后通过改变变形器上的点，模型也会相应地改变，如图 9-5-30 所示。

图 9-5-30　示意图

（七）爆炸变形器

1. 创建正方体并添加分段，然后添加爆炸变形器作为子级。如图 9-5-31 所示。

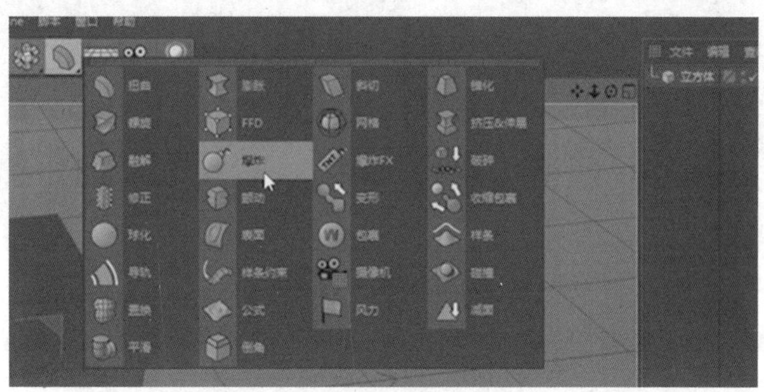

图 9-5-31　爆炸变形器

2. 爆炸变形器参数：①强度：设置爆炸程度，值为 0 时不爆炸，值为 100 时爆炸完成。

②速度：设置碎片到爆炸中心的距离，值越大，碎片到爆炸中心的距离越远，反之越近。

③角速度：设置碎片的旋转角度。

④终点尺寸：设置碎片爆炸完成后的大小。

⑤随机特性：值越小，碎片散开得越规律；反之越随机。

3. 使用爆炸变形器时，爆炸产生的碎片量，取决于模型的分段数。分段数越多，产生的碎片就会越多越小。

4. 创建个人偶，提高人偶的分段，并给人偶添加爆炸变形器。如图 9-5-32 至图 9-5-34 所示。

图 9-5-32　创建人偶

图 9-5-33　提高模型分段数

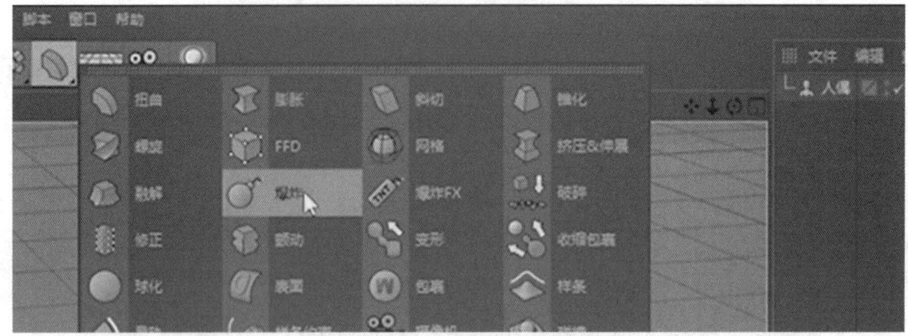


图 9-5-34　创建爆炸变形器

5. 在第 0 帧，将爆炸的强度改为 100%，给强度打关键帧。如图 9-5-35 所示。

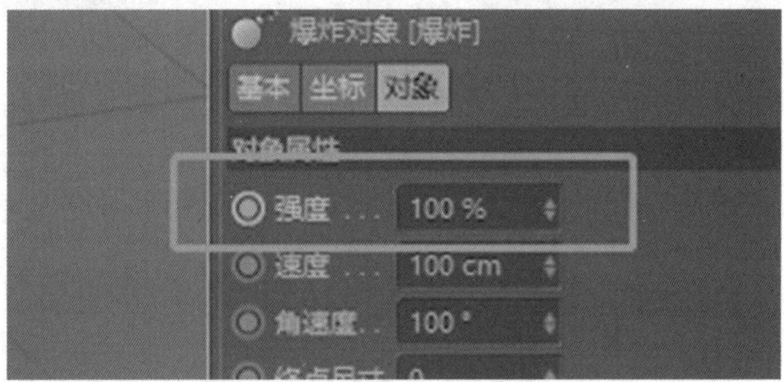


图 9-5-35　修改爆炸强度

6. 在第 50 帧，将爆炸的强度改为 0%，打关键帧。这样播放动画的时候，就会是碎片汇聚成人偶的动画。如图 9-5-36 至图 9-5-38 所示。

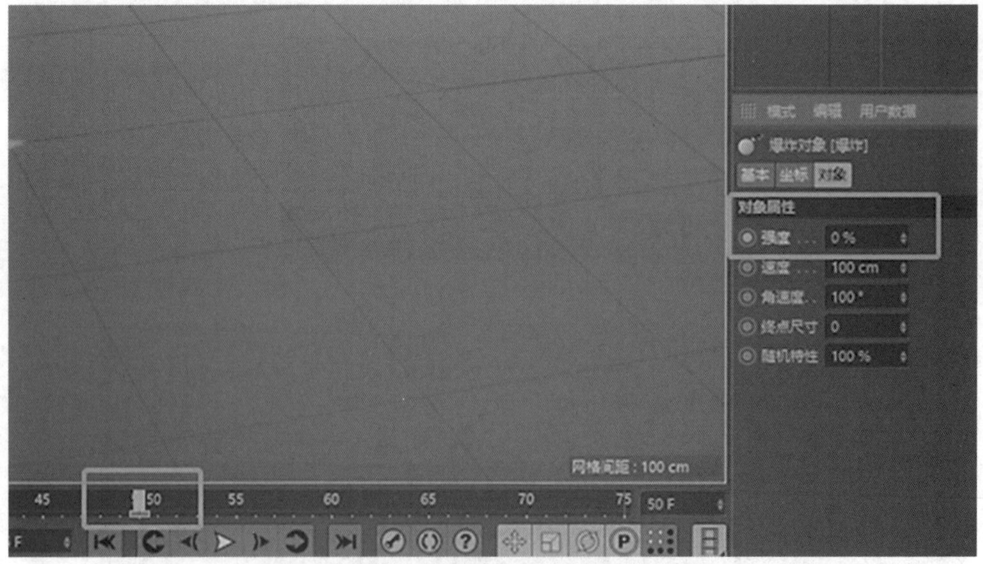


图 9-5-36　添加关键帧

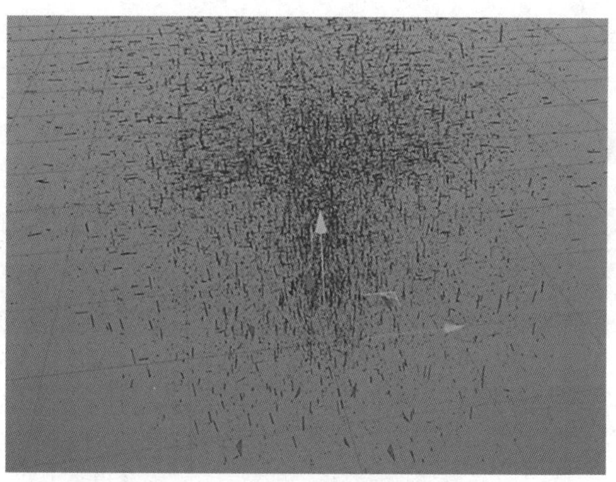

图 9-5-37　碎片

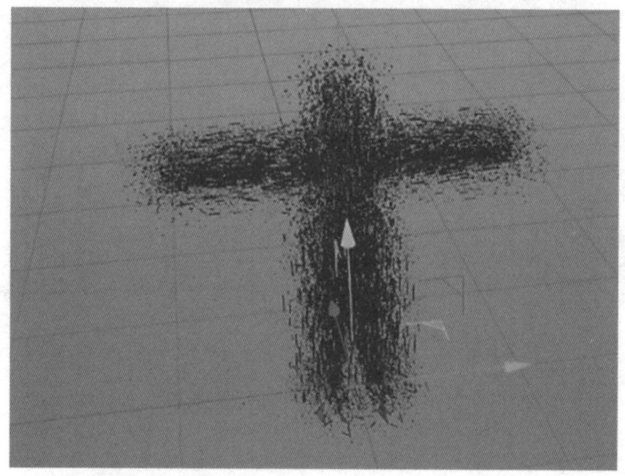

图 9-5-38　碎片汇聚成人偶

（八）颤动变形器

1. 创建球体，给球体添加颤动变形器。使用颤动变形器时，模型一定要有关键帧动画才有效果。简单地给球体做路径运动动画。如图 9-5-39 所示。

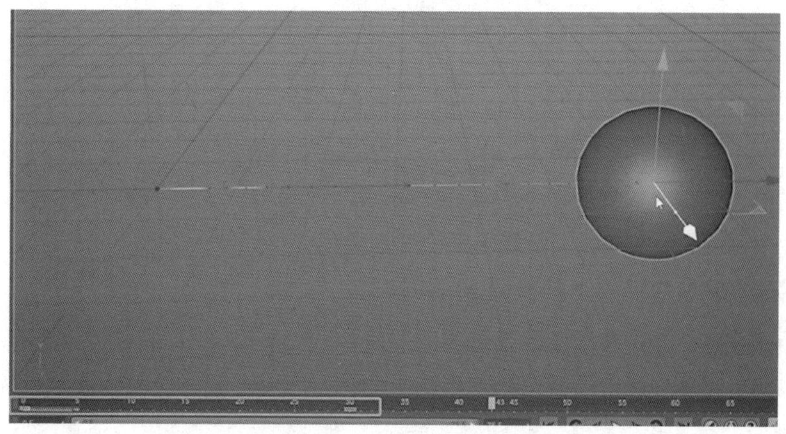

图 9-5-39　颤动变形器

2. 强度是设置颤动的强度，硬度、构造、黏滞这 3 个参数都可用来辅助颤动的细节变化。如图 9-5-40 所示。

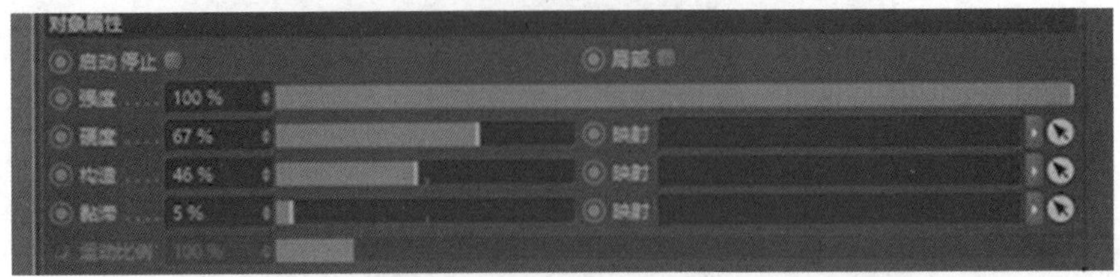


图 9-5-40　对象属性窗口

（九）包裹变形器

1. 创建正方体，修改尺寸，添加分段。然后添加包裹变形器。如图 9-5-41 所示。

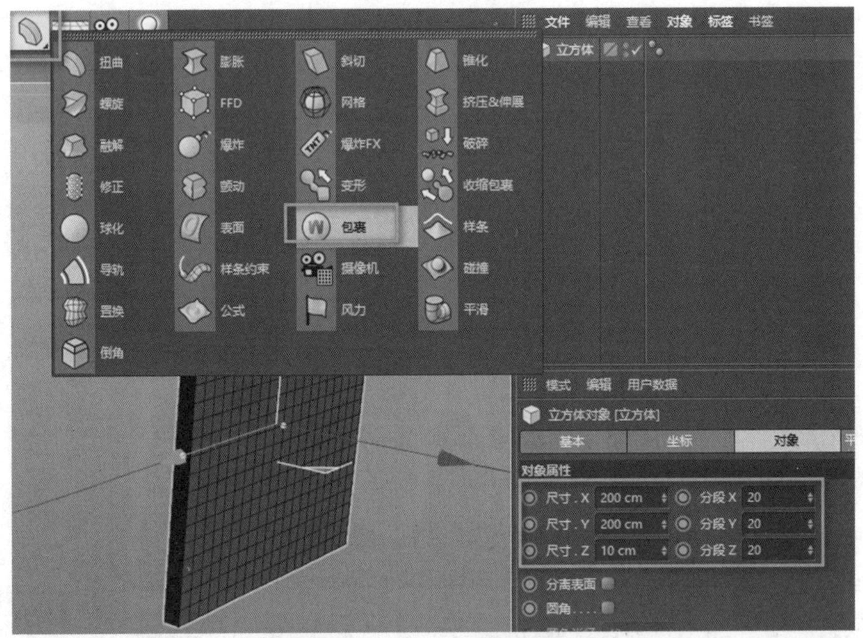


图 9-5-41　包裹变形器

2. 包裹变形器参数：

①宽度：设置包裹物体的范围，值越大，包裹的范围越小。

②高度：设置包裹的高度。

③半径：设置包裹物体的半径。

④经度起点 / 经度终点：设置包裹物体起点和终点的位置。

⑤移动：设置包裹物体在 Y 轴上的拉伸。

⑥缩放 Z：设置包裹物体在 Z 轴上的缩放。

⑦张力：设置包裹变形器对物体施加的强度。

3. 创建球体，移动位置。将包裹的半径改为跟球体半径一样，包裹形状为球状。

这时立方体，就能完全贴合在球体表面。如图 9-5-42 至图 9-5-44 所示。

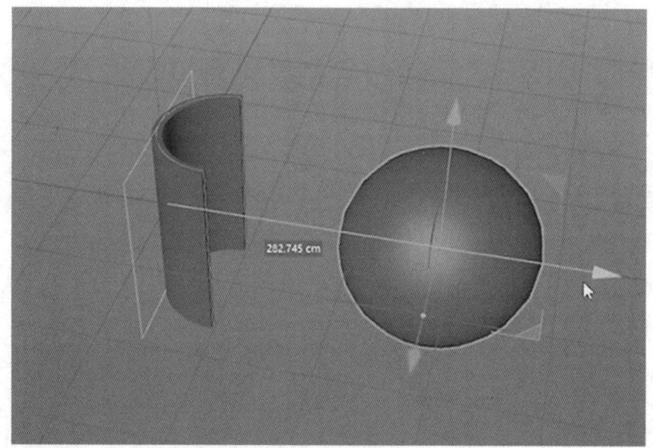


图 9-5-42　示意图（一）

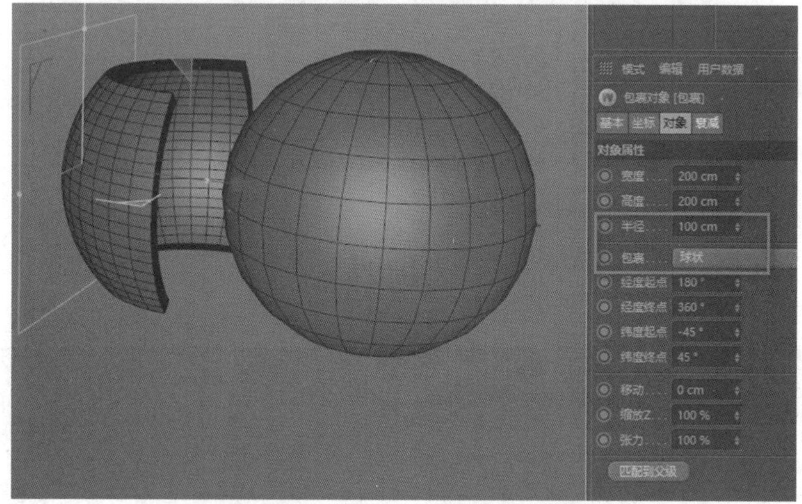


图 9-5-43　示意图（二）

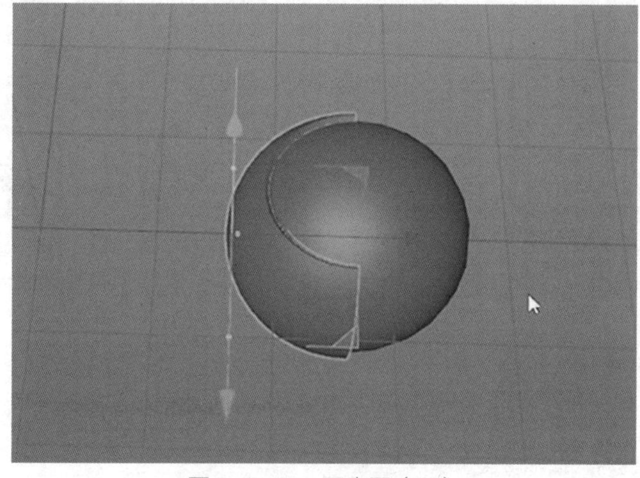

图 9-5-44　示意图（三）

（十）样条约束变形器

1. 创建球体，添加分段。如图 9-5-45 所示。

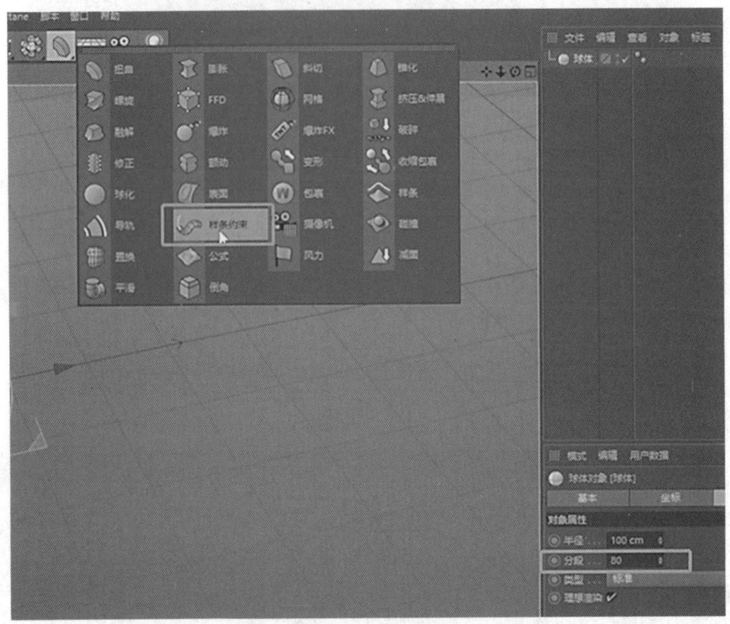

图 9-5-45　样条约束变形器

2. 创建圆环样条，将样条约束中的样条设置为“圆环”。如图 9-5-46、图 9-5-47 所示。

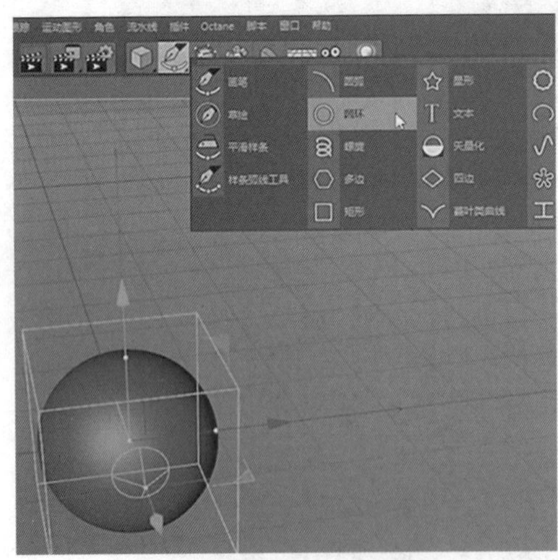

图 9-5-46　创建圆环样条

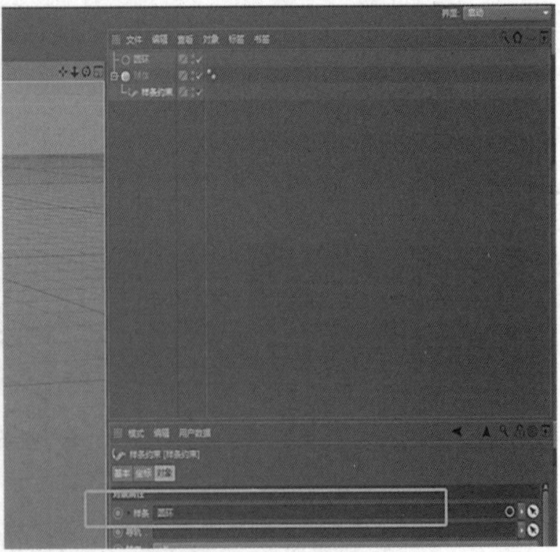

图 9-5-47　指定圆环样条

3. 样条约束参数：

①导轨：可以用另一条曲线来控制被样条约束物体的旋转方向；

②强度：设置样条对模型的约束强度。

③偏移：设置模型在样条上的偏移大小。

④起点 / 终点：设置模型在样条上的起点和终点位置。

⑤尺寸 / 旋转：通过曲线来控制模型和样条的尺寸与旋转。

⑥模式：适合样条时，模型会铺满整个样条；保持长度时，模型会保持原来的尺寸长度。如图 9-5-48、图 9-5-49 所示。

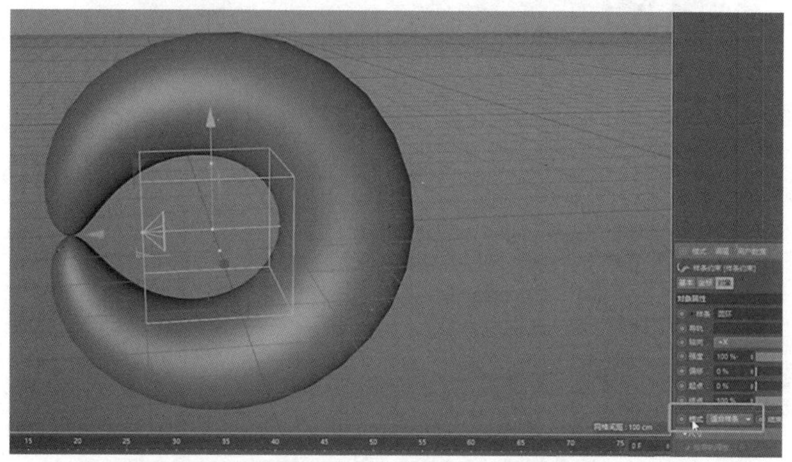

图 9-5-48　适合样条模式

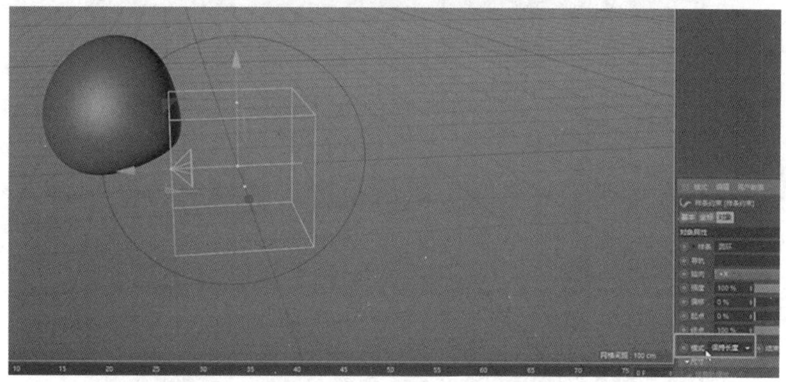

图 9-5-49　保持长度模式

4. 可以在样条约束的尺寸中，将样条调整为图 9-5-50 所示形状，就可以做出水滴的形状。示意图如图 9-5-50、图 9-5-51 所示。

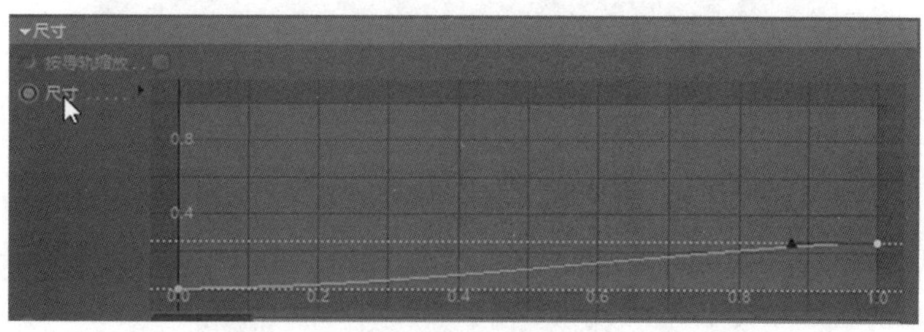


图 9-5-50　尺寸窗口

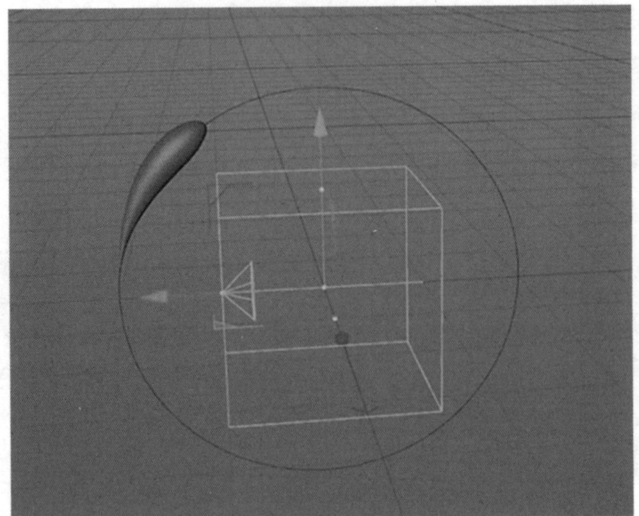

图 9-5-51　示意图

**练习案例**

1. 创建平面，调整尺寸，如图 9-5-52、图 9-5-53 所示。

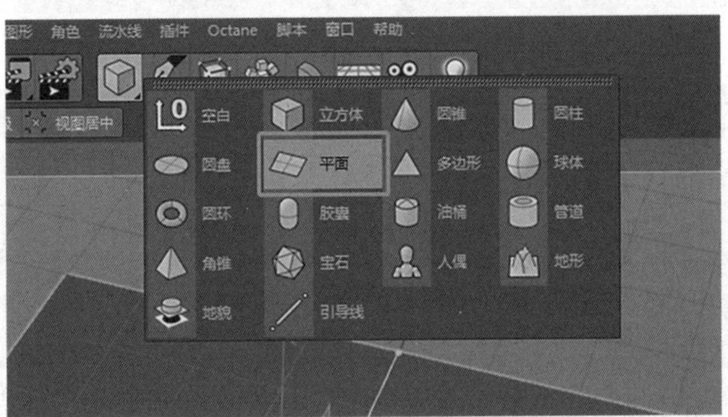


图 9-5-52　创建平面

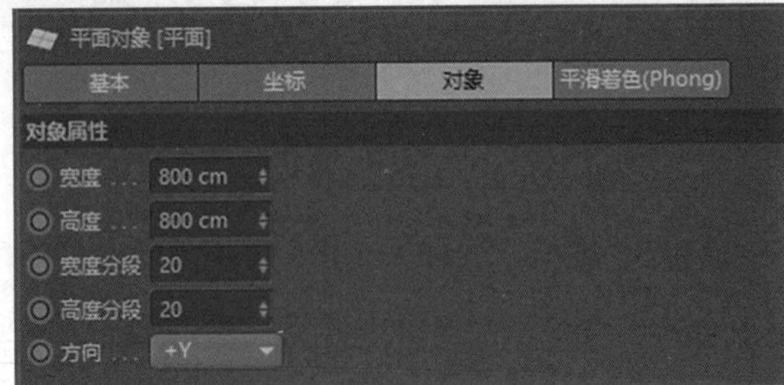


图 9-5-53　对象属性窗口

2. 在运动图形中创建文本，修改文本内容，深度为 0.5 cm，并将对齐方式改为“中对齐”，如图 9-5-54、图 9-5-55 所示。

图 9-5-54　创建文本

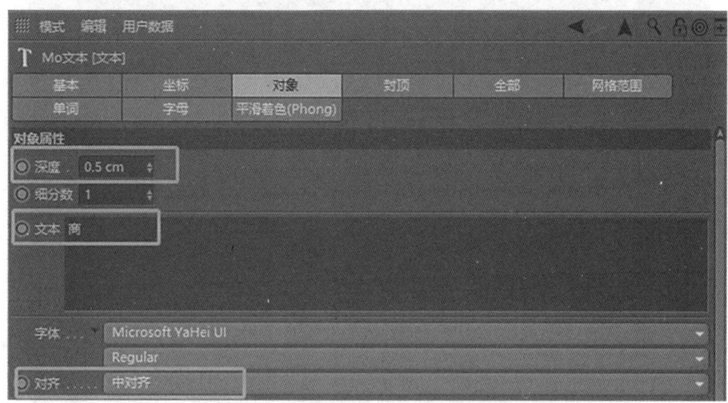


图 9-5-55　文本对象窗口

3. 使用旋转工具将文本放平，并用移动工具将它往上移动一点点，使其能贴着平面，如图 9-5-56 所示。

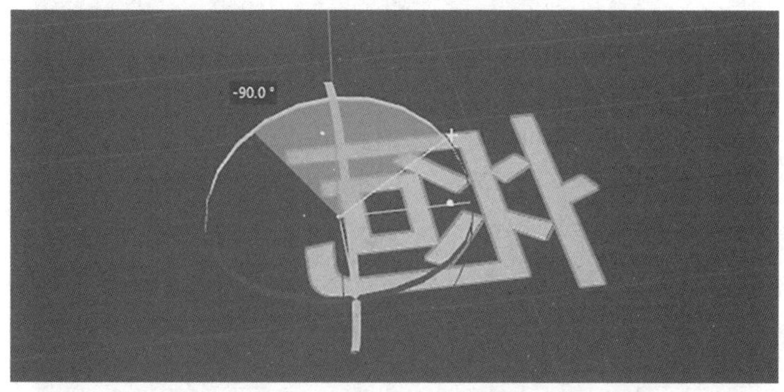


图 9-5-56　旋转并移动

4. 将显示模式改为线条模式，然后再将文本的点插值方式改为统一，封顶中类型改为三角形，并勾选标准网格，将宽度改为 3。如图 9-5-57 至图 9-5-59 所示。

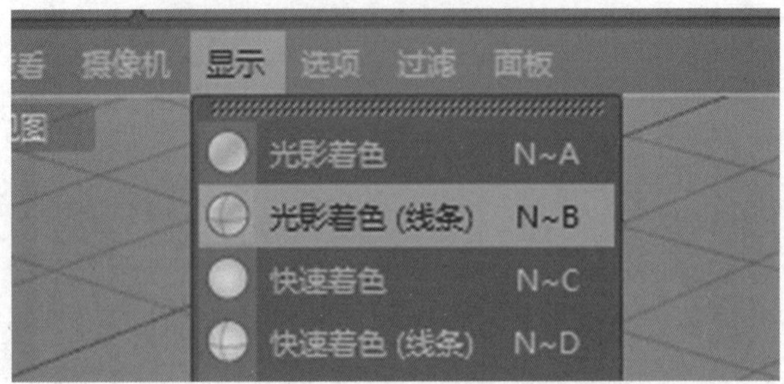


图 9-5-57　显示模式

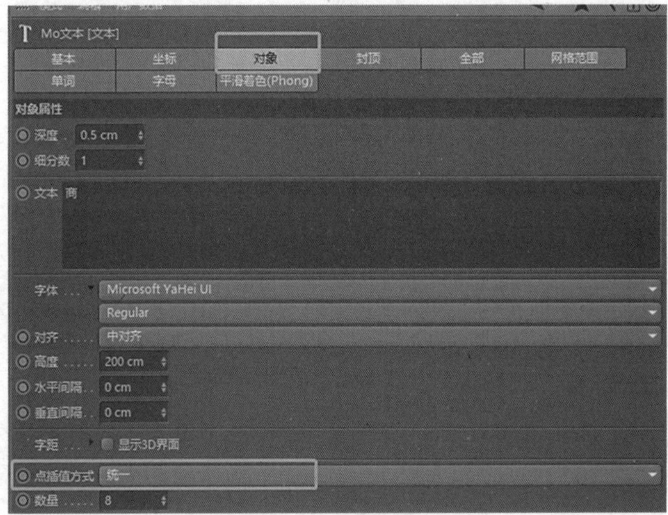


图 9-5-58　点差值方式

图 9-5-59　修改封顶类型

5. 将文本对象命名为“上”，然后再复制一个，命名为“下”，往下放一点点，如图 9-5-60 所示。

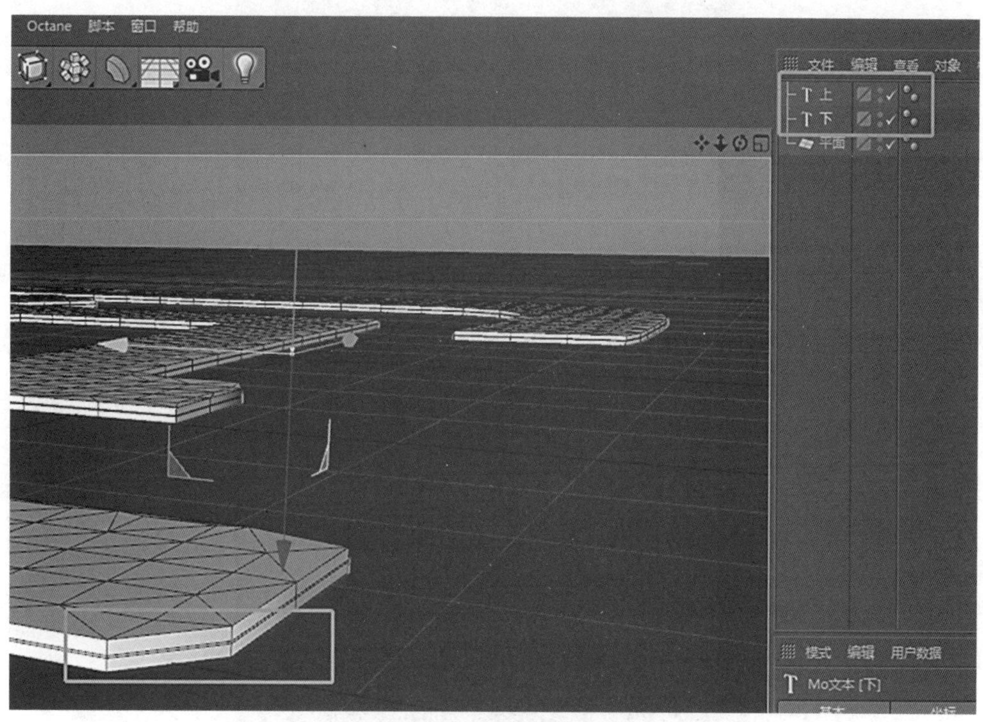

图 9-5-60　复制并移动

6. 创建扭曲变形器，这里先不要作为子级创建。然后沿着 B 方向旋转 -90°，或者直接将右下角尺寸改为 -90° 。如图 9-5-61 至图 9-5-63 所示。

图 9-5-61　创建扭曲变形器

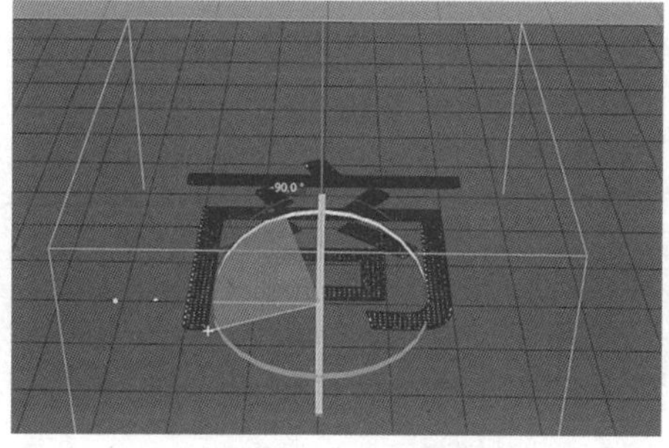

图 9-5-62　示意图

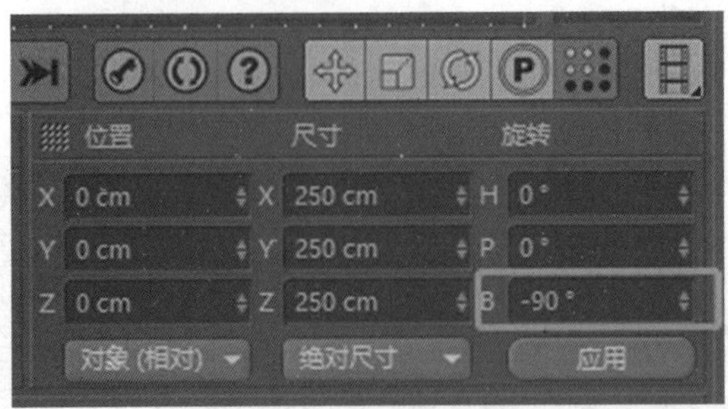


图 9-5-63　修改旋转

7. 将扭曲作为上的子级，点击匹配到父级；修改尺寸，然后沿 P 方向适当旋转一定角度。如图 9-5-64 至图 9-5-67 所示。

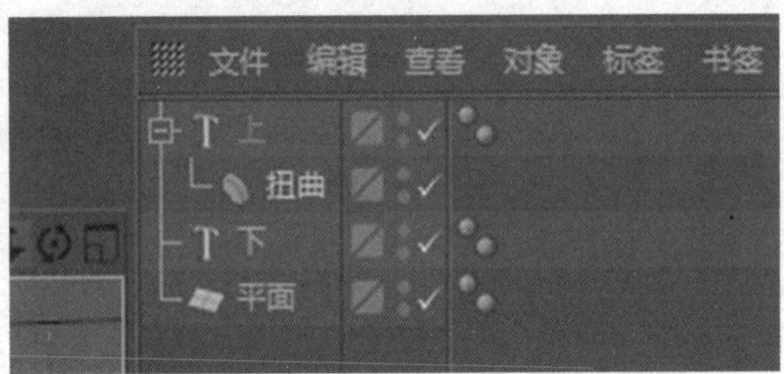


图 9-5-64　示意图

图 9-5-65　匹配到父级

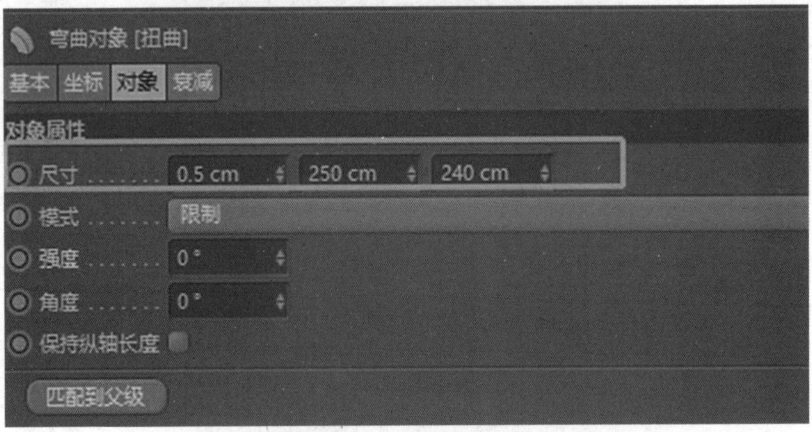

图 9-5-66　修改尺寸

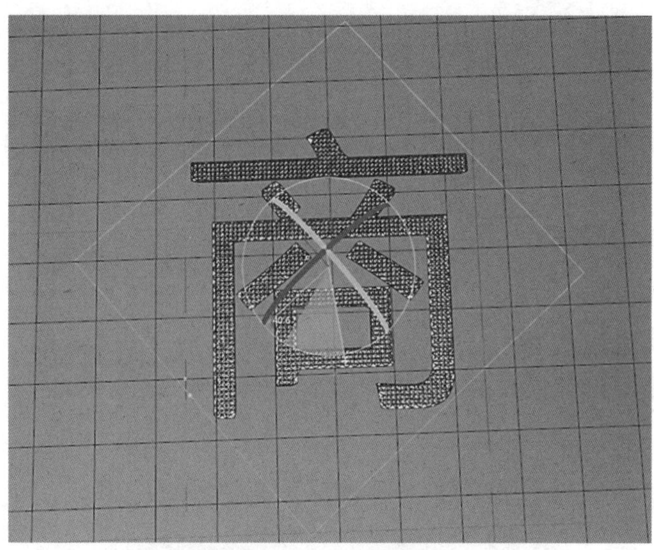

图 9-5-67　示意图

8. 创建两个新材质，一个为默认颜色，一个修改为红色。然后将红色材质贴给下面的文字，默认颜色的材质贴给平面和上面的文字。接着，再将显示模式改为正常模式。如图 9-5-68 至图 9-5-70 所示。

图 9-5-68　创建新材质

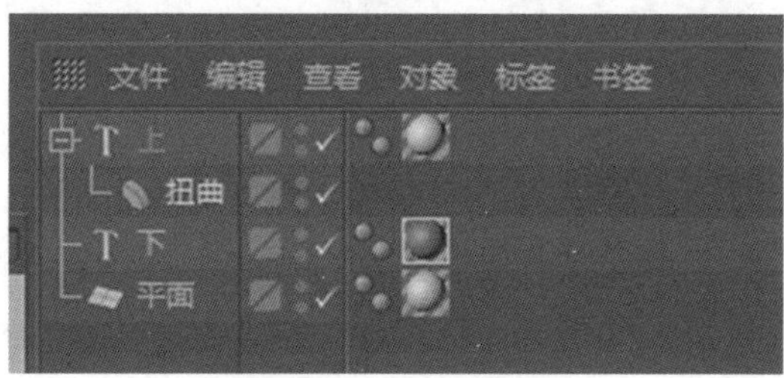


图 9-5-69　贴给模型

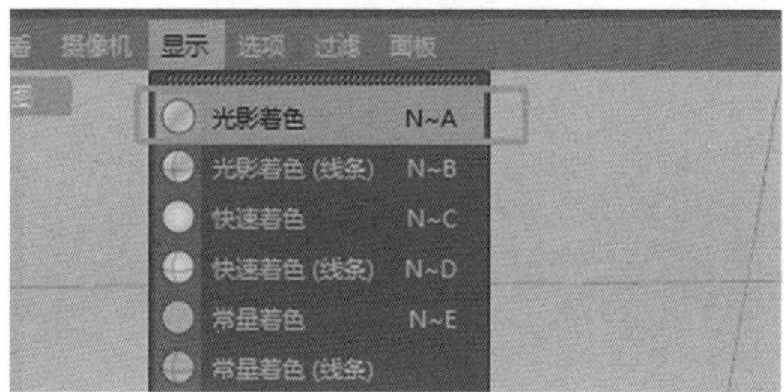


图 9-5-70　显示模式

9. 选择扭曲，在第 0 帧，给强度打关键帧；第 60 帧时，将强度修改为 250，然后打关键帧，播放动画。如图 9-5-71 至图 9-5-73 所示。

图 9-5-71　修改强度

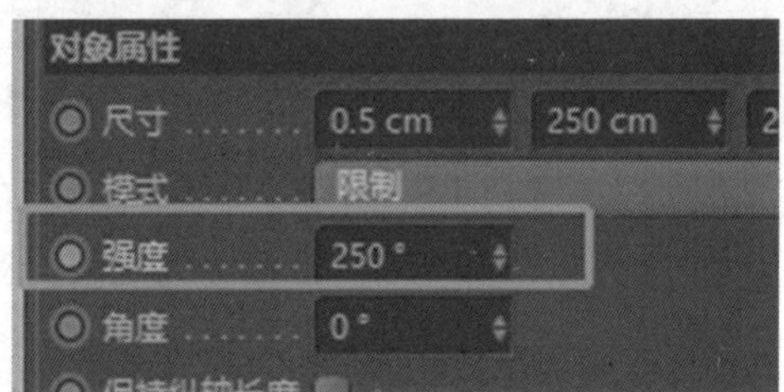


图 9-5-72　修改完成

图 9-5-73　示意图

任务 9.6

# 造型器

## 教学重点

· 熟悉造型工具的用法。

## 教学难点

· 理解造型工具的用法。

## 任务分析

### 01. 任务目标

理解造型工具的用法。

### 02. 实施思路

通过视频，熟悉各个造型工具的功能。

## 任务实施

### 01. 造型工具

（一）阵列造型器

1. 创建球体，按住 Alt 键将阵列直接作为父级创建，如图 9-6-1、图 9-6-2 所示。

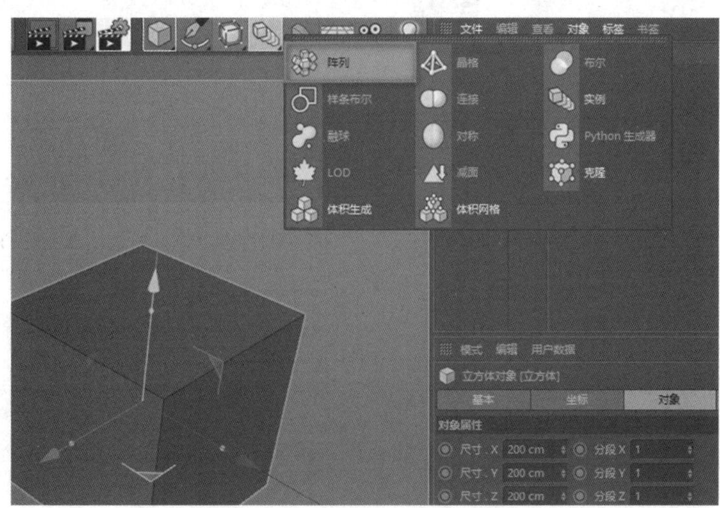


图 9-6-1　创建阵列造型器

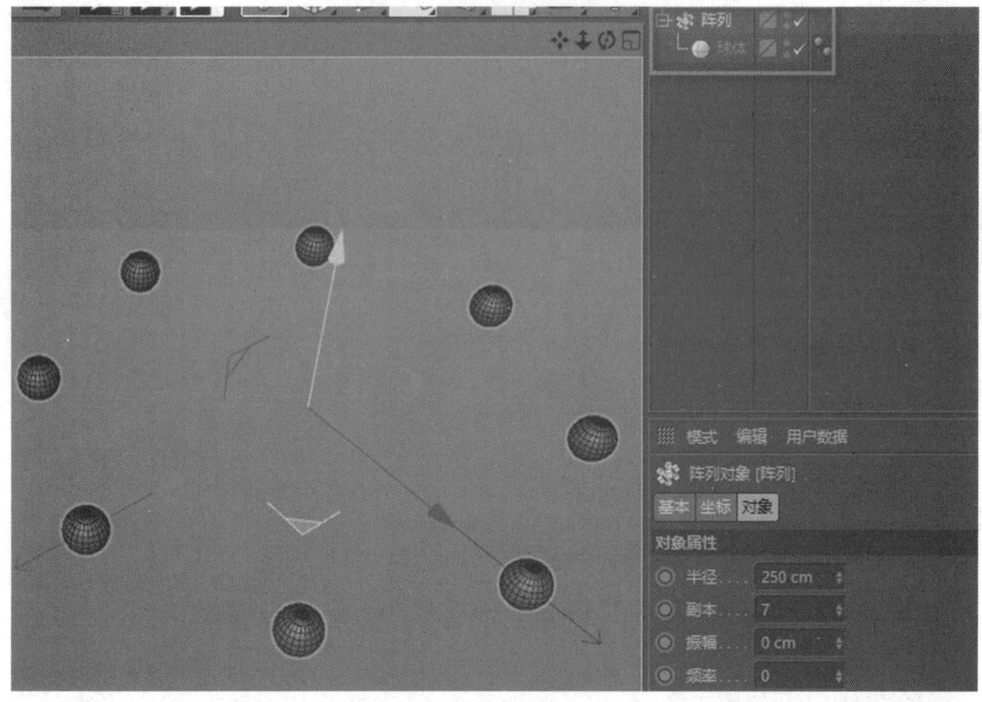


图 9-6-2 示意图

2. 阵列造型器参数：①半径 / 副本：设置阵列的半径和阵列中物体的数量，如图 9-6-3、图 9-6-4 所示。

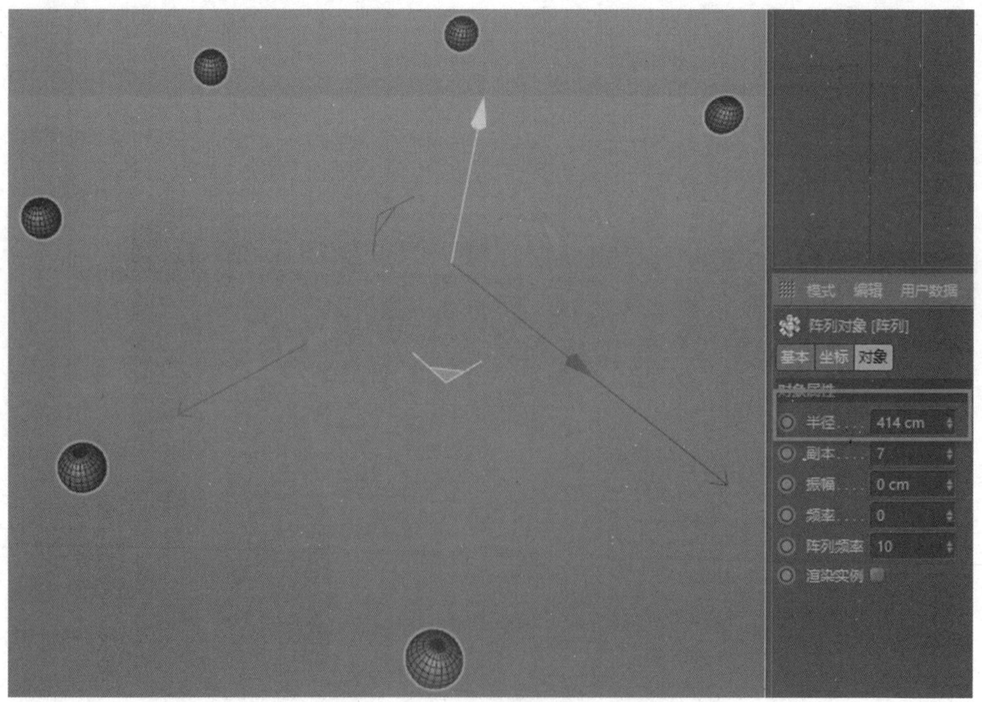


图 9-6-3 阵列造型器“半径”参数

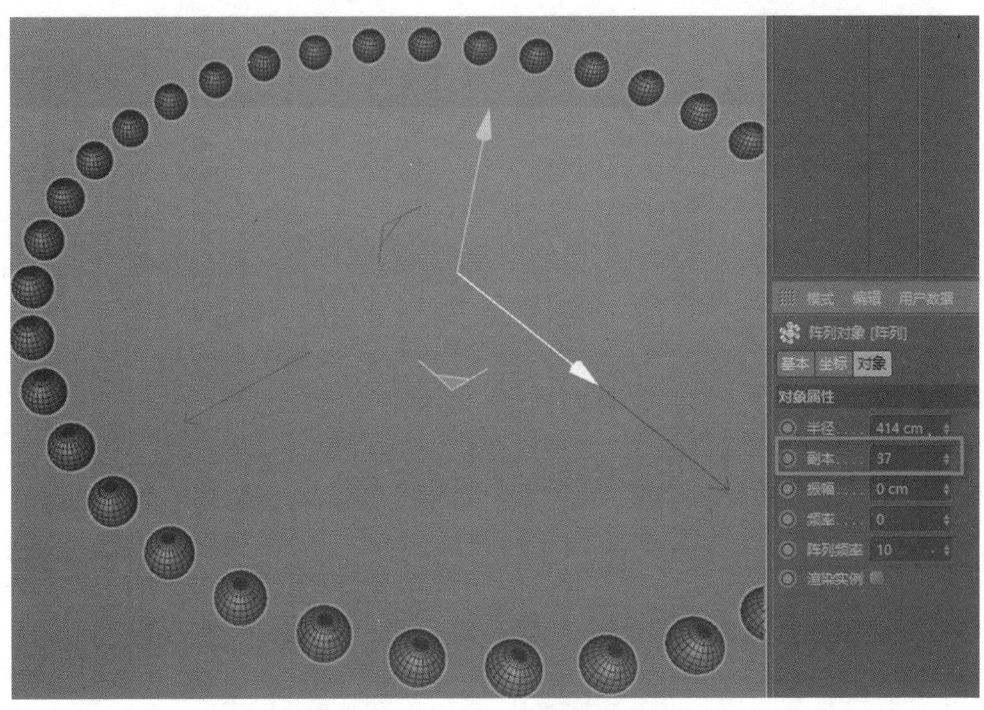

图 9-6-4 阵列造型器“副本”参数

②振幅 / 频率：阵列波动的范围和快慢（只有播放动画才有效果），如图 9-6-5 所示。

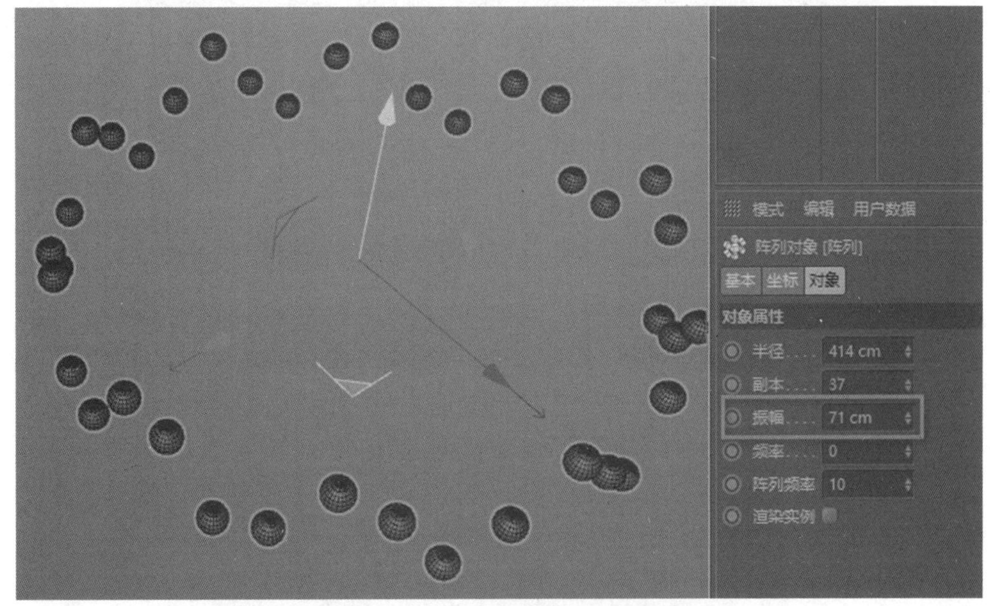

图 9-6-5 阵列造型器“振幅”参数

③阵列频率：阵列中每个物体波动的范围，需要与振幅和频率结合使用，如图 9-6-6 所示。

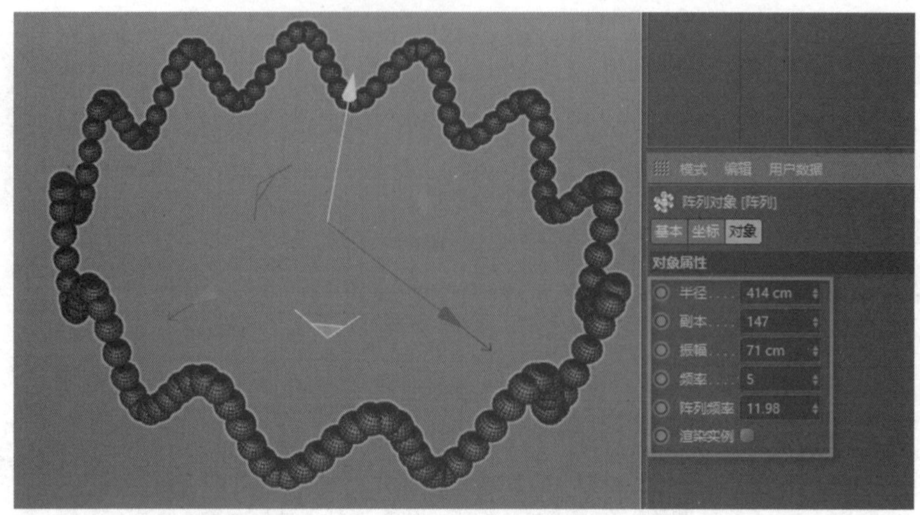


图 9-6-6　阵列造型器“阵列频率”参数

（二）晶格造型器

1. 创建宝石，添加晶格造型器，接着宝石会消失，然后生成一个宝石形状的框架，如图 9-6-7、图 9-6-8 所示。

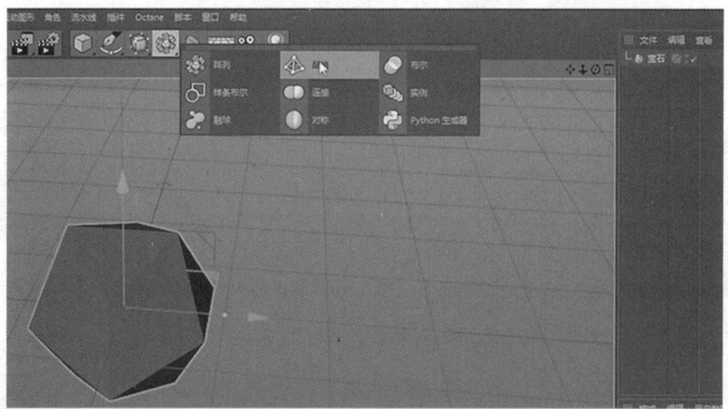


图 9-6-7　创建晶格造型器

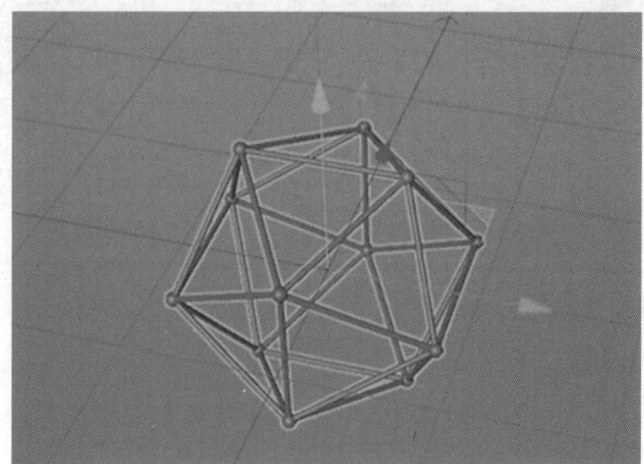

图 9-6-8　宝石形状的框架

2. 晶格造型器参数：①圆柱半径：几何体上的样条变为圆柱，可以控制圆柱的半径大小。

②球体半径：几何体上的点变为球体，可以控制球体的半径大小。

③细分数：可以控制球体和圆柱的细分。

④单个元素：勾选之后，将晶格转为可编辑对象时，晶格会被分离成独立的对象。

3. 创建文本样条，输入文字。如图 9-6-9、图 9-6-10 所示。

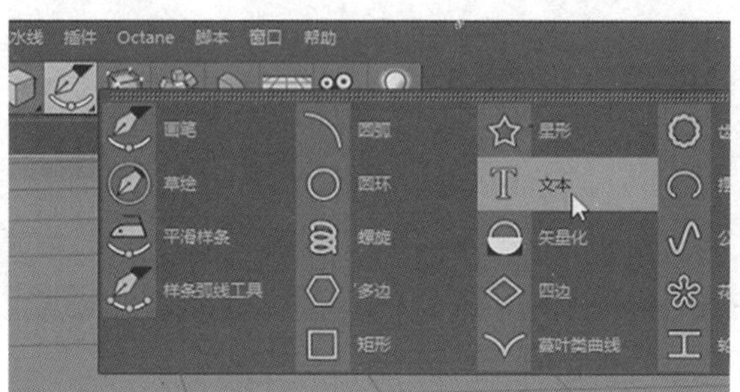


图 9-6-9　创建文本样条

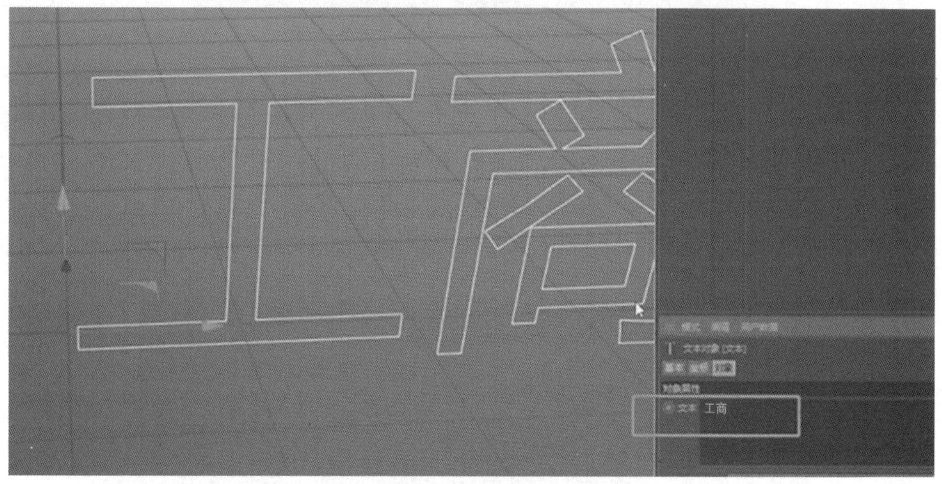


图 9-6-10　修改文本内容

4. 给文本样条添加挤压生成器，打开线条显示模式，并将文本样条的点差值方式改为统一，如图 9-6-11 至图 9-6-13 所示。

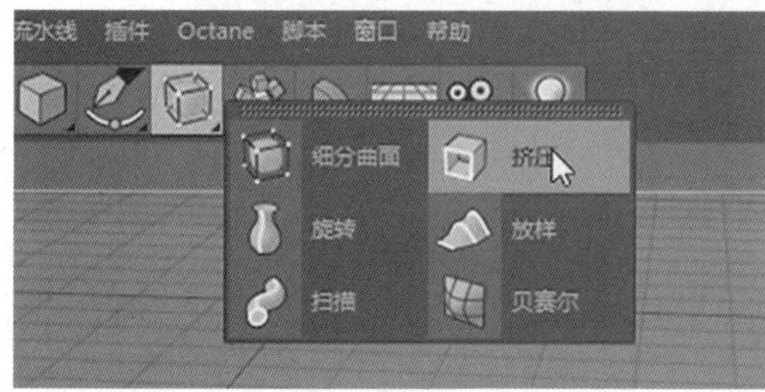


图 9-6-11　添加挤压造型器

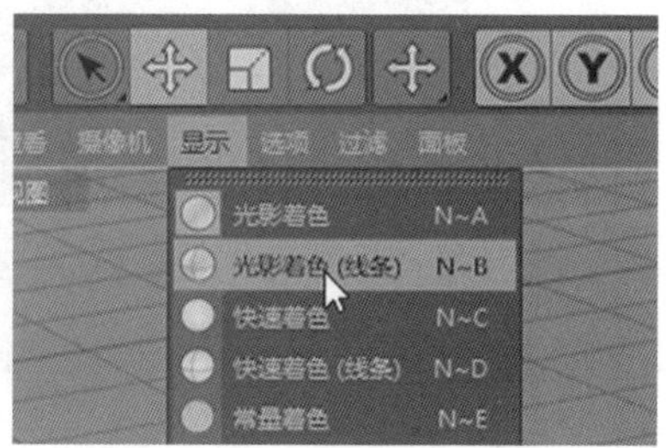


图 9-6-12　修改显示模式

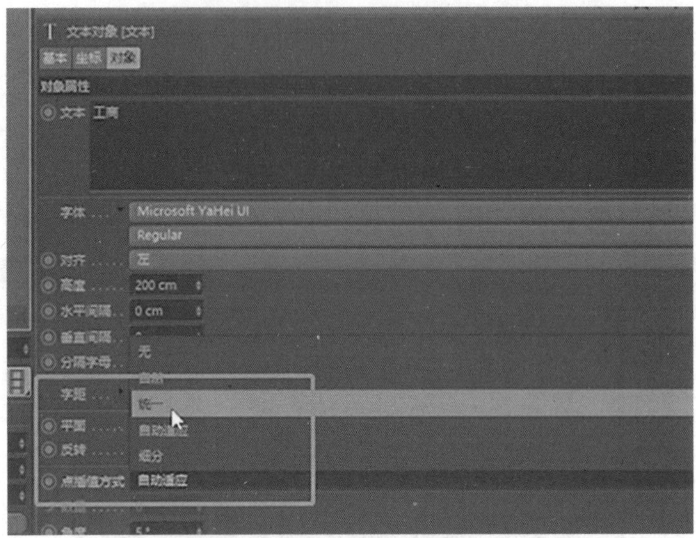


图 9-6-13　修改点差值方式

5. 给挤压添加晶格造型器，如图 9-6-14、图 9-6-15 所示。

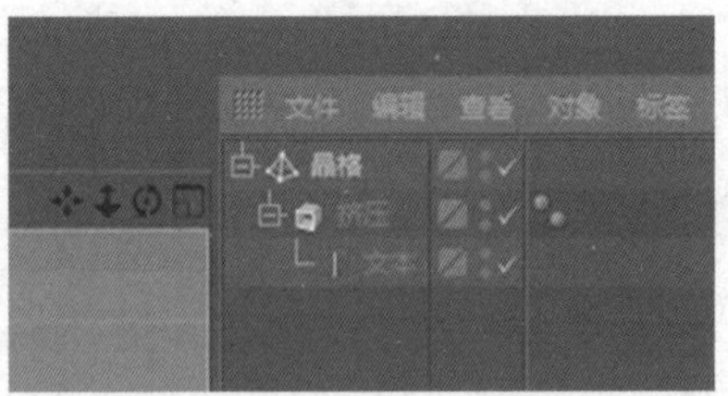


图 9-6-14　添加晶格造型器

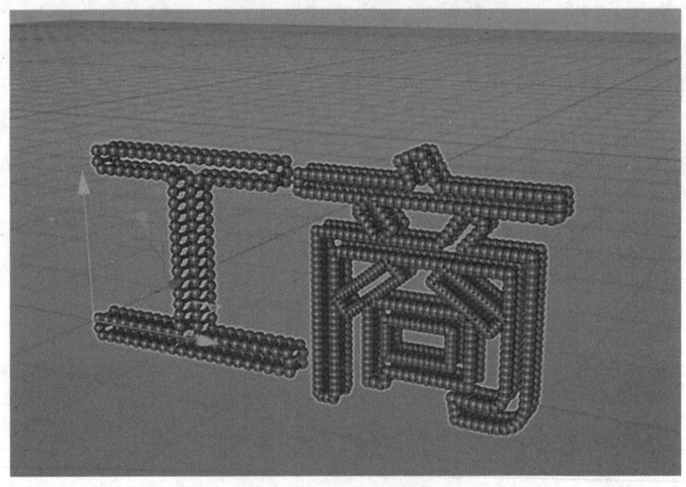

图 9-6-15　示意图

6. 调整晶格的圆柱半径和球体半径，就可以做成比较有风格的文字。如图 9-6-16 所示。

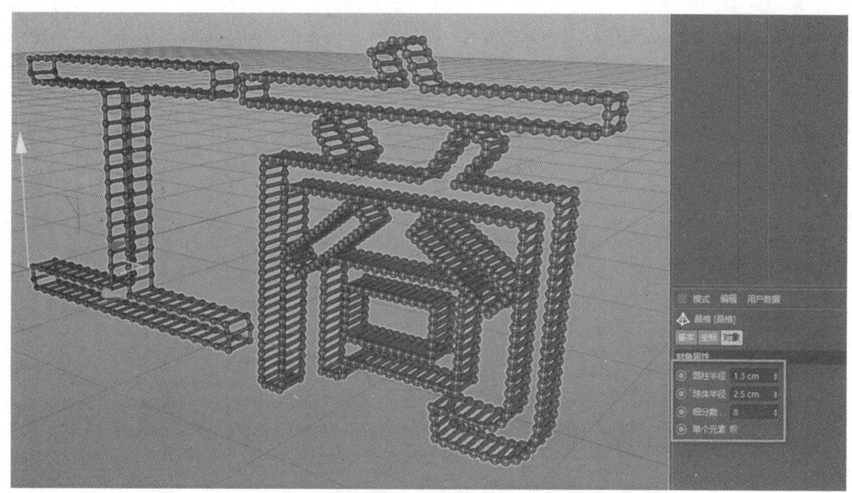
图 9-6-16　调整参数

（三）连接造型器

1. 创建两个宝石，将它们转为可编辑对象，删除掉两个面，如图 9-6-17 至图 9-6-19 所示。

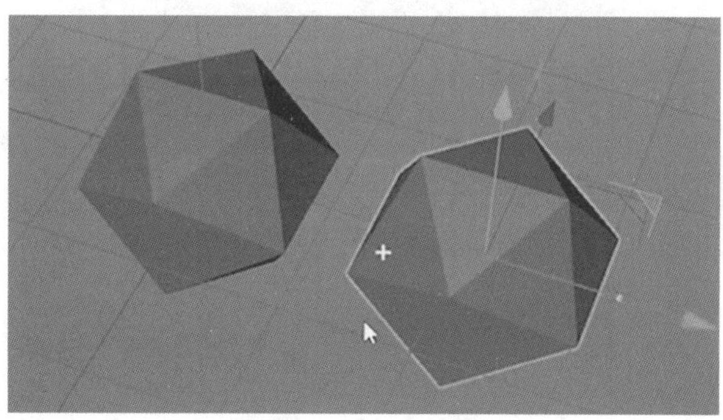
图 9-6-17　创建宝石

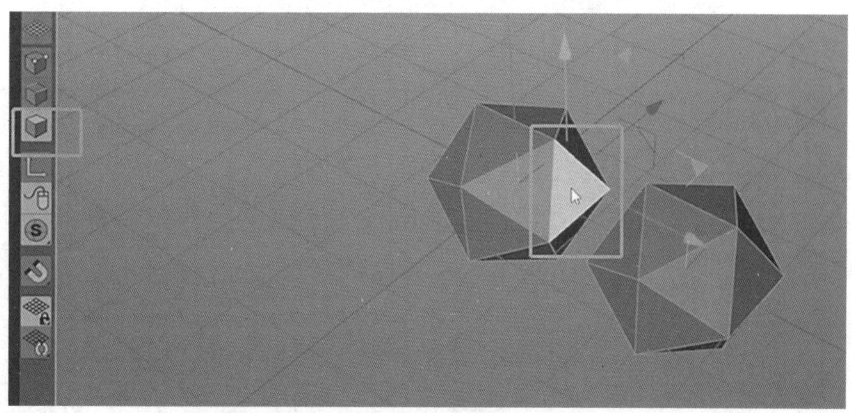
图 9-6-18　示意图（一）

图 9-6-19　示意图（二）

2. 添加连接造型器，将两个宝石模型拖进去作为子级，如图 9-6-20、图 9-6-21 所示。

图 9-6-20　创建连接造型器

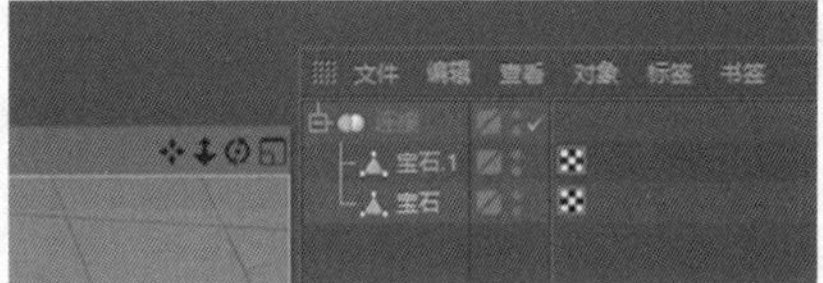


图 9-6-21　示意图

3. 连接造型器参数：①焊接：只有勾选该项后，才能对两个物体进行连接。

②只有勾选焊接后，调整公差的数值，才能让两个物体连接。如图 9-6-22 所示。

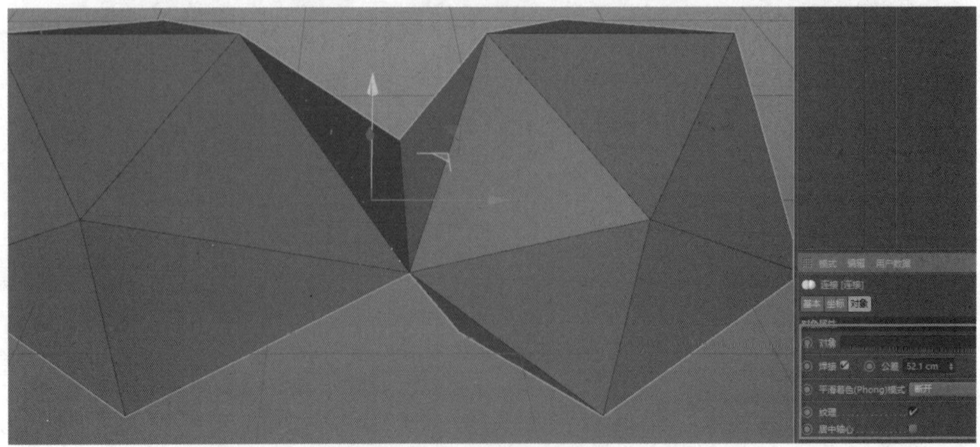


图 9-6-22　连接造型器参数

③平滑着色（phong）模式：可以调整接口处的平滑程度。

④具中轴心：勾选后，当物体连接后，坐标轴会移动到物体的中心。

（四）布尔造型器

1. 创建正方体和球体，摆好位置使它们有交叉部分，如图 9-6-23 所示。

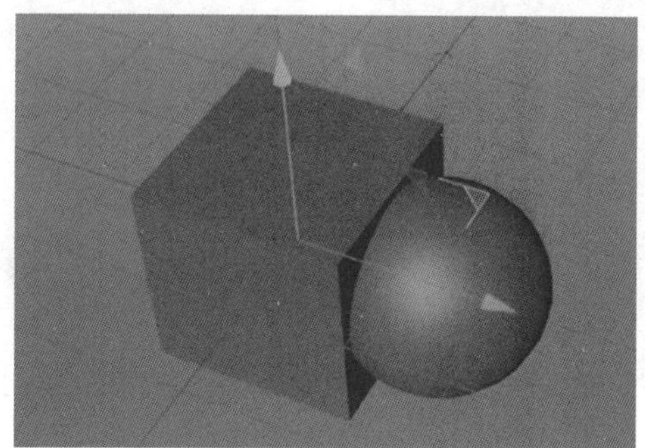

图 9-6-23　创建正方体和球体

2. 添加布尔造型器，将正方体和球体拖进去作为子级，如图 9-6-24、图 9-6-25 所示。

图 9-6-24　添加布尔造型器

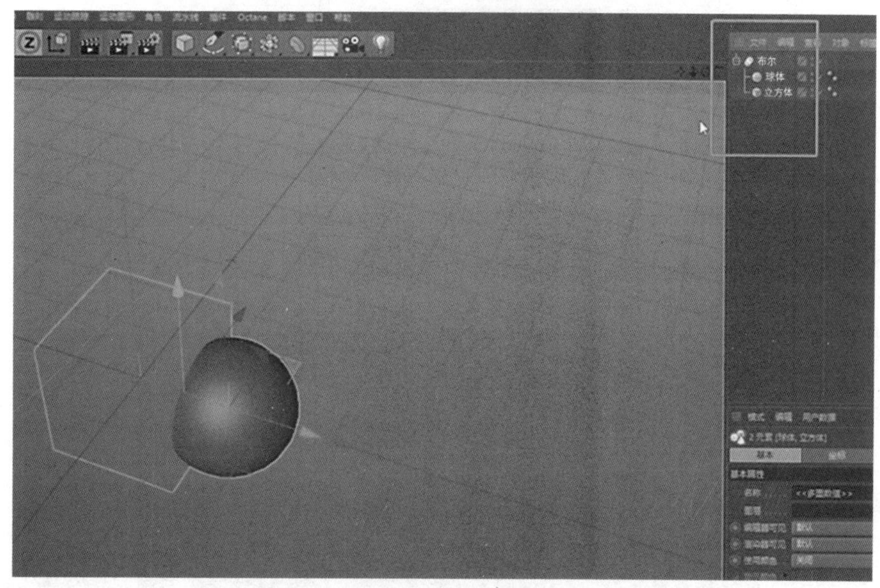


图 9-6-25　示意图

3. 布尔造型器参数：①布尔类型：分别有“A 减 B”“A 加 B”“AB 交集”“AB

补集”；上面的物体为 A，下面的物体为 B。将正方体放到球体上面。通过这四种模式进行运算，得到新的物体分别对应下图 9-6-26 至图 9-6-29 所示。

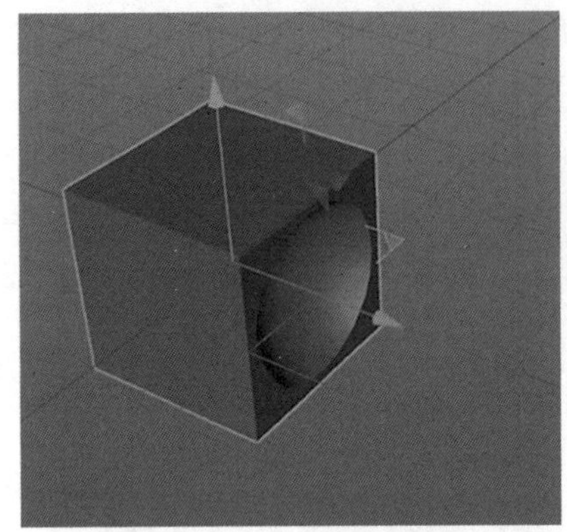

图 9-6-26　A 加 B 模式

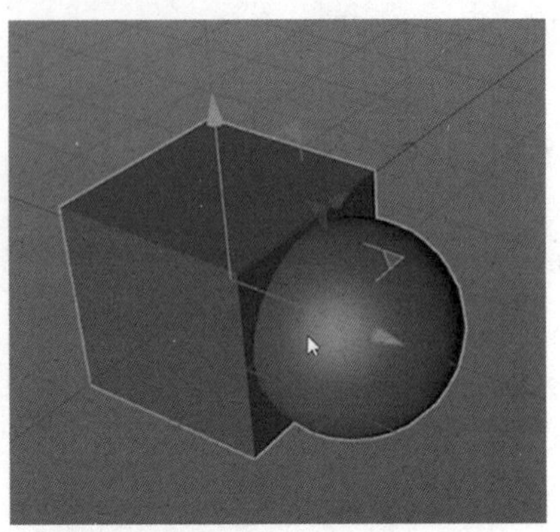

图 9-6-27　A 减 B 模式

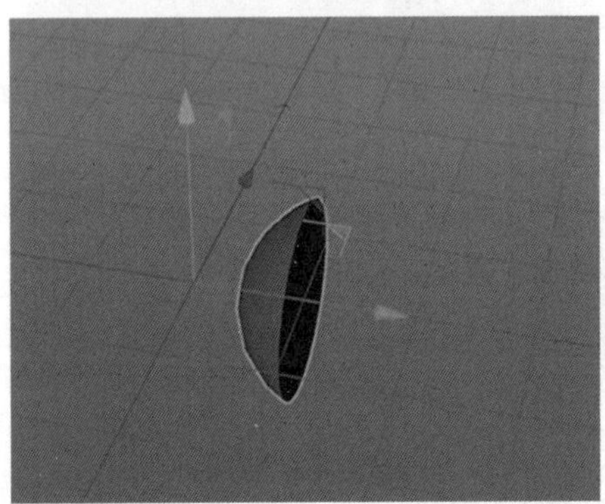

图 9-6-28　AB 交集

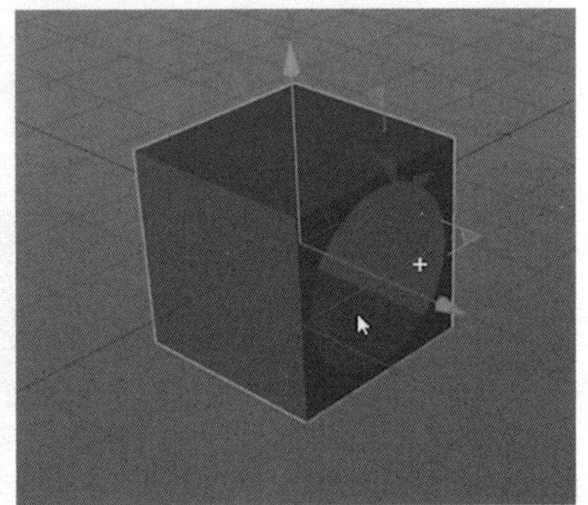

图 9-6-29　AB 补集

②创建单个对象：勾选之后，把布尔转为可编辑对象时，物体会被合并为一个整体。

③隐藏新的边：勾选之后，会隐藏掉因为布尔运算而产生的不规则的边。

4. 创建新的立方体，复制排列成一个矩阵。然后全选正方体，打组。如图 9-6-30 至图 9-6-32 所示。

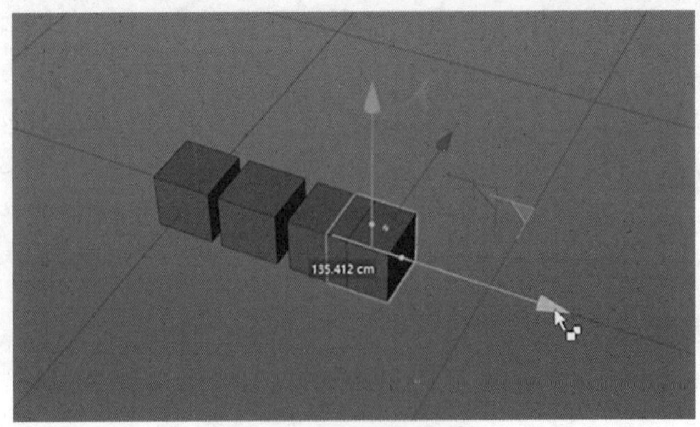


图 9-6-30　复制排列

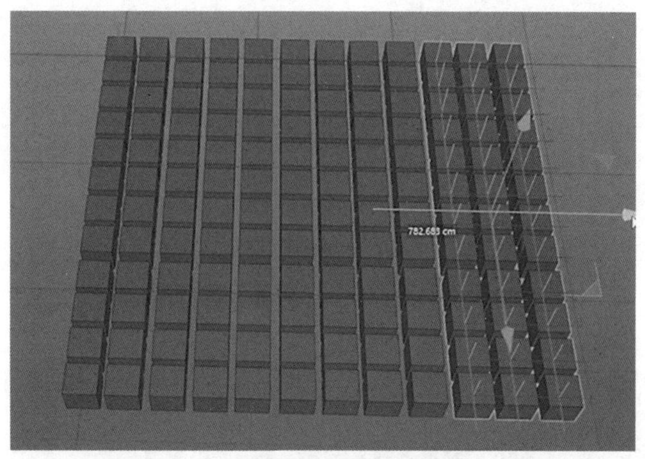
图 9-6-31　示意图

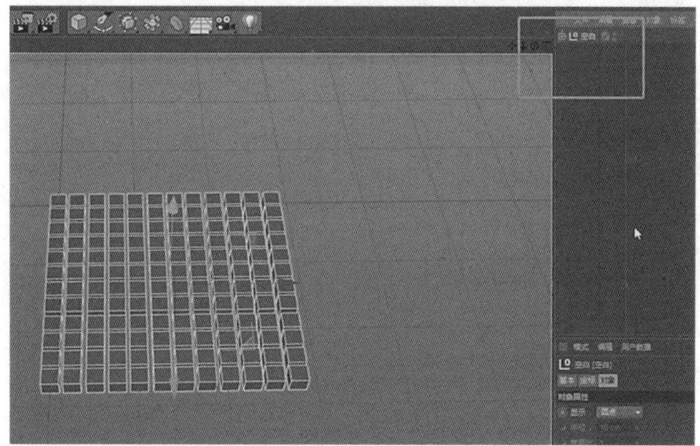
图 9-6-32　打组

5. 创建文本样条，输入文字。如图 9-6-33、图 9-6-34 所示。

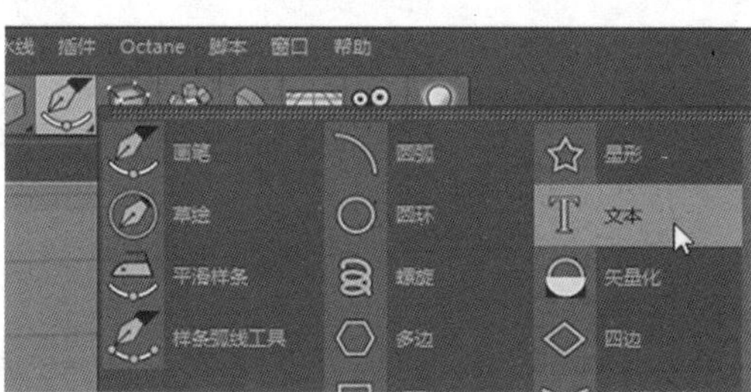

图 9-6-33　创建文本样条

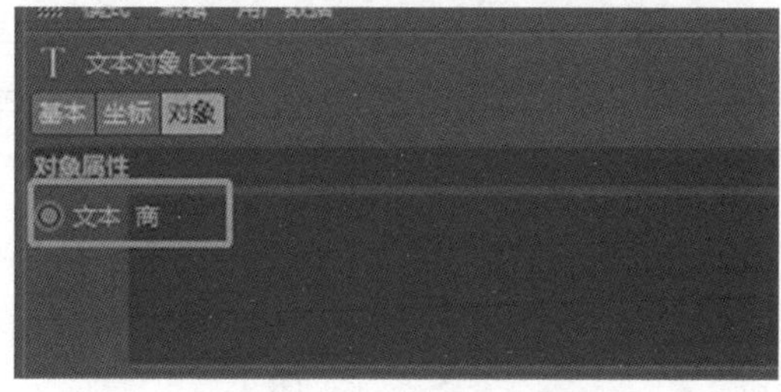

图 9-6-34　修改文本内容

6. 将文本的平面改为 XZ，并用缩放工具放大，位置放到矩阵的上方。如图 9-6-35 至图 9-6-37 所示。

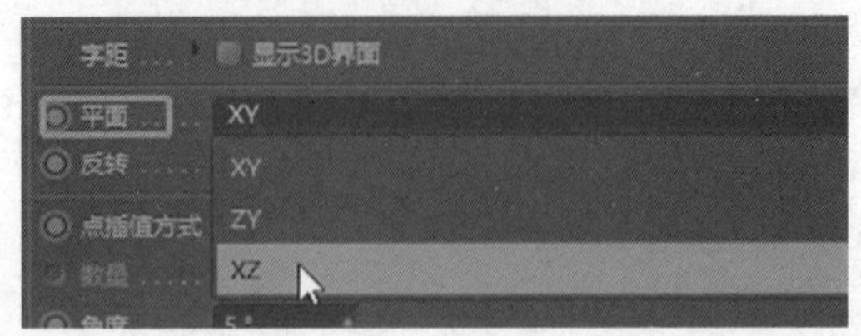


图 9-6-35　修改文本平面

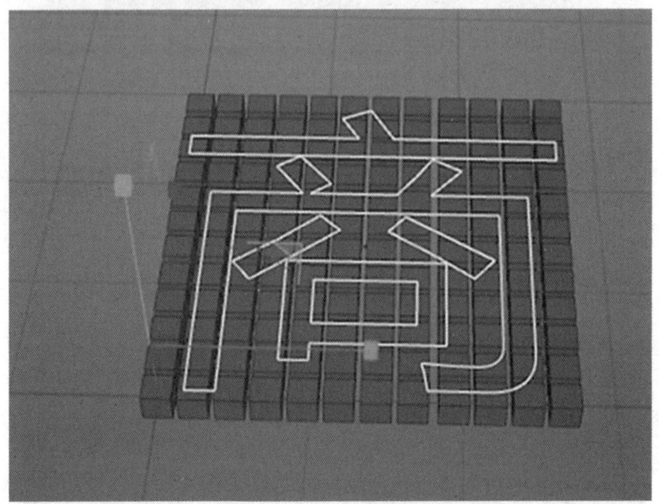

图 9-6-36　调整位置

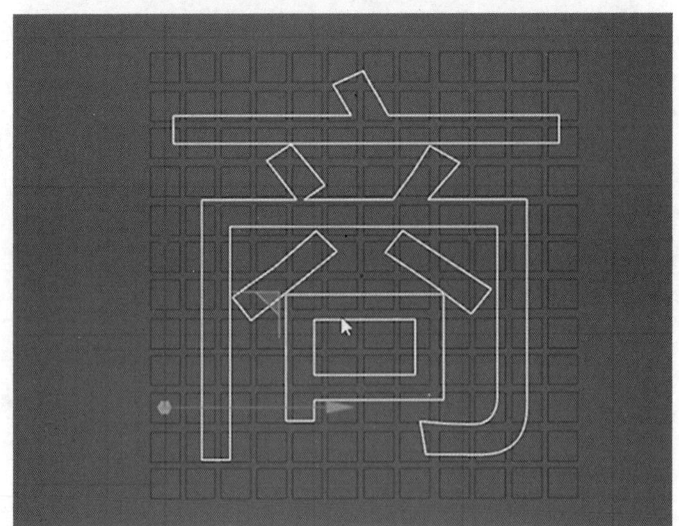

图 9-6-37　示意图

7. 给样条文本添加挤压生成器，然后将 Y 轴上的挤压加大，并将挤压往下移动，使它跟矩阵有交叉，如图 9-6-38、图 9-6-39 所示。

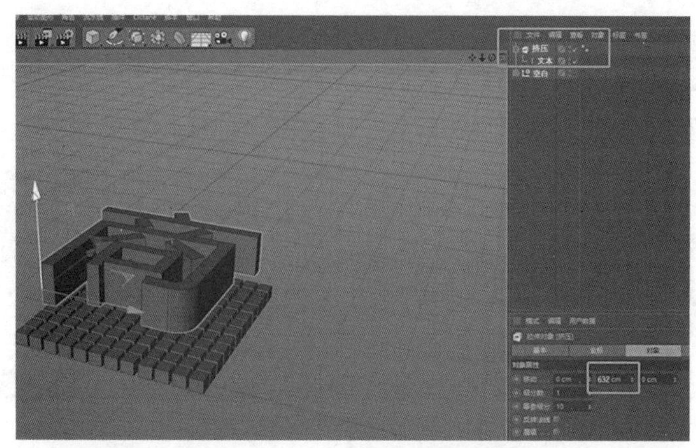

图 9-6-38　添加挤压造型器

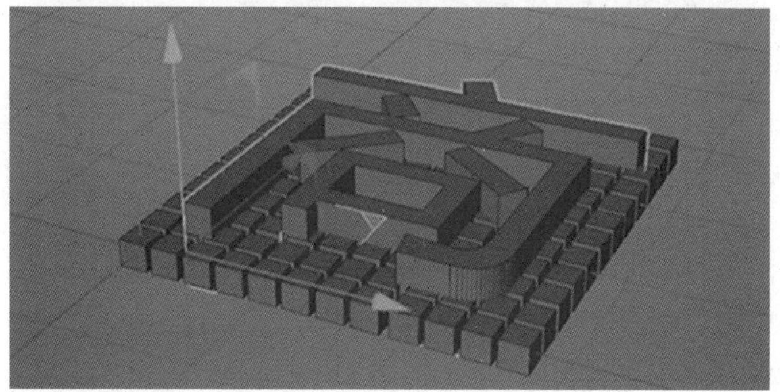

图 9-6-39　调整位置

8. 添加布尔造型器，将挤压跟矩阵组拖进去作为子级。挤压在上，矩阵在下。如图 9-6-40 所示。

图 9-6-40　添加布尔造型器

9. 将布尔类型改为“AB 交集”，如图 9-6-41 所示。

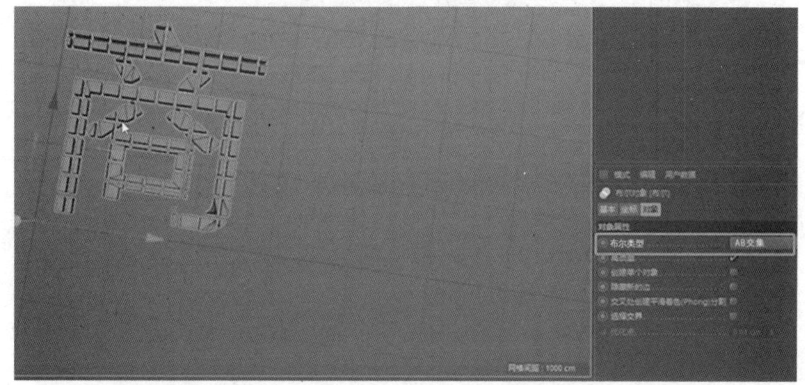

图 9-6-41　AB 交集

（五）实例造型器

1. 创建正方体，选择正方体对象后，创建实例造型器（实例造型器不需要作为对象的父级创建），如图 9-6-42 所示。

图 9-6-42　添加实例造型器

2. 如果创建实例的时候，没有选中对象，那么可以在之后将实例中的参考对象设置为对象（直接将对象拖入参考对象栏中），如图 9-6-43 所示。

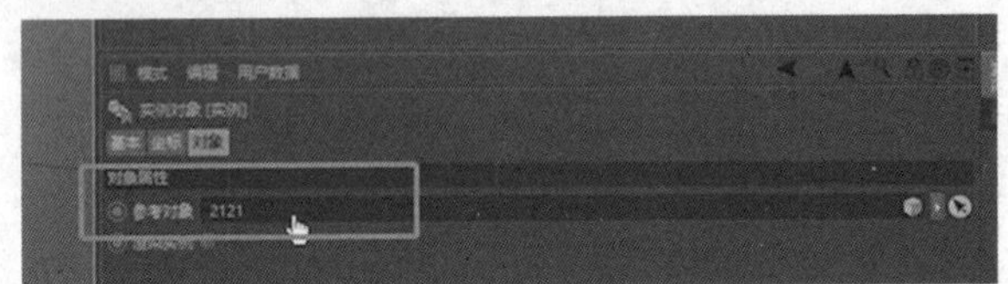


图 9-6-43　参考对象

3. 复制多个实例，放好位置。这时改变正方体形状，也就是更改实例的参考对象的时候，所有实例的形状也会跟着改变，这就是关联复制。如图 9-6-44 所示。

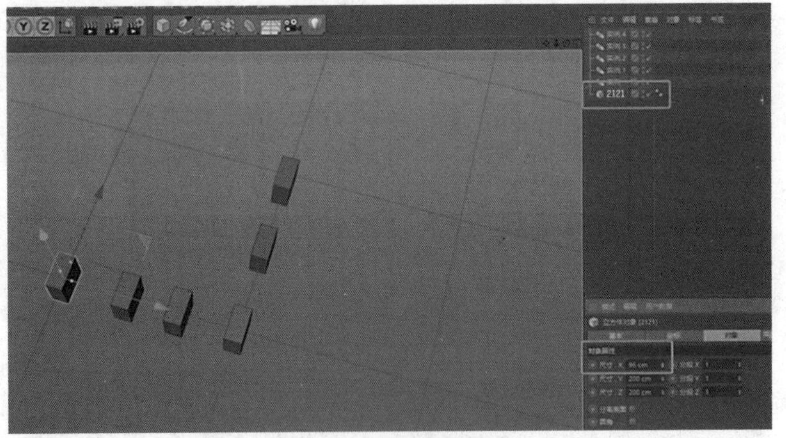

图 9-6-44　复制实例

（六）样条布尔造型器

1. 创建星形样条和圆环样条，将圆环样条缩小，如图 9-6-45 所示。

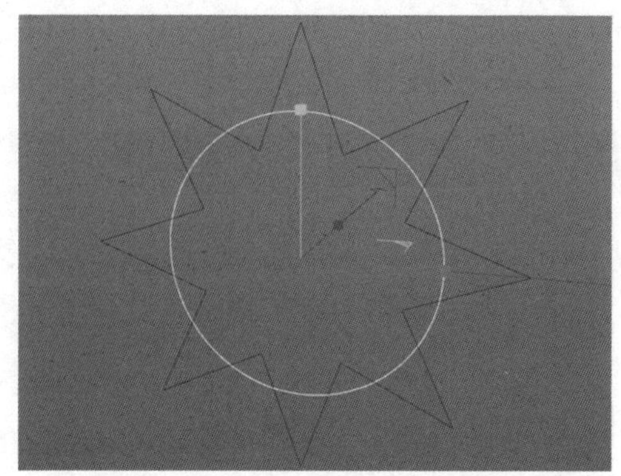

图 9-6-45　创建样条布尔造型器

2. 添加样条布尔造型器，将圆环样条和星形样条拖进去作为子级，如图 9-6-46 所示。

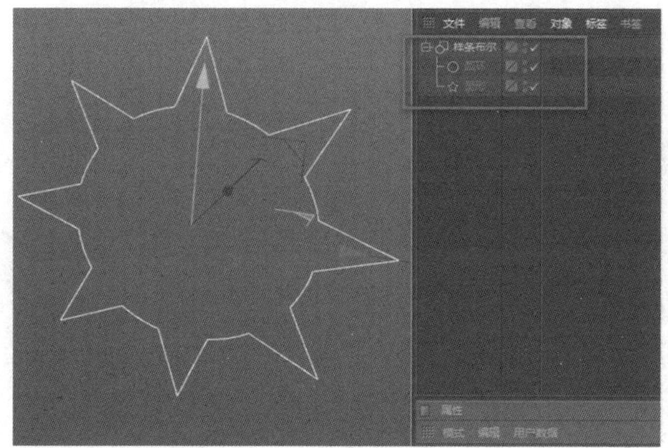


图 9-6-46　示意图

3. 样条布尔参数。

①模式：分别有“合集”“A 减 B”“B 减 A”“与”“或”“交集”，跟布尔造型器差不多。

②创建封顶：勾选之后，样条曲线会形成一个闭合的面。如图 9-6-47 所示。

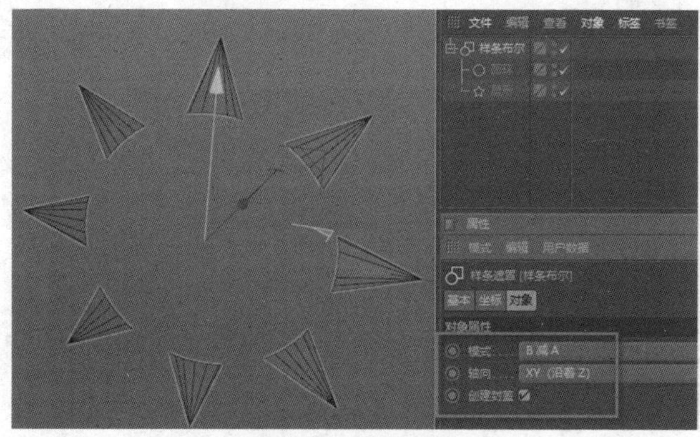


图 9-6-47　创建封顶

4. 可以通过给样条布尔添加挤压生成器，然后修改样条布尔下的两个样条的属性，就可以做出动画，如图 9-6-48 所示。

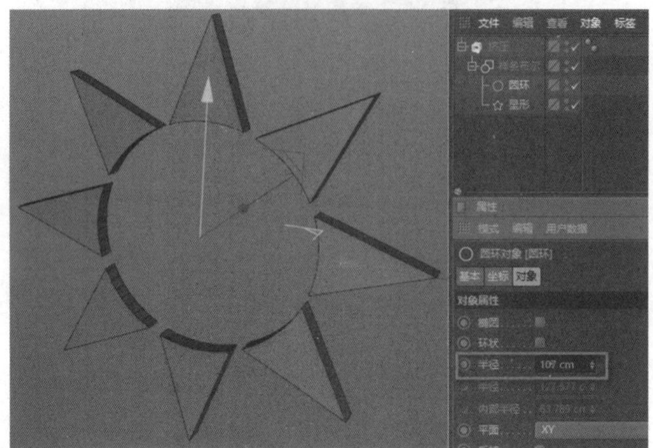


图 9-6-48　修改参数

5. 用画笔工具在正视图中画出样条，如图 9-6-49 所示。

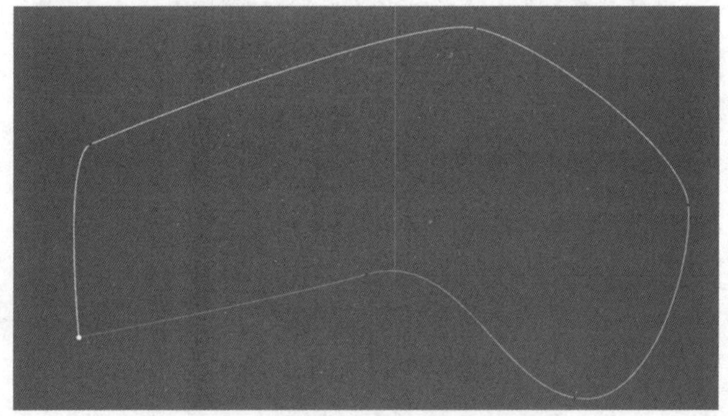

图 9-6-49　切换画笔工具

6. 添加文本样条并输入文字，如图 9-6-50 所示。

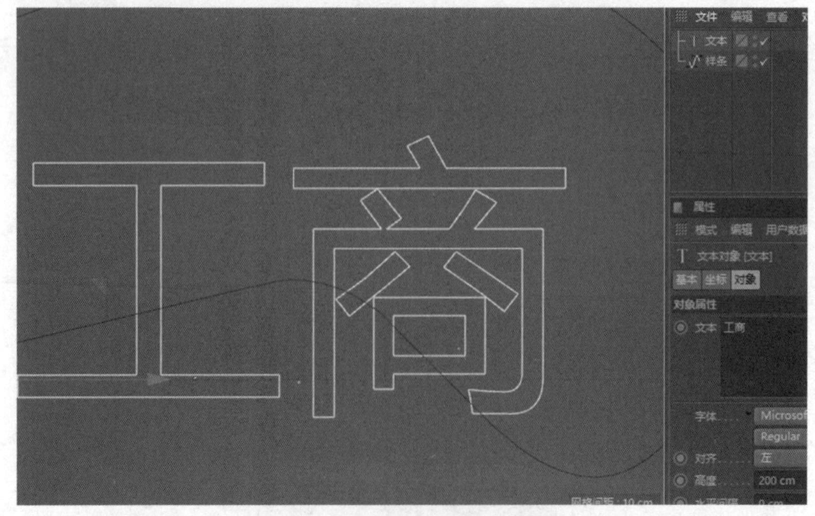


图 9-6-50　添加文本样条

7. 添加样条布尔，将画的样条和文本拖进去作为子级，样条布尔的模式改为“A减B”，如图9-6-51所示。

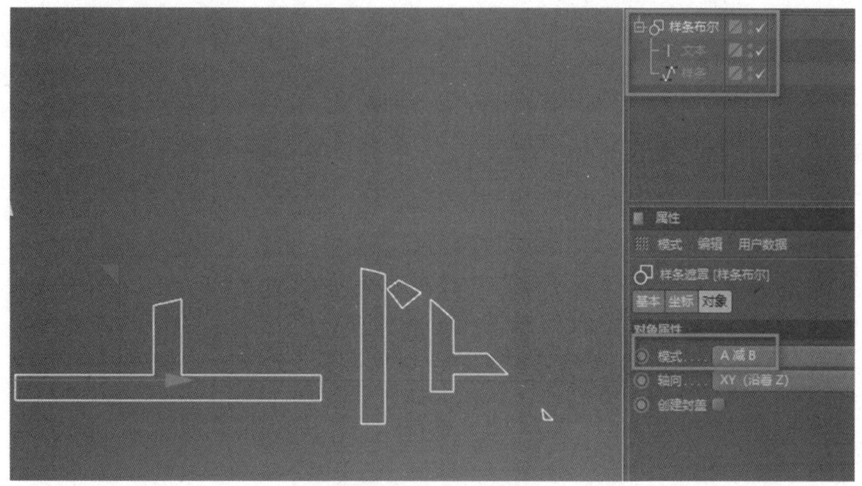

图9-6-51　A减B模式

8. 给样条布尔添加挤压，然后通过给样条做动画，就可以做出字的出场动画，如图9-6-52、9-6-53所示。

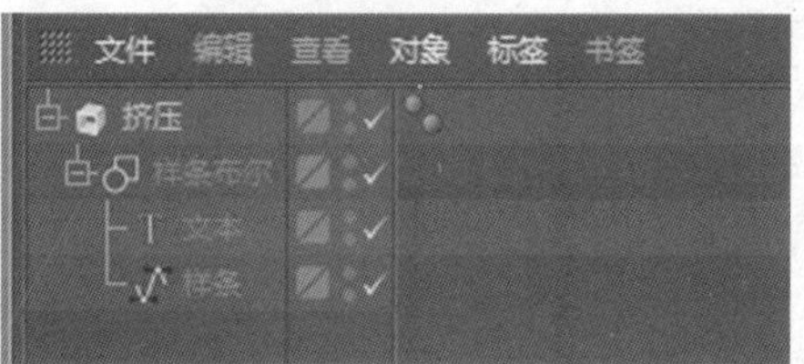

图9-6-52　添加挤压生成器

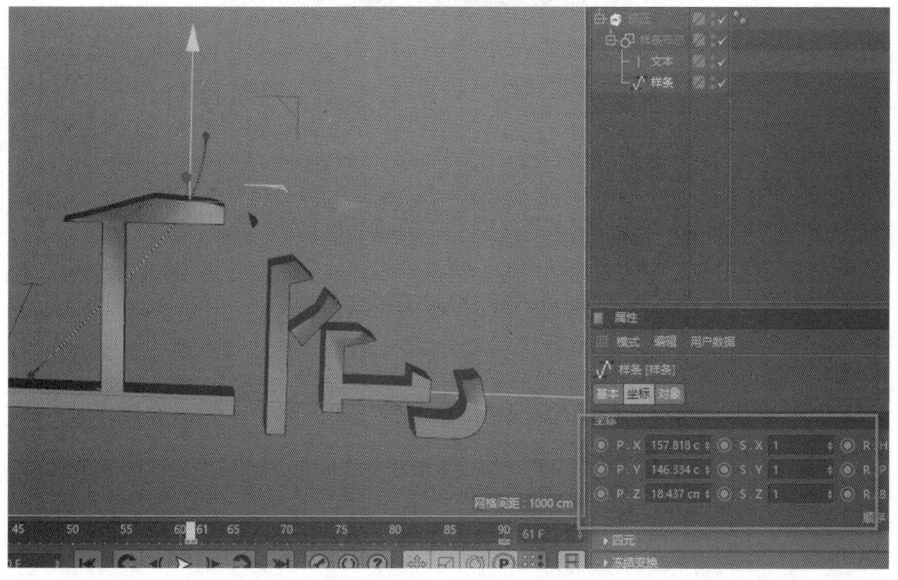

图9-6-53　添加关键帧

（七）融球造型器

1. 创建两个球体，摆好位置，如图 9-6-54 所示。

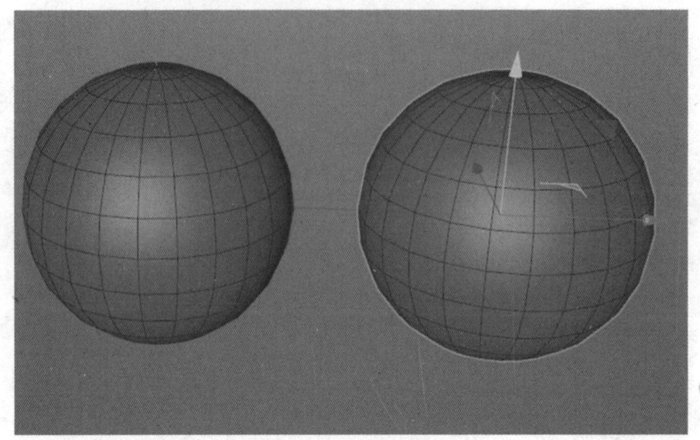

图 9-6-54　创建球体

2. 创建融球造型器，将两个球体拖进去作为子级，如图 9-6-55 所示。

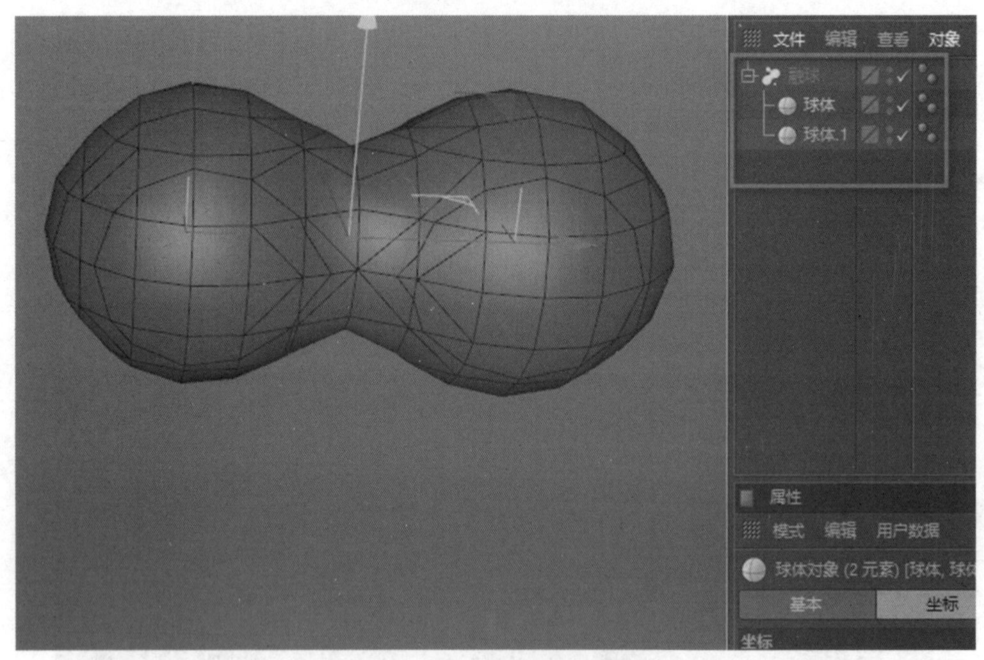


图 9-6-55　创建融球造型器

3. 融球造型器参数。

①外壳数值：设置融球的溶解程度和大小。如图 9-6-56 至图 9-6-57 所示。

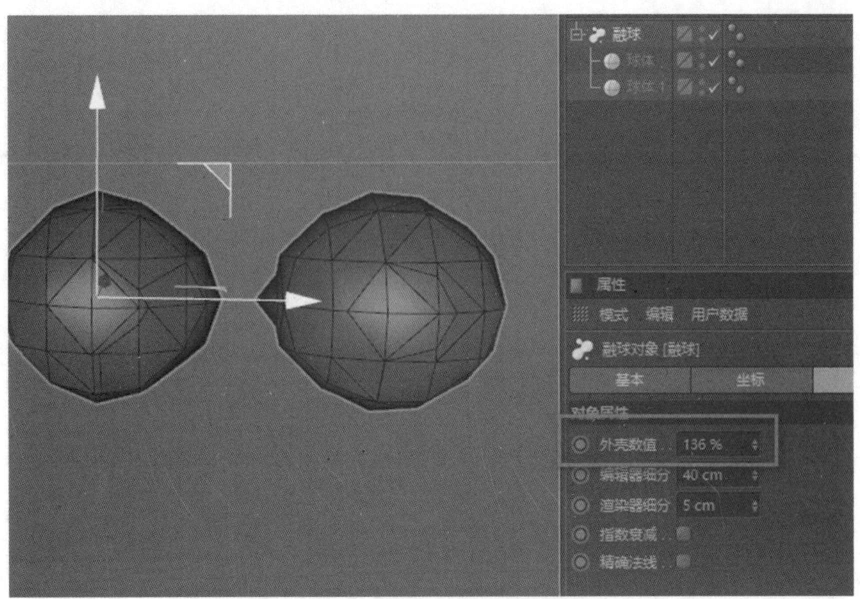


图 9-6-56 融球造型器外壳数值调整为 136%

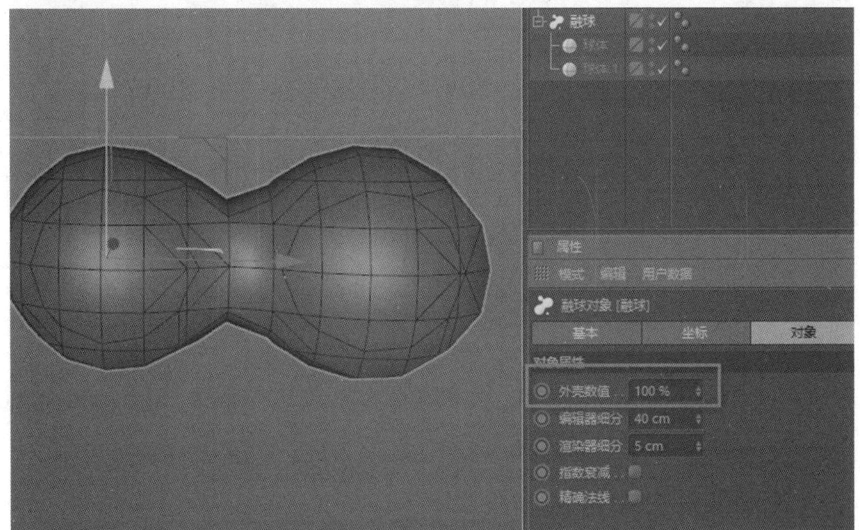


图 9-6-57 融球造型器外壳数值调整为 100%

②编辑器细分：设置视图中融球的细分数，值越小，融球越光滑，如图 9-6-58 所示。

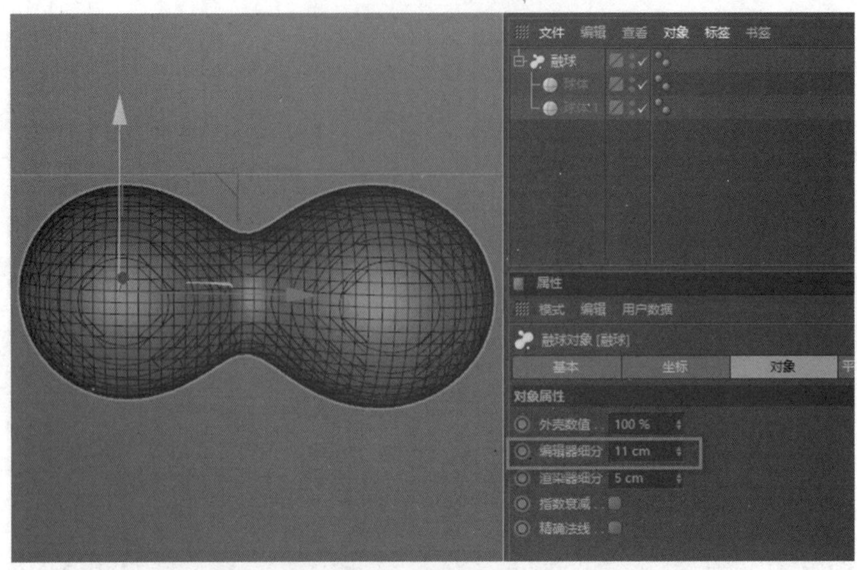

图 9-6-58　融球造型器编辑器细分为 11 cm

③渲染器细分：影响融球渲染出来的光滑程度。

（八）对称造型器

1. 创建正方体，然后创建对称造型器作为父级，如图 9-6-59 所示。

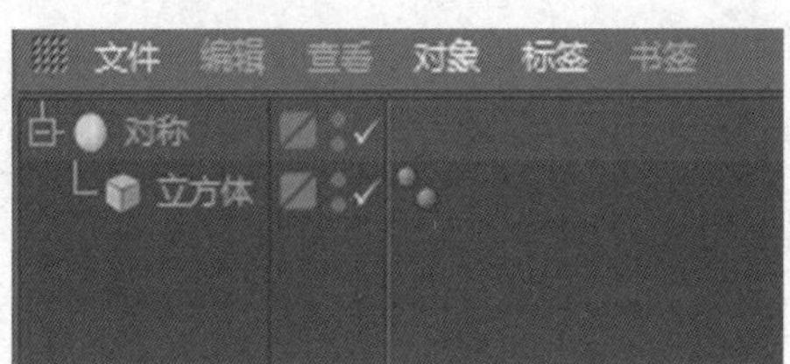

图 9-6-59　创建对称造型器

2. 对称造型器默认的镜像平面是 ZY，如果将立方体沿着 X 方向移动，就能看到生成的与立方体对称的另一个模型，如图 9-6-60 所示。

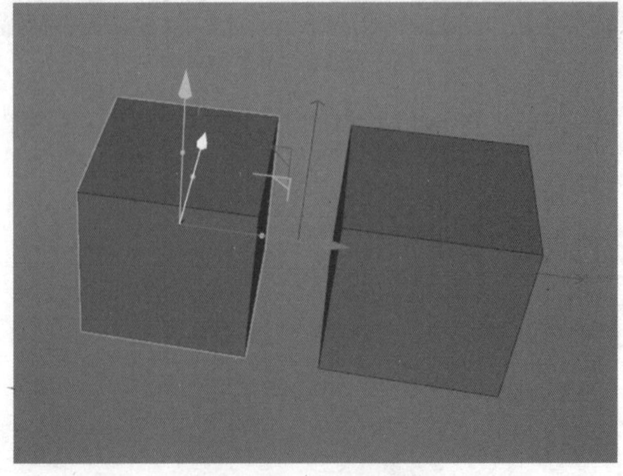
图 9-6-60　示意图

3. 如果勾选焊接点，可以通过调整公差值，来让模型在达到特定的距离后会连接到一起，如图 9-6-61、图 9-6-62 所示。

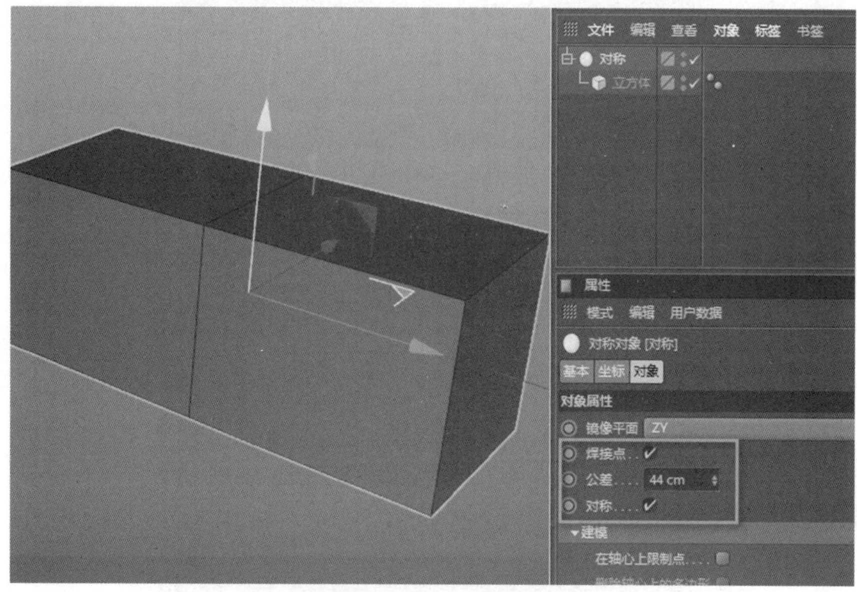

图 9-6-61　焊接点

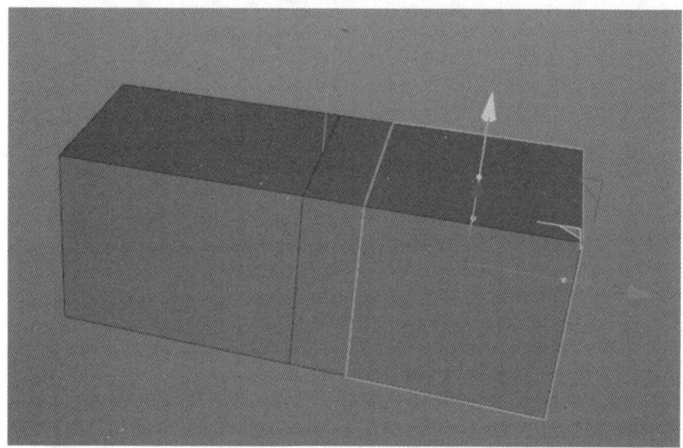
图 9-6-62　示意图

**练习案例**

（一）DNA 模型

1. 创建平面，修改尺寸和分段，并将平面旋转，如图 9-6-63 至图 9-6-65 所示。

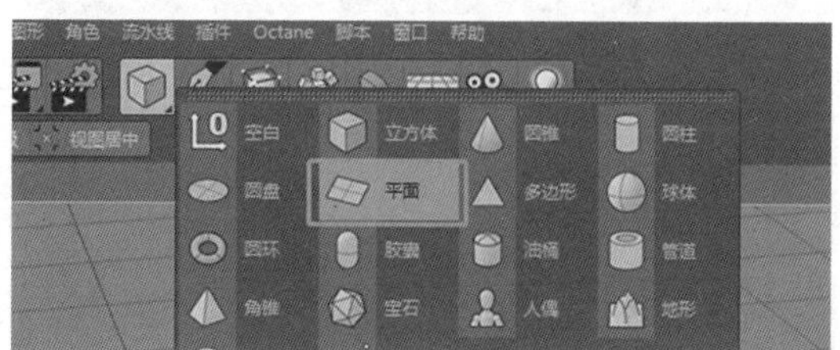

图 9-6-63　创建平面

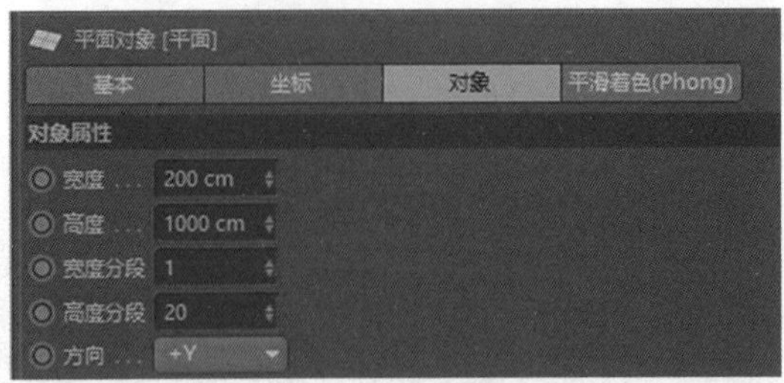

图 9-6-64　修改尺寸和分段

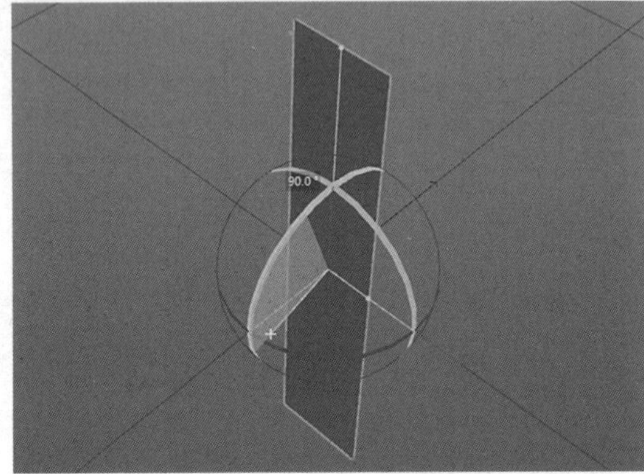
图 9-6-65　旋转

2. 创建螺旋变形器，将角度改为 300°。然后作为平面的子级，点击匹配到父级。如图 9-6-66 至图 9-6-69 所示。

图 9-6-66　添加螺旋变形器

图 9-6-67　修改角度

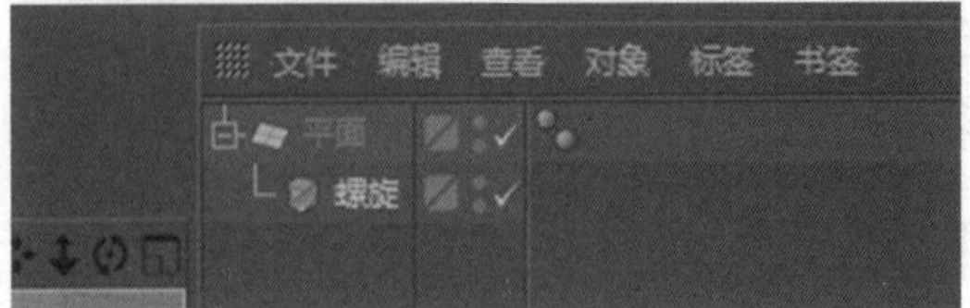

图 9-6-68　更改子级

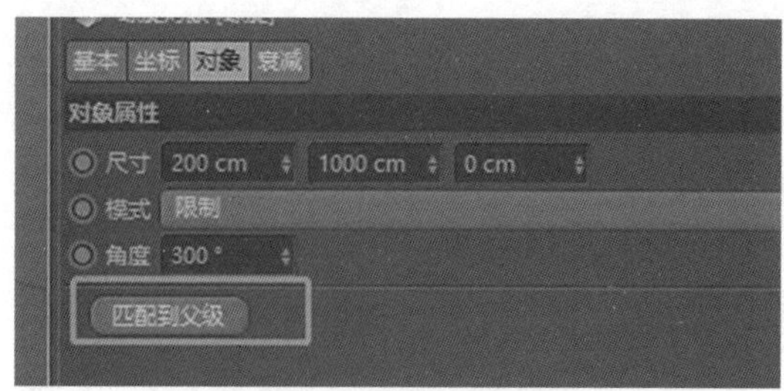


图 9-6-69　匹配到父级

3. 创建晶格造型器作为平面的父级，并将球体半径和细分数调大，如图 9-6-70 至图 9-6-72 所示。

图 9-6-70　创建晶格造型器

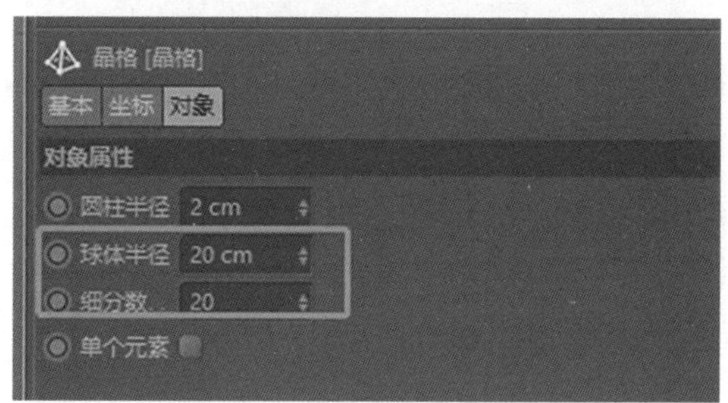


图 9-6-71　修改半径和细分数

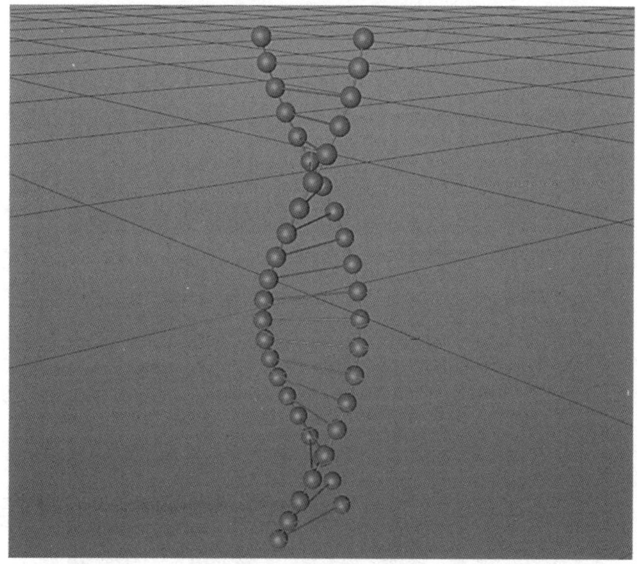

图 9-6-72　示意图

（二）地核结构

1. 创建球体和立方体，并调整立方体的位置，如图 9-6-73 至图 9-6-75 所示。

图 9-6-73　创建球体和立方体

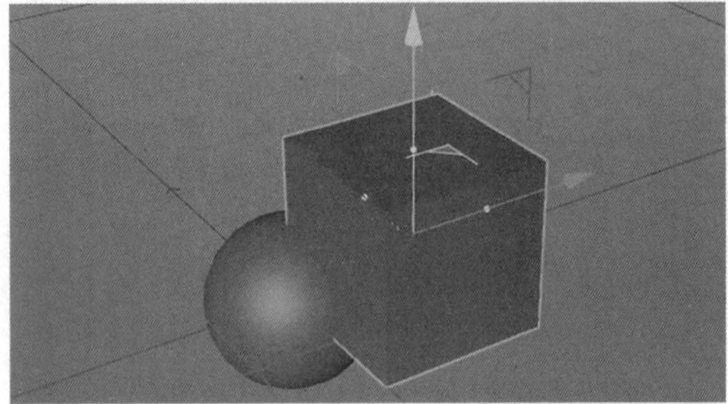

图 9-6-74　调整位置

图 9-6-75　修改尺寸

2. 添加布尔作为球体和立方体的父级，将球体放在立方体上方，如图 9-6-76、图 9-6-77 所示。

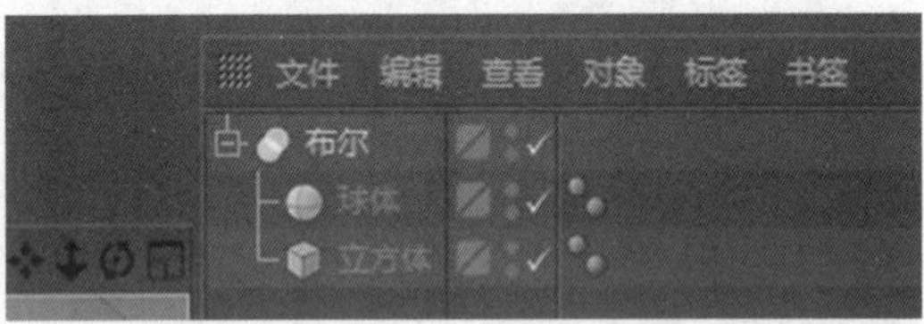


图 9-6-76　创建布尔造型器

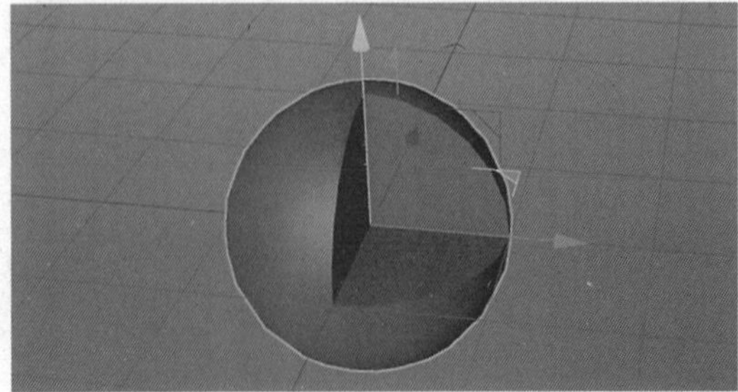

图 9-6-77　示意图

3. 再创建一个球体，半径改为 50，如图 9-6-78 至图 9-6-80 所示。

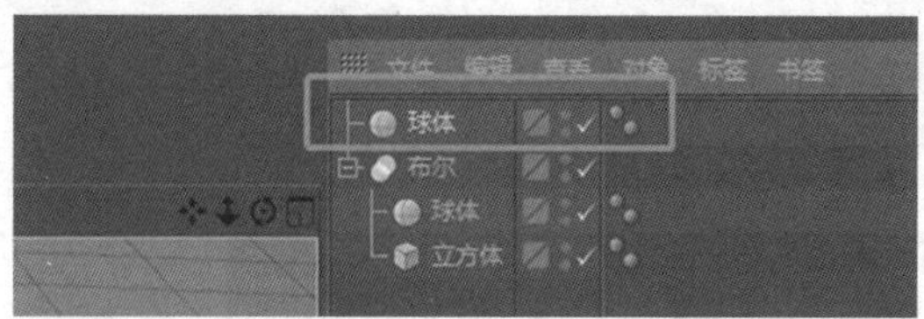


图 9-6-78　创建球体

图 9-6-79　修改半径

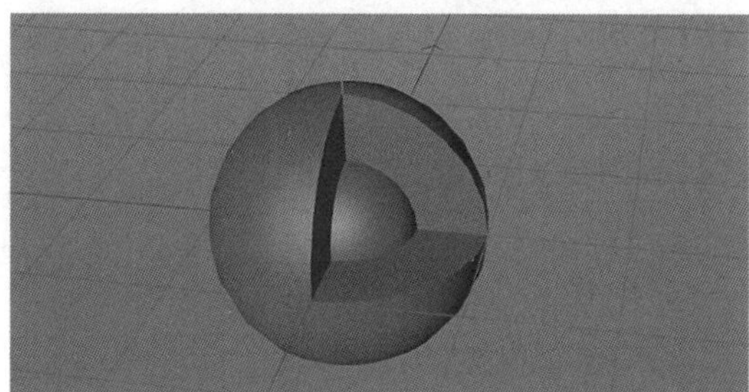

图 9-6-80　示意图

4. 最终模型示例如图 9-6-81 所示。

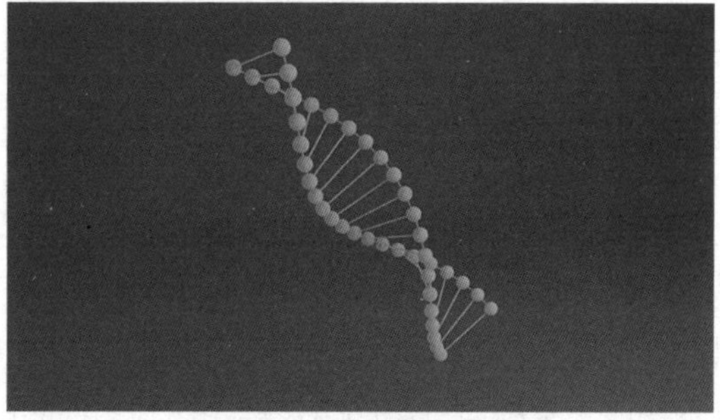

图 9-6-81　最终模型示例

# 任务 9.7

# 苹果手机建模

## 教学重点

- 熟悉利用多视图建模。
- 熟悉样条的使用。
- 熟悉布尔工具的使用。

## 教学难点

- 熟悉利用多视图建模。
- 熟悉样条的使用。
- 熟悉布尔工具的使用。

## 任务分析

### 01. 任务目标

1. 熟悉利用多视图建模。

2. 熟悉样条的使用。

3. 熟悉布尔工具的使用。

### 02. 实施思路

通过视频教程，独立将模型做出来。

## 任务实施

### 01. 苹果手机建模

（一）确定手机正面尺寸

1. 在 C4D 软件视图区，鼠标点击中间滚轮键，切到多视图窗口。将正视图、右视图分别拖入对应视图区作为背景参考图。如图 9-7-1 所示。

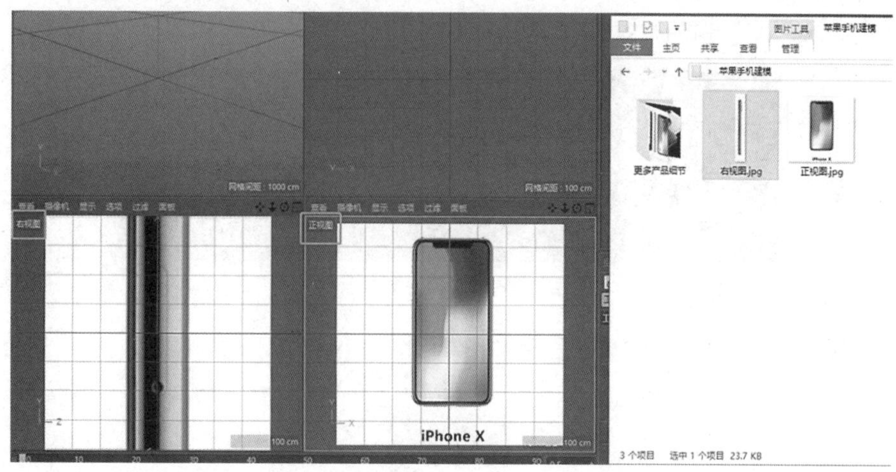

图 9-7-1　多视图窗口

2. 新建立方体。如图 9-7-2 所示。

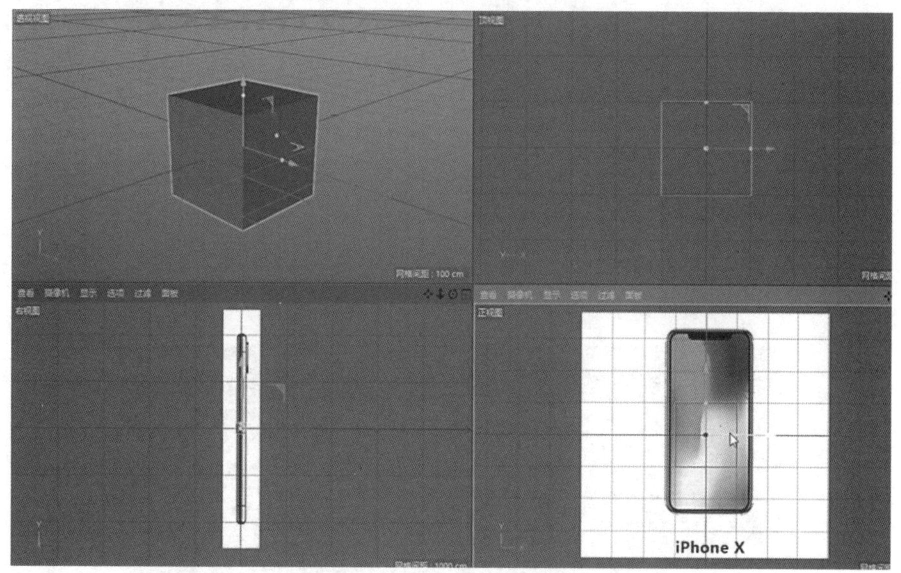

图 9-7-2　新建立方体

3. 切换到正视图。按住快捷键 Shift+V 打开视图属性面板的背景选项卡。修改参考图的水平偏移 -11，垂直偏移为 -43，使得参考图和视图中心对齐。如图 9-7-3 所示。

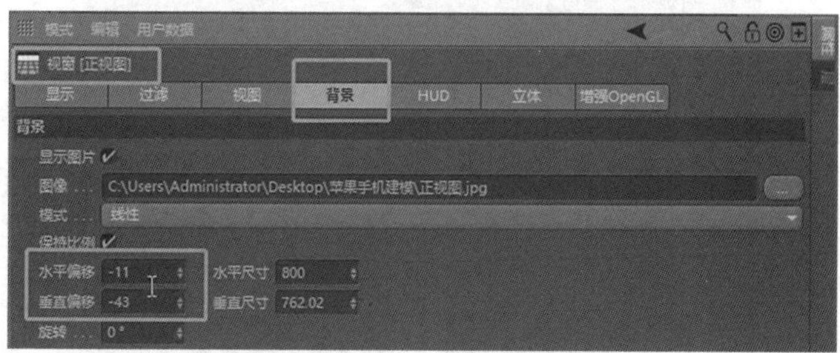

图 9-7-3　视图属性面板

4. 修改立方体属性，尺寸 X: 288 cm，尺寸 Y: 582 cm，如图 9-7-4 所示。

图 9-7-4　修改立方体尺寸

5. 最终得到结果，立方体正面尺寸和参考图大小会匹配一致，如图 9-7-5 所示。

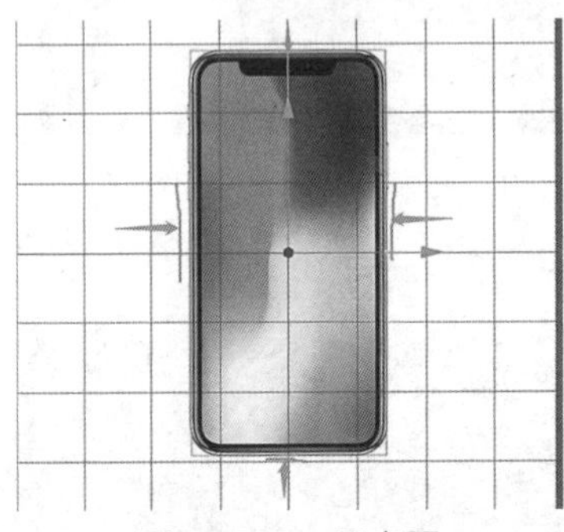

图 9-7-5　示意图

（二）确定手机侧面尺寸

1. 切到右视图，按住快捷键 Shift+V 打开右视图属性面板。修改垂直尺寸为 727，就会得到和模型高度一致的等比例参考图。如图 9-7-6、图 9-7-7 所示。

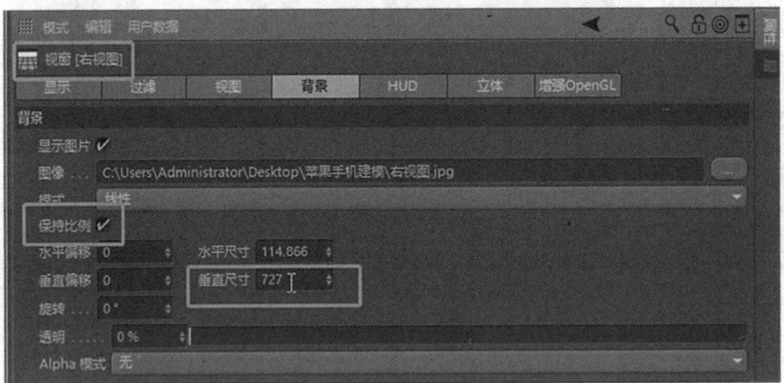


图 9-7-6　右视图属性面板

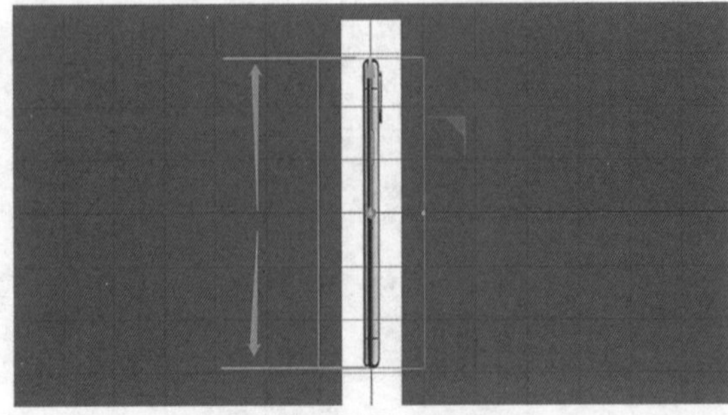

图 9-7-7　示意图

2. 修改立方体 Z 轴厚度 31 cm，和参考图厚度一致，如图 9-7-8、图 9-7-9 所示。

图 9-7-8　修改立方体尺寸

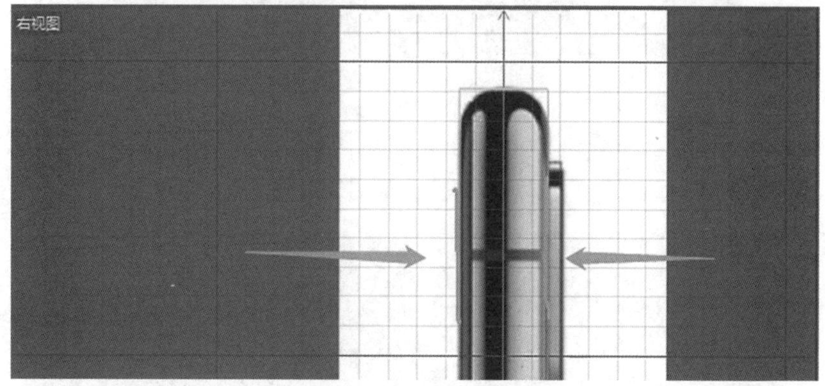


图 9-7-9　示意图

（三）手机边缘倒角

1. 将立方体快捷键“C 掉”（转成多边形），边模式选择四角边，右键菜单点击“倒角”。设置偏移 44 cm，细分为 10。如图 9-7-10、图 9-7-11 所示。

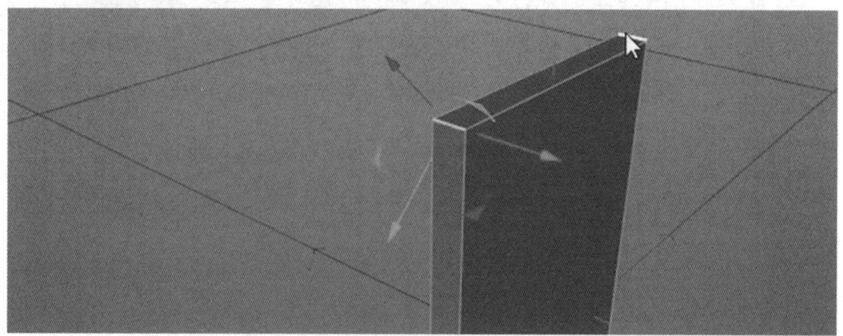

图 9-7-10　倒角

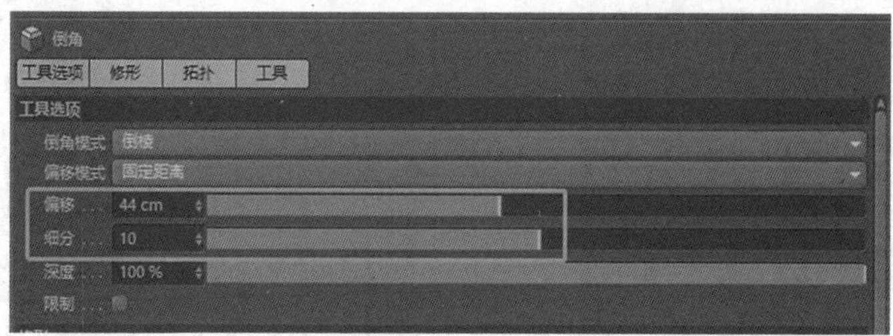


图 9-7-11　修改参数

结果如图 9-7-12 所示。

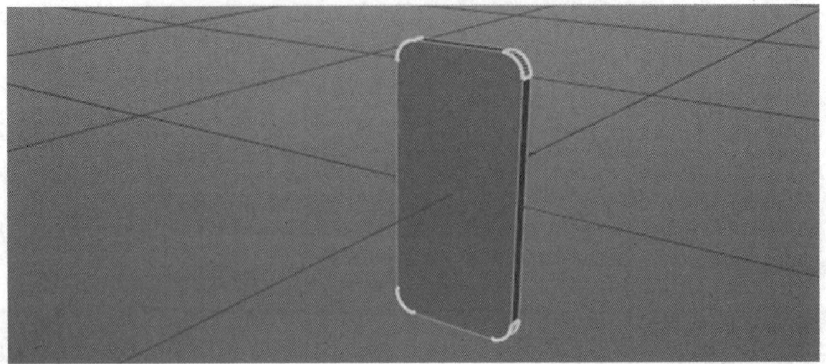

图 9-7-12　示意图

2. 在边模式下，快捷键 U ~ L, 选择正面和背面的循环边，右键菜单点击“倒角”。设置偏移 14 cm，细分为 10。如图 9-7-13、图 9-7-14 所示。

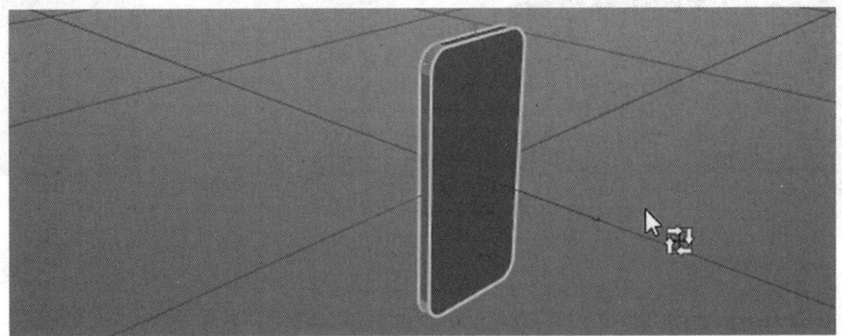

图 9-7-13　倒角

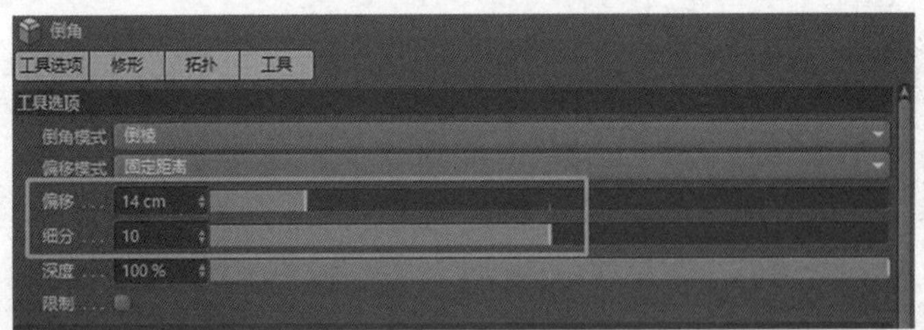


图 9-7-14　修改参数

结果示意图如图 9-7-15 所示。

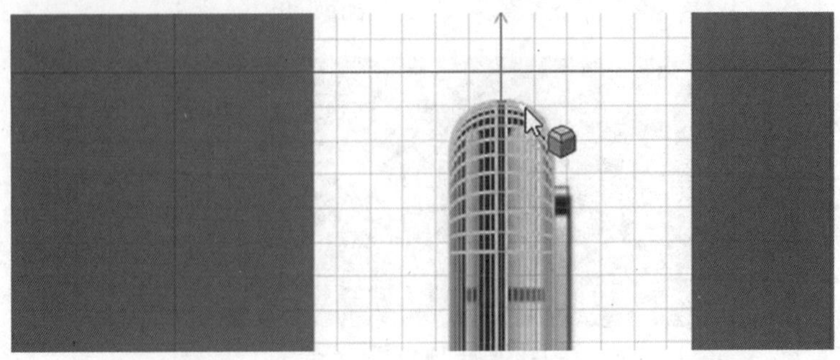

图 9-7-15　示意图

（四）手机玻璃屏幕部分

1. 切到正视图，面模式。选择正面。如图 9-7-16 所示。

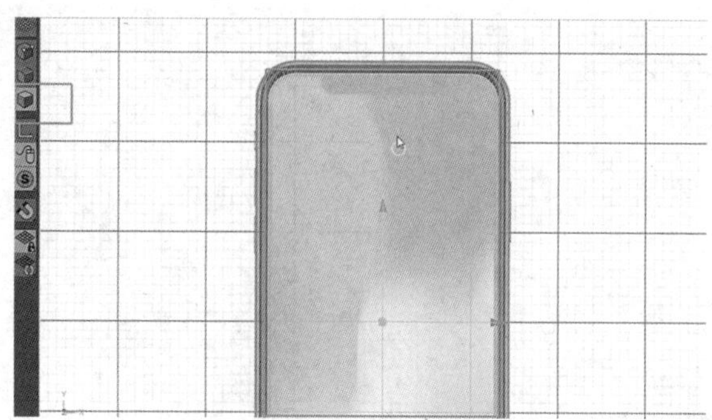

图 9-7-16　切换正视图

2. 多次使用快捷键 U ~ Y，扩展选区，选择玻璃屏幕部分的面，如图 9-7-17 所示。

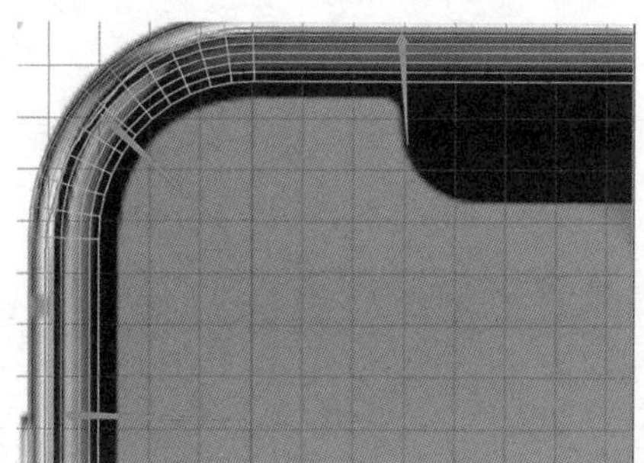

图 9-7-17　扩展选区

3. 右键菜单选择“分裂”，得到玻璃屏幕，如图 9-7-18 所示。

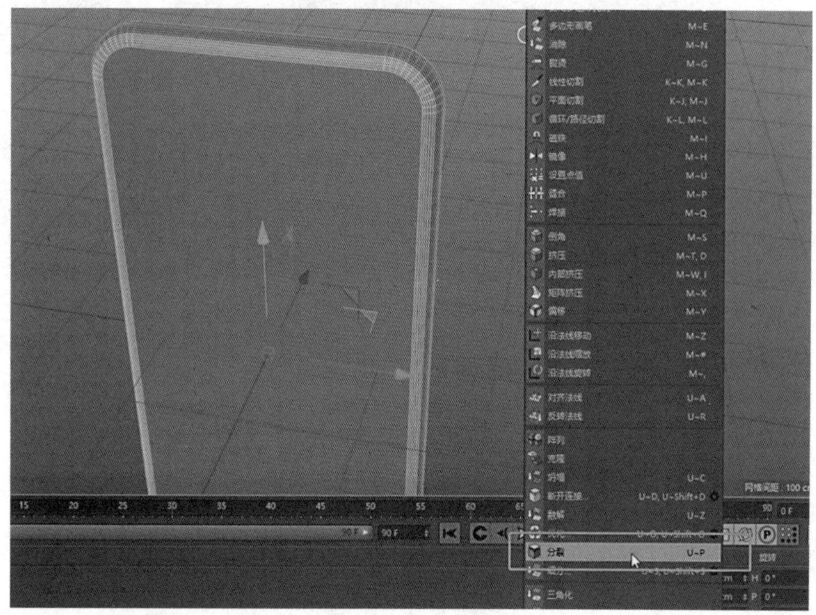


图 9-7-18　分裂

4. 选择玻璃屏幕对象暂时位移到一侧。选择机身，面模式，删除机身多余的面。如图 9-7-19 所示。

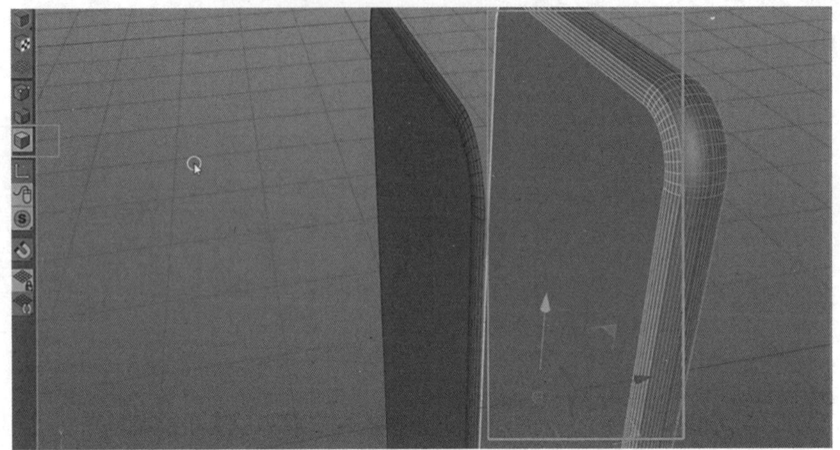

图 9-7-19　示意图

5. 选择机身。切到点模式，右键菜单点击“优化”(清除多余的点)。如图 9-7-20 所示。

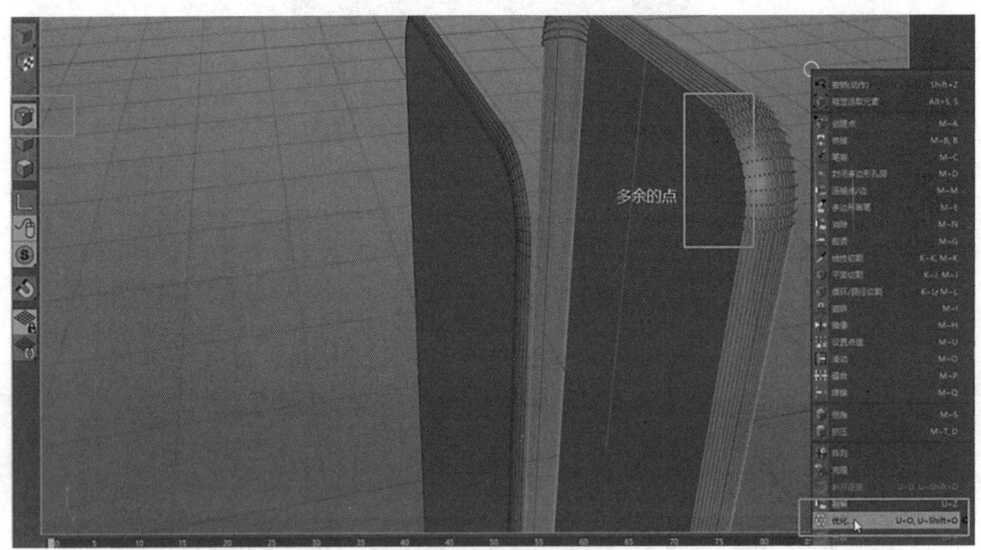


图 9-7-20　优化

6. 重命名对象，如图 9-7-21 所示。

图 9-7-21　重命名

7. 给机身封闭多边形孔洞。右键菜单点击“封闭多边形孔洞”。如图 9-7-22、9-7-23 所示。

图 9-7-22 封闭多边形空洞

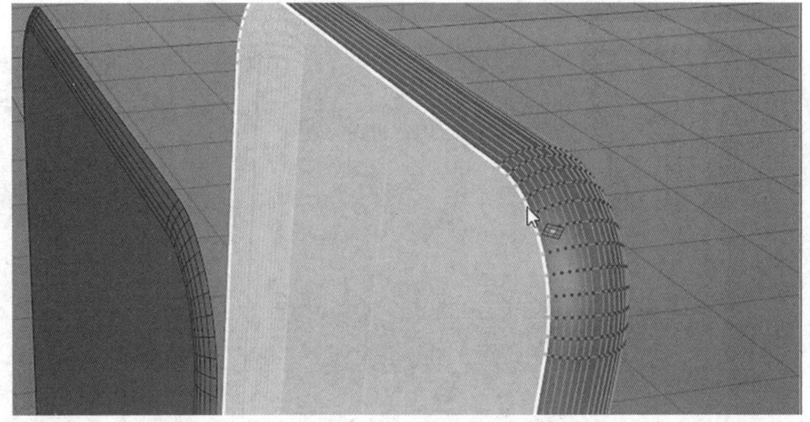
图 9-7-23 示意图

8. 将玻璃屏幕重置到原来的位置 X:0,y:0,z:0，如图 9-7-24 所示。

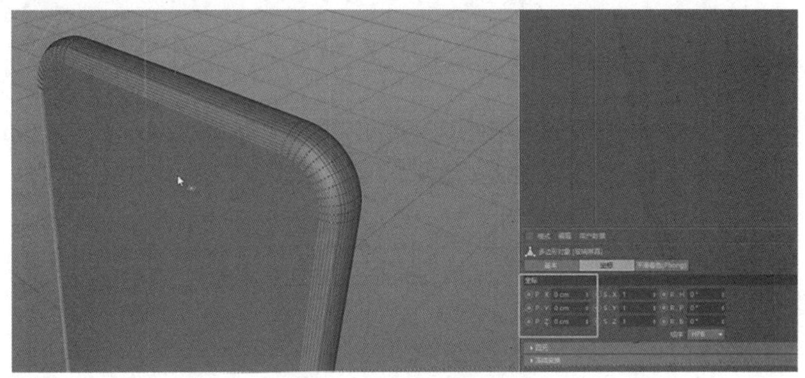
图 9-7-24 重置位置

（五）手机听筒部分

1. 暂时将玻璃屏幕隐藏。如图 9-7-25 所示。

图 9-7-25 隐藏玻璃屏幕

2. 新建矩形样条，对齐到听筒位置。宽度 36 cm, 高度 4 cm。勾选圆角，圆角半径 2 cm。如图 9-7-26、图 9-7-27 所示。

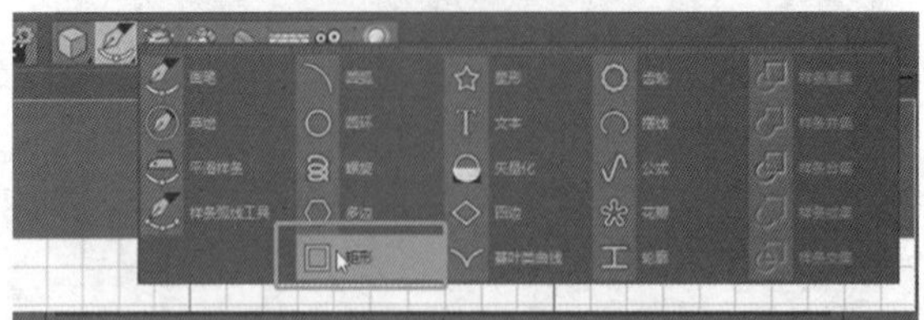

图 9-7-26　创建矩形样条

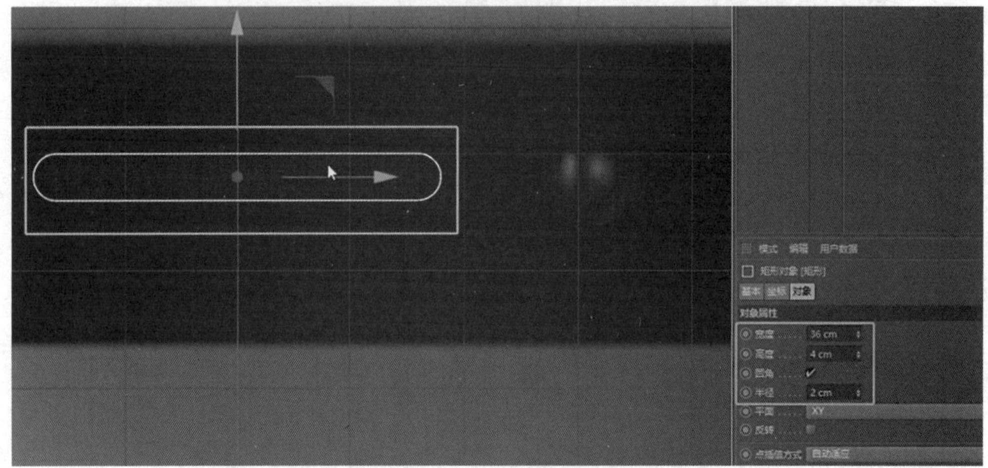


图 9-7-27　修改参数

3. 挤压样条，Z 轴方向 20 cm，如图 9-7-28 所示。

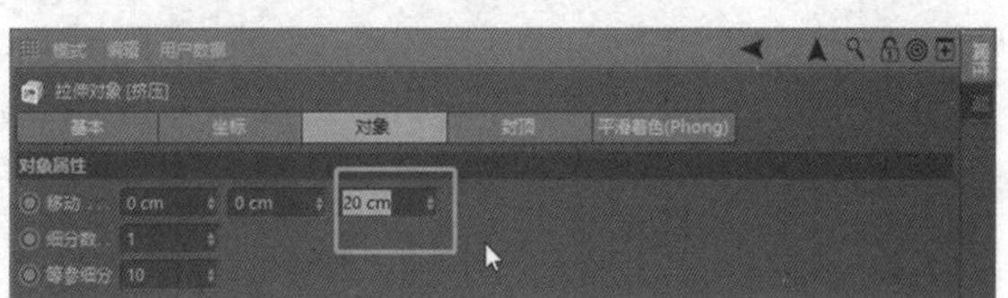


图 9-7-28　添加挤压生成器

结果示意图如图 9-7-29 所示。

图 9-7-29　示意图

4. 新建布尔，机身和听筒模型进行布尔相减。勾选“隐藏新的边”。如图 9-7-30、图 9-7-31 所示。

图 9-7-30　添加布尔造型器

图 9-7-31　修改参数

结果示意图如图 9-7-32 所示。

图 9-7-32　示意图

（六）前置摄像头部分

1. 镜头孔洞的制作。新建球体，在正视图中对齐球体到摄像头位置。如图 9-7-33 所示。

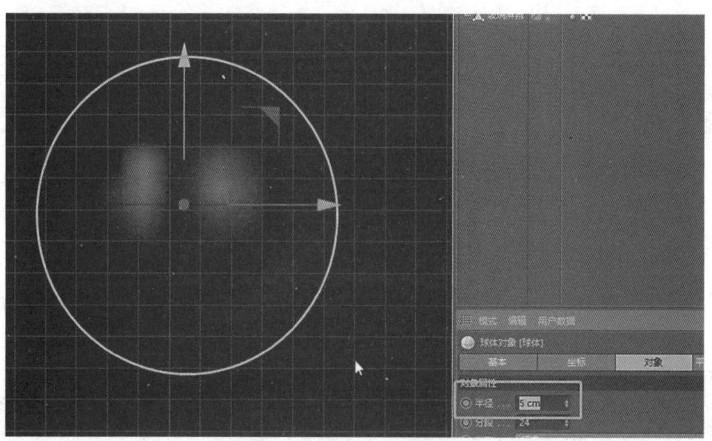
图 9-7-33　新建球体

2. 将球体位置移动到合适位置并旋转 90°，让顶点朝前。如图 9-7-34 所示。

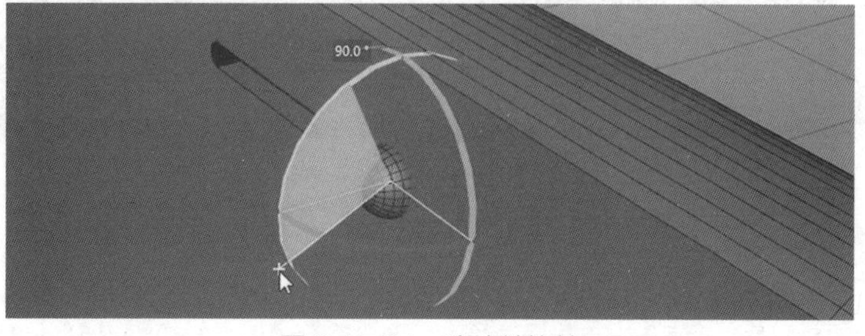

图 9-7-34　移动并旋转

3. 选择球体和听筒的挤压模型，按住快捷键 Alt+G 打组，作为布尔的第二个子级，接着进行布尔相减运算，如图 9-7-35 所示。

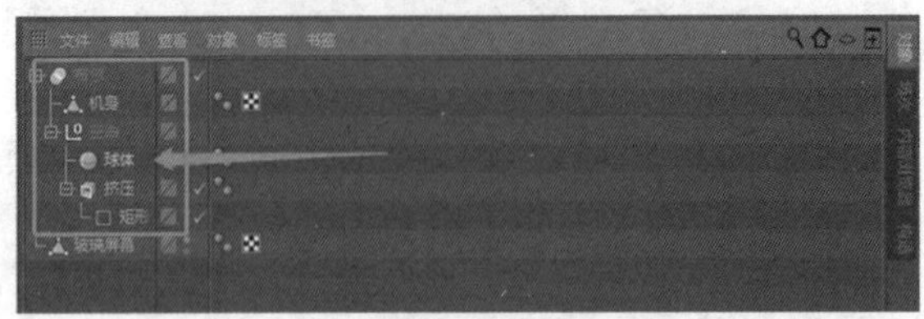

图 9-7-35　打组

操作后得到机身的两个孔洞，如图 9-7-36 所示。

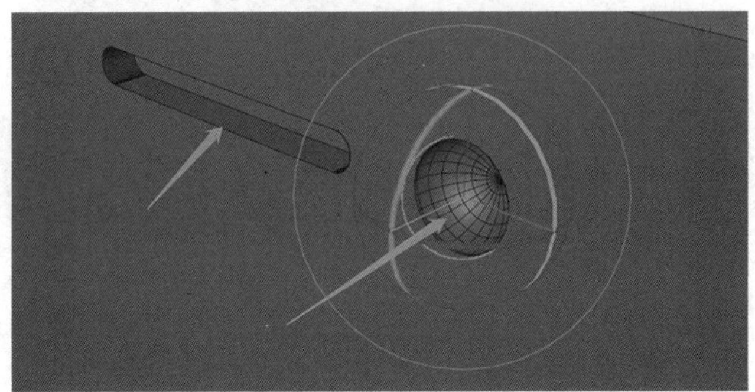
图 9-7-36　示意图

4. 选择球体对象，将其“C 掉”转成多边形，使用缩放工具适当压扁孔洞，如图 9-7-37、图 9-7-38 所示。

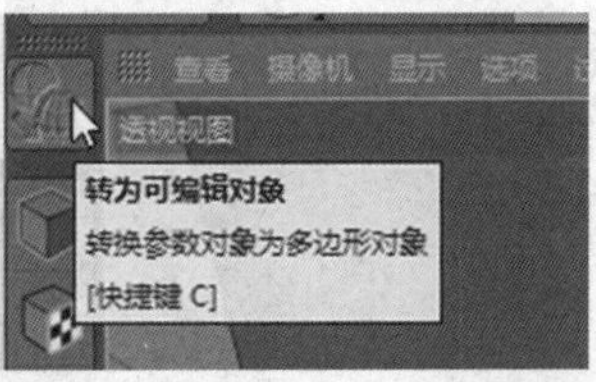

图 9-7-37　转为可编辑对象

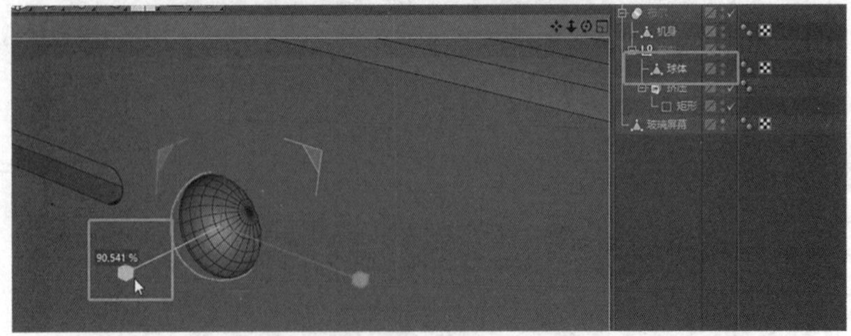

图 9-7-38　缩放工具

5. 选择布尔对象。勾选“创建单一对象”，将布尔转化成多边形对象（快捷键 C）。如图 9-7-39 至图 9-7-41 所示

图 9-7-39　选择布尔对象

图 9-7-40　勾选“创建单个对象”

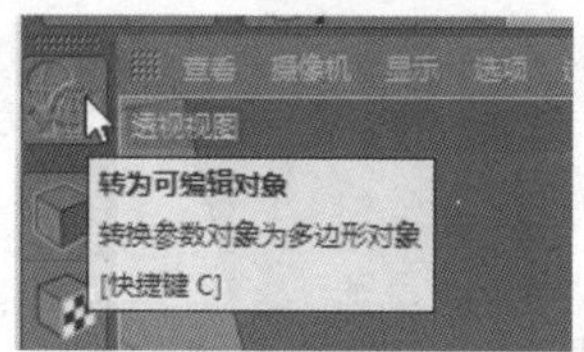


图 9-7-41　转为可编辑对象

6. 选择中间的面，按住 Ctrl 键挤压一定距离，如图 9-7-42、图 9-7-43 所示。

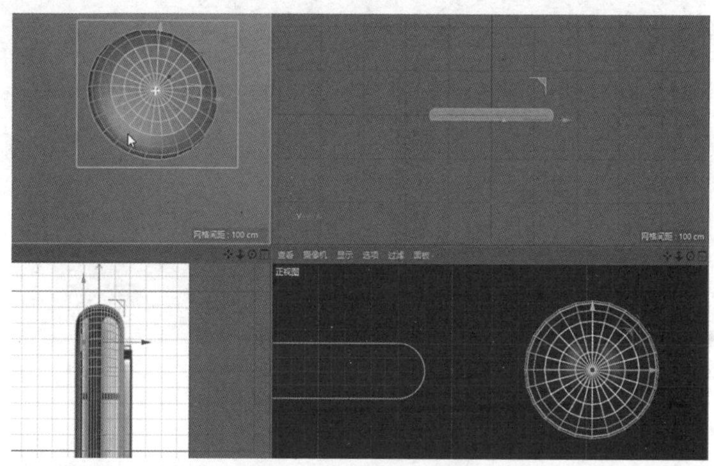

图 9-7-42　挤压距离

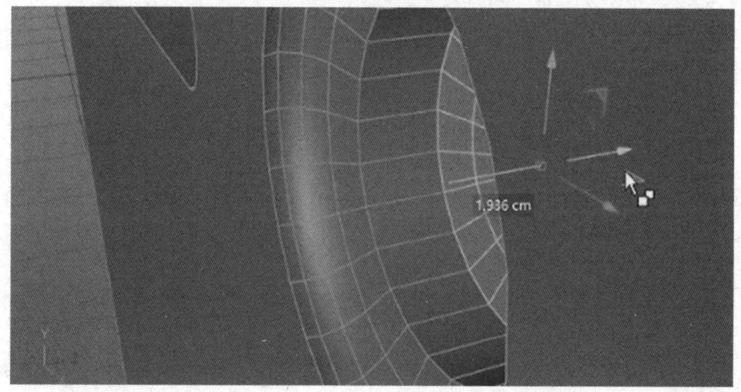


图 9-7-43　示意图

7. 开始镜头的制作。新建球体，如图 9-7-44 所示。

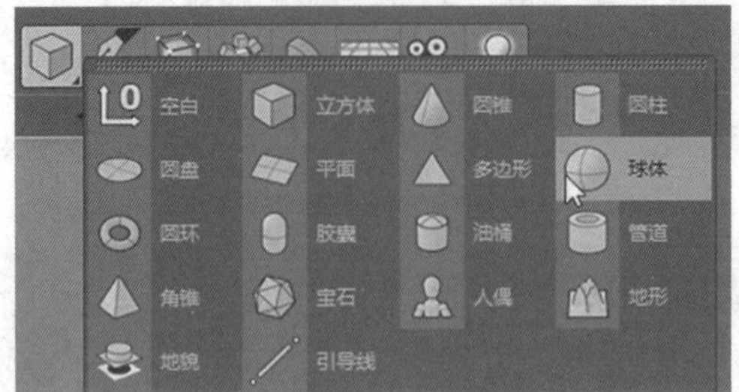


图 9-7-44　新建球体

在正视图中，将球体的位置对齐镜头位置，球体半径设为 5 cm，如图 9-7-45 所示。

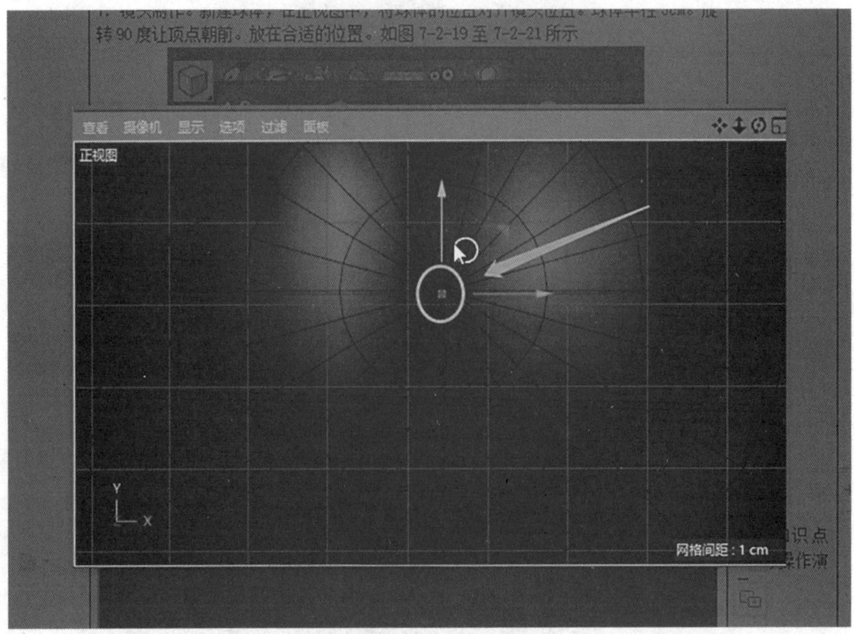


图 9-7-45　正视图

旋转 90° 让顶点朝前，放在合适的位置，如图 9-7-46 所示。

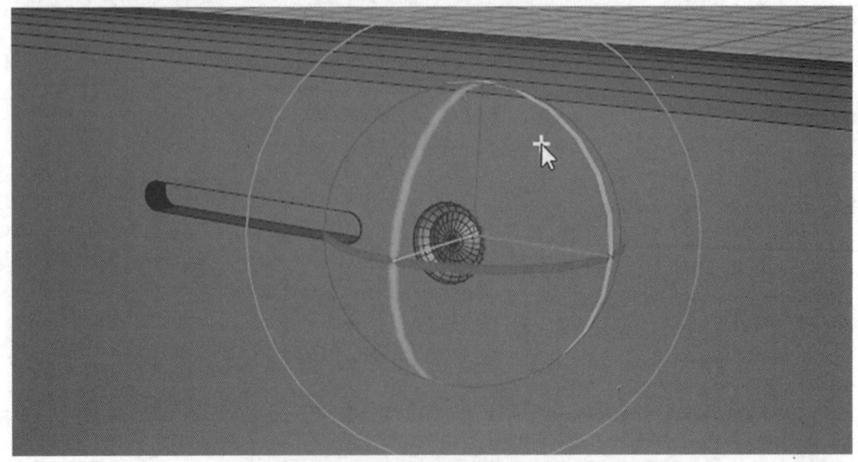

图 9-7-46　旋转并移动

8. 完成后重命名有关对象，开启玻璃屏幕的显示，如图 9-7-47 所示。

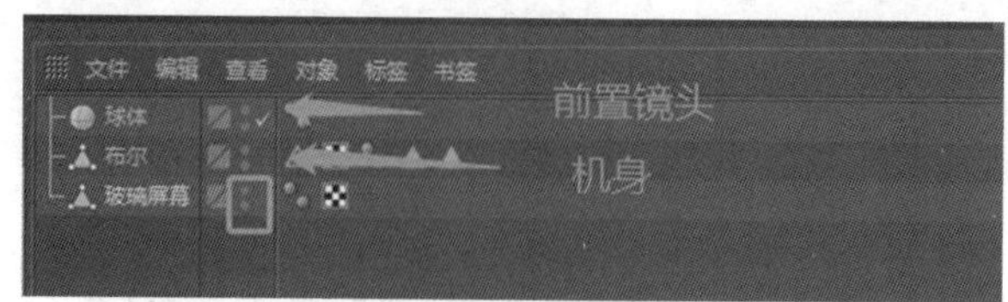

图 9-7-47　重命名

开启玻璃屏幕的透显属性，如图 9-7-48 所示。

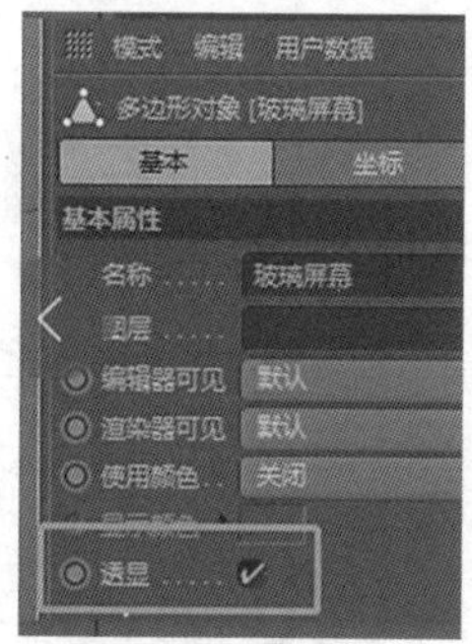

图 9-7-48　勾选“透显”

得到结果示意图如图 9-7-49 所示。

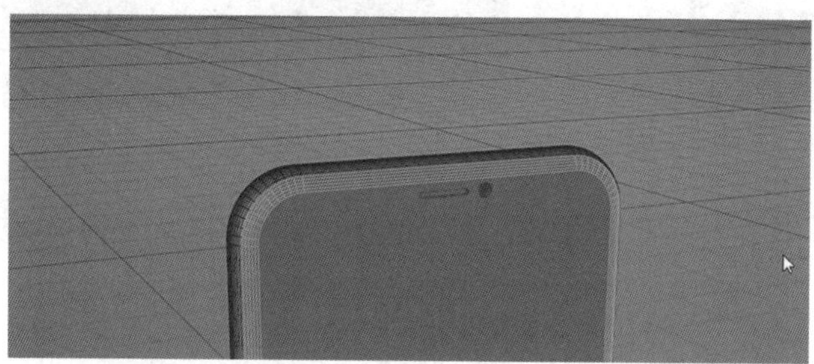
图 9-7-49　示意图

（七）手机侧边按钮的制作

1. 右侧第一个按钮制作如图 9-7-50 所示。

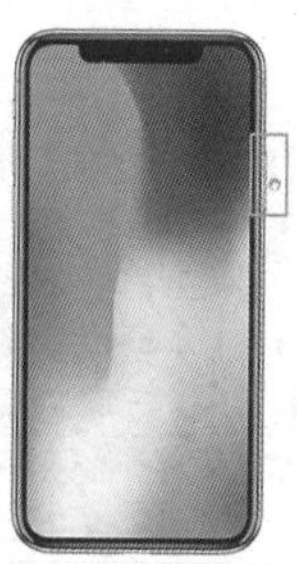
图 9-7-50　右侧第一个按钮

2. 新建矩形样条。在右视图中对齐坐标位置。设置矩形宽度为 11 cm、高度为 67 cm、勾选“圆角”。如图 9-7-51、图 9-7-52 所示。

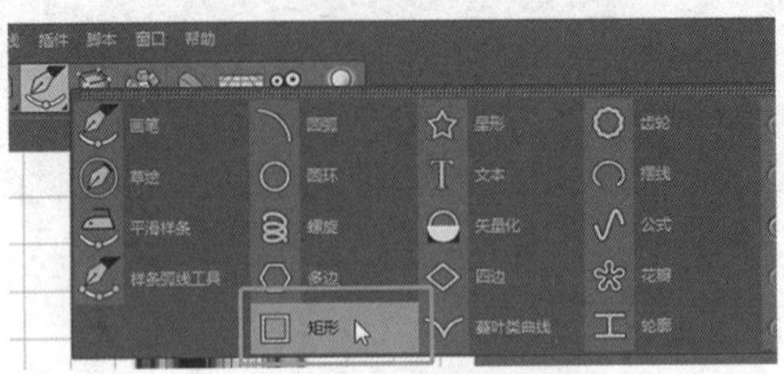


图 9-7-51　创建矩形样条

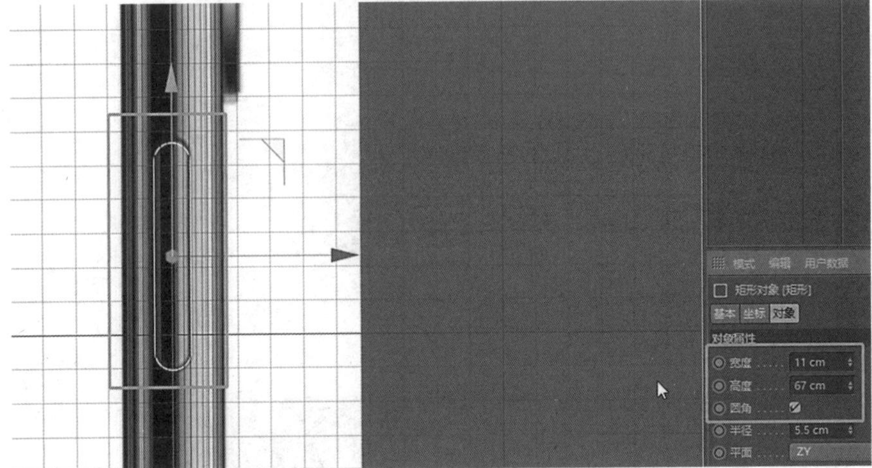


图 9-7-52　修改参数

3. 挤压矩形样条：X 轴 -20 cm，如图 9-7-53、图 9-7-54 所示。

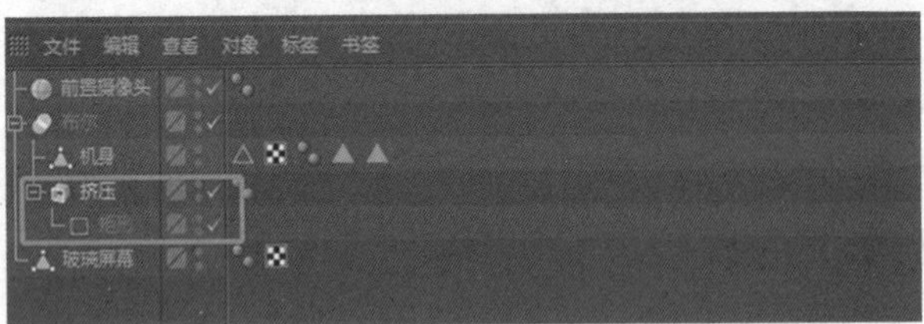


图 9-7-53　挤压样条

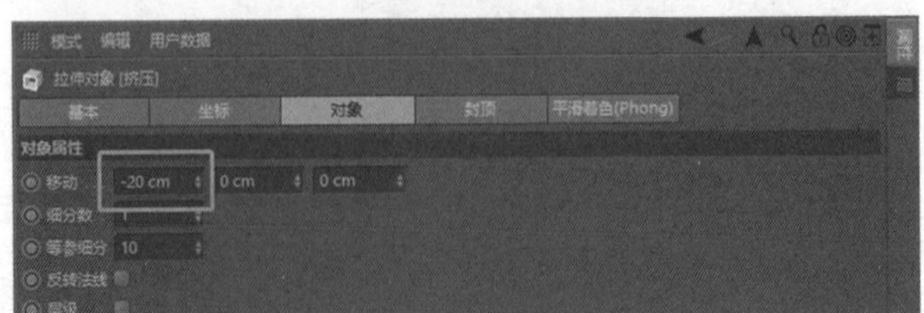


图 9-7-54　修改挤压参数

拖曳模型位置到合适位置，如图 9-7-55 所示。

图 9-7-55　移动

4. 新建布尔。让按钮孔洞和机身进行布尔相减计算。勾选“隐藏新的边”，如图 9-7-56 所示。

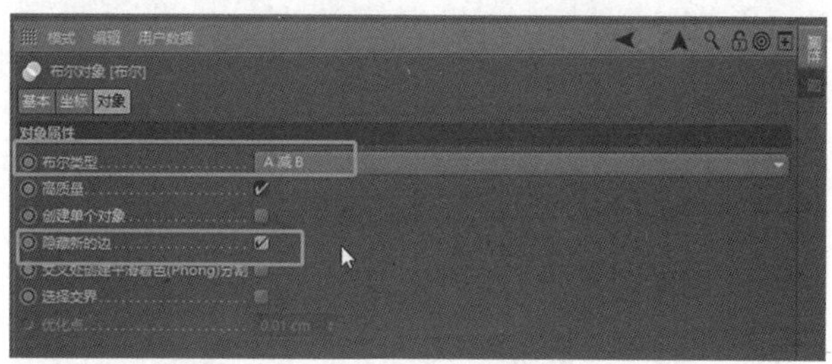


图 9-7-56　新建布尔

得到结果示意图如图 9-7-57 所示。

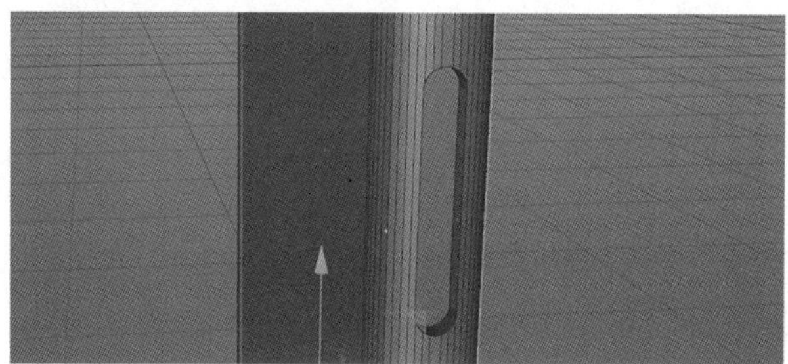

图 9-7-57　示意图

5. 复制一个孔洞，作为按钮，如图 9-7-58 所示。

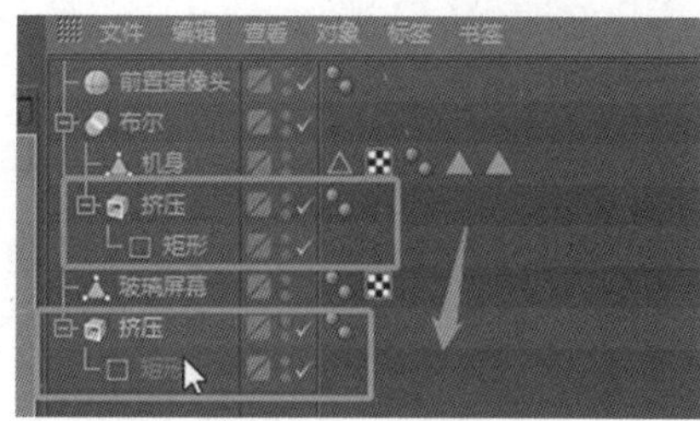


图 9-7-58　复制挤压

6. 将按钮的矩形样条的宽度、高度缩小一点。按钮矩形宽度设置为 10 cm，高度设为 66 cm。如图 9-7-59 所示。

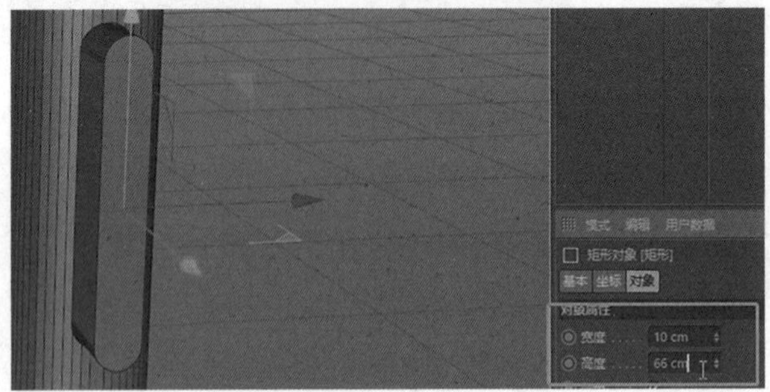


图 9-7-59　修改参数

7. 修改按钮的封顶为圆角封顶、步幅 5、半径 2 cm，勾选“约束”，如图 9-7-60 所示。

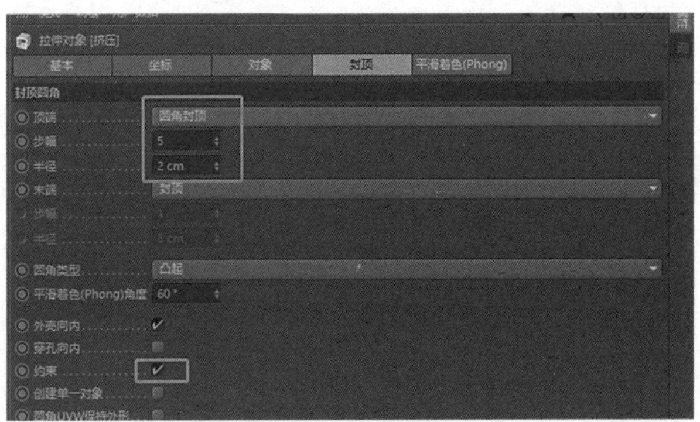


图 9-7-60　修改封顶

8. 切到正视图。对齐按钮的位置和参考图位置应一致。如图 9-7-61 所示。

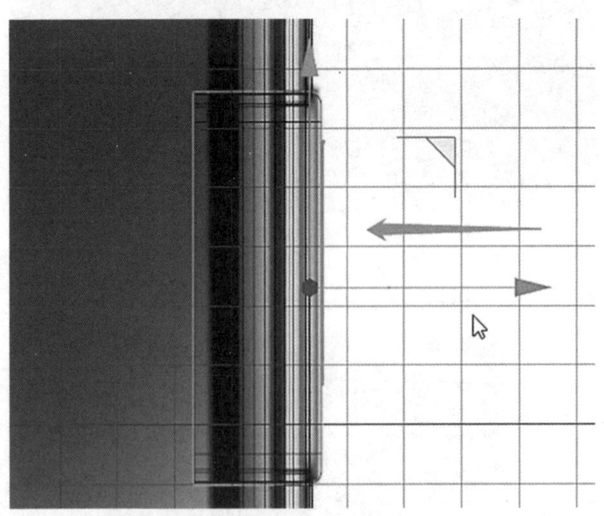

图 9-7-61　示意图

（八）手机 SIM 卡槽制作

1. 新建矩形样条。在右视图中对齐位置。设置矩形宽度为 11 cm，高度为 67 cm，勾选“圆角”，如图 9-7-62 所示。

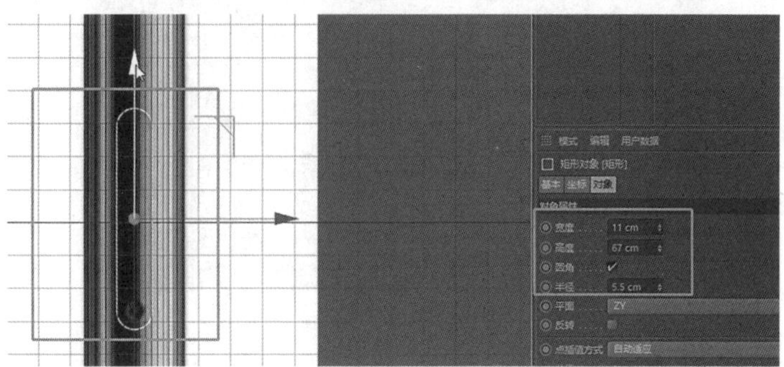


图 9-7-62　新建矩形样条

2. 切到透视图。新建扫描、新建矩形样条作为扫描横截面。如图 9-7-63 所示。

图 9-7-63　创建扫描生成器

设置横截面宽度为 0.5 cm，高度为 11 cm，如图 9-7-64 所示。

图 9-7-64　修改参数

结果示意图如图 9-7-65 所示。

图 9-7-65　示意图

3. 选择 SIM 卡槽模型和之前按钮孔洞模型，按住快捷键 Alt+G 编组。同时作为布尔的第二个子级，和机身进行布尔相减。如图 9-7-66 所示。

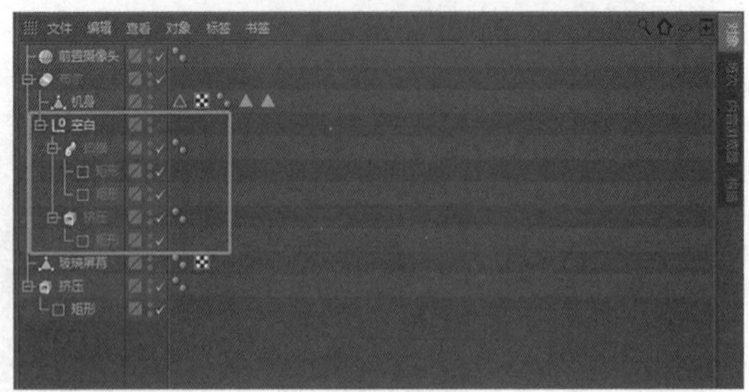


图 9-7-66 打组

得到结果如 9-7-67 所示。

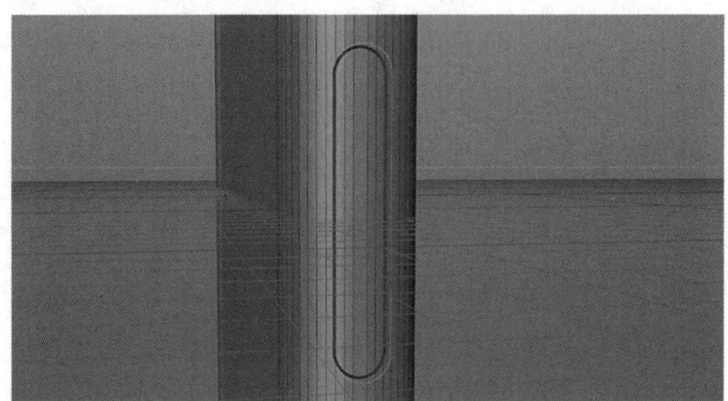

图 9-7-67 示意图

4. 新建圆柱体，旋转 90°，如图 9-7-68 所示。

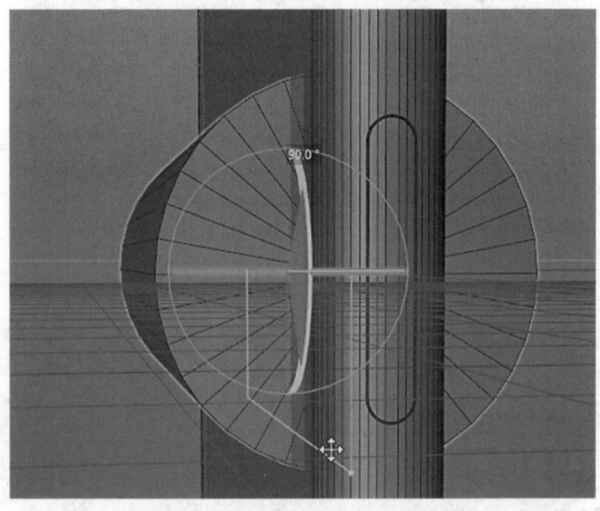


图 9-7-68 新建圆柱体并旋转

5. 切到右视图。对齐 SIM 卡槽孔洞位置。修改圆柱孔洞半径为 3 cm，高度为 37 cm。如图 9-7-69 所示。

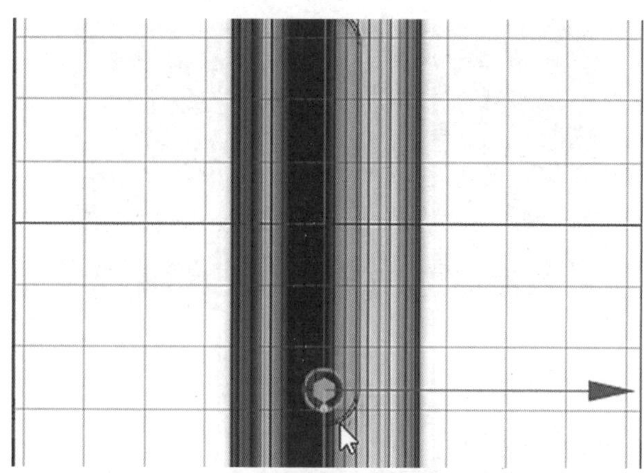

图 9-7-69　右视图

在透视图中适当调整圆柱位置，如图 9-7-70 所示。

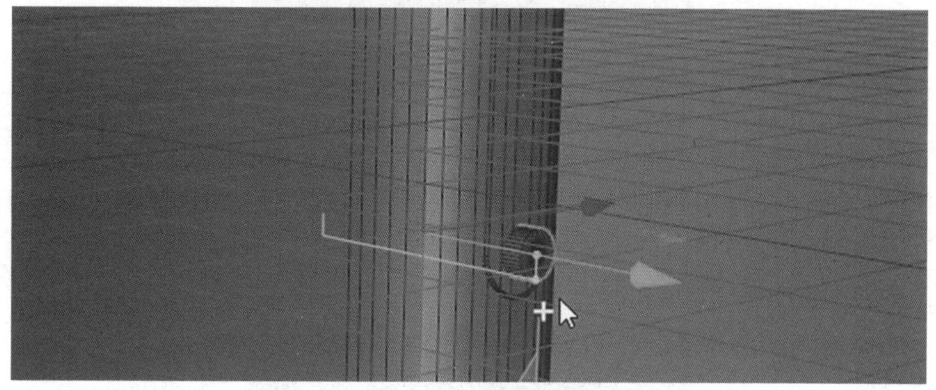

图 9-7-70　调整位置

6. 将圆柱放到布尔的第二个子级编组里参与相减运算，如图 9-7-71 所示。

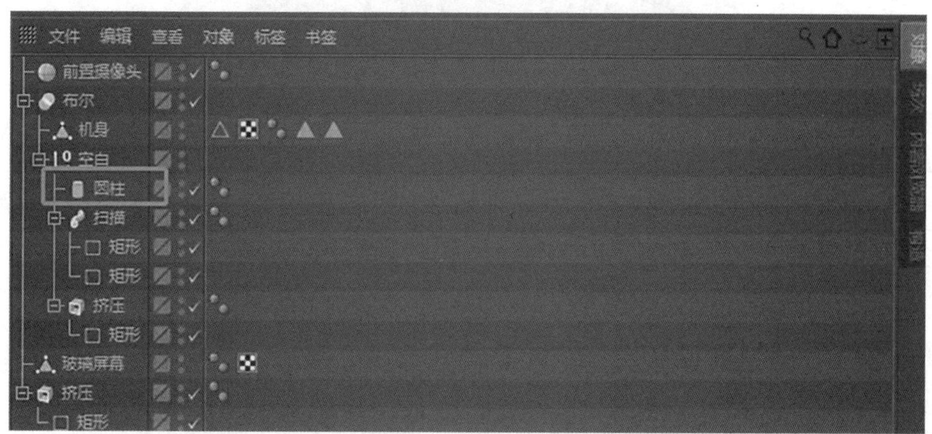


图 9-7-71　将圆柱放到布尔的第二个子级编组里

得到结果如图 9-7-72 所示。

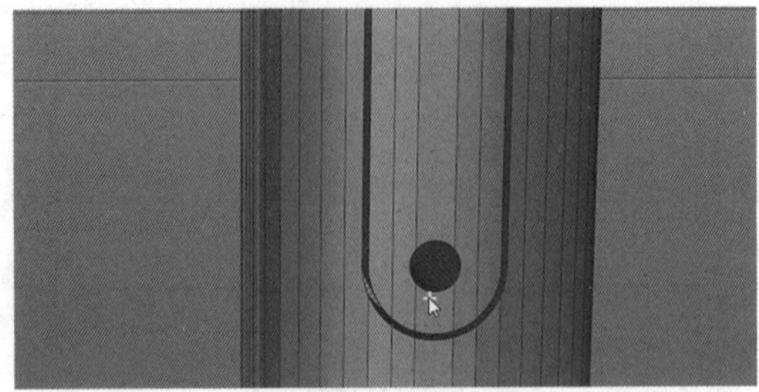

图 9-7-72　示意图

（九）左侧第一个按钮制作

左侧第一个按钮，如图 9-7-73 所示。

图 9-7-73　左侧第一个按钮

1. 复制一个右侧按钮的孔洞模型，如图 9-7-74 所示。

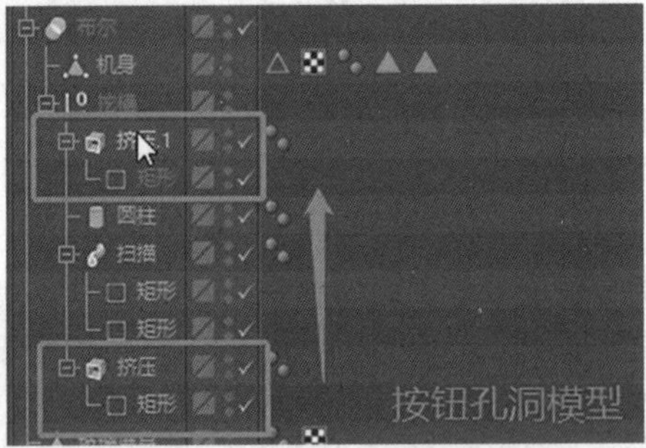


图 9-7-74　复制按钮模型

2. 将按钮孔洞移动到左侧，在正视图中对齐位置。修改矩形样条尺寸为宽度 11 cm，高度 21 cm。如图 9-7-75 至 9-7-77 所示。

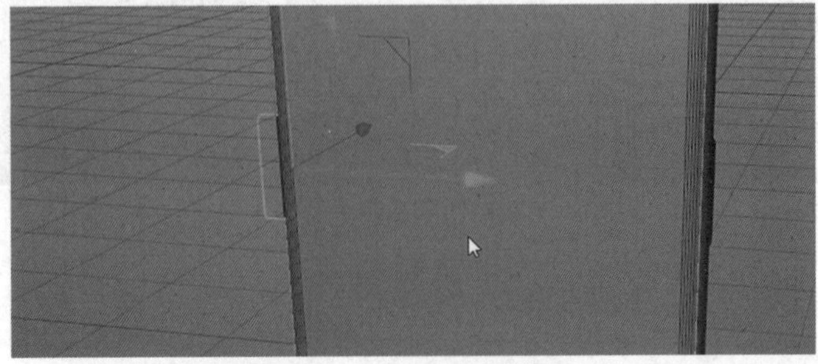

图 9-7-75　修改尺寸

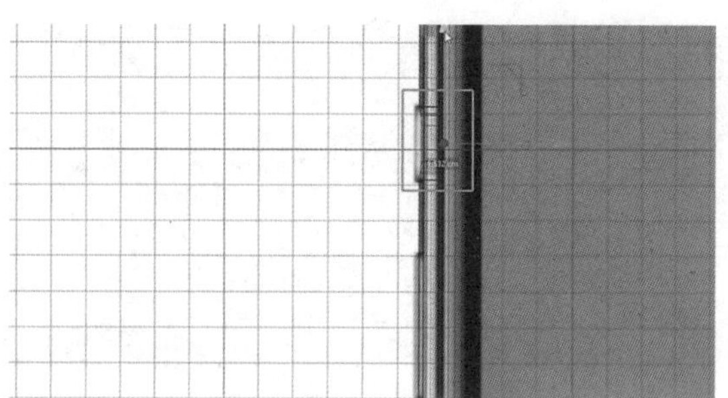

图 9-7-76　对齐位置

图 9-7-77　修改参数

得到结果如图 9-7-78 所示。

图 9-7-78　示意图

3. 按钮制作。复制这个按钮孔洞模型改成按钮。设置圆角封顶，步幅为 5，半径为 2 cm，挤压方向：X 轴 20 cm。如图 9-7-79、图 9-7-80 所示。

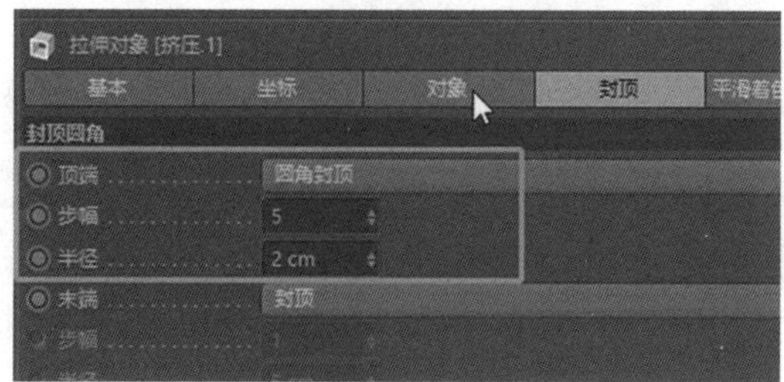


图 9-7-79　复制按钮模型

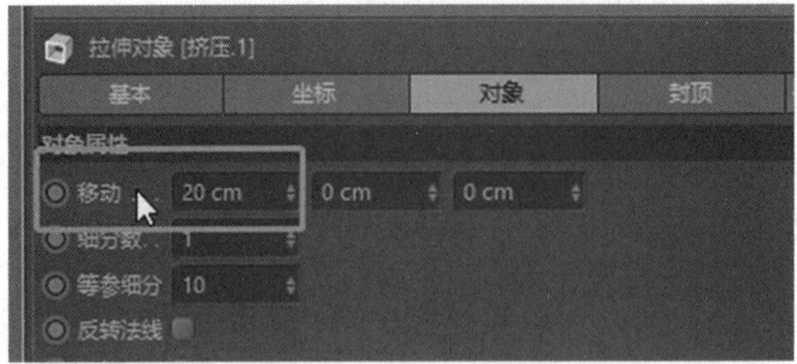


图 9-7-80 修改参数

在正视图中对齐按钮位置，得到结果如图 9-7-81 所示。

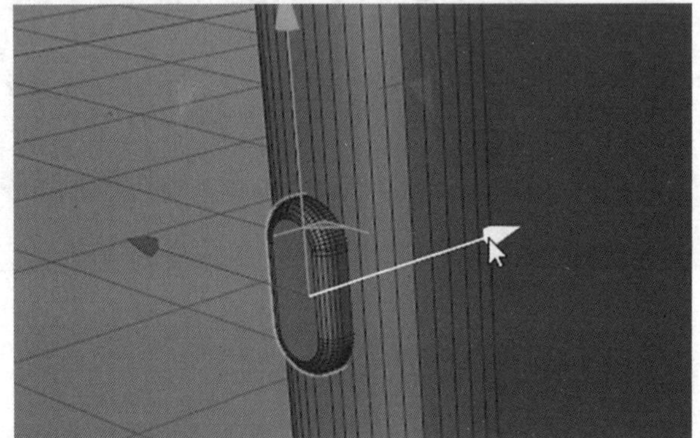

图 9-7-81 示意图

4. 修改按钮矩形样条宽度为 6 cm，如图 9-7-82 所示。

图 9-7-82 修改参数

适当向右移动，得到结果如图 9-7-83 所示。

图 9-7-83 对齐位置

5. 修改按钮孔洞圆角半径为 3 cm，如图 9-7-84 所示。

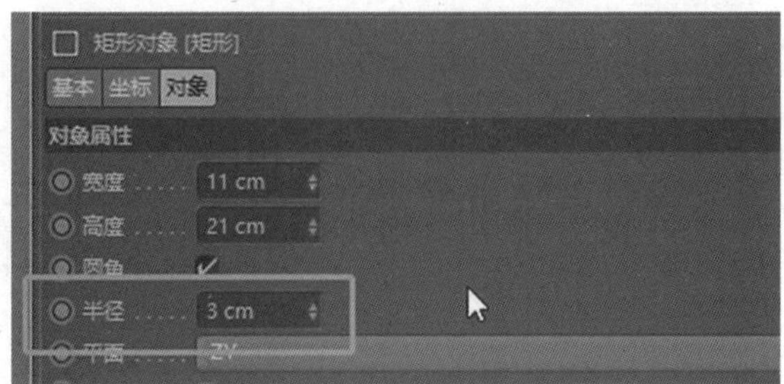


图 9-7-84　修改圆角半径

得到结果如图 9-7-85 所示。

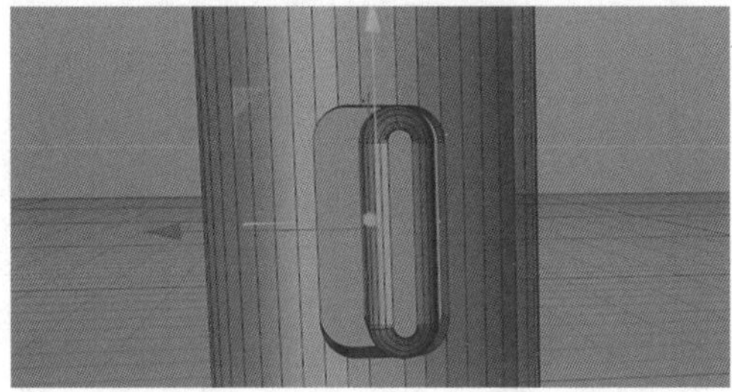

图 9-7-85　示意图

（十）左侧第二个按钮制作

左侧第二个按钮如图 9-7-86 所示。

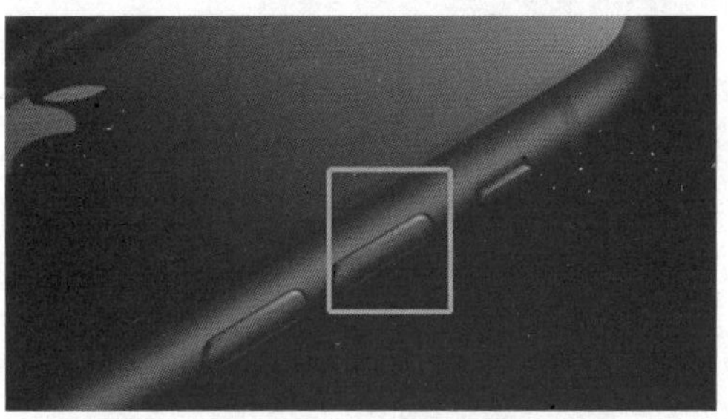

图 9-7-86　参考图

1. 复制上一个按钮的孔洞模型。修改矩形样条宽度为 11 cm，高度为 44 cm、半径为 5.5 cm。如图 9-7-87 所示。

图 9-7-87　复制按钮模型

2. 在正视图中对齐孔洞的位置，如图 9-7-88、图 9-7-89 所示。

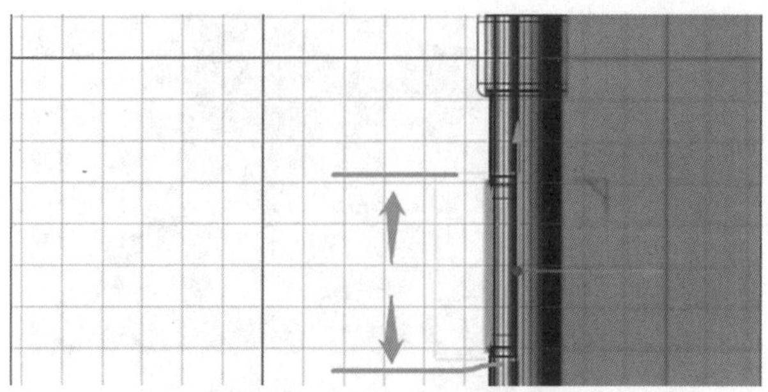

图 9-7-88　对齐位置

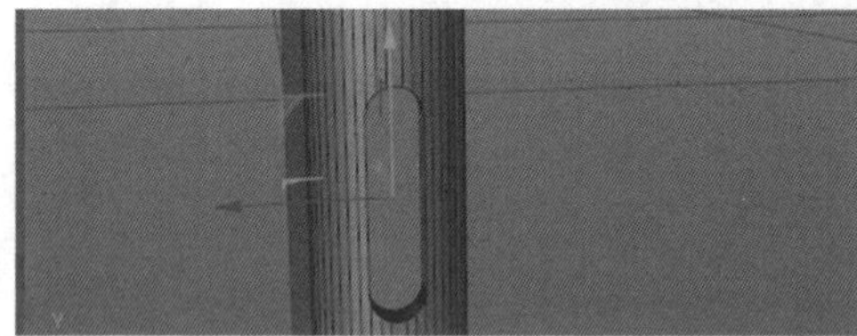

图 9-7-89　示意图

3. 复制孔洞模型改成按钮，改小尺寸：宽度为 10 cm，高度为 43 cm。圆角封顶，勾选“约束”，步幅 5，半径 2 cm。挤压方向：X 轴正向 20 cm。如图 9-7-90、9-7-91 所示。

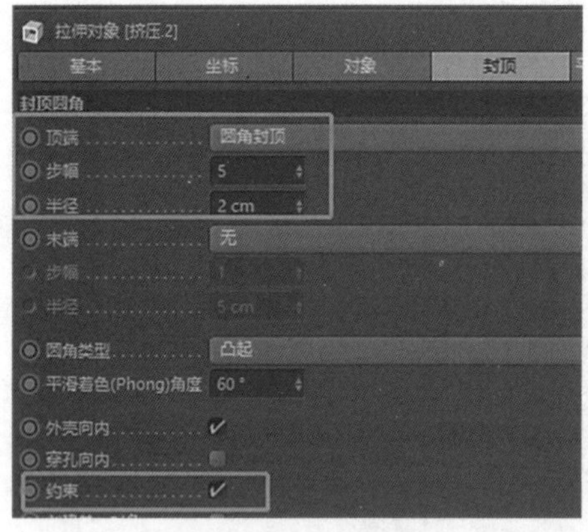


图 9-7-90　修改封顶

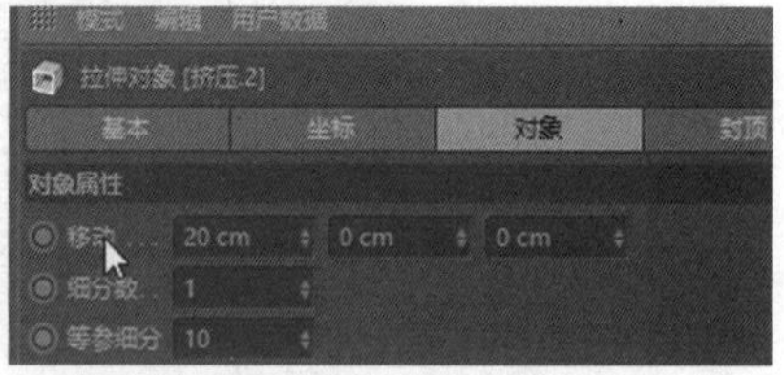


图 9-7-91　修改参数

得到结果如 9-7-92 所示。

图 9-7-92　示意图

4. 在正视图中对齐按钮位置，如图 9-7-93 所示。

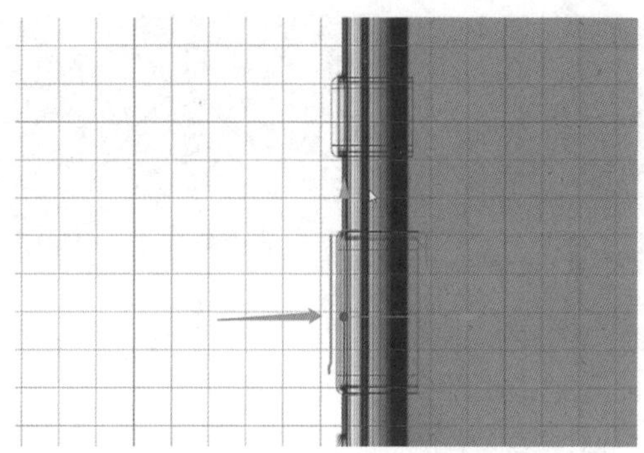

图 9-7-93　对齐位置

（十一）左侧第三个按钮制作

1. 最后这个按钮和上一个按钮一样。直接复制上一个按钮在正视图中对齐位置就好了。如图 9-7-94、图 9-7-95 所示。

图 9-7-94　左侧第三个按钮

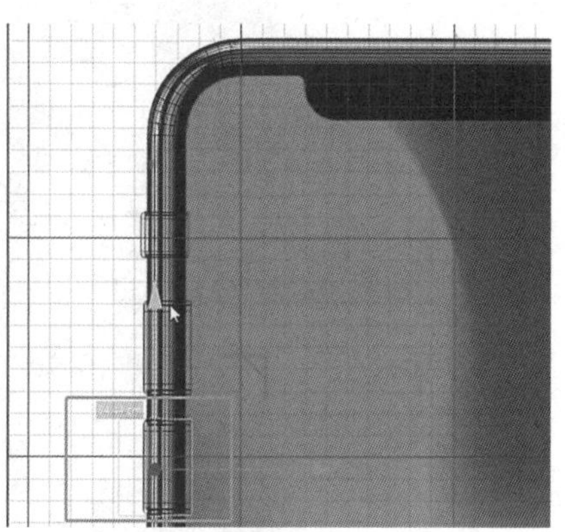

图 9-7-95　对齐位置

2. 对工程进行重命名规范，如图 9-7-96 所示。

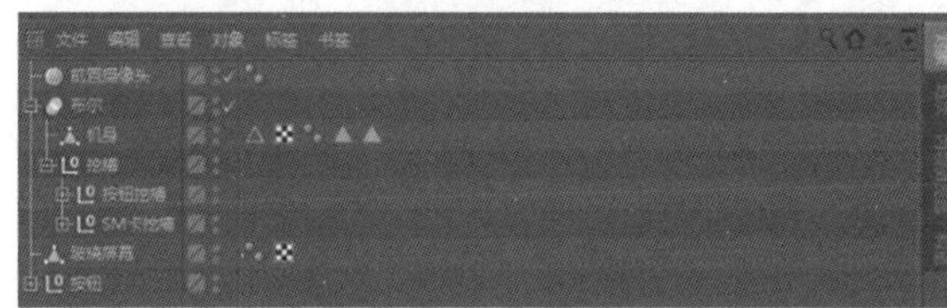



图 9-7-96　重命名

（十二）手机底部充电口

1. 在顶视图，新建立矩形样条，宽度 31 cm、高度 10 cm、勾选圆角、半径 5 cm，如图 9-7-97、图 9-7-98 所示。

图 9-7-97　新建矩形样条

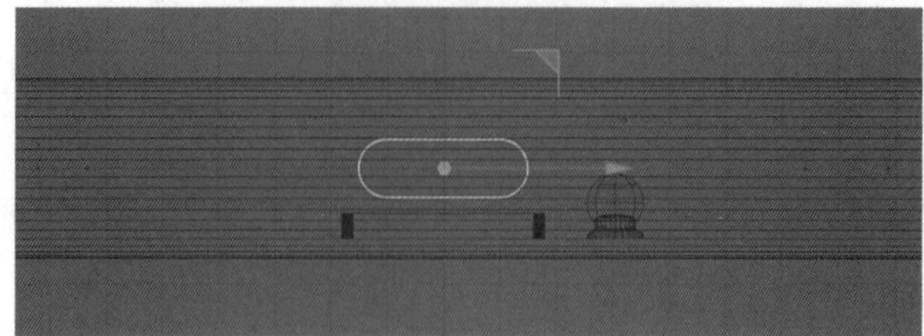

图 9-7-98　修改参数

2. 切到透视图，将充电口矩形样条移动到底部。添加挤压，挤压方向：Y 轴正方向 20 cm。如图 9-7-99 至 9-7-101 所示。

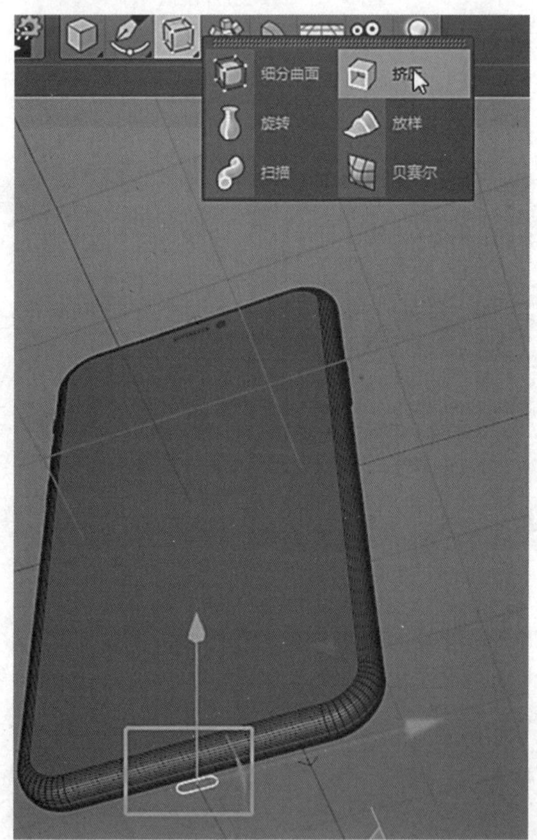


图 9-7-99　添加挤压生成器

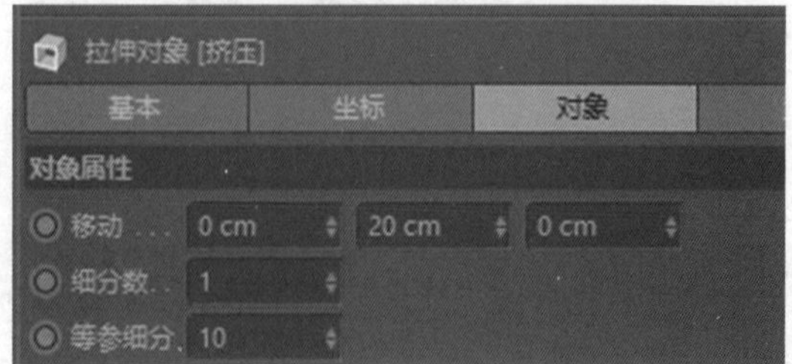


图 9-7-100　修改参数

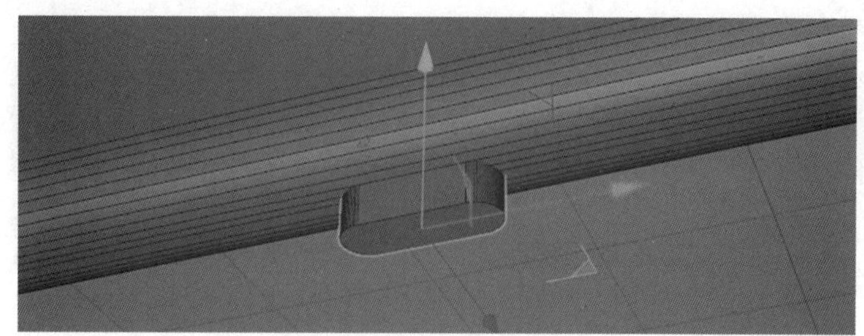

图 9-7-101　对齐位置

3. 将充电口的挖槽和机身进行布尔相减，如图 9-7-102、图 9-7-103 所示。

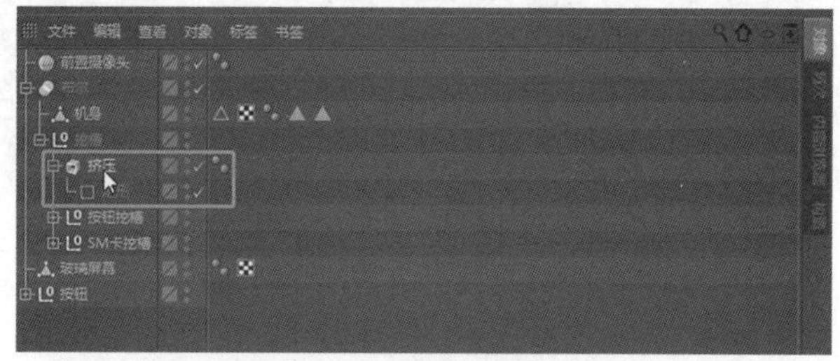


图 9-7-102　布尔相减

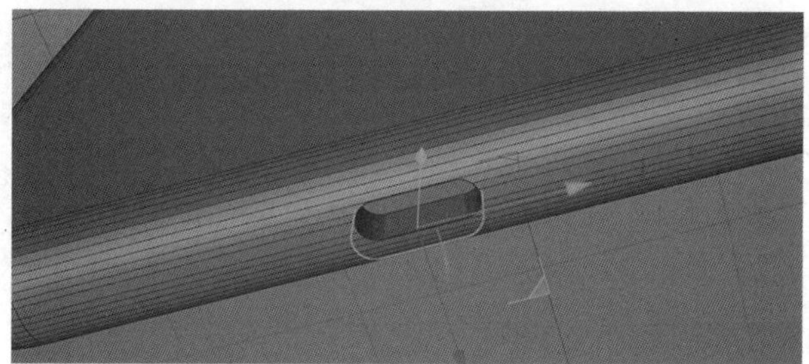

图 9-7-103　示意图

（十三）手机底部螺丝孔等

1. 新建圆柱体，如图 9-7-104 所示。

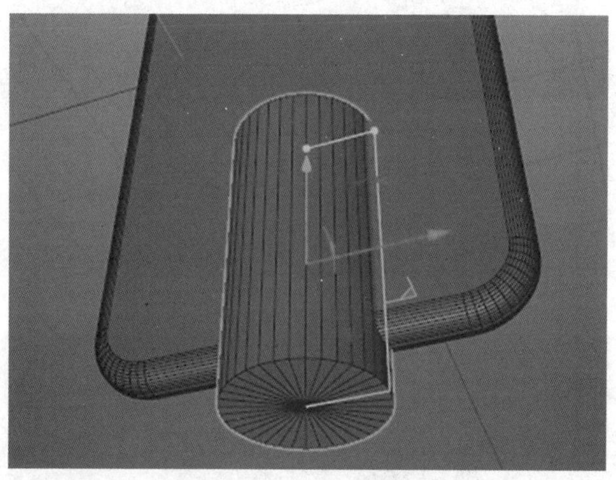

图 9-7-104　新建圆柱体

2. 在顶视图中对齐螺丝孔位置，如图 9-7-105 所示。

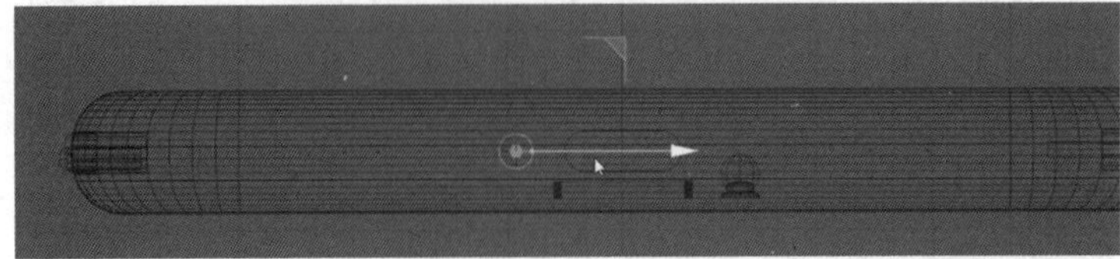

图 9-7-105 顶视图

3. 按住 Ctrl 键拖曳复制一个圆柱到边上，如图 9-7-106 所示。

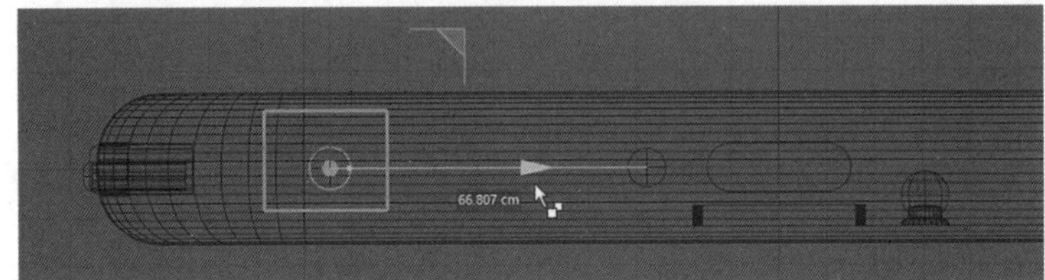


图 9-7-106 复制并移动

4. 给边上的圆柱添加克隆。克隆数量为 6，位置 X、Y、Z 清零。设置位置 X 轴：10 cm。如图 9-7-107 至图 9-7-109 所示。

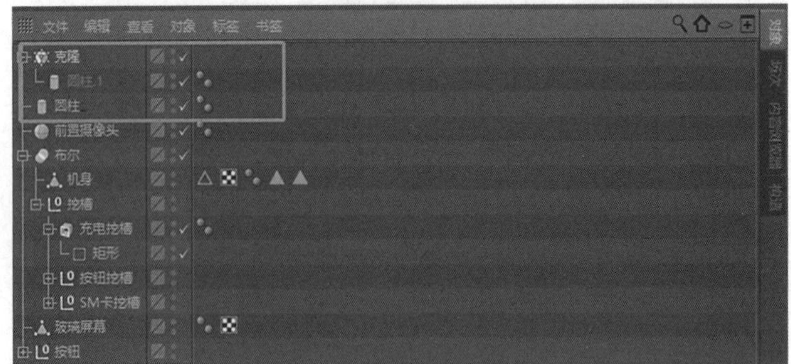


图 9-7-107 添加克隆

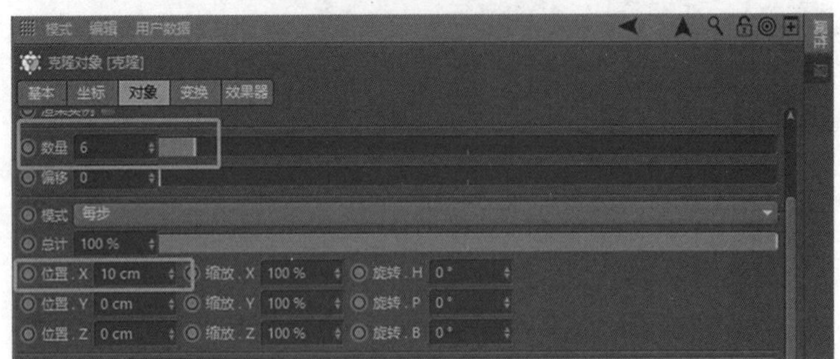


图 9-7-108 修改克隆参数

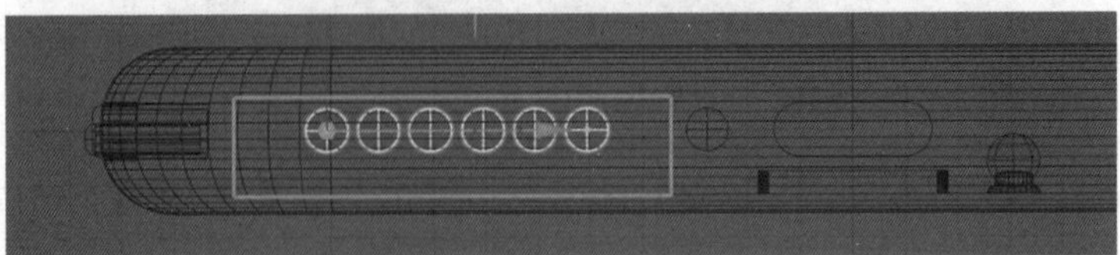

图 9-7-109 示意图

5. 将以上圆柱和克隆圆柱进行 Alt+G 编组。重命名为底部挖槽，放入布尔中，和机身进行布尔相减。如图 9-7-110 至图 9-7-112 所示。

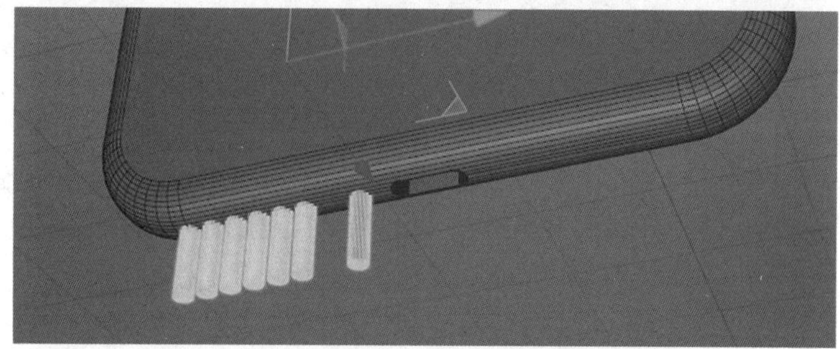

图 9-7-110　打组并重命名

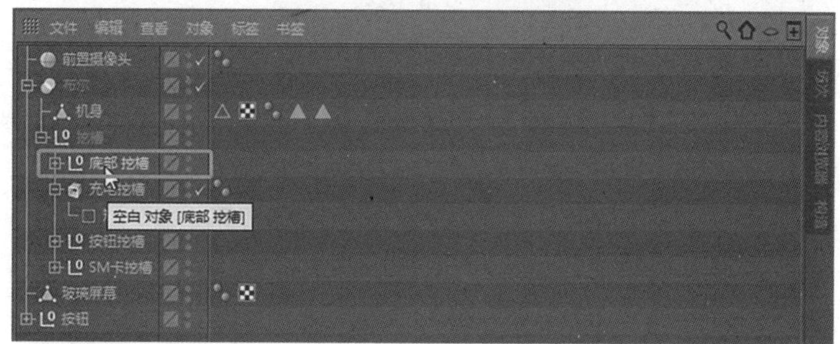


图 9-7-111　布尔运算

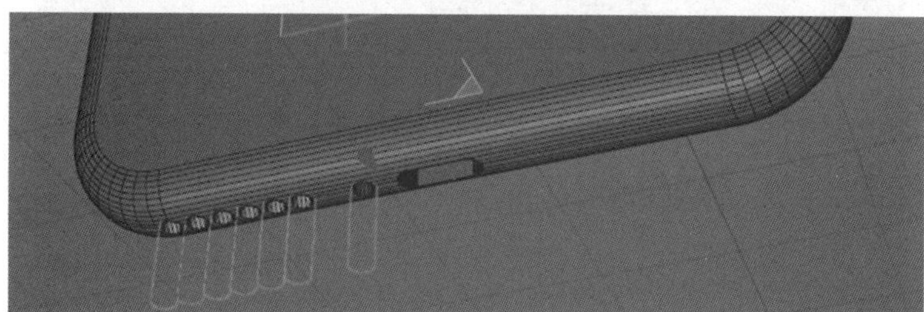

图 9-7-112　示意图

6. 给底部挖槽使用对称工具进行对称。如图 9-7-113、图 9-7-114 所示。

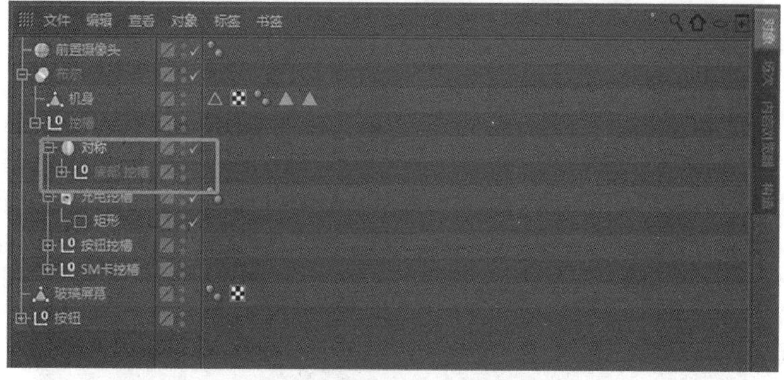


图 9-7-113　添加对称工具

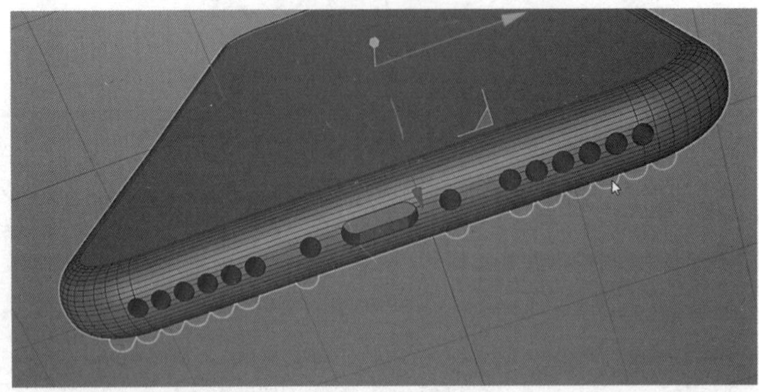
图 9-7-114　示意图

适当调整挖槽的深度，如图 9-7-115 所示。

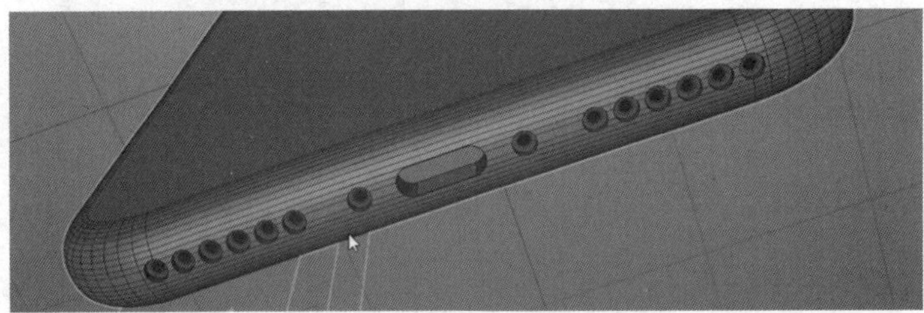
图 9-7-115　调整深度

7. 复制螺丝孔圆柱。修改属性半径为 3.5 cm，高度为 4 cm，放在螺丝孔里。如图 9-7-116、图 9-7-117 所示。

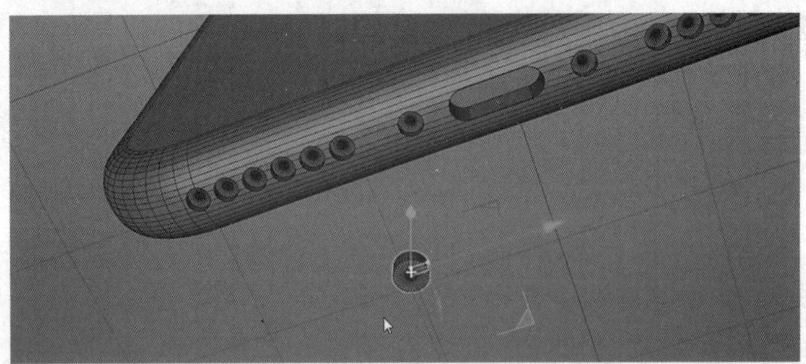
图 9-7-116　复制螺丝孔圆柱

图 9-7-117　修改尺寸

8. 新建星形样条，如图 9-7-118 所示。

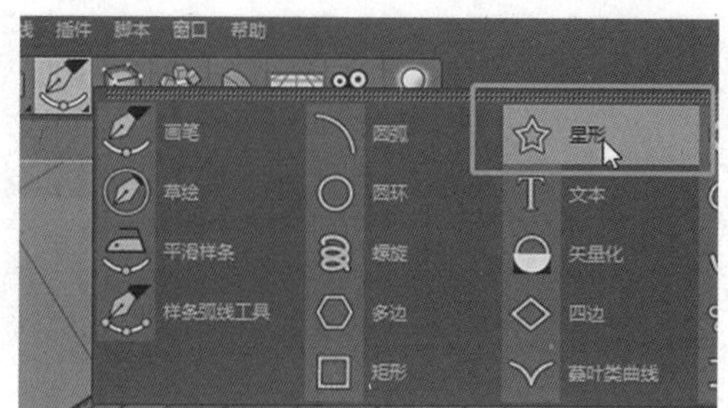


图 9-7-118 新建星形样条

旋转 90°。并添加挤压，如图 9-7-119、图 9-7-120 所示。

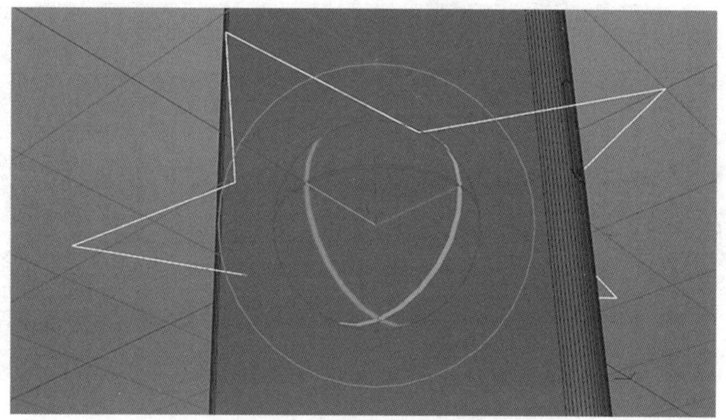

图 9-7-119 旋转样条

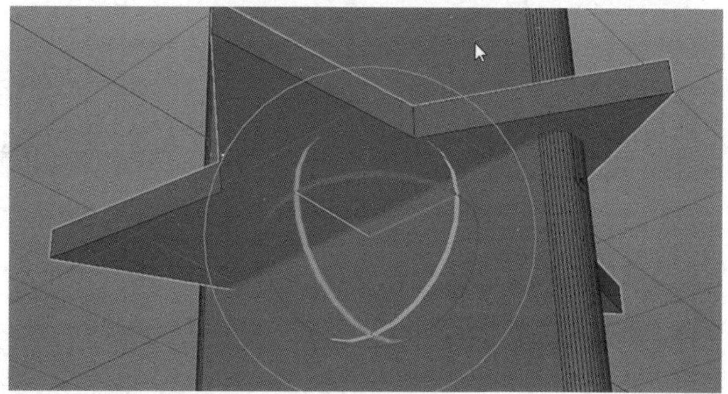

图 9-7-120 挤压样条

9. 将五角星缩小并放在螺丝孔里，如图 9-7-121 所示。

图 9-7-121 缩小

10. 将螺丝孔和五角星添加布尔进行相减，如图 9-7-122、图 9-7-123 所示。

图 9-7-122　布尔运算

图 9-7-123　示意图

11. 将布尔重命名为螺丝，如图 9-7-124 所示。

图 9-7-124　重命名

12. 新建对称，将螺丝放入到对称中，如图 9-7-125、图 9-7-126 所示。

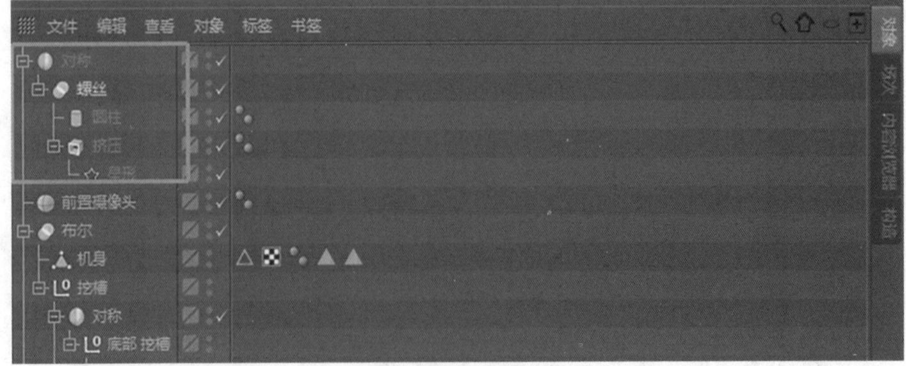


图 9-7-125　新建对称

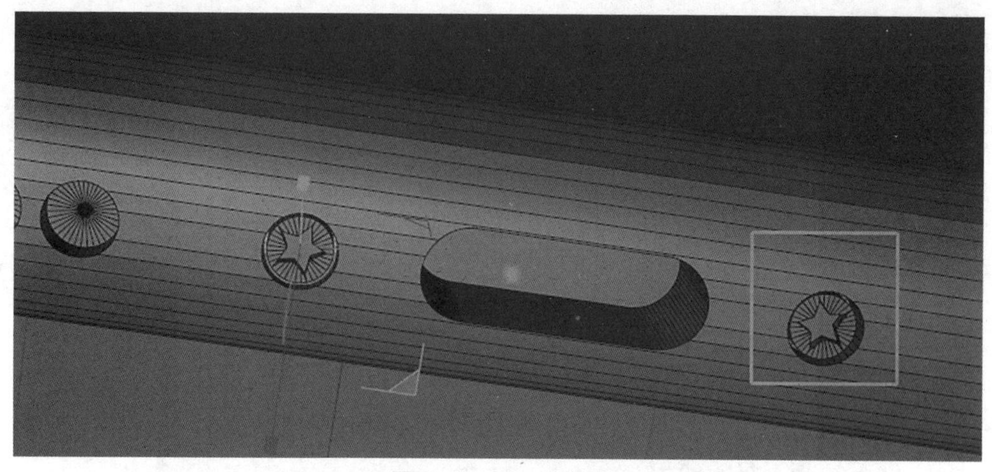

图 9-7-126　示意图

13. 手机制作基本完成，如图 9-7-127、图 9-7-128 所示。

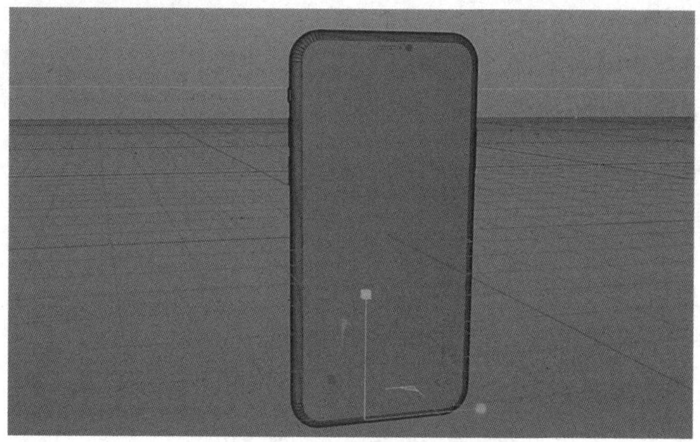

图 9-7-127　手机制作完成

图 9-7-128　模型示意

## 任务 9.8

# 沙发建模

### 教学重点

- 熟悉结合使用变形器、生成器和造型器建模。
- 熟悉切割工具的使用。
- 熟悉通过将模型转为可编辑对象来做不规则模型。

### 教学难点

- 熟悉结合使用变形器、生成器和造型器建模。
- 熟悉切割工具的使用。
- 熟悉通过将模型转为可编辑对象来做不规则模型。

### 任务分析

#### 01. 任务目标

1. 熟悉结合使用变形器、生成器和造型器建模。
2. 熟悉切割工具的使用。
3. 熟悉通过将模型转为可编辑对象来做不规则模型。

#### 02. 实施思路

通过视频教程，独立将模型做出来。

### 任务实施

#### 01. 沙发建模

（一）扶手部分

1. 创建圆盘，打开线条显示模式，如图 9-8-1 所示。

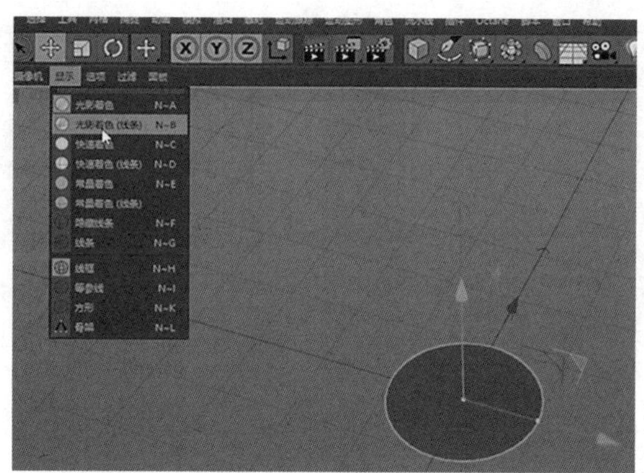

图 9-8-1　创建圆盘

2. 将圆盘的圆盘分段改为 2，旋转分段改为 8，方向改为 +Z。因为后续会给模型添加细分曲面，所以不用担心圆盘不够光滑。如图 9-8-2 所示。

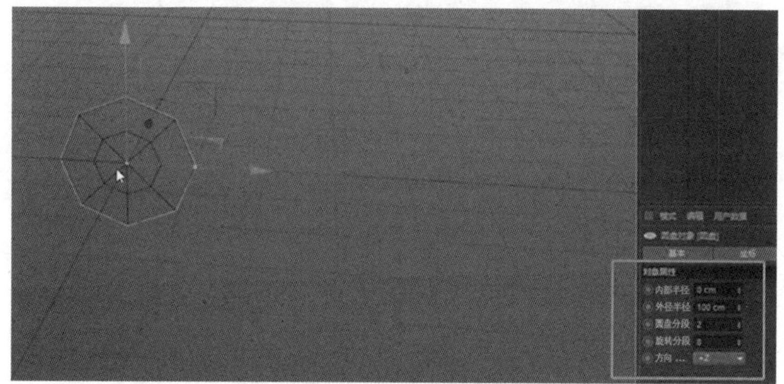

图 9-8-2　修改分段

3. 将圆盘沿着 Y 轴正方向移动 400 cm，然后将圆盘转化为多边形对象（快捷键 C）。如图 9-8-3、图 9-8-4 所示。

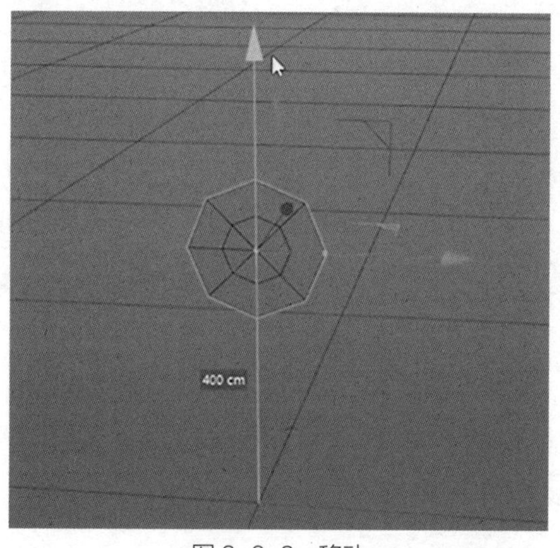


图 9-8-3　移动

图 9-8-4　转为可编辑对象

4. 在边模式下，选择圆盘下方的两条边，按住 Ctrl + Shift 键向下复制移动 300 cm（按住 Ctrl 键是复制，按住 Shift 键是在移动中量化数值），如图 9-8-5、图 9-8-6 所示。

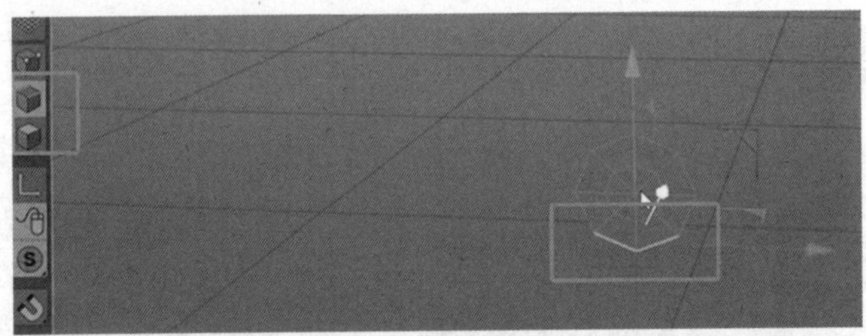

图 9-8-5　移动并复制

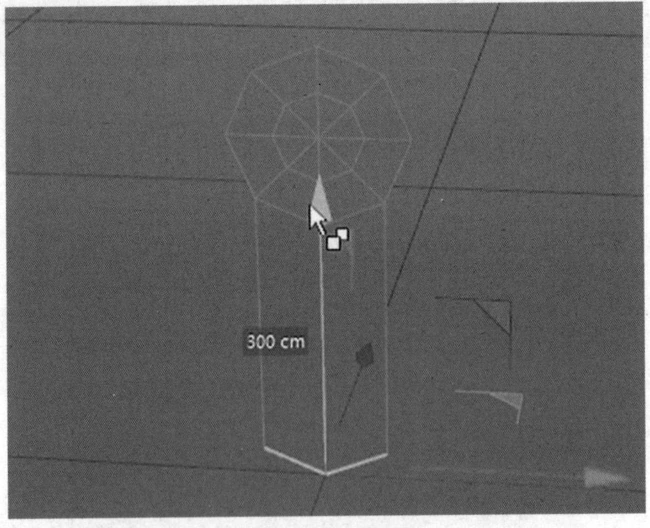


图 9-8-6　示意图

5. 在点模式下，选择下面的三个点，然后使用缩放工具，将 Y 上的缩放压缩为 0%，或者直接在右下角尺寸中，将 Y 上的尺寸改为 0，点击“应用”。这样能使下面的三个点在同一直线上。如图 9-8-7 至图 9-8-9 所示。

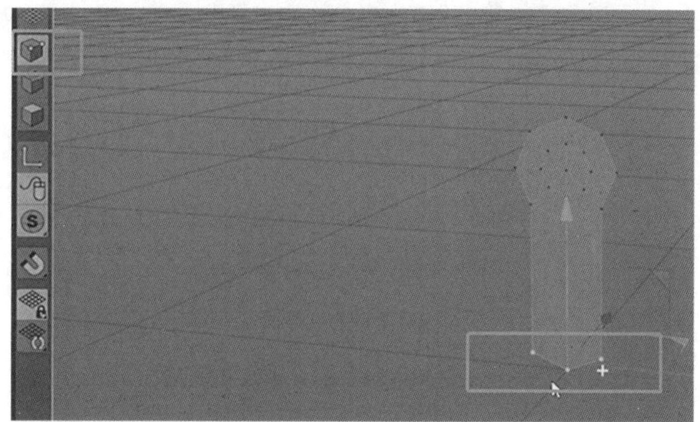

图 9-8-7　点模式

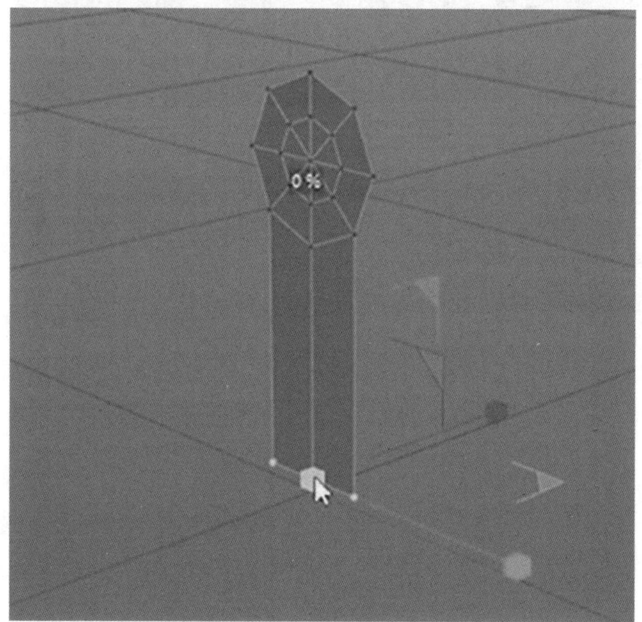


图 9-8-8　在图中修改 Y 缩放

图 9-8-9　在尺寸设置中修改 Y 缩放

6. 在边模式下，使用切割工具，快捷键 K ~ L，先添加一条结构线。然后点击视图中的加号，一共添加三条线。如图 9-8-10、图 9-8-11 所示。

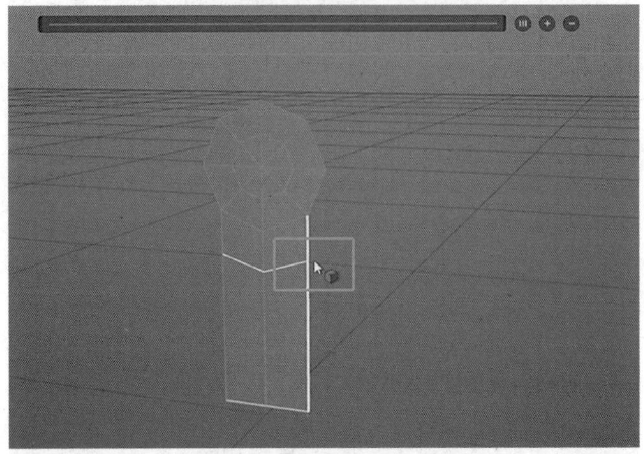

图 9-8-10　切割工具

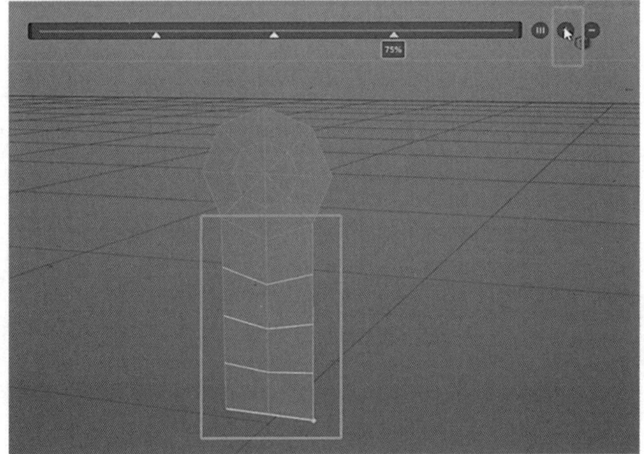


图 9-8-11　示意图

7. 进入正视图，在点模式下，用框选工具框选上边的点，然后用旋转工具向左旋转 50°，接着用移动工具，将点向左移动 100 cm，如图 9-8-12 至图 9-8-15 所示。

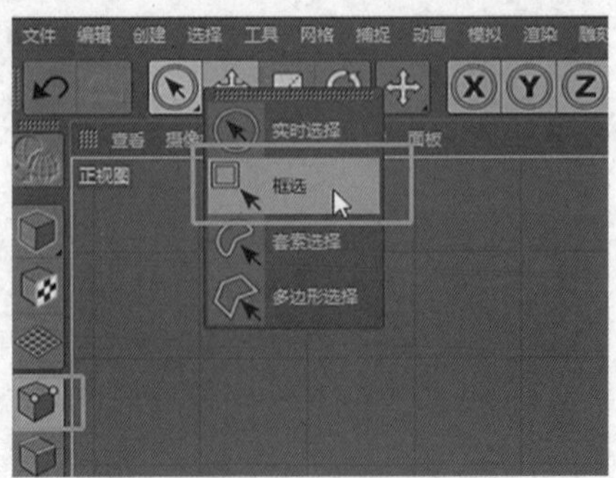


图 9-8-12　切换框选模式

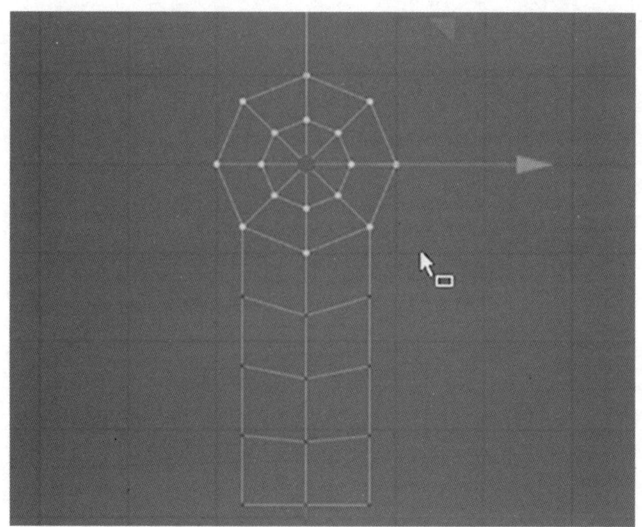

图9-8-13 选中点

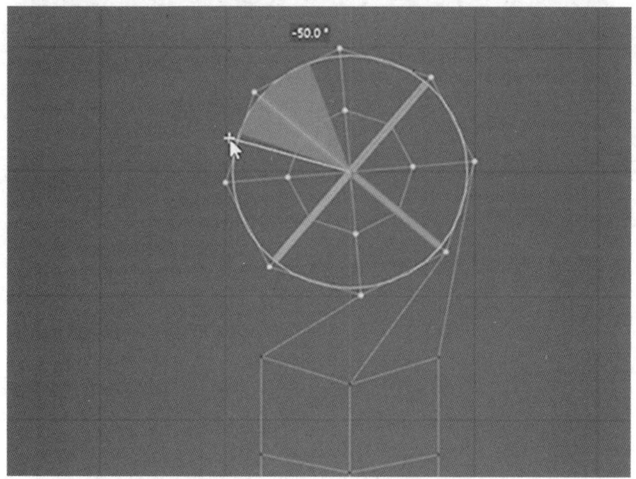


图9-8-14 旋转点

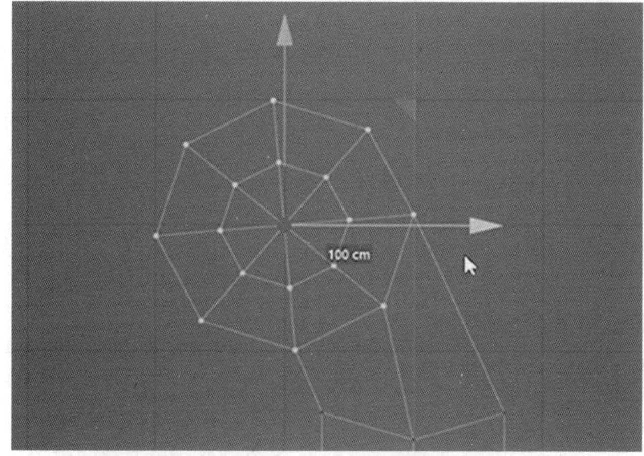


图9-8-15 移动点

8. 微调点的位置，形成类似下图中的形状。如图 9-8-16 所示。

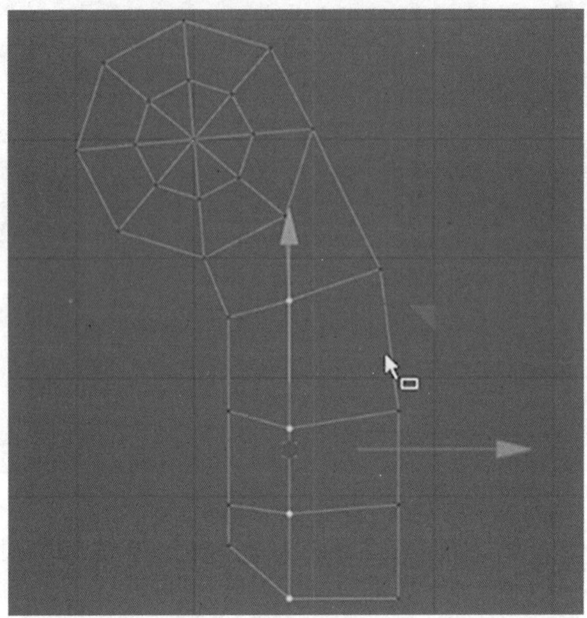

图 9-8-16　调整位置

9. 在面模式下，框选所有面，使用挤压工具（快捷键 D），挤压选项中，偏移为 -600 cm，细分数为 10。如图 9-8-17、图 9-8-18 所示。

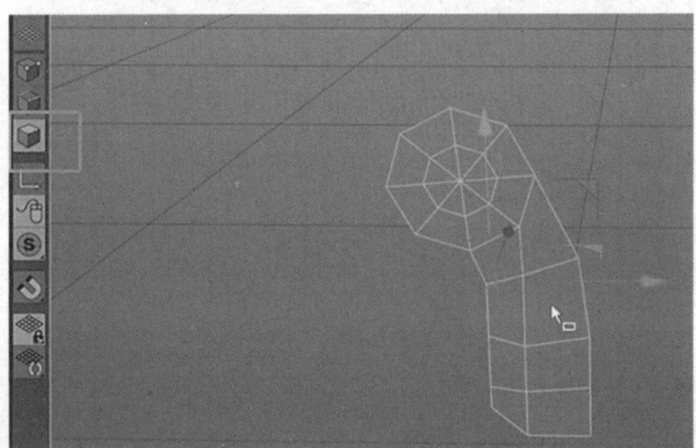

图 9-8-17　挤压面

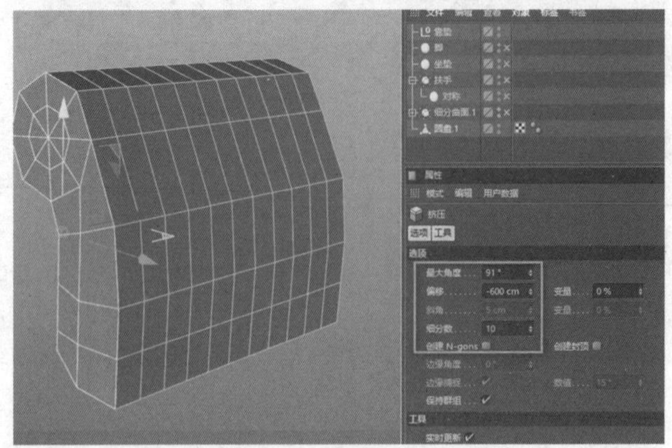

图 9-8-18　修改挤压参数

10. 添加扭曲变形器，但是先不要作为子级创建，如图 9-8-19 所示。

图 9-8-19　创建扭曲变形器

11. 将扭曲的强度改为 90°，然后使用旋转工具往 Z 轴方向旋转 -90°，再将扭曲作为圆盘的子级，如图 9-8-20 至图 9-8-22 所示。

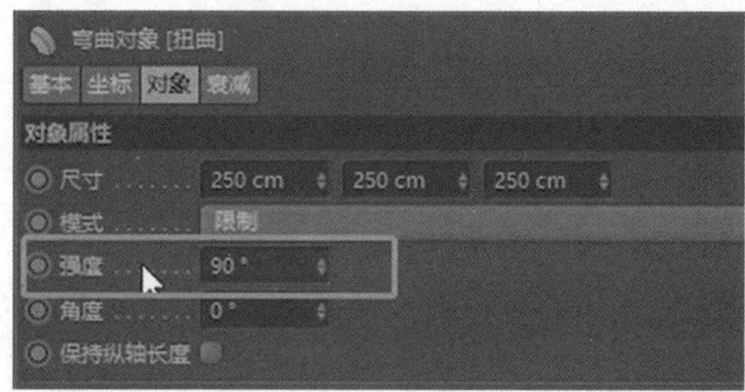

图 9-8-20　修改强度

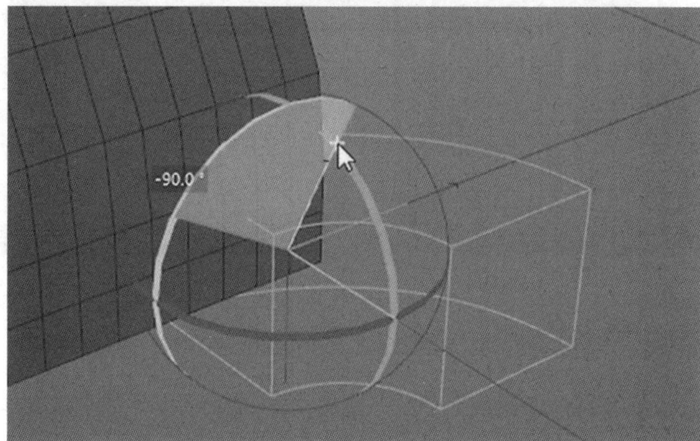

图 9-8-21　旋转

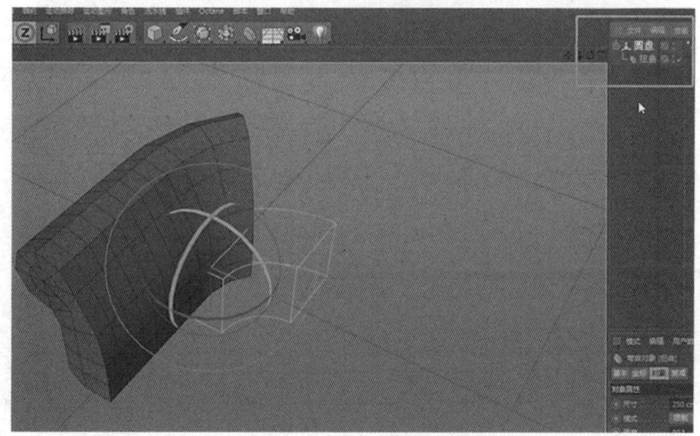
图 9-8-22　创建子级

12. 进入顶视图，调整扭曲的尺寸和位置，如图 9-8-23、图 9-8-24 所示。

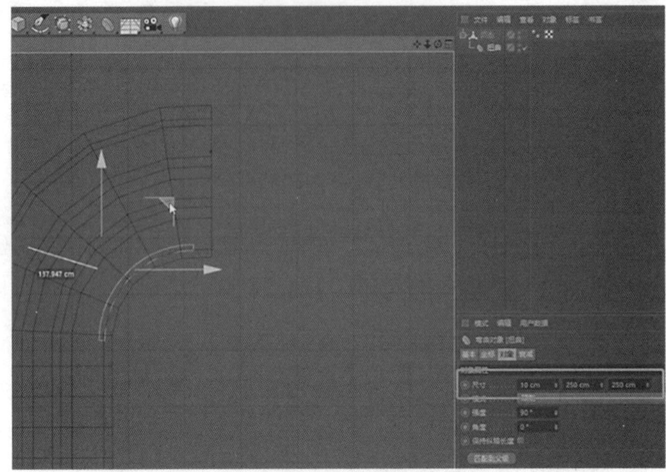

图 9-8-23　修改扭曲尺寸

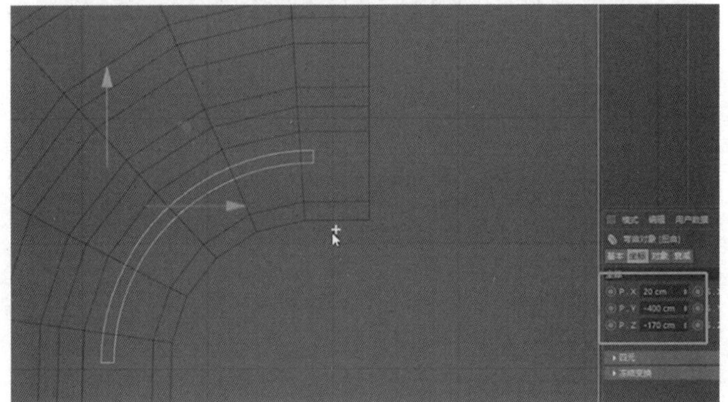

图 9-8-24　修改扭曲位置

13. 回到透视图，一半的扶手就完成了，如图 9-8-25 所示。

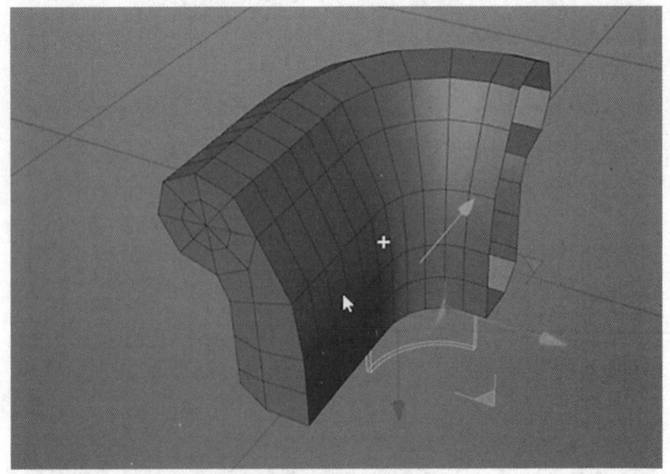

图 9-8-25　示意图

14. 将圆盘和扭曲都选中，右键点击“连接对象 + 删除”，将两个对象合并为一个对象，才能在后期调整形状，如图 9-8-26 至图 9-8-28 所示。

图 9-8-26　选中圆盘和扭曲

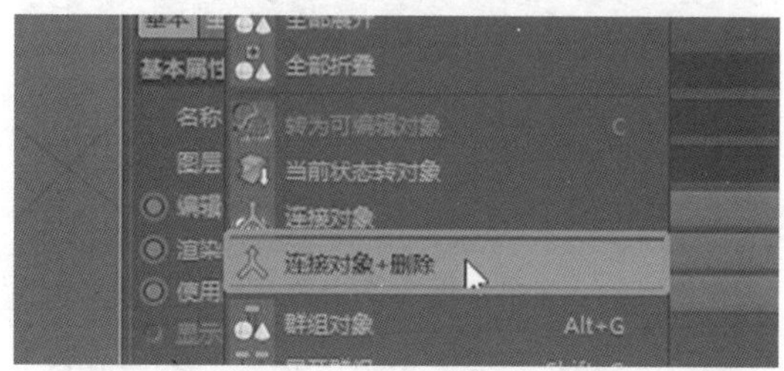


图 9-8-27　连接对象 + 删除

图 9-8-28　示意图

15. 进入正视图，选择模型模式，打开中心点工具和捕捉工具，将圆盘的中心点移动到它的右上角，如图 9-8-29、图 9-8-30 所示。

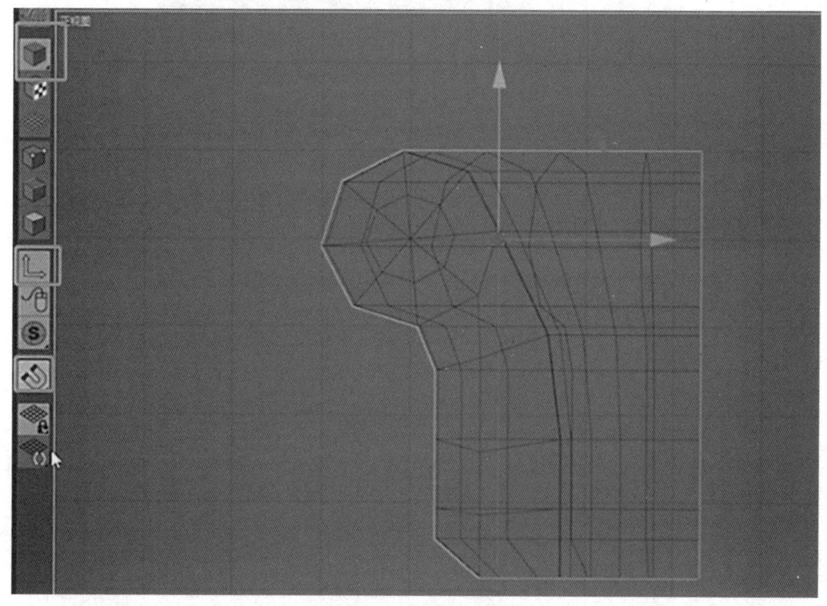

图 9-8-29　正视图

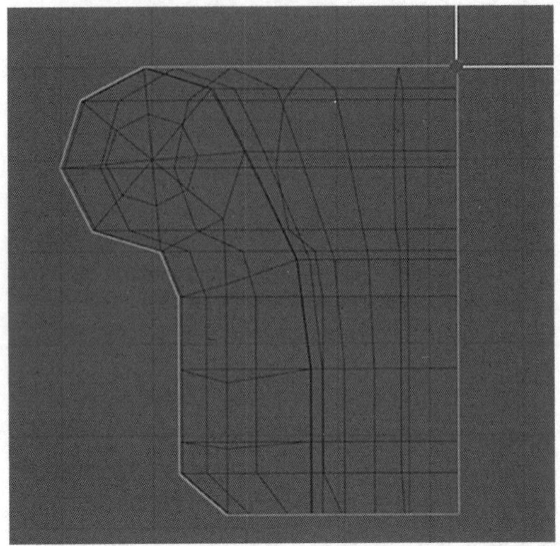

图 9-8-30　移动

16. 返回透视图，将中心点工具和捕捉工具关闭，然后将圆盘的 X 位置归零，如图 9-8-31 所示。

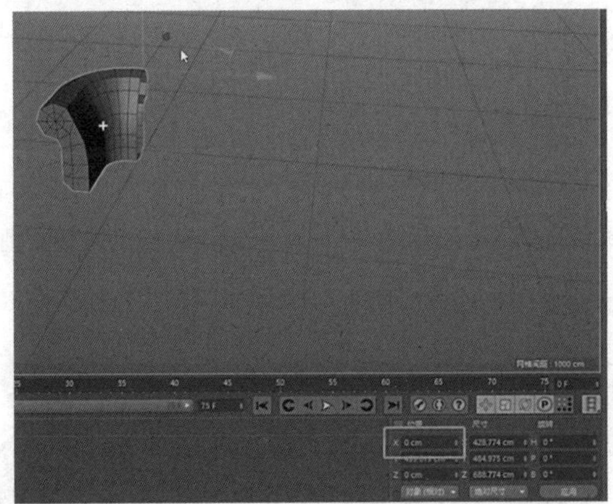

图 9-8-31　位置归零

17. 给圆盘添加对称，如图 9-8-32 所示。

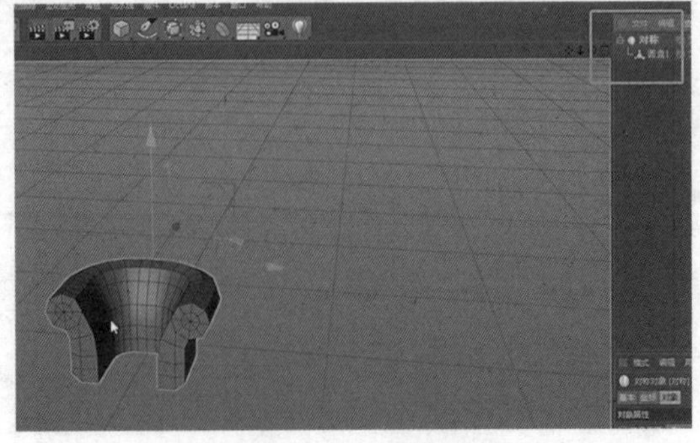

图 9-8-32　添加对称

18. 进入正视图，选择圆盘，在点模式下，用框选工具，选中除了 Y 轴之外的所有点，如图 9-8-33、图 9-8-34 所示。

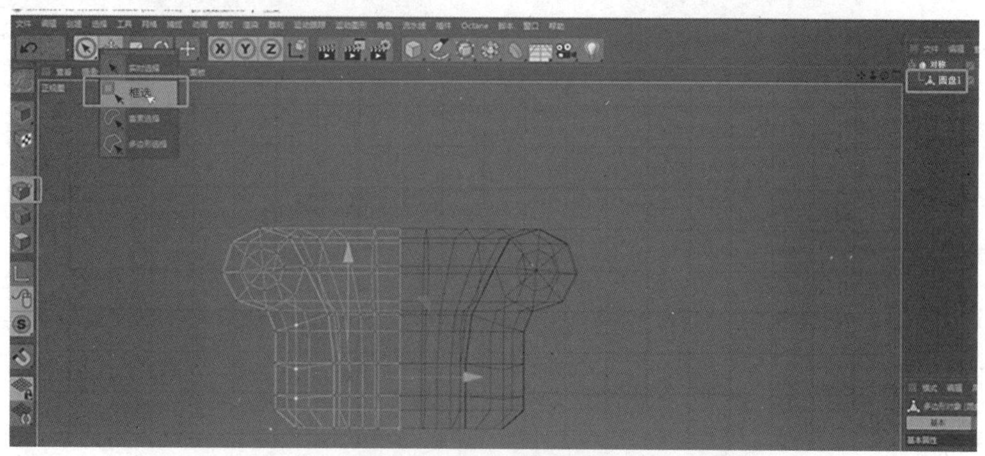

图 9-8-33　切换框选模式

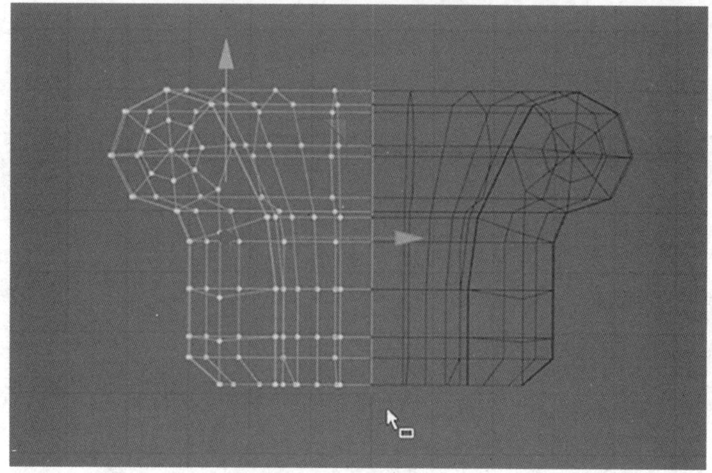

图 9-8-34　移动点

19. 将选中的点向左移动 400 cm，如图 9-8-35 所示。

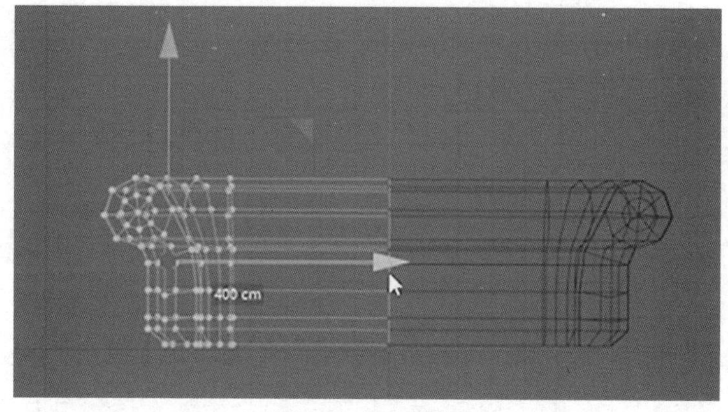


图 9-8-35　移动

20. 给对称添加细分曲面，并命名为“扶手”。如图 9-8-36 所示。

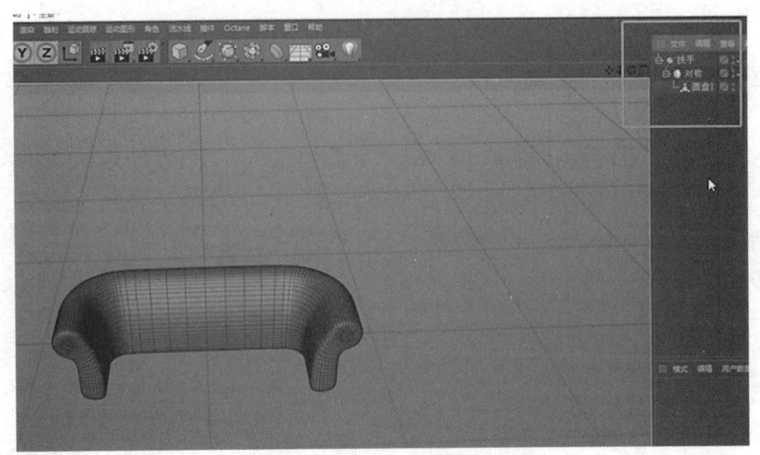

图 9-8-36　添加细分曲面

（二）底部

1. 创建立方体，先进入顶视图，将位置和尺寸调整到下图状态；再进入正视图，调整位置和厚度。如图 9-8-37、图 9-8-38 所示。

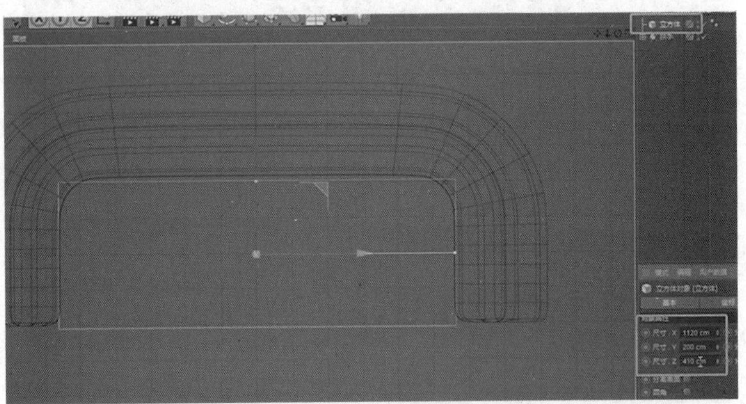

图 9-8-37　创建立方体

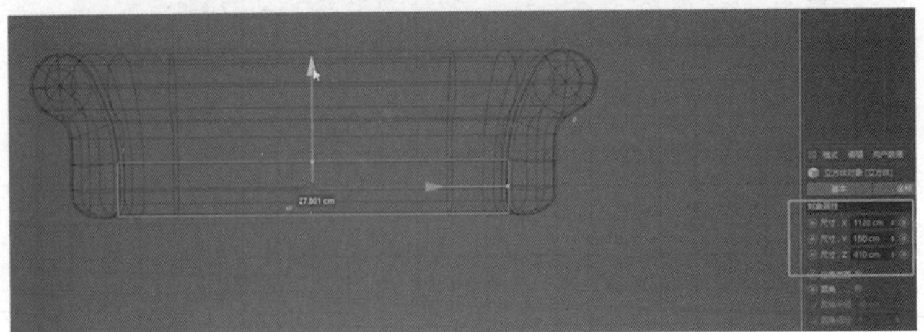

图 9-8-38　修改尺寸

2. 返回透视图，将立方体转化为多边形对象（快捷键 C）；然后先将扶手隐藏掉，在边模式下，选择立方体的两条边，并使用倒角工具，快捷键是 M ~ S, 也可以在菜单栏“网格—创建工具”中添加。如图 9-8-39、图 9-8-40 所示。

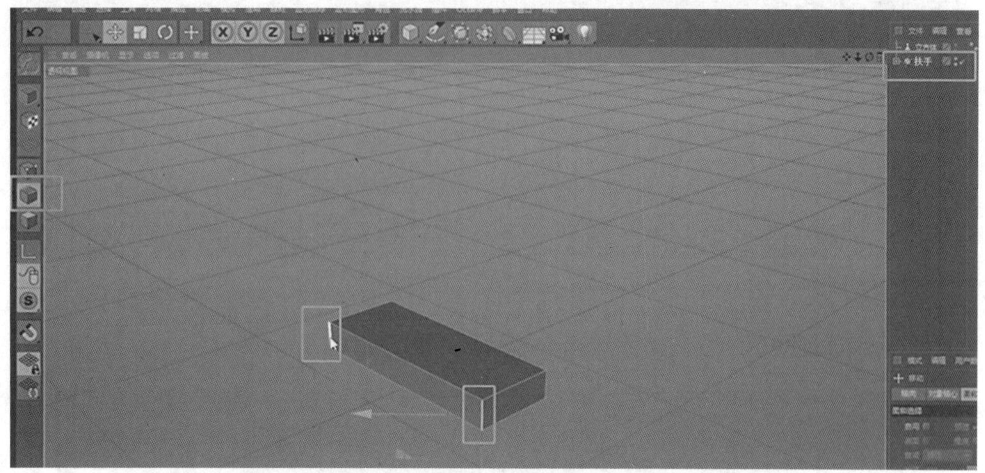

图 9-8-39　选中边

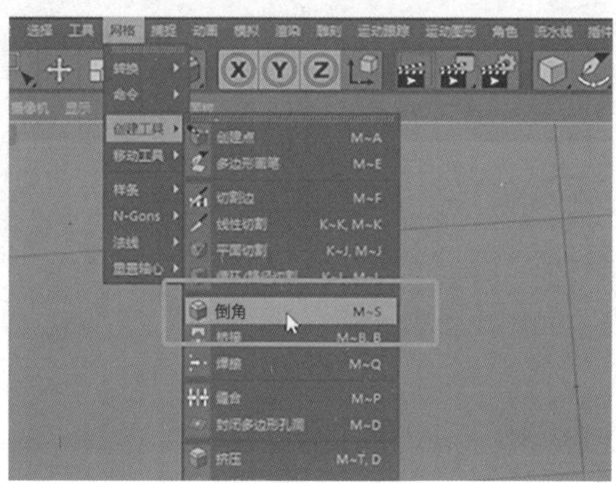


图 9-8-40　倒角

3. 将扶手显示出来，进入顶视图，给选中的两条边做倒角，偏移为 110 cm，细分为 5，如图 9-8-41、图 9-8-42 所示。

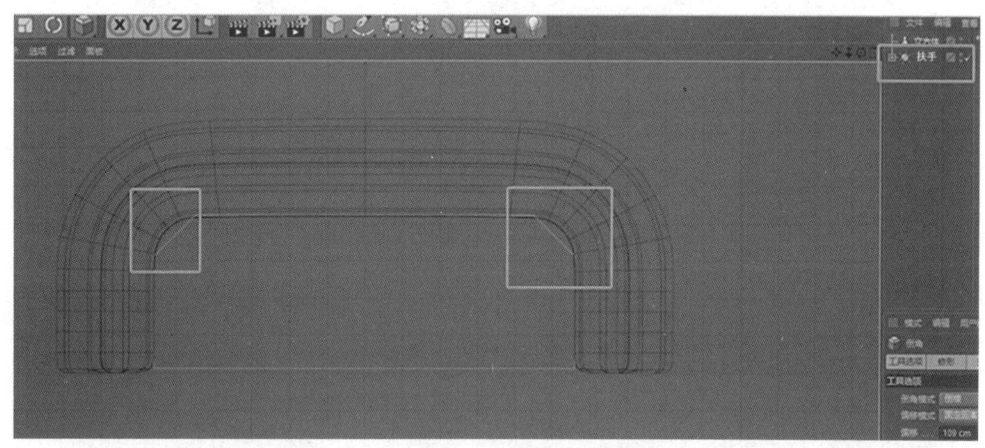

图 9-8-41　选中边

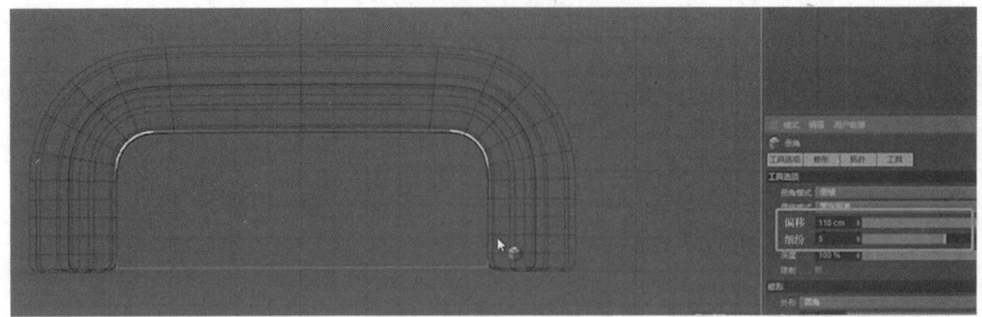

图 9-8-42 倒角

4. 返回透视图，给立方体添加细分曲面，如图 9-8-43 所示。

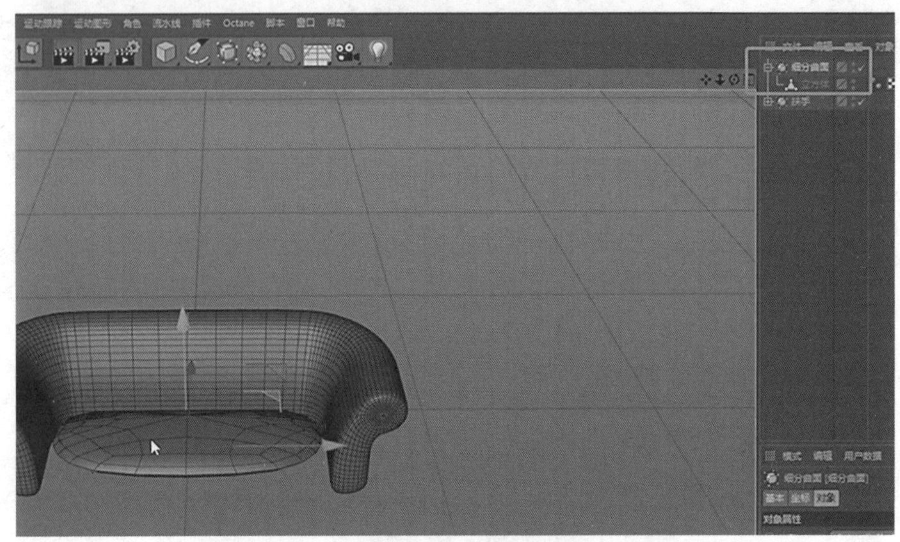

图 9-8-43 添加细分曲面

5. 添加完之后发现立方体被压缩得很小，是因为立方体中没有更多的结构线来约束细分曲面，所以我们还需要手动给立方体添加其他结构线。

6. 关闭细分曲面，选择立方体，在边模式下，使用切割工具，给立方体的上下左右各添加一条线，如图 9-8-44、图 9-8-45 所示。

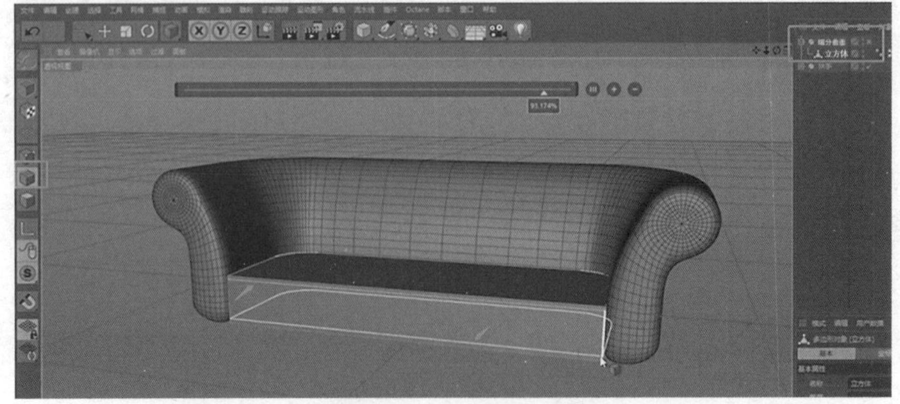

图 9-8-44 切换切割工具

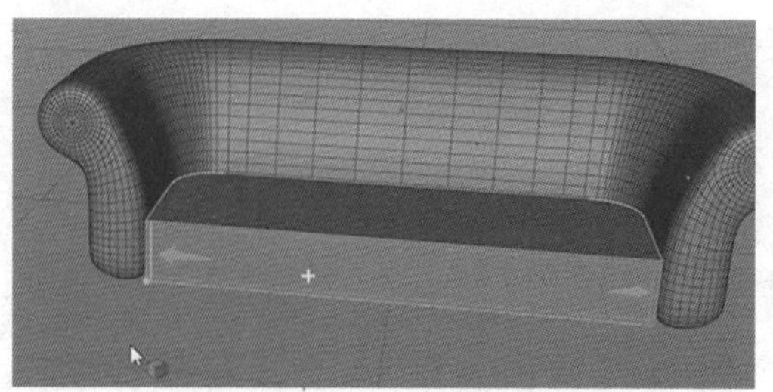
图 9-8-45　添加线

7. 将细分曲面打开，编辑器细分改为 3，然后想细分曲面命名为“底部”。如图 9-8-46 所示。

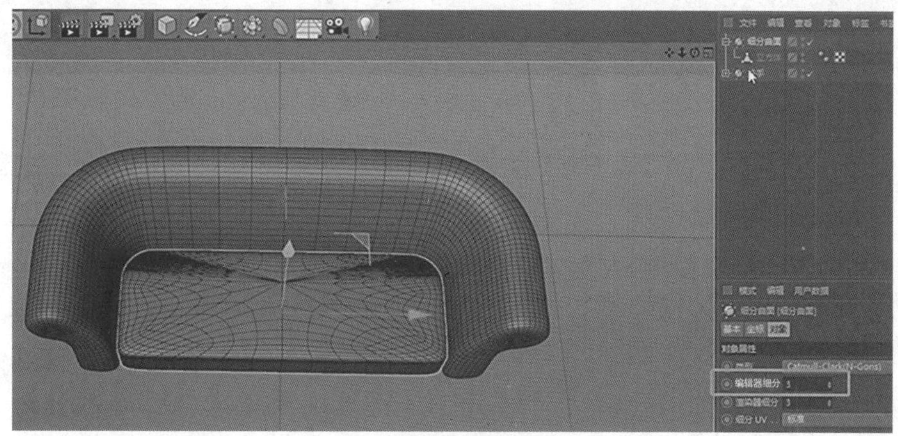
图 9-8-46　编辑器细分

（三）坐垫

1. 创建立方体，分别进入顶视图和正视图，调整好位置和尺寸，如图 9-8-47、图 9-8-48 所示。

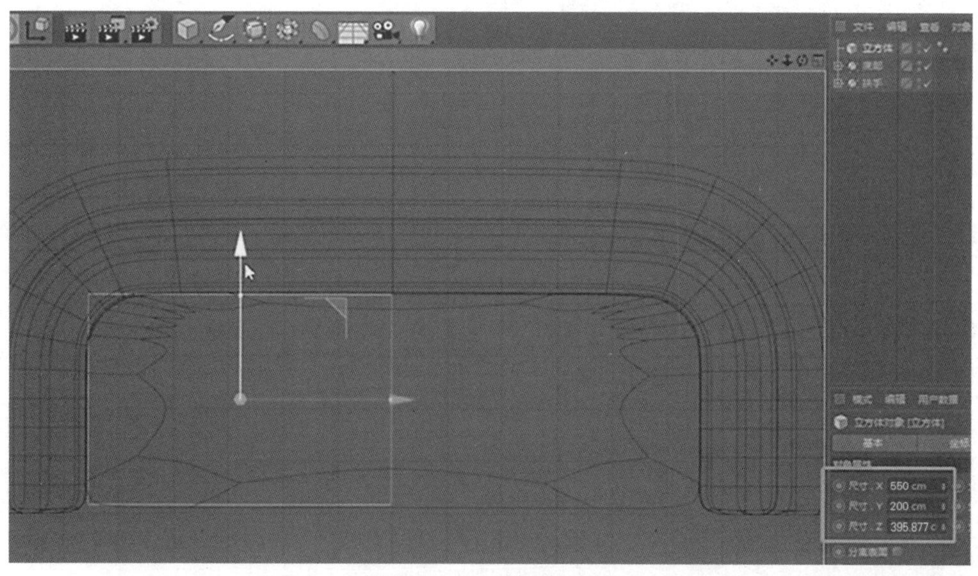

图 9-8-47　创建立方体

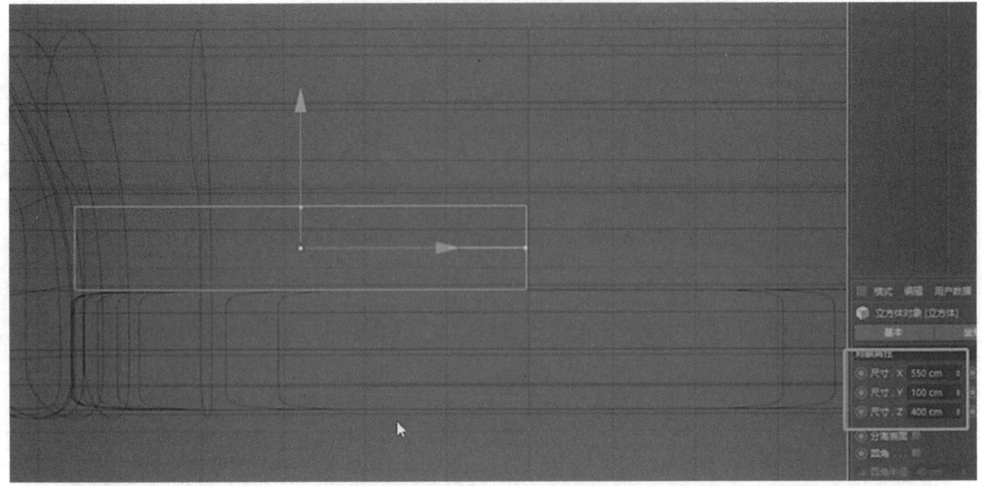


图 9-8-48　修改尺寸

2. 将立方体的 X 和 Z 上分段改为 4，然后把立方体转化为多边形对象（快捷键 C）。如图 9-8-49 所示。

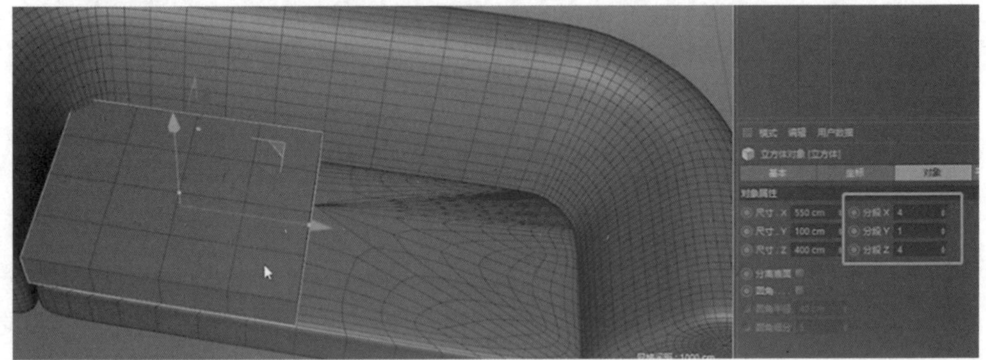


图 9-8-49　修改分段

3. 在点模式下，选择立方体上的这 9 的点，如图 9-8-50 所示。

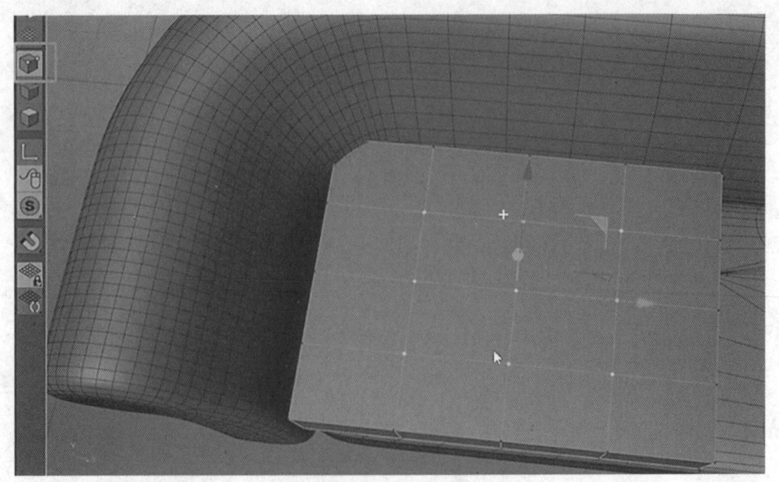

图 9-8-50　选中点

4. 使用倒角工具，快捷键是 M ~ S，选项中的偏移为 30 cm，细分数为 1，如图 9-8-51 所示。

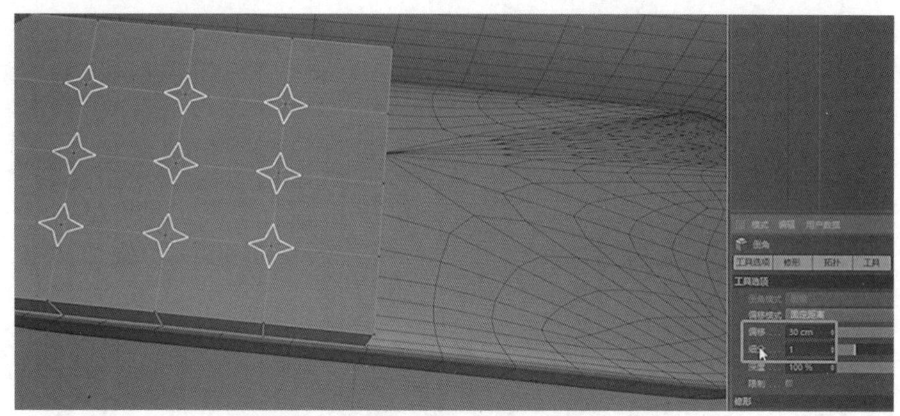


图 9-8-51　倒角

5. 用移动工具选中中间这 9 个点，然后向下移动 40 cm，如图 9-8-52、图 9-8-53 所示。

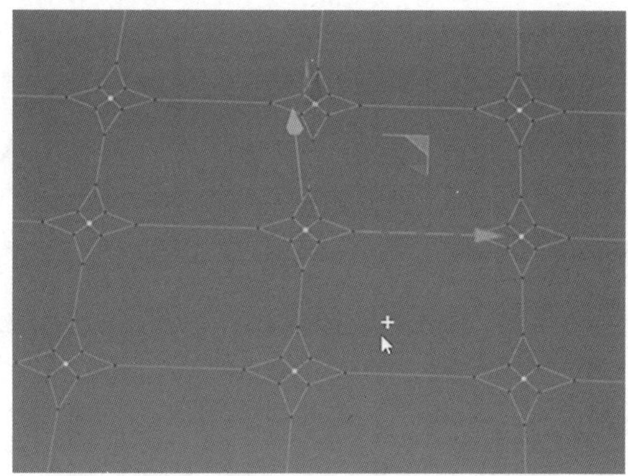

图 9-8-52　移动点

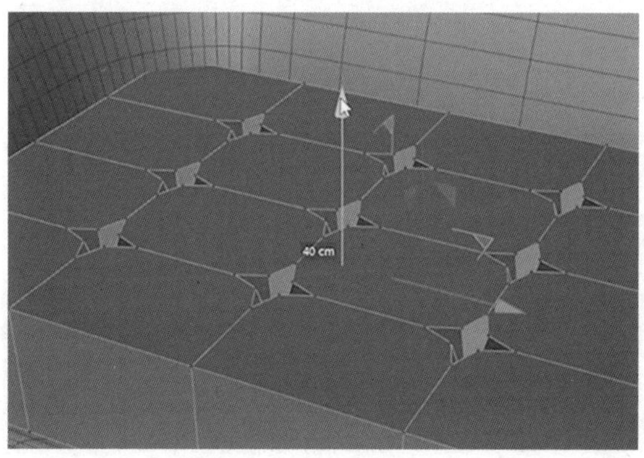


图 9-8-53　示意图

6. 跟底部一样，坐垫中靠里面的边也需要做倒角；一样先将扶手隐藏，边模式下选择角落的那条边。如图 9-8-54 所示。

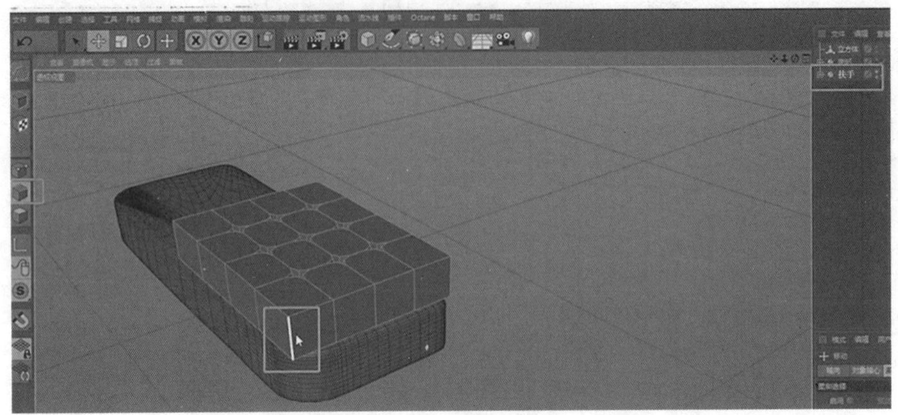

图 9-8-54　坐垫倒角

7. 显示扶手，进入顶视图，对边做 M ~ S 倒角，偏移为 100 cm，细分为 5，如图 9-8-55 所示。

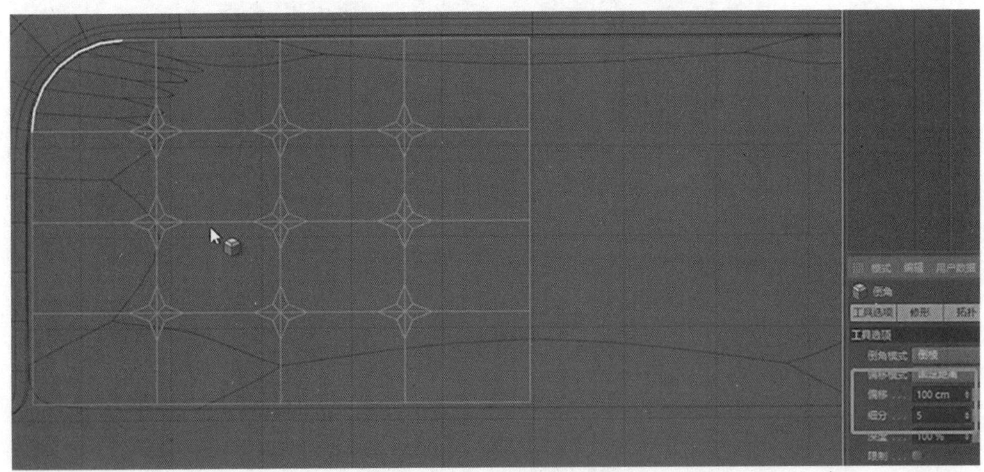

图 9-8-55　扶手倒角

8. 返回透视图，给立方体添加细分曲面，如图 9-8-56 所示。

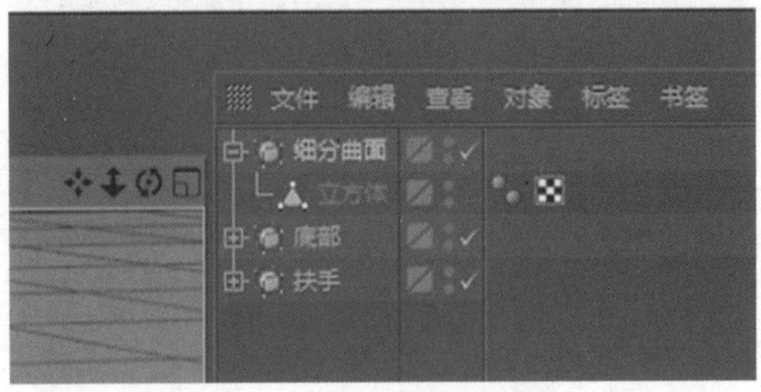


图 9-8-56　添加细分曲面

9. 选中立方体，在边模式下使用切割工具，分别在下、左、右添加结构线。再将细分曲面的编辑器细分改为 3。如图 9-8-57、图 9-8-58 所示。

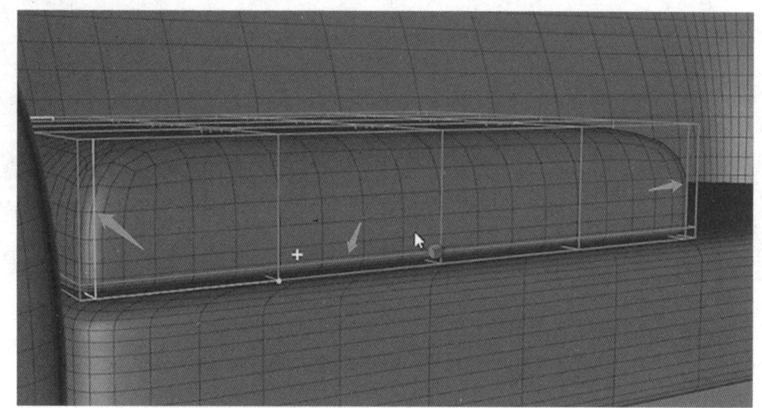

图 9-8-57　切换切割工具

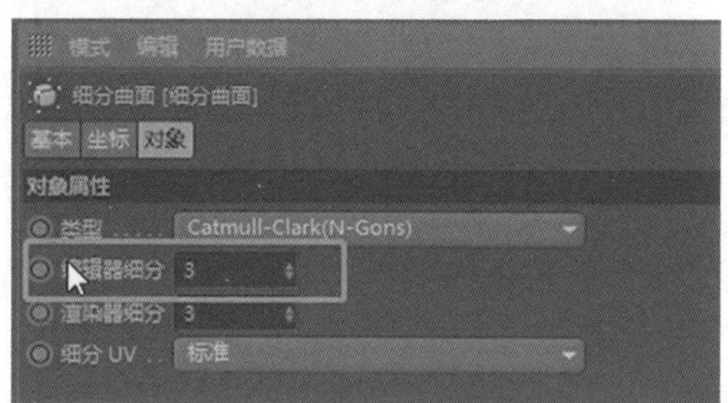


图 9-8-58　修改编辑器细分

10. 进入顶视图，打开中心点工具和捕捉工具，将细分曲面的中心点移动到右上角。如图 9-8-59 所示。

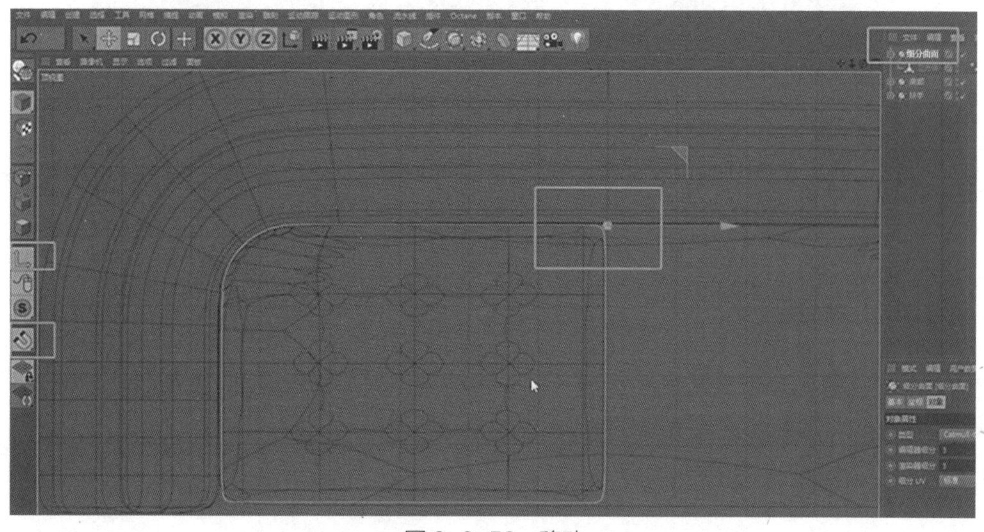

图 9-8-59　移动

11. 关闭中心点工具和捕捉工具，给细分曲面添加对称，然后命名为坐垫，如图9-8-60、图9-8-61所示。

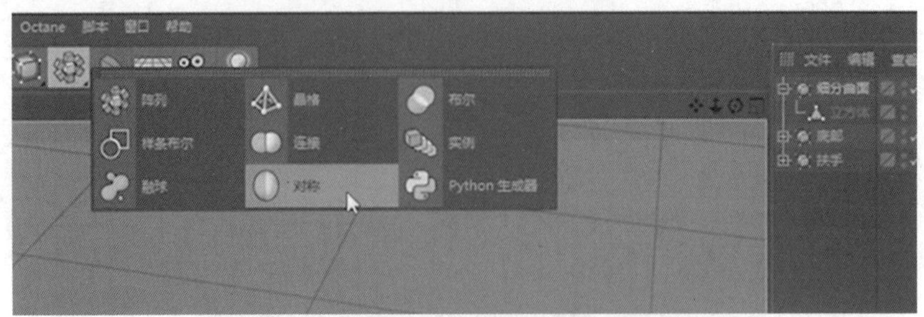


图9-8-60　添加对称

图9-8-61　示意图

（四）沙发脚

1. 新建矩形样条，平面改为XZ，宽度和高度都改为80 cm，如图9-8-62所示。

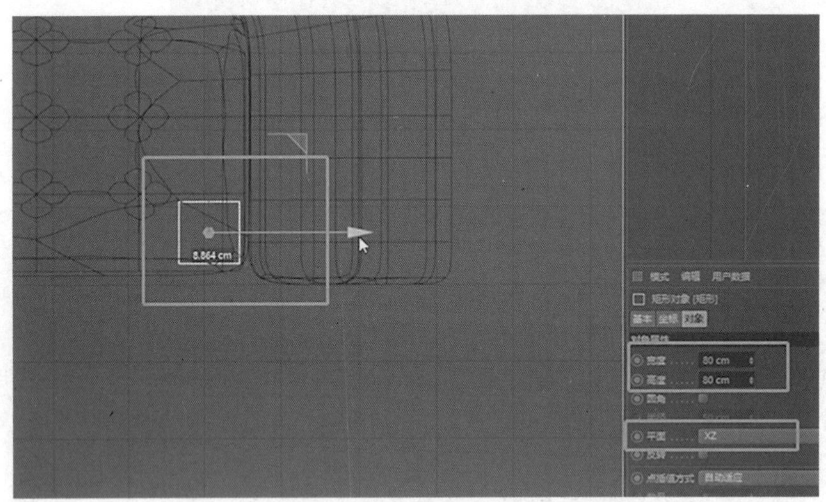


图9-8-62　新建矩形样条

2. 给矩形样条添加放样生成器，进入正视图，选择矩形，按Ctrl键复制移动矩形，并将新的矩形缩小，如图9-8-63所示。

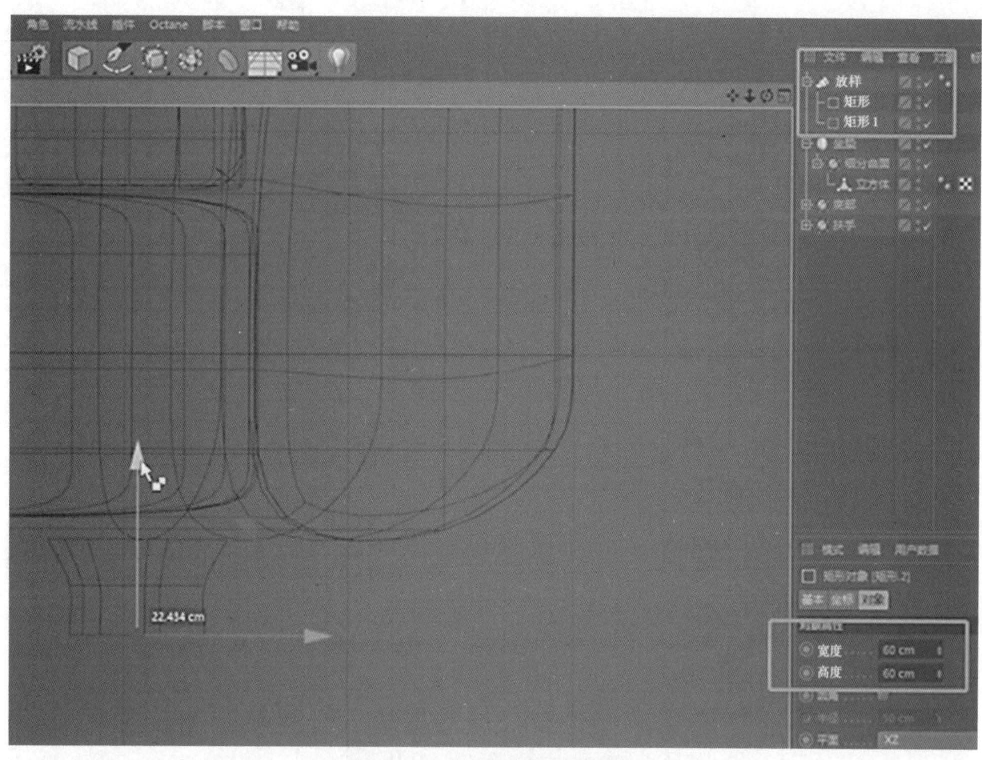


图 9-8-63　添加放样生成器

3. 重复复制、移动矩形，并调整大小和位置，形成图中的形状；然后将整个放样位置调整好。如图 9-8-64、图 9-8-65 所示。

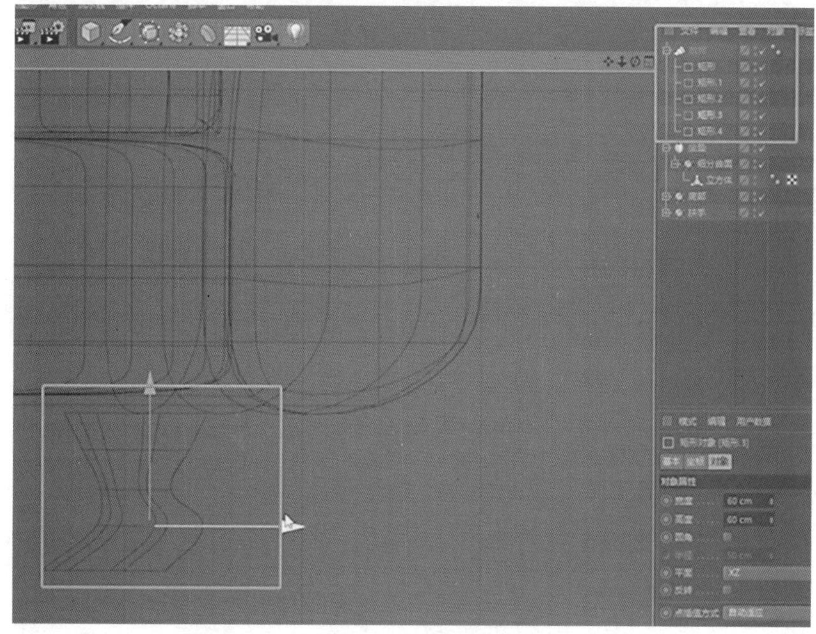

图 9-8-64　移动并复制

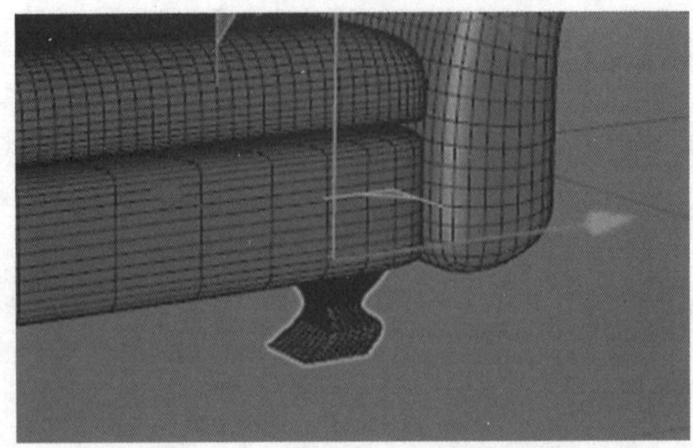

图 9-8-65　示意图

4. 选择放样，进入顶视图，打开中心点工具和捕捉工具，将放样的中心点移动到视图中心，如图 9-8-66 所示。

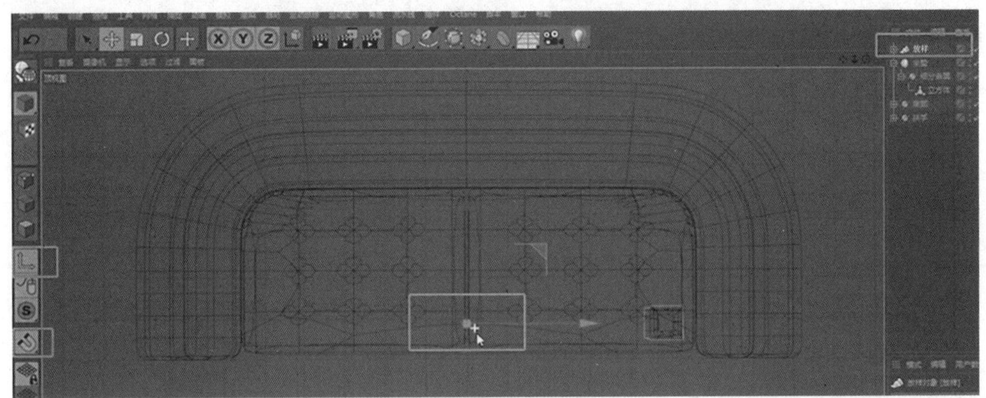

图 9-8-66　移动

5. 给放样添加对称造型器，如图 9-8-67 所示。

图 9-8-67　添加对称

6. 进入顶视图，将对称的中心点往上移动 150 cm，如图 9-8-68 所示。

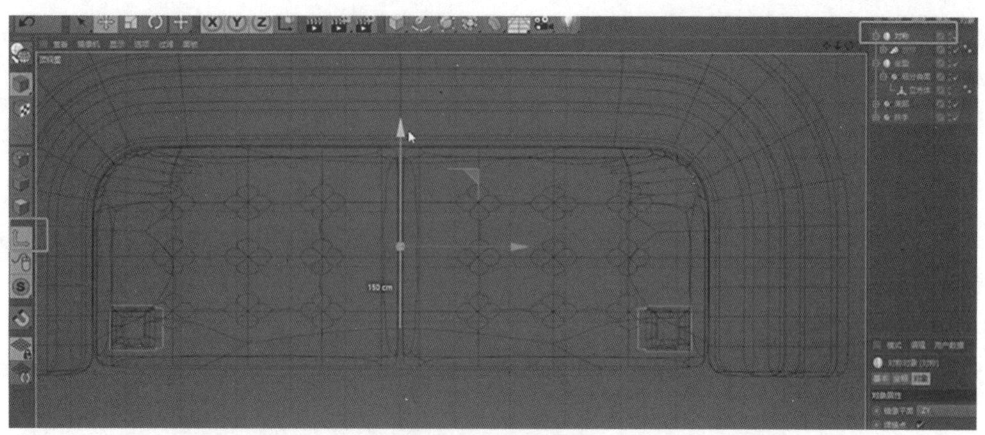

图 9-8-68　移动

7. 给对称再添加一个对称，将平面改为 XY，然后将对称命名为“脚”，如图 9-8-69 所示。

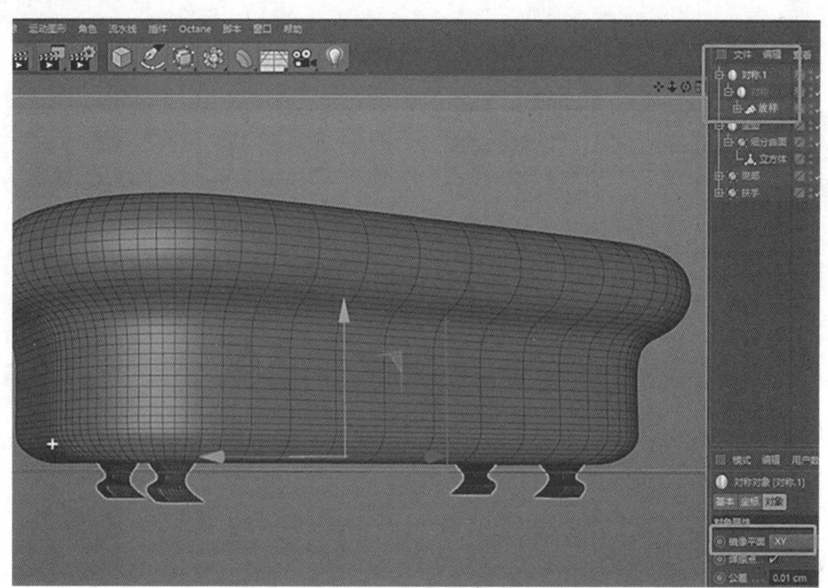

图 9-8-69　添加对称

（五）靠垫

1. 创建立方体，分别进入顶视图和正视图，调整好位置和尺寸，如图 9-8-70、图 9-8-71 所示。

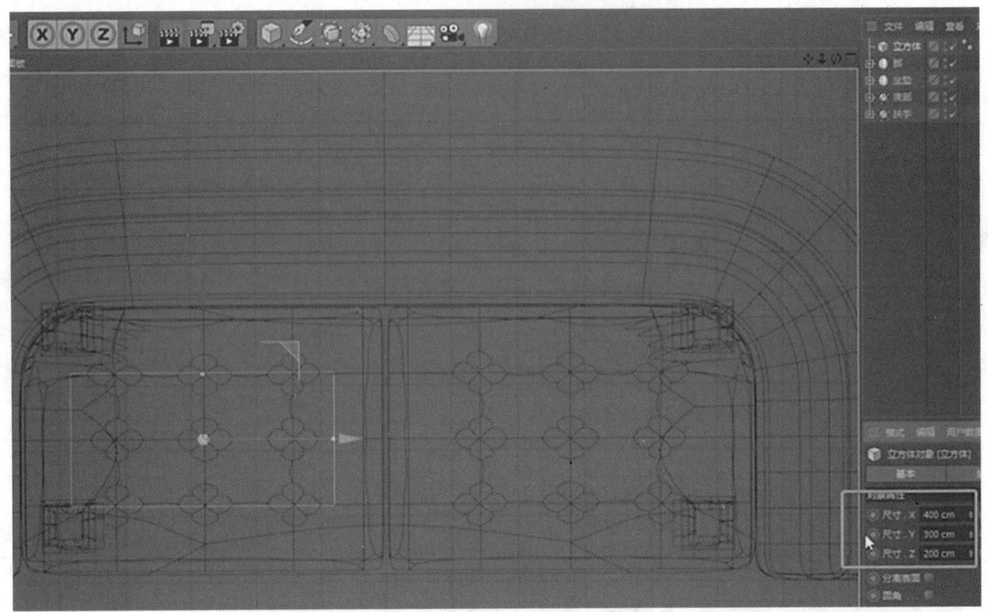

图 9-8-70　创建立方体

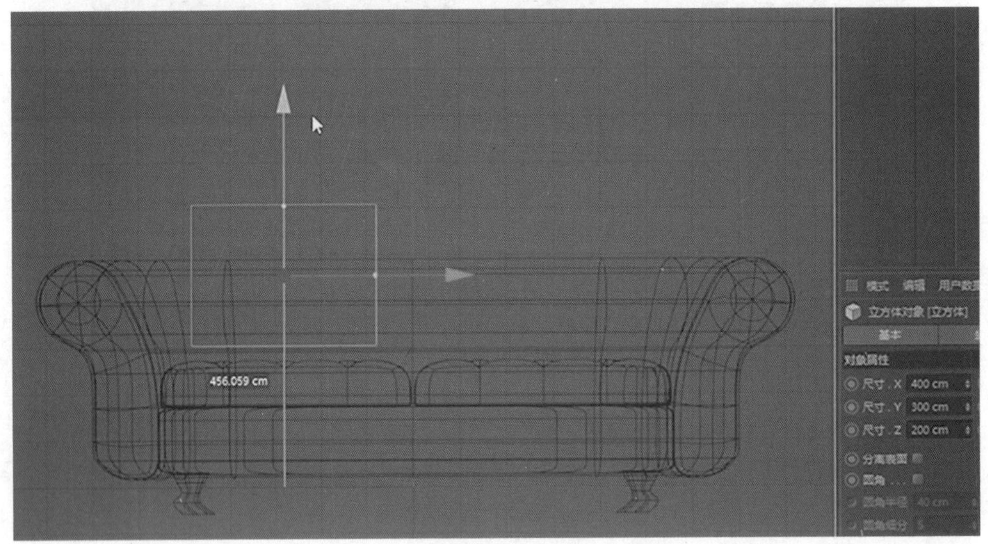

图 9-8-71　移动

2. 给立方体添加细分曲面，然后选择立方体，在边模式下，使用切割工具，分别在上中下加结构线，如图 9-8-72、图 9-8-73 所示。

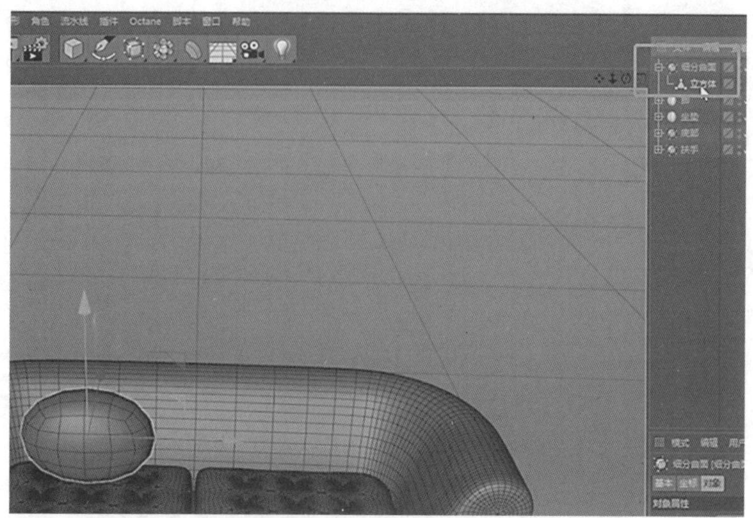
图 9-8-72　添加细分曲面

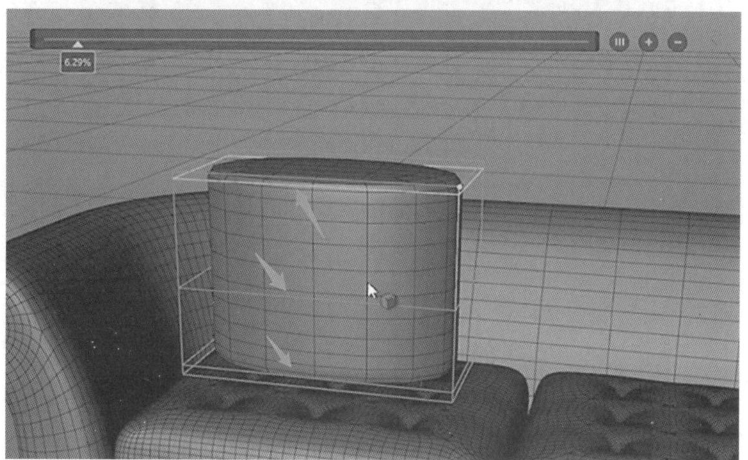
图 9-8-73　切换切割工具

3. 进入正视图，用框选工具选择上下的点，如图 9-8-74 所示。

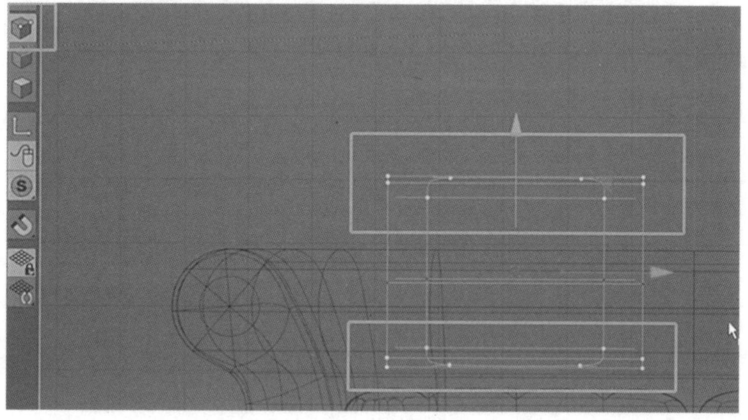
图 9-8-74　选中点

4. 返回透视图，使用缩放工具，将点在 Z 轴上的尺寸压缩为 10%，如图 9-8-75 所示。

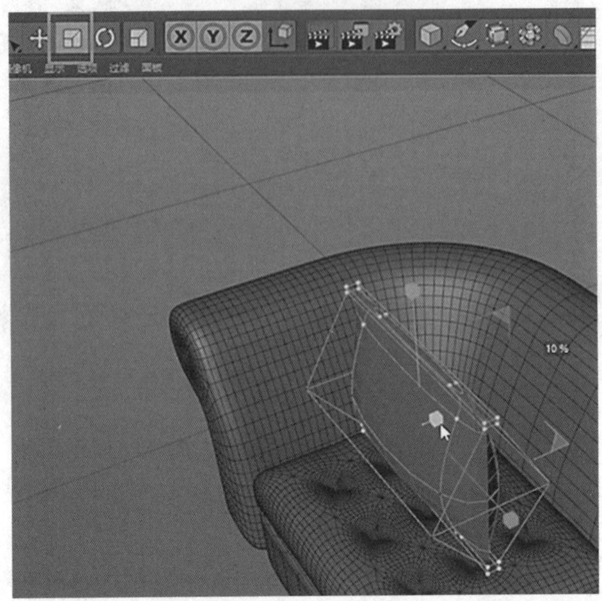

图 9-8-75　缩放

5. 在边模式下，继续给立方体添加结构线，然后在点模式下，框选这些点，如图 9-8-76、图 9-8-77 所示。

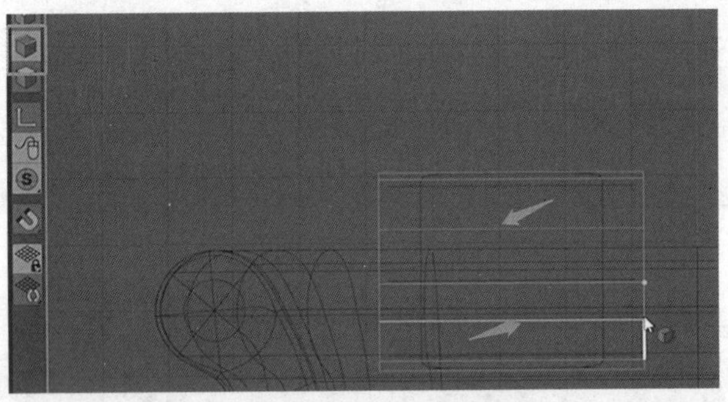
图 9-8-76　切换切割工具

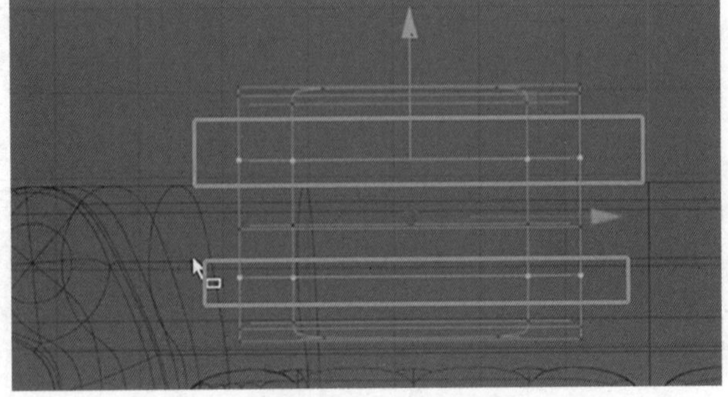
图 9-8-77　选中点

6. 返回透视图，使用缩放工具，将点沿 Z 轴放大，如图 9-8-78 所示。

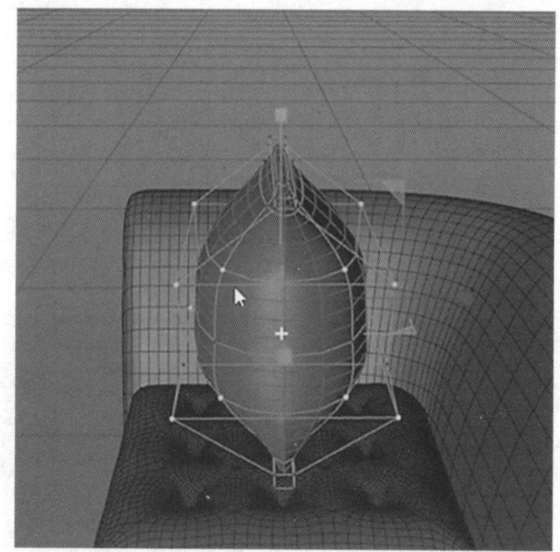

图 9-8-78　缩放

7. 选择模型模式，将细分曲面旋转，并放好位置，如图 9-8-79、图 9-8-80 所示。

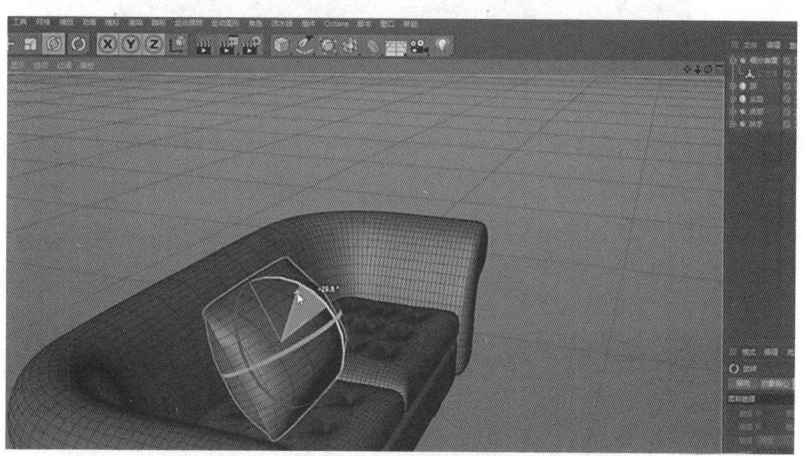

图 9-8-79　旋转

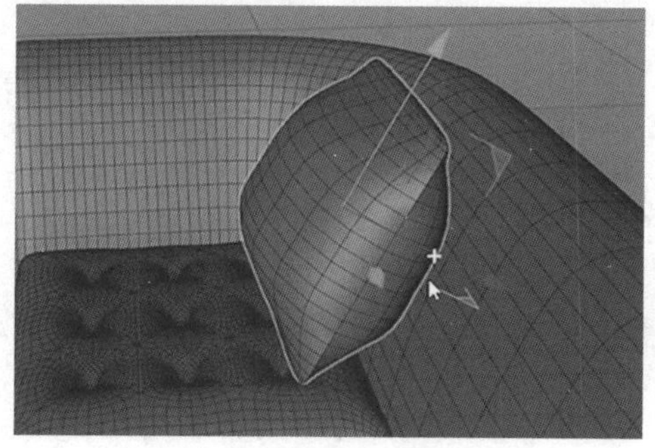

图 9-8-80　调整位置

8. 将细分曲面复制一个，隐藏掉，作为备份；然后选择细分曲面和立方体，右键点击“连接对象 + 删除”，如图 9-8-81 至图 9-8-82 所示。

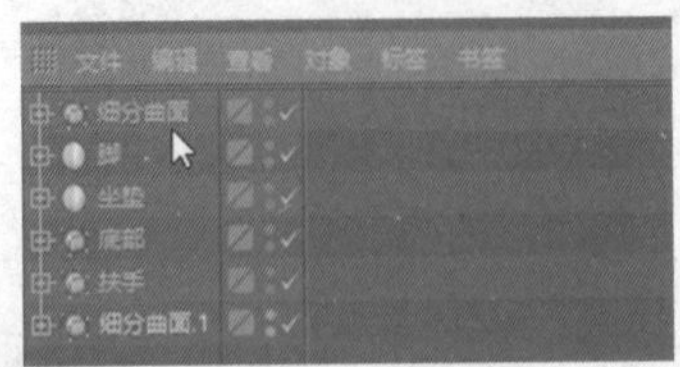


图 9-8-81　复制

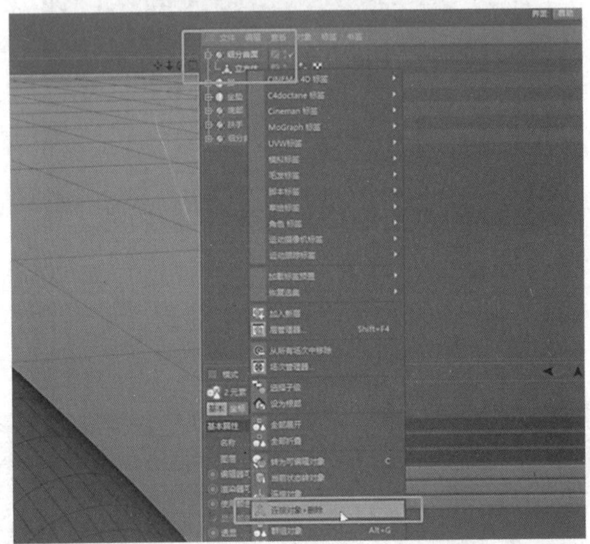

图 9-8-82　连接对象 + 删除

9. 选择点模式，在不选中任何点的状态下，选择网格工具中的笔刷，如图 9-8-83 所示。

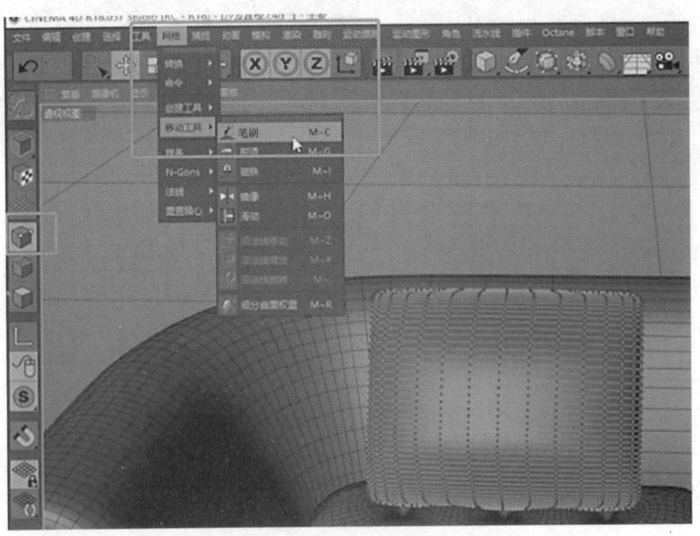

图 9-8-83　切换笔刷工具

10. 将笔刷的强度调整为 30%，笔刷的半径可以通过按住鼠标中键，左右移动鼠标来控制，如图 9-8-84 所示。

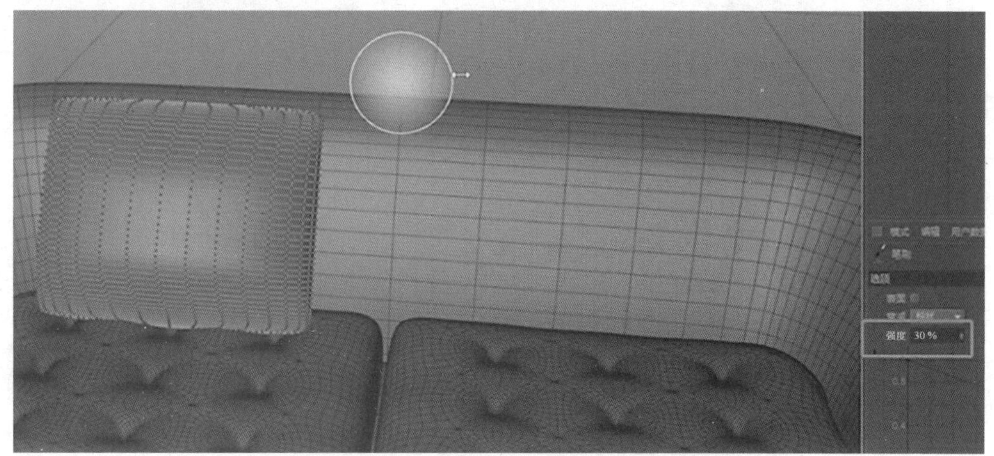


图 9-8-84　调整笔刷强度

11. 用笔刷将靠垫四边的点拉伸到合适的形状，按住鼠标，将圆圈放在点上就能将点拉动，如图 9-8-85 所示。

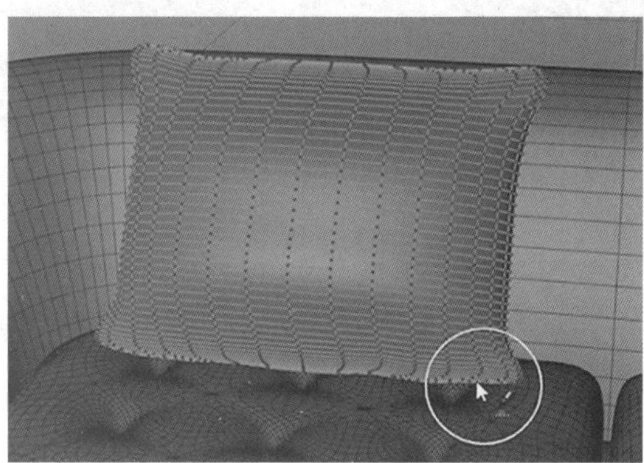

图 9-8-85　移动点

12. 进入右视图，将靠垫的背部往里拉伸，做出靠在沙发上的感觉。返回透视图，命名为“靠垫”。如图 9-8-86、图 9-8-87 所示。

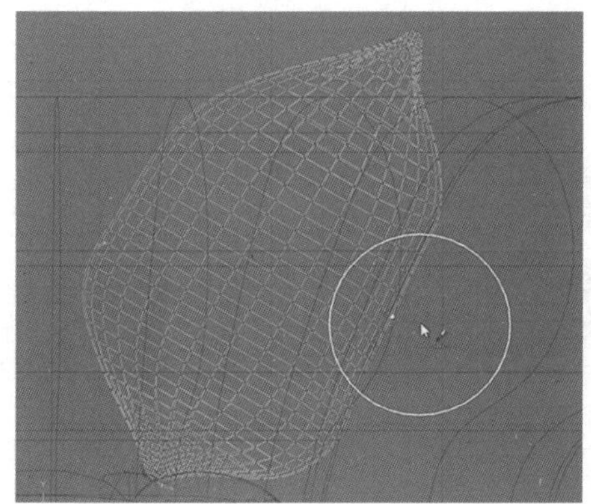

图 9-8-86　拉伸靠垫背部

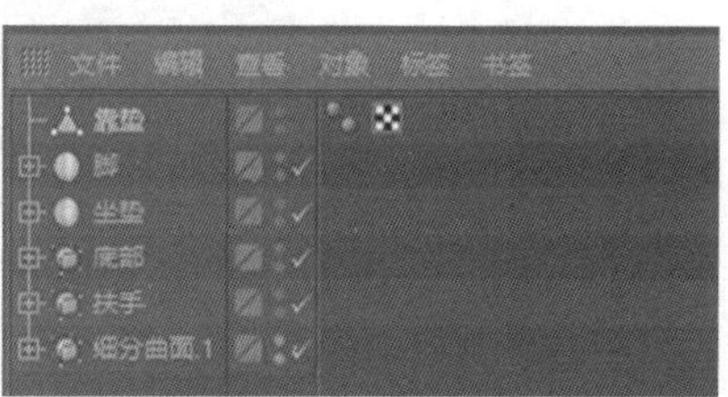


图 9-8-87　重命名

13. 复制一个靠垫放到右边，如图 9-8-88 所示。

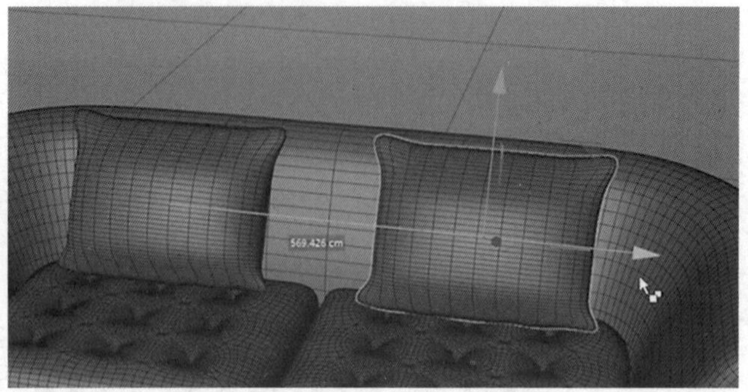


图 9-8-88　复制大靠垫并移动

14. 再复制两个靠垫，通过缩小、旋转，然后放置到合适的位置。最后将所有靠垫打组，命名为靠垫。如图 9-8-89 至图 9-8-91 所示。

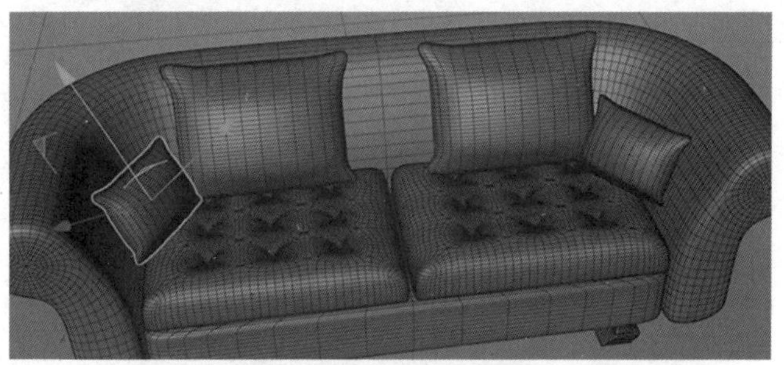

图 9-8-89　创建小靠垫

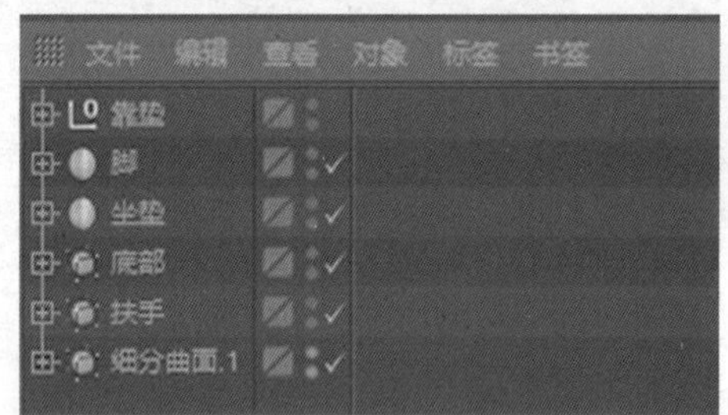


图 9-8-90　打组并重命名

图 9-8-91　沙发建模效果

Chapter 10

# 第 10 章

# 动力学基础

## 任务 10.1

# 刚体、柔体

### 教学重点

- 熟悉模拟标签中的刚体标签基本参数。

### 教学难点

- 理解模拟标签中的刚体标签基本参数。

### 任务分析

**01. 任务目标**

理解模拟标签中的刚体标签基本参数。

**02. 实施思路**

通过视频，熟悉模拟标签中的刚体标签基本参数。

### 任务实施

**01. 刚体标签**

（一）刚体标签 - 动力学栏

1. 创建平面并放大，再创建球体，放到平面上方，如图 10-1-1 所示。

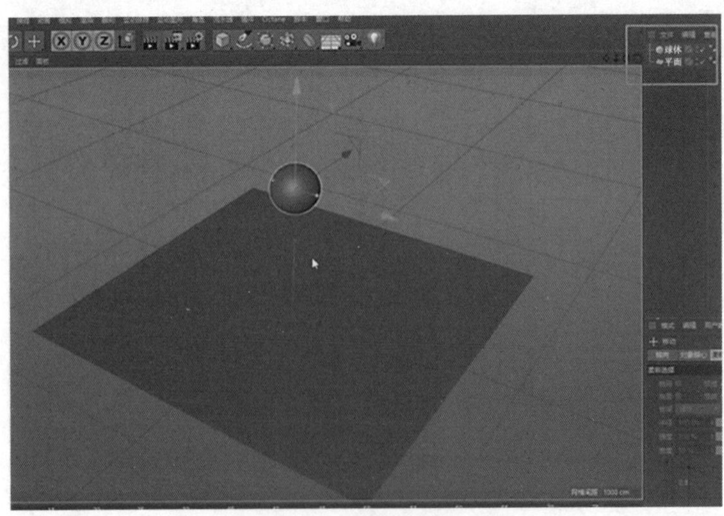

图 10-1-1 创建平面和球体

2. 在球体上右键点击“模拟标签”，添加“刚体”标签，如图 10-1-2 所示。

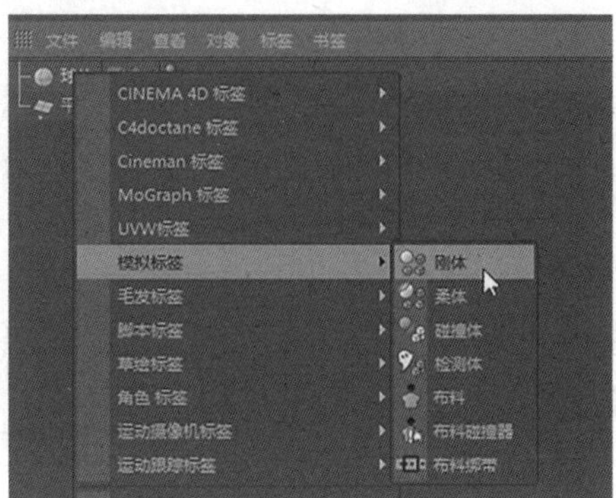

图 10-1-2　添加刚体标签

3. 播放动画时会发现，球体一直往下掉，这是因为受到场景中重力的影响。在 C4D 中，默认是有重力的，可以按住 Ctrl + D 键，打开工程信息，查看默认重力。如图 10-1-3 所示。

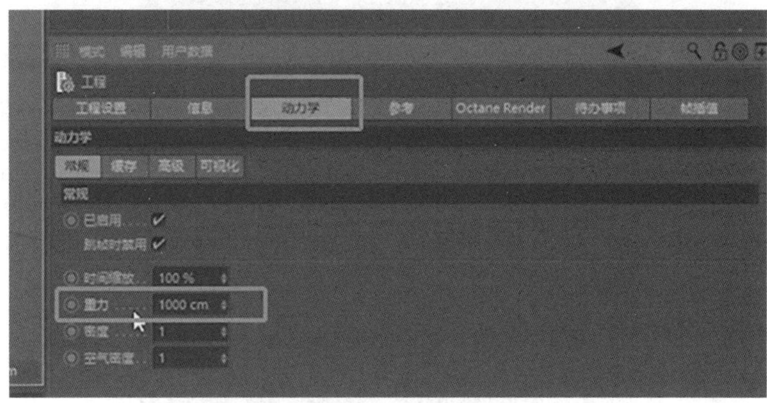

图 10-1-3　工程信息面板

4. 如果想要让球体下落的时候被下面的平面接住，需要在平面上右键菜单的“模拟标签”中，添加碰撞体标签。这时候播放动画，球体就能被平面接住了，而且 C4D 还能模拟出弹性效果。如图 10-1-4、图 10-1-5 所示。

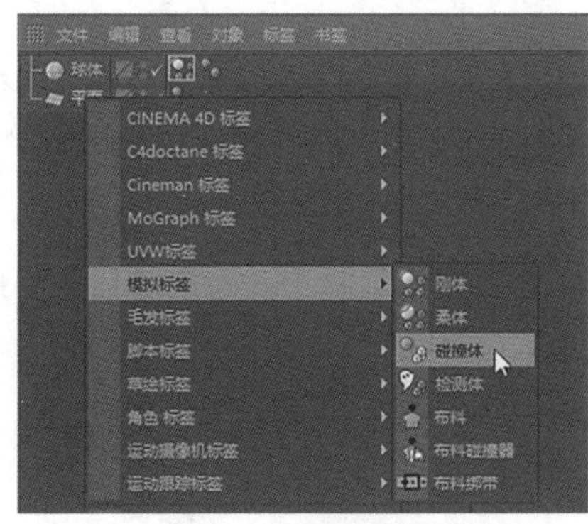

图 10-1-4　添加碰撞体标签

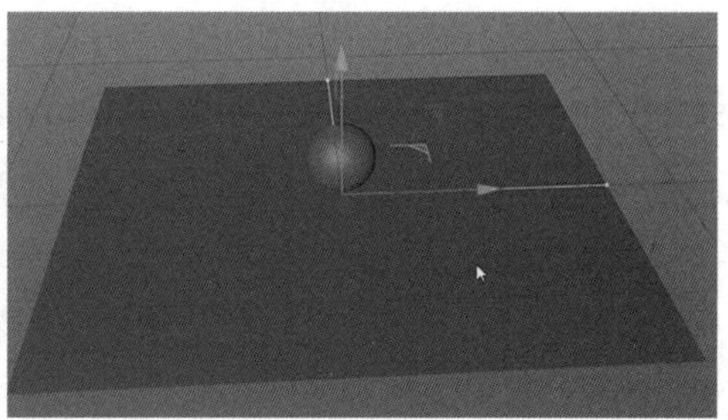
图 10-1-5　示意图

5. 在使用动力学的时候，如果新添加了标签或者修改了参数，需要从第 0 帧开始播放，这样动力学才能重新计算，按一下第 1 帧的按钮就可以，如图 10-1-6 所示。

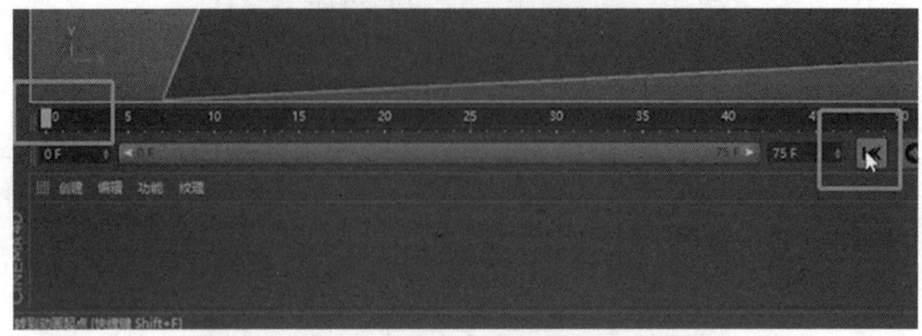

图 10-1-6　重置

6. 刚体中动力学一栏的参数：①启用：控制标签的开关；如果关闭的话，刚体标签就会变成灰色，表示现在标签不起作用。如图 10-1-7 所示。

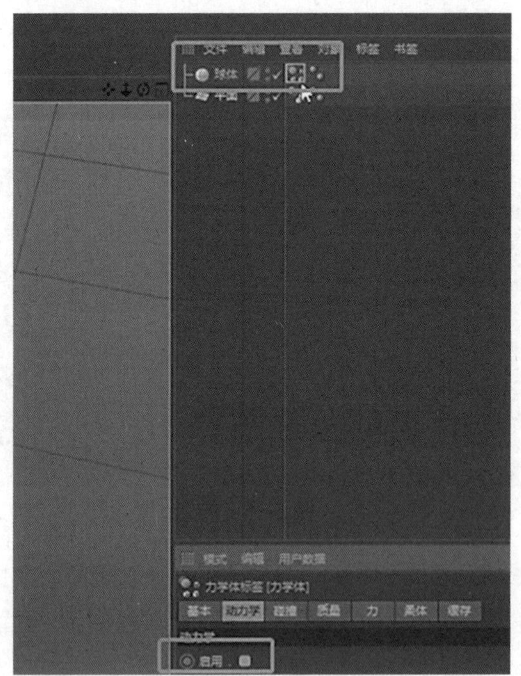


图 10-1-7　启用

②动力学：有三个选项，分别为关闭、开启和检测；关闭时，物体会被转为碰撞体；开启时，就是默认的刚体状态；检测时，物体被转为检测体，不会发生碰撞或者反弹，其他动力学物体会简单地通过检测体。

③设置初始形态：在计算动力学的过程中，如果将当前帧上点击设置为初始形态，那么之后会将当前的动力学状态设置为第 0 帧的初始状态。

④清除初状态：点击之后可以重置初始形态；如果有时候没起作用，可以手动调整对象的坐标。

⑤激发：分别有立即，在峰速和开启碰撞；默认选择是“立即”，表示物体的动力学计算立即生效；选择“在峰速”时，需要物体本身有动画，才会计算动力学，比如对球体做从下往上的路径运动，那么球体就会在做完路径运动之后开始计算动力学，会先因为惯性再继续向上走一段，然后开始下落；选择“开启碰撞”时，物体在没有其他动力学物体碰撞它时，是不会计算动力学的，有了碰撞之后就开始计算动力学，比如在球体上方再放个球体，添加刚体标签，那么它掉下来砸到下面球体时，球体才会往下掉。如图 10-1-8 至图 10-1-11 所示。

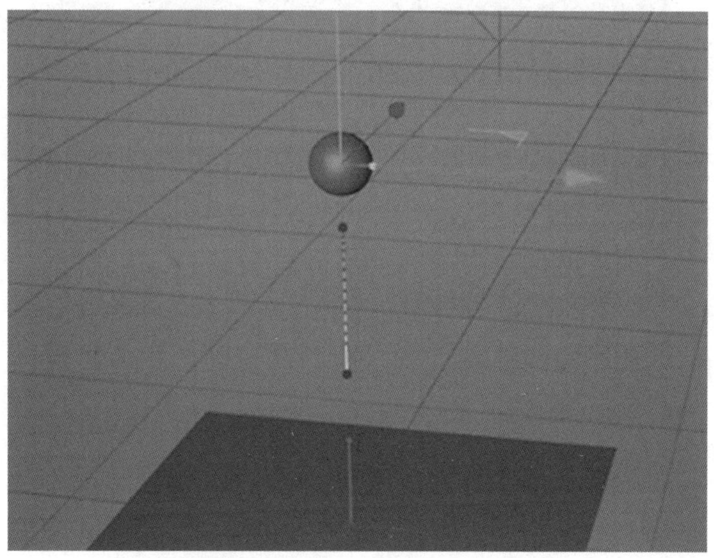

图 10-1-8　示意图（一）

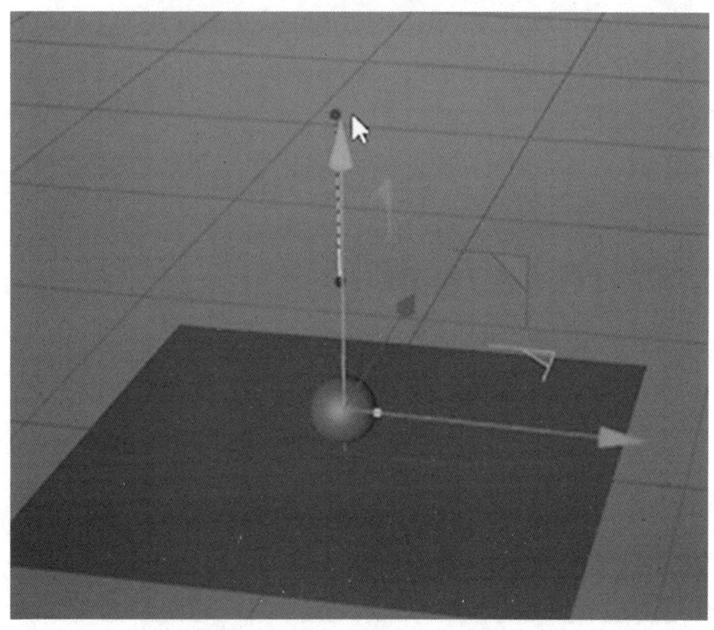

图 10-1-9　示意图（二）

图 10-1-10　示意图（三）

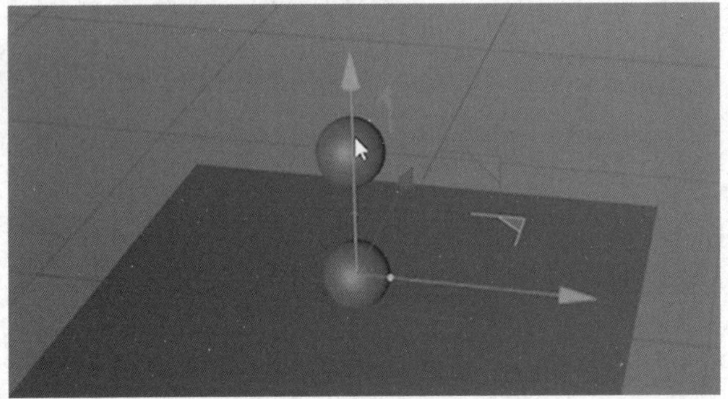

图 10-1-11　示意图（四）

⑥自定义初速度：勾选之后，可以激活自定义线速度，自定义角速度和对象坐标。“自定义线速度”可以修改开始计算动力学时，对象在 X\Y\Z 轴向上的速度，比如将初始线速度上的 X 修改成 300 cm，那么物体一开始就会往 X 轴方向运动，如图 10-1-12 所示；“自定义角速度”可以修改开始计算动力学时，对象在 HPB 轴向上的角度，比如修改初始角速度，那么物体一开始就会做旋转，如图 10-1-13 所示；“对象坐标”勾选时，就是使用对象自身的坐标，不勾选时，使用的是世界坐标系统。

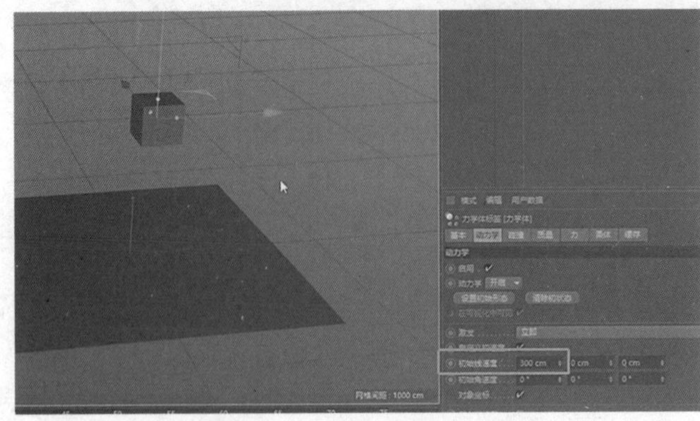


图 10-1-12　初始线速度

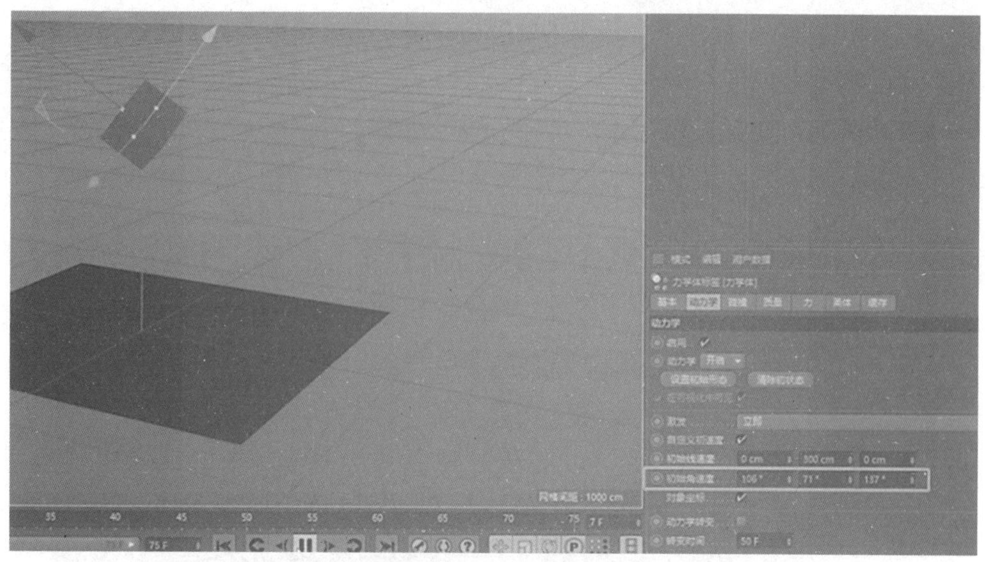
图 10-1-13　初始角速度

（二）刚体标签 - 碰撞栏

1. 创建新工程，然后创建地面。在 C4D 中，地面其实是无限大的，所以不管给地面添加刚体还是碰撞体，最后地面都会是碰撞体。如图 10-1-14、图 10-1-15 所示。

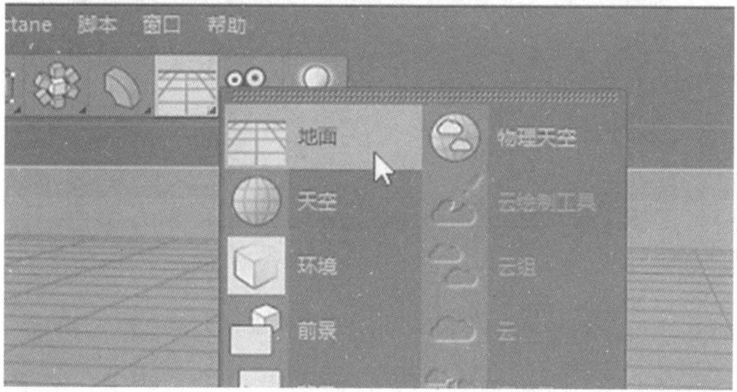

图 10-1-14　创建地面

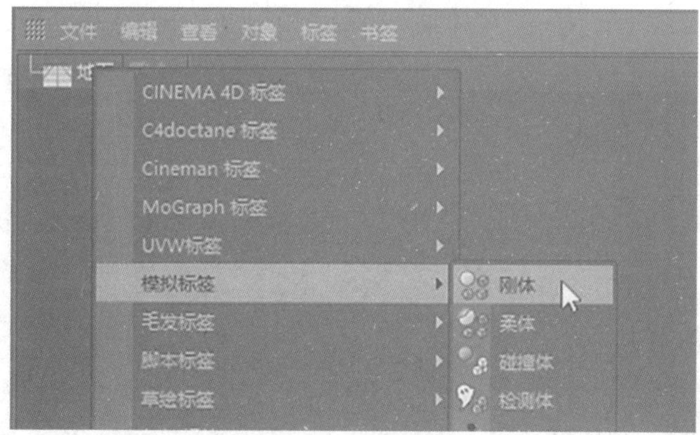

图 10-1-15　添加刚体标签

2. 创建立方体，复制多个并排列，然后打组。然后给组添加刚体标签。如图 10-1-16、图 10-1-17 所示。

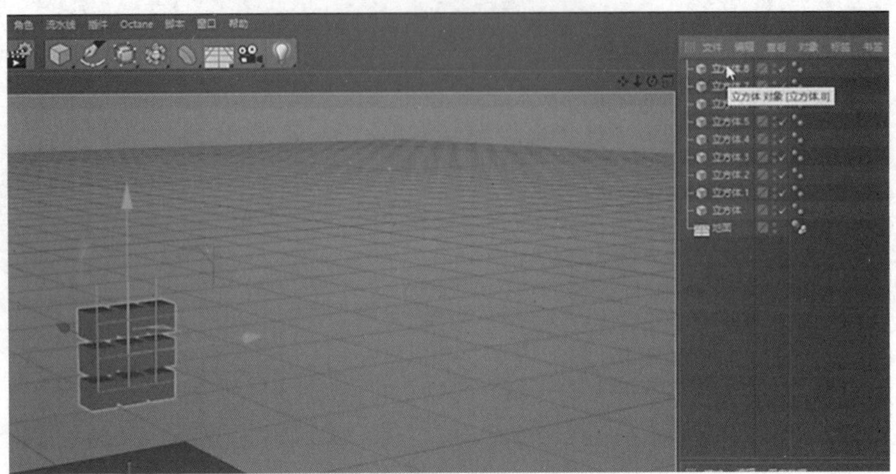

图 10-1-16　复制并打组

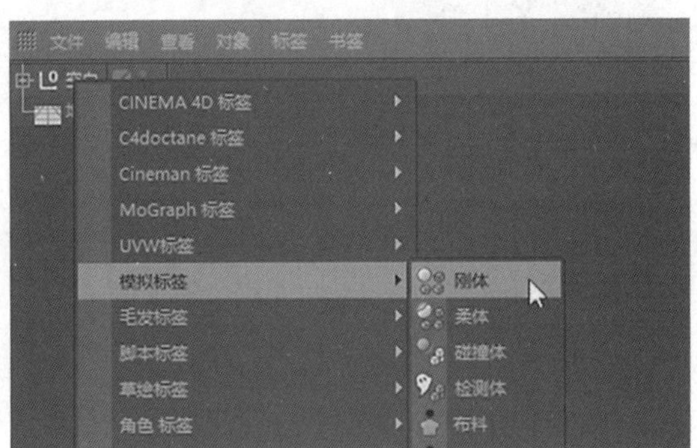


图 10-1-17　添加刚体标签

3. 碰撞栏中的继承标签：分别有无、应用标签到子级和复合碰撞外形。选择“无”时，那么组下面的对象不参与动力学计算，如图 10-1-18 所示；选择“应用标签到子级”时，所有子级对象都会计算动力学，如图 10-1-19 所示；选择“复合碰撞外形”时，会将所有子级对象作为一个整体来计算动力学，如图 10-1-20 所示。

图 10-1-18　继承标签

图 10-1-19　应用标签到子级

图 10-1-20　复合碰撞外形

4. 将组删掉，创建运动图形中的文本，直接出来的效果就是用文本样条加挤压生成器的效果，如图 10-1-21、图 10-1-22 所示。

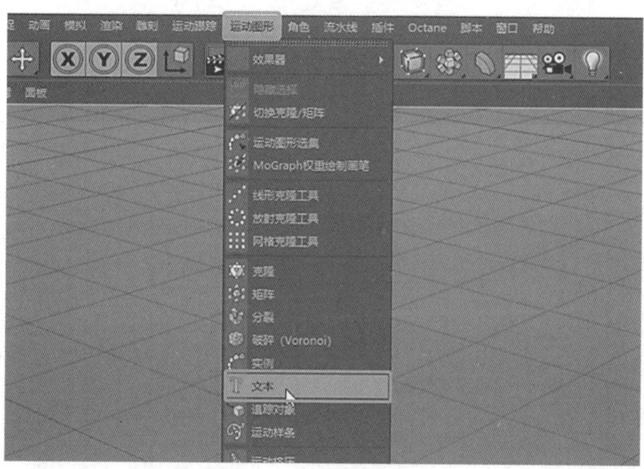


图 10-1-21　添加文本

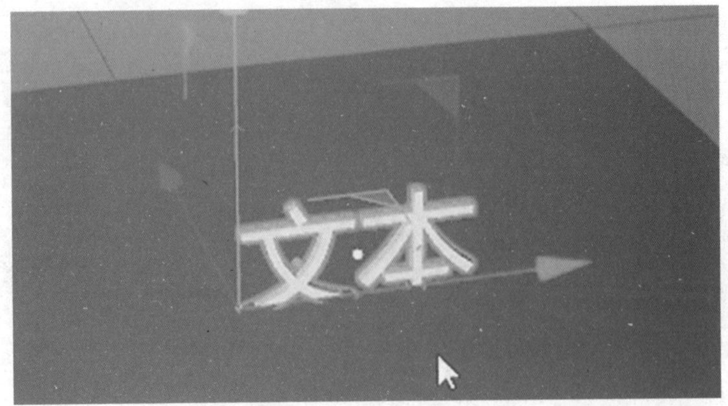


图 10-1-22　示意图

5. 在文本的对象中，输入一串数字并分行，还有添加空格，如图 10-1-23 所示。

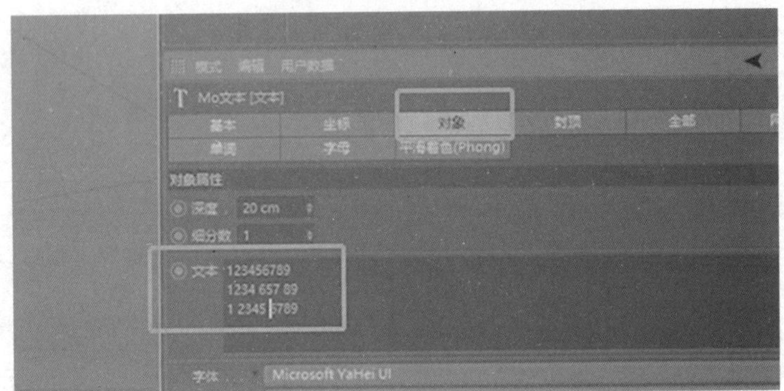


图 10-1-23　修改文本内容

6. 给文本添加刚体标签，如图 10-1-24 所示。

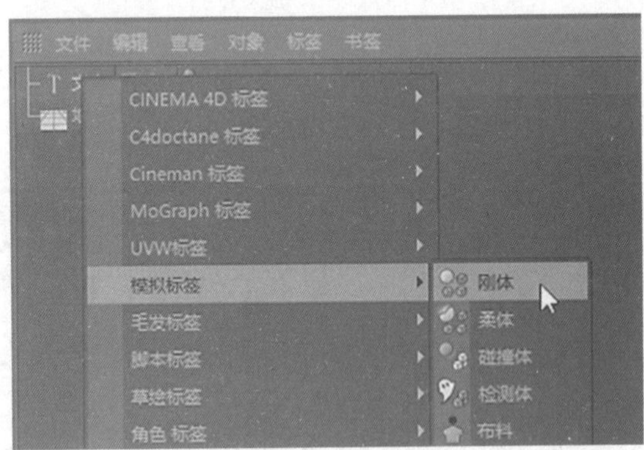


图 10-1-24　添加刚体标签

7. 碰撞栏中的独立元素：分别有关闭，顶层，第二阶段和全部。选择“关闭”时，文本作为整体做动力学计算，如图 10-1-25 所示；选择“顶层”时，以文本中的每一行分别做动力学计算，如图 10-1-26 所示；选择“第二阶段”时，以文本中的每一个单词分别做动力学计算（每一个空格就识别为一个单词），如图 10-1-27 所示；

选择“全部”时，以文本中的每个元素分别做动力学计算，如图 10-1-28 所示。

图 10-1-25　独立元素

图 10-1-26　顶层模式

图 10-1-27　第二阶段模式

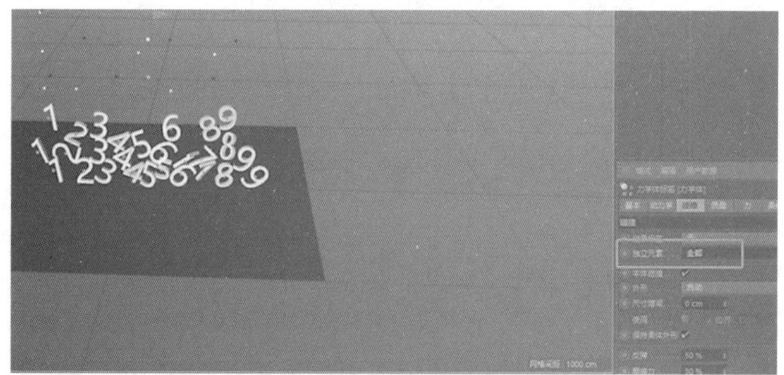

图 10-1-28　全部模式

8.“本体碰撞”勾选时，单个对象之间就会产生碰撞；不勾选时，不会有碰撞。如图 10-1-29 所示。

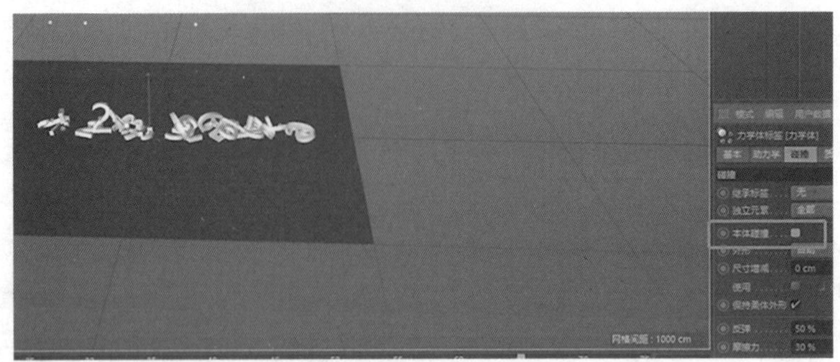

图 10-1-29　本体碰撞

9. 将文本删除，创建球体，放到地面上方，添加刚体标签，如图 10-1-30 所示。

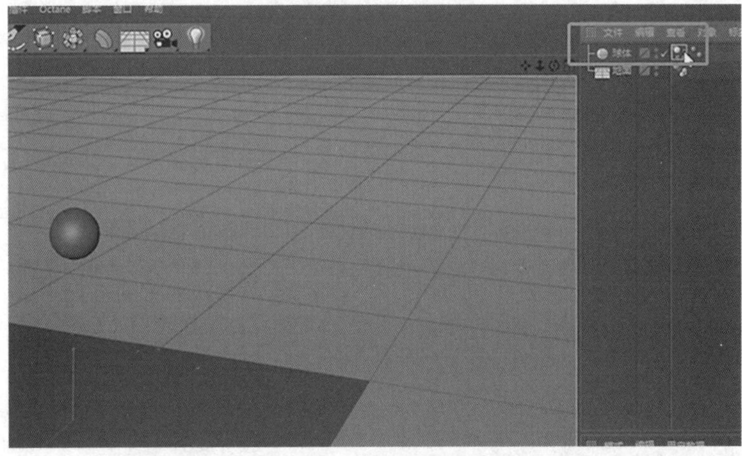

图 10-1-30　创建球体

10. 碰撞栏中的外形：有很多种选项，比如选方盒，就相当于在球体表面包裹了一层方形的物体，那么球体在发生碰撞时，计算的就是这个方形物体的碰撞。如图 10-1-31、图 10-1-32 所示。

图 10-1-31　方盒模式

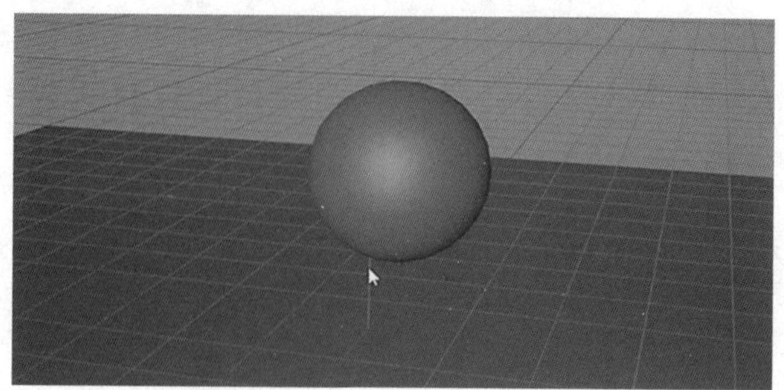
图 10-1-32　示意图

11. 创建新的立方体，缩小后，放进球体里面，给立方体添加刚体标签，并打开球体的透显，方便观察。如图 10-1-33 至图 10-1-35 所示。

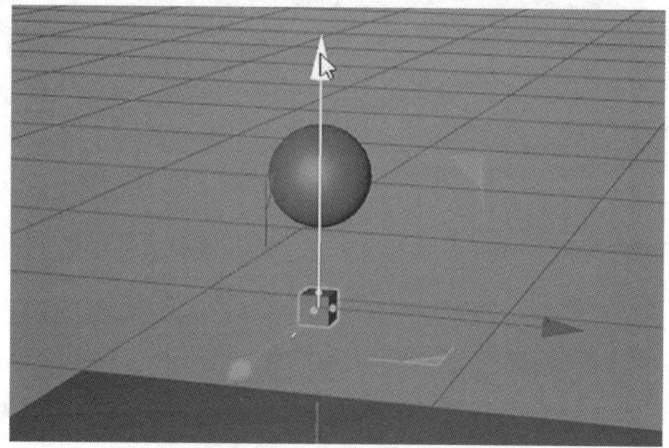
图 10-1-33　创建立方体

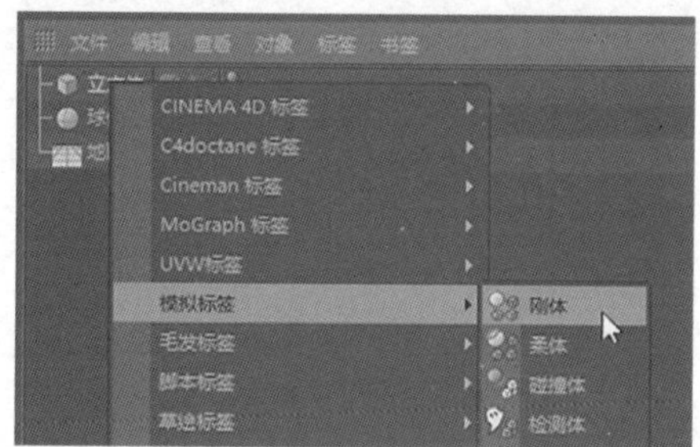

图 10-1-34　添加刚体标签

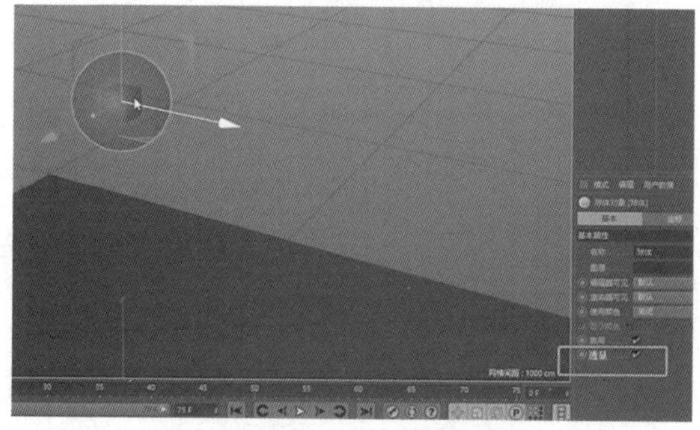
图 10-1-35　勾选“透显”

12. 此时如果播放动画，会发现立方体立即被弹开。因为在 C4D 中，计算动力学的时候，默认物体是实心的，所以立方体在球体里面的话，一开始就会被排斥开，如图 10-1-36 所示。

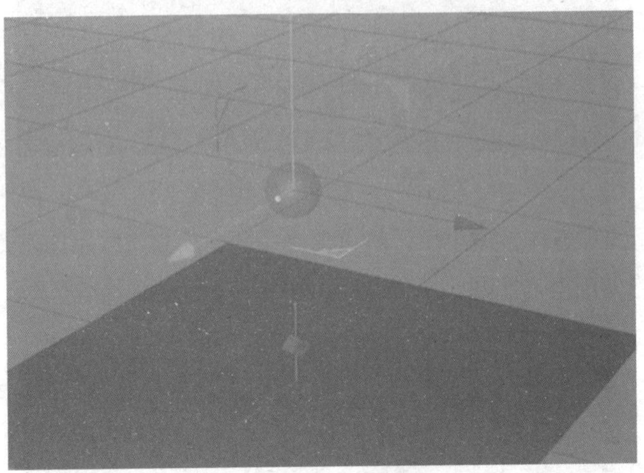

图 10-1-36　示意图

13. 如果将球体中刚体标签里的外形，改为动态网格，那立方体就不会被弹开，而且会一直保持在球体内部，然后跟着球体一起下落。如图 10-1-37 所示。

图 10-1-37　动态网格模式

14. 如果将球体刚体标签中的外形，改为静态网格，那么球体就会静止，而立方体会在球体中下落，掉到球体底部，如图 10-1-38 所示。

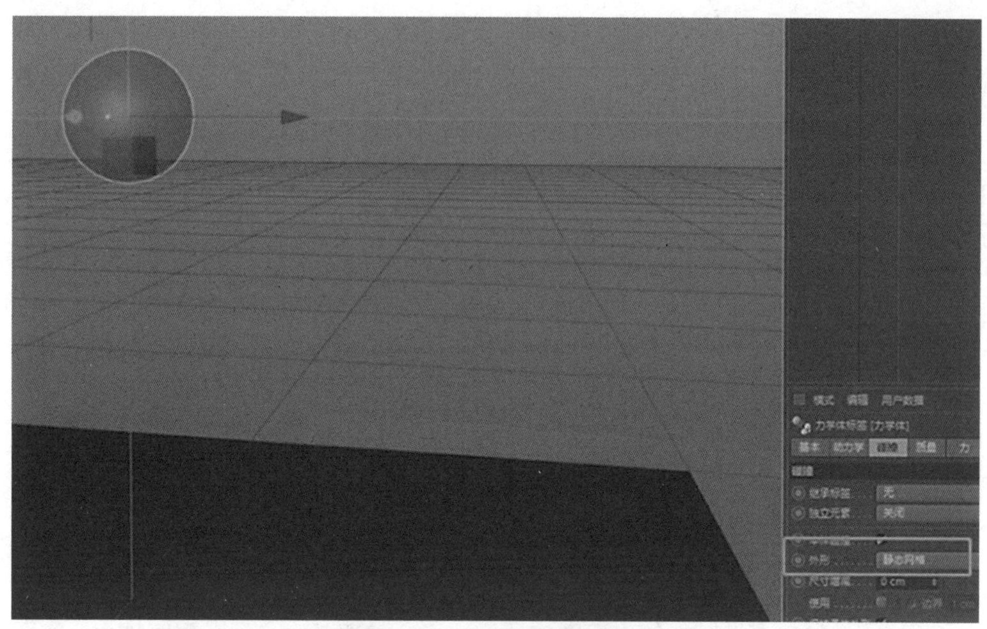

图 10-1-38　静态网格模式

15. 将立方体从球体中拉出来，放到球体旁边，留一点缝隙，并将球体刚体标签中的外形改回自动，如图 10-1-39、图 10-1-40 所示。

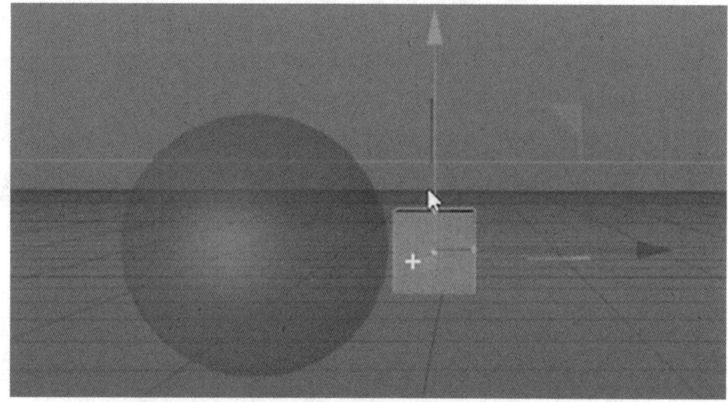

图 10-1-39　示意图

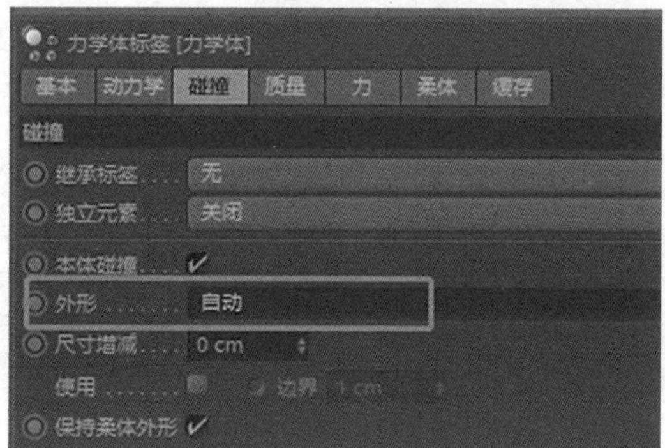


图 10-1-40　自动模式

16. 将球体刚体标签中的尺寸增减改为 20 cm，那么尽管它跟立方体并没有穿插，但是播放动画时，立方体还是会被弹开，这就是尺寸增减的作用，它能设置对象的碰撞范围，数值越大，范围越广，如图 10-1-41 所示。

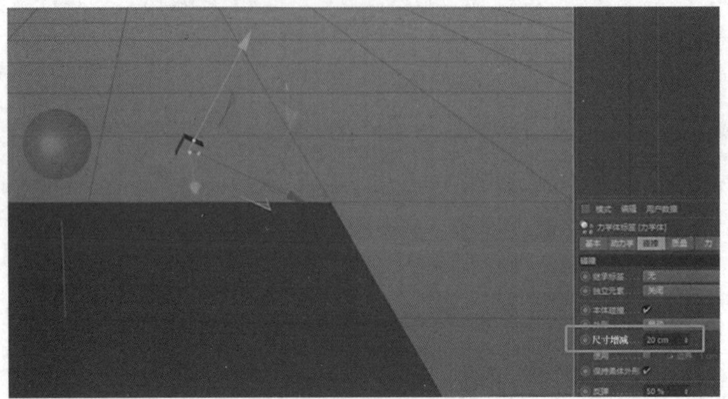


图 10-1-41　尺寸增减

17. 反弹参数是控制物体碰撞时的反弹程度，数值越大，反弹程度越大，如图 10-1-42、图 10-1-43 所示。

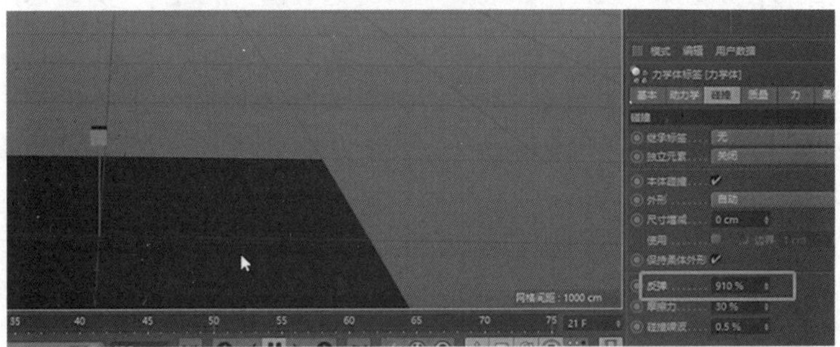


图 10-1-42　反弹

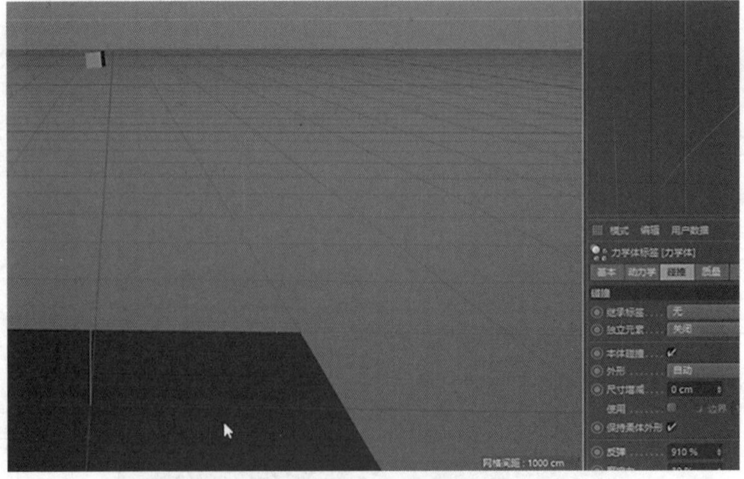


图 10-1-43　示意图

18. 摩擦力是阻碍物体之间相对运动的作用力，摩擦力越大，物体接触后运动的距离就越短。

19. 碰撞噪波是设置碰撞时的行为变化，数值越高，碰撞时产生的形态就越丰富。

**练习案例**

1. 创建平面并放大，然后创建两个圆环，将其中一个圆环的半径改为 50 cm，接着把大圆环放在小圆环上面，如图 10-1-44 至图 10-1-47 所示。

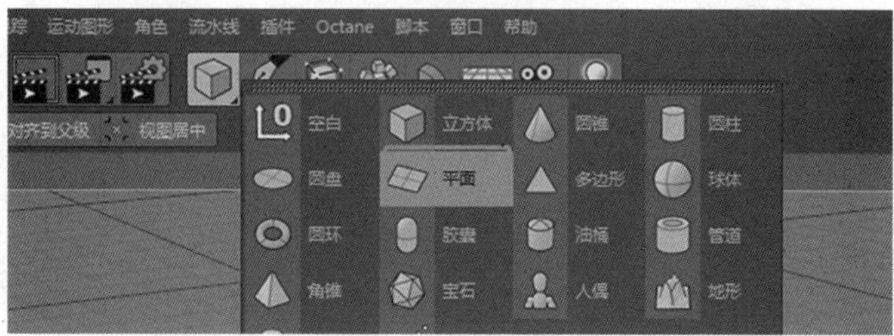

图 10-1-44　创建平面

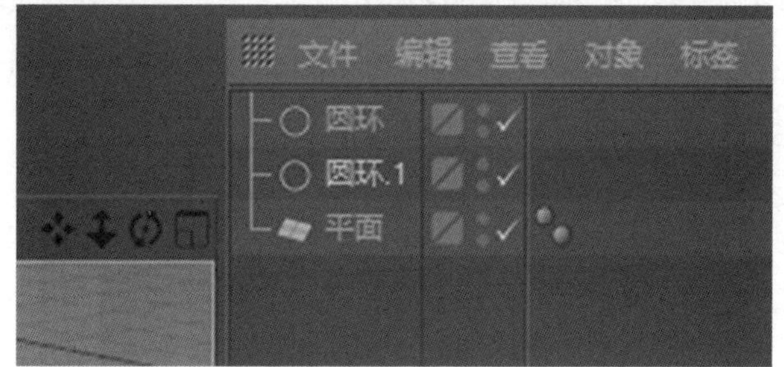

图 10-1-45　创建圆环

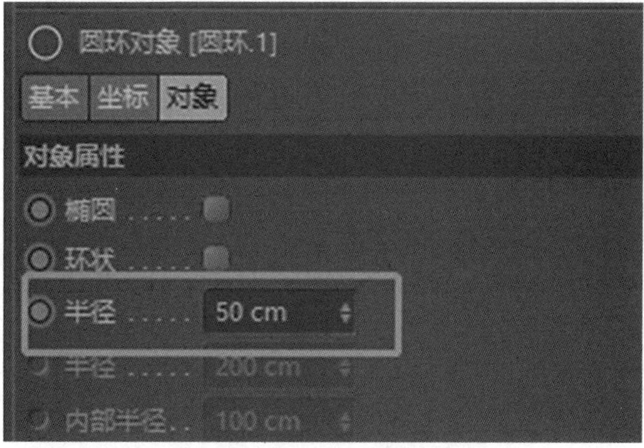

图 10-1-46　修改半径

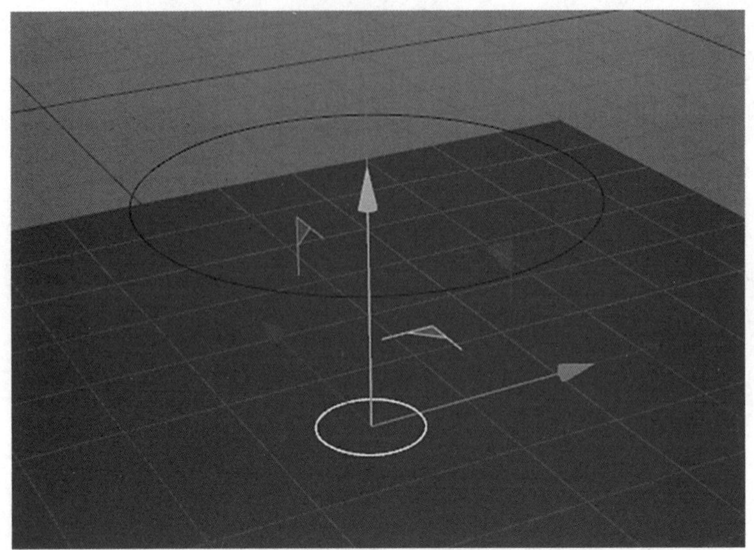

图 10-1-47 调整位置

2. 添加放样生成器，作为两个圆环的子级，然后将放样中的封顶都改为无，这样一个漏斗就做完了，再将整个放样往上移动，如图 10-1-48 至图 10-1-50 所示。

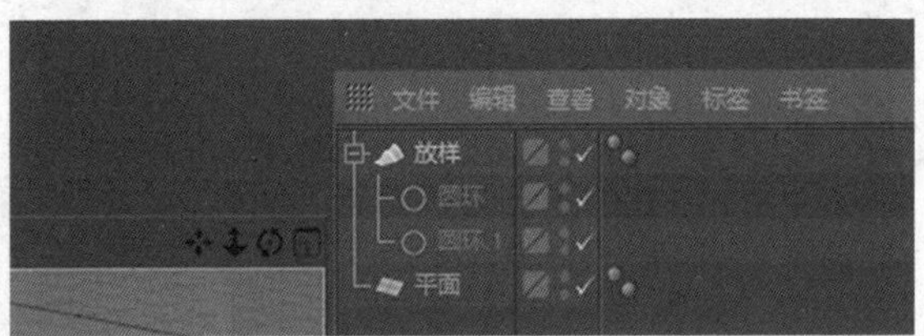


图 10-1-48 添加放样生成器

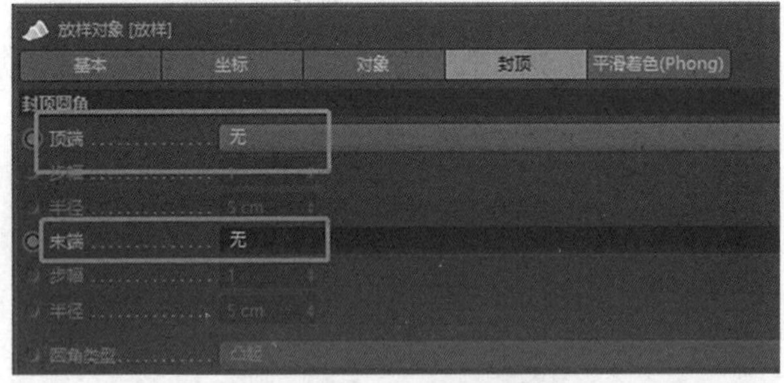


图 10-1-49 修改封顶

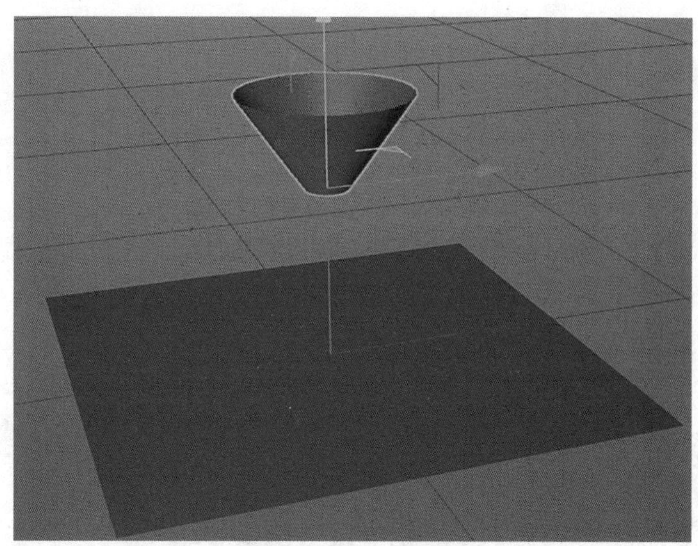

图 10-1-50　示意图

3. 创建球体，半径设置为 20，然后创建运动图形中的克隆，作为球体的父级；再调整克隆的参数；最后将整个克隆放在漏斗上方。如图 10-1-51 至图 10-1-53 所示。

图 10-1-51　创建球体

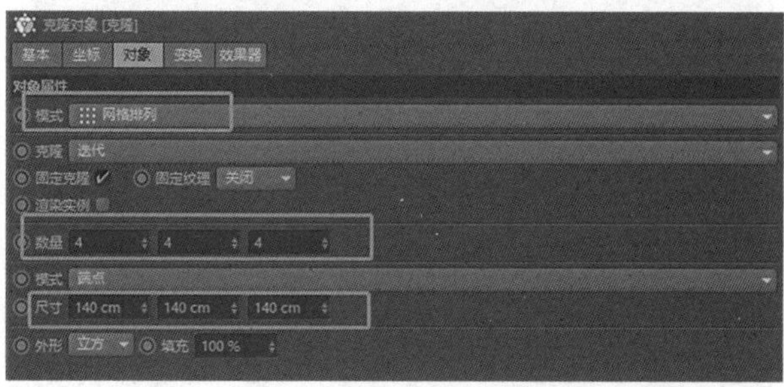


图 10-1-52　创建克隆

图 10-1-53　示意图

4. 给克隆添加刚体标签，继承标签中选择应用标签到子级，独立元素选择第二阶段，如图 10-1-54、图 10-1-55 所示。

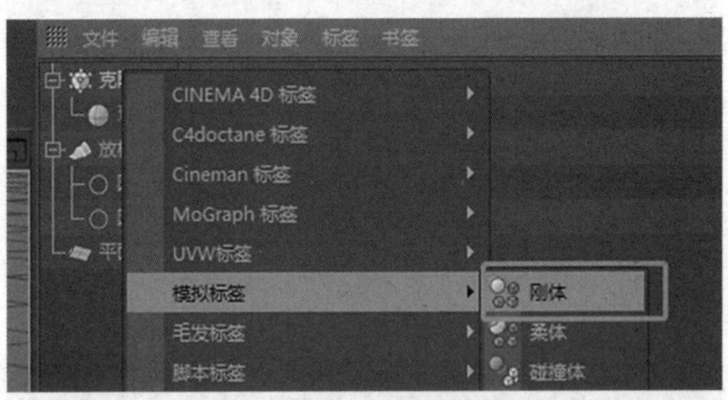


图 10-1-54　添加刚体标签

图 10-1-55　修改参数

5. 给放样添加碰撞体标签，外形选择静态网格，如图 10-1-56、图 10-1-57 所示。

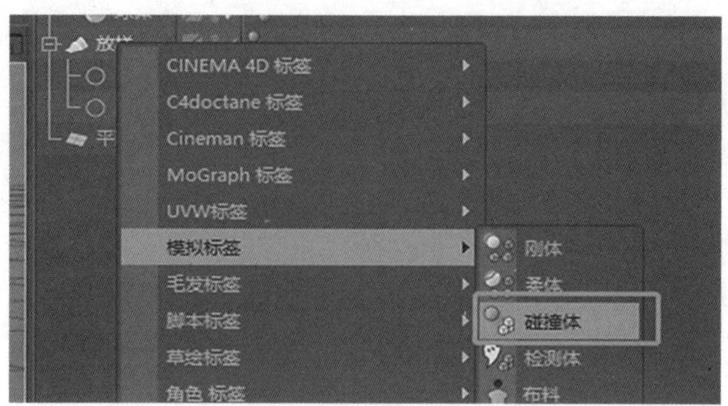


图 10-1-56　添加碰撞体标签

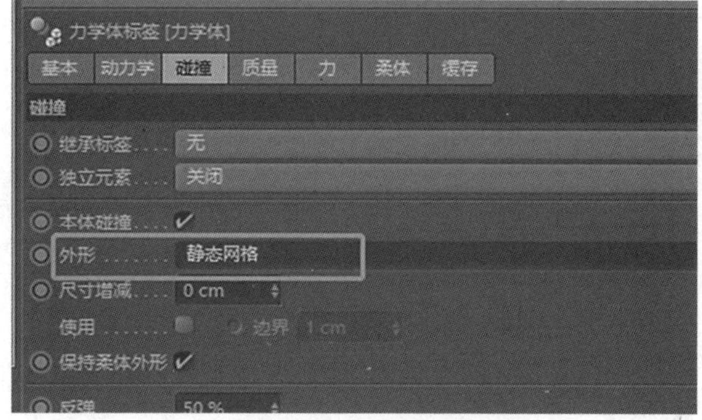


图 10-1-57　静态网格模式

6. 给平面添加碰撞体标签，播放动画，就能做出小球从漏斗掉落到地面上的动画，如图 10-1-58 所示。

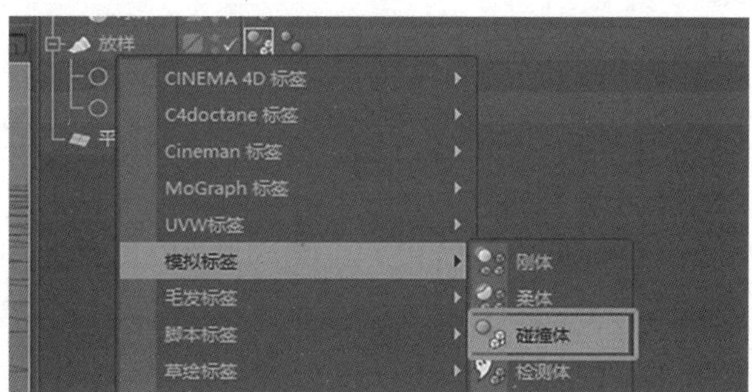


图 10-1-58　添加碰撞体标签

## 任务 10.2

# 粒子发射器及力场

## 教学重点

- **熟悉粒子发射器的参数。**
- **熟悉力场的使用。**

## 教学难点

- **熟悉粒子发射器的参数。**
- **熟悉力场的使用。**

## 任务分析

### 01. 任务目标

1. 熟悉粒子发射器的参数。
2. 熟悉力场的使用。

### 02. 实施思路

通过视频，熟悉粒子发射器的参数和力场的使用。

## 任务实施

### 01. 发射器

1.C4D 自带的粒子系统，都在模拟栏中，分别是粒子和 Thinking Particles。

点击粒子栏顶部，将粒子界面在视图中单独显示，如图 10-2-1 所示。

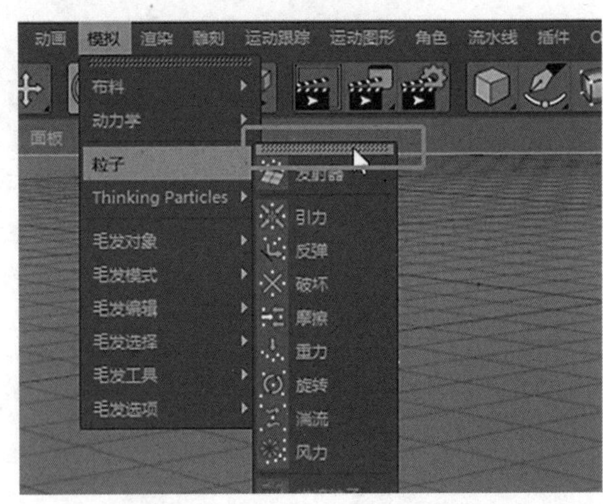


图 10-2-1　粒子面板

2. 单击发射器，创建出粒子发射器，视图中就会出现方框，代表着发射区域；播放动画时，就有粒子从方框中发射出来。如图 10-2-2 所示。

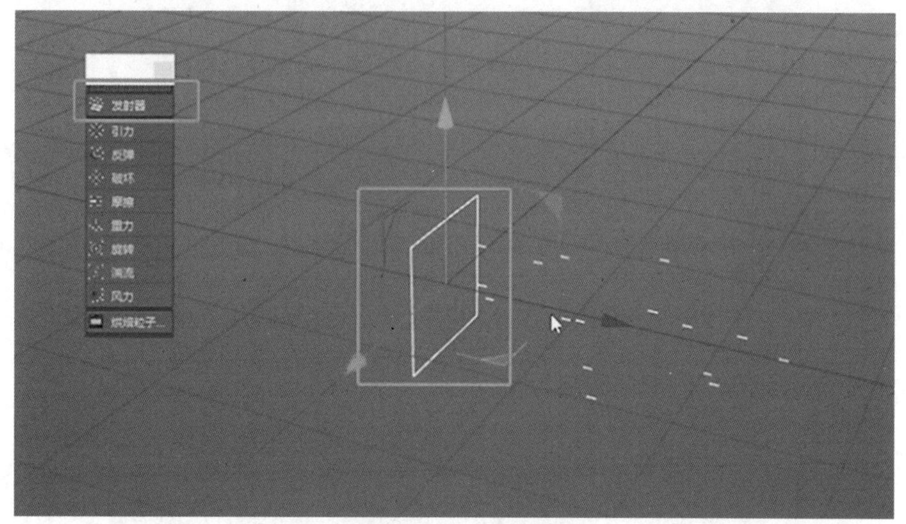


图 10-2-2　发射器

3. 发射器中的粒子参数：①编辑器生成比率：控制视图中显示粒子的数量。提高时，可以让视图中的粒子数量增加。如图 10-2-3 所示。

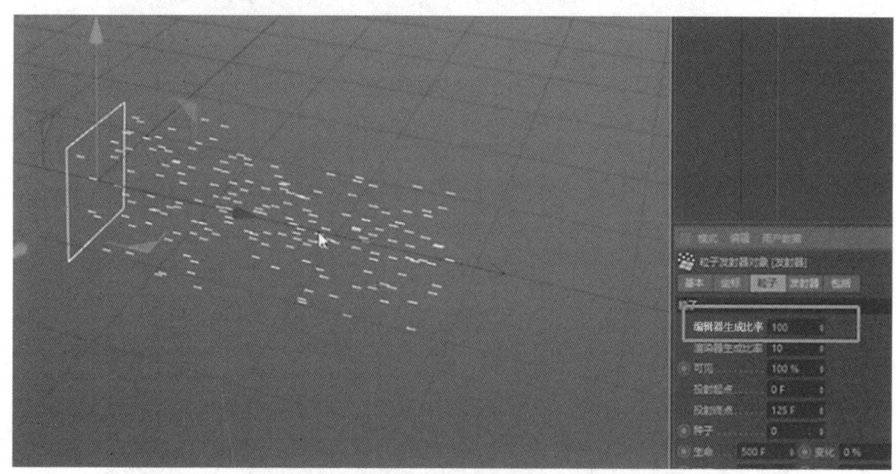


图 10-2-3　编辑器生成比率

②渲染器生成比率：控制渲染出来的粒子数量。如果我们只是将编辑器生成比率提高，而没有提高渲染器生成比率，那么尽管视图中的粒子增加了，渲染出来的粒子还是跟默认的一样少。创建立方体并缩小，作为发射器的子级，然后勾选发射器参数中的显示对象，就能将粒子替换成立方体。那么此时渲染出来的立方体并不会像视图中那么多；而如果将渲染器生成比率提高，那么渲染出来的数量也会增加。如图 10-2-4 至图 10-2-7 所示。

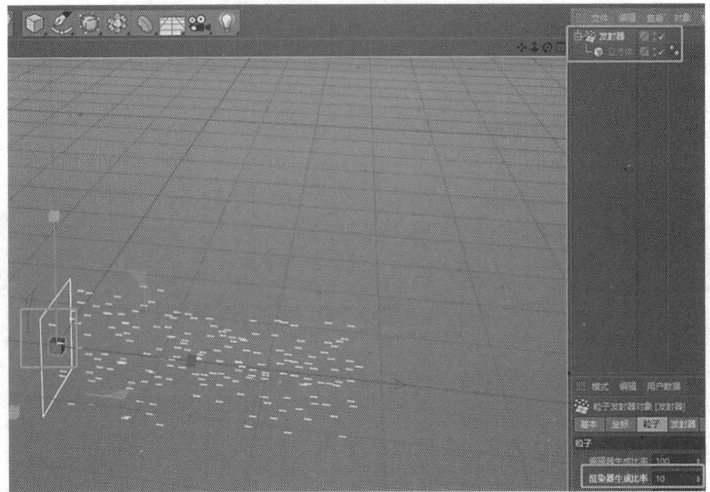

图 10-2-4　渲染器生成比率

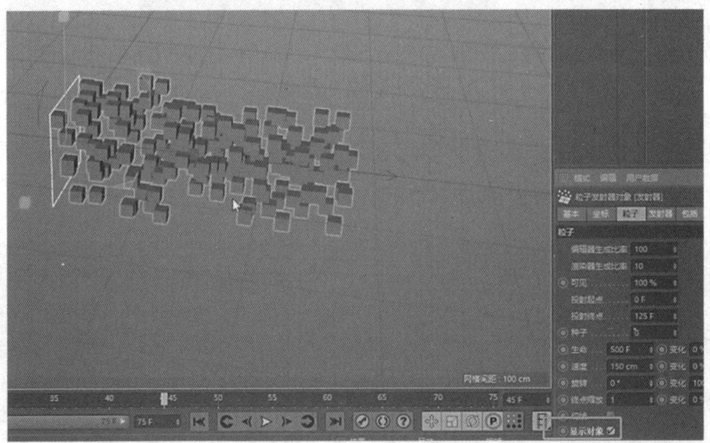

图 10-2-5　显示对象

图 10-2-6　渲染图（一）

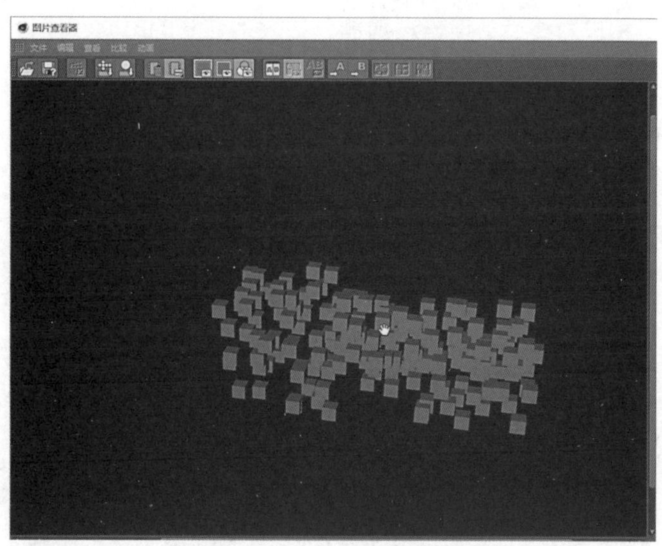

图10-2-7　渲染图（二）

③可见：设置粒子总生成量的百分比，更改它可以同时更改视图和渲染中显示的粒子数量，如图 10-2-8、图 10-2-9 所示。

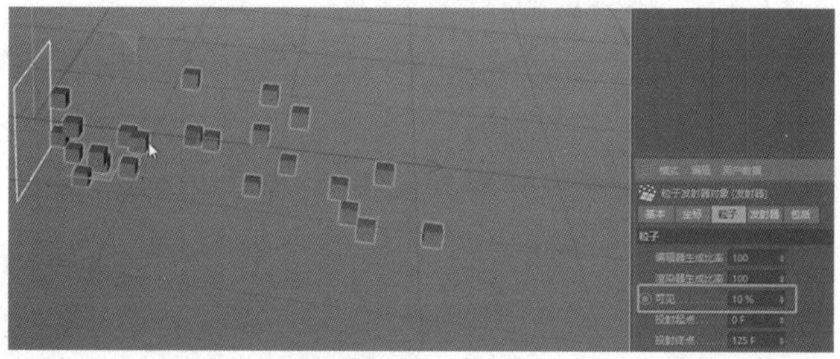

图10-2-8　可见

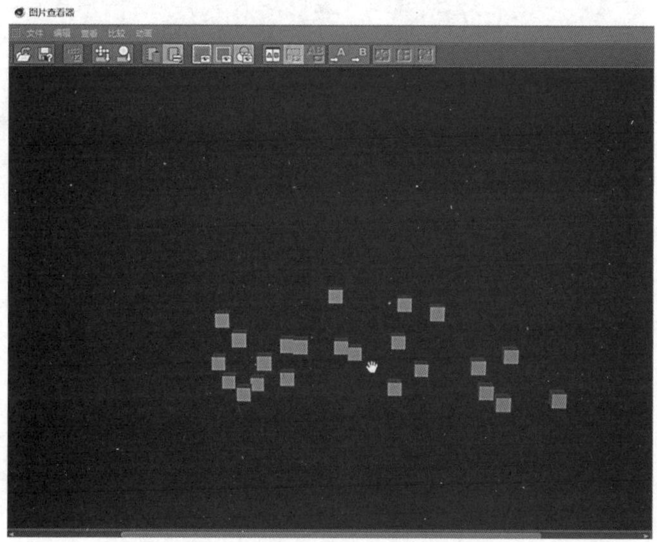

图10-2-9　渲染图

④投射起点和投射终点：设置发射器开始发射粒子的时间和停止发射粒子的时间；比如将投射起点设置为第 30 帧，投射终点设置为第 50 帧，那么粒子在 30 帧之前就不会发射粒子，在 50 帧之后也不会发射粒子。如图 10-2-10 所示。

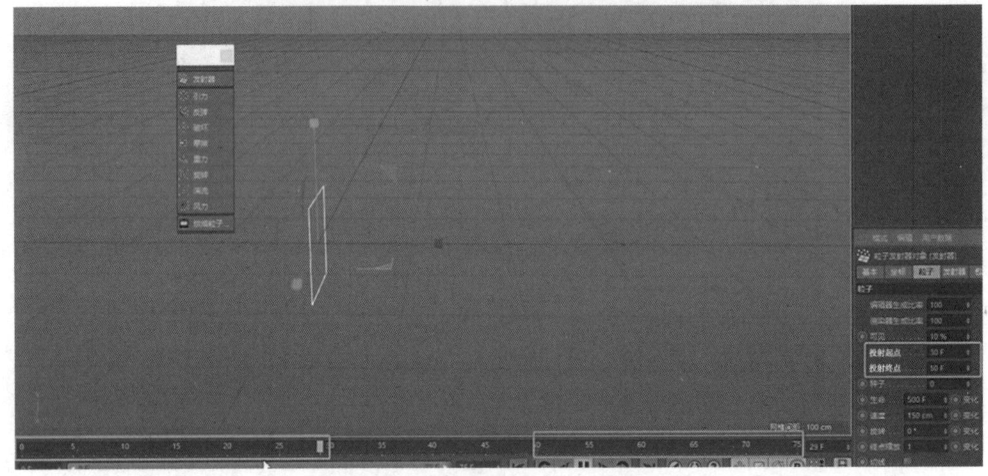

图 10-2-10　投射终点 / 投射终点

⑤种子：设置发射出的粒子的随机状态。

⑥生命：设置粒子从出现到消失的时间。比如设置成 30 帧，那么粒子如果是从第 0 帧开始发射的话，就会在第 30 帧之后就消失。如果修改后面的变化，就可以让有些粒子存在得更久。如图 10-2-11 所示。

图 10-2-11　生命

⑦速度：设置粒子的运动速度；数值越高，粒子运动得越快。修改变化的话，能让粒子的运动速度随机。如图 10-2-12 所示。

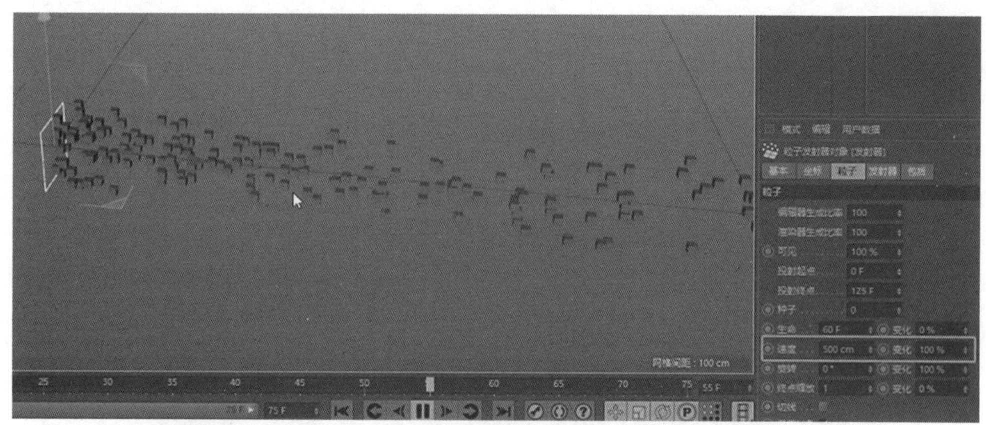


图 10-2-12　速度

⑧旋转：设置粒子运动时的旋转角度和随机变化，如图 10-2-13 所示。

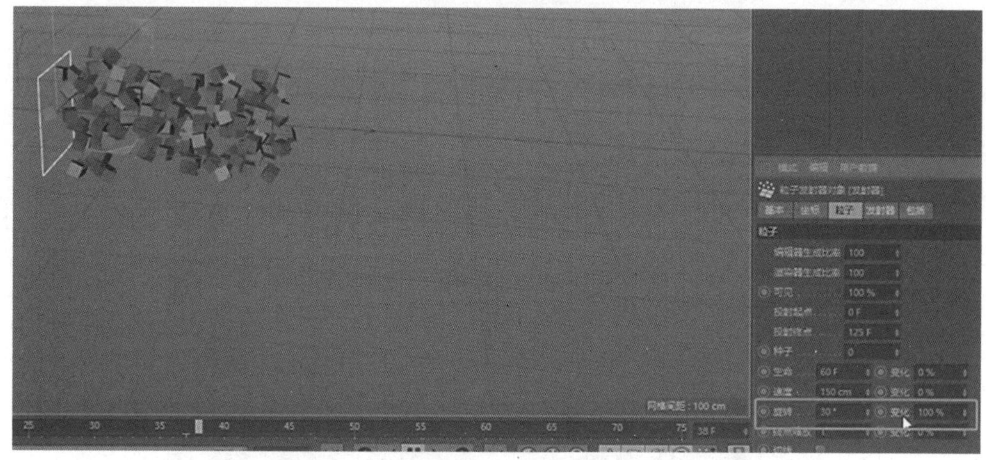


图 10-2-13　旋转

⑨终点缩放：设置粒子发射后的大小变化；默认的 1 就是不变化，如果改为 0，粒子就会在结束的时候缩小为 0。如图 10-2-14 所示。

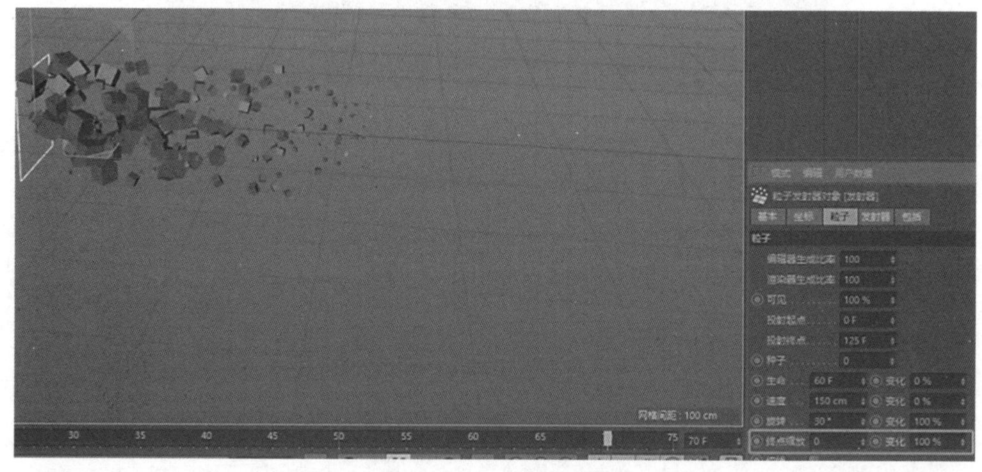


图 10-2-14　终点缩放

⑩切线：勾选之后，每个粒子的 Z 轴会始终与发射器的 Z 轴对齐，而且旋转属性不能再修改，如图 10-2-15 所示。

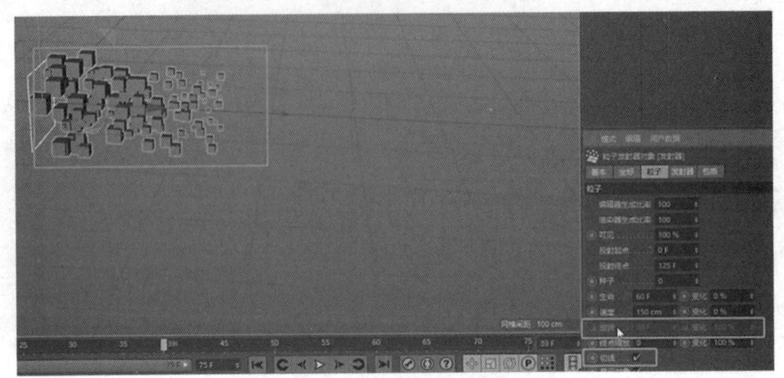
图 10-2-15　切线

⑪显示对象：勾选之后，视图中的粒子会被替换成发射器下的子级对象。而且发射器可以识别多个子级，比如再创建宝石，缩小后作为发射器子级，那么视图中的粒子就会被替换成之前的立方体和宝石。如图 10-2-16 所示。

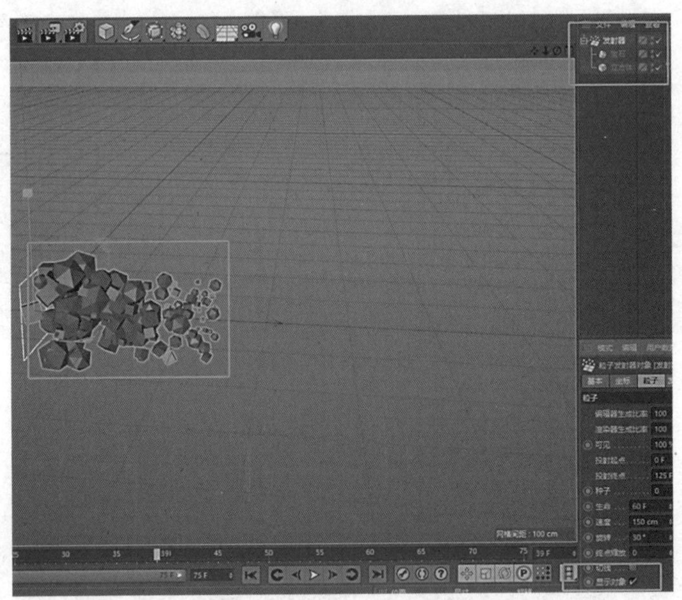
图 10-2-16　显示对象

⑫渲染实例：勾选之后，可以让粒子的渲染速度加快。

4. 发射器中的发射器栏参数：①发射器类型：分别有角锥和圆锥。修改尺寸和角度，会有特殊的发射效果。如图 10-2-17 所示。

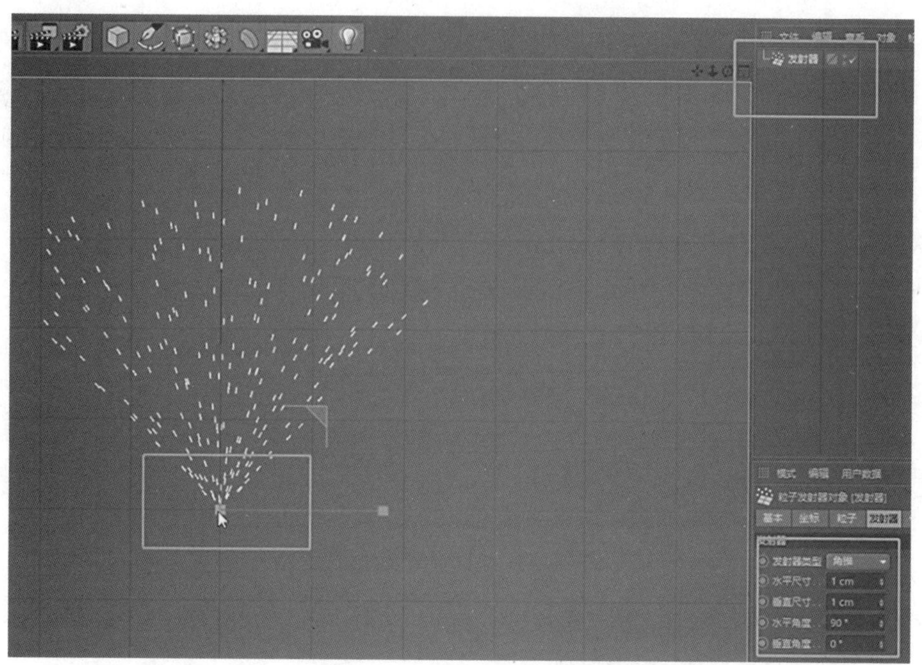

图 10-2-17　发射器栏参数

5. 发射器中的包括：设置力场是否参与影响粒子，有排除和包括两种模式，如果不想某个力场影响粒子，只需要将力场拖入下面的框中，模式选择排除就可以。如图 10-2-18 所示。

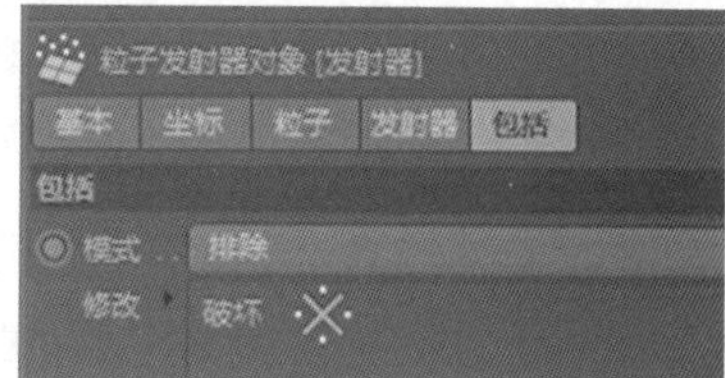


图 10-2-18　包括

## 02. 力场

1. 引力：对粒子起到吸引或者排斥的作用。

①强度：引力强度为正值时，会对粒子起吸引作用；引力强度为负值时，对粒子起排斥作用。如图 10-2-19 至、图 10-2-20 所示。

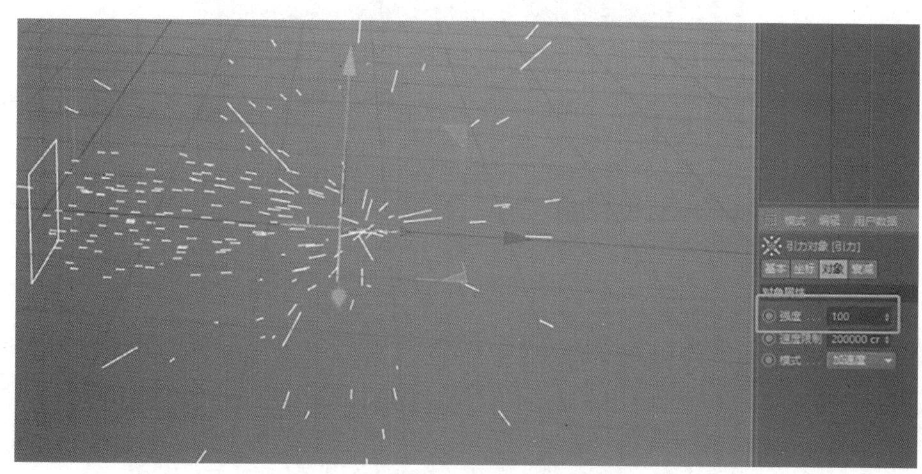

图 10-2-19　引力强度设置为 100

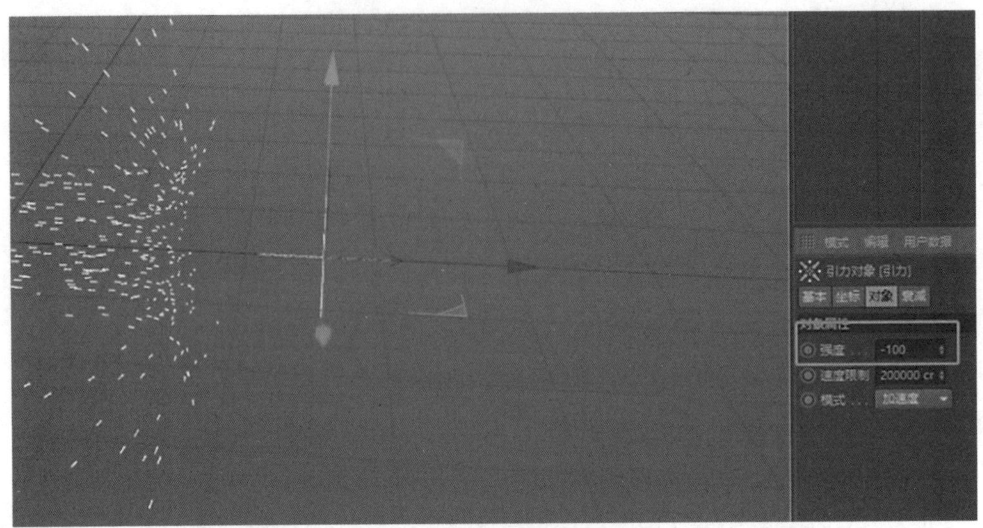


图 10-2-20　引力强度设置为 -100

②速度限制：限制粒子的运动速度。

2. 反弹：将接触到的粒子反弹。

①设置反弹的弹力。

②分裂波束：勾选之后，可将粒子分束反弹。

③水平尺寸 / 垂直尺寸：设置反弹面的尺寸。将尺寸放大并旋转，复制一个放在上方，粒子会进行多次反弹。如图 10-2-21 所示。

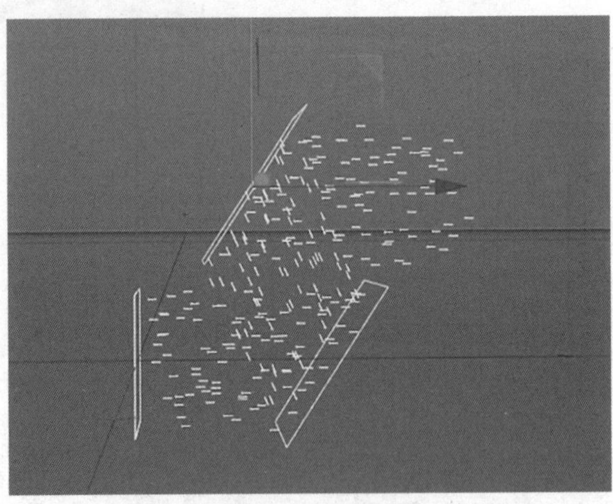

图 10-2-21　反弹

3. 破坏：将进入场的粒子杀死。

①随机特性：设置进入破坏场的粒子的杀死比重。0% 表示全杀死。如图 10-2-22 所示。

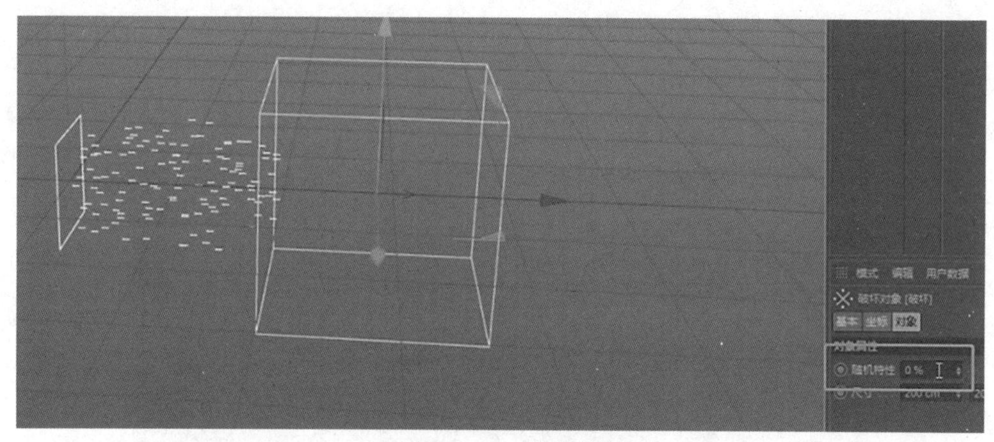


图 10-2-22　随机特性

②尺寸：设置破坏场的尺寸。

4. 摩擦：对粒子的运动起阻滞或者驱散的作用。

强度：正值的时候，对粒子起阻滞的作用；负值的时候，对粒子起驱散的作用。如图 10-2-23、图 10-2-24 所示。

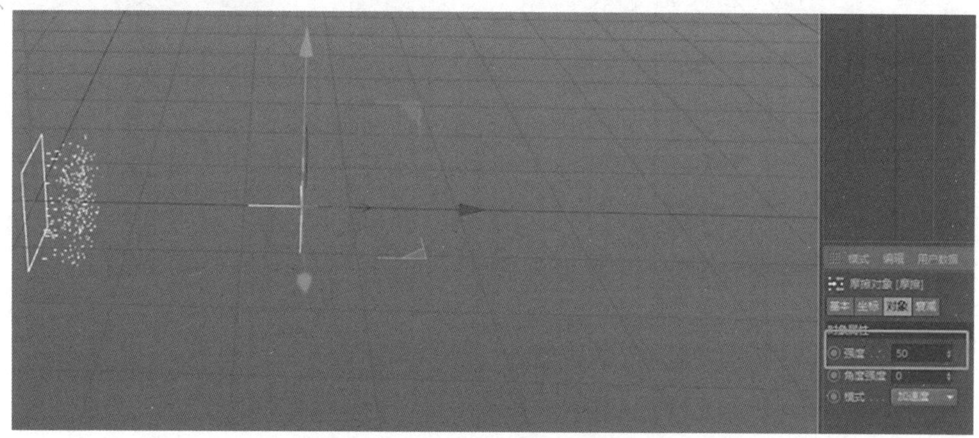


图 10-2-23　摩擦强度设置为 50

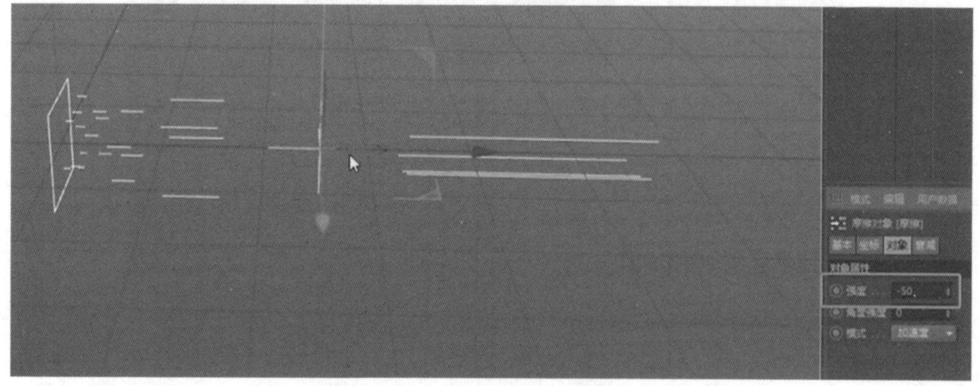


图 10-2-24　摩擦强度设置为 -50

5. 重力：使粒子受到重力的影响。

加速度：设置粒子下落的加速度。正值时，粒子往下运动；负值时，粒子向上运动。如图 10-2-25、图 10-2-26 所示。

图 10-2-25　重力加速度设置为 250 cm

图 10-2-26　重力加速度设置为 -250 cm

6. 旋转：经过力场的粒子会旋转起来。

角速度：设置粒子流的旋转速度。如图 10-2-27 所示。

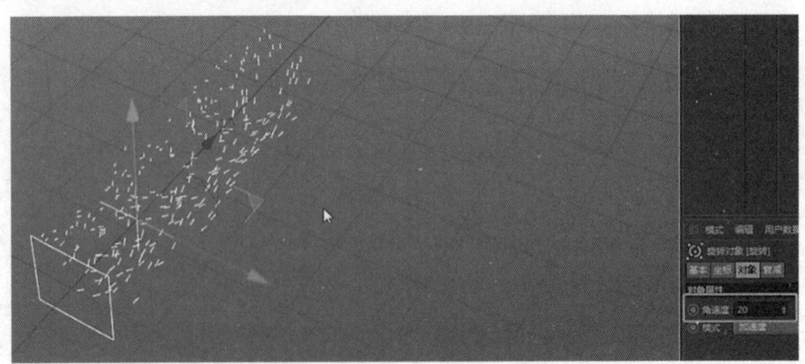

图 10-2-27　旋转角速度

7. 湍流：使粒子经过力场时运动变得不规则。

①强度：设置湍流的力度。如图 10-2-28 所示。

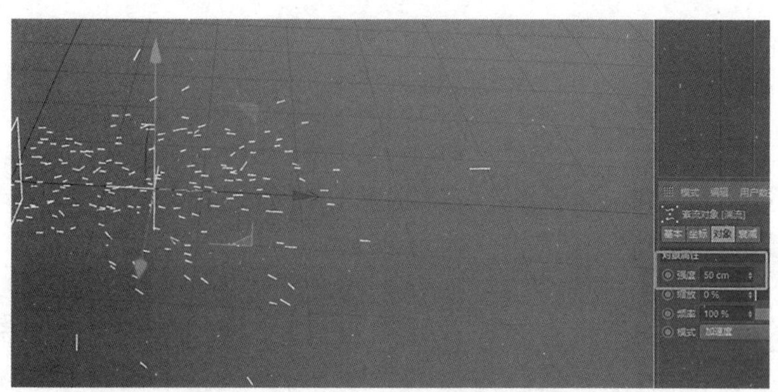

图 10-2-28　湍流强度

②缩放：设置粒子流无规则运动地散开或聚集的强度。如图 10-2-29 所示。

图 10-2-29　缩放

③频率：设置粒子流的抖动幅度和次数。

8. 风力：驱散粒子往设定的方向运动。

①速度：设置风力驱散粒子运动的速度。如图 10-2-30 所示。

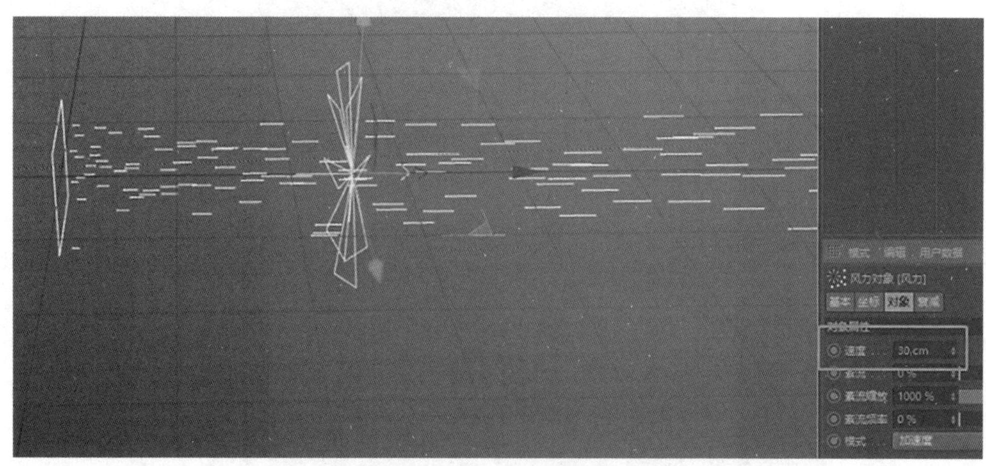

图 10-2-30　风力速度

②湍流：设置粒子流被驱散时的湍流强度。

③湍流缩放：设置粒子流受湍流影响时的散开或聚集强度。

④湍流频率：设置粒子流的抖动幅度和次数。

**练习案例**

1. 创建粒子发射器，调整尺寸和生成比率，如图 10-2-31、图 10-2-32 所示。

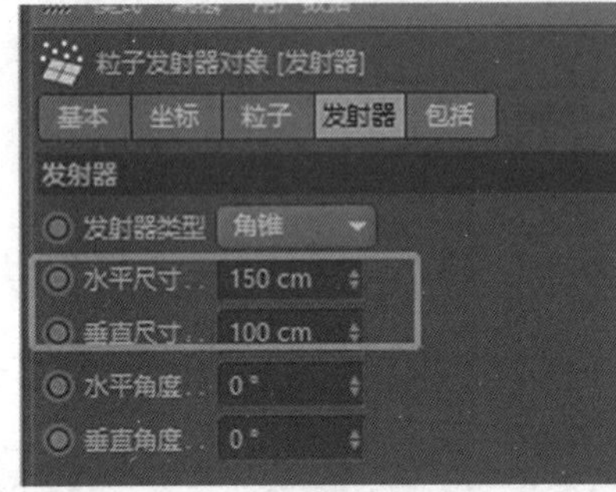


图 10-2-31 修改发射器参数

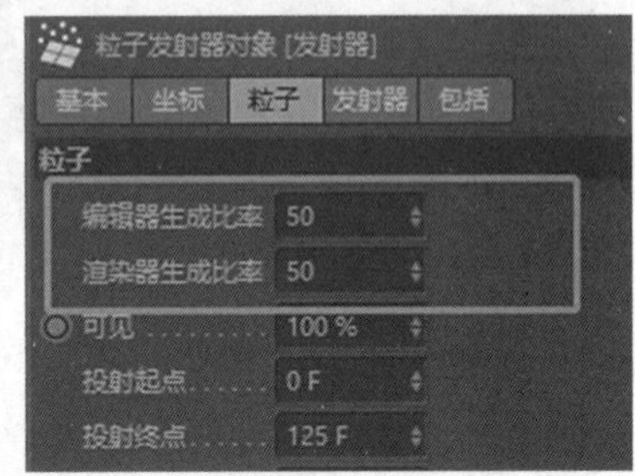


图 10-2-32 修改粒子参数

2. 创建摄像机，调整坐标，然后给摄像机添加保护标签，如图 10-2-33、图 10-2-34 所示。

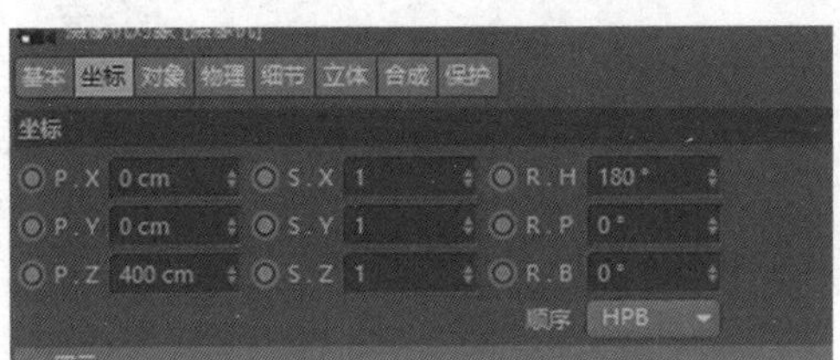


图 10-2-33 创建摄像机

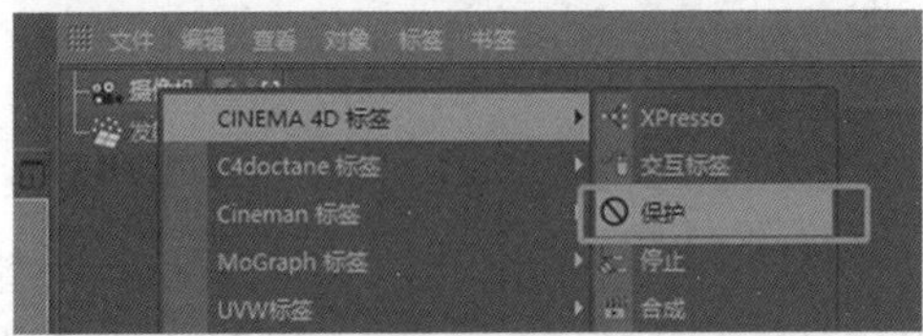


图 10-2-34 添加保护标签

3. 创建运动图形中的文本，修改文本为 0，然后将深度调整为 0.1，高度为 10，如图 10-2-35、图 10-2-36 所示。

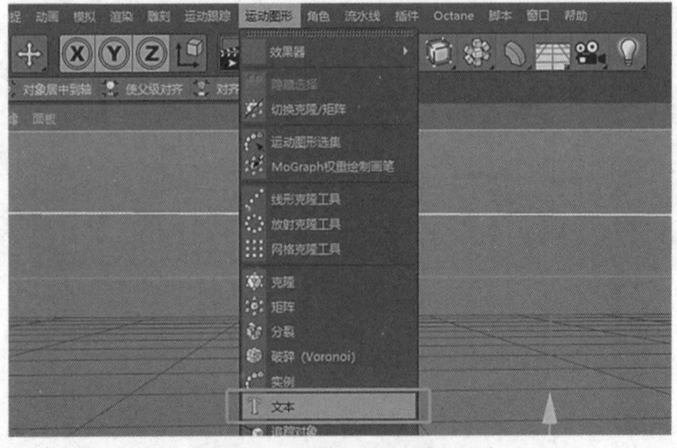


图 10-2-35 创建文本

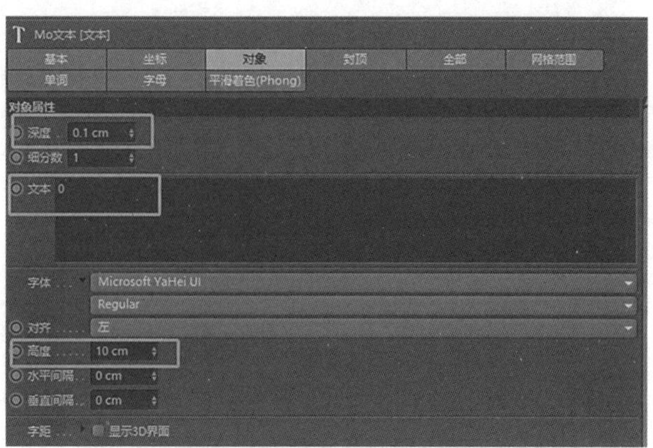


图 10-2-36　修改文本参数

4. 将文本沿着 H 方向旋转 -90°；然后再复制一个，往 P 方向旋转 -90°。如图 10-2-37 至图 10-2-39 所示。

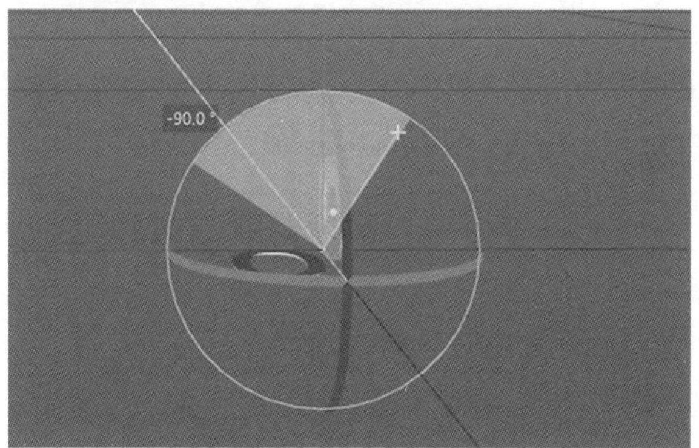


图 10-2-37　旋转 + 复制

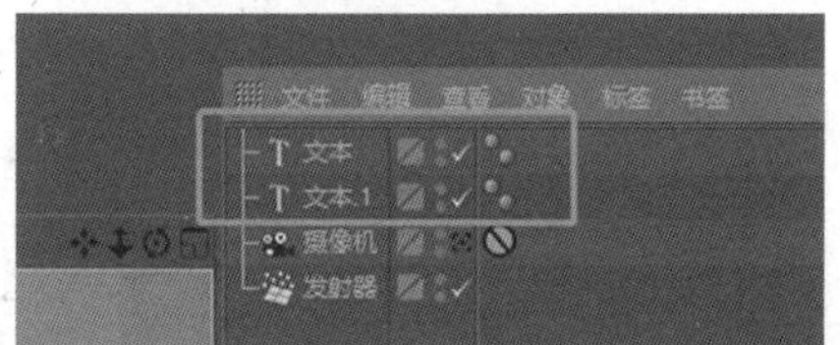


图 10-2-38　复制文本

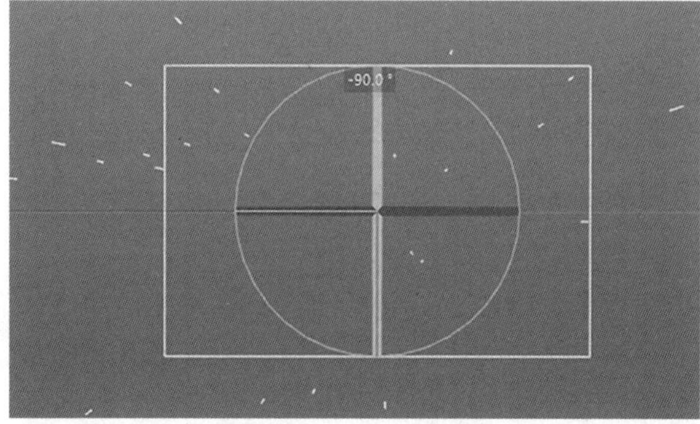


图 10-2-39　示意图

5. 将两个文本一起再复制一份，然后将文本内容都改为 1，如图 10-2-40、图 10-2-41 所示。

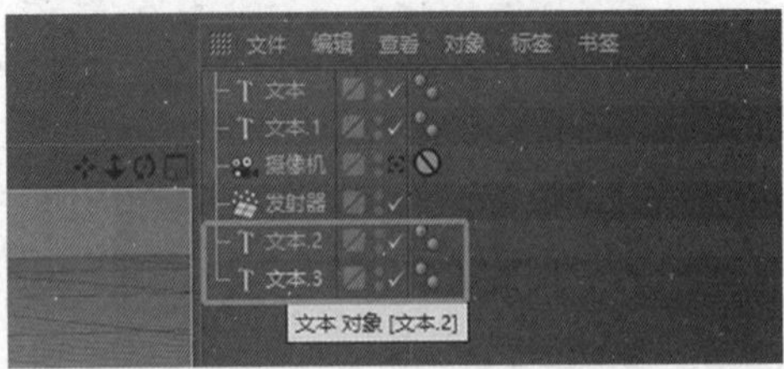

图 10-2-40　复制文本

图 10-2-41　修改文本内容

6. 将四个文本都作为发射器的子级，勾选发射器的显示对象，如图 10-2-42、图 10-2-43 所示。

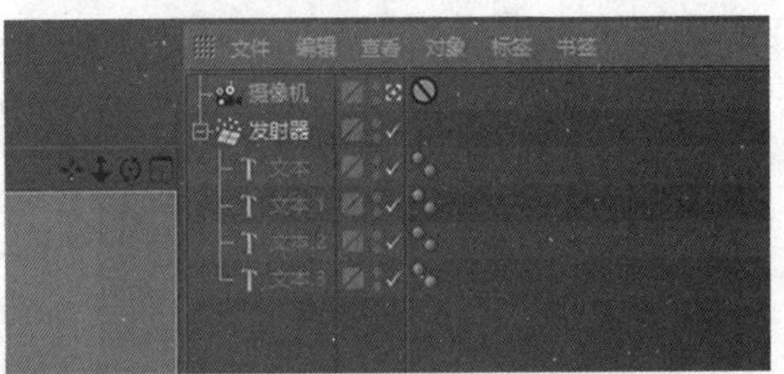

图 10-2-42　设置子级并勾选发射器的显示对象

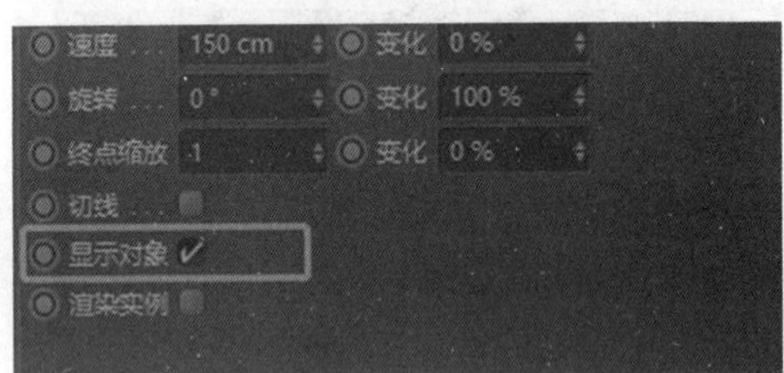

图 10-2-43　勾选显示对象

7. 创建新材质，颜色调整为绿色，然后贴给所有文本，播放动画，如图 10-2-44 所示。

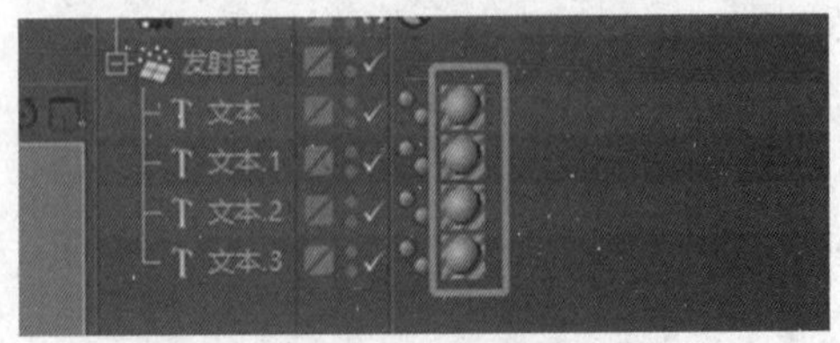

图 10-2-44　添加材质

## 任务 10.3

# 布料

### 教学重点

· 熟悉 C4D 布料系统。

### 教学难点

· 熟悉 C4D 布料系统。

### 任务分析

**01. 任务目标**

熟悉 C4D 布料系统。

**02. 实施思路**

通过视频，熟悉布料的使用。

### 任务实施

**01. 创建布料与布料碰撞器**

1. 创建圆盘和球体，将圆盘放在球体上方并放大，如图 10-3-1 所示。

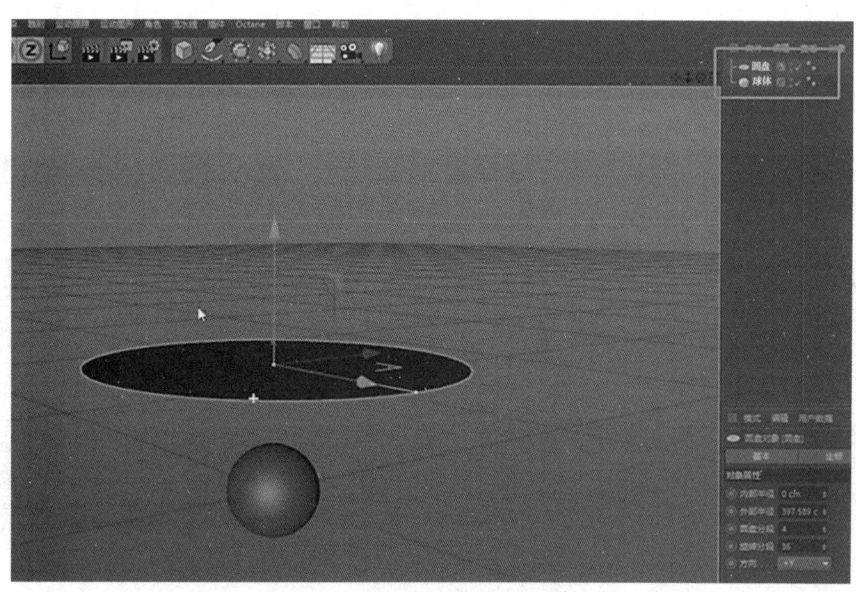

图 10-3-1　创建圆盘和球体

2. 将显示模式切换为线条显示；增加圆盘的分段，然后将圆盘转化为多边形对象（快捷键 C），给圆盘添加模拟中的布料标签，给球体添加模拟中的布料碰撞器标签。如图 10-3-2 至图 10-3-4 所示。

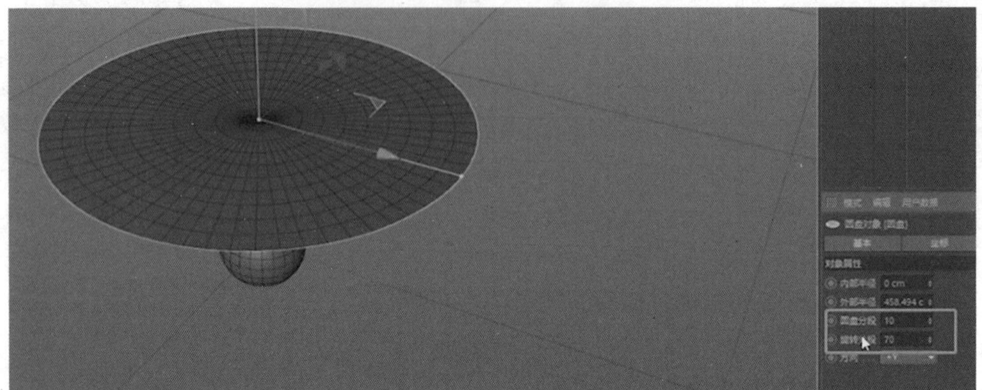

图 10-3-2　修改分段数

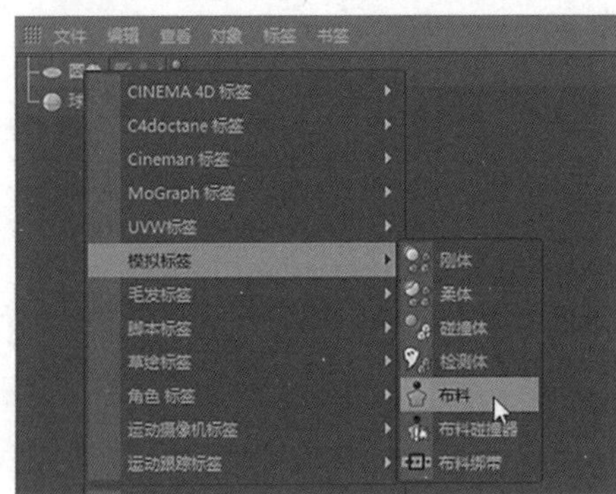


图 10-3-3　添加布料标签

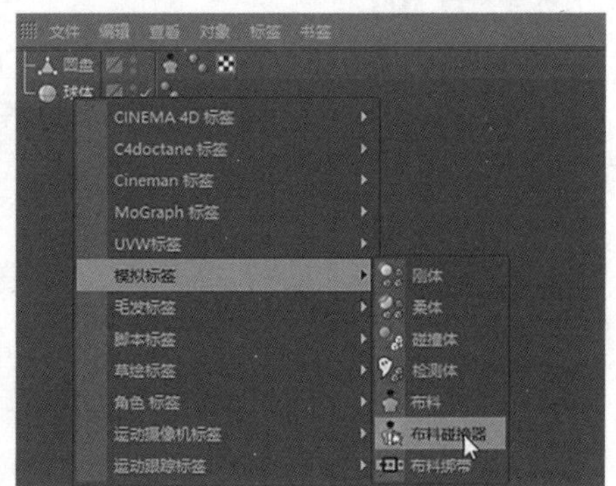


图 10-3-4　添加布料碰撞器

3. 给布料添加细分曲面，可以让布料更光滑一点；然后再给布料添加布料曲面，可以修改布料的细分和厚度，让布料更加真实。如图 10-3-5 至图 10-3-7 所示。

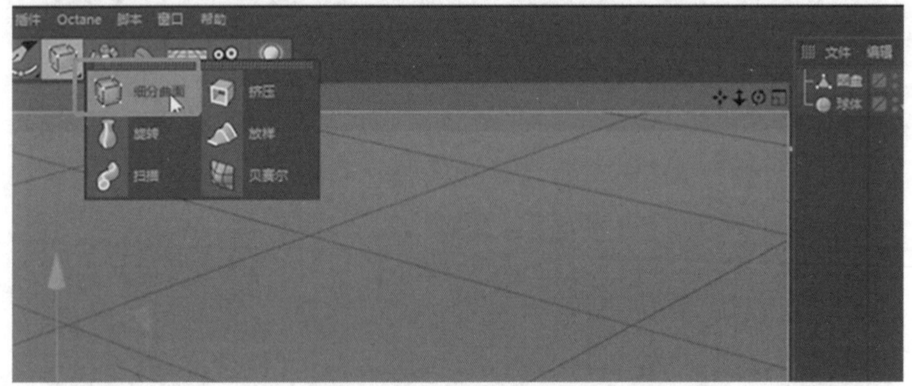


图 10-3-5　添加细分曲面

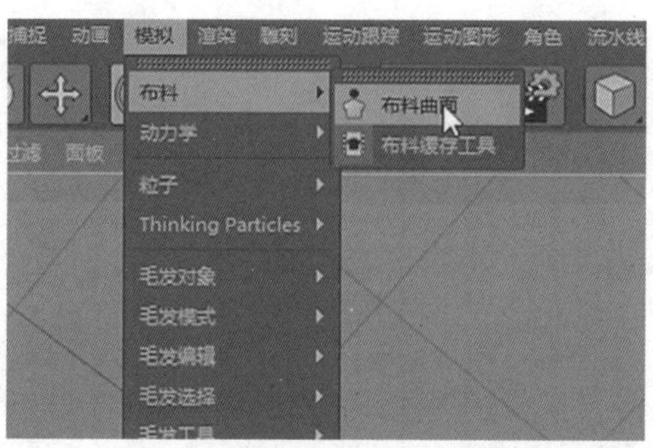


图 10-3-6　添加布料曲面

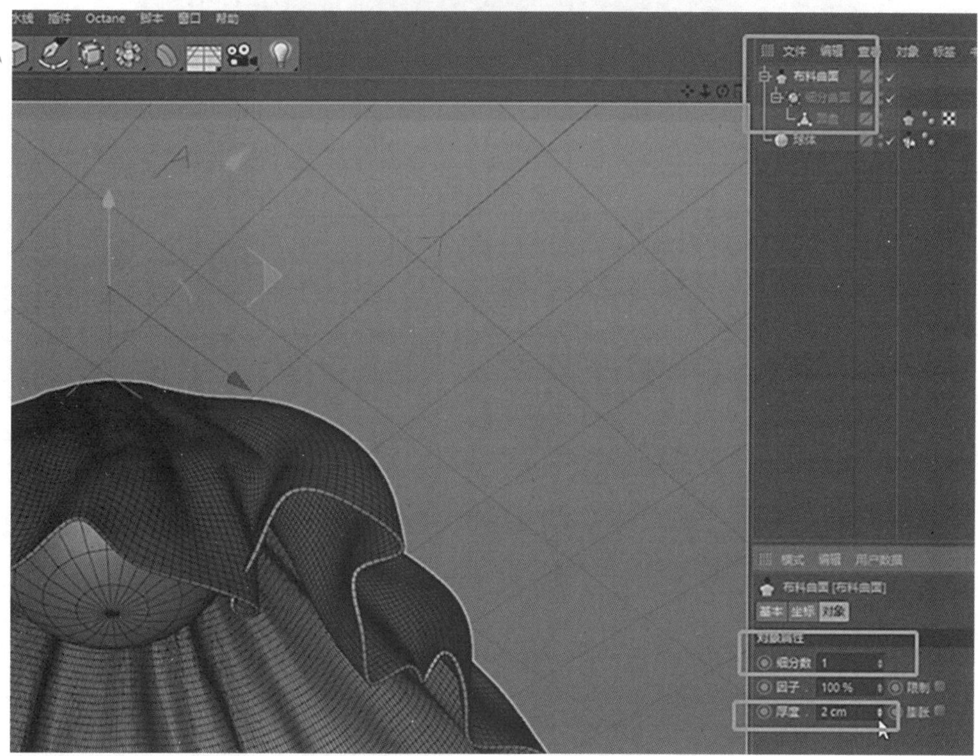


图 10-3-7　修改参数

## 02. 布料标签参数

1. 创建平面，放大，然后给平面添加布料碰撞器。如图 10-3-8 所示。

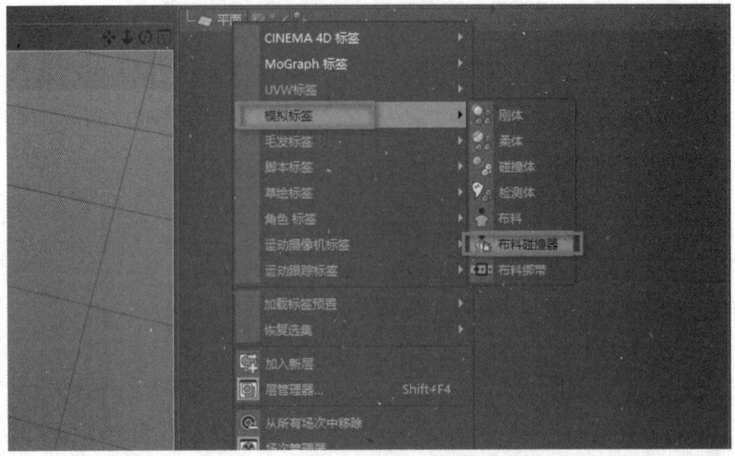

图 10-3-8　添加布料碰撞器

2. 创建球体，将球体类型改为二十面体；然后将球体转化为多边形对象（快捷键 C），给球体添加布料标签。如图 10-3-9、图 10-3-10 所示。

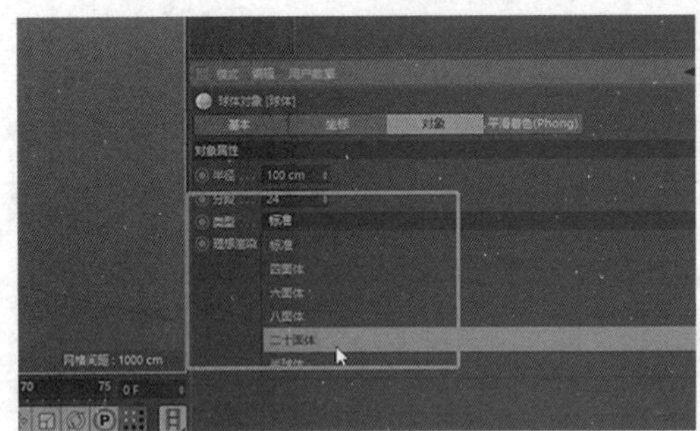
图 10-3-9　修改球体类型

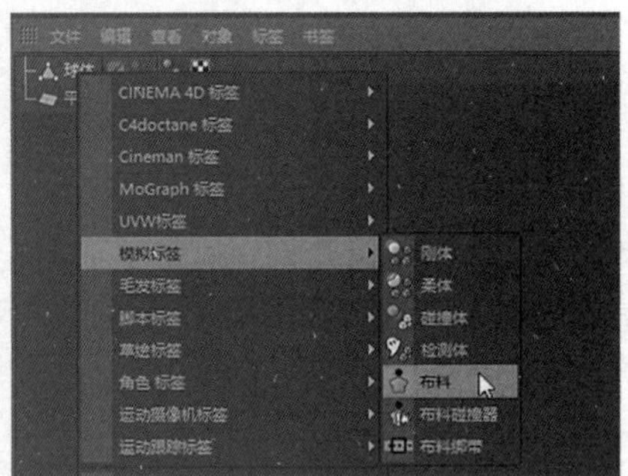

图 10-3-10　添加布料标签

3. 标签栏参数：①自动：默认是勾选，代表着布料效果是从动画一开始就计算；取消勾选时，可以手动地控制布料计算的开始时间和停止时间。如图 10-3-11 所示。

图 10-3-11　自动

②迭代：可以控制布料内部弹性的大小；如果将它提高，球落到平面上就会弹起。如图 10-3-12 所示。

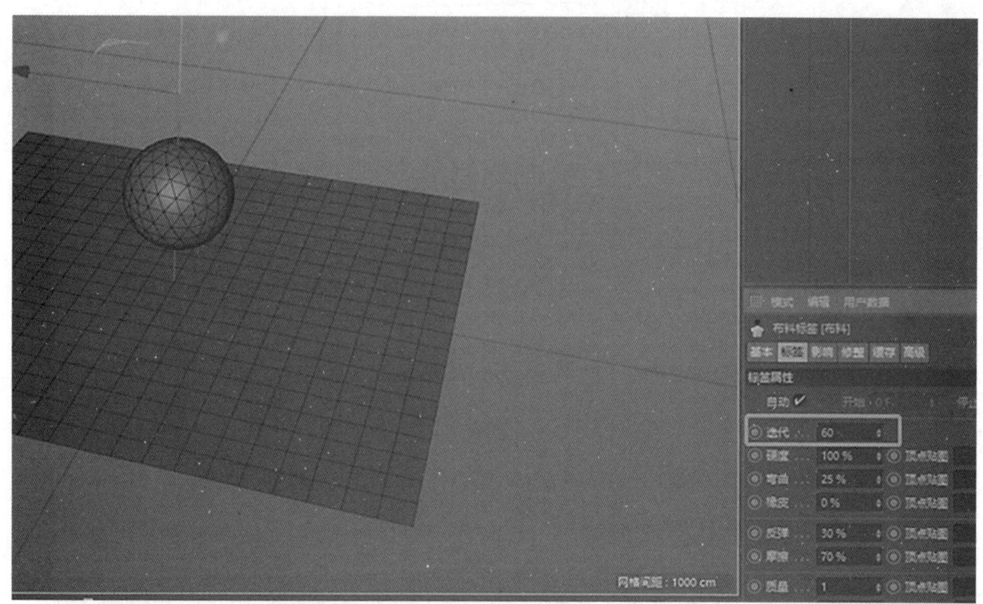


图 10-3-12　迭代

③硬度：在迭代值不变的情况下，可以控制布料的硬度；比如将硬度改为 0%，那么球体碰撞时，标签会变得柔软；硬度改为 100% 的时候，碰撞时表面不会发生多大变化。如图 10-3-13、图 10-3-14 所示。

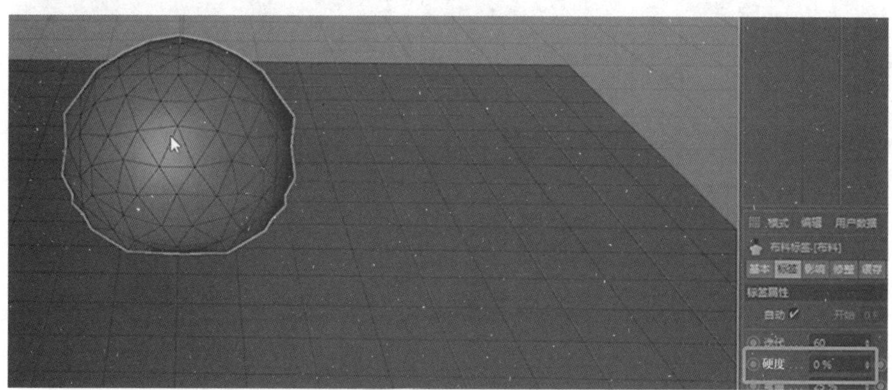


图 10-3-13　硬度设置为 0%

图 10-3-14　硬度设置为 100%

④弯曲：控制布料碰撞时的舒展程度；比如设置为 0%，那碰撞时接触面会蜷缩在一起；设置为 100% 时，碰撞时接触面会比较平。如图 10-3-15、图 10-3-16 所示。

图 10-3-15　弯曲设置为 0%

图 10-3-16　弯曲设置为 100%

⑤橡皮：控制布料碰撞时的橡皮弹性；数值越高，布料碰撞时越软。如图 10-3-17 所示。

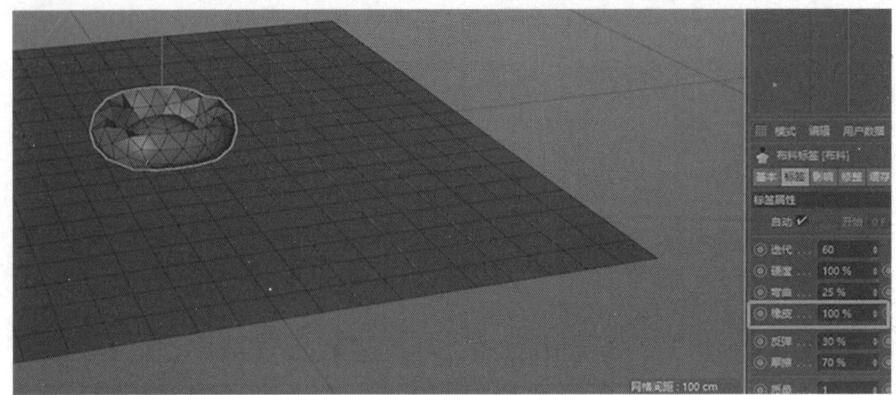

图 10-3-17　橡皮

⑥反弹：控制布料碰撞时的反弹程度，数值越高，反弹效果越明显。

⑦摩擦：控制布料碰撞时的摩擦力大小。比如如果将布料和布料碰撞器的摩擦都改为 0%，那么球体会一直在原地弹。

⑧质量：控制布料的质量。

⑨尺寸：控制布料的尺寸。比如调成 50，那么球体会在一开始就缩小为一半。如图 10-3-18 所示。

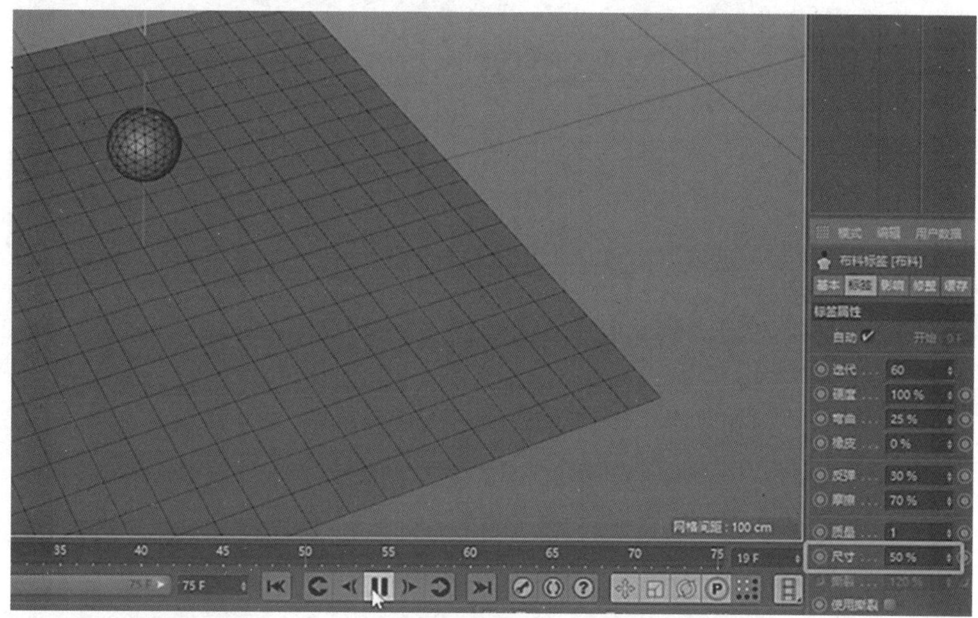


图 10-3-18　尺寸

⑩使用撕裂：勾选之后，布料碰撞时会发生撕裂效果。参数越低，布料越脆；参数越高，布料越有韧性。

4. 影响栏参数：①重力：控制布料下落的速度。

②黏滞：控制布料的全局碰撞状态，包括下落速度、碰撞停止时间等。

③风力：提高风力强度之后，可以设置风场的方向、湍流强度、黏滞、杨子等参数。如图 10-3-19 所示。

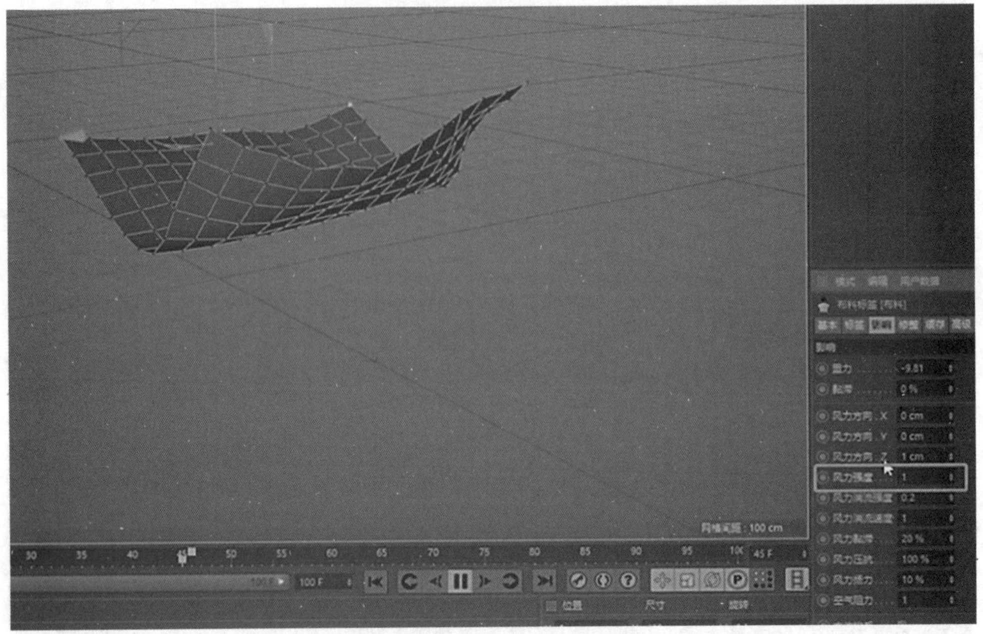

图 10-3-19　风力强度

④本体排斥：勾选之后，可以控制布料自身碰撞的状态。

5. 修整栏参数：修整栏中用得比较多的是初始状态和固定点。跟刚体标签一样，布料也可以选择对象在某一帧的状态，设置为初始状态；固定点，是可以选择布料的点，然后设置为固定点，这样点就会被固定住，不会再下落。如图 10-3-20 所示。

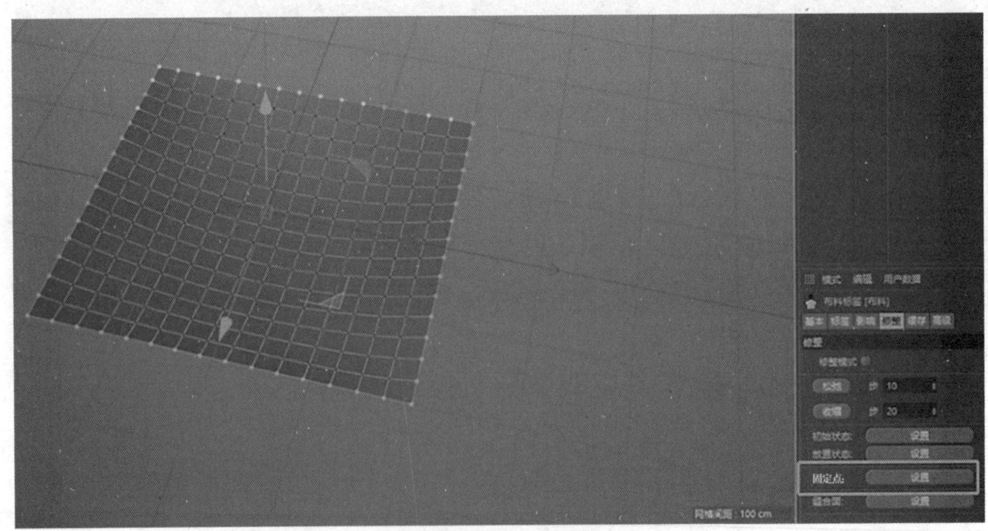

图 10-3-20　固定点

6. 缓存：点击“计算缓存”之后，就可以来回拉动时间线，观察布料运动过程；不需要了可以点击“清空缓存”。如图 10-3-21 所示。

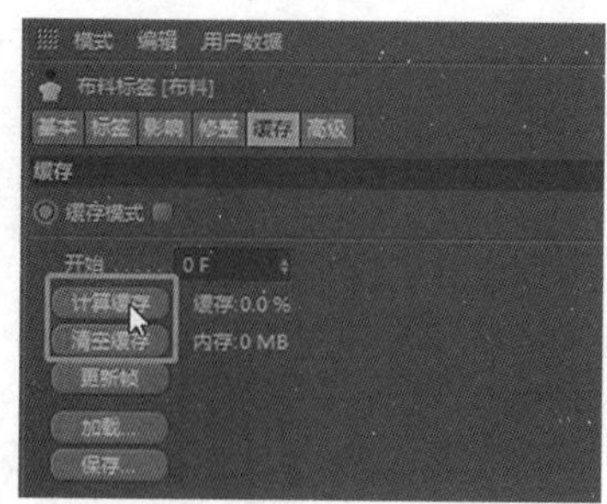


图 10-3-21　计算缓存

7. 高级：①子采样：设置布料在每帧模拟计算的次数，数值越大，模拟会越精准。

②本体碰撞 / 全局交叉分析：勾选之后可以让布料减少交叉的情况。

③点碰撞 / 边碰撞 / 多边形碰撞：在启用标签的使用撕裂时，这三个选项可以控制撕裂时碎片的形状，以及布料被撞破后裂开的大小。

**练习案例**

1. 创建运动图形中的文本，将内容修改为“B”，点插值方式改为统一，封顶中的第一个封顶改为圆角封顶，下面的类型改为三角形，勾选“标准网格”，宽度为 1，这样能让字母表面有足够的细分，才能做出布料效果，如图 10-3-22 至图 10-3-24 所示。

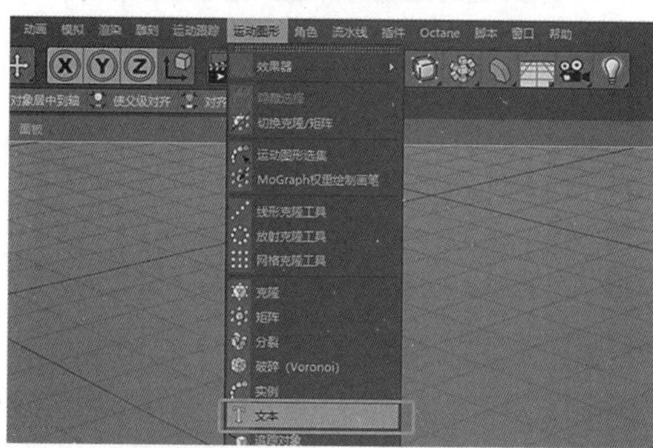


图 10-3-22　创建文本

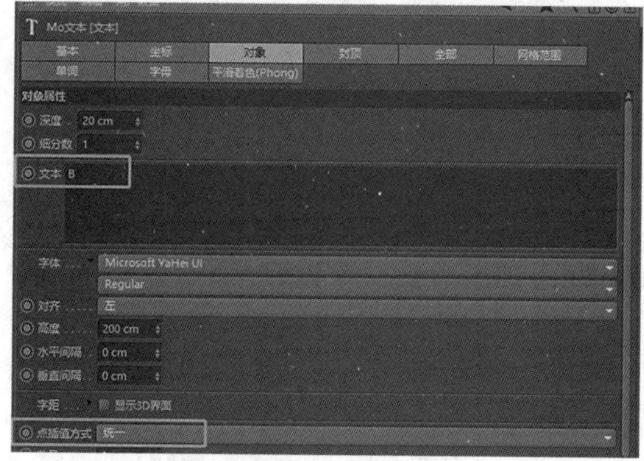


图 10-3-23　修改参数

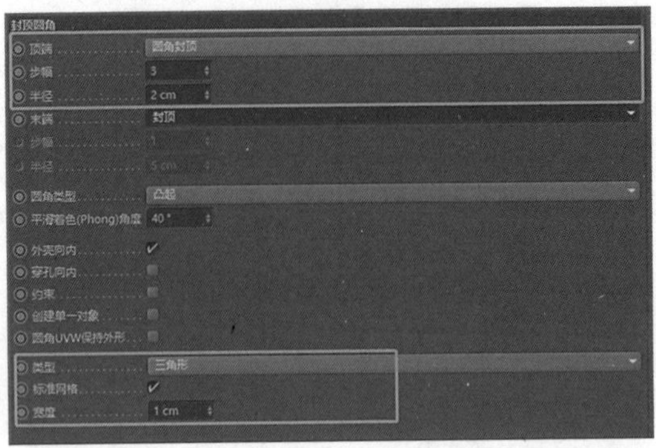


图 10-3-24　修改封顶

2. 用旋转工具将文字放平，然后在文本上右键点击“当前状态转对象”，并将原来的文本删除，如图 10-3-25、图 10-3-26 所示。

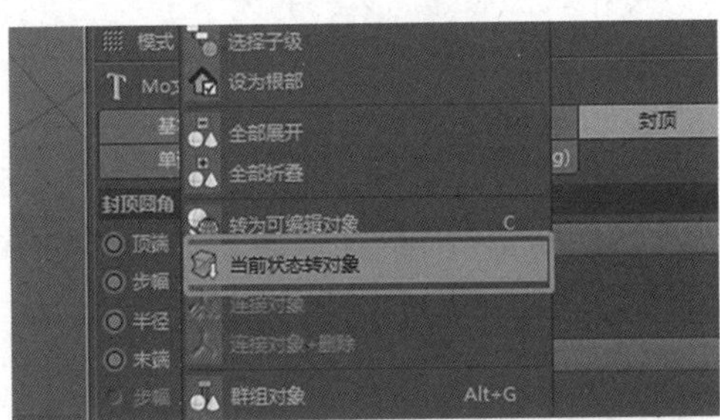


图 10-3-25　当前状态转对象

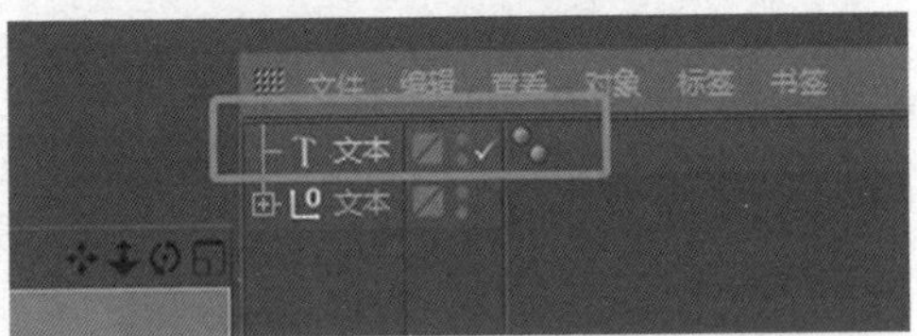


图 10-3-26　删除文本

3. 依次展开新生成的文本组，然后将底下的四个对象都拉出来，然后删掉文本组，如图 10-3-27、图 10-3-28 所示。

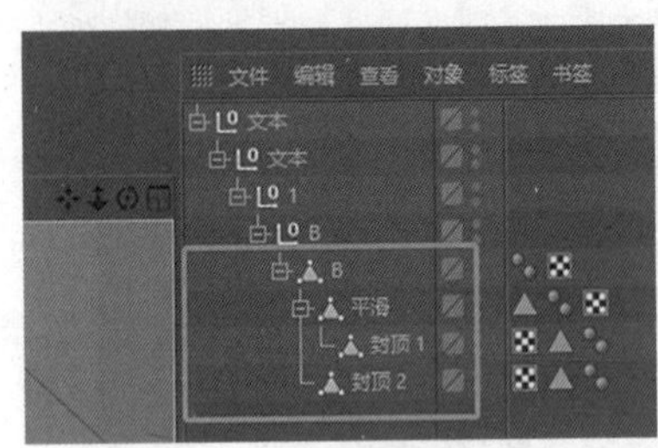


图 10-3-27　删除文本组

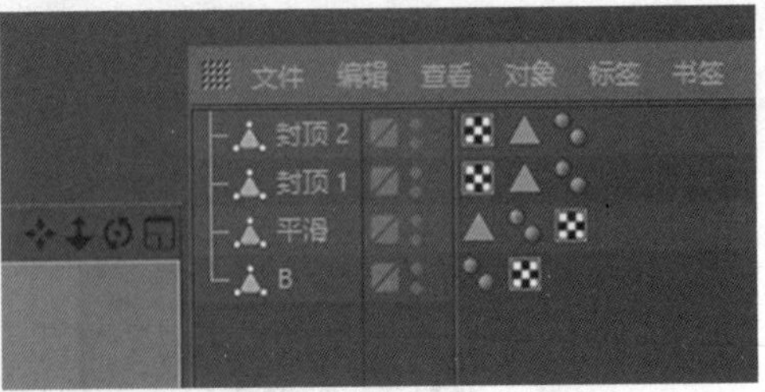


图 10-3-28　示意图

4. 将其他三个对象隐藏掉，只留上面的封顶。选择封顶，在点模式下，按快捷键 U ~ L 启用循环选择，勾选循环选择中的选择边界循环，将鼠标放在边缘的点上，就能一次性选中多个边界的点，再按住 Shift 键将里面边界的点也选中。如图 10-3-29 至图 10-3-32 所示。

图 10-3-29　隐藏对象

图 10-3-30　启用循环选择

图 10-3-31　选中边界点（一）

图 10-3-32　选中边界点（二）

5. 在封顶上右键点击“模拟标签—布料标签”；选择布料标签中的修整，点击固定点后面的设置，将刚才选中的点设置为固定点。如图 10-3-33、图 10-3-34 所示。

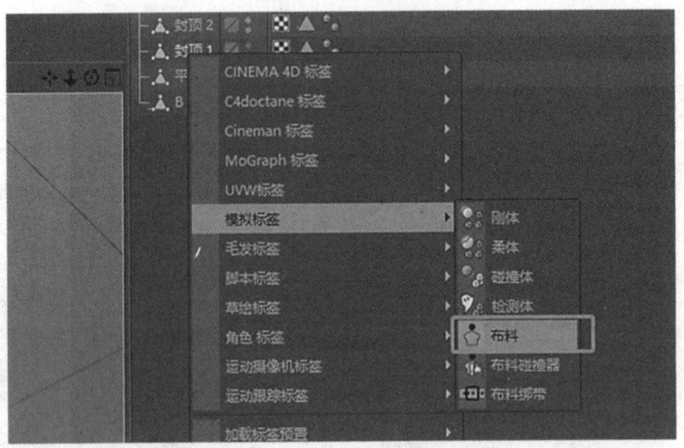


图 10-3-33　添加布料标签

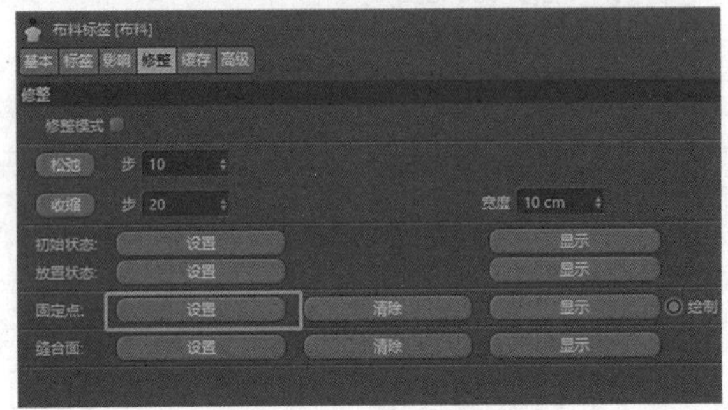


图 10-3-34　固定点

6. 将布料标签里，设置影响栏的重力调整为 0，Y 方向的风力为 4 cm，Z 方向为 0 cm，湍流强度和速度都为 0。然后将标签栏里的迭代修改为 1，质量为 0.5，尺寸为 115%。如图 10-3-35、图 10-3-36 所示。

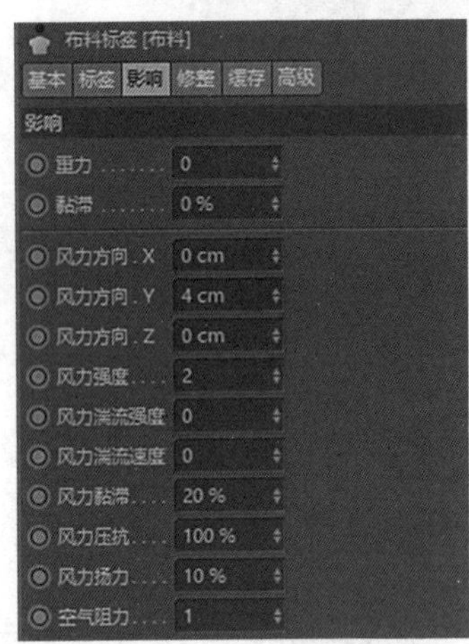


图 10-3-35　调整风力参数

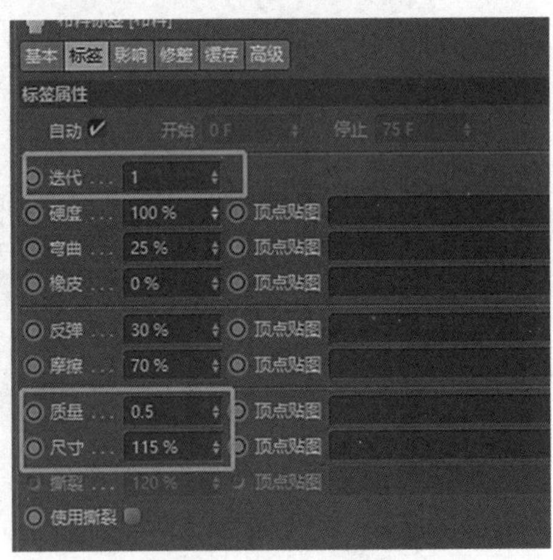


图 10-3-36　调整标签参数

7. 将布料动画进行计算缓存，然后把其他部位显示出来，选择一帧适合的布料形态，再将布料标签删掉。如图 10-3-37、图 10-3-38 所示。

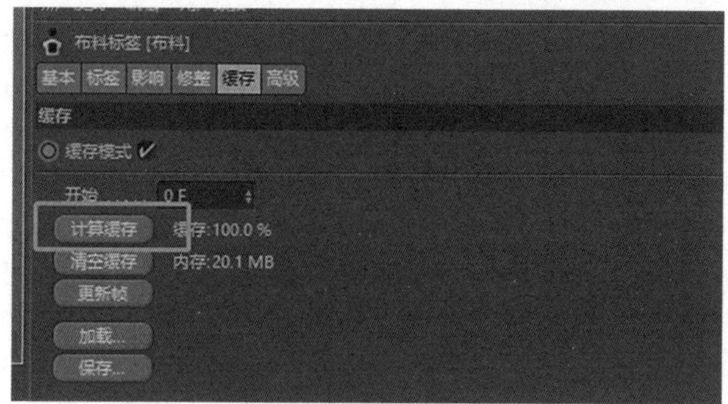


图 10-3-37　计算缓存

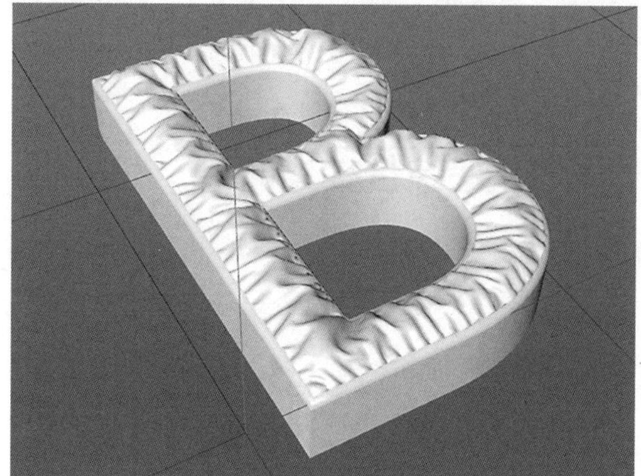

图 10-3-38　示意图

CINEMA 4D
综合实战训练

Chapter 11

# 第 11 章

# 在 AE 中合成 C4D 背景

**任务 11.1**

# 在 AE 中合成 C4D 背景

## 教学重点

- **熟悉 AE 插件的安装。**
- **熟悉 C4D 外部合成的使用。**
- **熟悉 C4D 导出合成方案设置。**
- **熟悉在 AE 中合成三维图层。**

## 教学难点

- **熟悉 C4D 外部合成的使用。**
- **熟悉 C4D 导出合成方案设置。**
- **熟悉在 AE 中合成三维图层。**

## 任务分析

### 01. 任务目标

熟悉 C4D 与 AE 结合的操作流程。

### 02. 实施思路

通过视频，熟悉 C4D 与 AE 结合的操作流程。

## 任务实施

### 01. C4D 与 AE 结合

（一）AE 插件的安装

为了让 AE 识别 C4D 合成方案文件，C4D 提供了自带插件支持。我们只需要在 C4D 安装目录里，找到对应 AE 版本的 C4DImporter.aex 文件，将这个文件复制到 AE 的插件目录中。如图 11-1-1、图 11-1-2 所示。

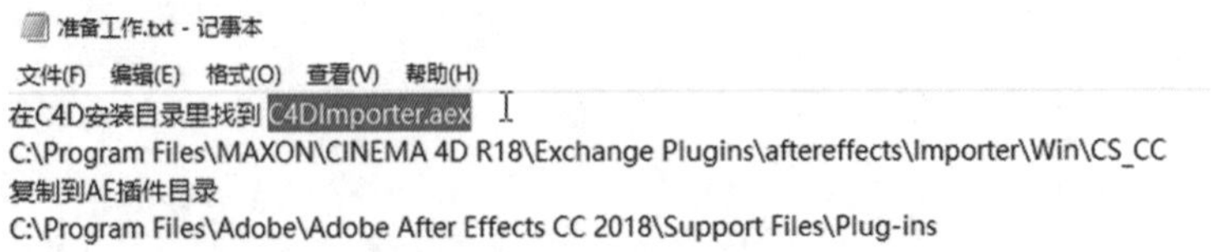

准备工作.txt - 记事本

文件(F) 编辑(E) 格式(O) 查看(V) 帮助(H)

在C4D安装目录里找到 C4DImporter.aex

C:\Program Files\MAXON\CINEMA 4D R18\Exchange Plugins\aftereffects\Importer\Win\CS_CC

复制到AE插件目录

C:\Program Files\Adobe\Adobe After Effects CC 2018\Support Files\Plug-ins

图 11-1-1　安装方法

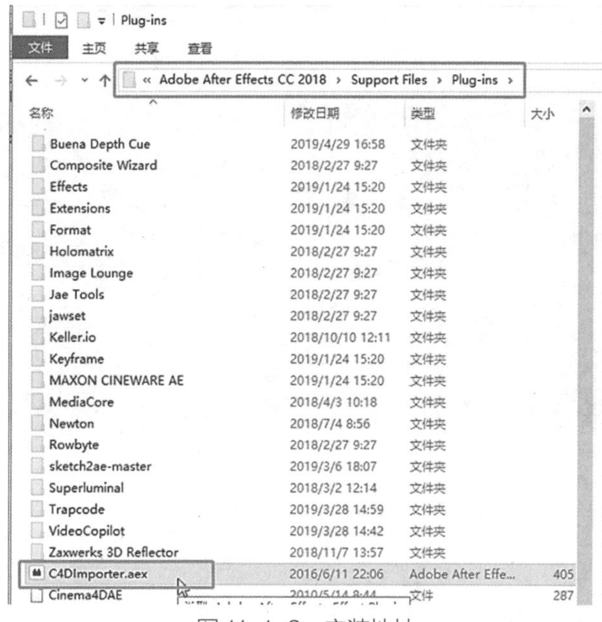


图 11-1-2　安装地址

## （二）给 C4D 对象添加外部合成标签

1. 这里准备了一个场景用来演示，场景中有灯光、目标摄像机、天空、地面，以及大建筑、小建筑、胶囊模型。首先，给摄像机做了简单的从右往左的镜头动画，胶囊做了上下位移的动画。如图 11-1-3、图 11-1-4 所示。

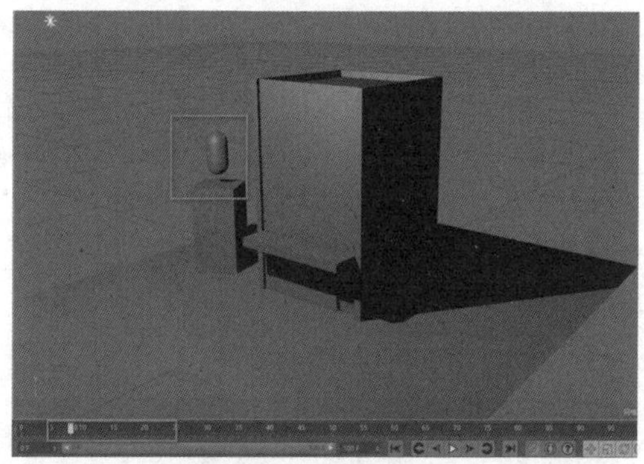

图 11-1-3　示意图（一）

图 11-1-4　示意图（二）

2. 如果想导出胶囊的坐标数据。在胶囊对象上右键菜单，添加外部合成就好了，如图 11-1-5 所示。

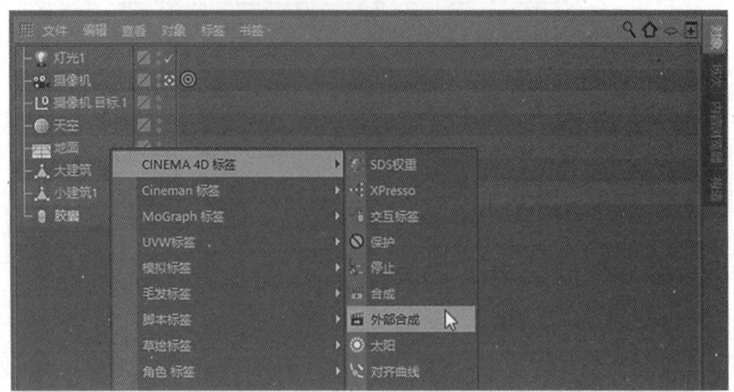

图 11-1-5 添加外部合成

3. 如果希望导出大建筑的正面的坐标定位数据。就麻烦一点，需要一系列操作。

①选择需要的面，右键菜单点击“分裂”，分裂出来的面，重命名为“跟踪面”。添加外部合成标签。如图 11-1-6、图 11-1-7 所示。

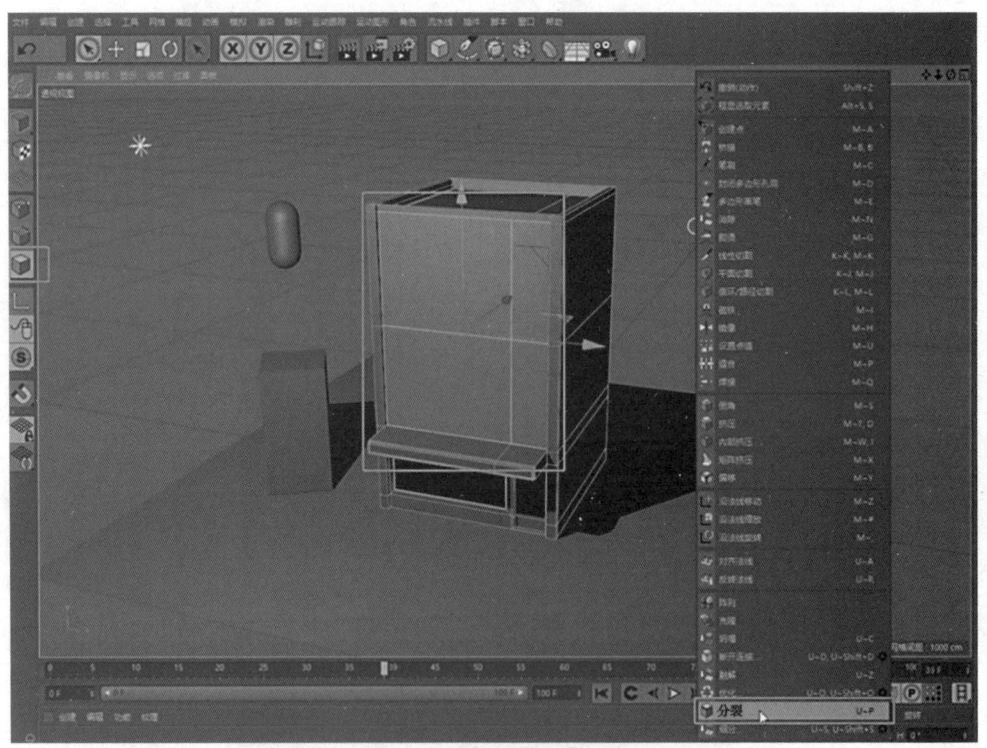

图 11-1-6 分裂

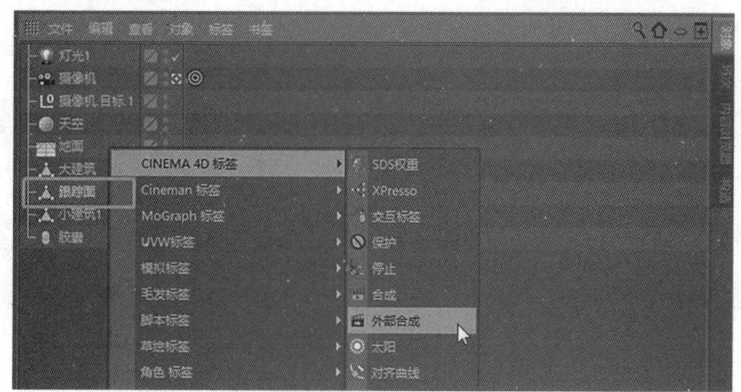

图 11-1-7　添加外部合成

②当然这个“跟踪面”只是用来导出合成方案数据的，并不需要被渲染出来。给它添加一个显示标签，将可见度调为 0。如图 11-1-8、图 11-1-9 所示。

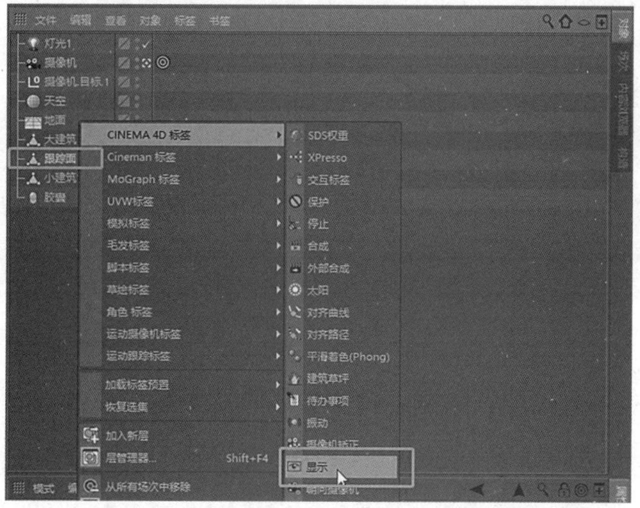

图 11-1-8　显示

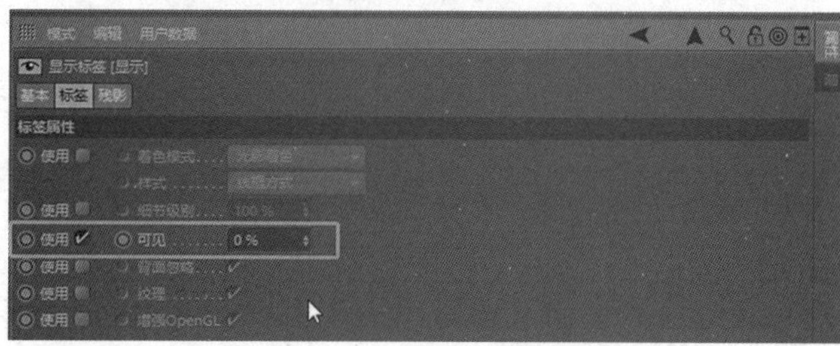

图 11-1-9　调整可见度

③分裂出来的“跟踪面”，要重置轴心到对象，这个轴心坐标才是我们想要导出的坐标数据，如图 11-1-10、图 11-1-11 所示。

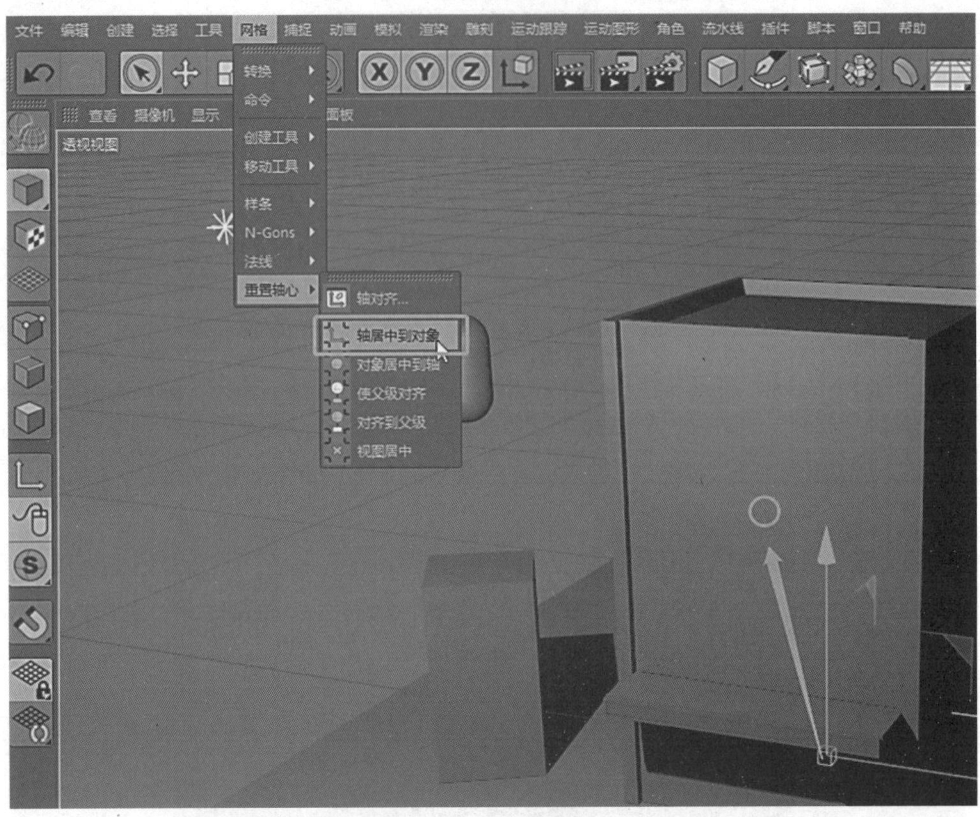


图 11-1-10　轴居中到对象

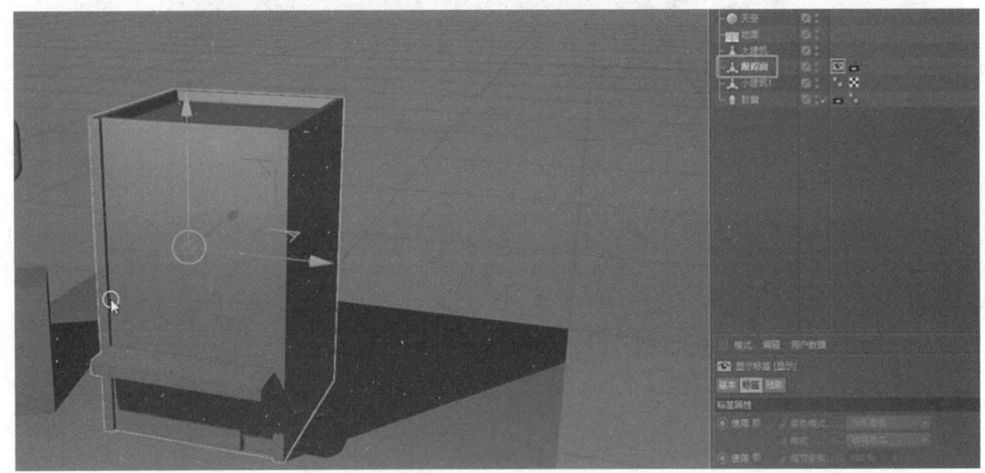

图 11-1-11　示意图

（三）渲染器设置

1. 设置帧频、帧范围等相关信息。勾选保存图像、勾选保存合成方案文件。如图 11-1-12 至图 11-1-14 所示。

图 11-1-12　渲染器设置

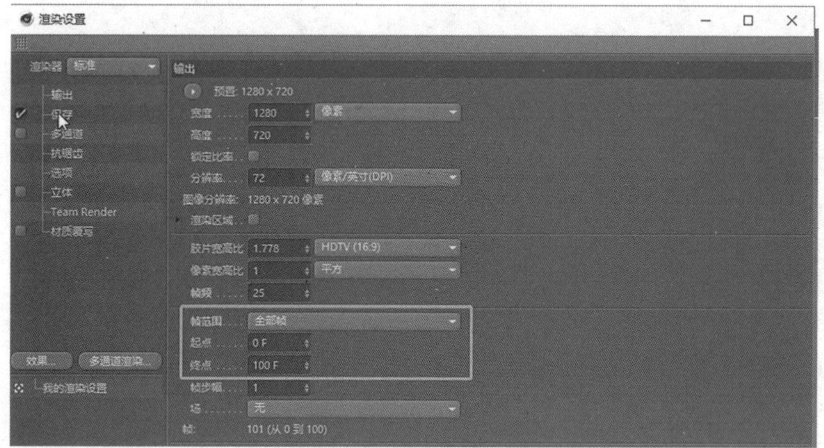

图 11-1-13　选择范围

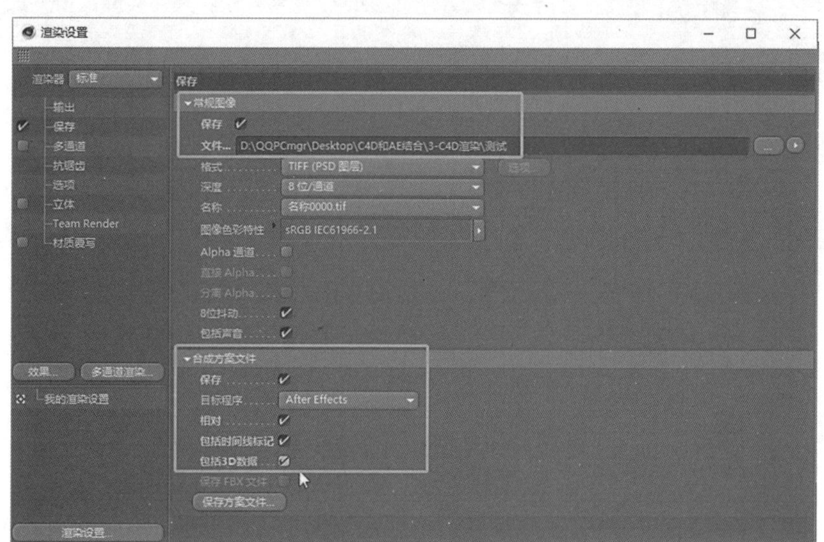

图 11-1-14　渲染设置

2. 开始渲染序列帧动画，如图 11-1-15 所示

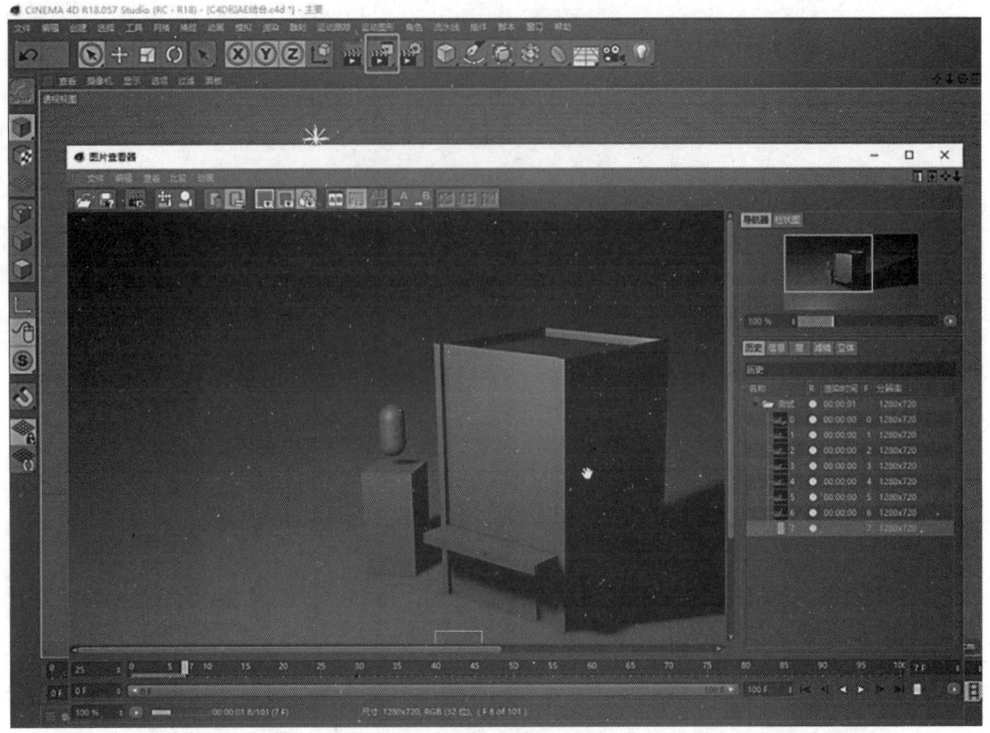

图 11-1-15　开始渲染

（四）合成方案文件的使用

1. 渲染得到序列帧和合成方案文件。后缀为“.aec”的文件就是合成方案文件，之前添加外部合成标签的对象，坐标数据都记录在这个文件中。如图 11-1-16 所示。

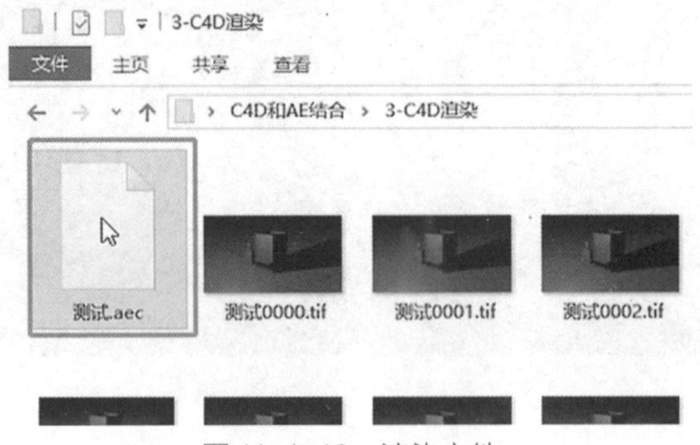


图 11-1-16　渲染文件

2. 打开 AE 软件，将合成方案文件拖入 AE 的项目列表空白区，如图 11-1-17 所示。

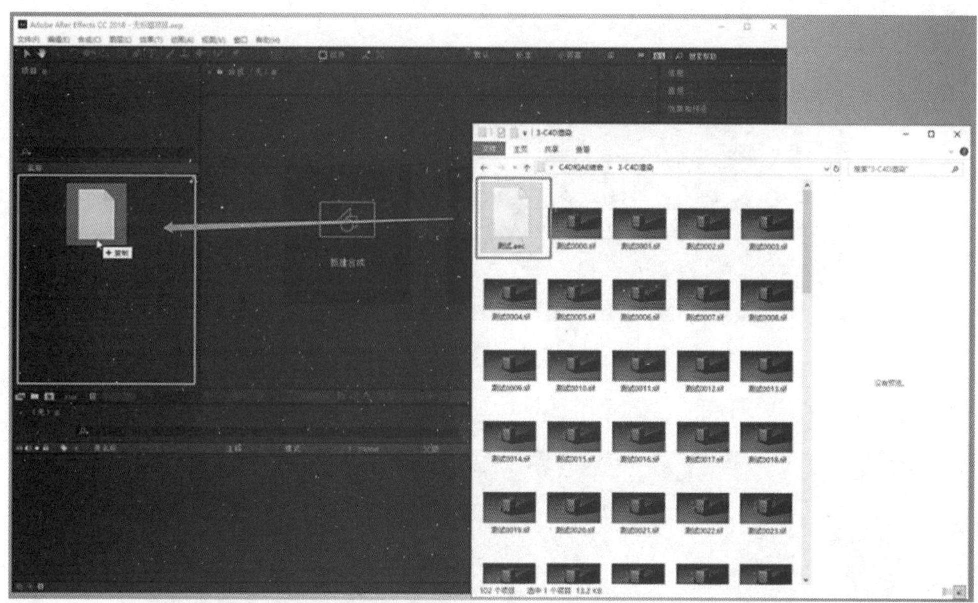

图 11-1-17　导入 AE

3. 双击打开测试合成，我们看到 C4D 的摄像机、灯光，以及添加外部合成的对象都转换成立 AE 图层，如图 11-1-18 所示。

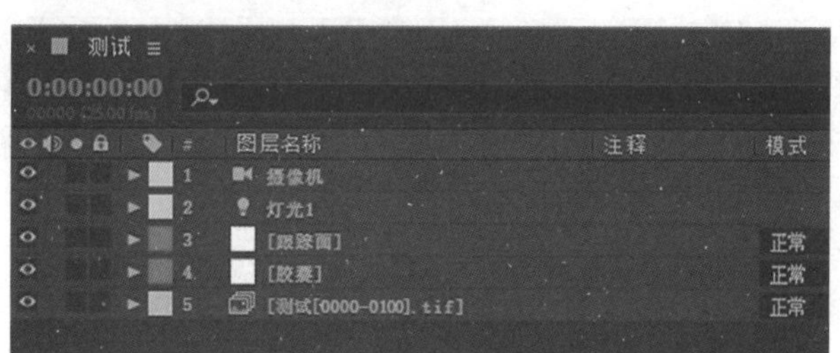


图 11-1-18　AE 界面

4. AE 快捷键 U 能展开 / 折叠图层关键帧动画。我们看到 C4D 的动画也被转换成了 AE 的关键帧动画。如图 11-1-19 所示。

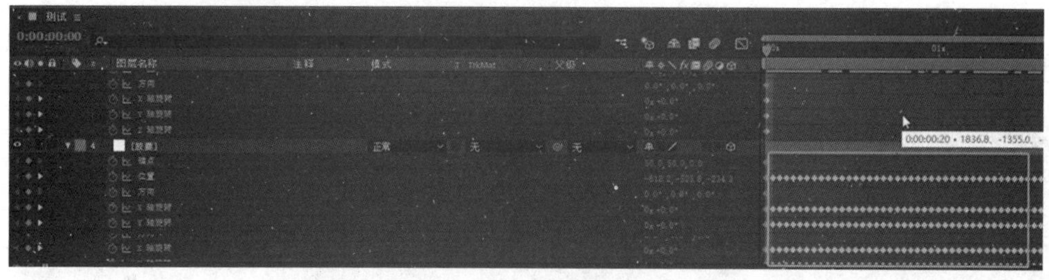

图 11-1-19　关键帧动画

（五）AE 三维图层的创建

1. 点击文字创建工具，在 AE 视图窗口单击，输入文字“3D 文字层”，如图

11-1-20 所示。

图 11-1-20　创建文字层

2. 选择文字层，开启图层的三维属性，如图 11-1-21 所示。

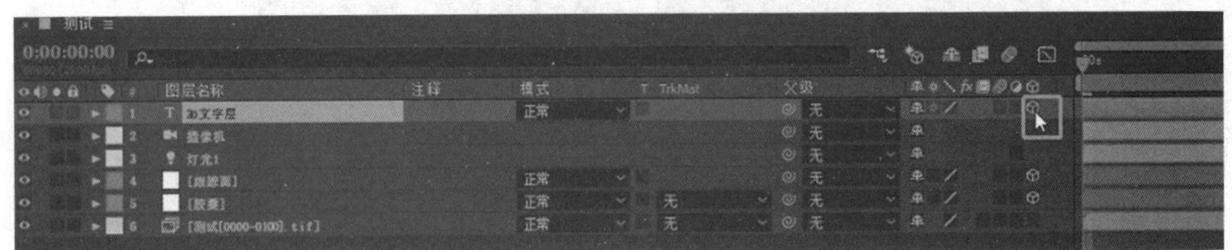


图 11-1-21　开启三维属性

3. 在父级这一栏中，选择图层“跟踪面”为文字层的父级，如图 11-1-22 所示。

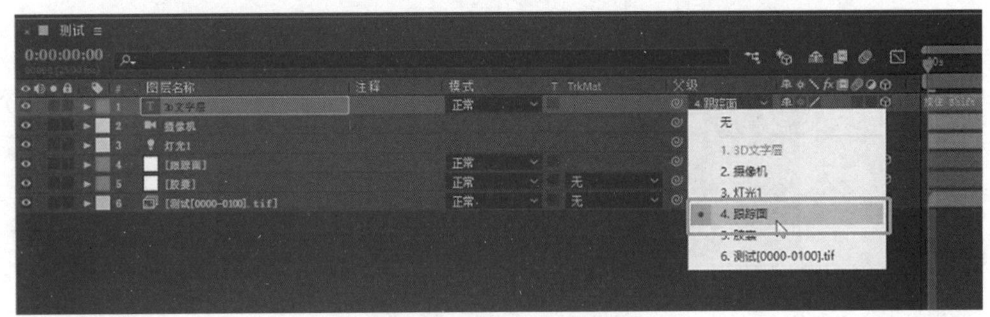


图 11-1-22　选择父级

4. 点击图层小三角，展开文字图层的属性，将位置坐标清零，我们就会看到文字定位在跟踪面所在的三维空间上，如图 11-1-23 所示。得到结果如图 11-1-24 所示。

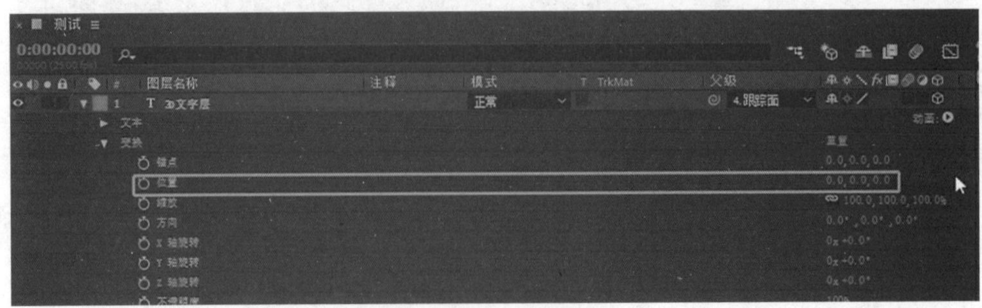


图 11-1-23　位置归零

图 11-1-24　示意图

5. 在这个基础上做位置的微调，让文字居中。键盘空格键播放或暂停都试看看。如图 11-1-25 所示。

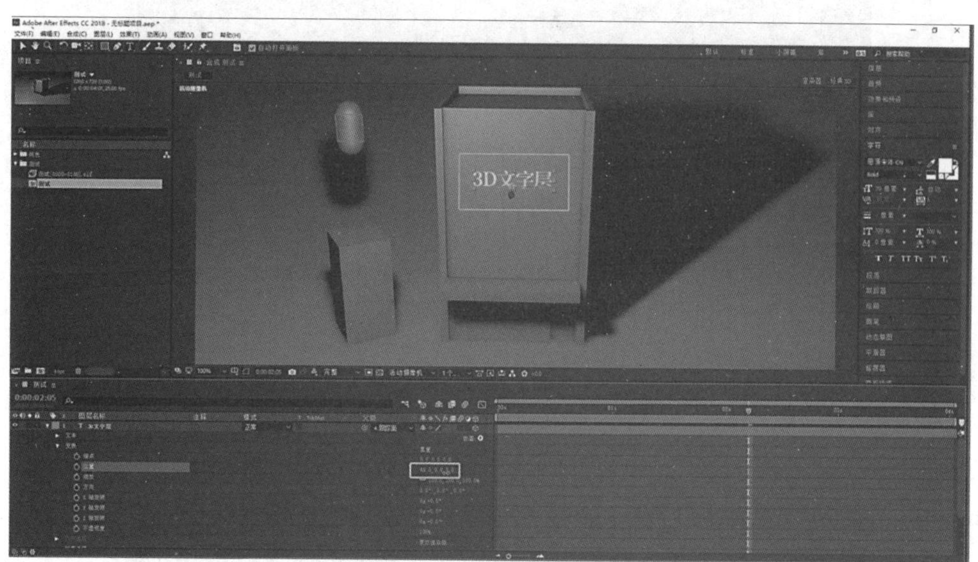


图 11-1-25　居中文字

（六）添加其他三维图层

1. 用同样的方式为胶囊动画也添加一个三维文字图层作为子级。新建文字图层、开启三维图层、链接父子级关系、调整文字层位置。因为父级胶囊图层有关键帧动画，所以文字会跟随着胶囊动画一起动。如图 11-1-26 所示。

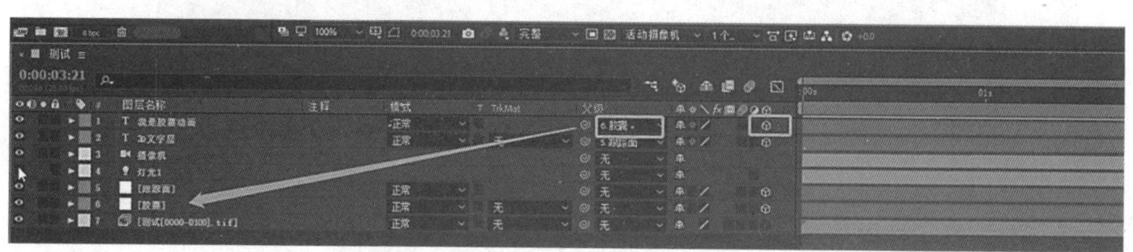


图 11-1-26　添加其他三维层

2. 原本白色的文字变暗是因为场景的灯光在文字上产生了投影，将灯光图层的眼睛关闭即可。如图 11-1-27、图 11-1-28 所示。

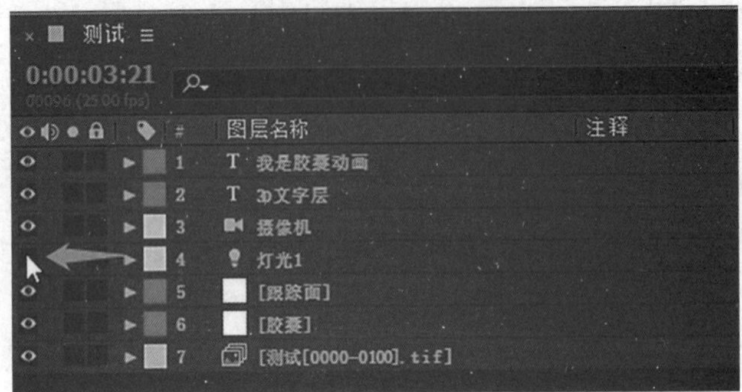


图 11-1-27　关闭灯光

图 11-1-28　示意图

（七）添加图片层

1. 既然可以添加文字层，同样也可以添加图片、视频等素材。以图片为例，在项目列表区空白处双击，导入图片“黑洞 .jpg”。如图 11-1-29、图 11-1-30 所示。

图 11-1-29　空白处双击导入

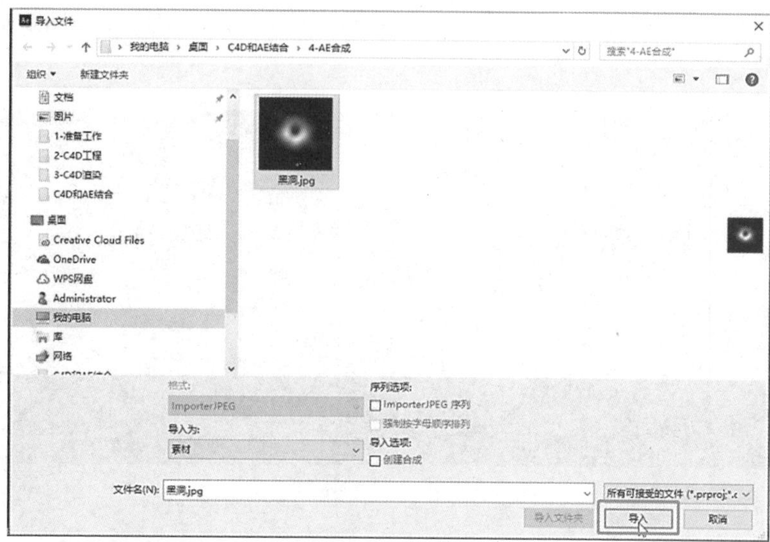


图 11-1-30　选择导入文件

2. 开启图片三维层，链接父级到“跟踪面”，调整图片文字和大小在合适位置即可。如图 11-1-31 所示。

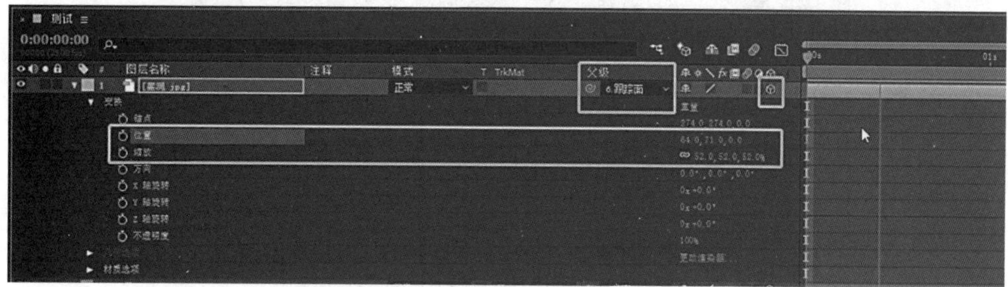


图 11-1-31　开启图片三维层

（八）临时新增跟踪点

1. 如果我们想给小建筑也添加一个定位点，做三维文字合成，如图 11-1-32 所示。

图 11-1-32　示意图

2. 回到 C4D 软件，给“小建筑 1”对象添加一个外部合成标签。如图 11-1-33 所示。

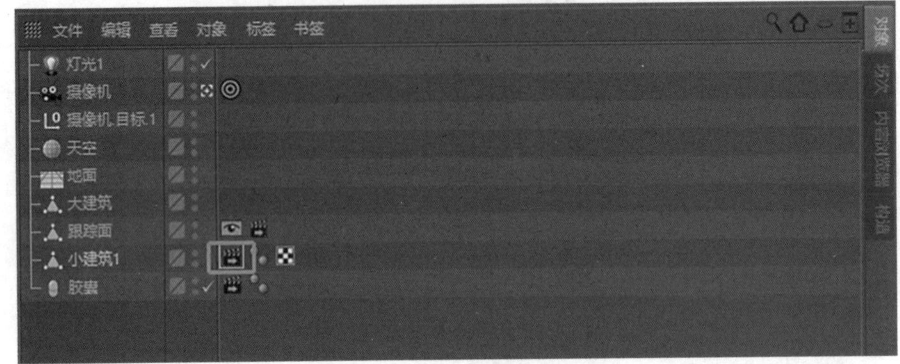


图 11-1-33　添加外部合成

3. 打开渲染器设置，点击保存合成方案文件，如图 11-1-34、图 11-1-35 所示。

图 11-1-34　渲染器设置

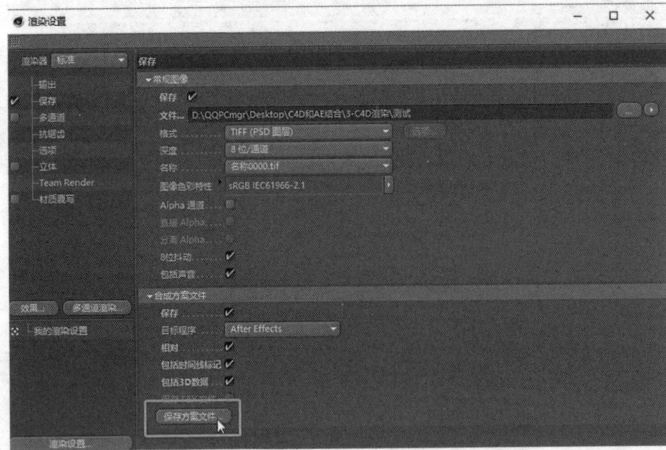


图 11-1-35　保存方案文件

4. 导入新的合成方案文件到 AE 中，如图 11-1-36 所示。

图 11-1-36　导入文件

5. 找到“小建筑 1”图层，按住 Ctrl+C 将其复制到之前做好的合成中。如图 11-1-37、图 11-1-38 所示。

图 11-1-37　合成

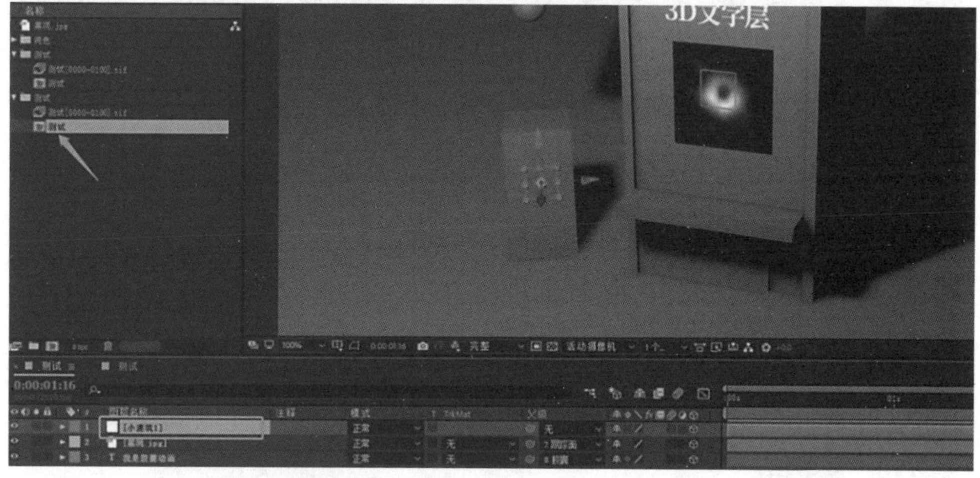

图 11-1-38　测试

6. 图层复制过来后，这个刚导入的文件夹可以删除了，如图 11-1-39 所示。

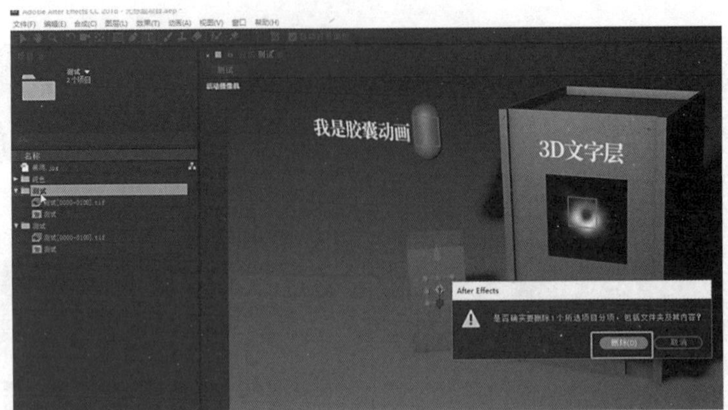



图 11-1-39　删除文件

7. 新建文字层，输入文字“小建筑”，开启三维层，链接父级到小建筑定位点上。调整位置、旋转等属性好合适位置即可。如图 11-1-40 所示。

图 11-1-40　调整参数

（九）AE 渲染合成视频

1. AE 菜单“合成”中点击“添加到渲染队列”，设置渲染视频格式及输出位置。点击右侧渲染图标开始渲染视频即可。如图 11-1-41 至图 11-1-44 所示。

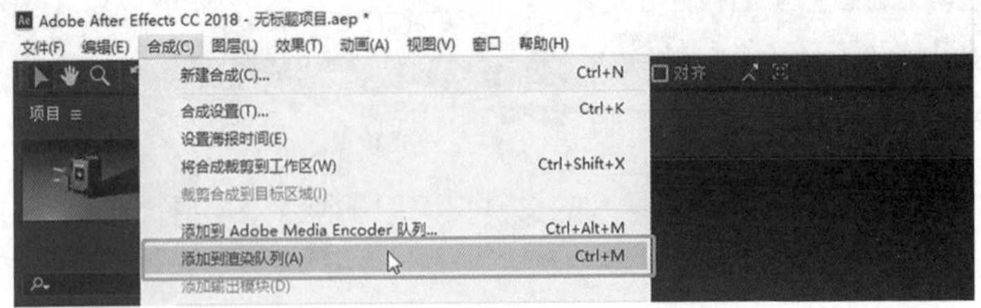



图 11-1-41　渲染

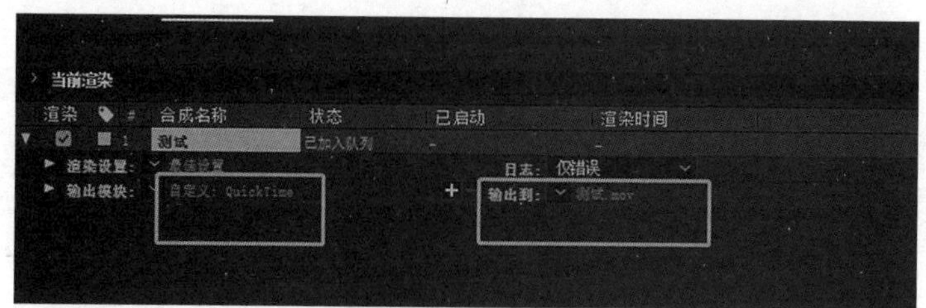


图 11-1-42　渲染设置

图 11-1-43　点击“渲染”

图 11-1-44　在 AE 中合成 C4D 背景

CINEMA 4D
综合实战训练